国家出版基金项目
NATIONAL PUBLICATION FOUNDATION

「十二五」国家重点图书出版规划项目

中国近代建筑史【第四卷】

摩登时代
——世界现代建筑影响下的中国城市与建筑

赖德霖
伍　江　主编
徐苏斌

中国建筑工业出版社

**图书在版编目（CIP）数据**

中国近代建筑史　第四卷　摩登时代——世界现代建筑
影响下的中国城市与建筑／赖德霖，伍江，徐苏斌主编．
北京：中国建筑工业出版社，2016.3
　ISBN 978-7-112-19343-1

　I.①中…　II.①赖…②伍…③徐…　III.①建筑史-中国-
近代　IV.① TU-092.5

　中国版本图书馆 CIP 数据核字（2016）第 075640 号

　　本书主要内容为 20 世纪 20 年代以后，在世界现代建筑影响下，中国城市与建筑的发展情况。具体包括上海这座近代中国最大都市的城市化、商业化与现代化，体现在建筑设备、装饰艺术风格、都市与女性、作为一种"公民建筑"的公共图书馆以及作为都市公共空间的公园和体育场等诸多方面的中国都市现代性多元表现，1927 年至 1937 年南京、武汉、广州、天津、北平、西安、重庆、青岛、济南，以及香港等中国其他主要城市的现代化，西方现代建筑的引介与影响，中国近代市政的发生和发展，以及城市规划科学的形成与实践。这些内容展示了在一个"摩登时代"，中国城市和建筑在设计思想、物质形态，以及社会功能等各方面现代化的过程。

丛书策划：王莉慧
责任编辑：王莉慧　李　鸽
　　　　　陈海娇　徐　冉
书籍设计：付金红
责任校对：王宇枢　关　健

**中国近代建筑史　第四卷**

摩登时代——世界现代建筑影响下的中国城市与建筑
赖德霖　伍　江　徐苏斌　主编
\*
中国建筑工业出版社出版、发行（北京西郊百万庄）
各地新华书店、建筑书店经销
北 京 嘉 泰 利 德 公 司 制 版
北京雅昌艺术印刷有限公司印刷厂印刷
\*
开本：880×1230 毫米　1/16　印张：39¼　字数：923 千字
2016 年 6 月第一版　　2016 年 6 月第一次印刷
定价：176.00 元
ISBN 978-7-112-19343-1
　　（28586）

# "中国近代建筑史"丛书编委会名单

主　任：沈元勤

策　划：王莉慧

顾　问（以姓氏拼音为序）：

陈志华　傅熹年　侯幼彬　刘先觉　龙炳颐　罗小未　王贵祥　王世仁
杨秉德　郑时龄　邹德侬

主　编：赖德霖　伍　江　徐苏斌

编　委（以姓氏拼音为序）：

包慕萍　陈伯超　董　黎　何培斌　侯兆年　李百浩　李传义　李海清
刘松茯　卢永毅　莫　畏　彭长歆　钱宗灏　宋　昆　汪晓茜　徐飞鹏
杨豪中　杨宇振　朱永春

主要执笔者（以姓氏拼音为序）：

包慕萍　陈伯超　陈　颖　陈志宏　董　黎　董　哲　冯　晋　傅舒兰
何培斌　侯兆年　华霞虹　季　秋　姜　波　赖德霖　李百浩　李传义
李海清　李　江　李颖春　刘　刚　刘松茯　刘文丰　龙炳颐　卢永毅
罗　薇　莫　畏　彭长歆　蒲仪军　钱　锋　钱宗灏　宋　昆　孙　倩
谭金花　唐克扬　汪晓茜　王浩娱　王　凯　王亚男　魏　枢　伍　江
徐飞鹏　徐好好　徐苏斌　杨豪中　杨宇振　姚　颖　张凤梧　张　晟
张天洁　周　坚　朱永春

# 目　录

第四巻

# 第十章

## 上海的城市化、商业化与现代化（1927–1937 年）

# 第一节 上海近代建筑业极度繁荣的基础 [1]

## 一、城市经济的迅速发展

20 世纪二三十年代的上海是近代上海经济最为繁荣的阶段。一方面，由于 1914–1918 年第一次世界大战期间，西方各国放松了对华经济活动而使中国民族资本主义经济得到空前发展，为上海经济输入了极有活力的血液；另一方面，战争期间在英、法等国对上海无暇顾及之时，美、日加强了在华活动，[2] 从而增加了上海外国资本的来源。战争结束后，英、法等国在上海的经济活动得到恢复和加强；美、日则已基本站稳了脚跟，在上海开设了大量工厂、银行，加强其资本输出；而新兴的中国民族工商业和金融业在持续的群众反帝呼声中得到进一步壮大和发展。

1915–1934 年的 20 年间，上海的贸易量增加达 6 倍（图 10-1-1）。据 20 世纪 30 年代的统计，1935 年全国各主要通商口岸的 84 家外资银行中上海有 28 家，占 33%。[3] 1933 年上海华资银行的资产总值占全国华资银行资产总值的 89%。[4] 在第一次世界大战前的 38 年中，上海共开

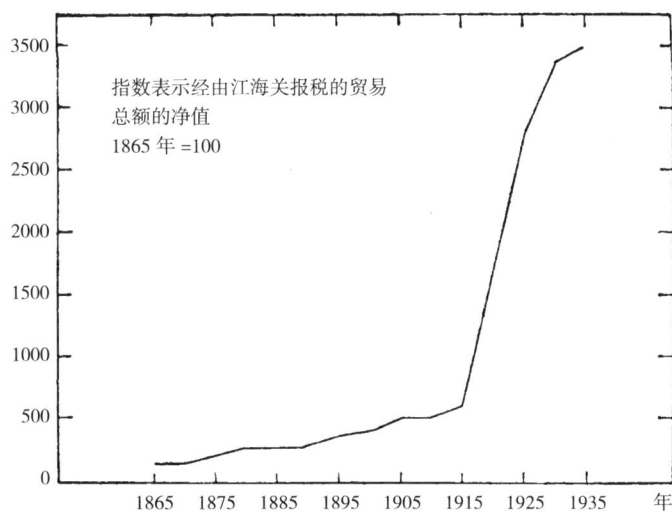

图 10-1-1 1865–1935 年上海的贸易
来源：[美] 罗兹·墨菲.上海：上海——现代中国的钥匙.上海：上海人民出版社，1986.

---

[1] 本节作者伍江。
[2] 1910–1920 年的 10 年间，上海英国侨民数由 4465 人增加到 5341 人，增加 19.6%，法国侨民由 330 人减少到 316 人，而美国侨民从 940 人增加到 1264 人，增加 34.5%，日本侨民由 3361 人增加到 10215 人，增加 204%，参见邹依仁.旧上海人口变迁的研究.上海：上海人民出版社，1980.
[3] 张仲礼主编.近代上海城市研究.上海：上海人民出版社，1990：290.
[4] 上海研究中心、上海人民出版社编.上海 700 年.上海：上海人民出版社，1991：53.

（a）30年代初期，向东鸟瞰，大新公司大楼尚未建设，远处可见先施公司和永安公司大楼

（b）30年代中后期，向西鸟瞰，大新公司和新新公司大楼均已建成

图 10-1-2 （a）（b）20 世纪 30 年代的南京路
来源：邓明主编. 上海百年掠影：1840s~1940s.
上海：上海人民美术出版社，1992.

设工厂 153 家，而从 1914-1928 年的 15 年中，上海开设的工厂竟达 1229 家之多。[①] 与此同时，上海的零售商业也得到迅速发展，并走向大型化。在繁华的南京路上，1917 年开设的先施公司、1918 年开设的永安公司均在规模和经营品种上远远超过惠罗公司、福利公司等老牌外资百货公司。1926 年又有新新公司在南京路上开业，1936 年开业的大新公司更是后来居上，形成南京路上"四大公司"相互鼎立之势（图 10-1-2）。20 世纪二三十年代的上海已发展成为远东最大的贸易中心、金融中心和工业中心，上海已是名副其实的远东最大都市，城市社会与经济的迅速发展为上海的建筑繁荣打下了坚实的经济基础。

1929-1933 年的世界性经济危机波及上海，影响了上海的贸易、金融和工业，但却戏剧性地给上海的建筑业带来了勃勃生机。这期间欧美建筑市场大量滞销的各类建筑材料被源源不断地倾销到上海。"各种金属的进口量，特别是建筑用结构钢、钢筋、钢条和软钢条的进口量有

---

① 罗志如. 统计表中之上海. 1932：63.

显著的增加。这类金属都由各建筑公司进口，它们在最近几年中，业务经营相当活跃。"[1] 这无疑给经济危机和阴影之下的大量市场游资找到了出路，进一步刺激了上海建筑业的繁荣。

## 二、房地产业高涨

20世纪20年代的上海房地产业更为兴盛。到30年代，上海经营房地产者已在300家以上，[2] 每年房地产成交额一般有数千万元。[3]1931年是房地产交易最为兴旺的年份，全年成交达18321.67万元[4]，约占当年工业总产值的16%以上，[5] 日益高涨的房地产业刺激了上海建筑业的繁荣。从1925年到1934年9月，上海英、法两租界投入的建筑资金总额达4.763亿元。[6] 这笔巨额资金的投入是上海建筑大规模、高速度发展的经济基础，它带来了一幢幢高楼大厦和一片片密集的里弄住宅，而这笔巨资的重要来源便是房地产经营的高额利润。正如有些学者指出的那样，房地产经营与建造活动之间构成了一种蜜蜂和蜜源的关系。[7]

房地产业的发展使上海城市的地价迅速提高（表10-1-1）。在20世纪的最初30年中，上海租界中心区的地价增长近10倍，最多的增长达993倍。[8] 这种地价的迅速增长是近代建筑在20世纪二三十年代向高层、高密度发展的重要原因。频繁的房地产交易还形成了市区的许多地价等级，在市中心南京路外滩的地价比市区边缘地区高出900多倍；仅以公共租界各区平均地价而言，中区的平均地价也达东区或西区的6~9倍。[9] 这种地价等级不仅影响了城市的经济布局，也影响了建筑类型的分布。在市中心区，大量摩天大楼建造起来，以使单位基地面积内获得更多的面积利润，同时这些高标准的高层大厦又更增加了原基地的地价。为获得更高的商业利润，各类商业与金融大楼往往集中于市中心地区，如在外滩一带集中了上海的大多数重要银行，南京路上仅200米的地段上便集中了闻名海内外的"四大公司"和大小数百家商店；而工厂企业为了降低成本则大多选址在地价低廉的市区外围，仅在市中心设立办事机构。30年代中期以后，许多房地产商还选择西区一些地价较低、环境优美、交通方便的地段建造大量高级公寓或花园里弄。这种开发性的活动既可比在市中心区建造高标准房屋大大降低造价，同时又可在开发后大大提高原来较低的地价，从而使房地产开发获得更高的利润。高涨的房地产业是上海20世纪二三十年代建筑业繁荣的最重要的经济基础和最直接的原因。

---

[1] 徐雪筠等编译.上海近代社会经济发展概况（1882-1931）——〈海关十年报告〉译编.上海：上海社会科学院出版社，1985：253.
[2] 张辉.上海市地价研究.正中书局，1935.
[3] 《金融和商业》（Finance & Commerce），1931-2-11，转引自张仲礼主编.近代上海城市研究，上海：上海人民出版社，1990：447.
[4] 同[3]。
[5] 1931年上海工业总产值未见统计，仅见1933年统计上海工业总产值在11亿元以上。见黄汉民.1933和1947年上海工业产值的估计//上海经济研究，1989（第1期）：63.
[6] 枕木.十年来上海租界建设投资之一斑.申报，1934-10-23.
[7] 赖德霖.从上海公共租界看中国近代建筑制度的形成//中国近代建筑史研究（第一篇）.清华大学博士论文，1992：16.
[8] 郑龙清、薛永理.解放前上海的高层建筑//旧上海的房地产经营.上海：上海人民出版社，1990：204.
[9] 张仲礼主编.近代上海城市研究.上海：上海人民出版社，1990：455.

| 年份 | 估价面积（亩） | 估价总值（两） | 每亩平均估价（两） | 每亩平均增价指数 |
|---|---|---|---|---|
| 1865 | 4310 | 5679806 | 1318 | 100 |
| 1875 | 4752 | 6936580 | 1459 | 110 |
| 1903 | 13126 | 60423770 | 4603 | 349 |
| 1907 | 15642 | 151047257 | 9656 | 732 |
| 1911 | 17093 | 141550946 | 8281 | 628 |
| 1916 | 18450 | 162718256 | 8819 | 669 |
| 1922 | 20338 | 246123791 | 12102 | 918 |
| 1924 | 20775 | 336712494 | 16207 | 1229 |
| 1927 | 21441 | 339921955 | 18652 | 1415 |
| 1930 | 22131 | 597243161 | 26986 | 2047 |
| 1933 | 22330 | 756493920 | 33877 | 2570 |

来源：张仲礼、陈曾年 . 沙逊集团在旧中国 . 北京：人民出版社，1985：36.

# 三、新技术的普遍应用

　　虽然上海在 1906 年就用砖木结构和部分钢筋混凝土建造了 6 层高的汇中饭店，1908 年采用全钢筋混凝土框架结构建造了 6 层高的上海电话公司，但一连好几年，上海的建筑一直维持在 6 层以下，以至于到 1915 年还有人预言在上海的劣质地基上至多只能建造 6 层楼房。[①] 而事实上，上海建造高层建筑的技术条件在此之前就已具备。钢筋混凝土框架结构解决了高层建筑主体结构的技术问题，而混凝土筏形基础则解决了上海由于地下土质不好而造成的不均匀沉降这一关键的基础问题，这种筏形基础早在 1910 年建造上海总会时就第一次得到了尝试。因此就在那个有关上海最多只能建造 6 层楼房的悲观预言的同一年，外滩就站立起了 7 层高的麦边大楼（后改名为亚细亚大楼）。1920 年建造的大来大楼（Robert Dollar Building, H. Murphy 设计）建到了 8 层。1923 年建造的字林西报大楼（德和洋行设计）建到了 9 层。20 年代末，上海开始出现 10 层以上的高层建筑。现代建筑结构与现代建筑材料的普遍应用彻底打破了建立在传统建筑技术基础之上的各种局限。20 世纪 30 年代以后，钢筋混凝土框架结构与钢框架结构在上海得到更为普遍的应用，在此基础上高层建筑得到迅速发展。1934 年建成的百老汇大厦（今上海大厦）21 层，高 76.6 米（图 10-1-3）；同年建成的国际饭店 24 层，高达 83.8 米，两幢楼均采用钢框架结构、钢筋混凝土楼板。百老汇大厦为减少建筑自重还部分使用了铝合金轻钢材料；国际饭店为了增加整体刚度而采用全钢筋混凝土外墙，它们的建成标志着上海的现代建筑结构已达到当时远东的最高水平。在钢结构被普遍用于高层建筑的同时，钢筋混凝土框架结构的高层建筑有了迅速发展。1933 年建成的河滨公寓和 1935 年建成的峻岭公寓（今锦江饭店中

---

① S. J. Powell. *A Deep Water Harbour of Shanghai*，1915：23，转引自［美］罗兹·墨菲 . 上海——现代中国的钥匙 . 上海：上海人民出版社，1986：36.

图 10-1-3 百老汇大厦（建于 1934 年）（左上）
图 10-1-4 20 世纪 30 年代的四马路菜场（右上）
来源：邓明主编. 上海百年掠影：1840s~1940s. 上海：上海人民美术出版社，
1992.
图 10-1-5 沙逊大厦施工中使用的打桩机（左下）
图 10-1-6 沙逊大厦施工中的钢框架（右下）

楼），二者均为公和洋行设计，都采用钢筋混凝土结构，后者高达 18 层。二三十年代上海建造
的各类重要建筑物已大多采用钢结构或钢筋混凝土结构，除框架结构外，钢筋混凝土无梁楼板
（盖）结构亦被大量用于工厂、仓库、菜场等各类建筑之中。30 年代上海建造了一大批公共菜场，
如三角地菜场、四马路菜场（图 10-1-4）、溧阳路菜场等都采用了钢筋混凝土无梁结构。在新
材料、新结构普遍采用的同时，各种新的施工技术、施工机械与设备亦被广泛用于各类工程的
建造中。在基础施工尤其是高层建筑的基础施工中，蒸汽或电动打桩机被普遍采用（图 10-1-
5）。电力升降机被用于高层建筑建造过程中的垂直吊装。高层钢框架结构常采用多种起重机联
合吊装构件，如汇丰银行新楼（今上海浦东发展银行总部）、沙逊大厦（今和平饭店北楼）、国
际饭店、中国银行大厦等都采用地面三角固定式的吊车起吊构件（图 10-1-6）。自 1915 年上海

首次引进混凝土搅拌机后,这一施工设备便被大量用于施工现场。在建造汇丰银行大楼时（1923年）上海已能够自行生产混凝土搅拌机。[1]

## 四、建筑技术力量的壮大

不断成熟与壮大的建筑技术力量是 20 世纪二三十年代上海建筑业繁荣的重要保证。首先是建筑师与工程师队伍的壮大。在外籍建筑设计机构中，除在 20 世纪初就已有很大影响的通和洋行、新瑞和洋行、马海洋行等继续活跃在设计领域外，公和洋行、德和洋行、思九生洋行、邬达克洋行、哈沙德洋行、赖安洋行等后来居上，很快成为上海建筑界最为引人注目的建筑设计机构。20 年代以后，一大批留学西方、受过西方正规建筑教育的中国建筑师陆续回国开业，上海的建筑设计队伍大大加强。[2] 这些早期的中国建筑设计机构如由留美返沪的庄俊开设的庄俊建筑师事务所，由留日返沪的刘敦桢、王克生、朱士圭、柳士英组成的华海建筑师事务所（正式名称应为华海公司建筑部），吕彦直、过养默、黄锡霖组成的东南建筑公司以及略晚由吕彦直自己开设的彦记建筑事务所等，都曾是在上海甚至在全国都很有影响的建筑设计机构。30 年代以后，更多留学回国的中国建筑师在上海开业，形成足以与外国建筑师相抗衡的强大设计力量。1936 年上海注册登记的 39 家建筑师事务所中，中国建筑师已占 12 家。[3] 如由关颂声、朱彬、杨廷宝、杨宽麟组成的基泰工程司，[4] 赵深、陈植、童寯组成的华盖建筑师事务所以及范文照、董大酉、李锦沛、陆谦受等建筑师事务所都是当时具有全国影响的建筑设计机构。上海的这些中国建筑师构成了我国近代第一代建筑师的主体。

20 世纪二三十年代上海建筑技术力量的壮大还表现在形成了一支庞大的、具有世界第一流施工技术与组织管理经验的施工队伍。自从杨斯盛创建的杨瑞泰营造厂第一次参加投标中标并成功地建造了第二期海关大楼工程，打破了外国施工承包商对上海重大建筑工程项目施工承包的垄断局面后，上海的中国营造厂如雨后春笋般地出现，并先后承建了一大批重大建筑工程。如外滩的汇中饭店大楼（今和平饭店南楼，1906 年，王发记营造厂承建）、华俄道胜银行（1901年，项茂记营造厂承建）、怡和洋行大楼（1920 年，裕昌泰营造厂承建）、工部局大楼（1919 年，裕昌泰营造厂承建）等等。他们不仅很快掌握了西方建筑的传统结构、构造、内外装饰和雕刻工艺，而且以极快的速度熟悉和掌握了新结构、新材料。如上海最早的钢筋混凝土框架结构建

---

① 何重建 . 上海近代营造业的形成及特征 // 第三次中国近代建筑史研究讨论会论文集 . 北京 : 中国建筑工业出版社，1991 : 121.
② 在此以前的 20 世纪 10 年代上海就出现了独立开业的中国建筑师，如周惠南和他的周惠南打样间。这些中国建筑师并未受过正规的建筑教育，以至于上海的外国建筑师曾抱怨这些"不具备资格和能力而自称为建筑师"的人"越来越多"，参见赖德霖 . 从上海公共租界看中国近代建筑制度的形成 // 中国近代建筑史研究（第一篇）. 清华大学博士论文，1992 : 29.
③ 娄承浩 . 近代上海的建筑师 // 上海建筑施工志编委会 . 东方"巴黎"：近代上海建筑史话 . 上海 : 上海文化出版社，1991 : 112.
④ 基泰工程司，由关颂声于 1920 年在天津创立（关颂声 1914 年留学美国，毕业于麻省理工学院，并曾在哈佛大学进修，1920 年回国），后来又有朱彬（毕业于美国宾夕法尼亚大学，1923 年回国）于 1923 年加入。杨廷宝（毕业于美国宾夕法尼亚大学，1927 年回国）于 1927 年加入。杨宽麟是四人中唯一的土木工程师，毕业于美国密歇根大学，1919 年回国。30 年代以后基泰工程司的设计业务拓展到上海并在上海注册。参见张钦楠 . 记陈植对若干建筑史实之辨析 . 建筑师 .Vol.46 : 43.

筑——上海德律风公司大楼（1908年）、上海最早的钢框架结构建筑——天祥洋行大楼（1916年），都是由中国的营造厂中标承建（二者分别为姚新记营造厂和裕昌泰营造厂承建）。至20世纪20年代，除某些设备安装行业外，上海的建筑施工行业已完全成为中国人一统天下的局面。1949年以前，上海建造的10层以上高层建筑的主体结构承建者，已为清一色的中国营造厂所包揽。[1] 从营造厂的数量来看，1922年登记有200家，1923年达822家，1933年已近2000家。其中，10年以上厂龄的占21%，5~10年厂龄的占15.5%，5年以内厂龄的占63.5%，[2] 这也可以反映出30年代上海建筑业极度繁荣的局面。有些营造厂的业务已向全国辐射，发展成为具有全国影响的大型施工企业。如陶桂林（1892–1989年）所创建的馥记营造厂的承包业务就远及南京、广州等各大城市。还有一些营造厂在某些施工领域形成专业优势，如史惠记营造厂以擅长吊装著称，30年代国际饭店施工的吊装工程全部由该厂分包（馥记营造厂总承包）；奚银记、沈生记、陈根记等营造厂则在桩基施工中具有优势，形成了与当时上海最有名的丹麦籍打桩企业康益洋行分庭抗礼的局面。海关大楼（新仁记营造厂承建）、百老汇大厦（新仁记营造厂承建）、永安公司新楼（陶桂记营造厂承建）和中国银行（陶桂记营造厂承建）等重要建筑物的打桩工程均由上述几家营造厂分包。即使在外商占优势的水电、卫生设备工程安装行业，上海的施工队伍亦占有不可忽视的地位。[3]

# 第二节　主要的建造活动 [4]

## 一、外滩的大规模改建

外滩自19世纪40年代开始形成时起，就成为上海租界建筑的一个最重要窗口。这里的建筑物自从外滩形成后便处于不断地翻建之中，很少有建筑物使用了50年以上而不翻建，有的建筑在不到一个世纪的时间里甚至翻建了2~3次。这里的建筑始终代表了上海建筑的最辉煌成就（图10-2-1）。

外滩的最后一次大规模翻建改造始于第一次世界大战之后。从1920–1929年的短短10年间，外滩有10座建筑拆除重建，占外滩全部建筑的近半数。这一次历史上最大规模的改建和重建活动，留下了一大批标志性建筑物，在上海近代建筑史上起着极为重要的作用。30年代，又有少量建筑翻建。至此，作为一个至今仍难以替代的上海城市形象的标志，外滩的面貌在20世纪二三十年代已基本形成（表10-2-1，图10-2-2）。

① 何重建.上海近代营造业的形成及特征 // 第三次中国近代建筑史研究讨论会论文集.北京：中国建筑工业出版社，1991：120.
② 李晓华.百年沧桑话建筑 // 上海建筑施工志编委会编.东方"巴黎"：近代上海建筑史话.上海：上海文化出版社，1991：8.
③ 同①：121.
④ 本节作者伍江、钱宗灏.

图 10-2-1　外滩沿江立面
来源：上海市历史博物馆馆藏图片

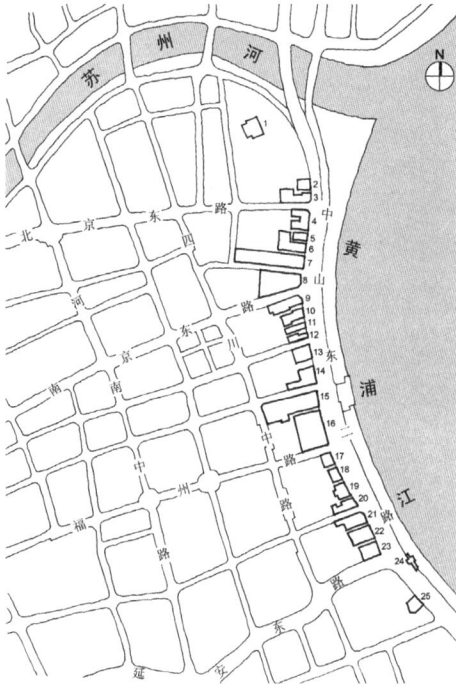

图 10-2-2　20 世纪 30 年代外滩建筑
20 世纪 30 年代外滩建筑由北向南依次为：1. 英国总领事馆，建于 1872 年；2. 东方汇理银行上海分行，建于 1911 年；3. 蓝烟囱轮船公司大楼（怡泰大楼），建于 1922 年；4. 怡和洋行办公楼，建于 1922 年；5. 扬子保险公司大楼，建于 1920 年；6. 横滨正金银行，建于 1924 年；7. 中国银行大楼，建于 1937 年；8. 沙逊大厦，建于 1929 年；9. 汇中饭店，建于 1906 年；10. 麦加利银行（渣打银行）大楼，建于 1923 年

### 20 世纪二三十年代外滩建筑一览表　　　　　　　　　　　　　表 10-2-1

| 建筑名称 | 建造时间（年） | 设计者 |
| --- | --- | --- |
| 扬子大楼（Yangtze Insurance Building） | 1918–1920 | 公和洋行 |
| 蓝烟囱轮船公司大楼，又名怡泰大楼（Glen Line Building） | 1920–1922 | 公和洋行 |
| 怡和洋行大楼（Jardine Matheson Building） | 1920–1922 | 思九生洋行 |
| 日清轮船公司大楼 | 1921 | 德和洋行 |
| 汇丰银行大楼（Building of H.&.S.Bank） | 1921–1923 | 公和洋行 |
| 麦加利银行大楼（Building of Chartered Bank） | 1922–1923 | 公和洋行 |
| 字林西报大楼（N.C.D.News Building） | 1922–1924 | 德和洋行 |
| 横滨正金银行大楼（Building of Yokohama Specie Bank） | 1923–1924 | 公和洋行 |
| 台湾银行大楼（Bank of Taiwan） | 1924–1926 | 德和洋行 |
| 海关大楼（Customs House） | 1925–1927 | 公和洋行 |
| 沙逊大厦（Sassoon House） | 1926–1929 | 公和洋行 |
| 百老汇大厦（Broadway Mansions） | 1930–1934 | 业广地产公司 |
| 中国银行大楼（Bank of China） | 1936–1937 | 公和洋行与陆谦受合作 |
| 法国邮船公司大楼（Franch Mail Building） | 1937 | 法商营造公司 |

在这一次大规模改建活动中值得注意的几个现象：

第一，在 20 世纪二三十年代建造的外滩新一代建筑中，洋行、银行等金融、贸易、办公类建筑占一大半。原来外滩最重要的建筑——最南端的法国领事馆与最北端的英国领事馆却都没有动静。这说明 20 世纪 20 年代后各帝国主义国家在上海的政治活动退居商业、贸易、金融等经济活动之后。

第二，重要建筑物的设计已垄断在少数建筑师手中。公和洋行自从 1912 年设计天祥洋行大楼（后改名为有利银行大楼，1917 年竣工）后，它在上海建筑设计领域的地位便被确立下来。在经过第一次世界大战期间的短暂停顿之后，以扬子大楼为开端，就一发而不可收，接连接受了外滩的一个又一个建筑设计任务。在外滩二三十年代建造的全部建筑中，公和洋行的作品竟占一半以上。

第三，20 世纪二三十年代西方建筑正处于大变革时期，这明显地在外滩建筑中反映出来。外滩此时建造的全部建筑都采用了钢筋混凝土框架或钢框架这样的先进结构，但形式上的变革却是滞后的。在 1925 年以前建造的建筑中，建筑形式极少受到西方现代建筑运动的影响，几乎完全为西方复古样式，尽管它们的内部结构都是新材料、新技术。比如汇丰银行大楼，完全采用钢筋混凝土框架和局部（穹顶）钢框架但却一点不露痕迹，里里外外都完全被一层复古主义的外衣包裹得严严实实。1925 年建造的海关大楼层层收缩的高耸立方体钟塔标志着外滩的建筑开始受到西方新建筑的影响，尽管它的入口门廊仍是地道的希腊复兴式样。海关大楼以后，西方复古式样在外滩这一上海建筑的"橱窗"中便不再受欢迎。

第四，这一次大规模建设活动的高潮在 20 年代。30 年代后仅有百老汇大厦、中国银行大厦和法租界外滩的法邮大楼建成。但与 20 年代不同的是，现代建筑技术在 30 年代有了巨大进步。20 年代建造的建筑中只有一座沙逊大厦在 10 层以上，而且建成于 20 年代的最后一年。而 30 年代建成的 3 座建筑全部是 10 层以上，其中百老汇大厦甚至建到了 21 层，而且局部采用了比全钢架结构轻 1/3 的铝钢合金框架结构。

## 二、高层建筑迅猛发展

20 世纪二三十年代的大规模建造活动还表现在大量的高层建筑上。1929 年 9 月 5 日，上海第一幢 10 层以上大楼——沙逊大厦在上海地价最高的一块地皮——外滩南京路转角处落成。[①] 这座建筑高 13 层（包括一、二层间的夹层），顶端高度达 77 米。这座建筑由当时上海最大的房地产商沙逊集团投资建造，其四层以下房间全部出租用作商店及办公，五层至九层用

---

① 在此之前，于 1927 年落成的海关大楼也号称 11 层，它的顶端高达 79.2 米，但实际可使用部分仅 7 层。局部 8 层，包括一、二层间的夹层也才 9 层。所谓 11 层是将顶部钟塔全部包括进去。当然，它至少在技术上已宣告了上海已具备了建造 10 层以上高层建筑的条件。

来开设沙逊集团所属的华懋饭店，十层为夜总会与小餐厅，11 层以上为沙逊本人住所。同一年，沙逊集团投资的另一座 14 层大厦——华懋公寓亦建成投入使用。从此以后，沙逊集团便把投资重点转移到高层建筑上来，其他房地产公司也纷纷效仿沙逊而投资于高层建筑。据不完全统计，从 1929-1938 年的短短 10 年间，上海建成的 10 层以上高层建筑有 31 座（表 10-2-2）。如果说 20 年代外滩大规模重建是与上海经济的高速增长完全同步的话，那么 30 年代的高层建筑浪潮则是在上海经济走下坡路的形势下出现的。上海的对外贸易 1930 年比 1920 年增长

1929-1938 年上海建成的高层建筑 表 10-2-2

| 建筑名称 | 层数 | 竣工时间 | 设计者 |
|---|---|---|---|
| 沙逊大厦（Sassoon House） | 13 | 1929 年 | 公和洋行 |
| 华懋公寓（Cathay Mansions） | 14 | 1929 年 | 安利洋行 |
| 培恩公寓（Bearn Apartment） | 10 | 1930 年 | 赉安工程师 |
| 汉弥尔登大厦（Hamilton House） | 14 | 1933 年 | 公和洋行 |
| 河滨公寓（Embankment Building） | 10 | 1933 年 | 公和洋行 |
| 跑马厅新厦 | 10 | 1933 年 | 马海洋行 |
| 大陆银行大楼 | 10 | 1933 年 | 基泰工程司 |
| 中国垦业银行大楼 | 10 | 1933 年 | 不详 |
| 总巡捕房 | 10 | 1933 年 | 公共租界工部局建筑处 |
| 永安公司新厦 | 22 | 1933 年 | 哈沙德洋行 |
| 都城饭店（Metropole Hotel） | 14 | 1934 年 | 公和洋行 |
| 泰兴公寓（Medhurst Apartment） | 12 | 1934 年 | 新瑞和洋行 |
| 会乐公寓（Willow Court） | 12 | 1934 年 | 不详 |
| 中国通商银行新厦 | 18 | 1934 年 | 新瑞和洋行 |
| 国华大楼 | 11 | 1934 年 | 通和洋行 |
| 百老汇大厦（Broadway Mansions） | 21 | 1934 年 | 业广地产公司 |
| 国际饭店（The Joint Savings Society Building） | 22 | 1934 年 | 邬达克 |
| 中汇银行大楼 | 13 | 1934 年 | 赉安工程师 |
| 峻岭公寓（The Grosvenor Garden） | 18 | 1935 年 | 公和洋行 |
| 毕卡第公寓（Picardie Apartments） | 16 | 1935 年 | 法商营造公司 |
| 万国储蓄会公寓（I. S. S. Gasgoigne Apartments） | 13 | 1935 年 | 赉安工程师 |
| 爱丽公寓 | 11 | 1936 年 | 不详 |
| 同孚大楼 | 10 | 1936 年 | 陆谦受、吴景奇 |
| 大新公司 | 10 | 1936 年 | 基泰工程司 |
| 麦兰捕房 | 10 | 1936 年 | 赉安工程师 |
| 迦陵大楼（Liza Hardoon Building） | 14 | 1937 年 | 德和洋行与世界实业公司 |
| 中国银行大楼 | 17 | 1937 年 | 公和洋行与陆谦受 |
| 五洲大楼 | 10 | 1937 年 | 通和洋行 |
| 法邮大楼（Franch Mail Building） | 12 | 1937 年 | 法商营造实业公司 |
| 麦琪公寓 | 10 | 1937 年 | 不详 |
| 开文公寓 | 10 | 1938 年 | 不详 |

了70%，而1936年却比1930年减少了6.5%。[1] 但也正是在对外贸易下降的同时，建筑材料的进口却大幅度增长，欧美市场滞销的大量建筑材料被大批倾销到上海。由于高层建筑利润率高，加之20年代末30年代初上海高层建筑设计、结构、施工、设备等技术都已具备了相当高的水平，从而促使上海的房地产商们抓住机会，利用廉价材料和劳动力，竞相投资于高层建筑，带来上海高层建筑在短时期内的空前繁荣。如沙逊集团，从20年代末30年代初便集中其大部分资金投向高层建筑。表10-2-2中31座10层以上高层建筑中，沙逊集团就占有6座，沙逊集团的这些产业在1944年时价值高达3604万元，占沙逊集团当年房地产总值8689万元的41.48%，[2] 高层建筑已成为房地产投资的主要方面。这也是30年代上海高层建筑大规模建设活动与20年代外滩的大规模改建活动的一个重要区别。在20年代建成的外滩11座建筑中，绝大部分为各大银行、洋行的办公大楼，建造在地价最高的黄金地带；而30年代建成的10层以上高层建筑中，大部分的建造目的已明显地属于房地产开发性质。建造高层建筑后带来了极为明显的高额级差地租。正是房地产经营活动的这种投机性所带来的高额利润才是30年代经济萧条形势下建筑业却呈现空前繁荣的巨大动力。一些比较典型的近代上海高层建筑案例如下：

华懋公寓（Cathy Mansions，今锦江饭店主楼），上海英商公和洋行设计，新苏记营造厂承建，1929年建成。先是在1925年该楼由英商安利洋行投资建造，期间安利洋行因资金链断裂为新沙逊洋行兼并，故1929年建成时已属新沙逊洋行旗下华懋地产公司的产业。大楼14层，高57米，钢框架结构，主体平面大致呈"一"字形，北立面有左右对称的凸出楼体，内部为服务性用房和储藏室。建筑整体呈装饰艺术风格，细部兼有哥特艺术特征。立面构图以竖向为主，方格钢窗排列整齐；外墙贴褐色面砖，檐部、基座及各层窗框均用浅色水泥斩假石饰面。原主入口位于建筑北侧中央，后由于地面沉降改从南侧中部进入，为此加建了入口门廊直接进入二层。建筑内部二至十层为成套公寓房，每层有8套住宅，十一与十二层为餐厅，厨房设在顶层，利于油烟排放。内部设备完善，水汀供暖，有电梯7部。

峻岭公寓（Grosvenor House）属华懋地产公司产业，由上海英商公和洋行设计，新苏记营造厂承建，1935年建成。建筑为钢框架结构，平面呈条形五折环状对称布局，标高78米、18层，外形仿美国近代摩天楼形式，采用中部到两侧逐级跌落的折线造型，至端部降为13层，这是装饰艺术风格的惯常手法。由于体量庞大，立面采用横竖线条交织的办法，即在中部及两端施以垂直线条装饰，其余窗间墙则处理成水平线条。外墙贴褐色面砖，重点突出中部。细部装饰则集中在入口和檐部等处，装饰母题均为连续的几何图案。大楼底层全部为储藏室，二层以上为公寓式套房，共77套，最小的套间为3室，最大的7室。另西侧沿街有6幢连续的3层公寓，名Grosvenor Gardens，简称高纳公寓。平面布局重叠穿插，类似拼版，立面变化丰富。外墙褐色面砖贴面，有装饰艺术风格纹饰。屋顶为女儿墙平台。

百老汇大厦（Broadway Mansions），上海英商业广地产公司（Shanghai Land Investment Co.,

---

[1] 张仲礼主编. 近代上海城市研究. 上海：上海人民出版社，1990：112. 根据"上海对外进出口贸易值（1864–1948年）"计算而来。
[2] 张仲礼、陈曾年. 沙逊集团在旧中国. 北京：人民出版社，1985：50.

Ltd.）建筑部弗雷泽（B. Fraser）设计，新仁记营造厂承建，1934年建成。大厦原址是上海英商电车公司，1930年业广地产公司投资500万两白银兴建，地上21层，钢框架结构，高76.7米。建筑外貌简洁，具有装饰艺术风格特征，是外滩北端最著名的地标建筑。由于平面呈"X"形，使4翼房间均获较好朝向。立面为中部至两侧跌落的折线形构图，所有顶部檐口均饰以统一的几何形连续装饰性图案。外墙饰棕色面砖，窗裙部分拼成图案。建成时为专供在沪英国商行中高级职员居住的公寓。底层为一般客房和公共服务设施；二至九层每层有大小公寓4套，客房12套；十至十四层每层设客房15套；十五至十六层每层设客房16套；十七层设餐厅、厨房；十八层为业主住所；十九至二十一层为机房及水箱等设备层；地下室为锅炉间。大厦垂直交通十分方便，两端设有电梯和楼梯，供四翼公寓客房使用；中间设两部电梯，由中部房间住户使用。北面有多层车库1座，可停放80辆汽车。

毕卡第公寓（Picardie Apartments.）为法商万国储蓄会（International Savings Society）投资兴建的现代公寓，中法实业公司（Minutti & Co, Architects.）设计，潘荣记营造厂承建，1935年建成。钢筋混凝土框架结构，外貌简洁，具有现代建筑风格。立面对称，强调竖向构图。大楼可分为东、西、中三部分，中部为主楼，高16层，两翼则为13层、12层、10层、9层，成阶梯状逐层跌落。因建筑体量庞大，布局采取展开式，同时也使各房间朝向恰当。公寓的主要入口居中轴线凸出部分，底层有走道互通，各部分有单独电梯上下，共有五组电梯。全公寓有88套住房，有2室、3室、4室、5室等4类户型。每套公寓都有起居室、卧室、浴室及储藏室、餐室、备餐室和厨房，生活设施齐全。主楼后侧有3层螺旋道车库。

培恩公寓（Bearn Apartments）是法商万国储蓄会在1923年投资兴建的一座高层公寓，由上海法商赉安洋行（Leonard, Vesseyre, & Kruze, Architects.）设计，1930年建成。建筑采用钢筋混凝土结构，外观为装饰艺术风格。立面以部分开间作间隔凸出，以褐色面砖和浅色水泥相间的色彩形成竖向构图；顶部檐口及底层商铺雨棚则为带状挑檐，强调水平层次。中部顶上高出4层作阶梯状塔楼造型。大楼沿街作周边式布置，底层临街为商店，中心有大院，设车库及附属用房等。公寓有多处入口，入内为扶梯和电梯，二层各户多为2室，三层以上为标准层，各户3室、4室或5室。每户除标准配置外，还有壁橱、熨衣台，集中供冷的冰箱和垃圾管道，出口在内侧大院。街坊南侧为一排三单元组合的公寓，俗称"小培恩公寓"，标准层3室，原为4层，现加建为5层。有一室户及三室户。标准较前面稍低。

华懋饭店（Cathay Hotel）坐落在外滩沙逊大厦（Sassoon House）之内。建筑由上海英商公和洋行设计，华商新仁记营造厂承建，1929年建成。建筑钢框架结构，临外滩的东部塔楼高12层，西部9层，平面略呈"A"字形。外墙采用苏州产花岗石贴面，立面以竖线条构图为主，檐部和基座线脚等采用抽象几何图形，具有装饰艺术风格。塔楼上冠以19米高的墨绿色红脊方锥体铜皮屋顶，顶部采光亭上还有一小型方锥体顶（现已不存）。沙逊大厦是英籍犹太商人维克多·沙逊（Ellice Victor Sassoon）经营的商业地产之一，建成后，一部分用作沙逊洋行办公之用，一部分用来开设旅馆。室内大理石地面、墙面拼花图案、栏杆、天花和灯具等也为装饰艺术风格。底层设有穿过式拱廊，两边是供出租用的商铺；二至三层亦为出租用写字间，四层即沙逊洋行办公室。五至八层是旅馆部，其中设有中、英、美、法、德、意、西、印和日等九个不同国家建筑风格的套房。九层设有大餐厅和舞厅，旁有休息廊道，中部为中式风格装修的龙凤厅，十层有英式餐厅。第十一层原为沙逊本人的住所，作英式豪华装修，有私人餐厅。日本侵华战争期间，大楼曾被日军征用，抗日战争胜利后发还原业主经营，但业务已非昔比。

国际饭店（Park Hotel）①在四行储蓄会大楼内，由中国民族资本四行（中南银行、大陆银行、盐业银行、金城银行）共同设立的储蓄会投资，旅沪匈牙利籍建筑师邬达克（L. E. Hudec）设计，馥记营造厂承建，1934年建造，建成后以国际饭店名义对外营业。建筑地上22层，地下2层，地面以上标高83.8米，在1982年以前一直是上海最高建筑。②内部第一至二层中央通高，原为四行储蓄营业厅，余为办公室；第三至四层为餐厅；第十五层为舞厅；其余除设备层外，均为客房或公寓。建筑外墙用褐色波纹面砖饰面，竖线条构图；底层至二层墙面饰黑色磨光花岗石，三至四层立面作水平构图。三层部分突出，采用当时极为时新的玻璃幕墙。大楼前部十五层以上塔楼呈阶梯状逐层收分，整体造型为装饰艺术风格。建筑结构为钢框架结合现浇混凝土楼板。为加强整体刚度，外墙亦全部采用钢筋混凝土。此外，为了防火，钢框架结构外包混凝土，每层楼亦都设有消防龙头和上海首次使用的自动灭火喷淋装置。总之，国际饭店的造型现代，其结构和设备均代表了当时上海甚至远东地区高层建筑的最高水平，它的建成也是近代上海建筑业现代化成就的综合体现。

## 三、各类建筑的大量建造

在公共建筑方面，大型商业建筑在20世纪二三十年代得到进一步发展。继1917年南京路上第一家大型百货公司先施公司建成（德和洋行设计）和1918年又一家大型百货公司永安公司（公和洋行设计）在南京路建成后，20年代又有新新公司建成（1926年，鸿达洋行设计），1933年永安公司旁边又耸立起19层的新永安大楼（哈沙德洋行设计）。至1936年大新公司建成（基泰工程司设计），南京路上形成了四大公司鼎足而立的局面。

先施公司（Sincere Co.）由上海英商德和洋行（Lester, Johnson and Morris）设计，华商顾兰记营造厂承建，1917年建成。大楼7层，钢筋混凝土框架结构，6层立面均作横向构图，在第二和第四层处加了挑檐，分别环以石栏和铁栏。主入口位于南京路和浙江路口的西北转角处，上有通贯二至三层的爱奥尼式柱及弧形断檐山花；七层顶部女儿墙至东南转角处作弧形凸起，镶有圆面自鸣钟；塔楼由方而圆，均以塔司干柱式支撑。建筑外貌具有折中主义的文艺复兴与巴洛克建筑特色。先施公司由侨商马应彪于1900年在香港创设，1914年到上海发展，是上海第一家经营环球百货的中资大型商店。1917年10月20日开业，除销售部外，公司还设有东亚

---

① 国际饭店英文名称因其边上的 Park Road（今黄河路）而得名。
② 1982年建造的上海宾馆高91.5米，第一次超过了国际饭店。

旅馆、先施游乐场和屋顶花园。

永安公司（Wing On Co.）1907年由澳大利亚华侨郭乐、郭泉兄弟创设于香港，1915年来上海投资，系南京路上著名的四大公司之一。公司老楼由上海英商公和洋行（Palmer & Turner）设计，华商辛记营造厂承建，1918年建成。大楼6层、局部7层，钢筋混凝土框架结构，建筑立面三段式划分、强调水平线条。主入口位于南京路和浙江路西南转角处、呈弧形，入口处饰爱奥尼式双柱，上部各层均有连续的弧形阳台；西侧顶部另有一座3层高的巴洛克式塔楼，整个立面表现出折中主义风格。老楼内部一至四层为商场，上部附设旅馆、舞厅，顶部有屋顶花园"天韵楼"。

永安公司新楼位于老楼东侧，由上海美商哈沙德洋行（Elliott Hazzard）设计，地下基础由锦石记营造厂施工，地上建筑由陶桂记营造厂承建，1933年建成。建筑平面略呈三角形，北部22层，南部8层，钢框架结构。建筑形体正面窄而高耸，为一座装饰艺术风格的现代高层建筑。外墙一至二层花岗石贴面，上部各层饰浅黄色釉面砖。沿街有大橱窗，墨绿色花岗石铺砌。入口处阶梯直达第二层；一至五层原为永安公司营业部及商场；第六层至屋顶为茶园和游乐场等。其中第六层有两座平行的封闭式天桥与西侧旧楼相通，第七层设"七重天酒楼"。

新新公司（Sun Sun Co.Ltd.）系侨商刘锡基和李敏周于1923年筹建，名称含"日新又新"之意。建筑由匈牙利籍建筑师鸿达（C.H.Gonda）设计，联益营造公司施工，1925年兴建，1926年1月开业。大楼为7层钢筋混凝土结构。底层至三层原为商场，四层为总管理处，五层为水火保险部，六层为新新饭店、新新剧场及上海第一个由中国人创办的私营广播电台。电台因四周围以玻璃，俗称玻璃电台。七层设万象厅粤菜馆。此外还有新新第一楼、新新茶室、新新美发厅、新新旅馆等经营单位分布于各层。建筑立面作直线条处理，方柱，门窗长方形，仅二楼有水平腰线；六层有挑出一周的铁栏阳台，供旅馆客房使用。顶部中央有逐层收分的4层环柱式塔楼；两侧转角处亦各有一个单层楼座。建筑外观简洁，属折中主义风格。

大新公司（Sun & Co.）系南京路四大百货公司中开设最晚、规模最大的一家。1934年澳大利亚华侨蔡昌来沪筹建，地点选在当时上海繁华的南京路西藏路口。公司大楼由中国最著名的建筑师事务所基泰工程司设计，馥记营造厂承建，1936年1月10日正式开业。建筑高10层，采用钢筋混凝土结构，立面朝南京路和西藏路沿街作弧形转角，屋顶上的栏杆、花架及挂落带有明显的中式装饰特点；底层外墙用青岛黑色大理石饰面，与二层交接处采用统长的水平遮阳板分隔处理，上部各层贴浅黄色釉面砖，外貌呈装饰艺术风格。大新公司室内柱子间距较大，不仅铺面显得宽敞，柜台布置也较为灵活。公司利用地下室开辟商场，是上海第一家设地下商场的百货店。大楼地上四层为营业厅，五层专设大新舞厅、酒家，六层至顶部为游乐场和"屋顶花园"，堪称是一座结合了购物、娱乐和餐饮等多种功能的现代商业综合体。从铺面商场至三楼有自动扶梯2部，为国内首创，也给顾客带来了一种崭新的空间体验。"逛大新公司乘自动扶梯"因此成了上海一句时髦的口头语。公司在规模和设备上的这些特点充分体现了店名本身所强调的"大"和"新"。

发展最快、建造量最大的公共建筑类型是供城市各层次居民使用的各种娱乐类建筑，这其中又以电影院、戏院发展最为迅速。自从 1908 年上海第一座电影院虹口大戏院建成后，电影院便成为上海最受欢迎的新建筑类型之一。随着二三十年代上海经济的发展，电影院更是兴盛不衰。如卡尔登大戏院（Carlton Theatre，1922 年）、南京大戏院（Nanking Theatre，1930 年，范文照设计）、大上海大戏院（Metropol Theatre，1933 年，华盖建筑师事务所设计）、大光明大戏院（Grand Theatre，1933 年，邬达克设计），等等，都是当时闻名全国的电影院。此外，新光大戏院（Strand Theatre，1930 年，新瑞和洋行设计）、浙江大戏院（1930 年、邬达克设计）、金城大戏院（Lyric Theatre，1934 年，华盖建筑师事务所设计）、丽都大戏院（Rialto Theatre，1935 年，范文照设计）等，也都是颇有影响的电影院。这些电影院都以电影放映为主，同时兼顾小型戏剧的演出。除电影院外，二三十年代也有大量专业戏剧演出的剧院建造起来。其中，最负盛名的如以上演西方戏剧为主，兼映电影的兰心大戏院（Lyceum Theatre，1930 年，哈沙德设计），还有专演中国戏剧的天蟾舞台（1925 年建）等"四大舞台"（另 3 家为大舞台、共舞台和更新舞台）等等。舞厅也是 20 世纪 30 年代兴起的一类新型建筑。最著名的如建于 1934 年的百乐门舞厅（Paramount，杨锡镠设计）和建于 1936 年的仙乐斯舞厅（Ciro's，世界实业公司设计）。一些典型的电影院和戏院建筑案例如下：

兰心戏院（Lyceum theatre）：1867 年上海西人爱美剧社（Amateur Dramatic Club）创立的演出场所，原址在今虎丘路东侧近香港路，1929 年因房屋老旧而择址建新屋。建筑由上海英商新瑞和洋行（Davies，Brooke& Co.）设计，1931 年建成，为 3 层钢筋混凝土结构，入口处位于今茂名南路长乐路转角，立面中部饰有 3 孔拱券窗，上部为挑阳台的三联窗；窗券口、窗框、阳台和墙角隅石均以假石装饰；墙面贴褐色面砖，建筑外观为英国安妮女王复兴式（Queen Anne Revival Style）。室内为装饰艺术风格，有简洁精致的几何形图案。观众厅共设 723 个席位，其中楼座 233 席位。舞台宽 19.5 米，纵深 10 米，面积几乎与观众厅相等，话剧、歌剧及交响乐等均可演出，音响效果良好，并可兼演电影。整座剧院冷暖气俱全。这样的设施装备在当时的上海堪称首屈一指。

南京大戏院，范文照、赵深设计，1930 年建造，钢筋混凝土框架结构，外貌呈简约的西方古典风格，入口处上方有三扇半圆券落地窗，窗间有爱奥尼式壁柱，上部檐壁故事性人物浮雕亦为古希腊风格。顶部为清水砖墙。内部门厅和休息厅作华丽的古典大理石装饰，柱子为白色大理石柱身、黑色大理石混合式柱头。门厅中央设分成左右两翼的"T"字形楼梯，上为眺台；前设回廊；后为休息厅，可容千人，厅前有三孔券门，上饰简洁线脚。观众厅平面为钟形，上下层共有座位 1539 个，其中楼座 572 个。

国泰大戏院（Cathy Theatre）由旅沪匈牙利籍建筑师鸿达（C.H.Gonda）设计，1930 年新沙逊洋行下属的华懋地产公司投资建造。建筑采用钢筋混凝土结构，外观为典型的装饰艺术风格。外立面作竖直线条处理；通长采光窗和深褐色的面砖墙面相间。街面转角入口处顶部自两侧向中央作阶梯状升起。观众厅设 1010 席，间距宽敞，座椅舒适，每座均配装同声传译设备。二层和三层分别设供观众娱乐的弹子房。影院初由外商联合影业公司管理，后转由国光影业公司经营。

在居住建筑方面，20世纪二三十年代也是一个建设的黄金时期。不论是豪华的私人住宅、别墅，还是高级的大型公寓，或是普通的里弄住宅，建造量都相当可观。首先是最富有阶层的豪华住宅和别墅。嘉道理住宅（Sir Elly Kadoorie's House，图10-2-3，今上海少年宫）建于1924年，俗称大理石大厦（Marble House）。这是一座规模恢宏的宫殿式大宅邸，占地达1.4公

（a）外观

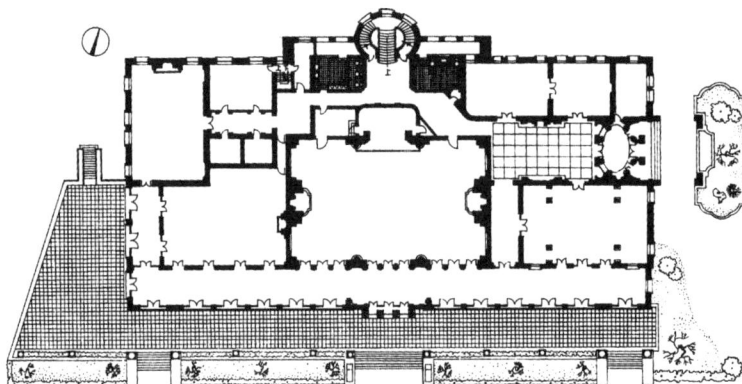

（b）平面图

图10-2-3　嘉道理住宅（建于1924年）
来源：娄承浩等编著.老上海名宅赏析.
上海：同济大学出版社，2003.

（a）外观

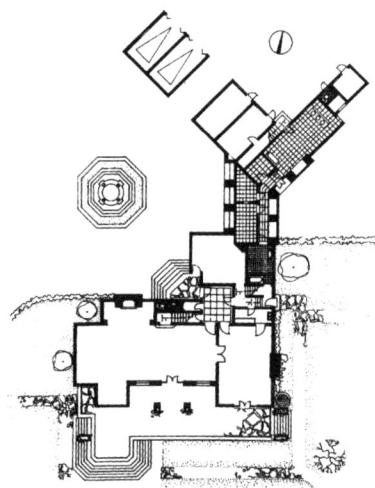

（b）平面图

图10-2-4　沙逊别墅（建于1932年）
来源：娄承浩等编著.老上海名宅赏析.上海：同济大学出版社，2003.

顷，建筑面积 3300 平方米。底层的大厅最负盛名，这个大厅位于平面正中，长约 24 米，宽约 15 米，高约 20 米，墙面和地面全部为大理石，"大理石大厦"即由此而得名。沙逊别墅（图 10-2-4）建于 1932 年，公和洋行设计。虽然其主人是上海首富，建筑规模也很大，但由于是远郊别墅，所以并不追求雄伟气派，而是追求一种悠闲的乡村情调。这种英国乡村别墅式住宅是上海花园住宅的主要流行式样之一，如虹桥路 2310 号别墅。王伯群住宅（建于 1934，协隆洋行设计，图 10-2-5）也是英国式的，但属于英国的哥特复兴式。西班牙式风格因其造型简洁、造价较低而大量流行于中等规模的花园住宅中，如汾阳路 45 号住宅（建于 1934 年）和愚园路 395 弄涌泉坊内 24 号住宅（建于 1936 年）。马勒住宅（建于 1936 年,图 10-2-6）是一个特殊的、有趣的例子，它的风格属于北欧式，但似乎更多地来自童话世界。吴铁城住宅（又名"望庐"，图 10-2-7）是上海豪华私人住宅中少量中国式建筑之一，这座建筑建于 1934 年,由董大西设计。30 年代后，住宅建筑中开始流行现代风格。如李锦沛设计的严公馆（建于 1934 年）和邬达克设计的吴同文住宅（建于 1937 年），邬达克的成功设计树立了上海现代派风格住宅的杰出范例。20 世纪二三十年代是上海私人住宅发展的高峰时代，[①] 除了少数巨商富贾、达官贵人的豪华宅邸或别墅外，一般资产阶级的私人住宅也得到很大发展。公寓是 20 世纪才出现的一种新类型建筑，二三十年代是上海公寓建筑的黄金时代。特别是 30 年代以后上海高层公寓的大量兴建，使其成为上海标志性建筑物中的又一个重要组成部分。如百老汇大厦（1934 年建）、泰兴公寓（1934 年建）、毕卡第公寓（1935 年建）、峻岭公寓（1935 年建）、万国储蓄会公寓（1935 年建）等都曾是上海最引人注目的建筑。

里弄住宅在二三十年代也得到较快的发展。首先是新式石库门里弄的大量兴建。由于地价上扬,建筑向空间发展,传统两层高的石库门住宅开始变成 3 层,并开始安装卫生设备。总弄、支弄有了明显区分，总弄宽度加大，以便回车。20 年代是新式石库门住宅最为兴盛的时期，这一时期新式石库门里弄如尚贤坊（建于 1924 年）、四明村（建于 1928 年，图 10-2-8）、梅兰坊（建于 1930）、福明村（建于 1931 年）等都有相当大的影响。在新式石库门里弄大量建造的同时，又从中演变出一种新的里弄住宅形式——新式里弄。与石库门里弄相比，新式里弄又有了不少变化。它的总平面一般均考虑通车与回车的需要，单体平面不再受单开间和双开间的限制，而是较自由地进行室内平面布置。每家入口处的石库门没有了，代之以铸铁栅栏门。围墙高度被大大降低或用低矮栅栏代替，甚至干脆用绿化隔断。小天井被取消，一般被敞开或半敞开的绿化庭院所代替。屋面一般采用机制瓦代替传统的小青瓦。形式上更多地模仿西方式样而较少采用中国传统装饰。除承重结构一般仍由砖墙承重外大量采用钢筋混凝土构件。水、电、卫生设备已较为齐全，有些还安装了煤气和水汀取暖设备。新式里弄中较著名者如凡尔登花园（建于 1925 年，图 10-2-9）、霞飞坊（建于 1927 年）、静安别墅（建于 1929 年）和涌泉坊（建于 1936 年）等。进入 30 年代以后，新式里弄进一步发展而演变出一

---

① 王绍周.上海近代城市建筑.南京：江苏科学技术出版社，1989：116.

图 10-2-5 王伯群住宅
（建于 1934 年）

图 10-2-6 马勒住宅
（建于 1936 年）

图 10-2-7 吴铁城住宅
（建于 1934 年）
来源：《建筑月刊》第二卷
第二期，1934 年

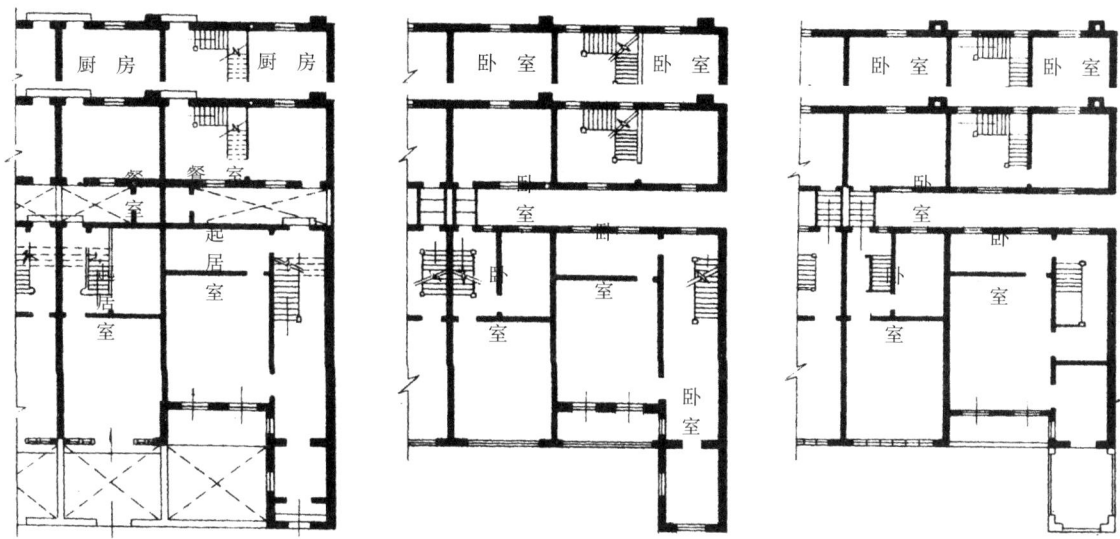

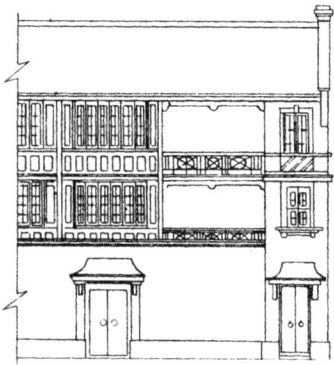

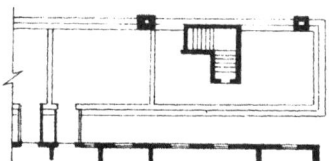

晒台

正立面

图 10-2-8 四明村（建于 1928 年）

住宅单元平面、立面图

来源：陈从周、章明.上海近代建筑史稿.上海：上海三联书店，1988.

总平面图

来源：上海市行号路图录.福利营业股份有限公司，1947.

正立面

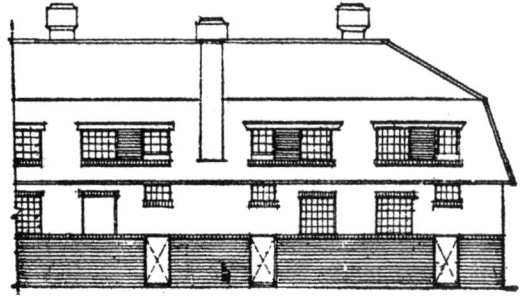

背立面

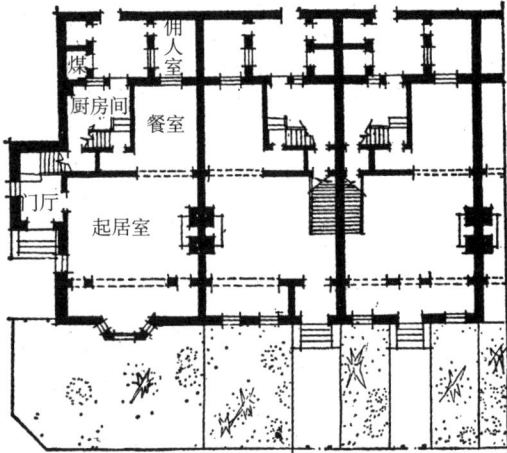

一层平面

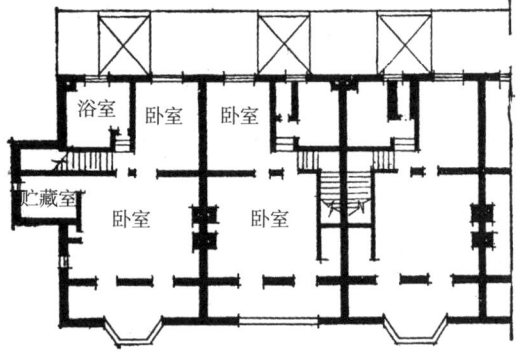

二层平面

夹层平面

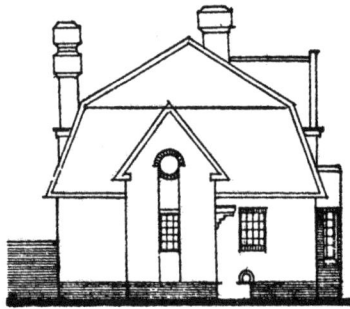

侧立面

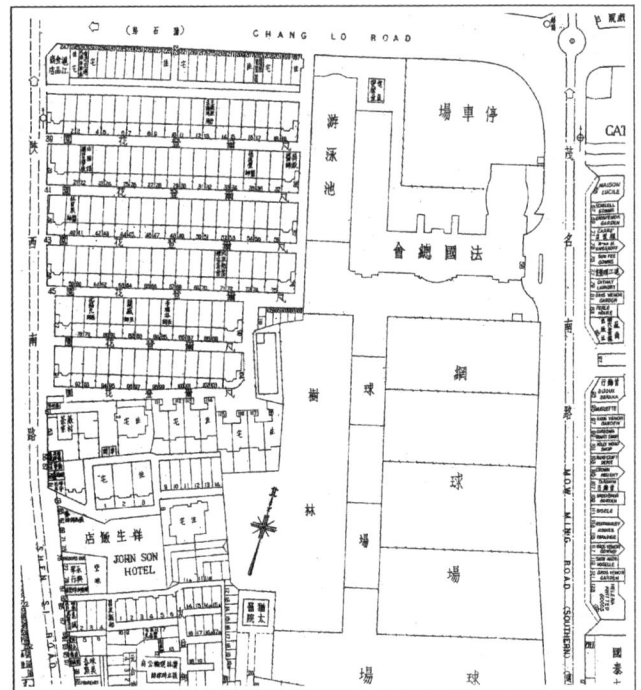

图 10-2-9 凡尔登花园（建于 1925 年）

住宅单元平面、立面图.

来源：王绍周、陈志敏.里弄建筑.上海：上海科学技术出版社，1987.

总平面图

来源：上海市行号路图录.福利营业股份有限公司，1947.

类标准更高的花园式里弄住宅。这种住宅由长条式变成半独立式，注重建筑间的环境绿化，室内布局和外观接近于独立式私人住宅，风格多为西班牙式或现代式。如建于 1934 年的福履新村、1939 年的上方花园和 1939 年的上海新村等。还有一些花园里弄既不是每家一幢也不是两家合为一幢，而是和公寓一样，每一层都有一套或几套不同标准的单元，这种花园里弄又称之为公寓里弄。如建于 1934 年的新康花园和建于 40 年代的永嘉新村等。花园式里弄与公寓式里弄，除了总体布局还有某些类似于传统里弄的成片布局特征外，其建筑单体已很难再视之为里弄住宅了。

20 世纪 30 年代初，上海还出现了最早的有计划成片建造的平民住宅区。1928 年，上海特别市政会议决议，筹建低造价平民住宅，以取缔棚户，整顿市容。1931 年建成了 3 处平民住宅。一为闸北全家庵路（今临平北路）的第一平民住所，一为沪南鲁班路（今重庆南路）的第二平民住所，一为闸北交通路的第三平民住所。这种平民住宅一般为 2 层，密度很高，建筑低矮、道路狭窄，无独用卫生设备（小区内设公共厕所），标准很低，但每一居住区均设大礼堂、运动场等公共设施。1935 年，上海市政府又出资在中山路（今中山北路）、其美路（今四平路）、大木桥路、普善路建造了 4 处平民住宅区，建筑标准略有提高。[①] 平民村建设随着抗日战争的开始而终止。30 年代的几处平民住宅区，改善了一部分棚户区的居住条件，但杯水车薪，并没有根本解决城市底层平民的居住问题。40 年代后，大量战区破产农民涌入上海谋生，又形成了更多的棚户区。如药水弄、蕃瓜弄等棚户区，居民都居住在极简陋的"滚地龙"里。至 40 年代末，上海有 18 万户、近 100 万人居住在数百个棚户区内，与上海中上层社会的居住状况形成了强烈的对比。

除公共建筑与居住建筑外，20 世纪二三十年代上海的宗教建筑也有较大发展，这其中基督教（新教）教堂建设尤为突出，建造了一大批中小型教堂，如建于 1920-1925 年的诸圣堂，建于 1923 年的景灵堂、清心堂，建于 1924 年的鸿德堂，建于 1925 年的国际礼拜堂和建于 1930 年的慕尔堂。天主教也有一些重要的建设活动，其中最著名者是建于 1925 年的佘山大教堂。这座教堂由葡萄牙籍传教士、建筑师叶肇昌（Rev. Fr. Fancis Diniz）设计，平面为巴西利卡式，但主要入口在横向（纵向另设一象征性主要入口）。中厅长 56 米，最宽处宽 25 米，采用现浇钢筋混凝土结构作拱顶，其外部形式为以罗马风（Romanesque）为主的折中式，内部则为哥特式。同年建成的息焉公墓也是一座富有个性的天主堂。它采用等十字集中式平面，上覆钢筋混凝土薄壳屋顶，形式略具拜占庭风格。俄国十月革命以后，大批俄国资产阶级逃到上海，这些人被称之为"白俄"。大量俄国移民的到来导致上海东正教的兴盛。建于 1931 年的圣母大堂（新乐路东正教堂）是上海最大的东正教教堂，由俄国建筑师 A. J. Yaron 开设的协隆洋行设计，集中式平面，一大四小五个葱头式穹隆顶，结构则是先进的钢筋混凝土框架。上海的外国侨民中，犹太人扮演着一个十分重要的角色。中东很多富有的犹太人受到印度、中国等地殖民经济迅猛

---

① 黄鉴铜、李培 . 抗战前的上海平民村 // 上海文史资料选辑 . 63 期 . 上海：上海人民出版社，1989：159-166.

发展的吸引而纷纷来到东方。上海外商中最负盛名的如沙逊家族、嘉道理家族及哈同等都是来自中东的犹太人。19 世纪末，俄国出现排犹运动而导致一部分东欧犹太人来到上海，十月革命后来到上海的"白俄"中也有不少犹太人，"九一八事变"后又有一部分俄国犹太人从东北来到上海。大量犹太人的聚居"带来"了大批犹太教建筑，主要是犹太教会堂，其中最著名者是位于博物院路（今虎丘路）的犹太教会堂（Jewish Synagogue，建于 1931 年，公和洋行设计）。此外，还有建于 1927 年的虹口华德路（今长阳路）的摩西会堂和建于 1932 年的静安寺路（今南京西路）犹太总会等。上海的大量穆斯林还"带来"了多处伊斯兰教清真寺，其中最著名的是建于 1925 年的小桃园清真寺。这是一所正方形平面的西式建筑，顶部中央有四角望月亭，竖有日月杆标记。在 20 世纪 30 年代日本侨民主要聚居区虹口，还有一座风格特别的佛教寺庙，建于 1931 年的日本西本愿寺上海别院，由日本建筑师冈野重久设计，是一座印度寺院风格的佛教建筑。

# 第三节　重要外籍建筑师与中国建筑师队伍的形成与成熟 [1]

20 世纪二三十年代上海建筑的极度繁荣给建筑设计行业带来了空前的机会，造就了一批极有影响的建筑师，他们几乎垄断了上海绝大部分外资建筑的设计。

## 一、20 世纪二三十年代上海最大的设计机构——公和洋行

公和洋行（Palmer & Turner Architects and Surveyors）原是香港的一家老牌建筑设计机构。[2] 1911 年，由于上海经济的繁荣及其远东最大都市地位的逐步确立，它决定在上海开设分部，并取名"公和洋行"。在 20 世纪整个 20 年代和 30 年代初期，公和洋行以其不可匹敌的雄厚设计实力而称雄上海，获得了一个又一个重要建筑的设计任务，留下了一系列上海近代建筑史上极有影响的作品。作为公和洋行的主持人，建筑师威尔逊（George Leopold Wilson）在其中起着关键的作用。威尔逊 1880 年出生于伦敦并在那里接受教育。1908 年他来到香港进入 Palmer & Turner 事务所。1912 年他受事务所指派，和另一位建筑师洛根（M. H.Logan）一道来到上海开设分部，几年后他们成为事务所的正式合伙人和主持人，遂将总部从香港迁至上海，并给事务所取中文名"公和洋行"。

---

① 本节作者伍江、华霞虹（邬达克部分）。
② 公和洋行于 1868 年创立于香港，创始人是英国建筑师 William Salway。1890 年以后它的两位合伙人 C.Palmer 和 A.Turner 成为其主持人，其名称也改为 Palmer & Turner Architects and Surveyors，此后一直沿用此名称。"公和洋行"是其 20 世纪二三十年代在上海使用的中文名称。Palmer & Turner 的设计活动一直持续到现在，现在香港注册，一般人称其为"巴马丹拿事务所"。

图 10-3-1　天祥洋行，后改为有利大楼（1916 年）
来源：钱宗灏等著 . 百年回望——上海外滩建筑与景观的历史变迁 . 上海：上海科学技术出版社，2005.

　　1912 年,他们来到上海后接受的第一个任务是设计天祥洋行大楼[①]（图 10-3-1）。这是上海第一座采用钢框架结构的建筑，与同时期建筑相比，它在使用古典建筑词汇时的手法更为自由，较多地采用变形处理，强调竖线条构图。这座建筑于 1916 年竣工，行址也设于该楼中的公和洋行从此名声大振，接着获得了一个又一个重要建筑的设计任务。

　　1923 年 6 月 23 日是公和洋行历史上一个值得庆贺的日子，它的一个具有国际影响的作品——汇丰银行上海分行新楼正式落成。这座建筑为公和洋行赢得了极高声誉，并使公和洋行从此步入黄金时代。它占地 17 亩，建筑面积 32000 平方米，是整个外滩占地面积最大、门面最宽的建筑物。它最突出的标志，就是顶上的那座外滩独一无二的巨大半球形穹隆顶，仿佛要使人们从对古罗马万神庙的联想中体会到汇丰银行强大的经济实力。与公和洋行同时期的另几个作品一样，汇丰银行新楼也是完全采用新结构：主体为钢筋混凝土框架，顶部穹隆为钢架，然而外面却被严严实实地用花岗石的复古外衣包裹起来，不留丝毫新结构痕迹。它的新古典主义式的立面采用横竖三段划分，在竖向上，底层是比较粗犷的宽缝石块墙面，中段是细缝石块墙面，而上段则是不留缝的光滑石块墙面；横向上，两旁实，中间虚，通过底层的拱廊、中段的巨柱廊以及顶部的穹隆把中轴线突出来。正门入口处，是三个大拱门，门洞内安装铜质门扇，加上门外一对铜狮子（现存上海历史博物馆），更显示出建筑主人的富有与气派。它的室内也

---

① 实为天祥洋行所属天祥保险公司的办公楼，因同时还有几家保险公司设于该楼，所以大楼正式名称为 Union Building for the Union Insurance Society。20 世纪 30 年代后该产业归英商有利银行，所以后来又称其为有利大楼。英文名称仍为 Union Building。

很有特色，进门后一圆形门厅，围有 8 根爱奥尼柱子，黑色柱头，白色柱身；通过门厅，便是高大宽敞的营业大厅，两排爱奥尼柱贯穿其间，柱廊上部是采光玻璃天棚，形成一条长长的明亮的拱廊；大厅全部顶棚、地面、壁柱和柱子均为意大利大理石饰面，内部装饰极为考究，且装有当时最先进的冷、暖气设备。大楼造好后即被英国人自诩为"从苏伊士运河到远东的白令海峡最华贵的建筑"。[①] 如此华贵的建筑，也带有一些浓重的殖民地色彩。它那豪华的营业大厅并不对华人顾客开放，中国人只有资格使用侧面的小门与小厅。

1927 年 12 月 19 日，公和洋行又一座纪念碑式作品落成，这就是外滩的海关新大楼。在这以前，公和洋行由于在汇丰银行大楼设计中的巨大成功而又接着设计了两座同样位于外滩的银行大楼——英商麦加利银行和日商横滨正金银行。同这几座银行建筑相比，海关大楼的设计风格发生了某些明显的变化。总体上讲，它的风格仍是复古的，正面入口的希腊多立克式神庙处理，尤其是门廊的 4 根多立克式柱子，做得极为地道。但立面装饰大大减少和简化了，顶部层层收进的钟塔更多地表现的是立方体的体积感和高耸感，流露出的装饰艺术[②] 手法预示了公和洋行的设计思想正在由复古主义转向装饰艺术。

1929 年 9 月 5 日，外滩南京路口的沙逊大厦落成。这是上海第一座 10 层以上的高层建筑，也是上海最早的一座典型的装饰艺术风格的高层建筑，它的建成标志着公和洋行的设计风格已完成了从复古主义向装饰艺术的彻底转变。它以极为独特的高达 19 米的墨绿色金字塔形铜顶塑造了外滩的又一个标志。沙逊大厦还有一个闻名之处，就是设在里面的华懋饭店拥有 9 种不同国家风格装饰的客房。沙逊大厦的成功使公和洋行受到沙逊集团的青睐，接二连三地为它设计了一系列高层建筑。河滨公寓、汉弥尔登大厦、都城饭店以及峻岭公寓均出自公和洋行之手。这些摩天楼有一个共同的风格特征，即以建筑顶部丰富的轮廓变化来突出建筑形象，建筑主体部分则装饰精简，入口、檐部、窗间等部位常饰以装饰艺术风格的几何纹样。

亚洲文会大楼（建于 1932 年）也是一座装饰艺术风格的建筑，所不同的是它的顶部和入口上部出现了一些中国传统的装饰母题。这种对中国传统的兴趣在几年后建成的中国银行大楼（与中国建筑师陆谦受合作）中得到了更充分的发挥。中国银行大楼，建成于 1937 年，占地面积 3000 余平方米，建筑面积达 26400 平方米。东部塔楼 17 层，高 70 余米，钢框架结构。它以装饰艺术的摩天楼造型扣上蓝色琉璃瓦中国传统四角攒尖顶而形成其造型特征，在外滩建筑群中独树一帜。此外，它的一些局部装饰，如栏杆、窗格的花纹，屋顶下的石头斗栱等都带有中国传统色彩。作为 20 世纪二三十年代上海最大也是最重要的建筑设计机构，公和洋行以其绝对的设计数量和高超的设计水平在上海近代建筑史中扮演了一个极重要的角色，它的作品几乎成了整个二三十年代上海建筑的缩影（表 10-3-1）。

---

① 《中国建筑史》编写组 . 中国建筑史 . 北京：中国建筑工业出版社，1982：254.
② 装饰艺术（Art Deco）起源于法国。1925 年巴黎兴办了一次名为艺术装饰与现代工业的国际博览会（Exposition Internationale des Arts Decoratifset Industriels Modernes），装饰艺术（Art Deco）一词由此产生。它追求几何形体与线条组合的艺术效果，在建筑中常采用阶梯形的体块组合、横竖线条、流线型转角和几何图案装饰。20 年代末装饰艺术风格传入美国后便广泛流行，并形成了装饰艺术摩天楼风格。

| 20 世纪二三十年代公和洋行在上海主要设计作品 | 表 10-3-1 |
|---|---|
| 作品名称 | 建造年份 |
| 有利大楼（Union Building） | 1916 年 |
| 永安公司（Wing On Company） | 1918 年 |
| 扬子大楼（Yangtze Insurance Building） | 1920 年 |
| 蓝烟囱轮船公司大楼（Glen Line Building） | 1922 年 |
| 麦加利银行（Chartered Bank） | 1923 年 |
| 汇丰银行（Hong Kong & Shanghai Banking Corp） | 1923 年 |
| 横滨正金银行（Yokohama Specie Bank） | 1924 年 |
| 海关大楼（Customs House） | 1927 年 |
| 沙逊大厦（Sassoon House） | 1929 年 |
| 犹太会堂（Jewish Synagogue） | 1931 年 |
| 亚洲文会大楼（Royal Asiatic Society） | 1932 年 |
| 河滨公寓（Embankment Building） | 1933 年 |
| 汉弥尔登大厦（Hamilton House） | 1934 年 |
| 都城饭店（Metropole Hotel） | 1934 年 |
| 中国银行（Bank of China） | 1937 年 |
| 三井银行（Mitsui Bank） | 1937 年 |

## 二、新风格的先锋——邬达克 [1]

邬达克（Ladislaus Edward Hudec，1893–1958 年）[2] 是上海 20 世纪 30 年代又一位极有影响的外籍建筑师，其作品是上海近代建筑史上不可或缺的内容。这些作品所包含的特点，如探索现代生活和新建筑类型，与时俱进的风格变迁，广泛使用新技术和新材料，以及对复杂的城市文脉的巧妙利用，不仅是建筑师个人创造的结果，也与上海这座城市在 20 世纪上半叶城市化高速发展，以及在此大背景下产生的求新求变的城市精神息息相关。

---

[1] 本小节作者华霞虹。

[2] 邬达克的匈牙利语原名为胡杰茨·拉斯洛·埃德（Hugyecz László Ede）。因其出生地在一战后分裂，关于其国籍纷争由来已久。斯洛伐克裔匈籍旅沪建筑师是中国外交和文化系统近年来拟定的官方提法。邬达克是拜斯泰采巴尼亚当地知名营造商捷尔吉·胡杰茨（GyörgyHugyecz）和路德教牧师的女儿保拉·斯库尔特蒂（Paula Scultéty）的长子。在家乡上完中小学后，邬达克来到布达佩斯接受建筑专业训练。毕业时适逢第一次世界大战爆发，邬达克作为炮兵部成员参军入伍，被送上了奥匈帝国对抗俄罗斯的前线。结果在 1916 年初夏的一次撤退中遭伏击被俘，因此经历了两年多集中营和逃亡的生涯。战争结束后，邬达克没能回家，而是非常坎坷地带着伪造的身份证件流落到了中国的哈尔滨。此时，除了作为建筑师的技能外，他一无所有，左腿还在西伯利亚集中营留下了终生残疾，也失去了跟家人的联系。1918 年 11 月底，邬达克在命运的驱使下来到上海，并在这个东方大城市度过了他人生最为辉煌的时光。他先在美国建筑师克利负责的事务所担任绘图员，并很快升任项目建筑师，在此期间完成了美国花旗总会、诺曼底公寓等古典复兴风格的作品。1924 年开办了自己的事务所，设计完成了宏恩医院、慕尔堂、大光明大戏院、国际饭店、吴同文住宅等重要作品。1940 年代，邬达克被推选为匈牙利驻沪荣誉领事（非政治身份）。1947 年 1 月，因为内战，上海局势越来越不安全，邬达克携家人悄悄离开上海前往欧洲，一年后又来到美国，并获得移民身份，最后定居阳光明媚的加利福尼亚伯克利，并靠着曾参与梵蒂冈圣彼得大教堂地下墓穴的发掘工作而在加利福尼亚大学考古系谋得教席。1958 年 10 月 26 日，邬达克因心肌梗死去世。遵循遗愿，遗孀将其运回家乡拜斯泰采巴尼亚，与家族成员合葬。这位漂泊一生的传奇建筑师终于魂归故里。对 1893–1941 年间的生平经历，邬达克在 1941 年为申请匈牙利护照而撰写的一份自述（An Autobiography by L. E. Hudec from 1941）中作了详细的记载，该自述原稿保存于匈牙利邬达克文化基金会（Hudec Cultural Foundation）档案中：http://www.hudecproject.com/en/archives。

邬达克，1893 年生于奥匈帝国拜斯泰采巴尼亚（Besztercebanya）镇（今斯洛伐克境内），1914 年毕业于布达佩斯皇家学院（今布达佩斯理工大学），1916 年成为匈牙利皇家建筑学会会员。1918 年，邬达克来到上海，在美国建筑师克利（R.A. Curry）开设的克利洋行工作。1924 年底成立自己的事务所——邬达克洋行（L. E. Hudec，B. A. Architect）。

在旅居上海的 29 年（1918-1947 年）间，邬达克负责设计并建成的建筑项目不下 50 个（单体超过 100 幢），其中 29 个项目（单体超过 50 幢）今天已被列入上海市各级优秀历史建筑保护名录，国际饭店更成为全国文物保护单位。[①] 这些工程涉及办公、旅馆、医院、教堂、影院、学校、工厂、公寓、会所、私宅等众多类型，外观包括古典主义、折中主义、装饰艺术、表现主义、现代主义和地域主义等不同风格，区位则近邻外滩，远至西郊甚至杨树浦。其作品数量之多、种类之全、风格之富、分布之广、质量之高在当时旅华的建筑师中虽非仅有，却很具典型性。

## （一）现代生活与新建筑类型

邬达克在上海近代房地产业和建筑业的鼎盛时期来沪从事设计，接触到的项目类型非常广泛，实践区域主要在外国租界内。无论业主是中是西，主要适应的是现代化生活的需要。因此，他可以直接运用自己在欧洲所学的专业知识，移植和转化西方同类建筑的功能和样式。

如果说在克利洋行时期，邬达克设计的主要是银行办公、豪华别墅的话，在自行开业以后，他越来越多地接手大型的公共项目。总体而言，虽然邬达克在独立式别墅设计方面有不俗的表现，[②] 但有 2/3 的成就在大型公共建筑方面。他在上海共设计建成了 8 栋学校建筑、7 座电影院或俱乐部、6 座办公楼、5 幢高层公寓或旅馆、3 座教堂、3 家医院、2 座现代工厂和 1 个机动车库。也正是在这些公共项目和新的城市建筑类型的设计过程中，邬达克不断地探索着现代建筑的空间和结构。

## （二）新颖风格

"上海的近代建筑有着十分丰富的内涵，在近百年的建筑中，几乎囊括了世界建筑各个时期的各种风格，简直就是一部活生生的世界建筑史。"[③] 从古典复兴到折中主义再到装饰艺术风格直至现代主义，邬达克在上海近 30 年的实践成果，也可以看作是上海这部微缩世界建筑史

---

[①] 截至 2014 年 12 月 31 日，已经确认的作品为 53 个项目，包含 110 栋单体建筑，其中有 10 栋已被拆除。尚有数个在克利洋行时期的别墅项目有待进一步考证。参见郑时龄 . 序言 . 华霞虹、乔争月、[ 匈 ] 齐斐然、[ 匈 ] 卢恺琦 . 上海邬达克建筑地图 [M]. 上海：同济大学出版社，2013：169-175（上海邬达克建筑不完全名录）。列入上海市优秀历史建筑保护名录（包括区级和全国重点文物保护单位）的统计亦截至 2015 年 9 月。另有一个作品斜桥弄巨厦（今上海市公惠医院）已被纳入上海市第五批优秀历史建筑保护名录。

[②] 邬达克曾为万国储蓄会（International Saving Society）、普益地产公司（Asia Reality Company）等设计了不少成功的房地产项目，为何东（Robert Hotung）、盘滕（Jean Beudin）、刘吉生、吴同文等中外富商设计过恢宏的别墅，还建造过三次自宅。

[③] 郑时龄 . 上海近代建筑风格 [M]. 上海：上海教育出版社，1999：3-4.

图 10-3-2　美国总会（克利洋行：上海，1922-
1924 年）
来源：加拿大维多利亚图书馆邬达克特别收藏

图 10-3-3　大光明大戏院（邬达克：上海 .1931-1933 年）、卡尔登大戏院（克
利洋行：上海 .1923 年）、国际饭店（邬达克：上海：1931-1934 年）（从左到右）
来源：加拿大维多利亚图书馆邬达克特别收藏

的又一个浓缩版。

在与克利合作的 6 年间（1918-1924 年），因为克利"为不同业主的喜好与追求量身定做"[①]
的市场策略，邬达克的作品局限于古典复兴风格和地方风格。邬达克对这些风格运用自如，
设计精美，尤其是美国总会（图 10-3-2）、诺曼底公寓和大光明大戏院（图 10-3-3）等作品
为他赢得了很好的声誉。这些建筑均为复古样式，但邬达克个人的某些风格，如喜爱用面砖
饰面已开始形成。

在独立执业后最初四五年，邬达克的作品——尤其是外观——主要延续着古典复兴的传统，
但在空间、形体和材料技术上更加现代和简化，呈现出折中主义的特征。这一时期的代表作包
括宏恩医院、宝隆医院、爱司公寓、四行储蓄会联合大楼等。而正是联合大楼的成功，开启了
邬达克进入中国政治经济精英视野的大门，更奠定了其最高成就——国际饭店的基础。

到了 1930 年，邬达克的设计风格突然出现了转变，不再采用明显的古典柱式和符号，开
始倾心于由哥特复兴（Gothic Revival）风格演变而来的强调垂直线条的立面设计。从圆明园路
虎丘路的姊妹楼——广学会大楼和浸信会大楼（Baptist Publication Building，1930-1932 年）开
始，一直延续到交通大学工程馆（1931 年）、德国新福音教堂（1930-1932 年）乃至国际饭店。
从美国总会开始的对深褐色面砖的偏好同样得以延续。只是因为这一时期的作品建筑形式更为
简洁，面砖的肌理就更为讲究地加以设计，以增强垂直向上的效果，使这些作品具有德国表现
主义建筑的感染力。事实上，研究者发现，邬达克在学生时代的笔记中就记录了陶特（Bruno

---

① 这也是邬达克自行开业后针对外国业主的策略。参见 [ 意 ] 卢卡·庞切里尼、[ 匈 ] 尤利娅·切伊迪著，华霞虹、乔争月译 .
邬达克 [M]. 上海：同济大学出版社，2013：37-78.

Taut）、谢弗勒（Karl Scheffler）等德国表现主义建筑师的名字，甚至认为，邬达克设计砖砌建筑时最重要的参考来自弗里茨·霍格（Johann Friedrich [ 或 Fritz] Höger，1877–1949 年），[1] 而国际饭店则跟芝加哥及纽约摩天楼关系密切，尤其是雷蒙德.胡德（Raymond Hood, 1881–1934 年）的作品有着密切的渊源关系。不过国际饭店是"表现主义其外，装饰艺术风格其内"。[2]

依靠大光明大戏院、国际饭店等重量级作品，邬达克成为 1930 年代上海最先锋的建筑师。到 1935 年以后，邬达克的设计更趋国际式，材料不再局限于深色面砖，而是更加放开手脚地使用浅色面砖甚至粉刷。如吴同文住宅、达华公寓、震旦女子文理学院等，还有一些未建成的高层建筑方案，如肇泰水火保险有限公司、外滩附近的日本邮船公司大楼和 40 层的轮船招商局巨厦等，流畅的水平线条取代了具有哥特风格联想的垂直线，立面的虚实对比也更加强烈，并且开始使用大面积的玻璃钢窗甚至是弧形玻璃。

"与欧洲新建筑的先锋们把建筑看作是解决社会问题的药方，把现代建筑看成是现代工业社会发展的必然，有着天壤之别。上海建筑的'现代主义'化，在很大程度上仅仅是风格的'现代主义'化。"[3] 这一判断同样适用于邬达克的作品。邬达克追求世界最新建筑风格，并快速引进上海主要来自商业竞争的要求，反映了当时上海社会，尤其是中国经济精英阶层对时尚潮流的追求。邬达克认为建筑师的职责是更好地服务于业主，而不是把自己的趣味强加于人。虽然他也主张建筑师应该与俗套的旧形式分道扬镳，但是只要业主需要，他可以毫无障碍地同时提供不同风格的设计。比如在其事业鼎盛的 1930–1934 年，他不仅设计了现代的大光明大戏院和国际饭店，也建成了拥有希腊风格柱廊的刘吉生住宅（1926–1931 年）和西班牙风格的斜桥弄巨厦（1931–1932 年）。

## （三）最新技术与工艺

对最新技术的关注和对建造工艺的重视，是邬达克在上海作品另一个显著的特征。一方面，这是邬达克本人的个性和专业经历影响的结果，[4] 用他自己的话来说："比起建筑师，我觉得自己更像是一名工程师"。另一方面，跟快速引进世界最新潮设计风格一样，它也是当时上海城市建设竞争白热化和对现代生活要求不断提高的结果。

邬达克作品中对新技术新工艺的追求很大程度上是超越风格限制的。比如，自行开业后第一个大项目宏恩医院（图 10-3-4），虽然立面和室内均为意大利文艺复兴风格，但内部采用当时世界最先进的设备设施，看似从古典原则出发的凉廊和山花设计，也是应对上海冬冷夏热气

---

① 德国建筑师霍格以表现主义砖砌建筑闻名。参见 [ 意 ] 卢卡·庞切里尼 .[ 匈 ] 尤利娅·切伊迪著，华霞虹、乔争月译 . 邬达克 [M].
上海：同济大学出版社，2013：109.
② [ 意 ] 卢卡·庞切里尼 .[ 匈 ] 尤利娅·切伊迪著，华霞虹、乔争月译 . 邬达克 [M]. 上海：同济大学出版社，2013：139-144.
③ 伍江 . 上海百年建筑史 1840-1949（第二版）[M]. 上海：同济大学出版社，2010：182-186.
④ 作为奥匈帝国所管辖的拜斯泰采巴尼亚当时著名的营造商捷尔吉·胡杰茨的长子，邬达克从 9 岁开始就在建筑工地上摸爬滚打；
13 岁就替父亲去采石场谈判，砍价签约；17 岁进大学前，他已获得砖匠、石匠和木匠的资质；在大学期间，他还参与了家乡附近两个小教堂的设计和施工。毕业后，因为一战爆发，邬达克没有如愿开始正式实践，而是在战场、被俘以及逃亡中度过了 4 年。
在此期间，虽然没有机会做传统范畴的建筑，却不乏工事、桥梁、铁路之类的实践，技术工艺的技能应当比形式风格更有用武之地。
这些个人经历无疑都为邬达克后期对技术和工艺的重视奠定了基础。

候的形式策略。[①]

最能彰显邬达克追求现代技术和工艺所达到的高度的作品，也是邬达克被载入中国现代建筑史册乃至世界建筑史的作品，无疑是国际饭店（亦称四行储蓄会二十二层大厦）。它以83.8米的高度曾被誉为"远东第一高楼"，[②]并引领上海城市天际线的制高点长达半个世纪。这座大楼不仅造型新颖，其结构和设备都代表了当时上海甚至远东地区的最高水平。它采用钢框架结构，钢筋混凝土楼板，为加强整体刚度外墙亦全部采用钢筋混凝土。为了防火，钢框架结构外面全部包上混凝土，每层都设有消防水龙头和当时极为先进的自动灭火喷淋装置。这座大楼的建成标志着上海高层建筑的设计和施工都达到了一个新的水平。其最突出的贡献在于高层建筑结构和技术的大胆突破，特别是解决了长期制约上海地区高层建筑发展的软土地基的处理问题。

为控制地基沉降造成的危害，增加地基承载力和防止地下水渗透，是基础处理的关键。国际饭店的基础施工计划包括三种新技术：第一，密集的地下桩基系统，400根33米长的美国松木桩被打入地下，间距很小，这样木桩和土壤间的摩擦力就可以支撑建筑的重量（图10-3-5）；第二，钢筋混凝土筏式基础，厚180厘米，覆盖在木桩之上；第三，一个6米深的基坑，由不可渗透的金属隔墙围合而成，以阻止地下水的水平移动。[③]

除了增强基础承载力以外，减少上部建筑的自重也是避免沉降的有效方式。为此，邬达克及其团队选择了德国多特蒙德（Dortmund）联合钢铁公司制造的一种含铜铬的高强度合金钢。这种1928年申请专利名为"52型合金钢"（Union Baustahl 52）的全新合金代表了德国冶金业最尖端的研发成果，其独特的化学结构也体现了极佳的抗腐蚀与抗拉力效果，比常用的美国低碳钢的表现要好50%。这是52型合金钢在东方国家的首次使用，它使整个国际饭店的重量减轻了33%，从而使总造价节省了20%。"一个英国大公司建议用2200吨普通钢（用于建造国际饭店的结构），一家美国公司认为要用2800吨同种类型的钢，而一家德国公司只需要用1200吨52型合金钢，这就显著地降低了总造价。"[④]

历史证明，联合欧美多国技术团队和材料供给而建成的国际饭店是非常成功的。在几十年后，同时期建造的部分房屋原来的首层已经变成地下室时，国际饭店的沉降量尚不足一英寸（2.54厘米），相对于其自身的体量和重量，可以说是微不足道的。[⑤]

---

① 从邬达克自己撰写的设计说明来看，那三组顶部饰有山墙的巨大凉廊并非纯粹造型，而是用来遮挡夏季毒辣阳光的，到了冬天，太阳高度角减小时，又不会妨碍日照。另据统计数字，当时上海夏季病房的入住率约为60%，这又决定了凉廊在立面上所占的比例。邬达克关于宏恩医院的英文设计说明，加拿大维多利亚大学图书馆特别收藏：邬达克档案（Laszlo Hudec Fonds from University of Victoria Libraries Special Collections）。宏恩医院由匿名富商捐赠给工部局，是上海第一家采用全空调系统的大型综合性医院。医疗设施包括X光、机械诊疗、水疗、理疗等都是当时全上海最好的，甚至洗衣房都采用了美国进口的最新设备，这在人工极其便宜的中国实属罕见。宏恩医院也是美国知名建筑期刊《建筑论坛》（Architectural Forum，1928/12）"现代医院"专辑中详细介绍的唯一的非北美案例。
② 国际饭店地上22层，地下2层，地上总高83.8米，从地面到屋顶旗杆顶的高度达91.4米。
③ 承担国际饭店地基项目的是熟稔上海地理特质与问题的康益洋行（A. Corrit Co.），具体负责的是工程师奥耶·科里特（Aage Corrit）和林斯科格（B.J.Lind//skog）。
④ Stumpe，Richard，"Neuzeitliches Hochbauen in Shanghai im Jahre 1932/33"，P178. 译文转引自郑时龄. 上海近代建筑风格 [M]. 上海：上海教育出版社 .1999，128-138。
⑤ 另一个在结构和基础方面有突出表现的设计是当时中国最大的啤酒厂——上海啤酒厂（Union Brewery，1931-1934）。除了在罐装楼底层采用无梁楼盖外，酿造技术全部采用德国最新外，因为苏州河畔土质疏松，同时又要承受巨大的荷载，比如存放贮藏罐、发酵罐和啤酒桶等的库房地面荷载为每平方米25吨，柱子所受荷载甚至是国际饭店的2.7倍，这给基础的设置带来了很大困难。最后使用超过2000根木桩来加固地基，深度达到33米，该楼因此成为上海当时最重的建筑。

图 10-3-4  宏恩医院（邬达克：上海，1923-1926 年）

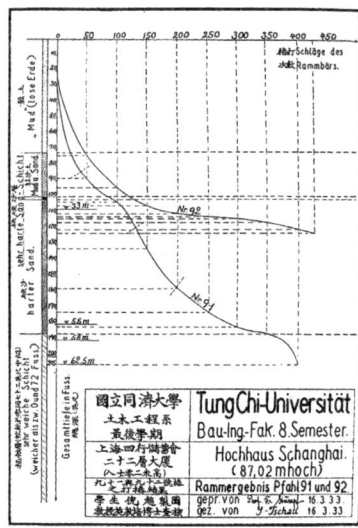

图 10-3-5  同济大学土木工程系绘制的国际饭店桩基测试图

## （四）都市文脉主义

虽然风格多变，邬达克擅长处理复杂的城市基地条件，使建筑锚固于独特的场地中。这种设计策略可以被称为"都市文脉主义"（Urban Contexturalism）。无论是慕尔堂（今沐恩堂）、德国新福音教堂，还是国际饭店的体量和布局都充分利用基地特征，巧妙组织复杂的功能，并形成了强烈的标志性。铜仁路 333 号吴同文住宅（图 10-3-6）通过转角弧形围墙和建筑体量，与在首层中间设置架空车道等策略，在 3.33 亩（约为 0.222 公顷）的狭窄城市基地里创建了"远东当时最奢华的住宅"。当然，最能体现设计师"螺蛳壳里做道场"的水平的是有着"远东最大电影院"之称的大光明大戏院（图 10-3-7，图 10-3-8）。

大光明大戏院实际上是一座集影院、舞厅、咖啡馆、弹子房等于一身的娱乐综合体，位于跑马厅（今人民公园）对面的旧建筑夹缝里，沿静安寺路（今南京西路）门面仅两开间，还需要保留三层店面。如何在狭长且不规则的基地里放下当时上海最大（2000 余软座）的观众厅，解决好门厅与观众厅轴线转折，以及在非转角基地实现招揽性，是该项目无数难题中三个最棘手的挑战。设计几易其稿才最终确定。[1] 观众厅平行基地长边布置成钟形，与门厅轴线有 30 度扭转。两层休息厅设计成腰果形，巧妙地化解了轴线变化问题，并与流线型的门厅浑

---

[1] 由当年的设计资料可以看出，老大光明大戏院的门厅和观众厅均垂直南京西路布置，观众厅为容量有限的椭圆形。邬达克从第一轮方案开始就将观众厅改为声光效果最好、容积最大的钟形，起先仍与门厅一起放在与南京西路垂直的轴线上。在随后的修改中，观众厅被转向沿基地长边布置，以充分利用基地，并与后台联系更方便。两座大楼梯移至入口门厅中，但进入观众厅前仍需经过三个不同形状的空间，门厅与观众厅之间的轴线变化通过一个六边形的大堂过渡，转折比较生硬，形式也不够统一。此时的立面以横线条为主，主入口上部有一较高的竖板，似乎想做个制高点，然而整个立面比较单薄零乱。又经过一年多的反复修改权衡后，我们才看到今天这样布局紧凑、优美流畅的平面。沿南京路的立面也变得有机、有力，入口左上方标志性灯塔在最后阶段才出现在图纸上。

图 10-3-6　吴同文住宅（邬达克：
上海，1935-1938 年）
来源：加拿大维多利亚大学图书馆
邬达克特别收藏

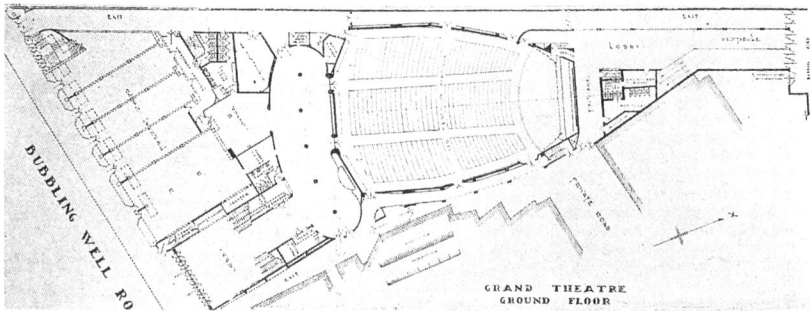

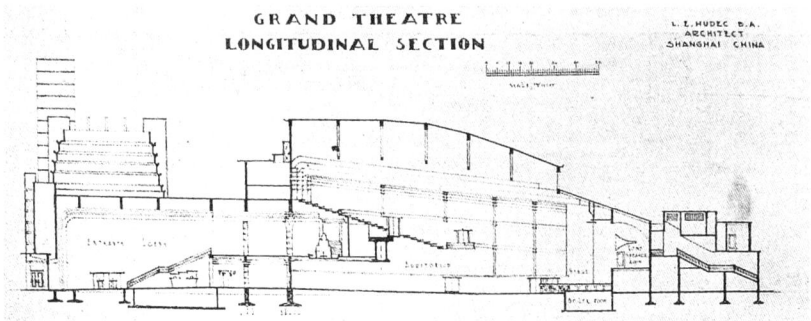

图 10-3-7，图 10-3-8　大光明大
戏院首层平面图（上），剖面图（下）
来源：加拿大维多利亚大学图书馆
邬达克特别收藏

然一体。两部大楼梯从门厅直通二楼，休息厅中央还布置着灯光喷水池，噱头十足。建筑外观是典型的现代装饰艺术风格，立面上横竖线条与体块交错。入口乳白色玻璃雨棚上方是大片金色玻璃，还有一个高达 30.5 米的方形半透明玻璃灯柱，在暮色中尤为光彩夺目，充满都市夜生活的诱惑。

## （五）另一种适应性建筑

美国学者郭伟杰（Jeffrey Cody）曾将亨利·茂飞（Henry Murphy）的中国实践称为"适应

性建筑"（adaptable architecture），[①] 即 "用中国传统建筑形式来适应现代社会或生活的需要"，邬达克在上海的作品则显示了 "另一种适应性建筑" 的可能，即 "用西方传统或现代建筑的形式来适应中国的现代社会或生活需要。" 如果说，茂飞所采用的建筑形式是一种近代中国政治和文化（宗教）的表征的话，邬达克所采用的建筑形式则是近代中国，特别是上海城市经济和社会的一种表征。

正如中国现代文学史学者李欧梵所指出，近代上海是 "一个与中国传统其他地区截然不同的充满现代魅力的地区"，[②] "英文 modern（法文 moderne）是在上海有了第一个译音……中文 '摩登' 在日常会话中有 '新奇和时髦' 义，因此在一般中国人的日常想象中，上海和 '现代' 很自然地就是一回事。"[③] 可以说，"摩登" 或者 "现代" 就是近代上海的时代精神（Zeitgeist），对国际最新潮流的追随渗透在日常生活的每个角落。

在意大利研究者卢卡·彭切里尼（Luca Poncellini）看来："邬达克无疑是这一将欧美现代建筑的思想、语言和技术转移到东方大都市过程中的领军人物。"[④] 虽然邬达克在上海所完成项目的业主大部分是西方人，除闸北水电厂（1930 年）和朝阳路圣心女子职业学校（1936 年）外，其所在区域均为两大租界和西部越界筑路的地区，但是邬达克最具原创性、最现代、最有影响力的作品却主要来自那总量不足两成的中国业主。[⑤] "不像西方的业主，邬达克的中国业主不会提出风格化的要求……中国的管理和金融精英们希望邬达克能勾勒出关于现代性的原创形式：相对于在上海可以见到的表征西方现代性（Occidental Modernity）的建筑形象应有明显的区别。"[⑥] 1930 年代邬达克与时俱进的摩登风格迎合的正是已经接受过西方现代思想教育的中国近代经济精英，及其所代表的城市对现代性的诉求。

总体而言，邬达克不仅是一位擅长模仿和追赶潮流的商业明星建筑师，他对创造出符合当地文脉和时代精神的现代建筑同样具有强烈的自觉意识。当然，无论从自身背景还是上海当时的社会文化状况来看，他也不可能成为一位具有现代主义意识形态（"要么建筑，要么革命"）或是对传统和社会坚持批判立场的先锋派建筑师。一方面，跟主张 "白纸状态" 的现代主义主流相反，邬达克的现代建筑思想深深植根于历史和地方传统，他认为建筑师的职责是更好地服务于业主，不应该把自己的趣味强加于人。另一方面，跟拥有悠久的古典传统和长期的新旧文化之争的欧洲大陆不同，20 世纪二三十年代的上海正处于城市快速上升期，建筑项目充足。对

① 茂飞，为其在公函文件中亲自签署的中文名字，之前的出版物常用译名 "墨菲"，本套书中用 "茂飞"。"Adaptive Architecture" 这一定义事实上基于茂飞自己的建筑立场，他对以故宫为代表的中国传统建筑所达到的高度颇感震撼，认为中国建筑传统必须传承。既然西方的古典主义和哥特风格可以适应科学规划和建造的需要，中国的传统建筑应该同样可以适应和转化。"In the architecture of old China we have one of the greatest styles of the world. In the face of proven adaptability of Classical and Gothic architecture to meet the needs of modern scientific planning and construction, I felt it was not logical to deny Chinese architecture a similar adaptablitily." Henry K. Murphy, "The Adaptation of Chinese Architecture for Modern Use: An Outline", an undated China Institute in American Bulletin", ca. 1931, in the Yale Divinity School Library, Archives of the United Board for Christian Higher Education in Asia, Record Group 11, Box 345, Folder 5296.
② 李欧梵. 上海摩登——一种新都市文化在中国（1930–1945）（修订版）[D]. 毛尖译. 北京：人民文学出版社，2010：4.
③ 同②：5.
④ Luca Poncellini. Park Hotel Opens Today [J]. *Casabella*. 2011. 802：26–32.
⑤ 在已经确定的 53 个项目中，为中国业主兴建的项目为 9 个，包括最重要的国际饭店、大光明大戏院、吴同文住宅等。
⑥ 同④.

于声光化电的物质文明和西方文化，当时的上海市民和知识分子都是热烈拥抱甚于反思批判。[①]
最终古典复兴、装饰艺术、现代主义一并成为可以互换的表面风格也就不足为奇了，这是后发
外生型现代化的地区最可能发生的状况。事实上，邬达克的建筑作品在中西边缘精明发展、追
求摩登、多元融合的特点也是所谓"海派文化"的缩影。

邬达克主要设计作品见表 10-3-2。

邬达克在上海主要设计作品　　　　　　表 10-3-2

| 建筑名称 | 建造年代 |
| --- | --- |
| 巨籁达路 22 栋住宅 *（The 22 Residences on Route Ratard） | 1919–1920 |
| 何东住宅 *（Ho Tung's Residence） | 1919–1920 |
| 盘滕住宅 *（Jean Beudin Residence） | 1919–1920 |
| 中西女塾蓝华德堂 *（Lambuth Hall, McTyeire School for Girls） | 1921–1922 |
| 中西女塾景莲堂 *（McGregor Hall, McTyeire School for Girls） | 1921–1935 |
| 卡尔登剧院 *（Carlton Theatre） | 1923 |
| 美国总会 *（American Club） | 1922–1924 |
| 方西马大楼 *（Foncim Building） | 1924–1925 |
| 万国储蓄会诺曼底公寓 *（International Saving Society Normandie Apartments） | 1923–1926 |
| 邬达克吕西纳路自宅 *（Hudec Residence on Lucerne Road） | 1922–1926 |
| 宏恩医院（Country Hospital） | 1923–1926 |
| 宝隆医院（Paulun Hospital） | 1925–1926 |
| 爱司公寓（Estrella Apartment） | 1926–1927 |
| 凤阳路黄河路机动车库（New Garage & Service Station of Messrs. Honigsberg Co.） | 1927 |
| 四行储蓄会联合大楼（Union Building of the Joint Savings Society） | 1926–1928 |
| 西门外妇孺医院（Margaret Williamson Hospital） | 1926–1928 |
| 闸北水电厂（Chapei Power Station） | 1930 |
| 浙江大戏院（Chekiang Cinema） | 1929–1930 |
| 邬达克哥伦比亚路自宅（Hudec's Residence on Columbia Road） | 1930 |
| 虹桥路雷文住宅（Cottage for Frank Raven） | 1930 |
| 刘吉生住宅（Liu Jisheng's Residence） | 1926–1931 |
| 慕尔堂（Moore Memorial Church） | 1926–1931 |
| 孙科住宅（Sun Ke's Residence） | 1929–1931 |
| 息焉堂（Sieh Yih Chapel） | 1929–1931 |
| 交通大学工程馆（Engineering and Laboratory Building of Chiao Tung University） | 1931 |
| 哥伦比亚住宅圈（Columbia Circle） | 1928–1932 |
| 广学大楼（Christian Literature Society Building） | 1930–1932 |
| 真光大楼（China Baptist Publication Building） | 1930–1932 |
| 德国新福音教堂（New German Evangelistical Church） | 1930–1932 |

① 李欧梵. 上海摩登——一种新都市文化在中国（1930–1945）（修订版）[D]. 毛尖译. 北京：人民文学出版社，2014：3–4.

| 建筑名称 | 建造年代 |
|---|---|
| 爱文义公寓（Avenue Apartments） | 1931–1932 |
| 斜桥弄巨厦（Mr.P.C.Woo's Residence） | 1931–1932 |
| 大光明大戏院（Grand Theatre） | 1931–1933 |
| 辣斐大戏院（Lafayette Cinema） | 1932–1933 |
| 上海啤酒厂（Union Brewery Ltd.） | 1933–1934 |
| 国际饭店（Park Hotel） | 1931–1934 |
| 上海朝阳路圣心女子职业学校（Sacred Heart Vocational College for Girls） | 1936 |
| 达华公寓（Hubertus Court） | 1935–1937 |
| 吴同文住宅（D.V.Wood Residence） | 1935–1938 |
| 震旦女子文理学院（Aurora College for Women） | 1937–1939 |
| 俄罗斯天主学校男童宿舍（Russian Catholic School Hostel for Boys） | 1941 |

来源：华霞虹、乔争月、[匈]齐斐然、[匈]卢恺琦.上海邬达克建筑地图[M].上海：同济大学出版社，2013.其中带 * 号项是邬达克在克利洋行时期的作品。建造年代一项，单一年份表示建成时间，有两个年份的分别表示设计 - 建成时间。

## 三、其他重要建筑师与设计机构

　　德和洋行（Lester，Johnson & Morris）也是 20 世纪二三十年代上海最有竞争力的外籍建筑设计机构之一，它不仅在建筑设计界享有盛名，而且也是上海的大房地产商之一。[①] 德和洋行的创始人雷士德（Henry Lester，1840–1926 年）生于英国，早在 1867 年他 27 岁时就来到上海，先在工部局工作，后又在房地产公司工作。在这期间他接触了许多建筑师和房地产商，在建筑设计和房地产经营方面均积累了大量经验。1913 年，他与建筑师 G. A. Johnson 和 G. Morris 合伙组成德和洋行。雷士德创建德和洋行后不久便告老退休（1916 年）。[②] 德和洋行的主要建筑师是 G. A. Johnson 和 G. Morris 及后来加入的 J. R. Maughan。德和洋行第一个有影响的作品是建于 1917 年的先施公司，这是南京路上第一家百货商店。这座 7 层高的钢筋混凝土结构连同转角处的高耸塔楼高近 60 米，一建成便成为南京路上最引人瞩目的标志性建筑物。外滩的字林西报大楼（1923 年建成）是德和洋行最有影响的作品之一。它的 9 层钢筋混凝土框架曾创造当时的最高纪录，从而反映了德和洋行在掌握现代结构技术方面所达到的水平；而它的新古典主义的立面则又反映出德和洋行在复古主义设计手法上的娴熟。20 世纪 30 年代，德和洋行的作品也开始受到新建筑思想的影响。仁济医院，建于 1932 年，一改德和洋行一贯的复古手法，平屋顶、方窗洞，几乎没有任何装饰，完全是一幅现代派面孔。当然，与它同时代的许多建筑师一样，新建筑只是作为一种新的建筑式样被采用，并无真正的革命意义。这也说明了为什么几年后建

---

① 德和洋行在上海最繁华的南京路上的地产，在 1924–1933 年间占第二位，居于沙逊集团之前，仅次于哈同。参见沈辰宪.上海早期的几个外国房地产商 // 旧上海的房地产经营.上海：上海人民出版社，1990：133.
② H. Lester 1926 年去世后设立了雷士德基金会，先后捐款建造了一批教育、医疗机构的建筑，其中著名者有雷士德医学院、雷士德工学院和仁济医院等。雷士德基金会至今仍在英国，不时资助我国学者赴英国进修。

成的另一座建筑三菱银行大楼（1936 年）会又重新采用复古主义的立面。同样，建于 1934 年的雷士德工学院采用的是英国哥特复兴风格。[①] 德和洋行主要设计作品见表 10-3-3。

德和洋行在上海的主要设计作品　　　　　　　　表 10-3-3

| 建筑名称 | 建造年代 |
| --- | --- |
| 先施公司 | 1917 |
| 日清汽船公司 | 1921 |
| 普益大楼 | 1922 |
| 字林西报大楼 | 1924 |
| 台湾银行 | 1926 |
| 仁济医院 | 1932 |
| 雷士德工学院 | 1934 |
| 三菱银行 | 1936 |
| 迦陵大楼（与世界实业公司合作） | 1937 |

美国建筑师哈沙德（Elliott Hazzard）和另一位建筑师菲利普斯（E. S. J. Phillips）合伙组建的哈沙德洋行也是 20 世纪 20 年代末、30 年代初上海很有影响的一家建筑设计事务所。他们的作品立面多喜欢采用面砖拼砌成花纹图案。建筑风格早期多为折中主义，后期则多带有装饰艺术的格调。金门饭店[②]（今华侨饭店，建于 1926 年）是他们的早期作品，其底部两层的立面处理与屋顶塔楼均为复古式样，但整体较为简洁。与其相邻的西侨青年会大楼（建于 1933 年）立面轮廓与金门饭店几乎相同，但墙面采用深浅不一的褐色面砖拼砌成图案，形成其最突出的外观特征。上海电力公司大楼（建于 1929 年）与中国企业银行大楼（建于 1931 年）则完全摆脱了复古式样，没有任何古典装饰，而是追求竖线条效果，采用装饰艺术风格的图案装饰。枕流公寓（Brookside Apartments，建于 1930 年）是哈沙德设计的唯一一幢多层公寓。这是一座具有西班牙风格的建筑，顶部女儿墙采用筒形瓦压顶。与哈沙德的公共建筑作品不同，这座居住大楼没有采用面砖贴面。1933 年竣工的永安公司新大楼，一反哈沙德洋行过去的设计风格，以一副完全现代摩天楼的面貌出现在南京路（图 10-3-9）。这座钢框架结构的 19 层大楼已不见任何装饰，建筑在此唯一表现的是垂直线条与层层收缩的形体所形成的高耸感。新永安大楼与西侨青年会大楼于同一年建成，但一为现代式样，一为复古式样，表明了设计者与许多同时代建筑师一样，复古和现代对于他们来讲只是式样的不同，并无进步与落后的区别。

与上述建筑师不同，二三十年代的另一位建筑师鸿达（C. H. Gonda，匈牙利人）似乎一开始就不属于正统的复古派建筑师。早在 20 年代初期他设计的新新公司（1926 年建成）虽然有一个复古的轮廓，却没有复古的细部，一切都显得简洁而少装饰。东亚银行大楼（建于 1927 年）

---

① 这座建筑的主要设计人是鲍士惠尔（E. F. Bothwell），他 30 年代以后成为德和洋行的合伙人。
② 金门饭店原名华安大楼，属华安合群保险公司，1938 年改为金门饭店。

图 10-3-9　永安公司新
大楼（1933 年）
来源：建筑月刊，1934，
Vol.2（8）

与光陆大楼（建于 1927 年）也具有类似特点。30 年代初他设计的国泰电影院（建于 1932 年），其建筑风格已完全转向装饰艺术风格。

与哈沙德、鸿达等建筑师相比，法国建筑师赉安的设计更具有革命性。20 世纪 20 年代初，赉安（A. Leonard）和另一位法国建筑师 P. Veysseyre 合伙组成赉安工程师事务所（赉安公司或赖安公司），1934 年 A. Kruze 加入，成为公司第三位合伙人。1924 年他们设计了法国总会（1926 年建成）。这是一座带有巴洛克风格的复古建筑，但其内部设计如彩色玻璃顶棚、楼梯、人像雕刻等无不具有新风格的气息，与巴黎装饰艺术博览会上倡导的新风格遥相呼应。培文公寓，建于 1930 年，已完全摆脱复古风格而转为装饰艺术风格，在其顶端出现多重厚实的水平檐口压顶。1933 年建成的雷米小学则已完成了一个国际式建筑。30 年代，上海兴起高层公寓热，赉安在这一建设热潮中设计了两幢完全现代风格的作品：万国储蓄会大楼和道斐南公寓。赉安工程师事务所主要设计作品见表 10-3-4。

**赉安工程师事务所在上海主要设计作品（按照建筑类型排序）**　　表 10-3-4

| 建筑名称 | 建造年代 | 地址 |
| --- | --- | --- |
| 法国总会（Cercle Francais） | 1925 | 茂名南路 58 号 |
| 法国总会旧址（Cercle Francais） | 1931 | 南昌路 57 号 |
| 震旦博物院（Musee Heude） | 1933 | 重庆南路 227 号 |
| 中汇银行（Chung Wai Bank） | 1934 | 河南南路 16 号 |
| 麦兰捕房（Poste de Police Mallet） | 1934 | 金陵东路 174 号 |
| 萨坡赛小学（Ecole Primaire Chinoise） | 1932 | 淡水路 416 号 |
| 雷米小学（Ecole Remi） | 1933 | 永康路 200 号 |
| 圣伯多禄堂 | 1933 | 重庆南路 270 号 |
| 巴斯德研究所（Institute Pasteur） | 1934 | 瑞金二路 207 号 |
| 公寓 | 1929 | 复兴西路 26 号 |
| 培恩公寓（Bearn Apartments） | 1930 | 淮海中路 449–479 号 |
| F. I. C. Apartment Houses | 1931 | 高安路 50、60、62 号 |
| 建成公寓（Focim D. E. Apartment Houses） | 1933 | 高安路 78 弄<br>建国西路 641、643、645 号 |
| Focim 24 Residences | 1934 | 岳阳路 200 弄 1–48 号 |
| 盖司康公寓（I. S. S. Gascogne Apartments） | 1934 | 淮海中路 1202 号 |
| 道斐南公寓（Dauphine Apartments） | 1934 | 建国西路 394 号 |
| 麦琪公寓 | 1936 | 复兴西路 24 号 |
| 花园洋房（Maison Type 2，Mr. Peigney） | 1924 | 高安路 72 号，77 号 |
| 花园洋房（Maison Double） | 1924 | 南昌路 258 号 |
| 花园洋房 | 1924 | 建国西路 620、622 号 |
| 花园洋房 | 1930 | 安亭路 130、132 号 |
| 花园洋房 | 1930s | 永嘉路 527 弄 1–5 号 |
| 花园洋房 | 1931 | 高安路 63 号 |
| 新式里弄 | 1930s | 永嘉路 231 弄 |

来源：陈锋. 赉安洋行在上海的建筑作品研究（1922–1936）. 上海：同济大学硕士学位论文，2006.

在上海的新风格建筑中，法国建筑师似乎表现得更为积极。除赉安设计的上述作品外，由法国工程师 Rene Minutti 领导的法商营造公司在 20 世纪 30 年代新风格建筑中也扮演了重要角色。Minutti，1887 年生于瑞士日内瓦，毕业于苏黎世工学院（Polytechnic School of Zurich），1920 年来到上海。在此之前他在欧洲作为结构工程师为好几家公司工作过，在钢结构设计与预应力混凝土设计方面积累了大量经验。作为一名擅长新材料、新结构的工程师，R.Minutti 来到上海后曾设计了大量的桥梁（如乍浦路桥）、水塔、厂房、仓库和货栈。1930 年他成立了自己的公司法商营造公司（Minutti & Co., Civil Engineers and Architects），开始从事建筑设计。[1] 出于一个现代结构工程师对新结构新材料的偏爱，他毫不犹豫地以一个现代派建筑师的面貌出现在上海的建筑界。毕卡第公寓（建于 1935 年）、上海回力球场（1934 年）、外滩的法邮大楼（1936 年）等都出自他的手笔。

除上述各建筑师或建筑设计机构外，一些老牌建筑设计机构，如通和洋行、新瑞和洋行、马海洋行等在二三十年代上海的建设热潮中也继续充当重要的角色。而且，随着上海新建筑风格的兴起，他们的作品也逐渐转向新风格。如新瑞和洋行，为表明其与过去的区别，甚至连其名称也改为"建兴"，[2] 其作品风格已完全转向现代式样。如 1934 年建成的中国通商银行新楼（今建设大厦）和泰兴公寓。至于马海洋行，到了 20 年代其实际主持人已是 H. G. Robinson。30 年代后，上海另一家著名建筑设计机构思九生洋行的主要合伙人 H. M. Spence 加入马海洋行并成为首席建筑师，此时马海洋行又称作"新马海洋行"，它的英文名称也成为 Spence, Robinson and Partners。思九生洋行原有两名主要合伙人，R. S. Stewardson 和 H. M. Spence，他们曾因设计外滩的怡和洋行新楼（1920 年）和四川路桥堍的上海邮局（1924 年）而闻名于上海。外滩的第一次世界大战纪念碑也出自他们之手。H. M. Spence 进入马海洋行后，R. S. Stewardson 继续维持思九生洋行，但已不见重要作品问世。而 H. M. Spence 加盟后的马海洋行则如虎添翼，花园式里弄上方花园（1938 年）和公寓式里弄新康花园（1934 年）都是新马海洋行的作品。

## 四、中国建筑师队伍的形成与成熟

### （一）近代上海中国建筑师队伍的起源

近代上海的中国建筑师有两大来源：一是在外国建筑设计机构中工作的中国人。他们在长期的实践中逐步掌握了一定的设计绘图能力，并在一些工程中担任建筑设计工作，其中有一部分人独立开办了自己的建筑设计事务所。他们是最早的中国建筑师，尽管并未受过正规的建筑

---

① George F. Nellist. *Men of Shanghai and North China*. The Oriental Press, 1933：288–289.
② 新瑞和洋行 20 世纪 30 年代后改名"建兴洋行"（Messrs. Davies, Brooke & Gran Civil Engineers and Architects）。

学教育。周惠南（1872–1931 年），曾在英商业广地产公司供职，通过自学与实践掌握了建筑设计的基本方法。他的事务所"周惠南打样间"曾设计过剧场、办公楼、住宅、饭店（如爵禄饭店、一品香）、娱乐建筑（如大世界）等，[①] 其中以建于 1917 年的早期大世界最为著名。王信斋也是这类建筑师中的佼佼者。他曾作为葡萄牙籍传教士、建筑师叶肇昌（Francis Diniz）的助手参加佘山大教堂的设计，并因在建筑工程中的杰出贡献而获得当时北洋政府的六等嘉禾奖。在 1932–1937 年上海工务局呈报开业的 100 位建筑师中，有 14 位出身于外国建筑设计机构。[②]

二是在西方学习建筑学后回国的建筑师。近代上海中国建筑师的主体是留学于西方，20 世纪 10 年代，第一批留学西方学习西方建筑学的留学生学成回国，20 年代后大批留学生回国，30 年代又有一些留学生陆续回国。这些受过西方正规建筑学教育的留学生回国后有相当大一部分都开设了建筑设计事务所从事建筑设计工作。他们绝大多数选择上海这座当时中国最大、最开放、经济最发达的城市。其中最早者有庄俊开设的庄俊建筑师事务所，吕彦直、过养默、黄锡霖合组的东南建筑公司和略晚一点吕彦直开设的彦记建筑事务所，以及刘敦桢、王克生、朱士圭、柳士英组成的华海建筑师事务所，等等。此后，越来越多的中国建筑设计机构相继开业。在 1933 年出版的一本人名录中，共列入上海的建筑师 6 人，其中外国建筑师是主持公和洋行的威尔逊和邬达克洋行的邬达克两位，中国建筑师则有范文照、赵深、董大西和李锦沛 4 位。1936 年登记注册的建筑师事务所共 39 家，中国建筑师占 12 家，[③] 足见当时中国建筑师无论在数量上还是声誉上均已和外籍建筑师势均力敌。

## （二）重要建筑师

20 世纪二三十年代的上海出现了一大批颇有建树的中国建筑师事务所，其中最著名者如庄俊建筑师事务所、华盖建筑师事务所、范文照建筑师事务所、董大西建筑师事务所、李锦沛建筑师事务所等。当时中国最大的建筑事务所基泰工程司发源于天津，其业务重点在天津、北京、南京等地，但在上海也有较大影响。

庄俊（1888–1990 年），中国最早的建筑界留学生之一。1910 年他考取清华庚款留美预备班后赴美留学，1914 年毕业于美国伊利诺伊大学建筑工程系，获建筑工程学士学位。庄俊回国后于 1914–1923 年任清华学校建筑师，协助美国建筑师茂飞（H. K.Murphy，1877–1954 年）设计与建造了清华图书馆、大礼堂、科学馆、工程馆和体育馆等建筑。1923–1924 年，他受清华学校派遣，率学生赴美留学，他本人则进哥伦比亚大学研究生院进修，1924 年归国后来到上海。1925 年庄俊在上海开设私人事务所，成为归国留学生最早在上海开业的建筑师之一。1927 年，庄俊与范文照等建筑师发起成立上海建筑师学会（第二年改名为中国建筑师学会）并担任会长。

① 陈植老先生来信指导修志工作 . 上海建设修志，1991（10）：1–2.
② 赖德霖 . 中国近代建筑师的培养途径——中国近代建筑教育的发展 // 中国近代建筑史研究（第二篇）. 北京：清华大学博士论文，1992：15.
③ 娄承浩 . 近代上海的建筑师 // 上海建筑施工志编委会 . 东方"巴黎"：近代上海建筑史话 . 上海：上海文化出版社，1991：112.

庄俊早期的作品为西方复古风格，如1928年建成的金城银行，其设计手法之娴熟完全可以与西方一流的学院派建筑师相媲美。4年后他设计了大陆商场（即慈淑大楼，1932年建成），建筑风格发生了重大转变，建筑形象趋于简洁，复古装饰被彻底摒弃，立面上采用大量装饰艺术风格的图案。同期建成的四行储蓄会虹口分会公寓大楼也有类似特征。1935年，他设计的孙克基妇产科医院已成为"国际式"（图10-3-10），此时他已彻底推崇"能普及而又切实用"的现代建筑。[①] 30年代后，另一位留美的中国建筑师黄耀伟（宾夕法尼亚大学建筑系学士）加入庄俊建筑师事务所。

范文照（Robert Fan，1893-1979年），1921年毕业于美国宾夕法尼亚大学，获建筑学学士学位。1927年范文照开设私人事务所，并接受邀请与上海基督教青年会建筑师李锦沛合作设计了八仙桥青年会大楼。在此期间结识同在基督教青年会建筑处工作并参加八仙桥青年会大楼设计的另一位中国建筑师赵深。1928-1930年，赵深作为合伙人参加范文照建筑师事务所（赵于1930年离开后独立开业）。范文照早期作品亦为"全然复古"，并喜欢以折中主义的思路在西式建筑中融入中国传统建筑的局部。1924年他设计的中山陵方案曾获第二名，这是一个采用中国传统重檐攒尖顶的复古方案。1927年他与李锦沛、赵深合作设计的青年会大楼也有一圈蓝色琉璃瓦的中国传统屋顶（图10-3-11）。1928年设计的南京大戏院（图10-3-12）则从里到外都是一个异常地道的西方复古主义建筑。1933年是范文照设计思想的一个转折点。年初，他的事务所曾短期加入了一位提倡"国际式新法"的美国建筑师。这位美国建筑师当时嘲讽复古建筑："最新式工作，仍在一远过二千年前式样之房屋中，宁非笑谈。"

范文照愿意与这样的建筑师合作，说明他本人的建筑思想已完全倾向于现代建筑。1933年下半年，范文照事务所又加入一位年轻的合伙建筑师伍子昂。伍子昂（1908-1987年），1933年毕业于美国哥伦比亚大学获建筑学士学位，受到纽约的各种新建筑强烈影响。他的加入使范文照事务所更加坚定了设计现代风格建筑的决心。位于西摩路（今陕西北路）、福煦路（今延安中路）转角处的市房公寓即为此时期产物。1934年，范文照撰文对自己早年在中山陵设计方案中"掺杂中国格式"的折中主义表示强烈的反省，对于那种"拿西方格式做屋体，拿中国格式做屋顶"的做法表示"尤深恶痛绝之"，呼吁"大家来纠正这种错误"，并提倡与他当年"全然守古"彻底决裂的"全然推新"的现代建筑。他甚至提出"一座房屋应该从内部做到外部来，切不可从外部做到内部去"这一由内而外的现代主义设计思想，赞成"首先科学化而后美化"。1935年下半年，范文照周游欧洲列国，更加强了他对欧洲现代主义建筑的认识，促使他完成从思想到手法都彻底转向现代派的过程。范文照事务所设计的协发公寓（Yafa Apartments）、集雅公寓（Georgia Apartments）等都是现代派作品。1941年建成的美琪大戏院，注重各部分的使用功能和观众厅的声、光、暖效果，造型简洁，表现出全新的现代建筑面貌。范文照对于上海近代建筑中现代主义思想的产生起着重要的作用。

---

① 庄俊.建筑之式样.中国建筑（第三卷第五期）.1935（9）：2.

图 10-3-10　孙克基妇产科医院（1935 年）（左）
来源:中国建筑, 1935, Vol.3（5）
图 10-3-11　八仙桥青年会大楼（1928 年）（右）
来源:中国建筑, 1931, 创刊号.

图 10-3-12　南京大戏院（1930 年）
来源：Lynn Pan, Li- yung Hsueh, Xue Liyong, ed. *Shanghai, A Century of Change in Photographs 1843-1949*, Hai Feng Publishing, 1993

　　李锦沛（Poy Gum Lee），1900 年出生于美国纽约的一个华人家庭，1920 年毕业于普赖特学院（Pratt Institute）并获纽约州立大学颁发的注册建筑师（R.A）证书。1923 年，他作为基督教青年会的建筑师来到上海参加青年会大楼的设计。1929 年设计南京中山陵的吕彦直因病突然去世，李锦沛应邀成为彦记建筑事务所的主持人，并改事务所名称为彦沛记建筑事务所，继续负责中山陵工程。1932 年中山陵工程全部完工后，李锦沛独立开设李锦沛建筑师事务所。由于与教会的关系密切，李锦沛承担了一系列教会建筑的设计，如清心女中（建于 1933 年）、中华基督教女青年会（建于 1933 年）、广东浸礼会教堂等。李锦沛是近代上海一位多产建筑师，作品风格比较混杂。早期多为简化的西方复古式样（如清心女中），且喜爱将中国传统建筑式样融于西式建筑之中（如青年会大楼、女青年会大楼等）；后来他的设计风格也受到新建筑的影响，如模仿美国现代摩天楼的广东银行大楼（建于 1934 年）和现代风格与中国传统风格相结合的严公馆（建于 1934 年）。

华盖建筑师事务所是近代上海最大的中国建筑师事务所。由赵深、陈植、童寯三位建筑师组成。这三位建筑师均留学于美国，毕业于宾夕法尼亚大学并都获得建筑硕士学位。赵深（1898-1978年），1923年毕业，1927年回国。他先在上海基督教青年会建筑处工作，与李锦沛、范文照合作设计八仙桥青年会大楼。1928-1930年参加范文照建筑师事务所，与范文照合作设计了南京大戏院等作品。1930年，赵深独立开业，开办赵深建筑师事务所，设计有上海大沪旅馆等工程。1931年陈植加入，组成赵深陈植建筑师事务所。1932年童寯从东北来沪应邀加入，事务所遂取名"华盖"（The Allied Architects）。陈植（1902-2002年），1927年毕业，1929年回国后任东北大学建筑系教授。1931年来到上海与赵深合作。童寯（1900-1983年），1928年毕业，1930年回国，曾任东北大学建筑系教授、系主任，1932年来到上海与赵深、陈植合组华盖建筑师事务所。华盖建筑师事务所从创办到1952年结束，其设计作品近200项，是上海近代最多产的华人建筑设计事务所。华盖建筑师事务所的3位成员均毕业于学院派教学体系的美国宾夕法尼亚大学，但都不约而同地选择了现代建筑的道路。对于中国式的复古建筑，他们也不赞成，曾"相约摒弃大屋顶"。[①] 大上海电影院（建于1933年）和恒利银行（建于1933年）是华盖建筑师事务所成立后不久拿出的最引人注目的作品，这两座建筑均完全摒弃了复古的做法。恒利银行大楼以垂直线条处理立面，且有表现主义特征，被当时舆论称为"十足德荷两国最新之作风"。大上海电影院更是以立面上8根霓虹灯柱形成立面的竖线条构图，内部亦采用流线型装饰，被当时舆论誉为"醒目绝伦"、"匠心独具的结晶"。同期设计的浙江兴业银行则以朴实无华的简洁立面与造型表现了现代建筑的实用经济原则。至1948年华盖建筑师事务所设计浙江第一商业银行，现代主义的设计手法已完全成熟。

董大酉（1899-1973年），1924年毕业于美国明尼苏达大学，1925年获该校建筑硕士学位，后在纽约哥伦比亚大学艺术与考古系读研究生课程，1928年回到中国。董大酉先在庄俊建筑师事务所工作，1929年与美国同学E. S. J. Phillips合办建筑师事务所（Phillips后加入哈沙德洋行），1930年开设董大酉建筑师事务所，并担任上海市中心区域建设委员会顾问和建筑师办事处主任，负责设计了上海新市区大量公共建筑，如中国古典宫殿式的市政府大厦（建于1933年），简化的中国古典式的上海市图书馆、上海市博物馆和上海市运动场（包括体育场、体育馆和游泳场）。尽管他的大量作品都是中国复古建筑式样，但其自用住宅（图10-3-13）却是一座十足的现代派建筑，这似乎反映出建筑师的矛盾心态。

基泰工程司在上海的作品不多，但其设计的大陆银行（建于1933年）和大新公司（建于1936年）都是具有相当大影响的作品。

除上述建筑师之外，上海还有许多有较大影响的建筑师。如设计了虹桥疗养院的奚福泉建筑师（1903-1983年），他毕业于德国达姆施塔特大学，回国后加入启明建筑师事务所，后又与著名结构工程师杨宽麟合伙开设公利营业公司（Kun Lee Engineering Company），他是现代主义建

---

① 陈植. 意境高逸，才华横溢——悼念童寯同志. 建筑师.Vol. 16.1983（11）：3.

图 10-3-13 董大西住宅（1935 年）
来源：建筑师．北京：中国建筑工业出版社，
1982（10）．

筑的积极倡导者。还有设计了百乐门舞厅的杨锡镠建筑师（1899-1978 年），设计了恩派亚大楼的黄元吉建筑师（1902-1985 年，凯泰建筑事务所主持人）等都是上海新建筑风格的倡导者。此外，由徐敬直、李惠伯、杨润钧组成的兴业建筑师事务所，由杨润玉、杨玉麟、周济之组成的华信建筑事务所，由过养默主持的东南建筑公司，罗邦杰建筑师事务所，以及中国银行建筑部的陆谦受和吴景奇，海关总署建筑处的吴景祥等，也都是当时上海较有影响的建筑事务所或建筑师。

# 第四节　建筑技术的再发展 [1]

## 一、钢筋混凝土结构体系及其配套技术的传布

### （一）钢筋混凝土结构体系的引入与发展概况

钢筋混凝土结构体系在中国的引入与发展，最初是由在华西方建筑师与工程师主导的，且多集中于沿海地区的大城市，上海则理所当然走在前列。因其在开埠后迅速成为遐迩闻名的国际性商贸城市，外向型经济高速发展和房地产业大幅升温，推动地价迅速上涨，促使建筑向高空发展，以获取最大经济效益。同时，又因地质状况普遍较差，若采用普通的砖（石）木混合结构以及砖（石）钢筋混凝土混合结构，建筑高度很难有新的突破，由此产生对钢筋混凝土结构建筑技术的社会需求。早在 1906 年，上海就已用砖木结构辅以局部钢筋混凝土结构，建造了 6 层高的汇中饭店。但首次使用真正的全钢筋混凝土框架结构，是 1908 年建成的上海电话公司（德律风公司），高度为 6 层，其建筑师为新瑞和洋行，而协泰洋行负责结构计算。[2]

---

① 本节作者李海清、汪晓茜。
② 伍江：上海百年建筑史．上海：同济大学出版社．1997：70．

很明显，是西方建筑师与工程师首先将近代结构理论及其技术介绍并运用到中国建筑市场上来的。

进入1910年代以后，因钢筋混凝土结构能解决多层与高层建筑的结构安全和效益问题，故得以迅速推广：通和洋行设计福新面粉厂（一厂）主厂房，1913年建成，高6层；公和洋行设计永安公司，1918年建成，主体6层；思九生洋行设计卜内门公司，1922年建成，高7层；思九生洋行设计上海邮政总局，1924年建成，高8层；德利洋行设计字林西报大楼，1924年建成，高9层。到1930年代中期，仅上海一地就有大量公寓、商场、舞厅、学校、会所等建筑运用钢筋混凝土结构，如峻岭公寓，是近代中国最高的公寓类建筑，由公和洋行设计，1935年建成，高19层，其钢筋混凝土框架结构的主跨达5.8米；同年建成的毕卡第公寓，由中法实业公司设计，钢筋混凝土框架结构的主跨达6.5米；而大新公司由基泰工程司设计，1936年建成，其钢筋混凝土框架结构的主跨达7米。直至1937年7月抗战全面爆发以后，因局势动荡，经济凋敝，上海的工程建设量萎缩，采用钢筋混凝土框架结构的建筑亦相应减少。

通过对现有资料的统计分析可见：

首先，外资设计机构是钢筋混凝土结构工程的主要设计者，但中国建筑师与工程师也打入了这一领域的设计市场；其次，中国营造业已完全能胜任不同高度的钢筋混凝土结构工程的施工，并基本上占领了这一市场；另外，钢筋混凝土结构工程的层数不断攀升，结构跨度也逐渐加大。

## （二）钢筋混凝土结构体系建筑技术之实例研究

### 1. 实例一：峻岭公寓

峻岭公寓（今锦江饭店中楼）位于上海原迈尔西爱路（今茂名南路），北依蒲石路（今长乐路），高19层（不含地下室及屋顶水箱间），由华懋地产公司开发，公和洋行设计，新苏记营造厂承包施工，1935年建成，是中国近代最高的钢筋混凝土框架结构公寓建筑（图10-4-1）。

该建筑采用了钢筋混凝土箱形基础（满堂地下室）（图10-4-2）。由标准层平面图可见，其钢筋混凝土框架结构为小柱网，矩形扁柱（图10-4-3），类似今日短支剪力墙。其中段最高部分平面之面阔方向为六柱五跨，进深方向为四柱三跨。最大跨仅17英尺，约合5.2米；而最小跨仅7英尺，约合2.1米。其扁柱在进深方向之柱径较大，最显著者之长宽比为5/1。在剖面图中还可以发现，进深方向的三跨中，最南面边跨虽仅17英尺，即5.2米左右，仍使用次梁来分担荷载（图10-4-2）。另外，其部分框架梁并未按常规设于楼板标高以下，而是处理成上翻梁。

除柱、梁、楼板以外，该建筑6部电梯井道、5部楼梯、各种管道井（PIPES）、通风井（FLUE）、电缆井（CABLE/DUCT）等均使用钢筋混凝土结构（图10-4-3）。其屋顶部分还有高度近20英尺（约合6米）的钢筋混凝土水箱，架空设于屋面板上（图10-4-2）。

图 10-4-1　上海峻岭寄庐公寓外观

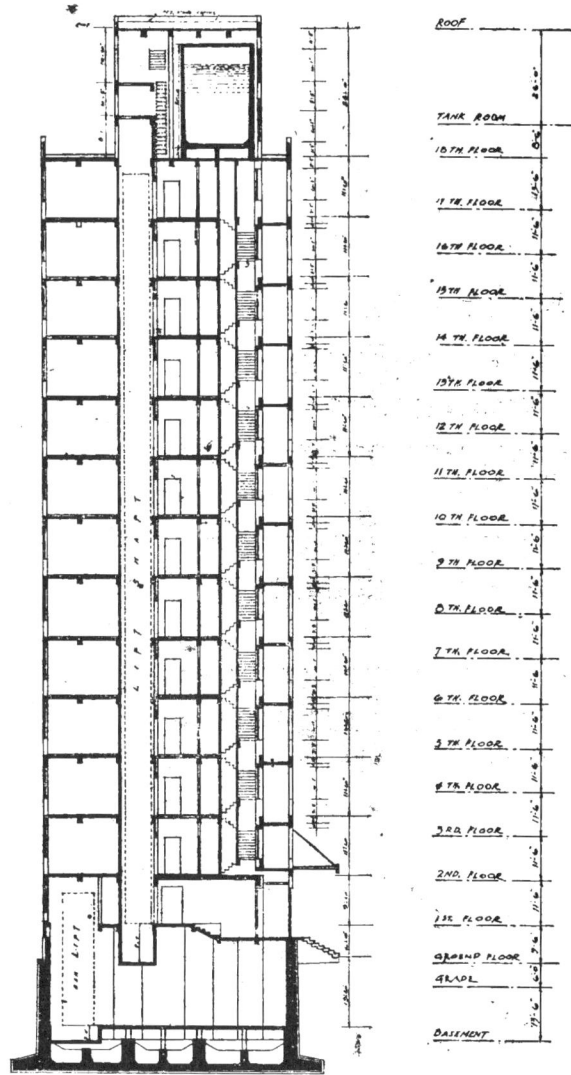
图 10-4-2　峻岭公寓剖面图
来源：建筑月刊，1934，Vol.2（4）：23.

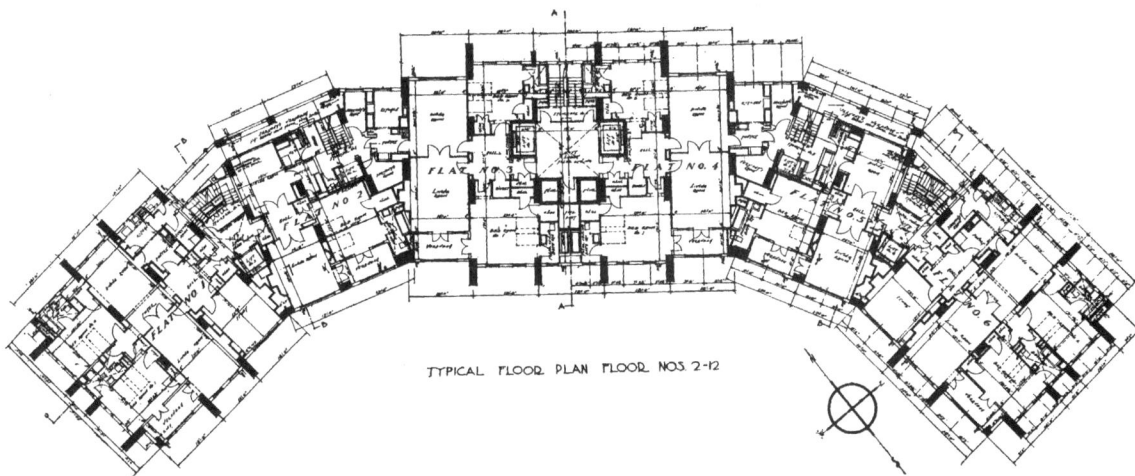

TYPICAL FLOOR PLAN FLOOR NOS 2-12

图 10-4-3　峻岭公寓首层平面图
来源：建筑月刊，1934，Vol.2（4）：21.

## 2. 实例二：迦陵大楼

迦陵大楼位于南京路、四川路转角处，高14层（不含地下室及屋顶水箱间、机房），由德利洋行与世界实业公司联合设计，新申营造厂承包桩基工程，陶记营造厂承包主体工程（图10-4-4）。1935年春破土动工，1936年底建成。该工程之各部分承包商为：恒大洋行承包钢门窗及塑胶地砖工程；爱华客洋行提供木材；益中福记磁电公司提供瓷砖及马赛克；美艺云石花砖公司承包大理石及磨石子工程；大中砖瓦公司提供机制砖瓦。在使用功能方面，除一层由美商大通银行租赁以外，上部各层均为出租写字间，为一幢标准的商用办公建筑。

迦陵大楼也使用满堂地下室与桩基础，地下钢筋混凝土工程设防水层（图10-4-5）。标准层各有2部电梯和2部楼梯。柱、梁、楼板、通风井、屋顶架空水箱等皆使用钢筋混凝土结构。其特点包括：一是柱距跨度较大，如地下室、下层、夹层，这三层平面的A~E轴线与1~2轴线交叉点上，共5榀框架、10根柱子，其长跨达25英尺，约合7.62米（图10-4-6）。

二是钢筋混凝土框架与钢框架结合使用。从上述各层平面图中可见，B~C轴与3~7轴共10根柱截面较大，并使用工字钢作为主要受力构件，外包混凝土。而其以上各层皆无此做法。这主要是因为从第一层平面起，上述轴线处的结构布局由中跨较大改为边跨较大，上、下两层柱未对齐而错开8~9英尺，约合2.7米，出现了下层B~C轴之间的大梁抬起上层B1至C1轴之间的柱，即"梁抬柱"的状况（图10-4-7）。这就势必要加大下层B~C轴两列柱子的结构尺寸，提高其结构刚度的设计要求。故使用工字钢外包混凝土、高度近1.2米的巨型钢结构大梁（图10-4-5）。

三是柱子的结构尺寸由下向上逐渐减小，考虑了高层建筑的荷载特点，比较经济。

图10-4-4 迦陵大楼外观
来源：建筑月刊，1936，Vol.4（10）：1-7.

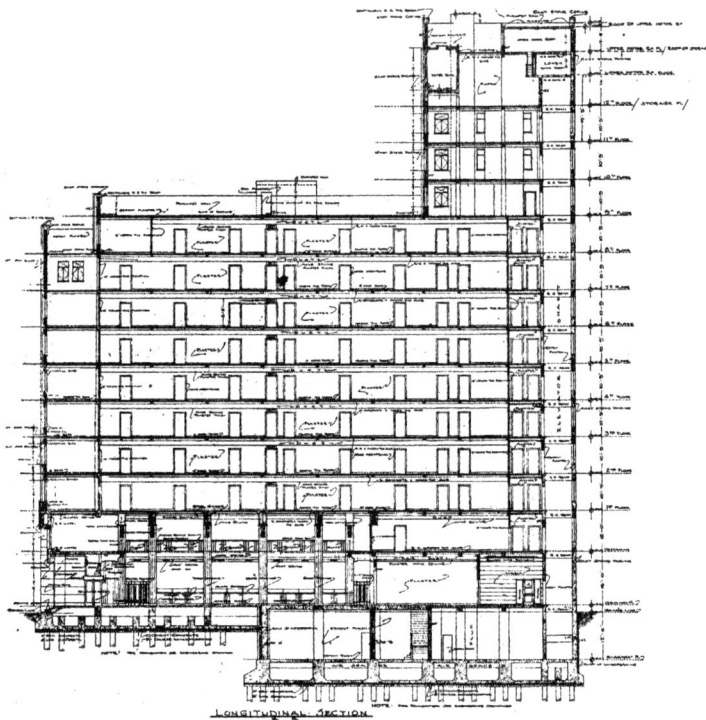

图10-4-5 迦陵大楼剖面图
来源：建筑月刊，1936，Vol.4（10）：1-7.

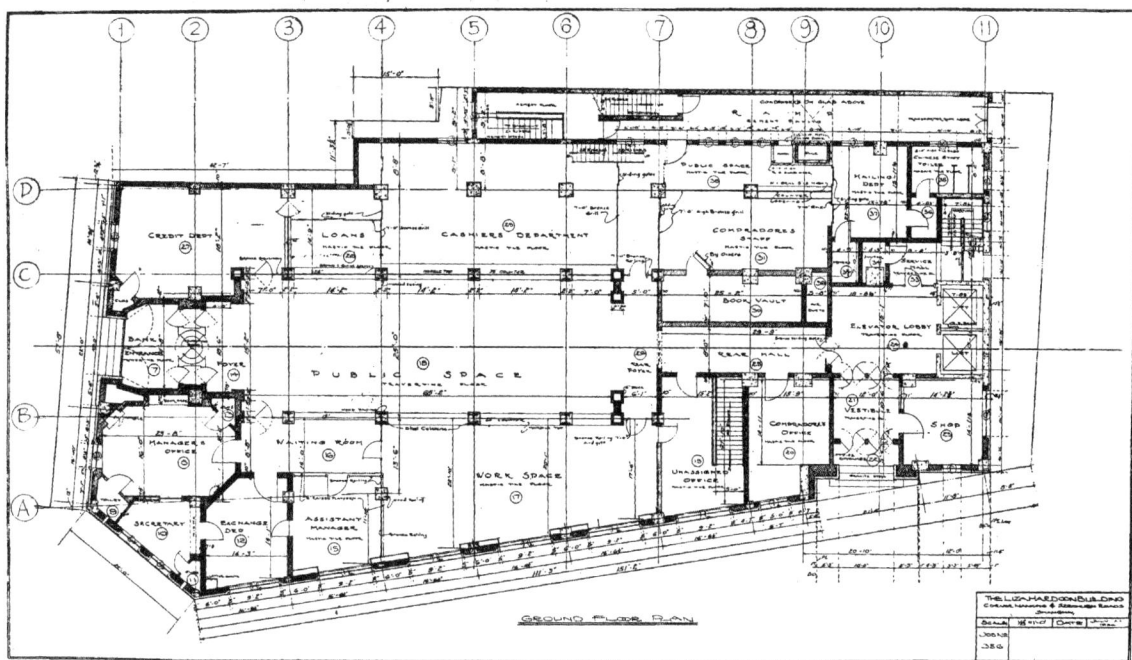

The Liza Hardoon Building, corner Nanking and Szechuen Roads, Shanghai.

迦陵大樓下層平面圖

图 10-4-6　迦陵大楼首层平面图
来源：建筑月刊，1933，Vol.4（10）：9-10.

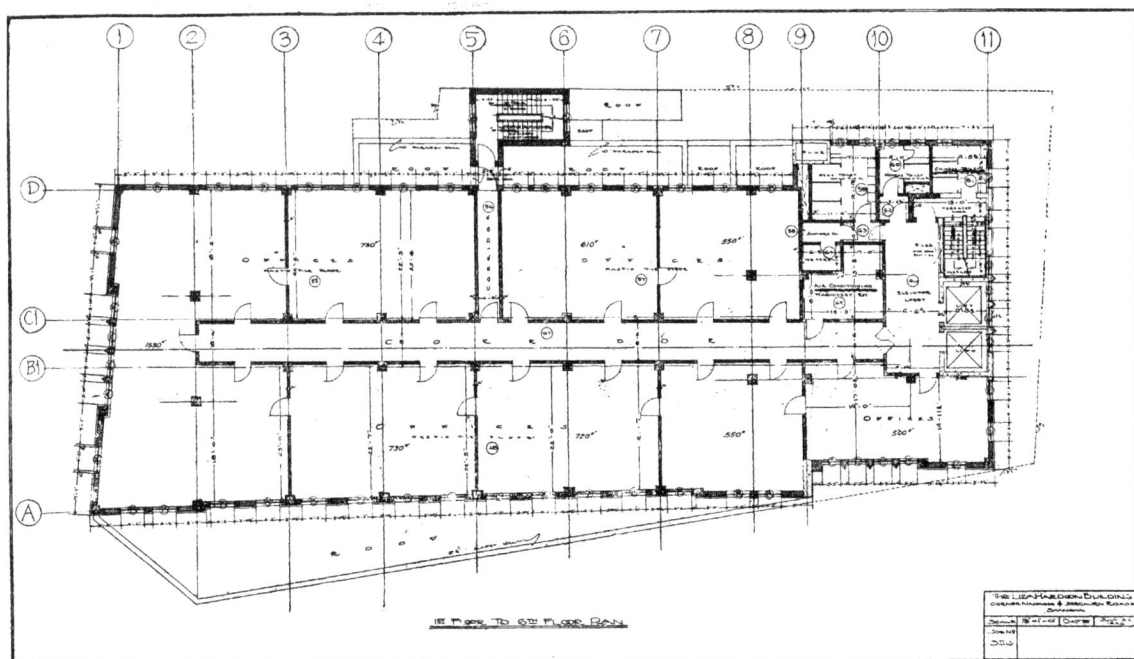

The Liza Hardoon Building, corner Nanking and Szechuen Roads, Shanghai.

迦陵大樓第一層至第六層平面圖

图 10-4-7　迦陵大楼 2~7 层平面图
来源：建筑月刊，1936，Vol.4（10）：9-10.

### 3. 实例三：大新公司

大新公司（今上海第一百货商店）位于上海南京路与西藏路交会处，高为10层（不包括地下室），钢筋混凝土框架结构，由基泰工程司设计，馥记营造厂承建，1936年底建成（图10-4-8）。其投资人为澳大利亚华侨蔡昌、蔡光兄弟。他们于1919年在广州建成9层高的钢筋混凝土框架结构商业建筑，取名"大新公司"（今南方大厦），收益良好。蔡氏兄弟遂于1930年代中期进军上海市场，投资兴建百货公司，并采用相同名称。为解决大量人流的竖向交通问题，特设4部自动扶梯，分两层设置，为中国建筑使用自动扶梯之首例（图10-4-9）。此外尚有9部电梯，每层设8部楼梯，其标准层面积近3700平方米，规模在近代中国百货公司建筑中无出其右者。该项目各类工程分包情况是：大东钢窗公司承做钢窗；美通水电工程行承装电气工程；长城机制砖瓦公司提供煤屑砖，用于填充墙；中国石公司提供青岛乌黑花岗石，用以装修门面。

由于工程影响很大，所以设计方、业主、施工方都非常重视，技术队伍阵容也很强。"基泰"派驻经验丰富的张静之驻工地监工；业主另聘王毓蕃担任顾问工程师，王氏系毕业于美国麻省理工学院（MIT），土木工程硕士，此前曾任上海市建筑协会附设私立正基建筑工业学校教授；金福林代表馥记营造厂主持该项工程的施工，他也是四行储蓄会大厦（国际饭店）工程的主持者，颇具高层建筑施工技术的实践经验。

大新公司钢筋混凝土框架结构的技术特点有：

一是柱跨较大，其长跨达7米；

二是钢筋混凝土柱也做变截面处理，由底层向上逐渐减小，地下室柱截面约为85厘米见方，而顶层仅为30厘米见方。柱平面在4层以下为八边形（正方形抹角），5、6两层柱子为正方形截面，7至8层柱为圆形和八边形，9层柱为圆形（图10-4-10）。

除柱、梁、楼板以外，楼梯间、电梯井道、垃圾焚化炉井道、滑槽井道等皆使用了钢筋混凝土结构。

图10-4-8　大新公司外观

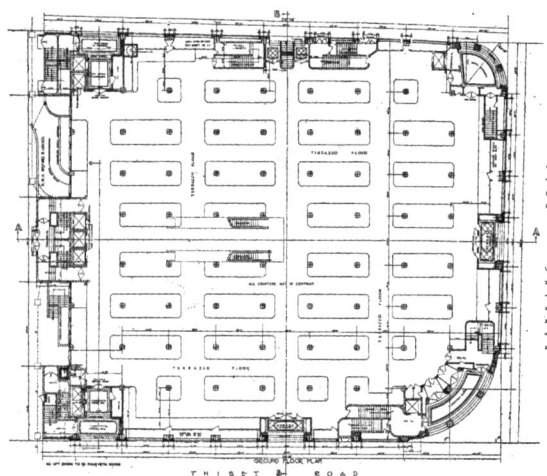

图10-4-9　大新公司二层平面图
来源：建筑月刊，1935，Vol.3（6）：9.

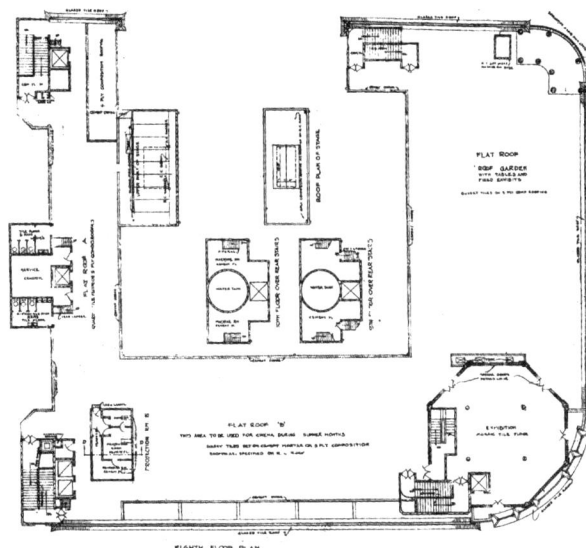

图 10-4-10  大新公司九层平面图
来源：建筑月刊，1935，Vol.3（6）：18.

## （三）与钢筋混凝土结构相关的建筑工业化方面的发展

在 1930 年代，上海市政府工务局在城市建设中积极推行建筑工业化，为此付出了种种努力。首先是通过引入现代机械化工程装备和施工机具，促进了生产方式的转变，即从人工动力源、手工操作改为内燃机动力源和机械操作。如在"大上海计划"的新市区中心，市政府周边道路已采用以内燃机为动力源的"滚路机"修筑（图 10-4-11）；甚至在较为偏僻的闸北地区，宝山路、鸿兴路、虹江路（图 10-4-12）亦均采用"滚路机"修筑；1932 年的高桥区东塘海堤工程，采用轻便铁轨搬运土方（图 10-4-13）。

其次是通过兴办配套企业，加强各类建筑构件的预制化生产。上海市工务局在这期间自办了 5 家建筑材料厂，主要生产混凝土预制构件。如沪南区大木桥路材料厂，自 1934 年开始就机械化量产混凝土制各类管、板、桩和烟囱等（图 10-4-14），实现了建筑构件和配件的工厂化、预制化生产。《上海市工务局之十年》还明确指出手工操作模式的弊端。经统计分析，在"黄

图 10-4-11  1930 年代上海市政府周边道路采用内燃机动力"滚路机"修筑
来源：上海市工务局.上海市工务局之十年 [R].上海：上海市工务局.1937：167.

图 10-4-12  1930 年代上海闸北地区新建道路采用内燃机动力"滚路机"修筑
来源：上海市工务局.上海市工务局之十年 [R].上海：上海市工务局.1937：167.

图 10-4-13　1932 年的上海高桥区东塘海堤工程用轻便铁轨搬运土方
来源：上海市工务局.上海市工务局之十年 [R].上海：上海市工务局.1937：62.

图 10-4-14　1930 年代上海市工务局所属沪南区大木桥路材料厂机械化量产各类预制钢筋混凝土构件
来源：上海市工务局.上海市工务局之十年 [R].上海：上海市工务局.1937：139.

金十年"期间，上海市工务局主管新建道路修筑长度的总量翻了 1 倍，柏油路翻了 8.4 倍。如果离开工程模式的工业化进程，这一成果简直不可想象。

## 二、钢结构体系及其配套技术的传布

### （一）钢结构的引入与发展概况

与钢筋混凝土框架结构一样，钢结构技术（尤其是用于高层建筑的钢结构）在中国的引入与发展，也和沿海地区的建筑活动密切相关，上海同样走在前列。1930 年前后，因上海房地产业迅速发展，欧美建材市场疲软，以及中国的建筑设计、结构、施工、设备生产等技术水平迅速提升，促使钢结构体系及其配套技术获得推广，高层建筑的建设达到高潮。

如上海市中心区地价上涨导致建筑用地紧张，中国银行大楼临干道面阔仅 27.03 米，而四行储蓄会大厦（国际饭店）临干道面阔也只有 25.8 米。由于高层建筑能在有限用地上最大限度提供使用面积，因而利润率极高。于是在 1920 年代后期，以沙逊集团为代表的房地产商纷纷把投资重点转向高层建筑。据不完全统计，1929-1938 年短短十年间，上海建成 10 层以上高层建筑就有 31 座。同时，欧美市场上滞销的大量建材被倾销到上海，房地产商们当然要抓住机遇，利用廉价材料和劳动力，竞相投资高层建筑，以获取最大利润。而另一方面，经过 1920 年代以来的建设高潮，上海的设计、施工、设备生产力量与技术水平都获得了空前提高，这些都为高层钢结构建筑技术的大发展准备了条件。

1917 年，由公和洋行设计的天祥洋行大楼（后改为有利洋行大楼）建成，高达 7 层，是上海第一座采用钢框架结构的建筑。[①] 1923 年，同样由公和洋行设计的汇丰银行大楼建成，

---

① 郑时龄.上海近代建筑风格.上海：上海教育出版社.1999：205.

也采用钢框架结构。随后，1927 年建成的第三期江海关也由公和洋行设计，主体达 8 层，使用了钢框架结构。在这一引人注目的工程中，公和洋行率先使用了一种长达 16 米的预制钢筋混凝土桩，用以取代传统的洋松（OREGON）木桩，后者并不适用于上海的湿热气候。[①] 1929 年上海建成两座 10 层以上的建筑，它们分别是由安利洋行设计的华懋公寓与公和洋行设计的沙逊大厦，前者主体高达 14 层，后者为 13 层，高度为 77 米，证明高层建筑技术水平迈向新的高度。至 1934 年，上海又有两座钢结构摩天大楼建成，它们是由业广地产公司设计的百老汇大厦和邬达克设计的四行储蓄会大厦（国际饭店），高度分别达 21 层和 24 层。更有甚者，1937 年建成的由中国建筑师陆谦受与公和洋行合作设计的中国银行大楼，其最初方案为 34 层，高度超过 100 米，后因在建筑高度方面与邻近的沙逊大厦发生争执（而非技术原因）而不得不改为 17 层。[②]

通过对近代中国高层钢结构建筑代表性实例的分析，可以看出以下几点：

（1）从 1917 年至 1937 年，短短 20 年间，钢框架结构在上海的房地产业中表现出巨大的潜力与吸引力，独占 20 层以上的高层建筑市场；

（2）钢框架结构高度不断攀升，结构跨度也不断加大；

（3）以公和洋行为代表的外国建筑师几乎垄断了钢框架结构高层建筑的设计市场；

（4）中国的营造业已完全能够胜任钢框架结构的施工，并占领了这一市场。

## （二）钢结构建筑技术之实例研究

### 1. 实例一：上海中国银行大楼

中国银行大楼位于上海外滩黄浦江之滨，后部直抵圆明园路。建筑占地 5075.2 平方米，总建筑面积 32548 平方米。主体东段高 17 层，西段高为 4 层，由中国银行总行建筑课陆谦受建筑师与英商公和洋行合作设计，陶桂记营造厂总包，陈根记打桩厂承包桩基工程，余洪记营造厂承包基础工程。原方案（图 10-4-15）为 34 层，高 100 多米。若建成，则其层数、高度皆为上海之冠。但其南邻沙逊大厦（今和平饭店北楼）的高度为 13 层，仅 77 米，因此引起沙逊的不满。中国银行作为业主向工部局申请执照时，沙逊出面干预，不准中国银行高出沙逊大厦的锥形屋顶。中国银行方面只能放弃原拟方案，而改为 17 层，高度降至 76 米。可见，若非沙逊干涉，当年的中国银行将在高层钢结构技术方面修改中国乃至亚洲纪录。

须引起注意的是，关于中国银行，既有的研究一致认为其东段即 17 层部分为钢框架结构，而其西段即 4 层高部分为钢筋混凝土框架结构。[③] 根据有关文献档案与照片判断，此说疑有误。实际上，其东、西两段皆为钢框架结构。由图 10-4-16 可以看出，沙逊大厦在中国银行塔楼右侧，

---

① [法] 娜塔丽. 工程师站在建筑队伍的前列——上海近代建筑历史上技术文化的重要地位 // 汪坦 张复合：第五次中国近代建筑史研究讨论会论文集. 北京：中国建筑工业出版社.1998：102.
② 郑时龄. 上海近代建筑风格. 上海：上海教育出版社.1999：248.
③ 同②。

图 10-4-15　上海中国银行大楼原方案（左）
来源：建筑月刊，1937，Vol.5（1）.

图 10-4-16　上海中国银行大楼工地（由东向西拍摄）（右）
来源：建筑月刊，1937，Vol.5（1）：5.

该照片应是由西朝东拍摄，画面近处钢架应为西段钢结构构件无疑。而且，从西段的剖面图中也有反映，即大梁由"工"字形钢外包混凝土构成，乃典型的钢框架结构做法。

中国银行在结构技术方面有一些处理方式值得注意：

一是使用了钢筋混凝土筏式基础（满堂基础），基础底板厚达 75 厘米，基础柱径甚至达 1.73 米，以确保稳固（图 10-4-17）。因其基地两侧皆为高楼，所以施工难度较大，故基坑开挖、打桩时，将基址四周围加以 13.3 米长的钢板桩，抵抗侧推力，护持土壤，以免崩塌。其基址边际桩深达 53.3 米，而中部较浅部分桩深也有 28.3 米。

二是钢框架柱、梁跨度较大，其东段长跨达 28 英尺 6 英寸，约合 8.69 米；而其西段长跨甚至达 33 英尺 10 英寸，约合 10.34 米，短跨也有 8.34 米（图 10-4-18）。这样的结构跨度，远远超出当时的钢筋混凝土框架结构（直至 1948 年设计的南京中央通讯社大楼，其跨度不过 8.4 米）。可见钢框架介入高层建筑领域，其意义不仅在于竖向尺度的加大——增加建筑层数，而且对扩展水平方向空间尺度极有意义。

三是保险库墙体内置钢圈骨料（图 10-4-19），加强了库房围护结构的强度与防护能力，同时还运用新式库门，以保万无一失。

四是柱子作变截面处理，地下室部分柱径仅 71 厘米，而顶层柱径仅 29 厘米。

由图纸还可发现以下特点：高层部（东段）有 5 部电梯，而多层部（西段）有 8 部电梯；通风井（FLUE）、管道井（PIPES）、电缆井（CABLES/DUCT）等清楚明确地分设。

无论东段或西段，钢框架基本遵循中跨大、边跨小的原则，对结构有利。楼面结构为钢筋混凝土楼板下铺空心砖；多层部电梯机房位于地下室，而高层部机房则位于顶层；地下室设锅炉房，屋顶设水箱间，中式攒尖屋顶之宝顶正好用作通气管出口；冷气、暖气设备一应俱全。全楼皆用内排水解决雨水问题。

该建筑柱梁为钢框架外包混凝土，而楼板及电梯井道等多种管道井则为钢筋混凝土。标准层高度为 10 英尺 8 英寸，约合 3.56 米。其二层（FIRST FLOOR）专设供贝祖诒（中国银行总经理，著名建筑师贝聿铭之父）办公用的房间（图 10-4-18）。

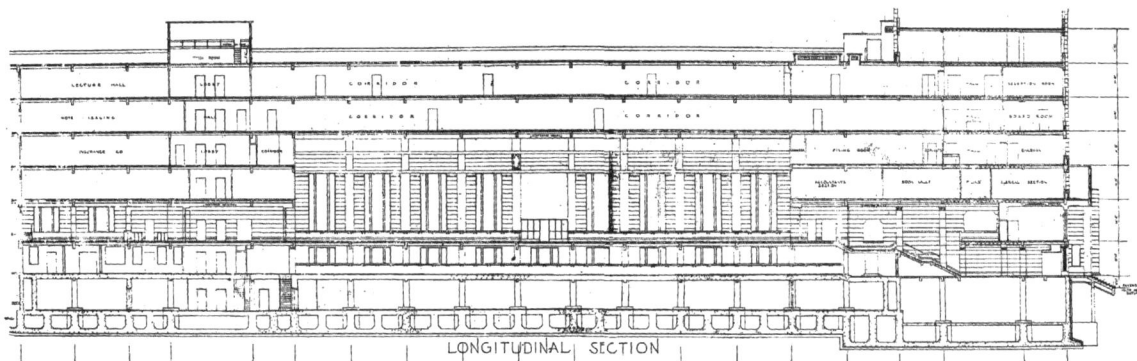

图 10-4-17　上海中国银行大楼剖面图（右侧为高层部分）
来源：建筑月刊，1937，Vol.5（1）：16.

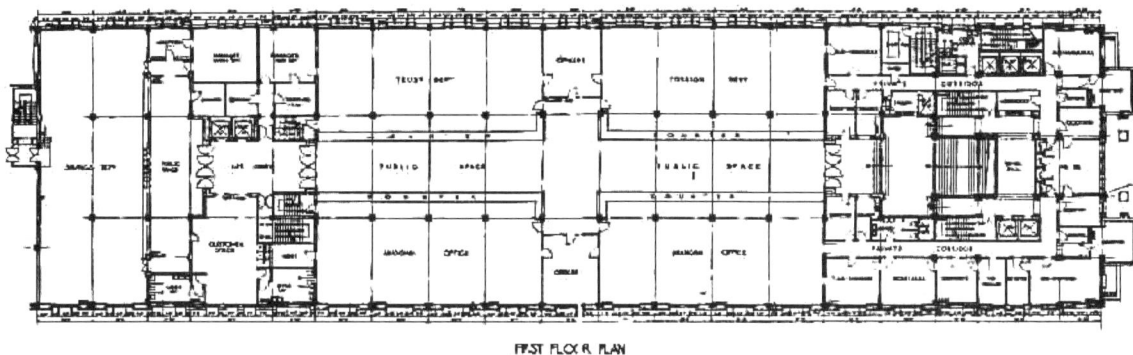

图 10-4-18　上海中国银行大楼二层平面图（右侧为高层部分，其外墙中部即为贝祖贻办公室）
来源：建筑月刊，1937，Vol.5（1）：14.

## 2. 实例二：上海百老汇大厦

百老汇大厦（今上海大厦）位于上海市黄浦江畔，南临苏州河，1934 年建成，是较为典型的旅馆建筑。其业主为英商业广地产公司，由该公司建筑部弗雷泽建筑师主持设计，新仁记营造厂承造（图 10-4-20）。建筑主体 21 层，高达 76.6 米，总建筑面积为 24596 平方米。建筑平面呈马鞍形，由下向上逐渐由两翼向中部收进。高层部分共 6 部电梯，5 部楼梯，分设于两翼及中部。卫生间有管道井，地下室设锅炉房，顶层为电梯机房和水箱间。

百老汇大厦在钢框架结构技术方面做了一些新尝试：

首先是主体钢框架结构选用了进口新型双层铝合金轻钢作骨料，其自重较小，比普通钢结构轻 1/3，以提高结构效率。

其次，该建筑还使用了钢筋混凝土满堂地下室，并铺设了"御水牛毛毡"作为地下室防水屏障（图 10-4-22）。由于地基结构处理尚好，采用机器设备打桩，至今沉降尚不显著（图 10-4-21）。

另外，通过施工现场照片的分析以及图纸考证，可以肯定其钢框架结构的构造做法有如下特点：一是钢柱选用"工"字形钢，并分段处理，每一层作为一段，两段钢柱之间的衔接口位置高于楼面（接近窗台高度），以错开柱、梁交接部位，利于结构整体性。二是上下两段"工"字形钢柱端头有封口处理，并于衔接部位用两片钢板分别从两侧夹住，再用螺栓、铆钉等固定

图 10-4-19　上海中国银行大楼保险库
墙体内置钢圈骨料
来源：建筑月刊，1937，Vol.5（1）：7.

图 10-4-20　上海百老汇大厦外观
来源：郑时龄：上海近代建筑风格．上
海：上海教育出版社．1999 年：280.

图 10-4-21　百老汇大厦桩基工程
来源：建筑月刊，1934，Vol.2（3）：8.

图 10-4-22　百老汇大厦地下室铺"御水牛毛毡"
来源：建筑月刊，1934，Vol.2（3）：9.

图 10-4-23　百老汇大厦钢框架结构工程现场
来源：建筑月刊，1934，Vol.2（3）：11.

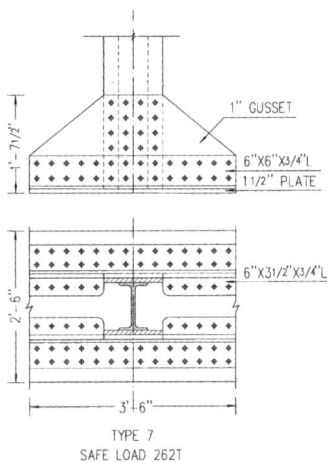

图 10-4-24　上海汇丰银行大厦钢
柱底部节点图
来源：笔者抄绘于上海市城建档案馆

图 10-4-25　上海四行储蓄会大厦外观

图 10-4-26　四行储蓄会大厦施工现场
来源：建筑月刊，1933，Vol.1（5）：5.

（图 10-4-23）。三是底层的"工"字形钢柱之柱基部分另设两片梯形钢板并以螺栓、铆钉等固定，使柱基如虎爪状展开，成为角撑（gusset），以便衔接钢柱与基础钢构件。此做法俗称"草鞋底"，上海汇丰银行（图 10-4-24）、广州的爱群大厦也有同类做法。

### 3. 实例三：上海四行储蓄会大厦

四行储蓄会大厦（今国际饭店）位于上海静安寺路（今南京西路）与派克路（今黄河路）交会处，1931 年 8 月至 1932 年 12 月设计，兴建于 1932 年 5 月至 1934 年底，由当时的"四小行"即金城、盐业、大陆和中南四家银行的储蓄会共同投资建造（图 10-4-25）。由匈牙利籍建筑师邬达克（Hudec）设计，结构工程师为 Vereinigte Stahlwerke Aktieng–esell Schaft 与 Dortmunder Union–brtckenbau（Hochhaves Shanghai），设备工程师为 Asia Union Engineering.Cor 与 P.A.Sargeant Consulting Engineer，丹麦籍康益洋行承揽打桩工程，馥记营造厂承包施工（图 10-4-26）。

该建筑采用钢框架结构，主体 24 层（包括两层地下室），用地面积 1179 平方米，建筑面积 15650 平方米，标准层高约 3.45 米，全高 86 米，为近代中国最高的建筑物。大厦底层为四行储蓄会营业场所，夹层为租赁写字间，二至三层为餐饮服务空间，四至十三层为客房，十四层为对外营业餐厅，十五至十九层为常住客人房，二十层以上为机房、水箱、瞭望台等。

建筑设备方面，每层楼设消防水龙，且安装了当时最先进的自动喷淋灭火系统，为近代中国建筑之首例。全楼供水系统分为 2 套，一套是常规的城市自来水供水系统，此外尚有一自备系统，设有自流井装置，用压缩空气抽取地下水，经沙砾层过滤后送至屋顶水箱，再输送至各层供水点。标准层设专供客人用电梯 3 台，另有服务电梯多台，其中最大的可以运载汽车至第二层停车场，另外还设专供职工使用的电梯。标准层平面还设有 2 处楼梯，其中北部拐角的"太平梯"有较大准备空间，应为消防前室（图 10-4-27）。大厦顶层还设有专供工部局消防队使用的火警瞭望台（Fire Brigade Lookout）。

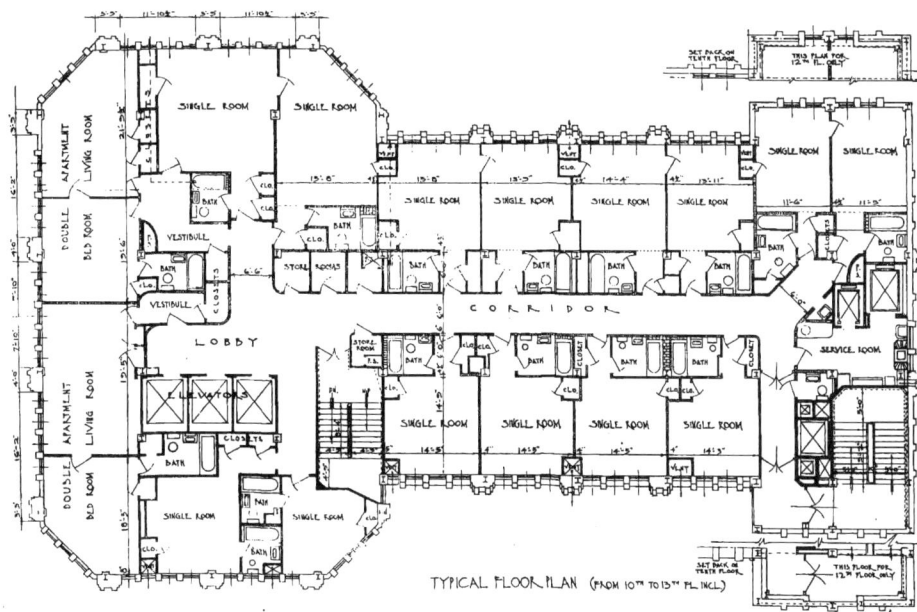

图 10-4-27 四行储蓄会大厦标准层平面
来源：建筑月刊，1933，Vol.1（5）：8.

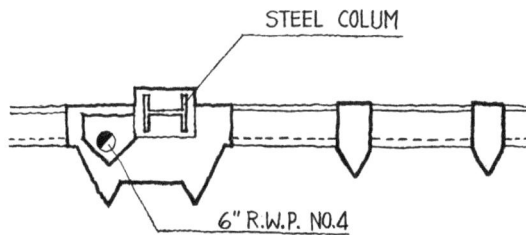

STEEL COLUM

6" R.W.P. NO.4

图 10-4-28　四行储蓄会大厦外墙内排水构造设计
来源：笔者抄绘于上海市城建档案馆

图 10-4-29　四行储蓄会大厦钢
框架用"抗力迈大钢"

另外，该建筑物还使用了铜皮泛水、内排水（雨水管置于钢柱附近，容纳于立面上形成竖线条的窗间墙空腔之中）（图 10-4-28）、折叠式玻璃门等较为考究的做法。

该建筑在钢结构技术上有如下特点：

一是针对高层钢结构进行了风荷载计算（Approximate Statical Calculation of the Wind Stresses in the Steel Construction），这在中国的高层建筑设计中还是第一次。根据有关图档记载，其风荷载计算有一套完整的计算书，并有风荷载弯矩图以及荷载表（分为静荷载与活荷载，各层单列计算），表一为塔楼正面风压（Wind pressure on the front face（tower）），表二为假定竖向荷载（Assumed loading（Vertical loadings））。可以想见，由于近代高层建筑结构理论与实践在西方尤其是美国的高速发展，为外国建筑师与工程师在中国进行相关实验准备了技术条件，从而使四行储蓄会大厦的钢结构设计接近世界先进水平。

二是使用了由英国进口的新型钢材即高拉力的"抗力迈大钢"（CHROMADOR STEEL）作为钢结构主材。该型钢材由英国道门朗钢厂出品，属低碳钢，因而极富张力，"每方寸张力自 37 吨至 43 吨，较普通软钢张力大 50%，因之可以减少所用钢料之重量，而节省运费、关税及建筑等费"，而且"防锈抵抗力极大"（图 10-4-29）。当时采用此型钢材的建筑物为数不少，如上海沙逊大厦、都城饭店、上海汇丰银行和横滨正金银行等。

三是为了加强结构整体刚度，除了柱、梁用型钢外包混凝土以及楼板用钢筋混凝土现浇以外，建筑外墙也使用钢筋混凝土建造。标准层钢框架长跨达 7.15 米，而其隔墙使用轻质气泥砖，厚度仅 4.5 英寸，约合 11.4 厘米，利于减轻结构自重。

四是康益洋行承包的打桩工程，采用蒸汽打桩机打桩，桩头均为圆木美松，每根钢柱之下打五根美松（即所谓梅花桩），桩径为 35 厘米，最大桩深达 39.8 米，已接近大厦地面以上高度的一半，以保证地基、基础的稳固，其沉降率在当时上海的建筑物中最小。

通过上述四个实例的介绍与分析，我们不难看出以下几点：

（1）钢框架结构高层建筑作为一种由西方引进的新技术，在设计计算方面主要由外国建筑师控制，其中的 9 个实例只有两个是中国建筑师参与设计的。

（2）钢框架结构在建筑材料尤其是钢材及施工机械方面主要依赖进口。形成这一状况的原因是多方面的，首先是中国自身的建筑材料行业尤其是钢铁工业生产水平很低，无法提供令人满意的型钢；另外，西方国家对华倾销建材，进一步挤压国产钢材的生存空间；而这些建筑的设计权多为外籍建筑师掌握，他们自会首先考虑选用本国技术规范、参数和指标作为设计、计算依据，并选用相匹配钢材。即便是中国建筑师来设计，也只得借助西方的技术体系，因为那时中国尚未形成体系化的、完整的、近代意义上的营建系统，建筑技术、设计与管理规范尚未建立与健全，甚至还在为如何统一单位制而费尽周折，这一点将在以后章节详细讨论。

# 三、大跨度建筑结构体系及其配套技术的传布

## （一）大跨度建筑结构体系引入与发展概况

新建筑技术往往最初都由工业建筑使用，而后逐渐向民用建筑推广。与钢筋混凝土结构、钢结构建筑技术一样，大跨建筑结构技术在近代中国的发展也经历了先由工业建筑领域引入，再向民用建筑推广的过程，而其技术类型又可分为桁架、三铰钢门架、钢筋混凝土门架以及壳体等，其中使用量大面广的是跨度相对较小的钢桁架。如1936年上海建成了欧亚航空公司龙华飞机库，积极推行"现代主义"的建筑师奚福泉选择了梯形钢桁架作为机库大跨空间的屋顶结构，跨度达32米，创近代中国建筑钢桁架跨度之最大纪录（图10-4-30）。

三铰钢门架的应用几乎仅见于1930年代，由于它的出现，促使近代中国建筑在大跨技术方面又向前迈进了一步。如1936年建成的上海市体育馆，其三铰拱钢架跨度达42.7米，创近代中国建筑结构单跨跨度之最大纪录。

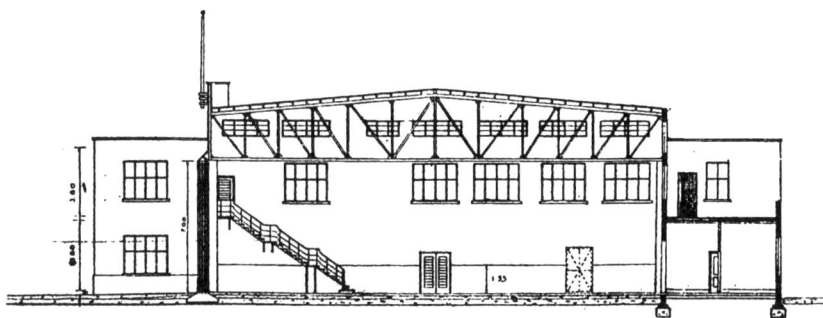

图 10-4-30 欧亚航空公司上海龙华飞机库剖面
来源：中国建筑，1937，（28）：21.

## （二）大跨结构建筑技术之实例研究

### 上海市体育馆

上海市体育馆位于今国和路346号江湾体育场内，设计于1934年初，1935年5月建成（图10-4-31）。建筑设计由当时的上海市中心区域建设委员会建筑师办事处主任建筑师董大酉及助

图 10-4-31　上海市体育馆外观

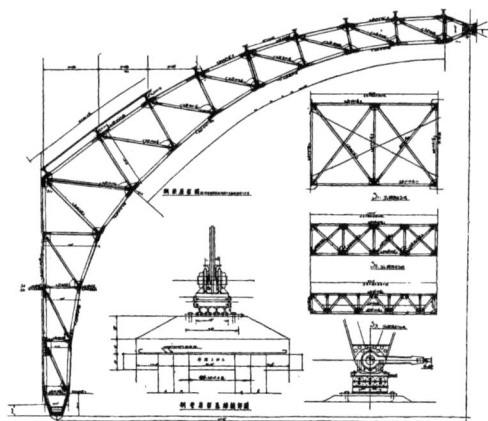

图 10-4-32　上海市体育馆三铰拱钢架及详图
来源：中国建筑，1934，Vol.2（8）：21.

理建筑师王华彬主持完成，结构设计由上海市公务局技正俞楚白工程师承担，工程承包商为成泰营造厂。

1927 年 7 月上海被确定为特别市，南京国民政府以及上海特别市政府非常关注城市发展方向问题，于是组织一批城市、建筑及其他方面专家进行城市规划研究与设计。1930 年 1 月编制《上海市中心区域设计》。以此为基础，又于 1930 年底完成《大上海计划》。鉴于当时市内人口已达 300 万以上，而大规模体育运动设施尚属空白，无法满足市民锻炼身体及平日娱乐之需要，同时也为了使市中心区域形成良好观感，促其繁荣，遂决议于行政区内筹建市体育场（包括运动场、体育馆、游泳池、网球场及棒球场等）。

1934 年初，由上海市中心区域建设委员会建筑师办事处着手进行设计，同年 7 月市政府获准中央政府同意，发行公债 350 万元，并指定其中 150 万元用以建造市体育场。设计案呈奉市政府核准之后，于 1934 年 7 月由上海市工务局筹办工程招标，投标厂商共有 11 家，成泰营造厂以最低标价得标。旋于 8 月开工，10 月 1 日行奠基礼，翌年 5 月竣工。

体育馆在设计上除应市民多项户内体育运动之需要外，兼供集会之用，并可举行展览及演出活动。其空间容量为座位 3500 个，立位 1500 个，还可根据需要于运动场地沿墙四周加设临时座位。运动场地设于馆区中央，地面以槭木铺盖，宽约 23 米，长约 40 米，可设普通篮球场 3 处。为正式比赛计，也可置一较大场于中央，而四周多留余地。馆屋总宽约 46 米，长约 82 米。场地四周看台支撑于钢筋混凝土梁及砖墙之上，深 36 英尺，约合 11 米。看台共分 13 级，每级宽 26 英寸，约合 0.66 米；高 14 至 16 英寸，约合 0.36 米至 0.41 米。看台的结构设计荷载取值为：活荷载 125 磅 / 平方英尺，约合 610 公斤 / 平方米；静荷载 25 磅 / 平方英尺，约合 122 公斤 / 平方米。总计 150 磅 / 平方英尺，约合 732 公斤 / 平方米。

体育馆大跨空间采用 8 榀三铰钢门架，每榀轴线距离为 22 英尺，约合 6.7 米；门架矢高为 64 英尺，约合 19.5 米；上弦曲率半径为 99 英尺，约合 30 米；边部垂杆高度为 41 英尺，约合 12.5 米；门架跨度达 140 英尺，约合 42.7 米，创近代中国建筑结构单跨跨度之最（图 10-4-32）。

图10-4-33 上海市体育馆平天窗采光
来源：上海市工务局：上海市工务局之
十年，1937：127.

图10-4-34 上海市体育馆三铰钢门架
下弦、腹杆及矩形连系桁架下弦、腹杆
之构造节点

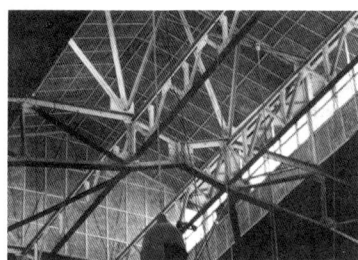

图10-4-35 上海市体育馆三铰钢门架
中心铰两侧之矩形连系桁架

该馆采光设计采用高射式，即在拱形屋顶设天窗，看台周围设高窗，以尽可能避免运动员受眩光影响（图10-4-33）。另外，馆屋还设有暖气设备，采用低压式，热气产生的冷凝水借助自动唧筒还入汽锅。运动场地与健身房借助摩托通风机供暖气，其余部分则直接利用热辐射原理取暖。

该体育馆大跨结构有如下特点：

（1）结构选型科学合理。三铰钢门架的最大优点为静定结构，计算简单，温度差与支座沉降差不会影响结构的内力。因上海地区软土地基极为普遍，建筑易产生不均匀沉降，三铰钢门架的这一优点颇具实用价值。从使用情况看来，馆屋建成使用至今已近80年，但主体结构未见异常变化，现仍正常使用。目前已知较大改动是在屋脊处加设了气楼式天窗。

（2）该三铰钢门架全部选用多种型钢作为结构主材，其中上、下弦及腹杆用"L"形角钢，夹合节点使用钢板焊接（图10-4-34），而檩条则采用工字钢铺设。每榀门架之间通过下弦设连续剪刀撑，以及分别位于屋脊附近和第5节间外侧的4处通长矩形钢桁架加强连系，提高结构整体性，利于承受侧向荷载（图10-4-32、图10-4-35）。该门架选材用料应经过精心测算，因为若按常规使用钢筋混凝土作为结构主材的话，由于半榀门架吊装时，梁悬伸较长，弯矩较大，配筋需多，并不经济，且吊装也较困难。

（3）钢门架的三处铰接点，其构造设计均为螺栓锚固。其中地面处铰支座用螺栓固定在钢筋混凝土承台上（图10-4-32）。

（4）该三铰钢门架结构形式，与1889年巴黎国际博览会机械馆之三铰钢门架非常相似，但其跨度已达114.91米，刷新世界大跨建筑纪录。这种格构式钢架全按力学与结构原理设计，梁柱无从划分，柱脚不是扩大而是缩小一点，这与传统的砖石木混合结构及钢框架结构完全不同，形成极富力度感的、轻盈的视觉效果，就像踮起脚尖翩翩起舞的芭蕾舞演员，而且相对于实腹钢架，用料更为经济。

通过上述实例的考察与分析，我们可以得出以下几点认识：

（1）近代时期尤其是1920-1930年代，中国的大跨建筑结构技术相较古代建筑而言，在结构跨度、规模等方面有了长足进步，尤其是利用纵向联系构件加强大跨结构的整体性方面有质的变化。

（2）大跨建筑的结构形式、材料选用等一整套技术手段，主要由国外引进，继而被中国建筑师、工程师以及营造厂迅速掌握，并有一些独到运用，如探索大跨结构与中国传统建筑形式相结合，但并未能突破性地开发外来的大跨结构技术潜能。

（3）大跨结构技术大量使用了钢与钢筋混凝土等新型材料，在施工方面预制装配程度较高，对现场吊装、构件就位的要求亦相应提高。

## 四、建筑材料、建筑设备与建筑构造技术的新发展

### （一）建筑材料与建筑设备

1920 年代以后，由于钢筋混凝土框架结构、高层钢结构以及大跨度结构等新兴建筑技术的迅猛发展，各种建筑材料的市场需求也相应扩大，促使中国建材工业与设备制造、安装业都获得了较快发展，突出表现在以下方面：一是大量性建筑材料如水泥、机制砖瓦生产的增长；二是建筑设备制造与安装行业分工日趋细密；三是各类装修材料层出不穷、花样繁多。上海是中国的经济中心和现代化的率先者，于短时期内就在这一领域拥有颇多成就，但在此繁荣局面背后也存在诸多根本问题，从而决定了中国建筑现代转型的物质基础是极为贫弱的。

#### 1. 欧战与上海水泥工业的发展

1914 年第一次世界大战爆发，主要交战国皆位于欧洲，列强忙于战争，无暇东顾，输入中国市场的水泥锐减，由 1914 年的 89 万担跌至 1916 年的 24 万担，跌幅为 73%。1917 年水泥进口量开始回升，1918 年恢复至战前水平并继续上扬，至 1922 年又跌入谷底（图 10-4-36）。此短短几年时间，却给中国民族资本投资水泥工业极为难得的机遇。除 1920 年代以前即已建立的 3 家大型水泥厂（唐山启新洋灰公司、广东士敏土厂、湖北大冶水泥厂）外，又陆续建成华商水泥公司（上海）、中国水泥公司（镇江）、西村士敏土厂（广州）、致敬水泥公司（济南）、西北水泥厂（太原）以及四川水泥公司（重庆）等。其中最大四家为"启新"、"华商"、"中国"和"西村"，上海的"华商"已跻身其中，"中国"虽设厂址于镇江的龙潭，而其创办者则为上海著名营造商。

"华商"诞生于 1920 年，由中国企业家刘鸿生、徐新六、刘吉生等发起组织"上海华商水泥公司"，同年底正式成立，厂址位于上海龙华。次年六月向农商部正式注册，至 1923 年 8 月开始出产水泥，年生产能力 64 万桶。

继之而起的是"中国"。1921 年 8 月上海著名营造家、姚新记营造厂厂主姚锡舟联络工商界巨头荣宗敬、陈光甫等开办"中国水泥股份有限公司"，厂区位于江苏镇江附近的龙潭。当年 11 月正式注册，1924 年夏投产，出品"泰山牌"水泥；并收购创办于 1923 年的无锡太湖水

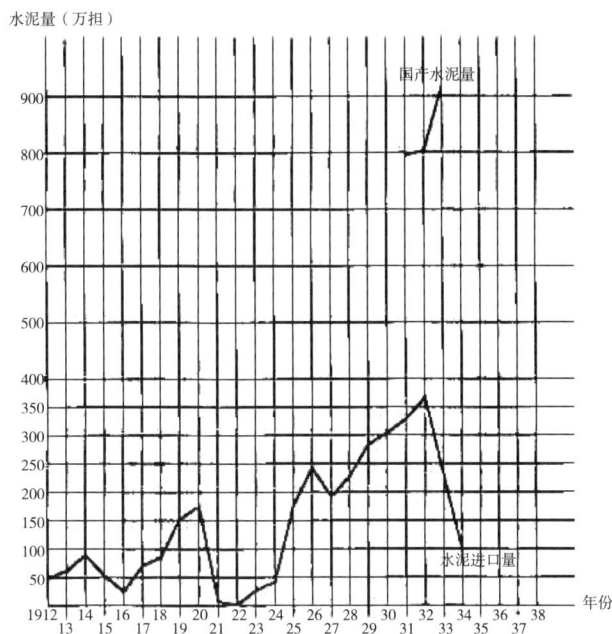

水泥量（万担）

图 10-4-36  1912–1934 年进口、国产水泥统计图

泥公司全部设备且建新厂房，年生产能力 90 万桶。

这一时期国内大型水泥生产企业大多采取"股份有限公司"的组织形式，全部使用进口机械设备，设有轧石、磨碎、运输、装桶一整套机械化生产线。"华商"和"中国"各有转窑 5 座，皆用半湿法生产。此二企业因远离煤矿，原料运费较高，相应生产成本亦较高。二企业有工人二百至四五百不等。

总体上看，到 1930 年代中期，由于建筑与市政工程的水泥用量很大，全国水泥消耗总量为每年 500 多万桶，而国产水泥的最高年生产能力为 468 万桶，无力满足市场需求。所以尽管民族水泥工业已有很大发展，水泥仍然是较昂贵建筑材料之一。如 1936 年 4~5 月间，启新洋灰公司生产的"马牌"水泥在上海市场的零售价为每桶（170 公斤）洋六元五角，而当时一个保姆的月薪不过三元！所以除一部分较为重要的公共建筑、居住建筑、工业建筑和市政工程以外，绝大多数普通居住建筑仍尽量采用砖木结构，以降低造价。

由于 1920 年代以来中国水泥工业一直在重重困难中缓慢发展，故生产技术很少改进，一般只是生产石灰石质的波特兰水泥，至后期才能生产少量的低温烧土水泥、矿渣水泥和白水泥。而进口产品则在这方面占有一定优势。如 1936 年前后上海立兴洋行销售的法属印度支那（今越南）海防之拉发其水泥厂生产的一种"快燥水泥"，又称"西门放涂"（CEMENT FONDU），具有良好的技术性能，"最合海塘及紧急工程之用"，能在 24 小时以内干燥，而普通水泥则需四星期之多。①

---

① 建筑月刊，1935，Vol.3（2）：40.

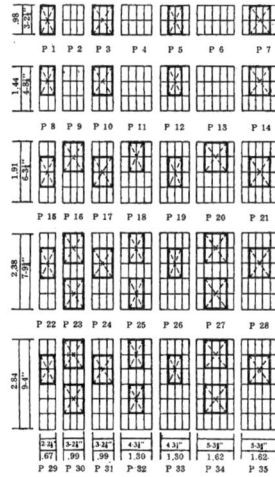
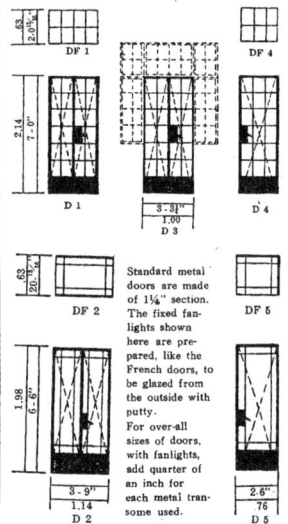

图 10-4-37　东方钢窗厂生产的各型标准钢窗
来源：建筑月刊，1933，Vol.1（6）.

## 2. 薄弱的钢铁工业

中国钢铁工业在 1920 年代以来虽也有些许发展，但与水泥工业相比则更显缓慢，总产量极为有限。建筑用钢材主要依赖进口。只有极少数钢厂能生产部分建筑型钢，如山海关桥梁厂、唐山桥梁厂等。相对而言，轧制小型钢材的厂家稍多一些，可以生产规格较多的钢筋。钢门、窗也能定型生产，规格较为齐全。著名的有上海东方、胜利、标准、中国铜铁工厂等厂家，可制造十多种规格的钢门、窗（图 10-4-37）。

1930 年代中期，由国内独资兴办、全国知名的大、中型钢铁企业有汉口六河沟公司等十余家，而浦东和兴铁工厂和上海江南造船厂位列其中，但生产能力普遍低下[1]。其中浦东和兴铁工厂由上海营造业领袖、久记营造厂主张效良创办，产钢能力最强，亦不过日产 80 吨钢。即便满负荷运转，年产钢量仅为 2.92 万吨。与其形成鲜明对比的是有日资背景的钢铁企业，如"鞍山"、"本溪湖"二者的钢产量是民族资本企业的十数倍乃至数十倍，且其产品全部销往日本，故供应国内市场的仅有民族资本钢铁企业区区数万吨钢材，如杯水车薪。

由图 10-4-38 可以看出：民族资本钢铁企业自 1926-1933 年共 8 年期间，每年产量总和没有超过 2 万吨的。最高年份的 1930 年仅 1.86 万吨，8 年总和仅 9.99 万吨。而这 8 年正是中国建设事业迅速发展，钢材需求急剧膨胀的一段时期，故只能依赖进口。1929-1933 年的世界性

---

[1]　建筑月刊，1935，Vol.3（1）：61-63.

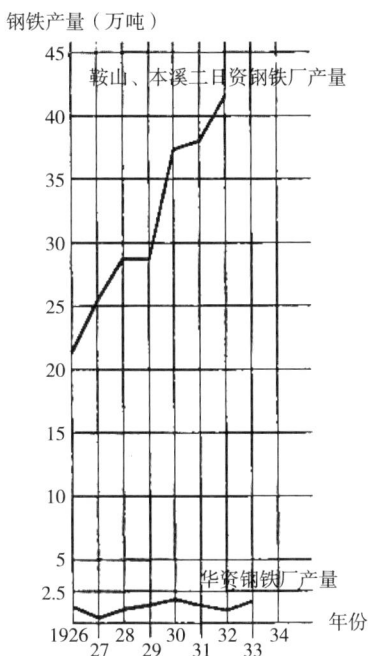

钢铁产量（万吨）

鞍山、本溪二日资钢铁厂产量

华资钢铁厂产量

年份

图 10-4-38　1926—1933 年中国钢铁产量统计（左）

图 10-4-39　大中机制砖瓦厂广告（右）

来源：建筑月刊，1936，Vol.4（1）.

经济危机引起欧美建筑市场萧条，大量滞销钢材涌入中国市场倾销，内、外两方面原因促使华资钢铁工业始终徘徊于低水平。

需要说明的是：曾有学者认为"上海新兴和钢铁厂所生产的钢材除供给当时一部分建筑如上海哈同大厦、五洲药房、南昌飞机库的钢构架外，还供应了钱塘江大桥全部钢材"。[1] 根据文献考证，此说疑有误。茅以升先生曾有专文回忆说：钱塘江大桥的桥墩工程由丹麦籍著名厂商康益洋行承包，正桥钢梁由英国道门朗公司承包，"钢梁是在英国制造，拆散后运来杭州拼装，然后架上桥墩的"，[2] 就连南北两岸引桥所用钢材也由西门子洋行承办。

### 3. 机制砖瓦、陶瓷及其他装修材料制造业的发展

机制砖瓦方面，进入 1920 年代以来，在全国各主要城市设有机制砖瓦厂的基础上，民族资本在上海及其周边地区又陆续兴办了一些规模大、设备新的砖瓦制造厂，形成了全国范围内最为发达的砖瓦制造业中心，较著名者包括"泰山"、"大中"、"振苏"、"东南"、"长城"、"华新"等。如大中机制砖瓦股份有限公司，其厂区设于南汇县下沙镇，聘有专职技术人员，采用德国新式设备，产品有各种规格的青砖、红砖、空心砖、平瓦等（图 10-4-39），在市场上有一定影响。当时一些重大工程项目如上海商学院、雷斯德工艺学院、垦业银行、南京饭店以及南京中央政治学校、中国银行、中央饭店、金陵大学等均采用了该企业产品，至抗战前夕，以上海为重心的中国机制砖瓦业的定型产品计有实心黏土砖 6~7 种，空心黏土砖三大类共 30 多种，钢砖 2~3

---

[1] 建筑工程部建筑科学研究院，建筑理论及历史研究室，中国建筑史编辑委员会.中国近代建筑简史.北京：中国工业出版社，1962：147.

[2] 茅以升.钱塘江建桥回忆.北京：文史资料出版社，1982：22.

种。另外，上海马尔康洋行还生产一种专门用于高层建筑墙体的轻质气泥砖，表观密度约 1000 公斤 / 立方米，用水泥浇捣，中有气孔，有 6 种规格。煤渣轻质砖在上海、武汉、哈尔滨等地均有厂家生产，其中尤以上海汽机制砖公司规模最大，利用上海电力公司火力发电之废料煤渣为主要原料，减少工业垃圾造成的危害，是较早"变废为宝"的典型例证。另外，各大机制砖瓦厂均能生产各类平瓦、青瓦、中式筒瓦、西班牙式筒瓦、英国式弯瓦以及各种配套瓦件。

总体上看，1920 年代以来，以上海为重心的中国砖瓦制造业实现了由手工生产向机械化制造的转变，工业化程度大大提高。砖瓦产品种类多样化，规格较为齐全，基本上满足了国内市场的需求。

建筑陶瓷业经历了 20 世纪初的起步阶段以后，在 1920 年代以来亦获较大发展。中国生产现代陶瓷砖始于上海。第一批赴美学习硅酸盐工艺的技术人员于 1921 年回国后，在浙江嘉善地区开办泰山砖瓦股份有限公司。两年后，该公司在上海建立二分厂。1926 年，二分厂试制成功无釉陶瓷外墙砖——泰山牌毛面砖，厚度仅 15 毫米（当时从国外进口的陶瓷外墙砖厚 25 毫米）。在此期间，上海的益中瓷厂、兴业瓷砖公司先后试制成功了 152 毫米 × 152 毫米和 108 毫米 × 108 毫米陶瓷铺地砖。1939 年，温州民族实业家吴伯亨延聘上海技术人员开办西山窑业场，1943 年正式投产，主要产品有釉面砖、铺地砖等。

至抗战爆发前，全国各地如天津、上海、武汉、济南、太原以及湖南、四川、广东等省均设有一定规模的建筑陶瓷厂，以上海泰山砖瓦厂、兴业瓷砖公司、新华公司等企业的产品种类最多，也较有影响。当时国内大型公共建筑、教育建筑、居住建筑、办公建筑等所使用的各种瓷砖、地砖、耐火砖以及陶瓷卫生设备如面盆、浴缸、便器等，大多已实现国产化，且色彩丰富、花样繁多，质量也属上乘。只是某些产品如墙面瓷砖的表面光洁度比外货稍逊一筹（图 10-4-40）。

天然石料的开采与加工在 1920 年代以后实现了机械化大规模生产，众多企业中尤以著名营造家陶桂林于 1931 年发起创办的"中国石公司"规模最大。[1] 其厂址位于山东青岛，所用原料为崂山花岗石、长石、玉佛石、大理石等，主要用于砌筑墙面和制作其他装饰性构件，在上海建材市场有较大影响。此外，辽宁、上海、广州、香港等地亦有相当数量的石料工厂。除开采天然石料以外，还开发人造大理石等新型石材，为装修材料选用增加了新的可能。

这一时期，五金配件制造业亦获较大发展，各种门窗配件、小五金、钉、螺丝等金属配件已有多家华商企业生产，如上海合作五金股份有限公司生产的各种门锁、抽屉、锁、把手、铰链在市场上有一定声誉。中国制钉股份有限公司生产的各种铜、铁圆钉甚至还获得了国民政府的嘉奖。[2]

玻璃生产以上海最为发达，1920 年代以前就有制造厂商不下 20 家，主要产品有平板玻璃、花纹玻璃、灯罩、暖水瓶。1920 年代以来，沪上玻璃厂商猛增至 100 多家，并开发出各种特殊

---

① 建筑工程部建筑科学研究院、建筑理论及历史研究室、中国建筑史编辑委员会. 中国近代建筑简史. 北京：中国工业出版社，1962：146.
② 建筑月刊，1934，Vol.2（8）：广告.

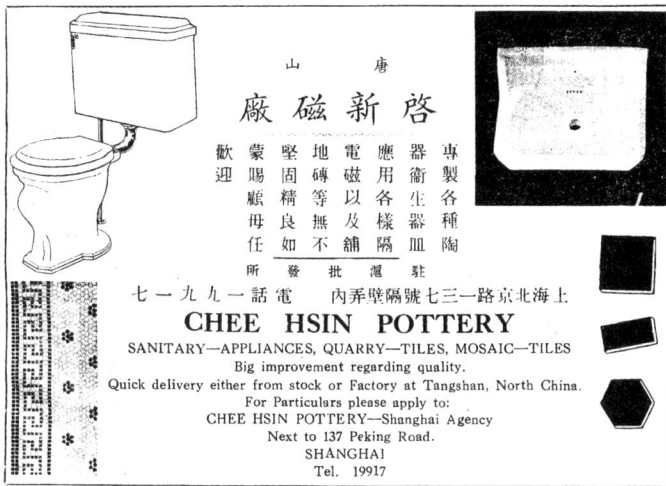

图 10-4-40　启新磁厂广告
来源：建筑月刊，1936，Vol.4（1）.

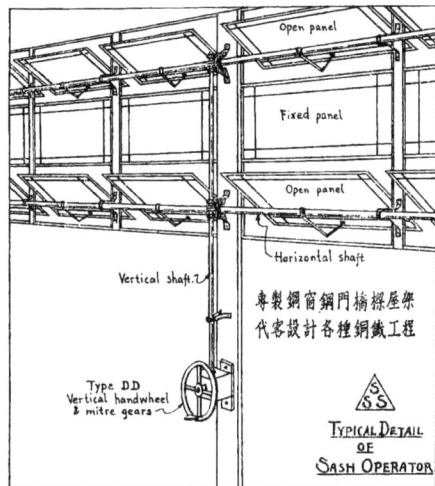

图 10-4-41　上海标准林记钢窗厂生产的新式钢窗
来源：建设评论，1947，Vol.1（1）.

类型的新产品，如夹丝玻璃、化学玻璃（耐热、耐腐蚀）、玻璃砖、电灯泡、医学器材等，包括各种大型建筑所使用的屋顶玻璃砖、图书馆玻璃地板、天窗夹丝玻璃、灯具、门窗花玻璃，如中国化学工业社附属晶明玻璃厂生产的刻花玻璃砖就占有一定市场。

　　建筑方面常用的其他新型材料与配件还有各种预制板材。1920 年代以来，各种新型材料层出不穷，其中尤以外墙板材最多，如由英国产"令不脱"手艺纸柏水泥屋瓦（类似今日的石棉瓦）在中国被广泛用于各类建筑尤其是工业建筑，如上海杨树浦路自来水公司、上海自来水公司、上海北火车站等。该外墙材料避水、隔热、透明、坚韧，不受气候影响，"经济面积，无须修葺"，且尺度较大，有长达 3.3 米者，因而利于现场装配、快速建造，从而在根本上改变了外墙、屋顶的构造设计概念。

　　另一件值得注意的事情是各种定型钢门、窗的出现与大量使用。建筑师一方面可以直接选用定型产品，也可根据特殊设计定做。例如由上海标准林记钢窗厂生产的新式钢窗（图 10-4-41），分为固定扇和上翻扇，并配以控制手柄与操纵杆，解决了高窗开闭困难的问题。另外，上海东方钢窗公司及中国钢铁公司也大量生产型号齐全、种类繁多的标准钢门、窗（图 10-4-37），并有多处重要建筑物采用其产品。

## 4. 建筑设备制造与安装业的发展

　　1920 年代以来，我国建筑安装各种水、电、采暖、通风、空调设备明显增加，拉动国产设备制造以及安装行业的发展，其分工日趋细密，专业化程度提高，但少数重要公共建筑以及高档商业建筑仍采用进口设备。从总体上看，建筑设备投资比重加大，说明其重要性日益增强。采暖设备方面，上海英丰洋行 1934 年由加拿大引入一种自动燃煤机，实现自动装填、燃烧，且有效解决煤块燃烧不彻底的老大难问题，简化了人工管理。

　　空调设备的生产发展较迟缓，主要依赖进口，如美商约克冷气机厂为最大进口货厂商。通过对这一时期知名建筑的调查统计，可以发现有相当数量的建筑安装了制冷即空调设备，尤其是高档旅馆、影剧院、公寓、金融建筑等。

电梯也主要依赖进口，如奥蒂斯（OTIS）、迅达（SCHINDLER）在中国皆设有分支机构，高层建筑几乎完全采用进口电梯。

照明灯具基本实现国产化，如上海有若干家厂商能生产白炽灯，以及各种颜色款式的霓虹灯。另外与建筑工程配套的各种电铃、电线也可以生产。

值得注意的是，当时各种设备制造厂家大多集生产、安装于一身，许多"水电行"销售水电设备材料并承包设计与安装工程。如上海琅记营业工程行专门成立设计部，由国民政府实业部登记技师主持，可为业主及建筑师等同业人员解决设计问题，并可安装标准暖房、冷气、卫生、给水、自流井、冷藏、消防等所有水电设备，所承包的重要工程遍布全国各地，如上海市游泳池、体育馆、图书馆、中央航空学校、国民政府审计部、交通大学、南昌航空委员会等。该水电行总部设于上海，还在各大城市如南京、南昌、苏州、杭州、无锡等地开设支行，初步建立了现代企业管理模式。

而上海华商新通公司为金融机构金库保护专业公司，其业务范围涉及上海半数以上的金融财物之保护设备与计划。较著名者有四行储蓄会大厦保管库设备工程，采用美国蒂鲍尔公司制造的钢质库门，装两具大拼字锁，其改换拼法多达50万种；库内还装设空调；所有保管箱均装有特制的换匙簧锁，为租户消除一切疑虑；照明采用间接照明方式，光线充足而无眩目之弊。电灯开关为自动暗藏式，若大门打开，其脚踏板放下时灯光自动开启，脚踏板收起准备锁库时，灯光即自动熄灭。该保管库因此被誉为东亚最坚固、最华丽、最完备的保险库工程。由此也可窥见华商新通公司的专业技术水平。

综上所述，1920年代以来，以上海为重心之一的中国民族建材工业与设备制造、安装行业在总体水平上获得了很大提高，但各方向发展极不均衡，钢铁工业以及技术含量较高的大型建筑电气设备制造业（如电梯）仍非常薄弱，贫弱的物质基础条件严重影响了中国建筑现代转型进程。


## （二）建筑构造

### 1. 防水、防潮构造技术的发展

（1）防水材料的规模化生产与使用

中国建筑发展到1930年代，防水材料已基本实现国产化，材料种类也较为多样化，并出现了若干名牌产品。同样，上海也是这一领域的重心。

从材料种类上看，国产防水材料根据其不同的使用特点及材料性质可分为3种，即添加剂型、卷材型、涂料型。

添加剂型防水材料的作用机理主要有三：一是能够减少混凝土或水泥砂浆的用水量并加快其凝结速度或增加混凝土、砂浆的抗拉与抗压力，提高混凝土、砂浆的密实度；二是在混凝土、砂浆硬结过程中引起微膨胀，从而抵消结硬引起的收缩，减少裂缝、裂纹；三是使用憎水性材料堵塞混凝土、砂浆中的毛细孔，减少乃至杜绝毛细渗水。添加剂型材料中的知名品牌主要有：上海雅礼制造厂生产的"树叶牌"避水浆、避潮漆、避水粉、敌水灵、快燥精、特快精以及上海中国建业公司生产的"军舰牌"防水粉。添加剂型防水材料使用方法极为简便，如雅礼避水浆只需在水泥砂浆或混凝土中掺入 2% 拌匀即可，而建业防水粉若用于手工搅拌的混凝土或砂浆，则应将水泥与防水粉（2%）先行拌匀后再与黄砂等充分拌合，而后照常加水；若用机器搅拌，则将水泥与防水粉同时放入黄砂、石子等一并拌合。由于添加剂型材料用法简便，故使用面较广。

卷材型防水材料的作用机理为隔绝水流与潮汽的渗透。主要品牌有"马牌"牛毛毡（或称油毛毡）。

涂料型防水材料的作用机理与卷材型类似，但使用面较广，主要品牌为上海雅礼制造厂生产的胶珞油、纸筋漆、透明漆、避水漆等。

上述三类材料使用面最广的是添加剂型，建筑屋面、墙身、地下室等皆可使用；而卷材型主要用于平屋面、坡屋面及地下室；涂料型则主要用于墙面及修补裂缝、裂纹。

值得一提的是，"雅礼"与"建业"两家企业的若干防水材料不仅批量生产，市场占有率较高，且还获得有关技术、管理部门的检测与认可。如建业防水粉曾经上海市工业实验所及国立同济大学材料实验馆分别于 1935 年 1 月及 1936 年 7 月作技术检测，并将检测结果出具正式报告（图10-4-42）。此外，建业防水粉还获得 1935 年国产建筑材料展览会及国民政府实业部颁发的一等奖状。

由于国产建筑防水、防潮材料的技术性能较好，而价格相对便宜，更有席卷全国的"提倡国货运动"之促进，因此颇有与进口产品竞争的实力。当时许多重大工程皆使用国产防水、防

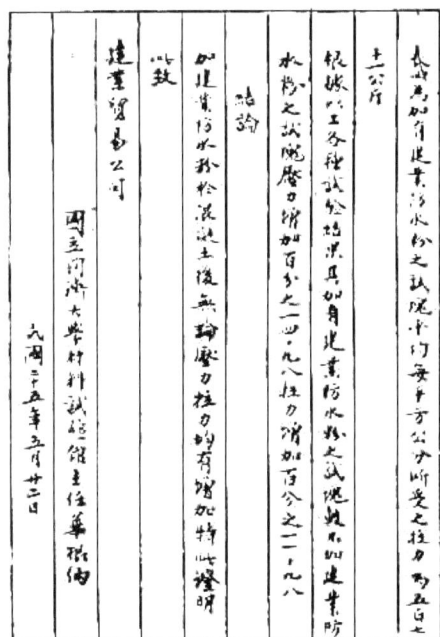

图10-4-42　国立同济大学材料试验所为建业防水粉出具的检测报告
来源：建筑月刊，1937，Vol.5（1）：94.

潮材料，如上海中国银行、四行储蓄会大厦、市政府、火车站；南京中央博物院、财政部、国立戏剧音乐院；以及广州国立中山大学等，皆用国产防水、防潮材料解决相应技术问题。

雅礼制造厂不仅生产材料、印有产品说明书《建筑避水法》技术手册以备客户索取咨询，且特设工程部，专做各种避水工程，提供专项技术服务。另外，该工程部还结合国防需求，研究出若干种防空地下室之建造方案，并结合使用本厂开发的各种防水、防潮材料。这种以专项技术为特长的工程机构的存在和运行，进一步深化了营建系统的社会分工与细化，有利于开发新技术和提高工程质量。

（2）防水、防潮的技术措施与构造做法

具体到构造设计层面而言，防水、防潮技术措施在很大程度上取决于采用何种防水材料。相比之下，添加剂型和涂料型防水材料因用法简便，其构造设计亦相应简化。而卷材型防水材料则在防水、防潮构造设计方面须作仔细研究。现就屋面防水与墙身、地下室防潮分别加以讨论。

平屋面防水使用卷材颇多见诸各类建筑实例中，主要原因在于其效果显著。如1934年建成的上海虹桥疗养院，由于其平屋面面积较大，故分为上人与不上人两种分别设计。不上人平屋面的具体做法是：钢混凝土屋面板经找平后，抹松香柏油，上置0.5英寸厚的隔热板，再铺两层牛毛毡，并有柏油绿豆砂作保护层；而上人屋面则于隔热板上只做一层牛毛毡并铺设1英尺见方的花方砖作面层（图10-4-43）。

坡屋面防水使用卷材亦较为常见，如国立上海商学院使用油毡做防水层。因坡屋面排水原本较顺畅，所用瓦材本身具有排水功能，加以卷材二次设防，故防水效果颇为理想。

墙身防潮构造设计则相对复杂，涉及室内外地坪的多种关系。据史料记载，墙身防潮常用的材料有五种：①薄石板片2张，用水泥砂浆粘结；②浇松香柏油即厚沥青1层；③1皮釉面瓷砖；④青铝皮1层；⑤油毛毡。其中油毛毡因铺置墙下，手续简便，搭接便利，更因材料质地柔软，可任意弯曲而无破碎之弊，所以使用面较广，用量亦大。如上海百老汇大厦及虹桥疗养院地下室，皆使用油毛毡作为防潮层。

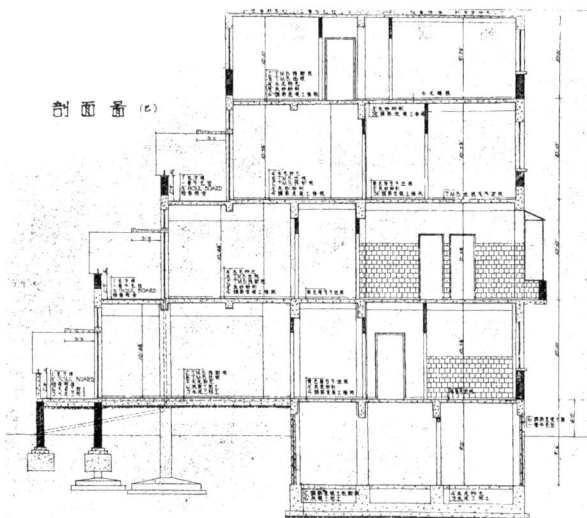

图 10-4-43　上海虹桥疗养院平屋面防水做法
来源：中国建筑，1934，Vol.2（5）：21.

墙身防潮构造设计的关键点在于防潮层的位置选择与处理，尤其在地板面低于室外地面时，更须作特别处理。一般应分设两道防潮层，第一皮设于地面以上 6 英寸（约 15 厘米）左右，另一皮设于地板底沿油木之下。两皮之间一段纵向墙面亦应设纵向防潮层，或在墙体中留置竖向空缝，亦可在墙体外侧空一段增设御水墙，但空缝缺点是易生鼠患（图 10-4-44）。如果室内地面低于室外地坪很多而成为地下室，则必须在使用柏油贴油毛毡于室内墙、地面后，再砌筑半砖厚单壁墙体，以杜绝渗水现象（图 10-4-45）。上述百老汇大厦及虹桥疗养院即为此法。将油毡夹于墙身中的好处不言而喻，一是杜绝渗水，二是保护了油毡不致被磕碰损坏。当然，如果地下室墙身、地面皆用钢筋混凝土或混凝土浇筑，甚至内掺防水剂则效果更为理想。比如上海北苏州河中国银行堆栈地下库房，将混凝土结构层与五皮油毛毡防潮层结合使用，达到防水防潮目的。又如上海迦陵大楼地下室，也设置了厚度达 8 英寸约合 20 厘米的钢筋混凝土防水层（图 10-4-5）。

如果室内地坪高于室外地坪，则防潮层处理相对简便些，一般将其设于二者地坪标高之间，如上海大西路某住宅即为一例（图 10-4-46）。

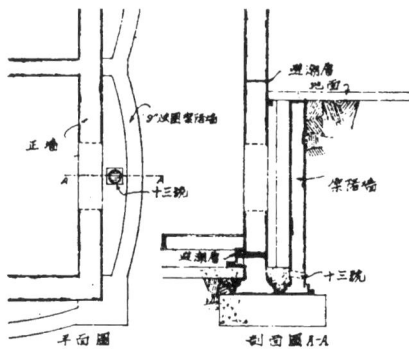

图 10-4-44　室内地坪低于室外地坪之御水墙构造
来源：建筑月刊，1935，Vol.3（7）：18.

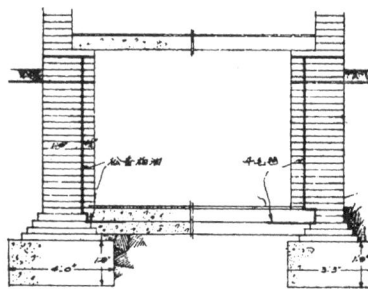

图 10-4-45　地下室墙体油毛毡防潮层之构造
来源：建筑月刊，1935，Vol.3（7）：18.

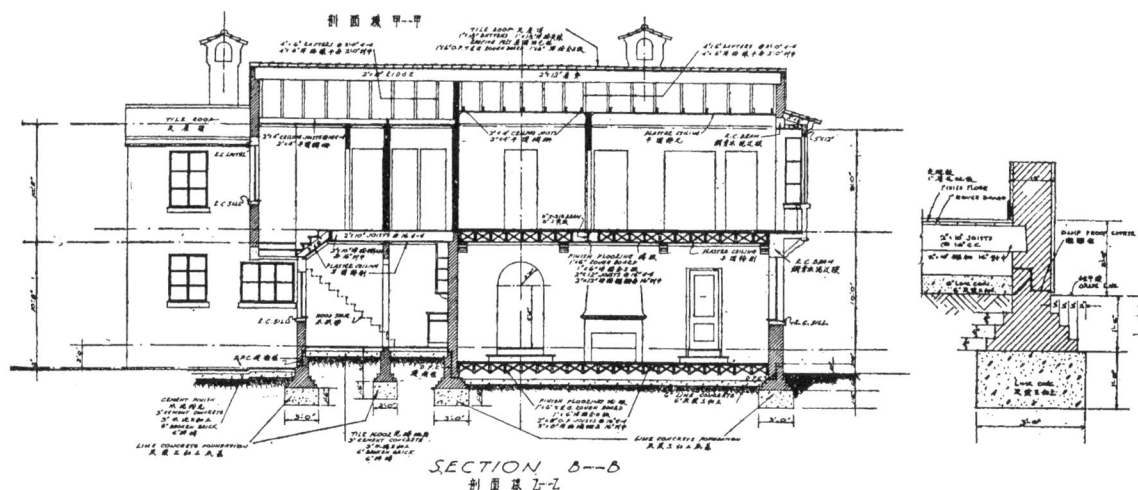

图 10-4-46　上海大西路住宅剖面及外墙防潮层做法
来源：建筑月刊，1934，Vol.2（3）：49-52.

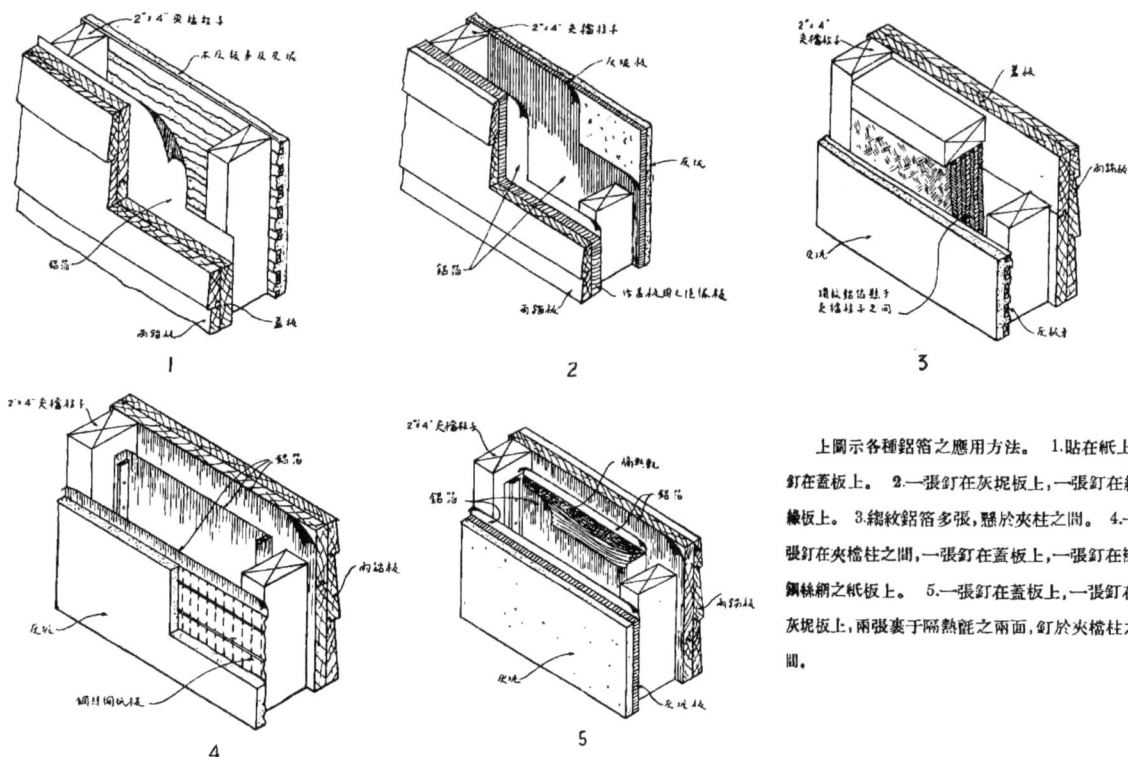

图 10-4-47　隔热铝箔
来源：中国建筑，1934，Vol.2（3）：47.

## 2. 保温、隔热技术的发展

关于近代时期中国建筑保温隔热技术的研究尚付阙如，笔者通过大量文献搜集整理，亦发现这一问题在近代中国建筑界的主流学术刊物中极少涉及。根据已掌握的些许资料，可以做如下推断：常规的保温隔热技术是使用多种保温隔热材料作为构造设计上的屏障，且受欧美新型保温、隔热技术的影响。如上海虹桥疗养院平屋顶即在卷材防水层之下设保温隔热板（insul board）一道，厚度为0.5英寸约合1.3厘米，具体材质不详（图10-4-43）；而《中国建筑》亦曾介绍了西方最新的保温隔热技术——铝箔（图10-4-47），但未见相关实例之报道。另外，中国市场上曾经销售过一种产于欧洲（主要是西班牙、葡萄牙）的软木，可用作冷藏间、住宅、厂房等建筑的外墙、屋顶之保温隔热层，并以柏油为粘贴材料。[①] 此类隔热软木曾在上海地区使用过，可惜尚未曾见到实例。

## （三）采暖与空调技术

1920年代以来，空调设备基本依赖进口，价格不菲。如大上海大戏院总造价27万元，而

---

① 建筑月刊，1937，Vol.5（1）：86.

冷气工程造价 2.2 万元，占 8.15%。另外，极少数生产要求较高的工业厂房如上海裕丰纱厂、英美烟草公司等亦安装了空调设备，尤其是裕丰纱厂，其采光、通风、温度、湿度皆可由人工控制。更多的建筑安装采暖设备，一般是使用燃煤锅炉作为供热源，如上海市政府等大型公共建筑皆有此设备。至 1931 年，上海外滩几乎所有建筑皆装设了采暖设备。

## （四）防灾与安全技术

在建筑防灾与安全方面，1920 年代后，我国建筑对防火问题愈来愈关注，首先从建筑设备入手加强消防保障，尤其是在一些人流集中、规模庞大的高档公寓、旅馆、影剧院以及办公建筑中，普遍使用专门的消防设备，其一般做法是选择合适位置设置消火栓。如上海市政府，在每层楼梯附近设消火栓 1 只，以备急需；又如中国银行、大上海大戏院等，皆设有适量消火栓。另外，高层建筑普遍设疏散楼梯，如上海四行储蓄会大厦即设有置于室外的"太平梯"。最为先进的消火设备当属四行储蓄会大厦安装的自动喷淋灭火系统，开创了近代中国安装同类设备之首例。另据陈从周、章明记述，上海英美烟草公司厂房亦设有自动消防设备，其实物究竟为何，今已无从查考。

在建筑防盗方面，进入 20 世纪以后，由于中国与世界金融体系之联系日益紧密，各种外资金融机构纷纷来华，中国政府及民间开办的银行亦不断增加，故金融系统建筑的防盗技术设备亦获较快进步。如庄俊建筑师设计的上海中央造币厂内之财政部库，即装有 3 樘钢制防盗门，其中两樘由慎昌洋行置办，每樘均须对字转锁，并备有时间锁轮机关（图 10-4-48）；而另一樘由华商上海协成银箱厂承包制造。这 3 樘防盗库门即耗资国币 2 万余元。另外，这些库房还装有报警铃等防盗设备。

图 10-4-48　财政部库钢制防盗门
来源：中国建筑，1935，Vol.3（5）：6.

## 五、建筑施工技术和工程管理方式的革新

### （一）主体工程施工技术的飞跃

进入 20 世纪以后，我国建筑施工技术因紧跟世界新技术发展，以及一批有专业技术教育背景的人才出现，产生了明显的飞跃，主要表现在以下三个方面：一是根据现实需求开发出许多新的施工方法；二是引入新型施工机械设备，提高机械化程度；三是加强施工过程的统筹安排与技术管理。上海在该领域同样走在全国的前列。

#### 1. 采用新的施工方法

在基础工程方面，因东部沿海地区尤其是沪、穗、津等城市地质条件较差，再加上高层建筑不断增加，因而陆续出现一些新型基础，如木桩（timber piles）、钢筋混凝土桩、砂沉基础等。上海地区早期房屋较矮，多用短木桩，至 1920 年代开始使用 8 尺至 1 丈长的福建杉木桩，后又改用进口花旗松圆木桩，一些木桩长达 40 米左右，直径 18~35 厘米不等。为节省桩料并提高效率，木桩在平面布局上对应主体结构作前后左右错开的梅花状设置，俗称"梅花桩"。如上海汇丰银行（图 10-4-49）、四行储蓄会大厦、虹桥疗养院、中国银行堆栈、中央造币厂财政部库、中国银行新屋等皆使用了洋松木桩。施工时对木桩要求较高，处理也很细致。

经过一段时间的实践，逐渐发现木桩在湿热土壤深处易腐烂，故 1920 年代后期推出现浇钢筋混凝土桩。据文献推测有以下几种方法：一种是"法兰基桩"，用钢管先打入地下，置入制好的"钢柱帽"，再置入混凝土桩身或现场浇捣混凝土后抽出钢管，留下带帽的混凝土柱。此法较为典型的是上海华懋公寓。另一种为"雷蒙式桩"，用钢料做成桩模后外套铁丝壳，钢模打入土层后再拔出留下铁丝壳，然后灌入混凝土，上海外滩中国银行基础工程施工就使用此法。据文献记载，后期一些高层建筑施工使用了预制钢筋混凝土桩基，惜未见实例佐证。

此外，砂沉基础亦是针对软弱地基（如液化土）的一种新方法，即在基坑挖掘到一定深度后灌入砂子，砂的密度大于地下水含量较高的液化土及淤泥，势必进一步下沉，就利用砂子增加基地土壤的密实度及摩擦力，以后再做条形基础或独立基础。如上海华胜大楼即使用了砂沉基础，至今效果很好。

在支护工程方面，早期房屋较矮时易于开挖基坑。后期高层建筑渐多，基坑开挖渐深，且建筑密度渐高，施工现场越来越小，加上沪、穗、津等地的地下水位较高，土质松软，常规的基坑开挖两边放坡已不适用。为保证基础施工正常进行且不影响周围环境，深基坑支护技术应运而生，形式亦多种多样。主要方法是打围桩，从桩的打入方向和受力状况来看可分为平桩、直桩和斜桩，从桩的用材来看可分为木排桩、木板桩、钢板桩和混凝土桩等。如上海中国通商银行新屋施工使用 U 形连锁齿槽钢板桩与木板桩（图 10-4-50）。由图中可见，近处为钢板桩，而远处平行于画面的为木板桩。两类板桩皆为防止基坑两侧土壤坍塌而设。1934 年上海中国银行施工也使用了"U"形钢板桩作为支护手段。当时在中国市场上常见的主要是由道门朗—克

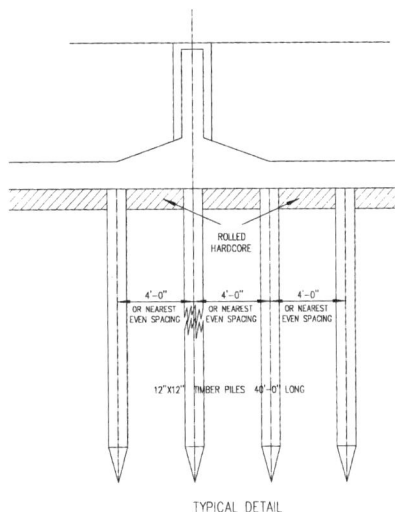

图 10-4-49　上海汇丰银
行木桩基施工图（左）
来源：笔者抄绘于上海市城
建档案馆
图 10-4-50　上海中国通
商银行基础施工用钢板桩
（右）
来源：建筑月刊，1934，
Vol.2（5）：4.

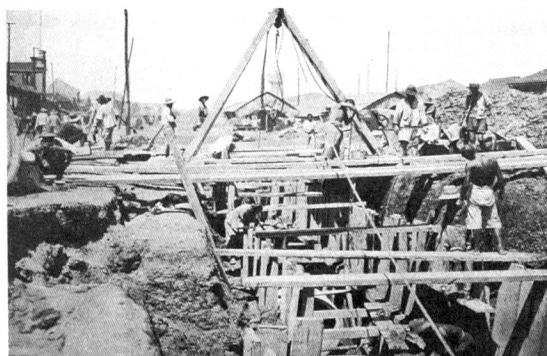

图 10-4-51　上海蒲肇河工程用木板桩
来源：上海市工务局：上海市工务局之十年 .1937：22.

图 10-4-52　上海东塘桩石工程用木排桩
来源：上海市工务局：上海市工务局之十年 .1937：56.

鲁伯（Dorman Long-krupp）公司生产的钢板桩（Steel Sheet Piling）。一些开挖深度不太大的市
政工程，有时只用木板桩或木排桩，如 1931 年由上海市工务局主持的蒲肇河填平改筑道路工
程，先行排筑直径 1.37 米预制钢筋混凝土排水管道及边长 2 米的大窨井，其管沟两侧即使用木
板桩并加设平撑（图 10-4-51）；而 1932 年上海东塘桩石工程则使用木排桩（图 10-4-52）。又
如 1936 年上海北苏州河路中国银行堆栈，基坑须挖至 14 英尺约合 4.3 米，两侧挖至 2.4 米左
右时，沿老货栈两面的板桩虽已预置拖桩，但已见内倾，"每日自半英寸至寸许不等"。故不得
不另谋支撑，遂加设长达 40 英尺约合 12.2 米的圆桩从水平向钉入板桩之内，外端用夹板相连，
使勿脱出。其意义在于利用平桩桩面与地层发生的摩擦力来抵抗板桩后土壤之侧推力，防其坍
塌。此法"在沪为创见，但用后效力至巨"。[①] 平桩打法也较简单，即用普通汽锤平放于两根导
木之上，就汽锤之鼓动力推进桩木渐次深入土层内。

　　在上部主体结构施工方面较有创造性的新方法是搭建脚手架（俗称"架工"），尤其是高层

---

① 中国建筑，1936（26）：19–23.

建筑主体结构施工中表现尤为突出。上海的高层建筑非常集中，因此架工水平也相应较高。一般脚手架竖杆用杉木，横杆用竹，节点用麻扎，后逐渐改用铁丝。如四行储蓄会大厦施工，脚手架皆用直径30厘米的原木，并用螺栓与钢框架固定，外包竹篱，以防高空坠物伤人，整个脚手架非常坚固。另外，因高层建筑地处闹市，建筑密度很大，施工现场拥挤，但架工们创造了许多搭筑方式。比如房屋加建等特殊情况，脚手架往往不由地面搭起，而是从上部檐口、阳台或凹凸的空隙撑出；修补工程还常搭筑悬吊脚手架，所有这些都需要高超的技术，也反映了工匠们对施工场地具体情况具体分析、应付裕如的灵活态度。

建筑施工技术另一个显著变化是开始使用工业化生产的预制构件，但发展水平不高，仅在市政工程及较大型建筑中有所运用。如1921年上海汇丰银行施工时曾于现场专辟石材、木材、钢筋等材料的加工场所，安置机械设备。1930年代上海的一批高层建筑如沙逊大厦、汇丰银行、都城饭店、汉弥尔登大厦、华懋公寓等均采用一种由马尔康洋行独家制造的气泥砖砌筑隔墙。这种气泥砖长宽尺寸为24英寸乘12英寸，约合61厘米乘30.5厘米，相当于现在的加气混凝土砌块。由于其质轻、尺寸大、砌筑简便，加快了施工进度。

同时，因钢结构的应用渐多，复杂吊装技术也获得推广，如上海四行储蓄会大厦施工过程中，钢框架的起吊与安装工作完全由中方独立完成，使姗姗来迟的德方技术人员大为吃惊。

总体看来，1920年代以来，中国施工技术人员与工匠迅速掌握了由西方引入的建筑施工新技术，在实践中不断运用新的施工方法，提高了建筑施工效率，解决了一些工程项目中的重大疑难问题。

### 2. 采用新型施工机械设备与仪器

1920年代以来，各种用于建筑施工的新型仪器、机械、设备等由西方引入并逐渐实现国产化，在施工中广泛运用，提高了施工技术的精确性与劳动效率。

施工放线普遍使用现代测量仪器进行定位，水平仪、经纬仪等也基本实现国产化。

在基础施工中普遍使用蒸汽（电力）打桩机，如上海四行储蓄会大厦，由丹麦籍厂商康益洋行采用蒸汽打桩机完成木桩基础工程施工。另外，基础工程施工工作面内的排水问题在早期多用手压唧筒，后多用蒸汽（电力）离心泵，这种时称"帮浦"（Pump）的新型设备亦实现了国产化。在桥梁码头等工程中还使用了各种挖掘机械。

钢筋混凝土工程施工过程中采用混凝土搅拌机或沙浆搅拌机（图10-4-53）始于1915年上海外滩麦道大楼工程，当时使用的是由国外进口的圆筒形混凝土搅拌机，中国工匠陆龙虎迅速掌握该项技术，并成为混凝土工程包工头。至1919年上海汇丰银行大楼施工时，中国工匠与技术人员已研制出最早的国产混凝土搅拌机，1920年代后得以普遍使用。[①] 如上海四行储蓄会大厦施工采用了3台混凝土搅拌机拌和混凝土。另外，一些大型建筑工程如上海江丰银行甚

---

① 何重建.上海近代营造业的形成及特征 // 汪坦.第三次中国近代建筑史研究讨论会论文集.北京：中国建筑工业出版社，1991：121.

图 10-4-53  混凝土搅拌机广告
来源：建筑月刊，1936，Vol.4（10）.

图 10-4-54  钱塘江大桥施工用门架
式起重机
来源：茅以升.钱塘江建桥回忆.北京：
文史资料出版社，1982：173.

图 10-4-55  新式装卸机投入使用
来源：建筑月刊，1936，Vol.4（12）：35.

至还使用了自动弯筋机，在施工现场对各种钢材按设计要求下料、加工。

针对高层建筑施工，还开发出多种垂直吊装机械设备，如较常见的木井架卷扬机（电力驱动），而一定高度以上多用钢架卷扬机。高层建筑施工还常用多种起重机械联合吊装结构构件，如上海汇丰银行、百老汇大厦、四行储蓄会大厦、中国银行等都采用地面三角固定式吊车起吊构件（最大起重量可达 7.5 吨），再通过上层钢架安装小型吊车把构件运至目的地。又如上海沙逊大厦施工时用手摇绞车配合人字把杆吊装钢柱，而钢梁则用可移动的平台式起重机吊装。另外，一些特殊类型工程如康益洋行承包的钱塘江大桥基础工程，还采用了 720 吨有轨门架式起重机搬运混凝土气压沉箱基础（图 10-4-54）。至 1930 年代中期，还有一些更新型的材料装卸设备投入施工现场使用（图 10-4-55）。

## （二）装修工艺的精湛细腻

1920 年代以来，大型公共建筑越来越多，因而建筑装修工艺分工日益细密，工艺日趋精湛，成为近代中国建筑技术发展过程中值得大书特书的方面，这一阶段积累的经验至今仍具有重要参考价值。上海同样在这一领域占有首屈一指的重要地位。

### 1. 砖石泥瓦工艺

清水砖墙作为一种常用外墙做法，至 1920 年代发展出多种新工艺，主要表现在早期常见的复杂装饰线脚渐少，而在砖砌拼花及砖墙勾缝方面有新的举措。

砖墙勾缝早期以细密的线香缝较为普遍，至 1920 年代已发展出多种勾缝样式：平缝、平面图线灰缝、泻板灰缝、凹圆、凸圆、方槽、勾脚、方线、连底方线、三角灰缝等等（图 10-4-56）。这些不同的灰缝做法在功能和效果方面各有利弊，可以根据工程需要选择使用。如平缝不易积灰但缺少光影变化，故适用于室内清水墙面勾缝。又如泻板灰缝其优点为易于排水，且灰缝在阳光下有生动的阴影效果，加强了墙面灰缝的立体感，但若墙面超过一定高度目力不能及，且冬季遇雨雪天气灰缝处容易结冰，砖口损伤也较快，故更适于南方。方槽

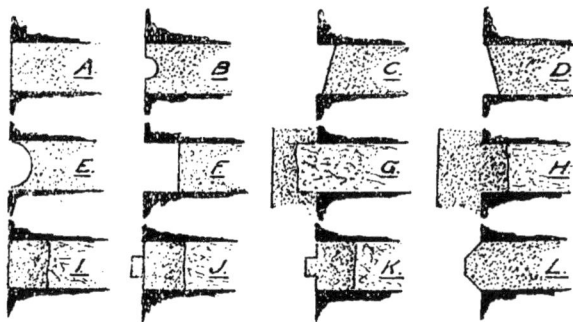

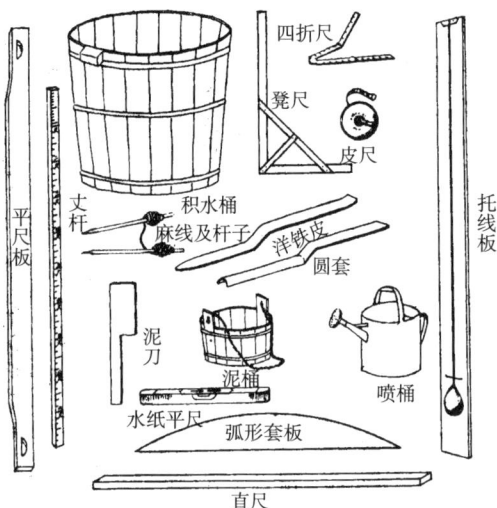

图 10-4-56　常见砖墙勾缝做法（左上）
来源：建筑月刊，1936，Vol.4（1）：42.
图 10-4-57　砖墙勾凸出圆缝（右上）
图 10-4-58　泥瓦工常用工具（左下）
来源：建筑月刊，1936，Vol.4（1）：45.

灰缝为常见做法，其意在阳光落影明晰悦目，但须考虑气候条件以及砖本身的耐久性能，尤其是对耐冻、耐磨要求较高。还有一种凸圆灰缝，也有强烈阴影效果，但灰缝本身容易破损（图 10-4-57）。

另外，砖瓦工的施工工具也有一些改进和提高，尤其是分类细密专用工具增多。如灰浆搅合用搅拌板，校准水平使用水银平尺，勾砖缝使用"洋铁皮"或"圆套"等（图 10-4-58）。工匠也开始改用较轻便的瓦工铲刀代替笨重的泥刀砌砖，定砖缝时也使用较精确的标尺。据文献记载，当时一些重要工程要求很高，砌砖每次不得超过 3 皮，而且灰缝厚度及砖缝线对位极为精确、均匀，如此考究，清水砖墙砌筑质量自然很高。砖墙的接头处理也要求很高，一般直线接头常用阶梯形和齿槽形两种，而丁字接头则要用插入里榫的方法解决，且接头处砂浆强度等级亦相应提高，从各方面保证接头处坚固耐久。

石作方面也有许多精湛技艺与考究做法。首先是石材搭接构造处理较为多样化，可从工程实践的具体情况出发选择合适的搭接方式，其常见方法有：雌雄接缝、锭笋接合、避水搭接三类。雌雄接缝可分为雌雄接、三均接、水泥胶接、插笋接及石卵接等（图 10-4-59 左）。其中雌雄接主要用于铺设平台的大块扁长石材；而三均接可用于防止侧推力过大损伤石材甚至墙体移位，多见于水坝等水利工程中；水泥胶接多见于檐口压顶石；插笋接则适用于栏杆柱子等构造连接。

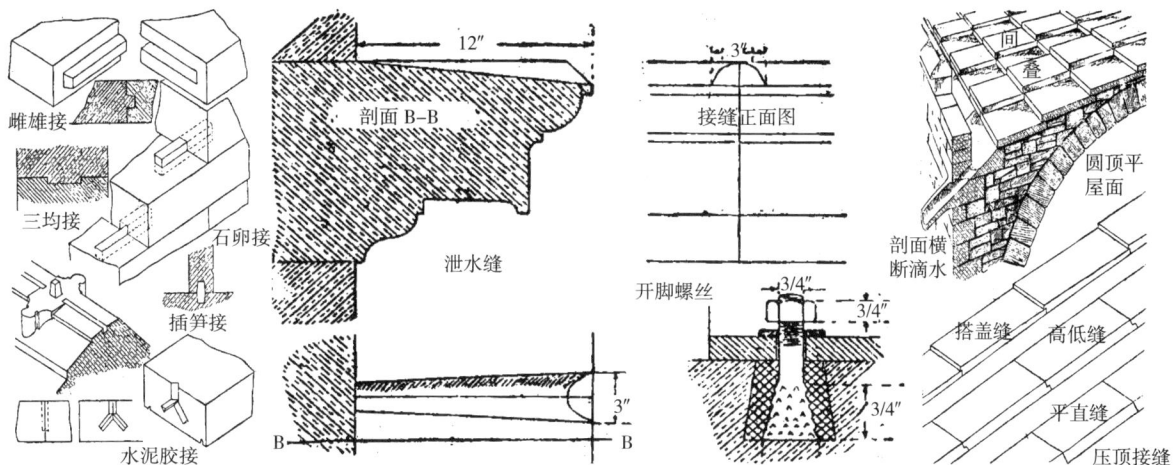

图 10-4-59　石材搭接常见做法
来源：建筑月刊 4 卷 4 期 . 1936 年 4 月 : 24. / 建筑月刊 4 卷 5 期 . 1936 年 5 月 : 33.

锭笋接合也可根据所用具体锭笋之不同分为锭搭、铅笋、石锭笋、控制铁以及开脚螺丝等。避水搭接主要用于室外，因石材长期暴露于室外，其接缝处易被雨水渗入，所以设法做成泄水缝或高低缝（10-4-59 中、右）。

另外，石材的表面处理效果因不同的施工工艺而丰富多彩，大体上可以分为席纹石面、四边打光中间毛麻、四边打光中间起槽、锤平、麻点以及斧剁等。如沙逊大厦外墙石材饰面就有若干种不同表面处理效果。

各种天然石材镶贴墙面主要是靠预先下料做好面饰后现场拼装。一般将石料做成 1.5~1.9 厘米厚的块状，在墙面基层上预先按石料位置置入黄铜、紫铜等金属夹片，使夹片另一端夹在石料缝中以与墙面拉紧，墙面基层与石料之间留出 2 厘米左右的空隙，然后灌入水泥砂浆将石材粘牢。为使石材表面光洁，再用细麻刀石将其表面打磨平整光亮，而后上蜡。

1920 年代以后，各种人造石工艺被中国工匠掌握并得到广泛运用，其中水刷石、水磨石、斩假石三种做法最为常见。

水刷石当时又称洗石子或汰石子，1920 年代以前就有大型建筑采用此饰面做法，后来更广泛用于各类建筑工程。常用的是一份水泥和二份矾石屑、花岗石屑或其他石屑做成混合浆。有趣的是中国工匠学习水刷石施工工艺，运用了传统的"偷师"方法：1916 年上海外滩天祥洋行大楼外墙饰面水刷石工程由日本厂商承包施工，为技术保密，日人用布遮盖脚手架，未曾料到手下做小工的中国工匠奚阿梅、张开山等人很快就将这一新工艺偷偷学会，后又广收门徒，水刷石技术得以推广，终将日人挤出了上海建筑市场。[①] 位于今南昌路和雁荡路之交的原法国总

---

会（今上海科学会堂），始建于1904年，在1926年改建为法国学堂，[①] 外墙使用了一种极罕见的水刷石做法，其石屑为黑色石子为主，掺极少的土黄色或其他杂色石子，粒径约2厘米，形似卵石，其色彩和肌理效果独特，近年刚经过保护性大修，外墙按照原材料、工艺和样式进行了复原。这种水刷石做法在上海法租界较多见于独立住宅，复兴中路上的黑石公寓则是大型建筑物使用此类罩面的案例，而工艺更繁。

水磨石又称磨石子，1920年代以来经久不衰，一些重要公共建筑纷纷将其用于楼地面及墙柱面装修。一般在分格或换色处嵌以玻璃条或铜条，粉平后用电力水磨机打磨光滑。该做法见诸上海虹桥疗养院等工程。如楼梯踏板、扶手以及栏板皆用彩色水磨石做成。

斩假石当时又称剁斧石，1920年代开始使用，可模仿真石材的表面处理效果，且能制作出极复杂的线脚、古典柱式与雕像等。其一般做法是用1份水泥加2份花岗石屑及少量煤楞屑拌和成混合浆，粉刷干透后斧凿，剁出各种方向的纹理，效仿天然石材的打制效果。如上海峻岭公寓就使用了该做法，其用料配比为1份白水泥、2份沙泥、4份石子并加掺避水粉2磅于每袋水泥中，获较满意效果。

各种砂浆抹面也创造出不同凡响的面饰效果，如上海邮局的西方古典柱式则用细砂浆抹面，据文献考证，其做法为1份过滤后的石灰浆加3份青细砂和适量水拌和均匀再抹于混凝土柱面基层上，厚约3毫米，干后用铜皮或铁板抹光，呈青灰色，极光滑。一些建筑还使用彩色水泥地面，如上海峻岭寄庐公寓，其穿堂后大门及二三层楼梯皆使用了彩色水泥粉面。

各种墙、地砖大量用于装修工程中，一般先用墨盒在基层上弹出格网线，然后用水泥砂浆按格网线粘贴瓷砖，该工艺见诸各类工程实例中。

室外墙面以及室内地面（尤其是卫生间地面）常用马赛克贴面，如上海汇丰银行八角形门厅墙面甚至还用马赛克以镶嵌法制成八幅画，表现该行在世界各地的八个分支机构，极尽奢华之能事，同时也反映了马赛克工艺的成熟和表现力之丰富。[②] 当时马赛克皆为贴于牛皮纸上的成品，背面朝上，施工时只要按设计要求用水泥砂浆反贴于墙柱地面之基层上，再用清水洗去牛皮纸即可。如遇特殊图案拼贴，则可根据预先设计好的图案制作成大块成品，用同样方法粘贴即成，上海汇丰银行门厅墙面图案皆以此法施工完成。

## 2. 其他装修工艺

1933年前后，上海美丽花纸总行由欧美购入大批墙纸（"花纸"），并对外销售，这些墙纸花色新颖，"品质高贵，价格低廉"，同时商行还雇有"专门裱糊匠"，可随时应召为客户张贴墙纸。这种省时、省力、省钱而效果尚佳的新型墙面装修方法揭开了室内装修工艺的新篇章，至今久盛不衰。当时上海一些知名建筑如汇中饭店、大中国饭店、大中华饭店、一品香、冠生园以及其他各大公馆、私人住宅等纷纷采用之，收效甚著。

---

① 郑时龄.上海近代建筑风格.上海：上海教育出版社.1999：296.
② 同①：214，215.

图 10-4-60　大美地板公司承做的百乐门舞厅地板
来源：建筑月刊，1934，Vol.2（1）.

1920 年代以来，室内地面也大量采用木地板，从形式上看可分条木与拼木两种，从材质上看可分为较高档的檀木、柚木、硬木以及各类洋松，和中低档的柳桉、皖松等。上海虹桥疗养院使用了檀木地板及柳安踢脚板。条木地板每一条分散单独铺设，使用企口；而拼木地板则多为整块预制品，大多用压口，用油膏贴于基层。也有在现场人工拼装钉成的，用小钉钉在仰口上，铺成后磨光、打蜡。后期多用电力砂磨机，提高了工作效率。为达理想使用效果，大多地板面层下皆铺一层粗糙木板作垫层。

另外，上海还拥有一批承做地板工程的专业施工安装公司，如上海大美地板公司（The American Floor Construction Co.）既向客户供应材料，也提供施工服务，采用新式磨砂机，技术上较为先进，影响较大。当时一些重要建筑均采用了该公司的技术与产品，如上海蒋介石住宅、汇中饭店、大光明影戏院、百乐门舞厅（图 10-4-60）、汉弥尔登大厦等。

除上述主要装饰工艺外，尚有屋顶、门窗、新式门锁、把手、楼梯扶手、壁炉、灯具等装饰配件，新型装饰材料如铝合金、玻璃砖等亦运用到装修工艺中。由于新型装修材料的不断引入与开发、运用，加以工匠们摸索出与之相应的新工艺，建筑装修工艺在根本上产生了与中国传统建筑工艺不同的新变化。当时的一些著名建筑如上海汇丰银行、国际饭店、沙逊大厦等，其室内外装修工艺虽出自中国工匠之手，但总体效果已与中国传统建筑完全不同。

## （三）采用新的施工管理方法

由于营造业施工管理人员文化水平不断提升，同时又受到国外先进的施工管理方法的影响，中国建筑施工管理方法逐步向科学化、统筹化方向发展。比如组建强有力的施工管理队伍，理清各小作包工头与管理层的关系，将其纳入管理层以调动其积极性等。另外，具体的管理措施中还使用了施工进度表，如上海市政府、上海市第二劳工医院等工程，以更为形象、直观的办法加强对各工序衔接和工期的控制，进一步凸显了统筹管理的实际意义，直至今天，施工进度表仍然是大量性建筑施工的常用管理方法。

## 六、鲁班殿的没落：传统营造业的命运

与中国其他大中城市类似，上海地区营造工匠队伍形成初期，其组成的成分，一部分是传统社会供官府长期使役的"匠役"，一部分是散居农村亦工亦农的个体工匠。至唐代，官府匠役队伍开始萎缩，渐为民间大户私养工匠代替，出现了一支长年依附私家供养的工匠队伍。明代实行以税代役，进一步解放官役、私养工匠的人身自由，出现了独立专职从事营造业的施工机构，称为"水木作"，即建筑手工业作坊。水木作队伍分布在建筑活动较活跃地区，如松江、青浦等地。到元至元二十八年（1291年）设上海县前后，南汇、川沙一带与上海县城等地水木作发展很快。至鸦片战争前，与营造有关的附属行业作坊、行业团体已形成一定规模。

开埠以后，上海传统营造行业发生变化。首先，施工组织出现以资本经营为主的营造厂或建筑公司，与水木作坊、农村个体工匠形成三足鼎立。其次，上海附近地区的工匠纷纷涌入，形成以乡土社会和血缘关系为核心的不同帮派。同期，还出现了外商洋行兼营队伍，行业内华洋杂处。再次，建筑业中一些关键成分：如设计、建筑材料、土木工程技术、水电设备安装等行业由外商或买办经营。建筑工匠劳动量大，条件艰苦、利润较少的土建工程多由营造厂及农村工匠来承担。到19世纪末，上海建筑业已形成独立的产业。1920–1930年代是上海近代建筑施工队伍发展的鼎盛时期，大小建筑公司、营造厂、水木作最多的年份达到3000多家，从业人员10多万，各类工种20多个。一些技术性较强的水电和设备安装等工种项目也开始由华人承担。建筑劳务市场十分活跃，众多茶馆成为建筑劳务洽谈的场所。专业的技术和管理队伍逐步扩大，建筑施工的行业团体也开始形成，创办了自己的刊物和教育机构。抗日战争全面爆发之后，上海遭战火侵扰，营造厂停业，工人大批失业，建筑行业跌入低谷。抗日战争胜利后，上海的经济和工商业呈现出短期的强劲复苏之势，但很快内战又起，建筑业渐趋萧条，直至中华人民共和国成立之后才又重新回到逐步发展的轨道上。

可以想见，在这样一个政治局势动荡不安、经济发展极不均衡、发展变化过程颇为复杂的现代化进程中，传统营造业的转型是在所难免的。伴随着这一不乏痛苦而又充满机遇和挑战的转型过程，传统营造业的社会组织形式——"鲁班殿"则逐步走向没落，一个以资本为主体，以廉价人力为核心资源，以学习国外先进施工技术并融汇中国传统工艺为主要方向的劳动密集型产业则逐步形成。

## （一）上海营造业经营体系的全面转型

### 1. 经营理念的突破

上海营造业经营理念的突破主要表现在以下三个方面：

（1）要求获得社会认同的意识日趋强烈。营造家积极参与社会政治活动，发起组织中国建筑展览会，参加各种建筑设计应征活动，积极投身抗战建国的军事工程。这些都说明营造业及

其代表人物独立意识增强，希望社会公众改变几千年来鄙薄工艺、轻视匠人的陋习。

（2）市场意识与品牌意识的加强。工程招投标制度的兴起促使营造业认识到在市场竞争中占领一席之地的重要性。近代时期中国最大的营造商陶桂林的事业最具代表性。陶于1922年底自办营造厂，创业伊始，陶不惜血本，精益求精，为尽量满足业主要求常常返工。如此经营前三年非但未赢利，反而负债经营。然而亏损却换来了"馥记"的良好信誉，为日后在激烈的市场竞争中站稳脚跟打下坚实基础，并发展成为全国闻名的大营造商。[①] 可见品牌意识与市场意识是"馥记"成功的重要因素。

（3）重视人才培养与工匠文化素质的提高。一批有远见的营造商积极致力于提高自身及员工的文化素养与业务素质，如陶桂林曾在工地开设夜校，专聘教师为工人讲授英语，并针对工程图纸讲授有关技术知识。据统计，至1948年，甲等营造厂主或经理中有大学学历者占8.3%，配备主任技师的厂家占30%。一些厂主甚至有留学欧美的知识背景，不少人取得了经济部考核认可的技师、技副职称。这些营造业人士与有"梓人"、"圬者"之称的传统工匠相比，确实是质的飞跃。

## 2. 经营方式的改进

营造业经营理念的突破主要表现在以下三个方面：

（1）由分散的个体小生产到股份制集约化经营。1920年代以来，营造业各厂家逐渐认识到合资经营、股份制、规模效益的重要性，尤其是《管理营造业规则》将营造厂注册资本等级与承揽工程范围直接挂钩以后，这种发展趋势更加明显。至1946年，上海合资经营的甲级营造厂占总数的27.8%，基本上走出了传统的独资小本经营的圈子。最典型的莫过于陶桂林组织的"馥记营造股份有限公司"，陶本人股份仅占29.4%，其余来自中国银行、上海银行、交通银行和新华银行以及各界名流和大小商号，资金周转可直接从银行贷款，抵御市场风险能力明显增强，施工机械设备也添置很多，全盛时期"馥记"员工曾多达23000人。[②]

（2）由仅仅从事建筑施工发展为多渠道跨行业投资经营。最早展开跨行业经营的是一批具有远见卓识的营造家，他们投资创办建材行业，促进国产建材发展。如承建南京中山陵（一期工程）的著名营造商——姚新记营造厂主姚锡舟联络工商界巨头合办"中国水泥股份有限公司"，所出品之"泰山"牌水泥畅销国内外。1920年前后，上海著名营造家、申泰营造厂创始人钱维之在江苏昆山独资开设振苏砖瓦厂，为近代时期有影响的砖瓦生产企业之一。第一次世界大战前后，上海营造业领袖人物张效良投资开办浦东和兴钢铁厂（今上钢三厂前身），三期江海关、沙逊大厦等重要建筑工程均采用过该厂生产的竹节钢。上海大陆营造厂主殷之浩还投资房地产业，1949年去台湾后继续发展，成为跨行业工商巨子，并获推荐出任"世界不动产联合会"总会长，为第二位任此职务之东方人。还有一些营造家投资与营造业无关的其他行业如交通运输、

---

① 张云家：陶桂林奋斗成功记.台北：长虹出版社，1987：25-30.
② 同① ：79-82.

纺织、造纸等，足见其已具备现代企业家的新观念与素质。

（3）由守土经营到对外开拓经营。中国营造业的主体是半工半农的乡村手工业者，具有与生俱来的乡土情结，缺乏对外开拓意识。然而由于新型营造家的积极倡导，1920年代以来，中国营造业逐步从乡土意识中挣脱出来，哪里有市场就向哪里开拓，尤其是以上海为基地的各大营造厂，更向全国各地辐射。其早期做法是将施工队伍直接开赴当地，如南京中山陵、广州中山纪念堂即分别由"姚新记"、"新金记康号"、"馥记"三家营造厂远征施工。后来随着事业发展，各大厂商纷纷在各地设分公司，紧跟市场动向，并可减少远征费用。如"馥记营造股份有限公司"1944年成立后，在宁、沪、渝、港等地设立分公司，并逐步向华北、东北、西北等地区拓展。抗战时期各大营造厂内迁西南，为带动该地区建筑业发展作出了贡献。二战后香港最高建筑中国银行由"馥记"担任结构施工。"正基"夜校校长、友联建筑公司总经理汤景贤二战后去新加坡发展，并担任新加坡营造业公会理事。[①]营造业对外开拓意识的增强可见一斑。

## （二）"鲁班殿"的后继者："上海市建筑协会"与"营造业同业公会"

很明显，随着上海营造业的现代转型持续深入展开，作为传统行业活动场所的"鲁班殿"不免式微，但现代意义上的行业协会也就此应运而生，"鲁班殿"的物质性空间或许逐步颓败甚至消亡了，但它的功能属性并未完全湮灭，而是在传统营造业现代转型过程中，伴随着新的行业协会的建立而获得了新生。这其中，"上海市建筑协会"与"营造业同业公会"就是两类不同层级的、最具代表性的行业协会性质的组织机构。

### 1. 上海市建筑协会

"上海市建筑协会"是由营造业领袖人物陶桂林、杜彦耿、汤景贤、陈寿芝、卢松华等30余人于1930年发起，联合业界同仁及有关材料商共同组织的一个学术性团体。正式成立于1931年2月28日，其时会员已逾百人。1934年3月第二届大会召开，发表宣言，力陈办会宗旨为"建筑技术之革进，国货材料之提倡，职工教育之实施，工场制度之改良"，并"盼营造家、建筑师、工程师、监工员及建筑材料商等踊跃参加"。[②]可以说"上海市建筑协会"（以下简称"协会"）是近代中国建筑活动行业组织中囊括专业人员门类最为齐全的一个民间团体。该会由成立至抗战全面爆发的短短几年之中，紧锣密鼓地进行了出版学术刊物（《建筑月刊》）、举办职业教育（"正基夜校"）、促进国产建筑材料发展（"中国建筑展览会"）、统一学术名词、推广新兴建筑技术、促进业界不同专业人员、组织间的交流与联络等诸多活动。这些活动的开展和

---

① 何重建.上海近代建筑营造业的形成及特征 // 汪坦主编.第三次中国近代建筑史研究讨论会论文集.北京：中国建筑工业出版社，1991：121.
② 建筑月刊，1934，Vol.2（4）：27–28.

意义已迥异于传统的"鲁班殿"，促进了营造业由传统农耕社会的半工半农的手工业向着现代工商社会的多行业协作的建筑工业系统之转型，可谓影响深远。

## 2. 营造业同业公会

与"上海市建筑协会"相比，"营造业同业公会"同样为行业组织，但正如"建筑技师公会"一样，其传统的行会性质是颇为显著的，可视为从"鲁班殿"到"建筑协会"的转型过程中的过渡现象，尽管三者间并无明显的承继关系。具体而言，因"上海市营造业同业公会"成立较早，故"上海市建筑协会"1930年秋尚处筹备阶段即遭反对，理由即为该市已有营造业同业公会，二者无并置之必要。然而事实正如前文所归纳的那样，"上海市建筑协会"会员来自建筑业各分支行业，其主要活动如出版刊物、举办职业教育、促进国产建材发展、统一学术名词、推广新技术、促进交流等都极富现实意义，对上海乃至中国建筑事业的发展壮大具有明显的推动作用，其影响所及，深度与广度都是前所未有的。而"上海市营造业同业公会"会员限于施工行业，组织功能限于利益协调与行业保护，影响面较窄，与旧时"鲁班殿"并无本质不同。因其行会性质远甚于"上海市建筑协会"，二者的社会功能有着显著差异，所以不可相互替代。

抗战胜利后，全国各地的营造业同业公会于1947年成立联合会，陶桂林当选为首任会长，1949年后逐渐停止活动。各时期"营造业同业公会"作为行会组织，其本质自然是利益协调与行业保护。它促进同业团结，维护行业整体利益，在一定程度上利于调整自由竞争的秩序，而"上海市建筑协会"因其若干创举的深远影响集中体现了新型行业组织的进步意义。

# 第五节  城市建设管理与法规 [①]

上海的城市化与现代化肇始于其开埠，同样，要讨论上海的城市建设管理制度与法规，不能仅仅看1927–1937年这个时间段。这十年中，城市飞速发展，建设量巨大，上海两租界管理机构在面对新的建筑现象时的应对措施包括颁布或调整法规。而作为基础的城市管理制度，其形成则必须回溯到租界之始。

## 一、在土地章程引导下的城市建设法规体系（1845–1907年）

公共租界自开埠以来，形成了一个包括土地利用和城市规划管理两方面的制度构架，这个

---

① 本节作者孙倩。

构架以多次修订的土地章程为核心，以建设项目审批和征地谈判程序为实现途径。

1845 年出台的第一次土地章程明确了租界中的几条公共马路，确立了管理租界公共事务的主体是外侨商人，开辟和维护道路、桥梁等均由商人共同商议；工程的经费来源是商人自筹，分配方式则是公平分摊。1846 年 12 月，成立"道路码头委员会"，使以上两项规定制度化。第二次土地章程则规定道路码头委员会的职责包括每年制定道路计划。[1] 随后，依据该章程规定成立的工部局，取代了道路码头委员会。工部局成为执行以下权力的主体——制定公共空间建设计划并执行建设和维护工程。计划每年年初制定。建设资金的来源则仍然依据 1845 年章程规定的商人自筹、公平分摊，并由纳税人大会进行审核。此时，在道路计划制定之后才租地[2]的商人须无偿让出计划路线上的土地。这是对于租界管理机构具有征地权的规定。而相制衡的，对征地权的使用也有限制：对于计划未纳入的道路或非滩地的土地不得未经租地人同意任意征作公用。[3] 随着租界发展，后来的租界道路计划制定时，往往大量土地已为外商租地建设，对于这类土地，工部局则遵循在私人地产重建时才执行道路建设计划进行征地的原则，这几乎成为租界道路建设历时长、道路空间不整齐甚至是断续的最重要原因。

1869 年第三次土地章程中首次规定工部局可为了道路建设付给已租地的业主征地费以获取道路建设需要的用地。[4] 同时，这一次土地章程中还新增了城市建设计划的公示程序、土地业主对道路计划提出抗议以及工部局重新审议计划的程序。[5] 章程还规定"若照领事官意见，未能妥协，即任听公局将管辖该地方之责推辞。此事即作罢论"。这两款规定是对私有土地所有权的保护，但另一方面这成为 19 世纪工部局道路计划实施缓慢的原因，为此工部局一直在争取更充分的公共权力。

1899 年新增的土地章程条款提出设置地产委员会，一个独立于工部局、相对中立的机构。如工部局道路计划遇相关业主抗议，可交地产委员会进行裁决，地产委员会还可确定征地的赔偿金。经地产委员会裁决的征地案往往在以后工部局的行政中成为重要先例，影响到工部局的征地政策。此次土地章程的另一个重大修改则是规定新建、改建建筑均需经工部局查核并符合工部局制定的法规。

1907 年，土地章程再次增补条款。条款规定了道路用地两侧业主须分摊道路建设费用，同时规定了分摊的办法。由于 1899 年租界拓展，道路计划和征地的大量实施，工部局的筑路费

① "至道路复行开展，由众公举之人，每年初间察看形势，随时酌定设造"，参考英文章程，见上海租界志 [OL]. 上海市地方志办公室，http://shtong.gov.cn
② 划定租界时，租界土地仍然是在华人名下，须由外商向华人以个人名义"租"地。因此，工部局在制定道路计划时若土地尚未被外商租下，则外商需在租地时无偿让出道路路线上的土地
③ 中文章程中缺少了该段文字，英文章程中的表述为"Provided always，that no act of appropriation or dedication for Public uses of the said beach ground or ground for Roads other than those already defined, shall contrary to the will or interests of such individual renters, in any case be sanctioned or held lawful under these regulations"，见上海租界志 [OL]. 上海市地方志办公室，http://shtong.gov.cn
④ "所有购买建造及常年修理等费。准由公局在第九款抽收捐项内随时支付"。上海洋泾浜北首租界章程（中英合载、后附规则）. 上海：商务印书馆，1906.
⑤ "因公局示内所云公用公路之处。有所辩论。限十四天内。投该管领事官具呈禀明。或自己专函通知公局。以便设法调处"。上海洋泾浜北首租界章程（中英合载、后附规则）. 上海：商务印书馆，1906.

用连年超支，新条款的出现拓展了城市建设的资金来源渠道，为租界此后的迅猛发展奠定了制度的基础。

经过开埠后 50 余年的发展，公共租界的城市建设，包括道路和公园等公共空间建设都以上述的法规体系为框架，这个体系也是成就租界城市空间发展特征的原因之一。

关于法租界，1866 年 7 月的公董局组织章程颁布，征地程序开始有了法律保障。章程中确定了公董局董事会议需议定的事项，其中包括公董局有权"开筑道路和公共场所，计划起造码头、突码头、桥梁、水道，以及规划路线走向，确定市场、菜场、屠宰场、公墓等的地点"。1873 年 9 月 23 日的一项决议使公董局可行使公园地产征收权。但被征收的土地应是没有建屋或者趁旧屋拆除改建时，才能行使这个权力。这个办法至 1927 年仍然适用。[①] 这种地产征收的过程与公共租界是相类似的。

## 二、公共租界的《华式房屋建筑章程》、《西式房屋建筑章程》及法租界 1930 年建筑章程

最早的建筑法规主要是为了限制私人建筑对于公共空间的影响。1869 年第三次"土地章程"附则规定房屋伸出街道的阳台、雨棚、台阶、门廊或招牌等不得拦阻街道，房屋必须有水落管，避免瓦檐落水淋湿行人，不得有失修处可坠物危及行人安全等。而到了 19 世纪末，这些条文已无法满足工部局对于迅猛增加的租界建筑的管理。

### （一）《华式房屋建筑章程》、《西式房屋建筑章程》

1899 年公共租界扩界，面积扩张至之前的 3 倍。人数则从 1895 年的约 25 万，增长到了 1900 年的约 30 万。大量的房屋建设起来，卫生条件差、火灾隐患多。1899 年的土地章程赋予公共租界工部局完整的建筑审批权，华式、西式建筑法规分别在 1901 年 4 月和 1903 年 8 月正式颁布。

《华式房屋建筑章程》所谓华式，并非仅指建筑风格，主要还是承重体系是木柱和木梁，有别于西式的砖混体系。该章程共 21 条，主要分几类：1）对建筑高度、底层地面做法和相对周边道路的高度、里弄宽度和地面铺砌等、突出于公共马路上的伸出物、建筑周围空地等影响公共空间的规定；2）对建筑墙体及防火墙、屋面、烟囱、烟道、建筑材料等的建筑自身安全性的规定；3）对下水管道、地面排水、厕所设置、通风等建筑环境卫生方面的规定；4）对特殊建筑如茶楼、剧院和货栈的规定。

---

① ［法］梅朋，傅立德著 . 上海法租界史 [M]. 倪静兰译 . 上海：上海译文出版社，1983：466.

《西式房屋建筑章程》①总共有75条,适用于一般的砖混结构。关注的大类别与"华式章程"类似,但条文数量和详细程度则大大超过。1916年公共租界对西式房屋建筑章程进行了一次较大修改。完整的法规包括以下几个类目：请照,其中包括对图纸的要求；建筑各部件,如地基、地面、墙体、柱、搁栅、屋面、烟囱等；厨房、天井、厕所等特殊部位；关于总平面上房屋周边空地、通风、水沟、伸出公路的构件等；建筑高度；关于消防的防火墙、防火门、消防水龙、房屋中的货仓容积等的要求；建筑材料、建筑结构等设计原则；改建和加建。

自1866年上海就有了第一家西式剧院——兰心大戏院。之后受其影响,中国传统的茶楼式戏院纷纷改建成新式（西式）室内剧场。1908年上海第一座电影院——虹口大戏院建成后,电影院便成为上海最受欢迎的新建筑类型之一。1916年工部局制定了关于戏院的特别规定。加强了对戏院类建筑的设计、建造和地点的选择、出口数、舞台帷幔、观众座位、售票处的位置、电影放映室等方面的管理,规定申请人应呈报娱乐设施的性质等情况,并附上描绘有关该建筑坐落何处、与邻近建筑关系、建筑地点与公共道路的关系等情况的草图。规定除了有适当的出口或分隔墙外,不允许放映电影、装有舞台及布景的建筑造在任何其他建筑的下层或上部并带有宿舍。还规定除非面临宽度不少于50英尺（约15米）的道路,建筑物不能超过2层。

1916年的章程中,工部局对于旅馆、出租屋等建筑类型也有特别规定。对于这类建筑必须用防火材料与其他建筑分开。此外对楼梯的材料、数量、电梯间、消火栓等配置要求作了规定,并要求呈报出口草图。②

20世纪初,上海开始出现钢梁柱外包混凝土的钢骨混凝土结构,如1901年建造的华俄道胜银行（倍高洋行设计）。稍后,上海建筑中开始出现钢筋混凝土结构,如1908年建成的德律风公司大楼（新瑞和洋行设计,协泰洋行结构计算）,是上海第一座完全采用钢筋混凝土框架结构的建筑。此后,钢筋混凝土框架结构便成为上海多层建筑的最主要结构形式之一。应对该趋势,工部局在1916年章程中特别增补了钢筋混凝土结构的章程。工部局针对上海的地质条件,从建筑物的牢固安全考虑,规定了弯矩等有关数据,有关梁的直径、厚度、地基的压力限度等标准,及墙的承重要求,水泥、砂、混凝土、钢筋等材料要求；此外对建筑过程中的测试方法、工作质量标准也作了详细规定。

据载,1898年,位于南京路上工部局市政厅旁的中国菜场建成,这是上海最早完全采用钢架结构并覆盖玻璃天棚的结构物之一。1913年,杨树浦发电厂一号锅炉间建成,这是上海最早的大型钢结构厂房。1917年,上海第一座钢框架多层办公楼天祥洋行大楼建成（公和洋行设计）,标志着现代钢结构作为建筑主体结构已开始进入多、高层民用建筑。1916年的章程中还包括了钢结构的一套完整规则,共11节,73条。③

① 章程条款有多种版本,本文引用之该章程条款出自《上海地产大全》。
② 同①。
③ 唐方,郑时龄. 都市建筑控制——近代上海公共租界建筑法规研究（1845-1943）[D]. 同济大学博士学位论文,2006：128.

## （二）法租界 1930 年建筑法规——相邻地产间防视线干扰、对于建筑轮廓线的规定

早期法租界的建筑法规多集中在对于公共空间影响的规定。自 1910 年公董局制定《公路、建筑等章程》，法租界也逐渐发展出较完整的建筑管理法规体系。而相对于公共租界法规，法租界对于建筑管理包含更多对美感的考虑。

1930 年，公董局对 1869 年《警务路政章程》作了较大修改，其中《警务路政章程（第二部分）——建筑》（Titre II du Reglement de Police et Voirie–Constructions）的内容为"与邻地的关系、视线、间距、建筑屋顶放样"[①]（Voisinage，Vues，Distances，Gabarits des Batiments），是公共空间管理的重要法规。其中一些规定是在 1914 年"欧式建筑专用建设区"规定中发展而来的，尤其是其中对高度控制提出了明确的形态要求，是公共租界建筑章程中没有的。

第一章　与邻地的关系、视线、间距（Voisinage，Vues，Distances）

……

任何洞口或建筑物，如窗、阳台或外邻楼梯之平台，可详细见得邻居者，不论开闭与否，距两屋间之界线至少为 1.9 米。窗可斜见或在邻屋之旁者，须有 0.6 米之距离，自窗旁量起至界线止。若有 0.6 米宽之帘与有窗之墙装成直角，达窗口之全部高度者，则上述之距离可减少。若两屋中之角度不满 90 度者，则此项之窗洞当认为有直接视线，须相距 1.9 米（图 10-5-1，图 10-5-2）。

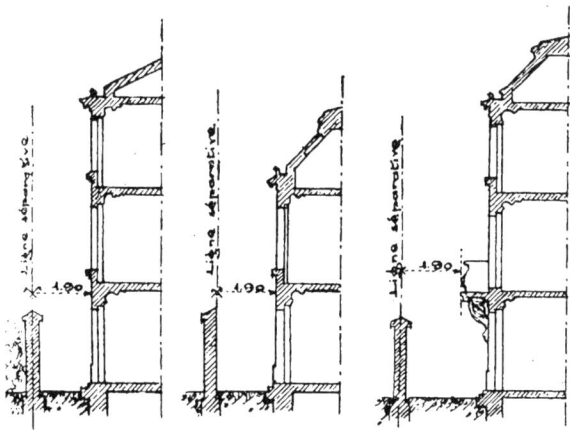

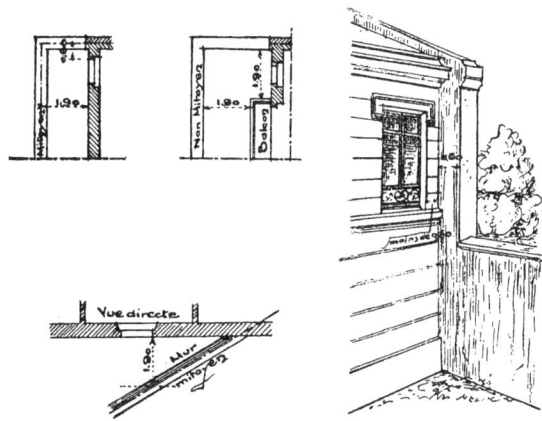

图 10-5-1 《警务路政章程（第二部分）——建筑》附图 6　图 10-5-2 《警务路政章程（第二部分）——建筑》附图 11、12、13、14

---

① 根据法语原文章程（见上海档案馆卷宗 U38-1-2140B）和《上海地产大全》的译文整理，更改了一些说法适应当下习惯。除了本书节录的关于公共空间的规定，该章程中还有建筑物内天井和周边空地与建筑物高度的关系，建筑物室内空间净高、基础埋深和突出与人行道的关系等条款。

以上法规的制定与上海大量新式里弄住宅的形式密切相关，联排式特征、建筑与弄堂的关系等都在规定中被考虑到，而并不苛刻的间距要求也是当时大量住宅区高密度的现实反映。

高度控制方面，法租界特点是制定了对于高度超过 1.5 倍道路宽度的建筑的顶部后退轮廓线，公共租界没有明文规定，只是在审批中酌情考虑。该法规用一系列针对不同宽度道路的建筑轮廓线图样直观地表达了对公共空间的构想。节录如下：

第三章　建筑轮廓线[①]（Gabarits des Batiments）

第一条　公路上之房屋

一、房屋高度之量法由屋线上所垂下之直线沿线量起，沿路线房屋之高度不得大于路之宽度的 1.5 倍，路宽包括两侧人行道在内。

二、若拟造之房屋须高出上述规定之限度者，则最高之部分须以 6.4 米半径做一 30 度圆弧后切线延长至距圆弧起点 8 米高度限制内（图 10-5-3）。

……

四、在宽度不等之两路转角处，房屋之高度得以较宽之公路为标准，惟在狭路处门面之长度只能与宽路之门面同，并不得超过 25 米。若在狭路处门面之长度超过 25 米时，则增加部分之高度须符合第一条所载狭路之宽度。惟本局可酌量办理，使门面成为一律。

第四章　突出之建筑物（Saillies）

……

第二节　房屋面临超过 30 英尺宽度道路

［章程为超过 30 英尺宽度的道路结合建筑高度控制制定了高出大屋面的建筑构件的宽度限值，如附图 16、17（本书图 10-5-3）所示］

……

五、附图 16、17 中之虚线表示各种不同高度之重要台口线之最大突出之限度，在此项指明高度以下者，突出物不得超出门面每一特别高度应有之限度。

六、在重要台口线之上，突出物不得展过门面长度 1/5 以上，若房屋有平屋顶，可于屋顶上加造小建筑，如电梯间、蓄水箱等。此类小建筑须控制在轮廓线图样之内，其高度不得超出门面房高度的 1/3。

七、虽有上项规定，惟轩楼及角塔等可超出图样中所示之限度，突出于屋顶之上，但垂直高度依照规定不得超过门面高度的 1/5。

---

① 章程第三章名为"建筑轮廓线"主要是建筑高度控制，第四章突出物的规定进一步确定了轮廓线图样。

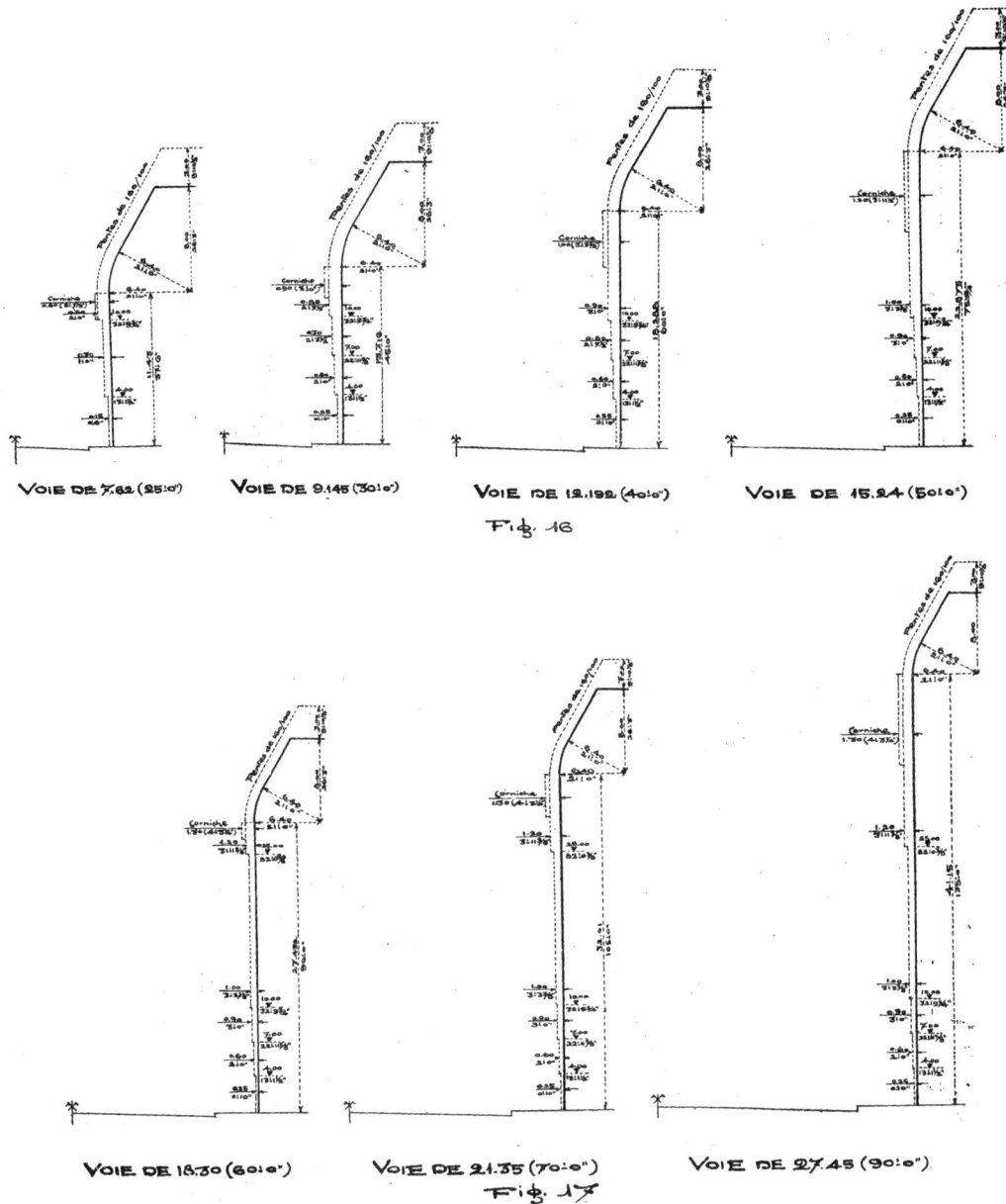

图 10-5-3 《警务路政章程（第二部分）——建筑》附图 16、17

　　法租界对建筑设计的控制通过私人地产的报建审批实现，对于审批的程序和内容另有专门章程，即 1910 年颁布的《公路及建筑章程》第二篇《管理营造章程》（Reglement sur les Construction）。1936 年 10 月 5 日法领事署署令 311 号对该章程进行修订，规定对于申请领营造大执照<sup>①</sup>者，需说明的各项事宜中包括"屋顶形式……是否适应道路重要性及其审美

---

①　大执照针对新建建筑，小执照适用于部分或全部改建。

观"。① 法租界公共机构被赋予一定程度介入私人建筑形态设计的权利。虽然法规的限定并不清晰、法规是否发生影响也需看建筑和相邻道路的具体情况，但与公共租界章程对比之下，足以反映出法租界对于城市空间美学因素的更多关注。

1939 年 12 月 27 日公董局董事会决定，凡申请领取营造大执照者，必须呈报外部涂料的组织，瓦及外砖颜色，② 公董局对建筑形式——即公共空间界面形式的管理更细化了。

## 三、公共租界的建筑高度控制

### （一）建筑章程中的高度控制条文

1903 年的《西式房屋建筑章程》中第 48 条规定：除了教堂或礼拜堂，除了钢或铁框架结构，未经工部局董事会同意，一般建筑不得超过 85 英尺（约 26 米，该高度从地面量至檐沟底面，应除去屋顶塔楼或其他建筑装饰物）。章程制定的年代，高层建筑刚刚出现，从章程规定钢铁框架结构建筑可以免去此项约束可以看出当时对高度控制主要考虑的是结构安全性问题。

1916 年新的《西式房屋建筑章程》第 14 条中规定建筑高度不得超过道路宽度 1.5 倍。1919 年 7 月 17 日工部局发布第 2634 号告示对 1916 年的章程第 14 条部分内容重新编制，修订限高为 84 英尺，并补充了对于新建建筑一侧有宽于 150 英尺（约 45 米）的永久空地时，建筑可超过限高，还补充了转角处建筑高度和沿街面长度的规定：

> （甲）各种房屋（教堂除外）之高度，（除去轩楼或其他装饰物），如未经本局之允许，不得高过 84 英尺。但必要时本局得考虑其房屋四邻之情况，而酌加之。如新屋一边有宽过 150 英尺之永留空地时，则本局不拒绝其加过上订高度。（乙）房屋之高度（除去合理之美术装饰物）不得大过自沿此屋之路线，至沿对面房屋之路线之垂直地平距离（即路宽）之一倍半。倘路将放宽时，则须量至对面放宽后之路线（即按放宽后之路宽）。（丙）转角处，房屋沿狭路面之高度，得以较宽之路为标准。其门面长度，得与沿较宽公路门面相等。但不得过 80 英尺（约 24.5 米）。③

---

① "在第二项所列之图样。应叙明所计划建筑物之用途、地平面与最近之公路之差度、所计划沟渠之线路及其沟管之部位、性质及斜度。沟口及积垢池之地位。私弄及庭院地面之铺法。洗涤弄院之取水地点。建筑物各层墙垣之部位。屋顶之形式。总之是否合于卫生、安全、坚固之条件。并是否适应道路重要性及其审美观。均应详细叙明便审查"。摘自法公董局公报 [Z]. 1936 年合订本. 上海：上海档案馆.
② 其他须呈报的内容还包括墙壁防潮办法，房间高度、沿马路屋顶水落管、窗户材料等说明；烟管、烟囱、火炉旁木板、房顶组成材料、防火墙右侧橼柱、公路及人行道上树木的位置、建筑物沿马路基础等。参见：上海租界志 [OL]，上海市地方志办公室，http://shtong.gov.cn/node2/node2245/node63852/node63861/node63961/node64494/userobject1ai58038.html
③ 引自：上海公共租界房屋建筑章程 [Z]. 中国建筑杂志社，1934.

## （二）关于高度的新观念——使用者密度的控制

至 1920 年代末，南京路拓宽计划已是 80 英尺，四川路是 70 英尺，如果按照高宽比 1.5 的规定，面临两条道路的建筑高度将分别达到 120 英尺（约 36.6 米）和 105 英尺（约 31 米）。两条重要交通干道的建筑高度控制引发了工部局对高度问题的新思考。高度的增加意味着"使用者密度（density of occupation）"的增加，即交通拥挤的加剧，将南京路计划宽度增加到 80 英尺是为了缓解交通拥挤，工部局担心如果建筑高度随之增加，道路拓宽的作用将在一定程度上被抵消。

20 世纪二三十年代是上海租界发展的黄金时期，租界的地产市场繁荣，地价高涨，开发商普遍希望建造更高的建筑。基于工部局董事会的构成，开发商对土地利用强度的需求在根本利益上是与工部局一致的。因此，工部局采取的办法不是一味地限制私人地产的开发，而是建立一个平衡，使对公共利益的维护同时成为对私人利益更长远的保障。一方面是促进公共空间品质改善而使相邻私人地产升值；另一方面也通过高效的土地利用来保持当时上海高速发展的经济态势。工部局董事会中甚至有人提到以后从郊区到中心区可能会建地铁来缓解交通问题。这是上海租界的基本氛围，也是工部局无意于太严格的高度控制的原因。

工部局意识到简单刻板的控制已不足以体现公共利益的复杂内涵，因此制定了类似当代容积率概念的量化指标，密度率（density ratio）：建筑容积 / 建筑基地面积。对单面沿公共街道的建筑，密度率不能超过 67。转角处的建筑可以更高。工部局认为在建筑四周有足够的空地，日照、通风、防火等较容易解决，用高度来判断建筑是否合适已无必要，而是应该通过使用者密度来判断该建筑是否对周边交通带来太大压力。此外，停车空间、安全性、城市空间卫生状况、城市景观等方面，也都成为工部局高度控制的考量因素。

在南京路、西藏路转角的大新公司（今第一百货商店）审批案中以及临跑马场的四行储蓄会大楼（今国际饭店）案中，工部局都认为在如此重要的地块值得在 84 英尺的高度控制上让步，这将使周边景观更好，土地升值。

此外，工部局往往在地产开发审批中针对具体问题与业主进行开发量的交换。[①] 开发商必须购买开发权，公共资金的增长也可补偿高层建筑给公共空间带来的损害。

高度控制还须保持私人地产开发权之间的平衡。工部局在对规范中的数字采取较灵活态度的同时，还往往在案例裁决中对各地产超过限高的程度进行比较。在这种公私利益的博弈过程中，各业主间的公平性是高度控制的原则之一，也是工部局土地征收、道路计划以及土地利用控制中共同遵守的一致原则。

在这样灵活的控制手段下，我们才拥有了四行储蓄会大楼、百老汇大厦（今上海大厦）、永安公司新楼等大大超过 84 英尺限高的地标性高层建筑。

---

① 引自：上海档案馆卷宗 U1-14-5794. 例如前述大新公司的征地中，哈珀强调了道路拓宽给建筑带来了向高空发展的机会，业主应该为此在建筑退建建地中被扣 100% 的改善金，并要求建筑提供一定的停车空间，这些都被作为对公众利益的补偿。工部局曾在征地案中援引北华捷报上的评论，认为业主"要么无偿贡献道路拓宽用地以添加街道设施、要么退后建筑立面以提供更好的日照和空气品质"。

## 四、城市分区规划与建筑类型控制

上海最早的建筑类型控制和"区划"雏形见于1845年第一次土地章程，主要目的是为了防止火灾——"如火药、硝磺、火酒等物运到上海，必须会同，在界内距住房、栈房较远之处，公议一地，以备存贮，而防疏失"。1854年第二次土地章程中则有规定"其洋房左近不准华人起造房屋草棚，恐遭祝融之患"。法租界方面在1903年划定了一个针对中式房屋的"防火安全禁区"，该禁区因包括存放各种文件、契证的领事馆办公处等当时法租界的重要建筑，禁区内不准建造中式房屋（即1~2层木构房屋）。

由于中西文明中不同建筑类型的差异，为了防火而制定的分区规定成为上海对私人地产最初的干预，这种隔离企图不断在以后的城市发展中出现。但公共租界与法租界对此有不同的应对。

### （一）公共租界分区规划的缺席

1916年，一位居住在百老汇路（今大名路）旁的西侨居民写信给工部局，质疑为何公共租界不能像法租界一样是"精心布局的"，虹口的英国人只能住在"半西式住宅的弄堂深处"，道路沿线则全是中国人的店面和住宅，该居民要求将华人房屋控制在"沿街房屋的后面"。对该提议，工部局答复表示"工部局没有权力在任何地点规定建筑的类型，工部局愿意促成这类的项目，但必须获得全体相关地产的同意"，[①] 只要"建筑物结构稳固，防火安全，以及从公共卫生角度来看不会污染环境"，[②] 工部局并不具有对建筑类型的更大限制权。

到了20世纪20年代，租界局部区域人口密度过大，导致卫生状况恶劣、交通拥挤，市政管线的布置则由于散布于郊区的工厂而迂回、浪费。完全由市场主导的地产开发模式受到质疑。在英、美等西方国家土地开发控制和区划体系实行后不久，工部局即开始在上海对城市功能分区进行探索。

1926年6月的交通委员会报告中出现了公共租界现代城市规划意义上第一个功能分区规划。该报告认为"必须确立区划（Zoning）的原则，即控制某些区域的发展"。该报告分析，当时的上海已有功能分区：商务区在中区，并有向西、北发展的趋势；工业区在东区的南部和西区的北部发展；住宅则分布于租界中大多数土地上，其中较宽敞的住宅主要在西区出现。但上海的分区是自然形成、并非出于规划的限定，导致"城市中一些区域发展的失控，交通负担过重。法规的缺席还使工部局无法规划交通和公共设施的发展方向。"因此委员会做出一个总体功能分区规划（图10-5-4），并提出两条具体的建议：

第一条有关商务区中的仓库设置。"仓库不能设于商务区，目的是为了在商务交通繁忙的

---

① 引自：上海档案馆卷宗 U1-14-5769.
② 同①。

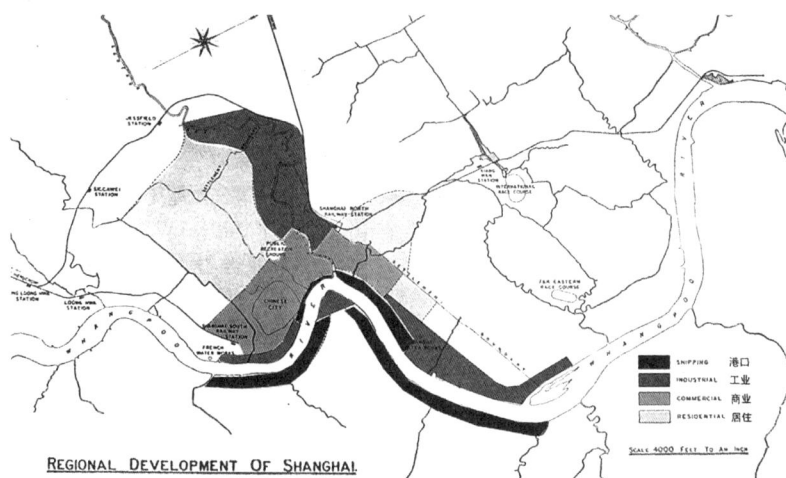

图 10-5-4 交通委员会上海市分区
计划

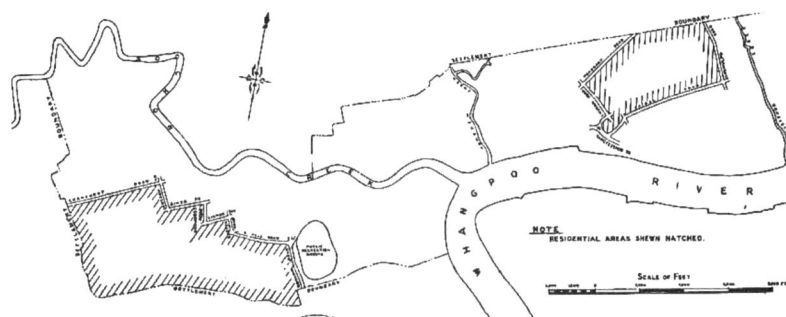

图 10-5-5 交通委员会住宅区计划

区域减少货运交通；商务区的具体范围将不加限定，因此这个仓库限制区的范围也最好是及时调整以适应商务区未来的发展。"

第二条有关居住区和工业区。"东区和西区各有一片区域专门留作住宅的发展，这些区域内将不再允许工厂和低档住宅的建造"（图 10-5-5）。

1926 年 11 月 4 日交通委员会特别会议上，上述区划议案被通过。但 20 年代末的政治环境已不容工部局再对土地章程进行任何修改，受限于对界外土地的管理权，交通委员会未能进一步制定总体规划框架下的区划法则，总体规划也未能实现。

而位于当时租界范围内的两片居住区，由于靠近西区和杨树浦的工厂，低档住宅甚至棚户容纳大量工厂工人，无法拆除。上海的经济需要这些廉价住宅区，工部局最后也放弃了交通委员会的这个规划设想。

在不实行区划的情况下，工部局并不对私人地产开发实行功能类型和建造方式的事先限制，而是在建筑项目审批中防止私人领域间，以及私人地产开发对公共领域的"妨害"（Nuisance）。妨害矛盾的解决采取的是面对各业主的具体谈判，可供参考的法规依据不多，主要是建筑章程和土地章程附则，更多的依据来自先前的判例和裁决者的经验，或者可量化的标准，例如噪声试验、交通测试等。妨害控制的另一个重要途径是公众参与，工部局往往对邻里或更广泛的公众公开可能导致产生妨害的土地开发计划，以听取公众意见，从中获得判断开发行为的依据。

## （二）法租界的城市分区规划

法租界在 20 世纪初的租界大范围扩张之始，就形成了和公共租界不一样的城市管理理念。1900 年法租界扩张，[①] 公董局即开始对城市空间的发展进行干预。公董局决定将新扩租界内的部分区域作为"欧式建筑专用建设区"（Quartier réservé aux constructions européennes），规定其中的建筑必须用石材或砖以欧式做法建造，任何使用轻质结构、木材和土坯的方案都不予批准。还规定"建筑距街道边界的距离为 10 法尺（pied，1 法尺约合 325 毫米），建筑与街道间的空间，将由业主或租户专用，它们可以是封闭的，由不高于 4 法尺的栅栏或实墙围合，用于花园或绿化"。在 1903 年公董局还划定了一个"防火安全禁区"，区域内有领事馆办公处等当时法租界的重要建筑，禁区内不准建造中式房屋（即 1~2 层木构房屋）。在 20 世纪初的十余年，由于法租界仍局限在较狭小的范围，领事馆的权力有限，公董局为了租界街道面貌以及防火安全而试图限制中国式房屋的努力大多都未能实现。

1914 年法租界再度扩张，[②] 公董局在顾家宅公园（今复兴公园）附近再次新辟"欧式建筑专用建设区"，制定了非常详尽的法规以控制地产开发活动，包括几个方面：1）结构，必须是实砌砌体墙，墙体厚度则根据不同高度的建筑有不同要求；2）消防，对于防火墙间距、消防车通道宽度和高度以及上方结构提出要求；3）公共空间，规定了住宅周围主次通道宽度、建筑与建筑间的距离、建筑与街道间的距离、凸出于公共道路上的构造、防止相邻建筑的视线干扰的办法；4）立面，要求主立面应该是欧式风格的砌体，商业建筑将装配玻璃橱窗等等。

这是法租界第一次较完整的建筑法规。其中对于城市特别区域建筑类型、形式和风格的规定，以及对建筑间距、建筑与街道间距的规定，实质上已是对于城市空间密度以及街道空间形态的控制。同时，欧式建筑的造价及宽松的居住空间等也都是对于该区域居民阶层的限定。这个"欧式建筑专用建设区"的具体条文已经在实际意义上产生了城市功能分区的初步效果。

1928 年 8 月，公董局通过《分类营业章程》。章程按照对周边环境在卫生、消防、公共交通等方面的妨害状况，对各类营业进行分类，并对其中严重者进行区域限定，并审查待批项目一定范围内的周边地产用途以确定其能否获批准，范围大小由其营业类型确定，未加规定的则是 100 米半径范围。受章程管辖的营业项目数量庞大、种类繁多，公董局对其列有详表（图 10-5-6）。

1938 年，上海进入孤岛繁荣期，当时公共租界的高档居住区在西区界外不能受正当安全保障，法租界安全且优美的城市环境引来大量居民。在 1914 年规定的基础上，公董局制定"整

---

[①] 1900 年 3 月 1 日，中法双方会勘界线，法租界面积扩大至 2149 亩。除东面止于黄浦江、南面止于城河、北面止于洋泾浜外，西面由于田冢纵横、荒草遍地，勘测工作难以进行，故未勘测立界。

[②] 1914 年 4 月 8 日，袁世凯派交涉员杨晟与法国总领事甘世东签订关于法租界界外马路的协定，正式确定警权范围。同年 9 月 14 日，中法双方勘测确定了界线，将北自长浜路、西自海格路、南自斜桥徐家汇路沿河至徐家汇桥、东自麋鹿路敏体尼荫路到斜桥止，一律划入法国警权范围之内，计扩展 13001 亩，法租界总面积增加到 15150 亩。

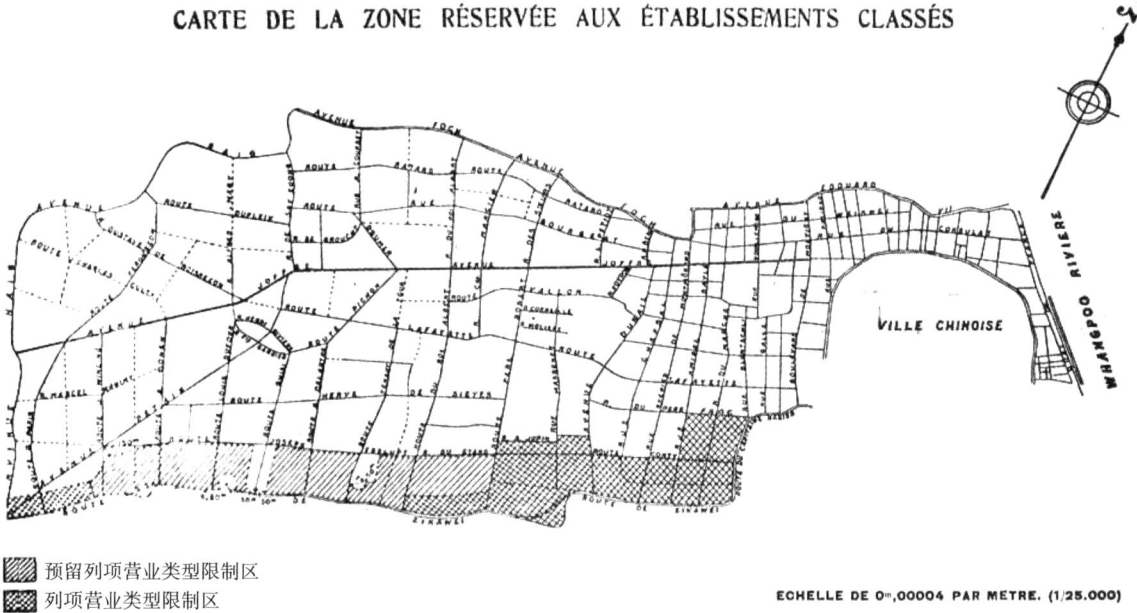

CARTE DE LA ZONE RÉSERVÉE AUX ÉTABLISSEMENTS CLASSÉS

ECHELLE DE 0ᵐ,00004 PAR METRE. (1/25.000)

▨ 预留列项营业类型限制区
▨ 列项营业类型限制区

图 10-5-6　法租界分类营业章程

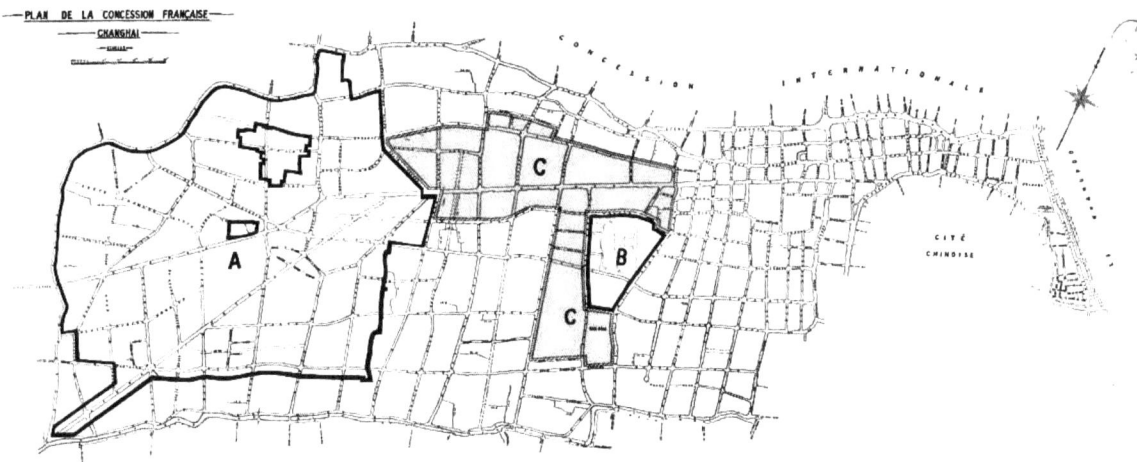

图 10-5-7　整顿及美化法租界计划

顿及美化法租界之计划",以功能、结构、建筑设备等区别了几种建筑类型,在规定范围的 A、B、C 三个区域中只许建造其中较高档的几类(图 10-5-7)。此后,又逐渐补充了建筑密度需在65% 以下、建筑间距必须满足房屋前后左右余留空地在房屋高度 1.5 倍或 1.5 倍以上的规定(图10-5-8)。这个计划在较大程度上控制了此后该区域的建设,确实使法租界西部成为街区环境最好的区域。

《分类营业章程》和"整顿及美化法租界计划"这两个法规在法租界吕班路(今重庆南路)以西 1914 年后新扩张区域形成一个功能分区规划的简单框架。前者确定了干扰较大的工业区,后者确定了高档居住区,体现出一定的城市规划总体意识,但仍然不是完整的区划体系。

图 10-5-8　整顿及美化法租界计划 C 区核心（左为法国总会、右为华懋公寓）

## 五、城市分区规划的特别案例——公馆马路章程

公馆马路（今金陵东路）是法租界早期最重要的道路，领事馆、公董局、天主教堂以及法租界最重要的旅馆、商行皆设于此，是最早的公共生活中心。20 世纪以后，法租界的霞飞路（今淮海中路）逐渐成为更具代表性的道路，但公馆马路由于靠近码头，仍然是法租界贸易商行最集中之地。20 年代一个章程的颁布使它改头换面，成为上海独一无二的空间个例。

1924 年 3 月 17 日，《公馆马路柱廊章程》(Arcades Regulation of Rue du Consulat) 获得正式通过。公董局征用人行道部分的首层土地，业主必须在人行道上建造柱廊，上部空间仍然为私人业主所有，可纳入建筑中。这保持了较高的空间利用并减少道路拓宽给沿街地产带来的影响。该章程可视为对不同所有权在三维空间中进行高效分配的尝试；是公共机构实施征地权与进行土地使用控制（不征收土地，仅对私有地产开发进行干预）的结合。

章程共 15 款，主要可分以下几类：赔偿方式和维护责任的规定、空间形态方面的规定、柱廊结构和构件形式的规定以及设备、施工工程中的要求等方面的规定。

### 1. 赔偿方式和维护责任

章程规定在柱廊外 50 英尺（约 15 米）线内征地赔偿金是估得地价加上 10%，柱廊所占面积则照地价的 1/3 加上 10%。另外，对于第一次建造柱廊的业主，可根据提交给公董局的图样领取津贴：每根柱子可获得 50 两白银的津贴，每米过梁 12 两，每平方米平顶 4 两。业主必须负责柱廊的维护，包括柱子、过梁、平顶等，柱廊内外的铺地则由公董局负责。

### 2. 柱廊结构和构件的规定

过梁——过梁应用钢筋混凝土；若用钢梁须外部覆以混凝土，或用钢丝网扎紧，外粉水泥。

柱子——建造柱子之方法依房屋的容量以及重要性而定，但必须有钢筋混凝土柱芯，依工程之需要而设计之。勒脚可用石或人造石材料。

### 3. 柱廊空间形态规定

柱廊空间——柱廊宽 3 米。自柱廊内地坪至廊内顶棚底面的高度为 7 米，至过梁或横梁至少为 6.5 米。柱子间距（中至中）一般为 6 米到 7 米，只有华式房屋或门廊入口可为 3 米到 4 米。具体数字由业主确定，但在一个建筑内需保持一致。

柱子形式——柱子临街面宽 1 米，柱廊内深 0.65 米。柱子有 1 米高的勒脚。勒脚在水平方向无须突出柱子。地产边界处共有的柱子，每边业主各建一半。勒脚突出柱子 0.05 米，这样，柱子就是 0.9 米 ×0.6 米。至于柱子的装饰则由业主确定，只需与柱廊的整体格调一致。

柱廊斜切面——柱廊在街角处需做出斜切面（splay），斜切面长度依据相交的道路宽度定，分 3 米和 8 米两种，长度由勒脚外角间计量。柱廊下的人行道铺面必须延伸到柱廊的斜切面处，以提供相邻街道步行的连续性。

建筑轮廓线（Gabarit）——章程规定了建筑物高度和屋顶轮廓线。建筑超过 20 米必须按照所示轮廓线退后（图 10-5-9）。

突出物——柱廊空间内不得有突出物，招牌底部离廊内地平应当是 2.25 米，以保护柱廊内的行人通行；招牌不得设于柱廊外突出于道路，则避免了沿道路建筑立面外观过于混乱（图 10-5-10）。

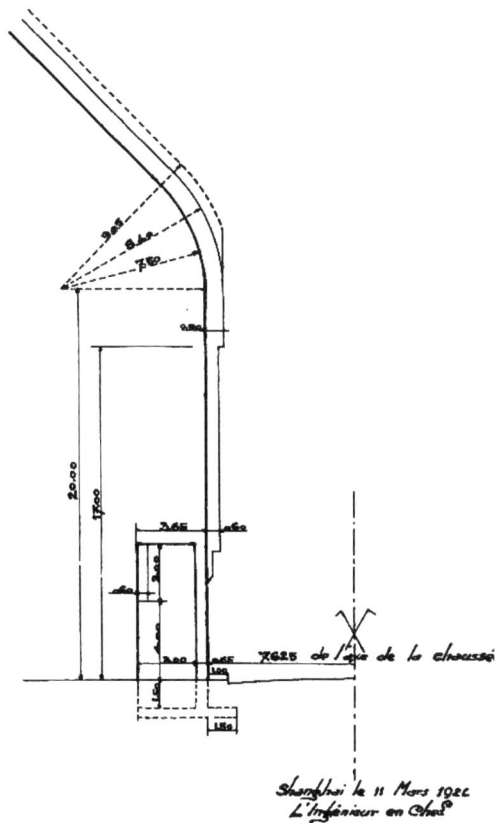

图 10-5-9　公馆马路建筑外包线

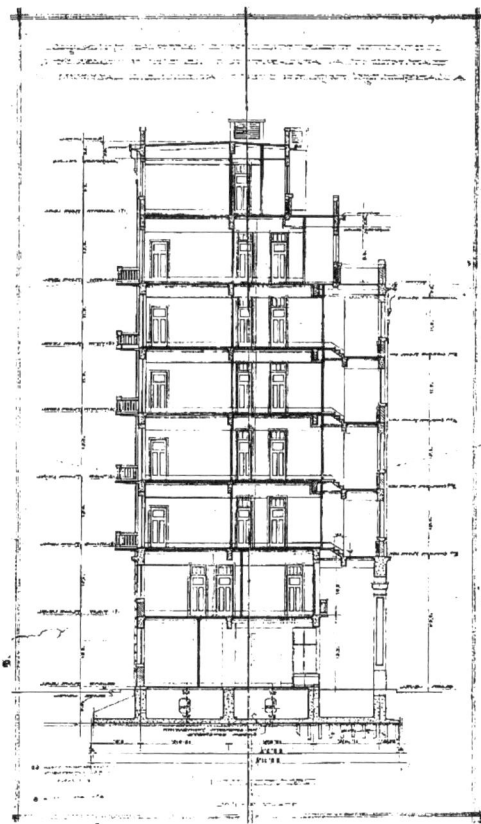

图 10-5-10　圣亚纳公寓横剖面

图 10-5-11　今金陵东路街道空间 　　　　　　　　　　　　　　　　　图 10-5-12　今金陵东路柱廊空间

公馆马路在章程控制之下形成了较完整、统一的街道风貌，柱廊高度、内部空间尺寸、柱子间距、柱廊顶部过梁高度、街角的斜切面都按照章程实现了，公董局建筑审批过程的历史档案中反映了在这些方面的严格控制。柱廊顶部连续的檐口、统一的开间以及统一的柱子尺寸形成了强烈的水平向节奏，街道立面形式处于这种节奏的统一之下，成为上海自由土地市场中几乎不受控制的城市景观中的特例（图 10-5-11、图 10-5-12）。

## 六、两租界对于城市建设管理理念的差异

欧洲城市中留下各个时代的建筑和城市空间，让后世总有可参照的美学传统，市政机构对公共空间的管理往往体现出功能需求与美学原则的兼顾。而起源于一片郊野荒滩的贸易港——上海——则更偏向实用主义，公共租界建筑章程对审批建筑图纸的要求中甚至不包括建筑立面图。工部局对私有地产开发方式的控制较宽松，反映出当时英国本土城市规划中政府最小干预的观念以及上海租界个人利益至上的现实环境。相对而言，法租界公董局在公共空间管理上更具有引导性、对私人地产开发介入程度更深，美学因素得到更多考虑，法租界一些基于美学目标的管理手段为这个自由生长的城市增添了些许确定性的美感。

关于城市分区规划，工部局最终不再争取其实现，目的是提供一个经济发展不受限制的环境；而法租界的工业、贸易一直不及公共租界繁荣，公董局执行建筑类型和土地使用的控制，则是为了提供一个良好的居住环境。提供高档居住区是法租界税收的重要来源，也是这类限制私人开发权的控制法规在法租界内获得支持的原因。公董局对于土地开发有计划的引导，对于空间美观性、空间氛围的要求和对西方文化价值塑造的努力都可以在此找到动因。

两租界经济模式不同，彼此相互依赖，在整个城市范围内自然形成总体功能分区，公共租界与法租界以各自对不同城市功能的支持，服务于整个上海的经济发展。上海需要公共租界高效益的土地利用和法租界的优美居住环境，这是城市建设管理理念在两租界存在

各种差异的根本原因，或者可以说，差异表象下两租界城市建设管理的本质共性是对经济发展的支持。

# 第六节　土地利用模式的转变 [1]

"基于乡土传统的宗地利用模式在上海近代城市化中如何实现转变"是一个亟待深入认识的城市空间研究问题。"土地利用"反映了一个城市的基本制度、社会与历史特点，而所有的土地利用问题，从权属、功能到形态，又都以土地细分后的宗地为基础单位，进而产生城市肌理。以时空结合的视角而言，"宗地利用"承载了商业交易和地块边界变动的历史，它作为一类衔接了"个体与普遍"的城市现象，能够帮助识别历史建成环境的空间组织性特征，帮助理解建筑个体形成与城市空间形态整体增长的关系。

就城市形态结局而言，上海近代城市化在一个特定的完整时期里（1843–1949年）实现了快速、大规模的空间 增长。考察这个进程中的土地利用，其首要特点是承认土地私权，这意味着对乡土时代的小规模定居点和精耕细作的农业种植地细分格局的继承，具体表现为稠密的小幅宗地和高度分散的所有权模式。一系列实证研究揭示，基于宗地的、复杂且形式各异的土地利用塑造了中观和微观层面的近代上海城市肌理，决定了近代建成环境的基础形态。

传统上，中国城镇的建筑密度非常大，与此同时，其历史变动中总是充满着不完美的社会经历。"有土斯有财"点出了土地既是稀缺资源又承载了中国传统经济生活之外的更多意义。当百年近代化（或称之谓早期现代化）又一次改变了历史时，很多更大的问题可借由土地利用视角来观察认知，比如：自发生长的"社会建构"和信奉有组织、有目的、有手段的"社会工程"之间（卡尔·波普尔，1957年）如何回应对方，进而形成独特的近代城市空间增长模式。

本节意图通过宗地利用问题来呈现"自发的自组织"（普里戈金，1983年）这一本国城镇空间传统在近代城市化中的同步表现，并对个体演绎的空间组织法则进行分类归纳，为其他进一步的宏观表述提供研究基础。

## 一、乡土的变迁

### （一）两种基本的土地利用类型

近代上海的待城市化土地可简单分为两类：乡土定居点和农业种植地。前者的主体内容是

---

[1]　本节作者刘刚。

分散的民居及其附属的手工业生产空间，后者的主体内容是农田、水体和乡道。

作为有机形态的地缘组织，这两类土地上都附着有一定的社会关系。相比之下，农业种植地带比较简单，人的活动以独立耕作为主，兼进行水利合作。乡土定居点上的社会关系则复杂得多，空间形态中包含了多重交叉的血缘、利益和文化差序格局，社会关系的空间密度也远非农业种植地带可比。

在其后的早期现代城市化中，这些差异决定了快速开发的相对难易程度和开发模式，进而是不同的土地利用特点和空间形变。这种简明的土地分类，意味着城市空间具有不同的土地基因，预告了总体的空间生产将在具有社会差异的基础上开展，而它们又都面临着同一问题：如何在历史性的宗地格局及其形态基础上实现城市化。

## （二）乡土定居点——以生活为中心的传统土地利用模式的消极退化

直到近代城市化之前，乡土定居点的土地细分变动其根本原因是家族人口繁衍带来的自然需求。解决问题的空间方案有两种：其一，既有的保持不变，建成环境向农业种植地带逐步扩张；其二，进行地块内部的"同姓裂土"，所谓"析产"。在这一过程中，除了满足生产和生活的必要空间条件，血缘伦理对建成环境形态也有重要影响，建筑分布遵照宗法社会及其人际关系定义的空间秩序，体现了对家族史的高度尊重。

从现代观念来说，这种土地利用模式是简单而变化缓慢的，其原因主要有两点：首先是以生活而非生产为土地利用的全部目的，其次是限于同族之间进行土地转让的传统。在没有其他力量去破坏和更新土地利用模式时，建成环境形态能保持相对稳定。然而，在"投机—消费"驱动的现代土地需求面前，由于文化认同和社会效能追求的剧变，更由于生活和生产目的的混合，旧的土地利用模式必然被打破，进而和变化了的世俗建立新的连接。

## （三）农业种植地——以生产为中心的传统土地利用模式的积极转化

旧农业种植地的宗地利用模式改变亦同样受到家族析产影响，但其发生变动的根本原因却和生产效率紧密关联。即便土地边界是稳定的，但种植内容决定的土地图景却是灵活多变的。因此，在面临各种开发利用的考虑时，农业种植地块的细分调整拥有一种天然的适应性，它可以相对独立于复杂的社会关系影响，而专注于自身的生产目的。

总之，农业种植地的宗地利用模式易于组合变化、目标单纯，地块间的冲突因素多限于边界的确定，在彼此地块内，空间内容的个性取决于内部安排。与此对应，没有人居住其上的土地成为更容易流通的空间资产，空间效益主要服从于时间和其他经济变量的组合机制（近代上海城市空间增长的批判性本质），这和传统上农业种植地带的土地利用习惯比较接近，而和乡土定居点缓慢、有机的渐进增长模式形成对比。

## 二、宗地利用模式转变的分类实证研究

### （一）旧乡土定居点的宗地利用模式转变实证研究

#### 1. 旧乡土定居点的宗地划分加密

对于旧乡土定居点来说，乡土风格的空间秩序和城市化的土地利用有深入的结合。随着宗地的内部细分加密，这些地区的历史空间格局得到事实上的强化。如图 10-6-1 所示，这张 1932 年的地籍演变分析图清楚地反映了贝勒路 – 吕班路（今黄陂南路 – 重庆南路）之间的康悌路（今建国东路）两侧旧乡土定居点的宗地格局变化特征：

（1）城市化之前的历史宗地边界形态得到完整继承，成为一种上位秩序；

（2）所有的宗地利用格局调整都发生在地块内部，以划分加密的方式进行。

#### 2. 旧乡土定居点的建成环境复杂化

乡土定居点的城市化，意味着建筑加密、社会构成多元化和土地利用的灵活性，但受制于历史和社会身份的影响，一种先于形式的空间内在逻辑使它们在根本上就与周边产生明显区别，封闭式发展环境同步形成，最终成为一种特定类型的城市空间拼缀物（图 10-6-2），其直接原因如下：

（1）这些历史建成环境的城市化标准和节奏，特殊于其他城市化区域的一致性变化，过高的建筑密度与杂乱的空间形态使之成为城市肌理表现上的特殊地点；

图 10-6-1　旧乡土定居点的土地划分加密化示例
图例：同一颜色表示同一幅历史宗地，不同编号表示宗地内部细分形成的新宗地格局

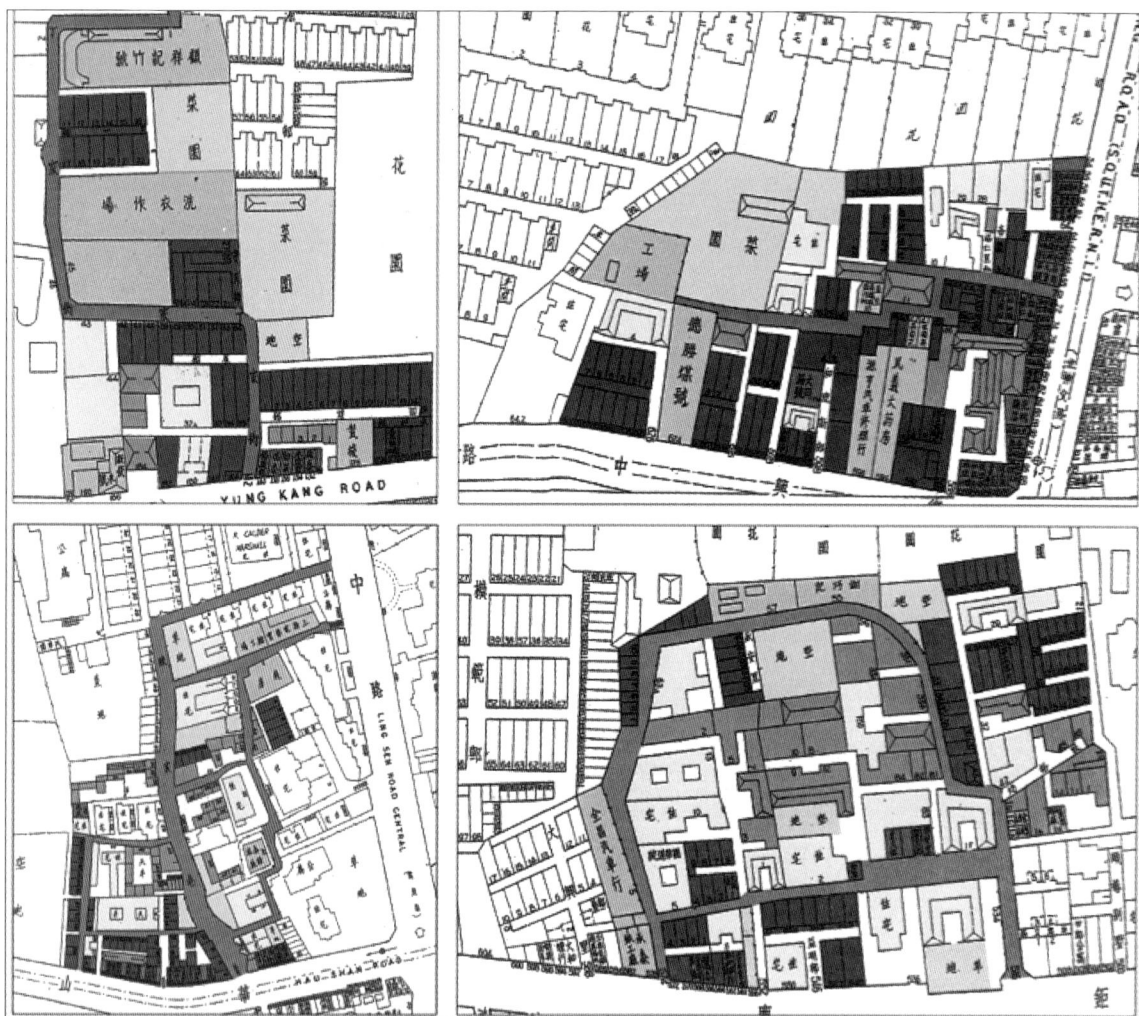

图 10-6-2　旧乡土定居点的城市平面示例，1948 年

北丁家宅（左上），雷米路（今永康路）路北；

王家浜宅（右上），金神父路、辣斐德路（今瑞金二路、复兴中路）路西；

陈家宅（左下），海格路、霞飞路（今华山路、淮海西路）路北；

刘家宅（右下），拉都路、巨籁达路（今襄阳南路、巨鹿路）。

说明：这类"城市空间"和周边新建成区有一条明显的边界，旧乡土住宅仍旧是空间发展和组织的中心，辅以扩建的平房以及就近建造的出租排屋，工场堆栈等。总体布局不规则、尺度狭小，一些旧式的生活空间如菜园等得到保留，显示并未进行彻底的城市化土地利用，以及土地价值的有限。

图例：▨旧乡土住宅、▨附属平房、▨菜园空地、■出租用途的简易里弄、排屋、▨工场堆栈、■零售商业、▨旧乡道。

（2）社会构成多元化意味着社会阶层的重组与定位，而旧乡土定居点在这一进程中逐渐沦为城市社会里被轻视的那部分人群的聚集地和生存空间。

由此，宗地利用的灵活性与随意而杂乱的建筑布局（不管是功能还是形态上）形成共振，并最终带来更为复杂的局面。

### 3. 复杂化导致劣化

旧乡土定居点的"复杂"意味着土地交易不便，以及交易后的地形调整不便。而唯一能变的却只能是加密化划分，导致进一步的复杂，以及无法从总体上对其发展进行控制、协调和预测，最终成为孤立的城市空间斑块。

这种复杂局面意味着土地"交换价值"和"使用价值"的同步降低（Logan，1987 年），并形成消极的共振。至此，建成环境的劣化就难以避免了。在这些现象中我们可以观察到，宗地利用模式在城市化中的应对转化没有实现"价值增值"，而是掺杂了过多的前现代因素和负担。作为一系列连续作用的结果，最终导致建成环境的劣化。

## （二）旧农业种植地的宗地利用模式转变实证研究

总体而言，近代城市化带来的新秩序和新景观大都发生在原来的农田里。在从农业种植地到城市化建成环境的大转变中，宗地开发和土地划分调整非常活跃，随之带来与旧乡土定居点逐渐劣化所截然不同的前景。

近代城市开发将土地投机效率作为首要考虑，因此，历史因素造就的农业种植地宗地规模和边界形态一旦影响到"地利"，[1] 则势必引发对其进行的物质性干涉，基本手段就是"分地"和"拼地"[2] 以及与不同开发机制的组合，原则则在"因地制宜"，从而形成宗地利用模式转变的如下四种类型。

### 1. 直接分地

所谓直接分地，就是将原本规模较大或者形状特殊的宗地通过拆分，得到一组符合开发意图的小宗地地块。这种拆分的深层原因，当然是如陈炎林为代表的近代上海地产研究者声称的"提高价值"，[3] 而直接原因则是求得土地开发上的便与利。

分地是上海近代城市开发中的普遍现象。一大因素是应对市政道路的辟筑，应征土地根据道路线型进行相应的切分，其他较多发生的情况集中在以下两方面：

（1）为了给二级开发提供宗地利用的必要条件，比如批量开发建造独立住宅，其待开发用地都必先经历相应尺度的一次性细分，从而保证各个空间单位在形态和使用上的独立完整。这种宗地利用模式下产生的城市空间，规整有序，建筑类型也比较一致，即便是多种建筑类型混合，空间关系也是平行的。

（2）石库门里弄街坊中的大、中型宗地，随着城市化进程，其地块普遍经历再次的分地调整以增加开发强度。这种情况意味着，开发并非一次完成，宗地内的空间形态比较有机，多混

---

① 王济深在《上海之房地产业》中以"地利的重要性"开篇，其中土地的"生产率"成为房地产投资选择的首要考虑，而在"地利上的必要条件"中，他对交通的强调令人印象深刻。见王季深编著，上海之房地产业．战时上海经济，第一辑 // 民国丛书编辑委员会．上海：经济图书馆，1945：163.
② "出售地产，欲使价值增高。其法有数种，（甲）分地出售，（乙）拼地出售。方法虽多，要当因地制宜、适合需要。但承购邻地不无困难。第以利益计，业主应竭力为之。"陈炎林编著，第三十五章、卖主须知，上海地产大全．上海：上海地产研究所出版，1933，影印本见：民国丛书（第三编，经济类 32）．上海：上海书店，1989：249.
③ 王济深在《上海之房地产业》中以"地利的重要性"开篇，其中土地的"生产率"成为房地产投资选择的首要考虑，而在"地利上的必要条件"中，他对交通的强调令人印象深刻。见王季深编著．上海之房地产业．战时上海经济，第一辑 // 民国丛书编辑委员会．上海：经济图书馆，1945：163.

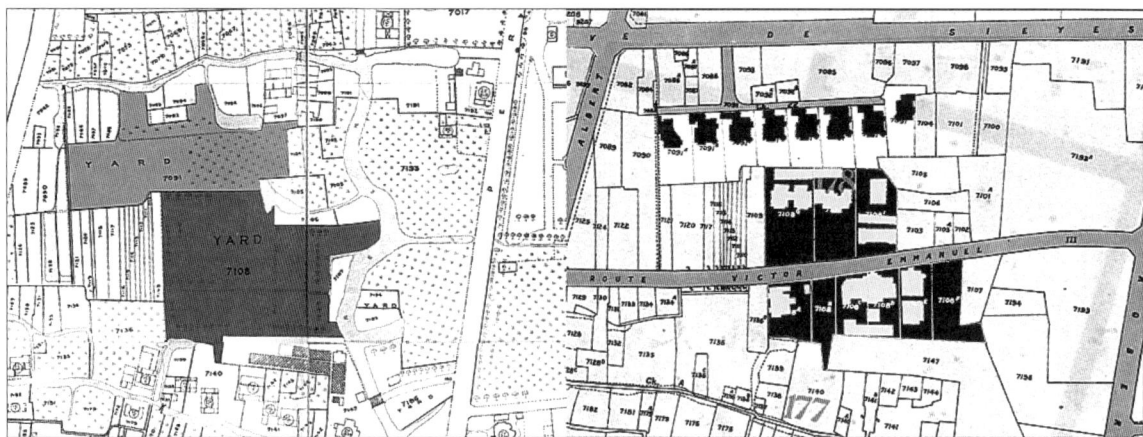

图 10-6-3　Cad.7091、Cad.7108 两地块的宗地利用模式转变情况图示

说明：左图为 1920 年地形图中显示的城市化之前的状况，右图为 1943 年分地及建成后的状况。另一需要注意的是，下方第二列 7108B 地块，是为规划中自北南下的迈尔西爱路（今茂名南路）预留的部分道路用地。

合了多种建筑类型，典型如近代上海"里弄公馆"及其周边建筑。这种宗地利用转变中内涵了早期建成环境和续生建筑物的丰富关系，多有核心—外延之分，与旧村落地带的加密分地模式有类似之处，但在开发利用上超越了"亲缘选择"的互惠合作层次，直接凸显了上海近代城市建成环境的时代意义。

通过考察地籍格局和建筑类型分布在城市化前后的变化，图 10-6-3 展示了两个典型的直接分地案例，分别发生在两幅毗邻的宗地地块上（Cad.7091 和 Cad.7108）。图示告诉我们，在 1920 年爱卖虞咸路（今绍兴路）尚未辟筑时，它们还保留了农业种植功能（如左图示），与周边地块的城市化空间关系也尚未确定。1924 年辟路后到 1943 年，随着城市化开发，两者的宗地利用模式发生了重大转变：与城市道路建立了联系，解决了可达性问题；进行了规则的直接分地，同时与周边地块开展交易，规整了各自的边界形态。由此可见，两地块的宗地利用模式转化方式基本一致，都进行了土地细分，且与开发建造一体考虑。进一步细究建筑类型还能发现，原 Cad.7091 地块在直接分地后统一开发成 8 幢布局、样式均类同的独立住宅，而原 Cad.7108 地块在保证分地块二级开发的独立性基础上，产生了花园洋房（今臻宜精舍）、摩登公寓（今雪村）以及公共建筑（旧警察博物馆和中华学艺社）等不同的建筑类型，它们共同塑造了和谐精致的绍兴路街区。

## 2. 直接拼地

所谓拼地，就是将原来各自独立的小宗地地块合并成一个相对规模较大的地块，随之进行城市化开发与建造。从近代上海的普遍表现来看，宗地利用模式的这种转变旨在解决以下的土地利用问题：

（1）改善土地形状：近代时期的一般认识是，在地表无屋的农业种植地块上进行开发建造活动相对比较容易。但是，由于历史析产和农业生产等诸原因，农业种植地块常见不规则形，如濒水地块；或是形状过于狭长逼仄，如常见的分户菜畦，长宽比例仅适于农业生产。这些地

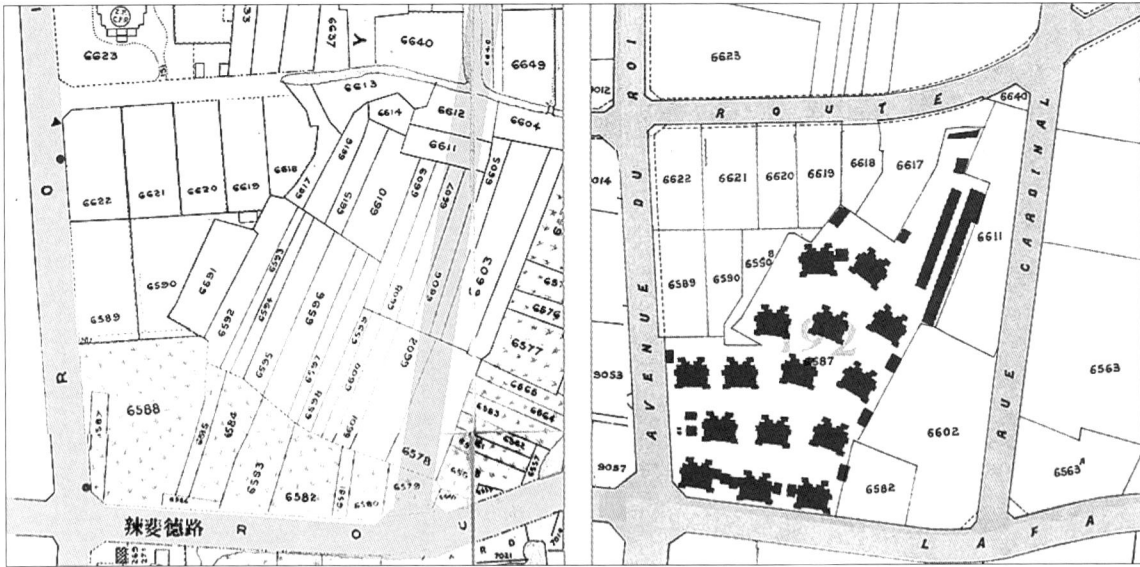

图 10-6-4　亚尔培公寓拼地图示
说明：左为 1920 年地籍地形图中显示的城市化之前的状况，右边显示了 1940 年的建成状况。该处为上海市第一批不可移动文物和第二批上海市优秀历史建筑。

块在人口密集、讲求精耕细作的江南水网地区比较常见，如不进行地块合并调整，很难直接加以开发利用。

（2）增加合理规模：对于像金谷村、凡尔登花园等规模较大的上海近代房地产开发来说，所在宗地本身已经具备规模条件。这意味着有另外一些开发项目是建立在较小地块拼地的基础上。普遍意义上看，拼地是不同地主和开发者之间基于宗地现实的自组织交易行为，存在规模和形态上的不确定性。从实证角度观察最后的开发结果，与开发的自组织和不确定性对应的是，它们无一例外地产生了各自的空间规划特色，如图 10-6-4 的亚尔培公寓（今陕南村），以及步高里、建业里、懿村等大量案例。

（3）实现区位可达性：江南地区蜿蜒有机的空间形态背后，密布的自然水道是最重要的交通联系空间。自近代城市化以来，市政道路网格取而代之，成为城市的土地价值进程中和空间形态上最强势的结构性要素。与市政道路联通，遂成为宗地开发的前提条件，因此，除了利用街坊内遗存的部分乡道，再者就需通过土地利用的调整，特别是拼地，进而实施内部规划来实现原小宗地的可达性。

图 10-6-4 反映了亚尔培公寓（今陕南村）是如何通过拼地来实现宗地利用模式的转变。共计拼地 17 幅，多为窄条形农业种植地。地块拼合后，曲折的共同外部边界特征被完整保留。比利时天主教会普爱堂作为投资人，延请近代上海最著名的建筑设计机构之一——赉安洋行实施规划设计。后者基于拼地形成的规模、异状地形等用地特点，采用点式公寓楼群的自由布局。这种因地制宜的构思化解了异形地块的用地矛盾，使空间变得生动活泼，从而将劣势转换为使用价值上的优势。同时，土地利用的效率得到提升，且避免了调整地形边界形态的机会成本。

图 10-6-5　义品洋行项目的拼地再分地图示

说明：义品村由 23 幢诺曼底风格的花园洋房构成，比商义品放款洋行委托马海洋行设计，1925 年建成。

### 3. 拼地再分地

所谓拼地再分地，是指先集中再细分的宗地利用转变模式，其主要特征是在拼地基础上进行地块群之间的旧边界格局、形态的重新定义，代表了操作更复杂、合作水平更高的近代城市开发。它与直接拼地不同，直接拼地模式形成的土地利用单元是一种单纯的完整，内部边界基本消解。与直接分地也不一样，它在重塑内部边界之前，首先建构了一个新的、完整的外部边界。因此，"拼地再分地"模式中的空间形式和价值重组具有相对复杂性。

以 1920 年代两个高档花园洋房街区开发项目为例：马斯南路（今思南路）、辣斐德路（今复兴中路）交会处的义品洋行项目（图 10-6-5）；高乃依路（今皋兰路）、莫里哀路（今香山路）6 个小型街坊的中国营业公司项目（图 10-6-6）。基于旧农业种植地块，它们实现了典型的拼地再分地模式，形成了与建筑单元一一对应的规整的分地块细分格局。

另一些石库门里弄开发中的实例也颇具意义。图 10-6-7 显示了法租界 137 号街坊中两组石库门里弄的宗地利用情况，和前述两个花园洋房案例相比，其重点是分地块的边界形态和建筑肌理之间的相互独立，这表明，针对不同建筑类型，"拼地再分地"有不同的开发建造表现。

"西湖里"拥有 3 个分地块（Cad.2061/2063/2065），"永裕里"拥有 9 个分地块（Cad.2051/2052/2056/2057/2059/2060/2062/2071/2072）。对城市化前后的宗地格局进行比较后不难发现，与前述的花园洋房案例不同，土地利用形态的调整并未全部反映到建筑肌理特征上。"拼地"带来的规则地形有利于建造行列式的石库门里弄，但"分地形态"则与此无关。以此为研究路径，通过分析识别宗地利用模式背后不同的开发合作机制，可看到围绕利益产生的灵活、高效表现。①

---

① 需要指出，石库门里弄开发中类似的拼地再分地案例并不多。石库门里弄大多纯为出租而开发，某种意义上，只是土地投机的附庸，物质开发背后的社会整合围绕直接利益开展，建筑活动也仅限局于地块内部，外部积极影响不多。

图 10-6-6　中国营业公司项目的拼地再分地图示
说明：如图反映了建成后的土地和建筑格局。中国营业公司项目提出了"花园城市"的目标，是法租界第一个批量建造的花园洋房项目暨欧化街区。

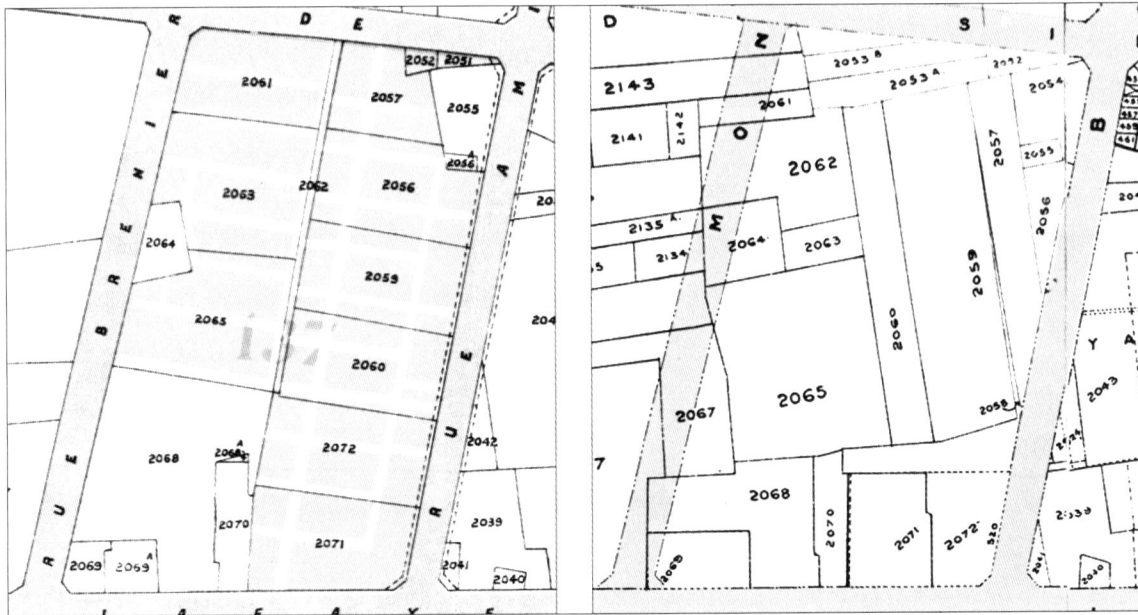

图 10-6-7　法档 137 街坊拼地再分地图示
说明：左为 1943 年建成区的宗地格局和建筑肌理，右为 1920 年的城市化之前的宗地格局。该街坊已于 2007 年全部拆除，原址建翠湖天地三期高层公寓项目。

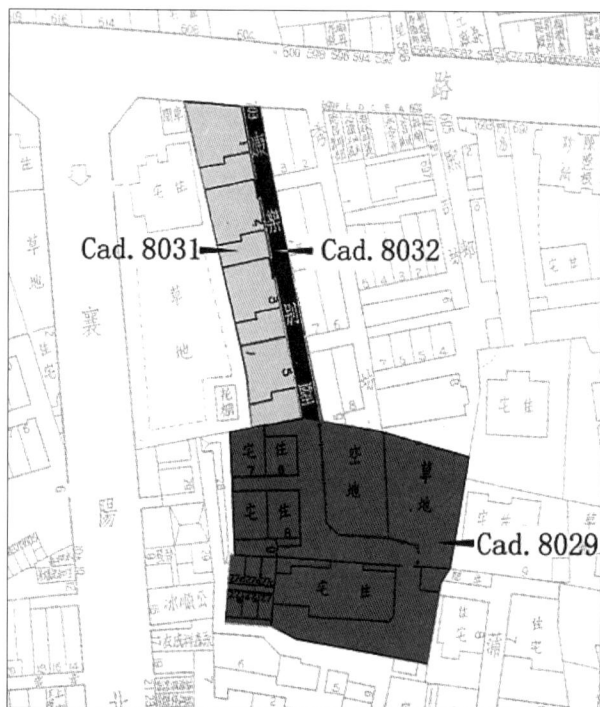

图 10-6-8　康乐别墅地块合作用地图示，1943 年
说明：这个地块的意义还不仅于此，如图中的"空地"和
"草地"，意味着地块内部分化的开发进程。

### 4. 基于相邻互惠的用地合作

宗地规模、形状、相邻区位与可达性是影响建造计划的要因。对于有些地块来说，如果出路狭小、通道空间的社会环境不利甚至被相邻地块封闭，则内外交通联系是一个比建筑类型选择、合理布局更需要优先考虑的物质空间问题。[①] 然而，无论《土地章程》还是租界《建筑规则》，对于相邻义务的阐述中都没有明确将之归入地役（Easement）范畴，需要地主或开发者之间自行协商解决。因此，解决可达性问题带来了宗地利用调整和合作开发的需求，并进一步地产生了城市形态效应。

"直接拼地"是解决问题的主要方法，这意味着物权合并基础上的整体开发。还有一种方式更值得关注，亦即"基于相邻互惠的用地合作"，相邻数个地块在保有相互独立的物权基础上进行合作性的整体开发，不仅能解决交通矛盾，还提升了总体上的土地利用效率，堪称自组织现象的典范。

图 10-6-8 展示了一个此类例证。巨籁达路（今巨鹿路）和拉都路（今襄阳北路）东南角的法租界 200 号街坊内，康乐别墅地块（地籍编号 Cad.8029）在宗地利用上存在与相邻两个地块（Cad.8031，Cad.8032）的开发合作。康乐别墅地块自身是一个封闭在街坊内、以自住的大型花园洋房为中心的用地单位，连带开发了两幢新式里弄。[②] 它和 Cad.8031 地块共用狭长的

---

① "至若出路狭小，或无出路之闷煞地，为最劣者耳"，陈炎林编著.第三十九章、租地造屋法.上海地产大全.上海：上海地产研究所出版，1933，影印本见：民国丛书（第三编，经济类 32）.上海：上海书店，1989：288.
② 康乐别墅地块东北部有两片标注为草地的围栏土地，在 1949 年亦进行了开发建造。

Cad.8032 地块作为对外通道，如此一来，产生了远较相互不顾为优的空间方案，这种相邻互惠式的开发和对应的宗地利用调整在近代上海不乏同道。

## 三、地主的城市

宏观形势和土地投机开发的结合促成了上海近代城市化。回望这一过程，宗地利用具有重要的研究价值，这是因为，近代上海城市制度保障了继承自乡土时代的土地私权的合法性，亦即直接承认了私人地主在城市开发中的独立地位。于是，在宏观形势造就的巨大而持续的空间需求面前，主持或者参与宗地开发的私人地主不仅是受益者，同时也是实现城市化的实际力量。

和其他世界城市一样，大资金、组织能力和集中实施是实现阶段性大规模发展的前提。然而，近代上海并不存在奥斯曼改建巴黎那样强大的政经体制来推进一个计划中的总体架构，于是，在城市空间发展进程和形式上，表现出缺乏总体一致性，更突出的反而是城市片区的各自特点。就历史结局而言，比如近代巴黎转变为一个"资产阶级的城市"，对应的上海却难有集中结论，盖因其历史使命更为分散和复杂。这既意味着一种殊于其他现代都会的城市空间增长模式，也意味着应该更多地从城市肌理的中观、微观层面来寻求对这种模式的解释。

本节将研究问题设定在"宗地利用"上，其合理性来自对历史性转变的"物质基础"及其空间增长里的"根本利益"的考虑，并为将来深入城市空间构造的逻辑、制度化发展模式等研究问题打下基础。以城市发展而言，某种意义上，近代上海是一个"地主的城市"，是地主们的力量在相当程度上弥补了缺乏强力的现代政治人物、面向城市开发的大型商业银行和新文化积淀等等宏观要素的不足，并支撑了后者的逐步产生。以城市形态而言，"地主的城市"有其重于投机的缺陷，但也催生了一些在当代得到回流的空间价值，比如街区内部的多功能性和丰富关联，又比如其丰富的建筑形式，且文化指涉与个体差异和日常生活紧密相关，而非空洞的公共性和纪念性。

## 第七节　近代上海建筑思潮与特征 [1]

近代上海建筑在一个半世纪的发展中经历了从西方复古向现代风格转变的过程，并最终以大量装饰艺术风格建筑闻名于世。在这一过程中，中国所面临的特殊苦难又推动了中国传统建筑风格的复兴。但不论是复古还是现代，也不论是西式还是中式，在上海近代建筑史中这些风格都以时尚的面目出现。注重功利，追求时尚；中西合璧，兼容并蓄，是上海近代建筑最本质的特征。

---

[1] 本节作者伍江。

# 一、近代上海建筑中所反映的设计思潮

## （一）西方学院派思潮

西方建筑中的复古思潮从文艺复兴运动开始算起，至 19 世纪中叶已有几百年的历史。特别是 19 世纪后，以追求复古"样式"为特征的学院派建筑占据了欧美建筑领域的主导地位。但对于中国人来说，它却是作为一种"新建筑"而被接受的。虽然西方的建筑紧随着西方人的进入而进入，但由于西方建筑师在各色人等中姗姗来迟，上海最早的西方建筑与当时西方正在流行的正统的复古主义建筑还有很大一段距离。

正统的学院派的西方复古思潮对上海的建筑发生影响，是西方正统建筑师在上海出现以后。1874 年建成的文艺复兴式的汇丰银行大楼是一个标志，从此上海的建筑逐步与欧美流行的建筑式样接轨。随着上海城市地位的不断提高，正规建筑师的数目也直线上升。19 世纪末，上海的外国建筑师中具有英国皇家建筑师学会（RIBA）会员资格的已有 6 人；至第一次世界大战前的 1914 年，这个数目上升到 17 人。[1] 第一次世界大战后，随着战争期间暂时减弱的西方势力的重新急速加强，上海的外国建筑师的数量也急速增长。1928 年时，上海外籍建筑师开设的设计机构已近 50 家，[2] 并涌现出了像公和洋行这样的具有国际影响的大型设计机构。建筑师，尤其是高水平建筑师的大量出现大大缩短了上海建筑与欧美建筑的距离，他们的作品如建于 1923 年的汇丰银行大楼，已完全能够与欧美第一流的学院派复古建筑相媲美。可以说，至 20 世纪 20 年代，上海建筑设计领域的西方复古思潮已经和同时期欧美的建筑复古思潮完全合拍。

推动近代上海建筑中西方复古思潮的还有一支重要的力量，就是从国外留学归来的中国第一代建筑师。他们中的大多数受教于西方旧的建筑教育体制，受到西方学院派复古建筑思潮的强烈熏陶，他们回国后很自然地成为西方复古主义建筑设计的又一支生力军。就连中国第一代建筑师中最积极的现代主义建筑倡导者之一的童寯，在他 1930 年回国之初于东北大学任教授时，第一节课就要求学生熟记古罗马塔司干柱式，并以白话文需有古文基础相比拟，强调古典建筑的重要性，[3] 这充分反映出我国早期建筑师中强烈的西方复古主义倾向。事实上，他们的一些作品在设计水平上也已完全可以同当时上海的外国建筑师的复古建筑作品相抗衡，庄俊的金城银行（1928 年）与范文照、赵深的南京大戏院（1930 年）都可以说明这一点。

第一次世界大战前后，欧洲建筑界已明显分裂成新旧两大阵营，各种新建筑思潮此起彼伏，共同演奏了一曲轰轰烈烈的新建筑交响曲。然而，与复古思潮在上海的兴盛相比，各种新的建筑流派在上海几乎毫无影响。与西方新建筑运动对复古主义建筑的狂热批判形成强烈对照的是，上海的西方复古思潮在 20 世纪 30 年代以前一直是在几乎没有对手的情况下唱着主角。上海的

---

[1]　参见：村松伸.上海·都市と建筑：1842-1949.东京：株式会社 PARCO 出版局，1991：112.
[2]　*China Architects and Builders Compendium*，1928-1937，转引自赵国文.中国近代建筑史论.建筑师.1987，28（10）：73.
[3]　方拥.建筑师童寯.华中建筑.1987（2）：85.

新建筑不是产生在与复古建筑师对立的新派建筑阵营中，而是产生在复古主义建筑师队伍的内部。正因为如此，盛行于 20 世纪 20 年代的上海西方复古主义建筑与后来出现的新建筑并没有被看成是代表着保守与进步的一对矛盾，相反，新的建筑式样只是被看作是包括复古式样在内的各种西方式样中的一种，甚至由于它的"摩登"式样反而受到某些社会舆论的嘲讽。当时就有人批评那些采用新建筑式样的建筑师"见异思迁，专尚模仿，今天视德人发明新样而抄袭之，明日视英人发明新样而抄袭之"，[①] 而复古建筑却从无被人说成是抄袭古典建筑之忧。这是 20 世纪 20 年代上海的西方复古思潮与欧洲的复古思潮所面临的局面的一个重要区别。

近代上海的西方复古建筑还有一个特点，就是它一开始就不排斥新技术、新材料。学院派的正统建筑师与现代土木工程师在上海从来没有表现出任何建筑观念上的冲突，在大多数外籍建筑设计机构中，建筑师与工程师都是很好的合作伙伴。有相当多的著名建筑设计机构，如早期的玛礼逊洋行、通和洋行、马海洋行等都是工程师所创立，许多新材料、新结构也都是最先在复古主义式样的建筑中被采用，如上海的第一座钢筋混凝土框架结构建筑上海德律风公司（1908 年）和最早的钢框架结构天祥洋行大楼（1916 年）都是如此。

西方复古建筑在上海人眼里从来就不代表一种保守的建筑观念，相反，它却是代表着一种新事物——它那古老的形式对上海人来说却是刚刚进来不久的新事物。正因为如此，当西方如火如荼的现代建筑波及上海的时候，并没有与复古主义建筑思潮形成对立，而只是在许多西方建筑式样中又加了一种摩登式样而已。

1930 年前后，上海的建筑式样突然发生了某些明显的转变。1929 年 9 月落成的沙逊大厦，一改设计者公和洋行熟练的复古主义手法，以一种全然摩登的形式矗立在外滩。它有类似复古建筑的丰富的装饰，却完全用几何形的摩登图案代替了繁杂的古典母题；它有着类似复古建筑的向上逐渐收缩的轮廓线，但却以简练的几何形体代替了古典的塔楼。不论是它的装饰图案，还是它的外轮廓都充满着典型的装饰艺术派（Art Deco）的情调。此后，公和洋行又拿出了一连串具有类似风格的摩天大楼：1933 年的汉弥尔登大厦、1934 年的都城饭店和 1935 年的峻岭公寓。虽然一个比一个高，一个比一个形象更简洁，但装饰艺术的格调始终没变。公和洋行把装饰艺术这一现代的样式变成上海新建筑的主流。装饰艺术风格反映建筑师、业主及社会的摩登化趋向，却并不反映现代建筑的本质，这使上海的新建筑在很大程度上始终停留在摩登的形式上。

如果说公和洋行的新建筑风格可以称之为"古典的"装饰艺术风格的话，那么另一位 30 年代最活跃的建筑师邬达克则可称之为"现代的"装饰艺术派。公和洋行把大量精力放在刻画具有浓烈装饰性的复杂图案上（这似乎与它深厚的古典建筑根底有关）；而邬达克却更注重整体形象的几何装饰性。国际饭店几乎是美国装饰艺术风格摩天楼的直接翻版，而大光明电影院则主要表现立面形象线条与体块构成效果。邬达克使上海的装饰艺术风格更具现代感，但却仍

① 石麟炳．卷头弁语．中国建筑，Vol.1（1）：3.

然是形式上的。

赉安工程师的设计使上海的装饰艺术风格更接近于"国际式"。在万国储蓄会公寓和道斐南公寓中，建筑似乎把表现水平带形窗和水平阳台的横线条当成其唯一的追求。事实上，早在两年前建成的雷米小学已经完全具有国际式的特征了。而同时期的另一位建筑师海其渴（H. H. Hajek）在《建筑月刊》上发表的几个设计方案[①]则已经基本摆脱装饰艺术风格而更具现代国际式的特点。

在外国建筑师掀起的这场声势浩大的"摩登化"浪潮中，中国建筑师也不甘落后，很多中国建筑师都力图摆脱他们所受的学院派教育的思想桎梏而转向现代建筑式样。华盖建筑师事务所的大上海大戏院（1933年）、范文照的丽都大戏院（1935年）、黄元吉的恩派亚公寓（1934年）、杨锡镠的百乐门舞厅（1934年）等，都具有强烈的装饰艺术格调。其中有一些中国建筑师已不仅光追求现代的建筑形式，而且已开始更深入地思考现代建筑的一些本质问题。范文照1934年就提出了建筑设计"由内到外"的问题，华盖则更多地在设计实践中体现其对功能、技术的重视而被认为是"倍见德荷两国最近建筑之作风"，奚福泉的虹桥疗养院和庄俊的妇产科医院已能完全从功能出发，刻意追求建筑"能普及而又切实用"，从而已具备了现代主义建筑的本质特征。在《中国建筑》杂志上，更是有人提出了"功能主义"、"实用无不美"、"反对装饰"等现代主义建筑原则。[②]

但总的来说，现代建筑在近代上海基本上还停留在"摩登"形式的层面上，追求时尚的社会风气推动了现代式样的普及，但由于缺少现代主义建筑所必需的大工业基础与机器美学的社会审美价值观，又限制了上海的现代建筑向更深层次发展。特别是当民族主义思想主导整个社会的时候，现代式样立即与民族传统形式结合从而形成一种新的折中主义。

## （二）中国古典复兴与折中主义

就建筑的主流而言，近代上海建筑的发展过程是一个以西式建筑逐渐取代中国传统建筑的过程。位于外滩的海关大楼由1857年的中国衙门式变成了1893年的英国哥特式就是一个很典型的实例。这一过程与近代上海殖民化程度的不断加强有直接的关联，同时又与近代上海社会价值观的西化趋向完全一致。然而在这一发展的主流中，首先是在西方人的社会圈内发生了一种逆向的发展。它首先出现在一些教会建筑中。1894年，由通和洋行设计，圣约翰大学校园内建起了一座"中国式"的建筑——怀施堂。很明显，首先发生在教会建筑中的这一现象或多或少地反映了西方传教势力试图以一种更容易被中国人所接受的方式来缩短其与中国人之间的感情距离。这种出于外国人之手的所谓"中国式"建筑其实只是运用了一些类似于中国传统建筑但却很不地道的曲线屋面的西式房屋，与真正的中国传统建筑大相径庭，然而却正是这种中西

---

① 参见：建筑月刊，Vol.2（3、4、5）.
② 何立燕.现代建筑概论.中国建筑.Vol.2（8）.

结合、不中不西的建筑新风格唤起了在西化大趋势中的中国传统建筑的复兴。

20 世纪 20 年代末，国内民族主义情绪高涨，反映在中国建筑师身上，就是对传统中国建筑形式的重新肯定。这种"中国古典复兴"从建筑设计的本质上讲，实际上仍然是西方复古主义思潮的"变脸"与继续。与建筑师对中国传统建筑形式热衷的同时，是当时官方所倡导的尊孔读经、发扬国粹。1929 年"上海市中心区域计划"和南京的"首都计划"中，都明确提出要采用"中国固有之形式"，这在客观上促使建筑界对中国传统建筑形式的追求。以 30 年代上海新市中心的建筑群为代表，与中国其他城市，如南京、北京一道，汇成了一股"中国古典复兴"的设计思潮。与早年外国人设计的"中国式"建筑相比，这一次中国古典复兴有一个很大的区别，就是建筑师尤其是中国建筑师对中国古典建筑的理解要深刻得多、准确得多。无疑，1930 年代中国营造学社对中国古建筑的深入研究为此奠定了技术基础。在上海新市中心区的市府大厦设计中，由于征集方案的要求中就明确规定了必须采用中国式，所以各得奖方案均为中国传统式样。最后由董大酉重新设计的实施方案更是以追求北京的中国古典宫殿的格调为目的，雕梁画栋、红色列柱、琉璃瓦大屋顶，以现代钢筋混凝土重新塑造了一个中国古典建筑形象。在此后的市中心其他建筑物中，虽然由于经费不足而一个比一个简化，但仍都以中国古典建筑的精神为原则。

这一次中国古典建筑的复兴正处在上海现代建筑不断受到社会欢迎的时期，现代派建筑因其经济、适用、合理而受到社会的普遍接受，因此中国古典复兴建筑的形式主义与现代建筑的理性主义之间必然发生尖锐的矛盾。事实上，此时中国建筑师中的相当多的人在感情上倾向中国传统式样的同时，在理性上已转为倾向现代主义。董大酉在新上海市中心设计了一系列中国古典式样的建筑后，却为自己设计了一座完全现代风格的住宅。华盖建筑师事务所、奚福泉的公利营业公司更是把在官方提倡下不得不为之的中国式的官方建筑（仅仅限于南京）加以大大简化（如华盖设计的南京外交部大楼、奚福泉设计的南京国民大会堂），而在上海则尽其所能地发挥对现代建筑的偏爱，绝不染指中国的复古式样。不过对于大部分中国建筑师和一些对中国建筑式样有所偏爱的外籍建筑师来说，他们在现代建筑与中国复古建筑中并不急于作出两难抉择。设计中国银行的陆谦受在一篇文章中表明了他的态度："我们认为派别是无关要紧的。一件成功的作品，第一不能离开实用的需要，第二不能离开时代的背景，第三不能离开美术的原则，第四不能离开文化的精神。"[①] 前两条肯定了现代建筑的原则，而后两条则又同时肯定了对传统建筑的复兴。他们的这种折中主义态度的结果，是造成了一种将现代建筑与中国式的复古装饰合为一体的新折中主义建筑，中国银行大楼（1937 年建）、大新公司（1936 年建）、聚兴诚银行（1938 年建，基泰工程司设计）是几个最典型的实例。

与上海的西方复古主义同现代派风格从未发生过直接冲突一样，现代派同中国古典复兴也最终通过折中主义而完全合为一体，这种结合的影响甚至远及今日。

---

① 陆谦受、吴景奇.我们的主张.中国建筑.Vol.3（2）.

## 二、近代上海地方建筑特征

上海近代建筑有着强烈的地方特征。这种地方特征不论是居住在上海的本地人还是来上海的外地人都能感觉得到。它建立在上海悠久的历史中形成的地方文化传统的基础之上，更与近代 100 年里上海特殊的城市经历密不可分，与近代上海人的社会心态、生活方式、行为准则和价值观念紧紧相关，反过来它更是近代上海特殊的城市文化的一个不可缺少的重要组成部分。

上海近代建筑的地方特征概括起来讲，就是注重功利，追求时尚；中西合璧，兼容并蓄。

### （一）注重功利，追求时尚

注重功利是商品经济社会中人们社会价值观的一个重要表现，它表现在社会文化的各个方面，自然也会通过建筑表现出来。早在上海开埠以前，相对于中国其他城市而言，上海的商品经济就已相当发达，并对传统的上海地方文化带来了深刻的影响。上海开埠后，现代西方资本主义经济进入上海，使上海迅速成为中国近代商品经济最发达的城市，这使得近代上海社会的各个方面都表现出一种以"利益第一"的社会价值观代替中国传统"重义轻利"社会价值观的倾向。"利，时之大义矣"成为一种社会共识。[①] 正是在这样一种社会心态下，以赢利为目的的上海近代建筑业产生了。建筑作为一种普通的商品被大量地建造起来，为了"利"，可以不顾中国官府和外国领事两方都坚持的"华洋分居"原则而建造大量商品住宅吸引华人进入租界；为了"利"，可以将租界的煤气管、自来水管、电线电缆接到华界，让"低等"的华人与"高等"的洋人同时享受现代文明；为了"利"，上海才会出现高楼成群，建筑密布的拥挤的城市风貌，反映在建筑设计上，就是一切从实际出发，精打细算，讲求实惠。[②]

追求时尚也是近代上海发达的商品经济社会中又一种突出的社会心态。"以新为美"表现在近代社会的各个方面，戏剧、文学、服装、建筑无不如此。1876 年，当上海修筑了第一条铁路淞沪铁路而遭到清政府的强烈反对，并决定将其赎买及拆毁时，上海的老百姓却都竞相观望、乘坐，以求一睹为快、一坐为快。通车之际，"铁路两旁观者云集，欲搭坐者已繁杂不可计数"，"坐车者尽面带喜色，旁观者亦皆喝彩"。[③] 对于新事物，上海人有一种特别的接受能力，反映在建筑上，就是对"新"的追求始终不断。新材料、新结构、新设备往往会作为一种骄傲而大肆宣传，新式样更是不断出现，不断翻新。在一个竞争激烈的商品社会里，不能不断地推陈出新就会有随时被社会淘汰的危险。因此，不论是业主还是设计者，都把追求时尚看成是其事业能够继续发展的保证。而每一次新式样的出现，每一种新设备、新技术的运用，也都会引起社会的轰动，

---

① 申报，1890–7–23.
② 罗小未.上海建筑风格与上海文化.建筑学报，1989（10）.
③ 上海通社.上海研究资料.上海：上海书店，1984：316.

都会引起社会的竞相效仿。上海近代的建筑也正因为如此才会呈现出丰富多彩、始终新意不断的发展局面。

## （二）中西合璧，兼容并蓄

由于上海近代建筑是产生在东西方两种异质文化相碰撞的过程中，因而就不可避免地会反映出一种中西合璧的现象。上海地方文化中特有的、吸百家之长兼容并蓄的能力使得这种中西合璧现象表现得尤为突出。

事实上，上海近代建筑中"东西合璧"从西方建筑进入上海的第一天就已开始。早期"康白度式"（Compradoric Style）建筑即能说明这一点。虽然它在中国人的眼里是"洋房"，但却是中国的工匠用中国的建筑材料，用中国的传统的建造方式建造起来的。当然，这种早期的不同建筑文化的融合是非主动的、无意识的。

以后，随着西方文化的不断涌入，两种不同文化的融合成为一种必然，建筑中开始从设计上主动地表现出这种不同文化的融合。里弄住宅是数量最大、最典型的例子。这种近代上海的新型居住建筑，自从产生的第一天起就打上了中西合璧的烙印。从早期里弄看，它们的形式似乎并未摆脱传统的中国民居，然而它的总体联排式布局却来源于欧洲。早期里弄最有特色的地方——石库门，其门框、黑门板、铜门环都不无中国传统建筑特征，而门上的三角形或圆弧形的门楣装饰则多为十足的西式图案。更为重要的是，这种建筑类型本身既非任何一种中国传统的居住建筑，也不是对任何一种西方建筑的模仿。它是一种融合了中西建筑特征而产生的一种上海特有的中西合璧的新建筑。

当然，上海近代建筑中西合璧现象远不止于里弄住宅。在教堂、学校、医院及小住宅、办公楼、电影院等各种建筑类型，都普遍存在着这种现象。这种中西合璧现象取决于近代上海整个社会意识形态中东西方两种文化从对立逐步走向认同。事实上，上海建筑中的不中不西、半中半西、又中又西的不纯性存在于近代上海社会和文化中的各个方面，正是这样一种特有的中西合璧形成了上海近代建筑的最大特征。

# 第十一章

## 都市现代性的表现

# 第一节　上海建筑设备演进与都市现代性 [1]

建筑设备是西方工业革命后的产物，并随着西方殖民者的扩张传播到世界各地。中文"建筑设备"一词从日文间接转译过来。[2] 今天主要指为建筑服务、提升建筑物性能及环境舒适度的给排水、电气、采暖通风空调、燃气系统等设施。

1865 年 12 月 18 日，上海租界南京路点燃了 10 盏煤气路灯，这标志着上海煤气灯照明的开始，也是西方建筑设备（building services）进入上海的标志。第二年，《上海新报》撰文，首次将抽水马桶介绍到上海。[3] 如图 11-1-1 所示。随着西方殖民者在上海租界的不断发展，1881-1884 年的短短几年时间。电灯、电话和自来水等先进的建筑设备被先后引入，而自来水（faucet water，hydrant water）及自来火（matches gas）[4] 这些设施的中文译名也说明了当时人们对这些器物的神奇功能的惊羡。

建筑设备系统引入上海以水电煤卫为先导，并在大规模的市政基础设施建设下，抽水马桶、浴缸、电灯、电扇、电话、热水汀、电梯、消火栓等设备也逐渐在上海的各种建筑中被越来越广泛地采用。20 世纪初以后，上海出现了各种新式功能的建筑：电影院、百货商店、公寓、舞厅、大型宾馆等，而大量原有的中国传统建筑类型在西方文化生活方式的影响下也发生了变化。这些建筑类型的发展反映了当时上海经济社会发展的趋向。而这些建筑都不同程度地武装有各式各样的先进建筑设备，这使得上海的建筑环境发生了重要的改变。这种改变从租界开始，逐渐扩展到整个城市。建筑性能也得到巨大提升．并让近代上海建筑逐渐缩短了与西方发达国家的距离，并使上海成为中国近代建筑业中处于领先地位的城市。[5]

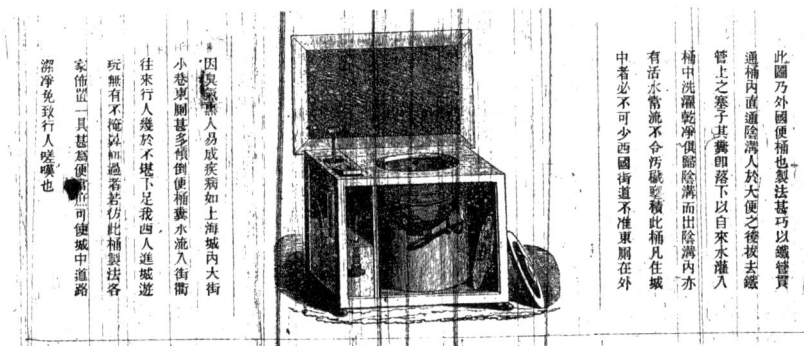

图 11-1-1　上海新报 1866 年 7 月 22 日报道
来源：上海新报.1866-7-22.

---

① 本节作者蒲仪军。
② 建筑设备一词也是日语对于西语的意译，早期并没有专门定义，而后是对各种与建筑有关设施的统称，最早可追溯到 1929 年日本出版的《建筑设备》一书。而后 1934 年日本佐野利器编写的《高等建筑学第 12 卷——建筑设备》。同年，东京常盘书店出版了中西义荣编著的《建筑设备》。
③ 李长莉. 晚清上海 风尚与观念的变迁. 天津：天津大学出版社，2010：64-65.
④ The Chinese Language in Fifty Ten-minute Lessons. the China Weekly Reviews.Sep 12.1931.
⑤ 伍江. 上海百年建筑史（1840-1949）. 上海：同济大学出版社.2008.57-58.

同时，建筑设备使用和发展给上海带来的"高楼百尺，火树银花不夜城"、"冬暖夏凉、二十四小时冷热水供应"等新式体验都使得上海的整个城市面貌出现了与过去非常不同的特质：时髦和现代，简而言之，就是摩登。而摩登则是 1920、1930 年代认识上海的关键词，是当时乃至现在上海最与众不同的特征。

英文的 Morden（法文 Moderne）是在上海有了它的第一个译音，根据《辞海》的解释：中文的摩登在日常会话中有"新奇和时髦"之义。至少在上海，现代性，正如它的译音"摩登"所示，已经成为风行的都会生活方式。[①] 而摩登的标志，就是"高高地装在一所洋房顶上而且异常庞大的霓虹电管广告，射出火一样的赤光和青磷似的绿焰：Light，Heat，Power!"[②] 在这里，用英文直接呈现的霓虹灯广告"光、热、力"除了一方面提醒人们控制这座城市的真正力量是国际资本主义，更是一种都市现代性的宣告。电灯发出的灿烂光辉，锅炉产生的巨大热能，发动机释放的无穷动力是"新时代的燃料和引擎"，是这个摩登城市存在和发展的最重要的物质支撑。摩登上海的发展，离不开这些看似普通的建筑设备的支撑。从某种意义上，它们也是理解上海现代性的钥匙之一。

# 一、上海近代建筑设备的发展

## （一）建筑设备的引入与特征

开埠之前的上海是传统的中国农耕社会生活模式，人们日常从江河取水，油盏灯照明，"城内无有效的公共照明系统，入夜几同黑暗世界。"[③] 1865 年煤气路灯点燃后，安装的南京路宛如悬挂夜明珠的长廊，使得游人如织，流连忘返，被赞为"地火天灯，灿若星辰"。[④] 煤气灯的首次点亮从某种程度上甚至比矗立在外滩的那些外廊式的康白度（Compradoric Style）的建筑更能引起人们心底的震撼。

上海成了继香港（1864 年）之后第二个使用煤气照明的中国城市。而后，广州（年代不详）、北京（1869 年）和天津（1877 年）三大城市也先后引入了煤气照明。[⑤] 日本第一盏煤气灯于 1872 年 9 月 29 日在其首先开埠的港口城市横滨启用，比上海晚了 6 年。

1879 年 9 月，上海丹麦大北电报公司就向工部局申请电话专营权，开始了上海电信的业务。同期，盛宣怀创办的轮船招商局于 1880 年从海外订购了一台单线双向的通话机，拉起了从外滩总局到码头的电话线。到了 1907 年，上海华洋德律风有限公司（Shanghai Mutual Telephone

① 李欧梵著. 毛尖译. 上海摩登. 北京：北京大学出版社. 2005：77.
② 茅盾. 子夜. 茅盾选集. 成都：四川人民出版社. 1982：1.
③ 熊月之、周武. 上海：一座现代化都市的编年史. 上海书店出版社. 2007：88.
④ 上海煤气公司. 上海市煤气公司发展史（1865—1995）. 上海：上海远东出版社. 1995：5.
⑤ 吴宇新. 煤气照明在中国：知识传播、技术应用及其影响考察. 呼和浩特：内蒙古师大硕士论文. 2007：19.

Co.，Ltd）的用户达 2300 线。①

1882 年 7 月 26 日上海开始供电，上海电光公司也是世界上成立较早的电力企业之一，它的设立仅比世界第一家发电厂巴黎火车站电厂晚 7 年，与日本首家电力公司——东京电灯会社同年开办，比爱迪生的纽约珍珠街电厂早 2 个月。② 国内在上海之后，香港（1890 年）、广州（1890年）、旅顺口（1898 年）、台北（1897 年）、天津（1903 年）、汉口（1906 年）也纷纷开展了照明用电。

1883 年 6 月 29 日，上海自来水股份有限公司自来水公司在杨树浦水厂举行开闸仪式，两江总督李鸿章出席，并应邀为水厂打开水闸，将黄浦江之水放入水池。8 月 1 日，公司正式开始供水。

1873 年 8 月，上海南市第一次点燃煤气街灯，这标志着上海华界地区公用事业及市政近代化的开始，供电及供水工程也于 1897 年陆续实施。这样，上海租界和华界都先后建立了各自的照明和供水系统，初步具备新兴都市便捷舒适的生活环境，可算已经开始向近代化方面追求。③

到了 20 世纪 20 年代末，上海工部局电气处的年供电量为 45836 万度，超过同期英国的曼彻斯特、伯明翰、利物浦、格拉斯哥、谢菲尔德等城市，而且成本最低、价格最廉。④ 在 1936 年，根据统计，整个中国约有 164000 个电话用户，其中约有 1/3 在上海地区，包括由上海电话公司控制的七个电话交换台下辖的 52000 位用户，上海电话公司是国际电话与电报公司网络中重要的节点。⑤

在上海通自来水之后的 1887 年，德国人开设的客利饭店（Kalee Hotel）⑥ 当时已经带有独立卫生间并提供冷热水，⑦ 而且这座 5 层的旅馆装设有电梯。⑧ 到了 1907 年，上海已经有 23 部电梯在运行。⑨ 同年，上海租界的电扇安装总数为 2967 台。⑩ 1897 年，江南制造局新建上海大纯纱厂就通过瑞生洋行采购定制了 GRINNELL 牌的喷淋龙头 150 个，并通过轮船装运回国。⑪ 这说明在 19 世纪末，上海就开始引进了自动喷淋设备用于工厂防火了。

进入 20 世纪后，暖通设备也开始进入建筑，理查饭店在清末就开始有制冰机。⑫ 而 1909年竣工的上海总会不仅安装了电气设施，也安装了冷藏冷冻设备。⑬ 著名的理查饭店（Astor House）⑭ 在 19 世纪末 20 世纪初就开始采用蒸汽采暖。⑮ 进入 20 世纪后，随着中国自产煤的数量上升，上海的煤源逐渐充足，从而解决了采暖包括煤气生产所需的燃料问题。而后，1910 年

① 薛理勇.上海洋场.上海：上海辞书出版社，2011：90.
② 黄兴.电气照明技术在中国的传播、应用和发展（1879-1936）.内蒙古师大硕士论文，2009：24-25.
③ 上海通社编.上海研究资料.上海：上海书店出版社，1984：80.
④ 上海公用事业志编委会.上海公用事业志.上海：上海社会科学院出版社，2000：103.
⑤ The Far Eastern Review. November 1936. 509.
⑥ 上海最早的四家顶级饭店（理查、汇中、大华、客利饭店）之一，位于江西路九江路路口，在英国教堂的对面，环境幽静。1922年该饭店被香港上海大酒店有限公司收购，1938 年原客利饭店建筑被拆除，原址重建聚兴诚银行。
⑦ Belle Heather. Hotel Kalee. Social Shanghai. Vol.X1.Jan-June 1911: 138.
⑧ 同⑦。
⑨ 王维江，吕澍编译.另眼相看 晚清德语文献中的上海.上海辞书出版社，2009：46.
⑩ 同⑨。
⑪ 盛档 051955。
⑫ Then and Now, a Comparison of Sixteen Years. [J]. Social shanghai Vol.XIV July-Dec，1912: 177.
⑬ 罗苏文.沪滨闲影 [M].上海：上海辞书出版社，2004：82.
⑭ 1906 年旧的 ASTOR 饭店拆除后重建，至 1907 年扩建后成为远东最著名的饭店。
⑮ 同⑫。

启用的上海总会二层的 40 间客房都不仅装配了壁炉，也有热水采暖系统。[①] 到 1910 年代后期，新建的大楼（如外滩区域的办公楼）和高档公寓、住宅纷纷开始安装煤气灶具和暖气系统。如图 11-1-2 所示。到了 20 世纪 20 年代后，热水汀采暖逐渐成为上海西式建筑主要的采暖方式，安装非常广泛。而空调的出现要到 1920 年代上海大型公共建筑出现以后了，1923 年 6 月建成的外滩汇丰银行大楼就采用了当时最先进的空调系统。

上海近代建筑和建筑技术的发展时期，恰好也是世界建筑和技术更新发展的大时代，西方的设备厂家都将上海看成远东地区最大的市场，借以辐射到整个远东地区。因此西方先进的设备技术一出现，很快就会引入到上海，以照明技术为例，从煤气灯到电灯，再到霓虹灯和荧光灯，上海照明技术的引入和该种灯具发明时间间隔越来越短。新的设备技术在西方发明后，上海就会很快地实践和掌握。

特别是 1920 年代后，上海高层建筑出现，设备和结构技术成为其实现的关键技术。当时最快速、最高的电梯出现在四行储蓄会大厦（即国际饭店，建成于 1934 年）中，这种电梯是与纽约帝国大厦同型号的。中国最早的自动扶梯安装在大新公司（建成于 1934 年）商场里，如图 11-1-3 所示。最先进的影院空调喷射式送风系统敷设在大光明电影院（建成于 1933 年）里等等。以消防设备中的自动喷淋系统为例，在清末被引入上海，首先在棉纺厂、面粉厂里应用，而后开始在商业建筑裙房商店密集的部位比如沙逊大厦（建成于 1929 年）底层使用，以保证商业空间的安全性。随着高层建筑的发展，高层建筑上部空间的消防安全成为新的问题，在消火栓的水压及消防车的保护高度都不能满足要求的情况下，高层建筑的上部空间也开始引入了自动喷淋设备，如汉密尔顿大厦（建成于 1933 年）等建筑里，消火栓和自动喷淋结合的保护方式使得建筑的安全性得到进一步提升。尔后四行储蓄会大厦成了当时乃至远东地区最高的建筑，自动喷淋系统开始全面覆盖整个建筑，使其防火安全性能得到了最大的提升，四行储蓄会大厦也成为中国第一个自动喷淋系统全覆盖的民用建筑。如图 11-1-4 所示。

上海的高层建筑设备系统采用分区供给的方法，并分功能进行给排水，这些都是当时与世界同步的技术手段。形成了建筑设备设计与建筑设计结合的方法：卫生间和设备间的布置与建筑的结合，设备管道布置与天井、墙、柱及装修的结合等，使得设备设计不仅仅是设备系统本身，也成为建筑设计的一部分。在很短的时间里，上海实现和掌握了从普通里弄到高层建筑复杂的设备系统的安装技术。

此外，在很多建筑里，包括部分里弄住宅，生活给水和卫生间马桶的冲洗给水分开供应，与此对应，排水系统中生活污水和马桶的污水也是分成单独的系统、分开排出。这样的卫生标准和观念是非常先进的。

建筑设备不仅具有环境控制的功能，在商业社会中，又成为装饰及情感的要素。照明技术的发展，使得灯光设计成为表现城市繁荣、建筑物风格的重要元素。以百乐门舞厅为例，其顶灯、

---

① Perter Hibbard. the Bund Shanghai. China Face West. Three on the Bund，2007：99.

图 11-1-2　上海电话公司接线间的暖气安装
来源：Social Shanghai, 1910 : 60.

图 11-1-3　大新公司自动扶梯
来源：The Far Eastern Review. June
1936: 266.

图 11-1-4　国际饭店客房历史照片可见
顶部喷淋
来源：上海图书馆 . 上海年华图片库

图 11-1-5　百乐门舞厅室外灯光效果
来源：中国建筑 .Vol.2（1）: 7.

光带、室外照明一体化的设计，都体现出一种欢娱、热烈的装饰艺术风格，成为室内外最瞩目的视觉焦点，营造出浓郁的商业气氛（图 11-1-5）。

　　壁炉是最早从西方引入的取暖设备，在经历了火炉采暖、热水系统采暖、电采暖等各种采暖方式在上海的应用后，依旧还出现在上海各种建筑中。这说明其实用功能退化后，逐渐发展成了一种建筑的装饰部件，并具有情感功能，与上海城市文化融合，成为海派文化的象征物之一。

　　与此同时，建筑设备的安装和使用更成为建筑身份及居住等级划分的最重要的依据。在房屋租赁广告中也越来越强调设备的因素，拥有水电煤卫的建筑被认为是现代的，其租赁价格自然是昂贵的。据统计，1937 年，建筑设备设施齐全的高档公寓月租远远超过当时一般职员的收入和经济能力，大概也只有张爱玲等知名作家或高级职员才有足够的经济实力来负担。

## （二）建筑设备的社会功能

　　自水电煤等设施系统进入上海后，使得上海城市环境发生了巨大的变化。新式的照明系统，不仅为城市提供了持续而稳定的运行保障，更降低了城市火灾和犯罪的概率。电力从最开始作为照明主要能源的出现，到后来慢慢扩展到各种动力能源，为电风扇、电梯、空调、电加热器等设备进入建筑提供了支持。同时，因为电价低廉"在几乎所有使用电力的家庭工厂和小型工

图 11-1-6 清末曲院
来源：上海传奇：文明嬗变的侧影（1553–
1949）. 上海：上海人民出版社，2004: 194.

厂中间，普遍星期日和夜间都开工……更重要的是，促使上海成为吸引几乎各种形式的工业制造的场所。"① 也使得上海有条件在很短的时间内跃升为中国乃至东亚的制造中心之一。城市给水、排水设施的兴建，使得城市的卫生状况得到了根本的改善，因用水与排水的方便性，使得街头水厕的修建成为可能。租界洒水车的使用，也使得马路灰尘全无，都市公共环境的清洁可以实现。电话与消火栓的结合使用，以及这些设施直接用来参与抢险救援，又使上海城市的消防安全水平大为提高。加之良好的城市管理措施，上海的都市面貌焕然一新。

上海之繁荣，之所以冠全国，其公用事业之发达，当不失为第一大因素。②

照明方式的转变，改变了上海人以往的作息时间和消闲方式。煤气灯和电灯的引入，成了继夷屋（西式房屋）之后的租界又一奇景（图 11-1-6）。不仅改变了城市的景观，也改变了上海人以往的日出而作，日落而息的生活方式。居民娱乐消遣不再限于初一、十五、节令年关，而是每天都可以有新的安排。人的晚间活动时间可以自由掌握，商业的营业时间普遍延长，公共租界商店和弹子房、餐馆、客栈晚间打烊时间延迟到了零点。③ 有了现代的照明，上海城市显现出繁华胜景。上海洋场这种颇具商业色彩的求享乐、重消遣的风气，自煤气灯点燃的 1860 年代兴起，便一直长盛不衰，形成了此后上海城市生活一个突出特征。

照明方式的转变，促进了娱乐业作为一个新兴行业的兴盛，并间接促进了上海文化新闻事

① 罗兹·墨菲. 上海——现代中国的钥匙. 上海：上海人民出版社. 1987：225.
② 赵曾钰. 上海之公用事业. 北京：商务印书馆. 1948：78.
③ 公共租界工部局治安章程转引自《上海租界志》，附录之章规约选录。

业的发展。煤气照明不仅可将戏曲的演出时间延伸至夜晚，而且增强了戏曲的感染力，被称为舞台光影史上的首次革命。<sup>①</sup>而 20 世纪初，电影的引入，很快发展成了上海最时尚的生活方式。

照明方式的转变也极大地改变了人受教育的方式。煤气照明产生良好的照度使得晚上受教育能达到白天一样的效果，也使得夜校的开设成为可能。1865 年，与煤气照明在上海点燃的同年，英商开办了英华书馆，这是上海最早一批外语培训班和夜校。以后，这类学校如雨后春笋。仅 1873 年至 1875 年，在《申报》上作招生广告的就有 15 所。<sup>②</sup>夜校的发展促进和满足了上海对于各种人才的需求，更多的人能够接受新式教育，为上海工贸发展作出了贡献。

上海给水事业的迅速发展与普及改变了人的生活习惯和卫生习惯，在很大程度上提高了市民的健康程度。随着上海供水网的建成，并随着它对租界和华界迅速发挥着作用，对上海民众健康的最大威胁消除了。<sup>③</sup>公共卫生的发展推动了都市民众公共意识、健康意识和安全意识的增长，也使得上海成为中国大陆地区卫生习惯及城市卫生最好的城市，与当时一百多年前给水设施普及的积淀密切相关。

建筑设备引入，构建出新的生活方式。煤气与电气设备的应用，一方面引起人们起居、烹饪等生活方式和社会联系方式的转变：睡觉的时间可以自由安排；煤气和电力可以用于烹饪和取暖，降低了人的家务劳动强度，提高了生活的舒适性；人们的空闲时间相对增多，活动也更加自由。另一方面，人们开始对这些能给生活带来方便的器物进行追求。新设备的引进，往往成为新闻，人们乐于追逐，并付诸实践，自来火公司的产品展示厅因其产品的"新特异"也变成了当时富裕家庭主妇最喜欢逛街的目的地。晚上，在煤气灯灿烂的灯光下坐在壁炉旁边吃西餐，这样的生活场景成为时尚的象征。这些建筑设备成为西式生活空间场景搭建不能缺少的器物。人们进而对西式样式生活方式开始追逐，这极大地改变了上海传统的生活模式。而后，到了 1920 年代末，这种融合中西的生活行为就慢慢演化为一种新的生活方式——上海摩登。

## 二、上海都市现代性在建筑设备中的体现

建筑设备的引入除了对上海的城市及建筑现代化产生重要影响，对上海社会观念的改变也是巨大的。建筑设备既是承载现代性的物质载体，也是现代性的重要标志。作为一种实体存在，建筑及其附属物包括建筑设备构成了我们的感觉结构，它除了具有技术上的尺度、审美的特性，还蕴涵着丰富的生活体验。通过对建筑设备在不同时期传播及使用的考察，可以理解当时人们如何认知、利用这些西式器物，以及依附在建筑设备上的科学体系如何影响上海的社会进步，人们又如何通过建筑设备搭建关于上海现代性认知的。

① 余上沅.嗣刷运动·光影.上海：上海新月书店.1927: 139–140.
② 熊月之等.上海通史第六卷：晚清文化.上海：上海人民出版社.1999: 287.
③ 程恺礼.19 世纪上海城市基础建设的发展.上海研究论丛第 9 辑.1993: 358.

## （一）建筑设备的技术体系

从一开始，中国的现代性就是被视为一种文化"启蒙"的事业，这个术语在现代性的民族大计中，披上了新知"启智"的新含义。[①] 洋务运动后，随着上海水、电、煤等引入，与之相关的西方科学认知：电学、力学、热学等建筑设备基础理论知识先后被引进，在先期对于建筑设备科学原理的启蒙起到了重要作用。与此同时，在教育领域也逐渐形成完整的一套科学体系，对于现代性的发展是有促进性的。而随着建筑业的蓬勃发展，对于相关专业知识的需求，专业教科书及专业教育的开展，对于建筑设备的科学体系发展起到了关键作用。

上海等城市引入煤气照明的同期，也正值中国 19 世纪 60 年代到 90 年代的洋务运动。这个时期，清政府设立了江南制造局译书处、京师同文馆等机构，翻译或编译了大量西方科技书籍，包括煤气理论知识在内的西方科技知识系统，被全面地传入中国。晚清传播西方科技文化的刊物有很多，其中在知识界和民众间影响较大的主要有《格致[②]汇编》《格致益闻汇报》《格致新报》和《万国公报》等，这些刊物中介绍了大量建筑设备及其原理相关知识。先期引入的煤气、电灯因其原理复杂，一般民众不易理解，成为科学启蒙的重点。而后，自来水引入后引起居室卫生的变化也成为关注的焦点。（详见本套书第一卷第四章第七节"晚清译书和办报与建筑话语的引介"）

### 1. 设备专业的成型

晚清开始兴办新式学堂，1874 年徐寿和傅兰雅在上海创办的格致书院其课程设置就以讲授西方格致诸学和工艺制造技术为主，傅兰雅为书院设计了一套内容齐全的"西学课程提纲"，包括矿务、电务、测绘、工程、汽机、制造等 6 类，每类又设置几门到几十门课程。其中电务类的课程是宽泛的电气应用，其中包括了发电、供电及学科的基础知识。

同时，各种专门学校包括大学也应运而生，各类专门学校先后设立建筑科、土木工程科、电气科、机械科等及其他与之相关工科专业，依托建筑与土木学科发展的建筑电气、卫生工程等也被引入中国和上海。[③] 根据 1912 年的《大学规程》，[④] 建筑课程中就包含了水力学、热机学和卫生工学这些建筑设备的专业课程。在其他学校开设建筑科的同时，上海南洋公学[⑤] 等先后开设电气机械工程专业，培养中国最早的电气技术人才，并在电气照明理论和电光源制造方面产生较大的影响。上海南洋路矿学校土木工程系的建筑安装专业是中国最早开设的建筑设备安装专业，我国第一代建筑设备工程师、暖通专业的奠基人陆南熙[⑥] 最早就毕业于此。

---

① 高梦滔.沦陷都会的传奇.北京：社会科学文献出版社，2008：59.
② 早在明清之际，外国传教士与中国学者在介绍西方物理学时，开始用《大学》上的"格物致知"一词，对应西方的物理学，因此出现了格致学一词，广义上的格致学指近代自然科学，而狭义上的格致学则专指西方近代物理学。
③ 徐苏斌.近代中国建筑学的诞生.天津：天津大学出版社，2010：110.
④ 转自朱有瓛主编.华东师范大学《教育科学丛书》编委会编辑.中国近代学制史料（第三辑）.上海：华东师范大学出版社，1990.
⑤ 1912 年，学校改隶北京国民政府交通部，更名为交通部上海工业专门学校。并将铁路科改为土木科，电机科改为电气机械科。
⑥ 陆南熙（1902-1982 年）：美国获得暖通专业硕士学位，并成为美国采暖冷冻空调工程师学会会员，实业部登记工业技师，上海公用局开业卫生工程技师。上海解放后，陆南熙被推举为上海市卫生工程同业公会理事长，历任中国建筑设计公司副主任工程师、建筑工程部北京工业建筑设计院采暖通风室主任兼主任工程师。在此期间，他主持和参加过国家许多重大工程的暖通设计。

清末民初，由于科技应用发展迅速，对专业技术人才的需求日益扩大，科技知识需要大量地转化为科学实践来促进社会的发展和改良。因此对于科技知识的学习，形成了从通俗的科学普及到专业的大学教育一整套知识教育模式。由于建筑设备与日常生活关系密切，关于建筑设备的科学认知体系也非常完备。以电话为例，既有儿童理科丛书，[①] 又有小学生文库，[②] 也有成年人看的新生大众文库，[③] 更有专业的《电话工程学》[④] 和大学教材《电话学》。[⑤] 通过不同类型人群有针对性的了解、学习和实践，推广了这些科学知识的传播和普及，使得新式教育的功能得到实现。

1930 年代是建筑设备技术发展最为迅速的时期，这个时期出版很多设备技术的专业书籍。以电光源部分（表 11-1-1）为例，可见当时处于技术引进期，国外新发明技术都在最短的时间里被引入上海并吸收消化掌握。

1947 年，上海交通大学的陈湖与上海电话公司工程师王天一合著的大学教材《电话学》则由中国科学图书仪器公司出版，全书共 350 页，插图 320 帧，可作为大学或专科学校教材及电信从业人员参考书。陈湖在书的自序指出本书"采取美英各书之长，删繁增减，若干重要材料并采用德文书籍"。可见当时主要的科技书籍还是以引进、翻译和消化为主。

建筑设备专业书籍（电光源类）　　　　　　　　　表 11-1-1

| 出版年代 | 书名 | 作者 | 出版社 | 内容概要及特点 |
| --- | --- | --- | --- | --- |
| 1933 年 | 电灯 | 张延祥、余昌菊 | 商务印书馆 | 作者张延祥、余昌菊分别是南洋公学电气机械科电机工程门 1922 年、1926 年毕业生。全书共 17 章，讲述电气照明理论、电光源结构、照明设计、电灯安装及使用等内容。曾数次再版，影响很大。 |
| 1935 年 | 电灯泡 | 冯家铮 | | 作者为南洋公学毕业生，本人也是国民政府中央电工器材厂的筹备处委员。 |
| 1936 年 8 月 | 氖灯工业 | 朱积煊、高维礽 | 商务印书馆 | 介绍氖灯发展史略、功效、构成、所用材料及种类等 |
| 1936 年 11 月 | 霓虹灯广告术 | 哥尔德著、陈岳生译 | 商务印书社 | 介绍霓虹灯的制作方法，安装和保养 |
| 1948 年 6 月 | 日光灯实用手册 | 陆鹤寿、陆益寿 | 上海国民文化出版社 | 两本书都有中英文专用名词对照表 |
| 1948 年 8 月 | 荧光灯 | 仇欣之 | 上海技术协会 | |

在给水方面：目前能查到最早的卫生工程专篇来自 1908 年《学海》1（1）的"工学界"：卫生工程要论，从自来水和改良式阴沟两部分来讲解如何通过给排水实现卫生。1937 年商务印书馆出版的清华大学教材《给水工程学》在引言中指出了卫生与给水的关系：

> "卫生工程之目的，为改善人类之环境，防止传染病之发生，以增进人类健康，而降低死亡率，使吾人多为国家社会服务。"

---

① 许應昶．电话．商务印书馆，1933.
② 许應昶．电话．商务印书馆，1934.
③ 顾均正．电话与电报．新生命书局，1933.
④ 张季龙．电话工程学．启智书局，1935.
⑤ 陈湖、王天一．电话学．中国科学图书仪器公司，1948.

而后指出：

> "根据卫生署及各地卫生机关估计，平均每年每千人中死亡约三十人，与印度之死亡率相仿佛。较欧美各国约高出一倍。死亡率之减低，赖医士、公共卫生人员与卫生工程师之共同努力，固无疑问，而卫生工程师之工作，如给水、下水、居住、垃圾等问题，尤为根本，赃为世人所公认。"

书中提出了卫生工程师的职业定位和给水与健康的重要关系。

《给水工程》（出版日期不详）是上海厚生出版社出版的中国工程师手册[①] 系列丛书中水利手册的第九编，汪胡桢著。内容有给水规划、水源考查，以及取集、输水、净化、分配等工程。该书回溯现代意义上的给水工程之设立：

> "首推旅顺，时在前清光绪五年（1879年），李鸿章防御渤海，驻海军于旅顺，乃埋六寸管若干米，引八里庄龙引泉水，以供军用。"[②]

尔后才是 1882 年上海自来水公司等国内其他城市的自来水工程，这是国内学界第一次对于给水发展史的回顾。

商务印书馆的《工学小丛书》是 1930 年代一套重要的工学科技丛书，与建筑设备有关的有：朱有骞编著的《自来水》、陆警钟著的《暖气工程》、黄述善著的《冷气工程》等。

《自来水》[③] 一书分七章主要论述了自来水的制作过程。特别在序言中指出我国自来水事业的落后，自来水对于清洁、预防传染病和消防的作用。

《暖气工程》（图 11-1-7）一书则回溯了上海乃至我国安装暖气的历史：

> "回溯中国之有暖气工程者，约为近二十五年之事，当时仅一外商 Good-Fellow Company 独操其事，然时代巨轮推至今日，试观有暖气设备建筑物之众多，卫生暖气工程所之林立，足见暖气事业之蒸蒸日上也。"[④]

《冷气工程》（图 11-1-8）则分为八章探讨冷气的原理及空调方法，是一部专业的理论教材。书中并提出了针对上海地区各种特殊的条件因地制宜的各种简易空调方法，显示出一种灵活性。同时，作者也指出本书的编著多参照采用美国家庭工业杂志（*Domestic Engineering*）的资料[⑤]，

① 本手册分三大部分：基本手册，土木手册和水利手册，共计 41 编，由厚生出版社出版。
② 汪胡桢. 给水工程. 上海厚生出版社，时间不详：1.
③ 朱有骞. 自来水. 商务印书馆，1935.
④ 陆警钟. 暖气工程. 商务印书馆，1938：1.
⑤ 黄述善. 冷气工程. 商务印书馆，1935：144.

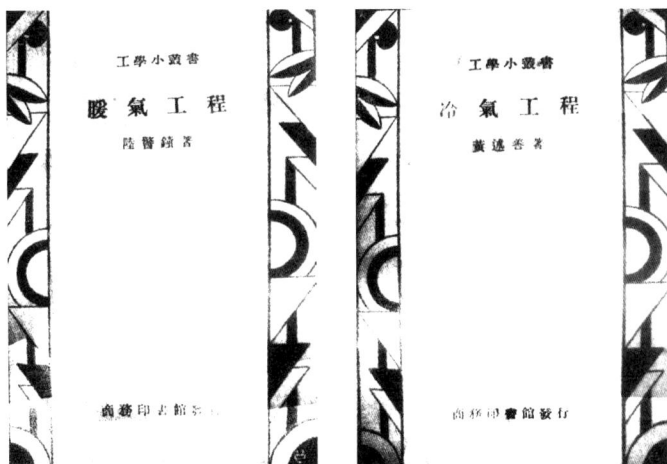

图 11-1-7 《暖气工程》（左）
来源：商务印书馆，1938：封面.
图 11-1-8 《冷气工程》（右）
来源：商务印书馆，1935：封面.

可见上海的空调技术发展还是主要以美国为学习参照，这也是因为美国当时在空调技术方面领先的原因。

专业教育是科技知识传播的主要渠道，教材则系统地传授了技术理论和技能，这使得建筑设备技术的推广和普及成为可能。至此，上海已经有了专门的建筑设备相关专业及教材，并通过引进、消化、吸收，其专业深度和内容基本都能与国际同步，大大地促进了建筑设备专门人才的培养，也加快了建筑设备行业的发展。

## 2. 专业术语的转译

近代中国经济、政治、社会和文化等领域内所产生的"现代化进程都是用各学科的术语加以界说的"。[①] 随着近代科学技术传入，科学名词的制定成为科技传播的重要内容之一。上海因其地缘的特殊性，成为各种科学知识引入的窗口。由于建筑设备及其整个体系是完全西方的舶来品，因此对其术语形成的分析可以看出西方文明如何通过翻译和转译来实现"中国化"和"上海化"。

当时对于西方科技词汇的翻译存在两个并行的体系：一方面是自行翻译西方词语，比如江南制造局翻译的《电学》、《电学纲目》等书中的电学名词均属首创，为中国电学名词之滥觞；另一方面由于日本西化较中国早，相当多西语词汇首先经日本学者翻译成汉语，通过借鉴日本已经翻译成型的汉语，经过中日文化交流再传到中国。1900 年后，从日本转口输入的西学数量急剧增长，成为输入西学的主要部分。[②] 在此期间，由于同是建立在汉字文化圈内，日文转译的汉语和中国自己翻译的汉语词汇在经过一段时间的试用之后，逐渐融合，并成为汉语的新兴词汇，这些词汇对现代汉语的形成有非常重要的作用。

作为对外交流的前沿，上海在翻译西方词语时形成了自有的鲜明特色。从词源学上来讲，一方面形成了独特中文和英语的混合结构，即所谓的洋泾浜英语。另一方面在中国没有对应词汇表达时，又采用了上海方言进行音译。比如"Cement"被翻译为"水门汀"也就是现在的"水

---

① 费正清.剑桥中国晚清史下卷.北京：中国社会科学院出版社，1985：6.
② 熊月之.西学东渐与晚清社会.北京：中国人民大学出版社，2011：11.

泥"、"Telephone"被翻译为"德律风"也就是日语和汉语中的"电话"、"Smart"被翻译为"时髦"等,至今沿用等等。

因此,在科学术语引入上海过程中,就形成了中文翻译、日文翻译和上海话翻译并存的科学术语表达体系。从洋泾浜英语到上海话,从借鉴日语回传到汉语,之间相互杂糅,并广泛适用。建筑设备的专业词汇因涉及电学、卫生学、热工学、工程学等,而且处于输入期,这些专业术语在不同的场合和著作里,翻译各不同,一些常用的建筑设备术语翻译见表11-1-2。[①]

建筑设备专业术语对照表            表 11-1-2

| 专业 | 中文 | 英文 | 日文 | 上海话 |
|---|---|---|---|---|
| 给排水 | 自来水管 | water pipe | 水道管 | 自来水管 |
| | 法兰 | flanges | フランジ | 法兰 |
| | 铸铁管 | iron pipe | 鋳鉄管 | 生铁管 |
| | 熟铁管 | wrought iron pipe | 錬鉄管或錬鉄パイプ | 熟铁管 |
| | 同心异径管 | reducer | レジューサー | 大小头 |
| | 镀锌铁管 | galvanized iron pipe | 亜鉛メッキ鉄パイプ | 白铁管 |
| | 软管 | hose | ホース | 皮带管 |
| | 泵、唧筒 | pump | ポンプ | 邦浦 |
| | 阀门 | valve | バルブ | 凡而 |
| | 喷淋 | sprinkler | スプリンクラー | 洒水器、喷水管 |
| | 消火栓 | hydrant | 消火栓 | 救火龙头、保险龙头 |
| | 排水口 | outlet | 排水口 | 排水口 |
| 煤气 | 煤气 | gas | ガス或瓦斯 | 瓦斯、自来火 |
| | 煤气表 | gas meter | ガスメーター或瓦斯表<br>(前面是英语音译) | 自来火表 |
| | 旋塞 | cock | コック | 考克 |
| 电气 | 插头 | plug | プラグ | 朴落、卜落 |
| | 插座 | outlet | アウトレット或コンセント(前面是英文音译) | 朴落、插朴 |
| | 开关 | switch | スイッチ或點滅器(前面是英语音译) | 开关 |
| | 电表 | kilowatt hour meter | 電気メーター | 火表 |
| | 发动机 | motor | モーター或電動機 | 马达 |
| | 电梯 | elevator | エレベーター或升降機 | 升降机 |
| | 电珠 | torch bulb | 豆電球 | 电珠 |
| | 电话 | telephone | テレホン或電話(前面是英文音译) | 德律风 |
| | 霓虹灯 | neon-light | ネオン管燈 | 霓虹灯 |
| | 荧光灯 | luminescence lamp | 螢光燈 | 荧光灯 |
| 暖通 | 冷凝器 | condenser | コンデンサー或凝縮器 | 冷凝器 |
| | 蒸汽管 | steam pipe | スチームパイプ或蒸気パイプ(前面是英语音译) | 泗汀管 |
| | 散热器 | radiator | ラジエーター或放熱器(前面是英语音译) | 热水汀 |
| | 暖气设备 | heating apparatus | 暖房機器 | 暖气设备 |
| | 通风 | ventilation | 通風或換気 | 通风 |
| | 空调 | air condition | エアコンディショナー或空氣調和(前面是英语音译) | 空调 |

① 根据1.《物理学语汇》学部审定科编纂 上海商务印书馆代印 光绪三十四年(1908年)二月;2.乌兆荣《五金货名华英英华对照表》上海胜源五金号 民国35年(1946年)十二月十日发行;3.《英华华英合解建筑辞典》上海市建筑协会 民国25年(1936年);4.《建筑设备》中西义荣编著 东京常磐书店 1934年综合而成。关于日文部分,早期用汉字较多,现在用假名较多,具体内容见表。

从表11-1-2中得知，从英语借鉴的词汇首先来源于日常实践，这是洋泾浜英语的上海话音译，是日常贸易和工程营造中直接习得的词汇，广泛应用于日常项目、合同及图纸使用的口头及书面表达，反映出一种灵活性和实用性。从日语中借鉴的词汇多为意译词汇，大多出现在正式的报刊、教科书及词典里，反映出一种科学性和民族性。从音译到意译，是一种国家和民族性的表达，而上海在这其中表现了灵活性和模棱两可，也是"上海性"的表现。

对于现代性的向往使这些外来词语具有了合法性，甚至把这些词汇当作本民族语言中的一种表达形式。[①]虽然这些用上海话音译的外来词汇中很多都已经退出历史舞台，但它在一定程度上影响或增加了许多上海话甚至普通话中的词汇。很多词汇一直沿用至今，特别是在工程实践方面，用上海话表示的工程名词是实际工程使用中的约定俗成，通过师徒间一代代的口传心授，与官方的专业术语并行，沿用至今。同时中国的设备安装技术是从上海开始传到全国，因此这些方言叫法也随之传到全国各地，比如管子的直径用几寸几分表示，电机叫"马达"等等，一直延续至今。而阀门的方言叫法"凡而"因1949年上海一些营造厂随国民政府败退台湾而带过海峡，在台湾地区尚在流行，电梯的"升降机"叫法在港台也依然存在。

### 3. 设备成为公共话题

近代上海大众媒体的繁荣和对都市化进程的解读是建筑得到公共讨论的主要原因。[②]作为舶来的新式事物，各种建筑设备在上海的出现在当时都是新闻事件，也是新闻报道的焦点。大众传播媒介对于建筑设备的大量集中报道传递了一个重要信号——现代建筑及其技术作为一种新的文化事件已经为社会所好奇。随着大量建筑设备的引入所带来的好处，人们已经从对这些事物的好奇转向对这些事物的认可、效仿和接受。因此，在社会报刊的内容取向上：一方面杂志不断作为社会新闻，报道在上海出现的新建筑、新建筑里的各种新设备。1930年代，在报纸上对于建筑的宣传中随处可见诸如"美善新奇"，"装置齐备"，"日光、空气两具充足，居家租赁，经济便利两全"之类的赞美词汇。[③]另一方面，他们也通过在报刊上开辟专门的栏目，介绍这些建筑设备基础知识，包括原理、组成、使用方法等，来普及基本的建筑设备科学知识，在大众层面进行带有科普性质的建筑话题及相关知识的传播。通过这两个方面，来达到对普通民众的启蒙。而在专业期刊中，关于建筑设备的讨论主要还是集中于建筑和土木工程领域，将其作为一个独立专业的讨论则到了1940年代出现的专门行业期刊中才出现。

当时上海最著名的报纸之一《申报》（于同治十一年（1872年）四月三十日创刊）本埠增刊就设有建筑专刊（1932.11-1935.12），希望借专刊"唤起民众对于建筑之兴会。借以直接发展建筑业。间接巩固上海之繁荣"。[④]《申报》建筑专刊注重对建筑界的新闻报道，定期报道沪上正在建造的或新近落成的建筑是其重要任务之一。在报道重要建筑物落成中，建筑中的建筑

---

① [法]白吉尔著.上海史：走向现代之路.王菊、赵念国译.上海：上海社会科学院出版社，2005：257.
② 宣磊.近代上海大众媒体中的建筑讨论研究（20世纪初—1937年）.上海：同济大学博士论文，2010：63.
③ 赖德霖.中国近代建筑史研究.北京：清华大学出版社，2007：213.
④ 申报建筑专刊发行旨趣.申报（建筑专刊）.1932-12.

设备都是宣传的重点，比如在四行储蓄会大楼（国际饭店）的落成专版[①] 中，整个建筑被誉为"巍峨雄伟汇现代建筑之精华！金碧辉煌集东方艺术之大观！"而关于现代建筑之精华的具体描述不仅落在了著名设计师的设计、钢骨的结构、外立面的花岗石，也落在了建筑设备上。新式电梯成为最主要的特点加以专题宣传，在《国际大饭店之缘起》文中新式电梯作为与建筑之优美并列的要素重点介绍，而在开业广告"特点一斑"中列举了建筑的八大特点，其中设施完美为其中之一："本饭店全部水电工程，冷热电气汀，莫不应有尽有，室内衣帽之橱，盥浴之处，咸布置井然，所装新式之电梯，上下极为迅速，其能自动启闭。"

这些报道为建筑提供了全景的透视，并帮助形成了一种社会共识：现代建筑需要并离不开现代建筑设备的支撑。除了对建筑专题报道中会涉及建筑设备，也有对于建筑设备的专题报道，如表 11-1-3 的统计。

《申报》的建筑设备报道　　　　　　　　　　　　　　　　表 11-1-3

| 时间 | 作者 | 题目 |
| --- | --- | --- |
| 1933 年 3 月 7 日 ~4 月 4 日 | 柴志明 | 建筑物电光设计述要 |
| 1933 年 9 月 19 日 ~26 日 | 米路 | 谈高大建筑物中之电梯 |
| 1934 年 1 月 23 日 | 朱枕木 | 播音室中之灯光布置 |
| 1934 年 2 月 27 日 | 文引 | 近代建筑之电力设备 |
| 1934 年 5 月 8 日 | 朱枕木 | 播音室中之灯光布置 |
| 1934 年 5 月 22 日 ~5 月 29 日 | 贯钦 | 夏日之室内空气调节 |
| 1934 年 12 月 1 日 | | 关于近代化旅馆设备之谈片 |
| 1935 年 1 月 29 日 ~2 月 12 日 | 希浩 | 新式住宅建筑和卫生设计 |
| 1935 年 6 月 15 日 | | 建筑物中取暖装置之利弊 |
| 1935 年 6 月 18 日 | 希浩 | 新式建筑上的灯光设计 |

由表 11-1-3 可见，当时对于建筑设备的专题报道，主要集中在了 1933-1934 年，这也是上海城市建设的高峰时期，对于建筑设备的认知需求非常旺盛。

上海另一份重要的报纸《时事新报》创刊于 1907 年 12 月（即光绪三十三年冬），其建筑地产附刊（1930.12.05-1933.10.18）的内容以文字为主，多采用短篇报道的形式，长篇连载多为两期或三期。《时事新报》关于建筑设备的专题报道统计见表 11-1-4。

《时事新报》的建筑设备报道　　　　　　　　　　　　　　表 11-1-4

| 时间 | 作者 | 题目 |
| --- | --- | --- |
| 1932 年 6 月 10 日 | 承璋 | 洁净空气机之新发明 |
| 1933 年 8 月 28 日 | 怒 | 建筑物中之水电工程 |
| 1933 年 9 月 13 日 | 黄钟琳 | 家庭中电灯布置 |
| 1933 年 10 月 4 日 ~18 日 | 玲 | 家庭中电光及敷线 |

---

① 申报 . 1934-12-1 : 第六张 .

《时事新报》关于建筑设备的报道时段也是集中在了1932-1933年之间。其中关于建筑设备的介绍以通俗性为主，没有特别的专业词汇，简单实用，从家庭装修的角度切入，适合家庭成员阅读。

上海的西文期刊是传播西方认知和观念最快的媒体，20世纪初上海著名的英文社交杂志《上海社交》（*Social Shanghai*）中开设有"Where to Shopping"的栏目，其中逛煤气和电力公司的展示厅，购买新的家庭设备：煤气灶、热水器等是当时很时尚的活动，这也推广了对这些新产品和技术的认知。当时上海著名的财经时政类期刊《远东评论》（*The Far Eastern Review*）中，也会经常有关于建筑业，包括城市水、电、暖等市政业发展的专题介绍，特别是1930年代后，建筑设备成为现代建筑中重要部分，《远东评论》因此也邀请专家给予专业性的论述。在当时，建筑设备变成一个公共讨论的话题，这不仅是因为它作为一种与日常生活息息相关的新事物，同时，也是一种代表新生活方式的时尚器物，因此具有很高的讨论价值。这些在通俗报纸上刊登的文章，其撰写都具有一定专业性，由此可见很多专业人士也参加到了大众媒体的讨论中去，当时的大众媒体起到了科学教育及专业学习的双重作用。

从文章撰写时间看出，1933年前后，社会舆论开始对采暖、空调及电气进行集中的关注，可见当时对这些建筑设备需求进入高峰，这与上海当时社会经济和建筑发展是同步的。这些讨论在专业人士和普通民众之间建起了联系的桥梁，这也说明上海近代建筑的现代化并不是像西方那样激进的先锋派领导的，而是（成为）一种自下而上的基于实用主义的，由建筑师、业主和大众共同追求和讨论的结果。①

最早出现的建筑类专业期刊是1924年北华捷报有限公司（North-China Daily News Herald Limited）出版的英文版 *The China Architects and Builders Compendium*（1924-1937）。该刊主要通过对行业信息的大量搜集及整理，为执业建筑师，工程师以及营造厂商提供极具实践意义的工具手册，成为建筑师、营造商及业主的基本参考书。

该手册内容按类型共分四大部分：

第一部分为土地、房产及建筑的基本信息。具体内容涉及地籍、地价、土地注册；领事公证费；汇率、税收和其他费用；供水；供电；电话服务；供气；建筑章程；职业收费；火灾保险等。涉及建筑设备的条目就占到了1/3。

第二部分为技术信息以及成本和价格列表。其分项涉及建筑设备的有：上海排水系统录、电梯数据、暖气片需求面积的估算表、不同房屋类型的热损失表、污水处理、自流井或深井等。主要方便建筑师可以选用和简便地计算，可见当时建筑师有一部分的工作是从事设备的选用和设计。

第三部分为建造行业的通讯录，登载了当时在上海及汉口开业的建筑事务所，设有建筑部的公司以及营造商的名录。

---

① 宣磊. 近代上海大众媒体中的建筑讨论研究（20世纪初 –1937年）. 上海：同济大学博士论文，2010：89.

第四部分是建筑材料的目录，根据不同类别以产品广告形式来进行编排，以 1924 年为例，材料共分 15 大类。其中关于建筑设备就涉及了四类：电梯及桥车、通风空调系统、给水排水卫生系统、电气电话系统。而这每大类又分有若干小类，可见当时的建筑设备的产品非常齐全。具体涉及建筑设备的部分见表 11-1-5。

建筑设备产品分类　　　　　　　　　　　　　　　　　　　　表 11-1-5

| 分类内容 | Section G | Section k | Section L | Section M |
|---|---|---|---|---|
| 1 | Lift entrances and Cars（电梯及轿厢） | Ventilators and Fans（通风设备） | Water Supply Pumps（水泵） | Lighting and Fittings（照明设备及附件） |
| 2 | | Heating and Ventilation（暖通设备） | Hot and Cold Water Services（冷热水设备） | Electrically Driven Machinery（电动机器） |
| 3 | | Cooking Apparatus（烹饪装置） | Drainage（排水设备） | Vacuum Cleaning（真空吸尘器） |
| 4 | | Kitcheners Fireplaces and Grates（壁炉设备） | Sanitary Fittings（卫生设备） | Telephone（电话）Lightning Conductors（避雷针） |
| 5 | | | | Bell and Clocks（门铃和时钟） |
| 6 | | | | Electric Cables（电缆） |

建筑专业期刊《建筑月刊》（1932.11-1937.4）和《中国建筑》（1932.7-1937.4）都是近代上海最重要的中文建筑专业期刊。两本杂志定位各有侧重。在《建筑月刊》中，建筑设备的专题讨论较少，而建筑设备之对建筑的作用等则贯穿在杂志建筑理论的全部。《中国建筑》有关建筑设备的知识也贯穿到各个栏目之中，但并没有专门进行研究，这也说明当时建筑杂志主要聚焦于建筑设计和工程设计本身，这也是当时建筑师成为独立的职业类型所决定的。建筑专业期刊主要讨论建筑设计和结构设计，建筑师主要的任务是对建筑设计进行统筹安排，设备问题已经成为卫生工程、电气工程和机械工程师（技师）的任务，而非建筑师需要解决的主要任务。但是，关于建筑设备的各种广告及水电工程行的广告则密集地出现在这两本专业建筑杂志里，这也说明了建筑设备已经在建筑经济中占有了越来越重要的地位。而关于建筑设备的专业讨论则出现在各种工程类的专业期刊：卫生、水利、电力、机械及大学学报中。

1940 年代，专业性的建筑设备刊物开始出现。1948 年 1 月 1 日在上海创刊的《热工专刊》一直到 1949 年解放前共出了六期共 94 篇，发行人为顾毓琇，[1] 内容包括蒸汽动力、内燃机、暖通空调、制冷以及近代原子能等。涉及建筑设备的部分文章如下：利用辐射热原理的暖气设备，[2] 美国机械工程学会锅炉建造使用规则、[3] 空气调节对于精密制造及工作效率

---

① 顾毓琇，字一泉，江苏无锡人，1903 年生，美国康奈尔大学机械工程博士。曾任中央大学教授、实业部技正兼科长、国营钢铁筹备委员会秘书、中央工业试验所所长。见资源委员会编.（第一次）中国工程人名录.北京：商务印书馆，1941：203.
② 陈学俊.热工专刊.1948（1）.
③ 热工实验室编.热工专刊.1948（1）.

的影响、[①] 动力锅炉使用规则、[②] 热工问答的栏目:冷气工程、锅炉给水等。由于当时经济动荡,物价波动激烈,刊物的出版发生极大的困难,得到上海各电力公司及淮南煤矿公司的资助才得以继续。

《卫生工程》(1947-1948 年)由在天津的中国卫生工程学会平津分会发行。而电气类的杂志则有北京的京师电气工业学校杂志部编辑的《电气工业杂志》(1920-1922 年),杭州电气设备供电公司总厂电气月刊社编辑的《电气月刊》(? -1937 年)等,1944 年上海出版的《电业季刊》(1930-1944 年)则聚焦中国民营电厂的发展、电力工业、建筑供用电等方面。上海出版的中国工程师学会的《工程周刊》(1929-1937 年)介绍中外工程技术及报道工程界消息,其中包含相关设备技术方面的讯息。

建筑设备专业期刊的出现是建筑设备行业发展的需要,也使得建筑设备各专业有了自己的舆论阵地,是建筑设备工程师职业化成果的体现。

由此可见,在当时上海建筑快速发展的同时,与建筑设备相关的知识体系也在快速完善,从晚清的科技知识启蒙,到专业性学科知识的引进,并从社会传播和专业传播两部分交叉进行,对建筑设备的认知、学习和掌握的体系在短短的几十年中建立起来,为整个上海的建筑现代化发展奠定了坚实的基础。

## (二)建筑设备的文化传播

在上海这个开埠城市中,崇尚西方文化一直是一种时髦,那些在西方也很摩登的新时尚在上海自然很快也会流行起来。[③] 建筑设备作为西方引进的新式器物,日常使用所产生的体验所营造的一种新的生活方式也成为各种媒介关注的焦点。大众对于建筑空间中各种建筑设备的现场体验、表达,包括广告的附加内涵提升,加强了大众对于建筑设备的认识和理解,形成了新的社会认知和价值观,共同构成了介于想象和体验之间的"现代性"都市。

### 1. 清末及民初的"奇技淫巧"

自明朝西洋器物开始流入中国,知道洋货的人们中间就流行着一种说法,称其为"奇技淫巧",这个词在中国古已有之,意为过分追求新奇精巧,徒事美观,耗费心机而无裨实用的器物及制造技术。[④] 鸦片战争后,魏源认识到"有用之物,即奇技而非淫巧"的论断。1849 年后移居上海的文人王韬则对有益国计民生的西洋器物予以肯定,而对西洋器物所包含的追求"机巧"的意向,仍存有隐隐的鄙视。而冯桂芬认为须学习"技巧"即格致技艺,视为"自强之道"的务实精神。这一系列的观念变化在清末民初通俗小说和画报中反映得淋漓尽致。

---

① 热工实验室编.热工专刊,1948(2).
② 热工实验室编.热工专刊,1949(2).
③ 郑时龄.上海近代建筑风格.上海:上海教育出版社,1999:257.
④ 李长莉.晚清上海风尚与观念的变迁.天津:天津人民出版社,2010:45.

图 11-1-9 别饶风味
来源：吴有如画宝. 乌鲁木齐：新疆哈什维吾尔文出版社，2002: 135.

在当时各种对上海新事物、新生活的介绍与叙述中，各种西式设备是其中渲染的主角之一，通过场景的搭建，来帮助完成对上海作为现代性城市与西方"窗口"的叙述，并以此获得了其初步的上海现代性叙述。在清末流行的各种竹枝词中，充满着对于自来火、自来水、电话、电报、煤气灯的礼赞：煤气被誉为"烛天银粟照千家"、"火树银花不夜天"、"火能自来夺天工"等；而电报则被认为"机关错讶有神仙"、"从此千里争片刻，无须尺幅费笔砚"等，从以上词汇中可以看出人们对于这些设备"奇技"的惊叹，而这类的描述举不胜举。这些停留在感性上的描述，是国人对于近代科技的认识的第一个阶段，通过对于这些西方器物的直观认识，也促使了人们开始思考这些西方器物进入中国的意义。

产生于光绪年间的石印画报是一种独特的连续传播物，当时上海比较有名的有《点石斋画报》、《图像画报》、《飞影阁画报》等。在这些画报里，作为反映西式生活的煤气灯、电灯、自来水甚至壁炉都反复作为图画中重要器具出现，来烘托作为"奇技"影响下的上海新式生活场景，而这些场景无疑对大多数读者来说都是一种前所未有的体验，影响着他们的认知和决策，潜移默化地改变着上海的传统生活方式。

《吴友如画宝》中有很多关于西方影响下的上海社会变迁的记录。例如"别饶风味"（图11-1-9）表现了一群相似衣着的中国妇人在番菜馆吃西餐，房间的布置完全西化，场景中的建筑设备有吊灯、自鸣钟和壁炉，与妇人们的中装形成鲜明的对比。去番菜馆吃西餐在当时成为一种别有风味的时尚活动，而场景中的西式元素，包括多枝吊灯和壁炉后来都成为华人富裕阶层居住环境中不可缺少的部件，人们认为只有安装了这些设备的空间才是高级的。这些小的器物影响着整个上海生活及建筑观念的发展。而同时，西洋的器物包括建筑设备也从室外延伸到室内，成为搭建新式生活场景的重要部件，中西合璧成为当时时尚的象征，更组成了上海一种独特的人文景观。

## 2. 摩登时代的风格塑造

随着上海城市快速发展，在1920、1930年代城市建设达到了高峰，无论从物质上还是文化上，上海都表现出一种"充满活力"、"一个金碧辉煌的时代和场景"，还有"一种感官放逐的糜烂"，实现了从启蒙现代性到城市现代性的表意系统的转变。此时最显著的特点是已经开始用都市物质来表达时间与空间，电灯和霓虹灯成为现代都市夜的灵魂。电扇、吊灯、电话、热水汀、现代化的卫生间里的马桶、浴缸，成为摩登空间的必需装备，也构成了一幅幅现代摩登生活的图景，建筑设备成了时尚的要素，时代风格的表征。

作家一直是对时代和生活最敏感的人群，上海华丽夜景在无数作家的笔下反复呈现。1929年，流行文学的先锋蒋光慈①完成了他的名作《冲出云围的月亮》这个最著名的"革命加恋爱"的故事。开篇描写的是上海的"夜"：

> "上海是不知道夜的。
>
> 夜的幛幕还未来得及展开的时候，明亮而辉耀的电光已经照遍全城了。人们在街道上行走着，游逛着，拥挤着，还是如在白天里一样，他们毫不感觉到夜的权威。而且在明耀的电光下，他们或者更要兴奋些……不过偶尔在一段什么僻静的小路上，那里的稀少的路灯如孤寂的鬼火也似的，半明不暗地在射着无力的光，在屋宇的角落里布满着仿佛要跃跃欲动也似的黑影，这黑影使行人本能地要警戒起来……在这种地方，那夜的权威就有点向人压迫了。"

这种对比强调的是"夜上海"的罪恶和奢华。有评者认为，这个开头"一开始就捕捉到了现代主义对现代城市的那种特殊的新感觉"。②而这都是作者通过对"电光"的感触实现的。

来到上海的外国作家也反复地对上海的灯火辉煌进行了歌颂：日本昭和时期具有代表性的诗人、以歌谣曲作词家闻名的西条八十于1938年创作了著名的《上海航路》：

> "红色的灯火照耀着，上海！憧憬的上海！"③

H.J.Lethbridge 在《上海指南》中描述：

> "上海的子夜因无数的珠宝而闪闪发亮。夜生活的中心就在那巨大的灯火电焰处……灯海里的欲望，那就是欢乐，就是生活……。"④

声电光是上海这座城市在外部城市形态上区别于历史上其他城市的最表象的特点，⑤成为表现都市现代性最有力的物质武器，也成为上海最显著的城市景观特征。

---

① 蒋光慈：1920、1930年代流行作家，这部《冲出云围的月亮》就在出版当年先后重印了六次。
② 旷新年.1928：革命文学.济南：山东教育出版社，1998：88.
③ 刘建辉.魔都上海：日本知识人的"近代"体验.上海：上海古籍出版社，2003：114.
④ H.J.Lethbridge. All about Shanghai：A standard Guidebook. Oxford University Press（China）Ltd.，1983：76 译文参见：上海摩登：32.
⑤ 刘永丽.被书写的现代：20世纪中国文学中的上海.上海：中国社会科学出版社，2008：86.

而对于左翼作家茅盾来说，对这种上海现代性进程的体验更为复杂。在茅盾理解和描绘的新世界里，电灯及各种电气设备最能体现上海的这种摩登都市复杂性的了。在《狂欢的解剖》中茅盾这样描述道：

> "我记起农历除夕'百乐门'的情形来了。约摸是十二点半罢，忽然音乐停止，跳舞的人们都一下站住，全场的电灯一下都熄灭，全场是一片黑，一片肃静，一分钟，两分钟，突然一抹红光，巨大的'1935'四个电光字！满场的掌声和欢呼雷一样的震动，于是电灯又统统亮了，音乐增加了疯狂，人们的跳舞欢笑也增加了疯狂。我也被这'狂欢'的空气噎住了，然而我听去喇叭的声音，那混杂的笑声，宛然是哭，是不辨苦笑的神经失去了主宰的号啕。"[1]

在这里，茅盾用上海著名建筑百乐门新年灯光秀，显示了都市生活的摩登和刺激，而后揭示了 1935 年都市新年狂欢的本质：今朝有酒今朝醉，批判了上海生活的声色犬马和颓废与没落。

在茅盾另一篇反复被引用的著名小说《子夜》的开头这样描写道：

> "太阳刚刚下了地平线。软风一阵一阵地吹上人面，怪痒痒的。暮霭挟着薄雾笼罩了外白渡桥的高耸的钢架，电车驶过时，这钢架下横空架挂的电车线时时爆发出几朵碧绿的火花。从桥上向东望，可以看见浦东的洋栈像巨大的怪兽，蹲在暝色中，闪着千百只小眼睛似的灯火。向西望，叫人猛一惊的，是高高地装在一所洋房顶上而且异常庞大的霓虹电管广告，射出火一样的赤光和青磷似的绿焰 Light，Heat，Power!"[2]

在这里，茅盾对于场景的描述聚焦在了"电车，闪着千百只小眼睛似的灯火，异常庞大的霓虹电管广告"，这些电气设备强力地暗示出另一种"历史真实"：西方现代性的到来，而且它具有吞噬性的力量极大地震惊了主人公的父亲。[3] 而之后，主人公的父亲吴老太爷坐着雪铁龙汽车来到儿子的洋房，再次被刺激，引起吴老太爷愤怒恐慌以致眩晕、命赴黄泉的主要物质就是各种"红的绿的"电灯，"浑团一片金光摇头作法的怪东西"的电扇。在这里，茅盾借用了中国传统乡绅对现代化电气设备的激烈反应来体现出现代化对传统的强烈冲击。

茅盾对吴老太爷"进城"窘状之揶揄，对上海的 Light，Heat，Power（光、热、力）之渲染，无疑泄露了作家作为一个"大都市人"的内隐意识和对"上海文明"的潜在认识："也许有人以为所谓'上海气'也者，仅仅是'都市气'的别称，那么我相信，机械文化的迅速传播，是不久会把这种气息带到最讨厌它的人们所居留的地方去的。"[4] 现代的建筑设备带来了丰盈的感

---

① 茅盾.狂欢的解剖 中国新文学大系续篇 5 卷.香港：香港文学研究出版社，1968：403-406.
② 茅盾.子夜 茅盾选集.成都：四川人民出版社，1982：1.
③ 李欧梵著.毛尖译.上海摩登：一种新都市文化在中国（1930-1945）.北京：北京大学出版社，2001：4-5.
④ 叶忠强.上海社会与文人关系（1843-1945）.上海：上海辞书出版社，2010：76.

官刺激和沉醉，形成一种完全不同于传统的生活形态。茅盾小说的叙事通过对灯光描写，在对都市批判的前提下也泄露出他对城市的迷恋。这是一种复杂的矛盾，完全取决于作者本人的政治态度。

而上海另一个作家张爱玲则聚焦于上海中上阶层家庭以及都市景观变化与个人心理的联系。上海公寓这种居住形式在张爱玲笔下是现代城市生活最基本的空间意象，距"市声"更近，与电梯、电车什么的共同构成"城里人的意识"。[①] 如果说公寓是中产阶级的居所，张爱玲则在公寓中产生了都市的经验和日常生活中人的自觉，而这种经验的体验和传达，张爱玲都与公寓里的建筑设备发生了联系。

张爱玲最早见识公寓，是在父母离异后，去母亲和姑姑合租的公寓探亲："在她（母亲）的公寓里第一次见到生在地上的瓷砖浴盆和煤气炉子，我非常高兴，觉得安慰了。"由此可见，张爱玲将对公寓的爱恋主要投影在了"瓷砖浴盆和煤气炉子"这些现代化的设备上，在张爱玲的眼里，现代化的建筑设备是她认为公寓建筑舒适居住生活的物质精髓，建立在此之上的物质依恋其实是想表达对于自由生活的向往："我所知道的最好的一切，不论是精神上的还是物质上，都在这里了。因此对于我，精神上与物质上的善，向来都是打成一片的。"[②]

张爱玲又将享乐的感觉与浴缸联系在一起："刺激性的享乐，如同浴缸里浅浅地放了水，坐在里面，热气上腾，也得到了昏蒙的愉快，然而终究浅，即使躺下去，也没法子淹没全身。思想复杂一点的人，再荒唐，也难求得整个的沉湎。"[③]

浴缸这种设施在张的眼里成为一种物质愉悦的象征，而这种描述的方式，包括这种愉悦却是具有现代意识的复杂感受。

1942 年下半年，第二次世界大战中的太平洋战争爆发，香港沦陷，港大停课，张爱玲辍学回沪，与姑姑合住（后合租）埃丁顿公寓 6 楼 65 室。在她的散文《公寓生活记趣》中这样描述道：

> "自从煤贵了之后，热水汀早成了纯粹的装饰品。构成浴室的图案美，热水龙头上的 H 字样自然是不可少的一部分；实际上呢，如果你放冷水而开错了热水龙头，立刻便有一种空洞而凄怆的轰隆轰隆之声从九泉之下发出来……现在可是雷声大，雨点小，难得滴下两滴生锈的黄浆……然而也说不得了，失业的人向来是肝火旺的。"[④]

可见当时公寓生活是离不开热水汀采暖及热水供应的，热水和采暖供应成为公寓生活品质的重要组成。张爱玲借用公寓集中热水系统的停用来表达对生活开始艰辛的不满。

在张爱玲的作品中，包括建筑设备在内的各种器物成为她日常生活世界观察的重要部分，而这些细节的描写从某种意义上超越了私人领域的体验，进而成为整个上海都会生活景观的一部分。

① 吴晓东.阳台：张爱玲小说中的空间意义生产.现代中国第 9 期.北京：北京大学出版社，2007.
② 张爱玲.私语.张爱玲文集第四卷.合肥：安徽文艺出版社，1992：108.
③ 张爱玲.我看苏青.张爱玲文集第四卷.合肥：安徽文艺出版社，1992：234.
④ 张爱玲.公寓生活记趣.张爱玲文集（第四卷）.合肥：安徽文艺出版社，1992：37.

从以上两位作家对建筑设备的描述可以比较：如果说茅盾是从外地来到上海的亭子间作家，他对于都市的体验是从城市及建筑的电光入手，从旁观者的角度表现的是都市摩登面上的通识；而张爱玲则是生长于上海的末代贵族，她则更加从生活享受的触角细致入微地通过电梯、浴缸、热水供应来表现都市现代化给予的舒适性。这两者虽然立场不同，但相互补充，构成一幅相对完整的 1930、1940 年代上海城市现代生活图景。

由于上海城市在当时中国的独特性，上海人优于国内其他地方首先使用和感受西方物质文明的便利，特别是对日常的设备：电梯、煤气、电话等的先一步使用，这也造成了上海人独特的优越感，而这种优越感也一直延续至今。

广告业的蓬勃发展也是上海城市发展的重要表征。上海广告发展也折射出上海从功能单一的口岸城市转型为现代消费都市的发展轨迹。1920、1930 年代上海的发展速度则使相当一部分中等收入的市民得以摆脱日常油盐的困扰，成为现代意义的消费者，正是他们构成了生活消费文化赖以历史弥新的主体。[1]

现代广告关于都市摩登的建构不仅需要以外观空间的摩天大厦作为背景，更需要以现代城市内景中的新奇器物来激发欲望的想象。[2] 而这其中，各种建筑设备的广告如浴缸、抽水马桶、灯具、电扇、电话等作为时尚的消费品，出现在各种大众媒体上，推动着对于上海现代性的想象。

上海的煤气、电力、电话公司及建筑设备供应商成为报刊主要的广告客户，不遗余力地通过广告传达认知，推广建筑设备产品的使用。这些公司从社会角色层面的角度，将他们的产品与建筑关联，并暗示了建筑设备产品与社会地位的关系。从社会关系层面的角度，指出建筑设备的使用不仅是一种摩登生活的标志，更为生活带来意想不到的改变，这种改变不仅在于使用方便，安全可靠，效率便捷，更由此产生和建立一种新的社会地位、社会关系和社会交往模式，而这些新型关系的产生是对人的生活方式的转变，这才是现代的本质。

在申报民国 18 年（1929 年）7 月 2 日的美国斯坦达（Standard）卫生器具广告（图 11-1-10）描述了一个中产阶级新屋落成邀请男女宾客莅临参观的情景（广告词中用男女宾客而没有用亲朋好友，说明当时中产阶层认为的主要社会关系是同事而非亲属，这也体现了一种现代都市的特征）。新屋美轮美奂，现代的卫生间和高档的卫生设备是最值得主人骄傲的地方，也是访客参观的重点：名牌卫生洁具典雅绝伦，与房屋档次相匹配，尽管房屋的主人穿着传统的中式服装［这个阶层因此被称为长衫阶级（Long Gown Class）］，但对西方现代生活的追求却丝毫没有牵绊，这也体现出了上海这个地方中西兼容、新旧并存、传统与现代交织的复杂现代性。在这则广告里，让人羡慕的摩登居住生活通过房屋高档卫生洁具的装配实现了。

而在斯坦达洁具的另一则广告[3]（图 11-1-11）则表现了两个运动完毕的青年男子准备在一个现代豪华的卫生间里沐浴。广告中卫浴设施的设置与当时最时尚的生活方式——各种西式的

---

① 孙绍谊. 想象的城市文学、电影和视觉上海（1927-1937）. 上海：复旦大学出版社，2009：167.
② Pasi Falk. The Consuming Body. SAGE Publications Ltd.，1994：176.
③ 申报，1924-7-1.

图 11-1-10　斯坦达洁具广告一
来源：申报，1929-7-2.

图 11-1-11　斯坦达洁具广告二
来源：申报，1929-7-1.

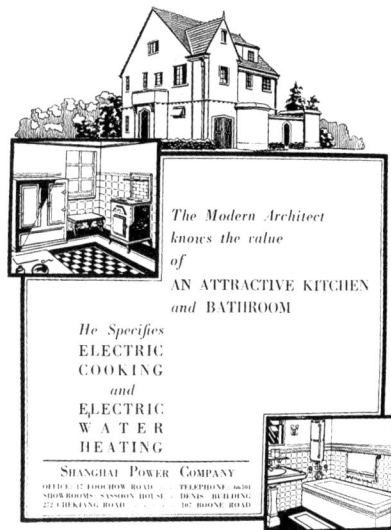

图 11-1-12　上海电力公司广告 1932 年
来源：The China Architects and Builders
Compendium. 1932: 188.

体育运动联系在一起，强调当时社会风尚之间的关联：体育运动后进行沐浴应成为一种必需，运动之后必须使用浴室来沐浴，这两种活动都关系着健康与卫生，这也是当时推崇的摩登生活观念。于是，卫生设施及其产生的相关活动——沐浴作为摩登生活方式被推广开来。

发表在建筑年刊（*China Architects and Builders Compendium*）的上海电力公司广告[①]（图 11-1-12）则推广了电气设备在建筑中的广泛应用：厨房中的电炊具、电冰箱、卫生间中的电热水器。1932年、1933年广告中广告词是相同的："摩登建筑师懂得电气化厨房和卫生间的价值。"直接点明了摩登建筑与电气化设备的紧密关联。画面中有流行的时尚建筑，电气化的厨房和铺贴着瓷砖的卫生间，充满了现代感。广告表现在电力支配下，洁净方便的厨卫设备成为摩登建筑的象征，更成为那个时代的象征。

这些设备产品广告准确地把握了上海现代化进程中所产生的观念变化，并将设备、建筑与现代生活诠释为彼此的延伸，从而建构起了上海摩登城市的集体认同。与文学、电影和其他视觉表述不同，以上这些广告关于上海都市空间想象积极而清晰，充满了未经批判精神洗礼的乐观主义。[②]

与此同时，报纸、杂志广告的流行并未抢尽其他形式广告的风头。店招、店牌、旗招、海报、橱窗陈设、霓虹灯牌等将上海都市空间转型为充斥着商品图符的海洋。四大百货公司在 1910 年代开始普遍采用橱窗陈列吸引消费者，而橱窗陈列中最重要的就是灯光设计。1926 年南京路上首次出现"皇家牌打字机"吊灯广告后，先施公司马上跟进，将霓虹灯店牌悬挂到了公司大楼的顶端。据考察，当时最大的霓虹灯牌当属 W.D.&H.O.Wills 公司于 1928 年陈设在大世界娱

① China Architects and Builders Compendium, 1933 : 167.
② 孙绍谊. 想象的城市：文学、电影和视觉上海（1927-1937）. 上海：复旦大学出版社，2009 : 196.

图 11-1-13　上海霓虹灯夜景
来源：老上海十字街头．上海文艺出版社，2004: 29.

乐中心对面的"红锡包"香烟广告。该广告由美商丽安公司承制，"中间有大钟，四周有香烟从烟盒里跳出，环绕大钟，很能吸引路人"。每到夜晚，"红锡包"的霓虹公主和大钟图案为上海最繁华的街市平添了几分色彩。[①]

而 1930、1940 年代，霓虹灯广告迎来了全盛期，耀眼的灯光和夜空融为一体，好像无数的星星，照耀着南京路，成了不夜城"摩登上海"的一个象征，如图 11-1-13 所示。甚至霓虹灯的兴衰也折射出上海城市经济的活力兴衰，1941 年 12 月太平洋战争爆发，日军占领租界，实行灯火管制，不准开亮任何霓虹灯，霓虹灯被迫全部关闭，[②] 标志着上海开始了日占时期的萧条岁月。1945 年 9 月，南京路百货公司的橱窗内装饰着孙中山和蒋介石的肖像，四大公司的大楼外面挂起用小电灯泡串起的大型"V"字。[③] 这是上海的民族资本家和市民欢庆抗战胜利的一种表示。[④] 从日本战败到中华人民共和国建立前，这一时期的百货公司和南京路商业街的橱窗艺术，在上海的商业广告和商业美术史上，都达到了炉火纯青的最高水准。陈列商品时，为了节电，霓虹灯被替换成日光灯，白炽灯又将各种各样的商品映照得非常诱人。[⑤] 对于都市市民而言，霓虹灯广告是都市生活环境的一部分，成为他们的话题，深深融入了他们的日常生活，影响着他们的感觉和价值观的形成。[⑥]

看电影是当时上海一种新的娱乐方式，并在 20 世纪二三十年代之交异军突起，成为当时上海最受欢迎的大众娱乐形式之一。而大量的西方电影的引入，不仅带来新的文化方式，电影中出现的西方现代城市景观、建筑、空间及空间中的器物：电梯、卫生间、霓虹灯等更成为不

① 益斌等．老上海广告．上海：上海画报出版社，1995：5.
② 上海轻工业志编纂委员会．上海轻工业志．上海：上海社会科学院出版社，1996：320.
③ 上海礼赞．文汇报，1945-9-9.
④ [日] 菊池敏夫著．陈祖恩译．建国前后的上海百货公司：以商业空间的广告为中心．上海档案史料研究（九）．上海：上海三联书店．2010：120.
⑤ 同④：120.
⑥ 同④：123.

可缺少的场景，与那些影片体现的观念一起，影响着上海人的思维方式和生活理念。在1934年出品的电影《神女》中的分区银幕将霓虹映照的繁华上海与街头揽客的妓女并置在一起，有意强烈对比一幢白色楼房的光影两面，并将神女孤独的，弱小的身影并置在浓重阴影里。通过"都市之夜"、白天的都市厂房烟囱、高楼、城市上空的电线等都市图景的象征化展示，完成了一次主人公和观众对异化都市文明的真切体验。[①]

1933年，影星徐来主演明星影片公司的《残春》中有张非常有名的浴缸戏剧照。[②] 这是国产电影首次将卫生间和浴缸作为场景的主角来表现，浴缸中女性含笑遮掩着裸体，体现出时尚前卫的生活观念，表达了女性的解放和对传统的反抗。场景的实现则通过了西式的卫生间：墙面贴着瓷砖，奢华的浴缸，而这些装置都是在传统中国建筑中没有的。在这里，使用浴缸进行洗浴不仅表达了清洁身体是现代生活的必需，也让洗浴成为一种具有现代感的仪式，代表了摩登生活的欢愉和享乐，体现出一种与传统生活观念的决裂。这种视觉主体的转换，其实是电影导演对上海20世纪30年代社会及空间身份的再认识。在当时，可能没有比西式浴缸这种设备更能体现那个时代追求的生活感觉了，而无疑，这种场景的搭建都落在了浴缸这种现代设备上。

建筑设备从晚清被认为是"奇技淫巧"到1920年代、1930年代成为都市摩登的象征，其中的观念变化是上海如何逐步接受现代化的缩影。而这种变化通过报纸、书籍、画报、期刊等不同媒体的推广来实现，包括文学、广告、电影等不同传媒的介入使得建筑设备的社会文化形象更加的立体和丰富，在视觉文化传播的视野中，在不同的历史时期，建筑设备及其依附的学科体系、文化内涵，都最终和建筑一起，成为时代和都市文化的代言人。

## （三）建筑设备的文化意涵

### 1. 建筑设备与"后发外生型"的都市特质

1948年，中国第一本暖通专业期刊《热工专刊》问世，其发刊词中示出了这样的忧患：

> "美国人民之享有电之生活文明者，在1944年已达83.4%，暖气冷藏设备之在美国已普遍应用于家庭，近更有日渐采用辐射热之暖气装置，通风及空气调节之方法，已为多数工厂所采用，以增进工作效率。"[③]

而中国建筑设备的发展和建筑物质文明的享用则仅仅局限在部分开埠城市，比如上海租界及华界的洋房中，中国绝大多数的居民并不能享受到这些物质文明给生活所带来的舒适方便性。但与此同时，上海却在短短的时间里发展成为东方的巴黎，成为中国第一座拥有管道煤气和现

---

① 胡霁荣. 中国早期电影史（1896–1937）. 上海：上海人民出版社，2010：142.
② [美]刘香成、[英]凯伦·史密斯. 上海（1842–2010）：一座伟大城市的肖像. 北京：世界图书出版社，2010：153.
③ 顾毓瑔. 发刊词. 热工专刊. 1948（1）.

代化卫生设施的城市。[①]这种特殊的繁荣，来自于上海城市自身的特殊性和它在中国现代化进程中的独特位置。

这种现象其实是当时"后发外生型"国家包括俄、中、日等国社会发展不均衡性的写照。伯曼在《一切坚固的东西终将烟消云散了》中通过波德莱尔和陀思妥耶夫斯基两位作家之间的对照，以及19世纪中叶巴黎和彼得堡之间的对照，帮助我们理解当时世界上现代主义的两极性：

> "在一极，我们看到的是先进民族国家的现代主义，直接建立在经济与政治现代化的基础上，从已经现代化的现实中描绘风俗世态景象……在对立的一极，我们发现一种起源于落后与欠发达的现代主义。这种现代主义在19世纪首先发祥于俄罗斯，在彼得堡得到集中体现。在我们的时代，随着现代化的扩展——但通常像在旧俄罗斯一样，是一种截短的扭曲的现代化——它已经传播到整个第三世界。欠发达的现代主义被迫建立在关于现代性的幻想与梦境上，和各种幻想、各种幽灵既亲密又斗争，从中为自己汲取营养。"[②]

而以上对于彼得堡的描述也正是对当时上海的写照。尽管上海在很短的时间里吸收了西方的物质文明，包括制度和观念。西方建筑设备技术的引入吸收促进了上海建筑的发展，加速了上海现代化的进程。但因上海包括其他亚洲国家的城市近代化基本上不是以工业化为其起点的。[③]几乎所有的商品都是西方世界的舶来品，在灿灿发光的外表后隐藏着危险的极度欠缺。[④]

但从另一种意义上，和亚洲其他殖民城市不同，上海不仅仅是被动地接受和屈服于外来的殖民文化。[⑤]上海对西方异域风热烈拥抱，把西方文化本身置换成了"他者"。在他们对于现代性的探求中，这个置换过程是非常关键的，因为这种探索是基于他们作为中国人对自身身份的充分信心，实际上，在他们看来，现代性就是为民族主义服务的。[⑥]上海在引入吸收这些先进建筑技术的同时，很快也将其变成自身的属性，也促进了自身建筑制度建设、观念更新包括民族产业的发展，上海因此也成为中国近代建筑设备业的发祥地。与此同时，上海也成为中国最大的建筑安装和建筑设备生产基地，以电光源为例，上海普通照明灯泡产量从1949年的1191万只上升到1957年的5009万只，占全国生产量的72.6%，[⑦]直到1990年，上海一直是中国最大的电光源生产基地和出口基地。[⑧]

与此同时，上海又将这种技术与文明传播到中国其他地方。不仅在1949年以前，上海的

① 卢汉超著.段炼、吴敏译.霓虹灯：20世纪初日常生活中的上海.上海：上海古籍出版社，2004：11.
② [美]马歇尔·伯曼著.周宪译.一切坚固的东西将烟消云散了.北京：商务印书馆，2003：303–304.
③ 《上海和横滨》联合编辑委员会、上海档案馆编.上海和横滨：近代亚洲两个开放的城市.上海：华东师范大学出版社，1997：5.
④ 同②：301.
⑤ 张晓春.文化适应与中心转移：近现代上海空间变迁的都市人类学研究.南京：东南大学出版社，2006：176.
⑥ 李欧梵著.毛尖译.上海摩登：一种新都市文化在中国（1930-1945）.北京：北京大学出版社，2001：323.
⑦ 上海轻工业志编纂委员会.上海轻工业志.上海：上海社会科学院出版社，1996：315.
⑧ 同⑦：316.

建筑设备设计及施工单位在全国各地开设分行，承担任务，传播新的建筑设备技术。在 1949 年以后，大量上海建筑设备施工单位内迁，技术人才被抽调到全国各地，[①] 比如早在 1958 年，上海的电梯技术人员就开始为北京十大建筑的电梯安装提供技术服务。[②] 上海著名的设备工程师陆南熙被输送到北京，骆民孚被输送到武汉，陆耀庆[③] 被输送到西安支援内地建设，填补了当地的技术空白，并因此成为中国暖通专业的创始人。上海的建筑设备制造厂生产的产品也大量地运往全国各地，支援国家基本建设，[④] 促进了这些地区经济建设的发展。这个过程尽管蹒跚，但也充满希望。

## 2. 建筑设备演进中的现代性呈现

始于 19 世纪中叶，一直延续至今日并必将在相当长一段时期内继续下去的中国建筑现代转型进程，有必要被置于一个宏观的社会发展模型中加以考量、检讨、设计、实践与评估。[⑤] 在二战结束以来的半个多世纪里，西方关于晚清和近代中国历史的学术研究已经广泛地转向"中国中心论"的研究范式，逐渐取代了或者说在某些方面修正了"西方冲击—中国反应"的模式。[⑥] 但是对于上海近代建筑发展历史，特别是从西方引入的建筑设备在近代上海演进上来看，西方的影响应该是首要的，确是印证其受"冲击—反应"模式的影响。

作为西方工业文明的产物，建筑设备系统是建筑乃至城市的"血脉动力"源，无论从技术还是与之相伴的观念上，在上海建筑现代转型的进程中，它其实扮演着重要的角色。物质生活器物的变化相伴随的是人们生活方式的巨大变化。[⑦] 在某种程度上，它对建筑本身的发展、对上海社会及人产生更深远的影响。

在中国，特别是上海"后发外生型"现代化进程的大背景下，由西方引进的水、电、煤、卫基础设施，成为上海建筑设备发展的先导，并对上海的城市面貌及居民的生活方式产生巨大的影响，开启了近代上海都市化和建筑现代化的进程。当然这种推动作用并非单向，在观念方面，国人从一开始的消极避让到主动学习；在经济方面，最初的洋商垄断到后来的华洋竞争，这些由外到里，由浅及深的交流碰撞，上海就是这样一步步地从观念到行动向现代化靠拢。正是由于中外双方的相撞、合作和竞争，才把上海变成了富有国际性和创造性的城市。[⑧]

摩登都市的搭建既需要在物质层面上的建构，更需要在思想（思维）层面上的转化，两者缺一不可。作为建筑有机体组成部分的建筑设备，看似普通，也顺应着中国建筑现代转型的历

---

① 上海支援兄弟省市的建设人才，在第一、第二个五年计划时期达到 50 万左右。当时调往各省市的技术工人约占全市技术工人的 1/5。几乎全国所有在建的重点工程中，都挥洒着上海支援职工的劳动汗水。张文清 . 周恩来的经济思想及其对上海建设与发展的指导，摘自人民网 >> 中国共产党新闻 >> 领袖人物 >> 人民领袖周恩来 >> 研究评价 .
② 见上海房屋设备有限公司网页 http://www.sinolift.qianyan.biz/，该公司前身为上海市房地产电器修理所，由原美国奥的斯电梯公司，英国怡和洋行，瑞士迅达电梯公司在沪的电梯从业人员合并组成 .
③ 陆耀庆（1929-2010 年）中国著名的暖通工程师，1948-1951 年于上海沪江大学学习，毕业后，1952 年 6 月 -1955 年 4 月就职于上海华东建筑设计公司任副主任工程师，1955 年 4 月组织调动至西北建筑设计研究院。先后著有《暖气工程设计》（1955 年），《实用暖通空调设计手册》（1996 年，多次再版）.
④ 新华社 . 上海七百多个公、私营工厂和合作社大量生产水暖电工器材支援基本建设 . 人民日报，1953-7-27.
⑤ 李海清 . 中国建筑现代转型 . 南京：东南大学出版社，2004：340.
⑥ 卢汉超著 . 段炼、吴敏译 . 霓虹灯：20 世纪初日常生活中的上海 . 上海：上海古籍出版社，2004：13.
⑦ 李长莉 . 晚清上海风尚与观念的变迁 . 天津：天津大学出版社，2010：1.
⑧ [法]白吉尔著 . 上海史：走向现代之路 . 王菊、赵念国译 . 上海：上海社会科学出版社，2005：2.

史规律：技术、制度与观念的逐层推进与互动。[①] 在这几个层面上对上海建筑的现代化、上海都市的现代性起到了自己的作用。

## 第二节　上海的装饰艺术风格建筑[②]

1920 年代至 1930 年代前期通常被称作是上海历史上的一段黄金岁月。伴随着城市的快速发展，华洋资本对房地产的投入也于 1930 年升至峰值。[③] 巨大的市场需求使许多原来仅在欧洲范围流行的建筑新风格有了被引入上海的可能，兼之受商业社会追求时髦的影响，因而在此期间建造起来的各类建筑中装饰艺术风格的作品数量远高于其他风格流派的作品。据统计，及至 2004 年上海仍然保存有近代装饰艺术风格建筑 165 处。[④] 这一数字占当时上海市政府部门公布的 398 处优秀近代保护建筑的 41.5%，比例并不高，但如果将这 398 处市级保护建筑按照它们的风格做一下类别区分的话，其中装饰艺术风格类别所占的比重无疑最高。另外很重要的一点是这 398 处中有 165 处属于小型住宅，而统计的多为公共建筑，住宅仅个别数例。如果双方均去掉住宅的统计数字，那么装饰艺术风格建筑在上海优秀近代保护建筑的比例高达 70% 左右。一般来说，公共建筑在城市中所处的位置相对要显性一些、在市民记忆中的认知程度也更高一些，因而也就更能反映一座城市建筑的整体面貌。在今天，装饰艺术风格建筑已代表着"大上海 1930 年"这一特定时代概念的城市风貌、代表着一笔可观的历史文化遗产（图 11-2-1）。

图 11-2-1　上海外滩的建筑轮廓线，摄于 20 世纪 30 年代早期

---

① 李海清 . 中国建筑现代转型 . 东南大学出版社，2004：342.
② 本节作者钱宗灏。
③ 引自 1934 年字林西报社出版的 <China Architects & Building Compendium> 第 13 页表格
④ 参见同济大学博士学位论文《Art Deco 的源与流》许乙弘

综合各方史料的考察可以发现，20 世纪 20 至 30 年代繁荣于上海的装饰艺术（Art Deco）建筑（包括室内设计），主要有两条传入途径：一条即所谓正统巴黎风格的 Arts Décoratifs，自 1920 年代早期就直接从巴黎或其他欧洲主要城市被引进到了上海。来华开业的法国建筑师和室内设计师或在法国学习应用美术的归国留学生是这一流派艺术的主要设计者和创作者。他们的作品主要反映在店面设计、室内装饰和建筑的外部装饰上。代表作有霞飞路（今淮海中路）上的商店、法商总会（今花园饭店裙楼）的室内装饰和大致处于同一区域中的阿斯屈莱特（今南昌大楼）等公寓建筑的细部，其特点是华丽和典雅。另一条即所谓美国式的摩登 Art Deco，它从 1920 年代晚期开始影响上海，1930 年代是它的繁荣时期。与前者单向的输入与被动地接受不同，这一波潮流表现为上海的中、外籍建筑师们主动地学习或模仿北美城市纽约、芝加哥等地流行的建筑时尚，并在他们自己设计创作的新作品中反映出来，其表现也不在于局部的设计，而在对建筑的整体造型和风格特征的把握上（图 11-2-2）。代表作品有百老汇大厦、国际饭店以及大光明电影院、大上海电影院等，其特点是前卫和摩登。

R·米努梯（R. Minutti）是第一次世界大战刚结束后即来上海的少数法国建筑师之一。当时法国政府没收了位于上海法租界辣斐德路（今复兴中路）原属于德人所有的同济德文医工学堂[①]，并改其名为中法实业学校。为了办好这所学校，法国外交部又委托上海法租界当局在法国国内招聘师资力量。R·米努梯受上海法租界当局之聘而到上海。聘约期满后他即辞去教职，在朱葆三路（今溪口路）创办了中法实业公司（Minutti & Co.），开始从事市政工程和商业建筑的设计。稍后又有赉安洋行（Leonard，Veysseyre & Kruze）开办。他的三位主要合伙人 A·列奥纳多（A. Leonard），P·维舍也尔（P. Veysseyre）和 E·克鲁泽（E. Kruze）均接受过巴黎美术学院的正规教育，获有建筑师文凭。他们在上海广泛承揽设计业务，逐渐成为一家著名的建筑师事务所。由著名青帮大亨杜月笙委托设计的中汇大楼是上海非常典型的装饰艺术建筑。

1920 年代晚期开设在霞飞路 540 号的美艺建筑装饰行（Studio d'Art）经理钟熀，是一位曾经留法学习建筑装饰的学生。他的工作室主要承揽个性化的建筑设计和室内木工装饰，但他不是登记在册的建筑师，他的工场开设在康脑脱路（今康定路）577 号。

S·J·海克斯（S.J.Hicks）等人开设的上海美艺（Arts & Crafts）公司，很可能就是本地最早从事装饰艺术设计的美术公司。这家上海最大的工艺美术公司开始时仅仅是家代理商，为伦敦、巴黎的一些大的家具、纺织品和图片公司代理经销他们的产品。后来美艺公司在胶州路 343 号设立了专门的工厂，做室内细木工装饰，墙壁和顶棚上的纤维石膏装饰和木质的或大理石的雕刻。上海许多银行、公司、教堂、店面和住宅的室内装饰都是他们的作品。早期著名的作品如大华饭店宴会厅内的石膏像、外滩和平女神像基座两侧的青铜雕塑还属于古典风格，约从 1920 年代后期开始转向装饰艺术风格的设计（图 11-2-3）。

来自英国的艺术家魏斯塔夫兄弟（W. W. Wagstaff & A. W. Wagstaff）从 1930 年代就住在

---

① 原址现为上海第二工业大学。

图 11-2-2　霞飞路上的福熙大药房（摄于 20 世纪 20 年代晚期）

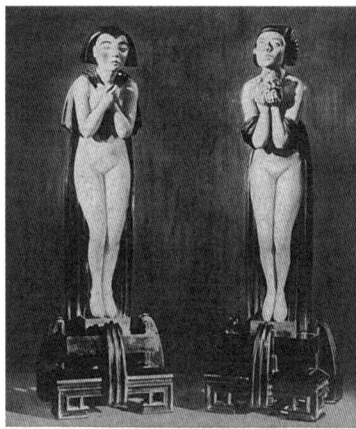

图 11-2-3　美艺公司设计的古埃及木雕女像

图 11-2-4　魏斯塔夫为公和洋行设计的古代中国人像

大西路（今延安西路）302 号，这对兄弟从事艺术设计和建筑装饰，早年也曾在美艺公司工作，后来自立门户，成立魏达洋行，专门揽做建筑装饰设计和施工，包括雕刻、铁铸件、装饰石膏及油漆等。魏氏兄弟与著名的公和洋行关系密切，经常从后者获得转包的艺术设计项目（图 11-2-4）。他们的工作室兼工厂设在大西路 118 号。1935 年建成的香港汇丰银行新楼在门前陈放了一对铜狮，它们就是魏达洋行设计师和工匠的作品。[①] 而十多年前竣工的上海汇丰银行门前的一对铜狮则是运自英国。

由 R·鲍立克兄弟（Richard Paulick；Rudolf Paulick）和合伙人 H·韦特（Hans Werther）于 1930 年代初创设的上海时代公司（Modern Homes）从一开始就以流行的装饰艺术风格从事设计业务并大受欢迎。这家现代室内设计公司主要接受业主的委托从事室内装饰，并为客户提供他们自行设计的成组家具。他们的工作室设在静安寺路（今南京西路）同孚路（今石门二路）口的同孚大楼里面。

从事现代室内装饰和家具制造的还有美商胜艺公司（Caravan Studio，Inc），地址在江西路 26A。

在 1930 年代，上海的建筑设计事务所也开始采用美国流行的做法，大多数的建筑师都将初步的装饰设计工作交给帮他们绘制草图的人，或直接给了提供建材的制造厂商。除了上面提到的魏达外，公和洋行还委托美国华懋陶业公司（Cathay Ceramics Company Inc. U.S.A）为其设计的贝当路（今衡山路）开文公寓（Cavendish Court）做了门厅的装饰工程（图 11-2-5），那完全是一项美式装饰艺术的室内装饰工程，由后者从美国运来全部装饰材料并负责施工。这家公司的主要产品有陶瓷地砖、马赛克、陶瓦、贴面砖、墙砖、石膏及大理石制品，它的中国代表处设在外滩 24 号大楼内，到 1934 那一年为止，他们已经为上海的下列工程提供了建材和施工服务，计有：

① Stuart Lillico. Making the Home Beautiful. *The China Journal*, Jan.–June, 1935：182–186.

图 11-2-5　华懋陶业公司设计的开文公寓门厅

图 11-2-6　阿斯屈莱特公寓立
面细部

赉安洋行设计的福履理路（今建国西路）641 号 Foncim Apartment（现名建安公寓）、爱棠路（今余庆路）F. I. C. 公寓（F.I.C. Apartments，）、爱棠路爱丽公寓（Edan Architects，现称康平路 182 号公寓）、榆林路 27 号第一俄国公学（ Russian Primary School ）、霞飞路盖司康公寓（ Gascogne Apartments；今淮海公寓 ）。

思九生洋行（Spence，Robinson & Partners）设计的杨树浦路上海煤气公司办公楼。

比利时商人开设的义品放款银行（Credit Foncier Architects）地产部设计的吕班路（今重庆南路）249 号法商电车电灯公司办公楼。

公和洋行设计的贝当路 525 号开文公寓 A 楼、虹桥路沙逊别墅。

爱尔德洋行（Algar & Co）设计的狄思威路（今溧阳路）北端公寓（Northend Apartments）。

美华地产公司（Realty Investment）设计的安和寺路（今新华路）39 号 Fred Kempton 住宅。

米伦建筑师（F. E. Milne Architects）设计的宁波路 50 号上海商业储蓄银行。

列文建筑师（W. Livin Architect）设计的环龙路（今南昌路）阿斯屈莱特公寓（Astrid Apartment，今南昌大楼）（图 11-2-6 ）。[①]

华懋陶业公司是美国陶瓷协会设立的一家专门向中国、日本等东亚国家出口陶制建筑材料的公司，在短短数年间就接下了上述 13 项装饰工程，足见上海的需求之高和美国 Art Deco 对上海的影响之盛。

上海的比利时商人拥有一家义品砖瓦厂（Manufacture Ceramique de Shanghai），位于白利南路（今长宁路）上，开设于 1919 年，是上海最早生产机制砖瓦的建材厂之一，他们的产品同样也包括卫生洁具、墙砖和地砖，不可否认地会带上欧洲设计的风格。因此可以再一次确定，

---

①　China Architects and Buildings Compendium 1934. 上海字林西报社出版：166.

图 11-2-7　威尔逊
住宅客厅一角（左）
图 11-2-8　威尔逊
设计的沙逊族徽图案
被用于沙逊大厦的细
部装饰（右）

上海的装饰艺术受到了来自欧美两方面的影响。

当然这些还只是问题的一个方面，如从建筑师的创作层面上讲，则应该包括他们的文化背景、个人风格、艺术偏好和造诣的深浅等因素，甚至还包括能否说服业主接受自己的主张。上海最著名的建筑师 G·L·威尔逊设计了许多优秀的古典主义作品，但他也是一位装饰艺术的大师。他曾为自己设计了位于霞飞路 1775 号家中的客厅，那种糅合了中国风的装饰艺术效果曾令那个时代旅居上海的不少西方人叹为观止（图 11-2-7）。为此他还成功地说服了以挑剔著称的犹太地产商 V·沙逊爵士（Sir. Victor Sassoon）接受了自己的沙逊大厦（Sassoon House；今和平饭店）设计方案（图 11-2-8）。

说到流行，上海最早的装饰艺术设计无疑要数 1920 年代霞飞路上的一系列商业橱窗和店面装饰。它们几乎和巴黎一些最早的装饰艺术店面设计同期开始流行。法国第一次世界大战的英雄霞飞（Jacques Cesaire Joffre）元帅 1922 年 3 月对上海作了那次短暂的访问之后，他的名字就留在了这座城市，但这位将军肯定没有想到中国翻译家会把他的名字与飞舞的彩霞联系在一起，更不会想到许多法国人、俄国人、欧洲犹太人和更多的中国人会将这条路演绎成了一个浪漫的故事。确实，霞飞路的迅速繁华得益于艺术家的青睐，短短几年成就了上海最富含法兰西情调的街区。1926 年距霞飞路仅咫尺之遥的法商总会落成，其室内装饰，特别是门厅内的墙面装饰线脚和柱子的饰纹，以及柱子上段的人像雕刻、舞厅天花的玻璃发光顶棚、彩色拼花图案，均让人感受到了巴黎装饰艺术风格的华贵与高雅（图 11-2-9）。

这种巴黎风格的装饰成为霞飞路的特色以后，随即迅速以它为原点向周围扩散，静安寺路、北四川路等二三十年代尚属新兴的商业街区也纷纷采用新的艺术设计来装饰它们的店面。到 1930 年代晚期，甚至当铺这样的传统中式店铺也可以找到采用装饰设计的个案了。

然而与上述过程相伴，在建筑设计方面反映出来的情况却要复杂得多。第一次世界大战结束后从巴黎来到上海的建筑师鸿达（C. H. Gonda）是正宗巴黎风格设计的传播者。1920 年代初期他在上海成立事务所，对外接受小型设计委托，在业内并不知名。1923 年他遇到了事业上的第一位大主顾——从南洋来沪的华侨商人刘锡基和李敏周。当时雄心勃勃的刘李二人正拟在南京路上另建一座大型百货商店。鸿达按照巴黎最新式样绘制了方案，它的立面采用竖

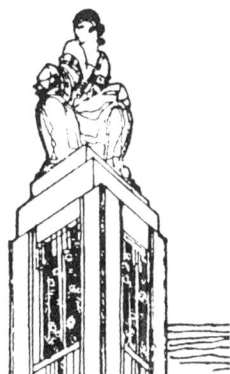

图 11-2-9　上海法国总会舞厅的玻璃顶棚（左）
图 11-2-10　鸿达设计的新新公司（中）
图 11-2-11　原光陆大楼顶部设计稿（右）

直的线条处理，方柱和长方形的门窗；仅在 2 层有水平腰线，6 层才有挑出一周的铁栏阳台；顶部中央有方形逐层收分的 4 层环柱式塔楼。与邻近的永安大楼、先施大楼相比，鸿达的设计摒弃了古典柱式甚至曲线，外观简洁新颖，又迥异于当时上海流行的建筑样式，正好符合业主对于未来商店"日新又新"的企盼，所以很快便获得采纳，取名新新公司（图 11-2-10），并于两年后建成。

　　1926 年，同样具有侨商背景的东亚银行大楼在四川路九江路转角处落成。该楼立面沿街道而呈圆弧形，鸿达曾为其设计了一座环柱式的圆形塔亭，并在顶端安放了一个硕大的金属地球仪，但显然这一在视觉上具有颠覆传统意义的设计并未得到业主的认可。其实在那几年里，鸿达洋行的几位建筑师们一直在做着两个差不多相同的方案。目前尚无证据表明鸿达及其同事是否参观过 1925 年的巴黎装饰艺术博览会，但其作品显示，此时他们对装饰艺术设计语言的运用已十分纯熟。因为继新新公司在南京路上成功亮相之后，除了上面的东亚银行外，另一家著名进出口商斯文洋行（S. E. Shahmoon & Co.）也将一项投资额达 60 万两白银的合同送给了鸿达。新建筑也在中央商务区内，有 102 英尺高，位于博物院路（今虎丘路）142 号，靠近苏州河的边上。考虑到附近历史悠久的兰心剧院已经破旧并且准备迁走，业主要求建筑师能补上这一空缺。鸿达于是将一座约有 1000 个座位的中型剧场放在了建筑的内部，其余五个楼层则全是办公室或公寓。这种形式的功能配置在巴黎司空见惯，但是在上海的实际应用却是首次。最能体现建筑师巴黎情结的还是顶部小塔楼的造型和上面的大理石女性雕像（图 11-2-11）。可惜这一典雅而巴黎味十足的设计终究没能在上海找到太多的欣赏者。由于业主的坚持，最终建成的光陆大楼就是今天所见的样子。有趣的是，几乎同时，公和洋行承接的沙逊大厦顶上也曾做过类似的设计，但它同样遭到了业主的否定。

　　但鸿达还是幸运地获得了媒体的认可。1927 年 6 月上海出版的《远东评论》（The Far Eastern Review）杂志对他的作品这样评论道："这一风格是现代技术成就的一个体现，因为它用新形式，对新材料和新的建造方法做了新的表达。"《远东评论》在远东工程界很有影响，可见当时上海的主流媒体对这位崭露头角的建筑师已给予足够的关注。

　　不过令人费解的是，鸿达尔后似乎并未坚持这曾令他钟情的巴黎风格。或是因为美国式的

图 11-2-12　邬达克设计的国际饭店二楼餐厅

装饰艺术影响力过于强大，或是因为倾向于简洁的现代派潮流不可抗拒，总之，鸿达在上海的另两个著名作品——位于霞飞路 870 号的国泰电影院和外滩 14 号的交通银行——都不再是他原来的那种样子。这是两个在使用功能上迥然不同的实例，但在造型上却颇有相似之处，都是自两侧向中间作阶梯状升起的折线形摩登（Zigzag Moderne）的典型建筑。前者建成于 1930 年，后者于 1937 年完成设计，但延至 1948 年建成。

然而从上海现存的装饰艺术风格建筑来看，可称得上属于巴黎风格的并不多，除了上面提到的例子以外，建于 1928 年的德义大楼（南京西路 778 号）、华盛顿公寓（衡山路 303 号）和赛华公寓（常熟路 209 号）；建于 1929 年的华懋公寓（长乐路 109 号）、1930 年的林肯公寓（淮海中路 1554–1568 号）以及 1931 年的吕班公寓（重庆南路 185 号）可以算是受到巴黎装饰艺术风格影响较多的实例。此外，更多的装饰艺术风格建筑均受到来自于纽约的影响，其中尤以 1934 年竣工的百老汇大厦和国际饭店为代表（图 11-2-12），另外还有一类具有中国元素的装饰艺术建筑，著名的无疑要数外滩的中国银行大楼，此外尚可列举的还有江西路的聚兴诚银行，博物院路的亚洲文会和"大上海计划"中的吴淞隔离医院等。

装饰艺术风格建筑流行中的另一个变化是从早期有几何图案和装饰线脚的设计，逐步地向后期仅靠简洁的线条或造型构图为特征过渡，并逐渐地与现代派建筑趋同，至此装饰艺术风格建筑的流行宣告结束。

# 第三节　1930 年代的上海百乐门舞厅：一个现代娱乐建筑的建构与都市社会空间的拓展 [1]

　　"好个没见过世面的赤佬，左一个夜巴黎，右一个夜巴黎，说起来有点不好听，百乐门里那间厕所只怕比夜巴黎的舞池还要宽敞些呢！" [2]

白先勇，《金大班的最后一夜》

---

① 本节作者张曦。
② 白先勇. 金大班的最后一夜 [Z]. 台北：风云时代出版公司，1989.

百乐门舞厅兴建于 1932 至 1933 年间的上海，时值西方交谊舞在上海风靡一时，是摩登（modern）和时尚（fashionable）的都市居民标志性活动之一。百乐门因其别具一格的建筑样式、空间体验、观演方式以及所承载的复杂的文化和社会背景，而不断地被大众媒体描摹和重塑，成为现代上海舞场文化的独特代表。为迎合 30 年代上海上层社会的娱乐品味，百乐门采用了装饰艺术风格并配之两个新颖且现代化的舞池。事实上，该舞厅是由一群中国实业家出资、中国建筑师设计、本地承包商修建的本土化作品，体现的是新兴的中国政治和商业精英通过嫁接西方娱乐形式，建构本土舞场文化，从而开拓全新的城市公共空间的愿景与努力（图 11-3-1）。

历史学家们已从多重视角对百乐门舞厅进行过研究。在上海的社会、文化及建筑史研究中，舞厅是必不可少的例证，百乐门垂直霓虹灯映照下的外观图像则是上海成为现代化国际大都市最直观的视觉符号。不少学者对交谊舞传入中国，舞厅的经营与上海市政管理之间的关系有过精彩论述，如马军的舞厅市政和楼嘉军的上海娱乐文化研究；类似保罗·格雷西（Paul G. Cressey）对 1930 年代芝加哥商业性舞厅的研究，安德鲁·菲尔德（Andrew Field）将目光投向舞女群体，讨论了 1910-1950 年间舞女与上海都市空间在经济、文化和政治上错综复杂的关联；这些研究都试图用跨学科的方法解读不同的史料，如市政档案、新闻报道、小说以及电影等。李欧梵在分析民国时期上海的城市文化时，强调舞厅作为现代上海都市景观之一，不仅是现代性的物质象征，也是文学艺术想象的客体；孙琴安的百乐门专著回溯了百乐门舞厅的历史，笔墨注重在 1937 年之后日本占领时期百乐门几经易手的问题。值得一提的是，马军在最近发表的文章中对百乐门背后的民族资本成分问题进行了深入发掘，力证其核心投资人是一群有着千丝万缕联系的江南华商。[①]

上述研究大多从社会学的角度出发，认同百乐门在上海现代娱乐文化和社会生活中扮演

图 11-3-1　1933 年的百乐门舞厅
来源：中国建筑，1934，Vol.2（1）.

① Paul G. Cressey, *The Taxi-Dance Hall: A Sociological Study in Commercialized Recreation and City Life*, Patterson Smith, 1969；Andrew Field, *Shanghai's Dancing World: Cabaret Culture and Urban Politics*, 1919-1954, 2010；孙琴安 . 上海百乐门传奇 . 上海：上海社会科学出版社，2010；Lee, Leo ou-fan, *Shanghai Modern, The Flowering of a New Urban Culture in China*, 1930-1945, Harvard University Press, 1999；马军 . 舞厅·市政：上海百年娱乐生活的一页 . 上海：上海辞书出版社，2008；马军 . 上海舞潮案 . 上海史籍出版社，2005；马军 . 老上海百乐门 . http://www.dfdaily.com/html/8762/2013/10/29/1082562.shtml, Oct 29, 2013；楼嘉军 . 上海城市娱乐研究 1930-1939. 上海：文汇出版社，2008.

重要角色的同时，对建筑本身和建构过程关注较少。其建筑通常被简单地描述为"现代西方风格"或者"装饰艺术风格"（Art Deco）。这种将当时娱乐建筑风格化、标签化的做法，忽视了百乐门与上海都市之间在建筑空间、视觉文化方面的动态互动。本节试图运用跨学科的方法详尽论述这座舞厅是如何在形式、功能、大众媒介的转译过程中成了"远东第一乐府"。本节将视角聚焦在百乐门最富活力的发展期（1932–1937年），舞厅经过一年的设计、宣传和建造，于1933年底正式对外营业，近千人受邀参加了盛大的开幕之夜。百乐门不仅是每晚提供歌舞表演的娱乐空间，也是重要的公共社交场所，成为上海的上流社团举办公众集会，如大型舞会和时装秀的活动空间。本节分为三个部分，第一部分介绍投资人及选址理念，将百乐门舞厅重新置放到1930年代上海的娱乐文化地图。第二部分介绍建筑师、他的设计及百乐门的空间布局。第三部分研究作为社交空间的百乐门，上海的商界与政界精英如何在这个空间中实现他们作为现代都市人的身份认同。

# 一、投资人与选址理念

百乐门舞厅（全称应为"百乐门大饭店"）[1]始建于1932年年初，根据上海商业储蓄银行（其西区分部建筑也为百乐门设计师杨锡镠）对百乐门经营方——大成公司资产状况的调查，兴建这座舞厅是多方资本共同出资的结果。[2]据档案显示，顾联承的房产公司拥有土地，将其租赁给大成公司，修建并经营舞厅与饭店，每月租金为4000元。大成公司的股东为早期华商和银行家，来自江南名门望族。[3]他们不仅掌控着江南一带的盐业、丝绸业和房地产市场，而且相互之间有着千丝万缕的社会联系。[4]作为早期探索对外商机的民族工业家，他们中的年轻一代将业务扩展到了上海西方式的现代娱乐业上。他们通过利润丰厚的新型房地产市场聚集了资本，成了都市上海的新富豪。[5]在舞厅出现之前，中国男性名流的传统娱乐场所是戏院，如今舞厅成了新的现代娱乐场所。尤其值得注意的是，土地拥有者顾联承和建筑师杨锡镠都是百乐门的股东。

顾联承（1899–1943年）是一位成功的绸商和丝绸生产商，出生于中国四大丝绸产地之一，苏州小镇同里一个富有的商人家庭。顾氏家族的发展是江南地区许多其他名门望族发家史的缩影。19世纪后期，大量中国人和外国人或是因为避难或是怀揣投机梦想涌入上海。顾

---

[1] 其中文全称为"百乐门大饭店"，大饭店当时通常指带舞厅以及其他娱乐设施的宾馆。但多数媒体更愿意简称其为百乐门舞厅或百乐门跳舞场。周庆云.南浔记.上海，上海书店，1992：219.董惠民等.浙江丝绸民商巨子"南浔"四象.北京：中国社会科学出版社，2008：240.

[2] 马军.老上海百乐门的创办和兴衰.http://www.dfdaily.com/html/8762/2013/10/29/1082562.shtml，2013-10-29.（上海档案馆档案：Q275-1-2033，56页）

[3] 同[2]，大成公司的股东包括顾重庆（董事长）、庄铸九、周芝生（常务董事）、顾联承、钱南山、洪左尧、周炳臣、郑希涛、朱虹如（总经理）等。

[4] 南京国民政府在1935启动货币改革，试图垄断国家货币与金融。在这场国家控制的改革之前，中国民族资本家和工业家经历了他们的黄金时代，迅速聚集了原始资本。

[5] 菲尔德.上海的交谊舞世界：舞厅文化与都市政治，1919–1954：55.

家的生意也毫不意外地发展到了上海。顾联承的祖父是上海最早与洋商打交道的华商和买办之一，主营丝绸和茶叶贸易。1920年代顾氏家族的丝绸公司曾远销产品至美国费城世界博览会上展出并荣获金奖。[①] 1932年，顾联承将靠近静安寺的一块地皮卖给其作为股东之一的大成公司，随后大成公司出资近70万元修建了百乐门舞厅，场地面积930平方米，使用面积达2550平方米。[②]

20世纪30年代初的上海似乎是投资舞厅业的明智之选——交谊舞潮渐热，舞厅成为这些新兴商业精英展示和炫耀其新获财富的理想场所。上海最早的舞厅专为外国人修建，仅面向少数华人。19世纪后期，西方交谊舞厅、爵士乐和其他现代舞通过开埠后外国人定居地传入中国。这种新颖的现代娱乐方式立刻在20世纪初的上海流行起来，带来了一股兴建舞厅的热潮。[③] 这种现代的娱乐空间综合了许多新式以及传统的娱乐形式和建筑类型，除了舞厅，通常还融入宾馆、餐馆、咖啡馆、游乐场和电影院等空间。去舞厅跳时髦舞已然成为上海一种新的都市时尚消遣方式。最终，华人社会开始投资兴建主要服务中国消费者的舞厅。到1928年上海主要商业区涌现出大批专门服务中国消费者的舞厅，新舞厅的兴建和对之前舞厅的改造在1930年代达到顶峰，不断增加的数目和多样的建筑样式使舞厅成为上海建筑景观中最醒目的新宠。舞厅老板、经理和顾客来自上海的各个阶层，包括中国商人、政府官员、艺术家、作家、知识分子、大学生、暗娼和电影人。舞厅作为公共娱乐空间，为他们提供了与传统或是其他新型娱乐方式截然不同的都市环境，他们在其中开展社交、恋爱、生意和政治等各种不同的活动。在舞厅的氛围中，他们既可隐藏也可公开展示自己的多重身份。至1933年，上海200多个娱乐设施中只有3家京戏剧院，20家地方戏剧院，22家歌厅，却已经有了39家舞厅和37家电影院。[④] 这些数据一方面说明了这种西式娱乐形式在20世纪初上海受欢迎的程度，另一方面也揭示了传统与现代娱乐设施并存时娱乐业的激烈竞争。

百乐门正是在这样一个契机下开始了设计与兴建。不同于当时大多数娱乐场所，它的位置远离上海的中心娱乐区；这样的选址完全是出于投资人对经济与商业利益的考量。百乐门位于极司菲尔路（今万航渡路）和愚园路的转角处，而街对面坐落着历史悠久的静安寺（图11-3-2）。它毗邻法国城（Frenchtown）——法租界的西南部分，在1914-1946年间一再扩充后成为上海的高档住宅区。这样一来，一方面百乐门另辟蹊径，选择了远离东边竞争激烈的主要娱乐区和中心商业区的位置；另一方面，百乐门所在的静安区也成为连接南部高档住宅区和东边商业区的节点，而20世纪初以来不断发展的现代交通系统（比如电车）为这种地理上的连接提供了可能。上海的主要娱乐区集中在公共租界区中心的游乐场周围，汇聚了上海大多数商业与休闲场所，包括数百家剧院、宾馆、餐馆、咖啡馆、影院、舞厅、游乐场、各种高低档妓院。游

---

① 孙琴安. 上海百乐门传奇. 上海：上海社会科学出版社，2010：31. 该书记载"顾家在1922年费城世界博览会上荣获优秀奖"，但笔者在采访顾联承之子及其家乡的学者时得知，他的丝绸产品被选送去美国参加世界博览会。费城世博会于1926年举办，因此传说应该是真的，但日期有误。
② 马军. 老上海百乐门的创办和兴衰.
③ Selling Souls in Sin City: Shanghai Singing and Dancing Hostesses in Print, Film, and Politics, 1920–49//Zhang Yingjin ed., *Cinema and Urban Culture in Shanghai, 1922-1943*, Stanford University Press, 1999：75.
④ 上海娱乐机构统计 // 大上海教育 .1933（2）.

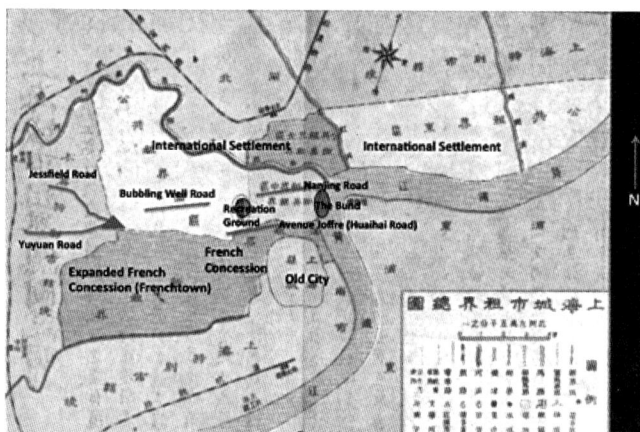

图 11-3-2　百乐门舞厅位置
来源：Deke Erh and Tess Johnston, Frenchtown Shanghai, Old China Hand Press, 2000; with author's mark

乐场也称跑马场，曾是上海 1860 年代最早出现西式娱乐的场所，位于上海主要商业区外滩的西面，附近聚集着各种各样现代或是传统的娱乐设施。①

让我们再次回顾作为新式建筑类型的舞厅于两次世界大战期间在上海的发展轨迹和分布情况。根据安克强的研究，1910 年前后修建的舞厅大部分限定在上海公共租界和法租界内。多数仅附属于其他商业空间，如宾馆、百货商店、咖啡馆和公园娱乐场，跳舞只是这些设施提供的娱乐形式之一。随着一些舞厅的声名鹊起，公众更热衷于直接简称这些娱乐场所为舞厅，其他的空间功能退居次要地位。自 1920 年代起，舞厅沿着跑马场周围娱乐区的主要街道不断兴建，包括南京路、西藏路和爱德华七世大街（现福州路），并逐渐向租界的西面与南面扩张，从公共租界区的南京路以西到法租界的霞飞路和拉法叶大街都散落着大大小小不同的舞厅。如果说 1930 年代的外滩与南京路是上海金融贸易繁荣的缩影，那么静安区至法租界的西南区则被视为上海的"后花园"。上海大部分高档舞厅就修建在法国城附近，目的是吸引居住在附近的上海名流。其中两家分别为蒋介石和宋美龄举行隆重婚礼的大华饭店（1922 年）和隶属于著名法国赛狗场的怡园舞厅（1928 年）。而另一些不那么有名的低档娱乐场所，比如外滩附近的酒吧街——血弄（Blood Alley）则吸引了来自世界各地的士兵和水手，他们在这里酗酒斗殴，与具有妓女和舞女双重身份的各国女子跳舞。②

百乐门作为修建在上海西部的第一批舞厅之一，寄予了投资者希望吸引上海上流阶层主顾的愿望。他们将地址选在了上海西区刚刚扩建的法国城旁，彼时豪华的大华饭店刚刚因经营不善而被拆毁。这些雄心勃勃的中国实业家坚信这块土地未来的商业潜力，希望新的百乐门舞厅能够吸引之前光顾大华饭店的高档顾客。建筑师杨锡镠在其文章中解释说，他们的雄心是"开先河，领先其他舞厅"。③更重要的是，作为连接着喧闹的外滩和住宅区的中间地带，百乐门的所在地提供了一个与喧嚣市区和住家都保持相对距离的缓冲区，人们在这里寻求逃离日常生活

---

① 上海赛马场与赛狗俱乐部最初由英国人于 1860 年代修建。这些俱乐部采用严格的会员制，1910 年代前完全将华人拒之门外。楼嘉军.上海城市娱乐研究，1930–1939，2008：81、116–126.
② 菲尔德.上海的交谊舞世界：舞厅文化与都市政治，1919–1954：1.
③ 孙琴安.上海百乐门传奇.上海：上海社会科学出版社，2010：35.

的一种氛围。建筑师力图营造一种舒适、怡人的环境，投资者也希望这种环境能够"超越上海所有其他舞厅"，[①] 他们都想为上海的上层社会创造一个远离都市大众的世界。

## 二、建筑师杨锡镠与百乐门舞厅的设计

从设计之初到百乐门舞厅即将开业的前夕，上海的各家平面媒体——无论是中文或是租借的西文报刊，都毫不吝啬版面地宣传这座舞厅。连续报道不仅有对其中设施、预告节目、营业时间的详尽描述，也有大篇幅的广告宣传。1933 年底《申报》上刊登了一篇文章，标题为"行将开幕百乐门大舞厅　兴建愈年该建筑落成　择吉开幕"。该文章的四个部分分别介绍了百乐门舞厅的不同特色："舞榭放一异彩"、"电灯唤车机关"、"琉璃世界舞场"和"名歌艳舞乐队"。[②] 这篇文章还为百乐门的建造过程提供了重要信息，表达了它将取代 1920 年代上海最豪华的老大华舞厅的愿望。[③]

> "本埠自大华饭店停歇以后，各界仕女，每感缺乏相当地点，以供交际宴会之需，兹有绅商巨子，纠集巨金,筑建百乐门大舞厅兼设饭店（ Paramount Ballroom and Hotel ）于沪西，兴建至今，已逾一年，现正日夜赶工，行将落成开幕，兹探录该厅各种特异优点为沪上所谓之所见……该厅之建筑，闻由名建筑师杨锡镠设计，聚精会神，奔走策划者一年又半，谱如大舞场之弹簧地板，其弹力之柔度，曾经试验，方称满意，且皆大舞场，足容纳无可千人以上，而全场绝不用一支柱，故无论在场之任何角度，均无遮蔽视线只感，轮象之美，堪称沪上舞场之冠……"

这篇文章提及了关于修建百乐门尤其重要的两个方面：首先，它反映了 1930 年代上海的华人政治与商业精英自己修建豪华娱乐设施的迫切希望，因为大华饭店这样的老娱乐场所已经关闭，新落成的百乐门能够满足他们的要求，而且与一家香港—上海酒店财团出资建造的大华饭店不同,百乐门完全由华商出资。再次,在杨锡镠 1932 年受托设计"压倒沪上一切舞厅的建筑"之前，[④] 他的建筑作品已让他名噪一时。

杨锡镠设计的早期建筑大多为公共或商业建筑，包括大学体育馆、宾馆、银行、教堂和两座著名舞厅。[⑤] 不同于同时期大多数建筑师的留洋经历，从未跨出过国门的杨锡镠 1922 年

---

① 百乐门之崛兴 . 中国建筑, 1934, Vol.1 : 9–11.
② 申报, 1933–11–15 : "行将开幕百乐门大舞厅　兴建愈年该建筑落成 择吉开幕"。
③ 它还提及了其他文章，如①
④ 同上，杨锡镠提到"当百乐门饭店设计之初，主其事者即具有压倒沪上一切舞厅愿望，并拟另设小规模之上等旅舍，以应旅客之喜恬静厌烦嚣者"。
⑤ 南洋大学体育馆（ 1924 年 ）；鸿德堂（ 1927–1928 年 ）；上海南京饭店（ 1931 年 ）；百乐门舞厅（ 1932–1933 年 ）；大都会花园舞厅( 1934–1935 年 );上海商业储蓄银行（ 1934 年 ）。生平详情见黄元炤 . 杨锡镠:建筑师,教师,公共知识分子 . 世界建筑导报 .( 149 ):33–35 ; 赖德霖《近代哲匠录》。

毕业于南洋大学（今上海交通大学），专攻土木工程。杨锡镠有一位在美国迪斯尼公司工作的兄长杨左匋，他所接受的西方艺术教育及其经验很可能对杨锡镠的建筑师生涯产生过影响。[①]作为出生于吴江同里、具有江南文人才气的上海本土建筑师，虽然未能像他同时代留学西方的中国同行那样直接接触到西方生活与文化，杨锡镠却同样追求着融合古今中西的建筑语汇。Paramount，这个非常西方化的名字是同时作为投资人与设计者的杨锡镠和其他经营者从西方语境到中国本土建筑语言的第一个重要"翻译"。Paramount 意思是至高无上的，但不同于当时中国人对著名的好莱坞电影公司 Paramount 的音译——"派拉蒙"，中文对应名被翻译成"百乐门"，意为"通往百般快乐的门"或"一进此门可得千百种乐趣"。[②]杨锡镠的早期作品鸿德堂（1927-1928 年）将中国建筑元素演变成了西方化的建筑形式。杨锡镠用中国亭阁对应西方的哥特式尖顶，凸显了中国建筑的木结构与色彩。该设计回应了美国建筑师茂飞（Henry K. Murphy）所倡导的建筑美学理念，他所总结的中国现代建筑设计五原则即包括对色彩的运用。[③]杨锡镠对色彩的偏爱，从鸿德堂和百乐门的正面可见一斑，或许正是受到了茂飞的影响。南京饭店（1931年）的设计则体现了杨锡镠对现代主义建筑的理解和实践。首次出现在这个设计中的建筑语言，如曲尺形街角平面，以及正面的装饰艺术元素成为杨锡镠的标志性手法。为了强化外观设计的视觉效果，他在装饰细节中运用了几何图形、垂直墙板、横向排列的包厢以及多种不同色彩的材料。[④]

偏爱装饰艺术（Art Deco）的建筑师不仅仅只有杨锡镠，它在 20 世纪二三十年代被广泛运用在上海的商业建筑设计中。这种充满现代精神的建筑风格于 1925 年首次出现在巴黎举办的"装饰艺术与现代工业国际展"上，以此命名后迅速在其他国家传播开来。在美国，装饰艺术不仅作为一种视觉风格被广泛应用在各种建筑外观、室内陈设的设计中，纽约城里随处可见装饰艺术的垂直线条、明快的颜色或简约的几何图形；同时装饰艺术也被赋予了更多象征意义，很快与 20 年代最典型的现代商业建筑——摩天大楼相结合。最直观的例子是纽约著名的克莱斯勒大楼（Chrysler Building）。外墙上的细长竖窗强调着摩天大楼这种建筑形式给现代都市居民带来的最直观的视觉冲击。这种垂直的视觉冲击将装饰艺术摩天大楼转换成一种文化纪念碑，展示一个时代的技术进步、结构美学与商业发展的相互适应和完美融合，通过艺术性的设计处理和装饰性的表达手法，把它们变成了摩登时代及其繁荣的视觉图标。[⑤]

装饰艺术裹挟着求新求异的娱乐与生活方式——比如交谊舞、好莱坞电影和爵士乐来到上海，装饰艺术建筑、平面和陈设设计到处可见。通过在本土语境下的重新解读，装饰艺术元素被赋予了新的审美意义。建筑师们不再是简单地将传统与现代的语汇折中处理，开始期望通过装饰艺术

---

① 据笔者对杨锡镠之子杨维迅（2010 年，北京）及杨锡镠家乡学者的采访（2009 年，吴江市同里镇），杨氏兄弟自童年起就感情深厚。杨左匋被英美烟草公司聘用为艺术设计师，并被派往美国学习，后成为迪斯尼工作室特效部的首席动画艺术家，参与了多部动画片的制作，包括《白雪公主》和《小飞象》。参见沈昌华文章，"同里骄杨"。
② 同①：23。
③ 赖德霖. 梁思成建筑可译论之前的中国实践. 建筑师，2009，137（2）：22-30.
④ 黄元炤. 杨锡镠：建筑师，教师，公共知识分子. 世界建筑导报.（149）：34.
⑤ Norbert Messler, *The Art Deco Skyscraper in New York*, Peter Lang，1983.

这一对建筑材料、结构和风格有着完美结合的设计手法在国际化大都市上海建造现代中国的文化纪念碑。装饰艺术住宅建筑与别墅大多见于法租界，而装饰艺术办公建筑则主要分布于公共租界的东区，位于这两者之间的区域便是各种以装饰艺术为设计主题的娱乐设施，如电影院、剧院和舞厅。与力图表现民族文化特性的建筑（如政府建筑）不同，娱乐设施更加注重的是其功能性和令人兴奋的形式表达。装饰艺术的几何线条、曲折、圆圈、线性图案及鲜艳色彩展现的不仅是其文化上的多样性和艺术上的和谐性，更是这个城市一种独特的现代审美和生活方式。

百乐门开张前后，上海的中英文报纸刊登了一系列评论文章，包括杨锡镠本人拍摄的照片和撰写的长文、舞厅的一些广告等。杨锡镠的照片和文章将百乐门形容为一个精心打造的舞场，其设计与建造者正试图最大化地提升它的商业可行性与整体美感。[①]他的描述与上文提及1933年《申报》上的文章之间有众多相似之处，我们不难猜测正是建筑师自己的文章为媒体宣传提供了素材原型，类似文章也出现在了其他西语出版物上。换言之，杨锡镠不仅是该建筑的设计者，同时也积极地参与了它的广告宣传，因为正如上文所述，他是百乐门的投资者和股东之一。杨还是一家建筑学期刊《中国建筑》的编辑，该期刊曾刊登过百乐门承建方陆根记建造公司的工程展示广告，其中最成功的项目正是百乐门舞厅。正如杨锡镠在《中国建筑》上发表的文章中所述：

> "当百乐门饭店设计之初，主其事者，即具有压倒沪上一切舞厅愿望，并拟另设小规模之上等旅舍，以应旅客之喜恬静厌烦嚣者。几经研究讨论，先后绘制草图不下十余种，经严密审查及修改之结果，始决定焉。"[②]

杨的叙述清楚地展现了百乐门设计建造的整体图景：投资方组建了一个委员会，专门负责监督项目规划并审查建筑项目，最终设计是融汇采纳了各方面意见的方案。该文章还表明杨锡镠着手设计的百乐门不仅是一个提供富丽堂皇大舞场的建筑空间，也是一个提供与传统观演方式不同的社交场所。创造这两种空间的想法于是成了百乐门舞厅整体建筑样式、空间结构设计的主导思想。

## （一）平面与建筑外观

杨锡镠设计的百乐门为 4 层结构，平面呈 "L" 形，两翼相会于极司菲尔路和愚园路的转角处。有塔楼式结构的主入口坐落于两路的街角处，大门朝向愚园路；极司菲尔路上的 "L" 形翼楼包括了一楼的厨房、商业门面以及二楼以上的宾馆房间及各种设备房，角上另设单独直通宾馆的小门。这种设计不仅方便客人进出舞厅，而且增加了正面的戏剧效果。[③] 这是建筑师

---

① 菲尔德.上海的交谊舞世界：舞厅文化与都市政治，1919–1954：99.
② 杨锡镠.百乐门之崛兴.中国建筑.第 2 卷第 1 期，1934：9–11.
③ 同②.大门的设计遭到了当地警察局的反对。杨锡镠解释说，由于卫生和交通原因，他和助手与当局多次交涉，希望得到许可证。警察局不允许将主大门设置在两条主要街道的拐角处，他们认为车辆抵达街角大门时会阻碍南北方向的车流，因此坚决要求杨锡镠将大门设在极司菲尔路上。经过漫长的协商，警方终于批准了将大门设在街角的方案。这一壮观的大门今天依然存在。

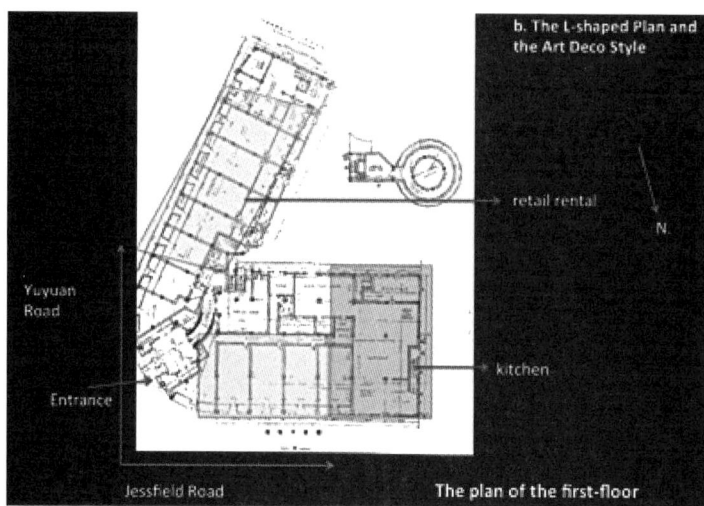

图 11-3-3　百乐门舞厅一层平面
来源：中国建筑，1934，Vol.2（1）.

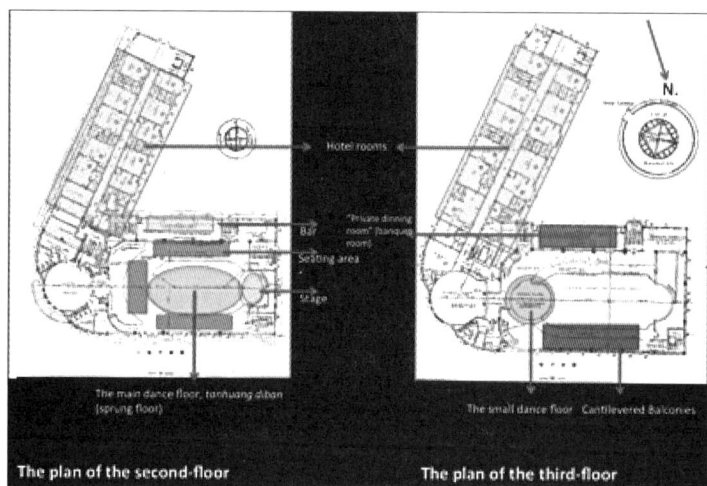

图 11-3-4　百乐门舞厅三层平面
来源：中国建筑，1934，Vol.2（1）.

基于宾客出入方便和展示豪华百乐门正面的需求，以及投资方最终说服持反对意见的警务处当局的结果。两翼的设计既有功能要求方面的考虑，也有经济方面的考虑。除了跳舞娱乐，餐饮等其他商业功能也是重要考量。杨锡镠将一楼极司菲尔路的一半面积设计成宽敞的厨房，因为他认为"盖称为大规模之宴舞厅，容数百人之聚餐者，必须具有宽大厨房，始敷应用也。"[①] 出于商业上的考虑，极司菲尔路一楼的另一半面积以及整个愚园路的一楼被设计成店铺门面，用于出租。愚园路侧二楼是有大舞池的主舞厅，之上是包厢层，里面有一个面积较小的小舞池（图11-3-3、图11-3-4）。

　　百乐门的外观设计采用的是杨锡镠熟悉的装饰艺术，正面装饰有垂直线条窗，流线型的立面，以及简单的几何线，外墙贴满了橙色和棕色釉面板，中间镶黑色水磨石腰线。[②] 平面媒体上的百乐门的形象也正是在强调其正面垂直线条的形式效果，而街角高耸的灯塔无疑成了视觉

① 杨锡镠.百乐门之崛兴.中国建筑.第 2 卷第 1 期，1934：9-11.
② 上海房地产教育中心主编.上海优秀房地产鉴赏.上海：上海远东出版社，2009：213.百乐门今天的外墙大概依然保持了其最初颜色.

中心，逐层向上收缩的轮廓显然是唤起人们对摩天大楼的想象。这种凸显线性特点的塔楼式正面的设计也能从当时其他一些娱乐建筑、宾馆和剧院中见到类似的表达。1930年修建的国泰戏院是上海装饰艺术的较早例子，中间的尖塔装饰有醒目的国泰标志，高耸入云，两侧辅以阶梯状结构，外墙也嵌有垂直褐色面砖和长条窗，与中国传统建筑形成鲜明对比。

百乐门高达9米的玻璃灯塔顶逐层向上收缩，装饰着竖线条的霓虹灯，夜晚降临数公里之外都可以窥见霓虹灯散发出的刺眼荧光。《申报》的渲染"红绿电灯之下，缀以繁华无数"[①] 折射出近代上海人对现代化电气发展的狂热与追求。著名的大光明电影院由当地最重要的建筑公司——联合建筑师公司——设计，1933年落成，略早于百乐门，同样有一个用水磨黑色大理石建造、强调垂直立面的外观，外立面垂直的玻璃柱内装有霓虹灯管。[②] 与百乐门的玻璃塔相似，这些闪烁的霓虹灯创造出了五光十色的光影效果，成为30年代上海夜生活标志性的视觉景观。垂直的线条将人们的视线向上引向天际，像中世纪欧洲的哥特式教堂或者现代美国的摩天大楼一样，自然而然地让抬头品味视觉奇景的上海人心生敬畏。在以穆时英、刘呐鸥为代表的"新感觉派"的笔下，上海都市夜空里充满着五颜六色、光怪陆离的诱惑和魅力。穆时英在《上海狐步舞》中说"都市人的欲望与街灯一起绽放"。[③] 茅盾则在《子夜》中用大写英语字母"光、热、力量"来表达上海人对现代性的到来的震惊与亢奋。[④]

除了夸张的视觉效果，玻璃灯塔还有独创的实用功能:《申报》中所提及的"电灯唤车机关"。在舞客离去时打出其汽车的代码，车夫远远看到，便可开近接走客人。正如杨锡镠所解释的那样，当地警察局最初不允许百乐门将主大门开设在干道的街角处，因为他们认为抵达的车辆会阻碍南北车流。[⑤] 为了从当局那里得到营业执照，杨锡镠及其助手解决了这个问题，很有可能正是这种新颖的"自动叫车"特色最终打动了警方，使他们相信百乐门有办法预防街角的交通堵塞。《字林西报》生动地描述了这一特色：

> "远东夜总会的客人第一次享受便利的自动叫车系统，可以呼唤他们的司机将车开到门口。这种系统由电气承包商联合工程公司为百乐门舞厅设计并安装……大厅内有一位服务生负责操控一小排按钮，在得知客人的车牌号后，按动相应按键，车牌号便会在建筑物外醒目地点打出霓虹灯数字。"[⑥]

这样一个兼具视觉冲击和现代化实用功能的百乐门立面，与街对面有着中国传统宫殿建筑

---

① 夜阑观舞记.申报，1927–7–19.
② 尔东强.上海装饰艺术，Deke Erh, Tess Johnston, *Shanghai Art Deco*, Hong Kong, Old China Hand Press，2006：53.
③ 穆时英.上海狐步舞.夜总会里的五个人.上海：现代出版社，1933：73.
④ 茅盾.子夜.沙博里英译.北京：外文出版社，1979：1.
⑤ 杨锡镠.百乐门崛兴.中国建筑，1934，Vol.2（1）：9–11.
⑥ 《字林西报》(*The North China Daily*)，1933–12–15. "For the first time in the Far East, guests of a nightclub are to have the convenience of an automatic motor car call system to bring their chauffeur driven cars to the door. This system was designed and installed by the United Engineers, electrical contractors, for the Paramount Ballroom... An attendant, placed in charge of a small row of numbered buttons just within the entrance lobby, obtains the license number from the guest, and by pressing the corresponding buttons, causes the license number to flash into view in large electrical signs placed at strategic points outside the building."

样式的静安寺形成了鲜明对比。在中国传统意义上的住宅建筑语言中，并没有"高层建筑"这个概念，传统的建筑技术、营造方法和材料选择也限制了垂直向上建造的可能性。如果说纽约的摩天大楼被视为资本主义的大教堂，这种对比鲜明的并置则将百乐门转换成中国商业资本主义和现代生活方式结合的视觉标识。百乐门的立面外观也许就可以看做是建筑师杨锡镠对摩天楼和装饰艺术风格融汇的最好诠释。

## （二）舞池、空间体检与观演方式

上海的装饰艺术风格，不仅能平衡中西方文化在视觉审美和功能需求上的差异，也能消弭梦幻与真实之间的鸿沟。在百乐门的设计中，建筑师用装饰艺术元素以及色彩丰富的现代工业化材料制造好莱坞式的梦幻想象。[①] 百乐门大门和门厅的设计像它的外观一样充满张力和戏剧性，给进门的客人们营造出大舞台的效果，仿佛置身某部好莱坞电影的印象。这种效果让百乐门的客人幻想自己成为自导自演电影中的明星。[②] 因此，客人们被赋予了演员和观众的双重角色。他们不仅仅是被动的观众，而且在踏入百乐门那一刻起获得了一种新的象征性身份。

装饰艺术风格对几何图形、圆圈、直线的偏爱也被杨锡镠运用到百乐门的室内设计之中，而钢与镍等现代材料的柔韧性给予了这些几何形式更多变的可能性。圆形与直线的母题随处可见，圆形灯塔之内的空间也有其功能，一位美国记者生动记录了她在百乐门的经历，她的日记帮助我们想象 1930 年代百乐门舞厅的空间体验。一楼是梦幻的门厅，客人们走上圆形白色大理石台阶后，来到二楼进入舞池外的休憩区，这里设置男女卫生间、衣帽间（服务窗口）与吸烟区，中心放置了一个独具特色的圆形彩色条纹长沙发。[③] 报刊上广告中所用的室内照片中，所陈列的银质和玻璃现代餐具也是百乐门吸引时尚顾客的特色。

两块新潮且提供不同体验的舞池地板无疑是百乐门最瞩目的特色（图 11-3-5）。二楼主舞场地舞池地板正是上海人口中常挂在嘴边的"弹簧地板"，大舞池约 40 米长，31 米宽，9 米高，[④] 足以容纳 400 对人翩翩起舞，"千人舞池"也因此得名；[⑤] 除了规模之大，主舞场另一显著特点是开阔的视野。作为一个现代的公众聚集、娱乐空间，主舞场采用的是钢骨架结构[⑥]，舞池内没有一根立柱，营造了一个无障碍的大跨度空间，不仅在功能上满足人们在其中跳新式西洋交际舞的需要，且在视觉上满足观者一览无遗的观感冲击。

① 到 1930 年代，上海已经有 58 家独立经营的影院。（楼嘉军，《上海城市娱乐研究，1930-1939》，上海，文汇出版社，2008，第 87 页）。李欧梵探讨了好莱坞电影对中国社会的影响。他阐述了电影在上海流行的历史，以及好莱坞叙事传统与中国观众的某些亲缘关系：美国影片的奢华场面，高超的导演水平与技术，以及"正义战胜邪恶，从此永远幸福生活在一起"式的结尾与许多欧洲影片更为悲剧性或严肃的结尾截然不同。"看电影"已经成为都市上海现代生活方式必不可少的部分。（李欧梵，《上海摩登———一种新都市文化在中国 1930-1945》，第 96、118 页）。上海观众与纸质媒体热烈欢迎好莱坞电影的到来。各种小报喜欢连篇介绍好莱坞明星，而这不仅成了美国好莱坞与工业文化的象征，也成了现代女性的象征。
② 菲尔德．上海的交谊舞世界：舞厅文化与都市政治，1919-1954：99。
③ 露丝·戴伊，《上海 1935》，桑德斯画室出版社（Ruth Day, *Shanghai 1935*, The Saunders Studio Press）1936，第 48 页。第 100 页。
④ 舞池面积为 930 平方米，楼面面积为 2250 平方米。杨锡镠的原话为"长百二尺，宽六二尺，高二六尺"。按照国民政府 1929 年公布的《度量衡单位》，1 米等于 3 尺。
⑤ 杨锡镠．百乐门之崛兴．中国建筑．第 2 卷第 1 期，1934：9-11。
⑥ 同⑤。

图 11-3-5　舞池
来源：Chinese Architect, Vol.2 issue 1, 1934.

　　除了大规模和跨度之外，百乐门还创造出更多复杂的开放与封闭空间的对比。宽敞的舞池周围有一些相对私密的空间：其中一个私密空间便是从二楼舞场门口至供乐队表演的舞台两侧的座位区，客人们可以亲密地三五成群围坐在一起，低矮的天花板创造了相对灯光昏暗、私密的气氛；另一个半开放式的空间是西面座位区后面的酒吧间，四根立柱分隔出一个相对私密的空间；另一个更加私密且封闭的空间是三楼悬挑的包厢夹层，中央有一个面积较小的"玻璃舞池"，两侧回廊同样放置着桌椅；最后还有位于三楼吧台上方一个完全封闭的空间，被设计成一个私密的宴会空间，立柱间加设可供遮掩的围布。整座舞厅二层约可容纳 400 人就座，三层约 250 人，而三楼宴会厅还可容纳约 75 人。[①] 从整体的空间分隔设计上可见杨锡镠建筑师的独具匠心：分设二、三层的大、小舞池；桌椅分散在二楼舞池两侧及三楼的两侧回廊；另外在二、三楼分别设计两个半开放式与封闭的空间。建筑师有意识地分隔或是整合舞场空间，不仅是出于分散不同数量来客的考虑，也因平衡空间上视觉效果的需要。换言之杨锡镠创造了一组具有开放和封闭特点的空间：一个公共娱乐空间，顾客们可以在开放的宽阔空间尽情跳西式交谊舞，外加一些私密小空间供小群体进行社交活动。

　　相比之下，之前的上等舞厅虽具有相当规模的舞场面积，内部空间的整体性却往往被复杂的结构和装饰所割裂。以大华饭店舞厅为例，受新古典主义的影响，这座早期的上等舞厅在设计中大量运用古典元素，用大理石修建，装饰有石柱、绿廊、一个罗马式的穹顶，中央有一喷泉，围绕着各种天使雕塑，展现了与百乐门截然不同的氛围。尽管大华舞厅也有一个大舞池，但空间安排却简单得多。舞池周围有私密座位区，座位之间被笨重的古典式立柱相互隔开，挡住了观众的视线，也隔断了表演区与座位区之间的视觉联系。此外，大华舞厅没有包厢。正如百乐门舞厅与大华舞厅的对比照片所示，大华的屋顶似乎并不比至少 9 米高的百乐门低，而且柱子与拱顶也进一步凸显了这一效果。大华奢华的内部空间和新古典主义的装饰风格曾吸引许多重要文化、政治活动，如蒋介石的婚礼，但它缺乏百乐门设计所带来的私密空间，而当地权利掮

---

① 杨锡镠. 百乐门之崛兴. 中国建筑，1934，Vol.2（1）：9-11. 杨锡镠将宴会厅分隔成两间，每间有 75 个座位。

客需要这种私密空间来进行密谈。加入包厢元素是百乐门舞厅结构上创造私密空间的手段，这在舞厅中是少有的，因为舞厅通常只有一层，舞池周围摆放着桌椅。如 1930 年代的中档舞厅之一新百货公司的天堂舞厅，室内空间安排比较简单，没有半开放或封闭区域，只是将椅子整齐摆放在舞池周围，舞池一端是乐池。

杨锡镠在设计百乐门时吸取了早期舞厅失败的教训，试图创造一种空间和视觉上的平衡。他在《中国建筑》里的文章中，认为大华饭店舞厅之所以失败，就是其缺乏空间上的灵活安排：过大的空间只有在周末或特殊场合才能坐满客人。相反，他在百乐门设计了不同的开放与封闭的空间。当整个所谓"千人舞池"容纳多至百人时，分散的座席使舞场不致太过拥挤；而在平时工作日当来客稀疏时，舞场空间也不会显得过于空旷。当跳舞的人群穿过二层圆形休息室进入舞场，他们有多重选择：他们可以选择走进舞池起舞；或者选择坐在舞池周围抑或走上酒吧台去喝一杯；当二楼的桌椅已满，他们仍可登上三楼寻找座位、在小舞池跳一曲，或者在私密包间宴请宾客。

于是，舞客在这里具有了双重的身份——既是表演者，又是观众。他们可以在舞场中心的舞池跳舞（表演），也可以在舞池周边环桌而坐，闲谈、饮酒、品茗和观看其他人跳舞、表演。这种全新的空间体验与中国传统的娱乐空间相比—如戏园，是截然不同的。在中国传统的戏园里，中间布置一个伸向观众席的台子，演员们在高台上表演，台下观众席环舞台三面而设，观众三三两两绕桌而坐，观看台上表演。[1] 空间功能区域被明显地划分：这些舞台和桌椅不仅把"表演"与"观看"区分开来，在空间上也限制了男与女之间的接触交往。[2] 换言之，戏园代表着中国传统娱乐空间中观众与演员间单一的观演模式，戏园空间被"演员与观众"、"表演与观看"所分割。而杨锡镠的设计，则将百乐门舞场空间设计成一个流动的现代娱乐空间，整合了中国传统娱乐空间中单一的观演方式、与现代交谊舞对新型娱乐空间的新功能需求。这个流动的空间不仅融合了中与西、传统与现代，更重要的是，在百乐门这个现代娱乐空间中，当舞女与舞客无论是在舞池中相拥起舞，或是环绕池边在暗色灯光下亲昵闲谈，传统儒家的性别规诫已变得界限不明。

## （三）弹簧地板与玻璃地板

与上海其他舞厅不同，百乐门为舞客提供了两个不同的舞池，采用了不同的材料和技术，创造出不同的身体和视觉体验。主舞池是上海第一个"弹簧地板。"为了让地板能够随着舞者的运动上下起伏，杨锡镠在舞池地板下安装了木质的圆轴与杠杆装置，而没有采用当时最为常见的钢质弹簧。杨锡镠曾撰文对这块特殊的地板结构进行了详细的解释，在"弹簧跳舞地板"中，

---

① Delin Lai. The Sun Yat-sen Memorial Auditorium: A Preaching Hall of Modern China : 42.
② 尽管在近代戏曲改良运动的影响下，上海戏园也开启了新舞台的创建。新舞台开始采用现代化的建筑技术，废弃旧式茶园三面敞开的带柱方台，改为半月形舞台，台中心可以转动，采用机关、灯光等布景。座位安排将以往占地大的方形茶桌、包厢，改为长排的联椅。（欧阳予倩. 谈文明戏 [A]，中国话剧运动五十年史料集（第一辑）[C]，北京：中国戏剧出版社，1958.）

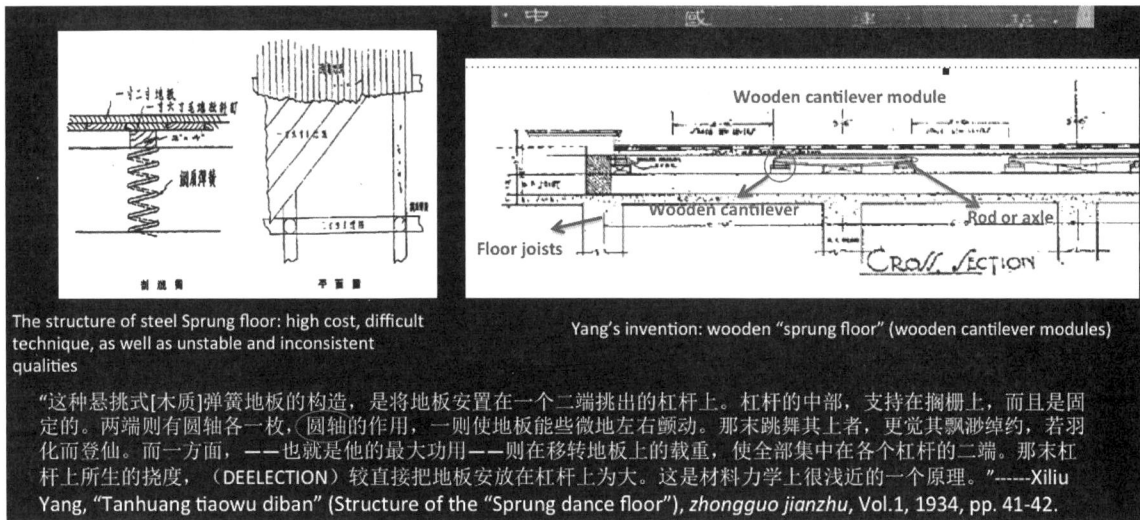

The structure of steel Sprung floor: high cost, difficult technique, as well as unstable and inconsistent qualities

Yang's invention: wooden "sprung floor" (wooden cantilever modules)

"这种悬挑式[木质]弹簧地板的构造,是将地板安置在一个二端挑出的杠杆上。杠杆的中部,支持在搁栅上,而且是固定的。两端则有圆轴各一枚,圆轴的作用,一则使地板能些微地左右颤动。那末跳舞其上者,更觉其飘渺绰约,若羽化而登仙。而一方面,——也就是他的最大功用——则在移转地板上的载重,使全部集中在各个杠杆的二端。那末杠杆上所生的挠度,(DEELECTION)较直接把地板安放在杠杆上为大。这是材料力学上很浅近的一个原理。"------Xiliu Yang, "Tanhuang tiaowu diban" (Structure of the "Sprung dance floor"), *zhongguo jianzhu*, Vol.1, 1934, pp. 41-42.

图 11-3-6 舞池弹簧地板
来源：Chinese Architect, Vol.2 issue 1, 1934

他解释拒绝采用钢质弹簧是因为它"造价昂贵、技术难度大、质量不稳定"。[1]杨锡镠列举了常用的几种舞池地板,如木板下设钢制弹簧,并指出这样的造价之高、技术之难。杨锡镠提出了自己对百乐门地板的独创构造,"悬挑式木质弹簧地板",采用直线狭条与弧线狭条相拼接的硬木,扁担木工式弹性地板,利用的是杠杆原理,精巧且相当经济划算,杨锡镠在文章中是这样描述的(图 11-3-6):

> "将地板安置在一个二段跳出的杠杆上,杠杆的中部,支持在栅栏上,而且是固定的。两端则有圆轴各一枚,圆轴的作用,一则是地板能些微地左右颤动。那么跳舞其上者,更觉其缥缈绰约,若羽化而登仙。而另一方面——也就是它的最大功用——则在移转地板上的载重,使全部集中在各个杠杆的二端。那么杠杆上所产生的挠度(deflection)较直接把地板安放在杠杆上为大。"[2]

地板下的木质圆轴与杠杆装置实际上代替了价格昂贵的钢制弹簧,这种装置被赋予了双重的功能:其一是给予跳舞者极大的身体体验的愉悦,当舞客随着节拍踩踏在地板上,相比弹簧单一的上下晃动,会同时感受上下且左右的轻微晃动,即杨所指"更觉其缥缈绰约,若羽化而登仙";其二是重要的结构功能,杠杆两端的圆轴较单一的杠杆(即弹簧)能更有效地平均与分散重量。

百乐门另一个著名的小舞池位于三楼的回廊中心,当客人们沿着入口两侧的扶梯沿阶而上,灯光十色的"玻璃舞池"给予了最直观的视觉刺激。由钢化玻璃制成的"玻璃地板",下设彩

---

① 杨锡镠. 弹簧跳舞地板. 中国建筑, 1934, Vol.2 (1): 41-42.
② 同①。

图 11-3-7　百乐门小舞池
来源：中国建筑，1934，Vol.2（1）.

色的小灯泡，晶莹通透，随着踩踏的节拍五光流连。杨锡镠在这里为跳舞的人创造了与大舞池不同的另一种效果，在大舞池里，身体物理体验的愉悦被独创的"悬挑式弹簧地板"所强化；而小舞池强调更多的是给人强大的视觉冲击与感官刺激（图 11-3-7）。

## 三、百乐门舞厅：社会空间的延展

百乐门不仅仅是一个建筑实体，一个承载新型娱乐形式的社交空间，也是一个被文学作品和大众媒体建构的想象空间。在上海都市记忆以及文学想象中，百乐门舞厅不断被提及也不断被重构。[1] 我们从他们作品中了解到的民国上海，是一个被奇景、光影和消费所标记的现代都市，而舞厅正是这个上海重要的组成元素。事实上舞厅是民国上海的作家们最喜欢光顾的场所之一，舞厅的经历中是他们的灵感来源。穆时英追求并最终迎娶了一位舞女；中国新感觉派文学的先驱之一施蛰存就居住在百乐门舞厅附近的愚园路；另一位非常重要的女作家张爱玲住在百乐门马路对面的爱林顿公寓。张学良将军、赵四小姐、喜剧大师卓别林都曾在百乐门翩然起舞。

1930 年代的上海旅行指南将百乐门舞厅列为高档舞厅。[2] 有篇文章声称上海仅有两家设施（百乐门和国际饭店）提供"纯娱乐"（pure entertainment），所有其他娱乐设施都因提供卖淫而成为"出卖灵魂"的地方。[3] 相比之下，有专业舞女的舞厅会聘用舞女，她们的生活在卖笑／技能与卖身之间徘徊。但是，1933-1937 年的百乐门在开业之初定位是仅服务于为上海新型政治和商业精英的高级舞厅，因而它没有舞女，而是要求客人自带女伴。一位出身豪门的上海名媛回忆道，上海的上流社会只热衷去那些没有聘用舞女的娱乐场所，以此将自己与普通百姓区分开来。提供舞女的舞厅被称作"客白来"，而像百乐门这种舞厅则被称作"抱而乐"，需自携

---

① 白先勇的长篇小说被改编成了电视连续剧，百乐门舞厅是其中一个重要的叙事背景。例如，范冰冰工作室 2009 年拍摄了与该小说同名的电视连续剧。以近代上海为背景或者讲述舞女故事的电视连续剧和影片都更多，许多人物与情节都被安排在百乐门中。
② 安德鲁·菲尔德，"在罪恶之城出卖灵魂：书籍、电影与政治中的上海歌女与舞女，1920-1949"，张英进主编.上海电影与都市文化，1922-1943.斯坦福大学出版社，1999：285；活跃的上海.中国杂志.1935 年 5 月；上海大全.上海大学出版社，1934-1935，牛津大学出版社再版，1983：77.
③ 浪漫书生.舞场慢话.礼拜六，1935（7）.

女伴而来。与提供舞女的舞厅相比，"抱而乐"的执照比"客白来"舞厅的营业执照更昂贵。[①]
在高档舞厅中，上流社会的客人携带自己的女伴，而显然是精英阶层试图在公共空间展示他们身份的一种策略。1933年百乐门开业时聘请了外籍经理乔·法伦（Joe Farren），有趣的是之前他是大华饭店舞厅的大班（经理），而曾经作为定位服务上层社会的大华舞厅，也没有聘用职业舞女。

百乐门舞厅于1933年12月14日星期五晚举行了盛大而富仪式感的开业庆典。上海各大报纸对这座新舞厅进行了宣传报道。《字林西报》上配有图片的广告标题为"百乐门今晚开业！"（Paramount Will Open Tonight!），惊叹号之后是夸张的图片描述。百乐门大门上方的塔式建筑高耸入云，一群客人站在大门前，脸上带着笑容，举起酒杯，庆祝开业。横幅上面写着，"为欢乐干杯"（A toast to the return to gaiety），文字一路向上倾斜，直达玻璃塔顶。有意思的是，图片中举杯庆贺的客人并非华人面孔，目的大约是为同时吸引华人和外国名流。与《字林西报》上配图报道不同，《申报》用富有中文魅力的文字对开业进行了大肆渲染："最新发明，弹簧地板，琉璃世界，别开生面，名歌艳舞，人间化仙。"[②]这种四言一句的文字颇似中国传统四绝诗。文字下面再配上人们成对跳舞的照片，生动描绘了百乐门舞厅丰富多彩的舞蹈世界。

数千宾客出席了开业仪式，"花岗石门前精美的大理石台阶上人头攒动，全是上海的名流"。上海市市长吴铁城的夫人用一把金钥匙打开了大厅门。宾客们涌进灯火辉煌的大厅后，国民政府一位高级政治家之女张晶莹拉开了舞厅的帷幕，爵士乐队开始演奏中国赞歌。吴市长走上台阶，代表百乐门业主致欢迎辞，"希望所有来宾进入百乐门（Paramount）后都能尽情享受百乐之趣"，[③]这显示是利用了百乐门中英文名称之间机智互译的双关祝词。百乐门的门票（含晚餐）最初为工作日每张四元，星期六每张五元，逢节庆日和特殊活动日的价格更高。例如，开业之夜的门票为每张七元，圣诞节或春节的门票有可能高达十五元。而在当时，一双制作精良的皮鞋只有四元左右，因此即便是许多有钱人，光临百乐门也是一种身份象征。

1933年开业后，百乐门举办过对当时的中国人而言时髦的娱乐、社会活动。在平常，除了体验新颖的西方交谊舞外，百乐门的客人还能观看与中国戏院不同的歌舞表演，以及新奇的外国节目。外国经理乔·法伦管理百乐门的日常表演，爵士乐队、西方专业歌舞团纷至沓来，报纸上也经常刊登广告，比如美国和欧洲著名舞蹈家和电影明星的照片。在上海人的眼中，这些异国面孔和时装与百乐门独特的空间气氛所激发的好莱坞梦幻场景、新颖的娱乐体验以及西方美酒美食混合在一起。

一些华人协会也在百乐门举办过时装秀。例如，吴铁城市长和商界大亨王一亭于1934年11月举办过为一家医院筹款的慈善时装秀。许多上层社会的名流出席了这场时装秀，而模特是

---

① 新百乐门.时代生活.天津，1937第5卷（2）.
② "最新发明，弹簧地板，琉璃世界，别开生面，名歌艳舞，人间化仙，"《申报》在1933年3月21日报道了百乐门"12月15日开业"。
③ 安德鲁·菲尔德.上海的交谊舞世界：舞厅文化与都市政治，1919–1954：99–100.百乐门开业专刊.申报，1933–12–15.

由刚刚踏入社交圈的名媛和上海一些著名影星充当，穿上了本地服装公司提供的最新款服装。①
当时最红的影星，比如阮玲玉和胡蝶，都是活动的模特之一。与欧洲和美国的舞厅文化一样，
各类比赛与竞技也是上海舞厅文化的一种重要部分。从 1930 年代开始，百乐门举办了一系列
跳舞大赛，客人们与自己的女舞伴一起展示舞技，并且选举"舞后"。许多舞厅都举办跳舞比赛，
获胜者再去逸园和大华（后来是百乐门）这样的著名大舞厅参加下一轮比赛。在 1934 年举办
的一场比赛中，舞者随着流行华语电影歌曲翩然起舞，相互竞争，观众则观看他们的表演，然
后投票。② 1935 年底的报纸刊登了一位舞后在百乐门舞厅加冕时的一张照片，一位著名的广东
演员为她戴上桂冠而一名上海电影明星正向她表示祝贺。③ 有意思的是，这些时装秀和跳舞大
赛的举办方正是上海青帮和国民政府，暗示着舞厅业背后千丝万缕的与政治和经济的关系。出
入舞厅的不仅有上海的巨商大亨，还有当地黑帮和国民政府高官，后者包括曾经利用百乐门的
空间组织公共活动的上海市市长。

　　百乐门开业之后，上海迎来了新一轮的舞厅建造高潮。正如百乐门取代了大华饭店舞厅一
样，百乐门很快便面临一些风格迥异、数量众多的中低档舞厅的激烈竞争。《申报》一篇文章
的感叹，"虽然英文名称'Paramount'的含义为至高无上，但是在这个高度发展的社会，谁敢
自称至高无上呢？即便是拥有所有最先进现代设备的百乐门，也只能给客人们提供'百乐'之
趣"。④ 似乎暗示了百乐门之后多舛的命运。1932 年百乐门开业后不久，建筑师杨锡镠便受托在
拆毁的大华饭店原址上设计一个中档舞厅——大都会舞厅（1935 年）。同年国民政府发起了新
生活运动，鼓励公共建筑设计师们纳入更多本土元素。由于这种政治气候的改变，杨锡镠在视
觉上便采用了更多明显的中国建筑元素，如中国传统的屋顶结构，并将这些与诸如"露天绿茵
舞池、曲径和高尔夫球场"的新特色结合在一起。⑤ 该舞厅位于大华路与静安寺路的拐角，比
百乐门更靠近跑马场。跑马场周围又新建多家舞厅。1936 年，上海四大舞厅之一的仙乐斯也在
跑马场附近开业。这家由沙逊公司经营的私人俱乐部在建筑设计上和经营模式上都没有百乐门
那样的雄心。1936 年百乐门在短暂繁荣之后迎来了一年的整修期，之后另一位华商接管了百乐
门，借助提供职业舞女的手段扩大了顾客群，但也在日本占领时期引来是非不断，这一时期报
纸上关于百乐门的社会新闻或是舞女的花边消息层出不穷。1949 年后百乐门改为红都电影院，
2003 年重新回归夜场，直至今日。

　　百乐门舞厅的修建是上海 1930 年代新兴的经济、政治、建筑和艺术等力量集体努力的结
果，是由华商投资，中国建筑师、工程师和建造商共同营建的上海本土化娱乐建筑。在这里，
百乐门舞厅的建筑特质，不但反映出建筑师、投资人与顾客相同的社会背景和商业期望，也折
射出一个共同的奋斗愿景——反映了华商为促进中国资本发展的商业和投资热情，以及中国建

---

① 申报，1934–11–27、28.
② 安德鲁·菲尔德. 上海的交谊舞世界：舞厅文化与都市政治，1919–1954：158. 京报，1934–5–28.
③ 同①。
④ 百乐门开业专刊. 申报，1933–12–15.
⑤ 京报，1934–5–28.

筑师思索着如何将这种新型娱乐空间——舞厅——在 1930 年代的上海进行重新诠释的建筑宏图。当外资在上海资本市场中扮演着重要角色的时候，本土资本仍然是强大的中流砥柱。中与西、现代与传统在 1930 年代的上海并不是对立的二元关系，而是一个相互对话、影响和融合的语境，在其中，百乐门舞厅可以从建筑结构、社会空间和媒介想象等不同方面去理解和重构。当装饰艺术风格、西式交谊舞、舞厅以及西方现代生活方式传到了上海，与上海独特的历史与文化背景融为一体，不同建筑师将他们对现代生活方式的理解融入其建筑设计。百乐门的建筑语言依据于现代结构技术，它的形象将现代工程处理成了摩登时代的象征。它与同时期其他典型的装饰艺术风格的公共娱乐建筑一起，成功地将一种西方生活方式带进了中国社会。本节回顾了上海 1930 年代初一家时尚现代舞厅的建造过程与早期经营情况，丰富了我们对中国现代娱乐风格到来的理解，更为重要的是，它解释了现代建筑如何有助于一个新型社交空间的兴起。百乐门舞厅精细复杂的空间安排改变了人们对于休闲娱乐形式的理解，也改变了上海某些精英圈子私下交流的方式。建筑空间因而成了社交空间，百乐门在上海的现代化进程中扮演了重要角色。

# 第四节　城市公园与公共体育场的营造 [①]

## 一、城市公园

　　公园作为普通百姓可以前往消遣和娱乐的场所，这一概念是源于西方、近代性的。公园最早兴起于 19 世纪初的英国，以解决当时由于工业化及人口剧增而引发的一系列城市环境问题。人们开始认识到公园在生理、精神、道德、政治等方面的种种益处：公园好比城市之肺腑，可清新空气；公园让人们与自然亲密接触，精神焕发；公园设有运动场地，可供人们锻炼身体，增强体质；公园面向所有社会成员开放，不同阶层间有机会相互接触，相互学习，因而社会张力也会有所消解。19 世纪下半叶公园运动影响范围不断扩大，从法国巴黎规划全市公园系统，美国纽约建成中央公园并掀起全国性的公园运动，及至日本东京开放上野公园（Ueno Park）等。总体上，自 19 世纪后期，公园作为一种新的现代公共机构而兴起，以便在工业化浪潮中有效控制城市化的社会及物质结果。

　　20 世纪初的中国也开始设立公园。面对西方势力不断入侵，新兴的市政府和城市精英，以近代市政管理和城市规划思想，发动了规模浩大的市政改革运动，以推动城市的近代转型。辟设公园即为其城市变革努力的一个重要部分。他们希望通过建立公园来规划和控制

---

① 本节作者张天洁。

土地利用，改善城市的物质环境，建立新的社会、心理和政治秩序。在北京，由朱启钤倡导，1914 年北京社稷坛被改为中央公园。之后，一系列的皇家禁苑纷纷被开辟为公园，如 1917 年城南公园（原先农坛）、1918 年天坛公园（原天坛）、1925 年北海公园（原北海）和京兆公园（原地坛）等，传统的帝制空间秩序被打破。南方的广州，在市长孙科领导下，引入了科学规划的思想，成为近代中国市政改革运动的发源地，在 20 世纪 20 年代建立了一系列的城市公园。这一时期，南京、武汉、杭州、宁波、青岛、成都、重庆、昆明等城市也相继辟设了公园。与讲求精雅寓情内省的中国传统园林不同，新建的公园面向各个阶层的公众开放，配备了教育、娱乐、运动等多样设施，引导民众接受文明健康的近代都市生活方式。

## （一）案例 1：汉口中山公园

汉口中山公园建于 1928 年，是首批由中国自建的公园之一。其园址原系 20 世纪初汉口"地皮大王"、东方汇理洋行买办刘歆生的私人花园。1914 年左右，刘为笼络"将军团"以保产自固，遂将此园赠予当时湖北军政府财政厅长李华堂，更名为"西园"。[①] 随后 1927 年汉口特别市政府将其作为逆产而没收。1928 年起，由汉口特别市工务局主持，在西园基础上扩大兴建中山公园，面积由 0.16 公顷扩大到 12.5 公顷，留英归国的工程师吴国柄负责设计和修建工程，挖湖堆山，添建运动场、游泳池、溜冰场、民众教育馆和中山纪念堂等；1929 年 10 月 10 日，定名为"汉口中山公园"，正式对外开放，是当时长江流域最大的城市公园。1930 年国民政府内政部长蒋作宾慕名前来视察汉口时曾感慨于中山公园的蓬勃朝气和新兴气象，"我到过欧洲、日本，还没有见过这么好的公园，回南京要通令全国到汉口考察，提倡建公园，修下水道，以汉口为榜样。"[②]

### 1. 背景：20 世纪初期的汉口

1926 年从广州誓师北伐的国民革命军于 1926 年秋，相继攻克了汉口、汉阳、武昌。1927 年，国民政府在武汉首次建市，并由广州迁都武汉。[③] 1928 年宁汉合流后，1929 年设汉口为特别市，直属南京国民政府管辖，汉口的城市发展进入新的阶段。

20 世纪 20 年代的国民革命营造了一种特殊的机遇，使得一批受过技术训练的年轻人能够把他们对于城市变革的宏伟议程付诸实施。[④] 当时的汉口市府各局，迎来了一批具有现代意识和科技知识的技术官僚。在 1927 年 4 月、1929 年 4 月两度出任市长的刘文岛热心城市建设，

---

① 皮明庥. 近代武汉城市史 [M]. 北京：中国社会科学出版社，1993：692.
② 吴国柄. 我和汉口中山公园及市政建设 // 政协武汉市委员会文史学习委员会. 武汉文史资料文库（第三卷）[M]. 武汉：武汉出版社，1999：482.
③ 皮明庥. 近代武汉城市史 [M]. 北京：中国社会科学出版社，1993：337.
④ Joseph W. Esherick, "Modernity and Nationality in the Chinese City" //Esherick, Joseph, and NetLibrary Inc. *Remaking the Chinese City: Modernity and National Identity, 1900-1950* [M]. Honolulu: University of Hawaii Press, 2000: 7.

曾于 1914 年在日本早稻田大学攻读政治经济学，因讨袁而离日回国，后在梁启超的资助下入法国巴黎大学并获得博士学位。[①] 1932 年出任汉口特别市市长的吴国桢，毕业于清华学堂，1921 年官费赴美国艾奥瓦州格林奈尔学院获经济学硕士，并兼修了市政，之后继续获得普林斯顿大学政治学博士学位。[②] 在他任市长（1932 年 11 月至 1938 年 10 月）期间，锐意市政建设。主持中山公园建设的吴国柄，是吴国桢之胞兄，早年即立志以交通实业兴国而于唐山工业专门学校（唐山交通大学的前身）学土木工程三年，后赴英国伦敦大学修习机械工程，并考取了英国皇家工程师。[③] 1924 年到比利时钢铁厂实习，后又学习商务。1926 年随当时北京政府特派徐树铮将军考察了欧美日本各国。[④] 总体而言，当时汉口市府各局的主要官员大多毕业于国内外各大学和专门学校，多数有留学经历，对西方都市建设有所见闻亲历，具有关于近代都市建设的识见。

1927 年，西园被北伐胜利后成立的汉口特别市政府作为逆产没收，暂且荒置。1928 年初夏，由留英归国的工程师吴国柄建议，经其时湖北省政府主席张知本批准，在第四集团军总司令李宗仁、汉口特别市市长刘文岛、第十九军军长胡宗铎等人的支持下，成立了"汉口市第一公园办事处"，派吴国柄开始负责修建。经测绘，地址选在西园及其附近的直鲁豫同乡会公地范围之内。西园当时面积仅 1680 平方米，即从现在的公园大门至原管理处，东侧门至图书室北公共厕所处长方形地块。[⑤] 1928 年起，由汉口特别市工务局主持，在西园基础上扩大兴建中山公园，吴国柄负责设计和修建工程。先将上述地块用围墙围住，动用军人和犯人挖湖、堆山，并从鸡公山林场运来大批树苗，绿化全园，添建运动场、游泳池、溜冰场、民众教育馆和中山纪念堂等；1929 年 10 月 10 日，定名为"汉口中山公园"，正式对外开放，是当时长江流域最大的城市公园。

## 2. 汉口中山公园的发展

自 1928 年提议兴建，汉口中山公园就受到汉口市府当局的重视与支持，并根据公园发展需要，成立了中山公园董事会，直属汉口市政府管辖。在 1929 年武汉三镇区划中，中山公园已被划为汉口园林绿化系统的一个组成部分。1930 年由汉口市政府编定的城市规划中，议将汉口市区划分为工业区、商业区、住宅区、小工商业区、高等教育区和市行政区，中山公园位于商业区内，紧邻规划的市行政中心区。[⑥] 1936 年制定的汉口都市计划中，对公园和造林有了进一步大胆的战略设想，明确指出要扩大中山公园，并拟定中山公园以西、华商跑马场附近为市政府所在地。[⑦]

① 陆继勋. 我的丈夫刘文岛 // 政协武汉市委员会文史学习委员会. 武汉文史资料文库（第七卷）. 武汉：武汉出版社，1999：276–277.
② 许有成，徐晓彬. 宦海沉浮——吴国桢 [M]. 兰州：兰州大学出版社，1997：11–15.
③ 序 // 吴国柄. 铁路火车工程学 [M]. 台北：正中书局，1983：Ⅰ–Ⅳ.
④ 吴国柄. 徐树铮和我（一）——陪徐专使考察欧美日本各国记 [J]. 中外杂志，1978（6）：27.
⑤ 商若冰. 汉口第一公园——中山公园 // 皮明庥，吴勇. 汉口五百年 [M]. 武汉：湖北教育出版社，1999：210.
⑥ 汉口市政府. 汉口市政府建设概况第 1 期，第二编工务：1–2.
⑦ 皮明庥. 近代武汉城市史：358–359.

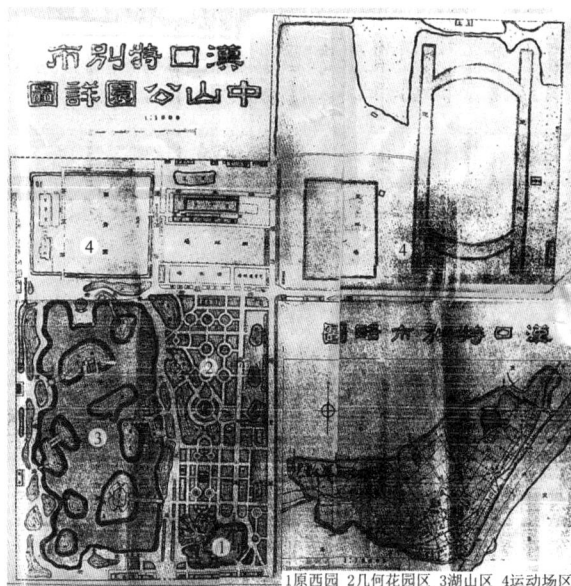

图 11-4-1　汉口特别市中山公园详图（1943 年）
来源：国家图书馆藏

1原西园 2几何花园区 3湖山区 4运动场区

图 11-4-2　汉口中山公园湖山区风景（1930 年）
来源：新汉口，1930，Vol.1（12）1卷，第 12 期。

　　中山公园几经扩建，面积增至 12.5 公顷，大体形成了原西园、几何花园、湖山、运动场四个区（图 11-4-1）。[①] 公园正门正对南北向的主干道，[②] 其东侧为原西园区和几何花园区，西侧是湖山区。湖山区以人工湖面为主，平均深约 1.2 米，面积近 300 平方米，[③] 形式为长方形，四岸蜿蜒曲折，"虽由人作，宛自天开"（图 11-4-2）。挖湖之土堆成土山十余座，最高者约 12 米。小山分布于湖之四周及湖中，并点缀有不同形式的桥、亭、岛屿。在湖的西北角架设了一钢筋混凝土桥，今名落虹桥（图 11-4-3、图 11-4-4）。桥为三跨石混结构，以钢筋混凝土做成的虬枝为栏。另还有建于 1933 年的双龙桥（图 11-4-5），单跨石混拱桥，因桥上双龙栏杆而得名，但在 1938 年被日军炸毁。

　　公园早期建设的亭榭，多为木柱树皮顶，复建时样式逐渐多样化。落虹桥所接的小岛上建有湖心亭（图 11-4-6），亭为平顶，高两层，每层平面均近于方形，第二层面积有所缩减。其两层的四周都围以大面积玻璃窗，与纤细的钢柱有分有合，线条简洁，尽揽湖山景色。

---

①　汉口市政府编 . 汉口市政概况 . 汉口：汉口市政府，1934 年 1 月 ~1935 年 6 月：工务，25.
②　1943 年的公园平面图上标为"澄波路"。
③　汉口市政府编著 . 汉口市政府建设概况，（1）：37.

图 11-4-3 落虹桥（1930 年代）
来源：武汉市档案馆、武汉市博物馆编.武汉旧影[M].北京：人民出版社，1999：122.

图 11-4-4 公园落虹桥今景（张天洁摄于 2004 年）

图 11-4-5 双龙桥（1936 年）
来源：上海市档案馆 H1-1-32-161

图 11-4-6 湖心亭（约 1936年）（左）
来源：汉口市政府编.汉口市政概况：民国24年7月至25年6月[R].汉口：汉口市政府，1936年.
图 11-4-7 张公亭今景（张天洁摄于 2004 年）（右）

　　与湖心亭相对的北岸筑有张公亭（图 11-4-3 中远景、图 11-4-7），1933 年左右为纪念清末湖广总督张之洞而建，由吴国柄设计。亭总高 19.6 米，6 层石混结构。其下 3 层为圆柱形，底层为半地下层，作为亭的基座，第二、三层围有六柱的外廊，砌有栏杆，围绕圆柱形主体设有对称的两部旋转楼梯；上 3 层则为亭顶部分，平面呈同心圆逐渐缩进，第四层为下部圆柱形主体的延续，围有圆柱形的阳台，而第五层是半球拱顶，其上对称地开有四个老虎窗。尽管从吴国柄的文字记述中，我们很难捕捉到他做出这一选择的初衷，但张公亭的同心圆平面、圆柱形体量、外围圆柱形柱廊、半球形穹顶、对称的旋转楼梯等，却与伯拉孟特（Donato Bramante）设计的坦比哀多（Tempietto）有着超出巧合的相似。1502 年建于罗马的坦比哀多，凭其从内到外渗透的简单、和谐、匀称和古典而被视为文艺复兴盛期的首批杰作之一，以至于在坦比哀多建成的 300 多年后，建筑师们仍然在无保留地模仿其圆柱体同穹顶相结合的完美设计。对张公亭而言，坦比哀多 3：4、3：5 的经典几何比例，符合数字命理学的 16 柱廊，象征阳刚之美的多立克柱式及其三竖线花纹装饰等等，均被舍弃，这也许与吴国柄未曾接受过专业的训练有关。然而，从一定程度上，可以说吴国柄是从表层借用了文艺复兴的首例代表之作，来纪念首开汉口乃至湖北近代之风的湖广总督张之洞。

　　公园正门主干道的东侧为原西园和几何花园区，园路的宽窄由 1~5 米不等，纵横穿插，总

图 11-4-8　汉口中山公园几何花园区风景（约 1930 年）
来源：新汉口，1930，Vol.1（12）.

面积约 2800 余平方米。[①] 靠近正门处的小地块大体保留了原西园的假山湖面，有棋盘山（图 11-4-8）、流泉、水池、小桥，等等。山的北面新建了四顾轩、月门洞，洞上有山间旱桥、岳北峰叠石喷泉、"通幽"山洞等景点，还布置了直径约 10 米的中心花坛以及几何图案的树木花草（图 11-4-9）。在现紫藤架南端的位置立有总理纪念碑，因建于 1929 年孙中山先生灵柩自北平归南京奉安之时，故当时称奉安纪念碑。1931 年被洪水冲垮，1933 年复建，1938 年遭日军拆毁。[②] 东部正中于 1930 年左右建有一大型喷水池，筑有三层的叠水盘，并在第一层盘上立有出浴美女的雕塑（图 11-4-10）。四顾轩（图 11-4-11）是在 1935 年重建于原牡丹亭旧址，与喷水池构成东部的一条南北轴线。该建筑由花岗石砌成，为单层长方形石混结构，东西向面阔较宽，且有园路从中贯通，其立面近似采用了帕拉第奥母题。与 1617 年方才改建竣工的维琴察巴西利卡（The Basilica, Vicenza）立面相比较，四顾轩连续的檐口，异于壁柱的立柱，方形的柱截面，呈现出爱奥尼与科林斯混合变异特征的柱头，与拱券相接小柱的近多立克简化柱式，等等，于相似中又流露出混杂随意的气息。但从总体而言，它与其周边的规则式花坛、水池共同彰显着典型的西式园林风格。比较 1930 年的汉口中山公园平面图（图 11-4-12）和 1943 年的汉口特别市中山公园详图（图 11-4-1），[③] 可以看到原来零星分布于东侧的办公室，存花室等建筑被拆除，改为草坪或水池；而且东侧的草坪被进一步的划分，蹊径进一步的网格化，布置由较随意渐至较规整。

　　公园的北部主要为运动场地，有网球场 4 座，篮球场和足球场各 1 处，游戏场 1 所，游泳池 1 座。后又陆续增建了儿童运动场、溜冰场、骑马场和网球场休息室，等等。园中还砌筑了西式和中式的厕所若干，置有掩门，门外植有树木。其游泳池（图 11-4-13）由洋灰三合土（混凝土）建造，高出地面以便于换水。深约 1~3 米，长约 23 米，宽约 6 米，1934 年扩为 35 米 × 16 米。还包括砖砌的更衣室 14 间，喷水池、看台各 1 座。游泳池采用自来水，并定期换水。另设有 102 米 × 90 米左右的普通运动场（足球场），四周围以铁丝网，网外掘有深沟，沟外植有树木，既可运动，又可用作会场。[④] 此外，考虑到当时汉口尚没有大规模会场类建筑，于是

---

① 汉口市政府. 汉口市政概况：民国 23 年 1 月至 24 年 6 月，工务：25.
② 吕学赶. 汉口中山公园有关孙中山先生的纪念性建筑 [J]. 武汉春秋，2002：36-37.
③ 中山公园在 1938 年被日军占领后成为松田兵站，尽作军用，园中设施景观等有损无建。1942 年公园移交予伪汉口市政府管理，但因财政困难，无力大幅度整修，稍作装饰即对市民开放。所以此时的公园应大体保留着 1938 年前的布局，但因政府更迭，故园内桥、亭、堂等大多被易名。
④ 汉口市政府. 汉口市政府建设概况第 1 期：37-38.

图 11-4-9 棋盘山今景（张天洁摄于 2004 年）

图 11-4-10 喷泉（1929 年）
来源：《新汉口》，1930 年，第 1 卷，第 5 期。

图 11-4-12 汉口中山公园平面图（1930 年）
来源：汉口市政府编．汉口市政府建设概况，第 1 期。

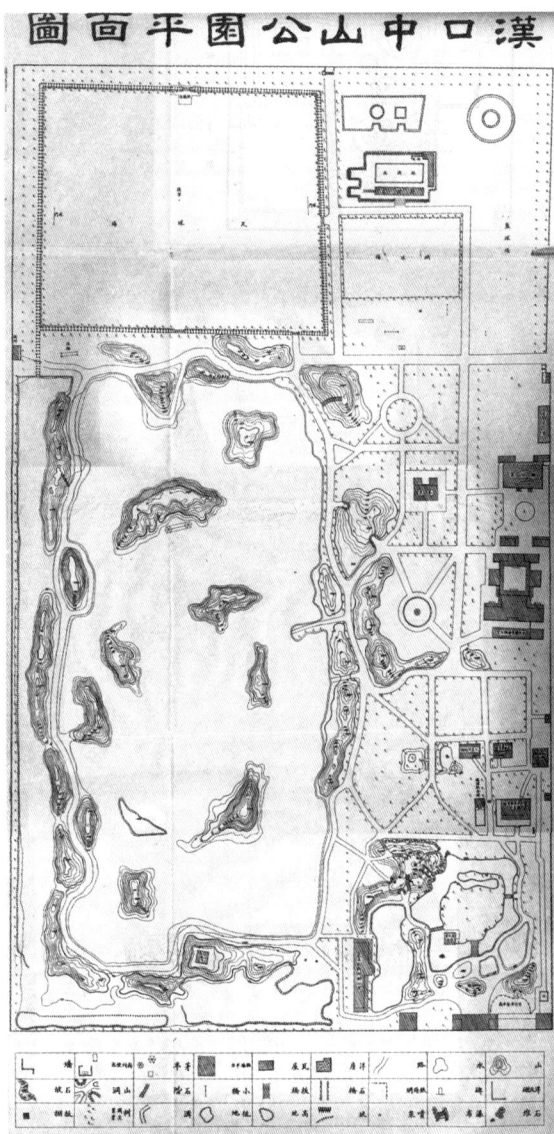

图 11-4-11 四顾轩今景（张天洁摄于 2004 年）

图 11-4-13 游泳池（约 1930 年）
来源：《新汉口》，1930 年，第 1 卷，第 11 期。

在 1930 年曾计划在运动场北侧建造演讲台，即露天会场的主席台。拟建的演讲台宽 8 米，深 6 米，高 1.7 米，并效仿西方国家公园内的音乐亭演讲台类建筑，设置一大圆弧穹隆，向全场笼罩。这使演讲台除去作会场外，可兼用以奏乐演剧的场所。台前的操场，则可作为露天剧场、集会场所以及运动场地，一举多得。[①] 但此方案由于 1931 年洪水而搁浅。及至后区（含足球场和标准运动场）扩建成型后，该运动场经吴国柄改成小型的高尔夫球场（图 11-4-14），并在每个洞上面用钢筋水泥做成著名建筑物的微缩模型进行装饰，例如，巴黎的凯旋门、埃菲尔铁塔，伦敦的大桥，纽约的自由女神像等，让游客一边打球，一边欣赏这些建筑物。球场被日军占领后，成为其慰灵忌场，1942 年由汪精卫题名为留青园。[②] 1935 年起，在球场的西侧建造了五权堂和张公祠。

五权堂建于 1935 年，位于公园张公亭前西侧，占地约 200 平方米，为西式风格平房。五权堂正、侧厅均为马赛克铺地，采用吸顶灯，正厅内还设有壁炉，侧厅椭圆形，右侧为立式玻璃窗，外形别致。后更名为"康乐堂"，1942 年被汪精卫改为"来甘馆"，1945 年抗战胜利因其在受降堂侧（有走廊与受降堂相连）遂改为胜利厅。[③] 1934 年为纪念清末湖广总督张之洞推行湖北新政而建张公祠，[④] 是一座砖木结构的单层四坡顶厅堂建筑，矩形平面，坐西朝东，马尾屋架，白墙红瓦，房长 31.5 米，宽 12 米，占地 355 平方米。檐高 4.45 米，正墙面由 8 个砖柱组成 7 个均宽为 4.5 米的开间，每隔一开间一门共 3 门。1945 年被选为接受华中地区日军投降的场所，略加布置，更名为受降堂。

运动区的东部主要包括一足球场和一标准运动场，由公园体育部主任宋如海设计，有 400 米跑道。运动场计长 588 米，几使园地增大一倍。[⑤]

### 3. 吴国柄与汉口中山公园

从 1928 年开始筹划至 1938 年被日军占领，中山公园的发展与工程师吴国柄（图 11-4-15）的活动紧密相连。吴在英国伦敦大学学习的是重交通与实业的铁路火车工程，1926 年回国后供职于唐山造车厂。但当时的中国铁路惨淡经营，借债维持通车。面对改良希望的渺茫，吴慨叹于当时当地所学不能致用，遂离开京奉铁路，而"着重于我国当时所需的市政工程"，以求改变中国各省市有市无政的情状。[⑥] 于是吴在 1928 年回到了他的第二故乡汉口。[⑦]

吴国柄初到汉口时，惊诧于通都大邑武汉三镇的落后状况，"和我出国前相同，毫无进步"，人民"愚、弱、贫、散、私"。整个城市没有夜生活，"一般人民抽鸦片、打牌，白天睡觉，没有公园、树木，百姓甚至春、夏、秋、冬四季都不晓得"。吴于是毛遂自荐，向当时立志"建

---

① 汉口市政府. 汉口市政府建设概况第 1 期：40.
② 吕学赶. 日军铁蹄下的汉口中山公园 [J]. 武汉春秋，2002（4）：43-44.
③ 吕学赶. 汉口中山公园有关孙中山先生的纪念性建筑 [J]. 武汉春秋，2002（2）：37.
④ 另一种观点认为张公祠是在 20 世纪 40 年代初由当时伪武汉特别市市长张仁蠡（张之洞第 13 子），为纪念其父功绩，以求借其余荫，在武汉立足而发起修建。
⑤ 汉口市政府. 汉口市政概况：民国 23 年 1 月至 24 年 6 月，工务：25.
⑥ 序 // 吴国柄. 铁路火车工程学 [M]. 台北：正中书局，1983：Ⅳ - Ⅴ.
⑦ 吴国柄，湖北建人。

图 11-4-14　高尔夫球场（约 1935 年）（左）
来源：汉口市政府编.汉口市政概况：民国 24 年 7 月至 25 年 6 月 [R].汉口：
汉口市政府，1936.
图 11-4-15　吴国柄在汉口中山公园（1935 年）（右）
来源：邹海清编.吴国桢博士及其父兄 [M].武汉：新世纪出版社，1993.

设新湖北、新武汉"的李宗仁提议"先建一座公园"。在吴看来，武汉地方太大，短期建设和
有限的资金并不能立竿见影，当务之急是"先要百姓出来见天日，过有太阳的生活"。吴主张"先
找合适的地点设计、绘图、施工，在公园里种树栽花，有运动场可以打球，游泳池也可以游泳，
大湖可以划船，让人人都可以锻炼身体"。①

　　吴对公园的理解与当时讲求精雅寓情内省的传统园林是不同的。吴是一位新式的人才，
早年离乡入天津南开中学就读。其父吴经明，二叔吴经铨均是留学日本，分习陆军，法政，
舅父朱和中于德国学军事，表哥秦国镛留学法国修机械工程。"他们都是在庚子年，八国打败
了我国，国人醒悟后图强时，两湖总督张之洞以官费派出的青年，到东西洋强国去留学的第
一批知识分子学成于我国革命后回国服务的学生，所以他们有东西洋的新知识来指导我。"② 此
外，吴国柄在国外的所见所闻，亦会使他有所感所思。四年有余的伦敦生活或多或少予他有
潜移默化的影响。

　　19 世纪中期，工业化及急剧人口增长引发了一系列的城市环境问题，作为一种应对，
城市公园在全英国范围内开始兴起。自 1830 至 1885 年是公园初创阶段，1885 到 1914 年开
始进一步大规模地建设更多的公园，以满足持续的需要。至两次世界大战期间，公园的发
展态势有增无减，而且，公园与公众健康、娱乐及运动的联系得到进一步的强调。③ 吴国柄
1920-1924 年于伦敦求学，他涉猎宽泛，交际甚广。吴初到英国时，就"住进英国人的家庭，

---

① 吴国柄.我和汉口中山公园及市政建设 // 政协武汉市委员会文史学习委员会.武汉文史资料文库（第三卷）[M] 武汉：武汉出版社，
　　1999：450-452.
② 序 // 吴国柄.铁路火车工程学 [M].台北：正中书局，1983：I .
③ Hazel Convay. "Parks and People: the Social Functions" //Jan Woudstra, Ken Fieldhouse. *The Regeneration of Public Parks* [M]. Oxford:
　　Taylor& Francis, 2000: 9-10.

打进他们的社会和他们同乐"，[①] 而且，学校放假时，他也按照同样的方法到法国巴黎学习法文。[②] 事隔多年之后，吴仍能清楚地记起，"伦敦市区有几个大公园，如肯辛顿公园（Kensington Gardens）、海德公园（Hyde Park）、绿园（Green Park）、皇宫公园（Palace Park）、詹姆斯公园（St. James's Park）、摄政公园（Regent's Park）、巴特斯公园（Batter Sea Park）、科烈公地（Clapham Common.），这些大公园在伦敦占很大的地位，还有一些小公园叫 Square 在市区内星罗棋布。因此，每当人心里不舒服时，到公园里走走，看了美丽的花草树木，心情自然会转好，所以伦敦居民，每个人的精神都很畅快。"[③] 吴跟随徐树铮赴欧美日各国的考察途中遇有闲暇，也会去公园转转，比如在纽约中央公园，看到人们于闹市之中尽享自然，悠闲漫步，怡然自得。[④]

当时西方社会的公园，已经从原来散步、闲逛及探奇之地，转变成为迎合主动运动和有组织休闲的场所。[⑤] 伦敦郡委员会（London County Council）的首任公园督察塞斯比（Col. J. J. Sexby）在 1907 年设计了伦敦朗伯斯区（Lambeth）的罗斯金公园（Ruskin Park），三个相邻的别墅花园被合成了一座公园，它的东部集聚着装饰性的花园，而运动场地则向西端延伸。塞斯比的这种模式成了 20 世纪伦敦公园的典范。[⑥] 据吴所言，他是"把在欧洲社会上看到的搬回中国"，因而当时英国公园中蕴藏的"公众"和"健身"理念在他筹划设计并实施的汉口中山公园里得到了淋漓尽致的体现。

细观 1930 年的中山公园，尽管草创初成，但已可感受到英国园林的印记。其总体布局上，有别于中国传统私园，它空间开阔，建筑零星缀于其间，园区"规模宏大"，以满足"市民联袂游往者甚众"。自然意趣的苍岩断涧与几何形状的规则场地并置，曲折萦回的山洞同笔直斜切的蹊径共存。实际上当时的英国园林也正糅合着自然不规则与人工规则的元素。

早在 17 世纪中期，英国贵族们对传统规则式园林逐渐感到单调而生厌，促成了 18 世纪英国造园的变革，出现了自然风景园，掀起了由中国园林的传入而产生的英中式园林浪潮。不列颠群岛潮湿多云的气候条件，资本主义生产方式造成庞大的城市，促使人们追求开朗明快的自然风景。[⑦] 至 19 世纪 20 年代，巴里（Charles Barry）将意大利式花园带入了英国，产生了广泛影响，为后来在公园中的运用创造了一种新的形式。[⑧] 它之所以成功，并非止于所带来的意大利风格的宏伟府邸，还缘于其耦合了当时花园精琢化、建筑化的趋势。[⑨] 在走过规则—不规则—规则的发展历程后，19 世纪末期，莫森（T. H. Mawson）开始在同一座公园的设计中尝试规则与不规则的并置（Composition）手法，还提出了依据这两种元素比例不同而划分的四种设计模

① 吴国柄. 英伦留学忆往（七）[J]. 中外杂志，1978（3）：19.
② 同①：23.
③ 吴国柄. 英伦留学忆往（八）[J]. 中外杂志，1978（4）：78.
④ 吴国柄. 徐树铮和我（六）——陪徐专使考察欧美日本各国记. 中外杂志，1979（5）：121.
⑤ Chadwick, George F. The Park and the Town; Public Landscape in the 19th and 20th Centuries [M]. New York: F. A. Praeger, 1966: 223.
⑥ Brent Elliott, Ken Fieldhouse. "Play and Sport" //Jan Woudstra, Ken Fieldhouse. The Regeneration of Public Parks [M]. Oxford: Taylor& Francis, 2000: 153.
⑦ 中国大百科全书：建筑·园林·城市规划 [M]. 北京：中国大百科全书出版社，1988：507.
⑧ Chadwick, George F. The Park and the Town: Public Landscape in the 19th and 20th Centuries [M]. New York: F. A. Praeger, 1966: 145–146.
⑨ 同⑧：222.

式。伴随着莫森的设计事务所在公园领域的大量设计实践，这一理论对之后英国的公园设计产生了深远的影响，特别是在一战之后，莫森的作品中愈发流露出公园因应其使用需要而生的意向，任何形式的因素都退居其次。[1]

尽管吴国柄并非修习建筑或园林景观出身，其中山公园的设计手法也显得有些生硬稚嫩，但他却是"把在欧洲社会上看到的搬回中国"[2]，从一定程度上折射着莫森理念的影子。公园西南部经过挖湖堆山，昔日的"荒芜之区"仿佛"世外桃源"；近长方形的水池，"四岸曲折蜿蜒"以求"宛自天开"；修复了瀑布，水声潺潺，白练悬空，"疑身临巫峡者几稀矣"；"在湖的东北岸，于湖山起伏绵亘之处掘成蜿蜒曲折的山洞"，几如身入"清光门外一渠水，秋景墙头数点山"。且园中"绿叶，万花献抱"，令人"悦情怡绪"。[3]若辅以公园平面图（图11-4-1），我们不免看出，其叠山理水的手法，于中国园林而言似乎是浅尝辄止的。其展现自然的手法，与其说是对中国古典园林的直接模仿，不如说是对英国园林的混成再现，即是对吸收了中国古典园林表层意象的英国园林片段的再组合。

此外，园中还充溢着许多欧洲园林中的人工规则元素。公园的正门是仿英国白金汉宫设计，不过规模小得多[4]；在公园东部正中新建了一"伟大"喷水池，筑有三层之叠水盘，并于第一层盘上立有出浴美女的雕塑；园中的空地，大都种植草皮或铺设花床；另建有玻璃花房、水泥石桥，铺砌三合土的园路以除泥泞之苦；立有电灯百余盏，曲回山洞内亦缀有"各色小灯泡"[5]，便于夜间游园；备有"西式小船"若干，凭"击舫之乐"增"湖山之秀"；还葺有西式、中式厕所数间。在公园的北部，设置了普通体育场、游泳池、网球场、篮球场、足球场等。[6]布局规整，一方面可以说是彰显了人工伟力，另一方面也体现了对体育的强调。

自从汉口中山公园开始建设，未及正式开放就已人潮汹涌，原来的小门因为来的人很多，挤伤了一人，所以另建。公园成了汉口人呼吸新鲜空气的地方。在汉口市民看来，"公园有湖可以划船，陆地有足球、篮球、网球、跑道、动物园、骑马场、溜冰场、儿童游乐场"，设备齐全；"有钱的人坐茶馆，身体好的到运动常运动，花没人摘，没人随地大小便了，人民接受日常生活教育，井井有条"。[7]的确，公园满足了不同人的多样需要，而且有可行有效的方法来管理，园中"到处生机益然"。原来抽鸦片、打麻将的人，也都早起到公园散步、划船、泡泡水。可见公园对于市民的身心健康有帮助。

① Chadwick, George F. *The Park and the Town: Public Landscape in the 19th and 20th Centuries* [M]. New York: F. A. Praeger, 1966: 22.
② 吴国柄. 我和汉口中山公园及市政建设 // 政协武汉市委员会文史学习委员会. 武汉文史资料文库（第三卷）. 武汉：武汉出版社，1999：457.
③ 汉口市政府. 汉口市政府建设概况第1期 [R]. 汉口：汉口市政府，1930：36-37.
④ 吴国柄. 我和汉口中山公园及市政建设 // 政协武汉市委员会文史学习委员会. 武汉文史资料文库. 武汉：武汉出版社，1999：462.
⑤ 今日开幕之中山公园 [N]. 碰报，1929年10月10日.
⑥ 汉口市政府. 汉口市政府建设概况第1期 [R]. 汉口：汉口市政府，1930：37-38.
⑦ 吴国柄. 我和汉口中山公园及市政建设 // 政协武汉市委员会文史学习委员. 武汉文史资料文库（第三卷）. 武汉：武汉出版社，1999：479.

## （二）案例 2：厦门中山公园

### 1. 厦门市政改革及中山公园建设

厦门中山公园动议于 1927 年左右。实际上，20 世纪 20 年代是近代厦门城市景观发生改变的一段重要时期。海军官僚、地方商绅和华侨携手建设当地市政，推动了厦门城市的近代转型。厦门于 1843 年开埠，1903 年鼓浪屿被辟为公共租界。租界的迅速建设发展，为厦门本岛的市政建设提出了严峻的挑战，同时也提供了便利的范本。1920 年，"厦门市政会"成立并发起"开山填海、拆除旧城、兴建新城市"的倡议，拉开厦门旧城改造建设序幕。1925 年，漳厦警备司令部将市政局改组为市政督办公署，将旧城改造建设推向高潮。抗战前厦门城市建设运动大体可分成两个阶段：第一是市政会时期（1920-1924 年）；第二是海军治厦时期（1925-1932 年）。两阶段以市政督办公署之成立为分界线，在后一阶段中地方政府扮演更重要角色，取得更大成就。[①]

时任漳厦警备司令的林国赓（1886- ？年），福州人，青年时就读福州英华书院、马尾船政专门学校，后赴英留学。林全力整顿厦门治安，致力市政建设，认为"凡市内之公安、公用、工务、教育、卫生、财政、土地，皆属市政范围之内"，"厦市不先从工务着手，一切均无从附丽"。林国赓力排众议起用周醒南主持工程。周醒南（1885-1963 年），字惺南，号煜卿，广东惠阳人，幼年入两广游学预备科（即两广方言学校前身），1911 年任广东公路处处长，参与惠州、广州、汕头市政工程建设，随粤军入闽负责改建漳州城工程，创办道路专门学校训练人才。1921 年出任市政会委员长，受林国赓赏识续任厦门市政督办公署会办兼堤工处顾问。周醒南为财政方面作出突出贡献：（1）引入市场经济方法筹集资金，发行"兴业地价券"筹集修筑海堤资金；（2）施行有效措施，吸引侨资投入市政建设。[②]

厦门中山公园选址于市区东北魁星河一带，东连蓼花溪、妙释寺，西抱魁星河至草埔尾，北止溪岸，南临靖山麓接道署，占地 240 亩（16 公顷），是抗战前厦门市区最大的休憩用地。部分地段原属清兴泉永道署花园，园内之"荷庵"本是公地，该庵看守人林增寿擅将该地租与日人，经思明知事来玉林向日本领事交涉后收回。后发生业权纠纷，本地侨领林尔嘉主张辟"荷庵"为公园，认捐修筑费 1 万元。1927 年秋，市政督办公署委任周醒南开始建设。公园从设计绘图、改造添建院内设施、修筑园址四周马路到建百家村安置原住民，费用主要来自本地绅商捐款和由辟新区填海滩收取的地价。1931 年竣工开放，共费 100 多万银圆。[③]

### 2. 厦门中山公园布局

据《厦门中山公园计画书》（简称《计画书》）中的《建筑中山公园布景图》（图 11-4-16）

---

① 李百浩，严昕. 近代厦门旧城改造规划实践及思想（1920-1938 年）[J]. 城市规划学刊，2008（3）：104-110.
② 周子峰. 近代厦门市政建设运动及其影响（1920-1937 年）[J]. 中国社会经济史研究，2004（2）：92-101.
③ 周醒南. 厦门中山公园计画书 [M]. 厦门：漳厦海军警备司令部，1929.

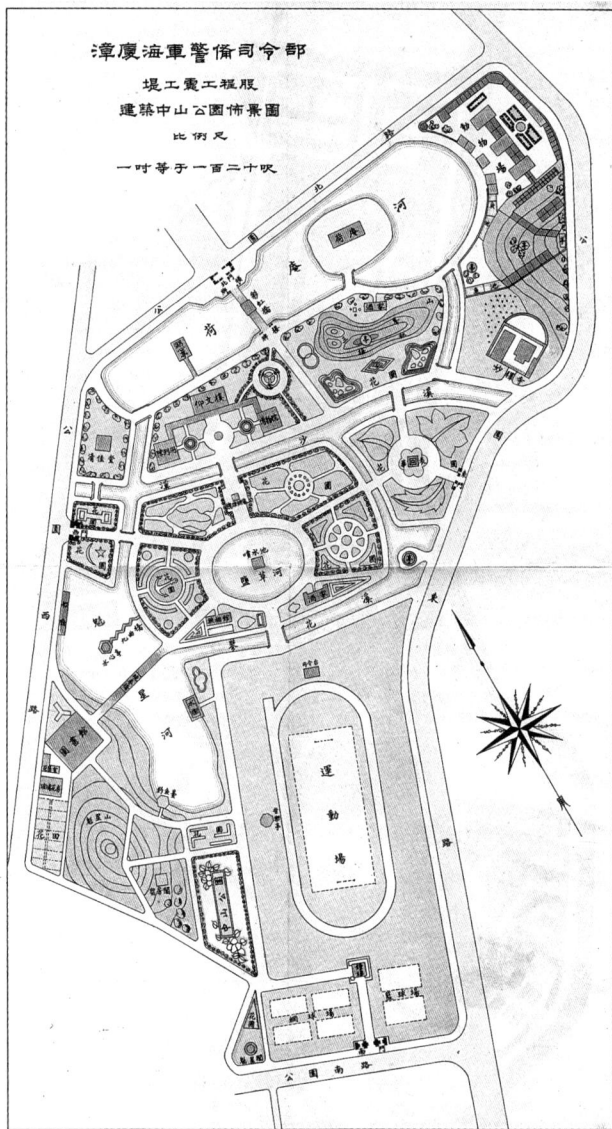

图 11-4-16　建筑中山公园布景图（1928 年）
来源：周醒南 . 厦门中山公园计画书 [M]. 厦门：漳厦海军警备司令部，1929.

及《透视图》（图 11-4-17），园区东西宽约 320 米，南北长约 650 米，面积近 16 公顷，呈不规则长方形。公园由溪沙、蓼花两溪东西贯穿，可以分隔为南中北 3 区。南区以运动场地为主体，西侧保留利用了旧有的山体和水体。南区的公园南门（图 11-4-18）采用三连牌楼三法圈式，正对靖山，右侧为篮球场、左侧为网球场，居中布置"古罗马式"大钟楼。其后为大型运动场，南北向长轴北端建有司令台（精武楼），跑道西侧正中布置音乐亭。运动场西侧为魁星山，最高处有六角亭可俯瞰全园，山下建喷水池和图书馆，保留原有的挹翠山馆，还辟设了花田和玻璃花房满足园艺所需。崎山前为魁星河，河岸建有水心亭、水榭、船厅等水景，河中架晓春桥可达中区。①

---

① 陈志宏，王剑平 . 从华侨园林到城市公园——闽南近代园林研究 [J]. 中国园林，2006（5）：53-59.

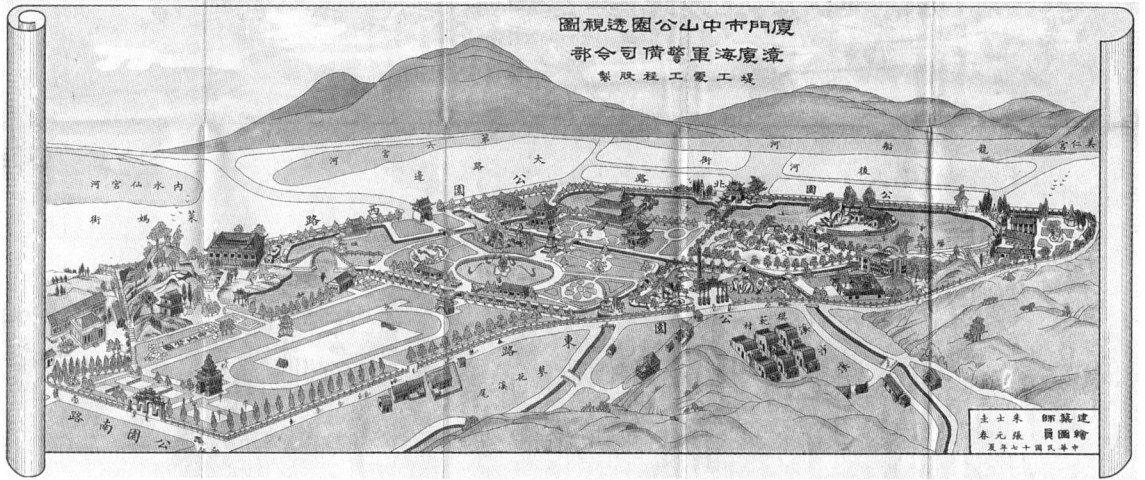

图 11-4-17　厦门市中山公园透视图（1928年）
来源：周醒南. 厦门中山公园计画书 [M]. 厦门：漳厦海军警备司令部，1929.

图 11-4-18　厦门中山公园南门（张天洁摄于 2012 年）

图 11-4-19　醒狮雕塑（张天洁摄于 2012 年）（左）
图 11-4-20　孙中山纪念碑（张天洁摄于 2012 年）（右）

公园中区以几何式的花圃为主体，四面环水，架有 7 座长短不一、形式各异的桥梁。居中为圆形的盐草河，内建有喷水池，池中踞立醒狮地球雕塑，直径 5 米的巨型地球仪上傲立着一头怒吼雄狮，为前厦门美术专科学校校长黄燧弼所制，是厦门市第一座标志性城雕。"文化大革命"中被毁，1998 年复建（图 11-4-19）。盐草河南侧为酒家、照相馆等服务设施，北侧计划竖立总理孙中山先生铜像。喷水池、纪念铜像及北侧的仰文楼构成贯穿中区、北区的轴线。中区东侧正对东门计划布置华表，后改为中山纪念碑（图 11-4-20），糅合西式方尖碑与中国传统盝顶形式。碑高 17 米，镌刻着"天下为公"四个大字及孙中山《建国大纲》全文，延续了中国文字纪念性传统。

公园北区以荷庵河为主景，由彩虹桥横跨连接北门牌楼与园区。河中修建了荷庵与湖心亭；河东为高岗地，保留原有妙释寺，并在北面开辟动物场；西南侧为仰文楼、陈列所和博物馆等文化设施，群体呈品字形对称布局。

### 3. 厦门中山公园设计分析

对于厦门中山公园的布局设计，周醒南作为公园建设的主持者曾在《计画书》之序中指出，中山公园"结构仿北京农事试验场"，也就是今天的北京动物园。北京农事试验场建于清末 1906 年，保留了原乐善园、继园等皇家园苑的布局特点，陆续引入了一些"西洋楼式"建筑，是中国历史上第一个集动物、植物科学普及为一体的、带有公园性质的农事试验场，自开业后游客众多。周醒南在接受厦门中山公园建设委任后，经出省考察，选定北京农事试验场为效仿对象。[1] 但据陈志宏的比较分析，厦门中山公园主体采用了西方几何式园林布局手法，并未照搬试验场的设计；鉴于两园均河池萦绕、古迹众多，推测在改造与利用方面会有一定借鉴。[2] 另外，周醒南担任公园建设的负责人，对公园布局会有一定的指导，但很可能并非直接的设计者。

公园开始设计之初，为了保证建筑的精美和质量，设计师和工匠多聘自外省。据《计画书》中收录设计图所记载，公园的设计师为朱士圭。朱士圭（1893-1981 年），字叔侯，江苏人，是留日归国的最早的建筑师及教育家之一。他 1914 年进入日本东京高等工业学校建筑科，和柳士英（1893-1973 年）同学。1919 年毕业后先在三井物产上海纺织公司建筑挂员，1920-1922 年在上海罗德打样行任工程师，1922-1923 年在沈阳商埠局兼大新公司任工程师、建筑师，1923 年 8 月起进入新创立的江苏省立苏州工业专门学校建筑科任教。[3] 该建筑科是中国近代最早的建筑教育机构之一，可谓民国时期对建筑认识的转折点。由留日归国的柳士英、朱士圭、刘敦桢等人，借鉴东京高等工业学校建筑科的教育体系而创立。其目标是培养全面懂得建筑工程的人才，能担负整个工程设计到施工的全部工作。在苏州工专，朱士圭主要教授建筑材料、工程结构、施工法及工程计算。[4] 1927 年，朱受聘漳厦警备司令部堤工处建筑师，起草了厦门

① 郭湖生，张复合，村松生等主编. 中国近代建筑总揽（厦门篇）[M]. 北京：中国建筑工业出版社，1993：10-11.
② 陈志宏，王剑平. 从华侨园林到城市公园——闽南近代园林研究 [J]. 中国园林，2006（5）：53-59.
③ 赖德霖主编. 近代哲匠录：中国近代重要建筑师、建筑事务所名录 [M]. 北京：水利水电出版社，217.
④ 徐苏斌. 近代中国建筑学的诞生 [M]. 天津：天津大学出版社，2010：112-120.

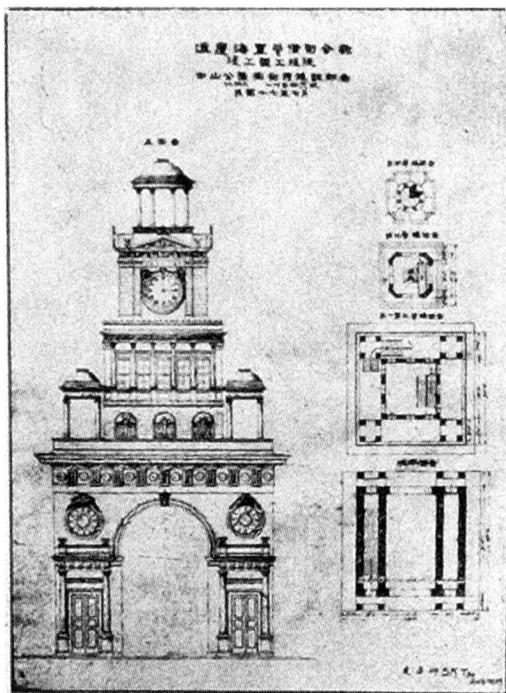

图 11-4-21　钟楼设计（1928 年）

来源：周醒南 . 厦门中山公园计画书 [M]. 厦门：漳厦海军警备司令部，1929.

中山公园设计。

　　细察朱的设计，几何式的园林布局手法（图 11-4-16）、"古罗马式"钟楼（图 11-4-21）等，与他在东京高等工业学校所接受的建筑教育及日本东京的生活经历分不开。据徐苏斌的研究，在明治维新后西学东渐的影响下，1902 年创立的东京高等工业学校的建筑科开设有西洋建筑制图、西洋建筑沿革、西洋家屋构造等与西式建筑相关的课程。通过这些课程及之后的实践，朱士圭掌握了设计西式建筑及园林所需的知识。

　　朱士圭拟定的厦门中山公园布局将体育场与园艺区并置，并占有一定比重，这一做法在当时英国及日本的公园设计中已较普遍。当时西方社会的公园，已经从原来散步、闲逛及探奇之地，转变成为迎合积极运动和有组织休闲的场所。19 世纪末 20 世纪初日本积极引入西方近代物质空间元素来改造城市，其中包括了新兴的公共机构——公园，逐步采纳了前述运动区与园艺区并置的布局形式。位于东京的日比谷公园在明治时代为陆军近卫师团的练兵场，其后由本多静六设计成"都市的公园"，1903 年开放为日本首个近代洋风式公园。据 1907 年的平面图，园内西南侧设置了专门的运动场和跑道，东南侧为几何式花圃和水池，北部大面积的开阔草坪间以曲线型园径及马车道，点缀着户外音乐亭、喷泉、休憩亭等设施。之后还陆续添建了市政会馆、日比谷公会堂、日比谷图书馆等公共建筑。这些不同于东方传统的新设施在厦门中山公园设计中也可以找到。

　　东京的另一处上野公园，由原有寺庙改扩建，1876 年正式开放，是日本第一座公园，也是 1877 年日本第一届、1881 年第二届等国内劝业博览会的会址。据 1881 年的平面图，园区正对主入口的轴线上布置着西洋式钟楼、喷水池、美术馆（1882 年改为东京国立博物馆），而且该博物馆及附属建筑呈品字形布局，这些均与厦门中山公园的设计相类似。此外，上野公园内还设有图书馆、动物园等新的文化设施，以及西乡隆盛铜像、野口英世铜像等西式纪念构筑，在厦门中山公园的平面图中不难找出相似之处。总体而言，日比谷、上野等东京的新兴公园在一定程度上为朱士圭设计厦门中山公园提供了借鉴。

在西方及日本的范例之外，厦门中山公园也受到了近邻漳州公园建设的影响。1918 年，援闽粤军在漳州建立"闽南护法区"，利用原府署旧园修建了漳州第一公园，为近代闽南最早建设的城市公园。当时周醒南随粤军入闽，担任工务局局长，负责改建漳州城工程，其中包括漳州第一公园（现中山公园）的建设。园区面积约 42 亩（2.8 公顷），园林布局、植物栽培由广东技士祁自强负责，园内建筑由谢瑞卿设计。园内新辟纵横十字形道路，将公园划分为 4 区：东北区设立正对东门的华表，在原公界巷处建喷水池；西北区拆除原有的晶园、森园，建造球场，保留了半圆形的七星池；西南区原府署中保留一部分做图书馆，其余拆建为几何形的西式花圃；东南区的虎头山上遍植梅花，上建梅岗亭，南面新建六角形的音乐亭与正方形的美术馆，均为西式建筑，并在保黎堂原址建运动场，拆土地庙修兰圃等。后来园中另建六角亭，镌有"建国大纲"碑文，设立中山纪念亭，内刻"总理遗训"等。实际上，当时漳州的市政改革已成为厦门仿效对象，周醒南被延聘为厦门市政会委员长，他所策划厦门市政建设的内容，包括引入民间与华侨资本参与市政建设、由商户分摊重修路面费用等措施，以及中山公园建设，很多是师法漳州。[1]

另一方面，值得注意的是，朱士圭在借鉴西式园林布局的同时，园内的建筑大多采用了中国民族复兴式样（图 11-4-17）。究其原因，首先，这些设计作于 1927 年左右，正当国民政府开始推行中国文化本位政策，建筑界中国固有式兴起。其次，囊括中山公园建设的厦门市政改造目的之一是与租界相抗衡，民族主义需要促成这一式样选择。再者，尽管朱士圭留日期间并未接受中日传统建筑营造的教育，但他在苏州工专的五年执教经历很可能令他积累了这方面的素养。苏州工专较之清末的建筑教育，开始重视中国建筑，设置了"中国建筑史"和"中国营造法"，专门聘请了杰出老工匠姚承祖强化传统营造技术。[2]此外，还紧跟日本相关教育发展，添加了"都市计划"、"庭园设计"等新课程。这些经历均为朱士圭设计中山公园奠定了基础。由朱设计并建成保留至今的总理纪念碑、知春桥等均体现了他对中国传统营造技法与现代建筑材料及构造技术的把握。

## （三）案例 3：武昌首义公园

为辛亥革命武昌首义兴建专门纪念场所最初动议于 1912 年。时任鄂军都督府参议官兼职船政总局的黄祯祥，在辛亥革命周年纪念之际，先后向副总统黎元洪、总统袁世凯呈请筹建"民国崇勋纪念园"。黄论述了日本兴建"上野公园"（Ueno Park）的纪念目的，提议修建"仿公园

---

① 周子峰. 近代厦门市政建设运动及其影响（1920-1937）[J]. 中国社会经济史研究，2004（2）：92-101.
② 徐苏斌. 近代中国建筑学的诞生 [M]. 天津：天津大学出版社，2010：112-120.

体例"的纪念园让民众游览，以"崇德报功"，"族死励生"。在黄眼中，民众游览纪念园将使他们有所观感而增进其公德之心、爱国之心。"族死即以励生，报功即以报国，从此民格日高，咸知在位、在野义务同肩，就会各竭智识、精神，共图建设，从而富强可期，民国巩固，又何让法国之共和、美国之合众专美于前？"[1] 但这项提议因随后的政坛纷争而搁置，直到 1921 年 10 月武昌首义 10 周年之际，前湖北军政府顾问夏道南及诸首义同仁呈请督省两署备案，组立武昌首义纪念事业筹备处。1923 年春，夏"被公推为园务主任，负责筹画建筑纪念公园"，"使游览者追怀民国发祥之地"。1924 年，武昌首义纪念公园落成开放，选址于蛇山南麓西端，由原清代臬署后花园"乃园"改扩建而成。[2]

首义公园所在的蛇山，高 85 米，占地约 70 公顷，因其绵亘蜿蜒形如巨蟒而得名。它位于武昌老城墙内，与汉阳龟山隔江相望，一直是军事要塞。蛇山也是老武昌城的制高点，因此成为俯瞰长江与武汉三镇的最佳场所。自三国起就吸引了无数文人墨客，留下了石刻、塔、凉亭、楼阁等众多的历史遗迹，其中以黄鹤楼最为著名。优越的自然人文条件在一定程度上促成了首义公园选址蛇山。

另一方面，蛇山与辛亥首义有着密切的联系。武昌起义之初，起义军炮队在蛇山布炮轰击湖广总督府，为首义成功立下了功绩。再者，蛇山南麓坐落着原湖北省咨议局，1909 年建成，1911 年 10 月 10 日武昌首义被革命军占领，10 月 11 日在此组建湖北军政府，并在此发布第一号布告，宣布废除清朝帝制，建立中华民国，并通电号召各省起义。它由清水红砖砌筑，并孕育了进步革命，因而得名红楼（图 11-4-22）。[3] 邻近红楼设置首义公园，无疑从视觉上彰显了湖北军政府在武昌首义及辛亥革命中的功绩。

图 11-4-22　武昌首义红楼（原湖北省咨议局，1911 年）
来源：Edwin J. Dingle. China's Revolution 1911–1912: A Historical and Political Record of the Civil War[M]. Shanghai: Commercial Press, Ltd, 1912.

---

[1] 严昌洪. 新发现的民国初年"首义文化区"设想 [J]. 武汉文史资料，2003（10）：4-5.
[2] 王昌藩. 武汉园林：1840-1985[M]. 武汉：武汉市园林局，1987.
[3] 甘骏. 辛亥首义红楼 [M]. 武汉：武汉出版社，2001.

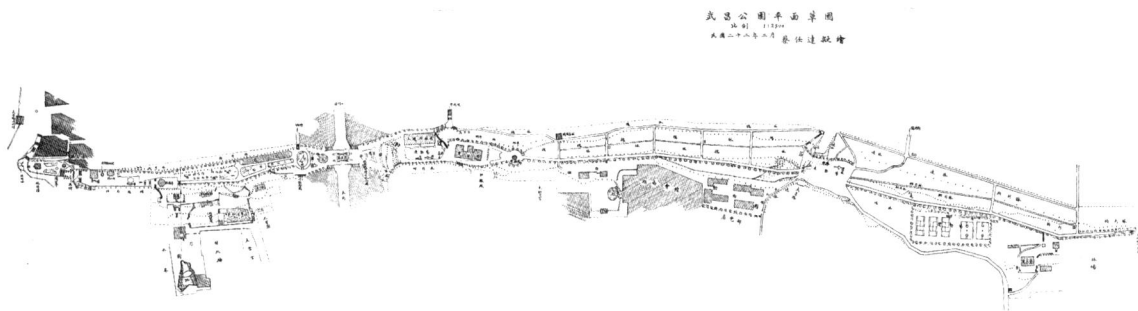

图 11-4-23　武昌公园平面草图（1933 年）

来源：湖北省政府建设厅 . 湖北建设最近概况 [R]. 武昌：湖北省建设厅，1933.

## 1. 首义公园的初创及发展

　　1924 年到 1928 年，首义公园内陆续建成首义纪念坊、陈友谅墓、革命纪念馆、中山纪念堂、中山纪念碑等纪念性结构。整修了原有的奥略楼、抱冰堂，整理了树木花草。此外，还兴建了共和舞台和游艺社，将原乃园的按察使会客厅改建为西游厅，内设汉兴大戏院和茶亭。该园由首义伤员经营以维持生计，但因界限不清，管理秩序混乱。

　　1928 年，湖北省建设厅决定对公园进行整修，计划将首义公园与蛇山中部及东段南麓的抱冰堂和蛇山林场连成一体构成蛇山公园，为市民提供更多的休憩场所。1932 年，湖北省建设厅将蛇山全部辟为"武昌公园"，设置了武昌公园管理所。据 1933 年武昌公园平面草图（图 11-4-23），计划添置一系列新建筑及设施，包括幼儿园、图书馆、报纸茶馆、动物园、游乐场、纪念雕像、革命遗迹纪念构筑等。公园计划种植大量树木，如柳树、冷杉、柏树、桃树、李树、国槐等，以美化园区并提供荫蔽之所；新增一些藤蔓和灌木（如蔷薇、葡萄和冬青）覆盖裸露的地面和斜坡。该设计还提出修复如黄鹤楼等的著名历史遗迹，适当更新其功能，以突显建筑景观特色及历史价值。[①]

　　1935 年恢复"首义公园"（包括蛇山全部）之名，以示建园之目的。但由于经费支绌和 1937 年抗战爆发，宏伟的公园建设计划仅少量付诸实施。重新铺设了部分台阶和步道，加固了沿江围堤，拆除了部分破败房屋，增加了黄兴铜像。修缮了 1907 年为纪念湖广总督张之洞而修建的抱冰堂，承办市级和省级的重要会议。在其西南面，1936 年建成宏伟的湖北省图书馆新楼，采用民族复兴式样和现代结构，收藏 13 余万册书籍并向公众开放。1938 年武汉沦陷后，首义公园荒废，亭池夷为平地，中山纪念堂等被拆毁。

## 2. 首义公园与公共记忆

　　在首义公园内，最为引人注目的当属一系列纪念性构筑，物化了辛亥革命武昌起义的共和话语和公共记忆。实际上，许多国家在第一次世界大战之后掀起了建设宏状纪念结构的浪潮，

---

① 湖北省政府建设厅 . 湖北建设最近概况 [R]. 武昌：湖北省建设厅，1933.

成为民族国家自我表达的想象与象征。[1] 正经历现代政治转型的中国也不例外，有形的纪念构筑在公共领域迅速普及。武昌首义公园作为由新共和政府辟设的新公共开放空间，成为纪念性构筑物的理想场所。

（1）纪念牌坊

1924 年，首义公园在大成路文庙与武当宫之间设置了麻石牌坊（图 11-4-24），四柱三间，高约 10 米，宽约 15 米。中间的额枋上刻有"武昌首义纪念坊"，由当时湖北省省长萧耀南亲笔题写。与首义的主题相呼应，这座牌坊不仅是公园的正门，同时也是武昌起义的纪念碑。

从命名角度，首义坊受到了中国传统纪念性门关牌坊的影响。牌坊（简称坊）源于里坊的大门，常作为寺庙、墓或者主要道路或桥梁的入口标志，至宋代随里坊制的消解演变成为一种纯粹的纪念装饰建筑，被海外当作中华文化的象征之一。它通常由石头或木头组成，彩绘或砖雕等装饰，中间的额枋上一般刻有铭文。形式多样，如节孝坊、状元坊、德政坊等。这些牌坊构成了封建中国某些伦理道德或传统规范的物质载体。武昌首义纪念坊设立于首义公园入口处，构成了纪念性门关，以纪念武昌起义。

另一方面，从结构及外观角度来看，首义坊设计摆脱了传统的牌坊样式。尽管缺少设计细节的记录，其四柱三间的结构中横梁贯通，异于传统牌坊惯有的形制，而更接近于西式的凯旋门。传统牌坊惯有的繁复装饰也被省略。此外，纪念坊立柱两侧的壁柱采用了类似爱奥尼式的柱头，中额枋模仿了近乎巴洛克式的曲线。尽管这些西式元素的运用略显突兀和非正式，但似乎意欲引入现代气息。或许因为在设计者看来，设立首义纪念坊不是为了宣扬封建道德，而是为了纪念导致两千多年的封建王朝终结和共和国成立的武昌起义。

这种中西混合样式也运用于首义公园的另一座麻石牌坊。1924 年，修复了元末大汉政权建立者陈友谅（1320-1363 年）墓，并于墓前兴建了纪念牌坊（图 11-4-25）。四柱三间，三角形尖券拱门，具有明显的异域特征。中间额枋的两面分别刻有"三楚雄风"和"江汉先英"，表明对历史英雄陈友谅的纪念。牌坊之后墓冢的两侧新建了一对传统六角攒尖顶中式碑亭（图 11-4-26），为来此瞻仰的游人提供休憩凭吊之所。

陈友谅墓在明清五百多年间一直被忽略湮没，直到 1924 年辟设首义公园时才得以重修，并成为园中一处醒目的景点。[2] 究其原因可以追溯至辛亥革命早期的汉民族主义色彩。[3] 14 世纪，陈友谅曾起兵反对作为蒙古异族统治者的元朝。他所建立的大汉王朝，尽管非常短暂，但却着意强调汉族政权。因此，在当时武汉统治者眼里，陈友谅是成功击退鞑靼人的狭隘民族主义英雄，

---

① George L. Mosse. *The Nationalization of the Masses: Political Symbolism and Mass Movement in Germany from the Napoleonic Wars through the Third Reich* [M]. Ithca, N.Y.: Cornell University Press, 1975.
② 冯天瑜. 黄鹤楼志 [M]. 武汉：武汉大学出版社，1999.
③ 当时大部分人心中的中国都是以汉文化为主导的中国，因此"亡国论"的中心是基于从以汉族主导的明朝向以满族为主导的清朝转变。满族首先夺权，后又被西方人的武力掠夺。因此大部分汉人想摆脱的是满族统治，之后才是西方帝国主义。"驱除鞑虏恢复中华"被写入 1905 年同盟会成立时的宣言。1911 年秋，中国大众对满清王朝的不满进一步激化，引发 10 月 10 日的武昌首义并在全国燃起燎原烈火。新成立的湖北军政府发出第一道革命宣言，在反满问题上表现出高度的统一。在共同的汉文化认同下，很多人都认为蒙元时期也是被外族非法统治的。在这种种族民族主义下，推翻蒙古统治的元朝或者满族统治的清朝的汉族领袖就被推崇为民族主义的英雄。但另一方面应该看到，革命党人的排满，目的不是挑起汉满族群冲突，而是剥夺清朝政权原本享有的民族国家代表资格，坚决改造业已落后于时代的传统君主专制制度，为建设一个新的共和政体的强大民族国家而奋斗。

图 11-4-24  首义公园入口处"武昌首义纪念坊"（1930）
来源：武汉市档案馆，卷宗号 bD211-70.

图 11-4-25  陈友谅墓牌坊近景（1930 年左右）
来源：池莉. 老武汉：永远的浪漫 [M]. 南京：江苏美术出版社，2000.

图 11-4-26  陈友谅墓远景（1930 年左右）
来源：周荣亚. 武汉指南 [M]. 汉口：新中华日报社，1933.

图 11-4-27  武昌革命纪念馆（1930 年代）
来源：上海市历史博物馆编 [M]. 武汉旧影. 上海：上海古籍出版社，2007.

其湮没的墓冢应该作为武汉民族主义的历史遗产而成为一座永久的构筑，以此呼应"驱逐鞑虏恢复中华"的辛亥革命精神。

（2）纪念馆

在陈友谅墓的东侧，设立了武昌革命纪念馆（图 11-4-27）。馆前坐落两座六角攒尖顶碑亭，拾级而上经过纪念牌坊入革命纪念馆。纪念馆主体采用重檐四角攒尖大屋顶，并在底层坡顶的四条脊处再对称地布置了四个小四角攒尖顶。这种五个攒尖顶的形式可以在承德普宁寺大乘阁的屋顶设计中找到些许相似之处。但因缺少相关的设计记录，武昌革命纪念馆是否同样受到藏传佛教的影响不得而知。单从视觉上分析，增加的四座小四角攒尖顶，在一定程度上打破了为获得大空间而形成的大坡顶的单调。从功能上推测，革命纪念馆很可能用于陈列或公共集会，因而需要大尺度的空间。在革命纪念馆的南侧，1928 年还修建了总理纪念堂。[①]

较之以前的烈士祠，纪念馆（堂）是颇具现代意义的建筑类型。1911 年武昌首义后，湖

---

① 据 1933 年首义公园平面草图，纪念堂位于纪念碑北面，但具体形式缺少相关记录。

北省政府曾将原明楚昭王朱桢为岁时祭祀而建的皇殿改为"辛亥首义烈士祠"，祠内供彭楚藩、刘复基、杨洪胜三烈士遗像和诸烈士灵位。祠作为传统的礼制建筑，其目的是将已故去的个体转变为空间性的永久存在，并通过祠祭礼仪等表达虔敬与纪念。而纪念馆（堂）作为新的会堂建筑，一方面满足纪念目的及仪式的空间需要，另一方面还希望利用空间来教育民众，实现从"臣民"到"国民"转变的政治动员与规训。

（3）纪念碑

除了纪念坊和纪念馆，新的方尖碑式纪念碑亦被引入到首义公园之中。1928年10月，中山纪念碑落成（图11-4-28），旨在纪念武昌起义17周年。[1]碑由大理石雕刻而成，抬起的基座围以柱子和铁链，碑身正面镌刻"总理孙中山先生纪念碑"，"中华民国十七年国庆日落成，辛亥首义公园经理夏道南、伤军代表何正方监造"（图11-4-29），延续了中国的文字纪念性传统。由湖北省省长张知本亲手题写的碑文刻于碑阴，纪念武昌首义为辛亥革命共和创立做出的贡献。纪念碑体高7米，形似方尖碑，但在惯用的四棱锥体尖顶结构中插入了中式传统盝顶，并在四角饰以祥云图案雕塑装饰。碑顶下方的四个面分别缀有花纹和花环浮雕装饰。

（4）纪念雕像

首义公园还竖立了西式纪念雕像，成为当时中国最早的城市纪念雕塑尝试之一。1933年10月，国民党创始人之一黄兴的纪念铜像（图11-4-30、图11-4-31）在武昌蛇山顶揭幕。[2]像高约2.5米，立于3.5米高的石质基座之上，"借平常面目见历尽艰险、度外生死的境界。黄身着敞开的西式长款风衣，右手插入裤袋。该姿态练达坦荡，同时隐藏了黄兴右手的伤残。1911年4月指挥广州黄花岗起义时，黄浴血奋战，右手断两指。黄着西式长风衣而非军装，呼应了其晚年着力发展实业的半隐退状态。像座上刻有蒋中正领衔署名的《黄克强先生像赞并叙》，记述了黄兴'力摧专制，手创共和'的功绩，明确指出黄对孙中山'立楚众议，倾诚翊戴'，并颂扬黄'兼容并包之量，忍辱负重，推己及人，不务近名，不居成功'，凸显了拥戴领袖、克己奉献等精神。"

武汉是黄兴的"讲业视师之地"。1911年10月武昌首义成功清军南下进剿之际，黄兴赶赴武汉，就任民军战时总司令。在极端不利的条件下，黄为防御汉口和汉阳立下汗马功劳，而且为其他省份的革命者组织起义赢得时间。此外，黄兴像位于奥略楼南，一定意义上隐喻了其与清末湖广总督张之洞的关系。奥略楼建于1908年，是武昌军学两界为纪念张之洞督鄂而建。1898年，黄兴受张之洞推荐，入武昌两湖书院接受新式教育。正是在这里，他开始认同变法主张，从传统儒生转变为具有新知的激进革命者。1902年毕业后，黄被张之洞选派赴日留学，后结识孙中山，共同筹组同盟会。可以说黄的成长离不开张之洞的栽培，但却背离了张的初衷。黄兴像位于奥略楼南，却背对奥略楼，暗合了张黄矛盾的师生关系。

在黄兴铜像落成之前，紧邻首义公园还曾竖立了当时武昌的第一尊纪念雕像——孙中山像。1931年10月10日，即武昌首义20周年之际，孙中山铜像在湖北省国民党党部红楼前揭幕（图

---

① 武汉地方志编撰委员会.武汉市志：文物志[M].武汉：武汉大学出版社，1990.
② 20世纪50年代因修建武汉长江大桥，黄兴铜像被暂时移到武昌桥头南侧的山坡处，1985年迁汉阳龟山东麓，保留至今。

图 11-4-28　中山纪念碑（张天洁摄
于 2005 年）（左）
图 11-4-29　中山纪念碑正面近景
（张天洁摄于 2005 年）（右）

图 11-4-30　武昌的黄兴铜像（1933 年）
来源：武汉市档案馆和武汉市博物馆. 武汉旧影 [M]. 北京：人
民出版社，1999.

图 11-4-31　移至汉阳的黄兴铜像（张
天洁摄于 2011 年）

11-4-32、图 11-4-33）。像高 2.4 米，立于 4 米高的石质基座和 3 级环形踏步之上。孙着长袍马褂，左手挂杖，右手握毡帽，表情凝重。围绕铜像基座布置有环形绿化带，植以低矮冬青。这尊塑像据说是据 1924 年冬孙中山北上抵达天津火车站时的照片而创作（图 11-4-34）。当时，孙离开根据地广州，取道上海、日本横滨、天津，前往北京会见北方临时政府中的政治对手。不幸的是，孙在此次北上之行中因病去世，未能实现他结束军阀割据局面的设想，但当时他的思想和举措受到了前所未有的欢迎和认同。

　　建造孙中山雕像最初动议于 1927 年国民党二届三中全会。当时，国民革命军北伐攻克武汉三镇，国民政府从广州迁到武汉。作为新首都，武汉需要纪念物来缅怀国父孙中山，团结不同群体，并鼓励他们完成孙未尽的民族主义革命事业。尽管孙中山与武汉并没有直接的联系，他也未曾参与辛亥革命武昌首义的一系列事件，但当时国民党正全力将孙中山神化为中国民族

图11-4-32 武昌孙中山像(1930年代)
（左上）
来源：武汉市档案馆和武汉市博物馆.武
汉旧影[M].北京：人民出版社，1999.
图11-4-33 武昌孙中山像（张天洁摄
于2004年）（左下）
图11-4-34 孙中山抵达天津火车站
（1924年12月4日）（右）
来源：台北中山纪念馆.国父革命史画[M].
台北：台北中山纪念馆，1996.

主义的化身，以获取国民党政府历史和象征的合法性。孙被广泛宣传为独立引导和鼓舞了革命运动，点燃1911年辛亥革命，推翻清王朝并成立了新的共和国。因此，在首义之地的武汉，纪念孙中山自然成为当时的首要任务。1931年武昌孙中山像揭幕于湖北省国民党党部红楼前，它也是1912年4月孙中山首次来到武汉与湖北都督黎元洪会晤之处。在红楼前竖立孙中山铜像，显然是为了从视觉上进一步加强孙和国民党的联系。在政府看来，如果观者忘记国民党是孙中山思想的继承人，那么悉心营造的孙中山崇拜将变得毫无价值。因此，红楼前的位置，正是强调了孙中山作为国民党领袖的身份，同时也彰显了国民党作为孙中山思想继承人的角色。

这两尊雕塑均由江小鹣创作完成，汲取西方写实主义风格，栩栩如生，让人追忆国民党领袖孙中山、黄兴及其事迹，旨在颂扬国民党的革命功绩，为民众树立榜样。历史上，中国传统雕塑大多为宗教或陵墓雕刻，19世纪末因社会变革而日渐式微。20世纪初中西文化碰撞下，保存公共记忆和民族记忆的西方纪念雕塑，引发了中国民族主义者的极大热情。当时武汉政府官员大多有西方教育的经历，认识到公共雕像能带给社会自豪感和爱国主义意识，因此将其纳入到公园建设计划之中。江小鹣作为巴黎美术学院的毕业生，[①]所带回的不仅仅是学院派传统、新古典主

---

① 陆建初.人去梦觉时：雕塑大师江小鹣传[M].上海：上海画报出版社，2005.

义样式、铸铜技术，更重要的还有对雕塑与治国及政党政治关联的敏锐洞察力。他取法欧洲写实主义形式，同时尝试融合中国古代雕刻传统，手法洗练而意境深邃，并审慎表达了当时政府的政治企图。

审视武昌首义公园的创建，揭示了新共和政府试图超越传统去寻求新的纪念语言。以新式开放公共空间来纪念武昌首义，能够让市民参与其中，与社会生活密切相连，从而使共时性集体体验与记忆成为可能。公园内布置了一系列纪念性构筑，既有对西方范型的借鉴，也有对传统中国式建筑类型的改造，体现出对现代与传统文化特征的双重追求。这些纪念结构采用耐久的材料，永久化纪念辛亥首义的主题，有效延长了公共记忆。纪念构筑上镌刻着碑文、像赞等说明性文字，更直观地连接观者的视觉认知，指引民众对孙中山、黄兴等领袖及新共和政府的想象。结合这些纪念性结构，政府还精心策划举行了纪念仪式。大多选在民国国庆 10 月 10 日等官方纪念日，创造机会颂扬共和政府所取得的成就，引导民众的集体记忆，激发爱国主义和民族主义热情。从主题、式样、材料、场景到表演编排，武昌首义公园物化了囊括政党、民族、国家的全面崇拜，蕴含着新共和政府"唤醒"和"规训"民众的双重目的。

纵观 20 世纪 20 年代至 30 年代的城市公园建设，在一定程度上体现了技术官僚的国际视野。他们大都接受了中西方的双重教育，渴望为国家和民族的振兴尽力，推行了一系列的城市变革措施，来缓解近代城市生活中的种种弊端。在他们的倡导下，市政府筹划和建造了传统中国城市所缺乏的公共开敞空间——城市公园，聘请专业建筑师、工程师设计，旨在塑造新的身体和精神。在这些城市公园内，规则与不规则元素相结合，既营造了几何式园林，又保留再利用了原有的湖山风景及人文古迹，同时还配备了多种运动场地、纪念构筑和文化设施等。从设计布局到设施配置，彰显了"公众"、"健身"、"教育"、"政治规训"等理念。


## 二、公共体育场

### （一）背景：中国近代体育的兴起

近代体育源于欧洲。18、19 世纪，受资本主义市场竞争的道德规范以及基督教教义的影响，英国人从原有的体育活动中凸显并发展了有组织的竞赛的观念。[1] 蕴含这一观念的体育逐渐被纳入到英国中上层阶级的男子教育之中。在英国公立学校中，体育不再只是无足轻重的游戏，而成为塑造性格，培养未来工程师及帝国军官的有效方式。体育教育将会使学生变得忠诚、自律，

---

① Robert Crego, *Sports and Games of the 18th and 19th Centuries* (Westport, Conn.: Greenwood Press, 2003), 43–44.

富有竞争性和领导才能。尤其在法国大革命后，随着民族主义的不断上涨，体育更被视为紧密联系个人身体与民族存亡的一种纽带，在欧洲蓬勃发展。[①]

而中国对待体育的观念与欧洲截然不同。历经2000多年儒家思想的影响，箭术、蹴鞠等中国传统体育活动，大都失去了其原有的竞争精神和形式，注重道德教化而非体格发展，追求休闲享受而非物质获取。尤其是自宋朝以来，随着新儒家思想的兴起，中国的中上层教育越来越强调心智的陶冶，而忽视了身体的锻炼。士大夫们讲求斯文，崇尚儒雅，普遍认为积极的运动是不适当、无意义甚至有伤害的。

1840年鸦片战争后，近代体育经由教会学校传入中国。它不仅仅被当作一项休闲娱乐活动，更被视为一种训练身体和意志的有效工具。[②] 当时的中国正被迫签订了一系列丧权辱国的不平等条约，中华民族正一步步面临外强虎视、国事日危、豆剖瓜分、亡国灭种的深渊。包含体育在内的西方文化，与西方先进机械和科学技术一起，激发了中国人自身救亡图存的努力。严复、梁启超、毛泽东、恽代英等进步人士开始反思中国传统体育文化，逐步认识到强身健体对国民、对国家的重要。在他们看来，有健全之体魄，始有健全之精神，有健全之民众，始有健全之国家。上述对体育的新认识推动了19世纪末20世纪初中国体育的转变。体育被学校列为必修课程，并提出女性与男性有着同样的权利接受体育教育。[③]

随着中国近代体育的兴起，以体操、田径为主的运动会开始出现，并从校内、校际，逐步发展到跨区域、全国，直至远东、世界范围。运动会的比赛场地——公共体育场也应运而生。以最受瞩目的全国运动会为例，20世纪上半叶共举办了七届，分别举行于：1910年南京劝业场、1914年北京天坛公园、1924年武昌湖北省立公共体育场、1930年杭州梅东高桥体育场、1933年南京中央体育场、1935年和1948年上海江湾体育场。这30多年里，全国运动会规模不断扩大。至第五、六届时参赛单位增加到38个省市区，运动员分别达到2259人、2700人。同时，观众也大幅度增加，第五、六届均超过30万人。相应的，全运会的举办场地也不断完善，由最初的临时简易场地发展成符合国际标准的专用场馆，从推广体育运动的场所演变为民族复兴意志下新民族体魄的空间表征。

## （二）全国运动会场馆

1910年10月18日至22日，第一届全国运动会在南京劝业场举行。[④] 第二届于1914年5月21日至22日在北京天坛公园斋宫以北的空地举行。这两届运动会均由基督教青年会（Young Men's Christian Association，简称青年会）筹划，第一届由上海青年会体育干事晏士纳（Max J. Exner，一译艾思诺）发起，第二届的负责人是北京青年会干事侯格兰德（A. N. Hoagland）。在

① Richard Holt, *Sport and the British: A Modern History*(Oxford: Clarendon Press, 1993), 74–86.
② James Riordan, *Sport, Politics, and Communism* (Manchester: Manchester University Press, 1991), 10.
③ 张天洁，李泽 . 新女性意识的空间表达：浅析20世纪初的中国城市公园 [J]. 建筑学报，2007（8）：88.
④ 此次运动会的正式名称是"全国学校区分队第一次体育同盟会"，辛亥革命后被追认为第一届全国运动会。

一定程度上，青年会可以称得上是中国近代体育教育的向导。[1]它在 19 世纪末传入中国，以"德、智、体、群"四育为宗旨，介绍近代体育思想、培训体育专门人材、举办专业运动会和组建体育机构、推动社会体育活动，开创了中国体育史上的一个青年会时代（1908-1928 年）。[2] 20 世纪 10 年代的中国，虽然新式学校已开设体操课，但总体上来讲，当时国人对近代体育仍然知之甚少，近代体育尚处于起步阶段。在这种情况下，青年会发起和组织了这两次全国运动会，旨在引起社会对体育的关注。这两届运动会规模较小，仅具近代大型运动会的雏形。参赛者局限于有限的几所教会学校的学生，运动员人数百人左右，项目仅设有田径、足球、网球等。[3] 当时的中国基本没有大型的公共体育场，全运会场地为临时借用，比赛因陋就简。

专用竞技场地的出现始于 1924 年在武昌举行的第三届全运会。受当时反帝浪潮的推动，这次大会改变了前两届全部由青年会美国干事操办的局面，转由 1922 年成立的中华业余运动联合会发起，郝更生、宋如海等青年会的中国干事发挥了重要作用。此次全运会共有 13 个省及马尼拉华侨篮球队参加，运动员 500 余人，观众超出 5 万。由于比赛规模的扩大，大会兴建了专门的运动场地——湖北省立公共体育场（图 11-4-35）。该体育场建于原武昌陆军小学练马场，基建经费 2 万元，由汉口青年会体育干事郝更生负责设计。田径场居于会场北部，包括 400 米椭圆形跑道和 200 米直线跑道。草地足球场位于东南部，在场地西南部由东至西设置了排球场 1 个，篮球场 1 个，网球场 6 个，游泳池 1 座和健身房 1 所。[4] 此外，场内还布置了电话系统，安装了扬声器，设立了无线电台，以保证比赛信息的有效传播。但由于场地的局限、财政的支绌、经验的缺乏，新体育场的设计仍存明显不足之处，譬如田径赛场、足球场均做成东西向，且隙地太小，无法布置足够数量的看台。[5]

第四届全运会于 1930 年 4 月在杭州举行。自第四届开始，全国运动会由南京国民政府负责筹划。实际上从 1927 年成立起，国民政府即通过一系列的法令措施确立了对体育的全面控制。1929 年，国民政府介入第四届全国运动会的筹备工作，选定杭州为举办城市，期望借西湖博览会发扬工商振兴实业的余热，提倡国民体育，振作民族体格。[6] 负责具体组织工作的浙江省政府斥资近 26 万元建造了梅东高桥体育场（图 11-4-36，今浙江体育场）。当时任教于之江大学的体育专家舒鸿担任了体育场设计股干事。体育场选址于梅东高桥大营盘操场，基地东西长约 380 米，南北宽约 243 米，面积近 10 公顷。设有 400 米跑道标准田径场 1 个，足球场、排球场、网球场、棒球场各 1 个，并建有可容纳 1.2 万人的木制看台。体育场部分建筑为永久，部分为活动，以便搬移保存。[7]

① 基督教青年会最初由英国商人乔治·威廉（George William）在 1844 年于伦敦创立，1851 年介绍到美国。1866 年纽约青年会总干事麦克班尼（Robert R. McBurney）正式提出"四育"（spiritual, mental, physical, social, 即德、智、体、群）后，青年会逐渐从单纯以宗教活动为号召的青年职工团体，发展成以四育为宗旨的社会活动机构。
② Jonathan Kolatch, *Sports, Politics, and Ideology in China* [M].New York: Jonathan David Publishers, 1972: 8-15.
③ 第一届全国运动会以华南、华北、上海、吴宁（苏州、南京）、武汉五区为参加单位，项目设置有田径、足球、网球，篮球是表演节目。全国各地出席的运动员 150 人，均为男子项目，参观人数达万人以上。第二届全国运动会参加单位分为东西南北 4 部，运动员 96 名。比赛项目增设排球和棒球，但仍然没有女子项目。
④ 武汉地方志编撰委员会编.武汉市志·体育志 [M].武汉：武汉大学出版社，1990：166.
⑤ 湖北省档案馆：LS10-1-1215.
⑥ 本会筹备经过 [A].见：全国运动大会编.全国运动大会总报告 [M].杭州：全国运动大会，1930：33.
⑦ 工务报告 [A].见：全国运动大会编.全国运动大会总报告 [M].杭州：全国运动大会，1930：1-16.

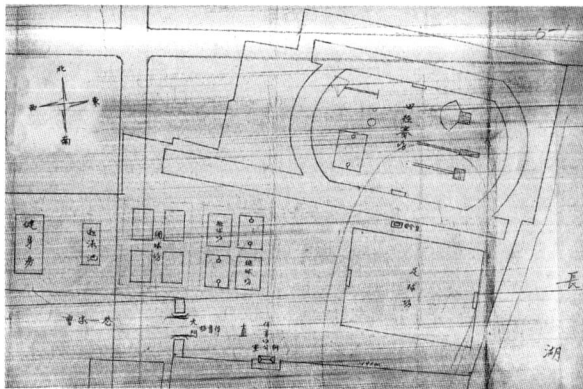

图 11-4-35　武昌湖北省立体育场平面图（约 1924 年）
来源：湖北省档案馆：LS10-1-1215.

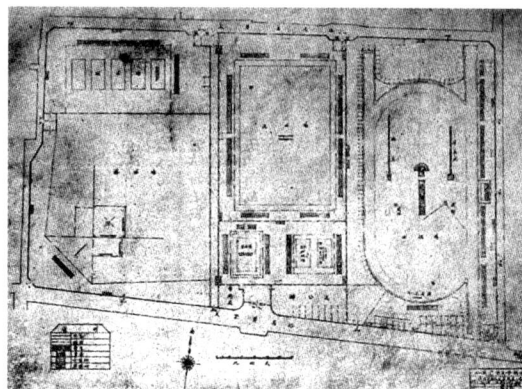

图 11-4-36　杭州梅东高桥体育场平面图（1930 年）
来源：工程股报告 [A]. 见：全国运动大会编 . 全国运动大会
总报告 . 杭州：全国运动大会，1930：6.

　　全运会场馆在 1933 年 10 月第五届时达到了空前的规模。比赛场地是新建的南京中央体育场（图 11-4-37~ 图 11-4-39），由当时基泰工程司的建筑师杨廷宝设计，耗资 140 余万元，占地约 1000 亩，各看台总共可容观众六万余人。会场种类齐全，包括田径场、游泳池、棒球场、篮球场、排球场、国术场、网球场、跑马场等八种竞技场地。各项工程均采用当时最新式的钢筋混凝土建筑。田径场占地约 77 亩，场内设 500 米跑道和两条 200 米直道。跑圈内为一标准足球场，东西布置了沙坑，南北端分别设篮球场和网球场，以备举行各项运动决赛。田径场西侧设国术场和篮球场。国术场平面呈正八角形，使四周视距相等，最远视距 18.2 米，满足国术比赛宜近观的要求。篮球场位于国术场之北，平面呈八角形，就原有地势挖成盆形，盆地作比赛场，四周顺坡筑混凝土看台。篮球场北面为一标准游泳池，其设备之先进，堪称当时"远东第一"。[①]

　　1935 年 10 月 10 日，第六届全国运动会在上海举行。此次大会由上海市政府组织筹办，聘请建筑师董大酉设计了气势恢弘的江湾体育场（图 11-4-40~ 图 11-4-42）。江湾体育场坐落于市政府西南方的虬江北岸，占地 300 余亩，耗资 80 万元，是当时东亚最大的体育场。它主要包括田径场、棒球场、排球场、网球场、游泳池及体育馆。田径场长 300 米，宽 175 米，设 500 米跑道。其椭圆形大看台可容 4 万观众，另有 2 万立位。田赛设置了跳高、跳远与三级跳远、撑竿跳、铁球、铁饼和标枪。各项场地均设两处，以供男女或性质类似的运动可以同时举行。跑道的南北两侧分设网球场和国术场。田径场东侧是露天游泳池。这次运动会还首次建造了体育馆，长 82 米，宽 41 米，屋顶呈圆弧形，采用 42.7 米的大跨度三铰拱结构。足球场原拟设在田径场东司令台的外面，但因时间及经费关系，未能实现，暂借用申园足球场举行。[②] 继此次大会之后，江湾体育场也是 1948 年第七届全运会的举办场地。但受多年战乱影响，会务组织不力，被日军炸坏的场地未能完全修复，比赛成绩也不甚理想。

---

①　齐康主编 . 纪念杨廷宝诞辰一百周年 1901-2001：杨廷宝建筑设计作品选 [M]. 北京：中国建筑工业出版社，2001：48-57.
②　王复旦 . 上海市运动场田径场建筑概况 [J]. 勤奋体育月报 .1937，4（2）：157-158.

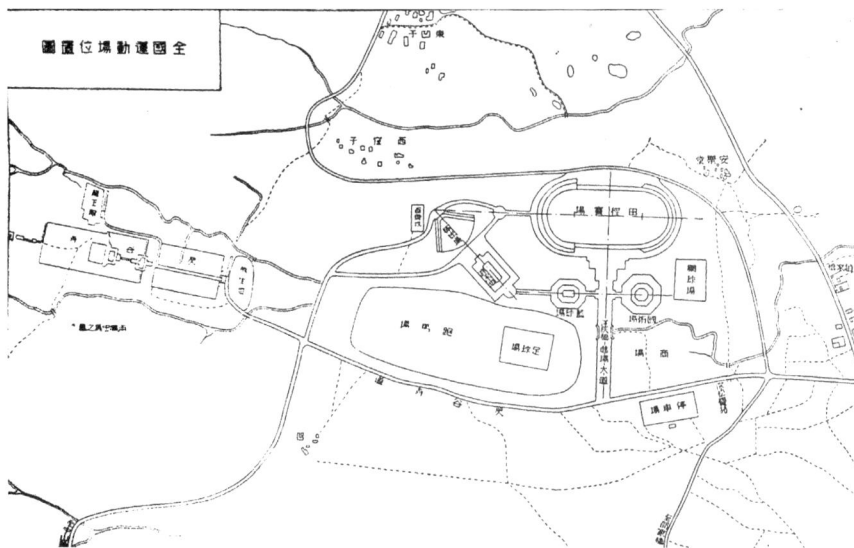

图 11-4-37 南京中央体育
场总平面图（约 1931 年）
来源：全国运动大会编．全国
运动大会纪念册 [M]．上海：中
华书局，1933．

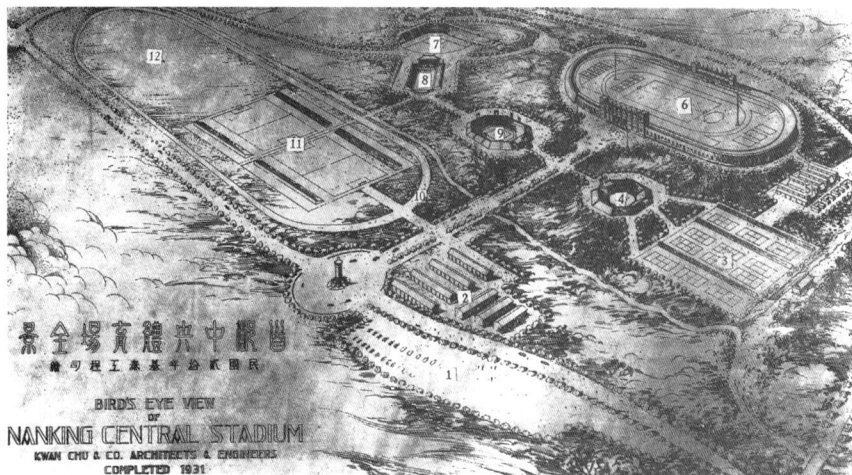

图 11-4-38 南京中央体育
场全景表现图（约 1931 年）
来源：王建国编．东南大学建
筑系理论与创作丛书：杨廷宝
建筑论述与作品选集 [M]．北京：
中国建筑工业出版社，1997：
38．

1.停车场　2.临时市场　3.网球场、排球场　4.国术场　5.饭厅　6.田径场
7.棒球场　8.游泳池　9.篮球场　10.跑道　11.足球场　12.跑马场

图 11-4-39 南京中央体育
场实景鸟瞰图（约 1933 年）
来 源：Tang Leang-li.
*Reconstruction in China: A Record
of Progress and Achievement in
Facts and Figures* [M]. Shanghai:
China United Press, 1935.

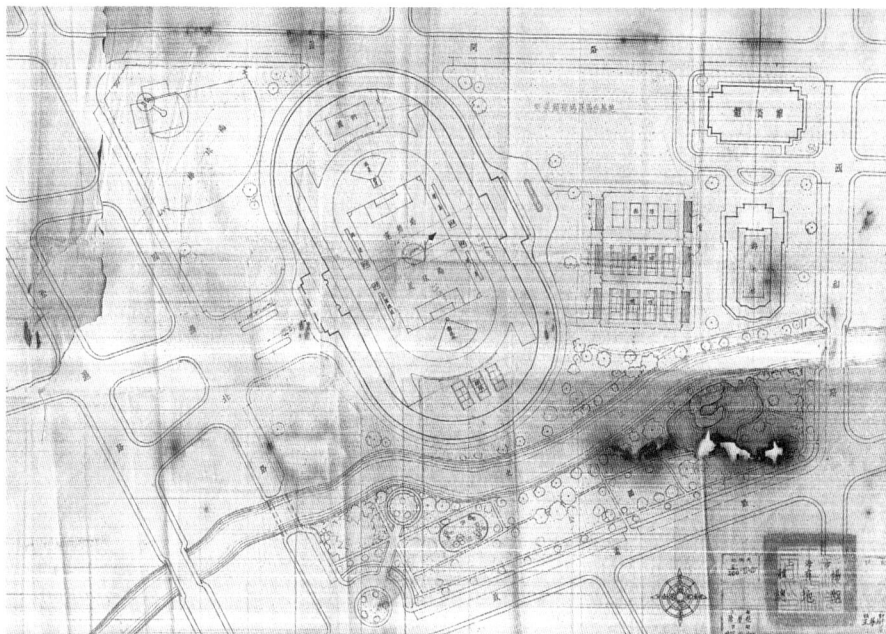

图 11-4-40　上海江湾体育场平面图（1935 年）
来源：湖北省档案馆：LS10-1-1215.

图 11-4-41　上海江湾体育场全景表现图（约 1934 年）
来源：董大西. 上海市体育场设计概况 [J]. 中国建筑，1934，2（8）：9.

图 11-4-42　上海江湾体育场实景鸟瞰图（约 1935 年）
来源：上海图书馆编. 老上海风情录四·体坛回眸卷 [M]. 上海：上海文化出版社，1998：189.

## （三）国际标准

审视这一系列的全运会体育场，我们可以注意到，除第一、二两届是临时场地外，之后各届均为专门修建的比赛场馆。其中第三、四届的规模相对较小，但场地种类已较齐备，包括了田径场、各种球类运动场、游泳池等，配备了多层的木质看台，可以称得上是20世纪初中国的第一代公共体育场。这两届的场地分别由体育专家郝更生、舒鸿等人负责选址和规划设计。他们都是青年会培养的体育专门人才，20年代初在美国著名的体育学府春田学院（Springfield College）接受了专业体育教育，[①] 熟知各项体育运动规则和场地要求。并且他们曾多次在国内外比赛或观赛，对欧美先进的体育场馆耳闻目睹，因而力主依照当时的国际标准来布置比赛场地和设施。就第三届体育场而言，郝更生摒弃了当时常见的布置方式，即设置400码椭圆形径赛跑道并在跑圈内布置多种球类运动场地。他认为这种设计既不能满足运动会的需要，更谈不上什么国际标准。他希望借此次运动会之机，为武昌的民众建立起一座永久性的体育场。[②] 于是原有的基地外扩，田径场与球类场地分开布置。而且，比赛的量度也一律由英制改为米制。第四届亦是按国际运动会要求的场地规模而选择了梅东高桥大营盘操场来修建比赛场地。[③]

在国际上，近代体育场馆的出现是源于19世纪后半期体育的规范化，之后随着国际奥林匹克运动会的兴起，其布局和尺度开始急剧变化和发展。[④] 因为缺乏可以借鉴的原型和经验，体育场馆的形式在1896年雅典奥运会后的30多年里一直处于不断的探索之中。比如，田径场跑道曾采用的平面形式有"U"字形、圆形及椭圆形。跑道长度也是不断变化，1896年雅典奥运会为333米，1900年巴黎奥运会是500米，1904年圣路易斯奥运会和1908年伦敦奥运会均为536米，1912年斯德哥尔摩奥运会是382米，1920年安特卫普奥运会首次使用400米，1924年巴黎奥运会采用500米，直至1928年阿姆斯特丹奥运会确定标准为400米。[⑤] 作为春田学院培养的国际体育人才，郝、舒等人在20世纪20年代初已关注和了解奥运会比赛及其场馆。在中国首次正式组团参加的1936年柏林奥运会上，郝更生担任了中国政府代表兼体育考察团总领队，舒鸿被选定为篮球决赛主裁判。正是基于他们的国际竞技知识和经验，郝、舒设计的湖北省立体育场和杭州梅东高桥体育场都采用了400米椭圆形跑道，其他场地平面布置和尺寸也大多遵照了当时的国际标准。

第五、六届全运会场馆，建筑师开始担当起主要的规划设计任务，改变了之前由体育专家兼顾的局面。一方面，随着1930年代比赛项目的丰富、规模的扩大，全运会对比赛场地提出

---

① 美国春田学院成立于1885年，是一所享有国际声誉的体育专门学校。它是近代篮球运动的发源地，也是排球运动发明者摩根（William G. Morgan）的母校。该校推崇每个人精神、智力和体格的全面发展，培养了像马约翰、宋君复、董守义等诸多的中国体育教育家，可以说是近代中国体育专家的摇篮。郝更生1920年至1923年在春田学院学习体育，学成归国后担任汉口基督教青年会体育干事。舒鸿1919年进入春田学院修习体育，师从篮球运动的创始人奈·史密斯（James Naismith）教授。之后赴克拉克大学（Clark University）继续深造，获卫生学硕士学位。回国后任教于杭州之江大学，1929年设计了当时杭州第一座游泳池——之江大学游泳池，它也是第四届全运会游泳比赛场地。
② 郝更生. 郝更生回忆录 [M]. 台北：传记文学出版社，1969：22-23.
③ 全国运动会要览 [A]. 见：全国运动大会编. 全国运动大会总报告 [M]. 杭州：全国运动大会，1930：34.
④ Rod Sheard, *The Stadium: Architecture for the New Global Sporting Culture* [M]. Singapore: Periplus, 2005: 103-106.
⑤ Barclay F. Gordon, *Olympic Architecture: Building for the Summer Games* [M]. New York: Wiley, 1983: 12-18.

更高的要求。另一方面，自1920年代晚期，在欧美、日本等地修习建筑的中国学生学成归国，作为第一代中国建筑师开始了积极的设计实践。第五届南京中央体育场、第六届上海江湾体育场分别由留美归国的建筑师杨廷宝、董大酉设计。[①] 作为接受了中西双重文化教育的新一代建筑师，杨、董运用专业技术知识，并借鉴当时国际上体育场馆设计的先进经验，更进一步协调解决了全国运动会的复杂功能需求。

首先，就运动场馆本身而言，其流线的组织更为合理。第三届全运会时观众干扰比赛的问题突出，需要依赖众多的童子军来维护秩序。第四届时各体育场地之间用竹篱隔开，各设出入口。第五届时，观众则只能从各区大门入座，无路可达赛场，故观众虽多而秩序有条不紊。之后的上海江湾体育场沿用了这种做法，设有34个出入口，可在5分钟内使数万观众退场完毕。尽管参赛观赛人数显著增加，运动员和观众的分流集散问题在第五、六届时得到了更好的解决。

其次，全运会场馆的功能布局从单纯的运动场地逐步走向复合化。第三届体育场的功能相对单一，食宿由武昌城内餐馆旅店解决，没有设置专门的附属用房。第四届时改建体育场西部营房作为男选手宿舍，设2000余床位，配备了相应的浴室厕所，女选手安排在附近西湖畔的旅店。大会还添建300座的芦席敞篷餐厅，解决运动会期间就餐问题。这种修建"综合体"的思想，可以追溯到1924年巴黎奥运会，当时组委会在科龙布体育场旁边修建了简易的宿舍，为所有参加者提供经济的住处，成为之后历届"奥运村"的雏形。至1933年第五届的中央体育场，主赛场四周看台下的空间被充分利用，隔成房间，作办公室、运动员宿舍及浴室厕所。之后江湾体育场看台下分两层，上面一层为寝室及厕所浴室，全运会时住2000余人；地面层在大会期间作商店店面，全运会结束后改为市立体专教室、体育场图书室、娱乐室、乒乓球室、礼堂等等。这表明在"综合体"的基础上，设计者已开始注意到大会结束后的场馆使用问题。

再次，大会场馆设计还克服了以往的一些建筑技术问题。以游泳池设计为例，第三届全运会泳池水严重渗漏，以致比赛不得不推迟，而且泳池设计未能考虑换水及卫生问题，赛后难以使用。[②] 第四届全运会为节省经费，游泳池向之江大学借用，泳道长度仅25米。第五届时专门建造了长50米宽20米的标准游泳池，四周由看台环绕。泳池设有泳道9条，池子浅处1.2米，最深处3.3米，可供跳台跳水之用。这种20米×50米标准泳池，是在1924年巴黎奥运会时才首次出现并成为之后的国际标准。[③] 1932年洛杉矶奥运会游泳池建筑进一步完善，耗资20万美元，配备了先进的过滤和加温设备，可供游泳和跳水比赛使用。[④] 同样的，中央体育场泳池也配有锅炉等暖气设备，并设有横向伸缩缝以防止热胀冷缩而池身破裂。还设有各种过滤池水

---

① 杨廷宝（1901-1982年），1924年毕业于宾夕法尼亚大学，1927年回国后加入基泰工程司负责建筑设计。20世纪30年代，杨设计了中央体育场、中山陵音乐台、中央医院、金陵大学图书馆等一系列工程。董大酉（1899-1973年），1924年、1925年相继获得明尼苏达大学建筑学学士、建筑及城市设计硕士，之后赴哥伦比亚大学进修美术考古博士课程。1928年回国后，董被聘任为上海市中心区域建设委员会顾问兼建筑师办事处主任建筑师。在江湾体育场之前，他已完成了上海市政府大厦、上海博物馆、上海图书馆等设计。
② 阮蔚村. 历届全国运动会历史与成绩[J]. 勤奋体育月报，1933，1（1）: 33.
③ Barclay F. Gordon, *Olympic Architecture: Building for the Summer Games* (New York: Wiley, 1983), 16.
④ 同③: 20.

及自动循环换水装置，保证池水清澈，合乎卫生标准。池壁装有水下灯光，池壁之外筑有夹层挡墙形成维修通道，作检修管线之用。之后第六届的江湾体育场也修建了 50 米 × 20 米的标准露天游泳池，并配有先进的循环滤水及照明装置。此外，与 1932 年洛杉矶奥运会剑术馆相似，第六届全运会还采用三铰拱结构和新型材料玻璃砖建造了大型体育馆，创造出自然采光的大跨度室内比赛场地。

总之，上述这些先进的设计理念、方法及建造技术都可以在 1920 年代、1930 年代的奥运会场馆中找到原型，例如 1924 年巴黎科龙布运动场、1928 年阿姆斯特丹奥林匹克体育场、1932 年洛杉矶纪念运动场等。实际上，第五、六届的全运会场馆设计都是以奥运会即世界运动会的比赛场馆为参照。南京中央体育场在设计之初，就已经明确考虑"将来远东或世界运动会，亦可在此举行"。[①] 上海江湾体育场"各种比赛场地，尺寸，均合世界运动会标准"。[②]

"以世界运动会为标准"这一主张，对于当时刚刚起步的中国近代体育而言是意义深远的。截至 1935 年，中国仅仓促派出过 1 名运动员刘长春参加了 1932 年洛杉矶奥运会，而且从 1896 年起奥运会还未曾在欧美外的国家举行。在这种背景下，以奥运会场馆为典范来建设全国运动会会场，愈发显示出设计者主办者们以国际标准来塑造民族体魄的弘愿。设计全运会场馆的体育专家和建筑师固然知晓场地要求和国际先进经验，但更重要的是他们已深刻认识到统一模式和标准是有效竞争和衡量进步的基本前提，其视野已从区域、国家，拓展到了世界范围。在他们看来，全国运动会不仅仅是中国人自己的竞技，也必将是今后中国人参加世界运动会的选拔赛。只有以国际标准来塑造新的民族体魄，中华民族方能在国际体育竞技中获胜，洗雪"东亚病夫"之诮辱。

## （四）民族形式

在追求"国际标准"的同时，杨廷宝、董大酉等建筑师还在体育场馆的设计中展开了对中国风格现代建筑的思考和探索。1933 年南京中央体育场，除游泳池入口采用了五脊六兽庑殿琉璃瓦的"大屋顶"外（图 11-4-43），杨廷宝更多地从传统牌楼及细部装饰中汲取灵感：其田径场西大门立面上部用云纹望柱头和小牌坊屋顶作装饰（图 11-4-44）；篮球场立有单开间牌坊作为疏散标志（图 11-4-45）；国术场入口处设置牌坊与篮球场相对应（图 11-4-46）。1935 年上海江湾体育场，董大酉引入并简化古代城楼构件作为装饰符号，运用于田径场大门及体育馆入口（图 11-4-47、图 11-4-48）。基于对经济因素的考虑以及对"中国固有形式"的反思，董继上海市政府大厦的"大屋顶"，上海图书馆博物馆的"古城楼"的设计后，进一步尝试在现代结构中运用传统装饰特征的可能性。总之，杨廷宝和董大酉凭借他们在美国所接受的折中主义学院派设计思想方法，尝试将中国民族形式运用到体育场这种新型公共建筑中。

---

① 首都中央体育馆建筑述略 [J]. 中国建筑，1933，1（3）：16.
② 董大酉 . 上海市体育场设计概况 [J]. 中国建筑，1934，2（8）：4.

图 11-4-43　南京中央体育场游泳池（1933 年）
来源：齐康主编 . 纪念杨廷宝诞辰一百周年 1901-2001：杨廷宝
建筑设计作品选 [M]. 北京：中国建筑工业出版社，2001：57.

图 11-4-44　南京中央体育场田径场大门（1933 年）
来源：王建国编 . 东南大学建筑系理论与创作丛书：杨廷宝建筑
论述与作品选集 [M]. 北京：中国建筑工业出版社，1997：39.

图 11-4-45　南京中央体育场篮球场（1933 年）
来源：齐康主编 . 纪念杨廷宝诞辰一百周年 1901-2001：杨廷宝
建筑设计作品选 [M]. 北京：中国建筑工业出版社，2001：53.

图 11-4-46　南京中央体育场篮球场主入口牌坊，对应者为
国术场入口牌坊（1933 年）
来源：齐康主编 . 纪念杨廷宝诞辰一百周年 1901-2001：杨廷宝
建筑设计作品选 [M]. 北京：中国建筑工业出版社，2001：54.

图 11-4-47　上海江湾体育场田径场大门（1935 年）
来源：Doon Dayu, "Architecture Chronicle," T'ien Hsia Monthly 3,
no.4 (1936).

图 11-4-48　上海江湾体育场之体育馆（1935 年）
来源：体育季刊，1935，1（4）.

杨、董的探索，一定程度上可以说是当时国民政府"提倡体育，复兴中国"意志的体现。1929 年 4 月，国民政府颁布了中国历史上的第一部体育法令——《国民体育法》，明确指出：凡全国青年男女有受体育之义务，父母或监护人并应负责督促，以冀全国民众跻于健康之域，共赴挽救危亡，建设新国家之责任。1932 年 9 月又公布了《国民体育实施方案》，规定全国运动会每两年举行一次，并且须在各省市轮流举行，以促进各地方运动场设备的进步，并唤起各地方人士的特别注意。第五、六届全国运动会均由国民政府筹备组织，其目的是要"强健国民之身体，借以养成未来卫国之干城"。①

就选址而言，第五届全运会的中央体育场位于远离城区的紫金山麓灵谷寺以南，距离当时新近竣工的中山陵仅 2 公里。体育场负钟山为屏，北望中山陵巍峙于左，阵亡将士纪念塔矗立云际，"令人感及总理革命精神之伟大，与先烈为民族生存而奋斗牺牲之悲壮，更足以加强健儿尚武之精神，与发奋自强意念"。②第六届全会会体育场选址于江湾新区，是 1929 年国民政府推出的"大上海计划"的一部分。它划定今江湾五角场东北地带作为新上海市中心区域，由政治区、交通设施、外围工业住宅区和道路系统四大建设项目组成。该计划是一个全面、系统地建设近代上海（不包括租界）的城市规划，其主要目的是要建一座上海新城，与上海市内的列强租界相抗衡。无论是南京中山陵侧还是上海新城中心，全运会场馆已被国民政府赋予了以体育复兴中华民族的殷切期望。

更具意义的是，在历经 1931 年"九一八事变"、1932 年上海"一·二八事变"后，这两届全国运动会实际上成为中国直面日军不断进攻的宣言。1933 年第五届全国运动会旨在"唤起我们萎靡不振的民族，振作我们效死疆场的精神；自今天起，举国一致，奋发图强"。③对于 1935 年第六届全运会，"在兹民族复兴声中，体育之急待普遍提倡，更属刻不容缓。"由此可见，负责筹划的国民政府已将国民体魄的锻炼视作国家转弱为强的关键，力图以全国运动会来塑造具有健全体格和精神的新国民、新民族国家。南京中央体育场与上海江湾体育场，作为全运会的比赛场地，正是以"中国固有式"建筑风格回应了国民政府的上述意志。

19 世纪 40 年代鸦片战争后至 20 世纪初，中国正经受着从中国即"天下"到中国仅是一个"国家"的急剧退缩，④其国家地位面临严峻挑战，政治、文化及思想发生前所未有的巨变。在此背景下，体育从传统的休闲娱乐活动演变成为联系个人与民族存亡的纽带。体育不仅能使国民的身体强壮和健康，而且作为一种新的身体科学，可以宣扬新的价值标准，例如公平竞争意识、运动员精神、自信、清醒、纪律性等等。这些新的价值标准是创造一个民族国家的必要条件。

综观 20 世纪上半期全国运动会及其场馆的发展，正是深深根植于近代中国体育文化的演进和国家民族主义的发展之中。从 20 世纪 10 年代青年会引导下的起步，20 年代中华业余运

---

① 王正廷 . 对于第六届全国运动大会之展望 [J]. 勤奋体育月报，1935，3（1）：7.
② 夏行时 . 中央体育场概况 [J]. 中国建筑，1933，1（3）：11.
③ 开幕典礼 [J]. 勤奋体育月报，1933，1（2）：31-34.
④ "天下"泛指所有儒家思想影响下的地域空间。然而在 19 世纪末中国与西方列强的暴力对抗中，中国人思想里的这一观念由"天下"开始退缩为"世界中之一个国家"。详见：Xiaobing Tang. *Global Space and the Nationalist Discourse of Modernity: the Historical Thinking of Liang Qichao* [M]. Stanford, California: Stanford University Press, 1996: 2。

动联合会带领下的发展，至 30 年代南京国民政府全面控制下的壮大，纵然政治文化背景变迁，但以体育强健国民身体复兴中华民族的意志贯穿始终。换言之，全国运动会实质上是提倡国民运动的一种先声，"使全国人民，皆有健全的身体，皆具自卫的能力，造成健全的新的中国，这才是运动会的最后目的"。① 基于此目的，体育专家和建筑师都仿照同时期的奥运会场馆来设计全运会比赛场地，表明他们以国际标准来塑造新民族体魄的宏伟信念。而且，受政府聘请的建筑师还遵从当时国民政府所推行的中国本位文化政策，以折中主义学院派的设计思想方法寻求了中国民族形式的运用。"国际标准"和"民族形式"的理念与实践，归根结底是从不同角度物化了上层权力机构以全运会塑造民族体魄、建立民族国家的意愿，使全运会场馆演变成为中国民族国家框架下的"新民族体魄"的空间表征。

## 第五节　近代中国的公民空间：晚清和民国早期中国图书馆话语与实践 ②

　　传统中国曾是一个集权社会。近代以来，内忧外患严重削弱了中央政权，地方势力和城市公民社会得以发展和壮大，成为中国现代化和现代性的一个重要体现。本节拟以"公民空间"为对象，探讨社会变化在中国近代建筑中的反映。

　　在《公民空间的社会意义：建筑中的政治权威探析》(*The Social Meaning of Civic Space: Studying Political Authority Through Architecture*) 一书中，作者查尔斯·古德塞尔 (Charles T. Goodsell) 用四个标准定义了"公民空间"(civic space)。第一是国家所有 (state owned)，这使它有别于私人的住宅、办公室或汽车、商业的展厅或接待室。第二是公众可进 (accessible to the public)，这使它有别于政府办公室和会议室。第三是四面围合 (enclosed)，这使它有别于公园和街道，以及市政广场或军队训练场。第四是讲求规仪 (ceremonial)，即在其中"人们通常要注意在他人面前的举止"，这使它有别于政府建筑中的走廊或厕所。③ 古德塞尔所讨论的公民空间实例包括市政厅、法院和议会。事实上，在晚清和民国初期，中国也相继出现这三种类型的建筑。有别于宫殿、私宅，以及各种寺庙这三种最能表现传统中国社会的文化特点，即王权、生活方式和信仰的建筑类型，它们被用以服务于新的君主立宪以及共和制政治。但由于共和革命并不彻底，这些古德塞尔所关注的"公民空间"在现代中国并未持续发展，或充分实现其"公民"特质。

　　不过，近代以来尚有一种建筑类型虽然不见于古德塞尔的讨论，但仍大致符合他所提出的"公民空间"标准。它在中国得到过极为广泛的社会支持，体现了现代公民对于国家的理想，

① 发刊词 [A]. 见：全国运动大会编. 全国运动大会总报告 [M]. 杭州：全国运动大会，1930：1–2。
② 本节作者赖德霖。
③ Charles T. Goodsell. *The Social Meaning of Civic Space: Studying Political Authority Through Architecture.* Lawrence: University Press of Kansas, 1988.

堪称中国公民建筑的代表。这一建筑类型就是图书馆。

本节将对中国近代图书馆进行一种社会政治和文化实践影响下的建筑类型史甚至空间史的研究。在此，本节首先讨论近代以来士绅／知识分子阶层以知识为手段改革社会的努力，对于中国现代图书馆话语形成与实践的影响。其中论题有三：（1）戊戌变法和晚清新政时期社会对公共图书馆在人才教育、国粹保存及地方自治等方面重要性的认识；（2）新文化运动和国民革命对中国现代图书馆运动的促进；（3）地方自治政治对于公共图书馆建设的推动。在此基础上，本节将继续讨论两个建筑学问题，即转型过程中传统建筑以及士绅生活体验，对20世纪早期中国一些主要公共图书馆空间格局的影响；以及西方图书馆学原理影响下，中国新的公共图书馆空间对读者与藏书关系的考量。之后，本节将以中国最重要的国家图书馆——国立北平图书馆——为例，讨论保存国粹的理念如何体现在这座图书馆的设计之上。此外，在表达士绅阶层现代化理想的同时，图书馆所体现的社会、文化和政治关怀也符合政府和其他社会团体——无论其为新为旧、为文为武、为政治为经济，或为何种党派——的利益，乃至西方人士文明化的愿望，因而曾经获得了超乎大多数其他建筑类型更为广泛的社会支持与赞助。有鉴于此，本节在关注中国一种公共建筑的现代化历史的同时，还将重新反思古德塞尔的"公民空间"概念。

## 一、戊戌变法和晚清新政时期社会对公共图书馆重要性的认识

中国历代都有官府藏书，而寺观藏书、私人藏书和书院藏书也各有发展，[①] 至清代更为昌盛。其中书院的藏书供院内师生使用，比官府和私人藏书的服务对象广泛，其教育性和社会性也更强。[②] 然而即使如此，相对于中国的幅员和人口，这些略具公共性质的藏书楼数量依然微小。而官府和私家藏书楼在保存和整理文化典籍方面虽然功不可没，但它们均只对少数人作有限的开放而不为公众服务。中国现代著名出版家章锡琛曾经指出："古代之图书馆，专务保守旧籍，而不图增加新书以期适于用。且其书掌于衰老闲散之夫，以供一、二人之览观。此所谓文库主义，未尝有益于社会也。若近世之图书馆则不然，广搜适用之图书，编纂精详之目录，据法分类，秩然陈列，以供社会之利用。俾书籍与读者，得以互相结合。"[③] 章氏道出了中国古代藏书楼与现代图书馆的本质区别，这就是重藏不重用。

中国传统藏书楼步向现代图书馆的进化，与社会中一个特殊阶层——士绅／知识分子——的现代化密不可分。正如许多社会学家和历史学家所已阐明，[④] "士绅"是中国历史上一个特殊

① 谢灼华主编．中国图书和图书馆史（修订本）．武昌：武汉大学出版社，2005．
② 同①：259–262．
③ 章锡琛．近代图书馆制度．东方杂志，1912，Vol.9（5号）：14–15．
④ Max Weber, *From Max Weber: Essays in Sociology*, trans., ed., and with an introduction by H. H. Gerth and C. Wright Mills (New York: Oxford University Press, 1946); Hsiao–tung Fei, *China's Gentry* (Chicago, IL: The University of Chicago Press, 1953); Chung–li Chang, *The Chinese Gentry: Studies on Their Role in Nineteenth-Century Chinese Society* (Seattle, WA: University of Washington Press, 1955)；余英时．士与中国文化．上海：上海人民出版社，1987；John King Fairbank and Merle Goldman. Enl. ed. *China: A New History.* Cambridge, MA: Belknap Press of Harvard University Press, 1992.

社会阶层。虽不尽有官职，但因士绅们深受主流意识形态——儒家思想——的教化与熏陶，拥有知识和学衔，在地方上享有威望和特权，于是便可以充当百姓利益的代言人和国家行政在地方的贯彻者，甚至儒家理想的实践者和捍卫者。士绅的这一社会角色，使他们有可能在拥有知识的同时，兼具社会关怀。

由于清朝雍、乾时期的文化高压政策，士绅们的社会热情曾受沉重打击。鸦片战争前后，世风和士风发生明显变化。面对日益深重的社会危机和民族矛盾，明末清初曾经备受黄宗羲、顾炎武等学界领袖人物所提倡的"经世致用"思想——即强调学者社会关怀和学术现实意义的主张——受到了有识之士的推崇，并成为有改革理想士人的学术目标甚至人生追求。这一转变导致了以"改变世界"为己任的现代意义中国知识分子的出现。作为社会的良心和人类基本价值的维护者，他们一方面根据这些基本价值来批判社会上一切不合理现象，另一方面则努力推动这些价值的充分实现。[①]

士绅／知识分子的转变以及其改革理想和实践，不仅催发了新的学制、新的知识体系、新的语言表达，以及知识与社会的新型关系，而且还催生了中国现代的学校建筑和博览建筑，并促成中国一种建筑类型的现代化，这就是传统藏书楼向现代图书馆的转型。由于士绅、知识分子无论是独善其身、修养心性，还是兼济天下、启蒙社会，都离不开书，他们需要依赖私家藏书、官府藏书、书院藏书，甚至寺观藏书作为知识来源。在一个门户开放的时代，新知识涌入，导致出版物激增，科举制终结又带来知识门类扩大，新的学校、学会、学术机构都对藏书和用书提出新要求。古代藏书传统再也不能满足社会发展需要，现代图书馆的出现乃势所必然。

在鸦片战争爆发带来中国社会对世界的空前开放和中国历史的巨大变革之际，中国政治和文化界人士对于向公众开放的图书馆普遍给予重视。1840年代中国近代思想界的先驱林则徐、魏源、陈逢衡、姚莹和徐继畬等人，在先后撰译出版的书中，最早向国人介绍欧美各地的大图书馆、经典馆和藏书楼。[②]1860年代之后，中国改良派思想家、政论家与外交官员又亲自考察欧美的一些大图书馆。[③]部分早期改良派中的知识分子还在著作中表达对于图书馆社会作用和学术职能的看法。[④]1896年，在戊戌变法酝酿之时，由梁启超担任总撰述的《时务报》及其后各地倡导维新变法的报刊，也都刊登许多有关新式图书馆的文章。[⑤]可以说，在晚清的大变革时期，图书馆作为一种特殊的建筑类型获得了极大的社会关注。中国社会关于开办图书馆重要性的议论构成图书馆话语。这些话语与近代中国的现实密切联系，表达中国社会对于传统藏书楼的重新检讨，以及对现代图书馆的社会意义，特别是在促进人才教育、保存国粹以及地方自治诸方面之作用和重要性的新认识。

① Antonia Gramsci. *Selections From the Prison Notebooks of Antonio Gramsci*, eds. and trans. Quintin Hoare and Geoffrey Nowell Smith. New York: International Publishers, 1989：331. 转引自余英时. 新版序. 士与中国文化. 上海：上海人民出版社，2003：1.
② 这些书包括林则徐《四洲志》、陈逢衡《英吉利纪略》、姚莹《康輶纪行》、徐继畬《瀛环志略》等。
③ 他们对这些图书馆的记录见于各自的日记，如王韬《漫游随录》、志刚《初使泰西记》、郭嵩焘《伦敦与巴黎日记》；以及张德彝《随使英俄记》。
④ 其中包括郑观应、马建忠等。见谢灼华主编. 中国图书和图书馆史. 武昌：武汉大学出版社，1987：219-220.
⑤ 参见：蒋亚琳. 清末民初知识分子对中国近代图书馆事业的贡献. 河南图书馆学刊，2008，Vol.28（5）：135-137.

戊戌变法前后，发展公共图书馆开始被改革者们视为一项可以遍惠士林和开通士智，甚至强国利民的举措。如晚清教育家、学者、早期维新派人物之一的宋恕在1891年曾说："日本及白种诸国莫不广置大小图书馆，藏古今佳图书，任民男女纵览……故通人之多，与我国不可同年语……今宜令各县皆置图书小馆一所或多所，购藏古今佳图书，任县民纵览；京师及各商口、各名城皆置大馆，其图书任国民纵览；则十年后，通人之多必万倍于今矣！"① 1893年改良派思想家、工商业家郑观应在其深具影响的《盛世危言》一书中也说："大抵泰西各国教育人才之道计有三事：曰学校，曰新闻报馆，曰书籍馆。"他又反思中国指出："泰西各国均有藏书院、博物院……独是中国，幅员广大，人民众多，而藏书仅此数处，何以遍惠士林？"② 1895年马关条约签订之后，康有为特上书清帝，"请大开便殿，广陈图书"。③ 同年，他在与近代著名实业家、政治家和教育家张謇等创办的上海强学会章程中明确表示，要"聚天下之图书器物，集天下之心思耳目，略仿古者学校之规及各家专门之法，以广见闻而开风气，上以广先圣孔子之教，下以成国家有用之才。"正是意识到"广见闻而开风气"对于中国现代化的重要性，强学会章程将开"大书藏"——图书馆，与译印图书、刊布报纸和开博物院视为"最要者四事"。④ 1899年，梁启超在《清议报》17期上摘译刊载"论图书馆为开进文化一大机关"一文。文中指出图书馆有"八利"，即可使学校青年得辅助知识，可使不受学校教育之青年得知识，可储藏宏富、有供学者参考，可使阅览者随意研究事物，可有供人顷刻间查数事物，可使人皆得用贵重图书，可使阅览者得速知地球各国近况，以及可有不知不觉养成人才，⑤ 再一次强调了图书馆辅助教育的功能。

以民间士绅的努力为先导，开办图书馆在20世纪最初10年的清末新政时期发展成为官方的改革举措。1905年12月至翌年7月，载泽、端方、戴鸿慈等五大臣受派遣出洋考察。虽然他们的主要使命是考察宪政，但作为中国士绅中的上层人物，他们"知本原所在，教育为先，故于学务一端，颇为惮心研究"，⑥ 回国后便向清廷呈递了《奏陈各国导民善法请次第举行摺》。这些"善法"包括图书馆、博物院、万牲园和公园四端，皆关乎民众智识与情趣的陶冶。其中图书馆"欧洲各国都市城镇无不有之，虽其规模侈陋间有不同，而语以缃帙缥囊，则莫不充箱照轸。下至邮船旅社，亦复相率藏购，备客检查……取求既便，应研考之学方多。"所以他们说："中国以数千年文明旧域，迄今乃不若人，臣等心实羞之……似图书馆之成，尚不难于速就……应恳敕学部、警部，先就京师首善之区次第筹办，为天下倡。妥定规划之方、管理之法，饬各省督抚，量为兴办，亦先就省会繁盛处所广开风气，则庶几民智日开，民生日遂，共优游于文

① 宋恕.图书章第二十九.六字课斋卑议//胡珠生编.宋恕集.北京：中华书局，1993：147-148.
② 夏东元编.郑观应集·盛世危言（上）.北京：中华书局，2013：81、83.
③ 康有为.上清帝请开便殿，广陈图书.光绪二十一年闰五月初八日//李希泌、张椒华编.中国古代藏书与近代图书馆史料（春秋至五四前后）.北京：中华书局，1982：88-89.
④ 康有为.上海强学会章程//中国史学会主编，翦伯赞等编.中国近代史资料丛刊：戊戌变法（四）.上海：神州国光社，1953：389-394.
⑤ 论图书馆为开进文化一大机关.太阳报.新民社辑.清议报全编第五集·卷二十外论汇译·四通论.台北：文海出版社，1986：17-21.
⑥ 端方.考察学务择要上陈疏".端忠敏公奏稿.台北：文海出版社，1982：卷6，776.

囿艺林之下,而得化民成俗之方,其无形之治功,实非浅鲜。"① 概括而言,在清末改革过程中,"嘉惠士林"、"开通民智"、"强国利民"和"增进文明"是士人们对图书馆意义与重要性的最普遍认识,也是近代图书馆话语中最响亮的声音。

除了改革教育和培养国民,保存国粹是中国近代图书馆话语中另一个重要思想。按照五大臣兴建图书馆的建议,清学部奏订了《京师图书馆及各省图书馆通行章程》,并于宣统元年（1909年）颁布。章程第一条规定"图书馆之设,所以保存国粹,造就通才,以备硕学专家研究学艺,学生士人检阅考证之用。以广征博采,供人浏览为宗旨。"②"保存国粹"的口号是由主张"中学为体,西学为用"的湖广总督张之洞最先提出。1904年7月,他因"各学堂经史汉文所讲太略"而设立湖北存古学堂,力图"特设此学,以保国粹"。③ 1905年2月上海国学保存会会刊《国粹学报》创刊号中又将宗旨明确为"发明国字,保存国粹"。此后"保存国粹"的主张获得了广泛响应。

《京师图书馆及各省图书馆通行章程》以"保存国粹"为宗旨应该还受到学部谘议官罗振玉（1866-1940年）的影响。1908年罗发出《京师创设图书馆私议》,文中呼吁:"保固有之国粹,而进以世界之知识,一举而二善备者,莫如设图书馆。方今欧美、日本各邦,图书馆之增设,与文明之进步相追逐,而中国则尚阒然无闻焉。鄙意此事亟应由学部倡率,先规画京师之图书馆,而推之各省会。"④ 如果说张之洞和国学研究会的"国粹"概念的所指是"国学",对罗氏而言,"国粹"一词则当还有古物或文物的含义。罗氏是杰出的金石学家,在他提出《京师创设图书馆私议》之时,中国刚刚经历了数起文化大发现和大流失。如在1907年,被誉为"晚清四大藏书楼"之一的湖州皕宋楼15万卷藏书被日本岩崎氏静嘉堂文库全部购买;1899年记录商代历史的甲骨文被发现,引发了中外骨董商和学者们争购,散失情形严重;1900年敦煌藏经洞被发现,1907年、1908年英、法探险家先后买走大量经卷。⑤ 罗氏本人亲眼目睹了中国文化的厄运并曾对之竭力抢救。在提议创设京师图书馆之后,他又搜集和整理殷墟甲骨文字、考释西陲坠简、整理考订汉魏石经残石拓本,并在保存整理明清内阁大库档案上贡献巨大,最终使这些珍贵的"国粹"文献成为中国现代图书馆的收藏。

在战乱劫掠频仍的晚清时期,保存国粹对于中国知识分子,特别是上层文化人士来说,是比任何时期都紧迫的一项历史使命。并非巧合,与学部颁布《京师图书馆及各省图书馆通行章程》同时,民政部公布了中国近代第一部古物保护的法规《保存古迹推广办法》。1910年学部也通饬各地"查报保存古迹"。⑥ 至1939年国民政府教育部颁布《修正图书馆规程》,再次规定各省立图书馆下设的各部中也要包括特藏部,专门负责收藏金石、舆图、善本和地方文献。⑦

---

① 考察政治端［方］戴［鸿慈］两大臣奏陈各国导民善法请次第举办摺.大公报,1906-12-8 : 5-6.
② 京师图书馆及各省图书馆通行章程摺（1910年）// 李希泌、张椒华编.中国古代藏书与近代图书馆史料（春秋至五四前后）: 129.
③ 许同莘编.张文襄公年谱.上海:商务印书馆,1946 : 184.
④ 程磊.罗振玉与京师图书馆的创建.图书馆研究.1983（3）: 47-49.
⑤ 荣新江.敦煌学十八讲.北京:北京大学出版社,2001 : 170-171.
⑥ 内政部年鉴编纂委员会编纂.内政年鉴（三）.上海:商务印书馆,1936.转引自徐苏斌.近代中国文化遗产保护史纲（1906-1936）,收入张复合主编.中国近代建筑研究与保护（七）.北京 : 清华大学出版社,2010 : 27-37.
⑦ 修正图书馆规程.中华民国教育部,1939年7月22日第17055号训令.转引自严文郁.中国图书馆发展史——自清末至抗战胜利: 176-177.

近代图书馆话语中还有另一项主张，就是促进地方自治；虽然不如前两项的呼声之高，但在当时的现实意义却同样重要。1904 年湖南巡抚赵尔巽创办了中国第一所官办公共图书馆——湖南省立图书馆。1906 年新任湖南巡抚庞鸿书说："图书馆之设，足以增长士民智识，实与地方进化发达，有一定之比例。"[1] 对"地方进化"的关心反映了当时中国政坛上"地方自治"的主张。受西方民主政治的影响，早在戊戌变法之前，部分早期维新思想家就已提出改革中国地方制度的设想。他们主张设立地方议会，"由百姓公举乡官"。甲午战争之后，以康有为、梁启超为代表的维新人士在提出建立君主立宪政体方案的同时，也把改革的希望寄托于地方政治改革。[2]新政推行后，1906 年 11 月清廷针对地方自治问题通电各省督抚、将军，征询意见。由于民众尚缺乏"自主"和"自治"意识，诸封疆大吏对于实行与否意见不一，但他们普遍认识到普及教育、训练人才和提高国民素质在此问题上的重要和迫切。[3]

薛玉琴、刘正伟认为，清末义务教育的兴起有多种原因，但地方自治运动的推动，是其中重要之一。[4] 而正如端方所说"图书实为教育之母"，不难想见，作为教育的一种补充手段，图书馆也会受到各地重视。在清廷的提倡和地方官吏的支持下，创办新式图书馆成为晚清各地政府现代化事业的一项重要内容。1904 年中国第一所官办公共图书馆——湖南省图书馆建立之后，许多总督或巡抚等大吏要员也纷纷奏请设立图书馆。至 1911 年辛亥革命爆发时，除江西、四川、新疆 3 省外，当时全国 18 个行省中的 15 个都建立了公共图书馆。[5] 而据不完全统计，全国公私立新型图书馆已有 26 所。[6]

## 二、新文化运动和国民革命对中国现代图书馆运动的促进

1910 年代中期之后，伴随着新文化运动的勃兴，中国的图书馆事业获得了更大发展。新的发展被世人称为"现代图书馆运动"，[7] 具体体现在下列事实：与美国图书馆界的交流频繁，进一步介绍西方公共图书馆理念，图书馆专门人才出现，现代图书馆学引入中国并进入大学课程，中华图书馆协会成立，有识之士大力宣传公共图书馆重要性，以及更多公共图书馆的开办。在图书馆话语方面，虽然图书馆学家们较少议论"保存国粹"和"地方自治"的思想，但他们在延续晚清以来改革者们对传统藏书楼的批判，以及以图书馆辅助教育、开通民智等理念的同时，又强调了图书馆的教育功能，特别是与培养现代国民甚至移风易俗的关联。

中国现代图书馆运动受到了 19 世纪以来英国和美国公共图书馆运动的影响。1830 年代，

① 湘抚庞鸿书奏建设图书馆摺（1906 年）// 李希泌、张椒华编. 中国古代藏书与近代图书馆史料（春秋至五四前后）: 151-152.
② 姜栋. 清末宪政改革的形而上与形而下——从清末地方自治运动谈起. 法学家. 2006（1）: 129-135.
③ 廖香钱. 清末关于地方自治的一次大讨论. 乐山师范学院学报. 2007（8）: 79-81.
④ 薛玉琴、刘正伟. 清末地方自治与近代义务教育的兴起. 历史教学. 2003（1）: 33-36.
⑤ 傅金柱. 晚清地方督抚与近代图书馆建设. 图书馆理论与实践. 2003（3）: 77-78、87.
⑥ 周红. 教育救国思想与中国近代图书馆的产生. 图书馆理论与实践. 2005（5）: 98-99、104.
⑦ C. B. Kwei and M. S.. Chinese Modern Library Movement. *Millard's Review*, Oct. 10, 1928 : 77-78.

伴随着普通劳动者要求政治改革的宪章运动，英国社会呈现出全面变革的趋势，许多新法令颁布。资本主义的经济模式要求工人轮班工作，这就使他们有了与农耕模式不同的自由时间。为了促进社会的改良，中产阶级于是呼吁，应该设法鼓励下层民众将余暇用诸读书这类有益于道德培养的活动。[①] 正是在这一背景下，英国议会在1850年通过了《公共图书馆法》（Public Libraries Act），授权人口在10万以上的地方郡市建造公共图书馆。

在1861年至1865年的美国南北战争之后，部分在战争中致富的慈善家也开始将图书馆和其他文化事业视为从心性上促进个人发展的手段。仅钢铁大王卡内基（Andrew Carnegie）于1886年至1919年期间，个人就捐献了四千余万美元,在美国各地赞助兴建了1679座新图书馆。[②]

中国现代图书馆运动的发轫，更直接得益于美国圣公会世俗传教士韦棣华（Mary Elizabeth Wood，1861-1931年）女士的努力和倡导。韦曾任职于纽约州里士满纪念图书馆（Richmond Memorial Library），1899年探亲来华，随即在教会创办的武昌文华学校教授英文并兼管图书馆。"目击平民知识浅陋，生活困苦，辄思有以救济之……乃抉择途径，毅然以开通民智，提倡文化为己任。"[③] 她大力推行美国公共图书馆的办馆方式，在1910年创办了大众化的公共图书馆——文华公书林（Boone College Library），服务对象兼顾文华学校师生及周围民众。她还在1920年建立了中国最早的图书馆学教育机构，即依照了美国纽约州立图书馆学校办学制度的武昌文华大学图书科（Boone Library School）。[④] 1923年，韦氏专程回美，游说众国会议员，促使美国政府批准将第二批庚子赔款退还中国,指定作为教育与文化事业（如图书馆）之基金。韦氏还代表中华教育改进社，聘请美国著名图书馆学家、曾担任过美国图书馆协会主席的鲍士伟（Arthur E. Bostwick）博士来华讲学，并调查中国图书馆事业之状况，以期对于庚款用途有所建议。[⑤] 1925年鲍士伟在全面考察中国图书馆事业的同时广泛讲演，"解释美国公共图书馆之制度及其对中国推广公民教育之应用"，[⑥] 最终促成了中华图书馆协会在1925年4月25日成立。[⑦]

中国现代图书馆运动兴起与中国现代图书馆专门人才的出现相辅相成；他们在宣传现代图书馆的意义并向社会普及现代图书馆知识等方面表现得尤为积极。1917年由韦棣华选送赴美留学的沈祖荣（字绍期）刚回国，便向报界演说宣传图书馆事业。与晚清图书馆话语相似，他也批判了旧式藏书楼而强调了现代图书馆"开通民智"的教育功能;同时引用一位西方学者的话说："图书馆者，国民之大学也。盖国民不能尽入大学授课，而无不能入图书馆阅书。故国民智识

① David McMenemy. *The Public Library.* London: Facet Publishing, 2009：24-26.
② Government Support for Free Public Libraries: The Founding of the San Diego Free Public Library. The History of Books, http://historyofbooks. wordpress.com/san-diego-the-exemplar-of-the -american-free-public-library-movement/the-american-free-public-library-movement- the-san-diego- free-public-library/government-support-for-free-public-libraries-the-founding-of-the-san-diego-free-public-library/, 2014-2-7.
③ 裴开明. 韦师棣华女士传略. 中华图书馆协会会报，1931，Vol.6（6）：7-9.
④ Jing Zheng, Chuan-You Deng, Shao-Min Cheng, Wen-Ya Liu, and A-Tao Wang, "The Queen of the Modern Library Movement in China: Mary Elizabeth Wood," *Library Review*, 59: 5 (2010), pp. 341-349.
⑤ 同③。
⑥ 朱家治译. 鲍士伟博士考察中国图书馆后之言论. 图书馆学季刊，1926，Vol.1（1）：81-86.
⑦ 王子舟. 杜定友和中国图书馆学. 北京：北京图书馆出版社，2002：226.

之进步，与图书馆至有关系。"①

1924 年中国现代著名图书馆学家杜定友（1898–1967 年）在《图书馆通论》一书中，对图书馆在德、智、体、美、群五方面教育国民的功能进行详细讨论：

> 凡足以辅助人生，提高生活之方法，均可谓之教育……观乎入图书馆阅书者，日与世之科学家、学问家、道德家为缘，其嘉言懿行，渊奥学术，于字里行间，皆足以感动吾人之心理，改善吾人之行为，增长吾人之智识，提高吾人之意志及嗜好，此图书馆对于德育智育之可能也。图书馆之优雅之布置，清静之环境，有趣之图书，纸上之音乐，及关系体育运动之书籍，皆足以供阅者之参考与游乐，以娱养其心身，增进其体魄，引起美感，训练其技艺，此图书馆对于体育美育之可能也……至于合群方面，在我国尤当注意。欲养成国民合群之心理，非多设公共机关，使国民得以常相交接不可……试观图书馆内之阅书者，恒静坐于书室之一隅，受书籍及图书馆空气之融化，每表现其礼义待人之态度，互助之精神，及爱社会爱同群之心理，积之既久，则爱国之心，油然而生。由此观之，图书馆之于人生生活，有莫大之补助。故谓之曰教育，谁曰不宜……故今之提倡图书馆者，其宗旨一以保存我国固有之文化，一以灌输欧美新文明，使学术界多一参考地，国民多一休养所。②

中国现代图书馆运动的勃兴恰逢国民革命高潮，沈祖荣和杜定友以"国民"为服务和教育的对象，并希望通过图书馆"养成国民合群之心理"呼应了这一特定时期民族主义的大潮。

毫无疑问，图书馆对读者智识的影响首先在于它的藏书。不过，正如杜定友已经注意到，图书馆文明的环境和建筑空间对于读者养成公民意识和现代作风同样十分重要。与当时中国大多数公众可以自由进出的公共空间，如寺观、戏园、餐馆、澡堂，甚至公园都不同，现代图书馆建筑空间，特别是阅览室，对于读者的言行有着特殊的要求，也即古德塞尔在定义公民空间时所说的"讲求规仪"。如中国第一所公共图书馆古越藏书楼的《阅书规程》曾规定"阅书者各宜自重，不得在座中随意谈谑……此地专为藏书及阅书而设，一切人等不得于此中宴会、赌博、歌唱，以昭郑重。"③ 1923 年《申报》发表的《图书馆内应遵守之规则》一文更为具体，它规定：

> 1. 入阅书室或阅报室时宜轻步，不可妄言嬉笑，妨碍他人视听，出时亦如之。2. 取书报时，宜依次顺取，不可紊乱。3. 不可割裁图书或报纸上片纸只字。4. 书报上不可任意乱涂。5. 如己所欲阅之书报，适值他人正在阅看，则当静待他人阅毕后，然后取阅，不可逗留他

---

① 沈绍期君在报界俱乐部演说图书馆事业. 东方杂志，1917，Vol.14（6 号）：190–193.
② 杜定友. 图书馆通论. 上海：商务印书馆，1924：3–20.
③ 古越藏书楼章程 // 李希泌、张椒华编. 中国古代藏书与近代图书馆史料（春秋至五四前后）：117.

人左右，致为所厌。6. 书报宜一一取之不可多取。7. 如见有书报落在地上，则当代为拾起。8. 室内座位不可任意移动。9. 书报阅览毕后，宜放置原处，不可随意抛弃。10. 馆中书报当爱护之，一如己物。11. 馆内书报不可擅自携出。12. 宜注意卫生，不可随地吐痰。[①]

美国图书馆史学者艾碧格尔·凡·斯莱克（Abigail Van Slyck）在研究卡内基图书馆时指出，这些早期图书馆的室内设计都意在鼓励中产阶级所欣赏的行为模式。无论是为儿童还是成人服务，阅览室的桌子都是整齐排列，给读者一种秩序感。而儿童阅览室往往还有洗手池，供小读者盥洗。儿童阅览室又多与成人阅览室相通，使儿童受到成人监督，因此强化了儿童举止的成人化。凡·斯莱克因此认为，与其说这些图书馆是阅览（read）的场所，不如说是学习（learn），即接受中产阶级行为方式训练的场所。[②]中国图书馆中的这些规定，则是对读者基本公德和文明行为的"规训"（discipline），目的就在于培养自觉、自律和富有社会责任感的现代国民。

除了通过书籍和图书馆空间教育和规训民众之外，还有人试图以图书馆建设作为一种丰富民众精神生活，甚至移风易俗的手段。如杜定友曾说："图书馆对于市民之修养，为一决不可少之辅助机关，吾人欲求一理想中完美的社会生活，则非有图书馆之设立不可，近日中国社会之风气，以至于恶极地步，有心改造社会者，对于精神上物质上，亟当注意于此。"[③]

简言之，中国现代图书馆学家和社会有识之士，认知到国民或公民教育以及图书馆对于改造社会之重要性，进一步丰富了近代以来图书馆在人才教育方面所具意义的话语。它受到了新文化运动和国民革命的双重影响，同时通过普及以图书馆为手段教育国民和改造社会的思想，现代图书馆运动又配合了新文化运动和国民革命。

民国建立后，北洋政府继续促进图书馆建设。1915 年 10 月和 11 月教育部颁布了《通俗图书馆规程》及《图书馆规程》，[④]显示出国家通过法律手段对图书馆事业的大力提倡和鼓励。其后的 20 年间，中国的图书馆事业长足有进。据统计，民国初年全国图书馆有 20 余所（不包括大学图书馆）。[⑤]而据北洋政府教育部调查，1916 年全国有省立图书馆 23 所，通俗图书馆 237 所。此外，各地还有巡行文库 30 处、公众阅报所 1708 处。[⑥]报纸不仅可以向民众普及知识和向业者传播市场信息，更能为社会提供广泛的国内外时事要闻。美国著名民族主义问题历史学家本·安德森（Benedict Anderson）因此认为报纸有助于促成彼此陌生的人在时空上的一体化和对于一个共同的社群的想象，而这种想象就是现代国家的标识。[⑦]不难理解，

① Z. D.. 常识 . 道德 . 图书馆内应遵守之规则 . 申报，1923–11–13.
② Abigail A. Van Slyck. *Free to All: Carnegie Libraries & American Culture 1890-1920*. Chicago: University of Chicago Press, 1995:109, 178.
③ 杜定友 . 图书馆与市民教育 . 广州：广东全省教育委员会，1922：7–8.
④ 《通俗图书馆规程（1915 年 10 月）》、《图书馆规程（1915 年 11 月）》，录自《教育公报》，期 8（1915）// 李希泌、张椒华编 . 中国古代藏书与近代图书馆史料（春秋至五四前后）：184–186.
⑤ 中国近六十年来图书馆事业大事记 // 自谢灼华主编 . 中国图书和图书馆史（修订版）360–361.
⑥ 教育部调查 . 各省图书馆一览表（1916）/ 各省通俗图书馆调查表（1916）/ 巡行文库（1916）/ 公众阅报所（1916）// 李希泌、张椒华编 . 中国古代藏书与近代图书馆史料（春秋至五四前后）252–261.
⑦ Benedict Anderson, Imagined Communities: Reflections on the Origin and Spread of Nationalism (London: Verso, 1991), pp. 35–36.

民国后在中国城市中普及的公共阅报处和公共图书馆的报纸阅览室，同样起到了促进新的民族认同的作用。

## 三、地方自治对于作为地方公益事业之图书馆建设的推动

正因为图书馆与其他城市公共空间的建设还有助于市民身心健康、辅助地方教育，主张以图书馆建设作为一种移风易俗手段者因此认为，图书馆和公园"实地方教育之中心，办理地方自治者，其速建之。"① 不可否认，地方自治还直接取决于地方公民团体对地方事业的参与热情。而图书馆事业的发展，不仅需要图书馆界人士努力，还需要国家、地方甚至民间的大力支持。

如同戊戌变法时期一样，在 1927 年国民政府成立、中国重新进入由国家主持全面建设阶段前，民间力量的支持曾是图书馆事业发展最主要的推动力。② 1926 年创刊、1937 年停刊的《图书馆学季刊》先后介绍过中国 24 所著名的公私立图书馆，其中由中国人个人捐建的有 3 所，即南京东南大学孟芳图书馆、天津南开大学木斋图书馆以及山西太谷铭贤学校亭兰图书馆（基泰工程司，1935–1936 年）。孟芳图书馆的捐建者是苏皖赣巡阅使兼江苏督军齐燮元之父齐茂林（字孟芳）。另两位捐建者一是著名教育家、藏书家、刻书家和实业家，曾担任保定大学堂督学、直隶提学使、奉天提学使和东北三省提学使的卢靖（号木斋）；另一位是国民政府行政院长、铭贤学校校长孔祥熙（亭兰图书馆即为纪念其父母孔和亭和庞玉兰）。三位赞助人的行为是"明道救世"士人传统的延续，并体现出他们个人对于培养地方人才的积极性。据《孟芳图书馆落成纪念册》，包括黎元洪、王宠惠、周学熙、冯玉祥、卢永祥在内的 38 位政治、经济甚至军事界人士，以及北京的银行公会均为这所图书馆捐助了图书购置费；另有包括梁启超、唐文治、向达、蒋维乔、钱基博等著名学者，以及吴佩孚、朱启钤、顾维钧、穆藕初等政要和工商界名流在内，总数超过 66 位的个人、3 所图书馆，还有法国外交部及苏尔、文德、李哥白等显系外籍的个人亦捐助了图书，充分显示出这些职业、政见甚至国籍并非相同的人士或团体对图书馆事业的一致认同。虽然这些支持也有赖于齐燮元和东南大学校长郭秉文个人的影响力，但毫无疑问，这种影响力的基础还是各方人士对于地方文教事业的热情和贡献。

最能体现地方公众对图书馆事业的支持和参与的城市是上海——中华图书馆协会的诞生地。上海的现代图书馆事业最初由在沪西人机构发起；清末新政又有许多华人团体或个人投身其中。在 1936 年上海市政府开办市立图书馆之前，他们担当了地方图书馆事业最主要的赞助人，表现出知识界个人和公民团体对地方公益事业的热情关注和积极支持，具示范性地实践了鲍士伟提出的"公众的支持"、"面向儿童"、"带有分馆"等现代图书馆理念（表 11-5-1）。

---

① 仲颖. 常识. 市政. 地方自治亟应举办的两大事业（图书馆与公园）. 申报，1925-4-2.
② 如《申报》就曾报道"皖绅倡设图书馆"（1919 年 5 月 19 日）、"南京法政大学向各界募捐建设图书馆"（1924 年 3 月 4 日）、"复旦［大学师生］募捐建筑图书馆"（1924 年 3 月 16 日）、"沪总商会商业图书收到外界捐赠图书甚多"（1924 年 3 月 30 日），以及"苏州图书馆召开发起人会议讨论筹集捐款事"（1924 年 4 月 10 日）。

近代上海由华人赞助兴办的重要公共图书馆略表　　　　　　　表 11-5-1

| 图书馆名称 | 创办时间 | 创办人或机构 |
|---|---|---|
| 国学保存会藏书楼 | 1906 | 邓实、黄节、刘光汉 |
| 沪江大学图书馆 | 1908 | 沪江大学 |
| 涵芬楼 | 1909 | 出版家张元济 |
| 东吴大学法学院图书馆 | 1915 | 东吴大学 |
| 中华书局图书馆 | 1916 | 中华书局 |
| 中华学艺社图书馆 | 1920 | 中华学艺社 |
| 上海通信图书馆 | 1921 | 沈滨掌、应修人等 |
| 大同大学图书馆 | 1921 | 大同大学 |
| 复旦大学图书馆 | 1922 | 复旦大学 |
| 总商会商业图书馆 | 1922 | 上海总商会 |
| 少年宣讲团儿童图书馆 | 1922 | 少年宣讲团 |
| 世界语图书馆 | 1923 | 陈兆瑛 |
| 持志学院图书馆 | 1924 | 持志学院 |
| 东方图书馆 | 1924 | 商务印书馆 |
| 上海医药图书馆 | 1924 | 林济苍、陈存仁 |
| 图书馆学图书馆 | 1925 | 上海图书馆协会、国民大学图书馆学系 |
| 鸿英图书馆 | 1925 | 实业家叶鸿英 |
| 光华大学、大夏大学图书馆 | 1926 | 光华大学、大夏大学 |
| 暨南大学图书馆 | 1927 | 暨南大学 |
| 震旦大学图书馆 | 1928 | 震旦大学 |
| 东方图书馆附设儿童图书馆 | 1928 | 东方图书馆 |
| 民众图书馆（五所） | 1928 | 上海市教育局 |
| 中国科学社明复图书馆 | 1930 | 中国科学社 |
| 工部局公众图书馆儿童部 | 1932 | 公共租界工部局 |
| 上海市儿童幸福委员会图书馆 | 1934 | 上海市儿童幸福委员会 |
| 蚁蜂戏剧图书馆 | 1935 | 不详 |
| 上海市图书馆 | 1931–1936 | 上海市政府 |

来源：胡道静．上海图书馆史．上海通志馆期刊．1935，2 期 4（3）：1355–1477.谢灼华主编．中国图书和图书馆史（修订本）．武昌：武汉大学出版社，2005：274–290.上海图书馆．中国图书馆学会主编，《建筑创作》杂志社编．百年建筑——天人合一、馆人合一．北京：中国城市出版社，2005：60–85.

　　一份1930 年代初的全国图书馆调查统计结果显示，各地图书馆事业发展并不平衡，表现出沿海多于内陆，华北多于西北，华南多于西南。[①] 这一结果与各地在国内经济、文化和政治中的地位大致相同。如果说公立图书馆的数量可以反映出各地政府对图书馆事业的重视程度，各地私立图书馆的多寡则折射出个人或民间团体对地方文化事业的参与热情。上海有 148 所

---

① 许晚成编．全国图书馆调查录．上海：龙文书店，1935：1.

图书馆，居全国各城市之首。其中私立与公立的比例超过 3 : 1，表明当地公民团体的活跃和发达。

在中国现代图书馆运动的促进和新的公民团体及诸多有识之士的推动之下，中国的图书馆建设有了极大的发展。据中华图书馆协会的统计，1925 年时全国各类图书馆共 502 所，其中公共图书馆 259 所、学校图书馆 171 所，机关、团体及其他类型图书馆 72 所。[①] 而至 1934 年 12 月，中国已有 2818 所图书馆，其中国立 2 所，省立 27 所，县立、市立、私立和儿童图书馆共 904 所，教育馆 1002 所，大中小学校图书馆 497 所，377 所属于专门学校、政府机关和文化团体的专门图书馆，还有特种图书馆 9 所。[②] 这一情形表明，至 1930 年代，一个多地区、多渠道和多层次的图书馆开办局面已在中国形成。

## 四、转型过程中传统建筑以及士绅生活体验对 20 世纪早期中国公共图书馆的影响

戊戌变法前后，兴办公共图书馆不仅是中国士人们的呼声，也是部分提倡改革的个人和团体之行动。至清末新政时期，各地政府也纷纷加入这项象征着现代化的公益事业。19 世纪与 20 世纪之交中国出现了近代史上第一次兴办现代图书馆的热潮。不过或许由于此时中国尚缺少受过现代图书馆学教育的图书馆专家，也缺少受过现代建筑学教育的建筑师，多数地区大量的工程营建还延续着传统的体制和方式，而清末的经济状况也迫使许多地方利用学宫、庙宇等因陋就简，所以这一转型时期的中国图书馆在建筑形制上不免受到传统建造方式的影响。

例如，目前学界一般公认，由国人创办、对公众开放、第一所具有近代公共图书馆特征的藏书楼是绍兴古越藏书楼。该藏书楼由浙江举人、曾授兵部郎中和知府的藏书家徐树兰（1837–1902 年）捐资，1903 年告成，次年开放。该藏书楼建筑已毁，今天仅存临街的首进石库门门楼。据徐氏本人描述，原建筑前后共四进，前三进为楼房，用以藏书，第二进的中厅是公共阅览室，设 60 座，备读者阅览。[③] 这一描述显示，这所中国转型时期的藏书楼在设计上延续了江南厅堂建筑的格局。

又如，1907 年江南藏书家丁丙欲售其 "八千卷楼" 藏书，时任两江总督端方奏请政府全部收购，并在南京龙蟠里原清道光年间两江总督陶澍所立惜阴书舍的旧址上成立了江南图书馆（今南京图书馆前身）予以收藏，1910 年对外开放。[④] 图书馆建筑群由四排院落组成，其中左右两排各三进，中间两排各四进（图 11–5–1）。大门为门堂、传达室和售券处，以及警士室，门内

---

① 谢灼华主编 . 中国图书和图书馆史（修订本）武汉 : 武汉大学出版社，2005 : 348.
② 中华图书馆协会编 . 全国图书馆及民众教育馆调查表 . 上海 : 中华图书馆协会，1935 : 封底内页 .
③ 徐树兰 . 为捐建绍郡古越藏书楼恳请奏咨立案文（附〈古越藏书楼章程〉）（1904）// 李希泌、张椒华编 . 中国古代藏书与近代图书馆史料（春秋至五四前后）: 112–118.
④ 江苏省立图书馆沿革（1907–1919）// 李希泌、张椒华编 . 中国古代藏书与近代图书馆史料（春秋至五四前后）: 294–301.

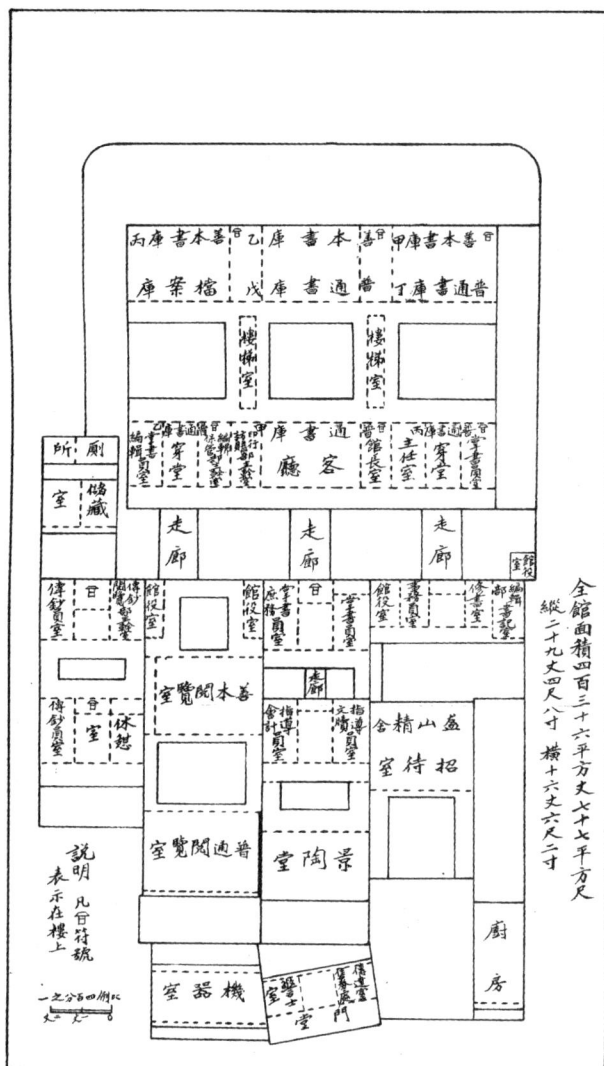

图 11-5-1　江南图书馆平面图（左）

来源：柳贻徵.国立中央大学国学图书馆小史.南京：中央大学国学图书馆，1928：无页码.

图 11-5-2　江南图书馆景陶堂（右上）

来源：江苏省立国学图书馆编.江苏省立国学图书馆概况.南京：江苏省立国学图书馆，1935：插图6.

图 11-5-3　暇园（山东图书馆）玉佩桥（右中）

来源：山东图书馆.中国图书馆学会主编，《建筑创作》杂志社编.百年建筑——天人合一、馆人合一.北京：中国城市出版社，2005：129.

图 11-5-4　暇园（山东图书馆）虹月轩、宏雅阁（右下）

来源：山东图书馆.中国图书馆学会主编，《建筑创作》杂志社编.百年建筑——天人合一、馆人合一.北京：中国城市出版社，2005：130.

沿轴线第一座厅堂是原书院的礼殿，即用于祭祀陶澍和晋陶渊明的礼仪空间"景陶堂"[民国后堂名依旧，也表示对创办人端方（号匋斋／陶斋）的纪念]（图11-5-2），其后和其右诸厅——当为原书院的讲堂部分——分别改为普通阅览室和善本阅览室。景陶堂厢房改为馆役室等办公和服务用房。另将景陶堂左侧院落原钵山精舍改为日报室。后院两座楼名"陶风楼"，为1908年新建的藏书楼。前楼楼下为馆长、主任、掌书员等办公室，楼上则用为普通书库，后楼楼下

为普通书库和档案库，楼上为善本书库。[1]

再如，1908 年落成的山东省图书馆（附设金石保存所）的设计结合了传统园林的布局（图 11-5-3、图 11-5-4）。该馆选址在济南城东学堂东偏贡院隙地，名为"暇园"。其中假山起伏，曲水环绕，花木扶疏，桥榭相接，另有"海岳楼"（藏书楼）、"宏雅阁"（上储藏古物与教育用品，下为检发图书处、接待室和抄书室）、"读书堂"（阅书室）、"明漪舫"（儿童阅览室）、"博艺室"（文物字画）、"汉画堂"（？）、"罗泉堂"（历代货币）、"虹月轩"（事务室）、"提要钩元之室"（员工住房）等建筑，此外还有"金丝榭"、"浩然亭"、"苍碧亭"、"鸿桥"、"涨渌沜"、"朝爽台"、"绿云居"、"牡丹台"等景点。[2] 虽然这座图书馆建筑的设计人尚待查考，但园林式布局和建筑及景点的命名显示出受传统教育士绅的参与甚至主导。

无论采用住宅格局、书院格局还是园林格局，上述实例都反映了传统建筑以及士绅生活体验对于 20 世纪早期中国公共图书馆的影响。


## 五、西方图书馆学原理影响下中国新公共图书馆空间对读者与藏书关系的考量

中国近代以来的新式图书馆，有许多是依普通的公共场所或民房改建而成。即使是那些专用馆舍，包括上海东方图书馆等著名者，其建筑也不尽合乎图书馆建筑原理。[3] 图书馆专门人才的出现，促进中国新式图书馆按照西方现代标准设计和建造。除了采用了有利于防火、防潮的钢筋混凝土结构，并呈现出象征着西方文明或体现着中国传统的造型之外，这些图书馆最重要的特点是具有符合现代图书馆功能要求的布局。

中国建筑的现代化体现在制度、技术、教育，以及造型和美学思想等诸多方面，西式建筑类型的激增和它们取代许多中国传统建筑类型也是其中之一。这一变化是伴随着西化和现代化，新的专业或职业产生，以及传统的职业在经营或管理方式发生改变所导致。社会分工变细、各职能部门专门化加强、联络方式趋于复杂，必然导致各种专门学科或职业重新系统化或体制化。新建筑类型的出现，就是这些变化在建筑空间上的表现。新的系统化和体制化，同样体现在传统藏书楼向现代图书馆的转变之中。相对于功能和管理方式较为单一的传统藏书楼，一所现代图书馆就是以馆长为领导，下辖出纳、参考、幼童、目录编辑、展览，以及庶务等多个职能部门的一个专门性公共文化机构。[4]

也正是在现代图书馆运动中，中国媒体出现了有关现代图书馆设计原理的介绍。其中最早

---

① 柳诒徵.国立中央大学国学图书馆小史.南京：中央大学国学图书馆印行，1928.
② 山东省图书馆.中国图书馆学会主编，《建筑创作》杂志社编.百年建筑——天人合一、馆人合一.北京：中国城市出版社，2005：126-147.
③ 参见胡道静：上海图书馆史.上海市通志馆期刊.1935，2 期 4（3）：1440.
④ 沈绍期君在报界俱乐部演说图书馆事业.东方杂志，1917，Vol.14（6 号）：190-193.

的或是 1916 年《教育公报》上发表的译文"学校文库及简易图书馆经营法"。该文附平面图介绍规模为 1 室至 3 室小型图书馆的布置方式；其核心即置出纳所于门口或书库与阅览室之间以便管理。[①] 而视图书馆建筑为"社会文化进步之征象"[②] 的杜定友本人也曾翻译有关图书馆建筑设计要求的著作，即 1927 年 5 月《东方杂志》发表的"科学的图书馆建筑法"一文。[③] 作者将图书馆空间分为"藏书的地位"、"阅者的地位"和"馆员的地位"——即书籍与阅者的中介——三种基本要素，以及图书室、演讲厅、集会室、装订室等附属要素。"藏书的地位"即书库，"阅者的地位"即阅览室、卡片目录和出纳处，而"馆员的地位"则包括馆书（长）室及总务室、编目室和制卡室、登记室和分馆室、装订室和印刷室、贮藏室、膳室和退息室以及杂役室等。处理读者与书籍的关系是图书馆空间布局设计的关键，正如作者所说："无非是要求书籍和读者联络起来"。

　　如何"联络"书籍和读者？"科学的图书馆建筑法"一文介绍了三种方式，即凹室制（Alcove System）、开架制（Open Shelf System）和书库制（Stack System）。前二者都允许读者自由取阅，也即广义的开架，而后者则是将书藏于与阅览室结构完全不同的书库之中，通过出纳台借给读者，亦即闭架。图书馆学家龙永信已经指出，虽然开架阅览对读者无疑最为方便，还可以刺激并鼓励求知，但若干弊端却使它难以在当时的中国得到普及，这就是书籍易遭乱置、易受破损、易遭失落，因此会增加管理经费，而且需要较大空间。[④] 而尽管开架制也是许多中国学者相信的理想方式，它易招致的图书损失却一直令图书馆人士们心存顾虑。[⑤] 所以不难理解，近代大多数中国图书馆采用的都是书库制（闭架制）。

　　虽然存在种种担心和怀疑，韦棣华个人依然坚持开架方式："不可以小人行为，蔑视士类；纵有借去未归，不妨劝勉告诫，使之清出送还，以养成其爱惜公物之美德。"[⑥] 由她在 1910 年亲自募捐创建的武昌文华公书林，就是近代中国少数采用开架阅览方式的图书馆之一。[⑦] 该图书馆设计蓝图由建筑师德·希思（De Hees）集合众议完成。建筑坐南向北，为平面布局略呈凸字形的二层大楼，水平的前楼中部为入口，对称的两翼为小阅览室，内部各有两张大桌。[⑧] 垂直的后楼与前楼相接部分为两侧带有办公用房的中厅，通过中厅，就可达后楼北端的半圆形大厅。根据图书馆的使用方式判断，中厅当为出纳台所在，而半圆形大厅当为大阅览室兼书库（图 11-5-5）。这一平面与美国纽约布鲁克林区公共图书馆太平洋分馆（Brooklyn Public Library, the Pacific Branch，1903 年）——一座卡内基图书馆——的平面非常相似（图 11-5-6）。韦氏

① ［日］金泽慈海著，李明澈译 . 学校文库及简易图书馆经营法 . 教育公报 .1916 年（4 期）：10-17.
② 杜定友《图书馆与市民教育》，页 4-5.
③ 杜定友译："科学的图书馆建筑法"（译自 The Snead & Co. Iron Works, *Library Planning, Bookstacks and Shelving*, New Jersey: The Snead & Company Iron Works, 1915：108-117，东方杂志，1927，Vol.24（9 号）：61-70.
④ 龙永信 . 图书馆开架式流通制度研究 . 文华图书馆学校季刊，1931，Vol.3（4）：455-466.
⑤ 如杜定友就曾说："市民之不道德行为，不知爱护公物，实足以摧残图书馆事业……今日我国社会公民之道德衰微，即学校之学生，亦每每有窃取或毁坏图书之病。"见杜定友《图书馆与市民教育》，页 19。
⑥ 裘开明 . 韦师棣华女士传略 . 中华图书馆协会会报，Vol.6（6）：7-9.
⑦ 同⑥。
⑧ 参见彭敏惠、张迪、黄力 . 文华公书林建筑考 . 图书情报知识 .2009，131 期（9）：123-127；赵冰、刘卫兵 . 公书林兴衰 // 何镜堂、郭卫宏主编 . 多元校园 . 绿色校园 . 人文校园：第六届海峡两岸大学的校园学术研讨会会议论文集 . 广州：华南理工大学出版社，2007.

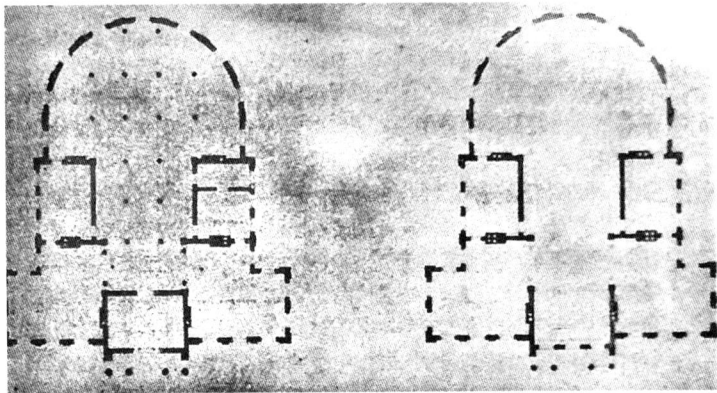

图 11-5-5　文华公书林平面图
来源：张安明、刘祖芬. 江汉昙华林——华中大学. 石家庄：河北教育出版社，2003：17.

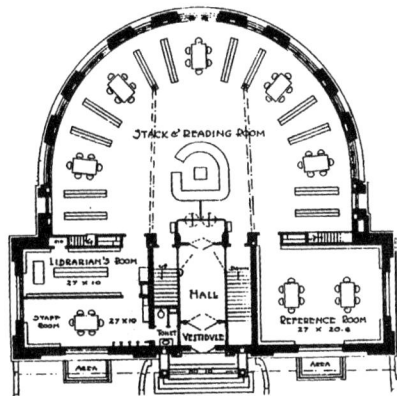

图 11-5-6　纽约布鲁克林区公共图书馆太平洋分馆平面图
来源：*Brickbuilder* 16 (May 1907), in Abigail A. Van Slyck, *Free to All: Carnegie Libraries & American Culture 1890–1920*. Chicago: University of Chicago Press, 1995：Figure 3–47.

在 1906 年至 1908 年期间曾在该区的普拉特学院（Pratt Institute）进修图书馆学[1]，对这座距学校仅 3 公里的新建公共图书馆当有所了解。而相似的平面还见于美国匹兹堡卡内基图书馆劳伦斯维尔分馆（1899–1900 年）、圣路易公共图书馆卡班分馆（St. Louis Public Library，Cabanne Branch，1907 年）等许多图书馆建筑。

凡·斯莱克在介绍劳伦斯维尔分馆时说："受书籍具有移风易俗的力量这一信念的驱使，［卡内基图书馆］所有匹兹堡分馆都采取了开架制。但是，卡内基对于工人阶层读者怀有矛盾心理，这又导致了控制读者与书籍交流的种种建筑手段的使用。作为第一座匹兹堡分馆，劳伦斯维尔分馆就使用了多种手段。开架使得读者获得了取阅他们需要的书籍的自由，但是扇形的书架布置意味着位于出纳台的图书馆工作人员可以监控这一自由。"[2]文华公书林半圆形平面的中心大厅或许也是韦棣华矛盾心理的流露，以及她在藏书与用书两方面所作的折中。

同样因为不便于馆员监督阅览空间，"凹室制"开架阅览方式虽然在西方传统的图书馆、特别是教会图书馆中曾经存在，但在 19 世纪后期以来的公共图书馆设计中已遭到图书馆员们的普遍反对，[3] 在中国更鲜见实例。[4] 此外，一般图书馆阅览室中普遍布置大桌，使得读者必须相向而坐，这也有助于互相监督。只是在 20 世纪初期的中国，男女之防尚严，这样的空间难免会影响女性对图书馆的使用。[5]

文华公书林的正立面中部以希腊神庙造型门廊作为入口，带有四根高大的爱奥尼柱，两翼

---

[1] Jing Liao. Chinese–American Alliances: American Professionalization and the Rise of the Modern Chinese Library System in the 1920s and 1930s. *Library & Information History* 25: 1 (Mar. 2009)：20–32.
[2] Abigail A. Van Slyck. *Free to All: Carnegie Libraries & American Culture 1890-1920*：106–107.
[3] 同②：6。
[4] 1929 年 10 月田洪都在"对于图书馆建筑应注意之数点"一文中对图书馆内部之配置特别说明："［阅览室］尤忌有墙壁书架之中隔，俾便于监视。"见《中华图书馆协会会报》，卷 5 期 1、2 合刊（1929 年 10 月），页 4–5。
[5] 为方便女性读者看书，一些图书馆另辟妇女阅览室。见李小缘："图书馆建筑"，《图书馆学季刊》，卷 2 期 3（1928 年 6 月），页 385–400。但李认为："余意破除一切成见，男女可同在一阅览室内读书。不必另生枝节，另议妇女阅书处，徒多耗费，无补于事。"

窗户围以带有三角山花的新古典式饰框。这种以古典建筑风格为基础的设计在当时美国城市公共建筑,特别是图书馆设计中颇为常见。[①]

受到西方学院派建筑,特别是当时国外图书馆建筑主流风格,以及国内"中国古典"复兴潮流的影响,20世纪中国早期新建图书馆中,采用西方古典建筑或中国传统建筑造型要素的设计相对较多。不过,图书馆作为一种新建筑类型之所以独立还在于其类型特征。有别于传统藏书楼,这一类型特征就是以出纳台为中心联络阅览室和书库的功能布局。

1928年另一位著名的图书馆学家李小缘(1897–1959年)在"图书馆建筑"一文中曾列举各种图书馆建筑的布局,其中有方形、长方形、三叶形(按:原文中此处另加有示意符号,形如倒"不"字)、"丁"字形、"冂"字形、"田"字形、"日"字形、"凸"字形、"凹"字形等。他认为:"长方形最普通,凸〔按:意当指倒丁字形〕凹形次之,丁字形又次之,口字、日字、田字形多为极大图书馆所采用,以其光线较佳故也。"[②] 在新建的图书馆中,沪江大学图书馆为长方形二层西屋,复旦大学图书馆为工字形二层西屋,大夏大学图书馆为冂字形二层西屋。[③]

事实上采用了凸字形平面的图书馆更多。这一布局在1880年代首先被美国著名谢普利、鲁坦和柯立芝(Shepley,Rutan and Coolidge)建筑师事务所用于赖亚森公共图书馆(The Reyerson Public Library,Grand Rapids,Michigan,1904)的设计,之后就变得非常普及。[④] 它以出纳台为中枢联络阅览室和书库,而将书库与阅览室分离,不仅更有利于书籍的管理和保护,而且还可以根据书库与阅览室不同的高度要求和开窗方式分别设计,无论是功能还是结构上讲都很合理,尤其适合中小型图书馆。文华公书林就采用凸字形平面,它使建筑各翼都能三面开窗,保证室内光线充足,同时阅览室空间在建筑的外观上也得到充分展现。

20世纪早期采用凸字形平面,与文华公书林在风格上相似或相近的中国图书馆还有清华学校图书馆(美商茂旦洋行 / Murphy & Danna,Architects,1916–1919年)、东南大学孟芳图书馆(上海允元实业公司建筑部 / Lam,Glines & Co.,Inc.,Architects and Engineers;Jousseaume Pascal,Architect,1922–1924年)[⑤](图11–5–7)、南开大学木斋图书馆(基泰工程司,1927–1928年)(图11–5–8)、上海中国科学社明复图书馆(永宁建筑师事务所,1930年),以及江西省立图书馆(建筑师待考,1930年)等。不同的是,这些图书馆均为闭架制,它们以凸字形平面的水平翼为阅览室,而以垂直翼为书库。1932年9月落成的浙江省立图书馆(上海陆顺记营造厂承造)目前平面布局不详,但根据历史照片可知其立面高达两层的巨柱也为西洋古典风格。[⑥] 此外,虽然风格不同,武昌湖北省立图书馆(缪恩钊,1934–1935年)、上海暨南大学洪年图书馆(范文照,1926–1927年)、山西太谷铭贤学校图书馆(基泰工程司,1935–1936年)、上海市立图书馆(董大酉,1935年)、

① 如1902年美国的《建筑评论》(Architectural Review)杂志综合介绍了67座设计优秀的现代图书馆,其中57座均采用了古典风格的造型或细部。
② 李小缘.图书馆建筑.图书馆学季刊.2卷3期:385–400.
③ 胡道静.上海图书馆史.上海通志馆期刊.1935,Vol.2(4):1355–1477.
④ Abigail A. Van Slyck,Free to All: Carnegie Libraries & American Culture 1890-1920, p. 30.
⑤ 东南大学孟芳图书馆开放.申报,1924–3–21.
⑥ 今日开幕之浙省立图书馆.时事新报,1932–9–15.

图11-5-7　国立东南大学图书馆
来源：Library Building for the National Southeastern University, Nanking. *The Far Eastern Review*, 1922：784.

图11-5-8　南开大学木斋图书馆,（基泰工程司：天津，1927-1928 年）
来源：吴振清、李世锐 . 卢靖与南开大学木斋图书馆 . 南开大学校史网，http://news.nankai.edu.cn/xs/system/2013/10/25/000148514.shtml，2013-10-25.

南京金陵大学图书馆（基泰工程司，1936-1937 年）等建筑也都采用了凸字形平面。[①]

　　然而以功能的合理性服务于读者，并非图书馆设计者们对此公民空间的唯一理解。广州中山图书馆（林克明，1929-1933 年）和武昌武汉大学图书馆（开尔斯 /Francis Henry Kales，1933-1935）代表了以阅览室为平面构图中心的设计思路。

　　中山图书馆是陈济棠主政广东地区时期，为促进地方事业发展所实施的建设项目之一。其平面呈田字形，其中阅览大厅平面为八角形，大厅在四个方向上与正方形围合的办公楼和书库相连（图 11-5-9）。这一平面与美国国会图书馆相仿。[②]武汉大学图书馆可容 240 位读者的大阅览室同样为八角形，它的空间高达 3 层，东西侧的走廊开大侧窗，南北有高窗，为室内提供采光和通风。大阅览室前部隔走廊与两层高的入口和办公楼相连，后部通过出纳台与角部两座各 7 层的书库相接，楼上有 60 个座位的杂志阅览室。[③]大阅览室与杂志阅览室共同构成体积高大的建筑核心，在立面外观上非常突出显著。建筑师开尔斯 1903 年至 1907 年间在美国麻省理工学院学习，[④]其以阅览室为中心的设计或许受到母校标志性建筑——以高大穹隆顶中厅为大阅览室的巴克工程图书馆（Barker Library）——启发。而建成于 1895 年的美国另一座著名的大学图书馆——哥伦比亚大学娄氏图书馆（Low Memorial Library，1895 年）——是更早采用穹隆中厅式阅览室的实例。二者或许都参考了英国伦敦大英博物馆的阅览室或美国华盛顿国会图书馆。所不同的是，这些欧美样板是以穹隆（Dome）为阅览室光线来源，外观为新古典风格，而中山图书馆和武汉大学图书馆却是覆以天花板，或在大阅览室之上再设报刊阅览室，因而阅览室采光仅靠侧窗而非中式的亭阁。此外它们在外观上都采用了中式风格，明显见诸绿色琉璃瓦的屋顶，带有斗栱的屋檐以及一些装饰细部。武汉大学是国民政府大学院（后改教育部）兴建的

---

① 参见袁同礼、陆华深等著 . 中国各省市公私图书馆概况 . 香港：中山图书公司，1972：各图书馆介绍。
② 赖德霖 . 城市的功能改造、格局改造、空间意义改造及 '城市意志' 的表现——20 世纪初期广州城市和建筑的发展 // 赖德霖 . 中国近代建筑史研究 . 北京：清华大学出版社，2007：382-383.
③ 国立武汉大学编 . 国立武汉大学图书馆概况 . 武昌：国立武汉大学，出版时间不详 .
④ 感谢斯洛安·考普尔（Sloan Kulper）和洪再新教授惠赠开尔斯的学籍材料。

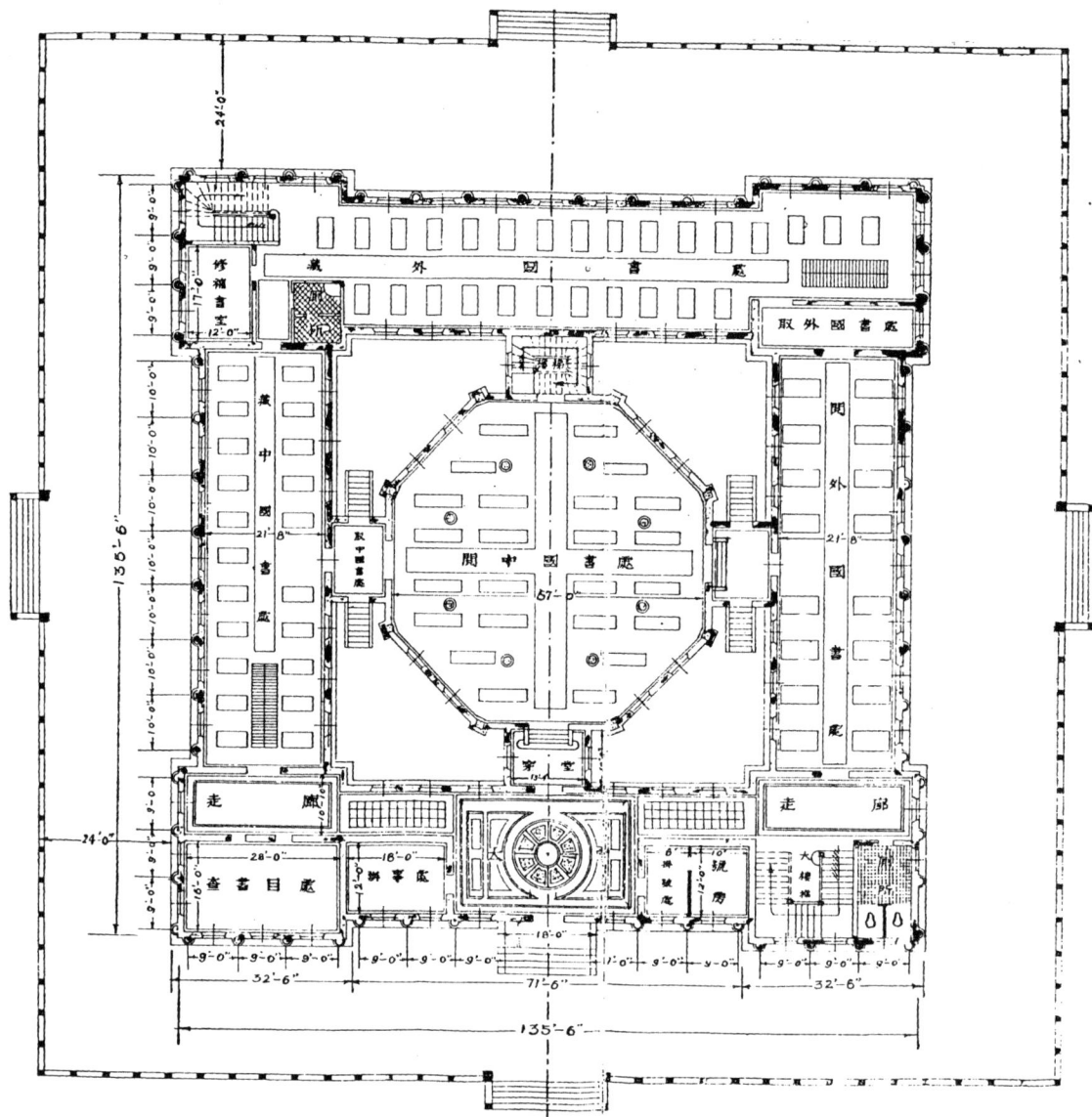

图 11-5-9　中山图书馆平面（林克明：广州，1931 年）
来源：广州市工务局编.广州市立中山图书馆特刊.广州：编者刊，1933：无页码.

第一所国立大学，而广州中山图书馆的兴建正值民国历史上的"宁粤分裂"。两座图书馆的中国风格，反映出这一时期中国文化建设中建筑赞助人的民族意识和对文化正统性的追求。

# 六、保存国粹理念的代表——国立北平图书馆

　　毫无疑问，中国近代公共图书馆都担负了普及民众教育的使命，各地公共图书馆也都为地方事业的发展起到了积极的推动作用。而作为中国首座现代化的国家图书馆，国立北平图书馆在履行这两项职责的同时，还在实际运作和建筑设计上突显了保存国粹的理念。

早在戊戌变法期间，在京师大学堂中设立藏书楼（图书馆）就成为变法主张的内容之一。1898 年京师大学堂成立，同年清政府制定了《京师大学堂章程》，表示"京师大学堂为各省表率，体制尤当崇闳。今设一大藏书楼，广集中西要籍，以供士林流［浏］览而广天下风气。"[①] 但随着变法的失败，开办京师图书馆的动议也不了了之。1907 年，张之洞掌学部，1909 年 7 月 25 日正式奏请设立京师图书馆。[②] 这一提案得旨俞允，开办京师图书馆并附古物保存会的计划才得于次年实现。[③]

京师图书馆最初的馆舍利用北京城内什刹海后海广化寺建筑，为的是"近水远市，方无意外之虞。"[④] 可以看出，这一选址依然延续了古代藏书楼的传统。[⑤] 究其原因，或许就是罗振玉提出《京师创设图书馆私议》和学部颁行《京师图书馆及各省图书馆通行章程》所坚持的"保存国粹"宗旨。

从 1909 年至 1925 年，京师图书馆一直处于草创阶段：虽然藏书量不断增加，规则也不断改进，但馆址一直处在变更之中，馆舍也一直因陋就简，而且缺少现代图书馆学的专门人才。

国立北平图书馆的现代化——包括引入现代图书馆学人才和建设现代化馆舍——归因于 1925 年教育部与中华教育文化基金会董事会（简称中基会）的合作。1924 年，在美国参议员洛奇（Henry Cabot Lodge）、教育家及哥伦比亚大学国际学院院长孟禄（Paul Monroe）和韦棣华等人推动下，美国总统柯立芝（Calvin Coolidge）批准国会第二次退还总计 1254.5 万美元的庚子赔款，以永久性地推动中国文化事业的决议。同年秋成立负责管理这一款项的中基会。[⑥] 1925 年中基会第一次年会的决议就包括"促进有永久性质之文化事业，如图书馆之类。"因教育部所属京师图书馆"藏书甚富，徒以地址偏僻，馆舍湫敝，于保度阅览，两均未臻妥善"，所以中基会乃向教育部提议，由双方合组一规模宏大、地址适中之新馆。[⑦] 10 月国立京师图书馆委员会组成。双方还共同择定了北海西南墙外、御马圈空地与养蜂夹道迤西之公府操场作为新馆的地址。[⑧]

受政局影响，中基会与教育部合办国立京师图书馆的计划受到挫折。1926 年 2 月，中基会致函教育部暂缓履行合作契约。同月又决定独立组设建筑委员会，由该会董事周诒春、地质学家李四光，图书馆学家、清华学校图书馆馆长戴志骞、中华图书馆协会书记袁同礼及正在代表罗氏中华医社负责北京协和医学院工程的建筑师安那（Conrad W. Anner）5 人组成。购地测绘

① 京师大学堂章程（节录），光绪二十四年（1898 年）// 李希泌、张椒华编.中国古代藏书与近代图书馆史料（春秋至五四前后）：106.
② 张之洞筹建京师图书馆纪事、学部奏筹建京师图书馆摺，宣统元年（1909 年）八月初五日 // 李希泌、张椒华编.中国古代藏书与近代图书馆史料（春秋至五四前后）：132–134.
③ "1909 年 7 月 25 日学部奏筹建京师图书馆摺及附奏三件"、"1910 年 6 月 1 日呈学部从 1910 年 6 月 1 日起启用关防"，收入北京图书馆业务研究委员会编.北京图书馆史资料汇编（1909-1949）.北京：书目文献出版社，1992，上册，页 1–8、9；张秀民.国立北平图书馆馆址.国立北平图书馆馆刊.卷 10 号 4（1936 年 7–8 月）：3–5.
④ 学部奏筹建京师图书馆摺，宣统元年（1909 年）八月初五日 // 李希泌、张椒华编.中国古代藏书与近代图书馆史料（春秋至五四前后）：132–134.
⑤ 谢灼华主编.中国图书和图书馆史（修订本）：312.
⑥ 杨翠华.中基会对科学的赞助.台北：近代史研究所，1991：2–6.
⑦ 中华教育文化基金董事会简介.教育大辞书：110–113，收入北京图书馆业务研究委员会编.北京图书馆史资料汇编（1909-1949）.下册：1276–1278.
⑧ 国立北平图书馆建筑委员会报告（1933 年 1 月）// 北京图书馆业务研究委员会编.北京图书馆史资料汇编（1909-1949）.下册：1222–1233.

图 11-5-10  国立北平图书馆新建筑设计图（莫律兰绘：北平，1927 年）
来源：北京图书馆编.北京图书馆第二年度报告（十六年七月至十七年六月）.北京：北京图书馆，1928.

之后，委员会委托北京长老会建筑师丁恩（Sam M. Dean）拟绘设计草图。丁恩提出中国式和希腊式图样各一。委员会审议，"以合于四周之建筑俾能观瞻整齐"，决定采用"宫殿式"。同年 7月，委员会又聘安那为名誉顾问，参酌美国建筑学会前例，拟定《北京图书馆征选建筑图案条例》，11 月 15 日邀请 11 位中国建筑师和 10 位欧美建筑师参加设计竞赛。1927 年 8 月 24 日竞赛结果揭晓，丹麦工程师莫律兰（V. Leth-Moller）的方案获得首奖（图 11-5-10），按条例受聘为建筑工程师；1929 年 3 月动工兴建。[①]

新馆建筑设计清楚地反映出建筑师对图书馆空间"藏书的地位"、"阅者的地位"和"办事人/馆员的地位"三种基本要素的周到考虑。该建筑平面左右对称呈工字形，是前述凸字形布局的变体。基本格局是读者活动区在前，工作人员活动区在中，书库在后。沿建筑中轴线南端进馆，前楼一层是门厅和衣帽间。厅北为东西向的走廊，向右和左通达位于主楼东西两翼的善本阅览室、四库阅览室、梁任公（启超）纪念室，以及金石部和舆图部各阅览室。走廊南侧、门厅左右，分别为馆长及文书室和会议室。走廊北侧，与南侧相对则分别为中厅及其左右对称设置的图书陈列室和杂志阅览室。中厅以北即工字形平面建筑的中部，其南端为大楼梯间，向北通编目室，向上通二楼过厅，过厅南侧即为位于前楼二楼的大阅览室，可容 200 人。过厅北侧为目录室及图书收发柜。柜内另有运书机与书库相连。目录室之后，为阅览组及参考组办公室及研究室 4 间。建筑的后楼为 4 层高的书库，可容书约 40 万册。书库地下室为采访部办公室、食堂、厨房及通风机器室。此外还有总务部各办公室、新闻阅览室、四库室、善本书库、写经室、模型室、舆图库、期刊及报纸庋藏室等，均在前部和中部的地下室内（图 11-5-11）。[②] 总之，

① 1930 年 10 月国立北平图书馆第二馆概略（文稿）（档概况 1.16）.北平图书馆建筑委员会报告 // 北京图书馆业务研究委员会编.北京图书馆史资料汇编（1909-1949）.下册：1174-1199、1222-1233.
② 北京图书馆征选建筑图案条例 // 北京图书馆编.图书馆第一年度报告（十五年三月至十六年六月）.北京：北京图书馆，1927：22-33.

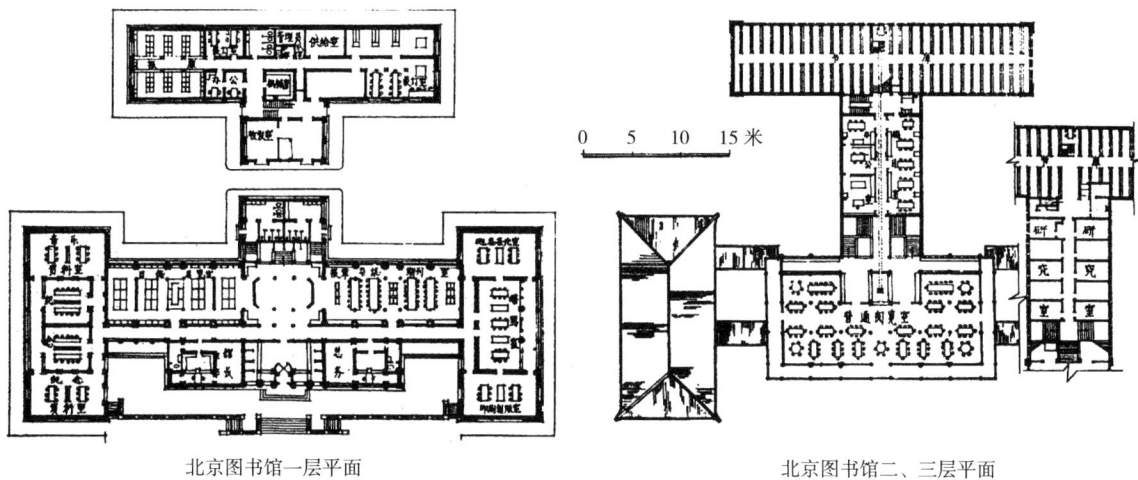

北京图书馆一层平面

北京图书馆二、三层平面

图 11-5-11 国立北平图书馆平面图
来源：王绍周主编.中国近代建筑图录.上海：上海科学技术出版社，1989：110.

新建的国立北平图书馆功能完备、设备先进。作为中国第一所现代国家图书馆，它不仅将服务于中国文化的现代化，也将体现中国文化的现代化。

关于建筑风格，安那在其所拟的《北京图书馆征选建筑图案条例》中规定"中国宫殿式"。他指出："所拟兴筑之基地邻接于北海。北海在前清时代为清室游憩之所，今已改为公园。有最要之通衢经过其南。是以东、南两面之建筑尤须特别注意。正门应从南入，而东面实为北海西岸风景中之一部……公园与故宫距离甚近，其大宫殿与四隅之角楼均可一览无余。"[1] 作为罗氏中华医社建筑部建筑师，并曾负责过北平协和医学院建筑工程的实施，安那对建筑所在地环境协调性的关心延续了中华医社在设计协和医学院（Harry Hussey，C. W. Anner，1914–1927年）建筑时的考虑。[2] 而这一考虑也符合京师图书馆最初"保存国粹"的宗旨。

建筑师莫律兰负责绘制全部详图。[3] 作为莫律兰钢与钢筋混凝土结构设计工程顾问公司（V. Leth–Moller & Co.，Consulting Engineers and Designers of Reinforced Concrete and Steel Structure）的主持人，他最擅长的工作当为结构工程；而即使如傅朝卿所说，实际负责设计的是丹麦艺术家尼尔摩（Erik Nyholm），[4] 以一个结构设计公司的力量，独力完成这座大型图书馆"中国宫殿式"建筑从整体到细部的设计当仍非易事。但建筑师通过采用相对分散而非集合式的形体构图，使得设计相对简化。首先，工字形的平面将建筑形体分为前、中、后三个部分，建筑师可以将建筑富有表现力的阅览室部分置前，并以其遮挡表现力相对较弱的书库。其次，各个单体的平面均为矩形，更适合中国建筑风格的表达。第三，将阅览室和展室分为三个单体，可以减小建筑

---

① 北京图书馆征选建筑图案条例 // 北京图书馆编.北京图书馆第一年度报告（十五年三月至十六年六月）：22–33.
② 冯晋.北京协和医学院的设计与建造历史拾遗 // 张复合主编.中国近代建筑研究与保护（五）.北京：清华大学出版社，2006：757–765.
③ 1930年10月国立北平图书馆第二馆概略（文稿）（档概况1.16）// 北京图书馆业务研究委员会编.北京图书馆馆史资料汇编（1909–1949）.下册：1174–1199.
④ 傅朝卿.中国古典式样新建筑——二十世纪中国新建筑官制化的历史研究.台北：南天书局，1993：120，注10.

的体量，更接近中国传统殿阁的尺度。除此之外，建筑群中的各个单体形体简单，这样就可以避免武汉大学图书馆那种集合式形体上复杂的坡屋顶交接以及由此可能产生的防水构造隐患。

国立北平图书馆建筑的"中国宫殿式"细部包括庑殿式大屋顶、飞檐、斗栱、梁架、栏杆、琉璃瓦饰，以及门窗图案，甚至包括屋顶的"推山"做法。目前完整的设计档案尚未公开，建筑师的设计参考尚待查考，不过他进行中国风格设计的条件却不难得知。如北京官式建筑的视觉形象早在 20 世纪初就已通过摄影为世人所了解；民国成立后又有许多从前的禁地被收归国有而对公众开放，在京的外国建筑师还可以就近参观考察。德国建筑史家鲍希曼（Ernst Boerschmann）和瑞典美术史家喜龙仁（Osvald Sirén）分别在 1925 年和 1926 年出版的著作《中国建筑》（Chinesische Architektur）和《北京皇城写真全图》（The Imperial Palaces of Peking）更有大量细部照片和许多测绘图纸可以供建筑师参考甚至抄用。而早先建成的同样风格的北京协和医学院和燕京大学（美商茂旦洋行／Murphy & Danna, Architects, 1919–1926 年）建筑，还可能为北平图书馆的施工提供富有经验的技术人员和受过训练的工人。[①] 此外，建筑委员会还聘请了前北洋政府内务总长朱启钤为顾问。朱曾负责过北京多项城市建筑工程，在政界和营造界人脉广泛。由他在 1929 年创办的中国营造学社对北平图书馆彩画图案的审定和绘制也给予了帮助。[②] 在这样的条件下，国立北平图书馆建筑的外观，特别是面对广场的前楼部分的形体和细部，能够较当时其他一些著名中国风格建筑——如其前的北京协和医学院、燕京大学、辅仁大学建筑以及稍后的武昌武汉大学图书馆和广州中山图书馆等——更忠实地呈现清官式建筑的特点便不足为奇。

身为结构工程师，莫律兰在北平图书馆的设计中，还采用了此前其他中国风格设计的同行均少采用的钢筋混凝土框架结构。他不仅因此创造出一个面积宽大、并带有外廊的阅览室空间，而且还在室内外展现了中国建筑的框架结构特点。不过与中国传统建筑不同的是，北平图书馆南楼结构网当心间的开间宽度与梢间相同，而仅为次间的一半。为了在立面上加宽当心间的宽度，建筑师于是将其两檐柱向两侧平移，由此造成柱廊开间不规则的变化而与一般传统建筑外观有所区别。

国立北平图书馆最初所定的"保存国粹"宗旨在新馆建成后得到继续。图书馆原藏普通书籍中文、满文、蒙文、西文、日文超过 100 万册，宋金元明清刊本、写本、旧抄本近 3 万册，文津阁《四库全书》36300 册，魏晋唐人写经 8600 余卷，地图绫绢钞纸本 6000 余帧、147 册，金石拓本唐开成石经近 200 卷，近代金石拓本 3300 余种。新建筑落成后又新增中、西、日文书籍近 10 万册，舆图 8000 多幅，金石拓本近 4000 幅。寄存书 6000 余种，3 万余册，另有藏文甘珠尔经全部乐谱 600 余件，版片 500 余块，还有殷墟甲骨兽骨、秦汉瓦当、汉唐铜鼓铜镜八百余件。[③] 尽管《四库全书》和善本古籍的阅览室被设置在图书馆正楼的侧翼，在建筑空间

---

① 如丁恩曾总结他在中国从事建筑师业务的经验说："对外国人来说，无论在华时间多长，总是有一些行会以及它们错综的关系与行规，令他们感到极为复杂。而对中国人来说，他们对西方某一时期建筑和生活的技术也感到陌生。所以每一项建筑工程也同时是一个教育工程，每一位新工人都意味着人的再适应。"见 Sam Dean, "China, the Land Where Builders Get Insomnia," *Journal of the Association of Chinese and American Engineers*, 7 (June 1926), pp. 2–8.
② 本社纪事 . 中国营造学社汇刊，1931, Vol.2（3）：15；1932, Vol.3（1）：187–188.
③ 汤用彬、彭一卣、陈声聪编著 . 旧都文物略 . 北京：书目文献出版社，1986：103.

图 11-5-12　国立北平图书馆新馆建筑之外部摄影（莫律兰设计：北京，1931 年）

来源：国立北平图书馆编．国立北平图书馆馆务报告（十九年七月至二十年六月）．北平：国立北平图书馆，1931.

上显示出传统知识在现代社会的边缘化，但它们所拥有的专门阅览室，又表明它们受到特别的"供奉"而神圣化。它们是中国悠久文化历史的证明，而它们历经劫难，最终入藏这所国家图书馆，并被整理、修复、分类、编目的故事则见证了中国自晚清以来国运衰败，而又在民国时期得到复兴的历史。

国立北平图书馆的落成典礼于 1931 年 6 月 25 日举行，二千余位中外人士、各国驻华公使、国内外学术机关代表躬自参与。另有近 80 所机构、社会团体以及个人或发颂词、贺联、函电，或赠送书籍、文物表达他们的祝贺。[①] 众人背景各异，政治立场也未必一致，但他们对这座公共图书馆的建成所表达的喜悦却颇为共同。

在通往阅览室的路上，读者和参观者首先需要经过由一对高大汉白玉石狮拱卫的大门。大门的造型与紫禁城养心门相仿，后者的照片已见诸喜龙仁的《北京皇城写真全图》，而石狮则是 1860 年英法联军摧毁的御苑长春园中的遗物。进门后的草坪（后改为广场）上对称耸立着一对汉白玉华表，它们同样来自长春园（图 11-5-12）。与馆中所有的文物一样，石狮和华表这些旧王朝的历史遗存都在中国这所属于公众的现代图书馆中获得了新的生命。北平图书馆的南楼，也即读者所达的区域，被称为"文津厅"。这一命名令人想到著名的皇家藏书楼——文津阁，它象征着新图书馆对于中国历史上文化正统的承继。而室内天花平阁图案中篆书的"石渠千秋"四字，又令人怀想到中国汉代的皇家藏书楼——石渠阁；"石渠千秋四字则"是所有戮力于保存国粹的人们对于这所新国家图书馆的祝愿。

"国立北平图书馆的外观是十分华美的，它的内部更为精美。"作为一名老读者，著名学者邓云乡曾经生动地回忆当初国立北平图书馆带给他的现代感受。他说：

> 大楼是两层玻璃门，有转门，进门之后，先是衣帽间，以供读者存衣帽、书包等。衣帽间十分讲究，都是进口柳安木的护墙板，一格格的挂衣帽的格子，铜号牌、铜衣钩灿灿照眼……进门后，就是一个方形中央大厅、四根柱子，顶上是仿古天花板……说也奇怪，

---

① 国立北平图书馆编．国立北平图书馆馆务报告（民国十九年七月至二十年六月）．北平：国立北平图书馆，1931：1-16.

当时最感兴趣的是坐在大厅两角的饮水处去饮水。那是自动沙滤水饮水池，一按开关水从中心小孔喷射出来，这是美国玩意，北京当时只有这里有……大阅览室为了保持安静，连地板也是咖啡色橡皮砖铺成，走起路来一点声音也没有，即使坐了很多人，那偌大的阅览室也像没有一个人一样，那真是一个肃穆的读书环境，那气氛正是显示了高度的文明。大阅览室摆的都是笨重的柳安木大桌，面对面摆十张大圈椅。十分宽敞……在桌子边上嵌有号码铜牌，找好座位，去到借书处查号借书，单子填好，交给借书处，你不要管了，到这座位上等着。阅览室送书台的先生们，办公桌边有通书库的电传滚带，会把你要借的书由后面大书库送上来。[1]

邓云乡的介绍向人们展示了这所现代化图书馆华贵精美的设施、文明宜人的读书环境，以及高效有序的管理。换言之，这所国家图书馆不仅是一个文化的看护所、知识的传播地，而且还是一个现代文明的展示场。

作为中国最高层级的公共图书馆，国立北平图书馆对书报阅览"概不收费"。[2]但要进入这座国家级的文化殿堂，读者必须注重自己的衣着。邓云乡还曾回忆说："当年进入图书馆时，有不少规矩：穿中装时，如果只穿短衫裤，不穿长衫，是不能进馆的，因而即使是再穷的学生，一件旧的蓝布大褂总要穿的。如穿西式衬衫，衬衫不系在裤腰里不能进馆等等。"[3]同样，在文津厅通往二楼的中央楼梯之下还设有卫生间，其中地砖、玻璃"一色都是美国货，比北京饭店的还讲究"，[4]它为读者在进入大阅览室之前整理自己的仪容提供了方便。现代著名教育家、南开大学校长张伯苓要求学生"面必净、发必理、衣必整、纽必结"。[5]北平图书馆对读者衣着的要求既是一个国家级文化机构对于自身文化品格的定位，也是图书馆管理者对于新时代国民风貌的规训。这项要求同时符合古德塞尔在定义"公民空间"时提出的标准之一——"讲求规仪"。

图书馆从来是士绅/知识分子的"学问之源"和"学问之库"。[6]自19世纪后期以来，它又成为这些以"明道救世"为己任的特殊社会阶层据以改革社会的一个工具。其现代化历史反映出作为一个公民群体的士绅/知识分子阶层的一种社会理想和现代化探求，亦即启蒙社会、培养现代国民、保存国家文化和推进地方事业发展。

建筑学所定义的公共建筑通常是指为公众服务的建筑。但中国近代图书馆的历史显示出这一公共建筑类型另一方面的公共性，这就是广泛的赞助人基础——它以士绅/知识分子为主，同时得到了各级政府、众多社会团体，甚至一些外国政府或组织的广泛支持，因此在一个从帝

① 邓云乡.国立图书馆.邓云乡集——文化古城旧事.石家庄：河北教育出版社，2004：179-185.
② "1929年国立北平图书馆普通阅览室和善本阅览室暂行规则"，收入北京图书馆业务研究委员会编.北京图书馆馆史资料汇编（1909-1949）.下册：1043-1050.
③ 邓云乡.国立图书馆.邓云乡集——文化古城旧事：179-185.
④ 同③.
⑤ 梁吉生、张兰普.张伯苓画传.成都：四川教育出版社，2012：44-45.
⑥ 杜定友.图书馆与市民教育：6.

制转向共和的国度里，它具有一种体现新时代特征的公民性。

中国现代图书馆的历史还表明，"公民空间"概念具有时间和空间的特殊性。换言之决定一种空间是否具有"公民"属性的前提条件，并非"国家所有"，而是它与公民和公民社会的关系。私有空间也并非不可能成为公民空间，只要它能够服务于广大的公民群体，体现一个公民社会的理想，并得到广泛的公民支持。以此为准，我们可以看出，20世纪初期的中国图书馆建设热潮，堪称现代中国的一场公民建筑运动；而各地建成的大小图书馆，就是现代中国公民建筑类型的极佳代表。

# 第十二章

# 中国其他主要城市的现代化（1927–1937 年）

# 第一节　首都南京的建设 [1]

国民党人对新的首都充满期待，先后多次制定了建设计划。《首都计划》无疑是国民党人，特别是孙科领导的首都建设委员会，对于首都南京未来的期待和展望。但在现实政治中国民政府以及南京特别市政府及其工务局则必须根据现实的物质经济条件进行南京城的建设，甚至根据政治形势的发展调整规划。事实上，1928-1937 年南京的城市发展与其说是对于一种宏伟城市设想的追寻，不如说是一种理想对现实的妥协，是由政府主导，但民间组织、私人业主，乃至一些有识之士个人共同参与的对于首都各项物质功能的逐渐完善。这些功能包括市政基础设施、党政军机关、居住、公共医疗与救济、商业与服务、文教、休闲和娱乐。总之，国民政府所经营的南京不仅仅是一个政治象征，更要的是一个系统合理、功能完备的人居环境。

## 一、南京特别市政府与南京的市政及基础设施建设

1927 年 6 月南京特别市政府成立至 1937 年 12 月，市政工程建设范围广泛，包括土地测量、规划道路系统、新辟及翻修道路、自来水、公共交通、电厂、邮电通信、下水道工程，此外还有秦淮河整理、防水工作、市铁道之整理及建筑，以及公园、市民住宅、棚户区工程、菜市场、厕所、学校等。[2]

### （一）道路

历史上南京城区道路以碎石路和土路为主。道路狭窄，不成体系。雨天污泥浊水，晴天尘土飞扬。不仅影响到市民的生活，而且影响到政府的形象。所以定都以后，南京特别市政府把道路建设当作市政建设的首要任务。[3]

早在一年前刘纪文初任南京特别市市长之时，他就宣布了改造南京之计划。首先即令工务局、派员测量街道，酌令居民拆屋迁让，以便兴筑马路。当时南京总商会长甘铉、苏民生、屡陈市民困难情形，请求拆屋筑路分别缓急先后，以示体恤。刘批示说：[4]

> "查南京马路之狭窄，不利于行，不特南京人士知之，即各省人士亦多知之。而急需开辟修筑，亦为全市人士所共认。只以前市政筹备处怠于建设，因循坐误，以致年复一年，

---

① 本节作者赖德霖。
② 张剑鸣.南京之市政工程 // 吴承洛主编.三十年来之中国工程.南京：中国工程学会，1946：20-23.
③ 南京市政建设的展开.http://221.226.86.187:8080/webpic/njdfz/UpLoadFile/html/mg/html/Noname020.html
④ 刘纪文整理南京市政之决心.申报，1927-7-10.

愈形腐败。本市长奉令抵任,其责即在改造南京,自非先从修筑马路入手不可。国民政府暨总司令亦洞悉市政症结所在,迭经督促,令于最短期内,将马路建筑完竣。故本政府令由工务局测量规画,分别布告,限令投验契据,以为将来给价标准。并令觅屋另迁,自行将屋拆去,以便动工。在各商民自应深体当局苦心,遵令办理。且修筑开辟马路竣工后,非惟市场整肃,足为新都增光,即商店贸易亦必盛衰异昔。本政府为各该商店计其利害,实非修筑开辟全市马路,不足以言进取。但阅来呈,亦属实情。究应如何处置,既据分呈,候国民政府暨总司令批示到府,再行核办。"

但刘的第一次任期只有两个月便被何民魂接替。与刘相比,何所采取的道路建设方针相对保守。在他任内,南京特别市政府工务局主要采取制定退缩放宽道路的条例和取缔违章的措施改善原有道路条件。

1927 年 11 月 9 日第 11 次市政会议修正通过的《南京特别市市政府工务局执行退缩放宽街道暂行条例》,[①] 内容包括:

甲 下列情形应退十尺建造(自原有基址起算)

1. 白地新建房屋者

2. 火后重建房屋者

3. 倒塌重建房屋者

4. 翻修破坏房屋全部,或翻修面积过全部面积十分之七者(天井空地院子除外)

5. 改造房屋门面墙壁及门面形式者

6. 房屋后面靠近河岸墙壁倒塌重建,或该屋翻修者

7. 新建基地一面临河者。

乙 有下列情形,应退五尺修建

1. 改造店门或门橱者

2. 店门前部破坏须全部修理者

3. 房屋庙墙临街该房屋有新建.或翻修情形者

4. 甲项情形而所在街道宽达 50 尺(包括行人路)

5. 甲项情形,而门前尚有余地,临街地基前线距街道中线达 35 尺者

6. 门面壁倒塌重建不变形式者

7. 房屋旁边临墙街面墙倒塌重建或改砌者。

丙 有下列情形,应免予退缩

---

① 南京特别市市政府工务局执行退缩放宽街道暂行条例.申报,1928-4-27.

1. 在空地菜圃山地广场等处，建筑房屋，前后无交通关系者

2. 门前街道宽度达 60 尺者（包括两旁行人路）

3. 门前地址，尚有余地而该地基前线距道路中线达 30 尺者

4. 在偏僻地段街道建筑非交通冲要地点，路宽过 24 尺者

5. 在巷中或弄中，建筑无车马交通关系，弄巷宽度达 12 英尺者。

丁　修改门面或店面等，如上层有楼房关系者，则于翻修楼面或楼房时，执行退缩，如有侵占街道情形者，不在此例。

关于取缔沿街障碍物，《申报》曾经报道：

"[南京]繁盛各街道店户门前加搭之木牌楼、雨水搭及铁木围栏等物，侵占官街者，十居八九，已由工务局取缔课会同公安局各警区分期取缔。现已实行拆除者，计有大中街、淮清桥、奇望街、黑廊街、油市街、水西门、府东街、内桥、花牌楼、吉祥街、大行宫、南门大街等街道。拆除后，各街宽度已见放宽。同时光线空气亦较前良好。各街商户咸感便利不少。现工务局取缔课更将各街重为复查，所有遗漏之处未及发现者，加以补充取缔。俟补充取缔工作完成之后，再为举行第二期取缔工作。务期将所有侵占官街及障碍交通之建筑物，努力肃清。"[1]

或许不满意何民魂的市政建设缺乏力度，尤其是因为担心计划在翌年春举行的孙中山奉安大典受到影响，国民革命军总司令兼任军事委员会主席蒋介石在 1928 年 7 月令总司令部经理处长刘纪文取代何担任南京特别市长。1928 年 7 月 20 日，外交部长王正廷在刘纪文的就职典礼上表达希望说："规画市政，必先从道路入手。路政不良，则一切设施，俾难完备。现在外间有一口头禅，谓南京路不平、水不清、电灯不明，电话不灵，希望刘市长竭力整顿，将四个不字除去。"[2]

在就职之前，刘就向首都建设委员会提议，以总理孙中山灵柩即将护送来京，拟自下关海陵门及神策门起，开辟新马路两条，直达陵墓。该路计划，约长 6 英里，宽约 120 尺。用柏油建筑。需款约 160 余万元。定四月内竣工。所有工程，除估工分段建造外，并拟拨用经理处监护队 100 名，加入工作。[3]

自 1927 年 6 月至 1936 年 6 月，新筑道路有：柏油路 4728000 米，弹石路 4033700 米，碎石路 2481900 米，煤屑路 113900 米，总长约 11360 公里。此外还翻修路面 22956 万平方米。[4]（表 12-1-1）

---

① 取缔沿街障碍物经过.申报，1928-4-27.
② 京市长刘纪文就职记.申报，1928-7-22，10 版，248-640.
③ 刘纪文规划宁市政.申报，1928-7-18.
④ 张剑鸣.南京之市政工程 // 吴承洛主编.三十年来之中国工程.南京：中国工程学会，1946：20-23.

| 年份 | 道路建设 |
|------|---------|
| 1928 | 燕子矶路、中山北路 |
| 1929 | 黄埔路、环湖路、中山路、朱雀路、中正路（今中山南路） |
| 1930 | 山东路、热河路、国府路（今长江路）、龙江路 |
| 1931 | 汉中路、上元路、山西路、白下路、太平南路、玄武湖路 |
| 1932 | 中华路、雨花路 |
| 1933 | 江边路、考院路 |
| 1934 | 国府东箭道马路、云南路 |
| 1935 | 珠江路、广州路、莫愁路 |
| 1936 | 御道街、热河路、西康路等 |

南京各年份主要道路建设情况　　　　　　　　　　表 12-1-1

来源：南京市政建设的展开，http://221.226.86.187：8080/webpic/njdfz/UpLoadFile/html/mg/html/Noname020.html

## （二）自来水

自来水是都市现代化的又一重要标志。历史上南京市民用水一直依赖水井和江河。成为首都以后，由于一时难以举办自来水，南京特别市政府 1928 年初以开凿自流井为刻不容缓之举。经市长何民魂在省府方面提议，假定经费为 3 万元，于市内适当地点开凿自流井 6 个或 8 个。决定在 2 个月之内完成。[①] 1929 年 8 月，南京市卫生局、工务局、财政局组成首都自来水筹备处，开始筹建南京第一座自来水厂。1930 年 3 月，成立自来水工程处。但因经费欠缺等原因，拖至 1933 年 4 月第一期工程才竣工供水。所有地价、材料、机械及工程费共 530 万元。1935 年 10 月 1 日，设自来水管理处。用户 2800 户。设埋水管约 160 公里。[②] 水厂设在汉西门外北河口，蓄水池设在清凉山。但据京市自来水管理处报告，自 1933 年至 1936 年 10 月底止，南京市住户已装用自来水者，七区共计 3838 户，自来水站已设置者共计 70 站，但其中已开始给水者，只有 52 站。所以一份调查说："故就现在自来水经营成绩而观，京市自来水用户，仅占总户数百分之二，且其中机关商号复占三分之一，是则京市的给水问题，至今尚未曾彻底地解决……大多数市民仍不能不取给于井水、河水或塘水。"[③]

## （三）首都电厂

南京的城市供电历史始于 1910 年秋开始发电的金陵电灯官厂，民国后该厂更名为江苏省立南京电灯厂。1919 年该厂在下关建立分厂——江苏省立南京电灯厂下关发电所。1927 年，

① 行将修筑之三大工程．申报，1928-2-21．
② 张剑鸣．南京之市政工程 // 吴承洛主编．三十年来之中国工程．南京：中国工程学会，1946：20-23．
③ 中国地政研究所丛刊 91，萧铮主编，民国二十年代中国大陆土地问题资料，陈岳麟．南京市之住宅问题．成文出版社有限公司，美国：中文资料中心印行，1977：47937．

国民政府定都南京。次年，电灯厂本厂与分厂合并，再更名为首都电厂，向首都内外及下关商埠供电。[1] 1930 年，南京下关发电所扩建一期两台发电机组，又在 1933 年进行了二期扩建工程，增建发电机组，1936 年 11 月和 1937 年秋，两台机组分别竣工投产。[2] 电力供应的增加也为改善城区路灯照明创造了条件。[3]

## （四）交通、电讯（表 12-1-2）

国民政府时期南京交通、电讯发展情况　　　　　　　　　表 12-1-2

| 设施名称 | 年份 | 备注 |
| --- | --- | --- |
| 明故宫机场 | 1927 年（开建） | 1929 年 7 月 8 日民航飞机首降，上海到南京航线开通 |
| 首都公共汽车公司 | 1928 年 | "军政学各界及热心同志多人" 所创 "首都公共汽车公司" |
| 下关火车站 | 1930 年（重建） | 国民政府铁道部 |
| 江南汽车股份有限公司 | 1931 年 5 月开业 | 国民政府建设委员会委员长张静江、李石曾、吴稚晖等招股出资 10 万银圆创办 |
| 长途电话 | 1927 年<br>1928 年<br>1936 年 2 月 | 南京 – 无锡 – 上海长话<br>交通部开通南京 – 上海长话<br>以南京为中心的全国长途电话通信网基本建成 |
| 电报 | 1928 年 2 月第二短波无线电台成立 | 此前第一台上海、汉口、郑州、长沙、南昌等地；第二台通广州、徐州、汕头、太原、洛阳、九江、重庆等各地[4] |
| 市内电话 | 1930 年 8 月 1 日<br>1935 年 11 月<br>1936 年 6 月 | 5000 门自动交换机工程竣工<br>北分局成功通话<br>南分局成功通话 |
| 南京火车轮渡 | 1933 年 10 月通航 | 铁道部首都铁路轮渡设计委员会 |
| 中山码头 | 1936 年 3 月竣工开业 | 津浦铁路局建设 |

来源：南京市政建设的展开，http://221.226.86.187：8080/webpic/njdfz/UpLoadFile/html/mg/html/Noname020.html；悟：首都公共汽车开始营业. 申报，1928-7-21.

## （五）邮政通信

1885 上海工部局书信馆在南京成立 "南京工部局书信馆"。1896 旅居南京的外侨组织 "金陵书信馆"。1897 年 11 月 1 日大清邮政接管 "上海工部局书信馆"，金陵书信馆随之撤销。1897 年 2 月 2 日镇江邮政局在南京贡院街成立南京邮政支局。1899 南京辟为通商口岸，于下关设邮政总局。1912 临时政府改邮传部为交通部，改大清邮局为中华邮政局，划全国为 21 个邮区。南京邮区正名为江苏邮区，设江苏邮务管理局于南京，地址在大石桥。1929 年 4 月江苏邮务管理局改为江苏邮政管理局。1931 年 1 月江苏、安徽两邮区合并为苏皖邮区，管理

---

[1] 郑文实. 首都电厂. 钟山风雨，2007（2）：60–62.
[2] 南京市政建设的展开. http://221.226.86.187：8080/webpic/njdfz/UpLoadFile/html/mg/html/Noname020.html
[3] 首都刘市长谈增设路灯等工作. 申报，1928-12-10.
[4] 南京第二短波无线电台成立. 申报，1928-2-19.

局在南京。1935 年 7 月恢复江苏、安徽两邮区，南京邮务属［江苏邮政管理局］本地业务股管理。[①]


## 二、国民政府与新的国家机构与政府机关

国民党统一中国后，建立了"一府五院"的中央政府组织。"一府"即国民政府，"五院"即依照孙中山自创的"五权宪法"理论将国家治权分为行政、立法、司法、考试、监察五种并分别设置的五个执行机构"院"。

从定都伊始，国民政府以及行政院、立法院、考试院、内政部等重要院部都是因陋就简，以南京旧有的衙署或祠庙办公。一些重要会议也是借用他处会堂举办。甚至国民政府在 1933 年都因"破坏不堪"而不得不请财政部拨款 9 千余元进行修理。[②] 但从 1928 年开始，国民政府便有意以明故宫旧址为新建筑所在地。且多数"要人"主张国府五院十部建筑一处，"俾办事上较为便利"，而将当时国民政府所在的清两江总督府改作招待外宾之用。[③] 直至 1931 年春，一个包括五院及所属各部会国民政府行政中心的建筑设计工作依然在进行之中，并规定当年 9 月开标，10 月正式开工，1933 年初完成。[④] 但是，1931 年"九一八事变"和翌年"一·二八事变"的爆发大大阻碍了中国现代化发展的步伐，日军对上海市中心区的狂轰滥炸，也定使南京当局意识到建造行政中心的隐忧。《首都计划》中建造首都行政区的设想最终没能得到实现。1931 年后，只有铁道部、交通部、外交部和最高法院等少数单位建造了新的办公大楼。它们或象征着国家建设的决心和成就，或体现了国家的对外形象（表 12-1-3）。


**国民政府时期南京重要机构建筑及所在地**　　　　　　　　　　表 12-1-3

| | 建筑名称 | 所在地旧 / 新 | 原名 | 新建年代 |
|---|---|---|---|---|
| | 中国国民党中央党部 | 湖南路 | ［清］江苏省咨议局 | |
| 一府 | 总统府（国民政府） | 长江路 | ［清］两江总督府 | |
| 五院 | 国民政府行政院 | 长江路 | 国民政府东花园[⑤] | |
| | 国民政府立法院 | 斛斗巷 | 张侯府 | 1930 年代 |
| | 国民政府考试院 | 试院路（北京东路） | 武庙 / 岳庙 | 1928–1930[⑥] |
| | 国民政府司法院 | 中山路 | | |
| | 国民政府监察院 | 复成桥 | | |

---

① 南京地方志编纂委员会、《南京邮政志》编纂委员会编 . 南京邮政志 . 北京：中国城市出版社，1993 年：15–19.
② 国府屋宇招标修理 . 申报，1933-6-22.
③ 京市规划宏大建筑 . 申报，1928-12-1.
④ 建筑国府定十月间开工 . 时事新报，1931-3-16.
⑤ 行政院地址择定 . 申报，1928-10-30.
⑥ 考试院择定武庙为院址，以许崇浩等为委员，规划工程进行 . 申报，1928 年 11 月 30 日；南京考试院建筑工程将开工 . 申报，1928-12-11；考试院所设新院址建筑工程，投标结果由周顺记营造厂承造，建筑费 6 万 1 千余元。该院呈国府分三期拨付，定15 日开工，限明年 3 月 15 日前建筑完竣。

|  | 建筑名称 | 所在地旧/新 | 原名 | 新建年代 |
|---|---|---|---|---|
| 行政院最初十部 | 国民政府内政部 | 瞻园路 | 瞻园 | |
| | 国民政府外交部 | 中山北路 | | 1931-1935 |
| | 国民政府军政部 | 三牌楼（中山北路）① | | |
| | 国民政府财政部 | 中山东路 | | 1930 年代 |
| | 国民政府农矿部 | | | |
| | 国民政府工商部 | 大仓园（中山东路） | | |
| | 国民政府教育部 | 成贤街 | | 1920-1930 年代 |
| | 国民政府交通部（+中华邮政总局） | 慈悲社/中山北路 | | 1928-1934 |
| | 国民政府铁道部 | 中山北路 | | 1930 年竣工 |
| | 国民政府卫生部 | 黄埔路 | | 1931-1933 |
| 其他重要机关 | 中央陆军军官学校 | 中山东路 | | 大礼堂 1928-1929 |
| | 国民政府蒙藏委员会 | 白下区九条巷 | 曾公［国荃］祠 | |
| | 司法院最高法院 | 汉中路/中山北路 | 教会学校 | 1932-1933 |
| | 海军总司令部 | 中山北路 | 江南水师学堂 | |
| | 首都高等法院 | 朝天宫 | 朝天宫 | |
| | 首都地方法院 | 白下路 | 江宁地方审判厅 | |
| | 南京市政府 | 夫子庙金陵路 | 江南贡院 | |
| | 中央气象研究所 | 鼓楼 | | |
| | 中华回教公会 | | 李公祠② | |

来源：据卢海鸣、杨新华主编.南京民国建筑.南京：南京大学出版社，2001 年补充。

## 1. 铁道部

孙中山生前视发展铁道为振兴中国实业的主要关键，国民政府故对铁道部高度重视。铁道部衙署于是成为首都南京第一座新建的政府办公大楼，1929 年 9 月 10 日举行奠基礼，1930 年 5 月竣工。该建筑由办公大楼、部长官邸、职员宿舍三部分组成，占地约 70000 平方米，建筑面积 2.25 万平方米，建筑费用 97 万元。办公大楼建筑面积 3604 平方米，朝向西北，由一座主楼和左右两座附楼组成，三者沿城市道路一字展开，最大程度地展现了这座新建筑的立面。主楼为重檐庑殿顶，高三层，附楼为歇山顶，高二层，各楼另有一层地下室。建筑采用钢筋混凝土结构、琉璃瓦屋面，正脊兽吻俱全。斗栱、梁枋、门楣等处均施以彩画。办公大楼后有数幢造型相同的西式二层楼房，均为职员宿舍。另有红砖建造的花园式西式部长官邸。③

铁道部衙署采用《首都计划》为"中央政治区、市行政区之公署、新商业区之商店、新住宅区之住宅，其他公共场所如图书馆、博物馆"所选择的"中国固有式"，由上海范文照建筑

---

① 首都纪闻：军政部定旧历年内，由国府西花园迁至三牌楼新部址.申报，1929-1-4.
② 马福祥等在京组织中华回教公会，已呈准市府设筹备处于李公祠.申报，1928-7-18.
③ 铁道部（首都建筑称第一，范文照建筑师设计）.时事新报，1930-12-15；卢海鸣、杨新华主编.南京民国建筑.南京：南京大学出版社，2001：36-40.

图 12-1-1 国民政府铁道部办公大楼（范文照：南京，1930 年）
来源：卢海鸣、杨新华主编.南京民国建筑.
南京：南京大学出版社，2001：40.

图 12-1-2 国民政府外交部办公大楼（华盖建筑事务所：南京，1934 年）
来源：卢海鸣、杨新华主编.南京民国建筑.
南京：南京大学出版社，2001：51.

师担任设计。或许一是因为，此时《首都计划》刚刚制定完成，而作为首都建设委员会主任和铁道部长的孙科迫切希望能以本部新厦作为自己首都建设理念的示范；二是因为范文照曾经获得中山陵图案竞赛第二奖和中山纪念堂设计竞赛第三奖，是继刚刚逝世的吕彦直之后，国民政府，特别是孙科所知最著名的中国建筑师。他还在 1930 年为励志社设计了一座中国固有式的大楼，1931 年建成（图 12-1-1）。

### 2. 外交部

正当国民党人踌躇满志,准备全力建设久经战乱、初见和平的国家之时,"九一八事变"爆发,从此不仅极大地阻碍了中国现代化的进程，也彻底改变了首都南京的建设方略。外交部大楼的建设就体现了这一转变（图 12-1-2）。

国民政府外交部新屋计划，最初在 1930 年春立项，分为外交宾馆和"补充各司办公室及汽车库"。前者由基泰工程司设计，后者委托华盖建筑事务所设计，总投资 80 万元，其中外交宾馆占 60 万元，完全采用"中国固有式"，屋顶用重檐歇山式并铺琉璃瓦，细部绘清式彩画。[①]

---

① 参见南京工学院建筑研究所编.杨廷宝建筑设计作品集.北京：中国建筑工业出版社，1983：63-66.

但就在准备招标开工之际，"九·一八事变"爆发，次年又爆发"一·二八"淞沪抗战。外交部面临极大压力，部所工程也暂时停顿。1932年8月，计划重提，但因外交事务陡增，机构扩大。"为求紧缩"，只好"抛弃迎宾馆计划，并将办公大楼酌量扩展，以其一小部分为迎宾之用，以合乎实用不求华丽为主要目的。"建筑师也改由华盖建筑师重新设计新的方案，在外形上则力求简洁，仅在檐下和室内装饰斗栱和彩画，全部造价为39.6万元，仅为原计划的一半。[①] 最终在1934年夏天竣工。《申报》报道介绍该建筑说：[②]

> "南京鼓楼附近，新外交部大厦，已于最近期内落成工竣。建筑费共用去34万国币。外表及全部主干建筑物，均采西方式样。至于内部一切，统用北平故宫典型，集中西方建筑精华，融成一炉。其结构之佳妙，仪表之堂皇，自不待言。从此铁道部，不能专美于前矣。
> ……
> 踏进大厦南方正门，四层高楼内部饰以仿故宫式之粉刷及装置，随现眼前。最底层（甲）为总务司各科办事室驻在地。举凡电报、人事、文书、会计、记录等杂务，均集中此层办公；（乙）二楼有部长次长接待室、会议室、秘书室、参事室、部长及次长之办公厅，厅由四室组成：①私人办公室，②秘书室，③私人会客室，④盥洗室；（丙）三层楼包括欧美司、国际司、亚洲司办公厅，其中以国际司，因分五科，故占屋较多。余者因分三科，故较少；（丁）四楼，为情报司、条约委员会、案卷处所占。
> 由大厦北部大门入内，则景象与前迥异。于建筑物之后部，有广大停车场。此地毫无工作人员忙碌情况如办公室之所见。走向外部大厦后面，有一传达室及数电话间。顺一铺有北平地毯之扶梯，可直达豪华显焕之跳舞厅，及庄严静肃之会客厅。此项建筑物，完全在办公用途之外，纯属备作部长招待高宾显爵、皇家贵客、外交界权威人物之用。凡外交上宴会、跳舞、招待，均于此厅举行。厅内饰有北平挂灯、灯笼、地毯，四壁悬有孙总理、林主席、蒋委员长、汪行政院长（代理外长）之玉照。
> 此项建筑物之南对面，有外交部图书馆一座，预备储藏收集关于外交及国际方面之图书杂志等，以便参考借镜。此外更将辟一园苑，于主要办公干部室之前，既壮观瞻，复便停留车辆。室内一切装饰品家具，莫不采用一律棕色，衬以外表棕色砖瓦砌成，非常醒心悦目，富有美术观点，富丽堂皇，华美高贵。从此国府将兴筑之各部院办公地点式样，当以此为嚆矢。至于大厦基石，乃前外长罗文干氏于去年6月1日所奠定云。"

在讨论外交部办公大楼的室内空间时，美国学者莫林（Charles D. Musgrove）说：[③]

① 首都国民政府外交部办公大楼暨官舍 . 中国建筑 .1935.3 卷第 3 期（8）；李海清 . 历史的误会——原南京外交部办公处建筑设计引发的思考 . 建筑史论文集（14 辑），2001：189-199.
② 阿寿 . 南京外交部大厦落成 . 申报，1934-6-19.
③ Musgrove, Charles D.. *China's Contested Capital: Architecture, Ritual, and Response in Nanjing*. Honolulu & Hong Kong: University of Hawai'I Press, Hong Kong University Press, 2013：113.

从锅炉房到护照办公室，从部长办公室到男女厕所，每一间屋子在这个官僚机器中的功能都在蓝图上清晰地标出。功能区分本身并非共和时期建筑的新特点，但是空间的专业化却是大大地加强了……同时，服务人员（如伙夫、清洁工等）的工作空间被置于视线之外，位于建筑的后部或低层。事实上服务人员进楼使用的是后门而不是指定给"官员们"的正入口。办公空间同样依照等级安排……将工人、普通职员与重要人物分开也不是一个新的做法。但依照等级划分的空间被包裹在一个建筑之内是这座建筑与一个衙门的区别，由此造成了劳动分工的一种新统一，它基于效率（针对高级官员而言）和舒适的"科学性"而不是"传统的"权力分配。

### 3. 交通部

国民政府交通部大厦是"九一八事变"后少数得以按照原初计划完成的政府办公大楼。但其完成不仅得益于交通部较其他部门都优越的本部资源，而且很可能还得益于外国政府或工商企业的资助。

该建筑位于南京北城萨家湾南首，与铁道部东西相望。厦成方形，计占地50亩，建筑费用约200万元。工程始于1931年，由前交通部长王伯群，与新丰记订合同，俄协隆洋行建筑师设计。同年"九·一八事变"爆发，工程中辍。1932年朱家骅任交通部长，督促擘画，继续经营。[①] 朱家骅1908年入上海同济德文医学校学习，1914年赴德自费留学，入柏林矿科大学采矿工程学系。1922年获柏林工科大学地质系博士学位。为中国国民党内亲德国派人士，曾于1933年5月在南京赞助创立"中德文化协会"并任理事长，是国民政府时期倡议中德合作的重要人物。

交通部大厦采用"中国固有式"，规模宏大，外表壮观，装修豪华（图12-1-3）。据《申报》报道称其"巍峨雄伟之气概，其精隽实用之设备，乃首都任何建筑物所不能及。至若中国白宫国府、铁道部、外交部，以及其他政府机关，精则精矣，伟则伟矣，然与交通部相较，实有天渊之别，宛若小巫见大巫也……以光辉首都而傲居新都一切建筑物之上焉。"[②] 报道继续描写：

图12-1-3　国民政府交通部办公大楼（协隆洋行：南京，1934年）
来源：卢海鸣、杨新华主编. 南京民国建筑. 南京：南京大学出版社，2001：71.

---

① 最近落成之南京交通部大厦全景（协隆建筑师设计）. 申报，1934-12-4；阿寿. 交通部大厦建筑之梗概情形. 申报，1934-12-25.
② 阿寿. 交通部大厦建筑之梗概情形. 申报，1934-12-25.

新厦共分四楼，相互联结。正中乃两座四层楼，楼顶有一小小亭台，及露天花园在焉。主要大厦之旁，左右辅以三层楼两座。据称邮政总局及电政局即在此两座楼内办公。大厦总门计有四进。其逢单数者（即第一道门第三道门），乃属宫殿式亭阁门。其逢双数者，乃属城门式圆洞门。门之内有花园，通接后楼大厦。厦内屋室共分三百余间。其中即各司厅办公室。间间相对，门门互峙。窗之方向均朝外，故空气新鲜，阳光充足，走廊成圆形，系用水泥筑成，颇平滑洁净。办公室内，地板尽属洋松木钉成，上涂以古铜色油漆，明朗照人。四壁墙面，均用白色。而部、次长办公室墙壁，则另以绿色金边墙布修饰之。四层楼各室之分配，已大致就绪。地层作总务司、技术官室，及会食厅之用；二楼有部次长办公室，以及秘书厅、参事厅、航政司、大礼堂在焉。三楼凡邮政司、电政司、职工事务委员会办公室均在此楼；四楼，乃会计长办公室及图书室。二楼之布置，可称全部之精华均集中于此。大礼堂之面积，宏大广阔，有六大朱红木柱支撑。堂顶雕刻精细，配色醒目，用绿金色相配，相得益彰。地板系用西洋上等木条截拼而成各色各样花纹图案。布置之华丽，设备之秀美，为我国建筑界生色不少。礼台（原文）之广宽实用，既可作跳舞欢宴之用，又复能借作舞台之需。全堂有皮座椅千数左右。至少可容人七百于一堂。二楼后楼，乃部长办公处。计占三大间一小间。房屋支配成办公室、更衣室、大会客室、小会客室四间。

除这些豪华的装修之外，交通部大楼的设备也十分先进。《申报》记者对之特别介绍说：

> ［部长］办公室内装饰布置，精美绝伦。一切应用物品，莫不应有尽有。桌上置有三架电话，尤属其他各部所稀有。至于次长办公处，则位于二楼前楼，与部长一切设备，均无差异，不过缺少一会客室而已。其他各间内之设备、家具等，均属西式。电气、暖气、电铃、电话、无线电等，无不系最近廿世纪新式之装置。其中电灯、电话、无线电等，均系由西门子洋行所供给。其电铃则装置于墙壁，电话可以三用：一、自动与部中人员接谈公务；二、与外界接洽；三、当部中有人通话时，倘有紧急事务相商，可不妨先谈，然后不打断其他人之交谈。大致此项设施，乃首都各政府机关以前所未有。不过此新厦犹［尤］有一种用电话之便利，即开会讨论部中要务，而不必聚集各人于一室而交换意见。如此可增加办事能力及效率不少。据称交通部搬装业已舒齐。邮政总局，将于明年一月，由沪移京办公。

对于交通部新厦超高规格的设计与监造，《申报》记者解释说："闻交通部此次新厦建筑费，系邮政储金汇业局内之盈余，抽拔所造成。"不过另一个无法排除的可能是，德国西门子公司借用了朱家骅的特殊关系，向正渴望实现行政现代化的南京国民政府推销自己的产品。早在1930年，美国和法国的长途电话公司就已派代表到南京接洽，说明各该公司出品优点，请予采用。西门子公司也以其出品在南京和柏林间作试验，"成绩甚佳"。[1] 在交通部新厦安装西门子

---

[1] 交通部采用传真电话. 申报，1930–8–16.

产品无疑有助于它向中国高端客户展示设备样品并吸引交通部在其所属部门中采用同种配套产品，从而起到开拓中国市场的广告作用。

### 4. 国民会议会场

"五院"在孙中山设计的政治制度中代表了"治权"，而人民所有的选举、罢免、创制和复决四种"政权"则由国民大会行使。1925年孙中山逝世前签署的遗嘱就有"开国民会议"的嘱咐。所以国民大会堂也应是首都南京一座具有重要政治意义的建筑。但相比于紧迫的政府行政，该建筑的建造并没有受到当局重视。国民会议的开办不得不采取另借会场和合建会场的方式，显示出主政者在时间和经济条件都极为紧张的条件下，左右支绌、勉为其难的窘境，但又能从实际出发解决问题的工作作风。

1928年北伐战争基本胜利后，按照孙中山《建国大纲》之规定，军政已经结束，国家将进入训政时期。而这一时期是否需要制定约法曾经出现过较大争议。1930年11月，中国国民党三届四中全会决定召开国民会议，制定训政时期约法。根据《国民会议代表选举法》，会议代表520人。但此时南京并无合适的会堂建筑。如中央党部所在建筑为清末的江苏省谘议局，后者当初只有121名议员，因此议场规模显然不敷使用。1929年3月15日至28日，中国国民党召开第三次全国代表大会，便以陆军军官学校大礼堂为会场，学生宿舍为代表宿舍。[①]

为了召开新的国民会议，国民党中央原拟另行兴筑大会场，但所有的准备时间已不足半年，无疑过于仓促。此时中央大学正在建造大礼堂，由上海公和洋行设计，康义洋行承包铁骨工程，新金记康号承包水泥工程，沈锦泰木器行承制木椅。该建筑1930年4月开工，但"然因经费关系，时建时辍"。利用国民会议即将召开的机会，校长张乃燕不无心机地提出大礼堂完工后先作国民会议会场之用，但请求拨25万元"赶筑费"，以将原计划的完工时间从8月提前到4月。[②]这一请求得到批准。《时事新报》记者报道该建筑说：

> "此项工程设计，极为完备新颖，诚为中国之第一建筑物。最初由公和洋行打样，原拟除大礼堂外，更于左右两翼建筑五厅，作为中大文书、会计、庶务、注册、教务等五处办公之用。全盘地基，咸用铁骨水泥灌成，内场作八角形，上筑极大铜顶（直径95尺，高度140尺），进门处两侧夹间分作厕所及藏衣帽室。再进夹道后为男女厕所。场面坡形，上筑半楼两层，备供傍［旁］听及新闻记者席。主席台半圆形，后设化妆室，台前隐设音乐奏演处。全场除顶悬巨灯外，其他皆为暗灯，足调剂日夜光线之用。太平门六，全场容量，能纳2750人。其他如自来水、热水汀等应有尽有。"[③]

---

① 三全会筹备情形. 申报，1929-3-11.
② 另据李绍盛. 民国精英人物的故事. 台北：秀威出版社，2010："［1929年］11月，国府又发表（原文）朱家骅为中央大学校长，此月中旬到任。接手后朱发现前任校长张乃燕发起兴建的大礼堂早已停工。于是以国民会议的名义（朱为国民会议代表）请求国府拨款51万银圆，由建筑系卢毓骏教授负责监造，次年四月底完工，五月五日召开的国民会议就在此举行。"（98页）
③ 国民会议大会场：工程限4月15日完成，全场容2750人. 时事新报，1931-3-13.

《申报》记者更详细地报道说：

"国民会议大会场，将次第筹成。场为八角形，可容 2700 人。主席台为半圆形，分三级，第一级为讲演席，第二级为主席席，旁设秘书长席，第三级为主席团席。主席台左右分四厢。左为主席团休息室，右为秘书长休息室。台前隐设音乐奏演处，右为军乐休息室，左为发电室……场之内部，为鱼肚色，二楼正面为外宾席，二楼右身为新闻记者席，左首及三楼全部为旁听席。左右两厅，一为审查室，一为代表休息室。会场外部，为灰色之洗纳子（原文）筑成，上按民族、民权、民生排列三行。场内座位，预备为 600 席。"①

1933 年，国民政府为筹备定于 1935 年 5 月召开的国民大会，提出在首都建筑国民大会会场的动议。后因国民大会改在中央大学大礼堂举行，此动议被暂时拖延。1935 年 9 月，中央执行委员会孔祥熙等 5 位委员的提议，在首都建筑国民大会堂，可以以国立戏剧音乐院及美术陈列馆充用，既可作剧场，又可作会场。此案得到国民政府批准。同年国民大会堂筹委会公开招标，公利工程司奚福泉建筑师的方案获首选（图 12-1-4），上海陆根记营造厂中标施工，1935 年 11

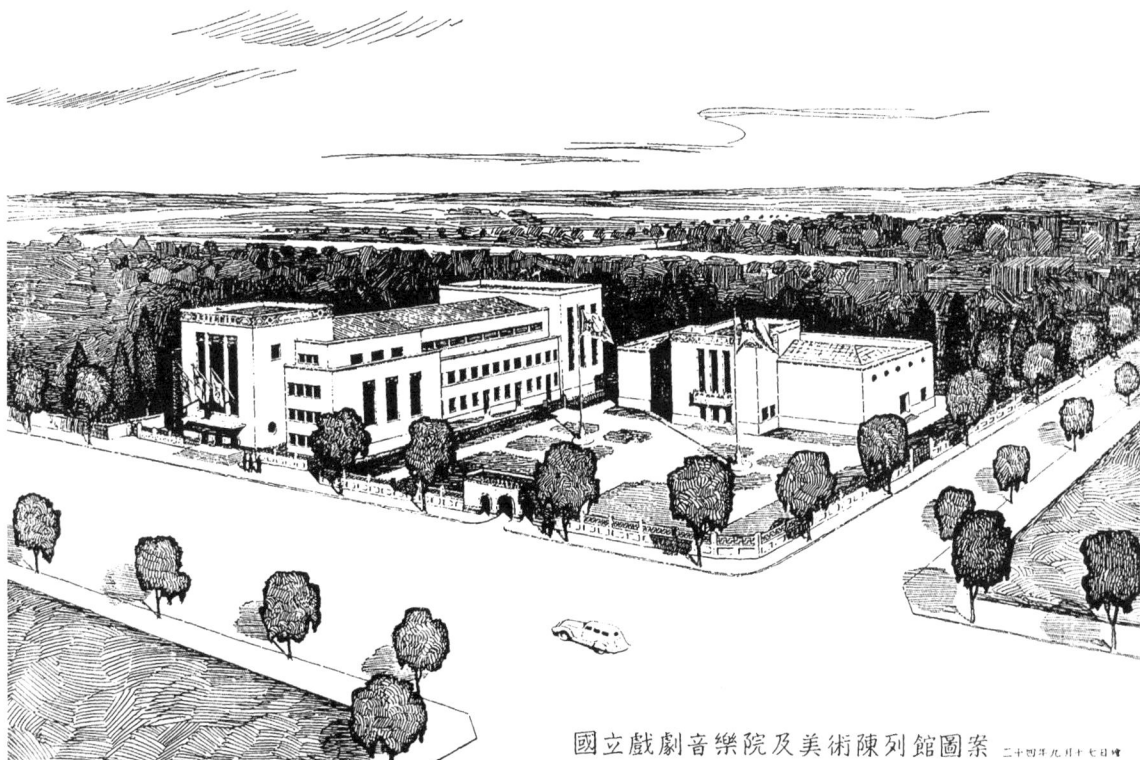

图 12-1-4　国立戏剧音乐院及美术陈列馆（国民大会堂）设计（公利工程司奚福泉：南京，1935 年）
来源：卢海鸣、杨新华主编.南京民国建筑.南京：南京大学出版社，2001：305.

---

① 国民会议大会场竣工.申报，1931-4-23；另请参阅：国民会议会场、国民会场即可竣工.申报，1931-4-13、4-23；国民会议会场在布置中.申报，1931-4-29.

月 29 日奠基，[1]1936 年 11 月 12 日（即孙中山诞辰 70 周年纪念日）竣工验收。[2]《申报》报道介绍说：此大工程之完成，"共费洋 110 余万元，美术陈列馆占 11 万余元，戏剧音乐院原定建筑费为 40 余万元，后因决定作国民大会临时会场之用，复大加扩充一切设备，如冷热气管及水电、椅子，放大音机，红绿橙标志，无不力求完美，计又费洋 20 余万元。其余地价及零星开支约 10 余万元。现此两大建筑完成，又为首都增色不少。"[3] 新的国民会议会场在造型上已与《首都计划》选择的"中国固有式"大相径庭，除了檐口和门窗等细部采用了中式图案，以及对称构图，整体风格已接近"国际式"，无疑是一种以功能和造价为首要考虑的选择。建筑师还以相同的风格设计了位于南京中山路、新街口东北角的一座商业建筑——国货银行南京分行。[4]

### 5. 中山路

值得注意的是，铁道部、外交部和交通部都在南京中山路上。中山路北至长江中山码头，东至中山门，分北、中、东三段，全长约 13 公里，宽 40 米，中间经过鼓楼和新街口等繁华街市，向东直到中山陵，是为举行孙中山奉安大典而修筑的主要干道。在日本侵华战争爆发前，这些大路沿线建造起大量各类建筑，其中包括这一时期所建主要政府、文化，旅馆，以及其他商业和娱乐建筑（表 12-1-4）。早在 1928 年，南京市就曾制订中山路旁建筑房屋办法，并在当年 11 月 12 日——孙中山诞辰日——登报。表现出对中山路市容的格外重视。办法规定"将来该路两旁房屋之建筑，应有一定标准图样，方能一律整齐"，"沿中山道市房各业主，须遵照本条例妥当设计，不得随意有重大变更。一应图案，应先行呈请工务局设计科审核后，始得兴工建筑。""住宅建筑，须有花园之布置，其图样须呈由工务局设计科审核照准。"[5] 在 1932 年上海"一·二八淞沪会战"之后，《首都计划》拟建的集中式中央政治区方案就此搁置。中山路在方便南京城交通条件的同时，也成了展示国民政府和南京特别市政府建设新成就的橱窗和展廊。而在建筑风格方面，中山路上设计于 1932 年以前或位于靠近起止两端的建筑多采用"中国固有式"，其他则风格不拘。

1928 年南京特别市政府还曾计划在中山路新街口一段，辟为大广场，广场之中央，安设总理孙中山铜像，周围种植花木，辟宽畅车道及人行便道，以发展市面、便利交通。[6]

① 卢海鸣、杨新华主编. 南京民国建筑. 南京：南京大学出版社，2001：304.
② 国民大会会场全部竣工. 申报，1936-11-11.
③ 国民大会会堂两大建筑已竣工，林主席等昨亲往视察，定今晨十时正式验收. 申报，1936-11-12；国民大会堂追加建筑费. 申报. 1936 年 12 月 13 日.
④ 国货银行南京分行工程略述. 中国建筑. 1937，28 期（1）：9-12.
⑤ 中山路旁建筑房屋办法. 申报. 1928 年 11 月 12 日. 当时的办法包括:(甲) 市房 1. 沿中山道市房各业主，须遵照本条例妥当设计，不得随意有重大变更。一应图案，应先行呈请工务局设计科审核后，始得兴工建筑。2. 中山路沿路市房建筑，至低须有上下两层。3. 市房高度，下层不得低于三米突（按：即 meter 米）半，第二层不得低于二米突。第二层以上，凡充居室之用者，概以二米突六十生的（按：即 centimeter 厘米）为最低限度。4. 门面最大，每间不得过八公尺。里街门面，不得小于四公尺。总街宽度，至少四公尺为度，支街至少须三公尺。(乙) 住宅 1. 住宅建筑，须有花园之布置，其图样须呈由工务局设计科审核照准。2. 沿街住宅之高度低层，不得低于三公尺，上层不得低于二八公尺。3. 住宅之外墙，至少与邻界及路界，离三公尺。4. 沿街围墙，不得高于二尺。其构造 x 可透视围墙内部，以及于住宅者。
⑥ 南京市府拟辟大广场. 申报，1928-7-18.

南京中山路沿线重要建筑 表 12-1-4

| 路名 | 起止及长度 | 主要建筑 |
|---|---|---|
| 中山北路 | 中山码头至鼓楼（5.5 公里） | 水师学堂、交通部、江苏邮政管理局、国际联欢社、铁道部、联勤总部、资源委员会、首都饭店、军人俱乐部（立法院）、首都最高法院、华侨招待所、外交部 |
| 中山路 | 鼓楼至新街口（2 公里） | 司法院、新都大戏院、福昌饭店、国货银行 |
| 中山东路 | 新街口至中山门（5 公里） | 交通银行、浙江兴业银行、聚兴城银行南京分行、介寿堂商店、中央医院、南京卫生设施实验处、励志社、国民党中央党史史料陈列馆、中国国民党中央监察委员会、中央博物院 |

# 三、住宅建筑

自成为首都后，南京人口骤增，原有住宅供不应求，以至房价腾贵，市民颇感痛苦。促进住宅之增加，无疑为当务之急。尤以城南及下关为最稠密，商业亦称繁盛，而城北一带，进步迟缓，人口之分布久感不均，南京特别市政府遂利用空旷之地，建造住宅区，以资调剂。并择定鼓楼之北大方巷以西，山西路一带，征地 2000 余亩，划建新住宅区。[①]

1928 年，南京特别市政府鉴于首都住房之缺乏，又因建筑中山大道，沿路拆去房屋颇多，居住问题加剧，遂计划建筑甲、乙、丙三种平民住房。甲种平民住房，位于鼓楼以北，但开工不久就因故停工。乙种平民住房位于洪武门大阴洰（沟），计 23 幢，共 100 间，有四间为一幢者，有六间为一幢者。丙种平民住房，位于洪武门附近，计 25 所，每所 8 间，共 200 间。虽然甲种建造进展不够顺利，乙、丙两者都在 11 月底前完成。市政府市政会议又议决规定平民住房租价。乙种每架（一架两间并附设厨房小园）租价每月 4 元，丙种每架租价每月 2 元。此项租价，实为"体恤民艰起见，确为今日最低限度之价额。此次建造平民住房，实为南京空前未有之设施。建筑之适当，定价之低廉，不但目前所无，亦昔日所未有。造福市民，实非浅鲜。以后如成绩优良，经济充足，尚须继续规划，建造规模更大之平民住房。租价务使减至廉无可廉之地位，借以求本京居住问题，得一圆满解决。"[②]

1934 年，一篇《申报》报道介绍南京的住宅发展情况说：

"当南京未建都以前，所有的建筑大都集中城东、城西一带，而其城北一隅除却官署、领馆和一、二资产者的自建洋楼大厦以外，多是而（原文）穷民栖身的矮房茅屋，是谈不到建筑的。所以，很不容易找到整齐的住宅。首都以后，因人口的日益增加，以南京少数的住宅，当然容不下这庞大人口的居住。在数年前，尚能看到荒地和池塘，现在呢？已很多变成了崇楼大厦的建筑地了。像慧圆里、金汤里、良友里、文华里、忠林坊、忠义坊、

---

① 抗战前国家建设史料——首都建设（Ⅰ）// 秦孝仪主编 . 革命文献（91 辑）.1982：I-83.
② 京市府建平民住屋 . 申报，1928-9-14；京平民住房建筑将竣工 . 申报，1828-11-14；平民住宅陆续竣工，力求租价之低廉 . 申报，1928-11-19.

五台山村、梅园新村、桃源新村……，都是以前荒地池塘上的新建筑。而且，这些里坊村，每处的房屋，多至数十宅或至百数十宅。其他的小规模营造，更是不胜其枚举了。至于私人的住宅建筑，为数却也不少哩！以南京的土地面积，其为 477.845 平方公里，较之现在的人口和建筑，显然的，是未见得怎样的拥挤。但南京已经有分区制度的规定，计分六区：1. 中央政治区，2. 文化区，3. 市园区，4. 住宅区，5. 商业区，6. 工业区。虽然界限迄今还没有精确的确定，在未来，当然是要确定的。因为都市的不分区，那么，建筑上导致掺杂，于市民生活上，和整个市容上，都有极大的妨碍。所以，南京市早已注意到划分六区，而其住宅的地段，却在城北鼓楼附近，及城西北，计自西华门起，沿中山路一带，上面曾经说过，城北在未建都前，是谈不到建筑，是异常荒落的地方，现在，因为规定住宅区来容纳人口的居住，所以在过去数年，建筑物是添了不少，未来的膨胀，是指股间事。"[1]

从 1931 年到 1934 年上半年，南京住宅建设持续发展，住宅面积增加了 17 万余平方米（表 12-1-5）。

1931—1934 南京住宅建设量统计 表 12-1-5

| 年份 | 建造住宅所占土地面积（平方米） | 建筑费（元） | 工程量 |
| --- | --- | --- | --- |
| 1931 | 46740 | 7149495 | 1034 |
| 1932 | 90855 | 3911352 | 665 |
| 1933 | 23775 | 3084381 | 751 |
| 1934.1~6 | 11332 | 4266034 | 417 |
| 总数 | 172702 | 18351262 | 2867 |

杨德惠.首都建筑概况（续）.申报.1934 年 12 月 25 日.

尽管如此，直到 1934 年底，南京的住房依然紧张。由于人口日见增长，导致了南京房地产的腾贵。据 1934 年底财政局核准买卖的土地价：和平门外郭家桥每平方米售价 1690 元，中华路每亩值 4 千元，中山路每亩万元以上。住宅区赤壁路每亩值 5 千元，中正路每平方米值 120 元。油市大街每亩 2 千 5、6 百万元（原文），建业路每亩值 3 千元，国府西街每亩值 5、6 千元，城北慧圆里每平方米值 100 元，中山路每亩 1 万 2、3 千元。地价既如是高涨，于是居民的居住便成为一个严重问题。所以上述《申报》报道说：

"过去南京的房租，是很便宜的。只要化数十元一月的代价，即可租到一所很像样的住宅了。现在呢，竟超出数年前租价 4、5 倍，而且押租的额大过于房租三五倍，甚或至七八倍。这种现象，更是证明住宅的供不敷求的状况。结果出了高昂的代价,其得到的居住，不过犹如白鸽笼式罢了……所以一般居民月耗收入十分之二、三的租金，而住的房子，还

① 杨德惠.首都建筑概况.申报，1934-12-25.

是闭塞的，四周住的人，是很紧密的。这种居住的结果，不但在国民经济上发生重大的影响，而且以致身体羸弱，精神衰疲，种种无形的损失，是非常重大。"

报道最后呼吁："那么，市政当局，鉴于人口的日渐增加，应当有平民建筑的必要，来解决南京市的居住才是。末了，南京市的未来建筑，随着政治的巩固，正是方兴未艾呢！"①

解决住房问题，需要各级政府部门以及民间组织或个人的共同努力。针对国内劳动社会生活环境不良问题，工商部曾拟建造劳工新村计划方案，交由工商设计委员会讨论通过。其目的"系建筑简朴而合于卫生之房屋若干座，成为新村，使劳动工人聚处其间，得安居之乐。村内设立公社，附置各种益工事业，以期增进劳工之智能，发达其生产力。"并以"首都为全国观瞻所系，尤有首先设立之必要。"这一方案由部长孔祥熙、次长郑洪年等"极力提倡"，并征得了国民政府主席蒋介石，以及胡汉民、戴季陶、冯玉祥、孙科、宋子文、薛笃弼和各院部长等一致赞同。②

此外，南京特别市政府也注意到"京市房屋年来建筑虽多，然以人口激增之故，仍属供不应求，尤以经济状况不佳之市民，对居住问题为最感痛苦"，所以拟定了建造首都平民住宅的计划，"谋作大规模之推进。"同时因为有大量棚户散布各处，劳工苦力食息其间，于卫生和市容观瞻均有影响，所以成立了棚户改善委员会以解决这一问题。③

1935 年，针对"贫民住宅，急待兴建，市政府财力不胜"的情形，中央政治委员会委员汪精卫等又提议，由国库、南京特别市政府，以及个人捐款共同资助解决。④

# 四、公共医疗与救济

## （一）医院

国民政府定都南京之前，南京最大的西医医院为鼓楼医院，由英国传教士医生马林氏（Macklin）在 1886 年开办。初期规模简陋，后由美国教会买收，继续扩充，设备始有可睹。1927 年 4 月国民革命军进城后，院中的教会医生纷纷逃离。为了及时医治伤员，总部军医处会同刘纪文市长等呈文总司令，请求收回国有，维持原状。到 7 月初，改名为南京市立鼓楼医院重新开诊。⑤ 之后，南京特别市政府和国民政府卫生部等机构又在南京开办了多所医院，对完善首都的医疗设施起到了积极作用（表 12-1-6）。

---

① 杨德惠.首都建筑概况.申报，1934-12-25.
② 工商部筹建首都劳工新村.申报，1929-3-4.
③ 抗战前国家建设史料——首都建设（Ⅰ）// 秦孝仪主编.革命文献（91）.1982：I-84-85.
④ 中央筹款建筑京贫民住宅区.1935 年 1 月 15 日.
⑤ 院长东京帝国大学医学博士陈方之.南京特别市市立鼓楼医院实况.申报，1928-3-20，首都市政周刊，11 期，244-486，1928，244-313、486；245-424、600.

| 医院名称 | 所在地 | 创办时间 | 业主 |
|---|---|---|---|
| 鼓楼医院 | 鼓楼 | 1886 | 英国传教士 |
| 市立时疫医院 | | 1928 | 南京市政府 |
| 中央医院 | 中山东路 | 1929–1933.6 | 国民政府卫生部 |
| 南京市立医院 | 秦淮区长乐路 | 1934–1936.1 | 南京市政府 |
| 南京结核病防治院 | 鼓楼区广州路 | 1947–1948 | 国民政府中央卫生实验院 |
| 圣心儿童院 | 鼓楼区广州路 | 1946–1948 | 南京天主教会 |

来源：根据卢海鸣主编.南京民国建筑.补充。

## 1. 市立时疫医院（1928 年）

　　1928 年夏天，南京特别市政府以天气转暖，时疫流行，有必要立即成立时疫医院，于是令公安局、卫生课即日筹备，将城南之时疫医院，先行组织成立。城南举办后，即筹设城北者。并令财政局于五日内拨 25 万元为开办费，十日内再拨 25 万元开办城北时疫医院云。[①] 一周后京市府卫生委员何济生，特创设市立防疫医院一所，并已开始送诊。[②]

## 2. 中央医院（1928-1933 年 8 月）

　　民国南京最大的医院是位于中山路的中央医院。1928 年卫生建设委员会推李石曾、褚民谊等催促国民政府速拨中央医院第一期创办费。同时厘定医院进行计划。决定工程方面，由彭济群设计，医事方面，由褚民谊、宋梧生设计。[③] 但后改为基泰工程司设计，1931 年 8 月动工，建华建筑公司承造，1933 年 6 月竣工，8 月开诊（图 12-1-5）。内有床位 350 个。建造费及其

图 12-1-5　中央医院（基泰工程司杨廷宝：南京，1933 年）
来源：东南大学建筑系、东南大学建筑研究所主编.杨廷宝建筑设计作品集.北京：中国建筑工业出版社，2001：67.

---

① 筹备防疫医院.申报，27 期，1928-7-10.
② 首都时疫流行.申报，1928-7-18.
③ 中央医院即将开办.申报，1928-10-30.另注：彭济群（1897-？年）字志云，辽宁奉天（铁岭？），1917 年毕业于法国巴黎建筑学校（Paris G. C. E.）建筑系，1917；1923 年毕业于 Sorbonne U. 天数系，1927- 北平中法大学工务主任，北平中央观象台技正兼科长。北京中法大学数学教授。除在 1928 年参与南京中央医院计划，还在 1931 出任辽宁省政府委员兼建设厅长、葫芦岛港务处长兼总工程师，1937 年时任华北水利委员会委员长。（赖德霖搜集整理）

他一切设备等共费 96 万元，其中 31 万元为虎标永安堂主人胡文虎所捐。[1]

此外，南京还有市立医院、传染病院及戒烟医院。市立医院就下江考棚建筑，成立于 1936 年 1 月，设有病床 120 张。传染病院建在下关，成立于 1933 年 7 月，设有病床 50 张。戒烟医院分设三处，能容烟民毒犯 700 余人。另在各区设有卫生所，计城内 7 所，郊区 11 所，以补医院之不足。[2]

## （二）社会救济

在社会救济方面，南京特别市政府成立后，建立起新的社会救济机构。历史上南京曾有救济机构，如位于剪子巷的普育堂。该堂原为清代雍正年间所创办，下设盲哑学校、养老院、残废院、贫妇院、清洁院、普育医院等。皆属慈善性质。1928 年初，南京特别市政府为便于该堂积极改良起见，令教育局负责接收。[3] 国民政府时期市社会局下属的其他救济机构还有妇女救济院、平民习艺所、贫民贷款所等。由于这些机构成立已久，各不相属。社会局认为，"欲谋整个之发展，自非合并管理不为功。"1929 年内政部颁布各地方救济院规则，社会局即经拟具改组计划。内部组织本设育婴、孤儿、养老、残废、施医、贷款、施材掩埋、妇女教养、游民习艺等九所，因经费关系，先设育婴、养老、残废、贷款、妇女、教养、游民、习艺六所，业于 1929 年 5 月 1 日正式成立。[4] 此外，中华慈幼协会还在南京建立了首都慈幼中心实验区。[5]

1928 年 11 月 12 日，南京社会局马饮冰（1929 年任南京特别市市政府社会局总务科科长）在《申报》发表文章介绍社会局成立后改造旧有社会事业机构的情况，以及对于社会局公益课对完善"最低限度设施"的计划。[6]（表 12-1-7、表 12-1-8）

| 南京特别市社会局对旧有社会事业机构的改并 | | 表 12-1-7 |
|---|---|---|
| | 改并前 | 改并后 |
| 普育堂 | 老民、老妇、残废、育婴、清节（洁？）、养老、崇义、义学 | 残废、养老、育婴、贫妇、妇女、普育小学、盲哑学校 |
| 救生局 | 水上救生、陆上掩埋、施药、施棺、施米、恤嫠、积谷备荒、设学济贫、义仓、小学 | 市府接办 |
| 济良所 | | 妇女救济院 |
| 乞丐收容所 | | 平民习艺所 |
| 仁寿工厂 | | 第一平民工厂 |
| 利民柞绸厂 | | 第二平民工厂 |
| | | 旗民生计处 |
| 公济、公典、协济典 | 官设当铺 | 收归市府 |

① 最近落成之南京中央医院（基泰工程司设计）. 申报，1933-8-29.
② 抗战前国家建设史料——首都建设（I）// 秦孝仪主编. 革命文献. 91 辑，1982：I-7.
③ 普育堂改归教育局接收. 申报，1928-1-31.
④ 市立救济院正式成立. 申报，1929-5-6.
⑤ 美国劳勃芝夫人参加中央助产校开幕礼. 申报，1935-9-5.
⑥ 马饮冰. 对于首都社会设施最低限度的建议. 申报，1928-11-12.

南京特别市社会局公益课"最低限度设施"计划        表 12-1-8

| 最低限度设施 | 下设 | 做法 |
|---|---|---|
| 供给生活品设施 | | |
| 保健设施 | | |
| 保护失业设施 | 职业介绍所 | |
| | 平民工厂 | 原有第一、第二平民工厂及平民习艺所 |
| 居住设施 | 平民住宅 | 正在建设中 |
| | 公共宿舍 | |
| 金融设施 | 公设典铺 | 以公济协济典改组 |
| | 平民贷款所 | |
| 救济设施 | 残老救济所 | |
| | 妇女救济所 | 以普育堂的贫妇、妇女两院及妇女救济院改组 |
| | 儿童养育所 | 以普育堂的育婴堂改组 |
| | 救护所 | 以救生局改组 |

（社会局公益课）

# 五、商业金融与服务

## （一）商业金融

为了改善首都的商业条件，南京特别市政府工务局在 1928 年初提请市政府收回承恩寺，改建百货商场。承恩寺位居城南，南临驴子市，北达锦绣坊，西旁府东街，东至旧王府，四通八达，交通冲要。工务局认为，"在此市廛繁盛、道路窄狭之区，得此市产，诚为难能可贵。"且该寺内后部还约有 1000 平方米面积土地，大部分均为空地。"若以此辟为百货商场，建筑楼房，招商承租，更附小菜场一所，使沿街菜贩均集中于此，则将来商务更可发达，而市府亦可增加一种收入。"工务局设计课长马轶群于是测绘图样，建议局长转呈市府请予收回该寺。"一俟批准，当即着手进行。"①

1931 年首都建设委员会拟"在中山北路之中段（东南起湖北路，西北迄河南路，计长1500 公尺）沿路两旁各 100 公尺以内，征用土地 450 亩，开辟首都新商业区。依土地征收法，请内政部依法公开，关于基地区划图案。经审定后，即进行基地处理。"②

在日本侵华战争爆发前，国民政府实业部与南京特别市政府还开办了四所国货商场（表 12-1-9）。

---

① 工务局请收回承恩寺拟改建百货商场. 申报，1928-2-14.
② 首都开辟新商业区. 申报，1931-3-25.

南京国货商场（1920 年代 –1930 年代）　　表 12-1-9

| 名称 | 地点 | 开办时间 | 备注 |
|---|---|---|---|
| 国货商场 | 淮清桥 | 1920 年代中 | 实业部国货陈列馆所附设，后归南京市政府管理[1] |
| 中国国货公司 | 建康路 | 1934 年 10 月 | 南京特别市政府发起并入股（I-50） |
| 大中国商场[2] | 太平路门帘桥世界大饭店的旧址 | 1935 | |
| 中央商场 | 中正东路、淮海路北 | 1936 年 1 月 12 日 | 详见下文 |

　　几座商场之中，中央商场规模最大，它的开办体现了政府人士与民间资本的大力协作。1927 年，南京成为首都之后，随着外国使馆和各国商行的迁入，南京市场洋货充斥。为了抵制洋货、推销国货，发展民族工商业，国民党要员张静江、曾养甫、李石曾等 32 人于 1934 年冬通过《中央日报》刊登广告，集资 30 万元，在中正东路、淮海路北，兴建中央商场。商场建筑由建筑师高鉴设计，仁昌营造厂承建主体工程，顺昌厚记营造厂承接室内装修。1935 年 4 月动工，1936 年 1 月 12 日举行开业典礼。[3] 商场沿街外观为"简朴实用式略带中国色彩"。既靠着新街口广场不远，又临近太平路和中山路。计划中的大华电影院也在旁边。除了商店齐全，商场还有一所中国银行和一家中央花园，为其他各商场所无。楼上有中菜馆和西餐社及理发所各一所。全场 100 多家商店，包括上海国货工厂联合营业所。三楼为办事处。场里的墙柱上，都悬挂着提倡国货和新生活的标语。[4] 一位《申报》记者参观后介绍说：

　　"中央商场开幕了！不论是买东西抑或是看热闹，大家都想来看看这京市首屈一指的大商场，于是我也杂在人群中挤进去。当一走到中正路上时，那钢骨水泥像战胜坊似的中央商场的牌坊，就映进了眼帘，尤其那高耸的屋顶更是显明。走进牌坊，大约相距 30 步，就是那中央商场的门面。他（它）建筑的雄伟、占地的广大，就上海来说，并不亚于大陆商场。而且因为他（它）在大甬道的屋顶上都用的是玻璃天棚，所以光线的优美，更非大陆商场所能及的……

　　走进门口就可以看见两旁的商店，在广阔的走廊中间，又设了许多玻璃的摊柜。这式样有人说像是北平的东安市场，其实东安市场又那（哪）有这样好的建设和光线呢！走完长廊转入左面，同样是另一个长廊，他（它）的式样，简单地说起来，仿佛是一个狭长的口字中间放了一个大十字。其中楼下是比较实用的铺子，上面是菜馆、茶室等等。店摊一共 167 间，经售的货品有京、沪、平、闽、粤、浙、川，各地的物产，其间可以说完全是国货。真的像这样广大的集团商场不要说在首都，就是在上海似乎也没有。同时更可以令人满意

①　瘦秋.首都的国货商场.申报，1936-4-22.
②　同①.
③　卢海鸣、杨新华主编.南京民国建筑.南京：南京大学出版社，2001：272.另：高鉴别号观四，1898 年生，江苏南通人，1919 年毕业于北洋大学土木工程系。1937 年时任南京华中营业公司经理兼工程师，还曾任武汉扬子建筑公司总经理。中国工程师学会武汉分会正会员（土木）。除南京中央商场外，还曾设计庐山大礼堂（1934–1937 年）。（赖德霖调查整理）
④　同①.

的，就是设有管理处，定有规约，使得一切的商店公共遵守。如标出价格、规定廉价期等，造成了一个以新姿态显示的国货商场。而且在他们计划之中，还有游戏场、电影院。无疑的，这中央商场以后的命运，一定会有更大的发展。"[①]

此外，为了支持民族工商业的发展，国民政府还曾在南京开办国货商场、国货陈列馆、国货银行、市民银行等多项计划。[②]其中国货银行始建于1934年，由公利建筑公司建筑师奚福泉设计，成泰营造厂承建，1936年元月竣工。[③]

## （二）旅馆

作为中国南北和东西交通的枢纽，对外联络自古就是南京城市的一个重要功能。与此相应，旅馆业在南京的社会发展中也占有重要地位。成为首都之后，南京的旅馆业又有新的发展。据张宇统计，1933年南京城内共有旅馆113家。[④]国民政府定都南京之前，南京较为"清洁安适"的现代旅馆有下关扬子饭店、花园饭店，另一西人饭店。定都之后兴建的现代旅馆有中央饭店和首都饭店。随着对外交往的增加，华侨招待所、国际联欢社也兴建起来（表12-1-10）。

20 世纪早期南京高档旅馆和俱乐部        表 12-1-10

| 建筑名称 | 地点 | 建造年代 | 业主 |
|---|---|---|---|
| 扬子饭店 | 下关宝善街 | 1912–1914 | 英侨法尔里 |
| 东方饭店（东亚旅馆） | 延龄巷 | 1927 创办，1934 扩建 | 汤子材 |
| 国际联欢社 | 中山北路 | 1929–1936 | 外交部 |
| 中央饭店 | 中山东路 | 1929–1930 | 江政卿 |
| 安乐饭店 | 太平南路 | 1932 | |
| 首都饭店 | 中山北路 | 1932–1933 | 中国旅行社 |
| 福昌饭店 | 中山路 | 1933–1935 | 商人丁福成 |
| 华侨招待所 | 中山北路 | 1933 | 国民政府侨务委员会 |

来源：据卢海鸣、杨新华主编.南京民国建筑.南京：南京大学出版社，2001.

### 1. 中央饭店

中央饭店位于中山东路，1930年1月开业，占地5650平方米，高三层，建筑面积10057平方米。除可供住宿外，还设有中西菜社、弹子房、理发馆等。是20世纪三四十年代首都南京最负盛名的饭店之一。[⑤]

---

① 李安夫.南京中央商场巡礼.申报，1936-2-6.
② 工商部国货馆筹备处成立.申报，1928-8-21；筹设市民银行.申报，1928-7-10；首都市民银行开幕.申报，1928-12-5；市民银行开幕.申报，1928-12-10；国府会议纪要：筹办国货银行案付审查，国货陈列馆决设立.申报，1928-6-2.
③ 卢海鸣、杨新华主编.南京民国建筑.南京：南京大学出版社，2001：272.
④ 张宇.南京近代旅馆业建筑研究.南京：东南大学硕士学位论文，导师：周琦，2015：18-21.
⑤ 同③：288.

图 12-1-6 首都饭店（华盖
建筑事务所：南京，1935 年）
来源：中国建筑，1935，Vol.3（3）：
21.

## 2. 首都饭店（初名"南京旅馆"，1934 年）

南京首都饭店由华盖建筑事务所设计（图 12-1-6），投资者为中国旅行社，1935 年 8 月 1 日开业。[①] 据投资者和设计者，可知首都饭店即 1934 年 6 月 26 日《申报》所报道的"南京旅馆"。报道说：[②]

"南京自从国民政府奠定国都以来，一切均气象万新。新兴筑物，诚如雨后春笋，陆续建造。已成者如：中山陵墓、阵亡将士墓、谭延闿墓、中央运动场、铁道部、励志社、各银行办事处，以及最近告竣之外交部新大厦、首都影戏院等等。莫不仪表堂堂、富丽兼臻。新首都固宜有新兴气象，所惜者，首都对于旅客商贾外宾往来接待之馆舍，似嫌缺乏。虽城外中央饭店，及下关扬子饭店、花园饭店，另一西人饭店，比较上尚属清洁安适之外，其余均简陋不堪。故上海银行中国旅行社，有鉴于此，特斥资二十万元，于接近中山园区左右，造一旅馆，以应首都需要。

该社主事人陈君言：此旅馆之地点，绝不十分接近陵园范围，不过大道相通，交通必十分便利。处全城中心，不论公务商务方面，必能直达，称心适意。且地处僻静，不有都市之喧哗嘈杂，乃其最大特点。

南京旅馆，共有四十三间客房。全都有浴室相伴。此外广大之餐厅、会客厅，华美显焕之接待厅，莫不应有尽有。关于私人组织、团体事务、国府外洋顾问、专门技术人员，不欲长处首都，而苦无相当办事室，或栖止之所者，该馆特意关怀，另于以上客室外，专辟十二间特别房间，内包括私人套室，以利工作。全馆工程、内部装饰，竭力求合乎现代化及卫生雅静。

---

① 首都饭店.中国建筑，1935，Vol.3（3）；南京首都饭店.旅行杂志，1935，Vol.9（第 9 号）.另参见张宇.南京近代旅馆业建筑研究.南京：东南大学硕士学位论文，导师：周琦，2015：2.
② 雅洁.首都新建筑之一：南京旅馆将兴筑.申报.1934 年 6 月 26 日.按：文中的"S.Chao"当即华盖建筑事务所的主要合伙人赵深.

该馆已于六月初旬开始奠基、掘土、打桩、动工，将来盛大之开幕典礼，闻决意在本年十二月初举行。据可靠消息报告，德国专门经理人材美尔夫人（Mrs. J. Meier）将代该馆于未开幕前，擘划筹备一切。故其价格必较寻常为廉。因中国旅行社历来宗旨为服务社会也。至于大样者为 S. Chao 君云。"

## 六、文化、艺术、科学

对国家文化、艺术和科学事业的领导是中央政府另一项重要职责。作为首都，南京集中了民国时期中国最重要的学术机构——中央研究院，以及多所国民政府教育部直属的教育和研究机构及辅助设施（表12-1-11）。

1927–1937 年南京主要文化、艺术和科学机构　　　　　表 12-1-11

| 机构名称 | 成立时间 |
|---|---|
| 国立中央研究院 | 1927 年 4 月 –1928 年 6 月 |
| 中国国民党中央党史史料编纂委员会 | 1930 年 5 月 |
| 国史馆 | 1931 年 6 月决定筹设 [1] |
| 中山文化教育馆 | 1932 年 12 月发起 |
| 国立美术陈列馆 | 1935 年 11 月 |
| 国立中央博物院 | 1933 年 4 月 –1948 年 [2] |
| 国立北平故宫博物院南京古物保存库 | |
| 国立中央图书馆 | 1928–1933 年 4 月 |
| 国立中央大学 | 1928 年 5 月 |
| 国立编译馆 | 1932 年 4 月 –1936 年 1 月 [3] |
| 国立戏剧音乐院即美术陈列馆 | 1936 年底竣工 [4] |

### 1. 中山文化教育馆

1932 年 12 月，中央委员孙科等，"鉴于我国文化裹步不进，为谋增加我民族之活力，应树立新文化之基础起见"，特发起创办中山文化教育馆，专门从事于文化运动。并利用国民党四届三中全会开会之机，征集林森、蒋中正、蔡元培、于右任等百余委员同意，之后又邀集国内社会各界人士等共 300 余人共同发起。[5]

该馆之缘起中有曰："革命之意义亦在于推翻不适合某一时代经济环境之旧文化，而创造

---

[1] 行政院第二四次国务会：暂由内教两部筹备设立国史馆. 申报，1931-6-3.
[2] 中央博物馆筹备处成立. 申报，1928-12-31；国立中央博物院征求建筑图案揭晓. 申报，1935-9-28；国立中央博物院之建筑，徐敬直建筑师获选，建筑费 140 万元. 申报，1935-11-19.
[3] 国立编译馆昨已迁入新址办公. 申报，1936-1-10.
[4] 京两大建筑昨晨验收，林主席亲临视察，元旦举行落成礼. 1936 年 11 月 13 日；（奚福泉. 中国建筑，1937，28 期（1））.
[5] 孙哲生等发起中山文化教育馆. 申报，1933-1-1.

其新文化，并树立其新基础。"又有曰："自民十五以来新文化之基础，初并未坚强树立⋯⋯青年思想不得正确之领导。于是一般青年求出路而不得，遂徘徊于十字街头，或竟步入歧途。"中山文化教育馆的创办即为"阐明孙中山先生之主义与学说，以树立文化之基础，以培养民族之生命。"①

中山文化教育馆拟办研究事项包括：中国教育、中国艺术史、中国社会问题、中国土地问题、孙中山实业计划、孙中山心理建设、中国哲学史、中国地理、中国地方制度，以及国际问题，同时设立图书馆博物馆和中山奖学金。1933 年 3 月 12 日在南京举行成立典礼。②该建筑由华盖建筑事务所设计，1937 年建成。③

## 2. 实业部中央农业实验所

中央农业实验所新屋由兴业建筑师事务所建筑师徐敬直和李惠伯设计，选址在南京孝陵卫，占地 2600 亩。这里山水平地具备，风景宜人。建成后将有利于农业研究。实验所并拟聘任专家，常驻所内，深入研究农村经济、畜牧繁殖、五谷播植、肥料改良、痘苗采择。实验所建筑塔顶装有无线电播音机，时有专家演讲。气候每日亦有报告。全国农村，赖以改良。此外，建筑设计中还另辟专家宿舍，于生活上力求舒适。"式样上并不西洋化，系一完全中国时代化之建筑物。"④

## 3. 图书馆

在各种文化机构中，公共图书馆对于城市民众生活影响最大。南京市立图书馆于 1928 年 12 月开始筹设，选址在复成仓，1930 年 4 月 1 日开馆。⑤另据教部调查统计，到 1936 年底，南京全市有各类图书馆 56 所，其中国立、市立之普通图书馆 2、专门图书馆 2、学校附设之图书馆 14、民众图书馆 2、机关附设之图书馆 36。其中所藏图书，有中文 1086526 册，外国文 23109 册。⑥

1934 年国民政府捐赠金陵大学 30 万元，用于建造图书馆。⑦该馆建筑面积 2626 平方米。由基泰工程司建筑师杨廷宝设计，陈明记营造厂承建，1936 年建成。⑧

在南京成为民国首都之前，这里已有清末新政时期建立的江南图书馆（详见本书第十一章）。1928 年 12 月 5 日，王正廷在国务会议上又提议设立中央图书馆筹备处。他说："中央图书馆之设立，在今日已为不容再缓之举，盖为国内人士所公认。唯当此国是初定之时，建设开始，在在需款。筹措巨款，恐非易事。兹事体大，不宜轻举。然究属重要，似难搁置，则莫如先设中

① 文：中山文化教育馆成立.申报，1933-3-12.
② 中山文化教育馆确定举办事业计划大纲.申报，1933-2-23.
③ 中山文化教育馆概况.南京市档案馆、中山陵园管理处编.中山陵档案史料选编.南京：江苏古籍出版社，1986：752-753.（馆址既定，孙理事长遂委托赵深建筑师绘图设计⋯⋯嗣遂招标⋯⋯结果由张裕泰营造厂承造，连工包料计价大洋九万六千元整，于六月四日签订合同。）
④ 中央农业实验所新屋，兴业建筑师设计，不日即投标动工.申报，1933-7-18.
⑤ 京市图书馆定期开放.申报，1930-3-29.
⑥ 京市各图书馆概况，藏书异常丰富.申报，1936-12-16.
⑦ "财部允拨金大图书馆建筑费.申报，1934-4-12.
⑧ 卢海鸣、杨新华主编.南京民国建筑.南京：南京大学出版社，2001：161.

央图书馆筹备处，积极建立基础，为实际之准备。"[①] 当月 19 日，中央研究院总办事处开中央图书馆案审查会，决定拨款成立筹备处，[②] 并责成教育部设计筹办。[③] 但直至 1934 年底，图书馆建筑费依然不足。南京中央图书馆的新馆最终在抗日战争胜利后建成，建筑师是时任中央大学工学院院长的著名建筑学者刘敦桢。他在抗战后期与中央图书馆馆长蒋复璁同在"战区文物保存委员会"（战后改为"教育部清理战时文物损失委员会"）。中央图书馆建筑高三层，钢筋混凝土结构，坡屋顶，平瓦屋面，[④] 仅仅满足最为基本的功能要求。可见在当时的内战爆发的国内政治环境和已经陷于危机的国家财政条件下，图书馆馆方已没有可能再追求更高标准的设计。[⑤]

南京特别市政府在向民众普及文化艺术方面所做的工作还包括：扩充通俗图书馆，在废弃已久的孔庙内崇圣祠筹设民众艺术馆，筹设民众卫生馆，扩充壁报，调查南京名胜古迹，在第一公园筹设革命纪念馆，使民众游览散步之余，引起思慕革命伟人，及革命光荣之事迹。

## 七、各级学校（表 12-1-12）

**1937 年以前南京各级学校简表** 表 12-1-12

| 校名 | 建造时间（年） | 演变 | 主办 |
|---|---|---|---|
| 金陵大学附属中学 | 1888<br>1910 | 汇文书院<br>金陵大学附属中学 | |
| 育群中学 | 1899<br>1926<br>1927 | 基督中学<br>爱群中学<br>育群中学 | 美国基督教人士马林 |
| 国立中央大学 | 1902<br>1921<br>1927<br>1928 | 三江师范学堂<br>东南大学<br>第四中山大学<br>国立中央大学 | 张之洞<br><br><br>国民政府教育部 |
| 南京市第一中学 | 1907<br>1927<br>1933 | 崇文学堂<br>南京市立中区实验学校<br>南京市第一中学 | |
| 金陵大学 | 1910<br>1927 | 金陵大学堂 | 美国基督教美以美会创办<br>国民政府教育部 |
| 金陵女子大学 | 1911–1915<br>1927 | | 美国教会组织<br>国民政府教育部 |
| 河海工程专门学校 | 1915<br>1927 | | 北洋政府实业部、全国水利局<br>中央大学 |
| 南京高等师范附属中学 | 1917<br>1921<br>1923 | 三江师范附中<br>东大附中·南高师附中<br>东大附中 | |

① 王正廷提议，设立中央图书馆筹备处. 申报，1928-12-7.
② 中央图书馆准备建筑. 申报，1934-12-2.
③ 图书馆审查结果. 申报，1928-12-20.
④ 卢海鸣、杨新华主编. 南京民国建筑. 南京：南京大学出版社，2001：134.
⑤ 抗战前国家建设史料——首都建设（I）// 秦孝仪主编. 革命文献 91 辑，1982：I-384-85.

| 校名 | 建造时间（年） | 演变 | 主办 |
|---|---|---|---|
| 鼓楼幼稚园 | 1923 | 东南大学教育科实验幼稚园 | 陈鹤琴 |
| 国立中央政治大学 | 1927 | | 国民政府 |
| 晓庄师范学校 | 1927 | | 陶行知 |
| 中央陆军军官学校 | 1928–1933 | | 国民政府，蒋介石 |
| 国民革命军贵族学校 | 1929 | | 国民政府，宋庆龄、宋美龄等 |
| 工兵学校 | 1930 | | 国民政府 |
| 炮兵学校 | 1931 | | 国民政府 |
| 中央助产学校 | | 1935 年 9 月 5 日开幕 [①] | |

来源：卢海鸣、杨新华主编.南京民国建筑.南京：南京大学出版社，2001 年.

## （一）中央大学

1929 年元旦，中央大学校长张乃燕在《申报》发文介绍说："国立中央大学，位于首都。首都机关林立，大抵皆行的机关，惟中央大学为最高学府，是知的机关。根据总理知难行易之说，则本校对于中国精神上与物质上之建设，与夫世界文化之贡献，皆负有极重大之责任。"他还说："中央大学不仅一大学已也。自国府奠都南京之后，颁令施行大学区制，设中央大学区，以江苏省为范围，故中央大学区包括区内各级学校，及各教育机关。中央大学校长综理区内一切学术与教育行政，嗣是自小学而中学而大学而研究院，互相衔接，学术与教育行政，联为一气，此所谓行政学术化。" [②]

国民政府定都南京后，中央大学成立了工程稽核委员会，负责审核批准所有费用超过 5000 元的建筑。这一时期建造的最重要建筑是大礼堂（图 12-1-7）。筹备过程中先由校长张乃燕函聘陈懋解（国民政府建设委员会专门技师，建设委员会水利处处长，国立中央大学工学院院长）、卢树森、刘福泰、刘敦桢、林平一（按：水利专家，中央大学工学院教授）、余立基（土木）、

图 12-1-7 中央大学大礼堂（公和洋行（Palmer & Turner Architects）：南京，1931 年）
来源：卢海鸣、杨新华主编.南京民国建筑.南京：南京大学出版社，2001：151.

---

① 美国劳勃芝夫人参加中央助产校开幕礼.申报，1935-9-5.
② 张乃燕.最近中央大学概况.申报，1929-1-1.

王明之（按：上海慎昌公司钢铁建筑部工程师、南京中央大学副教授）、薛绍清（按：南京中央大学电机工程系主任兼教授）、张逸乔、查啸仙（按：中央大学经历待查，曾任武汉大学理学院院长）等十人组成大礼堂建筑委员会。1930年12月23日总理纪念周上张乃燕报告大礼堂的设计说：

> "大礼堂地点，位于大中路尽头，与大门相对。即在平房宿舍之前，以科学馆居其左，将来拟建之工艺馆居其右。科学馆之前为生物馆，工艺馆之前为图书馆。此五种建筑并立，而礼堂居于中央，成众星拱卫北辰之势。礼堂之前，甬道环成圆形，中间拟建总理铜像。礼堂式样采取欧洲古式，其前面之角顶及四圆柱为希腊式，中间圆顶为罗马式。自底至顶，高百零四尺。顶系铜质，上有不传热之玻璃窗，光线即由此玻璃窗导入礼堂。礼堂之两旁，左面为办公室，右面为教授交际室，其上有屋顶花园。堂之平面成（原文）八角形，讲台甚大，并可作戏台之用。其旁尚有化妆室，内部有三层，第二及第三层有楼厢及办公室，第三层有电影机室。总计上下三层可容二千五百人。"[①]

## （二）中小学

1927年以前南京一般家庭将子女送私塾或教会学校读书。1927年秋季南京特别市教育局改组整顿前江宁市立学校之后，民众纷纷将子女改送入市立学校求学。一时导致市立学校拥挤，课桌椅及一切教育用具均大感缺乏。市教育局只得考虑在已有学校内添加级数或添设新校。暂就下关及城内新街口添设新校二所，并就原有各校增设幼稚园六所，以广收幼稚生。[②] 其他中小学和民众学校的发展情况也随之时见大众媒体。仅如《申报》就有"南京市改进私塾计划大纲"（1927年10月7日）、"南京市教育局整理小学校舍"（1927年7月11日）、"京市拟增小学40校"（1931年1月13日）、"中区试验学校之新设施，另由市政府拨给白衣庵宿舍一所，并拟于本学期内建筑大讲堂、图书馆、幼稚园各一所"（1928年3月12日）、"南京市教育局努力社会教育，决添民众学校"（1928年11月19日）。

# 八、公共休憩与体育

## （一）公园

据钱轶懿统计，从清末新政时期到1937年日本侵华战争爆发前，南京共建设了大小18个

---

① 中央大学大礼堂的建筑. 申报，1930-5-8.
② 市教局学校教育近况. 申报，1928-2-21.

公园（表 12-1-13），极大地改善了城市居民的生活环境。其中建于或扩建于国民政府时期的共有 12 个。[1]

20 世纪前 40 年南京公园　　　　　　表 12-1-13

| | 建设时期 | 建设时间（年） | 名称 | | |
|---|---|---|---|---|---|
| 1 | 清末新政时期（1901-1911 年） | 1909 | 江南公园 | | |
| 2 | | 1910 | 劝业会场 | | |
| 3 | | 1910 1927 增建 | 后湖公园 五洲公园 / 玄武湖公园 | | |
| | 北洋政府时期（1912-1927 年） | 1920 | | 《南京北城区发展计划》五大公园区域 | 未实现 |
| 4 | | 1923 1927 修建 | 秀山公园 第一公园 | | |
| 5 | | 1923 1927 修建 | 鼓楼公园 | | |
| | | 1926 | | 《南京市政计划书》"五大公园、五大名胜" | 未实现 |
| 6 | | 1925-1929 | 中山陵园 | | |
| 7 | 国民政府时期（1927-1937 年） | 1927 | 秦淮小公园 | | |
| | | 1928 | | 《首度大计划》"农村化、艺术化、科学化" | 未实现 |
| 8 | | 1928-1929 | 莫愁湖公园 | | |
| 9 | | 1928-1929 | 白鹭洲公园 | | |
| | | 1929 | | 《首都计划》"公园与林荫大道"系统规划 | 实施 |
| | | 1931 | | 《南京市森林公园计划书》推行森林公园建设 | 实施 |
| 10 | | 1931 | 跑马巷小公园 | | |
| 11 | | 1934 | 燕子矶公园 | | |
| 12 | | 1934 | 清凉山公园 | | |
| 13 | | 1934 | 大阪江边小公园 | | |
| 14 | | 1934 | 朝月楼小公园 | | |
| 15 | | 1935 | 随园 | | |
| 16 | | 1935-1936 | 政治区公园 | | |
| 17 | | 1936 | 绣球山公园 | | |
| 18 | | 1936 | 竺桥小公园 | | |

1932 年 10 月，《时事新报》"五年来首都建筑回顾"一文的作者说：[2]

"在近日的情状之下，要建设一个摩登的城市，最重要的就在建设公园。而市政府方面，要住宅区能以发展，在城市之中，建筑公园，尤其是不可少的事件。所以眼前南京市政方面，利用城内外所有的古迹、名胜，建成美丽的公园，像莫愁湖、清凉山，在风景上、在古迹上，

---

① 来源：钱轶懿. 近代南京公园建设史研究（1900-1937）. 南京：东南大学硕士学位论文，导师：陈薇，2015：2.
② 五年来首都建筑回顾. 时事新报，1932-10-26.

早已受过社会的注目。现在能够加以改建或修葺，使得一般的游人，愈其（原文）觉得满意了。第一公园在城南，五洲公园在城北，首都的公园建筑，有伟大的计划，也是可想而知了。虽然有许多公园，在地图上还没有画上去，但市政府却已决定要把全部的计划，促其实现了。秦淮河的闻名，已有不少的时期，而尤其是在夏天，那边是一个很好的消夏的地方。眼前市政府因为秦淮河和公园有连带的关系，所以决定要建筑植树的大道。在秦淮河的两边，水道方面，已决定改做两条河道。每条河道的两边，都建筑有两列行道树的大道两条。另外有一条环城的大道，两边也要种植行道树的，和公园制度互相连贯，可增加城市不少的美观。"

## 1. 第一公园

文中提到的"第一公园"，即"韬园"，又称"秀山公园"，位于复成桥东，明故宫南部，秦淮河畔。1928 年 4 月，市府曾在此举行市民游园大会，"与民同乐"。[①] 同年，国民政府工商、内政、交通、财政四部发起之国货展览会，8 月 5 日在第一公园正式开幕。[②] 1937 年南京沦陷后，第一公园被日军夷平改作飞机场。

## 2. 鼓楼公园（第二公园）

鼓楼公园即第二公园，是南京特别市政府在 1928 开辟的另一座城市公园。

"鼓楼公园为南京名胜之一。惟近来迭经驻兵，破坏不堪。野草丛生、荒芜满目。自经教育局接收后，曾拟依第一公园之名次改称为第二公园。后经第十次市政会议议决，鼓楼公园名称仍予保留，借留历史上之纪念。现教育局为点缀首都胜景，宏壮一般观瞻起见，特就该园内部切实整理。其计划分下列数点：①园之中央为畅观楼，楼上神像拟移置于附近庙内，俾便改修为陈列室，陈列关于党文化之图书及一切美术品，借游人登高瞭望之机会，灌输党化教育。楼下之右侧一部分拟设市民阅报处及通俗图书馆等，使民众得以旁参博览，增广见闻。②该园之养鱼池，即将原有之喷水机一架大加修理，可喷出水花约高 4、5 尺，俾池鱼游泳，逐水相戏时，观众可增趣不少。③园周环绕之冬青树，高下参差，且杂以他树及野草，丛脞错乱，殊不雅观。园径左右排立者亦如之。现已包工铲除，修剪完竣，全园外观颇呈整齐蓬勃之象。④园内原有花台多处，仅存台垠草地，拟重新建设并种四季开放花草，以增景色。⑤园内之音乐亭及露天固定之桌凳等，现已崩坏多处，刻正令工修葺，俾游人得以休止。秋夏间并拟每礼拜日，雇定音乐队或军乐队等在亭奏演，以陶冶民情，借资娱乐。⑥园周环钉之木桩铁网均已朽坏断落，现亦包工修理，以资卫护园内花木。以上各条均派有专员负责办理。关于修补部分行将竣工，其计拟添置部分，现亦着手进行云。"[③]

① 市府举行市民游园大会：在第一公园举行，有各种游艺表演，实行与民同乐. 申报. 14 期，1928-4-20.
② 首都国货展览会今日开幕. 申报，1928-8-5.
③ 切实整理鼓楼公园. 申报. 3 期，1928-1-17.

## 3. 五洲公园（玄武湖公园、元武湖公园）

　　南京特别市政府开辟的最大的公园是五洲公园（玄武湖公园，1928 年）。玄武（按：清代为避康熙帝讳,改称"元武"）湖为南京著名古迹之一。每届春夏之交,莫不士女如云、往来不绝。但游览之地除湖神庙、陶然亭等处外，其余均未开放。1928 年刘纪文担任市长后，为供市民娱乐起见,将全湖之建筑一律开放。刘在开幕礼上说："首都市民数十万,公共之正常娱乐机关甚少。公园之设，可涵养身心，改造新的环境。故于第一公园之外，先辟玄武湖公园。使一般市民,感得精神上愉快。借谋社会改良，并拟在清凉山麓、总理陵墓，增设公园，正在规划中。"①

　　刘纪文在亲自撰写的《五洲公园记》中写道：

　　　　"首都玄武湖中，有长、新、老、趾、麟五洲焉，自昔为游览胜地。每当春秋佳日，都人士命俦啸侣，携酒榼、棹轻舟，往来其中者，络绎不绝……诚以金陵为六代故都，自清以来，则为江苏之省会，政事之殷繁，人烟之稠密，为东南诸大城冠。才智之士与夫服务公家者，日处此人海喧嚣中，各奋其心思体力，以冀所事之一得当，然心思久用则竭，体力久劳则疲。游焉息焉，然后从回复之余，胸襟因之开拓，天机亦随之活泼矣。民国十六年夏，市政府收玄武湖为市有，并命主其事者司湖之出产，及亭榭花木之点缀。明年秋，纪文重长市政，严禁狎邪赌博，以端人心之趣嚮。又以人生不可无高尚娱乐也，乃改全湖为首都公园，广征世界五洲物产，分置湖中五洲之上。更长洲曰亚洲，新洲曰欧洲，老洲曰美洲，趾洲曰非洲，麟洲曰澳洲。总名之曰五洲公园，俾乘兴来逛者，增进博物之智识，具有世界之目光，而于名实之际可得而辨焉……昔人谓登泰山而小天下，今则游玄武湖者可以小五洲矣。抑吾闻之，世界大同，为郅治极轨，亦总理所抱之鸿愿。南京为中国首都，所以秉承总理遗志也。人人志总理之志，更能行总理之行。世界大同，即可由空言而见诸实事，而中国首都之南京，亦将为全球文化中心之所在。国家之界既破，人我之见胥忘，于是以湖中五洲作世界五洲观也可。即举世界五洲作湖中五洲观，亦何不可之有哉？"②

　　在开幕礼上，国民政府卫生部长薛笃弼也说：一、世无难事，全在努力。日本明治维新，而新日本出现。地图依旧，文物迥殊。希望国人猛力竞进，勿常贻东方病夫之讥。二、腐化环境，是人造的。自身腐化，还言打倒帝国主义、卖国军阀，不曾梦想到公园。所以他希望中国人德智体群诸育具备，并注重公共卫生、游人秩序及规则。公园主任还展望今后的发展：一、整理湖产捐费，改良蓄殖，清查私人侵占田亩，以裕经费。二、将沿湖五洲，全行开辟，就地造自来水塔，修筑新旧马路，以利交通。三、设动物植物园、运动打靶场、自然科学博物馆，及其他有益之设备。③1929 年，市政府为"提倡高尚娱乐起见"，又拟于五洲公园招商，在内承包

---

① 京玄武湖公园开幕 . 申报，1928–8–20.
② 刘纪文 . 五洲公园记 . 申报，1928–10–16.
③ 同①。

茶酒社及电影场。[①] 此外还有创建中心茶园和革命历史博物馆的设想。[②]

## （二）公共体育场所

### 1. 公共游泳池

1928 年 7 月，南京市教育局鉴于市民体育亟须提倡，但首都除公共体育场外，游泳池尚缺，且时值夏令，故会同工务局勘令通济门外九龙桥以东地方，河水清浅，非常符合建筑公共游泳池之用。提出市政会议议决，一面由教育局草定办法，一面由工务局赳日兴工建筑。"将来首都市民不特又多一公共娱乐场所，而且于公共卫生上亦不无关系。"[③]

### 2. 体育场

1928 年 10 月，中央大学扩充教育处，鉴于"国人对于体育一项，虽有运动会之举，仅以学校学生为限，尚未注意社会一般民众"，于是召集省、市、农、工、商、妇女各界整理委员会代表，与市党部、市教育局，及本大学通俗教育馆体育场代表，在中央大学开会。商定于翌年春天，在中央大学区举行全区各校运动会之后，举行首都民众体育运动会，并希望首都各机关提倡体育组织、体育会，加入运动会比赛。中大还表示，欢迎各机关职员充分利用中大的公共体育场。[④]

### 3. 国术馆

1928 年 7 月，中央国术馆以提倡中国武术，增进民族健康为宗旨，设理事会。[⑤] 同年 9 月开始筹建新屋。预算经费需 25 万元，由国民政府议决拨款 12.5 万元，其余由该馆自行募集。捐款包括南洋槟榔屿所捐 2 万元和江苏省政府所捐 1 万元。[⑥]

### 4. 中央运动场

1930 年，自在杭州举办的第四届全运会（4 月 1 日至 11 日）闭幕后，当时国民政府主席蒋介石深感体育有提倡之必要。国民党元老、1930 年全国运动会会长戴季陶也说："所愿往后，岁有斯会，易地举行，风声所树，由都邑以至于乡鄙，由庠校而普及于社会。务使户户家家，咸以体育为常课。锻炼坚实之体质，养成强健之精神。疾厄不侵，乃为真自由；强梁无畏，乃为真平等。强父必无弱男，优生所以淑种，则民种强健，而国家之基础巩固矣。"[⑦] 兴建一大规

---

① 筹建娱乐场所之积极 . 申报 . 1929 年 4 月 29 日；南京市教育局拟创建中心茶园、革命历史博物馆等 . 申报，1928-10-5.
② 南京市教育局拟创建中心茶园、革命历史博物馆等 . 申报，1928-10-5.
③ 市教局将设公共游泳池 . 申报，1928-7-10.
④ 首都筹备民众体育运动会 . 申报，1928-10-23.
⑤ 国术馆组织大纲 . 申报，1928-7-18.
⑥ 国术馆拟建新厦 . 申报，1928-9-14.
⑦ 伍联德编 . 中国大观 . 上海：良友图书印刷有限公司，1930.

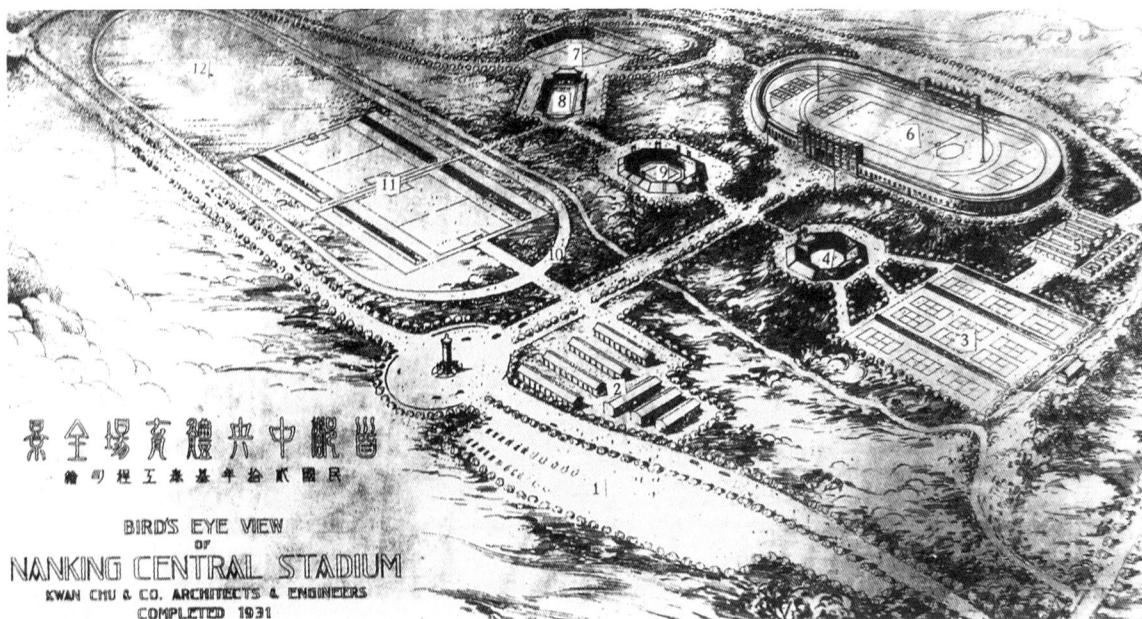

图 12-1-8　首都中央体育场全景图（基泰工程司：南京，1931 年）
来源：卢海鸣、杨新华主编 . 南京民国建筑 . 南京：南京大学出版社，2001：204.

模之中央体育场成为一种共识并被视为不容或缓之图。

　　同年 4 月，国府令组织全运会大会筹备委员会，以财政部部长宋子文、民国第一位国际奥林匹克委员会委员、筹委会主席王正廷、国民政府主席林森、国民政府军政部部长何应钦、国民政府教育部部长蒋梦麟、国民党中央执行委员、总理陵管理委员会委员吴铁城、时任南京特别市市长魏道明、军事委员会参谋本部参谋总长朱培德、卫生部部长刘瑞恒、中国国民党中央训练部民众训练处处长马超俊为委员，夏光宇、张信孚、陈小田为干事。当经会议指定，首都离中山门外约二里处为会场地基。南临铁汤路，东为野球场，西为陵园新村，北为灵谷寺，即最近改建北伐阵亡将士公墓处。总共占地一千亩。地点既定，由筹委会即派员测量，招工整理土方，并延基泰工程司设计绘图（图 12-1-8）。

　　基泰工程司为建筑师关颂声（1892-1960 年）所创办。关为广东番禺人，生于香港，1913 获清华学校庚款赴美留学，先入波士顿大学土木工程系，1918 年毕业于麻省理工学院建筑系，1919 年入哈佛大学研究生院进修土木工程与建筑学一年。1919 年回国后曾任天津警察厅工程顾问、津浦路考工科技正、内务部土木司技正、北宁路常年建筑工程师，还曾助理监造北平协和医院工程，次年在天津创办基泰工程司。他又是一位体育专家，曾在 1913 年马尼拉远东运动会上参加足球与田径比赛，获两面银牌，还曾获得 1916 年留美中国同学会田径比赛冠军。1927-1928 年他赴美洛杉矶监造世界博览会中国馆，[①] 得有机会考察美国体育建筑，"故于体育

---

① 详见赖德霖主编，王浩娱、袁雪平、司春娟合编 . 近代哲匠录 . 北京：中国水利水电出版社、知识产权出版社，2006：39-40.

场之建筑，尤有心得"。[1] 翌年春全部工程招标。结果由利源公司承建。土方工程，则由新记公司承办。全部建筑工程及设备等费用，共计约 140 万元。土方工作 56400 余元。该场于 1931 年 1 月 12 日动工，5 月 10 日举行奠基典礼，蒋介石偕同中央各委员，各院、部、会长，及国民会议代表约三、四百人参与。蒋介石训词说："欲恢复民族地位与精神，须先养成健全之体格。故体育一端，比较德、智育尤为重要。"体育场在同年 8 月底完工。初由筹委会管理。至 1933 年 1 月 30 日，因该场在陵园区内，改移交陵园管理委员会管理，至 8 月起始由教育部接收。中央运动场建筑包括：田径赛场（看台可容观众 30000 人，看台下有宿舍 75 间，有床位可容宿 3600 余人）、国术场（看台可容 5400 人）、篮球场（看台可容 5000 人）、游泳池、棒球场（看台可容 3000 人）、跑马场、足球场。1933 年 10 月 10 至 20 日的第五届全国运动会就在这里举行。[2]

# 九、娱乐设施（1929 年）

南京特别市政府左近有旷场一片，面积甚大，以其地邻夫子庙，为城南最热闹之区，故市政府在成立的 1927 年当年就拟将该地改造成为一所民众游艺场，以应市民之需要。因该地曾经私人价领，具有业主，故市政府令财政局妥为洽商，决定承租该旷场，着手整理办理民众游艺场事宜。[3]

1928 年市政府还计划将夫子庙改造成为"一艺术化之公共场所"，并已由工务局制图打样，经市政会议通过。计划内容分前后两部，前部照公园式设计，后部纯属市场性质。还曾向社会征求设计后之名称。[4]

在传统戏剧方面，民国时期南京重要的娱乐设施是建于 1935 年的中央大舞台，它是首都上演京剧的专业剧场。[5]

不过对于一座 20 世纪的现代都市来说，电影院更是不可缺少的娱乐设施。电影院不仅可以通过视觉影像丰富观众对于生活世界的想象，还可以通过精心设计的物质环境使他们直接获得一个现代化都市的物质享受。民国南京有四大影院，即世界大戏院（建成时间不详）、首都大戏院（1931 年），新都大戏院（1935 年），以及大华大戏院（1936 年）。

首都大戏院楼上楼下约 1400 个座位。新都大戏院业主与首都大戏院同。建筑为李锦沛建筑师设计，费新记工程处承造（图 12-1-9）。全部结构采用大料工字钢架以及钢筋混凝土造成。费时一年余，建筑费用 30 万元。室内除影院外，还有包厢、串堂、客厅、酒吧、衣帽间、来宾休息室，以及女宾休息室等。设备包括"向全世界最著名之约克冷气机制造厂定购最近发明

① 慰堂.首都中央体育场之建筑概况（基泰工程司设计）.申报，1933-10-10.
② 同①。
③ 拟开辟民众游艺场，适应市民之需要.申报，1928-1-1.
④ 南京特别市市政府征求夫子庙设计后之名称.申报，1928-1-17.
⑤ 卢海鸣、杨新华主编.南京民国建筑.南京：南京大学出版社，2001：313.

图 12-1-9  新都大戏院（李锦沛：南京，1935 年）
来源：卢海鸣、杨新华主编 . 南京民国建筑 . 南京：南京大学出版社，2001：314.

之 '福利安'（Freon）冷气机一部"，"美国西电声机公司所独创之新贡献'宝石巨型机'"有声发音机，"超等'Simplex'最近发明之高度集光式"放映机。此外，"新都座位，楼上下及包厢共一千七百余个，为沪上最负盛名之毛全泰木器号所承造，椅脚用金色纯钢铸成，座垫及靠背，均装有弹簧，套以极为华丽坚韧之花绸。"[1] 经营者自豪地说：

> "南京自国民政府奠都以来，业已成为民族复兴运动之重心。年来经朝野上下努力建设工作之结果，南京早已从自然风景的形态，转变而为文化风景的形态了。敝公司抱服务社会之精神，提倡高尚娱乐，革新民众生活，在南京繁华之区，集二十余万之巨资，建筑首都大戏院。以最完善之设备，售最低廉之座价。开幕迄今，谬承社会人士的爱戴，门庭如市，座不常空，营业之盛，首屈一指。事实可作明证。敝公司不敢自满，更本数年来经营影院之经验，于新街口商业中心，建筑新都大戏院。经两载之筹备，十八月之工程，五十万之巨资，乃底于成。建筑之壮观，规模之宏大，国内无出其右。举凡现世纪欧美电影院所有最新式之设备，无不竭力罗致之。其目的不过本服务社会之初衷，供给民众以精神的食粮，而建设国都之文化风景耳！"[2]

大华大戏院地处新街口商业区南部，紧邻中央商场，由美籍华人司徒英铨集资，基泰工程司建筑师杨廷宝设计，1934 年动工，1936 年建成开业，当时是南京规模最大、标准最高的戏院。[3]

---

[1] 新都之建筑 . 申报，1935-7-3.
[2] 南京新都大戏院业于六月廿九日正式开幕 . 申报，1935-7-3.
[3] 卢海鸣、杨新华主编 . 南京民国建筑 . 南京：南京大学出版社，2001. 312. 另参见 Ruan, Xing（阮昕）. Accidental Affinities: American Beaux-Arts in Twentieth-century Chinese Architectural Education and Practice. Li *Journal of the Society of Architectural Historians*, March, 2002. pp. 30–47；赖德霖 . 折衷背后的理念——杨廷宝建筑的比例问题研究 . 艺术史研究（4 卷），2002.

# 十、古迹调查与保护

## 1. 取缔城砖售受

因南京市民对于公有城砖，往往私相售受，"损失滋多，殊非维护公物之道"，南京特别市工务局曾在 1928 年 2 月制订取缔条例十条，并限期登记。[①] 登记日期已满后，又经市政会议将条例修改，共计 4 条，并于 1928 年 3 月 20 日布告社会。布告规定：一、凡未登记之城砖，依该取缔条例一律充公，不许推运发卖。二、其依章在限期内来局登记而未卖尽之城砖全数，由工务局给价收用，并由公用局自行推运。为建造马路之用。三、以后市内城砖房屋，如遇墙壁塌坏，该项砖石只能在原地建造应用，不再给证推运。如有特别情形，该项城砖由工务局给价收用之。关于各机关需用城砖，应一律给价。[②]

《首都计划》制定过程中，美国顾问茂飞曾呼吁保护南京的旧城墙。1928 年工务局对城砖的管理始于茂飞在当年 10 月受聘担任顾问之前。[③] 可见茂飞建议最终获得采纳想必也与南京特别市政府人士的文物意识较强有关。

## 2. 城门改名

南京城垣，旧有 13，而各门之名称，大都含有帝王封建思想或神秘观念。前经教育局向市政府建议，除太平、金川、草场、钟阜、水西、汉西六门仍旧外，其他七门均改旧换新（表 12-1-14）。

南京城门旧、新名 [④]                                表 12-1-14

| 旧名 | 理由 | 新名 | 理由 |
|---|---|---|---|
| 神策 | 意涉神怪 | 自由 | 革命意义在争自由，故改名自由，所以表显本党精神，并示一入此门，即趋于自由正轨之意 |
| 仪凤 | 夸耀祥瑞之谀词 | 中山 / 凯旋 | 纪念北伐胜利 |
| 正阳门 | | 洪武门 | 纪念明太祖及洪秀全之倡义（原文） |
| 聚宝 | 意涉迷信 | 中华 | 纪念中华民国 |
| 丰润 | 谀清两江总督张人俊 | 桃源门 | 门外即玄武湖，而其所居之地位，向不受军事影响，实有世外桃源之概 |
| 朝阳 | 帝制时代产物 | 中山 | 纪念总理 |
| 海陵 | 韩国钧祖籍名 | 挹江 | 该门一面临江 |
| 太平门 | | 自由门 | |
| 金川门 | | 三民门 | |
| 洪武门 | | 共和门 | |

---

① 买卖城砖限期登记. 申报（首都市政周刊）. 7 期，1928-2-21.
② 市工务局取缔城砖近讯. 申报，1928-4-27.
③ Cody, W. Jeffrey, *Building in China: Henry K. Murphytur"Adaptive Architecturen* (Hong Kong & Seattle: The Chinese University Press and University of Washington Press, 2001), 182–184.
④ 首都各城门将改名. 申报，1928-4-2；首都城门改名确定：13 门改者 7，其余 6 门仍旧. 申报，1928-5-15.

## 3. 古迹调查

寺庙存废,关系社会风化。1928年,国民政府内政部颁布《神祠存废标准》,规定废除祭祀日、月、火、五岳、四渎、龙王、城隍、文昌、送子娘娘、财神、瘟神、赵玄坛、狐仙等神。该标准同意保留的神祠有伏羲、神农、黄帝、仓颉、大禹、孔子、孟子、岳飞、关帝、土地神、灶神、太上老君、元始天尊、三官、天师、吕祖、风雨雷神等,并规定将废除的神祠改为学校、机关、军营。标准公布后,南京特别市政府社会局特饬公益科人事股,积极办理调查。统计结果为寺庙总数359所,佛像总数892座(表12-1-15)。[1]

<table>
<tr><td colspan="2" align="center">1929 年南京市寺庙佛像调查统计</td><td align="right">表 12-1-15</td></tr>
<tr><td colspan="2" align="center">神佛名</td><td align="center">数量</td></tr>
<tr><td colspan="2">观音</td><td>178</td></tr>
<tr><td colspan="2">释迦佛</td><td>108</td></tr>
<tr><td colspan="2">地藏王</td><td>76</td></tr>
<tr><td colspan="2">财神</td><td>38</td></tr>
<tr><td colspan="2">韦陀</td><td>36</td></tr>
<tr><td colspan="2">土地、火神</td><td>各 22</td></tr>
<tr><td colspan="2">准提</td><td>21</td></tr>
<tr><td colspan="2">弥勒佛、送子</td><td>各 20</td></tr>
<tr><td colspan="2">痘神、文昌</td><td>各 19</td></tr>
<tr><td colspan="2">瘥神</td><td>18</td></tr>
<tr><td colspan="2">如来</td><td>15</td></tr>
<tr><td colspan="2">关帝、催生</td><td>各 14</td></tr>
<tr><td colspan="2">西方王、玉皇</td><td>各 9</td></tr>
<tr><td colspan="2">灵官、城隍</td><td>各 8</td></tr>
<tr><td colspan="2">眼香、眼光</td><td>各 7</td></tr>
<tr><td colspan="2">罗汉、弥陀、龙王、菜(药?)师佛</td><td>各 6</td></tr>
<tr><td colspan="2">文佛、西方接引、炎帝、阿弥陀佛、普贤</td><td>各 5</td></tr>
<tr><td colspan="2">雷祖、老君</td><td>各 4</td></tr>
<tr><td colspan="2">菩萨、麻神、都天大帝、真武、斗姆、十殿阎罗、西方</td><td>各 3</td></tr>
<tr><td colspan="2">太阳、太阴、道行天尊、千手佛、善才、龙女、侍者、判官、芳神、四大金刚、十八罗汉、东岳、华佗、伽蓝、天喜、药王、地母、罗祖、吕祖、杨将军、善司、祖司、娘娘</td><td>各 2</td></tr>
<tr><td colspan="2">阿难、迦叶、广成子、赤精子、菩提、老郎、燧人、托塔天王、魁星、雷音王、招财、进宝、朱衣、古佛、花神、嫘祖、后殿观音、日神、护威、捷音、毗卢、四大天王、二十四星神、旃檀佛、高王观世音、疹神、元始天尊、灵宝天尊、斗姆元君、慈航、太乙、石观音、五圣、梅将军、云锦娘、蒋公、无量寿佛、颜鲁木牌、达摩、天官、地官、水官、城隍娘娘、四亟相、萧何、速执、莫愁女、张鲁二神、延寿、李天王、白瓶、家神、瞿公、送神、石婆、福神、尊地、白边、天皇、地皇、人皇、镜州、神州、风婆、雨士、紫微神、二郎、定湘王、小钟、白衣、漂海观音、天后圣母、仙姑、如意、小神、大王、杨间、恻隐</td><td>各 1</td></tr>
</table>

---

[1] 南京市寺庙佛像最近之调查. 申报,1929-3-25.

## 十一、不同信仰的象征

国民党和国民政府在破除封建迷信，压制自由思想，强化党国观念的同时，对佛教、基督教等一些主要外来宗教采取了宽容的态度。1927-1937年，南京建成许多代表不同信仰的建筑。依类可分为国民革命的纪念物和宗教纪念物。

### 1. 国民革命的纪念物（表12-1-16）

1927-1937南京国民革命纪念物　　　　　　　　　　表12-1-16

| 名称 | 时间（年） | 地点 | 备注 |
|---|---|---|---|
| 中山陵园扩展 | 1929-1931 | 紫金山 | |
| 首都惨案烈士墓地 | 1928 | 莫愁湖畔 | 一二三惨案后援会，择定莫愁湖畔广田一方，建筑惨案死难烈士公墓。订日内兴工[①] |
| 国民革命军北伐阵亡将士公墓 | 1927-1935 | 紫金山灵谷寺 | 南京灵谷寺阵亡将士纪念塔立面图[②] |
| 谭延闿墓 | 1930-1931 | 紫金山 | |
| 航空烈士公墓 | 1932 | | |
| 廖仲恺墓 | 1935 | 紫金山 | |

1928年内政部还拟定了革命纪念馆办法：

"一、定名为国民革命纪念馆。二、就首都选择事宜地点筹备建设。三、由政府通令各军长官及各省政府，将北伐以来死事之官佐目兵，及因革命而死之同志民众，列表具报，所有姓名、年岁、籍贯及所属部队，并死事地点日期，奋斗事实，及死事状况，均须调查明白填入表内。如有遗留之衣物、著述，及相片等件，亦宜随表汇送，以备陈列。四、各处调查表，呈送政府后由政府发交该馆分别陈列。纪念馆应将总理革命事实，及北伐各战役分段绘为油画，专设一室，以备中外人士之瞻仰。五、纪念馆应将征集之革命事实照片，及先烈遗物遗像遗著，加具说明，分部陈列。六、规定一革命纪念日，每年举行一次，由政府率同各界，齐赴该馆行相当纪念典礼。其仪式另定之。"[③]

---

① 首都惨案烈士墓地. 申报，1928-12-1.
② 南京灵谷寺阵亡将士纪念塔立面图. 申报，1934-1-1.
③ 革命纪念馆办法. 申报，1928-7-18.

## 2. 宗教纪念物（表 12-1-17）

1927–1937 年南京新建主要宗教纪念物      表 12-1-17

| 名称 | 时间 |
|---|---|
| 基督教粤语浸信会教堂 | 1936 年竣工 |
| 基督教莫愁路堂 | 1934–1936 |
| 志公殿 | 始建于 1934 |
| 喇嘛庙和诺那塔 | 1936–1937 |

来源：卢海鸣、杨新华主编.民国南京建筑.南京：南京大学出版社，2001.

# 十二、建筑工业

1928 年初，南京特别市政府工务局发出布告，要求市内瓦、木、石、泥、水、凿井、搭棚等散工到局登记。[1] 南京自奠都后，因建筑频繁，故营造厂十分发达。全市共有 480 家，其中资本在 5 万元以上者 63 家，万元以上者 79 家，2 千元以上者 186 家，600 元以上者 152 家。各厂共计，资本约在 500 万元左右。全年营业额，约在 500 万元至 600 万元之间。[2] 馥记营造厂大概堪称国民政府时期最为著名的营造厂。该厂由陶桂林在 1922 年于上海创办。其在南京承建的工程有财政部办公处、总理陵墓第三部工程、阵亡将士公墓纪念塔及纪念馆等、中山陵园新村合作社等。

在建筑材料方面，南京初仅谈海、征业两座砖瓦厂。自奠都以后，建筑频繁，于是应运而兴者，有大兴、新建、新利源、协义记、通华、宏业六厂。其中以宏业为最大，资本 20 万元，谈海次之，资本 5 万元，新利源又次之，资本 3 万元，新建资本 2 万元，协义记及通华资本各 1 万元，征业资本为 3 千元，大兴最小，资本 1 千元。各厂全年共出砖 1100 万块，瓦 411 万片，瓦筒 14 万 7 千个，浴盆、面盆、便桶、尿斗等数百支，总计产值 513760 元。[3]

此外，位于南京栖霞区龙潭镇的中国水泥厂也是南京建筑材料生产的重要基地。该厂由上海姚新记营造厂场主姚锡舟在 1921 年创办，1923 年正式投入生产。[4]

总之，从 1927 年至 1937 年，南京在国民政府和南京特别市政府的领导下，并在众多社会组织和有识之士的支持与配合下，在健全与完善作为民国政治和文化中心的行政职能，以及作为一个现代大都市的物质功能方面取得了巨大成就。这些职能和功能不仅仅体现在政治象征性的表达，也不仅限于对于传统习俗和空间的意识形态改造，而且更主要地体现在各种国家机构的建立、对首都市民新生活的营造，以及对国内、国际联络和交往的促进。既憧憬理想，又脚踏实地，既珍重历史遗产，又热情拥抱新生事物，这就是民国"黄金十年"首都南京的现代性体现。

---

[1] 工务局营缮散工登记办法（限一个月内登记，布告及办法内容）.申报，1928-4-27.
[2] 抗战前国家建设史料——首都建设（I）.秦孝仪主编.革命文献.91 辑，1982：I-31~32.
[3] 同[2]。
[4] 卢海鸣、杨新华主编.南京民国建筑.南京：南京大学出版社，2001：269–270.

## 第二节　国民政府治理下的武汉及董修甲的城市规划实践

### 一、国民政府治理下的武汉 [①]

#### （一）国民政府迁都武汉与汉口租界收回

1926 年国民革命军攻克武汉，结束了北洋军阀在武汉十多年的统治。长江中下游都被国民革命军占领，形势要求国民政府从中国南部广州迁往内地中心武汉，以领导国民革命。经多次酝酿讨论，于 1927 年元旦正式迁都武汉。并发布命令："确定国都，以武昌、汉口、汉阳三域为一大区域作为京兆区，定名武汉。" [②] 政府各重要机关分别设在武汉三镇。国民党中央党部设在武昌阅马场原湖北军政府大楼内（湖北谘议局大楼），国民政府设在汉口南洋烟草公司大楼内，外交部设在原法租界交涉署内，交通部设在原平汉铁路局大楼，财政部设在汉口军警监督处，司法部设在武昌三道街原江汉道尹分署内，全国总工会设在汉口友谊街原程汉卿公馆内。[③] 自此，武汉成为全国革命中心，它在全国的战略地位更为重要。

武汉建都后，国民政府遂命令成立武昌市政厅、汉口市政委员会和汉阳市政委员会，三市合并统一成为武汉特别市政府。在行政区划上第一次形成统一管理。它对指导武汉三镇的城市建设有一定的积极作用，由此而结束了三镇各自为政的局面。

武昌方面，为了整顿市容，扩展市区，同时鉴于北伐军攻克武昌遇到高大城墙的阻碍，国民政府下令拆除了武昌旧城（仅保留了武昌中和门，为纪念武昌首义）。就城基筑路形成武昌环城马路（今中山路）。以后市区不断向旧城四周扩展。

汉口方面，1918 年收回德租界，改称第一特别区。1923 年中苏协议告成，汉口俄租界也被收回，改称第二特别区。国民政府建都武汉后，革命形势急转，中国共产党在汉口发动了大规模的群众示威游行。英方决定交还租界，由中国政府成立第三特别区，中外人士组成董事会，接收特别区的管理。所有行政主权概由管理局代表国家行使。结束了英国占据汉口租界 66 年的历史。

#### （二）官僚资本与民族资本经营金融建筑

1927 年 4 月蒋介石在上海成立南京国民政府与武汉国民政府形成对立局势，以后的"宁汉战争"使武汉的政局落入桂系军阀李宗仁、白崇禧手中。同时，窃据武汉国民政府主席要职的

---

[①] 本节作者李传义。
[②] 李权时、皮明庥主编. 武汉通览. 武汉：武汉出版社，1988：247.
[③] 皮明庥. 武汉近百年史（1840–1949）. 武汉：华中工学院出版社，1985：198.

汪精卫出卖了武汉国民政府,实行所谓"宁汉合流",以致诞生不到一年的武汉政府就此宣告结束。武汉政局动荡,其城市建设陷入瘫痪的困境。民族工商业在这种困难的局势下的确缺乏生存的条件。这一时期,兴办的工业企业寥寥无几,多数民族资本企业经营破产。武汉港口内外贸易额度大幅度下降。城市中除了官僚军阀营建私宅,开发房地产以外,就是依附于政府的官僚资本或由政府要员控制的金融机构尚有可能投资建房。其次则是民族工业中幸存者营建部分房屋。这个时期比较多见的就是银行建筑,比如由北方财阀控制的"北四行"(即中南银行、金城银行、大陆银行、盐业银行)和江南财阀集团掌握的"南三行"(即上海银行、浙江实业银行和兴业银行)都在武汉建立分行。[①]

1929 年,上海联保水火公司在汉口投资建造璇宫饭店与国货商场(图 12-2-1)。大楼坐落在江汉路,5 层钢筋混凝土结构。其建筑形式依照上海老永安公司的风格及功能布局设计。

1928 年,金城银行即以来汉筹建,购得新昌里旧址(今保华街)670 平方米地基,1930 年动工兴建金城银行大楼,1931 年竣工(图 12-2-2)大楼为 4 层钢筋混凝土结构,由上海建筑师庄俊设计。庄俊是中国最早留学美国学习建筑设计的建筑师,1924 年他在上海开设建筑设计事务所。汉口金城银行是庄俊在汉口的第一个作品。1931 年他又设计了汉口大陆银行和大陆坊住宅等工程。

1931 年,汉口商界头目赵典之、周星堂等人集股兴建汉口商业银行(图 12-2-3),为 5 层钢筋混凝土结构,由上海建筑师陈念慈设计。

1934 年,中国国货银行在汉口建立分行(图 12-2-4)。由汉口开业的华人建筑师卢镛标设计。7 层混合结构,屋顶红瓦坡顶,外墙装饰仍属西洋风格之建筑。卢自 1930 年在汉口独立开业经营建筑设计,曾设计了一些大型银行建筑和里弄住宅,扭转了长期以来汉口建筑设计由洋人垄断的局面。

1931 年,汉口江汉路基督教花楼总堂搬迁到模范区。四明银行即购得花楼总堂旧址,筹备建设行舍。1934 年四明银行大楼动工兴建,为 7 层钢筋混凝土框架结构(图 12-2-5)。由卢镛标设计。大楼立面线型以竖向划分为主,形成十分简洁的造型。是典型的早期现代主义风格之建筑。

1934 年中国实业银行在汉口筹建行舍,1935 年在江汉路动工兴建银行大楼,由卢镛标设计,1936 年落成,为 7 层钢筋混凝土框架结构(图 12-2-6)。入口设在街面转角处,为强调入口,上部塔楼逐层收进,以减缓塔楼对街面之压抑感。底层营业大厅为八边形,顶部天花板形似八边形藻井做法,大楼外观体形简洁无多余之装饰,红石外墙色调统一,完全是现代建筑形式。

1936 年中央信托局在汉口兴建办公大楼(今江汉路下首,皇宫商场),由卢镛标建筑师设计。在手法上与四明银行、中国实业银行极为相似,但在建筑用材和外观色调处理上又各具特色。

---

① 高尚智主编.武汉房地产简史.武汉:武汉大学出版社,1987.

图12-2-1 璇宫饭店与国货商场
（景明外商工程司：汉口，1928-
1931年）（左）
来源：李传义主编.中国近代建筑总
览·武汉篇[M].北京:中国建筑出版社,
1992, 56.

图12-2-2 金城银行（庄俊：汉口,
1929-1930年）（右上）
来源：李传义主编.中国近代建筑总
览·武汉篇[M].北京.中国建筑工业
出版社,1992：63.

图12-2-3 汉口商业银行（陈念慈:
汉口，1930-1932年）（右下）
来源：李传义主编.中国近代建筑总
览·武汉篇[M].北京:中国建筑工业
出版社,1992：64.

图12-2-4 国货银行（卢镛标：汉
口，1934年）（左上）
来源：胡榴明著,胡西雷摄影.武汉
百年建筑经典[M].北京：中国建筑工
业出版社,2011, 43.

图12-2-5 四明银行（卢镛标：汉
口，1934-1936年）（左下）
来源：李传义主编.中国近代建筑总
览·武汉篇[M].北京:中国建筑出版社,
1992, 59.

图12-2-6 中国实业银行（卢镛标:
汉口，1934-1935年）（右）
来源：李传义主编.中国近代建筑总
览·武汉篇[M].北京:中国建筑出版社,
1992：60.

图12-2-7 大孚银行（景明洋行:
汉口，1935-1936年）（左）
来源：李传义主编.中国近代建筑总
览·武汉篇[M].北京:中国建筑工业
出版社,1992：64.

图12-2-8 安利英洋行（景明洋行:
汉口，1929-1935年）（右）
来源：李传义主编.中国近代建筑总
览·武汉篇[M].北京:中国建筑工业
出版社,1992：89.

卢镛标的设计作品注重内部功能，率先接受欧洲新建筑运动的思想，采用西方先进的结构技术，在当时汉口曾引起轰动。

这一时期，江汉路大楼林立，先后建成璇宫饭店、国货商场、四明银行、中实银行、中央信托局等大型建筑，自此，著名的江汉路商业街进入全盛时期，这些建筑至今仍为江汉路上之主要城市景观。

由外商景明洋行设计的工程有聚兴诚银行，1936年建，位于国货商场对面，7层钢筋混凝土结构。大孚银行，1936年建，位于南京路口（图12-2-7）。4层混合结构，外墙为单一的青灰色洗石墙面。这些建筑都采用了现代建筑形式，与景明洋行早期设计的古典主义作品有了根本区别。

汉口三国租界收回后，外商银行建筑已不多见。但仍有一些外商在汉经营，这一时期，由外商建造规模较大的只有安利英大厦（图12-2-8）。它由英商瑞记洋行投资兴建，1929年由景明洋行设计，1930年前后建成。

## （三）其他类型的建筑

### 1. 医院与教堂

除上述官商经营的金融建筑和工商业建筑外，就是基督教会附设的一些医院与学校。这一时期，武汉地区教会依靠社会捐赠，兴办了一些社会公益设施。1928年，英国基督教伦敦会兴建协和医院，由英籍建筑师胡伯设计（G. O. Hooper），营造商韩亚辛承建。协和医院坐落在西满路大约5英亩（约2公顷）的地基上（今中山公园左侧），主楼为3层砖混结构，设有135个床位，并有内外科、小儿科、放射检验和供热中心锅炉房。[①]

1923年，意大利传教士梅赠春（Angolicus Melctto）在应城盐桐山因军阀混战被误杀，1926年由武汉知名教友陆德泽、刘祥等人发起捐赠，修建梅神父纪念医院。刘祥捐赠地皮30000余平方米，武汉军政商和宗教界捐赠建筑费用30余万元。[②] 1928年医院建成。包括办公楼、病房、诊疗室、宿舍、梅神父纪念亭、门房、大门牌楼等多项工程，皆为砖木结构。

1931年，汉口中华基督教会为纪念英国伦敦会传教士杨格非来汉传教70年，在汉口模范区云樵路建起一座基督教堂，取名"格非堂"（图12-2-9）[③]此堂前身为花楼总堂，原址因卖给四明银行而迁至去樵路。堂址占地530平方米，总建筑面积1190平方米。总造价53000余元，其建筑经费多为教会募捐。教堂为3层砖木结构（局部3层），底层为中廊布局，作教堂办公用，二层为礼拜堂。

---

① 李镇治等编.武汉市建筑设计志（初稿）.武汉：武汉市建筑设计院修志办公室，1987；藏于武汉市建筑设计院.
② 王育东等编.武汉市天主教志（初稿）.武汉：武汉市天主教志办公室，1987；藏于武汉市宗教局.
③ 李镇治等编.武汉市建筑设计志（初稿）.武汉：武汉市建筑设计院修志办公室，1987；藏于武汉市建筑设计院.

图 12-2-9　格非堂（建筑师待考：汉口，1931–1937 年）
来源：李传义主编. 中国近代建筑总览·武汉篇 [M]. 北京：
中国建筑工业出版社，1992，73.

图 12-2-10　中央大戏院（建筑师待考：汉口，1918 年）
来源：李传义主编.《中国近代建筑总览·武汉篇》[M]. 北京：
中国建筑工业出版社，1992，86.

### 2. 影剧场

随着电影事业的兴起，这个时期影剧场建筑在汉口有所发展。1928 年，意大利侨民鲍德在今一元路建造维多利亚电影院，影院砖木结构，并附设有露天花园及放映场（现已拆除，建成市政府礼堂）。1929 年广东商人陈夏福在旧德租界建世界电影院，后迁至大智路，以后被炸毁。1929 年，华商郑孝坤将原法租界康生花园改建成电影院。影院基址呈三角形平面，砖木结构，木屋架承重，由丁鉴人做改建设计。建成后初名"康登大戏院"，后改"中央大戏院"（图 12-2-10）。同年，华商刘玉堂经营外商创办的环球大戏院，后由他改为光明大戏院（今中南剧场）。1930 年，浙江商人陈松林创办上海电影院（今中原电影院），2 层砖木结构，屋面为钢屋架承重，该影院由卢镛标建筑师设计，现已做改建。[①]

武昌方面，由于政局动荡，营造活动基本停止。除教会经营了一些建筑外，其他类型的近代建筑极为少见。1928 年，美国天主教艾原道主教在武昌花园山创办育婴堂。同年，美国仁爱会修女在原仁济医院附近创办圣若瑟医院（今湖北中医附院）。1936 年武昌首义路创办天主教善导女中，校内建有 3 层混合结构的教学楼。并附设礼拜堂于教学楼内，由卢镛标建筑师设计。

## （四）武汉大学初创规划及其早期建筑

鸦片战争之后，中国经历了百余年半封建半殖民地的社会。在此期间，中国建筑发展处在一个中西交汇和融合的状态。西方新的建筑体系和中国传统的建筑体系在我国国土上形成了错综复杂的并存、碰撞和交融。武汉大学初创规划及其建筑就是一个典型的案例。

---

① 李镇治等编. 武汉市建筑设计志（初稿）. 武汉：武汉市建筑设计院修志办公室，1987：藏于武汉市建筑设计院.

武汉大学是我国历史悠久的高等学府之一。其前身是在张之洞创办的自强学堂和文言学堂的基础上发展而来。1913年改"国立武昌高等师范学校"，以后学校曾先后易名为"国立武昌师范大学"、"国立武昌大学"、"国立武昌中山大学"、"国立武汉大学"和"武汉大学"。迄今已有100多年历史了。

从1913年武昌高师的成立，到1928年以前的武昌中山大学，校址一直在武昌东厂口。武大现有校园初创于1928年，国民政府决定改组武昌中山大学，组建国立武汉大学。同年，成立了新校舍建筑设备委员会，并任命著名科学家李四光为委员长。紧接着李四光等人开始在武昌东湖之滨的落架山（后经闻一多改名为"珞珈山"）一带勘察新校址，筹备新校舍的建设。第一期工程于1929年3月1日正式破土动工。校舍在选址和建设过程中，曾得到国民政府教育部长蔡元培先生的大力支持，但后来受到地方政府和官吏的多次干预，经学校与地方政府力争周旋，工程才得以实施。

珞珈山新校舍最初的总体设计包括：（1）文、法、理、工、农、医六个学院；大礼堂、图书馆，体育馆、饭厅。（2）男生宿舍六栋，女生宿舍一栋。（3）教职工住宅数十栋。（4）电气厂、工场各一栋，自来水及园林设备以及校内外道路数十华里。到1935年，新校舍的建筑工程除农、医二学院、大礼堂，总办公厅等工程外大多数工程已陆续完成。

武汉大学早期的校园规划和建筑设计均出自美国建筑师开尔斯之手（Francis Henry Kales，1882-1957年），1903年至1907年间在美国麻省理工学院学习，1918年到中国从事工程技术工作，1925年曾参加中山陵设计竞赛并获得荣誉奖第三名。1928年开尔斯经李四光、叶雅阁推荐，担任新校舍的总设计师，他在该工程的设计与施工中表现出非凡的才能。后来，为感谢这位美国人，武汉大学曾聘任他为永远名誉建筑师。

武大新校舍建设的经费主要来源于以下几个方面：①民国中央政府和湖北省政府特拨经费；②中英庚款董事会、汉口市政府、中华教育文化基金会、湖南省政府、平汉铁路等的协助经费；③校方经常费节余款项和私人捐款。

新校舍的建设完成建筑面积7万多平方米，耗资相当于当时的价值三百多万银圆。如此浩大的建筑活动，在我国近代建筑史上实为罕见。

武大校园及规划的杰出成就在于，无论是校园总体规划还是在建筑群体设计上，都具有很高的艺术特色。尤其是对地形的利用以及在中西结合的建筑形式处理上均取得了很高的成就（图12-2-11）。下面从几个方面加以分析。

## 1. 得天独厚的校园选址

郭沫若在他的《洪波曲》中曾经这样写道："武昌城外的武汉大学区域，应该算得上是武汉三镇的世外桃源吧。宏敞的校舍在珞珈山上，全部是西式建筑的白垩宫殿。山上有葱茏的林木，遍地的畅茂的花草，山下更有一个浩渺的东湖。湖水清深，山气凉爽，而临湖还有浴场设备……有人说，中国人在生活享受上不如外国人，但如到过武汉大学，你可以改正你的观念。我生平寄迹过的地方不少，总要以这儿最为理想了。"作为一名文学家和诗人，郭沫若敏锐地感受到

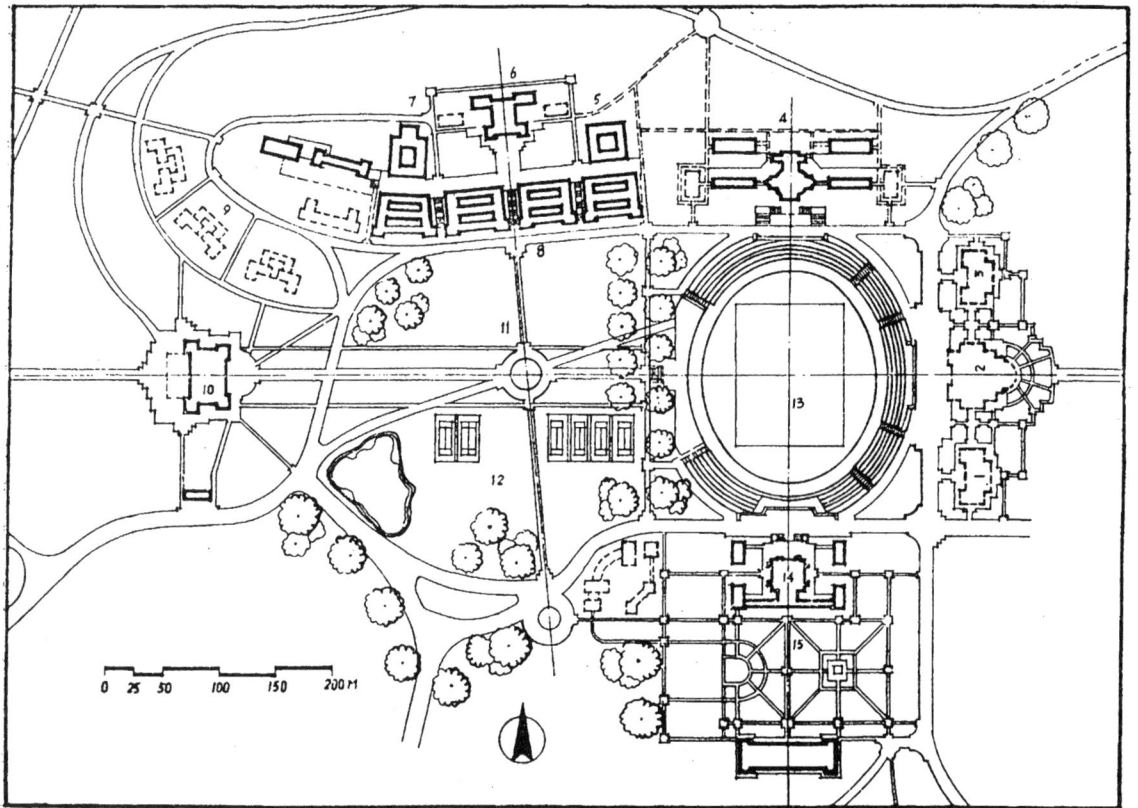

**Layout of the Central Part of the Campus of Wuhan University**

1. Physics
2. Hall
3. Biology
4. College of Science
5. College of Literature & Arts
6. Library
7. College of Law
8. Students' Dormitories
9. Future Dormitory
10. Gymnasium
11. Campus
12. Campus
13. Sports Ground
14. College of Engineering
15. Campus

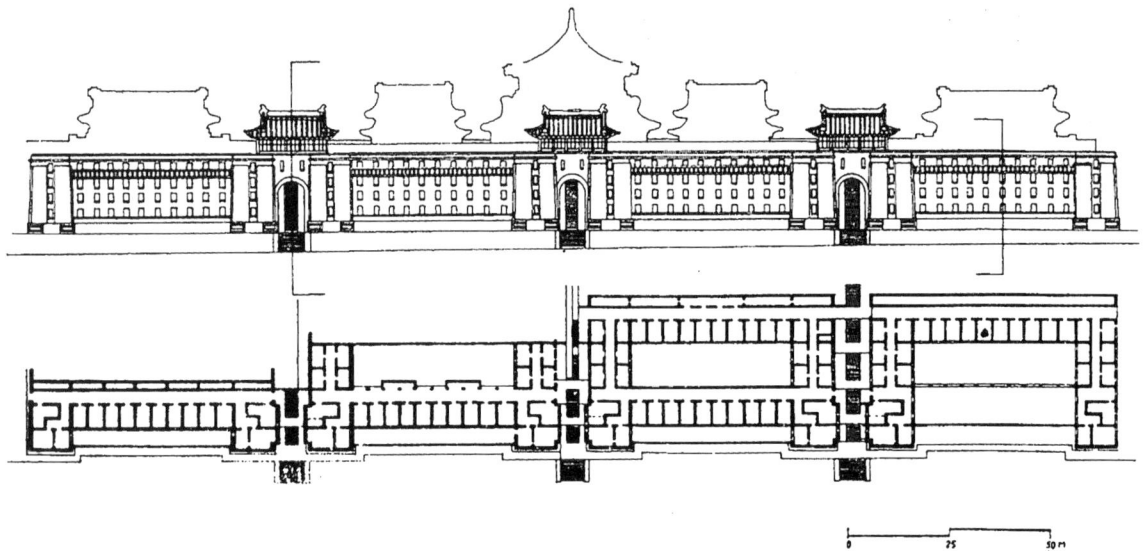

**Plan & Elevation of Students' Dormitory**

图 12-2-11 武汉大学初创规划与学生宿舍整体建筑群
来源：李传义描绘．

并说出了武汉大学的校园之美。

武大校园坐落在东湖西南岸，校区临湖有近二公里的岸线，校内有珞珈山、狮子山、半边山（扁担山）、侧船山、火石山，山形起伏有致。校园地形标高在海拔 20.5 米（湖滨）到 118 米之间（珞珈山），占地 200 多公顷。校内视野开阔舒展，湖光山色交相辉映，自然风景资源具有极高的美学价值。在这样一个风光旖旎，山明水秀的环境内营建高等学府，显然得天独厚。难怪郭沫若会继续说："太平时分，在这里读书，尤其是教书的人，是有福了。"

### 2. 因山就势，建筑人文景观与自然山水环境的有机结合

在这个优美的自然环境内进行校园的总体规划，建筑师开尔斯把因山就势提到了主导地位。他充分利用了一块三面环山（指狮子山、火石山、小龟山所围合的地带），西向开口的低洼地（东西长 500 米，南北阔约 240 多米）作为校区下沉式中心花园和运动场。而凭借三面的山势布置主体建筑和建筑群，使校园内各建筑群相互构成对位对景，面面相观，以图最大程度地扩大环境空间层次。

工学院建筑群（图 12-2-12）下临中心运动场，显示出它宏伟的体量；上以珞珈山麓为背景，构成生动的借景画面，建筑群与周围环境融为一体。从校园南面理学院及学生斋舍建筑群望去均可构成鲜明的对景。

理学院建筑群（图 12-2-13）与工学院建筑群通过中心运动场形成一条长达 400 米的中轴线，这条轴线使二者遥相呼应，具有不可分割的联系。景观轴线与景深幅面得到充分的延伸。

学生斋舍（图 12-2-14）利用狮子山南向坡依山就势布置，使宿舍争取了良好的日照。建筑平面采用不同层次的依山组合，巧妙地顺应了地势的变化，同时借助于山势构成了气势磅礴的整体立面效果。

图书馆（图 12-2-15、图 12-2-16）、文法两院布置在狮子山顶（地面标高海拔 70 米），建筑空间层次由山下经过斋舍阶梯延伸到山顶。在这个近 3 万平方米的建筑群中看不到一座挡土

图 12-2-12　国立武汉大学工学院（开尔斯：武昌，1933–1934 年。李传义摄于 2011 年）

图 12-2-13　国立武汉大学理学院（开尔斯：武昌，1929–1930 年。李传义摄于 2011 年）

图 12-2-14（a） 国立武汉大学
学生斋舍（开尔斯：武昌，1929–
1930 年。李传义摄于 2011 年）

图 12-2-15 国立武汉大学图书馆（开尔斯：武昌，1930–1933 年。李传义摄于 2011 年）

图 12-2-14（b） 国立武汉大学
来源：李传义绘

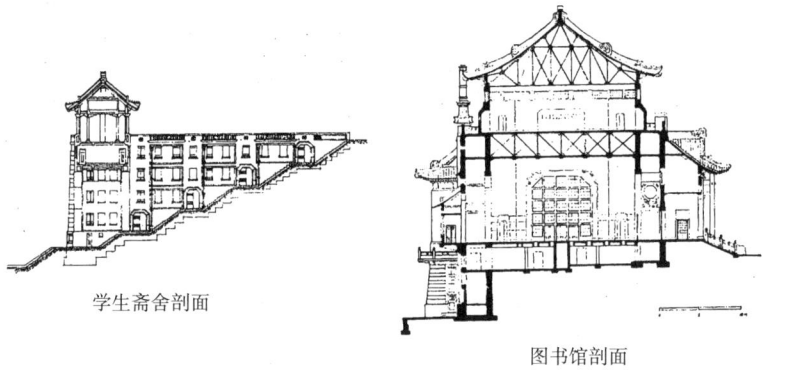

学生斋舍剖面

图书馆剖面

图 12-2-16 武汉大学图书馆立面
及剖面
来源：李传义描绘

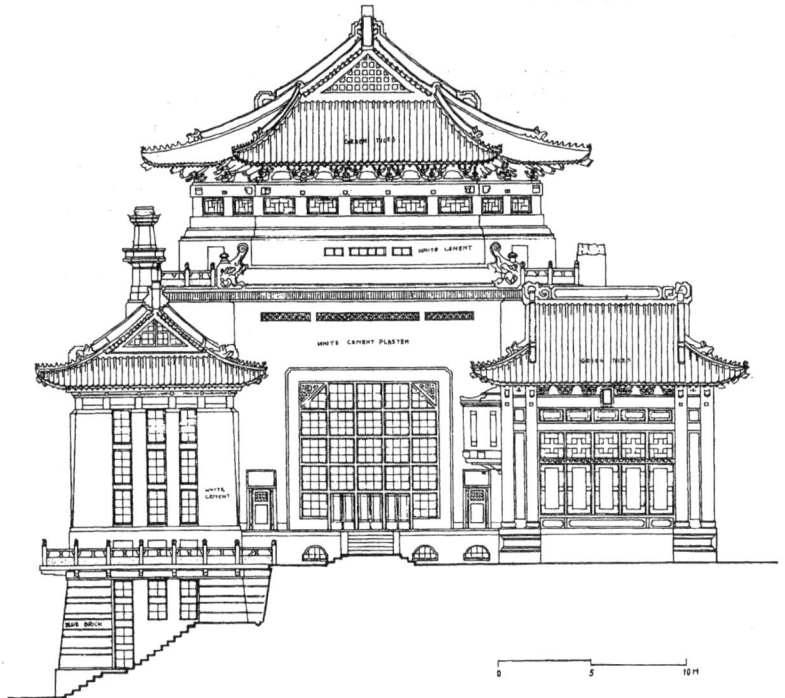

图书馆东立面

墙，显示出建筑师在设计中对山地地形的充分利用和周到考虑。

由于狮子山东北两面均可眺望东湖和磨山风景，而从东湖风景区的许多角度都可感受到狮子山体与图书馆建筑群优美的轮廓线；设计者采用"远取其势"的手法，借助于山的形象特征和特殊的地理位置，把图书馆布置在山顶，文法学院左右对称布局，利用中国特有的屋顶形式使山顶景观更处于显赫地位。图书馆建筑群丰富的轮廓线装点了东湖风景区的景色。这种手法体现了人文构景要以自然环境为主体的指导思想，将建筑人文景观融入自然、和谐共生，进一步提升了自然风景之美，而不是喧宾夺主。

校园总体规划的另一特点是重视自然环境与建筑群体布局的园林化。在环境空间的组织上，运用宏观园林的手法，引入外部园林环境——东湖，来充实校园景色。校内则利用山势和建筑群体形成一个规模巨大的三合院式布局。漫步在这个半开敞的下沉式花园内，处处可感受到建筑景观的变化。四周围建筑物均可俯视中心花园，景色也被引入室内，改善了室内景观。它们互为依托，互为存在，构成了以景观为主而派生的多种意境。

### 3. 建筑群体布局的整体性和建筑形式的多样性

武大校园建筑讲究群体的整体布局，同时注意突出每一群体不同的形象特征，尽可能地避免建筑造型的雷同。

学生斋舍建筑群以顺应山坡为特征，为了突出宿舍入口的导向性，将通往山顶的大阶梯入口的上部屋顶升起一层，采用传统屋顶形式强化了入口标志性，与图书馆等周围建筑形成顾盼呼应，这一组群是以绿色琉璃屋顶为基调，以古典屋顶形式为特征的整体建筑群（见斋舍区整体立面）。图书馆本身的体量以及它所处的特殊位置，使它成为该建筑群中的主体建筑，整个校区的制高点，从而构成东湖风景区优美的天际线。

理学院建筑群紧靠着斋舍区，若继续采用斋舍区的处理手法则会单调乏味，设计师在这里运用一个近20米直径的穹隆顶作为科学会堂的屋顶，以构成理学院建筑群主体建筑的特殊形象（见理学院总体立面）。虽然两侧配楼屋顶及色彩与斋舍区相似，但它仅仅起到了形式上过渡的作用。由于主体的变化，理学院建筑群与斋舍建筑群形成了鲜明对比。

工学院建筑群采取四面群房对称布局的手法来烘托主体建筑。主楼呈正方形，重檐四坡玻璃屋盖，别具一格。玻璃屋顶一方面是中庭采光所必需，从而构成了富有特色的共享空间。二则由于玻璃质感，一眼便可看出它与众不同。形式和内容在这里是高度统一的。工学院别出心裁的构思，使得它与文、理学院建筑群对比，又具有鲜明的个性。

这三组整体建筑群，以其不同的平面布局，突出各自主体的造型特征，形成了不同的艺术特色，群体布局的巧妙构思，达到了校园建筑形式的多样化。"群体"是中国建筑的灵魂，设计师尊重中国传统手法，取得了在此基础上创新的艺术效果。

### 4. 主要建筑

（1）学生斋舍

学生斋舍的平面布局颇肯特色，它利用上山的室外阶梯，把宿舍区，教学区和校前道路有机地联系起来。阶梯既是室外的交通枢纽，又是宿舍区的交通楼梯，一举多得。这样布局压缩了宿舍必要的辅助面积，平面得到充分利用。且室外踏步顺应山势，建筑构造简单，还可节省工程造价，学生斋舍屋顶平台升起后，正好与山顶教学区室外地面同高，扩大了教学区在山顶的活动场所。

斋舍单个房间，设计者考虑了壁柜等设施，单间尺寸为3.3米×4.5米，每间使用面积13平方米，可放两张双层床位。整个斋舍区共300多间，可住1200多人。斋舍分为4个单元，共设16个出入口，分别为"天地元黄，宇宙洪荒，日月盈昃，辰宿列张"16个斋舍。

（2）图书馆

图书馆平面按其使用功能分为阅览大厅、书库和辅助用房三个部分，出纳台介于书库和阅览大厅之间，读者、工作人员与书的流线组织符合现代图书馆的使用功能。在剖面设计上，由于阅览厅兼有学术报告的功能，故而层高较大。其他部位则利用夹层来扩大使用面积。书库部分的层高为2.40米，充分考虑了空间利用的经济性。书库双侧采光，且书架与侧窗交错布置，通风采光效果良好。5层书库可存书50万册左右。

图书馆外形以古典屋顶形式为特征。在结构技术上采用了西方的钢筋混凝土框架和组合式钢桁架承重。新材料的运用，大大节省了木材，同时为解决大跨度建筑空间创造了条件。

图书馆工程建筑面积6000多平方米，由汉口汉协盛营造厂承建。经过80多年的使用，建筑物结构沉降均匀，外部装修色调仍保持着原有风貌。可见，我国近代施工技术的水平已经有了很大发展，建筑质量可谓百年大计。

（3）理学院

理学院主体建筑为课室楼，底层设两个学术报告厅（每个报告厅300个固定座椅），其他均为小合班教室。两侧配楼分别为化学楼和物理楼，主要是教学办公用房和实验教室。这三部分利用廊的联系构成统一的整体。

（4）工学院

工学院四面群房为各系办公用房；包括土木工程系，机械工程系，电机工程系，矿冶系和实验室用房。

主楼为教学用房。中部没有5层共享大厅。内部四面回廊作为楼层水平联系的通道，同时又是学生课间活动的公共空间。这种中庭式的共享空间，在1930年代便已问世了。

地下层为科技展览大厅，利用楼前高台设地下通道，可由楼前广场直接进入大厅。大厅顶部采光，阳光可直接进入。活动在展厅内，可感受到阳光、空气和空间的无比情趣。将这种形式用于教学建筑，在我国近代建筑史上别无先例，它比波特曼建筑共享空间的创造要早30年。

（5）教工住宅

武大校园早期住宅建筑可谓形式多样，尤其是立面形式丰富多彩。由住宅平面功能可见我国近代别墅建筑有了较大发展，其特点主要在平面紧凑，强调平面利用率，注意采光通风组织。这些住宅设计，结合现代生活特点，在传统做法的基础上做了创新尝试。

**5. 武大早期建筑产生的时代背景及其体现的时代特征**

建筑是社会发展的产物。历史上优秀的建筑形象都是为了表现自己的时代而创造出来的，它们不可能完全适应今天社会发展的需要。武大早期建筑集中体现了我国近代中西建筑文化广泛交流的时代特征，应该作为历史而载入建筑史册。

以往许多人对武大早期建筑持有一种偏见，甚至给它贴上半殖民地半封建的标签。笔者认为，不能撇开时代片面地下结论。给 1930 年代的民族形式建筑扣上"形式主义"，"殖民主义"的帽子，这完全抹杀了中西两大建筑体系发展进程中的时间效应。应该看到，处于同一时期的中西建筑的差异乃在于它们发展进程的差异。它们和自己所处的时代，生长它们的土壤直接联系着，永远也不可能殊途同归。处于近代的中国建筑，要人们完全放弃传统文化，全盘接受西化显然是极其困难的。那种动荡、分化、中西交叉和渗透的特殊社会形态给人们规定了创作原则。按照这种思路去创作，它所体现的也正是这一时代的特征。我们应该从历史的角度去考察近代建筑，才会建立正确认识它们的价值观。

武大校园规划及其建筑在空间形态上吸取了中西形式之长。设计者尊重中国民族传统，抓住"建筑群体空间"这个灵魂。同时利用自然风景资源作为宏观的空间渗透因素，使山势成为建筑景观的陪衬和补充，使广阔的水面成为建筑的背景和前导。大自然与建筑之间的互补作用，丰富了环境空间的内容。在室内空间形式上，武大建筑采用了西方先进的结构技术，促进了古代木构建筑朝着现代建筑空间转型。应该说，武大校园近代建筑，融中西建筑艺术于一炉，紧跟了我国 1930 年代建筑史上的一代新风。


# 二、董修甲与武汉的近代城市规划实践 ①

19 世纪末 20 世纪初，城市规划逐步专业化和规范化，发展成为社会组织和政治治理的重要组成部分。伦敦、巴黎、纽约、柏林等大城市，纷纷诉诸全面的城市规划并运用工业时代的新技术开始重建。20 世纪 20 年代的中国，一批留学海外的城市管理和规划学者陆续学成归国，撰写了多本著述介绍欧美城市规划理念，并在广州、南京、上海等城市相继开展了规划尝试，旨在对城市发展作出总体指导。董修甲是其中的一位先驱和代表人物。他撰写出版了大量城市

---

① 本节作者张天洁。

规划及管理论著,介绍欧美最新理念,并创立了中国近代首个关于城市建设管理的专业组织——中华市政学会。1928年,他应当时武汉特别市市长刘文岛之邀来到武汉,辅助新的市政府建立起现代管理体制,诉诸科学规划手段来整理并改变当时城市的拥挤与混乱。他主持完成的《武汉特别市工务计划大纲》成为其后城市建设各项计划的最初蓝本,对武汉的工商业分布产生了长期的影响。

## (一)董修甲的教育背景与工作经历

董修甲(1891-?年),字鼎三,江苏六合人。1918年从北京清华学校毕业后赴美留学,1920年取得密歇根大学经济学学士,1921年在加州大学洛杉矶分校获得市政管理硕士学位。[1]当时,美国蓬勃发展的城市规划运动令董认识到城市规划是代表市民对城市复杂物质环境的整体发展施加深思熟虑的控制尝试。

董修甲1921年学成归国,至1928年间先后任职于吴淞、上海、杭州等市政府,并在上海和北京的大学里教授市政、管理、法律、经济学等课程(表12-2-1)。1927年他在上海组织成立了"中华市政学会",这是中国近代首个关于城市建设管理的专业组织,旨在"联络市政同志,调查市政状况,研究市政学术,促进市政发展。"

董修甲的主要经历(1921-1937年)　　　　　　　　　　　　　　　表12-2-1

| 时间 | 主要经历 |
| --- | --- |
| 1921-1922 | 南洋路矿学校经济学及历史教授 |
| 1922-1924 | 吴淞港改筑委员会顾问,吴淞市政府筹备处欧美市政调查主任 |
| 1924 | 国立北京法律大学和师范大学市政管理及经济学教授 |
| 1925-1928 | 上海市政府、汉口市政府顾问,其后任沪宁、沪杭铁路管理局租契起草委员会英文秘书,上海国民大学、吴淞中国公学、上海法律学校教授等职 |
| 1928 | 武汉市政委员会秘书长 |
| 1929.6 -11 | 武汉特别市政府工务局长 |
| 1929.1-1931 | 汉口特别市政府公用局长 |
| 1929.1- | 中国建设协会会员,汉口国民经济研究所 |
| 1930 | 汉口特别市参事长 |
| 1931.3-9 | 南京首都建设委员会经济处技术专员 |
| 1931.10 | 立法院立法委员 |
| 1931.12-1933.10 | 江苏省政府委员兼建设厅厅长 |
| 1932.6 | 行政院淞沪战区善后筹备委员会委员 |
| 1933.9 | 国民政府黄河水灾救济委员会委员 |
| 1934-1937 | 中国大学商学院教授、院长,国民政府经济部资源委员会国民经济研究所特聘研究员,苏浙皖税务总局秘书长 |

来源:根据 *Who's Who in China*、《近代哲匠录》、《民国人物大辞典》等史料整理

---

[1] *Who's Who in China: Biographies of Chinese Leaders. Shanghai*: The China Weekly Review, 1936.

## （二）董修甲的理论著述

董修甲撰写了大量关于城市规划和管理的书籍和文章（表 12-2-2），有的被用作教科书，有的则是面向普通市民的大众读物。其目的不仅是要培养专家能够妥善设计、建造和管理现代城市的基础设施，还期望能通过普及相关知识来赢得普通民众的支持。

董修甲的主要著作（1923-1937 年）　　　　　　　　　　　　表 12-2-2

| | |
|---|---|
| 城市计划之意义 [N]. 申报，1923.3.20 | 与南京特别市刘市长论首都建设问题 [N]. 评审查公布后之两种市组织法 [N]. 时事新报，1928.8.3 |
| 城市计划制度之种类 [N]. 申报，1923.4.4 | 评（陆丹林编）市政全书 [N]. 时事新报，1928.8.17 |
| 城市计划以前之调查 [N]. 申报，1923.4.6 | 复南京市长函 [N]. 时事新报，1928.8.24 |
| 城市房屋段落之计划 [N]. 申报，1923.4.14 | 市政财政问题 [N]. 时事新报，1928.9.7 |
| 城市公共房屋之计划 [N]. 申报，1923.4.18 | 市工程行政问题 [N]. 时事新报，1928.9.14 |
| 城市私人房屋之限制 [N]. 申报，1923.4.20 | 市政与市民 [N]. 时事新报，1928.9.28 |
| 城市计划中之社会状况 [N]. 申报，1923.4.23 | 市政与市政专门人才 [N]. 时事新报，1928.10.25 |
| 旧城改造新市及平地建设市场之异点 [N]. 申报，1923.6.20 | 市公用事业问题 [N]. 时事新报，1928.11.9 |
| 市政新论 [M]. 上海：商务印书馆，1924 | 振兴城市新区之计划 [N]. 时事新报，1928.12.21 |
| 论内务部所订之市自治制 [J]. 清华学报，1924（1） | 道路包工与自建法 [N]. 时事新报，1928.12.28 |
| 田园新市与我国新政 [J]. 东方杂志，1925（11） | 建设大都市理财之计划 [N]. 时事新报，1929.1.4 |
| 代议立法与直接立法 [M]. 上海：商务印书馆，1926 | 市政问题：讨论大纲 [M]. 上海：青年协会书局，1929 |
| 市政学纲要 [M]. 上海：商务印书馆，1928 | 市政研究论文集 [M]. 上海：青年协会书报部，1929 |
| 市组织论 [M]. 上海：商务印书馆，1928 | 现行市组织法平议 [M]. 武汉：武汉市市政委员会秘书处编译室，1929 |
| 市宪议 [M]. 上海：新月书店，1928 | 我国大都市之建设计划 [M]. 武汉：武汉市市政委员会秘书处编译室，1929 |
| 训宪政时期江苏市制之商榷 [M]. 上海：青年协会书局，1928 | 京沪杭汉四大都市之市政 [M]. 上海：大东书局，1931 |
| 各国市政之发达史（续）[N]. 时事新报，1928.2 | 都市分区论 [M]. 上海：大东书局，1931 |
| 论南通模范市组织制度 [N]. 时事新报，1928.2.24 | 市政与民治 [M]. 上海：大东书局，1931 |
| 中国市制之进境 [N]. 时事新报，1928.3.9 | 市政学纲要 [M]. 上海：商务印书馆，1932 |
| 美国分权市制与集权市长制之研究 [N]. 时事新报，1928.3.16 | 战时理财方策 [M]. 镇江：镇江江南印书馆，1933 |
| 警务行政组织之商榷 [N]. 对于我国市公安行政之我见（著名鼎三）[N]. 时事新报，1928.4.27 | 都市行政费与事业费 [M]. 镇江：镇江江南印书馆，1933 |
| 欧美各国市制之沿革 [N]. 时事新报，1928.5.7 | 市财政学纲要 [M]. 上海：商务印书馆，1936 |
| 筑路收用土地的问题 [N]. 时事新报，1928.5.11 | 国民经济建设之途径 [M]. 上海：著者自刊，1936 |
| 我国城市地位问题 [N]. 时事新报，1928.6.1 | 中国地方自治问题 [M]. 上海：商务印书馆，1936 |
| 呈内政部关于城市根本法规意见书 [N]. 时事新报，1928.6.8、6.15 | 国民经济建设之途径 [M]. 上海：著者自刊，1936 |
| 首都建设问题 [N]. 申报，1928.7.7 | 国民经济建设精义 [M]. 上海：中华书局，1937 |

资料来源：根据 *Who's Who in China*、《近代哲匠录》、《民国人物大辞典》等史料整理

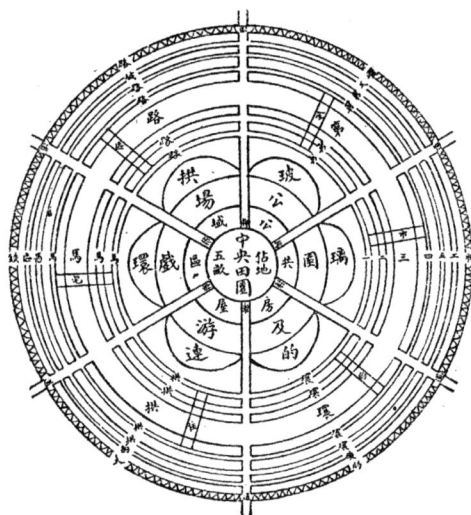

何韦特理想中的田园新市图

图 12-2-17　董修甲改绘的田园城市示意图（1925 年）
来源：董修甲 . 田园新市与我国市政 [M]. 东方杂志，1925（10）.

1924 年首版的《市政新论》是我国最早的城市规划专著之一。董修甲认识到当时城市规划书籍的匮乏，因此结合欧美最新发展和中国案例系统地介绍了相关知识。他在该书序言中写道："吾国关于市政书籍，极其缺乏，译者既少，著者更鲜。即有一二译述之本，乃数十年前之作，其所论陈腐不可为法。试问数十年前之市政，能为今日模范乎。修甲有鉴于此，谨以所学著述《市政新论》，凡关于城市设计、城市政制、城市卫生、警察行政、消防行政、城市财政、城市教育行政、慈善事业、公共营业诸问题，详加论述。所引用材料，皆欧美市政最新之事实。"董修甲将 city planning 译为"城市设计"，定义为"一种计划建造城市或改良城市之科学"。在书中，他论述了城市设计的意义、历史、制度之种类，介绍了如测量、调查等前期规划方法，以及在城市交通、公共娱乐、公共住房、私人住房等方面的具体设计措施。还讨论了实施规划的理财方法，并搜集列出了英、德、美等国城市规划的最新成就以及我国各城市拟定的计划以备参考。《市政新论》这本介绍城市规划的著作非常受欢迎，到 1928 年已重印 4 次。

1925 年，董修甲所著的"田园新市与我国市政"发表于《东方杂志》，成为我国最早介绍霍华德田园城市理念的著述之一。[1]董修甲对 1902 年出版的《明日的田园城市》（Garden Cities of To-Morrow）一书作了全面检讨，[2]并进一步图解说明了霍华德田园城市图的主要特点（图 12-2-17）：有限的规模、中心布局、放射状林荫道、周边产业、环绕绿化带等。随后董修甲比较分析了世界范围的田园城市建设实践，如英国 Letchworth、瑞典 Enskede、德国 Helleraw、美国纽约的 Forest Hill Gardens 等，还展望了中国采用田园新市制度的前景。

值得注意的是，董修甲并未局限于霍华德的设想，他结合自己的理解进一步将分区制度列为田园新市的第一个要素，包括有行政区、住宅区、工业区、商业区、公园区、军事区、田园区。所谓"分区"，简单而言是指在城市环境中依据功能分离开不同社会活动和建筑形式，它

---

① 董修甲 . 田园新市与我国市政 . 东方杂志，1925（10）：30-44.
② 该书最初出版于 1898 年 10 月，名为 *To-Morrow! A Peaceful Path to Real Reform.* 1902 年再版，更名为 *Garden Cities of To-Morrow.*

被誉为美国规划师在 20 世纪初最重要的创新。[1] 1918 年至 1921 年董修甲在美国求学时，分区理念正在美国各城市蓬勃发展。分区尝试始于 1908 年美国加利福尼亚州洛杉矶市，董修甲 12 年后在此攻读市政学硕士。该规划设立了工业区，将特定产业严格限制在法律规定的工业区域，从而将剩余的土地保留为住宅用途。美国规划界对此项创新给予了普遍赞誉，他们认为此举发现了政府司法权力新的和潜在的用途。截至 1917 年初，在美国至少已有 20 个城市采取了分区，包括纽约、加州伯克利和俄亥俄州阿克伦城等。董修甲受到美国城市所取得成就的鼓舞，坚信分区确保了稳定的土地使用和房地产价值。他于 1931 年完成专著《都市分区论》，详细介绍了各国采用分区制度的经过及其分区制度的要点，并结合我国城市的分区实践将各种制度加以比较，分析利弊以备参考。[2]

总体而言，董修甲积极介绍西方城市规划和管理所取得的成就，同时十分重视结合中国实际来探讨是否适当可行。20 世纪初，受城市美化运动的影响，一些规划师常常过度追求外观宏伟，而牺牲日常生活的实用性。董并不赞成这种做法。在《市政新论》一书中，他强调指出对城市规划而言重要的是可行性，而不是宏大的愿景。当介绍田园城市理念时，董并没有沉溺于规划技术细节，而是注意到霍华德为实现这项计划非常看重公有制和控制土地。在董看来，城市规划不仅仅是美化，更是要满足所有公民的环境需求，最终目的是为了人们的健康和福利。

董修甲对现实问题的重视在一定程度上与他回中国后辗转的职业生活分不开。1921 年回国后，董踌躇满志，希望倾其所学，科学地改造城市，但由于军阀混战而找不到合适的政府职位，只能到大学任教。当时国内市政学刚刚起步，尚无合适教材可用，一切需从头做起。1922 年到 1924 年间，他潜心筹备建立新的吴淞市，却因突发的政治权力斗争而前功尽弃。[3] 1927 年，他建议上海市政府实行土地收购政策，既能为政府提供稳固的财政收入，同时又能节制土地投机。[4] 尽管这项建议非常合理，但因市政府早期财政困难而只能是一纸空谈。经历一次次的挫折，董修甲已充分认识到中国市政相对落后的实际境况，从指导是什么转而更多的思考能做些什么，以及如何实现。

## （三）董修甲在武汉的规划实践

1928 年 9 月，董修甲带着对实际问题的思考来到武汉。当时的武汉被誉为中国内陆最现代化的城市，但由于鲜有统一的市政公共机构，其发展和建设仍缺乏全面整体规划。[5] 董修甲担任了新成立的市政委员会秘书长，引入西方管理模式改组市政府，市政的集权和合理化使得协

---

① Katharine Kia Tehranian. *Modernity, Space, and Power: The American City in Discourse and Practice*. Cresskill, NJ: Hampton Press, 1995: 122–124.
② 董修甲 . 都市分区论 . 上海：大东书局，1931.
③ 董修甲 . 市政学纲要 . 上海：商务印书馆，1932（第 2 版）：序 1–2.
④ 董修甲 . 上海特别市土地政策之研究 . 东方杂志，1927（14）：7–16.
⑤ Stephen R. Mackinnon. "Wuhan's Search for Identity in the Republican Period," in Remaking the Chinese City: Modernity and National Identity, 1900–1950, ed. Joseph Esherick (Honolulu: University of Hawaii Press, 2000), 163–64.

调城市综合改革的努力成为可能。1929 年 4 月董被任命为工务局局长。市工务局负责城市规划及重建工作，包括测量调查、规划、设计、施工等。[①] 董发起了一系列规划尝试，意欲通过全面规划来科学地改造城市。

**1. 全市测量与调查**

董修甲规定"一市之工程计划，必先举行测量。"[②] 在起草武汉市未来发展计划前，董认识到原有的街道图已不能适应当时的市政发展趋势，一切市政工程计划无所凭依，因此决定首先开展全市范围的测量与调查。董在工务局内设立了专门的测量科，在全市范围内开展了大规模的三角测量、市街测量和水准测量。同时注意到"新市区，多空地，地形简单，旧市区，房屋栉比，地形复杂，因此，测量要因之而异。"[③] 在董的领导下，工务局完成了武汉三镇 25 个地点的大三角测量，以及 50 多条市区马路的测量。还建立了一些永久性标志，以便后人查看和借用。此项测量工作的完成使全市形势一目了然，为之后的市政工程计划提供了准确依据。这也是汉口近代史上首次采取规范的测量方法进行的全面精确的测量，广受时人好评，"心好有技，人乐观成，难与创始，角平测量，一二月内详细工程，百年大计，分别举行，缓急第次，畴实为之，曰为董子，一本匠心，鸿兹巨制。"[④]

董修甲还指出"其实所设计者，要以调查所得为标准。否则无设计之可言，是调查为设计之第一步"。并强调调查的范围十分广泛，包括"已成与未成之街道；已成之公园及可为公园之地位；已有之公共房屋；交通状况；公共灯火状况；公共水利状况；各区人民之稀密；各区工厂之多少；人民住所状况；宪法之特许权；宪法之限制；当时财政状况及将来财源希望。"[⑤] 其在汉口的调查对象不仅有物质环境和基础设施，还包括了社会和文化状况。此外，董还亲自访问了南京、上海、杭州市政府和上海英租界工部局，采访了工务局及工部局局长等官员，并收集了市政报告等大量相关资料用作参考。[⑥]

**2. 土地使用分区**

董修甲推崇的另一个规划概念是土地使用分区，即在城市环境中依据功能分离开不同社会活动和建筑形式。如前所述，20 世纪初形成于美国的分区可以说是当时科学城市规划的新兴重要措施。1920 年代，上海租界是中国大部分城市效仿的对象，董却批评道："请观英法大马路之贸易区内，有住宅，有工厂，随便建筑，毫无秩序。其妨碍公共卫生，公共安宁，诚非浅显，是绝非刻意引为模范之市政。"[⑦] 他推荐美国特别是加利福尼亚州的分区条例。在他看来，美国

① 董修甲 . 序 // 汉口特别市工务局编 . 汉口特别市工务局业务报告，1929（1）：1-2.
② 董修甲 . 调查京沪杭三市市政报告书（续）. 新汉口，1930（1）：38.
③ 汉口市政府 . 汉口市政府建设概况 . 汉口：汉口市政府，1930（1）：测量 .
④ 周崇新 . 题词 // 汉口市工务局编 . 汉口市工务局业务报告，1930（2~3）：扉页 .
⑤ 董修甲 . 市政新论 . 上海：商务印书馆，1928 年（第 4 版）：13-15.
⑥ 董修甲 . 调查京沪杭三市市政报告书 . 新汉口，1930（12）：57，60.
⑦ 同⑤：序，1-4.

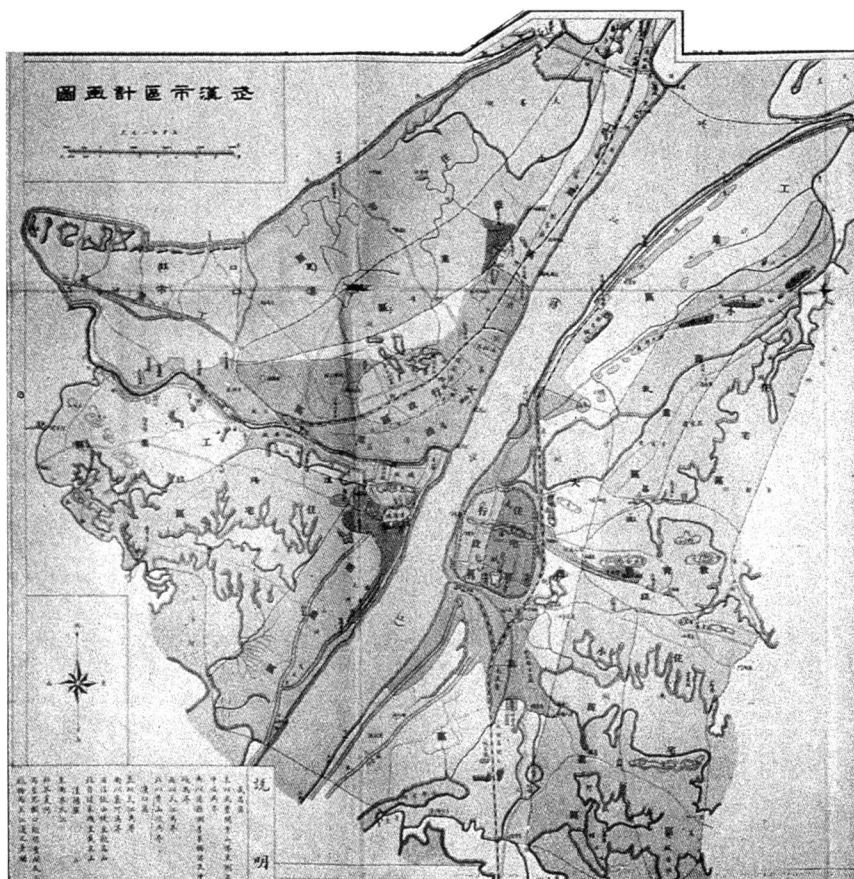

图 12-2-18 武汉市分区计划图（约 1929 年）
来源：武汉历史地图集编撰委员会编. 武汉历史地图集 [M]. 上海：中国地图出版社，1998

的分区条例有效地抵制了土地市场的投机和反复无常，并为很多被视为城市弊病的情况提供了补救措施。

1929 年在武汉，董修甲指出"分区问题为工务计划中至为重要者。市区划分适宜，方不致有碍都市之发展，否则不能使其进行无阻"，[1] 并详细阐释了分区的益处："（一）分区则能应都市生活机能而分类，使之组织化秩序化，以求发挥其所长，而矫正其所短；（二）市区内之土地，得就天然形势尽量发展，能限制地主滥用土地权，妨碍公众之利益；（三）使企业家明了各部土地使用之性质，得以集中力量发展企业，俾土地得为经济之利用；（四）使同一性质之事业，集中于同一区域之内，可以增加市民之便利；（五）分区则土地之使用，建筑物之高度，及其建筑之面积，均有一定之规定，使市民得享受充分之日光空气，增加卫生之效能：举凡种种，皆为都市切要之图。"[2] 在董看来，良好的分区条例有助于维护公共治安和公共卫生，为城市居民创造一个舒适的环境，使城市增长有序和持续。

在董修甲的领导下，武汉特别市工务局在全市测量调查的基础上制定了武汉三镇首次统一的分区计划（图 12-2-18）。该计划预测 60 年后武汉三镇总面积将达到 400 平方公里，其范围

---

[1] 汉口特别市工务局. 汉口特别市工务计划大纲. 汉口：汉口市政府，1930：1.
[2] 汉口市分区计划. 新汉口，1930（12）：166.

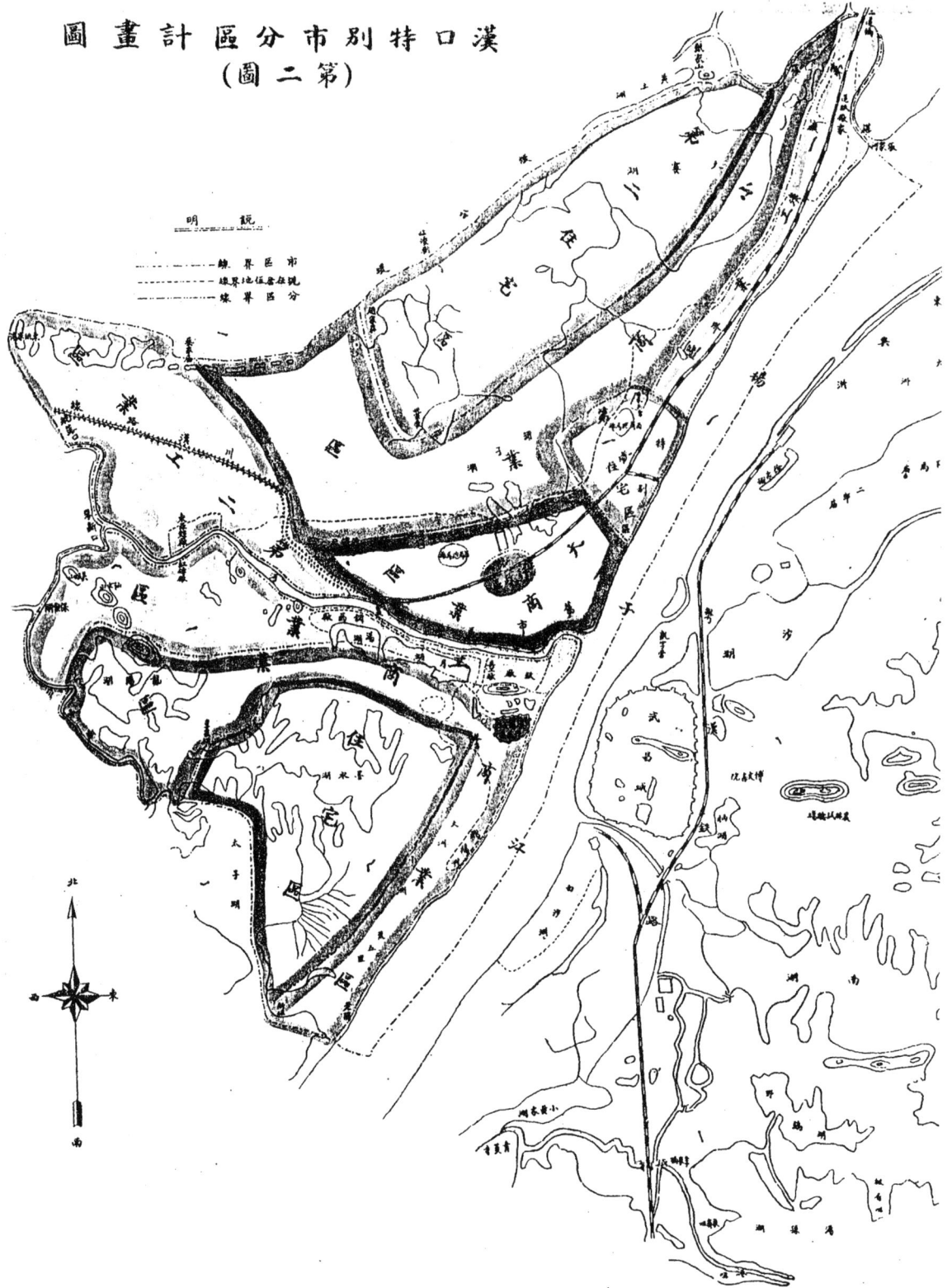

圖 畫 計 區 分 市 別 特 口 漢
（圖 二 第）

图 12-2-19  汉口及汉阳分区计划图（1929 年）
来源：汉口特别市政府秘书处. 汉口特别市市政计划概略 [R]. 汉口：汉口特别市政府秘书处，1929.

东至武丰闸、平湖门，南至汤逊湖、老关，西至舵落口、琴断口，北至张公堤。其中约 90 平方公里被水面覆盖，余下的 310 平方公里依据功能被进一步细分：约 80 平方公里被指定为工业区，以长江下游之汉口、武昌两地及临汉江之汉口西南部为主；约 130 平方公里被划作商业区，以汉口之特区、旧市区、汉阳及武昌之河边为宜；约 20 平方公里留作教育和政府机构用地，专设行政区于汉口循礼门车站、万松园一带、武昌博文书院附近；余下约 80 平方公里的环湖地带，用于建造住宅，体现了"花园 + 郊区"的理念。[①]

1929 年三镇分治后，又迅速拟定了汉口汉阳的分区计划（图 12-2-19），针对汉口城区人口过于集聚，设想今后将向北向内陆大规模扩展。汉口都会区按功能被细分为行政区、大小商业区、工业区和住宅区。大商业区主要沿长江和汉江分布，因为该区域交通便利，而且人口最为密集。行政区选址在汉口未来大商业区的中心，有京汉铁路横贯而过。汉口的工业区沿着京汉铁路分布，并且尽可能位于下风向和河流的下游，以减少对市区居民的干扰。汉阳的工业区则基于 1890 年代建成的汉阳钢铁厂和兵工厂。以前的租界和围绕天然湖泊的风景区被划为住宅区，以充分利用现有的人工和自然风景。[②]

### 3. 道路系统

董修甲认识到市区狭小道路实为汉口交通发达的障碍，是市政不能振兴的原因。根据实际情况及政府财政支持能力，董拟定了市区的道路系统规划，采取了新辟道路、加宽旧路以及对旧有道路进行补修翻修相结合的方式，并据实际区位、道路等级、残损程度等划定了先后施工次序（图 12-2-20）。道路设计采用了人车分流，铺设新材料柏油路面，引入道路绿化，并注重下水道设计、流水方向及居民的饮水卫生。

任职期间，董修甲亲自负责组织了部分道路工程建设，包括沿江马路江汉关至周家巷段新筑柏油路面工程、中山路六渡桥至满春段放宽及加铺柏油路面工程、汉江街加铺柏油路面工程、民权路新筑工程、三民路新筑工程以及碎石路、柏油路的补修工程等。[③] 在实际工作中，他注重了解来自各科、各技术员的报告，善于听取意见并加以讨论，同时还亲往查勘，权衡利弊后再作出决策。如在 1929 年 4 月 25 日第二次技术会议上谈到张美之巷路线的建设时，意见难以统一，于是"董局长高科长凌美等亲往查勘后再议。"[④] 董修甲所领导规划并建设的道路工程使汉口城市道路发生了量与质的巨大变化，奠定了今天市区道路网的基本框架。

### 4. 公园系统

在董修甲的领导下，工务局还进一步编制了其他专项规划，其中公园系统计划（图 12-2-21）是武汉历次规划以来的首次尝试。董当时已知晓城市公园在生理、道德、精神、政治等方面的种

---

① 武汉市城市规划管理局.武汉城市规划志.武汉：武汉出版社，1999：40-42.
② 汉口特别市政府秘书处.汉口特别市政计划概略.汉口：汉口特别市政府秘书处，1929：1-2.
③ 邱红梅.董修甲的市政思想及其在汉口的实践.华中师范大学硕士论文，2002.
④ 汉口特别市工务局.汉口特别市工务局业务报告，1929（1）：17.

图 12-2-20　汉口道路分类图（1930）
1. 沿江大道；2. 民生路；3. 民权路；4. 民主路；5. 三民路；6. 中山路；7. 中正路
来源：汉口市工务局编. 汉口市工务局业务报告 [R]，1930.

种益处。他在《汉口特别市工务计划大纲》中写道："公园于都市中如沙漠之泉源，其重要可想而知"，通过建设公园，"市民能得健全之游戏，健全之消遣，其身体可以日强，精神可以日振。"他依据规模将城市公园分为大的自然公园和小规模的通气草地，并强调这两种类型的公园，以及连接它们的公园道，对于市民的日常生活必不可少。由董创办的市政月刊《新汉口》还刊载了一系列文章，向汉口市民介绍纽约、伦敦、巴黎等地的城市公园。其中有一篇翻译了布偌克（Clarence L. Brock）的最新评论，详细论述了 1909–1930 年间美国城市公园系统的发展及价值。[①] 文中指出，为满足居民的各种需求，大的公园需要有其他类型的小公园来补充。介绍了"人均绿地面积"这一指标以确定合理的公园数量，建议每 500 人 1 英亩（约 4000 平方米）绿地。布偌克还强调，公园系统规划是一个需要考虑将来的全面统筹安排，建议先于土地开发增值前购买或预留公园用地。

　　在汉口、汉阳，董修甲所设想的不仅是单个的大公园，而是由林荫大道连接各公园的全面绿色网络。这种公园系统的想法实质是 19 世纪后期美国景观规划的创新，要求城市协同规划和完整建设相互联系的开放空间体系。汉口的公园系统计划（图 12-2-21），借鉴了美国模式，同时也考虑了武汉的地形特征。汉阳现有的自然山体、湖泊被辟设为大的自然公园，汉口则预

① 　Clarence L Brock. 1909~1930 年间美国市公园系统之发达与其价值. 陈震 译. 新汉口，1931（8）：9–12.

圖畫計統系園公市別特口漢
（第四圖）

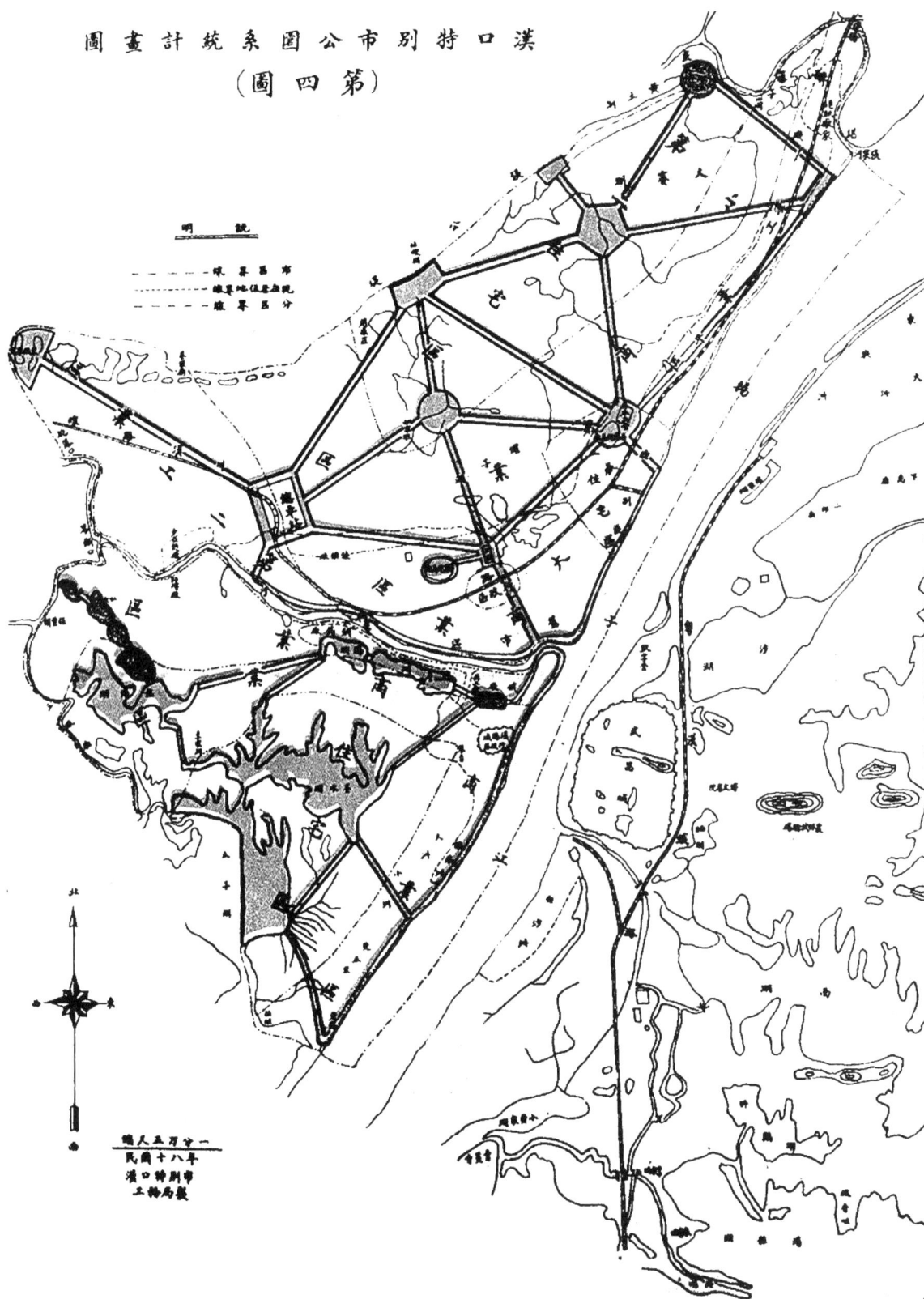

图 12-2-21　汉口及汉阳公园系统计划图（1929 年）
来源：汉口特别市政府秘书处. 汉口特别市市政计划概略 [R]. 汉口：汉口特别市政府秘书处，1929.

留了 10 处大的公园用地。大公园之外，还规划了相当数量的小型邻里公园、公共田径场、市中心广场、休憩公园等，以保证大多数居民的日常休憩与娱乐。该计划还参考美国先例，布置了公园道（parkway）来联系大型公园。这些新的公园道大多位于老城区以外的待开发用地，以直线形为主，部分呈巴洛克式的对角线形，而且将地面交通要道、休闲步道和地下市政管网三者结合在一起。这些特征都与美国同期的情况相类似。

### 5. 公众参与

董修甲在武汉的规划主张中还蕴含着"公众参与"意识的萌芽。他认识到市政是"为市民改良衣、食、住、行的政务，与市民有密切的关系"，"要有良好的市政，必须让市民明白他们自身的义务与权利，以协助监督市政当局。"董还总结外国市政之所以发达，"皆因外国市民对于市政府的一切设施，随时注意，随时研究。遇有市政府需要帮助时，皆以全力帮助之。遇有市政府办法不当时，先之以善意的建议；建议而不听，则群起而攻之。"[①] 在武汉，董曾多次强调城市规划的实现是一个相当长的过程，公众的支持必不可少。

经董修甲建议，武汉市政府创办了《市政公报》，报道政府开展城市规划工作的目的，解释原因及考虑，并介绍具体的步骤方法。其宗旨是使"全体市民，得随时了解政府之措施，各抒己见，通力合作"，体现出政府与市民互动的现代城市管理理念。[②]《市政公报》还特设"市民之声"专栏，让当地居民表达自己的想法，与政府沟通，进而参与到某些规划决策过程中来。而且，在董的努力下，工务局编写发行了年度工作报告，举办公共讲座，并制作了介绍性的手册散发，多渠道多途径地向武汉广大市民传播城市管理和规划的现代观念。

董修甲费心筹划的这些举措收到了成效。当时其他城市的改造工程往往会遇到来自当地居民的广泛阻力。南京市政府计划修建市内主干道——中山路，但就拆迁范围和补偿办法难以和居民达成一致，双方的拉锯战从 1927 年 6 月至 1928 年 6 月持续了整整一年。[③] 而在市政改革的发源地广州，可以说哪里有建设哪里就有请愿和阻挠。有一次超过万人在市府大楼前请愿，有人甚至架床在那里睡了两个星期。[④] 相比之下，在汉口实施市区改造的过程中并没有民众大规模抗议的记录。

## （四）董修甲规划实践的理论来源

### 1. 美国城市科学/实用运动（City Scientific/Practical）

综观董修甲在武汉的规划实践，体现了其对"科学理性"的追求。他视城市规划为新建和

---

① 董修甲. 市政与民治. 上海：大东书局，1931：64-66.
② 刘文岛. 序 [J]. 武汉特别市市政月刊，1929（1）：Ⅱ. 武汉三镇分治后，月刊更名为《新汉口》继续发行.
③ Charles David Musgrove, "The Nation's Concrete Heart: Architecture, Planning, and Ritual in Nanjing, 1927–1937," (PhD diss., University of California, San Diego, 2002), 137.
④ 建设首都至少五千万. 时报，1928 年 8 月 23 日.

改良城市的科学，并坚持用规划方法来科学地引导城市有序发展。董的这一认识与他在美国的专业学习分不开。1918-1921年董修甲在美国求学时，城市美化运动（City Beautiful）正让位于城市科学／实用运动（City Scientific/Practical），或者更广义地讲，从道德改革（moral reform）转变为科学进步主义（scientific progressivism）。[1] 这意味着，随着新的社会和政治思潮，城市规划早期对"美"的关注正让位于"功能和效率"。虽然城市美化运动的余热犹存，从总体上讲，美国的城市规划正走向更专业、更行政和更专家主导的思考及行动模式。董修甲在美学习，深受城市科学／实用运动的影响。他在《武汉市工务局业务报告》中多次赞誉利用科学知识进行城市规划的益处，倡导采用如专家规划委员会、便捷交通、土地利用分区等科学的规划方法。他相信合理科学的决策将为很多城市问题找到最佳的解决办法。

当时深刻影响董修甲的规划论著包括有美国学者约翰·诺伦（John Nolen）主编的 *City Planning: Aeries of Papers Presenting the Essential Elements of a City Plan*[2] 和另一位美国学者查尔斯·罗宾逊（Charles Mulford Robinson）所著的 *City Planning: With Special Reference to the Planning of Streets and Lots*。[3] 这两本里程碑式的城市规划百科全书出版于1916年，宣告城市规划在美国成为一种重要的国家话语主题。[4] 1929年，董修甲推荐汉口市政府图书室购入了诺伦的这本著作，让政府工作人员用作参考。[5] 在董所著的《都市分区论》一书中，更直接引用诺伦的这本专著来论述分区的目的。罗宾逊的 *City Planning* 也明确列入董所著的《中国地方自治问题》的参考书目。[6] 这些专著囊括了综合性城市规划所涉及的方方面面，详细介绍了测量、土地使用分区、道路系统、公园系统等科学规划方法，在一定程度上为董修甲在武汉的规划实践提供了有力指导。

## 2. 孙中山《实业计划》与民族国家建设

审视董修甲在武汉的规划尝试，其出发点主要是经济方面的考虑，而非如封建时代对形制的关注。以分区规划图为例，新的行政区无一例外地被迁往内地，原来人口密集的地区被留给商业发展；沿河沿江和铁路周边因其交通便利被划为工业或商业区。道路体系和公园体系等专项规划亦是以增进流通、提高效率为目的。这些理念与孙中山《实业计划》中的规划思想分不开。当时孙中山被奉为"国父"，他的论著对国家的发展和建设有直接的宏观指导意义。孙中山在《实业计划》中明确预见武汉将成为"中国最重要之商业中心"，董修甲遵从孙中山的这一设想，规划着力巩固和扩大武汉的商业优势，置经济职能与效率于首位。这些原则对武汉的工商业分布产生了长期的影响，在某些方面亦成为后来规划基础概念的一部分。

---

① Richard T. LeGates and Frederic Stout. "Modernism and Early Urban Planning, 1870–1940." in *The City Reader*, edited by Richard T. LeGates and Frederic Stout, 2^nd edition, 299–313. New York: Routledge, 2000.
② John Nolen, ed. *City Planning: Aeries of Papers Presenting the Essential Elements of a City Plan*. New York and London: D. Appleton And Company, 1916.
③ Charles Mulford Robinson, *City Planning: With Special Reference to the Planning of Streets and Lots*. New York: G.P.Putnam's Sons, Knickerbocker Press, 1916.
④ Jon A. Peterson, *The Birth of City Planning in the United States, 1840-1917*. Baltimore; London: The Johns Hopkins University Press, 2003.
⑤ 报告 . 新汉口，1929（10）：3.
⑥ 董修甲 . 中国地方自治问题 . 上海：上海商务出版社，1936：584.

1920 年代末，在全国性的城市管理和重建运动浪潮中，董修甲以其所受的专业训练和亲身体验，尝试将全新的城市观念和美国城市实用的规划模式移植到武汉，意欲重塑有序高效健康的城市，带动社会全面发展，从技术和思想上实现武汉乃至中国的现代转型。董修甲基于国际视野的规划实践对武汉的工商业分布及城市发展产生了长期的影响，在某些方面成为新中国成立后规划基础概念的一部分。

但另一方面，董修甲的规划实践在今日看来存在一定的盲目性，可称为近代中国的规划实验之一。比如，由于当时缺少精确的统计数据，对武汉未来人口增长和城市用地面积难于做出合理的预测。他所拟定的分区规划只是做了简单的功能上的定位和形式的模仿，更确切地说只是城市用地的大致发展方向。由于人力物力有限，前期测量的广度、精度、深度均十分有限，基于此而拟定的专项规划亦显得草率与仓促，如公园系统规划仅提供了未来大公园和公园道的建设意向。而且，具体的规划措施过于强调政府的宏观利益而凸显了工商业的发展，并没有深入考虑如住宅严重短缺等现实社会问题。此外，当时国民党专制体制与环境也严重制约着董修甲的规划行为。1929-1931 年间，武汉市行政建制频繁更张，董修甲在汉职务数次更迭，专家治市举步维艰。总体而言，其宣称"科学理性"的规划试验实际上难以实现其承载的科学救国的宏伟期望。

# 第三节　广州：现代城市的设计 [①]

拆城筑路、市政改良在低级层面完成了广州城市表层的近代化，包括城市基础设施和公共设施的改造，并按照东南亚华人商业社会的模式通过骑楼制度建构了岭南城市街道的基本骨架，同时在传统旧城区中取得了十分注目的成就。然而，从城市形态来看，城市密集型的单元结构并没有完全破坏，在新式马路的分割下，在整齐划一的街道表层背后，这种结构单元仍然保留下来并继续承载市区内绝大多数的人口，并导致旧城内以商业为主的过于单一的经济形态。

随着地方自治建设的开展，城市管理者开始将目光投向更高层面、基于城市系统综合发展的现代城市。自唐宋以来，广州为华南地区最重要的对外商贸城市。两次鸦片战争后，由于新的条约口岸不断开辟，广州丧失其贸易垄断地位，外贸优势被逐渐蚕食。香港的开埠和发展则从根本上改变了华南的口岸和贸易格局，广州逐渐从中国唯一对外通商口岸沦为依附于香港的内陆、内河口岸。改善城市功能、调整经济结构、应对城市竞争因此成为晚清以来岭南卓见人士长期思考的问题，并成为 1920-1930 年代广州城市发展的主要动力。

---

① 本节作者彭长歆。

# 一、城市研究与城市设计机构的建立

广州有关现代城市的构想始于西方近代城市规划理论的引入和城市个案的研究。自 1919 年孙科《都市规划论》面世，以及 1921 年广州市政厅成立后，市政当局即有意识地组织和开展现代城市的研究。有关城市问题的论文和译著在 1920–1930 年代官方出版的各种市政刊物中屡见不鲜（表 12-3-1），通过比较分析这些论著和研究出现的时间及核心观点，可以基本把握该时期广州城市管理者有关城市理念的发展。

1920–1930 年代岭南市政刊物上有关城市问题的论著和研究　　　　表 12-3-1

| 论著 | 作者 | 发表时间 | 所载刊物 |
|---|---|---|---|
| 美国巴尔梯姆采用之都市计划 | （译） | 1922.6 | 《广州市市政公报》第 69 期 |
| 何为花园都市计划 | | 1924.1.1. | 《广州市市政公报》第 109 期 |
| 何为住宅计划 | | 1924.1.1. | 《广州市市政公报》第 109 期 |
| 建屋计划 | | 1924.1 | 《广州市市政公报》第 113 期 |
| 住宅模范区 | 编者 | 1927.4 | 《广州市市政公报》第 256 期 |
| 都市的设计问题 | 编者 | 同上 | 同上 |
| 房屋的高度限制 | 编者 | 同上 | 同上 |
| 怎样使广州艺术化 | 天倪 | 同上 | 同上 |
| 广州城市计划之要点 | 潘绍宪 | 1929.4.20 | 《广州市工务局季刊》创刊号 |
| 工人的居住问题 | 雷翰 | 同上 | 同上 |
| 广州市两个重要的城市设计问题 | 张肇良 | 同上 | 同上 |
| 市政革新运动高潮中之两种计划 | 姚希明 | 1930.6 | 《广州市市政公报》第 355 期 |
| 田园市论 | 梁汉奇 | 1930.9 | 《广州市市政公报》第 366 期 |
| 建筑设计与都市美之关系 | 顾亚秋 | 1931.3 | 《广州市市政公报》第 588 期 |
| 都市设计与新广州市之建设 | 徐家锡 | 1930.12 | 《广州工务之实施计划》 |
| 开辟广州大港之研究 | 徐家锡 | 1931.11 | 《新广州》第一卷第 3 期 |
| 广州分区制研究 | 陈殿杰 | 同上 | 同上 |
| 广州市政总述评 | 方规 | 同上 | 同上 |
| 城市设计与地方自治 | 陈殿杰 | 1932.2 | 《新广州》第一卷第 6 期 |
| 城市规划与社会调查 | 蔡铁郎 | 同上 | 同上 |
| 都市之演进（译著） | 指南 | 同上 | 同上 |

前期主要从改善人民居住环境入手。显然，在城市其他方面尚未完全近代化之前，这种改变是最容易体现现代文明、促进城市近代转型的手段。然而，在如何革除传统陋习、促进文明的方法上，城市管理者在前期明显受到英国霍华德（Ebenezer Howard）"田园城市"理论的启发，并在细节上受到美国乡村住宅的影响，这与岭南绝大多数具有美国学业背景的城市管理者以及众多的美洲华侨使用者有莫大的关系。

后期则逐渐摆脱"田园城市"的理想主义色彩，表现出城市近代化的科学理性。两者的分野应在程天固二度出任广州市工务局局长之际，他撰写的《广州市工务之实施计划》既是对前期"田园城市"实践的总结，也同时开启了岭南关于都市设计的大讨论，一系列城市规划的纲领性文件在岭南主要城市制定并实施。尤其在 1932–1935 年广东省三年施政计划期间达到高潮，岭南城市近代化在该时期基本完成。

在经历了早期的研究和探索后，广州市政管理者意识到城市设计之于城市系统发展的重要性。1928 年 10 月 19 日，广州城市设计委员会成立，其宗旨称："窃惟城市设计，实为市政之要图，故历观欧美各国，凡一都市，其运输之灵敏、交通之便利、人民起居之安适、建筑表里之华丽，皆非偶然之事，必有良好之科学的规程，及专门之人才，从中策划，方各有济……故欲改良旧城市，则组织城市设计委员会，其要焉矣。"[①] 广州市政厅认为应尽快组织成立城市设计委员会，其理由有三：①广州市为古城之一，旧城改造远较新城建设不同，其难度更大。所以必须集合较多人才设会研究；②广州为南部最大城市，孙中山先生曾有建设广州为商港的设想，所以广州的建设计划必须及早确定；③以前的市政设计多由工务局设计课担任，其职责主要以工程建设和取缔为主，对于全市总体规划难免挂一漏万，所以有必要成立专门的设计委员会专司其职。[②] 城市设计委员会的成立开始了广州以中国人主导的科学、系统的城市规划活动。

作为独立于工务局设计课之外，由市政厅直接管辖的城市设计机构，城市设计委员会承担了包括土地利用、道路交通、公用事业在内的众多事务。其职责包括：1）改良市内河道，开拓市内马路；2）建筑市内园囿，及其他公共娱乐场所；3）电气、煤气及其他公用事业之设置计划；4）交通事业之设置计划；5）订定市内新建筑之高度，及计划伟大建筑物之各种图式；6）规划市内学校区、商业区、工业区、住宅区之位置，及其面积，并其中应有之设备；7）订定市内应有之美术的设备，及林树之栽植；8）订定市内外重要之交通路线；9）规划市内码头之位置，及其建筑之各种图式；10）关于全市之公安、交通、卫生、教育、土地、财政等事项；11）该会已定之设计事项，应制作分期举办之详细图表及说明书，呈请市政厅核准备案。[③]

就广州城市规划实践而言，城市设计委员会的成立是个转折点，标志着前期田园城市的理想主义开始转为理性务实的科学规划。1929 年 1 月，程天固担任城市设计委员会主席，该倾向尤为明显。有关城市问题的研究从 1929 年开始明显增多，主要研究者包括城市设计委员会委员潘绍宪、雷翰及"勇于任事而研究市政设计有素之青年徐某"（程天固语，徐即徐天锡）等。

潘绍宪在《广州城市计划之要点》中就"市心"、"市内交通"、"市外交通"、"屋宇限制"、"公园用地"、"公用设施"等问题进行研究，并拟就了以行政中心为"市心"的放射形与棋盘式相

---

① 民国日报，广州，1928-10-19.
② 同①。
③ 城市设计委员会组织章程 [N]. 民国日报，广州，1928-10-19.

结合的城市道路格局。[1] 该设计被认为反映了茂飞1926年广州规划的种种设想。[2] 张肇良在《广州市两个重要的城市设计问题》中着重探讨和研究了城市分区和绿化用地的扩展。[3] 雷翰呼吁城市规划要注意"工人的居住问题"。[4] 徐家锡和陈殿杰则对广州城市规划作了更全面和更细致的论述。徐在"都市设计与新广州城市之建设"中指出:"都市为文化之源泉,文化愈增进,则都市愈发达"。而"都市之建设,必须有循序渐进之步骤,更须有一具体之计划。所谓具体计划者,即吾人所谓都市设计也"。

关于"都市设计",徐家锡回答了三个问题:

①都市设计的定义。徐引用了 Nelson P. Lewis、William Bennett Munro、美国纽约曼哈顿区主席 George McAneny、前广州市市长孙科及武汉市工务局长董修甲的有关定义,并加以概括总结。

②都市设计的依据或方法。徐认为各种资料的调查和收集至为重要,包括地志详图、地质与气候调查、社会调查及其他都市财政、生产能力、工业性质与发展状况、市政组织、现行法律等的调查等。

③都市设计的范围或内容。徐家锡根据国外建筑师和学者的有关论述将都市设计分为四部分:"道路系统"、"交通系统"、"公共建筑物与行政中枢"、"公园及公共娱乐设备"。[5]

以现代城市规划学对上述问题的回答来看,徐的论述虽有缺失,仍不失正确,并在当时的历史条件下,条理清晰地廓清了城市规划的研究方向。

陈殿杰在城市分区制方面的研究颇具深度。在《广州市分区制研究》中,他指出:"分区制之功用:在管理土地及建筑物,以谋求城市合理之发展。城市设计以土地及建筑物为基本条件。"[6] 陈认为在分区方法上有"依土地用途分区及依房屋容量分区两种",并同时在这两方面对广州进行城市分区,包括"广州市土地用途分区之研究"和"广州市房屋容量分区之研究",尤其后者,其论点清晰、论据充分,堪称佳作。

作为城市设计委员会的领导者,程天固组织了有关广州城市设计的研究和讨论;同时作为该时期的广州市工务局长和广州市市长(1931.6–1932.3),程天固得以系统制订和实施广州规划发展的种种设想。

## 二、"田园城市"与模范住宅区运动

在对旧城进行市政改良的同时,广州市政当局也在思考对城市进行新的拓展。在纷至沓来的各种城市规划理论中,"田园城市"因其表意及内涵的理想化色彩成为指导岭南早期城市试

① 潘绍宪.广州城市计划之要点 [J].广州市工务局季刊,1929.4.20,(创刊号):3–11.
② 赖德霖.中国近代建筑史研究 [M].北京:清华大学出版社,2007:371.
③ 张肇良.广州市两个重要的城市设计问题 [J].广州市工务局季刊,1929.4.20,(创刊号):24–28.
④ 雷翰.工人的居住问题 [J].广州市工务局季刊,1929.4.20,(创刊号):12–14.
⑤ 徐家锡.都市设计与新广州城市之建设 [A]// 程天固.广州工务之实施计划 [Z].广州市政府工务局,1930:173–187.
⑥ 陈殿杰.广州分区制研究 [J].新广州.1931.11,第1卷,(3):22–33.

验的核心理论，而改善人民居住环境、促进现代文明的现实需要使岭南"田园城市"的实践更多地着眼于环境优美的居住区建设方面。

"田园城市"理论以中译名"花园都市"在孙科《都市规划论》中被首先提及。1919年，孙科在上海《建设》杂志上发表《都市规划论》，对欧美城市发展的主要特点及欧美近代城市规划理论的最新成果进行了论述，其中包括英国"田园城市"的研究与实践。"自1895年由私人发起建立新式都市之议倡始以来，英国之都市改良事业日见兴盛，遂有所谓'花园都市运动'之事。"① 但该时期孙氏对"田园城市"的认识尚停留在启蒙阶段："新式都市之建设多由大公司或慈善家为之。其目的在于大都会之外，建立新式村市，以为大工厂之附属，使工人得享康健的、美术的环境。"② 同时他将 Garden City 表意理解为如公园般的居住区："此种新村市，地一英亩，例只建住宅六至十家。余地悉属公有，为植树花草果木之用。村既建成，望之俨如一大公园，此'花园都市'名义之所由来也。"③ 该认识直接影响了孙科早期以环境优美、低密度住宅区建设为特征的"田园城市"构想。

孙科的观点或许影响了其父亲孙中山。在《建国方略》这一重要著作中，孙中山提出在广州建立"现代居住城市"( modern residential city )，并坚信广州可以规划成一个拥有美妙公园的"花园都市"："广州附近景物，特为美丽动人，若以建一花园都市，加以悦目之林囿。真可谓理想之位置也。"④

显然，花园环境的营造并非孙氏父子城市理想的全部。作为中国早期城市近代化的主要策略之一，"田园城市"的建设集中反映了中国资产阶级在革命成功后改造中国的使命。广州，作为中国近代资产阶级革命的策源地以及最早由中国人开始市政自治的城市，被选择作为模范和样板，以实现孙文和国民党人治理城市和国家的理想。作为广州市政厅的组织与创办者及第一届广州市市长的孙科显然看到了广州城内拥挤、混乱、肮脏的居住状况，而这一切一直为西方人士所诟病。对于一个尝试建立统一民族国家的政党而言，孙中山及其追随者需要一个卫生的、符合礼仪的新城市来表明对于一个新中国的期待。为改善旧城恶劣的居住环境、营造南方革命政权关注民生、模范管理城市与国家的事实话语，广州市政厅、工务局在"市政改良"同时，试图通过新式住宅区的示范性建设引导广州早期"花园都市"的发展。1921年孙科致函广东省省长陈炯明建议在东郊沿白云山一带，包括马棚岗、禽蝽岗、竹丝岗等山丘地带拓展土地进行模范住宅建设："……广州住宅建筑窳陋，于观瞻上，卫生上，均不讲求。若开辟新地，建筑适宜的房宅，以为住居之模范，则市民大受其益。"⑤ 该计划因陈炯明"叛乱"而停滞。叛乱初定，重新出任广州市市长的孙科及工务局技术集体首先选择观音山实施相关设想。

1923年11月广州市行政会议议决通过《开辟观音山公园及住宅区办法》，这是岭南近代第

---

① 孙科.都市规划论（上海）建设，1919，1卷，（5）：9.
② 同①。
③ 同①。
④ 孙中山.建国方略[A]// 孙中山.孙中山文粹（上卷）[M].广州：广东人民出版社，1996：367.
⑤ （香港）华字日报，1921-9-23.

一个关于花园住宅区的实施方案，选址观音山（即今越秀山）。《办法》在岭南近代建筑法规中第一次对建筑密度、容积率、建筑成本作出规定。为倡导新式住宅的设计和建造，工务局还制定住宅图式供承领人选用。为配合观音山公园及住宅计划，1924年1月1日《广州市市政公报》第109号"市政"栏目登载了通俗而浅显的问答式短文"何为花园都市计划？"、"何为住宅计划？"。其后，"美国巴尔梯姆采用之都市计划"、"万国园林都市设计会简章"、"欧美都市设计之新倾向"、"住宅模范区"等论述、译著陆续刊发，使广州田园城市研究蔚然成风。

孙科任内提出了拓展广州东郊为新式住宅区的设想，同时完成了观音山公园及模范住宅试验，但囿于经费筹措和南方阵营的常年征战，大规模新式住宅区的建设直到林云陔时期才有系统实施。该时期的广州正面临市区人口激增和居住环境恶劣等问题。由于民国初年"拆城筑路"和"市政改良"运动的发展，城市人口激增，地产投机严重，普通市民生活成本急剧增高，"往往中等住户于'住'的问题尚难解决，其他可知"。[①] 此外，房屋旧式设计不合理、密度高、卫生条件差等也成为亟待改进的问题。[②] 市政当局开始有意识地检讨前期市政策略的不足。

林云陔将新式住宅区作为其城市试验的开端。为完成新式住宅区的拓展，林云陔一方面联系广州市第一任工务局局长程天固，希望其再次执掌广州工务；另一方面，则尝试运用他所掌握的城市理论进行新的城市试验。作为1919年《建设》杂志的主编和孙中山《实业计划》的编译者之一，林云陔一定读过孙科的《都市规划论》，也一定十分了解孙中山关于建设广州为"现代居住城市"和"花园都市"的理想。在出任广州市最高行政长官后，林云陔延续了市政厅关于建设新式住宅区的设想和方法，同时自觉地在"田园城市"的框架下寻求理论支持。

"田园城市"成为可以参照的原型。"查改良都市住宅一事，自欧战结束后，各国城市政府多注意于此，其时英国有所谓田园市者，可为新式住宅之模范"，其方法"系择一有园林风景之空旷地区，建筑马路住宅，多留空地，以作园圃，盖混山林城市而为一，使市民于都市便利之中，得享田野清逸之乐，此外更有所谓田园市郊者，则非自成一市于大都市近郊兼有乡野风趣者。"[③] 1927年7月14日，"模范住宅区"在第108次广州市行政会议上被林云陔正式提出。[④] 此前，5月27日广州市工务局公布了"不准承领骑楼之马路"清单。将两件事情联系在一起，可以发现市政当局开始修正早期以骑楼建设推进旧城改良的政策，[⑤] 谋求新的"增进文明、裨益卫生"的方法，[⑥] 同时解决"市区人口过多，急应将住宅区设法扩充"的压力。[⑦]

1927年8月10日，广州市第112次行政会议完成模范住宅区的选址。拟在广州市东郊六冈马路红线界内的马棚岗、竹丝岗及毗连的东沙马路、百子路一带兴建模范住宅区，用地面积总计471亩。[⑧] 1928年3月22日，"筹建广州市模范住宅区委员会"公布了《筹建广州市模范

---

① 广州市政府.模范住宅区之筹备[Z].广州市市政报告汇刊，1928：94.
② 同①.
③ 广州市政府.模范住宅区之筹备[Z]// 广州市政府.广州市市政报告汇刊.1928：93.
④ 同③：94.
⑤ 彭长歆、杨晓川.骑楼制度与城市骑楼建筑[J].华南理工大学学报（社会科学版），2004.8，（4）：31-33.
⑥ 广州市政府.模范住宅区之筹备[Z]// 广州市政府.广州市市政报告汇刊.1928：94.
⑦ 同⑥：96.
⑧ 同⑦.

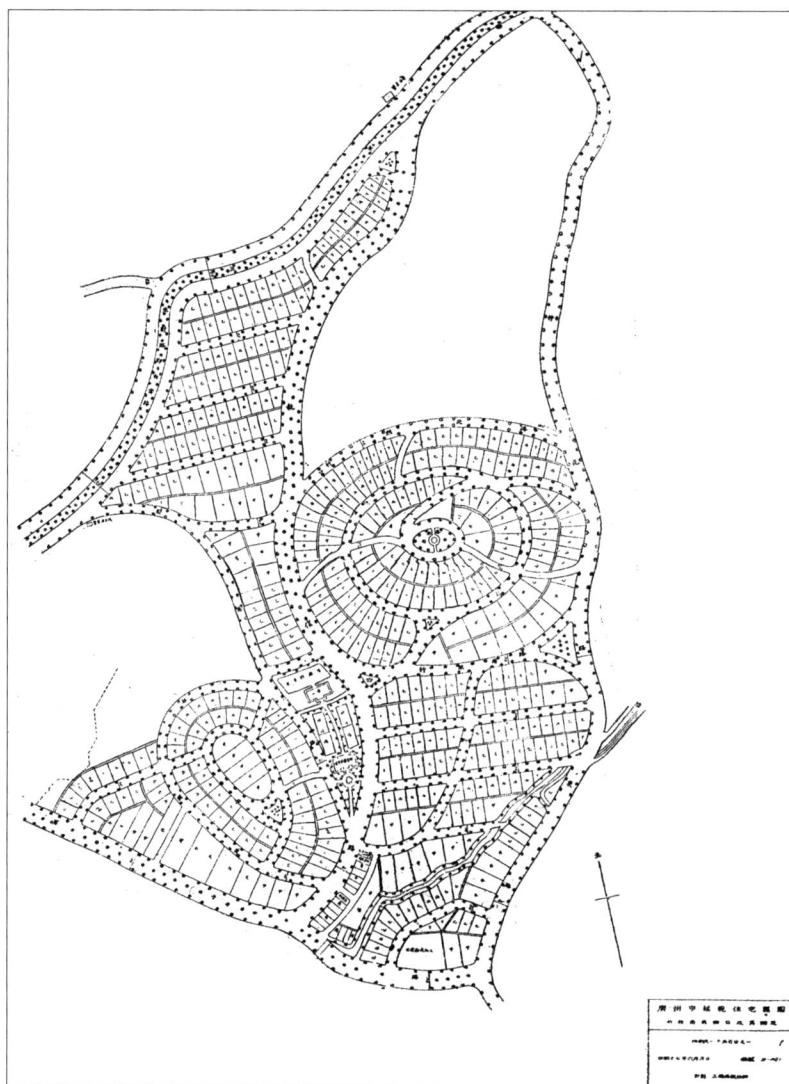

图 12-3-1 《广州市模范住宅区图》
（工务局设计课，1928）
来源：广州市政府.广州市市政报告汇刊，1928.

住宅区章程》和 "广州市模范住宅区图"（图 12-3-1）。章程从土地业权、道路及住宅三方面对模范住宅区进行了规定，同时制定详细的建筑计划，统一实施。具体内容包括中心公园设置、按等级区分的道路设计、建筑密度和容积率控制、建筑的示范性设计（图 12-3-2）等。

模范住宅区计划得到了社会精英尤其是回国华侨的支持。杨廷霭，这位最早投资广州东郊，并曾掘平东郊龟岗一带江岭小丘，修筑江岭东、西街，[①]营建房屋的美洲华侨向市政厅呈文，在表达闻报即 "跃距三百，额手顶祝" 的同时，恳请迅速派出工程人员 "按图测勘"、"早日兴工建筑"。[②] 以杨廷霭为代表，许多受益于市政改良，并积累了丰富地产经验的华侨、富商成为模范住宅区的主要投资者，并直接推动了模范住宅区建设的快速发展，至 1930 年代初，模范住宅已初具规模。

---

① 雷秀民等.广州六十年来发展概况 [A]// 广州市政协文史资料研究委员会.广州文史资料（第 5 辑），1961：100.
② "美洲华侨杨廷霭等呈市厅文" [Z]// 广州市市政府.广州市市政报告汇刊，1928：119-120.

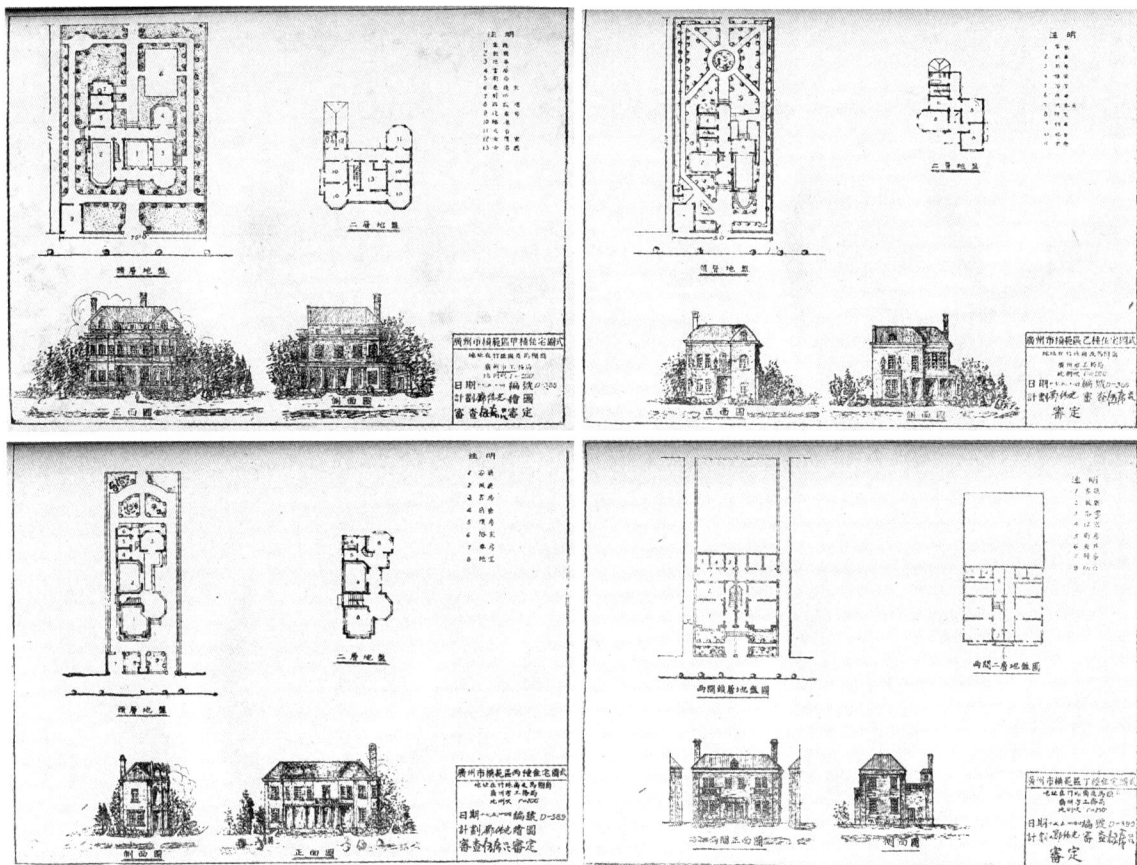

图 12-3-2　广州市模范住宅区住宅图式（邝伟光，1928 年）
来源：广州市政府.广州市市政报告汇刊，1928.

　　1929 年，程天固重掌广州市工务局，在模范住宅区建设的基础上提出建设松岗住宅区。地界范围在"东山安老院（即今梅花村省委幼儿园，笔者注）之南、广九铁路之北、东至自来水塔、西至仲恺公园（今东山公园，笔者注）"。[①] 松岗住宅区规模较林云陔模范住宅区小了很多，程天固试图通过渐进式开发，不断收回地价用于上下坟头岗、青菜岗及大咀岗等新的住宅区开发。其规划以住宅用地为主，同时规划了花园绿地、学校、警署等公共设施（图 12-3-3）。为保证新式住宅建设，程天固同样要求工务局制订标准图则供市民选用，工务局建筑师林克明完成了全部四种独立式住宅的设计（图 12-3-4）。

　　与竹丝岗模范住宅区及龟岗、新河浦一带的华侨住宅不同，松岗住宅区主要为本地官僚所居住。在市政当局及工务部门的大力推动下，松岗住宅区至 1932 年已大部建成。广东军政要员包括陈济棠、陈维周兄弟及孙科、林直勉、徐景堂、李扬敬、刘纪文等均在此建筑官邸私宅，其建筑大多由工务局建筑师和土木工程师设计，因而保持了较高的艺术与技术水准。其中，陈济棠公馆由工务局技正罗明燏设计（图 12-3-5）。[②] 1932 年 5 月 9 日，松岗住宅区更名为

① 程天固.广州工务之实施计划（1929–1931）[M].广州市政府工务局，1930：38–39.
② 罗明燏.我所认识的陈济棠将军 [A]// 广州市政协文史资料委员会编.广州文史资料（第 37 辑）[C].广州：广东人民出版社，1987：31.

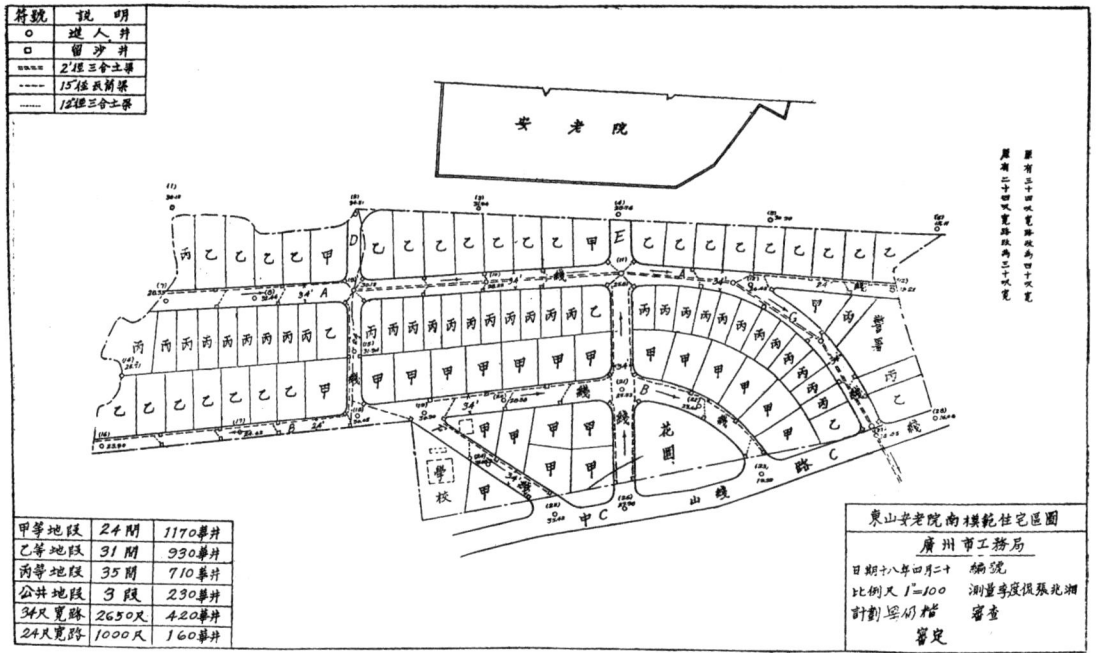

图 12-3-3 《广州东山安老院南（松岗）模范住宅区图》（梁仍楷，1929 年）
来源：程天固. 广州工务之实施计划 [M], 1930.

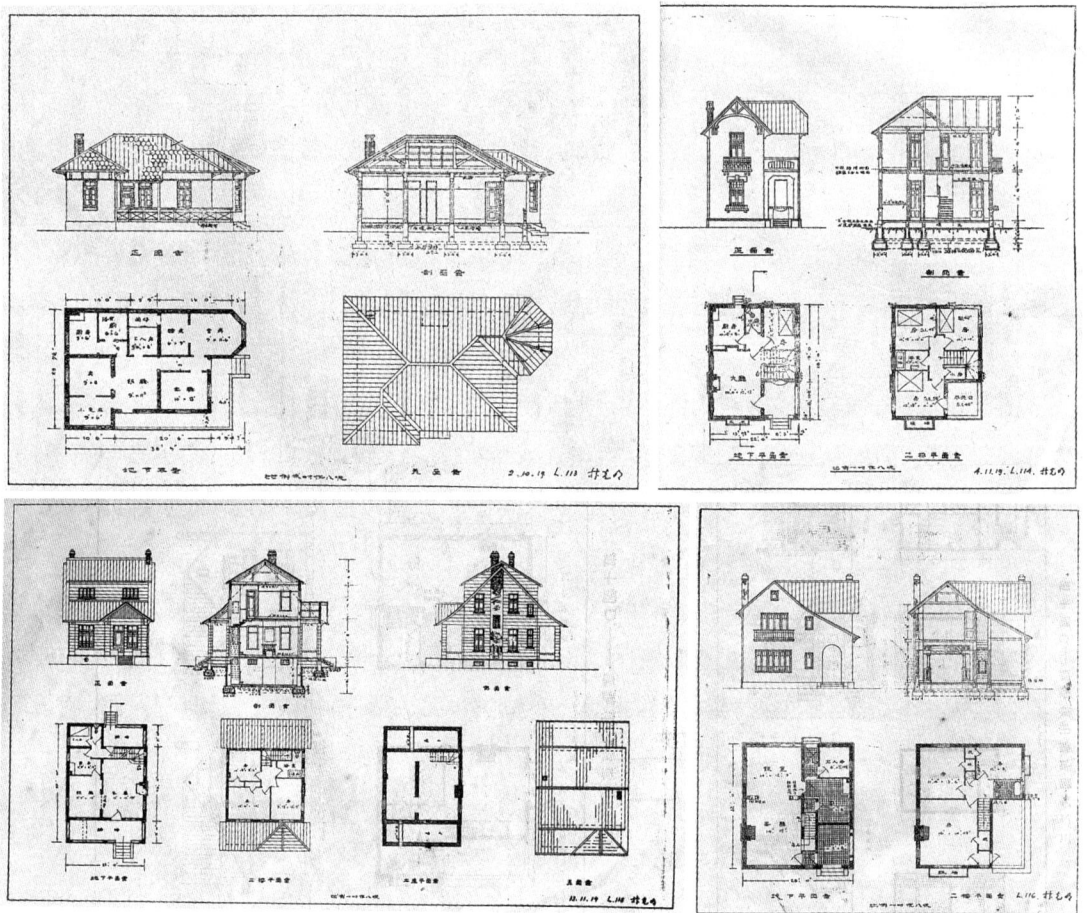

图 12-3-4 广州市松岗模范住宅区住宅标准图式（林克明，1930 年）
来源：程天固. 广州工务之实施计划 [M], 1930.

图 12-3-5　梅花村陈济棠公馆
来源：广州市文化局 . 广州市文物普查汇编（越秀区卷）[M]. 广州出版社，2008 : 307.

梅花村。[1]

　　比较研究霍华德"田园城市"思想及孙科、林云陔等人的策略，可以用"初级阶段"或"萌芽"状态来描述和评价广州近代"田园城市"实践的整体水平及思想源流。但是，由于模范住宅区改变了传统聚市而居的生活模式，并由于环境优美、卫生清洁，"田园城市"思想得以深入民心。模范住宅区对环境卫生的追求更直接或间接地促发了建筑规范的适应性修改和建筑设备的发展，在新的《取缔建筑章程》中，开始出现对开窗、厨房、厕所、防火等条例的明确规定或调整。同时，1932 年广州市工务局制订《取缔新式住宅区域及其住宅章程》，更对"自行辟街或建立新村"、"新式住宅之建筑"等方面作出了明确指引。

　　凭借模范住宅区在个体层面的探索和实践，林云陔和广州市政厅开始谋求城市在更高层面的建构。早期"市政改良"从技术层面解决道路和城市基础设施改造的方法被摈弃，"城市设计"开始频繁出现在该时期的官方文献中。作为城市设计的专门机构，广州城市设计委员会于 1928 年 10 月 19 日成立，同时确立三项计划加以实施推进，包括"调查全市民业状况"、"筹划新市区之建设"、"促成模范住宅区之建筑"。[2] 新市区的筹划和建设成为林云陔施政计划的重要组成。

　　在方法上，林云陔以"田园城市"为最高理想，至少在 1929 年前，这仍是广州市政府和城市设计委员会的主要方向。在 1928 年《广州市施政计划书》中，林云陔指出："最新之都市设计，以'田园都市'为最优良"。[3] 主要策略是"以努力造成'城市山林'式的新广州为目的，

---

① 广州市沿革表 // 伍千里 . 广州市第一次展览会 [Z]. 广州市展览馆，1933.
② 民国日报 . 广州，1928-12-13.
③ 林云陔 . 广州市政府施政计划书 [M]，1928.

如近来扩大市区、开发郊外、经营模范住宅村种种，'寓市于乡'，皆其理想之实现。"[①] 由于市政府的主导和推动，"田园城市"被扩展为新文明的象征。干净、整洁、环境优美成为新时期城市发展的目标。广州郊外大片的农田、山林、水域被融入"田园城市"的框架中，广州市政府希望通过新市区的拓展实现"田园城市"的理想。

在研究"田园城市"的同时，城市设计委员会也在探讨分区规划的可能。由于面对的问题和城市发展目标的不同，分区规划，这一与"花园都市"一道被孙科《都市规划论》同时引入的西方城市规划理论，开始发挥它应有的作用。南京正在进行的综合分区规划或许是这一转变的直接诱因。作为国都，南京为城市未来发展所展开的规划活动和研究，始终受到包括广州在内诸多城市的关注和效尤。1928 年秋，林云陔前往南京出席城市建设会议，并考察京沪市政。返粤后，广州城市设计委员会成立；1929 年 5、6 月间，因孙中山先生奉安大典，林云陔和新任广州市工务局局长、广州城市设计委员会委员长程天固再次赴宁。[②] 此时正值南京《首都计划》制订之时，毫无疑问，以林、程二人在南京首都建设委员会"国都设计技术专员办事处"的良好人脉，应该对南京正在进行的分区规划有相当了解。而孙科也对广州城市建设表现出持续的关注，并计划安排茂飞、古力治二人在 1929 年 2 月完成南京规划后前往广州，商讨黄埔开埠及其他规划事宜。[③]

"田园城市"与分区理论的结合成为该时期市政研究的重要特点。张肇良在《广州市两个重要的城市设计问题》中认为，广州应在石牌一带村落设"农业区"，以使"城市居民，可享田园之天趣，而田园居民，亦得城市之便利也"。同时应在石牌、白云山村、越秀山一带遍植树木、分时花卉，"则田园市不难期其实现也。"[④]

陈殿杰在《广州市分区制之研究》中则认为："中国以农业立国，现代城市，仅属新兴之现象，则防患于未然计，莫若寓乡于市，使田野之自然环境，得与城市之龌龊社会相调和。以广州市之现状而论，经过几年来之积极经营，已渐染现代都市之恶化，故为矫偏补弊，尤觉此种调和之重要。查广州之拟定区域，面积辽阔，如东面之石牌、棠下、车陂、东圃等村落，田畴弥望，阡陌纵横；南面之上涌圃、林沙圃、新沙圃，与夫西南方面之蕉圃、螺涌埠；西北方面之泮塘埠、沙涌村等原野，川流交错，灌溉便利。凡此适合于农作者，可划为农业区。于市郊之外，绕以农林地带，构成一种优美愉快之田园区域，实与最近之田园新市之设计相适也。"[⑤]

从理论上看，分区制研究为广州田园城市的实践扫清了障碍。长期以来，广州在旧城区的改造与规划上缺乏明确方向，旧城复杂的交通体系、高密度的建筑、街道背后的卫生状况等制约着广州"田园城市"的理想。分区制对城市不同区域的划分，使城市建设有可能避开旧城，在郊外新区实现"田园新市"的设计。

① "市政革新运动高潮中之两种计划" 编者按 [N]. 广州市市政公报，1930 年 6 月，特载，第 2 页.
② 民国日报. 广州，1929-6-11. 另，程天固于 1929 年 4 月 22 日就任广州市工务局局长，详见，民国日报. 广州，1929-4-22.
③ 民国日报. 广州，1928-12-18.
④ 张肇良. 广州市两个重要的城市设计问题 [J]. 广州市工务局季刊，1929.4.20，（创刊号）：26-28.
⑤ 陈殿杰. 广州市分区制之研究 [J]. 新广州，1931.11，第 1 卷，（3）：28.

## 三、程天固与《广州工务之实施计划》

　　显然，在城市未来发展问题上，程天固与其上司林云陔有显著的不同，甚至与其在美国加州大学政治经济学院的同窗孙科也有着较大的差异。程天固（1889–1974 年），广东香山人，早年辗转印度尼西亚爪哇、新加坡等地，并曾任机械厂学徒。1906 年加入同盟会，次年赴美，1911 年回国参加黄花岗之役，失败后再度赴美，就读于加州大学政治经济学院，与孙科同学。1915 年通过博士资格考试后辍学返国投身实业界，1921 年受孙科邀请出任广州市政厅第一届工务局局长。① 早年投身实业的背景使程天固对城市有着独特理解，某种程度上，其经营城市的理念来自经营实业的经验。相对孙科和林云陔，程天固更愿意用理性务实的工作方式来解决城市问题。

　　以市政改良为主要特征的低层次发展策略和土地政策是程天固检讨的主要对象。从本质上看，1920 年代中后期广州市政府推动新市区拓展和模范住宅区的建设，一方面是为了营建环境优美，健康卫生的理想之所，为传统住居改良作出表率；另一方面则希望通过土地经营获取资本，以支持地方财政和南方政权建设，这在广州国民政府急需经费平叛及北伐的 1920 年代前、中期表现得尤为突出，这使得广州田园城市运动从一开始就与土地经营挂钩。由于模范住宅的实际购买及使用者为华侨、官僚及富商等社会上层人士，普通民众尤其是贫民的居住状况并未得到改善并有恶化的趋势。而"市政改良"在土地经营方面也存在同样的问题。1929 年程天固二度出任工务局长后，即猛烈抨击既有市政措施"无一不以资产阶级之利益为前提，而以平民生活之恶化供牺牲"。②

　　理想主义的"田园城市"与经济发展的现实需要出现背离，是程天固调整城市策略的另一重要原因。1929 年程天固出任工务局长时，宁粤对立渐趋成形，至 1931 年更有"西南事变"爆发，为对抗蒋介石南京政府，割据广东的陈济棠西南政务委员会试图全面振兴广东经济以增强经济及军事实力。在《广东省三年施政计划》、《广州市三年施政计划》等发展纲要指引下，以发展工商实业为前提，重新调整城市结构成为必然。自南京奉安大典回粤后，程天固即开始着手广州未来发展纲要。1930 年前后，《广州工务之实施计划（1929.6–1932.6）》颁布，分区制成为"新市区设计"的理论原型。在其主导下，分区规划中有关"田园城市"的设想被修正。东山模范住宅区也在 1932 年 5 月 9 日更名为梅花村。③ 1932 年 10 月 6 日，在程天固主持下，以分区制为规划基础的《广州城市设计概要草案》颁布实施，"田园城市"对广州近代城市发展的影响在城市决策者层面已基本终止。

　　在程天固领导下，城市设计委员会运作良好，并直接促成了 1930 年《广州工务之实施计划》的诞生。从严格意义上讲，《广州工务之实施计划》是一份技术细节详尽的有关市政工务的计划安排。程天固将 1929 年 6 月至 1932 年 6 月广州市工务局所要进行的工作逐一排列，分步实施。

---

① 程天固 . 程天固回忆录 [M]. 香港：龙门书店有限公司，1978：1.
② 程天固 . 广州工务之实施计划 [M]. 广州市政府工务局，1930：1.
③ 广州市沿革表 // 伍千里 . 广州市第一次展览会 [Z]. 广州市展览馆，1933.

但方法上，程天固以近代新兴城市规划理论，从总体上系统把握城市未来三年的发展方向："盖年来市政建设之失败，其弊多非尽在技术上之问题，而在建设系统之缺乏……特根据本市发展趋势之考察，市民日常生活之需要，市库与市民负担之能力，及都市设计之原理，详加研究，拟具本计划书。"[①] 据此判断，《广州工务之实施计划》是在"都市设计"原理指导下经过调查和分析后制定的，因而不失为广州近代第一个城市规划文本。其科学性和前瞻性表现为：

（1）"建设计划"的制定建立在合理可信的基础上，既有对旧系统的整理，又有对新计划的展望（表12-3-2），因而具有较强的操作性。三年后，该项计划基本完成或接近完成。

《广州工务之实施计划》之"建设计划"　　　　　表 12-3-2

| 编目 | 计划大纲 | 分项计划 |
|---|---|---|
| 甲 | 道路建设与分区计划 | 原有道路系统之整理（确定旧市区马路之路线及辟路之程序 / 放宽内街道办法之妥定 / 改良养路办法）<br>新市区设计（分区计划 / 发展河南大计划 / 建设住宅计划 / 开辟郊外马路计划）<br>整理全市渠道及濠涌计划 |
| 乙 | 内港建设 | A. 内港建设计划；B. 填筑省河南北堤岸计划；C. 珠江大铁桥之建筑；D. 码头之建筑与整理 |
| 丙 | 公共建筑物之建筑 | A. 市府合署；B. 市场；C. 学校与图书馆；D. 平民宫；E. 市立银行；F. 市立戏院；G. 公共坟场 |
| 丁 | 园林与公共娱乐设备 | A. 公园；B. 林场；C. 赛马场；D. 游戏场及游泳场 |

（2）对"市政改良"以来所形成的道路布局进行规划整理，使之系统化（图12-3-6）。并将"城市分区"和道路系统、市政设施及城市拓展结合起来。其"分区设计"虽然粗浅，但基本勾勒出对未来广州城市功能的布局设想，包括："混合区"（旧市区）；"林场、游乐及消暑寓所"区（广州市东北）；"公共实业及平民住宅"区（正西之羊牯沙及增埗一带）；住宅区（东郊一带）、工业区（西南方之石围塘、花地、大尾等岛）；"商港、商业、政治、住宅"区（河南）。

（3）将城市规划和城市工商业发展及对外贸易结合起来，试图通过"内港建设"，包括内港堤岸、码头及珠江铁桥（即今海珠桥）的建设，提升航运能力，带动全市经贸发展。

（4）提出公共建筑物建设的宏伟计划，包括市府合署、市场、学校、图书馆、平民宫、市立银行、市立戏院、公共坟场等。上述建筑除市立戏院外，其余皆先后落成，成为岭南近代建筑的典型范例。

（5）在整理原有公园基础上，提出"增辟公园计划"，包括白云山公园、河南公园（海幢寺）、西关公园（荔湾湖）、动物公园、东湖公园等，并提出石牌林场、赛马场和游戏场及游泳场等计划，使广州全市绿化及游乐场分布更为均匀合理。

程天固是一名兼具城市理想和人文精神的市政官员和学者，他对新城市的理解和对人文的关注着重反映在"新市区设计"中。一方面，他要建设宏伟的、科学的现代城市。在《广州工

---

① 程天固. 广州工务之实施计划 [M]. 广州市政府工务局，1930：3.

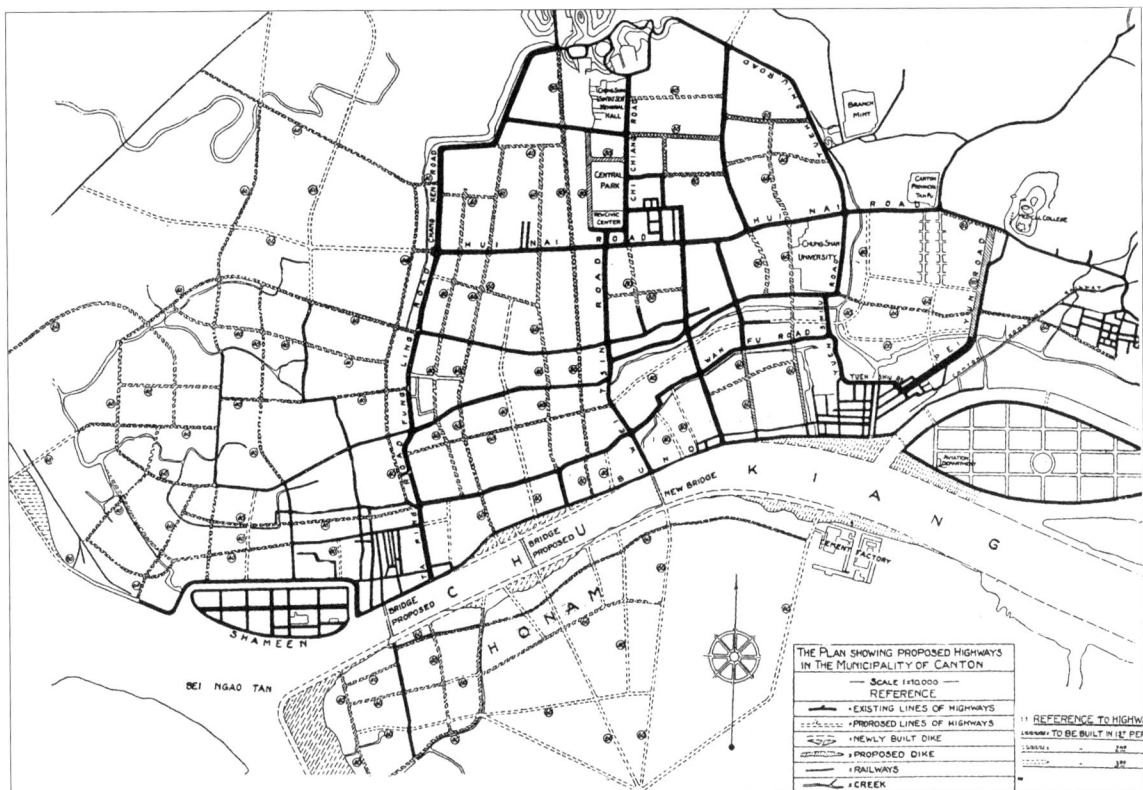

图 12-3-6 《广州全市马路计划图》(广州市工务局,1931)
来源:Canton——A World Port[J]. The Far Eastern Review, 1931 (6):355.

务之实施计划》"甲·B·2 发展河南大计划"中,他拟定了详细的分区计划,包括商港区、商业区、居住区、市政中心区等;道路系统是符合商业发展的"棋盘式"而非"放射式";对区内河涌则仿照《首都计划》中秦淮河两岸林荫大道的建设方式而进行等。[①] 另一方面,程天固高度关注平民和未来工业发展所带来的工人居住问题,并受到第一次世界大战前德国政府关于失业者救济方案的启示,[②] 并在陈济棠关注民生的政策下,程天固摆脱了模范住宅区的理想主义色彩。在提到东山松岗住宅区(模范住宅区之一部)时,程天固回避了建设宗旨中的"模范"性,并更多地关注"平民"的居住状况。他拟定了第一平民住宅区(西村)和第二平民住宅区(河南芳草街外田地)的建设计划以"救济市内平民住宅之缺乏。"而"丙·D 平民宫"计划,"其目的在救济市内平民之居住,使入宫居住者,可以廉费而安居于适合卫生的寓所,同时宫内更附设公共食堂、阅书室、游戏场等,以利居住者。"

作为后林云陔时代的产物,《广州工务之实施计划》充满了过渡时期的特征。其理论背景繁杂多元,有"田园城市"的影响,如在市中心集中设置公共建筑物的设想;有美国"棋盘城市"的痕迹,如对河南新区的规划;有关于 1884 年法兰克福"分区制度"的论述等。其文体风格影响了《台山物质建设计划书》(1929 年)、《展托江门市区及促进物质建设计划书》(1932

---

① 程天固. 广州工务之实施计划 [M]. 广州市政府工务局,1930:30-33.
② 同①:34-37.

年）等工务计划和城市规划文本的制定。由于程天固及城市设计委员会的努力，广州城市结构的调整和完善已逐渐清晰和明朗。

## 四、黄埔开埠与广州内港建设

作为口岸贸易的根本，港口重建被视为广州城市复兴的基本条件。由于航运衰落，广州近郊黄埔码头逐渐淤积，不敷使用，开辟新港口成为必然。1921 年，孙中山在《建国方略·实业计划》中提出"南方大港"计划，指出："广州不仅是中国南部之商业中心亦为通中国最大之都市。迄于今世，广州实为太平洋岸最大都市也，亚洲之商业中心也。中国而得开发者，广州将必恢复其古时之重要矣"。[1] 孙中山把建设"南方大港"的位置选在黄埔深水湾一带，并规划建设一个由黄埔到佛山，包括沙面水路在内的新广州："新建之广州，应跨有黄埔与佛山，而界之以牙卖炮台及沙面水路，此水以东一段地方，应发展之以为商业地段，其西一段，则以为工厂地段。此工厂一区，又应开小运河以与花地及佛山水道互连，则每一工厂均可得到有廉价运送之便利也。在商业地段，应副之以应潮高下之码头，与现代设备及仓库……。"[2] 孙中山确立了未来广州发展的大格局，并有港口、商业、工业等功能区域的初步划分，但《建国方略》的文体风格决定了该计划的战略性而非实施性。而该时期广州市政厅正着眼于对传统旧市进行"市政改良"，更确切地说，还处于开辟马路的低级阶段，对城市进行系统规划的设想因种种原因被暂时搁置。

南方大港计划在 1925 年正式启动，广州"沙基惨案"及省港大罢工为港口开辟提供了宏大的历史与政治背景。大罢工对香港口岸贸易的瘫痪，一方面鼓舞了与英帝国主义斗争的士气；另一方面也激发了广州方面摆脱经济控制、复兴城市的决心。1925 年 11 月间，市内各团体在广州一德路广仁善堂成立中华各界开辟黄埔商埠促进会。1926 年前后，黄埔开埠被各界广泛讨论。《广州民国日报》1926 年 2 月 6 日称："省港大罢工以后，各界永远抵制香港帝国主义及力谋广东经济独立起见，故一致主张开辟黄埔港，以制香港政府死命。"[3]

广州国民政府也迅速启动开港工作。1926 年 2 月，包括孙科、宋子文、伍朝枢等成员在内的黄埔开港计划委员会成立。广东省治河处瑞典籍总工程师柯维廉提交了《黄埔港开港计划》，拟在黄埔、鱼珠之间，狗仔沙、北帝沙上兴筑码头，供深水船舶停靠。[4] 是年 6 月，黄埔商埠股份有限公司执行委员会亦告成立。为改善广州与黄埔之间交通联系，省港大罢工返穗工人被组织起来进行义务劳动，至 1927 年初建成了达到简易通车条件的中山公路。其间因北伐军兴，为筹集军费，建港工作暂告停止。

国民政府定都南京后，黄埔开港再被提出。在孙科的主导下，美国著名的港口工程师古力

① 孙中山.建国方略·实业计划 // 孙中山.孙中山文粹（上卷）[M].广州：广东人民出版社，1996：222.
② 同①.
③ 政府开辟黄埔商港计划 [N].民国日报.广州，1926-2-6（3）.
④ 黄埔开辟计画 [N].民国日报.广州，1926-2-11（1）.

治（Ernest Payson Goddrich）和建筑师茂飞在受聘担任南京首都计划顾问的同时，被邀请就黄埔港建设及广州规划展开研究。[①] 1929 年 3 月，古力治、茂飞及助手莫勒（Irving C. Moller）来到广州。古氏认为广州港口建设和荷兰政府在发展鹿特丹港所面临的问题十分相似。他认为，从经济学观点来看，建设广州港不会比纽约奥尔巴尼（Albany）港或荷兰鹿特丹港困难，他同时认为"如果中国在未来 25 年内发展广州港，会取得很好的经济效益，就像日本过去半个世纪的发展一样，并将媲美甚至超过上海。"[②]

相信由于古力治的乐观判断，广州市政府加快了黄埔港计划的制订和实施。1929 年 9 月，广东治河委员会成立，黄埔筑港事宜转该会办理。1930 年 6 月，"广州黄埔外港计划"由广东治河处柯维廉（G. W. Olivecrona）等人制订完成。柯氏为瑞典水利工程师，1915 年来粤，在治河处服务长达二十余年，对广东水利建设作出了十分重要的贡献。他计划在黄埔港建设 9 座码头，并通过一条铁路支线将码头及毗连的 10 座仓库与广九铁路相连。该地区同时规划有工业区沿珠江两岸布设；为向港口和工业区提供电力，在鱼珠对面小岛（北帝沙东端，作者注）设有电厂；一座钢铁桥梁也被规划用以连接工业区与港口。筑港工程分四期预计三年完成，预计花费总额 11242468 元。[③]

以柯维廉黄埔外港计划为基础，李文邦、黄谦益于 1933 年制订了更为庞大的"黄埔港计划"。与柯氏单纯从技术上解决港口配置相比较，李、黄规划是一项兼顾居住、教育、铁路、机场及港口等多项功能的市区综合发展计划（图 12-3-7）。在规划中，李、黄以江心长洲岛及相连鳌鱼洲、大古沙、龙船沙与洪圣沙为界，北为内港，南为外港；内港设铁路与广九铁路相通，东端与水上飞机场相连；珠江南、北两岸以住宅区为主，设有市场、公园等，拟建黄埔大学则位于北岸东侧……种种计划展现了陈济棠西南政府应对香港竞争，加强地方实力的决心和意志。其时，来自南京政府的压力愈趋增大，黄埔港与工业建设一道成为陈济棠实业计划的重要组成。

1936 年，因粤汉铁路贯通在即，筑港计划陡然加快。该时期正值陈济棠治粤后期，因广东全省公路运输网基本形成，尤其在 1936 年粤汉铁路全线通车前夕，黄埔开港再被热烈讨论。"粤汉铁路，于本年（1936 年，引者注）建筑完成，全线于九月一日开始通车……各航商以长江流域所产土货，原由轮船转载者，兹则可改由铁路运输抵粤，咸怀忧惧。黄埔开港计划建议以来，已历数年之久，于粤汉铁路将近完成之际，又复旧事重提。目下计划，系将水道予以浚深，以便载重七千至八千吨之船只，可以驶抵该埠，不受阻扰。"[④] 1936 年 9 月，李文邦"黄埔港计划"核准通过。1937 年 4 月，筑港工程全面开启，至 1938 年广州陷落，部分工程已经完成。

在广东省政府建设黄埔外港的同时，广州市政府也制订了宏伟的内港建设计划。1929 年，计划倡导者、广州市市长林云陔指出："内港计划的实现将有助于改善广州的交通运输条件并加强商

① 建设开始中之具体案 [N]. 民国日报. 广州，1928-11-1.
② American Engineer Will Help China Develop Modern Port at Canton[J]. The China Weekly Review, March 30, 1929, Vol.48, (5): 183.
③ Canton—A World Port[J]. The Far Eastern Review, 1931, (6): 356-358.
④ 民国二十五年海关中外贸易统计年刊（上册），卷一，"贸易报告"，"广州"条，1937:87. 转引自程浩. 广州港史（近代部分）[M]. 北京：海洋出版社，1985：234.

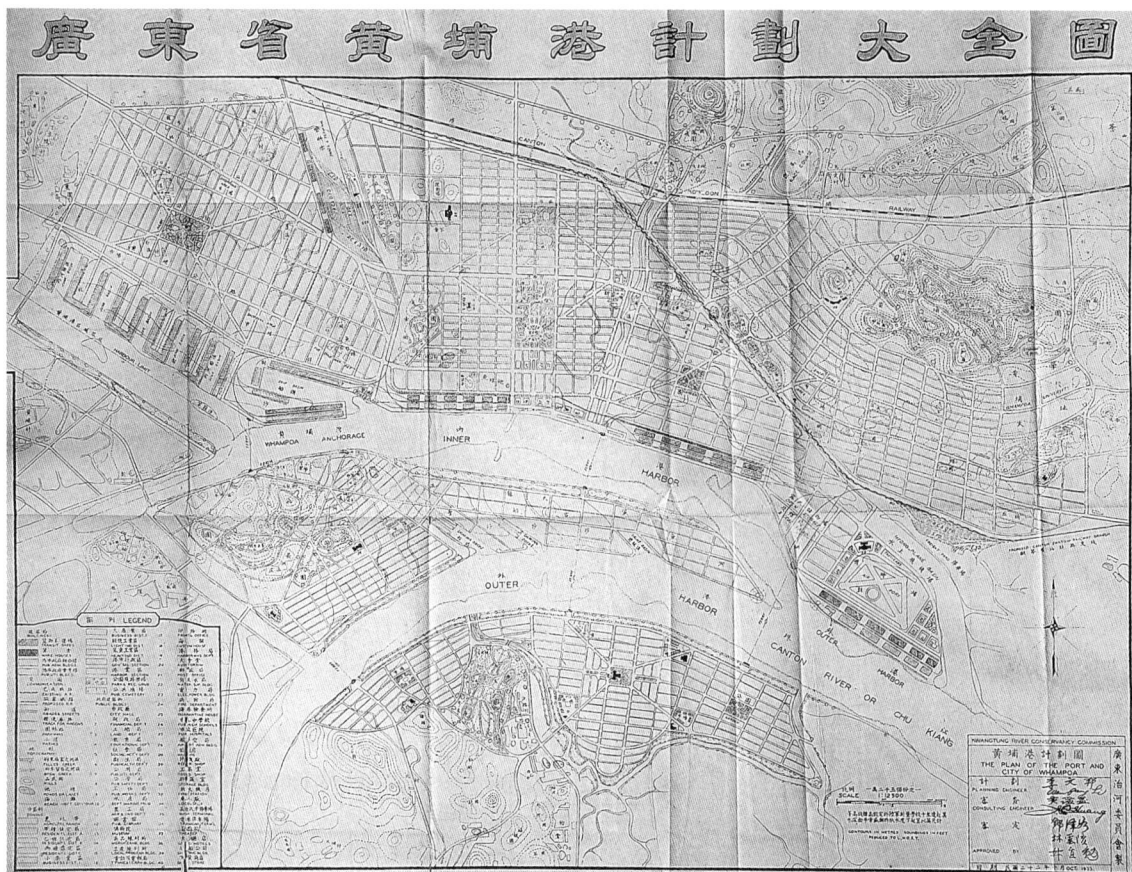

图 12-3-7 《广东省黄埔港计划大全图》（李文邦、黄谦益，1933 年）
来源：广东土木工程师协会.工程季刊，1934.3，第二期第三卷

业……为在广州界域内发展商业和工业，内港计划是必要的。河南洲头咀已被选择作为内港所在
地；不同种类轮船泊位和码头仓库的建造将极大地促进商业的发展。"[1] 工务局局长程天固也认为：
"若有内港建设，则本市每年出入口轮船七百五十万吨之中，内除去省港轮船二百五十万吨及其
他小轮一百万吨外，尚有四百万吨，均将永蒙其利：平均计算，每顿省费一元，每年全市可挽回
四百万元之权利。"[2] 广州内港建设计划主要分为三部分：海珠新堤、河南新堤及内港码头。其中：

　　海珠新堤计划东起长堤五仙门电厂、西至仁济街口，全长约 3800 英尺（约 1160 米）。其
目的在于整饬拉平珠江北岸原反弓凹入部分，以克服滩石兀立、水流湍急、不利航行的自然条件。
该计划始于 1928 年，因无人承投而搁置。随后两年里，荷兰河海工程建筑公司与广州市政府
就该计划进行了广泛讨论，由于该公司在厦门、汕头、葫芦岛等地的筑堤经验，被最后确定为
最为艰难的新堤中段承建商。[3] 1930 年 9 月至 11 月，中段、东段先后开工，海珠石（即荷兰
炮台）被爆破清除。按照规划，一系列高层建筑将在位于旧堤南侧的新堤上兴建，包括广州市

---

[1]　转译自 Edward Bing-Shuey Lee（李炳瑞）. *Modern Canton* [M]. Shanghai: The Mercury Press, 1936: 40.
[2]　程天固.广州工务之实施计划 [M]. 广州市政府工务局，1930 : 64.
[3]　同②。

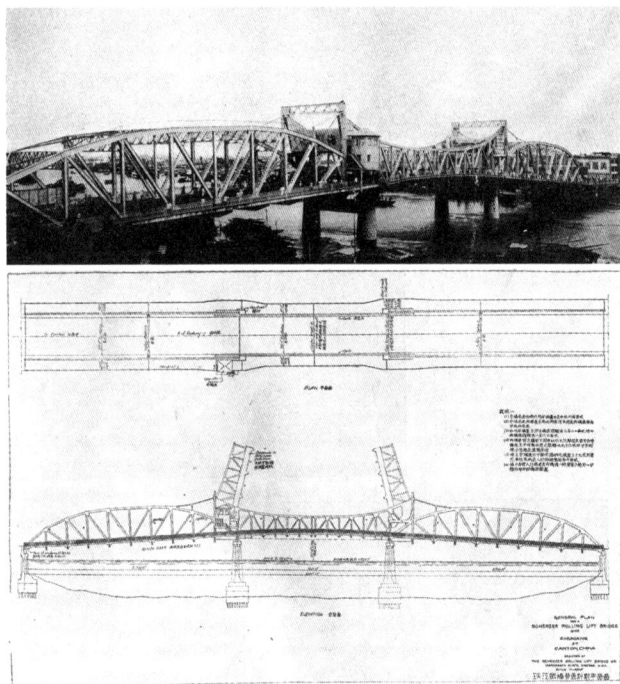

图 12-3-8　广州海珠桥
来源：（上）Edward Bing-shuey Lee. Modern Canton [M]. Shanghai:
The Mercury Press, 1936.（下）程天固. 广州工务之实施计划
[M]. 1930.

银行大厦、上海银行大厦和国货商场等。[1]

　　建造河南新堤的目的主要有三方面。其一，将珠江北岸码头迁至河南；其二，通过珠江铁桥（即海珠桥）连接河北与内港码头；其三，为河南提供便利的道路交通设施。河南新堤从内港码头至海珠桥脚总计 7300 英尺（约 2230 米），其工程包括大约 100 英尺（约 30 米）宽的道路，预计花费 250 万元。该计划将在河南建设新的码头和仓库，并将使河北旧堤岸从装卸货物的混乱和肮脏中解放出来。[2]

　　作为内港建设计划的核心，洲头咀内港码头旨在提供足够的泊位空间以容纳 4000 吨远洋轮船的停靠和装卸。筑港工程包括 70000[3] 以上土方的填造、3000 吨或 4000 吨船舶停靠所需 2500 英尺（约 726 米）长码头及堤岸、环港道路和仓库的建造。实际建造工程于 1930 年 11 月开始，分多期进行。根据该计划，土地填造和堤岸完全由政府承担，码头与仓库建造将由政府和私人联合投资。仓库建筑原拟建四座，后由工务局增加至八座，工务局建筑师陈荣枝完成了设计。[4] 从内港至海珠桥，共设六个等级的码头和 75 座不同类型的仓库。其中，一等码头位于河南岛的西北角，面向沙面，供 3000~4000 吨远洋航线使用。[5]

　　内港计划对广州城市发展的贡献显而易见。作为内港计划的重要组成，海珠桥自 1929 年开始建设，1933 年 2 月建成通车（图 12-3-8），广州珠江两岸第一次实现陆路联系，为广州城向河南拓展奠定了坚实的基础。[6] 通过内港及堤岸建设，河道通行能力及参差不齐的堤岸状况

[1]　Edward Bing-Shuey Lee（李炳瑞）. Modern Canton [M]. Shanghai: The Mercury Press, 1936: 41.
[2]　同[1]: 43.
[3]　华井：广东地区特有的面积单位。
[4]　陈荣枝绘制的设计图刊载于程天固. 广州工务之实施计划 [M]. 广州市政府工务局，1930.
[5]　详见 Edward Bing-Shuey Lee（李炳瑞）. Modern Canton [M]. Shanghai: The Mercury Press, 1936: 43-44.
[6]　彭长歆. 现代性·地方性——岭南城市与建筑的近代转型 [M]. 上海：同济大学出版社，2012: 271.

图 12-3-9 广州爱群大酒店现状（摄于 2010 年）

得到显著的改善，一个现代化的城市滨水空间得以形成。而 东起长堤五仙门电厂、西至仁济街口的海珠新堤的建成也为新的地产投资提供了机会。香港爱群人寿保险公司获得了新堤西端的一处三角地。在建筑师陈荣枝的设计下，建筑采用该时期美国摩天大楼常用的装饰艺术风格（Art Deco），陈认为"此式最适宜于高度建筑物，且富有端庄明净简单和谐之表现"。[1] 广州爱群大酒店 1934 年 10 月 1 日开始兴建，1937 年 7 月落成使用，它以 15 层楼高刷新了广州的天际轮廓线，并使珠江堤岸成为广州现代化的象征（图 12-3-9）。

## 五、《广州城市设计概要草案》

1930 年代是广州乃至岭南城市发展的高峰期。陈济棠的经济政策在该时期已初见成效，许多重大施政建设先期进行，西村士敏土厂等省营工业已基本建设完毕，为新的总体规划的制订和实施提供了预设条件和前提。交通、工业、教育等建设的先期布局为新的城市结构的形成打下了坚实的物质基础。

1932 年 10 月 6 日广州市第二十七次行政会议议决通过《广州城市设计概要草案》，这是广州建市以来第一部正规的城市规划文本。[2] 在城市设计委员会主导下，该草案在文体上改变了以往市政计划中第一人称的训令色彩，并在大量调查统计数据支持下，表现出全面客观的科学

---

[1] 陈荣枝、李炳垣 . 广州爱群分行建筑设计与施工经过述概 [A]// 香港爱群人寿保险有限公司广州分行爱群大酒店开幕纪念刊 [Z]，1937.7.

[2] 广州市地方志编纂委员会 . 广州市志（卷三）[Z]. 广州：广州出版社，1995：35.

理性。其主要内容包括：

（1）对广州市域作出明确界定，确定仍以 1923 年工务局划定的权宜区域和拟定区域为城市设计的地界范围。

（2）将全市地域划分为工业、住宅、商业、混合等四个功能区。其中工业区分布在临江一带，如西村、石围塘东南部、牛角围、牛牯沙、罗冲围等处；原有商业区在旧城内，新辟商业区设在黄沙铁路以东，河南西北部，东山以东，省府合署地点（今天河公园附近）以西一带；住宅区分"风景优美住宅之区域"和"工人住宅区域"两种，前者包括河南中、北部，东山及以东至车陂东部，白云山以东、三元里附近，白云山至飞鹅岭东南麓等处。后者则邻近工业区设置，如市区西部泮塘及芳村茶滘等地；旧城区根据原有居住、商业及一部分手工业的混合状态保留为混合区。

（3）道路系统考虑与旧城区内原有道路的衔接；道路规划依据自然地形地貌，并与市政排水相结合；主要环形干线采用林荫道设计，沿线合理规划公园；道路设计采用分级制，分别对商业区、工业区、园林住宅区、普通住宅区、行政区等不同功能区街道马路进行相应分级设计（图 12-3-10）。

（4）对铁路及航空设施的规划。于西村省立一中东南处设客运总站，黄沙原有车站改为货站；规划接通粤汉、广三铁路，建设两座跨江桥梁。另由石围塘经上芳村至白鹤洞设单轨铁路；沿黄沙堤岸兴建码头，以利水陆联运；民用飞机场拟建于河南琶洲塔以东或市区西北部牛角围

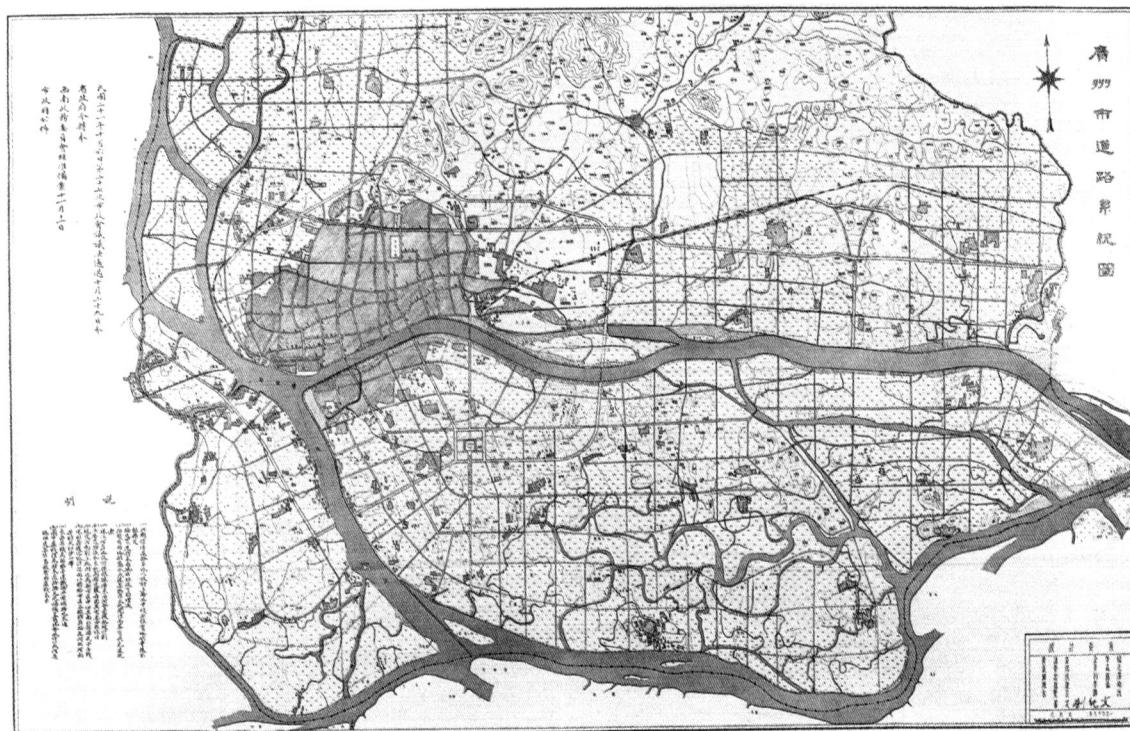

图 12-3-10 《广州市道路系统图》（黄谦益、袁梦鸿、关念成、陈康、余觉芸、金肇组、黄森光、利铭泽、麦蕴瑜、谭护，1932 年）
来源：中国第一历史档案馆、广州市档案（局）馆、广州市越秀区人民政府.广州历史地图精粹，2003：80-81.

以北地带。

（5）规划新建水厂和电厂。新水厂拟定在市西北松溪一带；新电厂择址西村士敏土厂之北或牛角沙以南。

（6）规划港口。辟黄埔港为未来新港；辟白鹅潭一带为内港；石围塘至下芳村一带堤岸规划建设码头、仓库，停泊来自上海、厦门等埠轮船；黄沙一带堤岸拟建仓库码头，停泊港澳轮船及四乡轮渡；大涌口一带停泊其他各项运输小汽船；沙面至大沙头一带因江面较狭，不宜多泊船只，以免阻碍河道交通及附近一带的风光。[①]

相对程天固《广州市工务之实施计划》静态把握广州市未来三年的工务安排，《广州城市设计概要草案》则全方位地推进广州城市现代化。尤其在道路分级制、交通及能源方面的规划已远远超出了《广州工务之实施计划》所能达到的层面，因而建构了广州城市现代化的基本骨架。

在《广州城市设计概要草案》指导下，城市建设有序进行。西村士敏土厂（1932年）、广东省硫酸厂（1933年）、广州市河南电力分厂（1933年动工）、广州木炭汽车炉制造厂（1934年）、广东纺织厂（1934年）、广东苛性钠厂（1935年）等工厂相继建成，使西村工业区和芳村纺织工业区成为岭南近代城市发展中最具规模的现代工业区，并使广州城市功能布局更趋完善。道路建设在前期《广州市工务之实施计划》督导下于1929-1933年陆续进行，但在新的规划方针下，广东省政府于1933年10月下令暂缓开辟，1934年成立"辟路审定委员会"，重新审定核准，以后继续开辟，并采用新式设计。[②] 1930-1936年，全市共修建新式马路134公里，[③]并形成网络布局。海珠铁桥、西南铁桥、内港建设、长堤码头、内港货仓、住宅区和平民住宅区建设也取得相当成绩，至1930年代中期，广州已基本完成城市近代化并具备现代城市的雏形。

# 第四节　天津[④]

## 一、天津租界建设的发展

### （一）天津租界城市建设和建筑营造（1927-1937年）

20世纪二三十年代的天津租界建设主要是英、法、日、意租界市政建设和建筑建造的大规模持续推进，市政建设主要是顺延20世纪一二十年代的规划建设经验。以英租界为例，这一时期的道路、下水道、自来水、码头、公园等市政设施和公共空间建设顺延一二十年代的基础，

---

① 参见，广州市地方志编纂委员会. 广州市志（卷三）[Z]. 广州：广州出版社，1995：37.
② 广州市地方志编纂委员会. 广州市志（卷三）[M]. 北京：中国建筑工业出版社，2005：83.
③ 周霞. 广州城市形态演进研究 [D]. 华南理工大学博士学位论文，1999：75.
④ 本节作者天津大学中国文化遗产保护国际研究中心。

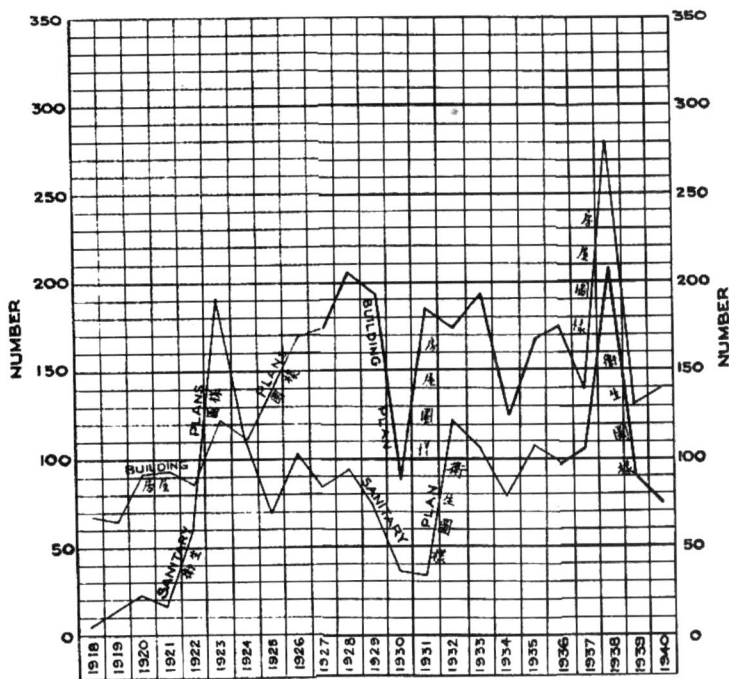

图 12-4-1　1918-1940 年驻津英工部局核准房屋及卫生图样指数图表
来源：作者改绘，据 1927、1936 和 1940 年英国工部局董事会报告中"十年内本局核准房屋及卫生图样指数图表"。

以第三期推广界为特别代表的整个英租界的私人建筑尤其是住宅增长异常迅速：1918 年安德森规划后建设量明显剧增，1922-1940 年间几乎每年建设量保持房屋 150 项左右（图 12-4-1）。每一时期的建设量、地价和房价的变化与英工部局市政改革、经济危机、战争、洪灾、租界收回等因素息息相关。其中时局和租界本身等因素导致近百位地位特殊的著名寓公、政府高官（如总统、总理、省长、军长等）、其他国内外上层人士（租界官员、洋行老板、企业家、买办等其他名流）和大量中产阶级的涌入直接促成了当今五大道区域的建成。天津九国租界背景下的居住人群背景极为丰富。在 20 世纪 30 年代，生活在天津的外国人最多达 9 万人，来自 30 多个国家，显示出当时天津已是国际化程度相当高的都市。[1] 其中最为典型的英租界在 1934 年共有来自 30 多个国家的外侨 4045 人。[2] 不同国家和民族背景的外侨和留学回国人才带来了世界各地的传统、理念、技术等。

英租界的洋人多集中居住在老租界和推广界的高级住宅区（即今五大道区域），扩充界内和赛马场附近、马场道两侧等场所也有一些洋人居住。洋人相对集中居住，一方面是由于历史上这些街区开发较早，离码头、洋行、马场道等较近，公共设施较为齐备、环境较为舒适，另一方面也便于他们相互交往和照应。事实上洋人与华人虽然生活在一个市区，但是他们的商品采购、社会交往、体育娱乐活动等都明显地独立于华人之外，形成一个相对独立的洋人社会。[3] 30 年代后，高级联排住宅或里弄公寓式住宅兴起，显示出租界中等阶层实力的增长。华人中等阶层主要是职业阶层和一些资财有限的"寓公"等。里弄公寓式住宅最为典型，如位于推广界

---

① 刘海岩. 外文资料的搜集与利用——编写《天津通史》的一个新视角 [J]. 理论与现代化. 2005，1502（5）：90.
② 尚克强，刘海岩. 天津租界社会研究 [M]. 天津：天津人民出版社，1996：173.
③ 同②：194.

的安乐村、马场别墅、桂林里等。华人下层多居住多层住宅（联排单元式集合住宅），多分布在租界边缘，如法租界西南部靠近边缘的地段。英租界推广界只有在三等区才允许建造下层华人居民有能力居住的多层住宅，大都与工厂分布在一起，居住环境与高级住宅区悬殊较大。至1940年，东部沿海河的老租界发展为贸易、金融区，中部扩充界主要是住宅区，西部推广界是各国租界中规划最为成功的现代住宅区，南部有"繁华"的商业区"小白楼"。[①]

## （二）天津建筑行业水平显著提高

在城市基础设施基本完成的情况下，天津的建筑行业开始走向国际化与现代化。20世纪20年代后期，天津开始出现现代主义风格的建筑，并逐渐成为天津租界的主流风格。二三十年代现代建筑产生的基础是天津建筑材料生产能力的提高与建筑技术的进步。铁、钢材、水泥、机制砖瓦、玻璃、陶瓷、建筑五金、木材加工、卫生船具和钢筋混凝土复合材料在建筑中的应用，突破了中国传统的土、木、砖、石结构用材的局限性，成为近代建筑发展的重要前提条件。升降机和电灯的发明与使用又加速了建筑的发展和提高。天津近代新材料、新结构的出现，促进了多层及大跨度建筑的兴起和建筑耐久性的要求。而它们反过来又刺激了建筑工业的革新与生产。天津生产水泥的启新洋灰公司，在1910年前后每年只生产43万桶水泥，至1921年增加到86万桶，到1932年则达到年产量180万桶的速度。启新洋灰公司还出产大量砖、瓦。这时期还产生了振样、裕丰、水和等制造机砖公司。这些砖厂使用机器制造，相对于传统的手工制砖技术是一个重大的改革，砖的产量迅速增加，日产量达到一万立方米。[②]

与此同时，建筑营造公司也开始走向专业。这一时期出现在天津的建筑公司有慧通成、鸿美、合兴、德和、华伟、华胜、北京、东方实业、华洋、复兴等建筑公司。营造厂有：申泰、起泰、升大、同华社、同义元、恩记、玉记、裕记、恒记、北方、鹤记、玉泰、国华、影记等，还有一些外国建筑施工机构进入天津。

## （三）天津租界建筑规范的成熟发展

天津九国租界中，至少英、法、日、意、德、俄六国租界制定有成熟的土地章程和建筑规范等市政管理体系。而以英租界最为成熟、系统，成为其他各国租界模仿的范本。英租界从划定租界伊始就每年或每隔若干年修订土地章程和建筑规范等，修订变动较大的时期有1860年代、1880年代、1890年代、20世纪初、1920年前后、1936年等，具体内容特征、与上海和汉口等地租界乃至全国及日本和朝鲜等租界的法律规范传承关系、天津九国租界间法律规范的互动影响等需要针对一手档案史料进行进一步系统解读。

---

① 尚克强，刘海岩. 天津租界社会研究 [M]. 天津：天津人民出版社，1996：93.
② 高仲林. 天津近代建筑 [M]. 天津：天津科学技术出版社，1990：68-71.

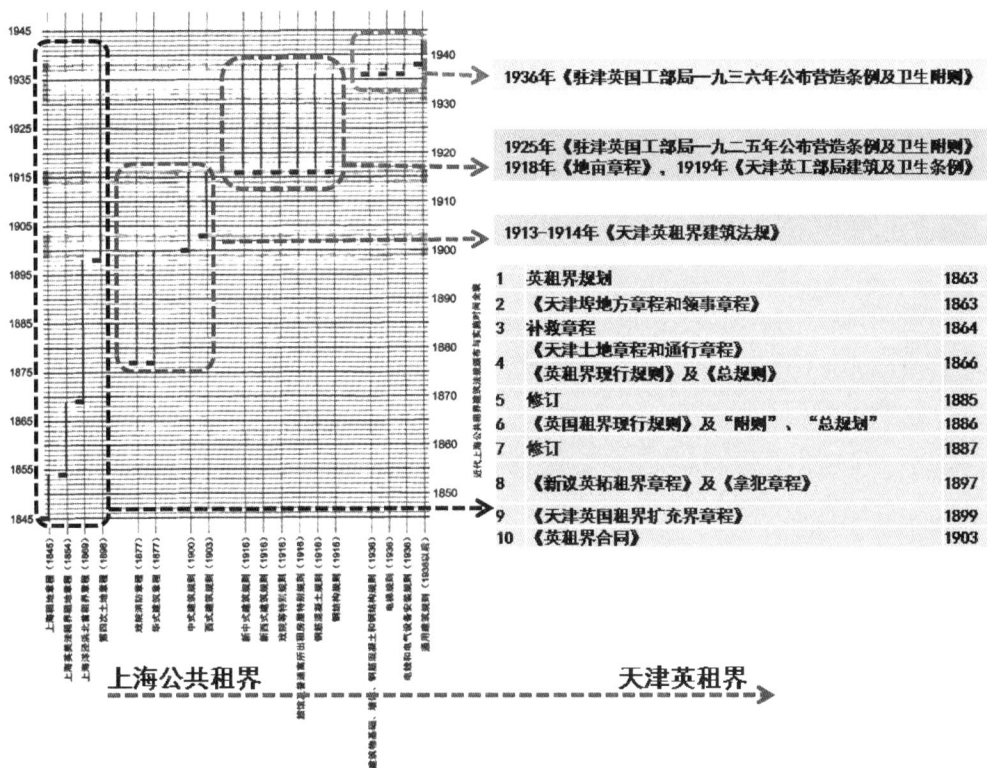

图 12-4-2  上海公共租界和天津英租界建筑法规颁布时间分析图
来源：改绘自唐方 . 都市建筑控制——近代上海公共租界建筑法规研究（1845-1943）[D]. 上海：同济大学，2006：扉页 .

The figure contains the following labels:

1936年《驻津英国工部局一九三六年公布营造条例及卫生附则》

1925年《驻津英国工部局一九二五年公布营造条例及卫生附则》
1918年《地亩章程》，1919年《天津英工部局建筑及卫生条例》

1913-1914年《天津英租界建筑法规》

| | | |
|---|---|---|
| 1 | 英租界规划 | 1863 |
| 2 | 《天津埠地方章程和领事章程》 | 1863 |
| 3 | 补救章程 | 1864 |
| 4 | 《天津土地章程和通行章程》 | 1866 |
| | 《英租界现行规则》及《总规则》 | |
| 5 | 修订 | 1885 |
| 6 | 《英国租界现行规则》及"附则"、"总规划" | 1886 |
| 7 | 修订 | 1887 |
| 8 | 《新议英拓租界章程》及《拿犯章程》 | 1897 |
| 9 | 《天津英国租界扩充界章程》 | 1899 |
| 10 | 《英租界合同》 | 1903 |

上海公共租界                    天津英租界

安德森在 1913 年、1916-1918 年曾担任英工部局临时代理工程师并在 1918 年初完成安德森规划的同时，分别在 1917 年与乐利工程司的卢普、在 1922 年与乐利工程司的杨古被英工部局聘请参照上海的经验起草天津英租界的建筑和卫生规范条例，并分别于 1919 年和 1925 年正式出版天津英租界建筑与卫生条例（图 12-4-2）。1922 年"英工部局注意到一个建筑师协会已经在天津形成，在工部局水道处的邀请下，委派建筑师联盟中的两位成员安德森和杨古协助工部局制订新的建筑条例、对街道建筑进行整体改进。[①]"建筑法规的制订和实施对于营造以五大道为重点区域的英租界城市空间具有重要意义，确保了 1918 年安德森规划的顺利实施和高效、有序、卫生、健康的城市空间的生成。

以法案形式出现的香港建筑法规更加接近英格兰的建筑法规体系，上海公共租界的建筑规范又是直接学习我国香港、英国和美国等地的经验，而天津是直接学习上海以及汉口的经验。上海公共租界的建筑法规经历了 19 世纪、1900-1903 年、1916 年和 1930 年代等几次大规模修改阶段，天津英租界建筑法规每次大的修订几乎都与上海保持推后几年的对应关系。香港的建筑控制与建筑法规是 20 世纪初上海市政当局的主要学习对象，香港 1903 年公共卫生与建筑法案的完备程度和深度远远超过同时期 1900-1903 年上海公共租界建筑规则，并成为 1916 年公

---

① British Municipal Council, Tientsin. *Report of the British Municipal Council for the year ended 31st December, 1917, and Budget for the year ending 31ˢᵗ December, 1918* [Z]. Tientsin: Tientsin Press, Limited, 1918:12. British Municipal Council, Tientsin. *Report of the British Municipal Council for the year ended 31st December, 1922, and Budget for the year ending 31ˢᵗ December, 1923.* Tientsin: Tientsin Press, LTD, 1923:35.

共租界建筑法规修订的重要依据。上海公共租界市政机构在制订建筑法规过程中也大量借鉴了英国以及伦敦建筑法规的内容，有相当多的部分是完全相同的。[①]

## 二、外国建筑师的活动（1900–1940 年代）

由于近代中国政局和社会动荡不安，中国早期现代化进程各地不均、断断续续、错综复杂，同时近代建筑样式丰富多样。20 世纪上半叶西方来华建筑师和中国留学回国建筑师带来了西方建筑样式，除古典建筑样式外，工艺美术运动、新艺术运动和装饰艺术运动和现代主义思潮，短时间内影响到上海、天津、汉口等大城市，构成早期现代主义在欧美之外发展的重要部分。[②]而由于抗日战争（1937–1945 年）、解放战争（1945–1950 年）等影响，及新中国成立后学习苏联发展模式的大环境，使现代主义建筑在中国没有得到更为充分的发展。至少十几个国家或民族背景的建筑师所带来的多种建筑风格和伴随时代背景的新建筑在此交汇，整体上以折中风格为主（图 12-4-3）。

来华外国建筑师最早在香港、上海及其他南方的通商口岸活动。1900 年前几乎没有专业的外国建筑师在天津执业，早期主要建筑活动多是由军队工程师（Military engineer）、测量师（Surveyor）、土木工程师（civil engineer）及普通外侨等完成。1900 年八国联军侵华战争后的 40 余年里，更多的外国人陆续涌入天津，一批专业的外国建筑师及留学回国建筑师来到天津开设

PROMINENT PROFESSIONAL MEN OF TIENTSIN
1. A. B. LOWSON (Hongkong and Shanghai Bank).　2. L. J. THESMAR (Manager, Banque de l'Indo-Chine).
3. TH. DE KRZYWOSZEWSKI (Manager, Russo-Asiatic Bank).　4. H. DEMETS (Manager, Banque Belge pour l'Etranger).
5. A. LOUP (Loup & Young).　6. E. C. YOUNG (Loup & Young).　7. H. CHARREY (Crédit Foncier d'Extrême-Orient.)
8. G. BOURBOULON (Crédit Foncier d'Extrême-Orient).　9. R. WIELMACKERS (Crédit Foncier d'Extrême-Orient.)
10. E. COOK (Cook & Anderson).　11. H. McCLURE ANDERSON (Cook & Anderson).

图 12-4-3　1917 年天津极为出色的专业人士
来源：Feldwick, Walter, *Present Day Impressions of the Far East and Prominent and Progressive Chinese at Home and Abroad*. London: The Globe Encyclopedia Co., 1917：259.

---

① 唐方，郑时龄. 都市建筑控制——近代上海公共租界建筑法规研究（1845–1943）[ D ]. 上海：同济大学博士论文，2006：223–237.
② 刘亦师. 中国近代建筑的特征 [J]. 建筑师，2012，160（6）：79–84.

建筑事务所，建筑师作为一种新的职业开始在天津出现。粗略统计约有近百位中外建筑师、数十个建筑事务所在近代天津执业。不同国家背景中，以英系、法系和中国的留学回国建筑师最为活跃。最重要的事务所有永固工程公司（Adams，Knowles & Tuckey）、永固工程司（Cook & Anderson）、乐利工程司（Loup & Young）、查理——康沃西事务所（Charrey & Conversy）、通和洋行（Atkinson & Dallas）、景明洋行（Hemmings & Berkley）、倍高洋行（Becker & Baedecker）、永和工程公司（Hunke & Muller）、盖苓美术建筑事务所（Rolf Geyling Architect & Engineer Tientsin）等。其中乐利工程司的卢普（A. Loup）和杨古（E. C. Young）、义品公司（Crédit Foncier d'Extrême-Orient）的三位建筑师和永固工程司的库克和安德森在1917年与另外四位有名的银行商人一起被列为当时天津极为出色的专业人士（Prominent professional men）。[①] 安德森在1918年提交英租界规划方案时提议由全体建筑师成立一个委员会来统一指导、控制建筑质量和城市景观，1922年前天津的建筑师协会（Architects' Association）成立，1922年英工部局也请建筑师协会协助成立了一个四位成员的城镇规划委员会（Town Planning Committee），同年英工部局委托天津建筑师协会的两位成员安德森和杨古参照上海经验协助工部局修订建筑条例并指导改进街道建筑。

20世纪初在天津执业的外国建筑师和土木工程师遵循本国及其殖民地的城市建设经验开展建筑活动，他们的大多数作品明显受到本国建筑传统、历史风格等影响，同时受到欧美一些新建筑思潮的影响。一二十年代现代建筑思潮在天津较为流行，现代主义在30年代也影响到天津，活跃在天津乃至整个华北建筑界的一大批外籍建筑师和中国建筑师受到新建筑思潮包括现代主义的影响，设计了一大批建筑作品。其中以英系乐利工程司的卢普和杨古、法系永和工程司的穆勒、奥籍建筑师盖苓等为代表的一大批外国建筑师和以关颂声、阎子亨等为代表的留学回国的中国建筑师这些相对年轻一代的建筑师接触并设计一些国际流行的现代建筑，不过受时局影响现代主义在天津没能发展得更为充分。

## （一）安德森与永固工程司（1902-1913-约1942年）

永固工程司大致经历了如下阶段：Adams & Knowles（1902年成立）→ Adams, Knowles & Tuckey（? –1907年左右）→ Adams & Knowles（1907年左右–1911年左右）→ Cook & Shaw（1911年左右–1913年）→ Cook & Anderson（1913-约1942年）。1902年美国土木工程师学会会员、原北洋大学堂土木工程教习亚当斯（E. G. Adams）与英国机械工程师学会准会员、原关内外铁路总局山海关桥梁工厂助理机械工程司诺尔斯（G. S. Knowles）合伙开办，中文名为"永固工程公司"，后英国土木工程师学会准会员、工学士塔基（W. R. T. Tuckey)加入，承揽建筑设计及土木工程业务（Architects and Engineers）。1913年由在伦敦接受建筑训练并在1903年来到东

① Feldwick, Walter, *Present Day Impressions of the Far East and Prominent and Progressive Chinese at Home and Abroad*. London: The Globe Encyclopedia Co., 1917: 259.

方的英格兰建筑师库克（Samuel Edwin Cook）和在爱丁堡获得建筑职业技能并在1902年来到中国的苏格兰建筑师安德森一起正式接手为永固工程司（Cook & Anderson），承揽测绘、检验、估价核价等业务（Arichitects, Surveyors and Valuators 或 Valuers），[①] 之后他们在天津活跃了近30年。永固工程司的建筑作品非常丰富，1917年前他们就在天津、北京、唐山等地设计了很多的学校、办公楼、医院、火车站和大量住宅等，项目业主多是英国背景，包括英国传教团体、英商企业、英租界工部局、英国侨民等。包括天津的新泰兴洋行（Wilson & Co.）、永昌泰洋行（Talati Bros.）、隆茂洋行（Mackenzie & Co.）、卜内门公司（Brunner Mond & Co.）、中国政府铁路办公楼（Chinese Government Railway offices）和大量住宅宿舍等，北京的怡和洋行办公楼、京奉铁路火车站（P. M. Railway Station, Peking–Mukeden）、荷兰公使馆建筑（Dutch Legation Buildings）、基督教青年会（Y.M.C.A.）、北京协和医学堂（United Medical College and Hospital）等，还有唐山工程学院（Tongshan Engineering College）等等。[②] 据不完整史料分析，库克和安德森的多数作品侧重于英式背景下的自由历史风格或折中式样，且建筑主立面大多突出山墙主题。如辽阳怀利纪念教堂（1908年）、天津惠罗公司百货店（1917年前）、天津中西女子中学（1915年）、天津印字馆（1917–1925年）、马大夫纪念医院新门诊部（1924年）、天津英国文法中学主楼（1926年）、天津耀华中学礼堂（1932–1935年）等。其中曾两次出任英租界工部局工程处代理工程师的安德森直接参与了天津英租界的规划设计和建设管理工作，包括两次参与起草建筑规范。史料所限很难发现永固工程司有涉及新建筑思潮如现代主义的作品，虽然永固工程司1940年代初尚在天津有记录，但安德森和库克在1930年就都已至少53岁，比起在天津后来的年轻一辈，他们已算是资格较老的上一代建筑师，所以可推断永固工程司的受现代主义等影响的新建筑作品非常少或在其执业活动中只占到分量较轻的一部分。

## （二）乐利工程司（1912–1930年代）

乐利工程司（Loup & Young）由组建于天津，并自1900年以来便作为建筑师活动的瑞士人卢普（A. Loup）和英国市政工程师杨古（B. C. Young，曾参与一战获得上尉职衔）在1912年成立，业务广泛，包括建筑、工程、测量、房地产咨询（architects, engineers, surveyors and estate agents）等。1917年前在天津、北京、牛庄等地已完成大量的公共建筑和私人住宅，包括俄租界工部局建筑（Russian Municipal Buildings）、帝国饭店（Imperial Hotel）和天津英国领事官邸（纳森住宅，Major Nathan's Residence），还有李吉甫旧宅（1918年）和国民饭店（1922年）等。除了早期设计的带有古典式样、新古典主义的历史风格建筑，他们的很多作品运用钢筋混凝土结构，如1923年建成的赛马场观众席的大型悬臂结构在天津独一无二，1934年设计的中国大

---

① 黄光域. 外国在华工商企业辞典 [M]. 四川人民出版社，1995：226. Feldwick, Walter, *Present Day Impressions of the Far East and Prominent and Progressive Chinese at Home and Abroad.* London：The Globe Encyclopedia Co., 1917: 261.
② Feldwick, Walter, *Present Day Impressions of the Far East and Prominent and Progressive Chinese at Home and Abroad.* London: The Globe Encyclopedia Co., 1917: 261–262.

戏院（The Great China Theatre）采用大跨度钢架穹顶结构，外立面采用较为现代的装饰艺术风格。

## （三）保罗·慕乐（Paul Muller）与永和工程司（1920-1940 年代）

慕乐是一位活跃于近代天津法租界的著名建筑师。大约于 20 世纪初，他毕业于法国巴黎美术学院建筑系，并获得了法国的执业建筑师资质。20 世纪 20 年代前后，慕乐来到中国，40年代离开。在这期间，慕乐既是法公议局工程处的工程师，又是法商永和工程司的主持建筑师，同时，他还在天津工商学院任教授。保罗·慕乐及其永和工程司创作了大量优秀的建筑作品，这些建筑多数位于天津法租界，也有几个分布于北京、上海、沈阳等城市。在这些建筑中，天津的劝业场、天津工商学院大楼、渤海大楼、利华大楼已经成为天津知名的历史建筑，也是中国近代建筑史中的重要实例。[①]

天津工商学院大楼 1924 年动工，1926 年建成，位于原天津英租界马场道南侧（图 12-4-4）。建筑面积 4917 平方米，建筑平面为"工"字形；立面为"横三纵五"式的经典构图，顶层为孟莎屋顶。主入口处设有柱廊，以双柱支撑阳台二层，次入口与两翼以山花装饰，立面材质为红砖与蘑菇石相结合。工商学院主楼侧翼建有一个小教堂，有圆形穹顶，并以山花、拱券与栏杆装饰。是一座典型的巴黎美术学院派风格建筑。

劝业场为天津的标志性建筑，落成于 1928 年，位于原天津法租界福熙将军路的商业中心（图 12-4-5）。劝业场主体高 5 层，局部为 7 层，建筑面积为 21000 平方米。1~4 层运用阳台凹凸营造出丰富的立体效果，4、5 层设有夸张的牛腿支撑阳台，与转角处的塔楼相结合，使建筑具有

图 12-4-4　天津工商学院大楼
来源：吴延龙主编. 天津历史风貌建筑 公共建筑（卷一）[M]. 天津：天津大学出版社，2010：189.

图 12-4-5　天津劝业场
来源：吴延龙主编. 天津历史风貌建筑 公共建筑（卷二）[M]. 天津：天津大学出版社，2010：147.

---

① 武求实，宋昆. 法籍天津近代建筑师保罗·慕乐研究 [D]. 天津大学硕士学位论文. 2011：22-39.

一种上升趋势，创造出具有戏剧性的宏伟效果。在劝业场的立面设计中，除去牛腿、雨篷等主要装饰部件之外，古典元素有一定的简化，采用了较多预制构件。

慕乐早期作品多为古典复兴风格，在商业建筑上大量采用折中手法，塑造出具有强烈视觉吸引力的宏伟建筑，在利华大楼与渤海大楼的设计上，则逐步转为现代主义，不仅外观更为简洁，也更为主义室内空间的现代化设计，是天津最早使用现代主义手法的建筑师之一。

## （四）罗尔夫·盖苓与盖苓美术建筑事务所（1924-1952年）

罗尔夫·盖苓，1884年6月7日生于奥地利的维也纳，1952年8月1日卒于中国天津。奥地利著名的建筑设计师、工程师，奥地利国家建筑鉴定议员，奥地利维也纳艺术家协会会员，奥地利工程师和建筑师协会通讯会员，奥地利驻中国天津名誉副领事。罗尔夫·盖苓是20世纪上半叶活跃于中国的最重要的欧洲现代建筑师代表之一。

初到天津的盖苓虽然之前在奥地利也看办过公司并且之前在北戴河也做过了许多的建筑项目，但是他并没有马上开办自己的建筑事务所，而是在天津的富润建筑事务所（The Yuen Fu Building And Engineering Company）任总建筑师，直至1924年。在这期间，盖苓作为建筑师也完成了不少的项目，如章瑞庭私人住宅的设计，天津金城银行的方案设计盖苓在富润的工作，为他以后在天津独立从业打下基础。

1924年，在天津实力成熟的盖苓离开富润，成立了自己的建筑事务所，名为盖苓美术建筑事务所（Rolf Geyling Architect & Engineer Tientsin），最初这合伙经营，同时也将建筑事务所迁往英租界中街营业，更英文名为Geyling & Skoff，中文名为"同义洋行"。承办建筑设计及相关工程咨询业务。1929年，两人拆伙，建筑事务所由盖苓独立开业，盖苓也将事务所的名字恢复为"盖苓美术建筑事务所"。先后在博目哩道及威德大院营业。当时的注册资金为一万五千元。

盖苓作为一名奥地利建筑师，早期在奥地利时已完成不少建筑项目。在他来到中国后，在北戴河和天津也留下了许多珍贵的建筑作品，当然在中国其他一些城市的大项目中也有他的足迹，沈阳、大连、天津、青岛、南京、上海等地都有他的作品，并且许多作品保留至今并成了当地的著名建筑。因为盖苓在维也纳技术大学除了学习建筑学同时也兼修了土木工程学，所以他也参与设计了天津的防洪系统和一些桥梁等。盖苓是一位高产的建筑师，他在中国毕生的建筑作品约为300件，包括段祺瑞故居、章瑞庭故居、吴颂平故居、李勉之故居、贵州路80-90号住宅群等高质量的住宅建筑。[①]

盖苓设计的位于英租界内的剑桥大楼与民园大楼（图12-4-6）、香港大楼均为现代主义公寓住宅建筑，是近代天津设计公寓住宅数量最多的建筑师之一。

---

① 黄盛业，宋昆.奥籍天津近代建筑师罗尔夫·盖苓研究.天津大学硕士学位论文［D］.2011：12-38.

图 12-4-6　民园大楼
来源：吴延龙主编. 天津历史风貌建筑 居住建筑 卷二 [M]. 天津：
天津大学出版社，2010：162.

图 12-4-7　法国公议局（摄于 1931 年）
来源：Brussels, Royal State Archives, Crédit Foncier d'Extrême Orient,
Picture albums.

## （五）门德尔松（Léo Mendelssohn）

雷欧·门德尔松（Léo Mendelssohn）毕业于法国巴黎高等美术学院（Ecole des Beaux-Arts de Paris），在巴黎美术学院学习期间，曾获得巴黎美术学院的最佳毕业生奖（Prix du meilleur diplôme）并五次获得巴黎美术学院奖章（建筑学第一名）。门德尔松具有法国政府颁发的注册建筑师资格（Architecte diplômé par le gouvernement，DPLG），也是第一个加入伦敦建筑师协会的法国人。门德尔松来中国之前已经积累了许多工程经验，1924 年签订了成为义品公司建筑师的合同。1925-1926 年间他一直在义品公司上海分部工作，之后来到天津担任天津设计部的总设计师。

门德尔松在天津的第一个重要设计作品是百福大楼，之后他又陆续担任了法国公议局大楼（图 12-4-7）、法国俱乐部的总设计师。这三个作品，分别是巴黎美术学院派、新艺术运动与装饰艺术风格这三种代表欧洲时下建筑风潮向天津传播的直接表现，也是法国展现在远东社会影响力的标志性建筑，迎合了当时天津法租界当局的心态与侨民的审美倾向。

# 三、中国建筑师的活动（1920-1940 年代）

外国建筑师是天津近代建筑风潮的领航者，而中国建筑师则是其坚固的后盾，20 世纪之后，一批中国建筑师从欧美学成归来，在天津开设建筑事务所进行建筑设计，他们的设计作品与外国建筑师相比毫不逊色，同时汲取了中国的建筑文化，一些中国建筑师还投身建筑教育事业，为中国建筑行业培养了接班人。

## （一）沈理源（1890-1950 年）与华信工程司

沈理源是中国最早的建筑留学生之一，也是天津最著名的华人建筑师之一。沈理源 1890

图 12-4-8 天津盐业银行
来源：吴延龙主编. 天津历史风貌建筑 公共建筑 卷二 [M]. 天津：天津大学出版社，2010：32.

年出生于浙江余杭的一个小官吏家庭；1908 年，中学毕业于上海南洋中学，由中学推荐进入意大利拿波里大学<sup>①</sup>学习水利工程，后转入建筑学专业。<sup>②</sup>沈理源在意大利留学期间，巴黎美术学院派教学体系在欧洲占主导地位，拿波里大学建筑专业也受到其影响。学院派的教育为沈理源在天津租界设计历史复兴主义建筑打下基础，他设计的原浙江兴业银行、中国盐业银行等建筑历史语汇运用娴熟，比例协调，为天津法租界中历史复兴建筑的精品。沈理源对西方古典建筑语汇的运用甚至水平甚至超过了一些西方建筑师。

1915 年，沈理源毕业归国，并于 1916 年担任黄河水利委员会工程师，同时开始进行建筑设计。1917 年设计了北平劝业场；后加入华信工程司并主持天津工作，1921 年开始，连续设计了天津浙江兴业银行、天津孙传芳旧宅、北平开明戏院、天津盐业银行（图 12-4-8）、中华汇业银行、清华大学化学馆、天津新华信托储蓄银行、天津民园西里等建筑。1930 年，沈理源参加上海中心区规划竞标，获得上海特别市新屋图案竞赛奖。沈理源从 1934 年起担任天津工商学院建筑系教授，1939 年之后担任系主任。沈理源于 1944 年出版《西洋建筑史》中文翻译，<sup>③</sup>是西方建筑理念在中国推广的先驱者。

## （二）关颂声（1892-1960 年）与基泰工程司

1920 年创办的基泰工程司（Kwan，Chu & Yang，Architects & Engineers）由留美回国的几

---

① 今那不勒斯大学。
② 文史资料研究委员会编. 天津近代人物录. 天津市地方史志编修委员会总编辑室，1987.12：192；中国人民政治协商会议天津市委员会文史资料研究委员会编. 天津文史资料选辑 第 24 辑. 天津：天津人民出版社，1983. 转引自沈振森编著. 中国建筑名师丛书沈理源 [M]. 北京：中国建筑工业出版社，2012.05：3-4.
③ 沈振森编著. 中国建筑名师丛书. 沈理源 [M]. 北京：中国建筑工业出版社，2012.05：147-148.

位著名建筑师关颂声（Kwan Sung Sing 或 S. S. Kwan）、朱彬（Chu Pin）、杨廷宝（Yang Ting-Bao）等执业。

关颂声 1892 年出生于天津，曾就读于上海圣约翰大学，1914 年赴美国麻省理工学院学习建筑学，1917 年获得建筑学学士学位。之后，旋即进入哈佛大学学习市政管理。1919 年回国后任天津警察厅工程顾问、北宁路常年建筑工程师、南京首都建设委员会委员等职务。[①]

1920 年，关颂声创办天津基泰工程司，承接建筑工程。关颂声在基泰工程司主要负责组织与对外联系业务的工作。关颂声将基泰工程司的业务拓展到全国的范围，在南京、沈阳、重庆、香港等地开展业务。关颂声主持基泰工程司在天津建设了永利工业公司大楼、中原公司、河北蔡家花园体育场、基泰大楼、南开大学木斋图书馆等建筑。

1931 年，"九一八事变"后，关颂声拒绝担任伪满洲国工程部长，被伪满洲国政府监禁，后被营救回到上海。1949 年后去台湾，担任台湾建筑师公会理事长。关颂声在台湾设计了作品包括香港万宣大楼、台湾人造纤维公司、台北综合运动场、台中省立体育场。[②]

## （三）阎子亨（1891–1973 年）与中国工程司

阎子亨（1891–1973 年），天津生人。出生于木匠家庭，1918 年毕业于香港大学土木工程系，毕业后不久便进入中国近现代早期建筑师事务所之一——亨大建筑公司任主任设计师，约三年时间，就做了若干万平方米的工程，成绩斐然。1928 年成立了自己的建筑师事务所——中国工程司。阎子亨一生从事建筑事业四十多年，主要活跃于在天津及其周边地区。阎子亨参与设计的 118 处建筑（其中包括天津市内有判断依据的 95 处，天津市外以及未有确凿证据的 23 处）中，位于英租界的就有 56 处，占总数的近 50%。而九国租界中相对比较多的法租界仅有 13 处，而排在第三位的日租界仅有 6 处。[③] 建筑类型虽以住宅、文教建筑为主，但同时涉及办公、工业、商业建筑等多领域。

阎子亨设计的重要作品有：南开中学范孙楼、南大芝琴楼、天津市立师范学校、北洋大学工程学馆、国立北洋工学院图书馆、耀华中学教学楼、元隆孙旧宅（图 12-4-9）、寿德大楼、沈鸿翔诊所、天津民族日报社、茂根大楼、永安大楼、久安信托公司仓库等重要建筑。早期建筑风格出现中国传统样式（蔡家花园，1926 年）和西洋古典风格（南开中学范孙楼，1929 年），同时也有注重功能主义的倾向（四宜里、信义里，1926 年）。30 年代以后主要以流行于全球的现代主义风格为主（敬胜堂，1936 年），也包括流线式风格（茂根大楼，1937 年）。

阎子亨不仅仅在建筑工程方面有出色的成就，在社会活动、教育活动等方面也非常活跃。曾担任天津市建筑师公会主任委员，多年的南开校友会主席；抗战胜利后，担任工务局局长兼

---

① 刘娟，曹磊 . 天津建筑和建筑师事务所发展研究 [D]. 天津大学硕士学位论文 . 2006：67.
② 武玉华，宋昆 . 天津基泰工程司与华北基泰工程司研究 [D]. 天津大学硕士学位论文 . 2006：19.
③ 孙亚男，徐苏斌 . 阎子亨设计作品分析 [D]. 天津大学硕士学位论文 . 2011：3–14.

图 12-4-9　元隆孙旧宅
来源：吴延龙主编 . 天津历史风貌建筑 居住建筑 卷一 [M]. 天津：
天津大学出版社，2010：110.

城市规划委员会主任；新中国成立后担任天津市人民政府建设委员会总工程师兼园林广场处处长；晚年担任河北省建设工程厅副厅长，天津市建筑工程局副局长等等。在教育活动方面，阎子亨在繁忙的设计工作之余，不忘兼做天津本地开设建筑学及相关学科的院校，如河北省立工业学院讲师、津沽大学教授（后任系主任）、北洋大学（天津大学前身）教授等，并自编书籍、在中国工程司内开设建筑教学培训以培养建筑业人才。

## 四、天津租界的建筑风格（1927-1937 年）

由于近代中国政局和社会动荡不安，中国早期现代化进程各地不均、断断续续、错综复杂，同时近代建筑样式丰富多样。20 世纪上半叶西方来华建筑师和中国留学回国建筑师带来了西方建筑样式，除中古复兴样式、古典建筑样式、折中主义外，工艺美术运动、新艺术运动、装饰艺术运动和现代主义，短时间内影响到上海、天津、汉口等大城市，构成早期现代主义在欧美之外发展的重要部分。[①] 而由于抗日战争（1937-1945 年）、解放战争（1945-1950 年）等影响，及新中国成立后学习苏联发展模式的大环境，使现代主义建筑在中国没有得到更为充分的发展。至少十几个国家或民族背景的建筑师所带来的多种建筑风格和伴随时代背景的新建筑在天津交汇，整体上 19 世纪和 20 世纪初以国家和民族背景的古典式样和折中风格为主，二三十年代开始流行装饰艺术风格，同时以英系乐利工程司的卢普和杨古、法系永和工程司的穆勒、奥籍建筑师盖苓等为代表的一大批外国建筑师和以关颂声、闫子亨等为代表的留学回国的中国建筑师这些相对年轻一代的建筑师开始接触并设计一些国际流行的现代建筑。

---

① 刘亦师 . 中国近代建筑的特征 [J]. 建筑师，2012，160（6）：79-84.

## （一）新艺术运动（Art Nouveau）

天津的现代主义建筑始于1926年义品公司建筑师门德尔松设计的百福大楼（图12-4-10）。百福大楼位于天津法租界的门户位置——万国桥桥头，是法租界内第一座新艺术运动风格的作品，也是当时法租界内最高的建筑之一，大楼的名字源于比利时（Belgique）与法国（France）两个单词的结合。百福大楼的功能集商业、办公、公寓住宅于一体，一层为商店，二至三层为办公室，五至六层为公寓，平均高度为24.384米，最高处38.7米。大楼占地面积650平方米，建筑面积为3973平方米，钢筋混凝土结构，砖砌立面；室内装饰为榆木与菲律宾红酸枝木，部分办公室的地板材料从法国进口。橱窗为铜框架，大厅铺设大理石。

门德尔松的设计紧跟时代潮流，注重居住环境，将公寓设在日照条件最好的位置。同时采用了天津最为先进的建筑设备，在设置完整的电气系统与给排水设备的同时，大楼内设有一部电梯，并安装特灵蒸汽系统统一供暖。百福大楼的建造过程体现了当时天津法租界建筑施工的华洋合作，建筑施工和立面构建与玻璃安装工程分别由两家中国承包商负责；电灯、铁艺装饰、给水排水设备与卫生洁具以及电器设备由英国公司负责；采暖系统来自美国；电梯则由巴黎进口。百福大楼从外部的造型设计到室内昂贵的建筑材料与最新的功能理念均能表现出法国新艺术运动建筑的典型性。百福大楼顶层山墙的植物纹饰与凹凸变化的立面均为新艺术运动风格的主要特点。

## （二）装饰艺术风格（Art Deco）

天津重要的装饰艺术风格建筑有天津法国俱乐部、海关大楼、渤海大楼、光明大楼、中国大戏院等。其中法国俱乐部属于装饰艺术风格早期萌芽风格的作品。

法国俱乐部位于大法国路与葛公使路的交汇处，1932年开始建设，设计师为义品公司法国建筑师门德尔松（图12-4-11）。法国俱乐部占地面积7260平方米，建筑面积2941平方米，为一层带地下室建筑。一层设有酒吧、小剧场、舞台、球室、娱乐室等各种功能，俱乐部的内部交通由中厅与周围的走廊组织，地下室设有仓库等辅助功能。建筑北面开落地大门，由大型台阶引导室外的花园与网球场。[①] 法国俱乐部的主入口设置在转角处，两翼锯齿形后退，使得这座仅有一层的平顶建筑呈现出折线形的效果，与主入口墙壁的阶梯状金色装饰相呼应，建筑整体为白色，局部采用金色的装饰元素吸引眼球，主入口使用整片金色金属装饰大门，成为是视觉的绝对中心。在建筑造型与配色上，法国俱乐部的整体形象与1925年巴黎博览会老佛爷百货公司的麦特利斯工作室展馆较为相近。

Art Deco 风格具有很强的包容性，能够与当地的装饰元素结合，天津原海关大楼（图12-

---

① Article N° 27. Archives du Consulat Français à Tientsin, CADN. Aménagement et construction d'un "Centre français de Tientsin"

图 12-4-10　百福大楼
来 源：Brussels, Royal State Archives, Crédit Foncier d'
Extrême Orient, Picture albums

图 12-4-11　天津法国俱乐部
来源：Article N° 399. Archives du Consulat Français à Tientsin,
CADN.

图 12-4-12　天津海关

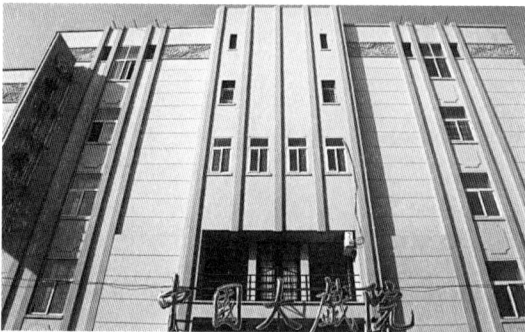

图 12-4-13　中国大戏院

4-12）与中国大戏院即是装饰艺术风格与中国装饰元素结合的作品。

　　第二次鸦片战争后的 1861 年 3 月 23 日天津设立"津海关"，1962 年迁至现址，位于天津法租界的圣路易路（Rue Saint Louis）海河边法租界与英租界交界处，称为"紫竹林新关"，[①] 紫竹林是天津租界最早开发之处，码头运输最为繁华。1877 年开始的 22 年间天津海关税务司一直由英籍德国人德璀琳担任，天津海关因此成为洋行的贸易助手。[②] 原建筑为具有欧式装饰的平房，1930 年由公和洋行（Palmer & Turner）改建为混合结构二层楼房，占地面积 2400 平方米，建筑面积约 4764 平方米。[③] 该建筑平面布置紧凑，房间由走廊串联，电气设施与卫生设施均设置完备，重要办公室还设有独立卫生间。其立面造型为装饰艺术风格典型的折线形收分设计，采用十字形几何图案装饰。建筑顶端有八个镂空盘长纹装饰图案，分别朝向八个方向，盘长原为佛教法器八宝之一，又称为"吉祥结"，绳结的形状象征连绵不断、长久永恒，有庄严吉祥之意。从远处即可辨认出这座建筑与中国有关。

　　中国大戏院（图 12-4-13）始建于 1934-1936 年，位于天津原法租界的狄总领事路（Rue

---

① 今和平区营口道 2-4 号。
② 天津历史风貌建筑保护委员会，天津市国土资源和房屋管理局．天津历史风貌建筑 [M]. 天津：天津大学出版社，2010.
③ 周祖奭．张复合、村松伸、寺原让治 编著，中国近代建筑总览——天津篇 [M]. 中国近代建筑史研究会，1989：313.

Dillon），是近代天津重要的大型演出场所。1934 年京剧表演大师周信芳来津演出，"天津八大家"之一的孟少臣设宴款待周信芳，席间周信芳提到天津应当有一座大型剧场。之后，由孟少臣提议，天津商家名流筹款五十余万银圆并向社会出售股票，马连良、周信芳、姜妙香、尚绮霞等京剧名家都纷纷参股投资。曾任中华民国北洋政府国务总理、巴黎和会首席谈判代表的顾维钧出让自己名下天津法租界 2700 平方米的土地建设中国大戏院。中国大戏院的设计者为乐利工程司（Loup & Young），建筑面积 7770 平方米，局部五层，高约 30 米。大剧场采用跨度为 24.9 米的钢屋架，剧场内没有支柱，视线不受影响，结构十分先进。舞台为弧形台口，设有三道天桥与电动升降式布景吊杠；墙身、舞台、顶棚的形状设计合理，使剧场内各处均有较好的音响效果。剧场的功能布置适用，设有贵宾包厢、休息室、贵宾接待室、售票处、大型化妆室、楼顶露天电影、舞场及场内电影，并且设有防火设施与美国奥迪斯第一代电梯。中国大戏院立面以竖向线条主导，顶部以横向浮雕装饰，装饰图案为中国传统建筑旋子彩画的变形。

## （三）现代主义风格（Modernism）

20 世纪 30 年代后期，天津租界中的公寓式住宅多采用现代主义设计风格，外表简洁，注重功能设计。阎子亨设计的敬胜堂（图 12-4-14，1936 年）位于天津五大道之一的睦南道，为睦南道 37 号、38 号两所鸳鸯楼，曾为全国著名化学工程学家、教育家张克忠的旧居，现在的使用单位分别为天津电力公司与天津水运公司。总平面图中的北楼面积略大于南楼，三层砖木结构，多坡瓦顶，清水砖墙，原为黑色铁质门窗框。建筑除去入口处略带古典复兴的三角山花样式，立面整体风格已体现非常清晰的简约现代式样。

适趣园属于阎子亨在英租界的另一独栋住宅作品（图 12-4-15）。位于大理道 106 号，现为中源协和干细胞生物工程股份公司。适趣园设计于 1940 年，中国工程司进入创作中期，体制与创作风格相对初期都渐趋成熟。

参照最初的设计图纸（图 12-4-16），建筑立面形式符合功能，檐口处利用屋面板与栏杆突出横向线条，栏杆采用简单的铁艺栏杆，为符合平面功能的位置，取得尽可能充分的采光，窗的设计采用大面积的三联窗，局部转角窗。清水砖墙，不带有任何装饰性的线条，设计半地下室，亦可以采光通风。屋面为了满足排水要求与地方性气候需要，采用多坡屋顶。从剖面图看，建筑采用了钢筋混凝土条状基础，砖墙承重体系，楼板则采用钢筋混凝土与密肋木条双重承重系统。

"流线式"1929 年出现于美国，1937 年达到一个全盛时期。[①]"流线式"建筑风格强调曲线形，水平长向线条，有时跟海轮的一些元素有关（比如栏杆和舷窗）。美国海事博物馆是典型作品。其位于旧金山水上公园内，1937 年建成，视觉上的语汇（不被打断的水平线条）大部分从高速

---

① 李娟，卢永毅.论近代上海独立住宅中的现代式 [D]. 上海：同济大学硕士学位论文 .2007.关于现代主义在中国的影响是个复杂的问题，复杂性在于既不同于二次大战以后 "国际式"，也不等于西方的 modernism，李娟用 "现代式" 一词试图表现国人对于 "现代的" 建筑的认识，并且提出不包括装饰艺术和流线式风格。

图 12-4-14　敬胜堂外景

图 12-4-15　大理道 106 号适趣园

图 12-4-16　适趣园立面图纸

图 12-4-17　茂根大楼透视图
来源：工商建筑 1941/10

图 12-4-18　久安大楼

图 12-4-19　香港大楼

交通工具的形式转变而来……一种运动的高速感通过水平狭窄的包裹着转角部分的窗带，通过立面材料和色彩变化的水平层次表现出来。[①]

　　阎子亨、陈炎仲（1928 年毕业于英国建筑联盟学院（Architectural Association School of Architecture））二人设计的茂根大楼（图 12-4-17），建于 1937 年，地处常德道 121 号，为当时的高级公寓楼。主体建筑为砖木混合结构，外观水平看分为三段，中段四层，两端为三层，带半地下室。该建筑的平

---

① 李娟，卢永毅. 论近代上海独立住宅中的现代式 [D]. 上海，同济大学硕士学位论文，2007.

面和居住单元均按照新的生活方式布局，即每层以楼梯间为中心布置居住单元，每个居住单元以起居室为中心，设置独立的卧室、工作间、厨房、佣人房、公共卫生间等，该建筑在卧室中还设置了独立卫生间。其视觉语汇通过现代高速交通工具的形式转变而来：轮船、飞机、汽车。建筑外部运用大面积的深色琉璃砖墙面和浅色的阳台体块对比，阳台的设计组成了横向的白色线条，矩形窗、角窗和舷窗辉映，既简约明快，又体现了现代建筑的结构之美，体现着运动的高速感。

久安大楼建于 1941 年（图 12-4-18）。立面采用白色抹灰墙面。一二层为一个整体，好比形成建筑整体的基座，一层窗下槛墙为大块石材，二层顶端有水平无间断的装饰线条。三、四、五层采用相同的语汇，宽阔的窗槛墙上采用双联窗，窗上再压两条窄细的水平向线条作为出挑的檐口，并且在转角处一直延伸到建筑的侧立面，没有任何打断。入口上方采用了早期竖线条的手法来突出体量，也表现出十足的动感。

与茂根大楼功能相似的公寓大楼——香港大楼也建于 1937 年，设计师为奥地利建筑师盖苓（图 12-4-19）。香港大楼高五层，平面呈 L 形，功能布局紧凑合理，重视居住健康，将重要房间设置在南面与东面。立面横向长窗与方形窗交替设置，形成韵律感，转角处饰有圆形小窗，富于变化。

盖苓于同年设计建造的民园大楼（图 12-4-6）位于英租界民园体育场附近，为一座四层平顶公寓。民园大楼每层均以楼梯为中心布置 4 套面积不同的公寓，公寓的功能布置完全采用现代的设计方式，以起居室为中心设置不同功能空间。


# 第五节　北平 [①]

城市是社会经济发展的产物，是人类文明的结晶。北京的近代经济以及社会文化事业的发展，是由各方面因素推动而成。帝国主义列强的侵略和以洋务运动为首的改革，使北京建立了近代工业并发展起来；同时由于门户开放，北京的传统手工业也有了长足的发展，大量的手工业产品进入国际市场；随着北京成为全国铁路交通枢纽和邮政中心，城市商业、服务业空前繁荣；国际交流的增多促使大批的留学生和外国学者以及政府逐渐重视高等教育，也促进了北京的城市发展。从新文化运动爆发开始，北京作为全国的文化中心地位稳定："北京为吾国首都五、六百年，故根深蒂固，历史上已取得政治资格"，[②] 尤其是戊戌变法后作为新政之一清政府开办了京师大学堂，北京大学、清华留美预备学校等高等学府，北京在政治中心之外添加了现代教育衍生的文化聚合作用。蔡元培担任北京大学校长之后延揽了陈独秀作为北京大学文科学长，《新青年》与北大结合，北京遂成为新文化运动的发源地。

北京的政治文化中心地位根深蒂固，文化氛围浓厚，大批的专家学者，高校、出版机构汇集于此，文化配置丰富。但是，随着 1928 年国民党北伐成功，国民政府定都南京，北京失去了其

① 本节作者王夏。
② 姚公鹤 . 上海闲话 . 北京：商务印书馆，1917：85.

政治中心地位，直接导致城市资源丧失，此前北京的经济繁荣主要依赖其政治中心地位，至此一变而呈萧条冷落之势。不到半年的时间，就显出"人口日减，商业日衰"的局面。[①] 1928 年 6 月，南京国民政府将北京改称为北平特别市，北京从国都降级为地方性城市。《大公报》评论："近日北平衰落之象日著，其尤显而易见者为道路之败坏，长此放任，殆将回复二十年前之旧观，回念民国三四年间之繁华，固若隔世，即视张作霖时代沈瑞麟任市政督办时，修治东西长安街及王府井大街之举，亦不胜荣瘁异时之感。"从 1928 年起，北平的文化结构和文化形态都发生了巨大的变化，既不是中国的政治中心，也不再是文化中心，而是成为一座纯粹的文化古都和大学城。支柱陡然以教育为主，但这样的改变显然对青年学生的吸引力更加纯粹，考入了北平的大学学生来到这里会发现"这一事前的文化古城在历史环境上、在文献资料上、在人情敦厚上、在生活程度上，都为各方面的学人准备了足够的条件，在无政治势力干扰的情况下，聚集了全国有世界名望的各方面的人才，在教育和学术上无形中形成了一种风气，灯火相传，造成了深远的世界性的影响。"[②]

1928-1937 年，北平的高等教育和科学研究带来了飞速发展，民主自由的学术风气流淌于北平文化人群体之中。从 1929 年开始，北平各大高校先后恢复了原有的名称和地位，也陆续进入全面发展时期。其中北京大学 1929 年始更名"北平大学北大学院"，1930 年恢复名称；清华大学于 1928 年 8 月 17 日由原来的留美清华预备学校更名为国立清华大学；北平师范大学于 1929 年 6 月由原来的北平大学第一师范北京学院恢复为北平师范大学，1931 年 2 月，复与北平女子师范大学合并，统称北平师范大学，也进入了相对平稳的发展期，"统一告成，诸般应较先前安定"，[③] 清华大学经过了驱逐校长的风潮，各项事业欣欣向荣。原为留美预备学校时期学校总共不过 300 人，经过几年建设，截至 1936 年学校"设有文理法工四院，共十六学系，学生人数增至一千三百余人"，[④] 这一时期，北平各大学几乎同时进入了平稳的发展阶段，这也为延揽人才、吸引学生、建立良好的学术氛围创造良好的外部发展环境，同时，高等教育的发展也促进了学术科研的进步。

1912 年 5 月，北京临时政府改京师大学堂为北京大学。这是民国时期北京第一所国立大学。原属京师大学堂的分科大学，由于军队占用无法收回，1916 年由校方向比利时义品公司贷款 20 万元兴建。原为学生宿舍，后改为北京大学校部、图书馆和文科教室，并定为一院（文学院）。原京师大学堂（四公主府）为二院（理学院），北河沿原译学馆为三院（法学院）。

一院大楼因楼墙体大部为红砖所砌，故俗称"红楼"。建筑坐北朝南，共计 5 层（地下 1 层，地上 4 层），平面为当时公共建筑常见的"工"字形（图 12-5-1），主楼东西面宽 100 米，南北进深 14 米。东西两翼楼南北各长 34.34 米。总建筑面积约 1 万平方米。采用砖木结构。

红楼建筑的立面比较朴实。建筑造型为简化的西洋近代古典风格。底层青砖墙，水平腰线以下，以宽大的水平凹线强调其厚重感。二至四层为红砖墙，青砖窗套，角部以"五出五进"

① [英]彼得·海伯德（Peter Hibbard）. 北京饭店与英国通济隆公司. 张广瑞译. 旅游学刊.1990，5（3）.
② 李蕾. 北平文化生态（1928—1937）与京派作家的归趋. 中国文学研究.2009，4：43.
③ 同②：42.
④ 梅贻琦. 五年来清华发展之概况. 清华周刊，1936（6）.

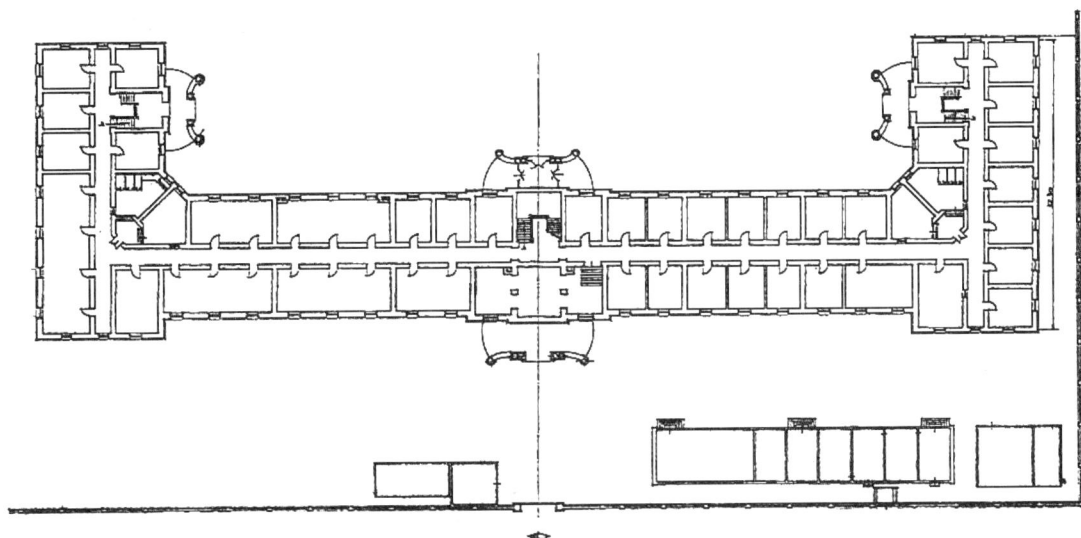

图 12-5-1　北京大学红楼平面图
来源：北京文物建筑大系：100.

图 12-5-2　北京大学红楼南立面全景
来源：北京文物建筑大系：100.

青砖作隅石处理。檐部以西式托檐石挑出。南立面五段式构图仅在中部略做装饰：中央部分墙体微向前凸，入口设门廊，用两对塔斯干柱式承托。二层以上窗户为一大二窄的三联窗，第四层窗户上部开成拱形，山墙檐口作文艺复兴后期样式的古典山花。山花与圆拱形的组合在 19世纪晚期古典建筑中较为常见（图 12-5-2）。门廊两侧坡道可供车停至门前。门厅北部为主楼梯。两翼各有一部楼梯，通往后面的大操场（即后来所称的"民主广场"）。1919 年"五四"运动时，大操场曾是学生们举行游行示威的出发地。国民政府时期，军事训练和"党义"一样，是教育部所规定的必修课。该广场即用于军事训练。①

　　清朝政府于 1909 年 6 月在北京设立了游美学务处，由外务部和学部共同管辖，招考合格学生直接送往美国留学。同时清朝政府用美国退还的部分"庚子赔款"，筹建"游美肄业馆"（留美预备学校），选址在清华园。1911 年"游美肄业馆"迁入清华园，并改名"清华学堂"，于当年 4 月 29 日正式开学。辛亥革命后，1912 年 10 月更名为"清华学校"。1913 年春学校奏请民国政府，将与清华园毗连的"近春园"遗址及其周边并入校园，共 680 余亩。至此，两园合并

---

① 张中行.红楼点滴四 // 张中行.负暄琐话.哈尔滨：黑龙江人民出版社，1986：92-94.

为一，而今泛称的"清华园"则实指此两园。

这时的校园，修缮了原有的工字厅建筑群，新建了校门（今二校门）、一院大楼（今清华学堂大楼西半部）、二院、三院、同方部、北院，校医院及一些附属用房。其中，校门、一院大楼及北院的设计、施工水平及建筑标准在当时应属一流；但二院、三院、同方部及校医院则设计风格比较混乱，工程质量逊于前者。这一时期还曾经在今第二教室楼（简称二教）的位置，与一院大楼相对称规划了理化实验楼，在今科学馆位置规划了图书馆，但都未付诸实施。

1914 年，美国建筑师茂飞（Henry K. Murphy）与旦纳（Richard H. Dana）为清华制定了第一个校园规划。该规划根据清华当时的事业规划，将校园一分为二；东部仍为留美预备学校，西部以今近春园遗址为中心规划了四年制综合大学，校门选在近春园南侧（图 12-5-3）。

1921 年清华学校中等科停止招生，1925 年招收第一级大学新生，同时招收研究生，从而逐步完成留美预备学校向大学的改制过程。1928 年 8 月 17 日清华学校改校名为国立清华大学，设立文、理、法学院并附设工程科，在这一时期，清华由一所留美预备学校转变为独立自主的综合大学。同时杨廷宝、沈理源等中国第一代建筑师开始在清华崭露头角。他们的作品渗透着西方文化的影响，其中的大部分成了中国近代建筑的重要实例。这些作品反映了西方建筑思想在中国的发展，以及本土建筑师在其中所起的重要作用。

1930 年，由杨廷宝[①]主持完成第二校园规划。由于学校性质转变为多学科的综合大学，规划将 1914 年一个校园中两个学校的方案，统一成一个大学校园。

规划中拟拆除二院和同方部，建新的教学楼；拆除三院，建学生练习会所与食堂；运动场南北两端分别设置男女生宿舍，大草坪南端设行政楼。另外，在荒岛中心建博物馆，环湖布置学术建筑；并在校园西北角高地建气象台。

但后来按规划，建成的只有生物学馆、气象台、明斋，以及对图书馆和体育馆的扩建。1932 年成立工学院，对 1930 年校园规划作了重大修改，在校园东南角相继建了机械工程馆、水力实验馆、电机工程馆等。规划中，化学馆与校河相邻，但后来北移而建；电机工程馆本欲与科学馆相对，但由于二院、同方部未拆而建在二院东边。

同期，后来还建成了西校门、学生宿舍、善斋、静斋、新斋、平斋及北大饭厅。

这一时期的校园建设，涌现了不少中国第一代建筑师的优秀作品。但由于总体规划不能贯彻始终，导致建筑布局分散；红砖的理科楼群与青砖的工科楼群，在色彩上没能形成统一的整体。

日本侵略中国日军占领清华期间，清华大学南迁，校园被改成日军伤兵医院。修建了校园西北角的灰楼，校医院西侧的三十六所；二院最后一排、三院除南侧一排建筑外均被拆掉。

清华大学早期建筑分三个阶段建造，早期为西洋古典式，后期为近代折中式。第一阶段从1911 年至 1912 年，建筑有清华学堂、同方部等；第二阶段从 1919 年至 1925 年，建筑有大礼堂、科学馆、体育馆、图书馆（局部）等（图 12-5-4）。第三阶段从 1931 年至 1933 年，建筑有生物馆、

---

① 杨廷宝（1901-1982 年）清华大学 1921 届毕业生，建筑学家。

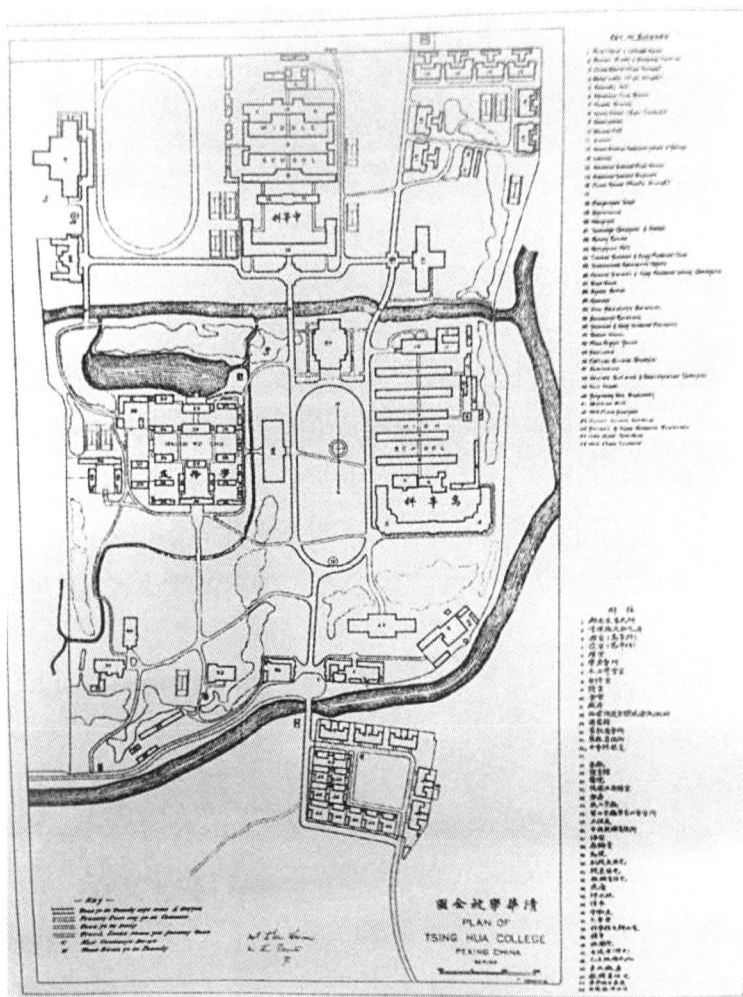

图 12-5-3 清华学校总平面图 1922 年
来源:张复合.北京近代建筑史.北京: 清华大学出版社,2004:148.

图 12-5-4 清华大学图书馆大门

化学馆、图书馆（扩建部分）、气象台、校门、机械馆、电机馆，以及明、善、静、平、新"五斋"学生宿舍。

清华大学早期建筑群所承载的独一无二的清华校园文化是这些建筑最重要的价值所在。这些建筑长期以来一直保持着最初设计时的使用功能。作为清华大学重要的教学与科研场所，这种使用功能的延续，真实地反映了清华大学的校园文化特征，是这些建筑最重要的价值内容。

清华早期建筑经过多次规划建设逐渐形成，它的发展、变迁反映了中国近代社会的发展与变迁。对于中国近代史而言，其独特性是没有任何其他类似的建筑可以替代的。这种独一无二的历史价值是早期建筑的最重要的价值之一。

生物学是中国近代兴起最早、取得成就最大的自然科学之一，中国近代有组织、有系统的生物研究是从中国科学社生物研究所的建立真正开始的，标志着中国生物学家开始走上独立发展的道路。在由它派生出的众多生物研究机构中，静生生物调查所作为推动中国生物学兴起与繁荣是最重要的一个。

1922年中国科学社生物研究所成立后，因研究范围局限于南方，1927年9月邹秉文、胡先骕、秉志乃联名呈书中基会干事长范源廉（字静生），[1]认为有文化中心之称的北平，也应设立一个生物学研究机构。"今日欧美各国科学发达，人民深受其赐，而于自然科学皆有调查所之设立，以此种学问与国内天产有关，设专门之机关以策研究之进行，其影响所及，实业及教育皆受其裨。吾国北平地质调查所，即其证也。欧美各邦除于国内之地质调查外，而于生物一方面，亦有相同之研究机关，所谓生物调查所是也。地质有关于矿务，生物有关于农业及医学，此两者皆自然科学，于事业之发达及人生之幸福关系最大。吾国之地质调查所成绩卓著，蜚声海内。设立生物调查所，以为研究国内生物之提倡……生物与人类息息相关，此所既为科学之研究，亦即经济问题之基础"。[2]范静生当即决定建立研究所，但在筹备之时其不幸于1927年逝世，为纪念范静生"广布生物学知识，旁及生物学之致用方面以利民生"[3]的遗志，中华教育文化基金董事会与慈善组织尚志学会联合于1928年10月1日在北平石驸马大街83号范氏故居正式成立。后由设计师卡尔（Carl J. Anner）于1930年在文津街3号设计静生所新楼，永兴木厂施工，1931年竣工，大楼为钢筋混凝土结构，地上两层，地下一层。

静生所首任所长由科学社生物研究所所长秉志兼任，后来他感到"南北奔走，兼理两所，卒卒少暇，苦无治学之时"，于1932年1月辞去所长一职，并邀请胡先骕继任。[4]其办所宗旨为"调查及研究全国动植物之分类，借谋增进国民生物学之知识，促进农、林、医、工各种实验生物学之应用"。静生所设有动物学部和植物学部，分别由秉志、胡先骕任主任。两部之下各有技师、研究员、助理员、绘图员和标本制作员等若干人。1932年静生所新增动植物标本室，同年建立国内第一家木材实验室，1934年与江西省农业院合办中国近代最大的植物园——庐山森林植物

---

① 范源濂，字静生（1876-1927年），近代教育家。
② 邹秉文．转引自胡宗刚．静生生物调查所史稿．济南：山东教育出版社，2005.10-11.
③ 姜玉平．静生生物调查所成功的经验及启示．科学学研究．2005，23（3）．
④ 同③．

第十二章　中国其他主要城市的现代化（1927-1937年）

园，1937 年 7 月抗战全面爆发，抗日战争初期，静生所由于受美国退还庚款资助，请求美国保护，未做南迁准备，继续留在北平。太平洋战争爆发后，日美交恶，静生所的生存和发展受到严重威胁，日军强占研究所，植物标本馆遭到破坏。该所部分人员南迁江西泰和，继又西迁云南丽江，研究活动被迫中止。新中国成立后，静生所与北平研究院植物研究所合并，重新组建了中国科学院植物分类研究所，后改名为中国科学院植物研究所，静生所命运从此终结。

在静生所几十年的研究中，做出了卓越的贡献，1）大量采集生物标本，为我国动植物分类打下了物质基础。至 1937 年，该所已成为全国标本收藏最丰富的机构，同时派专人进行分类研究，形成了全国分类学的权威机构，在全世界也享有一定的声誉。2）为展开分类研究，提供大量数据基础。如秦仁昌教授在其赴欧期间，摄制英、法、丹、瑞士、奥和德等国标本馆或博物馆中所收藏中国模式标本照片 18000 余张。3）1932 年在国内建立了第一家木材实验室，以研究各种木材的性质和合理砍伐。4）1934 年与江西省农业院合办中国近代最大的植物园——庐山森林植物园。5）为静生所准备退路，在抗战期间为保存植物文献标本作出贡献。

"静生生物调查所堪称中国近代最有成就的生物学研究机构之一。"[①]静生所之所以会取得如此大的成就，首先与它明确的办所宗旨有直接关系；其次是拥有了秉志、胡先骕这样的优秀学术领导人，他们学贯中西，以他人难以企及的高度规划着生物学的未来，并以他们的学术成就和科学精神的感召力网络了一大批优秀人才；最后，还因为有中基会提供的稳定经费作保障。


# 第六节　西安近代城市与建筑的发展[②]


## 一、西安近代城市与建筑发展概况和动因

在中国历史上西安曾是 13 朝古都。但进入 19 世纪以后，随着中国沿海地区的开放和现代化，它作为一座内陆城市的缺憾就开始显现，外部交通条件的不便，使其因此长期处于封闭的农业经济环境，传统和地域文化影响深厚。大约在 19 世纪 60 年代末至 70 年代初开始受到外来文化的影响，出现少量的基督教建筑，从时间上讲，西安近代建筑的发轫与上海、广州等沿海开埠城市相比明显滞后。

西安近代建筑的发展在很大程度上受到交通与经济、战争与政治、思想与文化等因素的影响和推动，从 1840–1949 年的百年时间里，大体经历了三个历史时期：一是萌芽期（1840–1911 年），这一时期西方建筑元素开始传入，西安近代建筑出现萌芽；二是发展期（1911–1945 年），这一时期受辛亥革命、设立陪都等政治形势变化以及陇海铁路开通带来的交通条件改善等因素

① 姜玉平．静生生物调查所——中国近代最有成就的生物学研究机构之一 // 当代中国：发展·安全·价值——第二届（2004 年度）上海市社会科学界学术年会文集（下）．2004.
② 本节作者杨豪中、雷耀丽、王芳。

的影响，西安近代建筑在各个方面都有了较大发展并达到高潮；三是停滞期（1945–1949年），这一时期因内战导致政局不稳，西安近代建筑的发展基本陷于停顿。

西安近代建筑萌芽期出现的新要素，主要是受西方基督教文化影响而产生的基督教建筑，包括教堂以及教会兴办的医院和学校等，这些教堂建筑大多由西方传教士主持设计，西安当地的工匠施工建造，教堂的建筑形式及结构都带有西方建筑的影响，同时表现出中西合璧的样式特征。其次，因洋务运动的兴起，同治八年（1869年）钦差大臣督办陕甘军务左宗棠在西安创办西安机器局（后迁往兰州），开创了西安近代工业建筑的先河。另外，由于清末"新政"的实施，光绪二十八年（1902年）陕西巡抚升允在西安东厅门创立陕西大学堂（今西北大学的前身），这是当时西安城区级别最高的学校，也是陕西省第一所按新学制系统建立的近代高等学校。虽然这些新建筑的数量和规模非常有限，但却带来了新的建筑类型、建筑技术和建筑形式，从而揭开了西安近代建筑事业发展的新篇章。

从民国建立到抗战胜利这段时间，是西安近代城市和建筑发展最为快速的时期，由于封建经济的解体，社会形态的转变，新文化运动和新思想的出现，新的社会生活、生产的需要，对建筑功能、形式及技术都提出了许多新的要求，同时，由于西安被确立为陪都，陇海铁路通抵西安以及抗日战争爆发等因素的促动，产生了西安近代一批最具开创性和代表性的建筑。详细考察这段建筑历史的进程，又可以细分为1911–1927年的渐变期、1927–1937年的高潮期和1937–1945年的延续期三个阶段。

1945年，抗日战争胜利。但是由于国共内战，全国的政治局势并没有获得改善，西安作为国民党进攻围剿陕北革命根据地的据点，社会局势一直处于动荡之中，地方经济也陷于混乱和凋敝的境地。另一方面，一些设在西安的沿海工厂陆续回迁，城市的工业经济受到较大打击，城市建设和建筑发展受此影响，基本停顿。

## 二、西安城市的现代化发展

辛亥革命后，从民国元年（1912年）至17年（1928年）8月，西安并未设市级政府，其城关地区受陕西省政府直接管辖，建制归长安县。民国16年（1927年）11月，陕西省政府决定设立西安市，机构初名为西安市政厅，同年12月改名为西安市政委员会，这是西安首次设市。民国17年（1928年）9月，西安市政府正式成立，辖区以原属长安县之西安城内及四关为范围，面积15.5平方公里。原满城所在区域被辟为新市区，西安市政府在新市区规划道路，拍卖荒地，将新市区划分为30个平均约50亩大的街坊，并修筑了尚勤路、尚俭路、尚仁路（今解放路）和尚德路等四条南北向交通干道，次年又在新市区修筑崇孝路、崇悌路、崇忠路、崇信路、崇礼路、崇义路、崇廉路和崇耻路等八条东西向交通干道（即今东、西一路至八路），新市区的交通路网体系从此基本形成。民国19年（1930年），西安市政府设立了新市区管理处，负责新市区的建设和管理，同年11月市政府撤销后，该处隶属于陕西省建设厅。民国20年（1931年）西安绥靖公署设于新城，此后新市区内一直设有省级或市级的行政机构，新城成为西安的行政中心。

1927年至1937年的短短十年，是西安城市、建筑近代化转型与发展最快的一段历史时期，主要原因是社会政治和交通条件的影响。

在社会政治方面，1931年"九一八事变"的爆发导致中国东北地区沦陷，华北、华东地区也受到严重威胁，作为战略后方的西北地区的重要性急速上升，社会各界开发西北、建设西北的呼声不断高涨。1932年日军轰炸上海的"一·二八事变"发生以后，南京受到了震动，国民政府和国民党中央党部曾一度迁到洛阳办公。3月1日至6日，国民党在洛阳召开四届二中全会，决议以"长安为陪都，定名西京"，[①] 开始了对西北根据地的经营，同时成立了直接隶属于国民政府的西京筹备委员会，进行陪都的计划与建设工作，筹委会成立后，迅速展开了对西安市区及近郊的测绘工作，为日后城市的规划建设作准备。西京筹备委员会对当时西安城建工作中的城市规划、地形测量、筑路修桥与水利建设、城乡绿化、古迹文物保护等诸多方面做出了重要贡献。为了加快陪都西京的建设进程，1934年9月，西京筹备委员会又与陕西省政府、全国经济委员会西北办事处合组成立了西京市政建设委员会，委员会的任务之一是进行新市区的土地估价与开发，为此制订了《西京市新市区公有土地处理办法》，并在1934年12月间，相继完成了新市区土地估价规则、招标规则以及地价区等级图等一系列工作。总之，西安被定为陪都后，城市政治地位明显提高，城市经济、文化等各项事业繁荣发展，城市建设也受到前所未有的重视，西安近代城市、建筑得以较为快速地发展。

在交通方面，1934年12月27日，贯通我国东西部的交通大动脉陇海铁路潼关至西安段正式通车，促进了西安与中、东部地区的联系，也大大提升了西安在军政、商贸、文化等各方面的重要地位，促进了城市人口增长、城区扩展、商贸繁荣，对西安的城市发展意义重大。[②] 这一时期陆续修建开通了西兰公路（西安至兰州）、西汉公路（西安至汉中）、西凤公路（西安至凤翔）等多条公路，以及1932年中德合资的欧亚航空公司（成立于1931年2月）组建西安航空站，在西关大教场设机场，并开辟途经西安的首条航线，也为西安经济和建设的发展提供了有利条件。

清末民初，西安传统商业中心大多集中在西大街、南院门（包括竹笆市—鼓楼地区）和东关等城市内部交通节点上，满城拆除后，中山大街（今东大街）成为城市东西主要交通道路，最初在街道两侧修建了整齐划一的街房，成为城内商业区逐渐向东半部转移的开始，此后又陆续建设了汽车局、基督教青年会、电话局、电报局、邮务管理局、电灯局等公用设施。1934年陇海铁路的贯通和新火车站的建成，使火车站附近成为城市新的空间增长点，火车站南侧的尚仁路（今解放路）以及与其相连的中山大街一带，很快地发展成为西安新的商业区，进而促进了西安新市区的繁荣发展。[③]

西安工业的快速发展也带来了城市工业格局的改变，形成了一些新的机器工业分布区，不

---

① 西安市档案局，西安市档案馆编.筹建西京陪都档案史料选辑[M].西安：西北大学出版社，1994：5.
② 史红帅，吴宏岐.古都西安——西北重镇西安[M].西安：西安出版社，2007：284.
③ 任云英.近代西安城市空间结构演变研究（1840–1949）[D].西安：陕西师范大学，2005：242.

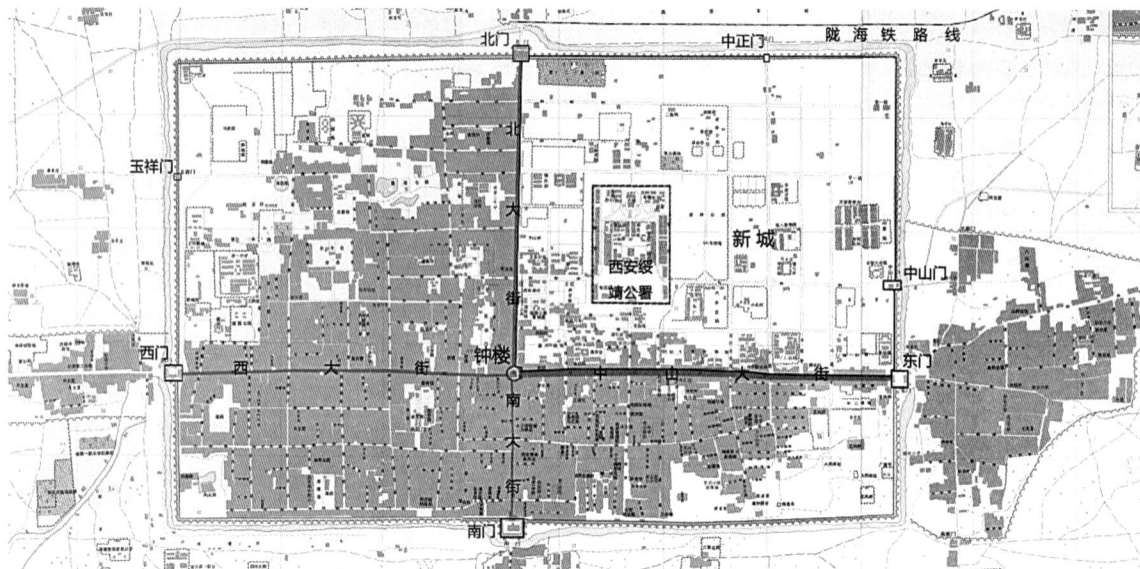

图 12-6-1　1933 年的西安城市布局
来源：史念海 . 西安历史地图集 [M]. 西安：西安地图出版社，1996：134–137.

同于传统工业布局比较分散的特点，新形成的机器工业趋向于沿对外交通枢纽布局，并向城市外围发展，其中在火车站以北的自强路、玉祥门等地布局比较集中。

另外，在钟楼附近兴建了图书馆、陈列馆、演讲厅、运动场、公园等文化活动设施，形成了西安城市的文化中心。在新市区的北部，兴建了众多小学、中学、专科学校以及书局等文化、教育设施，逐渐形成了西安城内新兴的文化教育中心。

从民国元年满城的拆除到 1937 年抗日战争爆发前夕，近代西安城市空间的演变处于国家由农业文明向工业文明演进的历史大潮，受政治体制的变革、交通条件的改善、社会经济的发展等诸因素的共同影响，西安城市空间内部功能要素不断调整，至 1937 年初步形成了近代西安城市的功能布局，为西安从传统城市向近代城市的转型奠定了基础（图 12-6-1）。

## 三、西安建筑的现代化发展

1934 年陇海铁路通车至西安，使这座内陆城市近代以来的工业化发展进入了一个新的阶段。这是因为，交通运输条件的改善，为工业原料和产品的运输、销售创造了便利条件，对开发西部工业产生了积极的推动作用，而投资环境的改善又吸引了外省客商及当地企业家在西北投资设厂，兴办各类企业，他们带来了国外及沿海地区的新技术，协助建立了西安近代的机器工业体系，使西安的工业企业，无论在类型、数量、规模，还是在生产能力上都达到了新的水平。这一时期，西安出现了一批规模较大、采用机械化生产的工业企业，如纺织厂、面粉厂、制药厂、化工厂，以及电厂等。其中具有代表性的包括：当时西北最大的机器工业企业——大华纱

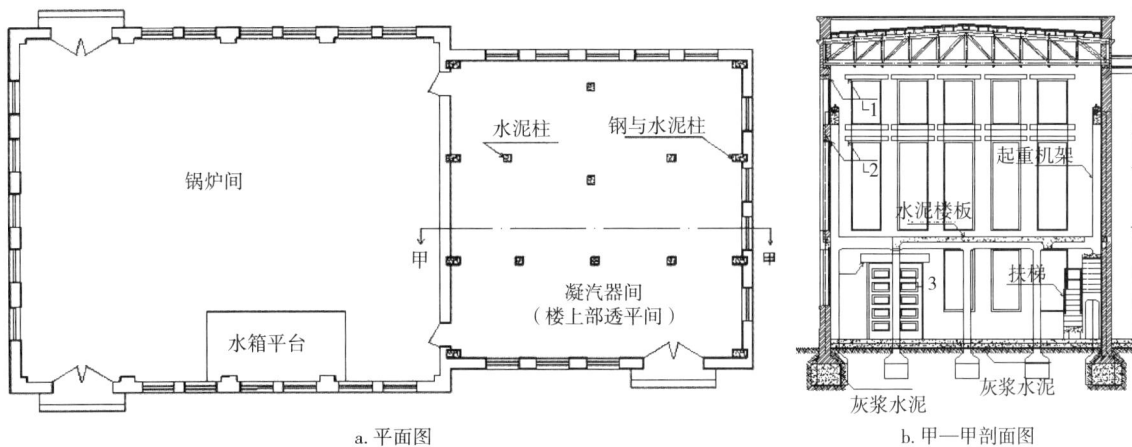

| | |
|---|---|
| a. 平面图 | b. 甲—甲剖面图 |

图 12-6-2　西京电厂锅炉间、凝汽器间平面图及剖面图
来源：符英 . 西安近代建筑研究（1840—1949）[D]. 西安：西安建筑科技大学，2010：57.

厂（1936 年），开启了西安机器面粉工业之先河的成丰面粉公司（1935 年）和华峰面粉公司（1936年），填补了西北化学工业空白的西安集成三酸厂（1935 年），以及西安第一家公营电厂——西京电厂（1936 年）等。由于中国传统建筑的空间很难满足现代机械化生产工艺的要求，所以这一时期的工业建筑成了西安近代最主动采用新的结构技术的建筑类型，其体量和高度都突破了当地传统的建筑形象。

西京电厂于 1933 年筹建，1935 年建设安装，1936 年建成发电。厂址位于原中正门（现为解放门）外火车站之东，占地约 33 亩，办事处设在尚德路，面积约 12 亩，两处房舍共计 108 间，该厂分部、分项由复兴、豫新建筑公司投标包建和雇工自建。发电厂内建有锅炉间和凝汽器间两座建筑，安置发电机及附属锅炉等机件，其中，锅炉间位于北侧，长 18 米，宽 14 米，高 10 米；南侧为两层的凝汽器间，长宽均为 13 米，上层高 8 米，置汽轮发电机及开关设备，下层高 4 米，置汽凝器及柴油机等。[①] 西京电厂发电所的凝汽器间和透平间采用了当时先进的钢筋混凝土柱、楼板、木桁架屋架和钢窗（图 12-6-2）。建筑为平屋顶，立面简洁，不事装饰，表现了注重功能、技术和简洁明快的现代建筑的特点（图 12-6-3）。

大华纱厂于 1936 年在西安北郊郭家圪台建成投产，生产规模为纱锭 12000 锭，自动布机320 台，职工 760 余人，由于主要设备均自外国进口，大华纱厂是当时国内工艺先进、装备精良的工厂之一，所生产的雁塔牌细布迅速畅销西北地区[②]（图 12-6-4）。纱厂的主要厂房建筑是纺织车间，由上海象新建筑公司包建，包括电机房、纺纱房和织布房，建筑总面积超过 5000平方米，是西安近代规模最大的单体建筑，它采用了当时最先进的钢结构技术，主体为钢柱钢桁架结构。

华峰面粉厂所在的华峰面粉公司由河南开封信昌银号债权团创办。1935 年该债权团在西安

①　王西京，陈洋，金鑫 . 西安工业建筑遗产保护与再利用研究 [M]. 北京：中国建筑工业出版社 . 2011：16
②　国营陕西第十一棉纺织厂志编纂委员会编 . 陕棉十一厂志 1936—1986.1989：34-35.

图 12-6-3 西京电厂历史旧貌
来源：陕西省图书馆编，谢林主编．陕西寻
梦——民国陕西老照片·总类 [M]．西安：陕
西人民美术出版社，2009：42．

图 12-6-5 华峰面粉公司磨粉机楼历史旧貌
来源：符英．西安近代建筑研究（1840—1949）[D]．
西安：西安建筑科技大学，2010：62．

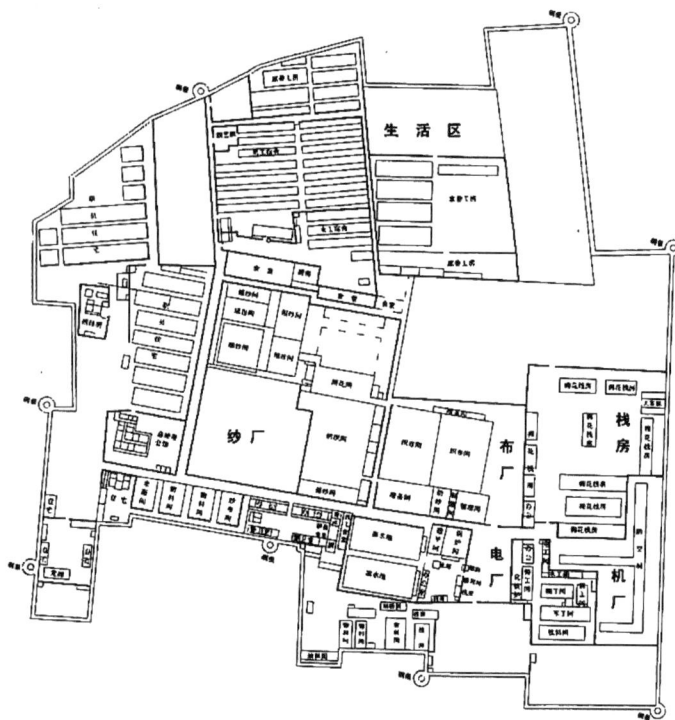

图 12-6-4 大华纱厂 1940 年代厂区平面图
来源：王西京，陈洋，金鑫．西安工业建筑遗产保护与再利用研究 [M]．北京：
中国建筑工业出版社．2011：35．

图 12-6-7 新城黄楼外观（雷耀丽摄）

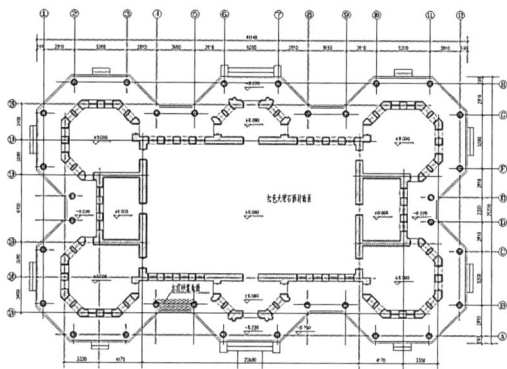

图 12-6-6 新城黄楼平面图
来源：陕西省古建设计研究所提供

图 12-6-8 西京招待所历史旧貌
来源：陕西省图书馆编，谢林主编．陕西寻梦——
民国陕西老照片·总类 [M]．西安：陕西人民美
术出版社，2009：40．

北关自强东路购地 48 亩建厂，这里南临火车站，北临含元殿遗址，地势平坦，交通方便。厂内建筑大体分为：磨粉机楼、锅炉房、引擎房、机修房、木工房、麦库、粉库、副产品库、办公室和职工宿舍等，共计 299 间房屋，是当时西安最早的机器制粉企业之一。[①]

磨粉机楼是华峰面粉公司最重要的生产性设施，它于 1935 年 8 月建成，由河南开封私人营造公司包建，建筑功能分为西部的麦间（清麦车间）和东部的粉间（制粉车间）两个部分，总建筑面积 1084.8 平方米。该建筑采用砖木结构，因生产工艺流程的需要共分 4 层：一层为动力设备，二层为研磨区，三层为筛理区，四层为提升机、风机和附属设备（图 12-6-5）。

随着交通条件的改善，经济的发展和人口的增加，西安的工商业和各种公共事业也得到了较大发展，出现了办公、旅馆、影剧院、文教、商业、交通、邮政通信等多种类型的新建筑，由于生活方式的现代化和房地产业的推动，新的独立式住宅和低层联排式住宅应运而生，建筑形式也更加多样，在很大程度上改变了西安的城市面貌。

这些公共建筑因为类型来源于西方，所以很多都采用或部分采用了西式的平面功能组织方式、建筑结构和建筑形式。最具代表性的公共建筑有新城黄楼、西京招待所、西北农林专科学校 3 号教学楼、东北大学礼堂、西安火车站等。

1927 年陕西省政府从北院门移至八旗教场（明秦王府），同时改名为"新城"，在西安新城内（今陕西省政府所在地）建成中西结合的砖木结构的官厅建筑——黄楼。黄楼由当时主政陕西的冯玉祥请人设计修建，是民国时期陕西省政府和西安绥靖公署所在地，大楼因墙体和廊柱呈黄色而被称为黄楼。建筑坐北朝南，东西长 41.14 米，南北宽 25.22 米，建筑面积 916.36 平方米。平面采用集中式布局，中轴对称，建筑主体四周设有一圈回廊，平面中央为 200 座的会议厅，东北、东南、西南三个角楼为小会议室，西北角楼室内分隔为服务人员用房和卫生间（图 12-6-6）。建筑为砖木结构，总高 10 米，主体为单檐歇山顶，前后门楼和角楼为 6 个八角形亭式屋顶，屋顶虽采用中国传统建筑形式，但已明显简化，取消了正脊两侧的吻兽和垂脊的垂兽，屋脊处理简洁，凹曲面的屋面也被直坡屋面取代，正脊和檐口均做直线处理，柱子和屋面直接交接，摒弃了斗栱、额枋等传统建筑屋身和屋顶之间的过渡构件，屋顶覆盖机瓦（图 12-6-7）。

始建于 1933 年的西京招待所是近代西安最早、功能设施最齐备的现代化旅馆，由当时的中国旅行社在尚仁路（今解放路）购地 11 亩，耗资约 20 万元筹建，1935 年 11 月正式开业，主要接待来陕的国民政府要员及外籍人士，与南京首都饭店和南昌洪都招待所并列为中国旅行社三个大型招待所之一。[②] 整座建筑由中央的三层六角形中楼、中楼后的一层八角大厅和二层的矩形东翼楼、南翼楼等四部分组成，建筑面积 2447 平方米，建筑功能包括会议厅、餐厅，以及大小房间 62 间，其中客房 46 间（图 12-6-8）。该招待所的建筑师是苏夏轩，1923 年毕业于上海震旦大学（私立）建筑系，1928 年从比利时国立岗城大学建筑系留学归国后在上海从事建筑设计工作，在设计西京招待所之前，先后主持设计了上海商业储蓄银行青岛支行和南京支

① 符英. 西安近代建筑研究（1840-1949）[D]. 西安：西安建筑科技大学，2010：62.
② 中国人民政治协商会议陕西省西安市委员会文史资料研究委员会编（内部资料）. 西安文史资料（第二辑），1982：165.

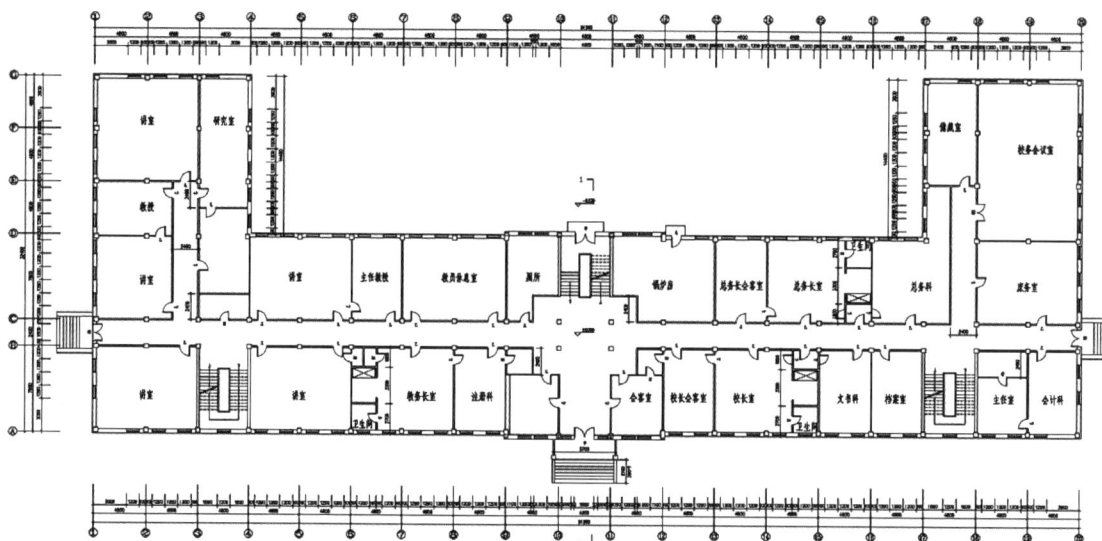

图 12-6-9　西北农林专科学校 3 号教学楼一层平面图
来源：陕西省现代建筑设计研究院

图 12-6-10　西北农林专科学校 3 号教学楼历史旧貌
来源：http://xj.nwsuaf.edu.cn/shshwy/ show_article.php

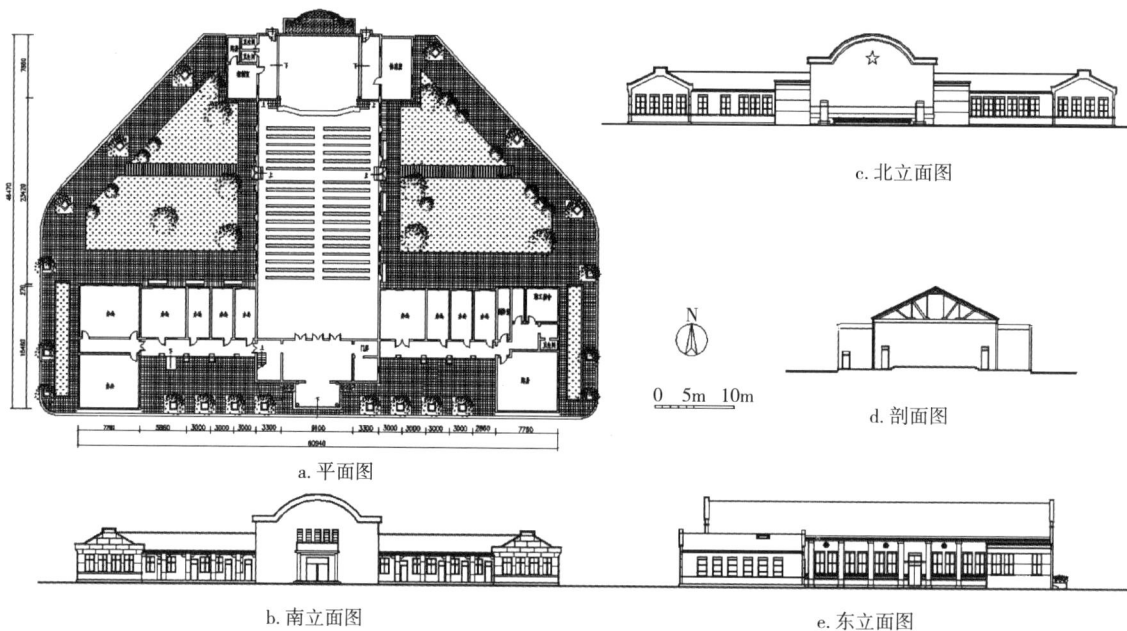

c. 北立面图

0　5m　10m

d. 剖面图

a. 平面图

b. 南立面图

e. 东立面图

图 12-6-11　东北大学礼堂测绘图
来源：符英 . 西安近代建筑研究（1840—1949）[D]. 西安：西安建筑科技大学，2010：79.

行等建筑。

始建于 1934 年的西北农林专科学校 3 号教学楼是近代西安规模最大、高度最高的钢筋混凝土框架结构的建筑，建筑总高度 30.1 米。该教学楼位于西北农林专科学校的校园中轴线上，坐北朝南，采用集中的内廊式布局，平面呈 "凹" 字形，开间总长为 91.44 米，进深为 18.24 米，建筑面积 7251 平方米（图 12-6-9）。教学楼主体为三层，在三层主体之上，又加四层塔楼。一层平面的主要功能是办公、后勤等，二层为教室，第三层为物理实验室、化学实验室以及临时礼堂和临时图书室等。建筑外墙为清水砖墙，开竖长方形的窗户，檐口为水平的女儿墙，建筑立面没有多余的装饰，整体造型简洁大方（图 12-6-10）。它与西京电厂发电所等都是西安这一时期现代主义风格的代表。

东北大学礼堂（今西北大学礼堂）始建于 1936 年，由时任东北大学校长的张学良将军筹资建设。1932 年毕业于该校建筑工程系的刘致平担任建筑师，校友马俊德、刘鸿典、铁广涛、丁凤翎等四位建筑师负责绘图。大礼堂坐北朝南，采用中轴对称的平面布局，总建筑面积 2100 平方米，沿中轴线依次为雨棚、门厅和礼堂，以及舞台和舞台两侧的服务用房，门厅左右有门房和楼梯间，向左右行可通礼堂两翼的辅助用房，主从关系明确。礼堂的主入口处用四根圆柱支撑矩形的雨棚，大厅檐口为半圆形，造型简朴，色彩素雅，外观呈现出现代主义风格（图 12-6-11）。礼堂为砖木结构，室内采用西式三角形屋架，跨度达 15.7 米，是西安近代跨度最大的建筑之一。

西安火车站是客货运混合的一等站，1934 年 12 月建站，由建筑师刘涧簾设计。主体中央候车厅建筑面积 1016 平方米，票房中厅空顶，四周为二层环楼，楼上用于办公，楼下为售票室、行包房及候车厅，站内有旅客站台 2 座。[1] 建筑外观采用中国传统建筑的造型，主体中央候车厅屋顶采用歇山式，屋角翘起飞翼，铺设绿色琉璃瓦，气势磅礴，[2] 是西安近代建筑中中国风格的代表之作，在民国时期中国的车站建筑中并不多见（图 12-6-12）。

图 12-6-12　西安火车站历史旧貌
来源：宗鸣安. 西安旧事 [M]. 陕西人民美术出版社，2002：169.

---

[1]　西安市地方志编纂委员会编. 西安市志第二卷·城市基础设施 [M]. 西安：西安出版社，2000：507.
[2]　品味三座古建筑火车站———华阴、临潼、西安站老站房鉴赏 [N]. 人民铁道报 http://www.tieliu.com.cn/zhishi/2007/200705/2007-05-23/20070523145800_53035.html.

除此之外，建于 1936 年的中国银行西安办事处办公楼，建筑主体临街 3 层，后部 2 层，附设地下室，建筑面积约 2000 平方米，建筑局部采用了钢筋混凝土结构，为当时西安最好的银行建筑。

1932 年，由武绍文、周伯勋、韩望尘、封至模、刘尚达等人招股集资兴建的阿房宫大戏院在竹笆市北段开业，大戏院设备齐全，场内可容纳 500 多人，是西安最早的影院之一。1930 年代出现的正式电影院还有民光大戏院、西京大戏院、陪都电影院、新民大戏院、明星大戏院、银汉电影院和宝珠电影院等，这些电影院主要集中在城区。[①] 1936 年由山东济南福安公司投资的珍珠泉浴池在尚仁路中段西侧落成，建筑为两层，包括单间、统间、高级单间、大池、盆塘等，[②] 这是西安首家现代化浴池，反映了当时文化娱乐生活的丰富。

新型的商业建筑主要有 1934 年 9 月创设的西安第一家大型百货商店——西京国货公司，还有 1936 年开业的民主市场和国民市场，它们是当时西安最大的两个百货市场。


## 四、生活方式的改变与居住建筑模式的拓展

在近代以前，西安的居住建筑基本都是中轴对称的合院式格局，但是 20 世纪 30 年代，出现了独立式住宅（又称为别墅、官邸或公馆）和低层联排式住宅两种新的居住建筑形式，这些建筑从平面布局、建筑风格到建造方式等方面都表现出与传统居住建筑迥异的特征。

民国建立后，中国民众的生活方式发生了重大变化，受经济发展水平及交通因素的影响，生活方式的变化更多的发生在上海、广州、武汉等沿海、沿江城市，对于僻处西北的西安而言，没有根本变化。至 20 世纪 30 年代，陇海铁路通达西安后，东部沿海地区的新潮生活方式与价值观念逐渐传入，人们的衣、食、住、行较之前都有了较大的转变，"自从民国 23 年陇海铁路西展，通车直达西京以后，一切新鲜的生活资料自陇海车载着叩关而入，这才使西京市民的生活起了个大改变，从陇海车上载出了大量的当地出产的棉花和麦子，又同样地从外省各大埠运进了金钱和各种商品；久陷于贫困古朴的西京市民，便开始和各种新奇的商品相接触，使他们的生活从古老守旧的方式，渐渐地迈向新的方面去。"[③] 生活方式的现代化促使与人们生活密切相关的居住建筑也产生了不同于传统合院式住宅的新形式——独立式住宅，它是按照现代住宅的功能与形式进行设计建造，主要的使用人群是民国时期西安的特殊阶层即国民政府高级官员、富商士绅以及大学教授等高收入阶层，这一阶层较之于普通市民，经济来源相对稳定，对生活品质要求较高，易于接受新的生活理念，独立式住宅即是为满足这一特殊阶层的生活需求而出现的，同时，这种新的独立式住宅在当时也是彰显主人身份、财富与地位的一种物化载体。

① 西安市地方志编纂委员会编.西安市志第六卷·科教文卫 [M].西安：西安出版社，2002：197.
② 中国人民政治协商会议陕西省，西安市委员会文史资料研究委员会编（内部资料）.西安文史资料（第十四辑），1988：166–167.
③ 倪锡英.西京 [M].北京：中华书局，1935：131.

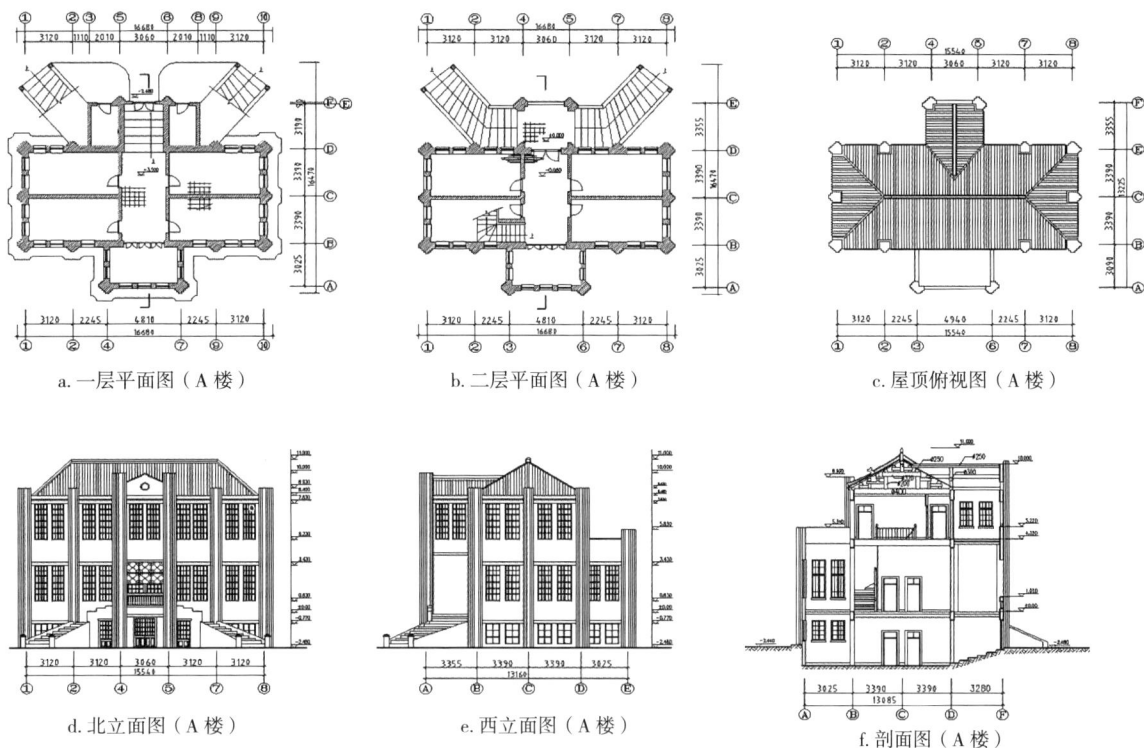

a. 一层平面图（A 楼）　　　b. 二层平面图（A 楼）　　　c. 屋顶俯视图（A 楼）

d. 北立面图（A 楼）　　　e. 西立面图（A 楼）　　　f. 剖面图（A 楼）

图 12-6-13　张学良公馆 A 楼建筑测绘图
来源：陕西省古建设计研究所提供

20 世纪 30 年代，西安的独立式住宅采取西方独立式别墅的平面布局，采用西式住宅以庭院包围建筑的方法，庭院内种植花草树木，有的还设有喷泉水池，居住功能集中布置，一般包含现代生活所需的会客室、卧室、卫生间、厨房、储藏室等基本功能，建筑结构多为砖木结构，外观呈现 2~3 层的多层体量，内部空间功能齐全，卫生设备完善，装饰装修考究。这类独立式住宅的典型实例有张学良公馆、高桂滋公馆，以及杨虎城的公馆"止园"。

张学良公馆位于西安市建国路 69 号（原金家巷 5 号），建于 1934 年，是由西北通济信托公司投资兴建的一处住宅院落，1935 年 9 月任代理总司令职权的"西北剿匪总司令部"副总司令的张学良率东北军由武汉移驻西安，租用该大院作为官邸。[①] 张学良公馆院内的主体建筑是东西向并行排列的三幢 3 层砖木结构楼房，总占地面积 7700 平方米。三幢单体建筑的平面形制基本相同，室内分隔稍有不同，平面为"十"字形，各占地约 200 平方米。建筑造型新颖，在墙角及开间分隔处都有层层缩进的砖垛，砖垛垂直向上高出屋面，强调出立面的垂直线条分割，每个开间设两扇西式竖向木质长窗，建筑显得高直挺拔。东、西两楼的屋顶为直坡四坡屋顶与两坡屋顶的组合（图 12-6-13），中楼的顶部采用传统的歇山顶，翼角飞檐，屋顶覆盖小青瓦。

高桂滋为国民党八十四军军长。他的公馆位于西安市建国路 83 号，与金家巷张学良公馆

---

① 姬乃军，石八民. 西安事变旧址研究 [M]. 西安：陕西人民出版社，2008：5.

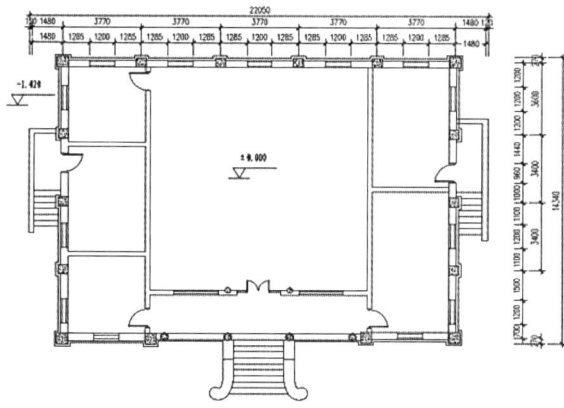

a. 平面图

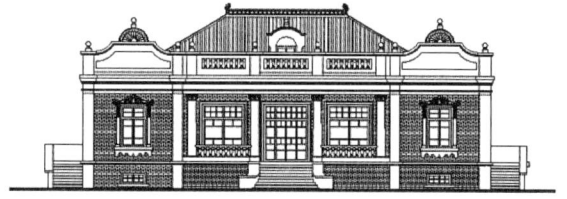

b. 南立面图

图 12-6-14　高桂滋公馆主楼测绘图

来源：符英 . 西安近代建筑研究（1840—1949）[D]. 西安：西安建筑科技大学，2010：89.

图 12-6-15　高桂滋公馆外观（雷耀丽摄）

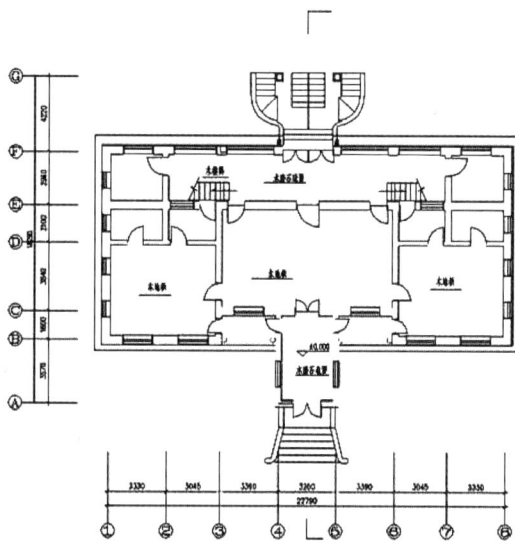

a. 一层平面图

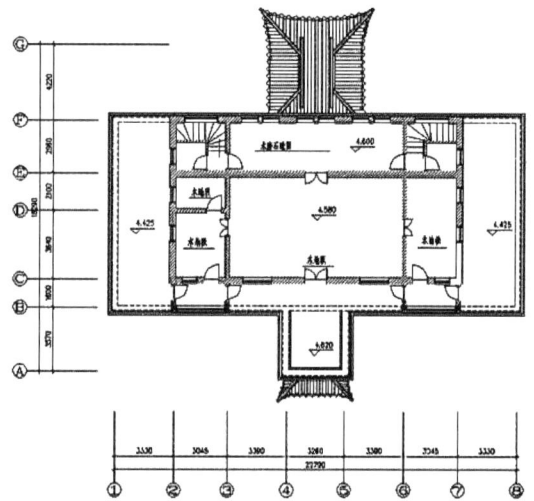

b. 二层平面图

图 12-6-16　止园主楼测绘平面图

来源：陕西省古建设计研究所提供

一墙之隔，始建于 1933 年，公馆由一座主楼和与其相连的三进四合院组成。主楼坐北朝南，占地约 280 平方米，平面为面阔五间，进深四间的矩形，一层半地下室作为储藏室，其中还设置有小型燃煤水暖锅炉，二层为大厅、主卧室、会客厅、小餐厅、客房等，二层东北角的卧室南边为卫生间，主楼前设有圆形喷水池。建筑造型应用西方建筑元素较多，呈现出较为突出的西方建筑风格。主立面采用西式建筑的三段式构图，在垂直方向上，半地下室作为基座层，中部为柱廊和墙身，顶部是檐口、女儿墙和山花。在水平方向上，立面中央三间为西方爱奥尼式柱廊，大门两侧的柱子之间设西式宝瓶状护栏，东西尽端的开间各开一个长方形窗洞，窗户有西式小山花做装饰的窗套。建筑立面比例严谨，轴线突出，讲究对称，强调出主从明确的构图关系，显示了西方古典建筑构图的神韵（图 12-6-14）。但是在完整的西式风格的正立面以上，却采用了陕西地方特色的屋顶，叠瓦而成的正脊，小青瓦屋面。

以西方建筑风格为主的"影响型"近代建筑在沿海开埠城市的表现层次非常繁多，但是西方建筑文化经过沿海开埠城市，其影响的势头在传入地处内陆、传统建筑文化根深蒂固的西安时就大为减弱，主要表现为建筑形式不纯粹，风格取向不明显，更多地表现出中西混合的折中样式，或者，总体看起来是"西式"的，但并不特别表现某种特定风格，这与内地城市对西洋建筑的认识有关："西式"只是一种追求时髦的象征，并特别不追求"范式"的纯正。高桂滋公馆就表现出折中主义风格（图 12-6-15）。

杨虎城是西北绥靖公署主任、第十七路军总指挥。其公馆"止园"是他自己筹资所建，于1936 年秋建成，先是命名为"紫园"，后改名为"止园"。止园总体布局为前后两进院落，南北朝向，严格按中轴线布置，主楼建在后院，为一幢带半地下室的 3 层小楼，建筑面积 480 平方米，砖木结构。主楼平面采用集中式布局，一、二层中间均为大厅，两端为居室与办公，一层大厅下为三间地下室，二层东、西、南三面均设平台，底层南面中央是主入口，突出部分建有挑檐式垂花门式门房（图 12-6-16）。

建筑主体中部采用单檐歇山式屋顶，东、西两侧为山面向前的歇山顶，飞檐翘角，屋面上覆筒瓦，檐下设红漆木柱及额枋，但立面局部又采用西式门窗、栏杆和踏步，门窗采用西式的高门大窗，从平台通往门厅的弧形台阶具有西方巴洛克风格，水泥护栏也是西式的瓶形样式，建筑外观表现出强烈的中西合璧特点（图 12-6-17）。

图 12-6-17　止园主楼外观（雷耀丽摄）

## 五、房地产业的兴起与联排式住宅的开端

自 20 世纪 30 年代开始，西安出现了房地产公司以及资金雄厚的银行开始经营房地产开发业务。1933 年至 1937 年的 5 年间，陕西连年天灾，大量人口背井离乡，土地异常便宜，成了房地产开发的良机。20 世纪 30 年代中期，由房地产公司开发建设的联排式住宅在西安开始出现，集中投资、大规模建设、多户或分户出售或出租的方式取代了传统居民分户、分散自建自用的模式，由此带来住宅建设的标准化、产业化和集约化，进而推动了西安近代联排式住宅的发展。

受经济发展水平和建筑结构水平的限制，西安没有出现多层和高层联排式住宅，一般都是 1~3 层的低层联排式住宅。典型的实例有通济信托公司投资兴建的通济坊住宅区和陕西省银行投资兴建的六合新村。

"通济信托公司"是杨虎城的得力部下冯钦哉集合多位股东的资金成立的一家颇具经济实力的房地产公司。1936 年，该公司购买了北大街中段以东和新民街以西的大部分地方，并在此建房、修路、开发房产，最先在临北大街的路东，修建了一栋 13 间宽、4 层高的砖木混合结构的"通济大楼"，通济大楼建好后，在东边的大片空地建成了"通济中坊"、"通济南坊"和"通济北坊"联排式窄院平房住宅区，占地约 4 公顷，可容纳约 80 户居民。南、中、北三坊向东通向城市次要道路新民街，中坊则贯通东西，穿过沿街 3 层商业建筑的过道到达北大街，三坊中部有南北向通道联系，在与中坊交叉处设十字小圆广场，广场中为机井（甜水井）供水点、商业网点，住宅区虽地处闹市，但环境安静且生活方便。[①]

1935 年 9 月，陕西省银行投资兴建了六合新村，新村由一德庄、二华庄、三秦庄、四皓庄、五福庄、六谷庄、七贤庄等七个联排式住宅小区组成。七贤庄位于西七路以南，北新街以东的地段，占地 2.2 万平方米，是当时西安的高尚居住区，来此租住的多是中上层人士，儒生雅士聚集，时任《陕西工商日报》社社长的成柏仁便美其名曰"七贤庄"，与当时西安城内广大地区以及铁路两侧低洼阴暗的棚户区相比，七贤庄堪称是西安城内最整齐美观的住宅区。[②] 七贤庄由 10 个相互毗邻的联排式宅院组成，青砖白墙、灰瓦坡屋顶的建筑整齐排列，颇具规模（图 12-6-18）。建筑的平面布局沿用了传统院落住宅的设计手法，建筑包围院落，保持了传统住宅内向封闭的特征，但同时借鉴西方联排式住宅紧凑、密集的组织方式，将住宅院落联排成片布置，共用分户墙，提高了建筑密度，具有现代居住建筑标准化、产业化的特点。

20 世纪 30 年代，西安出现的独立式住宅和联排式住宅两种新形式，从平面布局、空间形态、风格形式、结构技术、材料设备、装饰陈设到建造方式、施工工艺等都突破了传统居住建筑的手法，给相沿几千年的居住建筑带来了深刻的变化，注入了新鲜的活力，丰富了城市的居住空

---

① 陕西省建筑设计院.陕西省志第二十四卷·建设志·第十篇近代与现代建筑（中）——居住建筑（初稿）.西安：陕西省建设志编辑办公室，1993：33.
② 刘彤璧.西安七贤庄[M].西安：陕西人民出版社，1992：1.

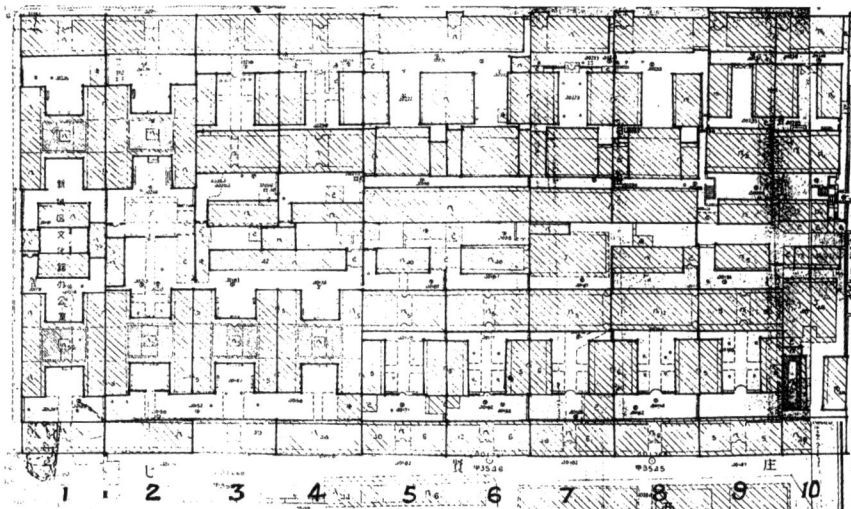

图 12-6-18　七贤庄平面图
（1956 年西安市勘探测绘图）
来源：八路军西安办事处纪念馆

间形态，同时，也反映了西安近代城市居民生活方式、居住建筑营造方式以及审美倾向的改变，体现了城市居住空间从古至今的过渡，是承上启下的重要阶段。

## 六、西安建筑的现代化与新技术

西安因地处内陆，受交通条件和经济发展水平的限制，近代建筑技术发展相对缓慢，基本延续传统的木构架体系，但自 1927 年至 1937 年的十年间，有少量近代建筑从结构、材料、设备到施工技术等各方面超越了传统建造模式，对西安现代建筑技术的发展起到了先导作用。

首先是砖木混合结构较为广泛的应用。这种结构形式最早出现在西安南新街礼拜堂等基督教建筑之中，至 20 世纪 30 年代，这种结构体系由于能够适应近代建筑的功能要求而逐渐取代了中国传统梁架结构，是这一时期西安近代建筑使用最多的一种结构形式，较为广泛地应用于各类公共建筑、居住建筑和工业建筑之中。

华峰面粉公司磨粉机楼是采用砖木混合结构的典型实例。该建筑主体南北两跨，跨度 3.6 米；东西六开间，东边五个开间宽 4.8 米，最西一个开间宽 3.6 米，平面中央为 5 根 300 毫米 × 300 毫米的木柱支撑（图 12-6-19）。墙体为砖砌，以糯米浆加白灰粉灌注填缝，砌筑精良，砌缝很小。[①]

虽然砖木混合结构技术在西安近代建筑中应用较为广泛，但它在解决建筑高度问题方面则无法与钢筋混凝土框架结构相比。建于 1934 年的西北农林专科学校 3 号教学楼是西安近代建筑中为数不多的采用钢筋混凝土框架结构的高层建筑，该建筑总高 30.1 米，其钢筋混凝

---

① 符英，吴农，杨豪中. 西安近代工业建筑的发展 [J]. 工业建筑，2008（5）：41.

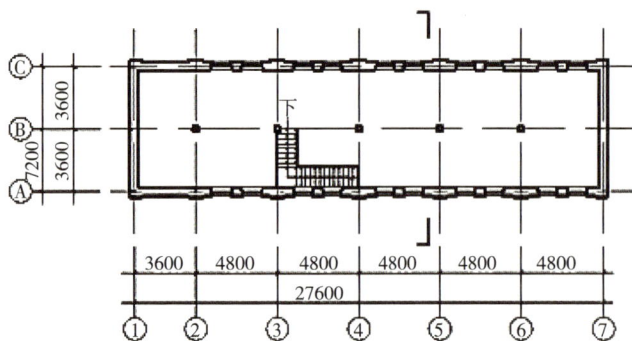

图 12-6-19　华峰面粉公司磨粉机楼平面图
来源:符英.西安近代建筑研究(1840—1949)[D].西安:西安建筑科技大学,
2010 : 63.

图 12-6-20　大华纱厂纺织车间室内(符英摄)

土框架主跨达 4.8 米。该教学楼的设计者和建造者分别是基泰工程司和上海建业营造厂,早在 1927 年基泰工程司就应用钢筋混凝土框架结构建成了主体 7 层的天津中原公司大楼,因此设计西安这座教学楼并不困难。值得一提的是,该楼在施工上还应用了一些特殊的构造做法,如建筑 1~4 层的填充墙两侧及围护墙内侧的粉刷层之下,均铺一层钢丝网,钢丝直径为 1 毫米,表面涂有红丹漆,粉刷层厚 20 毫米,钢丝网具有拉筋的作用,有助于提高墙体结构的稳定性。[①]

钢结构的应用在西安近代建筑中仅限于个别工业厂房。受西安近代建筑发展整体滞后的影响,直到 20 世纪 30 年代,西安大华纱厂的纺织车间才首次使用了钢结构技术,比国内最早使用钢结构的工业建筑晚了近 70 余年。纺织车间的建筑主体采用三角形钢屋架、钢柱支撑,屋架跨度 5.3 米,共 14 间,总宽度 74.2 米,两榀屋架间距 3.65 米,共 28 间,总长度 102.2 米,结构节点采用螺钉锚固(图 12-6-20)。这一车间是西北现存最早、规模最大、最具有代表性的钢结构单体工业建筑。

## 七、西安建筑的现代化与新设备和新材料

由于地处内陆、交通闭塞及经济落后的原因,西安这一时期的近代建筑大多采用木材、青砖、灰瓦等地方传统材料,新的建筑材料使用非常有限,钢材的使用仅见于大华纱厂纺织车间、西北农林专科学校 3 号教学楼以及西京电厂的窗户中。混凝土多作为铺地和墙体的饰面材料,西北农林专科学校 3 号教学楼、中国银行西安办事处办公楼、西京电厂厂房等为数不多的建筑采用了钢筋混凝土作为结构材料。其他新建筑材料的使用也多是些个例,比如高桂滋公馆局部采用了水刷石材料,西京招待所为了减轻屋顶的重量,屋面覆盖淡红凹棱铁皮

---

[①] 霍保东,樊爽,符强.西北农林科技大学 3 号教学楼的鉴定与加固 [J].工程抗震与加固改造,第 32 卷第 6 期 : 84.

代替屋瓦等。

至 20 世纪 30 年代，西安的公共建筑和独立式住宅开始小范围地应用相对先进的建筑设备，西京招待所主楼部分套房设卫生间，配有浴盆、坐便器、壁镜等，是西安近代建筑设备最完善的建筑之一。西北农林专科学校 3 号教学楼在顶层设置水箱，利用高程解决全校用水问题，并在教学楼楼后设地下室作为锅炉房，为全校供应暖气。一些新建筑中也采用了较新的空调、机械附属设施，如大华纱厂纺织车间采用日本温湿度调节设备、空调装置（因技术所限，一直到 1951 年才投入运行），办公室采用集中采暖。中国银行西安办事处办公楼的附属设施如机械排风、电照、上下水以及供热、供暖、卫生等设施齐备。

陇海铁路开通之后，许多新的建筑材料和新的建筑装修做法都从外地传到西安。例如，杨虎城公馆、张学良公馆、高桂滋公馆等一些知名人士的独立式住宅的室内装修都采用架空木地板、木质墙裙、木质楼梯、西式高门大窗和大块玻璃镶嵌的窗格以及西式的沙发和吊灯等，表现出西化的风格。在旅馆建筑中，西京招待所最为典型，由于是为国民政府要员来陕下榻而兴建，故按照特级旅馆的标准进行装修，很多装修材料都自国外进口，如马来西亚木地板、东南亚优质木材房门、美国铜窗、意大利坐便器以及罗马式铸铁浴盆等，此外，许多新建筑还都采用了瓷砖、马赛克和水磨石铺地。这些材料和新做法营造出迥异于传统建筑的室内格调，不仅彰显了业主的身份、地位和财力，而且显示了他们对于西式生活方式和建筑审美的追求。

## 八、建筑制度与管理的完善

近代以来，随着西安建筑的缓慢"西化"，建筑业作为一个社会行业逐步形成，行业管理也逐渐趋于完善。民国以后，西安的建筑事务先后由陕西省实业厅、陕西省建设厅、西安市政工程处、西安市政建设委员会、西安市政府建设科等行政部门主管，从 1927 年至 1937 年的十年间，管理部门相继颁布了《陕西省建设厅组织法》（1927 年）、《西安市建筑管理规划》（1929 年）、《西安市技师登记规则》（1930 年）、《西安市建筑师及工头暂行登记办法》（1930 年）、《西安市政工程处组织规程》（1930 年）等多项政令法规，这些政令法规涉及建筑管理、建筑从业人员及组织的注册登记等多个方面，对西安近代建筑业的规范管理起到了积极的作用。

早在清末光绪年间，西安就出现了以陈天仪为经理的"天顺成建筑土木工程营造厂"。[①] 1935 年到 1936 年，在西安注册的等级营造厂（公司）为 50 家，其中，比较具有影响力的都是外省营造厂在西安设立的分厂，如上海建业营造厂西北分厂、南京复兴建筑公司、上海象新土木钢铁工程公司等。[②] 这些外省营造厂掌握着较为先进的施工技术，并在施工组织方面拥有丰

---

① 西安市地方志编纂委员会编.西安市志第三卷·经济（上）[M].西安：西安出版社，2002：817.
② 同①：817-820.

富的经验，西安多数近代建筑就出自它们之手，其中上海建业营造厂西北分厂最具实力，它在西安建造了如西京招待所、中国银行西安办事处办公楼、西北农林专科学校3号教学楼等多个规模较大的建筑项目。

## 九、城市规划文件与西安近代城市建设

自1927年南京国民政府成立后，西安逐步开始了有计划地建设活动，以市政建设计划和城市规划构成了近代西安规划建设活动的主体内容，从1927年至1937年的十年间，共有6个民间拟议和官方摹划的具有城市规划性质的文件。其中，西安被设立为陪都之前，有两部政府相关文件，一部是《陕西长安市市政建设计划》[①]（1927年），另一部是《陕西省民国二十年建设事业计划大纲》[②]（1931年)，这两部规划均为近期建设计划性质。由陕西省建设厅工程处提出的《陕西长安市市政建设计划》是近代西安发展历史进程中，具有近代城市规划特征的第一部规划，也是最早的完整的近代城市近期建设规划文件。该市政计划涉及街道、市场道、公园、钟楼及鼓楼、拆城及修复城门楼、疏通阳沟、取缔零摊及招牌、设路牌、建筑民众厕亭、规定建筑执照及章程、清道方法、修剪路树等十二个方面的近期建设项目及措施，与城市的市政基础设施、市容卫生以及城市环境建设有关，体现出了城市建设中的为市民服务的意识和观念，该规划是近代西安城市规划与建设迈出的重要的一步。[③]

1932年，西安设为陪都之后，有季平的《西京市区分划问题刍议》[④]（1934年）和易俗社孙经天的《西京市政建设计划之准则》[⑤]两部民间拟议文件以及《陕西省建设厅二十二年至二十四年行政计划（乙市政）》[⑥]（1933–1935年）和《西京市分区计划说明》[⑦]（1937年）两部官方摹划文件。

民间规划文件从不同角度对西京规划进行了分析论述，季平的《西京市区分划问题刍议》从城市市区选定应当注意的问题包括交通、给水、排水、防灾以及城市拓展等几个方面进行了对比分析，并对城市分区原则进行了讨论，提出了结合地形和交通条件进行分区的整体性原则，并满足居民的居住、工作等的需求，进而提出了关于居住区、工业区、仓库（货栈）、商业区、政治区以及教育机构等的分级和分布问题。季平的西京市区分划方案，虽然只是非官方的民间拟议，但是却规划得相当详细，分析深入周全，是目前所见的有关近代西安最早的具有科学意义的城市规划设计方案。[⑧]易俗社孙经天提出的《西京市政建设计划之准则》，主要是从宏观上

① 陕西省政府建设厅建设汇报编辑处：《建设汇报》，中华民国16年（1927年）十一月
② 西安市档案馆.民国西北开发.内部资料，2003：183.
③ 任云英.近代西安城市空间结构演变研究（1840–1949）[D].西安：陕西师范大学，2005：328.
④ 西安市档案局，西安市档案馆编.筹建西京陪都档案史料选辑[M].西安：西北大学出版社，1994：74.
⑤ 同④：88.
⑥ 同②：189.
⑦ 同④：93.
⑧ 同④：74–88.

提出西京市政建设的 5 条规划准则，即"西京市不应西洋化"、"西京市政建设田园化"、"西京市政教育化"、"西京市民思想统治化"和"西京市政建设人才专家化"。

1937 年的《西京市分区计划说明》对于西京市东至灞桥、西至沣水、南至终南山、北至渭河的范围进行了划区，分为包括文化古迹区、行政区、商业区、工业区、农业区以及风景区等六个城市功能分区，并对各个分区的范围进行了描述，这份分区计划说明是 1941 年出台的《西京规划》的基础，两者具有一定的延续性。

从上述的规划文件可以看出，自南京国民政府成立以后，近代西安城市规划思想以物质环境规划为主，规划中对居民的文化娱乐活动和各种公共服务以及城市基础设施的建设和完善，均体现了城市规划思想中"官本位"向"民本位"的转变。[①]


# 第七节　其他城市：青岛、济南


## 一、青岛传统建筑的复兴与各种思潮的涌动（1922–1937 年）[②]

1919 年"五四运动"爆发，1922 年华盛顿国际会议上中国与日本签订《解决山东悬案条约》，青岛主权得以收回。收回后，由北洋政府统治，辟青岛为商埠，设立胶澳商埠督办公署。1929 年 4 月南京国民政府接管青岛，改称"青岛特别市"。1930 年 9 月，随全国统一规范城市名称，青岛特别市又改称"青岛市"，其特别市的性质未变，由中央政府直辖。


### （一）城市规划与城市发展

在北洋政府统治青岛的六年中（1922 年 12 月 –1929 年 4 月），行政长官更换频繁，无暇顾及城市建设，使这一时期市政建设处于低潮。青岛的经济多半由外人控制，许多工商业及公共设施都由中日合办，当时的七大纺织厂，日本资本控制了六家；整个对外贸易亦受洋商操纵。1925 年日本在青岛馆陶路建交易所，垄断了青岛农副产品及主要货物商品的交易活动。城市的金融行业几乎完全为外国银行垄断。

这时期利用遗留下来的房屋开办了一些学校及文化设施，如私立青岛大学（1924 年 9 月在原德军俾斯麦兵营址创办）、万国体育会（1924 年 3 月租用原跑马场）、青岛通俗图书馆（1924 年 8 月）等。

---

① 任云英.近代西安城市空间结构演变研究（1840–1949）[D].西安：陕西师范大学，2005：332.
② 本小节作者徐飞鹏。除注名外，文中图片来源：徐飞鹏.青岛历史建筑 1897–1949.青岛：青岛出版社，2006；青岛档案馆；青岛房产档案室；青岛城建档案馆。

1929 年 4 月起，青岛由国民政府统治。1931 年底，沈鸿烈[①]任青岛市市长。1930 年代的大部分时间，青岛地处一隅，远离战事，社会环境安定。外国资本大量涌入，民族资本和官僚资本得到了发展。中央银行、交通银行和中国银行先后在青岛设立分行，上海的资本家也来青岛设立银行。工商业活跃，城市人口急剧增加，1923 年人口为 262117 人，到 1936 年为 570037 人。[②]城市已形成一定规模，并在国内外产生一定的影响，许多国家在青设立领事馆。[③]环境的安定、经济的繁荣带来了城市建设的第二次高潮。

这段时间的城区得到了全面的发展，呈现一派欣欣向荣的景象。沈鸿烈深知青岛市"不但为本国重要商港，且为国际都市，非努力物质建设，不足以应国内国外之需要"，[④]所以青岛市政当局在继续完成和充实原市区的同时，又开辟了新市区。"新辟齐东路大学路间、登州路西山路间及台东镇东南之住宅区，台东镇西北工场地，荣城路东特别规定建筑地，四方沧口间之大工业区以及湛山以东住宅区，次第放租建筑成立市街。"[⑤]至 1935 年，市区全部面积约 3500 余万平方米。

为规范城市建设，青岛市政当局采取了许多切实的措施，如在 1932 年颁布了《青岛市暂行建筑规则》并成立了"青岛市市区工程设计委员会"；1935 年制定了《青岛施行都市计划方案初稿》；1937 年又成立了"建筑审美委员会"，负责审查并奖励优秀建筑设计。这一时期建筑业兴旺，不仅侨居青岛的日、德、俄等国的建筑师空前活跃，一批从欧美学成归来、在上海设立建筑事务所的中国建筑师，如庄俊、陆谦受、吴景奇、罗邦杰、董大酉、苏夏轩等人，亦先后参与设计了青岛的一些大型公共建筑。创作主体的多元化，带来了建筑式样的丰富多彩，青岛城市建设出现一段繁荣期。虽然一些大型公共建筑依然采用了各种西方折中主义的风格，但这时期的建筑整体已开始出现了新的转变，最为明显的是，作为一种现代风格，运用几何形图案构图的装饰艺术风格（Art Deco）已逐渐流行；一些"国际式"的建筑也在青岛落户；而"中国传统复兴式"建筑亦因政府的提倡而在胶东获得了新的发展。

这类"中国传统复兴式"建筑在 19 世纪末 20 世纪初已出现在胶东半岛的西人建筑中，如光绪三十年（1904 年）美国长老会在潍坊创办的广文学堂（Union College）[⑥]与教堂（1906 年），1899–1904 年间建设的胶济铁路沿线车站建筑等。而 1930 年代兴起的"中国传统复兴式"建筑，则是由国人倡导，如蔡元培在 1930 年发起筹建的青岛水族馆并于两年后落成；1933 年 4 月完成的青岛湾栈桥改建与回澜阁工程。

这一时期，一批现代风格的建筑物在城区建成。为迎接第十七届华北运动会，青岛体育场

---

① 沈鸿烈（1882–1970 年），字成章，湖北天门人，18 岁时考中秀才，1905–1911 年公费赴日本海军学校留学。民国初年任中华民国南京临时政府海军部参谋，继赴东北任东北舰队司令。1931 年 12 月 –1937 年 12 月任青岛市市长，后转任山东省政府主席、农林部部长、浙江省政府主席等要职。1949 年去台湾。参阅青岛市政文史资料委员会编. 沈鸿烈生平轶事. 新华出版社，1999：1.
② 青岛档案馆. 青岛数字全书. 北京：中国文史出版社，2003：50.
③ 在青设总领带馆的有美国、英国、日本等；德国、法国、丹麦、芬兰等在青岛设领事馆。参阅. 沈鸿烈生平轶事. 北京：新华出版社，1999：7.
④ 沈鸿烈. 青岛政治上的动态与静态. //青岛画报，1935（20）.
⑤ 青岛市工务局. 市政要览，工务篇. 1937：21.
⑥ 光绪三十年（1883 年），美国传教士狄乐播在潍坊购地建教会、医院、学校，取名"乐道园"。1900 年义和团起义，乐道院房舍全部焚毁。1902 年重修乐道院，学校同年复课。1904 年登州"文会馆"和青州"广德书院"搬入潍坊乐道院，合并为广文学校。民国 6 年（1917 年）秋，广文学校迁往济南与共合医道学堂合并，成立齐鲁大学。参见山东潍坊二中校志，1983：125.

在 1933 年 6 月建成，新的体育场参照美国洛杉矶体育场的布局与样式设计，[①] 为当时欧美流行的装饰艺术风格。1920 年日本驻青守备军司令部批准成立青岛取引所，并于 1928 年建成取引所大楼，欲以此控制青岛的商贸交易市场，1931 年，青岛民族工商业者为打破取引所独占青岛市场，维护本土的商权，在市政当局支持下，由 21 家工商业大户发起成立了"青岛市物品证券交易所股份有限公司筹备委员会"，于 1933 年正式成立青岛市物品证券交易所股份有限公司并建成青岛商品证券交易所，交易所大楼模仿欧美流行的几何线条装饰的摩登样式（刘铨发，1933 年）。此外还有中山路百货公司大楼（1929 年）、山东大戏院（1930 年）、国货公司大楼（1933 年）、中山路银行建筑群（1933–1934 年）、青岛船坞（1935 年）、兰山路青岛市大礼堂（1935 年 7 月），以及东海饭店（1936 年）等。

1930 年代青岛市政府另一重要施政业绩是乡村建设。沈鸿烈任青岛市长后，即针对城市及乡村的现实，颁布了 10 条施政纲要，其中包括"励行自治，充实民力；禁绝恶习，改良风俗；建设乡村，施惠平民；普及教育，以求实用；力图建设，输入文明"[②] 等要务。因为城市建设已有相当规模基础，但乡区却几乎是一片空白，所以市政府在最初几年，将工作重点放了乡村。首先是开通道路。从 1931 年至 1937 年，乡区道路里程增加了 10 倍。其次是兴建公共设施，最多的是小学。在 1932–1935 年间，共建校舍 42 所，使每个村都有小学，基本可以容纳全乡区的学童；同时颁布法令，强制入学，否则将处以罚款。[③] 沈鸿烈充分认识到"都市之繁荣，实以乡村为基础，若四境不治，则市区亦不能永保繁荣"。[④]1930 年代对乡区的这种投资，为青岛城乡的建设和共同发展打下了基础。

为适应城市发展的需要，1935 年由青岛工务局制订了《青岛市施行都市计划方案初稿》（图 12-7-1），这是自德国 1900 年和日本 1918 年间制定的规划之后，由中国人自己为青岛制定的城市规划方案，规划市区人口为 100 万人。城区范围北至沧口、李村，向东扩至辛家庄、麦岛一带；重新划定功能分区，分为行政、港埠、住宅、商业、工作五大区。规划的部分内容在规划前已开始实施。

城市重心北移，将市政府规划在当时五号炮台的山腰上（今蒙古路与华阳路之间的青岛铸造厂厂址处），使市政府直属机关、国民政府驻青各机关、各国驻青领事馆、各公共团体之会所以及图书馆、博物馆等集合一处，形成一行政区域。该区位置适中，与周边交通便利。

《方案》中规定，凡风景优美、无工厂煤烟污染及邻近商业区之地，一律作为住宅用地，按环境优劣分特等及甲、乙、丙三个等级，并将工业分为大工业与小工业两类。小工业污染程度较弱，不妨置入商业与住宅区域内；大工业由于污染程度较强，应集中区域设置。工业区规划范围为从四方东沿铁路线向北至沧口一带，并利用四方与沧口之间的孤山作调剂或缓冲地段。

---

① 青岛工务局体育场建筑委员会设计组根据国立山东大学（按：国立青岛大学 1932 年更名为国立山东大学）体育教授宋君复提供的美国洛杉矶体育场图纸，参考设计，由青岛华丰恒营造厂完成大门工程，青岛天泰兴营造厂完成自来水管和下水道工程，上海馥记营造厂完成运动场主体工程。参见青岛档案馆编．青岛通鉴．北京：中国文史出版社，2010：274.
② 沈鸿烈．现代工商业 // 青岛工商学会．青岛工商季刊，1993：第 1 卷第 1 号．
③ 李先良．沈鸿烈长青岛庶政述略 // 青岛市政文史资料委员会编．沈鸿烈生平轶事．新华出版社，1999：6.
④ 冯小彭．青岛市政府实习总报告 // 萧铮．民国二十年代中国大陆土地问题资料（第 192 册）．成文出版社、美国中文资料中心，1977.

图 12-7-1 《青岛市施行都市计划方案初稿》规划图

大港至小港与铁路线以西范围为港埠区，该区域内的大港北与四方之间为大面积需填海造地区，并在该处留出一工业港码头。[1]

对市区道路交通的规划，改变了已往规划中道路主次不分的弊端，划分为干路和支路，如规定交通干道自 25~45 米，次要干道自 16~22 米，支路自 10~16 米。《方案》将青岛火车总站移至大港车站，青岛站改为客车站，专供旅客使用。还提出了城市对外交通应海陆空分途并置。陆路交通有铁路交通和公路交通两种。[2] 水路交通规划扩建港口与开辟轮渡航线。开辟青岛至薛家岛、红石崖、塔埠头、阴岛及沙子口等五条轮渡线。空中交通近期使用以沧口机场为主，塔埠头东南沿海一带则为将来之用，团岛附近辟为水上飞机场。

此次规划方案对园林绿化亦很重视，规定"本市形势三面环水，内部又多小山，山与水均不宜建筑房屋，而便于植树行舟，均为天然空气流通地带，本计划即利用山地及山谷之不能起造房屋者，一律规定为园林空地。"[3] 并计划完善和新辟九处海水浴场。

---

① 大港北与四方间的填海区和工业港规划，最早见于日本 1918 年间的规划图。1918 年日本人的青岛规划图一直被国内错认为德国 1910 年规划图。

② 当时公路交通计划通向市外大道有四条，一为四流路，二为台柳路，三为由太平路至沙子口，四为天门路（延安路）。这四条路当时已同期修筑之中。

③ 青岛市工务局. 青岛市实施都市计划案初稿，1935.

1930 年代，青岛地区局势较为稳定，且气候冬暖夏凉，极宜于休养避暑，别墅与小住宅的需要日增，建设量也因此最大。

除市区外，花园住宅主要集中于新开辟的八大关、太平角两区。这里林木茂盛，背山面海，景致极佳，在德占时期曾为靶场与狩猎区。1920 年之前日本人就开始在太平角一带建造别墅。1930 年代初青岛市政府又辟八大关区为"特别规定建筑地"，将该地建筑纳入特别区域建筑法规的监控之下。至 1930 年代末，两别墅区的规模基本形成。

青岛台西镇海滩一带曾是下层民众聚居的棚户区。为改善民生，1930 年代中期在青岛市政当局的推动下，在这里先后建起若干"平民大院"。平民大院一为政府拨款建设，二为市民自行建设，三为慈善团体代为建设。采取行列式布局，为带阁楼的一层建筑，建筑密度达 60%。

## （二）中国传统建筑的复兴

19 世纪末至 20 世纪 20 年代，西方建筑师率先在中国土地上兴建了一批"中国式建筑"。[①] 这些建筑以中国的宫殿和庙宇为蓝本，主要表现在外国人兴办的教会和学校、医院等建筑上。与炫耀西方文明和力量的西洋折中主义建筑不同，这是一种"建筑文化策略"[②]，期望穿上中国外衣的建筑更加容易使中国人认同西方宗教和文化。青岛德占时期（1897–1914 年）的德华书院、魏玛传教会的花子安医院以及胶济铁路沿线车站建筑都是这种文化策略的表现。

1927 年国民政府定都南京之后，实施文化本位主义，提倡"中国本位"、"民族本位"，在建筑中倡导"中国固有的形式"。1929 年制定的南京《首都计划》和上海《市中心区域规划》，都反映出这个指导思想。上海《市中心区域规划》指定："为提倡国粹起见，市府新屋应用中国式建筑。"显然，这对当时传统建筑复兴起到重要的推动作用。在 1927–1937 年十年间，形成一个兴建中国古典建筑形式的高潮期。

1930 年代的青岛也产生了为数不多，但较为集中的中国传统式建筑。实例有：青岛水族馆（1932 年建成）、栈桥回澜阁（1933 年）、红卍字会建筑群（1935 年）、湛山寺（1933 年设计）、山东产业馆（1936 年）、若愚公园牌坊（1930 年）。这些传统式建筑都有些共同的特点：一是采用新材料和技术。普遍的做法是将内部结构设计为钢筋混凝土结构，而外观则表现为木制的中国固有形式。青岛红卍字会的大殿、山门、亭，除屋顶覆琉璃瓦外，斗栱梁柱等全部为钢筋混凝土筑成。二是建筑的布局，随使用功能而改变，打破了旧有传统平面布局的几种简单固定形式。上述两个方面的特点体现出中国近代"中道西器"、"中体西用"、"中西调和"的思想，成为当时传统式建筑复兴的理想模式，也是当时传统式建筑得以发展的唯一途径。1930 年代青岛的传统复兴建筑还有一大特色，这类建筑多选址在城区的边缘地带。尤其是坐落在海岸线上

---

① 早在 16 世纪末，17 世纪初，天主教传教士利玛窦等人来华传教，就曾经沿用中国的民宅、寺庙作为教堂，或按中国传统建筑式样建造教堂，这些没有建筑师参与设计的教堂，成为"中国式"教堂建筑的先声。参阅中国建筑史（第三版），北京：中国建筑工业出版社，1933：300.

② 邹德侬. 中国现代建筑史，中国建筑工业出版社，2010：13.

图 12-7-2　水族馆（青岛观象台海洋科：青岛，1932 年）

图 12-7-3　青岛大礼堂（基泰工程司郑德鹏：青岛，1935 年）

的建筑，如：回澜阁、水族馆、产业馆等，位处城市边界，拥有自然的背景和多角度的视点，成为城市边缘开放空间风景带上的景观点。

　　这些传统建筑在样式处理上也有很大差异，有的极力保持固有传统建筑的体量比例关系和整体轮廓，表现为纯粹的复古主义，如：湛山寺建筑群、红卍字会建筑群和模仿古城楼建筑的水族馆（图 12-7-2）。另有一类不拘泥于台基、屋身、屋顶的三段式构成，建筑体形由功能空间确定，保持大屋顶或局部大屋顶与平顶相结合，表现为折中主义的倾向，如山东产业馆、栈桥回澜阁等，这两幢建筑都是以西式墙面形式加中式的大屋顶组合构成。

　　1930 年代，中国传统建筑复兴在青岛表现的不是很普遍，城区内的公共建筑多不采用固有的传统式样，究其原因，与城市建设欧化的历史以及中国固有之形式与市区已有西式建筑难相和谐有直接关系。1935 年落成的青岛市大礼堂，为当时城市重要公共建筑，竟也没有采用固有的传统样式，可见地处一隅的国民政府直辖市的青岛，城市对传统建筑复兴并没有过多的要求（图 12-7-3）。

## （三）西方折中主义建筑思潮

　　西洋折中主义建筑在中国流行了很长时间，成为近代中国洋式建筑的风格基调，构成了中国近代新的建筑体系。从 19 世纪下半叶开始发展，到 20 世纪 20 年代达到发展高峰。进入 30 年代后，折中主义建筑风格逐渐衰落下来，为"装饰艺术"（Art-Deco）和"国际式"（International Style）所接替。

　　青岛的折中主义建筑是从德国租借地时期开始，日占时期日本人学仿西洋人继续倡导，到 20 世纪 30 年代，这股思潮已是末期。1941 年落成的青岛红卍字会办公楼应该是青岛城区最后一幢折中主义的建筑。30 年代这种建筑出自两类建筑师之手，一是由外国建筑师设计的一些外国驻青机构、银行等建筑。为显示其至上威严或宣扬经济实力，采用古典建筑的形式，如日本青岛取引所（三井幸次朗，1925 年）、三井物产株式会社（1930 年）、圣弥爱尔教堂（St.

Michaels Kathedrale，Alfred frabel, 1934 年）。二是由中国建筑师设计。早期留学归国的中国建筑师，许多人从学习西洋古典建筑开始创作生涯，表现出深厚的功底和技巧，如交通银行（庄俊，1931 年）、金城银行（陆谦受，1935 年）、山东大学科学馆（董大酉，1935 年）。当时的这类建筑都采用了钢筋混凝土材料和结构。

折中主义在建筑上有两种主要表现，一是在不同类型建筑中采用不同的历史风格，如以哥特式建教堂，以古典式建政府办公楼或银行，以英国都铎式建高等学校，以巴洛克式建剧场，以西班牙式建住宅；另一方面是在同一幢建筑上混用多种风格样式和艺术构件，呈现出多种情调。1930 年代青岛城区中这类建筑数量不多，但质量较好，都是城市中重要的公共建筑。1925 年建成的青岛取引所，是当时最大体量和规模的建筑，采用古典主义的样式，以展示经济的实力和日本在青岛及山东地区贸易经济的霸主地位。

1930 年代在中山路地段集中建设了 8、9 家银行，其中交通银行（庄俊，1931 年）、金城银行（陆谦受，1935 年）均为古典主义样式（图 12-7-4、图 12-7-5），而其他银行大楼采用的则是艺术装饰主义风格。坐落于今中国海洋大学内的原山东大学科学馆（董大酉，1935 年）（图 12-7-6），采用的是英国都铎式风格（Tudor style）。[①] 都铎式是英国 16 世纪都铎王朝时期的一种建筑风格，源自中世纪的哥特建筑（Gothic architecture），因其与教会修道院的联系，19 世纪许多西方学校建筑都采用了这一风格。

圣弥爱尔教堂（Alerted Frabel, 1934 年）为罗马风（Romanesque）式（图 12-7-7）。该基地为 1900 年城市规划预留的教堂用地,1914 年以前,曾按城市规划要求设计了一座拉丁十字( Latin Cross）平面的哥特风格教堂。1914 年日本人占领青岛，教堂建设计划随之取消。1931 年 5 月，重新设计的教堂开工，但不久就因资金问题而对所拟巴洛克式塔楼做了较大改动。不过建成后的教堂塔楼仍高达 54 米，圣弥爱尔教堂因此也是当时中国北方城市中最高的教堂。

这时期青岛的西洋折中主义建筑同其他城市一样，具有一些共同的特点。折中主义建筑通过灵活模仿和自由组合历史上的各种风格，形成丰富多样的建筑形式，在一定程度上反映了当时为解决社会发展的新需求与拘泥于固有法式之间的矛盾所作的探索，只是这种探索仍局限于因袭旧形式之中。折中主义把艺术造型当作建筑设计的主要出发点，虽然在建筑的总体构图、体量权衡、比例尺度等方面，都取得很高的设计质量，达到形式美的很高水平，但是却存在着严重忽视建筑功能、技术、经济的倾向。

从中国建筑历史上看，折中主义建筑是中国近代建筑活动中新的建筑体系，是一种新事物；而从西方建筑历史上看，则已经是面临淘汰的旧体系建筑，是一种旧事物。西方折中主义建筑在近代中国的滞后发展，一定程度上影响了中国接受现代主义建筑的进程。这一情形，青岛亦类似。

---

① 庄俊（1888-1990 年），中国最早的建筑界留学生之一，1914 年毕业于美国伊利诺大学建筑工程系，1925 年在上海开设庄俊建筑事务所，1928 年担任中国建筑师学会会长。陆谦受（1904-1991 年），毕业于英国建筑学院（AA），归国后曾在中国银行建筑部工作。在青岛设计了两家银行建筑。董大酉（1899-1973 年），1924 年毕业于美国明尼苏达大学，获建筑硕士学位，后在纽约哥伦比亚大学艺术与考古系读研究生课程。1928 年回国。参阅伍江. 上海百年建筑史（1840-1949）. 上海:同济大学出版社，1997：163.

图 12-7-4　交通银行（庄俊：青岛，1931 年）

图 12-7-5　金城银行（陆谦受：青岛，1935 年）

图 12-7-6　山东大学科学馆（董大酉：青岛，1935 年）

图 12-7-7　圣弥爱尔教堂（Alerted Frabel：青岛，1934 年）

## （四）装饰艺术派与现代建筑的导入

19 世纪下半叶，欧洲兴起探求新建筑运动，80 年代和 90 年代相继出现新艺术运动（Art Nouveau）和分离派 (Secession) 等探求新建筑的学派。他们竭力反对学院派折中主义的式样，摆脱传统形式的束缚，走上了建筑净化与简化的道路。

这场运动传遍欧洲，并影响到美国，也渗透入近代中国。新艺术运动在德国的流行称为青年风格派（Jugendstil），20 世纪初在青岛已开始出现了一批青年风格派的建筑。但新艺术运动在近代中国的流行并没有形成大的影响，人们并没有意识到它的新潮价值，只把它当作洋式建筑的一种样式而已。

1925–1940 年间，欧美各国开始流行装饰艺术风格（Art-Deco），这种风格的形成受到巴黎举办的一次展览会的启发。装饰艺术风格是一种向国际式（International Style）过渡的形式。这种风格很快传入中国，首先出现在上海外国建筑设计事务所（洋行）的设计作品中。

装饰艺术派，这种"准现代式"的风格，也在青岛普遍盛行，城市的发展历史使青岛成为一座时尚的、易于接受外来新生事物的城市。城市中的建筑采用装饰艺术样式的要多于中国传统复兴建筑和西方折中主义的建筑数量。20 世纪 30 年代，在中山路中段形成一银行建筑群，大陆银行（罗邦杰，1934 年）、上海商业储蓄银行（苏夏轩，1934 年）、中国银行（陆谦受、吴景奇，1934 年），都出自我国第一批留学归国的上海建筑师的设计。大陆银行与上海商业银行装饰手法相同，外墙为花岗岩石贴面，中轴对称，墙面做浅浮雕几何装饰，檐部正中高起呈阶梯状，强调了整体的对称关系。建筑师陆谦受在青设计了两幢银行建筑，前者为纯粹的西方古典式，而中国银行却完全与之相反，充满了现代式的气息。墙面用光洁的花岗岩石贴面，仅在一层的窗间墙做了水平线条装饰，侧面檐口局部采用中国传统民居山墙墀头的简化的样式，可以看出，这与其设计的上海中国银行有相同的设计思想。[①] 在近代中国建筑设计思潮上，陆谦受是主张要现代主义，又要中国传统文化的代表者之一，1936 年他在《中国建筑》杂志上提出新风格的四项原则："一件成功的作品，第一不能离开实用的需要，第二不能离开时代的背景，第三不能离开美术的原则，第四不能离开文化的精神。"

山左银行（刘铨法，1934 年），该建筑的设计人刘铨法是青岛本地著名建筑师。山左银行外墙用花岗岩石贴面，檐口做台阶状立体装饰，二层以上外墙面加方壁柱装饰，在新潮之中还留有一些西方折中主义的痕迹。中国实业银行（许守忠，1934 年）和日本的朝鲜银行（三井幸次郎，1932 年）设计手法相同，墙面光洁平整，在一层做券式门窗，顶部用古典厚重檐口线脚结束，主入口做重点装饰，虽显光洁简约，但还是没有跳出西方古典的框框（图 12-7-8、图 12-7-9）。

青岛市礼堂（基泰工程司郑德鹏，1935 年）和青岛市体育场（1933 年）（图 12-7-10）是当时的重点建设项目，都采用装饰艺术样式。青岛市体育场是为筹办十七届华北城市运动会而

---

① 上海中国银行大楼，1937 年建成，17 层，由公和洋行和陆谦受设计。参阅伍江. 上海百年建筑史 (1840–1949). 上海：同济大学出版社，1997：117.

图 12-7-8（a） 中国实业银行（许守忠：青岛， 图 12-7-8（b） 中国实业银行立面图
1934 年）

图 12-7-9（a） 朝鲜银行（三井幸次郎：
青岛，1932 年）

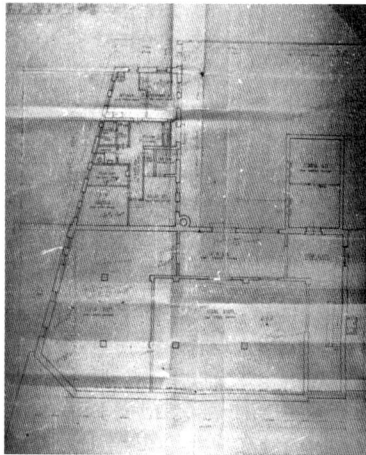

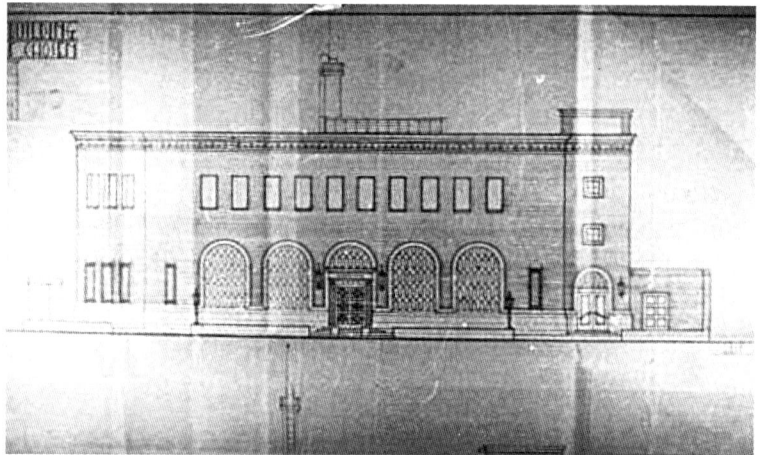

图 12-7-9（b） 朝鲜银行平面图　　　图 12-7-9（c） 朝鲜银行立面图

图 12-7-10 青岛市体育场（青岛工务局：青岛，1933 年）

建，体育场为一长 340 米，宽 230 米的椭圆形平面，环以 15 级观众台，可容 1.5 万人。北建三层门楼，一层为大门通道，二层为会议室，三层设办公室，可谓当时国内一流的体育场。场外在北侧设排球、网球场。主入口北门楼外，轴线上设置四座门柱，中间两柱上各刻字："青岛市体育场"。[1] 北门楼建筑采用了装饰艺术派手法，设计方案参照了美国洛杉矶体育场图纸。[2]

20 世纪 30 年代，现代主义建筑思潮从西欧向世界各地迅速传播。在中国的外国建筑师和中国本土建筑师在进行西方古典和中国古典复兴建筑探索的同时，也展开了一股现代建筑的创作热潮，现代派的建筑理论也随之导入。[3]

1937 年前在青岛城市中出现的现代派建筑为数不多。亚当姆斯（Adams）大厦（图 12-7-11），建于 1929 年，是美国人亚当姆斯的一家商业大楼，五层钢筋混凝土框架结构，为青岛最早的现代派风格公共建筑。山东起业株式会社（长冈平藏，1935-? 年），由日本建筑师 1935 年设计，三层平顶，钢筋混凝土框架结构，虽然在主入口处用石材重点装饰，但墙身整体处理为现代派样式。这时期采用现代主义样式的建筑还有：驻香港比利时领事在青岛建的别墅（唐霭如，1937 年）和东海饭店（新瑞和洋行，1936 年）（图 12-7-12）。东海饭店由上海新瑞和洋行设计，是青岛 1930 年代现代主义风格建筑中较为成熟的作品。该洋行是当时上海最有名的建筑设计机构之一，中国第一座完全采用钢筋混凝土框架结构的建筑即其 1908 年作品。20 世纪 30 年代后，新瑞和洋行改名为建兴洋行，其作品风格也已完全转向现代样式。

1930 年代青岛的城市建筑在新材料、新技术的选择上，目标是与欧洲相一致的，钢筋混凝土材料与技术的使用得到了普及。在对西方折中主义、中国传统式的样式选择上，出现了将两者叠加在一起的折中主义现象；在对现代主义建筑样式的选择上，本土建筑师滞后于外国建筑师。

---

① 现青岛汇泉体育场已重建，四座门柱是 1933 年体育场的唯一遗物。
② "山东大学体育教授宋君复将洛杉矶体育场图案带回，经共同研究，确定主体建筑以此为蓝图，只稍加缩小改动。"——李宏文. 沈鸿烈与十七届华北运动会 // 青岛市政文史资料委员会编. 沈鸿烈生平轶事. 北京：新华出版社，1999：101.
③ 1934 年 2 月，《中国建筑》开始连载现代建筑大师柯布西耶的《建筑的新曙光》讲演文章；商务印书馆于 1936 年出版了柯布西耶的《明日之城市》。

图 12-7-11　亚当姆斯大厦（建筑师　图 12-7-12　东海饭店（新瑞和洋行：青岛，1936 年）
不详：青岛，1929 年）

　　1930 年代青岛的这些现代建筑活动，成为近代中国建筑史上崭新的一页。由于近代中国的工业技术力量薄弱，缺乏现代建筑发展的雄厚物质基础，再加上后来日本的入侵，中国本土现代建筑的起步仅仅活跃了 6、7 年即告中断。

## （五）八大关避暑胜地的建设

　　青岛独院式住宅，最初多为外国人居住，被称为"花园洋房"，在 1900 年前后由德国人导入建设。这些花园洋房占据了城区最好地段，有很大的院落。由于山海景观优美，气候温和，30 年代青岛市政当局在城区东郊太平湾之滨集中开辟建设了避暑度假区域，称为八大关"特别规定建筑地"。区域内建筑样式各异，每栋住宅都拥有独自的花园，周围又有多处公共花园，建筑的黄墙红瓦掩映于绿树丛中，追求与自然风景结合的田园之风。加之海上可游泳、划船，沙滩可晒日光浴，陆路可登高望远，这一地区成为达官显贵度假、游玩的理想去处。

### 1. 青岛避暑胜地的发展与八大关"特别规定建筑地"建设

　　青岛成为避暑胜地，最早应在 1904 年前后，因这一时期城市的基础服务设施已经建立，汇泉湾海水浴场、跑马场、海滨旅馆、崂山梅克伦堡之家疗养院、市区的海因里希王子饭店、水师饭店等城市服务设施在 1904 年前已建成；1900 年的城市规划将汇泉湾畔山坡地带（今栖霞路一带）辟为度假别墅区，胶济铁路线 1901 年部分开通，到 1904 年全线通车。早在"1903 年夏，青岛海滩浴场迎来了首批外国泳客，随着泳客的增多，宾馆爆满，不得不把客人安置到私人住宅中"。1903 年至少有 126 名疗养者光临青岛，其后几年每年有 500 名左右的疗养者前来。[①]

---

① 参阅胶澳总督府. 胶澳发展备忘录（1902 年 10 月至 1905 年 10 月各卷）// 青岛档案馆编译. 胶澳发展备忘录. 北京：中国档案出版社，2007：248、249、273、374.

当时的英文版《上海社会》（Social Shanghai）<sup>①</sup> 杂志定期报道中国的海滨浴场和避暑胜地，其中有关于青岛的详细报道，青岛由此时开始闻名于世。

20世纪30年代，来青岛避暑度假、置地筑宅之风高涨，成为历史上最活跃时期。青岛成为避暑胜地的原因主要是青岛风光与气候。其一，青岛地处一隅，三面环海，风景极佳；1930年代免受战火侵扰，局势较为稳定。其二，"此地负山面海，气候温和，海临其南。浴海水而披襟，步山阴而却扇，西人咸集避暑于斯；夏可避暑，冬可避寒，此地势然也。"<sup>②</sup> 好的气候环境，好的自然环境和好的社会安定环境，1930年代青岛成为有钱人疗养避暑之地。加之国民政府官员的住宅等级特权，<sup>③</sup> 建造花园洋房也风靡一时。

这一时期的洋房建筑，主要集中于新开辟的八大关、太平角一带。该两区域，德占时期为狩猎区，周围林木茂盛，背山面海，景致极佳。此后，日本人开始在太平角一带建造别墅（约1920年以前）；1930年代初辟八大关区域为"特别规定建筑地"，即该地建筑须按特别区域建筑的法规进行设计。至1930年代末基本形成规模。

中国人来青购地置产始于民国初年。辛亥革命以后，恭亲王溥伟等前清皇族遗老携家带口逃来青岛，购地建造花园洋房。<sup>④</sup> 康有为1917年10月初次来青岛，曾赞叹青岛"青山绿树，碧海蓝天，中国第一"。<sup>⑤</sup>1923年他再度来青，即置房产，打算长住。20世纪二三十年代，青岛大学成立<sup>⑥</sup>，闻一多、沈从文、王统照、老舍、郁达夫、梁实秋、萧红、萧军等一大批中国文人名士受聘为青岛大学教授，并先后来到青岛。他们大多住在当时山东大学周围的旧花园洋房之中。

### 2. 田园风格的庭院式独立住宅

1930年代青岛的住宅建设是城市中数量最多的建筑活动，其中独院式住宅为最多。以质量和设计水平来说，以带庭院的独立式住宅为最好。这些独立式住宅除继续充实着原市区，如八关山周边街区，观海山周围及莱阳路一带外，又新开辟了大学路与齐东路间的空地、八大关特别规定建筑地及太平角以东地区等。特别规定建筑地的建筑及围墙须按特别区域建筑的法规进行设计。由于八大关自然环境优美，吸引了许多国内外豪门富商。他们陆续在这里购地置产、修建别墅，在此消夏避暑。国民政府军政要员如蒋介石、宋美龄、汪精卫，以及韩复榘等都曾在此住过，八大关成为闻名已遐迩的避暑度假胜地。

据1927年的户口统计，青岛当时有日、德、美、英、俄、法、丹、荷、葡、希等十几个国家的侨民13828人，其中以日本人为多。<sup>⑦</sup>外侨居所多在第一区（今市南区沿海一带）。<sup>⑧</sup>住

---

① 参见上海社会（Social Shanghai）杂志，上海，1906–1910年.
② 袁荣叟. 胶澳志·方舆志·气候. 胶澳商埠局，1928：184.
③ 国民政府定都南京后，从四大家族到科长以上的大小官员都享有不同等级的花园住宅。参阅中国建筑史. 中国建筑工业出版社，1996：266.
④ "恭亲王于1912–1922年住青岛，向某德军官购得房屋于福山路10号"，参阅威廉·马察特. 单维廉与青岛土地法规. 台湾地政研究所，1986：77，注38.
⑤ 马洪林. 康有为大传. 辽宁人民出版社，1988：622.
⑥ 1924年胶澳商埠督办公署成立私立青岛大学，聘请国内学界名流梁启超、蔡元培、张伯苓、黄炎培、颜惠庆、顾维钧、罗家伦等24人为名誉董事。1929年南京国民政府教育部提议停办私立青岛大学，改名国立青岛大学，并于1930年招生开学。1932年行政院议决，将国立青岛大学改为国立山东大学。参阅青岛档案馆. 青岛通鉴. 北京：中国文史出版社，2010：212、248.
⑦ 袁荣叟. 胶澳志·民社志·户口. 胶澳商埠局，1928：355.
⑧ 同①，353.

宅主人的文化差异导致这一地区住宅形态的丰富多样。例如，山海关路 1 号别墅（1933 年）的风格属于文艺复兴后期的古典主义，为八大关区域少见的一种建筑样式（图 12-7-13）。莱阳路 3 号别墅（徐垚，1931 年）是一座简约的折中主义作品。[①] 这些二层高的建筑，掩映在绿树丛中，局部的式样变化已显得不重要了。西班牙式的住宅是 19 世纪折中主义倡导的样式，在青岛多有流行。函谷关路 30 号别墅（1936 年）、居庸关路 11 号别墅（1935 年）（图 12-7-14）、正阳关路 21 号别墅（尤力甫，1935）等，就属这一风格。太平角一路 1 号（1930 年代）（图 12-7-15）和荣成路 19 号（王节尧，1931 年）两幢别墅一层石砌墙面采用都铎式的四圆心平券门窗洞口样式，二层山墙结合坡顶取半木构（Half timber）样式，显系模仿了英式风格。其外观自由活泼，在绿荫之间充溢着田园情趣。黄海路 18 号花石楼（1931 年）坐落在高地礁石之上，三面临水，浪劈墙下，颇具中世纪古堡之韵（图 12-7-16）。

1930 年代青岛现代派的独院住宅为数虽少，却很显眼。这些带女儿墙的平屋顶建筑与八大关及周边城区带有装饰山墙和坡屋顶的建筑形成鲜明的对比，如 1934 年设计的嘉峪关路 5 号别墅（建筑师 J. A. Youhotsky）、正阳关路 10 号别墅（许守思，1934 年）（图 12-7-17）、京山路 10 号比利时驻香港领事在青岛的别墅（唐霭如，1937 年），抛弃外加装饰，采用光洁墙面，以体块和窗洞比例来取得效果。这些建筑的设计以实用、经济、简约为目的，体现出一种崭新的建筑价值观。

与日本侨民的数量相一致，这时期青岛日本独院式住宅数量也较多，散布于市区及八大关、太平角等地。在日占领青岛之初，1914 年底日本驻青守备军司令部宣布青岛对日本本土居民开放，并将城区土地以低于德占时期数倍的地价卖给日本移民。1916 年来青的外国人中，日本人占了 99%，到 1921 年增至 24500 人。[②] 据《胶澳志》记载，国民政府前夕，1928 年还留在青岛的日本人达 13266 万人。由于在青的日本人中既有富人也有中下等人群，这期间（1914-1922 年）集合住宅开始增多，主要分布在城区的北边。中上等日人住花园洋房，但规模与质量上差别较大。质量好的花园洋房如日本建筑师设计的太平路 23 号 H. 高桥住宅（1929 年，三井幸次郎）和福山路 8 号陶善欣住宅（1930 年，三井幸次郎），采用的都是西式的样式，基本代表了这时期日本住宅的形式取向（图 12-7-18）。

城市中住宅的类型与城市中人口成分的构成直接相关联，在城市形成与发展过程中，青岛的人口构成具有明显的二元化特点。在德占时期，城市人口构成为侵略者和被侵略者二个对立的阶层，侵略者拥有绝对的权力和财富，成为上层；被侵略者处于弱势，不拥有财富，成为社会的下层。这种社会人口的构成反映在建筑类型上就是独立式花园住宅和里院式住宅的对立。在后来的城市发展中，由于没有足够的社会中产阶层支持，中档住宅在青岛发展缓慢，没有出现像上海、天津等城市的中产阶层里弄住宅的形式。

八大关区域成为一处美丽而适于度假的街区的原因，要从构成街区的物质结构形态要素来分析。其一是优美又适于居住的自然环境。南面开敞的海面与曲折的沙滩岸线，夏季有从海面

---

① 徐垚（生卒不详），江苏武进（今常州）人，实业部工业技师登记（土木科），96 号（《实业公报》，36 期，1931.9）。
② 青岛档案馆编. 青岛通鉴. 北京：中国文史出版社，2010：156.

图 12-7-13　山海关路 1 号别墅( 刘耀宸、拉夫林且夫:青岛，1933 年）

图 12-7-14　居庸关路 11 号别墅（尤利莆:青岛，1936 年）

图 12-7-15　太平角一路 1 号别墅（怕马、丹拿 : 青岛，1930 年代 )

图 12-7-16　黄海路 18 号花石楼（刘耀宸 : 青岛，1931 年 )

图 12-7-17　正阳关路 10 号别墅（许守思 : 青岛，1934 年 )

图 12-7-18　太平路 23 号 H. 高桥住宅（三井幸次郎 : 青岛，1929 年）

吹来的清凉的海风；北部起伏的山峦，挡住冬季的西北冷风，形成适宜的区域小气候。其二是区域低密度的规划控制。区域内要求建独栋带花园的别墅，以二层为主，宅间又留有公共的花园绿地，低密度的建筑布局，使八大关区域本身就是一处临海的城市大花园。其三是建筑形式的优美。根据特别规定建筑地法规，八大关区域内同一路段不允许营建重样的建筑，建筑的设计图纸要按区域的特别规定批准通过，使得1930年代的八大关区域内没有重复样式的建筑。

从1897年开始，青岛历经德、日、北洋政府和国民政府的交替统治，以德占时期形成第一次城市发展高潮，后经日本第一次占领时期，市区又得到长足发展。1922年，中国政府收回青岛主权，初期为北洋政府统治，城市建设暂处停滞状态。至1920年代末，尤其是1930年代，城市发展形成第二次高潮。此后，经日本第二次占领、国民政府第二次统治，城市建设一年不如一年，呈下降趋势。

青岛近代时期，新技术与新材料在建筑上的普遍采用，城市的建筑形式已完全脱离了本土传统木结构建筑的体系。青岛近代时期的建筑，虽然采用了新技术与材料，而建筑的样式却是传统的旧形式，1930年代装饰艺术派与现代建筑的短暂出现，表述着青岛城市已开始步入欧洲建筑发展的潮流。代表着新的价值观与审美观、与大工业生产相一致的现代建筑，在1940年代开始普及，然而已滞后欧洲至少十年。

## 二、济南的城市建设（1927–1937年）[①]

1927年到1937年的十年相对于国内其他大城市，济南的发展相对缓慢。济南从开埠到第一次世界大战结束时城市已经经历高速发展的时期，主要的城市新区及交通建设已经完成，商业也日趋完善（图12-7-19）。而1927年的济南尚处在军阀张宗昌的统治之下，1928年5月济南发生了震惊中外的"五三惨案"，因为日军借保护侨民之名占领济南商埠，并进攻老城，济南受到日军严重的炮火摧残，西门一带的街道建筑遭到严重破坏，沿街店铺住户也遭到攻城日军血腥洗劫。直到第二年日军撤走后，济南商业才得以恢复，济南才慢慢恢复生机。1930年代到抗战前韩复榘主鲁时期因与南京政府矛盾重重，南京政府的政令在山东得不到全面的贯彻，其城市的发展远远落后于当时行政院直辖城市青岛。

## （一）中西合璧的商业店铺

济南开埠后，城市的布局功能都发生了大的变化。整个城市被划分为老城区和商埠区，由估衣市街、普利街等几条街巷相连。原来的老城区继续保持政治、文化中心的地位，而商埠区则更多地凸现出良好的经济商业功能。

---

① 本小节作者姜波。

图 12-7-19 济南开埠初期老城及商埠地图
来源：［德］Torten Warner. 德国建筑艺术在中国 . Ernst & Sohn，1994.

图 12-7-20 济南邮政局大楼及大纬二路街景
来源：民国明信片

　　为了适应城市发展需求，改善城区与商埠间的交通状况，1927 年估衣市街扩展为 17 米宽的柏油马路，这是济南市的第一条柏油马路，山东当时只有青岛的中山路能与之媲美。整修好的估衣市街马路边商号作坊鳞次栉比，既有天津、青岛等外地商家在此开店营业，又有旧城老字号、商埠新店在此增设分号，不少达官富户亦迁此居住。原本僻静的西关小巷愈发热闹起来，已然成为繁华的商业街，被誉为"黄金走廊"。此时估衣市街成为通向商埠的重要道路，沿街的店铺建筑也逐渐发展起来，其商业店铺建筑与旧城的院西大街、芙蓉街都有所不同，它较多地吸收了商埠外来建筑风格的影响，拱廊、拱券门窗等西式建筑手法应用得更加纯熟。当时估衣市街著名店铺有经文布店、万和堂药店、植灵茶庄等，这时的估衣市街不仅仅是开埠前经营估衣的传统街巷，而是名店密布，行业范围广泛的新兴商业街（图 12-7-20）。

　　经文布店过去在济南是除了祥字号外颇有影响的布店，其经理辛铸九为章丘人，20 世纪 30 年代曾任济南商会会长，是著名的开明绅士。经文布店店铺大约建于 1930 年左右，前面的"经文"二字是当年天津著名书法家冯恕的手迹，铺面为三开间的二层楼房，营业厅后面还有两个院落一个小楼，作为会客和经理办公之用，这也是当时比较先进的结构形式。

万和堂药店位于经文布店东邻，是20世纪30年代天津商人在济南开设的著名中药店。万和堂药店铺面为三开间二层楼房，砖木结构，门窗宽敞高大，立面墙上做巴洛克曲线形式，建筑吸收了当时外来西式建筑的风格，是估衣市街上最高大的店铺。当时估衣市街商业非常繁荣，因而商店铺面十分紧张，几乎所有的店铺建筑都向进深发展。万和堂为了在济南竞争激烈的国药行站稳脚，不仅营业时张灯结彩，而且每服药都印有介绍药品名、形态、作用的图片，经过不断努力，万和堂终于成为当时旧城中最著名的药店。

植灵茶庄开设于1929年，为五开间二层楼房，属于折中主义风格，但建筑立面造型和装饰要简约得多，这也是当时济南商业建筑的一个重要特征。当时城里西门大街的鸿祥茶庄、泉祥茶庄之间展开了激烈的竞争，竞相压价，植灵在祥字号的竞争中发展壮大，其店面规模也是整个估衣市街最大的，成为估衣市街的名店。

普利街的商业店铺多为新兴的民族工商业创办，规模都较大，沿街多为二层楼房，院落为多进楼房四合院，规模形式都比较统一。从总体上看，这些建筑都体现了早期西式折中主义风格。其中尤以义兴公布店、治香楼、秦康食物店、裕兴化工厂销售部等为代表。

义兴公布店是普利街上一座坐东朝西的二进四合院，不同的是它的前院为楼房四合院了。大门位于西北侧，是传统的门板形式，进门右拐便到了前院。前院为回形的二层楼房，有木制的外走廊木楼梯。这种四合院的布局在开埠较早的烟台、青岛等地曾广泛分布。义兴公布店是座中西结合得很好的建筑，它沿街的立面处理得十分完美，对中国四合院的精彩之处大门和西式檐口体现得十分准确与和谐，没有丝毫的生硬造作之处。

商埠区商业建筑以铭新池、宏济堂西号、隆祥布店西号（图12-7-21）、瑞蚨祥布店西号等为代表，位于经三路纬二路口的济南铭新池为济南浴池业之冠，素有"华北第一池"之称。1932年破土动工，1933年建成开业，张斌亭任经理。铭新池是一个形似"回"字的中西合璧式楼房建筑。占地4.1亩，全部建筑面积2734平方米，是当时济南最大的浴池，也是设施最豪华的浴池，内部

图12-7-21　济南商埠隆祥布店西号（姜波摄）

共有男女盆池 40 个。铭新池虽然为传统四合院式布局，但整个建筑风格已采用了现代风格的建筑语言。1956 年，铭新池实行公私合营，1966 年改名为"东风池"，1996 年"铭新池"被拆除。

宏济堂西号位于经二纬六路东侧，是当时与北京同仁堂、天津达仁堂齐名的"江北三大名堂"之一。济南第一家宏济堂药店始建于 1907 年，当时坐落在院东大街上。随着商埠的发展和宏济堂规模不断扩大，1935 年宏济堂商埠西号创建，其总建筑面积近 1000 平方米，为一进楼房四合院，沿街为二层楼房，风格简约，建筑高大，线条挺拔，沿街作女儿墙，屋顶为传统四坡顶灰瓦，整个建筑具有济南典型的商埠近代建筑的特征，反映了当年济南商埠特有的历史文化背景。宏济堂商埠西号也是济南市为数不多的保存下来的老字号建筑之一。

民国初以后，外来建筑文化和城市生活开始影响到老城，当时虽然济南商埠已经发展起来，但济南商业中心依旧在老城区，20 世纪 30 年代，济南的商业出现了不少当时新兴的行业，这些行业受外埠西洋建筑影响，在建筑风格上开始求新变异，在济南院东大街、院西大街等商业街区一带产生了一批具有中西合璧风格的商业建筑，其中以兰亭照相馆、东方书店、山东商业银行等商业金融建筑为代表。

兰亭照相馆位于芙蓉街 10 号，建于 1931 年，是当年芙蓉街一带中等规模的新式店铺之一，其两侧外墙还保持了传统的八字形，但建筑立面却为西式风格，高大的门窗，石砌的女儿墙，拱形的门楣，整个建筑立面为质朴的毛石砌成，形成了传统商业店铺完全不同的风格，代表了当时商业建筑中西合璧的一种风尚。

东方书店现在位于泉城路南正对着芙蓉街口。它建于 1935 年，是教育界的同仁集资创办的。这家书店主要经营上海开明书店、儿童书店的图书，当时它出售的英文课本影响很大。东方书店虽为七开间的二层建筑，但立面也加强了竖线条的表现、体现了现代建筑的某些特征。

山东商业银行位于泉城路中段路南，建于 20 世纪 30 年代初，是当时政府为了追求官方利益、控制地方金融所设的官办银行。建筑平面为长方形的二层楼，局部有地下室，楼前有高大台阶，其内部为纵向内廊式布局。室内空间高大，有精致的西式护墙裙，曾是泉城路规模最大、保存最为完好的近代建筑之一。

## （二）济南特色的商埠里弄

里弄是一种随着近代城市的发展而产生的新的住宅形式，最早出现在沿海的开埠城市，20世纪初在山东省的烟台、青岛等地就出现了大量的近代里弄。济南开埠以后，近代里弄开始在商埠出现，到 20 世纪 30 年代，济南的里弄成为商埠主要的居住方式，济南商埠街道为棋盘式布局，道路经纬相交，中间相隔 200 米左右，形成 3~6 公顷大小不等的街区，这种布局形式的街口便于商业布局，街区里适宜兴建里弄。

里弄作为开埠后兴起的一种主要居住形式，是一种商品房性质的近代建筑活动。往往是有钱的官商大户出资建造用于出租的"住宅"，一般具有居住空间相对封闭，结构紧凑，建筑形式统一等特征，形成了与老济南传统四合院完全不同的居住形式。但济南里弄多少又继承了济南的传统建筑元素，所以商埠中那些充满了异地、异国风情的里弄住宅中，总能见到济南四合院的影子，这也是当时一个很有趣的文化现象。

济南近代里弄建筑数量多，形式多样，商埠里弄的名称多取自中国传统的仁义道德、谦祥平和之意，像纬二路附近的仁爱街、经二纬八路的谦祥里、魏家庄民康里和宝善里等等。济南开埠以后，山东各地一些向往城市生活的富有地主和乡绅，也带着大量资金，涌入济南商埠，谋求发展，像济南经二纬八路的谦祥里就是潍坊富绅谭八爷在20世纪20年代末买下十亩菜园地建成的。这些房子以实用为主，材料采用机制红砖和新式大瓦，但院落和楼房都保存着传统四合院格局和装饰。20世纪20年代后，在商埠西郊工厂集中的大槐树村一带逐渐形成了济南规模最大的工人里弄住宅区。工人居住区多以简易里弄为主，其风格简洁、材料单一。这时期是济南的里弄建筑建造的高峰期，但建筑质量都不高。

20世纪30年代，在济南商埠经七路出现了上海新村这样完全的上海里弄风格建筑。而在商埠西部铁路大厂东部的工人区，天津籍工人曾在附近建造一条街巷，命名为"裕津里"，寓意"让天津人富裕起来"的愿望，由于当时天津籍工人多为技术工人，收入在铁路大厂中是比较高的，所以里弄里多为四合院格局，建造规格较高。

## （三）中西合璧的四合院

济南开埠以后很多外来建筑在进入济南的时候都注意与济南传统建筑相结合，其中近代民居出现了一种体现了济南传统建筑文化，又改进采光、通风等传统四合院中不合理的因素，具有济南特色的中西合璧式的近代四合院。这种四合院在形制和造型上和传统四合院发生了很大的变化。吸收了一些西方建筑元素，是济南近代民居建筑继承传统民居的典型。

在原齐鲁大学附近的南新街、上新街一带是济南近代四合院最为集中的地区之一（图12-7-22），这里的民居虽保持着传统四合院的格局，但它的立面形式已经发生了很大的变化，院落门楼变得高大起来，有的采用曲线的巴洛克风格，有的采用竖直线条的老摩登风格，有的还改为拱形门洞，门洞上砌起高高的女儿墙，四周砌以精细的砖雕，里面的木柱也被方砖柱所代替。院子里的变化也是多种多样，二门没有了四扇屏门，窗户也改为高大的玻璃窗，传统四合院屋顶砖瓦的雕饰不见了，改为机制大瓦，原来房前檐柱之间的雀替也多被铁制的构件所代替。

济南近代四合院最为典型的地区就是介于老城区与商埠之间的魏家庄了，这里近代四合院建筑多形成于20世纪20-30年代，充分地体现了济南近代建筑所具有的矛盾特征。魏家庄近代四合院建筑多为硬山屋顶，除房屋两侧山墙上部还保留着几排传统的蝶瓦的做法，其屋面改铺大面积的机制大瓦。影壁大多镶在厢房的山墙上，比例更加协调，形式更为简洁。魏家庄近代四合院建筑吸收了济南传统四合院的布局特点，又结合了20世纪30年代流行元素，是济南近代住宅的代表。

除上述建筑外，济南在20世纪30年代还建造有进德会、山东省图书馆等几处重要的文化设施和几处教会建筑（图12-7-23）。山东图书馆老馆创建于1909年，当年的农历十二月十六日图书馆正式落成，时任山东巡抚孙宝琦题写馆名"山东图书馆"，山东图书馆是我国年代最

图 12-7-22 南新街 89 号大院近代四合院（姜波摄）

图 12-7-23 山东省图书馆（姜波摄）

早的近代图书馆之一，也是全国著名的图书馆之一，在全国近代城市中非常有名。20 世纪 30 年代初又在大明湖畔新建"奎虚书藏"和"抱璧堂"，"奎虚书藏"为红砖的现代风格建筑，造型简练，是济南少有的现代风格的公共建筑。"抱璧堂"为阅览室，坡顶单层建筑，灰瓦青石传统风格，内部采用木地板、大玻璃窗的近代建筑手法，是大明湖周围的几座近代建筑之一，它体量不大，但异常精美，与前面的池塘、小桥等周围的环境十分协调，构成一幅美好的园林景致，就济南的近代建筑来讲是一个绝好的佳作。

# 第八节　重庆新村实验与建设 [①]

民国时期重庆新村的发展大体上可以分为抗战之前和抗战期间两个阶段。本节着重介绍卢作孚的新村实践。卢作孚（1893–1952 年）是中国早期现代著名的实业家，具有现代意识的爱国知识分子和社会建设健将；曾经与"张之洞、张謇、范旭东"一起被毛泽东誉为中国近代民族工业不能忘记的人。其一生变换过多种社会角色，有过许多的实业经营，但最为成功和对社会影响、贡献最大的是其苦心经营的民生公司和北碚建设。[②]

北碚建设是卢作孚进行的一个较为完整的乡村现代化建设实验，卢认为当时中国发展的根本要求是尽快使国家现代化起来，他希望北碚的乡村现代化实验可以作为当时小至乡村大至国家建设的参考。北碚的建设在 1927 年到 1936 年间由卢作孚主持，1936 年以后北碚成立实验区，区长由唐瑞五担任。但唐瑞五不久去世，建设的领导责任便转由副区长卢子英承担。

地处江北、巴县、璧山、合川四县交界处的北碚原本只是嘉陵江小三峡一个偏远封闭的乡场，面积仅 0.198 平方公里，只有两条主要街道；居民普遍缺少教育，社会秩序更是混乱。1927 年

---

① 本节作者周杰、杨宇振。
② 杨宇振，卢作孚的城镇建设实践和思想初探．华中建筑．2007（12）．

卢作孚被刘湘任命为北碚峡防局局长，治理北碚。但他在嘉陵江三峡进行乡村建设实验的想法可能早已萌生：早在1923年他就表现出对于经济和教育事业以及相关实施方法的看重；[①] 1925年他由于两次办教育失败而回到家乡合川，对合川及嘉陵江三峡地区的资源、社会经济，特别是乡村状况进行了认真的调研，很早就注意到了北碚。新的职务的调动和全国乡村建设的大好形势无疑给他提供了一个实践的大好机会。

## 一、现代化建设蓝图

北碚乡村作为实验性新村运动，它的目的不只是依靠改善推进乡村教育事业和提高经济建设来改善乡村的困境——"乡村现代化"也可以说是卢作孚"国家现代化"的一种缩写。为了吸取经验他曾游访东北、华北和华东等国内多个地方，在北碚建设中他就借鉴青岛城市建设的方法修建北碚街心花园，在街道两旁参照上海法租界广植法国梧桐，使北碚具有了一定的花园城市的雏形。

但卢作孚对于北碚乃至三峡（图12-8-1）乡村建设并没有完全依照当时全国其他地方的乡村建设或者国外的城市现代化建设思想，而是他自身对于乡村建设思考的结果。他在北碚推行的"乡村现代化"及城市产业与乡村结合的方式虽和当时的模范新村建设理念有一定的交集，但北碚建设是以现代化的工业生产为主导的，这与模范新村以农业生产为主导存在本质上的差异。卢作孚因地制宜，并且在一定程度上响应了孙中山民生主义学说，以办实业与地方建设结合的方法来发展乡村事业，构想了以"实业经济"为主导的现代化嘉陵江三峡乡村理想蓝图：

经济方面：一、矿业 有煤场、有铁厂、有矿厂。二、农业 有大农场、大果园、大森林、大牧场。三、工业 有发电厂、炼焦厂、水门汀厂、造纸厂、制碱厂、制酸厂、大规模的制造厂。四、交通事业 山上山下都有轻便铁路汽车站、任何村落都可通电话，可通邮政、较重要的地方可通电话。

文化方面：一、研究事业注意应用的方面，有生物的研究，地址的研究，理化的研究，农林的研究，医药的研究，社会科学的研究。二、教育事业 学校有实验的小学校，职业的中学校，完全的大学校；社会有伟大而且普及的图书馆，博物馆，运动场和民众教育的目的。

人民皆有职业，皆受教育，皆能为公众服务，皆无嗜好，皆无不良习惯。

地方皆清洁，皆美丽，皆有秩序，皆可居住，皆可游览。[②]

从这一规划蓝图可看出卢作孚建设北碚可大致分为两大事业：第一是吸引新的经济事业，第二是创造文化事业和社会公共事业，在他的实践中又包含了社会教育、治安、慈善事业、生产消费合作社、人民之生活与团体娱乐、公园的设立、市容市貌的改造等。在这两个事业中是将经济实业作为主导，以经济实业的发展作为创造和发展文化事业和社会公共事业的基础。

---

① 卢作孚. 一个根本事业怎样着手经营的一个意见. 1923. 转引自凌耀伦、熊甫编的. 卢作孚文集. 北京：北京大学出版社，1999.
② 卢作孚. 四川嘉陵三峡的乡村运动. 中华教育界. 1934，22（4）.

图 12-8-1 三峡第一峡：观音峡之天然美丽风景
来源：罗广源.四川小三峡游记.旅行杂志，1935，Vol.9（第 3 号）：21.

## 二、具体的实践

### （一）教育与治安

为了使北碚能够在根本上实现现代化，就必须首先改变北碚人民在文化和教育上的落后，在知识与观念上真正实现现代化。北碚在教育方面分为两方面：社会教育和学校教育。在社会教育方面北碚在 1931 年成立辖区民众教育办事处，挨家挨户教育，使全区市民能写书信和记账；设立船夫学校、车夫学校、书报阅览室等，在教育中还使用教材、乐器等，还张贴一些新生活标语来宣传。还有专门针对工作的职业介绍所来介绍有关职业，并有民众会场在每周六晚上播放电影，周日晚放留声机开歌舞会。中国西部科学院还利用各种机会举行一些识字运动，以及利用图书馆和博物馆对人民进行相关的展览等。另外还办有《嘉陵江报》，每日登载辖区事业进展，采集国内外通讯以及其他产业、文化、交通、国防等时事新闻。在学校教育方面，则设有兼善中学、女子职业学校、兼善小学以及偏重工商实业且皆有农场可实践的学校和缙云山的汉藏教理院等（图 12-8-2）。

在治安方面，辖区有峡防局来维持秩序，各防区均安插有暗探数名侦查匪盗，并有手枪队各处巡逻；在北川铁路沿线、夏溪口等地驻扎特务队，随时准备剿匪，并负责解决纠纷，能以和蔼的态度帮助人民和游客等。卢作孚还训练士兵和学生各一队来作为维持公共秩序、管理公共卫生、预防水灾火患的警察，防止妨害公共的行为的发生，[①]使得北碚全市夜不闭户、市面清

---

① 卢作孚.四川嘉陵三峡的乡村运动.中华教育界.1934，22（4）.

| 私立兼善中学 | 国立四川中学 | 汉藏教理院 |

图 12-8-2　北碚教育机构之私立兼善中学、国立四川中学和汉藏教理院
来源：嘉陵江三峡乡村建设实验区北碚月早社编.三峡游览之南,出版时间不详.

洁如洗、行人以次。[①]

## （二）以科学研究与实验为前导：中国西部科学院的成立与研究

卢作孚认为抗日防线除军事和实业之外，还有科学。[②] 1930 年他在北碚正式成立中国西部科学院，并自任院长。在各界人士的捐助支持下，科学院年年扩充，成立了生物、地质、理化、农林各研究所，为北碚各项经济生产事业充当了科学先导。

## （三）因地制宜发展现代化经济事业

对于北碚的乡村事业首先是将经济事业作为一切事业的基础，如何因地制宜地发展经济事业，成为卢作孚建设北碚的基础和前导。因此卢作孚在北碚大力发展煤矿事业，建立三峡染织厂发展纺织业以及冰厂、电厂、玻璃厂、酒厂等多种工业事业，并且还为村中架设电话等现代化设施。

卢作孚还利用自己的民生实业公司开通了合川——北碚——重庆的嘉陵江航道，并于 1927 年创立了北川铁路公司开始筹备北川铁路的建设事宜，1928 年 10 月动工，1934 年 4 月 1 日修建完成。整段铁路自白庙子起至大田坎止，全长共 30 多里，将来计划要扩增至百余里。[③] 后来宝源煤矿公司又筑堤在璧山县东山之下连成运河。这些交通事业的修建为之后煤业的发展以及其他事业和市民生活起到了非常重要的作用。

## （四）人民之生活

北碚辖区建设的根本其实也是以改进辖区人民生活为根本目标的，北碚采取了一种有纪律

---

① 徐亚明.四川新建设中心之小三峡.复兴月刊.1935，Vol.3（6-7）.
② 同①.
③ 毕天德、黎超海.北碚纪游.北洋周刊.1936，95 期.

384　　第十二章　中国其他主要城市的现代化（1927-1937 年）

性的生活。如每天用放炮的方式让大家起床,六点在大运动场集合练习各种健身运动,七点早餐,八点办公,学生上课不能缺席;下午三点下班后便集合在图书馆看书阅报,五点运动或者游览公园,但仍必须是团体活动;晚上还需读两个小时书,然后放炮入睡;每周日开周会,报告一周之工作事宜。在业余生活方面,北碚还提倡正当的娱乐生活,如市民歌舞会、游泳会、新旧剧联合会、露天演讲会、各种球队之组织,每晚至少有一团体在民众会场活动。尤其是北碚大规模的夏节,由夏节运动筹备委员会筹备,事务方面包含了总务、社交、宣传、卫生、治安和摄影各组,运动则有龙舟、展览、国术、游泳、游艺等各运动组,[①] 内容非常之丰富。

此外,北碚还设有辖区地方医院,不分贫富的施医施药,并在各场设置诊疗所,每年春秋二季免费为辖区人民接种牛痘;还设置辖区养老院、孤儿院和教育罪犯的"感化院"。北碚还设有民众生产合作社和消费合作社,以生产合作和消费合作的理念供给一般人民便宜的日用品,以防奸商。这些都使人民在生活上有了更多的集体观念和合作观念,并使人们的生活更加丰富和现代化。

## (五)市容市貌之打造

在市容市貌打造方面卢作孚对于北碚有关市政建设、城区规划、房屋建筑和街道整修都有一个详细的计划,并且对于北碚的市街规划,卢作孚还请了北川铁路公司的国外工程师来设计。[②] 为了美化北碚市容市貌,卢还亲自率领峡防局的士兵和学校的学生打扫街道、清除垃圾、覆盖阳沟、加宽道路、整齐商店门面以及规划新市街。并且在街市的外围临近公路的地方划出一部分区域用作建设新村居住区之用,使得这一区域立体式的和宫殿式的房屋比比皆是,并且安置了电灯、电话和自来水装置。[③] 为了美化城市及周边环境,他还组织了大范围的植树造林活动。而他从上海引进作为行道树的许多法国梧桐也在后来成为令人称赞的一个北碚新村景观。

除此之外,卢作孚还要凭借北碚得天独厚的优美自然风光将其打造为一个山水园林式城市,因此他说:"凡有市场必有公园,凡有山水雄胜的地方必有公园,凡有茂林修竹的地方必有公园,凡有温泉或飞瀑的地方必有公园,在那山间、水间有许多自然的美,如果加以人为布置,可以形成一个游览区域,这便是我们最初悬着的理想。"[④] 之后便建设了嘉陵江温泉公园、北碚平民公园、澄夏运河公园(图12-8-3)、缙云寺等。

温泉公园的建设也成为之后每一个到北碚旅游参观者心中最心仪的对象,它是1927年卢作孚刚到北碚后就开始着手改为公园的,园内本身就具有非常好的风景。从1927年5月正式

① 雪西.北碚的夏节.工作月刊.1936,Vol.1(1).
② 刘重来.卢作孚与民国乡村建设研究.人民出版社,2008.
③ 徐树松.北碚小景.旅行杂志.1940,Vol.14(第4号).
④ 卢作孚.卢作孚文集.北京:北京大学出版社,1999.

图 12-8-3　北碚澄夏运河公园
来源：罗广源.四川小三峡游记.旅行杂志，1935，
Vol.9（第 3 号）：25.

图 12-8-4　北碚温泉公园全景
来源：嘉陵江三峡乡村建设实验区北碚月早社编.山峡浏览之南，出版时间不详.

开始经营到 1929 年完成了浴室。[1] 改建之后，园内有室内和室外游泳池各一个，小池子数个；院内有众多的房屋以供游客食宿之用，并且还有篮球场和网球场来供游玩者运动玩耍。[2] 使得这一公园不光成为改造市容市貌的重要一笔，而且成为辖区的重要的旅游事业。1936 年他又对已有的公园进行扩修和美化，并且开辟新的公园和景点（图 12-8-4）。

从 1927 年至 1936 年，经过卢作孚十年的努力，北碚物质生产、社会组织、人的观念和生活诸多方面的现代化水平获得了极大的提高，使北碚达到了"踏上重庆无人不知北碚"的高度。[3] 如西装店、新式招待所和公寓、体育场、露天电影院、图书馆、科学研究所、养老院、孤儿院、合作社、电灯、电话和自来水等等应有尽有。[4] 区内居民也因为治安情况越来越好和新兴事业的开创使得北碚人口在十年建设中增加了四倍之多，由原来的一千多人增加到五千多人。[5]

# 三、乡村建设实验区成立后北碚的建设

## （一）三峡乡村建设实验区的成立与相关章程、计划的颁布

1936 年卢作孚呈请四川省政府将巴县之北碚，江北县之文星镇、黄葛镇、二岩镇以及璧山县之澄江镇设置为嘉陵江三峡乡村建设实验区，四川省政府经过第五十七次省务会议议决，准予设置，[6] 1936 年 4 月嘉陵江三峡乡村实验区正式由峡防局改组成立。由此，北碚进入一个新的建设发展阶段。

---

① 黄大受.北碚·温泉之胜.旅行杂志.1946，20 卷第 7 期.
② 毕天德、黎超海.北碚纪游.北洋周刊.1936，95 期.
③ 同②.
④ 徐树松.北碚小景.旅行杂志.1940，14 卷第 4 号.
⑤ 黄子裳、刘选青.嘉陵江三峡乡村十年来之经济建设.北碚月刊.1937，1 卷第 5 期.
⑥ 无作者.四川省政府训令.工作月刊.1936，1 卷第 1 期.

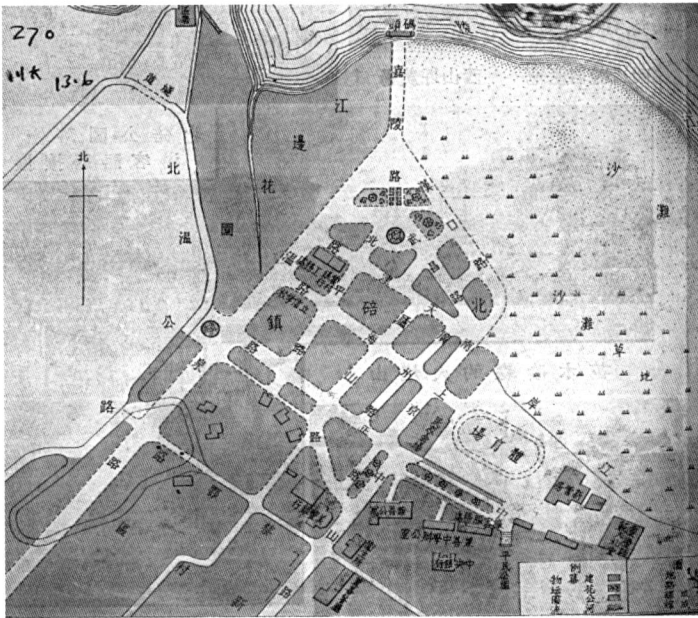

图 12-8-5　北碚新的方格式分区规划图
来源：北碚月刊，1941 年第 3 卷第 8 期：封面

同年，省政府 2 月制定并在 8 月修正通过了《嘉陵江三峡乡村实验区署组织规程》，其中规定实验区设置区长和副区长各一人，都由省政府任命：区长为唐瑞五，副区长则由卢子英担任。实验区署公社组织内务股、教育股、建设股、财务股四股，分别管理相关事务。在建设方面，实验区要组织乡村设计委员会，由区长作为区内文化、经济、游览、治安、卫生等各事业的领袖，并聘请区内外各专业人才作为委员，并互相推选 7~11 人作为常务委员，每月开常务会以此审查或决定各公共事业的实施计划。设计委员会每年还要开大会一次，来决定每年的整个实施计划，并需将该计划交由省政府本区行政督察专员公署核准后才可实施。而相关建设经费除由各乡镇担负外，省政府每月还拨发五千元作为建设费用；对于相关的收支预算也必须按月上呈省政府核准，并在核准后印刷公布于众。[①]

1936 年制定了《嘉陵江三峡乡村建设实验区计划书》，对于发展实验区做了详细的计划，分别从教的方面和养的方面做了规划。在教的方面除了增加相关学校以及教育措施外还对公共游览设置进行设施增加，在养的方面，除了对农业和畜牧业进行改良，以及对于工业和公共福利如养老院、育儿园、感化院、残疗院等之外。

1939 年实验区颁布了新的计划纲要，计划采用分区计划，具体是将实验区分为三大类：住宅区、工商区、公共及半公共建筑区。依住户的经济情况及其居住性质又将住宅区分为平民区、新村区、游戏区及避暑区四种；商业区又可分为零售区、批发区、银行区等；公共区及半公共区建筑如行政区，最好是居于各区域的中心。[②] 1941 年左右北碚做了新的规划，采用一种方格网的规划方式（图 12-8-5）。公共部分如民众会场、体育场、兼善中学办公室、兼善公寓、中

---

① 无作者. 修正嘉陵江三峡乡村建设实验区署组织规程. 工作月刊. 1936，1 卷第 1 期.
② 袁相尧. 嘉陵江三峡乡村建设实验区划分市区计划纲要. 北碚月刊. 1940，3 卷第 6 期.

央银行等基本都位于北碚场镇的东边，南边则作为住宅新村的区域。在建筑方面则是将旧有的房屋大都陆续改造为一楼一底无檐牌面的新式楼房。[1] 并且这种街道两边的房屋全都是两层黄色，底层作为商店，楼上作居住用。

## （二）建设中的一个新集体居住区的案例研究——北碚新村

重庆成为陪都后人口激增。为了疏散市区人口，国民政府将北碚设置为迁建区，大批非农业人口随工厂企业、大中学校、科研机构和一些政府机关一同迁入北碚。由于"旧有住宅不敷应用"，[2] 于是嘉陵江三峡乡村建设实验区区长唐端五和副区长、卢作孚的弟弟卢子英在1937年12月共同上呈国民政府军事委员会，请求在交通便利的青北路建设新村，并提交了《建筑北碚新村计划》。[3]

### 1.《建筑北碚新村计划》

《计划》内容首先是测量、收买和整理土地。全部土地约有400亩，其中新村道路、广场及公共会堂、村公所、幼稚园等共用地100亩；村内低洼不能建筑房屋但可售村民作菜花圃或果园、花园用的土地约100亩；可供建筑及布置庭院花木风景的用地约200亩，如每宅用地2亩可将可建筑100套。[4]

交通方面，首先将新村内原有贯穿于居住区中心的青北马路两边各加宽三米，再顺地形修建约五米宽的马路迂回连接，两端与青北公路交会处设置停车场，并简单布置花坛，在马路两旁种植行道树的同时还要沿马路一侧修筑排水阴沟。在村中由于地形高差太大而无法用马路来连接的必要交通，必须修成石梯路以联系交通。

建筑方面，北碚新村的建设采取的是居住建筑以私人购买认地建造为原则，但是须遵守相关的规定和要求，这和早期广州的花园式模范新村的建设模式是类似的。首先将可建筑用地的200亩分为四等，一等土地为临近马路可供建设商铺的土地，每亩350元，二等到四等土地每等依次降价50元；而低洼用地不可建筑房屋，售价为50元；如遇同一片土地有两人及以上都要购买，则采取招标的方式来决定。其次是住宅建筑方面要求村内的住宅要尽量避免相同的样式出现，并且住宅的建筑密度不能大于25%，而且要退让马路3~6米；建设房屋之前不管是房屋还是厕所、门房都必须先要有设计图样上报新村筹备委员会审定，通过之后才能开始建设；每户必须设置化粪池一所，以改善村中卫生问题，门前必须有电灯一盏。关于设计方面北碚新村筹备委员会计划邀请重庆建筑各建筑公司和建筑工程师组织新村建筑设计委员会主持设计及

---

① 隗瀛涛.近代重庆城市史.成都：四川大学出版社，1991.
② 北碚新村之事实.重庆市档案馆（沙坪坝）全宗号：0081、目录号：0017、案卷号：00010、附卷号：0000，1937.
③ 同②。
④ 建筑北碚新村计划.重庆市档案馆（沙坪坝）全宗号：0081、目录号：0017、案卷号：00006、附卷号：0000，时间不详.

监工事务，并且拟定新村建筑工程规则。[①]

在公共设施方面还有电灯、自来水、电话等，费用则由村民共同承担，而且还可以装私宅电话，但费用由住户自行支付。新村建设完成后，每年必须支付的教育费、养育费、路灯费、公用电话、公园及其他各种公益事业的维持费都由村民大会决定如何负担。北碚新村的建设经费主要是靠卖地为来源，一个是可建设用地可预计得 60000 元，用作作种植菜园或果园的低洼用地可得 5000 元，共 65000 元；支出的费用则包括政府购买全部四百亩土地需花费 24000 元，购买土地上原有的房屋需要 5000 元，清苗补偿 1000 元和占用兼善中学土地补偿 6000 元，迁坟费 1000 元以及建筑砂石马路、大会堂、村公所、幼稚园和公共花园共需花费 28000 元。[②]

### 2. 北碚新村管理暂行规则和相关管理组织

1937 年 12 月 14 日筹备委员会通知新村内居民在联保公所内开会，并宣布了北碚新村管理暂行规则，而这一规则对于前面的计划有一定的补充，但也有所不同。首先新村是以改良乡村生活并增进村民居住兴趣及降低消费共谋福利为宗旨，并设立北碚新村事务所来管理村中售地建筑房舍及公益保安等其他一切公共事项。新村事务所组织机构主要由设计委员会和村民大会组成，设计委员会是由事务所聘请管理局建设科科长、常委会主任、警察所所长及村内事业首长等担任；村民大会由事务所召集，决议案需要交由设计委员会核准后再由事务所执行。并且新村事务所下分为总务组、事务组和代理组三部分，总务组办理文书、会计等事项，事务组办理道路、沟渠、风景整治等事项，代理组监管村内及住户委托事宜（图 12-8-6）。北碚新村事务所成立和组织了村中服务队和派出所来维持相关秩序和提供相关服务，并且苗圃以及应住户需要所需建筑的公共场所都由新村事务所来负责完成。[③]

而具体实施的暂行规则中将土地分为甲、乙、丙、丁四等，甲等与计划相同，乙等为其他可建设用地，每亩降低为两百元，低洼用地分为丙和丁类，暂不出售。并且还规定认地用户自购地起一年内未动工的事务所可原价将土地收回。在建筑方面是以卫生、简朴、坚固和不妨害

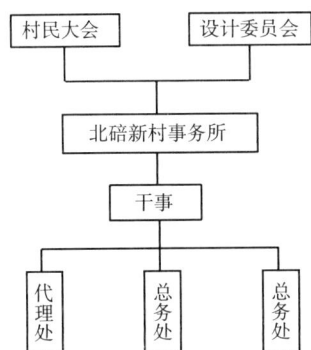

图 12-8-6　北碚新村事务所组织机构
来源：根据《北碚新村整理纲要》抄绘.重庆市档案馆（沙坪坝）.全宗号：0081、目录号：0017、案卷号：00004、附卷号：0000，时间不详.

① 建筑北碚新村计划，重庆市档案馆（沙坪坝），全宗号：0081、目录号：0017、案卷号：00006、附卷号：0000，时间不详
② 同①。
③ 北碚新村整理纲要，重庆市档案馆（沙坪坝），全宗号：0081、目录号：0017、案卷号：00004、附卷号：0000，时间不详

公益为总原则，同时增加了对于商业用地的限制，使其必须至少留 40% 空地；建筑绿化方面不管商业还是住宅空地所栽种的树种必须是事务所规定的；并且对院墙和邻居间的墙体都有所规定，以达到必要的采光通风和邻里隐私的要求，[①] 其他方面基本与计划是类似的。

### 3. 房屋建设的相关规定

在具体的商店和居住建筑建设的规定方面，首先需要领地人申请，然后由北碚新村管理委员会收取相关土地费用之后，发给有北碚管理局局长卢子英、主任委员和副主任委员签字的北碚新村领地证书，并附有土地建设范围图以便设计。而关于建筑设计的控制上，北碚新村筹备委员会通过第五次常务会议决定："凡属北碚新村一切建筑均应由基泰建筑公司设计，如另请他人设计者亦须交由基泰建筑公司审查设计或审查完备后之图案应由认地建筑者以一份交本会登记备案。"[②] 并且在 1938 年 4 月 6 号的会议中还决定，核准连同登记费共交十元，由关颂声或者其所属基泰公司审核通过后发于开工许可证才可施工。[③] 从而不光使房屋的建设更加系统和法制化，而且很好地控制了相关建筑的质量和样式以及相关费用的收取，以利居民。

### 4. 具体的规划和建设

在规划方面，北碚新村的建设基本上是保持了原有的青北公路作为新村中的主要交通干道，并对其有所加宽（放宽至 15 米）和改造；其余众多的宽五米的弧线道路基本上连通着村中的每一块土地，使其更加曲径通幽、自然和便利。整体空间分布是在整个基地的中心较高的地方设置类似于广场和中心花园的公共场所，花园两边都广植树木，花园与树林之间通过弧线的和直线的石梯结合的方式联系上下之间的关系。村外北边有贯穿东西的小滨，并伴有荷花池、花园和行道树等与之联系，使新村被包围在花园树木之中。村中的学校沿用了之前在村东南方向的北碚小学（偏西）和兼善中学（偏东），而在两者之间的四川中学被改为地方医院用作卫生医疗服务设施；兼善中学的东边设置了民众体育场，体育场南边设置有新营房和大礼堂；村中还在北边设置菜市场，通过专门的出入口和道路可到达。村中其他主要被用于建设居民房屋的土地被分为一百多块较为平均和严整的地块，地形的边界（产权）都很明晰并且都编了号，方便住户领地。

具体的房屋建设方面，由于北碚新村是在一定的规范性下给予了相当的自由度，因此就会出现了一定的多样化。有自己设计的或自己另请设计公司设计的，也有请北碚新村建筑公司设计的，功能上除了住宅也有商业和住宅结合的方式，一些公司也将办公楼建设在北碚新村。

从居住建筑来看，如北碚新村 40 号土地的房屋是由业主王子良自己设计的（图 12-8-7），

---

① 北碚新村之事实，重庆市档案馆（沙坪坝），全宗号：0081、目录号：0017、案卷号：00010、附卷号：0000，1937
② 关于检送北碚新村建筑房屋设计之注意事项致康心如的函，重庆市档案馆（沙坪坝），全宗号：0296、目录号：0014、案卷号：00238、附卷号：0000，1938
③ 关于检查北碚新村建筑房屋图案的函，重庆市档案馆（沙坪坝），全宗号：0296、目录号：0014、案卷号：00238、附卷号：0000，1938

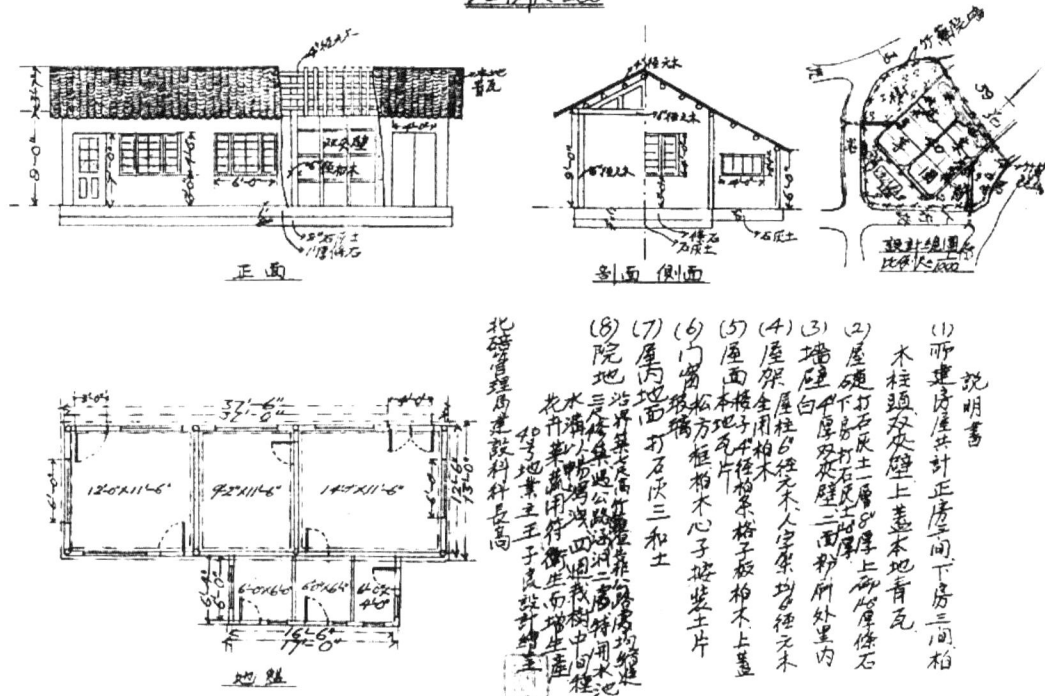

图 12-8-7　北碚新村 40 号土地王子良设计的自宅
来源：关于在北碚新村 40 号地建筑房屋并请发给建筑许可证上北碚管理局建设科呈，重庆市档案馆（沙坪坝），全宗号：0081、目录号：0004、案卷号：01628、附卷号：0000，1942.

它是于 1943 年 1 月开始兴工建造的，并于同年将自己绘制的建筑图上呈北碚管理局和建设科科长。[1] 由于受到北碚新村筹备委员会第二十六次会议第六条规定中的除了图纸之外必须还要相关的设计说明书的影响[2]，因此他的图纸上也附带了简略的设计说明。他设计的房屋为一层的平房，有正房三间，下房三间；建筑结构采用的还是传统的木结构，门窗则采用木框玻璃门窗。整个基地范围内，建筑的密度非常之小，房屋后面留有大片的花园、菜园以及一个水池，基地的四周都种有树木，整个居住建筑的规划与设计不管是在形式上还是生活关系的组织上都还是保持了传统的生活习惯，仍然希望在这片较小的土地上将小农生产与生活紧密联系起来。

而由北碚新村房屋建筑公司设计的李祉卿住宅则是一栋两层的楼房建筑，通过入口平台可分别进入底层的客厅和饭厅，楼上有两间卧室，通过底层半室外楼梯上到二层。建筑门窗，复杂的线脚以及青瓦屋面都体现出明显的民国风；框架结构、桁架屋顶结构则完全体现出西方先进的技术（图 12-8-8）。

---

① 关于在北碚新村 40 号地建筑房屋并请发给建筑许可证上北碚管理局建设科呈，重庆市档案馆（沙坪坝），全宗号：0081、目录号：0004、案卷号：01628、附卷号：0000，1943.
② 北碚新村筹备委员会第二十六次临时会议记录，重庆市档案馆（沙坪坝），全宗号：0081、目录号：0017、案卷号：00006、附卷号：0000，1939.

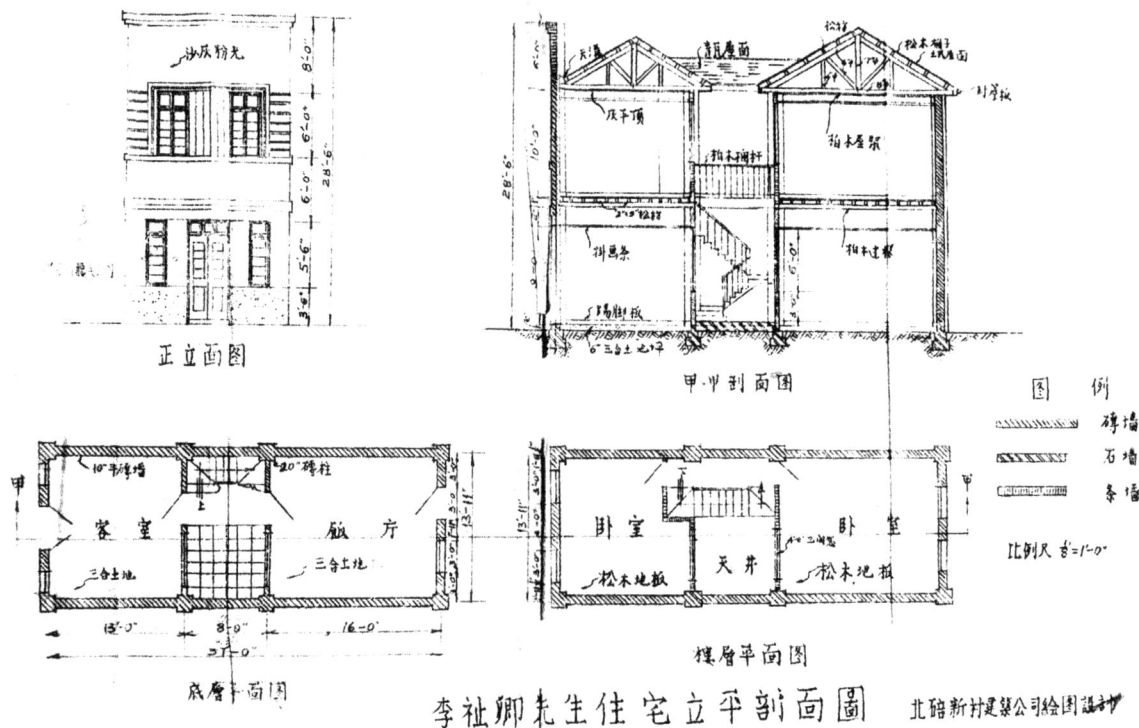

图 12-8-8　北碚新村李祉卿住宅设计图纸
来源:冯银洲、周志成、北碚新村建筑公司、邹培高,机织生产合作社中申请发给房屋建筑执照的申请单,重庆市档案馆(沙坪坝)、
全宗号:0081、目录号:0017、案卷号:00008、附卷号:0000,1949.

　　商业与居住混合的建筑则以冯银洲先生的铺房为例。它同样是由北碚新村房屋建筑股份有限公司设计的,它是一个独户型的三层楼房商铺。建筑底层作为商业空间,进门为临街的门市,后边是客厅、经理室和库房;建筑的二层和三层则都作为居住的卧室,靠内部的楼梯联系上下;整个三层建筑中没有独立的卫生间。建筑风格同样为民国风,砖墙外表面,双坡瓦屋面。建筑结构也是框架结构体系,首层的地面采用三合土地面,二层和三层则都采用柏木地板,屋顶则采用柏木屋架和钢桁架结合的体系。除了这种独立的商铺之外,还有三户联建的两层商铺,通过各自独立的楼梯进入到楼上的两间卧室;而建筑风格、结构和用材上则基本类似(图 12-8-9)。

　　机织生产合作社同样是由北碚新村房屋建筑公司设计的一栋两层办公建筑,底层围绕入口门厅布置办公室和库房,二层为 6 间卧室、一个休息室以及一个厨房,但是同样没有卫生间(图 12-8-10)。建筑的结构和室内装修基本上和该公司设计的商业楼房是一样的。

　　北碚新村从 1938 年 2 月开工典礼到 1947 年 8 月经历了大致接近十年的建设,各购地房主多数已建造了房屋,但是没有建设的仍然不在少数。由于北碚新村地皮除了留作公共建筑之外都是放给私人建设住宅和商店之用,其中许多购买土地的外乡人并未建设而荒废土地,筹备委员会和管理局也无从征税,致使新村建设无法完成。因此局长卢子英在 1947 年 7 月北碚参议

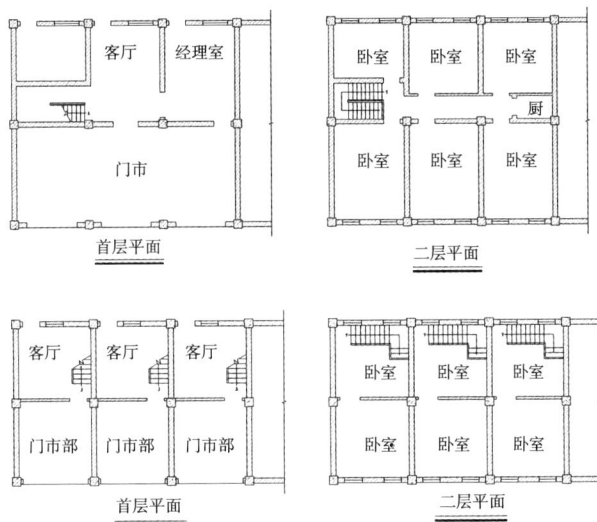

图 12-8-9  北碚新村商业与居住混合的建筑模式：上图为冯银洲独户型商业，下图为三户联建的商业模式

来源：作者根据《冯银洲、周志成、北碚新村建筑公司、邹培高，机织生产合作社中申请发给房屋建筑执照的申请单》一文中的附图自绘，重庆市档案馆（沙坪坝）、全宗号：0081、目录号：0017、案卷号：00008、附卷号：0000，1949.

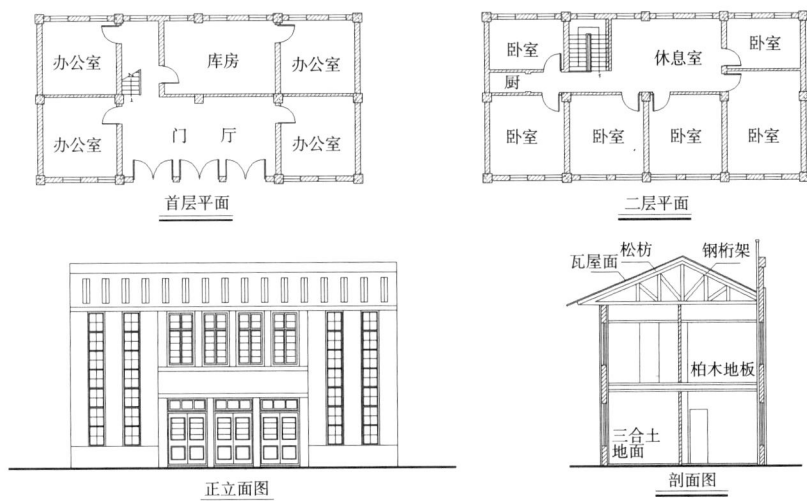

图 12-8-10  北碚新村的机织生产合作社

来源：作者根据《冯银洲、周志成、北碚新村建筑公司、邹培高，机织生产合作社中申请发给房屋建筑执照的申请单》一文中的附图自绘，重庆市档案馆（沙坪坝）、全宗号：0081、目录号：0017、案卷号：00008、附卷号：0000，1949.

会大会上提议并通过了限期完成北碚新村建设的提案，[1] 并在 1948 年 8 月制定发布了相关的章程，[2] 催促相关建设快速进行和限制不合规定的交易产生。

---

[1]  关于限期完成北碚新村建设致北碚新村筹备委员会的函，重庆市档案馆（沙坪坝），全宗号：0358、目录号：0001、案卷号：00001、附卷号：0000，1947.

[2]  关于限制登记北碚新村放领土地的公告、公函，重庆市档案馆（沙坪坝），全宗号：0081、目录号：0004、案卷号：06093、附卷号：0000，1948.

由此可以看出，早期卢作孚对于北碚的改造系统而有完整计划。虽然北碚新村建设非常类似于或者说是借鉴早期在上海、广州等开埠城市进行的模范新村建设实践，如工业与农业相结合的方式以及以改良传统村落旧有的生产生活方式为目的的主要思想等，但是他因地制宜地发展现代化工业经济，为整个北碚的乡村现代化建设提供了厚实的物质基础，使得这一建设计划显得更加具有现实可行性。因此北碚新村建设的成功在很多方面都对周边乃至全国乡村现代化建设具有非常重要的借鉴意义。实验区成立之后的建设在大的方向基本上还是延续了之前卢作孚的建设思想，而从北碚新村的建设来看，则是类似于早期在广州和南京所建立的一种花园式的模范居住区的开发模式，同样也是非常类似于一种房地产开发的性质。并且，这一小范围的居住群体的打造虽然在建筑形式、技术和材料运用上都有所突破，但由于缺乏对于社会公共活动的组织机构和管理机构，而使得这一新村居住区不管是在集体物质空间和社会空间上都出现了较大的分异，并且使居住从传统的生产与生活紧密结合的稳定体系中割裂出来，生活模式变得单调，基本上只是满足基本的居住功能。

# 第九节　香港 [①]

## 一、"租借"新界以后（1898-1920 年代）

1898 年英国以"租借"名义再取得新界的管治权，虽然这对于中国的主权来说是侵略者扩展殖民统治范围，但是这对于香港的现代化来说却有重要意义。1898 年前的港岛九龙，地少人多，许多用品、食品靠外来补给，本土没有什么天然资源，发展受到很大限制。1898 年后，香港新增新界这大片后勤腹地，使行政区的面积骤增 10 倍，更接近广州，从此便形成今天的香港版图。在这整个区域范围内，香港有自己的海港、码头、工商用地、民居用地、充足的劳动力，以及新界提供的食品及用品资源，又有铁路贯通九龙至广州的交通，使香港的城市有向北扩展的可能，并且加强与内地的联系，由是具备了城市现代化发展的充分条件。

在 1898 年英国人接管前，拓展界内（包括新界、界限街以北之新九龙及离岛）一直维持乡村面貌，论村落数目，客家村落占了大半，然而分布零散，除了九龙区外，有集中在沙田、大埔、西贡、大屿山、青衣岛等地的；据当时记录，拓展界内的乡村共有 423 个，客籍的占 255 个。[②] 英国人接管了新界等地后即铺设往大埔的公路，又着手整理税收制度及重新登记土地。界内居民原来持有清廷所发的地契，属永久拥有，只需按时缴纳地租，直到香港政府在 1900 年至 1903 年间把所有地段在集体官契内重新登记，确认了超过 354000 幅地段，其中只有世代

---

① 本节作者龙炳颐，文字整理人王浩娱
② 吴伦霓霞 . 历史的新界 [M]. // 郑宇硕编 . 变迁中的新界 . 香港：大学出版印务，1983：7.

已在某地段上居住的农民，即所谓"原居民"被承认为土地所有者，其余的均属向政府租用，一律当作由 1898 年 7 月 16 日批出，年期为 99 年减 3 天，即所有拓展界地区的地契均在 1997 年 6 月 27 日到期。

这期间，城市发展的重心仍在港九沿岸，特别是港岛区。港岛在 1884 年至 1905 年完成了太平山街的贫民区清拆及重建计划，使其面貌有新的发展；1904 年的大型中区填海工程完成又增加了大片土地，两年后便在该区建立了中区邮政总局等政府物业，以及太子大厦及香港会所等建筑，显示港岛中区仍是殖民统治的行政及商业的中心；1904 年的中区重建计划完成更使毕打街至上环街市一带的地价大涨，发展蓬勃，山顶道及司徒拔道亦于此时相继修建；1900 年代出现的摩托车标志着本港道路发展的渐次完善；还有 1904 年开始由坚尼地城至筲箕湾的电车服务，反映了今天港岛东西向的带状的城市发展形态已形成。九龙半岛方面，主要的地段已用作军营，城市楼房的密度不如港岛，以沿海岸的开发较好，如油麻地便因造船业发达而形成一个小市镇。此后借着始于 1905 年九广铁路的筑建使自广州经新界以达九龙有直接快捷的交通联系起来，为香港的城市发展奠定良好基础。九龙半岛的发展潜力带动了大型的填海工程，弥敦道亦在 1905 年开始铺设，成为打通九龙半岛南北向的交通主线。至于拓展界内则以西面的深水埗在私人推动的发展计划下，率先走向城市化。

接壤界限街的深水埗农村，许多土地原属锦田邓氏所有，再分别或卖或租予数个姓氏的村民；另又有些村民是因为当年英军在尖沙咀辟军营而被迫流落到这里的。该区的经济中心在深水埗西岸的深水埗村，自西角山脚至周氏的上围之间，环绕而建有市场、码头、店铺及关帝庙。西角山的西南为蚝床及操作渔业的海岸，西角山以北是称作西角沙的沙滩，即长沙湾的南端，而西角咀的南方是深水地带，是可泊船及上下货物的码头所在处，深水埗一名或由此而来。①

港府在深水埗重新登记土地后，即在 1906 年举行公开卖地，使土地重新分配，引来一连串新的发展，此后最先建造的房屋是 1909 年在南昌街附近，而填海发展工程于 1910 年展开。在 1911 年鸭寮村大火后，政府定出了深水埗改善计划，与私人机构合作，进行较大规模的填海工程及建造新楼房以取代原来的寮屋，1912 至 1914 年的填海工程便是其中例子。② 原来的农村再不复见，此地从此与九龙的市区相连，成为西九龙发展重要的一环。

随着深水埗的开发，1912 年已修建公路接连大角咀至深水埗；1916 年又再加以延长连接旺角的弥敦道。自此深水埗便直接与九龙半岛市区相连。同年，九广铁路亦全线投入服务，总站设在尖沙咀，使九龙有飞速的发展。政府进一步开发九龙西部作码头，予大船停泊；另一方面，因港岛已太挤迫，商人乐于改用九龙的码头停泊并建立货仓，使这里瞬即成为一个贸易中心。九龙半岛从此除道路、码头及货仓（如广东道的九龙仓）外，更设有酒店，旅馆、食肆、银行、商店等方便外国前来的商人，而货物在码头起卸后很快便可送到火车站北运内陆，中国的货品

---

① Smith, C.T. Sham Shui Po : from Proprietary Village to Industrial-urban Complex[M]//Faure, D. *From Village to City: Studies in the Traditional Roots of Hong Kong Society*. Hong Kong: Centre of Asian Studies, University of Hong Kong, 1984: 73-87.
② Smith, C.T. 1984: 88-95.

亦很方便运到本港继而外销。至此，九龙的发展进入了新的里程。与此同时，新界除了铁路外，必须修筑道路使之与九龙市区更紧密连接，政府遂在1916年开辟环回公路到青山。此项工程于1920年间完成，新界遂成为九龙市区发展的重要后盾，而深水埗在1918年完成了往荔枝角的道路工程后，又在1919年进行更大型的填海工程，新得土地有65英亩以上，即由东京街远至荔枝角蝴蝶谷的溪流一带，城市发展可谓如火如荼。1920年间，九龙城市范围继续扩展，许多地方都进行清拆重建，例如大角咀以东至芒角咀（即今旺角）一带亦被填土及开发，原来的乡村颜貌不复存在。但与此同时，这些发展计划也带来了土地买卖的投机风气及原来居民与政府在换地及赔偿方面的纷争。据统计，在1909年至1921年间的建造项目合计有407所房屋、1间庙宇及2个货仓。[①]

再看港岛方面在第一次世界大战前后的变化，便只有东区西湾河的太古船坞的建立（1910年代），带动了东区的经济发展，逐渐有些厂房、货仓及华人住宅出现；同时使大船的维修移到这里，减轻中区海岸泊船的压力。而中区卜公码头也在1900年落成了。其次，要算道路网的拓展，包括开筑了往深水湾（1915年），往浅水湾（1917年），赤柱至筲箕湾（1918年）及往石澳（1923年）等地的道路。这些道路工程使香港这些风景点能发展成为旅游胜地，本港的商业活动亦因此而不只局限在市区范围了。虽然在1898年至1920年间，本港的城市发展有长足的进展，但华洋之间的分歧仍很显著，前面已提过有法定的欧洲人专区，华人不得稍越半步，这些条例直到1946年间才废除。

值得注意的是这时的楼宇都受1903年《公共卫生及建筑条例》所管制，范围涉及室内的居住面积及屋宇的深度。又在1903年以后兴建的建筑必须提供相当于它覆盖面积1/3的室外空间，建筑物高度和街道的宽度成比例；而1903年之前的建筑也受高度限制，最高限制为76英尺（约23米），这些条例务使得到阳光透入及通风的效果。

## 二、第一次世界大战后的城市发展（1920–1930年代）

进入1920年代，香港有好些重大的城市发展，例如交通及通信方面。中巴在1921年开业（1939年得港岛巴士专利）；1924年，油麻地小轮开业，加上原来的天星小轮服务（1898年），使港九间的交通更为便利，往离岛的渡轮服务亦逐渐开航；1925年，香港即有电话服务，象征着都市化的进展；香港的航空事业亦从第一次世界大战后开始。自此，港、九、新界各处都有看得见和看不见的联系，以维多利亚港为中心而形成一个庞大的都市网络，并有海、陆、空交通与外地接触。

当年机场的兴建其实源于一个市郊华人住宅区的建造计划，由华商何启及区德组成的启德

---

① Smith, C.T. 1984: 91–92.

土地公司于1919年提出在九龙湾填海230英亩，并在该填土上建造47座高尚的以华人为对象的住宅，此计划显示当时本港富裕的华人为数不少。可惜受到1920年代中地产市道滑落的打击，结果由港府插手才完成填海工程，但1928年该地已改发展成启德机场，展开了香港的航空交通历史。启德机场最初只作军事用途，直到1936年才有民航服务。

除此以外，1922年的城市规划方案及同年批出的九龙塘花园城市的开发计划意义更是重大。由于九龙半岛发展迅速，地产买卖相当活跃，引起政府的注意，成立了一个特别小组专门研究整个半岛的城市发展。这是本港首次运用城市规划的原则于城市发展的研究上，是自1843年哥顿提出而胎死腹中的计划后另一个大型全盘规划。在该方案下，整个九龙半岛作了详细的地图记录，以及许许多多的调查、研究，定出各种发展需要及制定各种发展蓝图，指引整个九龙半岛的发展方向。此方案制定的第二年立即刺激九龙的地价上涨达4倍，受此影响的各种建造计划直到1930年代初经济衰退时才放缓发展。①

九龙塘的花园城市的构想则是香港首次受外国规划思想的影响，源于英国人霍华德（Howard, Ebenezer）1898年提出的"田园城市"（garden city）概念，② 香港是在1920年代引入这种发展模式，其构想是要在九龙塘建立一幢幢独立或半独立、附带小花园的两层平房，为一般收入的市民在近郊开辟一个理想的住宅环境，其中有学校、游戏场，并且邻近火车站。1922年正式批出的九龙塘花园城市计划，预算在80英亩（约32公顷）土地上建造250所平房。随着此计划的推出及地产市场兴旺，发展商亦提出在马头围、启德、九龙仔、旺角及油麻地等地推行类似计划；其中马头围的发展计划更是具中国农村的模式，但政府以不符合已有的城市规划为理由否决了这个带本地特色的提案。③ 其后受地产价格走下坡的影响，所有这些计划都受阻延。九龙塘的发展计划最后也由政府作财务支援才于1930年间完成。

九龙塘花园城市计划最终虽得以完成，但与英国的田园城市大相径庭。在九龙塘出现的只是一些与地产市场挂钩的高尚住宅，居民集中来自中上层，不符合平衡发展的概念，与霍华德提出的包括工人住宅和公社等的聚落模式已相去甚远，而且区内社区设施不够多元化，并不符合田园城市自给自足的概念，各种就业及起居需要仍假外求。这种种变质一方面是政府虽最后通过并协助完成这项计划，但未有考虑花园城市原来的社会意义，亦未有为低收入人士提出优惠方法；同时，在当时的城市规划下，政府的意向是在九龙半岛以至近郊范围发展方格城规布局及建造唐楼式的商住并用建筑物，这点促使政府否决了发展商原来较有创意的构想，而偏向一贯沿用的规划方式，发展成为纯粹的住宅区。④ 九龙塘新兴的两层独立平房，每户附有花园，区内又有空旷的公共空间、英国乡村式的绿色视野、学校、会所以及方

① Bristow, R. *Land-use Planning in Hong Kong: History, Policies and Procedures* [M]. Hong Kong: Oxford University Press. 1984: 41–43.
② 霍华德1898年所著的《明天：一条通向真正改革的和平之路》(*Tomorrow: A Peaceful Path of Real Reform*)提出"田园城市"的构想，意图将都市居民分散到乡村，定居在新建的特定大小的住宅与工商业兼容的小镇即"田园城市"中，主张商业机构承担住宅建造的财务，公社拥有土地所有权，并综合规划及管理城市；为了避免盲目膨胀，以绿色地带环绕城市边缘，形成聚落形式，再以铁路与其他市中心相连；市区内除住宅外，有休憩处、商店、学校、办事处、公社、货仓、交通设施、食肆和市场等各种设施，务求达到社会各方面的平衡发展及自给自足。
③ Bristow, R. 1984: 44.
④ Bristow, R. *Hong Kong's New Towns: A Selective Review* [M]. Hong Kong: Oxford University Press, 1989: 9.

便的陆路及铁路交通，可说是环境优美、空气清新的住宅区，整体环境都渗透着英国乡村风味，甚至连区内街道亦取英国的街道名字，如多实街（Dorset Crescent）、根德道（Kent Road）、森麻实道（Somerset Road）、沙福道（Suffolk Road）、剑桥道（Cambridge Road）、牛津道（Oxford Road）。但这个本港史无前例的建设昂贵非常，一般市民大众根本不可能负担得起，以致这个近郊的新住宅区，充其量只是"花园洋房区"，而不是什么"田园城市"。这种花园洋房亦见于嘉道理山（1932 年）、九龙塘与九龙城之间地区（1932 年）及又一邨等，这些住宅区至今仍属"高尚住宅区"。

港岛发展方面，1921–1931 年完成了东区海岸填海工程，把摩利臣山挖出的泥土堆填在军器厂街与东角（East Point）之间，填得 90 英亩（约 36 公顷）土地，即今日告士打道一带，并且重修了轩尼诗道使成为主要大道之一。其次，1924 年至 1931 年又在铜锣湾至东区太古船坞间（即今日北角一带）作大型的填海工程。1930 年，湾仔区亦在填海而得的土地上兴建了 630 所"唐楼"，城市发展非常迅速。倒是中区沿岸虽曾多次研究过发展计划，但一再被否决，除了 1921 年有皇后码头落成外，直至第二次世界大战前也没什么大改变。此外，南区的香港仔和鸭脷洲在 1920 年也因填海而增加了一些土地（图 12-9-1）。

由于 1930 年代初世界经济不景气，再加上日本侵华的间接影响，香港经济受到打击，同时人口大增，到 1930 年代中期才恢复元气，因此 1930 年代初的城市发展亦拖慢了步伐，此期

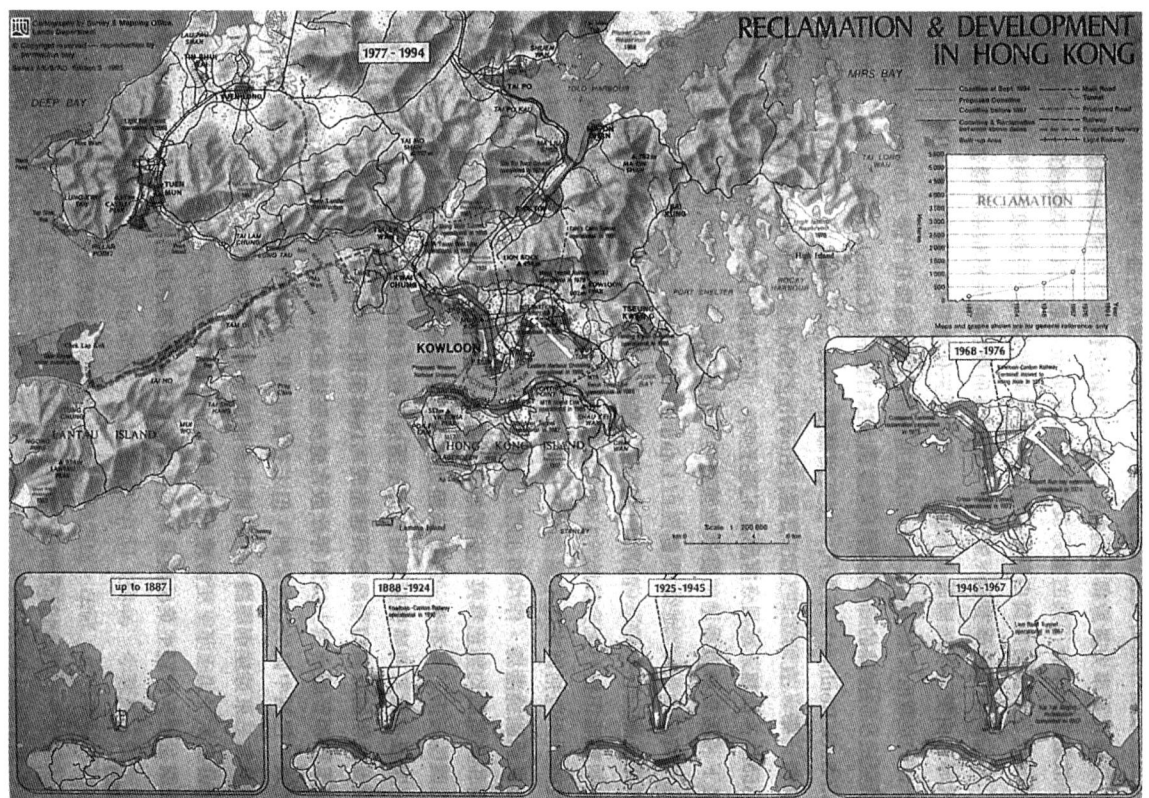

图 12-9-1　香港发展及填海图（1842–1994 年）
来源：龙炳颐 . 香港的城市发展和建筑 // 王赓武 . 香港史新编（上）[M]. 香港：三联出版社，1997：222.

间的发展计有英皇道的修葺工程、赤柱和石澳的扩展计划（1932年）、坚尼地城的小规模填海工程（1934年）等，都是在已有基础上略作建设，还有荃湾小型改建计划，把原来的乡村改建成带有休憩空间的城市环境，此计划到1936至1937年间陆续完成，可见当时市区范围已发展到九龙西北的荃湾了。1931年，港粤间开始有长途电话服务；1933年，九巴加入公共汽车服务；1937年，又增添汽车渡轮服务；还有前面提过的民航服务在1936年开始；都反映出香港市内交通发达，国际联系加强，整个社会已然相当繁荣。

前面提过1903年的《公共卫生及建筑条例》，到了1932年发展成新的独立的建筑物条例，其中一项明显的修改是虽然建筑高度仍由街道宽度定出比例，但限制住宅楼宇的一般高度最高为5层，而其他建筑物最高只有3层，从而限制了建筑密度，改善通风和采光条件。在这些条例下建造的唐楼今日尚可在湾仔轩尼诗道一带及深水埗区等地找到。

## 三、多元化的现代建筑（1930年代）

直至20世纪初，由外籍人士带到香港的外国建筑风格在布局和外形设计上主要是追随英国式，但也可见到19世纪欧洲折中主义的建筑风格以及某种程度上澳门的葡式建筑风格的影响，根据本地技术、材料、气候及文化等因素而有所调节，凡此种种都充分表现殖民主义色彩。值得注意的是香港也曾出现过中国式的西洋建筑，即在钢筋混凝土结构上加上中式外观。此种情况呼应在中国内地出现的对建筑"民族形式"的探索，中国第一批学习建筑的留美学生如梁思成（梁启超之子）和他的夫人林徽因、杨廷宝、朱彬、关颂声、吕彦直、范文照等人在20世纪二三十年代学成返国，他们虽然接受的是西方建筑的教育，但如何创造出有中国特色的现代化建筑，则是他们思想上的当务之急，又刚巧遇上国内提倡"中国固有形式"建筑的推动，带来融合中西文化的"中国式"建筑设计。香港尚存的铜锣湾圣玛利亚堂（1935年，图12-9-2）、九龙城圣三一堂，香港仔天主教修院及钻石山的信义会等都受到此风气的影响。这些教堂建筑都以钢筋混凝土建造，并采用西方普遍使用的红砖作外墙，但混合了斗栱、雕梁和红墙绿瓦顶等中国宫殿、庙宇的古典建筑元素，并带有中国式的飞檐、斜顶及装饰图案等设计特色。在《中国建筑》一书里，作者徐敬直称之为"中国文艺复兴式"，[1]可惜随着日本侵华，和中国社会的政治转变，这类型的建筑就没有发展下去。但这几座教堂建筑却反映了香港本土建筑与我国内地的关联以及宗教文化上的特色。

同期，国际的建筑重点已由欧洲转移到美国，欧美的建筑都迈进国际主义时代，主要受19世纪中期美国芝加哥建筑师沙利文（Sullivan, L.）等的影响，利用钢架结构建造高层建筑，又

---

① 徐敬直也是20世纪初留美建筑学生，回国后主持的兴业建筑师事务所，1935年赢得南京国立中央博物院设计竞赛首奖，并与顾问梁思成合作，共同创作出采用辽宋建筑样式的"中国式"代表作。1949年徐前往香港继续发展，1964年徐以英文著书 Chinese Architecture: Past and Contemporary，继续表达该理想（Chinese Renaissance architectural work）。

图 12-9-2　圣玛利亚堂是"中国文艺复兴式"代表作（1935 年）

图 12-9-3　旧汇丰银行总行（1935 年）
来源：龙炳颐 . 香港的城市发展和建筑 // 王赓武 . 香港史新编（上）[M]. 香港：三联书店，1997：261，262.

配合电动升降机、电话、空调等的使用，走向商业化及科技化，大大扭转了原来的古典复兴主义与折中主义的潮流。[①] 这种建筑风格后人称之为芝加哥学派（Chicago School），并于 1930 年代引入香港，代表建筑是 1935 年落成的第三代香港汇丰银行大厦（图 12-9-3）。汇丰银行最初于 1865 年在获多利大厦开业，到 1882 年另建新厦，后因扩展需要在 1935 年再建总行大厦。这第三代新厦把香港的建筑正式带到芝加哥学派去，它有 14 层楼，高达 220 英尺（约 67 米），摒弃了无谓的雕饰而把功能毫不保留地表现出来，切实恪守着沙利文倡议的"形式追随功能"（form follows function）的原则。它的外形简朴而不流于沉闷，极具体积感。立面处理按照沙利文所说的三段式，由基座、楼身和顶层组成，厚实的窗户以竖线加以烘托，而顶层最后缩成一个金字塔形的斜顶，设计相当大胆，连当年伦敦的建筑界亦大受冲击。其内部设有当时最先进的辐射板式供暖系统、中央空调系统及快速升降机，是全东南亚最早用钢架兴建的现代高层建筑之一，竖立了"摩登"（modern）商业大楼的典型发展模式。

　　在 1930 年代同期的"摩登"建筑还有包豪斯风格（Bauhaus）的中央市场（1937 年）及湾

---

① 芝加哥学派的真正重大贡献，在于钢材骨架发展成结构体，柱与梁联结成骨架，组成由基础至屋顶整体的承重坚固结构。沙利文对高层建筑的设计原则有深刻的论述，认为高层办公楼应有三个部分，地面层与第二层作为一部分，中间的办公层和顶层形成另外的两个部分，作为反映功能的建筑形式。沙利文这一思想的革命性，在于它的设计思想是由内向外的，建筑内部的功能以办公室空间的相似性反映在结构的处理上，完全不同于当时流行的折中主义那种不考虑建筑实际需要，而先入为主的形式决定的建筑态度。

仔大街市（1936年）。它们遵从包豪斯学派的设计原则，结合机械制造的构件而建成，各构件都没有装饰性的图案或细部，因此外观非常简洁，又以功能划分平面空间，线条利落，与殖民地风格的建筑（如上环街市）有很大的分别。中央市场外形简单，呈长方形，四角则呈流线形，立面的主要元素是由横向长窗和雨棚所组成的横线条，窗框的划分也很有比例。湾仔街市大厦也同样以横向长窗和雨棚为主要的造型元素，但雨棚更大，更强调圆角的流线形，加上屋顶上的栏杆设计，造型比中央市场更酷肖船只。此后的20年间，香港有许多住宅尤其早期政府建的迁置屋村都采用这种简洁实用的设计风格，以符合经济及大量生产为原则。

上述"摩登"建筑标志着香港迈向现代化，但更值得探讨的是其风格本源于欧美的不同流派，有其欧美的深厚政治、文化和经济基础，当地的建筑师不光只注重建筑的商业实用性，更关心建筑与人民生活的关系及其对社会的影响；然而香港的仿效却只着重外形、功能及成本计算，缺乏对原来的建筑理想的借鉴。

第十三章

西方现代建筑思想的引介与影响（1920-
1940 年代）

20 世纪 20 年代后期，西方现代建筑被引介到中国，使中国建筑的发展逐渐步入新的阶段。现代建筑注重科学理性，强调时代精神，体现历史进步，因此建筑界对于这一西方新生事物表现出了主动学习的姿态。1930 年代，这种引入和学习不仅带来了观念的转变，引发业界关于功能、技术、时代与风格等诸多建筑问题的讨论，对"民族固有式"的质疑，也带来了追求简洁和自由的新风格的设计实践探索。到 1940 年代，尽管战争与时局动荡大大阻碍了这些探索与发展，但西方现代建筑的传播与影响仍在持续，对其认识也有不断地发展，并开启了现代建筑教育的探索之路。

在这个总体趋势下，西方现代建筑在中国的引介过程又是沿着多重线索展开的，其影响作用也呈现出多样性和复杂性。本章将从追溯西方现代建筑自身发展的基本历史状况出发，介绍 1920 年代至 1940 年代西方现代建筑引入中国的各种途径、相关人物、理论争鸣以及设计探索，以呈现这个时期的外来思潮是如何被认识、接受和转化，又是如何在观念与实践上对近代中国建筑的发展进程产生深远影响的。由于上海、广州和南京等沿海地区是接受外来思想以及设计实践活动最活跃的地方，本章涉及的内容大都来自当时的这些城市。

# 第一节　西方现代建筑的兴起及其向中国的传播 [①]

西方现代建筑并不是一个很容易定义的概念对象。现代建筑从何开始，如何将其描述为一个历史阶段，在不同史学家的文本中有不同的叙述。早期的现代建筑史学家尼古拉斯·佩夫斯纳（Nicolas Pevsner）将 19 世纪英国改革家威廉·莫里斯（William Morris）的探索及其领导的工艺美术运动（Arts and Crafts）视作现代建筑的萌芽，将德国建筑师沃尔特·格罗皮乌斯（Walter Gropius）1910 年前后设计的工业建筑作为现代建筑诞生的标志；[②] 到 1980 年代，建筑史学家肯尼斯·弗兰姆普敦（Kenneth Frampton）则将现代建筑的起源追溯到更早的 17–18 世纪，聚焦于西方古典建筑理论受到挑战、工程技术与建筑学科开始分离的历史转折过程。[③] 一个比较普遍的认识是，西方现代建筑从思想到实践的真正兴起，是在 19 世纪末 20 世纪初，尤其在两次世界大战之间达到高潮，表现为一系列的新建筑探索活动，建筑形式上有意识地摆脱历史主义的束缚，回应新的技术条件，彰显时代精神，同时也思考与传统的新的关联，涉及众多国家与地区的建筑师的多样途径的探索。[④] 而正是这个历史时期的这一系列相关人物、作品和观念，成为考察现代建筑在中国的引介与影响的直接源头。

---

① 本章引言以及第一节作者卢永毅。
② ［德］尼古拉斯·佩夫斯纳著，王申佑译. 现代设计的先驱——从莫里斯到格罗皮乌斯 [M]. 北京：中国建筑工业出版社，1987. 原著：Nikolaus Pevsner. *Pioneers of the Modern Movement: from William Morris to Walter Gropius*. Faber & Faber, 1936.
③ ［美］肯尼斯·弗兰姆普敦著，张钦楠译. 现代建筑：一部批判的历史 [M]. 北京：中国建筑工业出版社，2004 原著：Kenneth Frampton. *Modern Architecture: A Critical History*. London: Thames & Hudson, 1980.
④ Alan Colquhoun. *Modern Architecture*. New York: Oxford University Press, 2002: 9–11.

现代建筑的兴起涉及多个相关概念：现代建筑（modern architecture）是西方世界现代化（modernization）历史进程的产物，它与现代主义（Modernism）以及先锋派（the avant-garde）的概念几乎可以互换，它显然也与建筑的现代性（modernity）问题密不可分。在现代化、现代性和现代主义这三者之间作一区别，[①] 有助于更好地认识西方现代建筑的各种议题、特征及其关联性。现代化指向社会进程，主要表现在技术进步与工业化，城市化与人口增长，官僚主义的兴起与民族国家的日益强大，大众交流的迅疾发展和民主化，以及日益扩张的资本主义市场。现代性则指现代时期的种种典型面貌特征，以及人们对这些特征的经验方式，它反映人们在不断演进和变化进程中所持有的生活态度，也是一种与过去和现在都不相同的未来指向。而现代主义（modernism）则指用文化思潮和艺术运动形式来表达的、对现代性经验的自觉反响，并开诚布公对未来的赞赏和对进步的愿望，因而也被称作现代运动（Modern Movement）。

现代建筑形成于现代主义的观念与形式表达中。现代建筑先锋人物的思想来源主要是黑格尔式的进步史观，相信在18世纪以来科学技术、社会生活以及文化形态上都已发生巨大变化的条件下，建筑发展的根本任务就是要寻找新的风格和原则，以反映时代精神。因而，复古倾向或折中主义的学院派传统应予拒绝，应创造一种新的建筑传统，重新建构文化的统一体。

现代建筑的兴起呈现在欧美多个国家和地区的探索中。最早是19世纪末欧洲大陆的新艺术运动（Art Nouveau），从摆脱历史主义、向自然吸取灵感的艺术设计创新，到批判装饰的理论学说，成为现代主义的开端，并在比利时、法国、德国、奥地利和西班牙等地有各种代表人物与作品；第一次世界大战前后，探索建筑变革的发展脉络日益丰富，也更加错综复杂，有意大利未来主义（Futurism）、俄国构成主义（Constructivism）、荷兰风格派（De Stijl）、法国新精神（L'Esprit Nouveau）、德国的表现主义（Expressionism）、新客观派（New Objectivity）等，以及一些可能游走在整个现代主义运动边缘的倾向，如有机主义（Organism）、功能主义（Functionalism）、理性主义（Rationalism）和新古典主义（New Classicism）等。这个时期一些机构的建立及其组织活动，也在推动现代建筑的发展中起到举足轻重的作用，最有影响力的有德国的德意志制造联盟（The Deutscher Werkbund）与包豪斯设计学院（Bauhaus）。

第一次世界大战之后的10余年里，现代建筑的多种探索凝聚起了更重要的影响力，也呈现出更加明确的改革理想与设计特征：脱离学院派的历史主义窠臼，回应时代与社会的新条件和新需要，强调功能合理性和新技术的作用，探索空间的解放和形式的自由，而且各种运动或思潮都关联到代表性的建筑师。所以，关于现代建筑的成长也几乎是"一部大师的历史"，如，荷兰风格派、奥地利的阿道夫·路斯（Adolf Loos）、法国的勒·柯布西耶（Le Corbusier）、芬兰的阿尔瓦·阿尔托（Alva Aalto）、德国的密斯·凡·德·罗（Mies van der Rohe）、格罗皮乌斯（Walter Gropius）及其开创的包豪斯设计学院以及美国的赖特（Frank Lloyd Wright）等，他们的代表性作品和理论学说为现代建筑的成就构筑了最为丰富的图景，折射出这个时代现代艺术、工程技

---

① ［比］海嫩著，卢永毅 周明浩译 . 建筑与现代性：批判 [M]. 北京：商务印书馆，2015：14-16.

术以及哲学思想等领域的深刻影响，也呈现出西方现代建筑本身的丰富性和多样性。

现代建筑的历史地位与影响力的形成，也与建筑师们善于运用各种媒体积极发表见解、刊登设计作品密切相关，书籍出版、办刊以及展览等宣传活动，是这个时期推动现代建筑成长发展的重要形式：1920年代勒·柯布西耶多部著作的发表；1927年在德国斯图加特举办的魏森霍夫住宅展；1928年国际现代建筑协会（CIAM）的成立；1932年在纽约现代艺术博物馆中"现代建筑：国际展"（Modern Architecture：International Exhibition）的举办，以及策展人、历史理论家希奇科克（Henry Russell Hitchcock）和约翰逊（Philip Johnson）的著作《国际式：1922年以来的建筑》出版；[1] 1933年《雅典宪章》的诞生；1920年代起英国的《建筑评论》（*Architectural Review*）、美国的《建筑实录》（*Architectural Record*）以及法国的《今日建筑》（*L'Architecture d'Aujourd'hui*）等期刊对现代建筑的持续报道；佩夫斯纳、吉迪恩（Siegfried Giedion）等早期现代建筑史学家对现代建筑历史性叙述的史学著作出版。这些出版与媒体宣传活动成为现代建筑在中国传播的重要资源。

考察西方现代建筑的兴起在中国的引介与传播状况，大致经历这样几个阶段：

1920年代为第一个阶段。西方现代主义以一种新的美术思潮的形式被引入中国，由当时部分热衷于传播西方美术、倡导美术教育的文化艺术先锋人物推动，信息来源首先转自日本，也来自留学欧洲的艺术家，成为美术运动的一部分，也是中国现代建筑形成的重要开端。

1920年代末至1930年代抗战全面爆发的近10年间为第二阶段。迅速成长的中国职业建筑师群体以及一部分在中国实践的西方先锋建筑师，无疑是引介西方现代建筑思想与设计实践信息的主导力量。当时中国部分城市现代化发展迅速，为现代建筑的实践探索提供的条件，以1930年代上海租界的建设中体现得最为丰富。与此同时，依托中国近代出版业的发展，现代主义的影响和现代建筑的传入通过专业期刊、大众报刊与出版物，引发了建筑界从未有过的理论探讨与学术争鸣，推动了建筑的学术进程，也使建筑议题走进了公共领域。

1930年代末至1940年代，尽管有战争与动荡，但以过去10年的积累，以及又一批直接接受西方现代建筑教育的建筑师与职业人回国后的努力推动，对现代建筑思想与实践的认识与探索进入一个新的阶段，尤其在建筑院校建筑教育改革的探索中充分地显现出来。

# 第二节　从"分离派"到"国际式"——现代建筑的引入[2]

## 一、早期美术思潮中的现代建筑

1920年代，现代建筑是作为西方新的美术思潮的一部分首次被引介到中国的，关联到当时

---

① Henry Russell Hitchcock, Philip Johnson. *The International Style, Architecture since 1922*. W. W. Norton & Compan. 1932, 1997.
② 本小节作者卢永毅，宣磊与翁桐润分别对第一部分和第二部分的史料收集有贡献。

方兴未艾的新文化运动推动下出现的美术热潮，也与对建筑学科认识的转化密切相关。

清末，建筑学科从日本传入，萌芽时期归属于工学范畴。自民国初期，建筑作为美术的认识逐渐得到发展，这种转变很大程度仍来自日本的影响。同时，蔡元培倡导的"美育代宗教"，不仅促进了中国美术学校的建设，美术的分类也开始参照西方文艺复兴以来的传统，建筑由此与绘画、雕塑一起，成为美术的组成部分。这种革命性的转变带来的，不仅是新兴的美术学校中开始有建筑学教育，而且在美术领域的思想探讨，也自然将建筑话题包含其中。1920 年代，美术界对于西方现代艺术发展作出的反应显然早于建筑界，"美术建筑"概念的形成，正是在此背景中产生的。[①]

1920 年代初，西方现代建筑开始在一些介绍近代西方美术思潮的中文书籍报刊上出现，相关信息主要从日本转译过来，这与清末民初大量中国学生留学日本、从日本吸收现代文化与艺术风格的历史背景密切关联。[②] 西方现代建筑及其现代设计受到日本关注，始于 1900 年的巴黎世界博览会。时值欧洲新艺术运动的鼎盛时期，各种冲破历史羁绊、以模仿自然中探寻自由形式的设计作品极大地震动了参加博览会的日本艺术家与设计师，日本探索工艺与建筑领域艺术革新的潮流随之兴起。逐渐地，艺术界和建筑界聚焦于维也纳分离派（Secession）的人物、作品与思想，认为分离派对装饰的抑制和抽象的几何形式是真正的现代设计与建筑发展的方向。其标志性的行动有，1920 年东京帝国大学学生掘口舍己等创立自己的"分离派"，同年出版了《分离派建筑宣言及作品》。紧接着，日本又积极吸收欧洲 1910 年代起不断涌现的各种流派，并对德国的表现主义尤为青睐。日本以推崇反传统精神、主张创造时代的新建筑、探索艺术形式的自由表达为根本，接受刚刚兴起的西方现代建筑，但其对西方多种流派的传播，已有了文化的选择。[③]

对于西方早期现代建筑的认识，在经日本转入中国时，又显现出差异性。作为美术思潮，中国更关注的是分离派。两次东渡日本留学的黄忏华，[④] 于 1922 年在商务印书馆出版了他的《近代美术思潮》，这大概是最早将西方现代艺术及其"新建筑"引介到中国的出版物。书中，作者以"主张从旧官学派底束缚分离"、"不被传习的样式所束缚"的特征描述，介绍"分离式"建筑及其设计先驱"华格莱（Otto Wagner）、阿尔伯里（Joseph Olbrich）、霍夫曼（Joseph Hoffman）和莫塞（Rolo Moser）"。[⑤] 同时他将受奥地利影响的德国建筑师也归入"分离式"，首推的代表人物是"柏伦士"（Peter Behrens），其代表作是"E.A.G. 底陀宾馆（Turbin Enfabrik）"。[⑥] 李寓一 1929 年 7 月发表在《妇女杂志》上的文章"欧洲新建筑概略与国内建筑"，也有同样的介绍，并将 Secession 译成了"分离派"。

对分离派风格的接受，显然与 1920 年代美术界热情引入西方现代艺术的大趋势相一致。

① 徐苏斌. 近代中国建筑学的诞生 [M]. 天津：天津大学出版社，2010：166–170.
② 甲午战争后的 20 多年，赴日本留学学习艺术的中国留学生数达高峰，一批留学生成立了专门组织翻译和出版的机构。见潘耀昌. 中国近代美术史（修订版）[M]. 北京：北京大学出版社，2013：197–199.
③ 参见 [日] 藤森照信著，黄俊铭译. 日本近代建筑史 [M]. 济南：山东人民出版社，2010：317–324.
④ 黄忏华最重要的相关经历是两次东渡日本留学。见同济大学宣磊博士学位论文《近代上海大众媒体中的建筑讨论》（2009）中所引资料。
⑤ 原文中人名现译为瓦格纳（Otto Wagner），奥博里奇（Joseph Olbrich），霍夫曼（Joseph Hoffman）以及莫塞（Rolo Moser）。黄忏华. 近代美术思潮 [M]. 北京：商务印书馆，民国 11 年 [1922].
⑥ 即彼得·贝伦斯，所指代表作就是著名的柏林通用电气公司的透平机车间。

从具体的讨论中可以看到，现代对应的是无装饰的简洁艺术风格，而不是其源头、欧洲的新艺术运动。黄忏华在书中很自觉地将"分离式"与早期新艺术运动的设计风格相区别，指出这种突破传统"又不拘泥自然"的形式，"和从像漩涡一样底曲线成功底亚尔鲁波（L'art Nouveau），完全正反对"，是"以直线为主"，"轻快而且清新。至于全体构造，实在很单纯，以箱形为主……有时候有变化……不过全体富于直线味"。[①] 李寓一文中亦称，分离派"已经走到纯粹美的形色的正道上，完全不受一切的羁绊了"，因此是"最合于时代精神"的。[②]

丰子恺1928年在开明书局出版了《西洋美术史》。这是近代中国第一部全面叙述西方美术历史的著作，而在最后两章则是"现代的建筑、雕刻及工艺"以及"新兴美术"中，包含了对正在兴起的现代建筑的介绍。丰子恺将19世纪后半叶定为"现代的建筑"的开始，将"钢材的自由使用"作为"在建筑的各方面的一大革命"的起因，使"高层大建筑"得以建造，埃菲尔铁塔就是这个"《铁时代》的建筑的建筑的模范"；进入20世纪有钢筋混凝土技术，不仅使建筑"高山化"，而且"在平面上、立体上均极自由，可以表现彻底的艺术化、单纯化，为建筑上的更新的革命。"于是，德国门德尔松（Erich Mendelsohn）的爱因斯坦天文馆和陶特（Bruno Taut）的玻璃宫，美国赖特的住宅设计，以及俄国塔特林（Vladimir Tatlin）的第三国际纪念塔，都作为革命性的新建筑，在书中被一一列举。[③]

这个时期的风格讨论，其实已不限于美学形式表层，而是深入形式与建造之关系的理性思考中。比如，黄忏华在其书中指出，"分离式还有一种重要特征，是把所使用底材料底特质，发挥无疑。就是隐藏所使用底材料底本来底性质，看起来好像是别种材料一般；是分离派所厌恶。"[④] 1924年，近代中国美学奠基人之一、艺术理论家吴梦非在其发表于《艺术评论》上的"建筑美"一文中，[⑤] 对此话题有进一步的探讨，使现代建筑基于科学思想的美学观念得以更清晰地阐述。他认为，"……建筑由'重'（weight）与'支'（support）而成立，从一种构造上生出一种形式，如果对于重的支力有所相称，看起来便觉得美，所以建筑的美，不仅在于装饰与颜色，它的重与支的关系，乃与美有重大的关系，所以构造必须与美相伴。"他进一步指出，各种建筑物的各个方面都"应具备'表白的形式'"，如果材料"……表现出与和实际的本质不同的样子，便是虚伪的"，而装饰应该"合于建筑的骨骼美"。他甚至将"建筑术（Architecture）"、"建筑物（Building）"和"构造物（Structure）"三者区别开，提出建筑与其他两者的根本区别是其具有美学要素，而"要使建筑望上去成为恰好的样式，可以照书里的定法：1：3：5 或 3：5：7 的配合……"。[⑥] 应该说，吴梦非的论述中明显包含了现代建筑的结构理性主义思想，而建筑形式美的自主性也同样强调，这样的理论思考在同一时期的建筑界是非常罕见的。

① 黄忏华. 近代美术思潮 [M]. 北京：商务印书馆，民国11年 [1922].
② 李寓一. 欧洲新建筑概略与国内建筑 [J]. 妇女杂志. 1929年7月.
③ 丰子恺. 西洋美术史 [M]. 上海：岳麓书社，2010：136-146. 该书首次于1928由上海开明书店出版发行.
④ 同上.
⑤ 吴梦非（1893-1979年），近代中国音乐教育家、美学奠基人之一. 1919年与丰子恺等创办上海艺术专科师范学校，并出任校长，并同时倡建中华美育会. 一生对中国的艺术教育作出重要贡献. 晚年著有《五四运动前后的美术教育》.
⑥ 吴梦非. 建筑美 [J]. 艺术评论. 1924年3月第45期.

1920 年代末，欧洲的新建筑思潮更多由留学法国、活跃于美术界的艺术家积极引入。其中最突出的是跨越绘画、室内设计和建筑设计多项艺术创作领域、提出了"美术建筑"概念的刘既漂（1901-1992 年）。

## 二、刘既漂、艺术运动社以及"美术建筑"[①]

刘既漂（1901-1992 年）是中国建筑艺术运动的先驱之一。他在 1920 年代的独特探索，既体现蔡元培先生倡导的"以美育代宗教"的艺术理论对实践的影响，又是以林风眠为代表的国立艺术学院致力于展开艺术运动的直接成果。刘既漂对于现代建筑中国表现的设计试验，是国立艺术学院学术宗旨"介绍西洋艺术！整理中国艺术！调和中西艺术！创造时代艺术！"的最好的体现。

1920 年代初在法留学的刘既漂，与林风眠、林文铮等成立了"海外艺术运动社"，[②] 旨在与西洋艺术之合作、与中国艺术之沟通上做工夫。该社 1924 年在法国第一次举办了大型"中国美术展览会"的展览，林风眠、徐悲鸿、刘既漂、方君璧、王代之、曾以鲁都有作品展出，并得到好评。[③]

林风眠、刘既漂等留学时期正是西方现代艺术蓬勃发展的时期，巴黎更是近代美术的重镇。印象派以后，野兽派、立体派等席卷欧洲。建筑在 19 世纪末 20 世纪初出现了新艺术运动等前所未有的革命。另一方面，西方艺术家试图从东方艺术中获得灵感，自 18 世纪"中国趣味（chinois）"以后 19 世纪又开始了"日本趣味（Japanism）"，20 世纪以后包括日本和中国的东方美术品在欧洲美术家那里是不可多得的珍品。

对于留学生来说，留学使他们的认识发生了两个重要变化：一个是欧洲艺术的分类影响了中国人对美术内涵的认识，中国自古没有"美术"的分类，正是通过和西方接触，与日本经历了类似的过程，有关民间工艺品以及建筑、雕刻被列为美术的门下的思想逐渐被接受。另一个重要变化是对东方艺术自身的再认识。欧洲留学的经验为留学生提供了一面镜子，使他们反省中国艺术的价值。这也成为他们人生的最大课题。

1927 年林风眠回国，次年发起成立了"艺术运动社"，其成员基本是"海外艺术运动社"的成员，包括了刘既漂。"艺术运动社"的宗旨是"绝对的友谊为基础，团结艺术界的新力量，致力于艺术运动，促进东方新兴艺术。"艺术运动所面临的最重要的课题就是中国艺术的出路问题，1935 年 11 月艺术运动的中心国立艺术院杂志《亚波罗》发行"中国艺术出路"专号，林文铮、林风眠等人撰写文章，讨论绘画如何走出中国自己的现代之路。[④] 这个民国初期近代中国美术

---

① 本小节作者徐苏斌。
② "海外艺术运动社"原取希腊语中太阳神的称谓霍普斯（Phoebus）而定名霍普斯会，林文铮是社长。
③ 李风 . 旅欧华人第一次举行中国美术展览会之盛况 . 东方杂志（21 卷 16 号），1924-8-25.
④ 郎绍君 . 创造新的审美结构——林风眠对绘画形式语言的探索 . 文艺研究（第 3 期），1990，后收入郑朝编 . 林风眠研究文集 . 北京：中国美术学院出版社，1995；高天民 . 林风眠的艺术理想与中国现代美术融会中西的探索 // 朵云（53 期）. 上海：上海书画出版社，2000：177-197.

经历西洋美术的受容时期，还可以追溯到更早的代表人物李叔同。[①]

刘既漂作为"海外艺术运动社"和"艺术运动社"的成员，他和林风眠有相同的经历，同时也有相同的志向，他们都致力于移植西方的观念，并且和中国的美术结合起来。林风眠致力于绘画方面的改革，而刘既漂则积极为建筑的改革奔走。刘既漂的改革既包括了对建筑构成的认识的改革，也包括了对建筑样式本身的改革。

刘既漂回国后曾经发表过"中国新建筑应如何组织"、[②]"西湖博览会与美术建筑"、[③]"中国美术建筑之过去及其未来"。[④]并在《旅行杂志》、《良友》、《贡献》等多种杂志上发表文章，大力提倡"美术建筑"。从中可以考察他所参加的艺术运动社的主旨在建筑方面的体现。

林风眠、刘既漂等所发起的艺术运动首先提倡的是"介绍西洋艺术"。本着这样的思想，刘既漂回国后首先介绍了西方的美术建筑的概念。而在此之前，首先面临的中国对建筑的理解问题。在古代建筑没有自己独立的学术分类，包含建筑的考工被看成了典章制度一部分。清末引进日本的学制以后，首次在工科体系中设置了建筑学门，民国以后才在美术学校中出现建筑教育。建筑的学术归属问题是全面认识西方美术概念框架的一部分。在海外留学的人首先最能切身感到是中西方学术框架的不同，这一点刘既漂和林文铮非常相似，他们最希望参考国外的框架健全中国的框架。在1927年12月完成的"中国新建筑应如何组织"是他刚毕业不久写的。其中他对中国建筑提出三方面的建议：第一，兴办建筑教育；第二，组织建筑研究会；第三，政府特设建筑机关。在教育方面提到巴黎的美术学校设有图画、雕刻、建筑三科，建筑一科的人数数倍于其他各科人数，同时美术学校以外，还有数个市立和私立建筑专门学校。而中国上海艺术大学林立，却没有建筑和雕刻学科。他希望首先在艺术学校中设置科，将来于各省设置美术建筑专门学校。在同文中他建议成立中国美术建筑学会。另外成立政府特设建筑机关，其中包括建设部、保存部、检查部、立法部。并说这种机关除了中国以外恐怕万国都有了。[⑤]这里刘既漂借鉴了国外的学校、学会、行政组织的形制。

在建筑是一种美术这个前提下，刘既漂在"中国新建筑应如何组织"这篇文章中，首次提出了"美术建筑"的概念：

> "数年来，中国艺术运动的波浪很大。当中最可观的为绘画，新诗，影戏。其次如音乐，戏剧。至若雕刻和建筑，简直没有提及！大概因为这两科的同志太少，尤于研究美术建筑的更少。我呢，在欧洲的时候，所研究关于美术建筑各部，可说完全西洋美术建筑化。"[⑥]

---

① 李叔同（1880–1942年）通过日本间接地受到西洋近代美术的影响，特别是受到新印象派的影响，绘画中运用了点彩的手法。西槙偉『中国文人画家の近代　豊子凱の西洋美術受容と日本』思文閣、2005年4月。
② 东方杂志（第24卷第24号），1927：81–84.
③ 东方杂志（第26卷第10号），1929：87–88.
④ 东方杂志（第27卷第2号），1930：133–140.
⑤ 同②：82–84.
⑥ 同②：81.

在他看来，"美术建筑的本身，是艺术和科学两者合作而产生的，同时利用就地自然界之赐，或艺术家个性之表现，及时代思想之变迁而成。"

1929 年 4 月，刘既漂受委托主编了《旅行杂志》建筑专号，[①] 发表了"美术建筑与工程"，更系统地介绍了西方的建筑概念。其中谈到在西方美术包括了绘画、雕刻和建筑，艺术包括了绘画、雕刻、建筑、图案、戏剧、音乐、诗歌。也就是说建筑既包括在美术中，也包括在艺术中。接着他又介绍了建筑的分类，建筑分为"美术建筑"、"工程建筑"、"民房建筑"、"国家建筑"、"宗教建筑"、"纪念建筑"，而文章则重点阐述了"美术建筑"和"工程建筑"的问题,他说:建筑"在西洋 18 世纪混合不分。后来科学渐进。社会组织得科学之助。因之而复杂。乃不得不分门之研究。譬如研究建筑一科。最先须有科学根底,此后再研究图案装饰。最后研究作风。"从这段叙述中可以联想到英国建筑学的成立过程,在建筑学的创建初期,英国皇家建筑师学会（RIBA）的创始者 T.L. 多那德孙（T.L.Donaldson）把建筑分为 Architecture as a Fine Art 和 Architecture as a Science，以后建筑学的内容逐渐丰富起来。[②] 刘既漂描述的正是欧洲建筑学的这段历史，因此这里他所说的"美术建筑"和"工程建筑"应该指的是 Architecture as a Fine Art 和 Architecture as a Science。

但是美术建筑在不同的时期有不同的内容，英国在 19 世纪中叶提倡哥特复兴。19 世纪末期日本也出现过美术建筑，伊东忠太在美术学校教授建筑，在那里他再考建筑的意义，1894 年提出了建筑的美术属性的概念，从而废除了"造家"而用"建筑"来表现其中新的内涵，他所提倡的建筑的美术属性是 Architecture as a Fine Art 的延伸，其中糅入了日本对 Architecture as a Fine Art 的理解。从伊东忠太以后的东西洋建筑的折中的作品中可以看到他对"美术建筑"的理解。而 20 世纪 20 年代刘既漂直接留学 Architecture as a Fine Art 的中心巴黎，在那里他直接接触了"装饰艺术"。

20 世纪初出现了纯粹美术和装饰美术，或者说纯粹美术和应用美术的差别逐渐减弱的趋势，对装饰美术的价值给予肯定最初是在英国以"工艺美术运动"的发起者 W. 莫里斯（William Morris,1834-1896 年）为首，认为使生活丰富多样的生活用品的艺术化能够真正使生活质量提高。这种主张以后被德意志制造联盟继承下来并带入 20 世纪。法国组织了装饰美术协会，1906 年制定了废除纯粹美术和装饰美术的区别的方针，装饰美术协会 1911 年向政府提出举办国际展览的意见，政府根据这个提议，决定在 1915 年举办国际展览，但是由于第一次世界大战爆发，推迟到 1925 年才在巴黎召开了装饰美术、工艺美术国际博览会（Exposition Internationale des Arts Decoratifs et Industriels Modernes）。博览会展出了各个领域的装饰艺术，包括建筑、建筑装饰、家具、服装、舞台美术、庭园、美术教育、摄影、电影等。"装饰艺术"（art decoratif, Art Deco）应运而生。"装饰艺术"具有未来主义和立体主义的特征，其特征是锐角性，多用三角构

---

① 旅行杂志（建筑专号），1929，Vol.3 No.4（4）.
② Mark Crinson & Jules Lubbock, *ARCHITECTURE art and profession? Three hundred years of architectural education in Britain*, Manchester University Press, 1994.

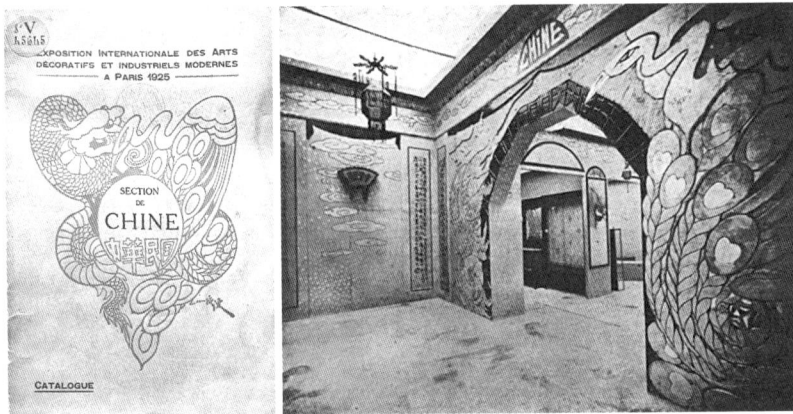

图 13-2-1 《巴黎国际装饰艺术和现代工业博览会中国馆图录》封面（左）
来源：Exposition Internationale des Arts Decoratifs et Industriels Modernes A Paris 1925, Section de Chine, Catalogue.

图 13-2-2 巴黎国际装饰艺术和现代工业博览会中国馆入口（右）
来源：Exposition Internationale des Arts Decoratifs et Industriels Modernes A Paris 1925, Section de Chine, Catelogue.

图；速度性，表现时代节奏；重复性，多重复母题；表层性，纹样多刻在表面上。和新艺术运动的区别主要有多用母题采用无机矿物质结晶的造型。

这个时期刘既漂在法国巴黎留学，当时中国也参加了这次博览会，刘既漂所在的海外艺术运动社更是和博览会关系密切。社长林文铮当时任中国馆法文秘书，林风眠的"不可挽回的伊甸园"等十数件作品参展了这次博览会，林文铮并为《巴黎国际装饰艺术和现代工业博览会中国馆图录》作序。① 刘既漂设计了博览会的《图录》的封面和中国馆。《图录》封面和中国馆入口都用了同一母题中国的龙凤，采用了新艺术运动风格（Art Nouveau）的表现手法。（图 13-2-1，图 13-2-2）从中可以看到他对于中国母体和西方设计手法相结合的思考。这次博览会也是他从新艺术运动风格到装饰艺术风格的转折。

在刘既漂毕业回国的时代，中国对商品装饰也出现了大量需求，20 世纪前期上海地区月份牌创作和印制最为繁盛。民国以后，特别是新文化运动开始以后，中国的大众文化事业得到很大发展，报刊书籍印刷事业需要大量的从事装饰设计的人才，这给学习装饰美术者提供了广阔的天地。不少接受西方美术影响的中国美术家参与装饰设计活动，涉及戏剧舞台布景画、书刊封面设计、广告和报刊插图、纺织品图案和服装款式以及室内外装饰艺术和壁画绘制工作等，反映了 1920 年代对装饰的社会需求。

然而建筑方面人才则十分有限，特别是设计人才十分有限，刘既漂就是其中之一。在 1929 年 2 月《良友》第 35 期中有"建筑师刘既漂启示"，中英文并置，英文是 Liou Kipaul，启示内容是"本建筑师承办各埠银行、旅社、戏院、学校、公司等各项美术建筑之设计及监造。"事务所有三处：杭州平海路 6 号，上海哈同路民厚南里 632 号，香港文盛西街 9 号敬昌号。启示中强调了他的"美术建筑"，可见他的事务所以此为特长。

刘既漂主持的《旅行杂志》的"建筑专号"（1929 年 4 月）的封面选用了巴黎大理石跳舞厅（图 13-2-3），这是他专门为本期所绘的封面，巴黎大理石跳舞厅中动态的人物令人联想到

---

① Exposition Internationale des Arts Decoratifs et Industriels Modernes A Paris 1925, Section de Chine, Catelogue.

图 13-2-3　巴黎大理石跳舞厅
来源：旅行杂志（建筑专号），1929，Vol.3，No.4.

图 13-2-4　国民革命军纪念堂
来源：旅行杂志（建筑专号），1929，Vol.3，No.4.

图 13-2-5　中央党部回廊
来源：旅行杂志（建筑专号），1929，Vol.3，No.4.

图 13-2-6　国民政府南面透视图
来源：良友，1929（35期）

图 13-2-7　国民政府进口透视图
来源：旅行杂志（建筑专号），1929，Vol.3，No.4.

A. 雷诺阿（Auguste Renoir，1841-1919年）和 E. 德加（Edgar Degas，1834-1917年）的绘画，联想到设计者在巴黎所受到的艺术熏陶。建筑则描绘了许多锐角性装饰，并且重复使用。巴黎大理石跳舞厅是典型的"装饰艺术"式样。由此可以对刘既漂所说的西洋"美术建筑"的内容窥见一斑。

　　刘既漂在自己的作品中大量引入了"装饰艺术"的风格。他的设计方案有国民革命军纪念堂（图13-2-4）、中央党部（图13-2-5）、国民政府（图13-2-6、图13-2-7）等，从中可见"装饰艺术"的影响。这些作品刊登在1929年2月《良友》第35期以及1929年4月的《旅行杂志》建筑专号中，说明刘既漂在1929年初之前已经完成了这些设计。与1925年巴黎博览会中国馆设计比较，刘既漂的风格从新艺术运动转向装饰艺术风格，这说明他的"美术建筑"的表现手法也是与时俱进的，但是他始终探索中国的主题，没有偏离"介绍西洋艺术！整理中国艺术！调和中西艺术！创造时代艺术！"的宗旨。这个时期也正是国民政府成立，需要建立新的国民国家形象的时期，从这些作品中感受到建筑师力图用"美术建筑"创造一个新时代的热心和激情。

## 三、欧美留学生对现代运动的初识

西方现代建筑设计实践在中国的传播与影响，于1920年代末已见端倪，但建筑界对现代主义作为建筑文化思潮的自觉引入略晚于美术界。一是因为两个领域的交流并不密切，更主要的是，建筑学科刚刚起步，中国建筑师职业群体自20年代后期才逐渐形成，而西方的现代建筑也是仍在不断探索中的新生事物。自1930年代初，更多主动引入欧美现代建筑思潮、人物与作品的信息陆续出现在报刊上，这一次，建筑学职业人和教育领域成为积极参与的主体，并从美术界转而以欧美留学回来的建筑师占主导地位，带动起关于现代建筑各种议题的讨论，迎来近代中国建筑界第一次学术思想的活跃。

事实上，建筑界最早接触西方现代建筑的，应该是1920年代留学欧美的中国第一代建筑师。尽管当时接受的是以布扎体系主导的西方传统建筑教育，但他们留学阶段也是现代建筑运动正在兴起之时。这是一段难以详细了解的多重状况的历史过程，不过一些片段仍可以明确无误地证明一些事实。

在当时留学生最集中的美国宾夕法尼亚大学建筑系的教学中，主持教学的著名建筑家保罗·克瑞（Paul P. Cret）及其同事们已经尝试吸收简洁的现代建筑形式，以重新诠释古典建筑法则，并还引入了法国建筑史学家维奥莱-勒-迪克（Eugène Emmanuel Viollet-le-Duc）和舒瓦西（Auguste Choisy）的结构理性主义思想。毕业后回国前的欧洲大旅行（The Grand Tour），更使这些建筑人获得亲自考察现代建筑的机会，之后现代建筑对他们的深远影响正是在此拉开序幕。比如，在童寯的旅欧日记中，就有从比利时布鲁塞尔的分离派作品斯托克来住宅，到门德尔松（Erich Mendelsohn）的表现主义作品爱因斯坦塔（即爱因斯坦天文台）以及肯肖百货店（图13-2-8）等10余处他特别安排的现代建筑实地考察。他在1930年的一篇教学笔记中写道：

> "现今建筑之趋势，未脱离古典与国界之限制，而成一与时代密切关系之有机体。科学之发明，交通之便利，思想之开展，成见之消灭，俱足使全世界上［之］建筑逐渐失去其历史与地理之特征。今后之建筑史，殆仅随机械之进步，而作体式之变迁，无复东西、中外之分。"[①]

1920年代在欧洲学习建筑的中国留学生虽然为数不如在美国，但他们身处现代运动的中心，

---

[①] 赖德霖. 童寯的职业认知、自我认同及现代性追求 // 童明. 童寯画纪：赭石 [M]. 南京：东南大学出版社，2012：452-454.

图 13-2-8　童寯 1930 年在斯图加的写生特肖肯百货大楼
来源：童明提供

对这场建筑运动一定耳濡目染，甚至与其中颇具影响力的人物有近距离接触。例如 20 年代初赴法留学的林克明曾在里昂建筑工程学院学习，而他的教授就是现代建筑的先驱人物嘎涅（Tony Garnier）。当时留德的夏昌世和奚福泉等人，虽然没有直接进入现代设计教育改革最前沿的包豪斯学校，但对现代建筑抱有热情，对其进步意义有强烈认同，夏甚至在结束学业游历巴黎时，专门访问了勒·柯布西耶在巴黎的事务所。当时刚刚结束德累斯顿工业大学建筑学学业的奚福泉，在 1927 年《留德学会年鉴》中发表"我国之建筑谈"一文，其中强调科学理性的建筑思想，无疑来自现代运动的影响。文中他批判近代中国建筑学科落后，并呼吁建筑改良重要的是探究"真理"，而非表面的模仿：

> "……故我国现今之建筑，皆依之工匠，工匠虽或有得其祖先之传者，但亦只得其皮毛，而不考其真理，往往知其然而不知其所以然，因之所建之屋，皆依样葫芦，而不能有一线之进步，无进步即退步，则岂非我国之建筑哉……所谓改良进步者，非徒学西式而不考其真理，须以专门人才，求他人之长以补己之短，方能成功。"[1]

除此方式直接影响中国建筑人之外，不断成长与传播的欧美建筑期刊以及出版物带来的作用，也对现代建筑在中国的传播至关重要，几部著名杂志如美国的《建筑实录》、英国的《建筑评论》以及法国的《今日建筑》等，都逐渐成为宣传现代建筑运动的阵地，并直接而持续地为中国建筑师提供思想与作品的信息来源。据童寯后代回忆，留学宾大的童寯，回国后一直阅读国外建筑杂志，即使是抗战时期仍未停止订阅美国的《建筑实录》。[2] 事实上，这些杂志也成

---

① 奚福泉 . 我国之建筑谈 // 留德学会年鉴 [R]. 1927.
② 据童寯后代介绍，童寯回国后一直阅读国外建筑杂志，即使是抗战时期仍未停止订阅美国杂志《建筑实录》。赖德霖 . 童寯的职业认知、自我认同及现代性追求 // 童明 . 童寯画纪：赭石 [M]. 南京：东南大学出版社，2012：454. 此外，这些杂志也在 1930 年代的多个建筑院校中订阅。

为各建筑院校师生争相了解欧美现代建筑发展动态最为重要的媒介。1933 年诞生的《中国建筑》与《建筑月刊》，以及相关大众报刊，成为引介与宣传现代建筑的最重要的推动者（详见下文）。

## 四、西方建筑师的早期引介

西方现代建筑作为新生事物和建筑变革运动影响中国，最早也来自在中国从事实践活动的西方建筑师，主要集中在上海租界。1920 年代末，已在上海从业多年的匈牙利建筑师邬达克就在其作品中反映出西方现代建筑风格转变的敏感性。1930 年起担任公共租界工部局建筑师的鲁道夫·汉布尔格（Rudolf Albert Hamburger，1903–1980 年），直接将德国现代建筑的风格带入工部局的公共建筑设计之中。汉氏的好友、直接参与过包豪斯学院创始人格罗皮乌斯事务所工作的理查德·鲍立克（Richard Paulick，1903–1978 年），也于 1933 年来到上海，开始了在中国长达 17 年的职业生涯，在其从事的建筑和室内设计、建筑教育以及城市规划诸领域，鲍都实践了现代建筑思想并展示了简洁自由的设计风格。

西方建筑师 1930 年代直接在中国传播现代主义思想的历史研究还在继续深化拓展。目前来看，最早将现代建筑作为"国际式"概念引介给中国建筑界，并通过华文媒体宣传现代建筑理论思想的，是一位名叫林朋（Carl Christian Lindbom）的瑞典籍建筑师。1933 年，林朋加入范文照事务所成为合伙人，并开始将作为一种"国际式"的现代建筑介绍给中国人。据当年 2 月《时事新报》刊登的"林朋建筑师与'国际式'建筑新法"一文介绍，[1] 林朋曾就读于丹麦哥本哈根皇家美术学院及丹麦皇家大学，毕业"得特许建筑师学位"后，"复就世界各国知名建筑师学习，以资深造，法京巴黎之珂倍赛（按：当即 Le Corbusier）建筑师、马莱脱斯蒂芬（按：当即 Robert Mallet-Steven）及罗开脱（按：当即 André Lurçat）建筑师、美国之法兰克罗立脱（按：当即 Frank Lloyd Wright）建筑师，德国之华脱羯罗泼斯（按：当即 Walter Gropius），及美特生（按：当即 Erich Mendelsohn）建筑师、瑞京之拉勒斯脱尔（按：当即 Erik Lallerstedt）及奥司倍（按：当即 Gunnar Asplund）教授、并丹麦之马丁·南洛浦（按：当即 Martin Nyrop）建筑师，均为林朋君之受业老师也。"[2] 虽然文章对林朋授业老师的介绍很可能言过其实，但这位瑞典建筑师毕竟是第一次将当时欧美有影响的现代建筑师作为一个群体介绍给了中国的建筑界，以表明建筑新时代的开始。面对正经历都市迅疾发展且营造业十分繁荣的上海，林朋还表示自己"对于万国式的建筑，现在依旧在努力的研究，务望在上海，最近的将来，能够有好多万国式的房屋落成，而增加它的美丽"。[3]

在另一篇介绍林朋的文中，"国际式"又被称作了"万国式"。根据林朋对现代建筑的关注

---

① 沈潼. 林朋建筑师与"国际式"建筑新法 [J]. 时事新报, 建筑地产附刊. 1933, 第七十八期. 引文中建筑师人名的英文原文由作者注.
② 同①.
③ 黄影呆译. 论万国式建筑 [J]. 申报. 1933–5–16.

以及他的职业经历可以推断，① 这个概念就是英语中的"International Style"，并很可能出自希奇科克和约翰逊于 1932 年在纽约现代艺术博物馆中举办的建筑展，以及同时出版的著作《国际式——1922 年以来的建筑》的影响。林朋并不强调"国际式"仅是一种新样式，而是视其为包含科学理性思想的设计原理，并尤其关注如何体现在现代住宅设计中。他认为国际式：

> "其原理甚简、下列数项包括之；1. 求建筑物外观之简美、'国际式'建筑新法、使建筑物之轮廓布置简易、而适当、故外观简洁而美丽；2. 求建筑物造价之低廉、'国际式'新法、排除一切费料费工之举不计划、可省不少旧法枉费之工料；3. 求建筑物寿命之增长、'国际式'新法、采用优良建筑法、得使房屋使用年份增加；4. 求住户生活之改进、'国际式'新屋、对于空气、流通、光线之布置、并日光之映射、均于设计时、甲新法规划、能较旧法适合卫生。"②

林朋谈论建筑形式，但强调的是建筑应有"物质上的真实，构造上的真实"，"在形式与表现上，都须有真实性的存在"，他反对因袭历史，指出"新式住宅设计，决不使私人住宅，再有类似堡垒或纪念堂式之外观……'国际式'新法，住宅构造，首贵简便，设计最重日光空气之充足，务使住户常感其生活之舒适，而业主则觉造价之经济……"。③

林朋并没有对"国际式"风格的"简便"、"真实"做出具体的形式描述，但他却很明确地将当时在美国纽约高层建筑中盛行的装饰艺术风格排除在外，他指出，"欧美洲各大城市之美观、几全为此项所谓摩登式大厦所破坏、而尤以美国为尤甚、何谓摩登、摩登式大厦、不能称为建筑艺术、设计者、所号称'新而奇'者、无非横直线之表现、其举以自豪之金属饰品光灿、木石料之巨大、与夫直柱顶饰之精致、以'国际式'新法目光视之、均成废料、以其与建筑物本身、初无丝毫之利益、徒然增加业主之造价及修理费耳"。④ 这种分辨与希契科柯和约翰逊主动宣称排除装饰艺术（Art Deco）这一摩登风格的立场相当一致，而且在装饰艺术风格已经风行的上海，带来了难得的学术性辨识。

当然，在租界建筑业的激烈竞争环境中，林朋对"国际式"的宣传，也带有为范文照事务所提升业务影响力的明显意图。更有意思的是，他与范文照在 1934 年上半年发行了一个《西班牙式住宅图集》（The Spanish House for China），显现出他对"国际式"的一种独特见解。图集中有林朋的一篇短文和 20 余幅西班牙式独立住宅的方案，最后附有大量建筑材料、设备和营造厂的广告。图集中林朋是美国加州洛杉矶以及中国上海建筑师的双重身份，这些住宅设计肯定来自他之前在加州从业积累的经验，但从图集正文中可以看到，他关注的是未受工业化侵

---

① 沈潼文中介绍："近十年内、林朋君行道于美国加利福尼亚州、代该处人民设计之郊野农村住宅、缠绵数十里地、全采西班牙式、村屋四周风景布置、道路敷设、亦系林氏一手设划……"。沈潼. 林朋建筑师与"国际式"建筑新法 [J]. 时事新报，建筑地产附刊. 1933，（78）.
② 沈潼. "国际式"建筑新法 [J]. 时事新报. 1933-2-15，22、4-5.
③ 沈潼. 再谈"国际式"建筑新法·名建筑师范文照之新伴 美国林朋建筑师所倡行 [J]. 时事新报. 1933-4-5.
④ 沈潼. 林朋建筑师与"国际式"建筑新法 [J]. 时事新报，建筑地产附刊. 1933-2-15.

袭的西班牙乡土建筑对于当时代中国乡村建筑改良的意义。林朋认为，西班牙在吸收了历史上各种时代的文化风格之后，积淀成一种属于自己"民族的、第一无二"的东西，"西班牙人懂得如何建造并出产一种充满简洁、和谐与美的建筑（a composition full of simplicity，harmony and beauty）"，"西班牙住宅总是那么无与伦比，就是因为其如此简洁"，因此从实际出发，"这样一种将昂贵材料的使用减至最低，既延续又限制使用手工艺的风格"，适合于中国，因为"所有西方地中海国家的建筑的基本特征，在本质上相同，而在中国也是同源的"。当时的上海市市长吴铁城被邀为图集作序，赞扬这份图集是建筑师在为改变"近来社会经济润枯不均至都市趋于畸形繁荣乡村陷于窳败状态"而做的、"普及建设之劝导改良社会"的努力。[①]

## 五、1930 年代专业与大众媒体中的引介与讨论

从 1930 年代初起，西方现代建筑及其现代主义思想的自觉引介逐渐增多，并与这个时期的设计实践形成越来越多的互动。这种积极吸纳西方建筑新观念与新思想的趋向，既在各种新生的专业刊物上出现，也在各种大众报刊上活跃，有思想、人物与作品的介绍，大都从国外传入的书籍杂志中转译过来，也有关联到建筑基本问题的探讨，还引发近代中国建筑如何发展的新议题。这些引介形式多样，深浅不一，有时候专业探讨与大众宣传间的差异性并不显著，但它们都出现在当时接受外来思想活跃、出版业最繁荣的上海。

1930 年，《申报》上出现了关于勒·柯布西耶的文章"理想的未来都市"，这是媒体上特别引介现代建筑运动代表人物及其思想的较早案例。该文作为"社会新闻"栏目的一期，介绍的是 1920 年代柯布有关现代城市的规划构想：

> "未来的都市，照高百岁（按：即勒·柯布西耶）的话说、只要住三百万市民就够了……那里有许多很高的凌霄房屋、这种建筑是非常的新颖、特别的教人奇异、不论是水飞机，是陆飞机，是体积很大的飞艇，都可以在那房屋的屋顶、随便停下来……这样房子所占的地方、不过为全市百分之五、其余百分之九十五的地方、是用来种树木花草……我们虽则住在都市中、很需要新鲜洁净的空气……"。[②]

这些构想显然是柯布 1924 年发表的《明日之城》一书中的核心内容，是关于空间规划与建筑设计如何满足人们的交通、卫生、健康、游憩和经济性的需要的现代城市规划理念。在 1931 年的一期发行不久的大众刊物《当代文艺》中，又出现了柯布的机械美学思想的介绍，这是留日回来的陈望道所翻译的、日本艺术史学者板垣鹰穗的文章"机械美"，文中写道，"说过'我

---

① 范文照，林朋 . 西班牙式住宅图案（*The Spanish House for China*）[M]. 出版者不详 . 民国 23 年三月 [1934.3].
② 梁万雄 . 理想的未来都市 [J]. 申报 . 1930–5–11.

们的环境显受着机械变化了'的勒·柯标西爱，通过了机械所启示的新的造型意图，而倡导合理主义的建筑思想"，机械美在视觉艺术上表现为"伟力"、"速度"和"秩序"三个方面，可符合经济原则，也是建筑实现社会和艺术目标的基础。文章甚至还提到了，"勒·柯标西爱曾在汽车和神庙之间，看出了形态发展上形式的类同"，这显然可以看出，板垣鹰穗的对柯布机械美的论述，与柯布最重要的著作《走向新建筑》的传播密切相关。

1933 年 9 月商务印书馆出版的《现代外国名人辞典》，则是将 20 世纪初以来欧美日探索新建筑的"建筑家"全面引入中国的开端。《辞典》中共收入 31 位建筑师的人名，包括"贝棱斯（按：即贝伦斯）、贝拉希（按：即贝尔拉赫，Hendrik Petrus Berlage）、加尔尼（按：即嘎涅）、格罗庇护斯（按：即格罗皮乌斯）、罗考尔辟肖（按：即勒·柯布西耶）、美斯（按：即密斯）、纽德拉（按：即纽特拉，Richard Neutra）、味尔德（按：即维尔德，Henry van de Velde）、来特（按：即赖特）"等等，并对每一个建筑师的简要生平、作品与著作都作了介绍。比如，辞典中介绍格罗皮乌斯是"努力于新兴建筑之发展，倡导国际的建筑。法革斯（Fagus）制靴工厂（一九一四年），……都是他那以为新建筑材料之铁，混凝土，玻璃的适应性，建筑的合目的性为根本的革新的建筑"，密斯"被称为立足于新构造和新材料的新建筑，而表示启蒙的见解"，而赖特"他底建筑，注重平面计划之合目的性及自由性，重以对于建筑材料的忠实及幼年时代所养成的自然爱，形成他作品的独自性……"。[①] 据推测，这些信息很可能仍是从日本转译过来[②]，看辞典的分类，已将建筑与美术以及工程学科清晰区分，人物介绍中有关现代建筑的特征认识十分鲜明，而如此全面地将有影响力的现代运动的建筑师罗列，以呈现代建筑探索的丰富性，是以后很长时期建筑界都未能达到的。

1933 年起，随着一系列相关文章和译文的发表，围绕现代建筑如何体现科学理性与时代精神以及进步思想的介绍和论述日益丰富。如，黄影呆"论万国式建筑"的连载译文（《申报》建筑专刊，1933-5-16，23，30），张广正译谷口吉郎的"现代建筑美的意义"（《申报》建筑专刊，1935-9-10，17）等。专业期刊《中国建筑》和《建筑月刊》诞生后，它们无疑成为引介与讨论现代建筑的重要阵地，何立蒸的"现代建筑概述"（《中国建筑》2 卷 8 期，1934.8），辜其一的"现代建筑形式之新趋势"（《建筑月刊》4 卷 7 号，1936.7），以及庄俊的"建筑之式样"（《中国建筑》3 卷 5 期，1935.11）等，都是围绕现代建筑展开的介绍与讨论。[③] 在这些文章中，"万国式"也越来越多地被"现代建筑"的概念所替代。

1934 年，《中国建筑》连载了留法归国的卢毓骏所译的勒·柯布西耶的文章"建筑的新曙光：科学——诗境"。该文是柯布 1930 年访问莫斯科时的演讲稿，强调现代建筑的发展必须基于科学（"材料力学，物理，化学"）、社会学（"新式的房屋新式的城市"）和经济学（"标准化，工

---

① 唐敬杲主编. 现代外国名人辞典. 商务印书馆，1933：34.
② 根据同济大学宣磊博士学位论文《近代上海大众媒体中的建筑讨论》（2009）中所引资料判断，唐敬杲是一个精通日语的编辑，曾主编《综合日汉大辞典》，后翻译过大量日文军医资料。
③ 黄影呆 1933 年在《申报》建筑专刊上的连载文章有：建筑师林朋谈万国式建筑（3 月 7 日），"论万国式建筑"等 3-11 月；辜其一的"现代建筑形式之新趋势"（《建筑月刊》1936.07）实为翻译美国建筑师小沙里宁（Eero Saarinen）关于现代建筑的言论。

图 13-2-9 何立蒸在《中国建筑》上发表的"现代建筑概述"
来源：中国建筑 [J]. 1934, 2（8）: 45.

业化，合理化"），但同时又坚持建筑的精神反响以及艺术的永恒价值。文中大量内容是对现代建筑及其现代城市空间形式的具体描绘，如"建筑房屋要使楼板光线充足"，"钢骨水泥造的房子，可将墙完全取消，可用细小的柱子"，建筑"可以起至离地三公尺的高，而做楼板于他的上面，于是我们于地下层可得许多空地"，这样"于这个空地上，放汽车，植树木，我们可以想见空气流畅，与花香宜人的景色"，等等。[①] 很显然，这个演讲是柯布"新建筑五要点"的详尽解释，也是他 1920 年代关于现代城市规划探索的综合陈述第一次被引介到中文世界。

紧随其后，中央大学建筑系 1931 级的学生何立蒸在《中国建筑》上发表了"现代建筑概述"一文（图 13-2-9）。文章简略叙述了欧洲 18 世纪以来的建筑因沿袭历史风格，呈"衰颓风气，固有失建筑之主旨"，产业革命、社会变迁以及新技术材料的出现，"新建筑乃正式诞生"。而"新建筑"的产生也经历了不同阶段，初期的欧洲新艺术运动、美国芝加哥摩天楼以及赖特"颇能独创一格"的设计，"对于建筑之美观并不否定，所反对者仅为旧的形式"，并且"国家观念并未摒除"；第一次世界大战以后，因为经济因素，工业化的进程以及机械美学的影响，"昔之以人体花草为装饰者，今且代之以几何形的图案，于是建筑形式乃亦大受影响，而急进派之现代建筑（Ultra Modern）应运而生"。勒·柯布西耶、格罗皮乌斯等代表人物，都是注重实用的"功能主义者（Functionalism）"，其作品"彼等摒除国家观念而探求统一之形式，至有称为国际公式（Internationalism）者"。最后，文章指出，现代建筑"至于发达而成为一种式样（Style）尚非一朝一夕之事"，但这些基本精神已经是未来的必然：

（1）建筑物之主要目的，在适用。

（2）建筑物必完全适合其用途，其外观须充分表现之。

（3）建筑物之结构必须健全经济，卫生设备亦须充分注意，使整个成为一有机的结构。

（4）须忠实的表示结构，装饰为结构之附属品。尤不应以结构为装饰，如不负重之梁，

---

① 卢毓骏 译 . 建筑的新曙光 [J]. 中国建筑 . 1934, 2（2、3、4）.

柱等是。

（5）平面配置，力求完美，不因外观而牺牲，更不注意正面之装饰。

（6）建筑材料务取其性质之宜，不模仿，不粉饰。

（7）对于色彩方面应加注意，使成为装饰之要素。①

何立蒸的文章受到了德国建筑师布鲁诺·陶特相关论著的影响。②西方现代建筑的思想观念与设计原则，正是在多种背景的人物以及多种形式的引介过程中，逐渐清晰起来。

## 六、岭南地区的传播

1930 年代初起，以广东省立勤勤大学建筑工程学系师生为主的专业群体，形成了推动西方现代主义与现代建筑在中国传播的另一股重要力量，与大多数实践领域的职业建筑师相比，他们更加激进，对现代建筑有比较丰富的理论认识与思考，并通过出版物有组织地积极宣传，成为推动现代建筑思想在中国传播的先锋者。勤大教育的核心人物是林克明。1920-1926 年间，林留学法国，曾直接受教于法国早期理想城市与新建筑的重要倡导者之一——里昂著名的建筑师托尼·嘎涅，因此有机会获得现代建筑的启蒙。回国后，他于 1932 年创立了勤勤大学建筑工程学系，并担任教授兼系主任。

1933 年 7 月,广东省立工专(勤勤大学前身)校刊中刊发的林克明的论文《什么是摩登建筑》,堪称现代主义建筑思潮在岭南的传播的先声。关于现代建筑运动，林克明指出："（1）现代摩登建筑，首要注意者，就是如何达到最高的实用。（2）其材料及建筑方法之采用，是要全根据以上原则之需要。（3）'美'出于建筑物与其目的之直接关系，材料支配上之自然性质，和工程构造上的新颖与美丽。（4）摩登建筑之美，对于正面或平面，或建筑物之前面与背面，绝对不划分界限……恰到好处者，便是美观。（5）建筑物的设计，须在全体设计，不能以各件划分界线的而成为独立或片段的设计……构造系以需要为前提，故一切构造形式，完全根据现代社会之需要而成立。"③

从形式风格看，林克明认为必须"以艺术的简洁（technical neatness）和实用的价值，写出最高之美。"④他将自己理解的摩登形式或手法分为四类:"平天台式"，"大开阔度一片玻璃式"，"横向的带形的窗子式"，"实的面积较其所需要特别多，而有时应实者则特别实之，应空者则应特别空之"。⑤他还在文中选用了多幅图片，以加强读者对摩登样式的理解（图 13-2-10），

① 何立蒸.现代建筑概述 [J].中国建筑.1934，2（8）.
② 赖德霖主编.近代建筑哲匠录 [M].北京：中国水利水电出版社，知识产权出版社.2006：46.
③ 林克明.什么是摩登建筑 [A]// 广东省立工业专门学校.广东省立工专校刊 [Z].1933：78-79.
④ 同③：77.
⑤ 同③：75.

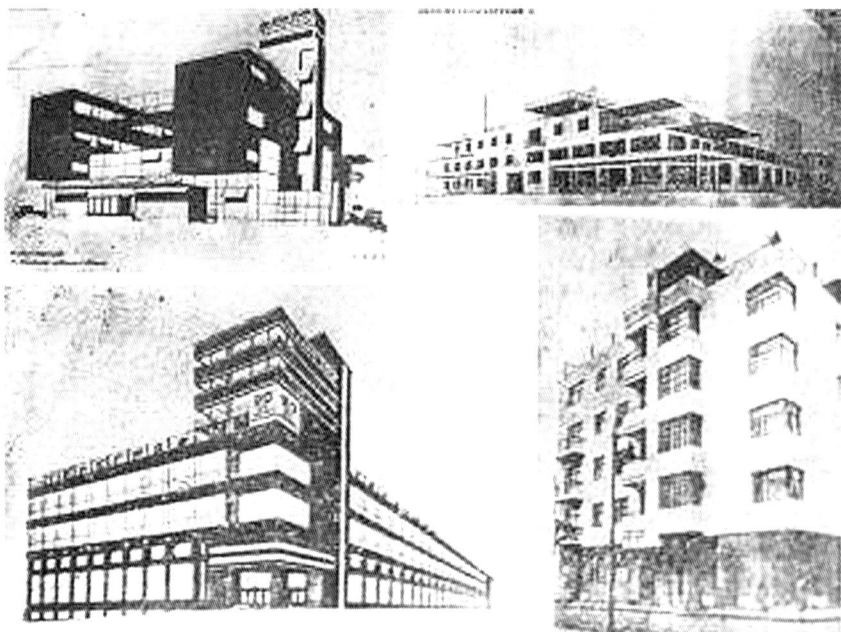

图 13-2-10　林克明《什么是摩登建筑》插图（彭长歆辑成）
来源：林克明.什么是摩登建筑[J].广东省立工专校刊,1933.

并配合他的四类摩登手法，其形式特征包括：跌级的大平台、转角窗、横向带形窗、实墙与玻璃的强烈对比等。这些手法在他后来的作品中和艺术装饰风格结合在一起，成为其个人的早期现代主义风格。

1935年初，过元熙受聘担任勤勤大学建筑工程学系教授，为建筑系带来崇尚科学进步、反对因袭传统的新思想和新观点。过本人曾亲历1933年芝加哥百年进步万国博览会，并负责监造国民政府参展的仿热河金亭。目睹世界各国科学技术及现代建筑的发展，而中国政府却选用完全仿古式样的建筑作为国家展馆，过在《中国建筑》杂志上撰文评论，直接或间接否定中国固有形式，提出"无论参加何种博览会馆宇之营造，当用科学新式，俭省实用诸方法为构造方针"，呼吁中国建筑跟上反映时代精神的步伐。①

在1935年底的勤大"总理纪念周"上，过元熙对建筑系学生发表"新中国建筑及工作"的演讲，继续其芝加哥博览会上形成的思辨色彩。指出："讲到现代欧美的新式建筑，亦并非为时髦'摩登'外表形式的新奇寡怪，盖实以应付今世科学时代的新环境……这种新建筑，是提倡在四十年以前，在该时科学初萌的时代，领袖建筑家，已经觉得古代的建筑，不能合于实用。所以提倡从无意识的繁杂中，来寻觅简美的图案。光怪的形式中，来渐求安雅。又从虚伪而改为使用，从迷信陋俗而变为科学工艺的建筑……反观我国的建筑，则从古以来，毫无一线进步的可言。古老的建筑，所可略为代表者，只有宫殿式的建筑，及庙宇式的建筑……现在科学时代，已无存在的可能。"② 在强调现代建筑科学性的同时，过元熙猛烈抨击了官方倡导的中国固有形式："现在国内还有一种自称为新中国式的建筑，无非下半身是抄用西洋体式，头上是戴一顶宫殿金帽。

---

① 过元熙.博览会陈列各馆营造设计之考虑[J].中国建筑.1934,2（2）：14.
② 过元熙.新中国建筑及工作[J].勤大旬刊.1936,1.11（14）：29.

学校也，政府公署也，商店也，住宅也，车房医院也，无不若斯。结果是各项建筑一无识别，而又不合现代经济营造的原理，极可痛惜。"① 将现代主义与中国传统完全对立的观点在现在看来似有偏颇，但在当时确属振聋发聩。很显然，过元熙看到了现代主义合于科学、反对复古、提倡简洁实用的深层本质，从而超越早期现代主义传播中仅就摩登形式进行模仿、研究的表面论述。

从省立工专时期开始，林克明等在讲台上宣传和推动现代主义理论传播的举措在短时期内取得成效。1935 年 3 月勷勤大学建筑工程学系就建系三年来建筑教育的成果在广州中山图书馆举行公开展览会，② 并为此刊发了《广东省立勷勤大学工学院特刊》。在特刊里，林克明撰写了《此次展览的意义》，明确指出展览的目的是为了"鼓励同学之努力，及引起社会人士对于新建筑事业之注视耳……现代之建筑新事业，当有其现代艺术之生命在"。③ 该次展览会应被视作岭南现代主义建筑运动的总动员。

在这次展览会特刊中，勷大建筑工程学系师生们对新建筑运动作了全面讴歌和赞美，对现代主义建筑理论作了全方位探讨和研究。这其中有三大趋势。

其一，以郑祖良"新兴建筑在中国"为代表。④ 将现代主义与科学精神联系在一起，将新兴建筑作为新时代的物化象征来看待。文中称"20 世纪的新兴建筑底式样的产生，正是十足能够表现现代科学的精神"；郑认为现代新兴建筑的产生背景，是近代唯物主义的勃兴和自然科学的进步。因此，"旧的建筑样式达到了给人们目为偶像，虚伪，陈腐而不能表里时代精神的时候，新的建筑样式便挟了革新的条件，自然地产生出来"。在文中，郑祖良对古典主义作了深刻批判，"古典建筑实在是一种废物，毫无生气，时不足以表现新时代的精神"。而在未署名的《建筑的霸权时代》一文中，继续了这种思辨："社会的上层机构是受技术和物质的约制，二十世纪的建筑是以水泥和钢铁的运用，结果冲击了束缚我们时代的装饰要素，使我们归于自然底—实用底—纪念碑底美的根本形式"；郑对中国新兴的建筑运动充满欣喜和期冀，"可爱的新派建筑不断在都市出现……其发展是急激的，希望是无穷的"；同时，"建筑的霸权时代"一文则主张"不必随着欧美资本主义的形式，更不应徘徊于古代封建建筑的道路"，而应"开拓独特的新生命，创制新的建筑机轴，那么此后将有更新鲜而能满足大众的作品出现了"。

其二，以裘同怡"建筑的时代性"为代表，⑤ 认为现代建筑是时代发展的必然，每个时代有其相对应的建筑艺术形式，和古埃及、古希腊、古罗马以及文艺复兴时代的建筑一样，现代建筑是这个时代的必然产物。裘同怡似乎更赞同以达尔文的进化论来看待现代主义建筑运动："至现在社会的立场上摩登建筑也可以说是现代建筑的进步式样：因为他能以单纯的线条，经济的费用，建筑成一种有同等价值同等实用而又具有美术化的建筑物品，在建筑史上，当占一页很有价值的记载"。

① 过元熙. 新中国建筑及工作 [J]. 勷大旬刊. 1936，1.11（14）：31.
② 工学院. 广东省立勷勤大学概览. 1937：15.
③ 林克明. 此次展览的意义 [A]// 广东省立勷勤大学工学院特刊 [C]. 1935：2.
④ 郑祖良. 新兴建筑在中国 [A]// 广东省立勷勤大学工学院特刊 [C]. 1935：5-6.
⑤ 裘同怡. 建筑的时代性 [A]// 广东省立勷勤大学工学院特刊 [C]. 1935：8-10.

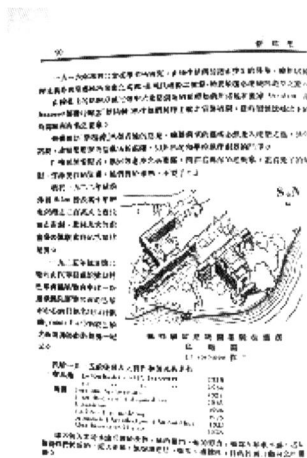

图 13-2-11 《新建筑》创刊号封面（左）以及赵平原文章"建筑与建筑家，粹纯主义者 Le Corbusier 介绍"
来源：新建筑 [J]. 1936，创刊号：封面，20.

其三，以杨蔚然"住宅的摩登化"、① 胡德元"建筑之三位"② 为代表，着重对现代建筑的设计方法论作出探讨。杨蔚然在文章中明确提出了摩登住宅的基本原理：经济、实用、美观。"如此趋向于摩登化者，其唯一原因，就是求切合经济的原理，实用的原则，和一切的合理化。"而胡德元认为现代建筑应包含三要素：用途、材料和艺术思想，并对形式主义作出批判："在廿世纪之今日，当建筑设计，离开用途与材料，而专注重其形式与样式，此实为不揣本而齐其末之事也。"

如果说省立工专时期，林克明等是以建筑师个人的自省自觉来追寻现代主义的脚步，那么勷大 1935 年的这次展览会是对长期不懈的现代主义探索做了一次全面检阅，标志着现代主义已成为建筑工程学系师生的思想和学术主流，并且从最初对摩登形式的关注转移到对现代主义真谛内涵的思考，这是一个质的飞跃，对岭南现代主义的深入发展有十分重要的意义。

1936 年，一份在岭南乃至中国近代建筑史上具有重要历史意义的刊物——《新建筑》在勷勤大学建筑工程学系一些学生主持下诞生。这份杂志延续了 1935 年展览会的现代主义基调，成为旗帜鲜明"反抗现存因袭的建筑样式，创造适合于机能性、目的性的新建筑"的喉舌（图 13-2-11）。③

# 七、1940 年代的传播与发展

随着抗战的全面爆发，建筑界各种设计与营造活动受到极大打击，中央大学、勷勤大学等建筑院校师生为躲避战争也迁往内地。服务于为行业发展、学科建设和学术争鸣的重要媒体《中

---

① 杨蔚然. 住宅的摩登化 [A] // 广东省立勷勤大学工学院特刊 [C]. 1935：11-13.
② 胡德元. 建筑之三位 [A] // 广东省立勷勤大学工学院特刊 [C]. 1935：3-4.
③ 赖德霖. "科学性"与"民族性"——近代中国的建筑价值观 [J] // 建筑师. 1995，4（63）：71-72.

国建筑》、《建筑月刊》以及《新建筑》等重要专业刊物都在 1937 年停办，中央大学、襄勤大学等建筑院校师生为躲避战争迁往内地，中国年轻的建筑学科以及建筑理论探讨的学术园地一时遭遇弃耕。

1938 年夏，勤大工学院并入中山大学，结束了工学院建筑工程学系短短六年的发展历程。在 6 年里，林克明、过元熙、胡德元等一批具有相同现代主义理想的老师和学生以极大热情投入了岭南早期现代主义的探索，启发了如郑祖良、黎抡杰、霍云鹤等一批现代主义建筑的坚定支持者。他们在战争中坚持现代建筑的引介与研究，1941 年《新建筑》在重庆复刊，黎抡杰、郑祖良任主编，以延续其对现代主义建筑思想新的认识和理解，由勤勤大学建筑工程学系师生们所开启的岭南早期现代主义的研究和探索进入新的发展阶段。这个时期，他们发表了一批具有先进的新建筑思想的文章和论著，包括黎抡杰的《现代建筑》（1941 年）、《构成主义的理论与基础》、《国际的新建筑运动论》（1943 年）、《新建筑造型理论的基础》（1943 年）、《目的建筑》；郑祖良的《到新建筑之路》（译著）、《新建筑之起源》、《新建筑之特性》，以及郑祖良和黎抡杰的合著《苏联的新建筑》；郑祖良与霍云鹤的合著《现代建筑论丛》等。[①]

在上海，现代建筑的探索在抗战期间至 1940 年代后期仍有极其重要的发展。1942 年，刚从美国哈佛大学设计研究生院学成归国的黄作燊在上海圣约翰大学土木工程学院创办了建筑系。在此后 10 年的探索与建设中，他汇集了一批志同道合的建筑人积极宣传和实践推动现代主义的建筑思想和设计教育，也使中国建筑界对西方现代主义的认识达到了一个新的高度。[②]

黄作燊对现代建筑思想的认识形成，首先与他独特的留学经历密切相关。1933 至 1937 年，黄就学于伦敦建筑联盟学校（The Architectural Association, London），亲历了学院受欧洲大陆现代运动浪潮席卷、"努力摆脱学院派建筑教学体系的转折时期"；[③] 1939 至 1941 年，黄作燊转入哈佛大学设计研究生院（Graduate School of Design, Harvard University, 简称 GSD）深造，入学时正值包豪斯创始人格罗皮乌斯与时任院长的赫德那特（Joseph Hudnut）共同推进的哈佛建筑教学改革第一阶段成果形成。这个教学机构当时集聚了多位现代派建筑师和规划师，如汉姆弗雷斯（J. S. Humphreys）、布劳耶（Marcel Breuer）、瓦格纳（M. Wagner）、考梅（A.C. Comey）、弗罗斯特（H. A. Frost）和伯格纳（W. F. Bogner）等。[④] 这一不凡的学习和熏陶，再加上其本人对于社会发展和现代艺术的广泛关注，注定了黄对西方现代主义的理解比起建筑界 1930 年代的初识更全面，也更深刻。

黄作燊对现代主义以及现代建筑思想的传播贯穿于他在圣约翰的建筑学办学理念之中。他首先将现代建筑与建立文明新秩序的使命联系起来，这种认识超越了同时代建筑界大部分人关注的民族性与时代性议题的讨论。他指出：

① 赖德霖. "科学性"与"民族性"——近代中国的建筑价值观 [J] // 建筑师 . 1995，4（63）：71–72.
② 关于圣约翰大学的办学历史和设计教学思想，详见钱锋、伍江 . 带有包豪斯教学特点的上海圣约翰大学建筑系 // 中国现代建筑教育史（1920~1980）[M]. 北京：中国建筑工业出版社 . 2008：101–118.
③ 据伦敦建筑联盟学校（AA）档案馆 Edward Bottoms 先生于 2012 年 2 月 18 日给卢永毅的邮件中的介绍.
④ Harvard Register. *The Graduate School of Design, with courses of instruction, 1939~40*. GSD Archive：3.

"当今意义最深刻的变化在于建筑师与社会关系的重新定位。现在的建筑师不再视自己为只和少数特权阶级关联的艺术家，而是一个改革者，其工作就是为整个社会建立起赖以生活的基底……建筑学不但应综合多种需求，如，使用和功能的需求，结构的需求，工具和材料的需求，还应当从人类和社会的源头获得启示……如果、而且一旦建筑师被赋予了最有利的条件去工作且服务于现代社会，我们将很快就能使社会进步与和谐文明的宏图得以实现。"①

因此，他深受格罗皮乌斯关于建筑要面向人类生活所有领域的思想影响，指出城市规划与建筑学"不是什么相互独立的学科，它们是因为彼此影响相互作用而一直在文明成就中扮演角色"，而建筑学的教育应该从住宅、办公室、各类公共建筑一直到服装和舞台设计以及居住区规划和都市计划的整体中建立体系。他因此不断强调，"为艺术而艺术"的学院派教育已不再适用，因为"今天的建筑教学是试图从问题的本质入手寻找解决途径，而不是毫无依据地或以先入为主的观念和固定模式来处理问题"。同时，他在一方面突出"简洁、直接、有效地满足社会需求，为复杂问题找出解决方案"，是现代建筑师的根本任务，另一方面又极其鼓励现代设计融合个人的创造力，认为学校这个场所应使"实验性的训练会在最大限度内得到实践，而每一个人的特征倾向也能得到悉心关注"，②建筑不仅是功能与技术的实践，也始终是实现"创意"（originality）的过程（图 13-2-12）。③

黄作燊十分推崇英国建筑理论家托马斯·杰克逊爵士（Sir Thomas G. Jackson）所说"建筑学不在于美化房屋，正好相反，应在于美好的建造"。他竭力反对以风格（Style）讨论建筑，

图 13-2-12　圣约翰大学建筑系学生于 1940 年代末举办的建筑展的宣传广告，上面写道：新建筑是永远进步的建筑，它跟着客观条件而演变，表现着历史的进展，是不容许停留在历史阶段中的建筑。
来源：同济大学建筑与城市规划学院

---

① 黄作燊 1947~1948 年的演讲稿 The Training of an Architect，黄作燊之子黄植提供。见同济大学建筑与城市规划学院编.黄作燊纪念文集 [M].北京：中国建筑工业出版社，2012.
② 同①。
③ 罗小未、李德华.圣约翰大学最年轻的一个系——建筑工程系 // 杨伟成主编.杨宽麟：中国第一代建筑结构工程设计大师.天津：天津大学出版社，2011：50.

既对中国固有式持强烈的批判态度，也不认同"国际式"，而是坚持现代建筑"不能简化为一种固定的风格"（rather than 'simply a rigid style'）。他认为"modern"因转移成"摩登"概念而被用滥了，他更拒绝 modernism 和 modern style 这些词加在真正的现代建筑头上，而宁可用 contemporary 代替 modern，因为 contemporary 是动态的，因为"现代建筑是一种精神、一种追求的目标，而不是世俗认为的是一种'程式'，一种'流派'"。[①] 应该说，这是他亲历现代设计教育而建立的认识高度：现代建筑更重要的不是某种时代风格，而是重建一种"思维与想象的习性（habits of thought and vision）"。[②] 为此，在圣约翰大学建筑系，以生活经验认识功能需要，以学习建造发现技术与材料的可能性，再以想象力赋予建筑以艺术表达，成为建筑设计教学的根本方法。

黄作燊对于现代建筑的独特认识还在于，他第一个自觉确立了"空间是现代建筑的核心（Space is the core of modern architecture.）"这个关键性的认识，[③] 并将空间组织作为现代建筑设计思维和方法基础。他指出，"考虑每个房间的目的和要求，并以科学的方式回应每一种需要，例如：空间容量、新鲜空气、通风条件、照明状况（包括自然的和人工的）、声音和声学效果。同时，各个房间的安排必须形成恰当的关联性"。如何依据这些需要确定房间及其关联性？那就是空间组织。他解释道，与以往相比，现在的"建筑构思设计是以围成容积的形式（in terms of volume）——平面和表面围合而成的空间（space enclosed of planes and surfaces）——展开的，而不再基于体块和体积（mass and solidity）"。这种空间认识与希奇科克和约翰逊对现代建筑形式原则之一"建筑作为容积（architecture as volume）"的描述十分接近 [④]，也无疑受到包豪斯式的设计训练以及吉迪恩有关现代建筑空间理论的启示。然而更有意义的是，黄作燊不仅将空间认识作为设计思维工具，还将这种认识成为跨文化交流的新媒介，使中国传统文化中的空间艺术获得当代"再现"。在为学生讲解密斯的巴塞罗那博览会德国馆时，他强调其空间敞阔（spacious）的现代特征，并与他极为欣赏的中国山水画中的"气韵生动"联系起来。[⑤]

理论思想认识的提升一方面来自建筑人亲历的西方现代建筑教育，另一方面也因为，西方现代建筑自身的发展步入新的进程，现代建筑史学家的著作以及建筑师论著的不断传播，使得黄作燊这样一些立志引领中国建筑发展的青年学人，对于现代建筑的理论思想和历史意义的认识，都有了新的起点。格罗皮乌斯的《全面建筑观》（*The Total Scope of Architecture*）、勒·柯布西耶的《走向新建筑》（*Towards A New Architecture*）、吉迪恩的《空间、时间与建筑，一种新传统的成长》（*Space, Time and Architecture, the Growth of a New Tradition*）以及约克（F. R. S. Yorke）的《开启现代建筑的钥匙》（*A Key to Modern Architecture*）等，都是对黄作燊形成现代

① 樊书培对黄作燊先生的回忆 . 同济大学建筑与城市规划学院编 . 黄作燊纪念文集 [M]. 北京：中国建筑工业出版社，2012.
② Anthony Alofsin. *The struggle for modernism: architecture, landscape architecture, and city planning at Harvard* [M]. W.W.Norton and Company, 2002.
③ 过元熙 . 新中国建筑及工作 [J]. 勷大旬刊 . 1936，1.11（14）：31.
④ Henry Russell Hitchcock, Philip Johnson. *The International Style, Architecture since 1922* [M]. W.W. Norton, 1997: 40.
⑤ 刘仲回忆黄作燊先生 . 同济大学建筑与城市规划学院编 . 黄作燊纪念文集 [M]. 北京：中国建筑工业出版社，2012.

建筑思想形成产生深远影响的著作。①

西方有关现代建筑出版物的持续传入，促进了建筑理论与学术争鸣的新气象，这在职业建筑师群体以及建筑院校中都有显著表现。比如，陆谦受 1947 年在"建筑设计的功能主义"一文，就十分明确地批评了一种极端的功能主义理论，并注明了该文的思想参考了希奇科克和约翰逊 1932 年论述"国际式"的那本著名著作。他认可"在一个科学昌明的时代，一切文化的表现都免不了要受科学的影响，建筑当然不能逃出例外"。然而，对于功能主义者反对建筑美学原理在建筑上的应用，他却绝不赞成，认为这是"极端的机能主义"，无异于"营造家的立场"，因为科学强调自然，但"自然是一部分的真理，但不能说是全部的真理"。因此，"合理的现代建筑理论，应该是科学和艺术的合成品"。②

# 第三节　现代主义与民族主义的对话

## 一、对于传统建筑的批判③

西方现代建筑及其相关思想的引入，使得 1920 年代中国建筑界关于建筑现代化与民族性的议题有了转向，也可以说，这个持续困惑着建筑界的问题，也在时代潮流的发展进程中发生着变化。

建筑价值观是与一定的社会文化心理相一致的，或者说，它就是这种社会文化心理在建筑上的体现，建筑的形式只有满足这种社会文化心理才能纳入整个社会的认知体系，成为代表这个社会的风格。在近代中国人接触并使用西式建筑之后，特别是在中国建筑师出现之后，他们不可避免地遇到了如何看待中国传统建筑，如何看待西式建筑，如何发展出既属于中国的，又符合时代发展的作品创作。

事实上，在西方现代建筑影响中国之前，接触到西方建筑学学理的中国人就已经形成了这样的认识：中国传统建筑不科学，传统建筑学术不完备。20 世纪 20 年代后期，随着中国建筑师人数逐渐增加，人们对中国传统建筑的认识逐渐深入，对其非科学性的否定也更加具体，众多的批评包括以下内容：

第一，中国传统建筑的学理不科学。传统的营造方法只靠工匠祖传因袭，工匠地位低下，

---

① 根据黄作燊的演讲稿 The Training of an Architect 以及圣约翰大学建筑系建筑理论课程的设置整理而成。见同济大学建筑与城市规划学院编．黄作燊纪念文集 [M]．北京：中国建筑工业出版社，2012．以及钱锋、伍江．中国现代建筑教育史（1920~1980）[M]．北京：中国建筑工业出版社，2008 年 1 月：118．

② 陆谦受．建筑设计的功能主义 [J]．工程导报．1947，（28）：2.

③ 本节（除第二小节）作者卢永毅．综述部分以及第二、第三部分参照赖德霖．"科学性"与"民族性"——近代中国的建筑价值观．中国近代建筑史研究 [M]．北京：清华大学出版社．2007：181-192．翁桐润为此部分做史料调查与整理。宣磊为第四部分内容提供史料调查与研究。

个别能工巧匠的技艺也得不到总结和传承，因而中国建筑技术发展缓慢。

第二，中国传统建筑功用不科学。

第三，中国传统建筑的结构、构造不科学。

对于建筑的一般使用者，尽管他们未必会用科学的原理去分析传统建筑的种种缺点，但他们却通过生活的体验直接分辨出西式建筑与传统建筑的孰优孰劣、孰是孰非，从而形成了崇尚西式建筑的心理。在1925年中国官式建筑开始提倡"中国风格"之前，中国公众、实业家、官方和建筑师心仪的"现代"建筑大都模仿西洋做法和西洋风格。西式建筑即他们心目中的"现代"建筑。这种心理之所以产生的重要原因之一就是西式建筑在建造和使用上所具有的科学性，以及由此带给中国人心理上的现代感。

20世纪20年代中期之后，中国人对新建筑的价值取向又增加了一个内容：民族性。在人们对建筑的认识中，体现着这样一个逻辑，即：建筑是科学与艺术的结合，因此建筑是文化的表现，所以它也就代表着一个民族，并且反映着一个民族的盛衰。

中国建筑师对建筑民族性的探索，成为20世纪20年代的一个核心议题。他们的职业探索体现出与整个社会的时代理想是一致的：即将西方的物质文明和中国的精神文明相结合，目的是在接受西方物质文明的同时保持自己的文化传统心理平衡。20世纪20年代后，当大批受到过西方建筑教育的中国建筑师出现在历史舞台上时，他们不甘模仿外国建筑师，而试图表现出文明古国的文化原创性，于是，创造一种融东西方建筑之特长的建筑，也成为中国建筑师的理想。正如1932年11月，中国建筑师学会会长赵深在《中国建筑》杂志"发刊词"中所提倡："融合东西方建筑学之特长，以发扬吾国建筑固有之色彩。"[①]

对中国建筑艺术性的肯定导致了这样一个结果，近代中国在否定传统建筑的使用价值的同时肯定了它的观赏价值，从而为中国建筑的古典复兴找到了形式美的根据。这种对西方建筑结构技术和对中国传统建筑形式的肯定，决定了一种近代中国建筑中西结合手法的特征，即用西方的材料、结构建造中国传统形式的建筑。其结果是把不断发展的材料、结构和建筑功能强塞入陈旧的建筑形式之中。布扎建筑学的教育背景，为他们成功实践这种"民族固有式"风格提供了极佳的设计方法，并在国家层面符合了国民党提出的"民族精神高于一切"的目标。中山陵、首都计划和大上海计划等设计，正是建筑上对民族性的追求与政治上对民族主义的利用高度结合的产物。

与此同时，西式建筑也在市场经济的引导下甩掉了1920年代折中主义的沉重外衣，向着更实用、更经济、更新奇的方向迈进。对外来新思潮最先作出反应的便是商业建筑，如旅馆、公寓、商店、银行，和功能要求较高的建筑类型，如医院和私宅。20世纪30年代上海建筑的"摩天"化与"摩登"化，就是建筑商品化的直接结果。逐渐地，曾经以"中国固有式"作为标准样式的首都建筑和上海的官式建筑也在寻找新的出路，试图摆脱实用与经济上

---

① 赵深. 发刊词. 中国建筑 [J]. 1932，创刊号：2.

的困境。1933 年，基泰工程司设计的中央医院落成，它的样式被称作是"简朴实用式略带中国色彩"，其特点就是用中国传统建筑的局部构件、装饰纹样代替对"中国固有式"建筑整体上的模仿。

## 二、西湖博览会——刘既漂"美术建筑"的民族主义表现[①]

刘既漂在 1920 年代后期的设计实践，为现代建筑的民族主义表现尝试了一条与"中国固有式"很不相同的途径。在探索美术建筑的过程中，刘既漂就感到，让中国人接受建筑作为一种美术的概念并不很容易。他在 1929 年撰写的《西湖博览会与美术建筑》中谈到"自己在外国研究的时候，抱着满腔的热望要把美术建筑介绍到中国来，可是回国以后，看到一般不但不懂美术建筑，而且大有望焉去之的态度，虽说没有灰心，却已令人冷了半截。"[②]

如何让中国人接受美术建筑的概念，这和绘画方面引进印象派、野兽派的问题一样，必须使之适应于中国的土壤，和中国的民族美术结合，这是以林风眠为核心的艺术运动社所提倡的宗旨中另一个重要课题相关，即"整理中国艺术"。林风眠探求的是西方绘画和中国的水墨画的结合，而传统中国建筑的国宝则需要建筑家自己去寻找。1928 年，中国建筑史研究的专门组织中国营造学社尚没有成立，因此，在中国还没有很多研究成果可以参考，这时的刘既漂对中国建筑还所知甚少，他在"中国新建筑应如何组织"中提到："在欧洲的时候所研究关于美术建筑各部，可说完全西洋美术建筑化。对于中国建筑，我是个客。"[③] 但是"整理中国艺术"的思想促使他有意识地寻找中国建筑中的国宝。

1928 年的暑假，刘既漂约同图案科教员孙福熙一起赴广东旅行，特别到澳门访问了一位收藏中国艺术品的朋友王斧（王玉父），孙福熙为此撰写了"古物千余件　捐赠博物馆"，[④] 介绍了王收藏的中国工艺品。这次旅行最令他感动的是，"在他的许多宝藏之中，居然发现一个泥烧古代房屋模型，使我何等惊骇而高兴！"这个古代房屋模型是汉代的明器，刘既漂从这个明器上发现了中国古代建筑的美术价值，这个明器的窗户的"窗柱已有叶式线纹之装饰，可见那时贫民建筑，早有美术要求之表现。观察它的形式，平民的住屋既然有这种成绩，皇族和高贵的宫室，不想而知其建筑艺术更加可观了。"[⑤]（图 13-3-1）

1929 年，刘既漂在《旅行杂志》上发表了"建筑导言"，他认为："我们相信无论那（哪）一个国家，他的文化在物质上最明显的，莫过于建筑……埃及建筑之宏壮，象征长生不死的妄想。法兰西建筑之柔美，象征信仰自由与文化。德国建筑之尖锐，象征好斗。英国建筑之庄严，

---

① 本小节作者徐苏斌。
② 刘既漂. 西湖博览会与美术建筑. 东方杂志，1929，Vol.26，No.10：87.
③ 刘既漂. 中国新建筑应如何组织. 东方杂志.1927，Vol.24，No.24：81.
④ 良友，1928（30）：27.
⑤ 刘既漂. 中国美术建筑之过去及其未来. 东方杂志.1930，Vol.27，No.2：133-140.

图 13-3-1 刘既漂发现的汉代的明器（左）
来源：东方杂志，第 27 卷第 2 号.
图 13-3-2 大公司之外观（右）
来源：旅行杂志（建筑专号），1929，Vol.3 No.4.

象征残酷和自利。中国建筑之玲珑，象征文雅。各种象征，完全系各种民族个性的表现。现在中国反三顾洋茅庐，聘请美人计划一切，我以为这是中国文化上之耻辱……我们自己做的东西，虽然不值拜金者的重视，但至少也许可以表现点我们中华民国的民族性。"[①]

这里他不否认其他民族的建筑，但是就中国建筑而言，他反对雇佣外国建筑师设计西洋建筑，提倡中国建筑的民族性。他在谈到调和中西艺术，创造时代艺术时表示："我是绝对赞成采用西洋建筑的方法的。因为他的方法全以科学为根本。我是绝对反对采用西洋的作风的……因为我们中国根本没有科学。所以有仿效之必要。但建筑方面。以艺术本身为归宿。科学为附属品。"[②]

但是对如何沿用中国建筑的风格，刘既漂明确反对原封不动地模仿古代建筑。他说"模仿性益大则创作性愈小……在事实方面古今不同之处既非常之多。亦因古今不同而不适用。所以此后古式建筑。有痛改之必要。"[③] 从这里也可以看到林风眠的影响，林反对文人画，也是指的反对原封不动地仿古，而是利用文人画基础大胆创新。

最后刘既漂提出："此后。我们应该利用西洋物质文明之赐。增进我们民族生命的幸福。但是我们亦应该输用他的物质。表现我国民族个性的艺术。使他在世界文化上。占点相当地位。

① 旅行杂志（建筑专号），1929，Vol.3 No.4:1-2.
② 同①：4-5.
③ 同②。

同时博得他种民族相当的敬礼……我们应试把自己的勇气和互助的精神合作起来，百折不回地去创作新的建筑，这也是我们新文化运动中之一大部分工作。"①

在刘既漂1929年初之前完成的作品某大公司之外观用了"大屋顶"形式，并用了放大的圆窗表现"美术建筑"的特征（图13-3-2）。表现手段是"装饰艺术"的，题材是中国的。可以理解他试图表现中国的"美术建筑"。

1928年国民政府成立，中国的民族主义逐渐走向高潮，绘画方面也出现了中国美术优位论②，这种背景为尝试中西结合，以建筑为工具表现民族性提供了有利条件。刘既漂非常明确地提出美术建筑中的民族性问题，但同时他就如何表现民族性探索了自己的道路，在他为西湖博览会完成的多个设计中，直接得到了丰富呈现。

1929年，杭州召开西湖博览会，林风眠等国立艺术院的教员都参与了筹备工作，刘既漂结识了当时浙江省建设厅长程振钧，他称程是"知音"，而程当时正是西湖博览会筹备委员会的主席，程给了他一个表现美术建筑的机会。他把西湖博览会的大门和各馆所门面设计和装饰的任务交给了刘既漂，对刘既漂来说这是天赐良机，刘既漂牺牲了半年的时间，义务为西湖博览会做了设计。③对承接西湖博览会的设计，刘既漂曾说："我想这是表现美术建筑的机会到了，不顾一切，完全抱着义务的态度，不断地干……我希望这次西湖博览会可以给国人了解美术建筑的机会。"④

西湖博览会是自1910年南洋劝业会之后首次大规模的全国性的博览会。该会的创办提议始于1924年，当时浙江军事善后督办卢永祥，省长张载扬曾建议举办西湖博览会，但是由于政局不稳，没有成功。国民政府成立后，实业计划亟待实施，而提倡国货尤为救国救民之要图，浙江省政府有鉴于此，计划举办西湖博览会，纪念统一，奖进国产。由建设厅拟具筹备西湖博览会议案，于1928年10月提交省政府一百六十三次会议通过，并委任建设厅长程振钧为西湖博览会筹备委员会主席，自后聘任委员，修订章程，规划会场，征集作品。

西湖博览会筹备伊始，便成立了工程处，负责工程。一部分馆所借用了官房别墅，另一部分则重新建设。博览会设置八馆两所，八馆为革命纪念馆、博物馆、艺术馆，农业馆、教育馆、卫生馆、丝绸馆、工业馆。两所为特种陈列所、参考陈列所。其他重要的建筑有大门、大礼堂、跳舞厅等⑤（图13-3-3）。刘既漂虽然不是工程处建筑师，但是担当了最重要部分的设计，包括博览会的标志建筑入口大门以及各馆所入口。除他以外，还有许守忠、盛承彦、李宗侃、浦海、汤伟青等也参与了设计。⑥

西湖博览会的入口是刘既漂和李宗侃合作设计的。建筑位于断桥会场入口，是整个博览会的广告。临水一面是游船码头，兼用中国旅行社办公楼。建筑为木构造，整体造型呈阶梯状，

① 旅行杂志（建筑专号），1929，Vol.3，No.4：5.
② 西槙偉.中国文人画家の近代 豊子凱の西洋美術受容と日本.思文閣株式会社，2005.
③ 旅行杂志（建筑专号），1929，Vol.3，No.4：1.
④ 东方杂志，1929，Vol.26，No.10：87.
⑤ 徐旭东.西湖博览会筹备之经过.东方杂志，1929，Vol.26，No.10：28.
⑥ 相关设计师的信息参见徐苏斌.近代中国建筑学的诞生[M].天津：天津大学出版社，2010.

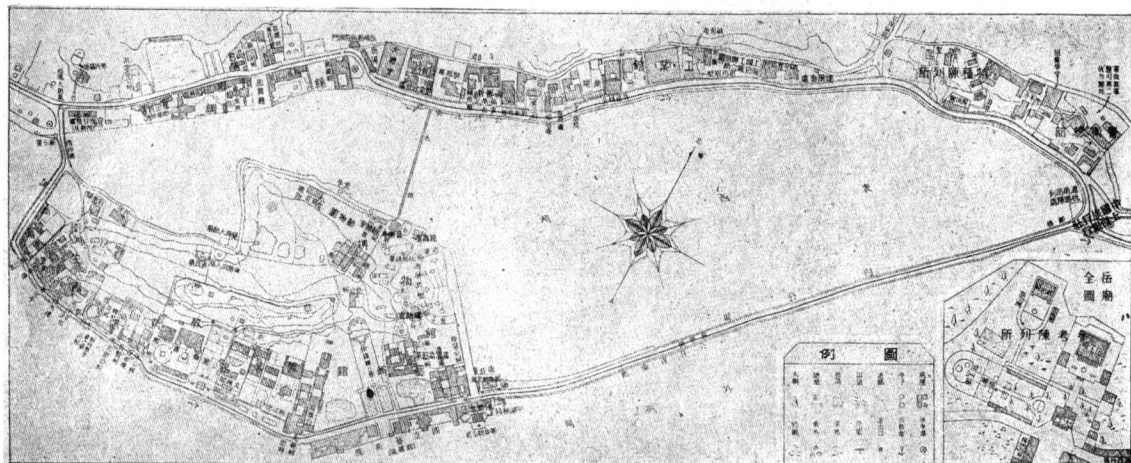

图13-3-3 西湖博览会平面图（《图说首届西湖博览会》）（上）
图13-3-4 西湖博览会入口建筑透视图（左）
来源：旅行杂志（西湖博览会专号），1929，Vol.3 No.7，（7）.
图13-3-5 西湖博览会入口设计图（下）
来源：旅行杂志（建筑专号），1929，Vol.3 No.4，（4）.

強调了现代主义建筑的体量感（图13-3-4），但更引人注目的是入口建筑的正面使用了中国的牌坊做装饰，上书"西湖博览会"。使用中国的牌坊是自清末以来中国参加国外博览会或者举办博览会常用的表现手法，在国内的博览会上更是迎合抵制外货振兴民族工商业的主题，如在西湖博览会之前，1910年南洋劝业会的入口也使用了中国牌坊。西湖博览会是在国民政府成立不久举办的，牌坊正渲染了博览会为表现民族主义的场所。特别的是，刘既漂没有使用斗栱去设计一个真正的牌坊，而是平面图案表现传统的斗栱、梁枋，并且也没有拘泥古建筑的造型和比例，而是用法国"装饰艺术"常用的三角形、四方形等几何主题用于表现中国额枋、斗栱等（图13-3-5），从中可以看到设计者在融合"装饰艺术"和民族性方面的探索。他在"中国美术建筑之过去及其未来"中选登了孔子文庙的盘龙柱子照片，而在入口也设计了巨大的龙柱（图13-3-6），这里他用浓重的笔墨强调了对传统的继承，但是手法仍是用了从法国学来的"装饰艺术"的手法，这很像林风眠的画，材料是传统的水墨，表现方法则是既有中国的线描，也有西方近代绘画的光线和色彩。

刘既漂在被委托设计的博览会大门和各馆所门面上，也可以看到"装饰艺术"的影响。革命纪念馆大门的造型没有完全按照古典牌楼的做法，没有坡顶，但是横向的额枋上却让人立刻

西湖博覽會內各建築經建築師劉既漂等意匠經燈光彩照人左圖為大門部柱偏偉麗

場劇之會覽博湖西

图 13-3-6　西湖博览会入口龙柱（左上）
来源：旅行杂志（西湖博览会专号），1929，Vol.3 No.7（7）
图 13-3-7　革命纪念馆设计图（左中）
来源：《图说首届西湖博览会》
图 13-3-8　西湖博览会剧场（右）
来源：旅行杂志（西湖博览会专号），1929，Vol.3 No.7（7）
图 13-3-9　教育馆设计图（左下）
来源：《图说首届西湖博览会》

联想到古典建筑额枋上的彩画，粗大的柱子没有按照中国建筑的比例设计，但是依然是中国建筑的主题（图 13-3-7）。西湖博览会剧场的入口则让人联想到牌楼，屋顶的处理和大门的牌楼处理方式不同，原来牌坊的斗栱部分简化为反曲线（图 13-3-8）。这种反曲线造型类似砖塔的叠涩。在巴黎舞厅中使用了许多倒三角锥形，在国民革命军纪念堂立面上倒三角锥变成叠涩暗示了斗栱的位置，而西湖博览会剧场更大胆地表现了中国的牌坊。教育馆的入口设计上也有同样表现（图 13-3-9）。

艺术馆的建筑造型选用了竹笋状曲线的塔和叠涩出挑的反曲线屋檐构造。反曲线屋檐的设计类似西湖博览会剧场的入口牌楼的设计。竹笋状曲线的塔则和西湖美丽的保俶塔的轮廓线无不相关（图 13-3-10）。植物的纹样原本是"新艺术运动"（Art Nouveau）常用的题材，这里也成为"美术建筑"的一种表现。西湖博览会问讯处虽然很小，但是设计上也很独到。下部仿青笋的曲线和纹样，屋顶部分则和第一电影场、教育馆、艺术馆屋顶用的是同一手法。青笋状的曲线在建成后消失了，可能是考虑到施工方便（图 13-3-11）。还有，设计者在以"健身救国"为主旨的卫生馆的门头上设计了健壮丰满的裸体造型，丰满健壮

图 13-3-10 艺术馆设计图（左上）
图 13-3-11 问讯处（右上）
图 13-3-12 卫生馆（左中）
图 13-3-13 音乐亭（左下）
图 13-3-14 丝绸馆（右下）
来源：《图说首届西湖博览会》

的肉体的表现方法暗示了当时中国"健身救国"的主题（图 13-3-12）。另外，半圆弧线也是刘既漂常用的手法，特种陈列馆大门、音乐亭（图 13-3-13）、博物馆使用了圆形题材。丝绸馆的设计，不同于原来"装饰艺术"所表现的"无机""金属"的特征，表现了丝绸的柔软质感（图 13-3-14）。

从上述设计中可以看到，刘既漂提倡的"美术建筑"是吸收了"装饰艺术"为主的西方造型艺术的特点并按照自己的理解所表现的中国建筑，如果用"中华装饰艺术"这一用语，也许更能体现"美术建筑"的真髓，它手法多样，但都是为了"调和中西艺术，创造时代艺术"。这和林风眠吸收野兽派、印象派的特点，继承中国水墨画的遗风，创造自己的画风一样。

"装饰艺术"对中国的影响常被认为表现在上海的近代建筑上，但西湖博览会的设计也表现了浓郁的"装饰建筑"特征，而且和上海不同的是，这些作品不是出于外国建筑师之手，而是出自留法的中国建筑师之手，这在整个近代中国的现代主义建筑发展的历史上来看具有先驱地位。

## 三、对"国际式"的质疑

20世纪30年代，民族性与现代化的对话发生了显著变化，也就是说，科学性、时代性和民族性的议题，因为现代建筑思想与实践的传入而开启了新的一页：现代主义代表的时代趋势和进步观念，使得建筑界对于中国传统建筑的价值认同产生了新的动摇，拉开了20世纪中国建筑史上科学主义与民族主义争议的又一层序幕：现代建筑究竟是一种普世性的发展方向，还是让建筑体现民族性的议题再入困境，或者说，建筑的民族性如何还能在"国际式"的进程中重新得到定义等，这些问题在建筑界产生了新一轮的讨论。

面对现代建筑的影响，民族主义者有三种不同心态，即抵制、焦虑和自信。[①]

"国际式"强调建筑的功能和形式的真实，以林朋为代表的对现代建筑的早期宣传与阐释虽然并不深刻，但已经与中国人所要求的建筑"民族性"发生了冲突。一位叫海声的作者很快发出反对声："建筑是美术的一种，也是一种切于实用的美术，建筑物除表现一种美术思想以外，同时还须合于地方风土民情。建筑物也是时代思想的文化代表者，与民众生活有极大的密切关系。中国现代建筑物的形式，根本须自己产生一种特殊的，适合现时代人民的习惯生活，更须能够代表中国现代文化才行。目下中国的民族，生活和习惯泰半在多年遗传的旧习里，往往又因为受了欧美风雨，或其他新文化的影响，而浸成了一种新旧参半的生活。在产生这种情态的时代中，要寻找一种建筑物，来适合于新旧参半的生活，混杂不一的习惯，原不是一定要罗马式、希腊式、古代式，或是明清时代的宫殿式，可也绝不是世界大同的所谓万国式！……中国目下采用万国式建筑，还是舍本求末，因噎废食的不需争的事务，现在所需的，是能使中国建筑物，要有时代化的创造出来。"是故依据旧式，采取新法，改造中国传统的宫殿式建筑，使之经济合用，因时制宜，又不失东方建筑色彩，为中国建筑师的当务之急。[②]

## 四、结构理性主义与中国传统建筑

这个时期，已经开展中国传统建筑考察研究的梁思成和林徽因，又有不同的态度与思考。虽然他们并不否认中国建筑在功能和工程技术方面的落后，但显然不愿意因此而否认中国建筑作为一个独立的建筑体系的存在价值和它在艺术上的成就，并且还努力建构传统建筑的现代解读。梁、林把北方官式建筑当作中国建筑的正统代表进行研究时，对中国建筑特征的解释不仅参照了布扎体系中关于古典建筑的认知形式，也明显吸收了现代建筑科学理性的思想，尤其是现代建筑中的结构理性主义。因此，与早先人们否定传统建筑的科学性、仅仅肯定其艺术性不

① 这部分参照赖德霖."科学性"与"民族性"——近代中国的建筑价值观.中国近代建筑史研究 [M].北京：清华大学出版社.2007：227.
② 海声.万国式建筑之商榷 [N].申报.1933-5-23.

同，梁、林极为赞赏中国建筑在材料、结构、造型诸方面所表现出的合理与统一。1932年3月，在已经开始了对中国古建筑遗构的实地调查后不久，林徽因发表了一篇重要论文——《论中国建筑之几个特征》。[①]这篇文章所包含的三个重要思想后来贯穿于她和梁思成的中国建筑史研究：第一，中国建筑的基本特征在于它的框架结构，这一点与西方的哥特式建筑和现代建筑非常相似；第二，中国建筑之美在于它对于结构的忠实表现，即使外人看来最奇特的外观造型部分也都可以用这一原则进行解释；第三，结构表现的忠实与否是一个标准，据此可以看出中国建筑从初始到成熟，继而衰落的发展演变。林徽因在两年后的写作中更加概括地表述了这样一种现代建筑观：

> "建筑上的美，是不能脱离合理的，有机能的，有作用的结构而独立。能呈现平稳、舒适、自然的外象；能诚实的袒露内部有机的结构，各部的功能，及全部的组织；不事掩饰，不矫揉造作；能自然的发挥其所用材料的本质的特性，只设施雕饰于必需的结构部分，以求更和悦的轮廓，更协调的色彩；不勉强结构出多余的装饰物来增加华丽，不滥用曲线或色彩来求媚于庸俗，这些便是'建筑美'所包含的各条件。"[②]

梁、林借助现代建筑结构理性主义的原则来审视中国建筑，从而回应了西方学者和近代中国向往现代化的建筑师和公众对它的贬斥态度，并在这个基础上，赋予了中国建筑一个在世界建筑体系和现代建筑条件下应有的位置。当受到1932年纽约现代艺术博物馆的著名展览及其《国际式——1922年以来的建筑》一书的启示后，他们更明确了以结构理性主义的认识解读中国传统建筑的原则，并将其与现代建筑设计原则直接地联系起来：

> 所谓"国际式"建筑，名目虽然笼统，其精神观念，确是极诚实的，其最显著的特征，便是由科学结构形成其合理的外表。对于新建筑有真正认识的人，都应知道现代最新的构架法，与中国固有建筑的构架法，所用材料虽然不同，基本原则却一样，——都是先立骨架，次加墙壁的。因为原则的相同，"国际式"建筑有许多部分便酷类中国形式。这并不是他们故意抄袭我们的形式，乃因结构使然。同时我们若是回顾到我们古代遗物，它们的每个部分莫不是内部结构坦率的表现，正合乎今日建筑设计人所崇尚的途径。[③]

所以在他们看来，此时"正该是中国建筑因新科学，材料，结构，而又强旺更生的时期。"但其实，梁思成、林徽因对中国传统建筑的赞赏只能说明材料、结构、造型的统一是一切有生命力的建筑的根本所在，从而反证现代主义建筑之合乎时代要求，却并不能成为"中国固有式"

---

① 林徽音（林徽因）. 论中国建筑之几个特征 [J]. 中国营造学社汇刊. 1932，3（1）：163–179.
② 林徽音. 绪论 // 梁思成. 清式营造则例 [M]. 北平：中国营造学社，1934：1–20.
③ 梁思成. 建筑设计参考图集序 // 梁思成. 建筑设计参考图集（一）[M]. 北平：中国营造学社，1935：1.

建筑存在的理由。在他为数不多的作品中，有摩登艺术式的北大女生宿舍（1934 年），有略加中国式细部装饰的仁立地毯公司铺面（1933 年），也有"中国固有式"的天津特别市行政中心建筑物方案（1930 年）。1935 年，他还曾担任南京中央博物院图案竞赛的评委，按照他的指导，兴业建筑事务所设计了一座辽宋风格的建筑。可见，梁思成和其他建筑师一样，也是根据建筑的不同类型去选择中式或西式的不同风格，只是他更了解传统建筑的构造原理，所以在设计中更强调"文法"——布局、构架和做法的准确性。为此，他在 1935 年特别将古代建筑的构件图样搜集整理、分类汇编，编著了《建筑设计参考图集》，"专供国式建筑图案设计参考之助"。

## 五、芝加哥世界博览会的中国馆以及对民族形式的批判

1933 年芝加哥世界博览会上中国馆的设计及其引起的批判，集中体现了这个时期中国建筑的民族性表达在西方现代主义的传播与影响下如何受到极大挑战。

1927 年，国民党定都南京，并于翌年 10 月"统一"了全国。南京的规划和建设方略与这一时期人们的建筑价值观相一致，即采用科学的方法进行城市规划，同时通过建筑在城市形象上造成中国风格。《首都计划》对于"建筑形式之选择"做了明确的规定："要以采用中国固有之形式为最宜，而公署及公共建筑物尤当尽量采用。"[①] 采用"中国固有式"的真正原因，是要"发扬光大本国固有之文化"，对民族性的要求使得建筑的精神作用和对民族文化的象征意义被突出强调。

1933 年芝加哥世界博览会举办，对于即将参展的中国馆建设，蒋介石在行政院致实业部的训令中提出，"建筑则须庄严华丽，表现我国建筑美术之特点，而又补之雅洁之布置、精美之陈设。""其建筑之结构宜用我国雕刻，缀之以古亭或古塔，由国内采购名贵木料，遴派国内精巧工人来美从事。"[②] 后来中华民国参加芝加哥博览会出品协会代表张祥麟赴美时携带了两份中国馆设计方案，一为美国建筑师茂飞（H.K. Murphy）设计的城楼式，一为兴业公司绘制的北平四合院形式，另有当时寄身美国的留美建筑师过元熙提交了一份现代式中国房屋设计。由于城楼式耗资较高且费时，过的草图尺寸配合又不够详备，而距离博览会开幕时间已近，故中国馆采用了兴业公司的设计方案，为一组口字形建筑，门口矗立双阙和牌坊。据当时的报告称："吾国专馆虽因限于物力、迫于时间，未能臻瑰丽宏大之极，然经配置之下尚觉不后于人。""若吾国专馆之建筑及颜色因系采取东方建筑式，画栋朱梁，极为典雅，美人虽习见高楼大厦，而具有东方精神之建筑则不数数觏，故于本馆落成之后参观者络绎不绝，靡不赞为美观。"1934 年中国馆继续扩充，"外表改漆红色，颇为壮丽。添筑一塔，门前竖立佛像、铜狮，气象为之一新。"[③]

---

① 国都设计技术专员办事处编，王宇新，王明发点校 . 首都计划 [M]. 南京：南京出版社，2006：60.
② 中国第二历史档案馆 . 中国参加芝加哥世界博览会史料选辑（一）[J]. 民国档案 . 2009（1）：13.
③ 中国第二历史档案馆 . 中国参加芝加哥世界博览会史料选辑（三）[J]. 民国档案 . 2009（3）：36.

图 13-3-15　芝加哥博览会本迪克斯喇嘛庙（芝加哥，1933 年）
来源：中国建筑 . 1934，2（2）：7.

图 13-3-16　芝加哥博览会（芝加哥，1933 年）
来源：中国建筑 . 1934，2（1）：35.

　　中国馆北侧的另一座中式建筑"本迪克斯（Bendix）喇嘛庙"却非中国政府所建。这座建筑是承德普陀宗乘之庙"万法归一殿"足尺复制品。1929 年，瑞典探险家斯文·赫定（Sven Hedin）在瑞裔美国人文森特·本迪克斯（Vincent Bendix）的资助下对亚洲进行考察，这座喇嘛庙的复制品乃是赫定为本迪克斯购买的。在寻找、绘图和复制建筑构件的过程中，赫定得到了卫华营造厂经理梁卫华的帮助。梁按照工程做法则例逐项编定说明和做法，之后绘晒主要视图及各部件详图，并制作了 1：10 的模型作为拼装的范本。1931 年，173 箱构件运抵美国，拼装后预先在芝加哥美术馆展出，引起轰动。[1] 1932 年初，经过谈判，本迪克斯将喇嘛庙复制品捐赠于世博会。此次易地组装历时半年，共拼装了将近 5.6 万个构件，由中国留美建筑师过元熙在世博会现场担任监造（图 13-3-15）。

　　建成的本迪克斯喇嘛庙占地 70 平方英尺，重檐四角攒尖顶，覆有金箔的铜瓦闪闪发光，飞檐、天花、雕刻无不镀金，从而得到别称"热河金亭"。金亭完美地呈现了北方皇家建筑豪华庄严的气势，芝加哥世博会的官方导览手册中特别提到了这座建筑，[2] 为配合展出，赫定还专门编写了《中国喇嘛寺庙：热河的布达拉宫》（The Chinese Lama Temple：Potala of Jehol）一书，详细介绍了金亭的建造过程、室内陈设以及藏传佛教的历史等内容。博览会开幕时，金亭游人如织，作为中国传统文化的代表，受关注的程度甚至超过了中国馆本身。

　　虽然中国馆和金亭在世博会上都取得了一定程度的成功，过元熙却并不认可直接复制古典建筑形式的做法。1934 年，作为"金亭"现场拼装督造和中国馆设计顾问的过元熙在《中国建筑》上发表文章，介绍芝加哥博览会及各国陈列馆的设计（图 13-3-16）。过认为此次博览会主题为"百年进步"，体现了科学的发明，科学制造方法，以及科学对于人生实用的贡献，而中国馆和热河金亭在他眼中并未体现博览会的主题要求。[3] 他批评道："故我国专馆之设计营造，自然该用廿世纪科学构造方法。而其式样，当以代表我国百年文化进步为旨志。以显示我国革命以来之新思潮及新艺术为骨干，断不能利用过渡之皇宫城墙或庙塔来代表我国之精神。故其设计方

① 王世堉 . 仿建热河普陀宗乘寺诵经亭记 [J]. 中国营造学社汇刊 . 1931，2（2）：1-4.
② Official Guide Book of the Fair 1933[M]. Chicago: A Century of Progress Administration Building, 1933: 1.
③ 过元熙 . 支加哥百年进步万国博览会 [J]. 中国建筑 . 1934，2（2）：1-2.

法,当先洞悉该博览会之性质宗旨,而用现代之思想,实力发挥之,可使观众得良好之印象也……无论参加何种博览会馆宇之营造,当用科学新式,俭省实用诸方法为构造方针。以增进社会民众生活之福利,提倡民众教育之新观念为目的,方能实至名归"。[1]

在过元熙看来,中国建筑应当以"摹写二十世纪科学之进化及其贡献"为己任[2],而中国古典建筑已经不合实用。第一,在建造方法上较为落后,无论是民居还是工商业建筑,自古至今递嬗千年并没有什么改进。第二,中国古典建筑形式造价过高,同样大小的空间,造价往往是欧美新技术建筑的一倍以上。第三,中国古典建筑形式代表的是皇权至上以及封建迷信,而不是人民生活密切相关的一般建筑。对于仍在提倡的"中国固有式",过元熙更认为其无非是下半身抄用西洋体式,头上戴一顶宫殿金帽,"徒从事于皮毛,将宫殿庙宇之式样移诸公司厂店公寓,将古旧庙宇变为住宅,将佛塔改成储水塔,而是否合宜,未加深虑"。[3] 中国建筑界应当废止抄袭西洋式或古旧不合实用的建筑方法,走平民化的道路,"必须科学化,卫生化,极度经济简单,合于实用",使"此种改良进步之建筑物,即成为社会人民所能公享之用具"。[4] 除了建筑需要改善之外,社会需要变迁,城市也需要改良。为此,不仅要应用科学的营造方法、新材料、新技术构建中国新建筑,还要邀集各路专家,借鉴欧美都市计划,规划建筑大批经济实用的公寓新村,开辟城市花园,发展公共交通,方能使大众安居乐业,社会文明进步。[5]

正如过元熙所认识到的,现代建筑的形式来源于功能,来源于材料,来源于工业化的生产方式。陈陈相因的古典式样既不能解决现代的功能问题,又不适合用现代的材料和工业化的方式生产。虽然现代主义"国际式"建筑的思想在传入中国之初曾经遇到了民族主义思想的抵制,但是当中国人接受现代主义的理性之后,他们自然得出了与柯布西耶相同的结论,即"所谓经典的风格已经不复存在了。"现代主义者在以民族性为目标的"中国固有式"建筑面前竖起了合理性、实用性、经济性和时代性的标尺,拉开了 20 世纪中国建筑美学史上科学主义与民族主义论战的序幕。

## 六、民族与现代融合的新途径

民族主义是近代中国知识分子普遍的文化心理,一方面对现代建筑科学理性思想、体现技术变革、社会进步的时代特征都热情接受,但另一方面,现代建筑并未真正成为"国际式",在实践上它仍然在大多数情况下被作为西式风格,更多出现在商业类或功能性很强的建筑类型中。不过可以看到,由于现代主义的影响,一些建筑师对于中国固有式的民族主义表达已经改

---

① 过元熙.博览会陈列各馆营造设计之考虑 [J].中国建筑.1934,2(2):14.
② 过元熙.支加哥百年进步万国博览会 [J].中国建筑.1934,2(2):12–14.
③ 过元熙.新中国建筑之商榷 [J].建筑月刊.1934,2(6):15–22.
④ 过元熙.平民化新中国建筑 [J].勤勤大学季刊.1937,1(3).
⑤ 同③.

图 13-3-17 中山文化教育馆（华盖事务所：南京，1935年）
来源：中国建筑

变设计策略，逐渐融入现代建筑的自由构图和净化语言。1933年，华盖事务所的三位建筑师正式合作时，就相约一起摒弃"大屋顶"，坚持走新建筑的发展方向。[1] 尽管他们仍有多个项目保留了中国固有式风格，但在政府文化类建筑中已经做出探索。他们为国民政府设计的项目中山文化教育馆，就是代表性的作品，这个看起来多种风格拼贴杂糅而成的建筑，实际上既反映了矛盾与困惑，也包含了冲破民族固有式的布扎设计语言、追求现代建筑自由形式的大胆尝试（图 13-3-17）。

积极倡导和宣传现代建筑的《新建筑》杂志，自始至终保持自己的一贯立场，对于当时的民族形式持有强烈的批判态度。勒勤大学的毕业生霍云鹤（署名霍然）在1941年渝版《新建筑》上发表长文"国际建筑与民族形式——论新中国新建筑底［型］的建立"，站在民族与世界文化交流和发展的高度，讨论现代建筑与民族性的问题。霍文指出：

> "艺术是国际性的……假如把国际主义的内容与民族形式分离开来，是一点也不懂得国际主义的干法，我们需要把二者密切地结合起来的……我们倘从形式和内容的关系上看，则所谓'民族性'，首先是存在在各民族在其生活斗争的发展过程中独自地创造着的文化形式的特性上。例如在建筑的各种不同的文化形式上面，各民族都表现着它的民族的特质。在这里，这特质是对内容的世界的本质而说的，并且在这里，内容的民族的特质是在形式的特质上表现出来的……由于民族内社会关系的变化和各民族交互影响而来的国际文化的形式的过程，是文化的特质向着本质发展的过程；从形式和内容的关系来说，就是形式跟着内容发展的过程归结便是所谓民族国际化。换言之：就是各民族文化既具有世界性的内容，这世界性（国际性）的内容必然而且必须具行为民族特质的民族形式的存在。则民族文化之形式上的民族的特质，也是具有它的文化上的民族价值。而且也将和内容不可分离地取的世界的价值。"[2]

---

① 陈植. 意境高逸、才华横溢——悼念童寯同志 [J]. 建筑师，1983.11（16）：3.
② 霍然. 国际建筑与民族形式——论新中国新建筑底「型」的建立 [J]. 新建筑. 战时刊. 1941（渝版）.

因此他的结论是，"这民族的特质之向着世界的本质的发展的过程，是一种矛盾的斗争过程。而在过程上，民族形式必然而且必须在世界化着（国际化着）了。所以，从形式和内容的关系的发展来看，则民族的国际化是民族文化发展的内在必然性，也是非常明白的。"①

在西方现代建筑的传播和影响下，还有一些建筑学人，不仅未将"现代性与民族性"对立，也未走向一种目的论的历史研究，而是以一种新的认知与智慧，去消解这种中西对立的局面。圣约翰大学建筑系的黄作燊在20世纪40年代末的一场题为"论中国建筑"的演讲中，就是以现代建筑的空间理论，将这个问题引向了更开放的跨文化思考与发现。作为同时代的知识分子，黄作燊也具有深层的民族情结，明确指出建筑教育要响应当时的宪法精神，"始终如一地坚持民族性、科学性和大众化"。②同时，面对外来影响，黄又强烈批判"我们过于急切地将这些西方建筑艺术当成了进步的标志"，并"着实为我们抛弃如此众多自己的文化遗产而深深遗憾"。但毫无疑问，他明确反对"中国复兴式风格"，认为"一种既能回应现代要求，又仍应忠实于我们文化传统的当代中国建筑，是无法轻易地以'中国外观'和'西洋室内'拼接而成的"。立足于"空间是现代建筑的核心"的理念，黄作燊重新阅读中国传统建筑的气势，传统绘画的神韵，以及传统园林的闲适空间意境。他在演讲中谈论《红楼梦》大观园中的游园雅趣，更欣赏明代文人程羽文在《清闲供》中描述的理想的住屋："门内有径，径欲曲。径转有屏，屏欲小。屏进有阶，阶欲平。阶畔有花，花欲鲜。花外有墙，墙欲低。墙内有松，松欲古。松底有石，石欲怪。石面有亭，亭欲朴。亭后有竹，竹欲疏。竹尽有室，室欲幽……"。③

黄以这样的视角，使现代建筑的自由空间与传统民居和园林的空间布局产生了交流，这种阅读在其学生们的探索中继续保持着，并推动了出色的实践。

# 第四节　现代建筑的设计实践④

1920年代末30年代初，随着西方现代建筑思想与相关作品信息的不断引入，现代建筑的实践探索也在中国开始。在上海，在一些市政建筑或工厂建筑中率先出现了设计强调使用功能、反映建造技术和摆脱历史样式的案例，明显受到西方现代建筑的影响，这一时期租界工部局在公共租界建造的一系列公共菜市场，就是代表性的例子。在这些菜场建筑中，混凝土无梁楼盖结构提供了通畅的空间，功能在其中灵活组织，钢与玻璃围合出流线型立面，不同材料的建构形成统一整体，并在建筑内外诚实地表现出来（图13-4-1）。这些建筑一般出自工部局专职工

---

① 霍然.国际建筑与民族形式——论新中国新建筑底「型」的建立[J].新建筑.战时刊.1941（渝版）.
② Henry J. Huang, The Training of an Architect, 1947~1948年，黄植提供。"宪法"指民国时期的《中华民国宪法》。1946年12月25日，国民大会通过，1947年1月1日由南京国民党政府颁布，声称以建立"民有，民治，民享"的"民主共和国"为特色。
③ 作者认为这段描述出自明代李笠翁（李渔）之文，但由童明查证，该文实际出自明代程羽文的《清闲供》中"小蓬莱"一章。（引自程羽文著《清闲供》，上海书店出版社，1994）作者本人所阅版本暂无从考。
④ 本节作者卢永毅。部分内容的作者将在下面具体说明。

图 13-4-1　小沙渡路菜场 [工部局工务处（Shanghai Municipal Council; Public Works Department）. 上海，1929 年代末 ]
来源：上海历史博物馆藏

程师或建筑师的设计，虽然他们并未宣称与一些新的观念主张相关，但这些建筑所呈现的设计理念与形式特征，可以称得上是中国最早的现代主义建筑了。[①]

进入 1930 年代，越来越多职业建筑师尝试外形简洁、形式自由的现代建筑设计，涉及各种公共建筑和住宅建筑。虽然，这个传播过程并没有西方现代建筑运动中的领军人物直接进入中国，但这个时期活跃在中国的一部分西方建筑师扮演了先驱者的角色，他们或是将自己直接在欧洲现代建筑运动中获得的思想观念与实践经验带进来，如德国建筑师鲁道夫·汉布格尔（Rudolf Albert Hamburger，1903–1980 年）和理查德·鲍立克（Richard Paulick，1903–1978 年），或是逐渐转变自己已有的设计风格，以积极接应西方新建筑的发展潮流，并将其与中国的现实环境结合，代表性的建筑师有匈牙利建筑师邬达克（Ladislaus Edward Hudec，1893–1958 年）以及法国建筑事务所赉安洋行（A. Leonard，P. Veysseyre & A. Kruze Architects）等。

几乎同时，迅速成长的中国职业建筑师群体也在这一思潮的驱动下，积极投入到现代建筑设计实践中。他们虽然大多是从布扎教育背景和各种历史风格的实践中转向对现代建筑的追随，难以脱离风格移植的模式，甚至也会将摩登样式即装饰艺术风格与现代建筑混合起来，但探索的开始已经出现一些成功的现代建筑作品，切实推动了中国建筑的历史性转折。比较突出的代表性人物和事务所有奚福泉、董大酉、林克明和华盖事务所等。

如果说中国建筑师 1930 年代的设计实践终究还徘徊在现代主义与民族主义之间，那么进入 1940 年代，努力追随现代建筑的发展方向越来越成为建筑实践的主流。一些直接受西方现代建筑教育的人回国后促进了对西方现代建筑更加深入的认识，以主持圣约翰大学现代建筑教育探索的黄作燊为典型的代表。然而由于时代的局限，这一时期的实践机会相当有限，许多更加成熟的现代建筑设计方案只能停留在图纸上。

---

① 小沙渡路（Ferry road）今西康路。

# 一、西方建筑师的现代建筑实践

## （一）现代主义先驱：汉布格尔和鲍立克 [1]

在上海公共租界工部局任职的德国建筑师汉布格尔，可以说是近代中国最早自觉践行现代主义理念的西方建筑师。要理解他的设计，有必要了解他的职业背景，以及上海租界特殊的历史环境。

据德国学者科构（Eduard Kögel）研究，汉布格尔 1920 年代中期在柏林技术大学（Technische Hochschule Berlin）主修建筑学，1927 年毕业，获工学硕士学位（Diplom-Ingenieur）。求学期间，他加入了正在柏林执教的德国表现主义建筑师汉斯·珀尔齐格（Hans Poelzig）的工作室，担任其助教，也有机会与多种文化背景的学生接触交流。1927-1928 年间，汉布格尔曾任职于柏林普鲁士建设部门，1928-1930 年初，他又回到珀尔齐格工作室，并在珀氏组织的柏林哈弗尔（Havel）中心规划设计竞赛中获得头奖。

此间，对汉布格尔产生重大影响的还有青年建筑师小组（Die Gruppe Junger Architekten）。该小组的成员都是珀尔齐格的学生，他们在老师引导下，一直致力于在"现代"与"传统"的张力中寻找自己的立足点。一些小组成员声称，他们介于先锋的格罗皮乌斯、勒·柯布西耶与当时的一些保守学派之间，既认同包豪斯的设计语言，主张建筑师必须基于新的技术条件和建造程序进行创作，又不忘老师之提醒，避免包豪斯的抽象形式成为一种教条和一种宣传运动（propaganda）。因此，对汉布格尔来说，新技术新发明必然打破旧有形式，预示着一种新的形式语言的创造，但同时还要在激进的现代主义狂潮中不迷失方向。

1929 年，一位在上海从事工程师职业的朋友，将上海工部局在报上刊登的一则建筑师招聘启事寄给了汉布格尔，汉布格尔随即申请了这个职位，并被录用。他于 1930 年 6 月举家来到上海，开始了他在这个远东大都市的职业生活，并很快融于上海的德国人社区，与上海的建筑师圈子开始交流。1930 年在一次德国新教教堂的设计竞赛展上，汉布格尔结识了留德归国的建筑师奚福泉，两人于次年一起合作设计过一个纪念一位中国将领和他的士兵的纪念碑（实物现已难以考证）。

1931 年 4 月，汉布格尔全家搬入位于法租界霞飞路（今淮海中路）的新家。他设计了新颖的家具，以多种色彩装饰不同功能的房间，受到朋友的青睐，于是他在工部局谋职之外，于 1932 年与人合伙创办了室内设计公司（The Modern Home）。在他的邀请下，同样曾是珀尔齐格的学生，并在格罗皮乌斯事务所工作过的好友鲍立克，于 1933 年离开纳粹德国，来到上海，加入该室内公司工作。1936 年，因战争局势及家庭原因，汉布格尔离开上海到波兰做自由建筑师，1939 年重回上海，1941 年离开中国。[2]

---

① 本小节关于汉布格尔生平和作品以及部分鲍立克的生平史料引自 Eduard Kögel 的博士论文 Zwei Poelzigschüler in der Emigration: Rudolf Hamburger und Richard Paulick zwischen Shanghai und Ost-Berlin (1930-1955), Dissertation, 2006

② 汉布格尔的太太在上海进行左翼政治活动，并结识了陈翰笙和夫人顾淑型，以及美国女记者史沫特莱（Agnes Smedley）。1936 年，因战争局势及其夫人从事政治活动等原因，汉布格尔离开上海到波兰，1939 年离婚后，他重回上海，并于 1940 年被当成敌对分子拘捕关押于重庆，1941 年出狱后前往莫斯科。

图 13-4-2　维多利亚疗养院南立面和通长阳台（汉布格尔：上海，1930-1933 年）
来源：龚德庆、张仁良主编. 静安历史文化图录 [M]. 上海：同济大学出版社，2011：143.

1930 至 1936 年，汉布格尔完成了一系列为工部局建设的公共建筑设计项目，有维多利亚疗养院、华德路监狱扩建，还有上海工部局女子中学，莫干山疗养院扩建和上海垃圾焚烧场等。他的设计务实，注重使用功能，形式构成简洁，并不是刻意追求激进的创新，但也完全摆脱历史样式，而且设计语言与形式特征贯穿其每一个作品。在当时装饰艺术盛行的上海，汉布格尔的作品切实带来了欧洲现代主义的先锋形象。

汉布格尔的第一个作品，是 1930 年开始设计、1933 年 10 月建成的位于大西路（今延安西路）221 号的工部局维多利亚疗养院（S.M.C.Victoria Nursing Home）（图 13-4-2）。这座 9 层大楼是为 1925 年落成的洪恩医院所建的配楼，设计处处体现出对使用功能的考虑。大楼南北向布局，建筑底楼与二楼一起构成建筑的基座部分，南面进入的底层门厅，连接中国员工的房间、设备用房和厨房等后勤用房。北入口大台阶高半层，入门厅的开敞楼梯向上走半层是休息大厅，一条走廊连接茶室、餐厅、图书室和接待室及衣帽间等功能空间，东西段是楼梯间，厨房与餐厅由食梯联系上下。三楼至七楼由内廊分割成南北两部分。南面为主要疗养用房，连接通长的阳台，使每个房间的病人能够自由进出，得到充分的日照和通风。东端是包含起居室、卧室、独立浴室和储藏室的套房，供护士长居住；西端是含储藏室的套间；北面为淋浴、熨烫、储藏等辅助空间。竖向交通的电梯与楼梯间分别布置在北侧和东西两端。八楼与九楼供护士居住，房间较小。顶上还有屋顶花园，局部加盖顶棚，供露天休息用。

该建筑为钢筋混凝土框架结构，基础由 680 根约 20 米长的桩基构成。为利于隔声，建筑隔墙采用矿渣砖。为加强保温隔热，外墙又采用双层隔墙。房间都配有暖气片、防蚊纱窗以及带型灯等现代设施。底层厨房和备餐间配有食梯、现代炉灶及冷藏设备。

在精心设置使用功能的基础上，疗养院的建筑造型呈现鲜明特色：立面为经高温烧制、表面多孔透气的暗红色面砖，贴有浅色面砖的阳台以通长的水平向线条构成整个立面的韵律，而深阳台投下的阴影不仅可以遮蔽夏天的烈日，也使简洁明快的立面形成更加鲜明的明暗对比。建筑体现了形式与功能的高度统一，而立面的去中心化构图，与装饰艺术风格形成了明显的差异。

图 13-4-3 提篮桥监狱扩建，前面一栋
小楼是女监，后面带玻璃顶棚的那栋是男
监（汉布格尔：上海，1933-1935 年）

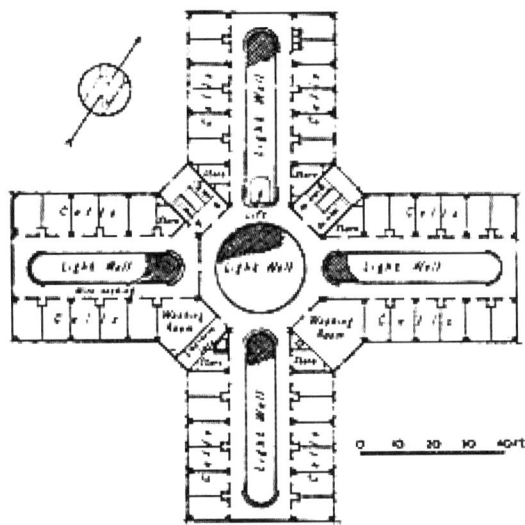

图 13-4-4 提篮桥监狱扩建平面图和室内（汉布格尔：上海，1933-1935 年）
来源：博士学位论文：E. Kogel, Professor Dr. phil. habil. Dieter Hassenpflug. Zwei Poelzigschüler in der Emigration: Rudolf Hamburger und Richard Paulick zwischen Shanghai und Ost-Berlin (1930-1955) [D], Bauhaus-Universität Weimar, 2006: 135, 136.

　　1934 年，汉布格尔完成了第二个公共租界的重要设计任务——华德路监狱的扩建[①]（图 13-4-3、图 13-4-4）。该监狱自 20 世纪初建成后，屡经扩展，至 1934 年已有六部分共 2925 个监舍，可监禁 6500 名犯人，但即便如此仍未解决监舍过度拥挤的状况，由此造成肺结核之类的传染病难以控制，引起公众批评。因此，工部局决定重新建造两栋关押外籍犯人的楼房，一栋是 30 个舍位的女监，另一栋是 150 个舍位的男监。

　　汉布格尔的设计，还是以满足复杂的空间以及合理的使用为出发点。扩建的主体建筑男监舍共六层，底层是新犯人登记处、卫生体检处、工作人员办公室和接待室，其中还有公共

---

① 原上海公共租界工部局警务处监狱，始建于 1901 年，占地仅 10 亩左右。后来随着公共租界地域的扩展，监狱在押犯人数也急剧上升，从 1903 年底的 156 人到 1927 年的 2457 人。从 1928 年起监狱陆续扩建。至 1935 年，监狱占地面积达 60.4 亩，共有各类监舍 3700 多间。这座监狱就是现在的长阳路提篮桥监狱。

餐厅和三个厨房，供印度锡克教、穆斯林和西方三个饮食传统各不相同的刑徒使用。整栋楼设有两个楼梯间和一部电梯。从二楼起是单人囚室，每层楼都有两个公用的洗漱间，顶层是犯人的工作间和供放风的屋顶平台。女监四层高，30间囚室，也配有屋顶平台。外立面处理与男监相似。同样，底层也部分开敞，院子用围墙分隔。建筑群除了两栋监舍外，还有院子和监视塔。

设计采用了英国标准、规范和预防越狱的措施，保证工程质量和安全。六层男监舍楼采用十字形平面，中间是一个圆形中庭，其顶部为玻璃圆顶。圆顶的骨架由钢筋混凝土制成，加盖玻璃，使阳光可以照射到所有楼面。二楼以上，走廊宽敞，加装铁丝网的采光井提供良好的可视性，以便用少量的人员便可监控整栋监狱。这种十字形平面和圆形中庭组成的空间，显然来自19世纪即已形成欧洲监狱建筑类型，源头可追溯到英国哲学家杰里米·边沁（Jeremy Bentham）18世纪末提出的全视监狱（panopticon）原型。

扩建的建筑均用框架结构，底层得以局部架空。建筑外形反映功能关系，简洁程度接近极少主义的作品，粗糙的素混凝土和无装饰的外立面增加了建筑的威严，突出了监狱建筑的性格特征。围护屋顶花园的围墙和铁丝网后退，形成韵律变化，而窗户则成为塑造建筑的主要造型语言，一方面对应于内部囚室、公共用房和工作间的不同功能，另一方面又给严肃的建筑外表带来一些变化的节奏。1935年9月，这个监狱扩建项目投入使用时，曾被称为整个东亚最现代的监狱。

1935年，汉布格尔又设计了工部局女子中学（图13-4-5）。这座可容纳500名女学生的学校建筑，其基地位于租界西区的一个临街的三角地带。建筑由四部分构成：西面和东面各有一栋四层塔楼，并与中间三层高、容纳21个教室的教学主楼相连。主楼北侧临街设有学校管理员室。由于基地条件的限制，建筑师将建筑向西南整体转向约20度：在三角基地的一端呈圆弧形，安排一些如物理实验室等特殊用途的教室；东侧一段因充足的场地而建另一塔楼，底层设通高两层的大礼堂，兼作体育馆、剧场或电影院，其上（实际层高相当于三层）是餐厅和屋顶平台，四楼的厨房再后退，又形成一个屋顶平台。主要教学楼部分沿街后退一定距离，形成入口前院，并与两端体块形成U字形，围合出学校的操场。主楼北设走廊，教室全部朝南，面向操场的主立面同样采用长窗，每个教室都开有敞亮的5个双扇大窗，并由两条横向饰带联系，强调了水平向的韵律（图13-4-6）。同时，主楼平屋顶通过六个落水口排水，六根相应的雨水管又打破了立面单调的横向线条。主楼外墙以白色抹灰与塔楼的红色砖墙形成强烈对比，也暗示了功能的分区组织。

在这座建筑的室内，建筑师对于功能的考虑细致入微。他特别关注建筑的自然通风问题，故在教室与走廊相邻的墙面上，开有一排扁平的横向气窗，以便炎热夏天的散热。大礼堂采用上下开启的大片钢窗，也是为了便于更好的采光和通风（图13-4-7）。此外，每个教室都设置了供学生储放物品的壁橱。不仅如此，建筑师对于不同功能体量的连接技巧娴熟，又避免过于追求形式表现。大礼堂室内带有中国传统漏窗意味的装饰细部十分节制，却给原本过于简练抽象的空间带来场所的识别性。这一设计策略也可见于维多利亚疗养院的休息厅和公共活动室。

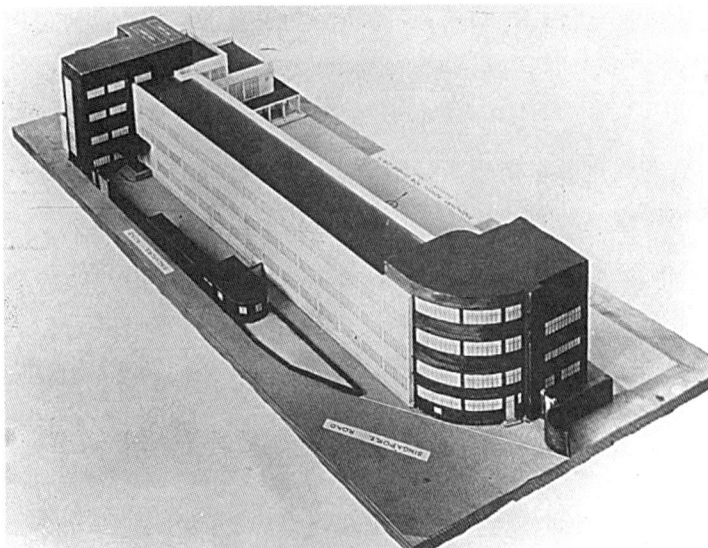

图 13-4-5　上海工部局女子中学模型及沿街北立面（汉布格尔：上海，1933-1935 年）
来源：博士学位论文：E. Kogel, Professor Dr. phil. habil. Dieter Hassenpflug. Zwei Poelzigschüler in der Emigration: Rudolf Hamburger und Richard Paulick zwischen Shanghai und Ost-Berlin (1930-1955) [D], Bauhaus-Universität Weimar, 2006: 126, 127.

图 13-4-6　工部局女子中学南立面与操场（汉布格尔：上海，1933-1935 年）

图 13-4-7　工部局女子中学活动大厅（汉布格尔：上海，1933-1935 年）
来源：博士学位论文：E. Kogel, Professor Dr. phil. habil. Dieter Hassenpflug. Zwei Poelzigschüler in der Emigration: Rudolf Hamburger und Richard Paulick zwischen Shanghai und Ost-Berlin (1930-1955) [D], Bauhaus-Universität Weimar, 2006: 128, 131.

总之，这座学校建筑功能与形式和谐统一，是当时上海屈指可数的优秀现代主义建筑案例，它并非直接移植"国际式"风格的产物，而是在各种限制条件下，经过理性思考、满足合理使用的设计作品。

汉布格尔的朋友鲍立克曾在德累斯顿学习建筑，1925 年和汉布尔格一起前往柏林技术大学学习，1927 年获该校建筑学硕士学位，随后进入格罗皮乌斯在德绍的工作室工作三年，并于 1928 年 4 月成为那里的负责人。此前，鲍立克已经参与过格罗皮乌斯主持的德绍包豪斯校舍的设计工作，亲历了这个现代主义代表作的设计过程。1931 年，鲍立克开创了自己的工作室，独立设计了德绍 DEWOG 住宅区 4 栋住宅建筑、柏林康特现代车库（Kant-Garage in Berlin）等项目，这些作品已清晰地呈现"国际式"的特征。[1]

在汉布格尔的帮助下，鲍立克于 1933 年来到上海，开始了他在这个远东大都市持续 17 年的职业生涯。开始，他在汉氏创建的现代之家室内设计公司中任职，该公司于 1934 年被房地产大亨沙逊接手改为新的现代之家（Modern Home，1936 年歇业），鲍立克仍是其中的主要设计师。1937 年起，他与其兄弟一起成立了自己的时代室内设计师公司（Modern Homes，Interior designers），主要从事室内和家具设计并有自己的生产作坊。1942-1943 年，他又与兄弟及另一合伙人开设了鲍立克与鲍立克建筑工程公司（Paulick & Paulick，Architects and Engineers），业务拓展到建筑与规划设计。1943 年，鲍立克进入圣约翰大学建筑系，开始长达 6 年的教学工作。抗日战争结束后，鲍立克的室内设计师公司在南京开设了分公司。1946 年起，他担任大上海都市计划委员会的工作，在其中扮演重要角色。1948 年，鲍立克还主持创办了室内设计师公司的分公司时代织造公司（Modern Textiles），设计制作编织产品。[2] 1949 年 10 月，鲍立克离开上海回国继续从事建筑事业，并成为民主德国最重要的建筑师。[3]

来自 1920 年代欧洲现代运动中心的鲍立克，对现代主义思潮及其设计实践有多重认识。在中国的 17 年里，他踏足了从剧院及舞台设计、室内和家具设计，到公馆、俱乐部、火车站等建筑设计，再到矿城、"大上海都市计划"等城市规划的广阔领域，身兼设计师、规划师到大学教师的多重身份，这种跨界的视野和才能，与包豪斯现代设计教育改革的理念以及格罗皮乌斯倡导的"全面建筑观"有着内在关联。鲍立克为租界德侨、犹太侨民以及英国侨民的剧社演出的 30 多项舞台设计，在最著名的国际饭店（Park Hotel）、沙逊大厦（Cathay Hotel）、百老汇大厦（Broadway Mansion）、高纳公寓（Grosvenor House）以及上海轮渡服务中心等多个餐厅设计（图 13-4-8、图 13-4-9），也为自己室内设计师公司的众多家居产品，以及在沙逊大厦和大新百货公司中设计的营销展示室。抗战期间，他涉及了无锡的江南大学校园

---

① Wolfgang Thöner, Peter Müller: Richard Paulick-Wiederentdeckt. In: Bauhaus Tradition und DDR Moderne-Der Architekt Richard Paulick, 2006.
② 他和其兄弟、建筑师钟耀华以及圣约翰的毕业生程观尧、李德华、曾坚和王吉螽一起创办。当时公司中鲍立克占 50% 的股份，他的中国学生们则每人出资 100 美金入股，每月除了固定工资外，还享受分红。公司的经营、技术和内部管理分工明确。后来公司由于原材料补给问题无法继续生产，只能结束经营。2010 年 2 月，徐静、卢永毅采访王吉螽教授。
③ 鲍立克于 1949 年 10 月 10 日离开上海，想转入美国未成，最后选择回到民主德国，成为那里的重要建筑师。见吕澍、王维江著. 上海的德国文化地图. 上海：上海锦绣文章出版社，2011：95.

图13-4-8　轮渡服务中心水上酒吧和餐厅（时代室内设计师公司：上海，约1935年）
来源：博士学位论文：E. Kogel, Professor Dr. phil. habil. Dieter Hassenpflug. Zwei Poelzigschüler in der Emigration: Rudolf Hamburger und Richard Paulick zwischen Shanghai und Ost-Berlin (1930–1955) [D], Bauhaus-Universität Weimar, 2006: 161.

图13-4-9　时代室内设计师公司的餐厅设计（鲍立克：上海，1940年左右）
来源：博士学位论文：E. Kogel, Professor Dr. phil. habil. Dieter Hassenpflug. Zwei Poelzigschüler in der Emigration: Rudolf Hamburger und Richard Paulick zwischen Shanghai und Ost-Berlin (1930–1955) [D], Bauhaus-Universität Weimar, 2006: 166.

图13-4-10　江南大学校园建筑（鲍立克：无锡，1947年左右）
来源：徐静提供

（图13-4-10）、河南一家矿城以及台湾一家棉纺厂的规划及建筑设计。抗战后，鲍立克的众多业务都在国民政府回迁后的南京，包括荷兰、意大利和加拿大使馆的室内，以及空军军官俱乐部和孙科公馆这样与军界、政界相关的建筑的室内设计。

　　鲍立克的设计作品留存甚少，但其现代设计的理念与风格特征仍然可以在有限的史料和遗存中窥见一斑。他的剧院及舞台设计大胆打破19世纪西方传统剧场形式，明显受到老师珀尔齐格表现主义风格的影响，但也会依据不同剧目的要求，在传统与现代中作出选择。他的室内设计在不同文化背景的业主需要、摩登化的商业环境以及自己对现代设计的追求中作出平衡，显现出其非同一般的职业能力。1948年，他为富商姚有德在上海西郊淮阴路上的住宅所做的室内设计，将西方现代设计的功能性、舒适感和简约性带入了这座阔绰的郊区别墅，实现传统材料的现代表达，为富裕阶层树立了一种迥异于历史风格的审美趣味（图13-4-11）。

　　另一方面，从其自己拓展的业务以及在圣约翰大学任教时期传播的设计思想看，鲍立克的

图 13-4-11　姚有德住宅衣帽间的家具设计（鲍立克：上海，1948。卢永毅摄）（左）

图 13-4-12　时代织造公司生产的藤面木椅（李德华：上海，1949。徐静摄）（右）

设计包含了对现代社会普遍需求的关怀，公司设计的产品适应正在兴起的中产阶级的需求，既推崇简朴的实用主义，又考虑有个人喜好的艺术表现。他自己开设的室内设计公司，将原来的 Modern Home 改为 Modern Homes，或许就包含了为更多人的设计的思想。同时他也深知，在上海"我们不能生产伊姆斯这样的椅子和其他很多东西，因为我们缺少必要的材料和机器"。[①] 立足于当地技术条件的设计，鲍立克的设计似乎更能显现现代设计的创新本质，如公司的沙发产品轻巧、舒适、细脚且无装饰，是色调沉稳的棉麻织品和木质的巧妙结合，体现出对传统功能的新诠释，以及对传统材料的新发现。[②] 1949 年，鲍立克曾经的学生、在圣约翰大学建筑系任教的李德华设计的这把椅子，就是时代织造公司的产品，也是鲍立克现代设计思想影响下的典型作品（图 13-4-12）。

## （二）邬达克与赉安洋行 [③]

西方现代建筑在中国的最初实践，不仅来自一些直接经历欧洲现代建筑运动的西方建筑师，也与已经在中国获得成功的西方建筑师的创新探索有关。1920 年代在上海租界激烈的竞争中，有两家年轻的事务所声名鹊起的——邬达克建筑师事务所和赉安洋行，他们都于 1930 年代初开始逐渐从成功的装饰艺术设计风格中转向，接应西方现代主义风潮，再次成为引领中国建筑新潮流的先锋人物。

邬达克自 1924 年底成立自己的事务所以来，已经成为上海滩引人注目的建筑师。1930 年代初，邬达克的设计风格已经从各种复古倾向中脱离，开始一系列装饰艺术风格的设计实践。因特殊的国籍身份，[④] 邬达克有在租界社会文化环境中的边缘感，但在上海这个不知疲倦地追逐新奇、引领时代潮流的大都市中，邬达克的设计才能与中外业主们的身份需求和竞争意识结合，

---

① 转引自 E. Kogel 博士学位论文 *Zwei Poelzigschüler in der Emigration: Rudolf Hamburger und Richard Paulick zwischen Shanghai und Ost-Berlin (1930–1955)*。

② 根据 2010 年 2 月 12 日徐静、卢永毅对王吉螽教授的采访。王吉螽曾为鲍立克在圣约翰的学生、同济大学建筑设计研究院建筑师、教授，他也是当年时代织造公司的入股人。

③ 关于邬达克的作品分析依据华霞红初稿整合至文中。

④ 见本书第 10 章第 2 节对邬达克的介绍。

图 13-4-13　派克路机动车库（邬达克：上海，1927 年）
来源：［意］卢卡·庞切里尼、［匈］尤利娅·切伊迪著. 拉斯洛·邬达克 [M].
华霞虹、乔争月译. 上海：同济大学出版社，2013：111.

成就了一批出色的作品：交通大学工程馆（1931 年）、浸信会大楼（1932 年）、德国新福音教堂（1932 年）、四行储蓄会二十二层大厦即国际饭店（1934 年）以及大光明大戏院（1933 年）。这些作品，尤其是国际饭店和大光明大戏院，标志着邬达克职业生涯的高峰，使他真正成为上海租界乃至近代中国建筑艺术中的先锋人物。

邬达克 1930 年代初的这些建成作品，铸就了上海装饰艺术风格的经典形象。但如果对部分设计深入阅读可以发现，这位对西方建筑思潮的变化极为敏感的建筑师，已经开始从欧洲现代运动先锋派建筑师的作品中吸取灵感，比如其装饰艺术风格的作品中就有德国表现主义风格的巧妙融合。研究者发现，邬达克学生时代的笔记中就记录了陶特（Bruno Taut）、谢弗勒（Karl Scheffler）等德国表现主义建筑师的名字，甚至是，邬达克设计砖砌建筑时最重要的参考来自弗里茨·霍格（Johann Friedrich [或 Fritz] Höger，1877–1949，德国建筑师，以表现主义砖砌建筑闻名），邬达克应该在杂志上了解了这位设计师的作品，并且在 1927–1928 年的欧洲之旅中实地考察过，邬达克这一时期的一些作品就是霍格作品的直接翻版。

回到 1927 年的一个作品——邬达克为上海最大的汽车修理厂亨茂洋行设计的、位于派克路上的机动车库，现代建筑的形式特征已明显呈现。四层大楼立面上连续的横向长窗，充满动感地围绕街道转角展开，几乎与德国表现主义大师门德尔松 1928–1929 年间设计建成的邵肯百货公司（Schocken）的形式不谋而合。车库不仅在上海开启了现代主义建筑的先河，"甚至还超越了欧洲现代建筑的先锋之作"（图 13-4-13）。[①] 事实上，邬达克设计的大光明大戏院这一装饰艺术风格的杰作，也渗透着现代建筑的空间和形式特征：在不规则的基地上，建筑师充分利用场地条件，以"自由平面"巧妙地完成了功能空间的合理布局；而大戏院的沿街立面也打破了一般装饰艺术的对称构图，"自由立面"错落有致的组合，正是内部多种功能的直接显现。夜晚，大戏院外形与其灯光设计相映成辉，令人感到与门德尔松 1920 年代百货商店的立面设计有异曲同工之妙。

1930 年代初，邬达克完成了一个工业建筑设计项目——上海啤酒厂，整个建筑群显现出了鲜明的"国际式"倾向（图 13-4-14）。这是注册香港的友啤公司（Scandinavia Union Brewery

---

① ［意］卢卡·庞切里尼、［匈］尤利娅·切伊迪著. 拉斯洛·邬达克 [M]. 华霞虹、乔争月译. 上海：同济大学出版社，2013：111.

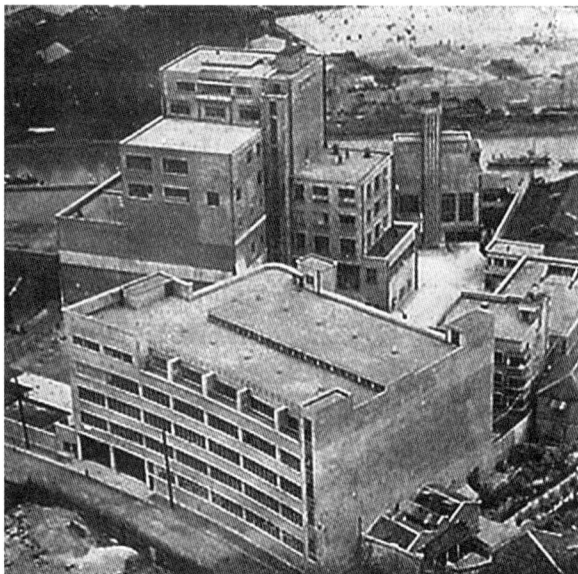

图 13-4-14 上海啤酒厂（邬达克：上海，1933–1936 年）
来源：匈牙利邬达克文化基金会

图 13-4-15 吴同文住宅南面外观（邬达克：上海，1938 年）
来源：加拿大维多利亚大学图书馆邬达克特别收藏

Ltd.）在上海的新厂址建设，位于苏州河旁约 1.6 公顷的基地上，建筑师按啤酒生产的功能需要和工艺流程，布置了锅炉房、酿造楼、灌装楼以及办公楼四座建筑，每一座建筑内部也按功能需要布置楼层与平面。各建筑外观基本上是内部功能的真实反映，整体统一，清晰简洁。而各座建筑的细节处理又有区别：如锅炉房立面有电力厂房标志性的竖向长窗，而灌装楼立面是尽可能连续的横向长窗，既为大进深的车间带来充分采光，又塑造了工厂的沿街立面形象。所以说，这个建筑群是"通过理性主义建筑的惯用语言中微妙表达多样性，来创造一个小型的、超级现代的工业城"。[①] 厂房 1933 年开工，1936 年建成使用。

1935 年以后，邬达克的设计趋向于更加简洁的流线形式，立面的虚实对比也更加强烈，并使用大面积的玻璃钢窗，甚至有弧形的大玻璃门窗，材料也不再局限于深色面砖，而是更加大胆地使用浅色面砖甚至粉刷。可以说，西方现代建筑简洁形式、自由布局甚至流动空间的手法，在他持续的创新实践中被不断探索，灵活运用。这一时期的代表作如吴同文住宅（1935–1938年）、达华公寓（1935–1937 年）、震旦女子文理学院（Aurora Women's College，1935–1937 年），还有一些未建成的高层建筑方案，如肇泰水火保险有限公司（Chao Tai Fire and Marine Insurance Company，1936 年）、外滩附近的日本邮船公司大楼（NYK Shipping Company）和 40 层的轮船招商局巨厦（China Merchant Bund Property，1938 年）等。

1938 年落成的吴同文住宅，是邬达克职业生涯的又一力作，曾被誉为"远东最大最豪华的住宅之一"，也是近代上海住宅中最早尝试现代建筑实践的杰出作品（图 13-4-15）。住宅位于

① ［意］卢卡·庞切里尼、［匈］尤利娅·切伊迪著，华霞虹、乔争月译. 拉斯洛·邬达克[M]. 上海：同济大学出版社，2013：171.

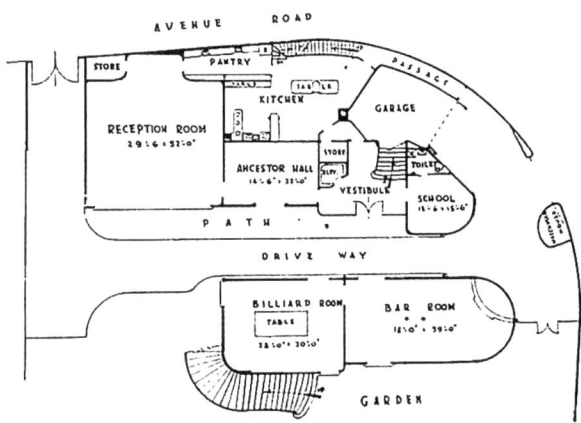

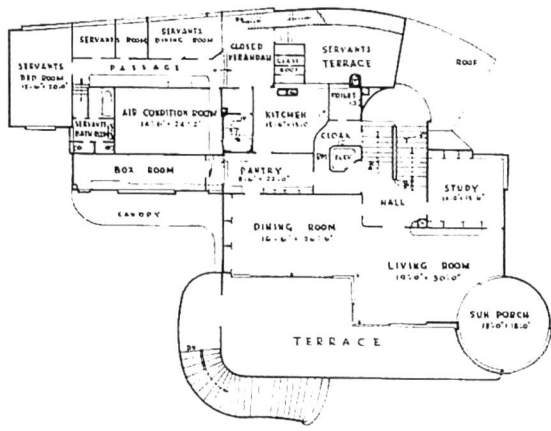

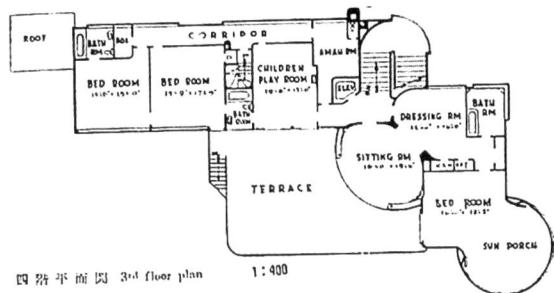

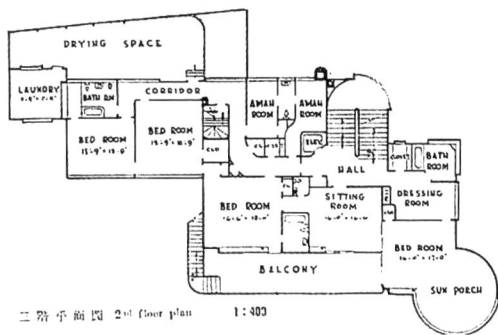

图 13-4-16　吴同文住宅一至四层平面图（邬达克：上海，1938 年）
来源：加拿大维多利亚大学图书馆邬达克特别收藏

铜仁路 333 号，一个街坊转角处，3.33 亩的 P 形基地，对于一个近两千平方米的大型住宅不算富裕。建筑师充分发挥了以"自由平面"适应和利用场地的设计策略（图 13-4-16）：住宅布局紧凑，与基地巧妙契合，建筑主体紧贴北侧道路布置，并与顺应马路转弯半径的弧形实体围墙连成一个整体，以在南向留出尽可能宽敞的花园，西南角窄长的区域正好用作网球场。最为独特的是，住宅首层中间架空，形成车道，由住宅东北角主入口进入的汽车可穿过整个建筑，并可从西北角边门再进入城市道路，因而基地内就无需另设回车场地（图 13-4-17）。这样的布置不仅压缩了交通面积，同时把底层功能空间自然地分成两部分：南向为会客的社交空间，包括酒吧、弹子房、餐厅等；北面是中式客堂、祖屋和佣人房，相对封闭集中。

　　这幢住宅中最具创新之处，也是最能显现建筑师高超而灵活的设计手法的，就是其每一层都有不同的空间组合：顺着主楼梯抵达二至四层，是主人和家庭成员的起居室与卧室等各种用房；南立面上每一层的房间都以大面积落地玻璃窗与露台相连（图 13-4-18），每层露台各不相同，有室外楼梯相互连接，顺底层餐厅外墙盘旋而上的弧形大楼梯尤为气派，将露台与花园融为一体。该住宅也是近代上海第一座安装电梯的私宅，但住宅中最特别的空间，则是东南角的圆形阳光房，通高 4 层，身居其中可享受充足的光线和景观，而其外形则是窗墙相间的弧形立面，与露台形成纵横对比，整体富有表现力和雕塑感，令人联想到正在行进的轮船，充满时代的象征性。

图 13-4-17 吴同文住宅首层车道（邬达克：上海，1938 年）
来源：加拿大维多利亚大学图书馆邬达克特别收藏

图 13-4-18 吴同文住宅南立面四层平台（邬达克：上海，1938 年）
来源：加拿大维多利亚大学图书馆邬达克特别收藏

图 13-4-19 震旦博物院（赉安洋行：上海：1933 年）
来源：http://www.virtualshanghai.net/Photos/Images

图 13-4-20 麦兰捕房（赉安洋行：上海：1934 年）
来源：http://www.virtualshanghai.net/Photos/Images

图 13-4-21 广慈医院的隔离病房（Pavillon d'Disolement）（赉安洋行：上海：1929 年）
来 源：Une équipe de réalisateur Français, *Supplement Illustré, Le Journal de Shanghai*, 14 Juillet, 1934.

　　吴同文住宅是邬达克职业生涯的又一高峰，新颖而出色的设计既引领了现代都市的"摩登"生活，也满足了租界华人彰显社会身份的追求。回顾 20 世纪初以来富裕华人阶层在租界内的典型居住形式——公馆住宅，虽有西式元素的不断融入，但总体上仍然保持堂屋和厢房的传统民居格局。相比之下，吴同文住宅的空间结构对传统的居住生活有着颠覆性的转变：建筑的主立面由大露台、大楼梯和阳光房主导，面向花园的所有南向房间都留给了社交娱乐和起居餐饮的功能，而祖屋（后作为佛堂）则安排在底层隐秘且次要的位置上。因此，吴同文住宅不仅代表了一种空间的解放和风格的创新，也为中国人带来了全新的日常生活空间经验。

因为邬达克的杰出设计，1939年4月的匈牙利建筑杂志《空间与形式》详细报道了吴同文住宅；次年，日本的《国际建筑》杂志在刊登欧美许多现代建筑师作品的同时，也介绍了邬达克的这件上海新作。这在中国近代建筑史上颇为罕见。

活跃于上海法租界的法国建筑师事务所赉安洋行，对现代建筑的探索与邬达克有相似经历。1926年初创时期，由赉安（A. Leonard）和沃伊西（P. Veysseyre）成功设计了法国总会，[①]事务所因此名声大噪，设计任务接连不断。至1934年最年轻的合伙人科鲁兹（A. Kruze）加入公司时，他们的业务已经扩展到住宅、公寓、学校、医院、博物馆、教堂、警察局等各种类型，他们出色的设计塑造了法租界诸多标志性的建筑，其建筑风格也逐渐从新古典、装饰艺术转向简洁、具有"国际式"特征的现代主义建筑。在这一推动新建筑潮流的过程中，赉安洋行不仅同样扮演了引领者的角色，而且还保持了自身建筑语言的独特性，为法租界西区这个高品质居住环境塑造了与公共租界迥然不同的城市景观。

1920年代末30年代初，赉安洋行完成的一系列作品都呈现出明显的装饰艺术风格特征，最有代表性的如震旦博物院（le Musée de Heude）（图13-4-19）、中汇银行（the Chung Wai Bank）、麦兰捕房（Poste de Police Mallet）（图13-4-20）以及培恩公寓（the Bearn Apartment）等。与公共租界众多装饰艺术风格特别是邬达克的作品相比，赉安洋行的设计很少有表现主义的动感与张力，而是平稳，节制，始终不失古典建筑神韵。几乎同一时期，在他们设计的另一部分作品中，注重使用功能的倾向更为凸显，并已糅入了"国际式"建筑简洁而抽象的形式特征。

1929年，赉安洋行为法国教会创办的广慈医院设计了一幢隔离病房（Pavillon d'Disolement）。这栋5层楼的建筑，由中部竖向服务空间连接各层，二至四层病房沿中心向两翼水平展开，出挑深远的开敞阳台环绕各层，二层和五层还有更大的屋顶平台，为病人提供了既与外界隔离又有很好通风和日照条件的空间。更值得关注的是，建筑师将隔离病房的特殊功能需要所设置的水平向阳台，组织成为这座建筑鲜明的形式特征，并以强烈的阴影效果突出其水平向的表现力，因此也显著脱离了一贯以垂直构图主导的装饰艺术风格。该建筑不仅诚实地表现功能特性，也坦诚地显现出结构特征，中部转角处贯穿上下的立柱形成的轻盈感，以及两翼悬挑阳台显现的凌空感，都是因使用新型框架结构才能获得的建筑效果。隔离病房的功能组织和形式特征，与汉布格尔设计的维多利亚疗养院有许多异曲同工之处，但设计时间上却显然早于汉氏作品（图13-4-21）。1934年，赉安洋行在为圣玛利亚医院设计的又一住院病房大楼中（le Pavillon des Indigents），沿用了这种外露阳台的空间组织方法，形式也更加简洁。

---

① 有关赉安洋行的早期作品，请见本书第10章第2节。

1933 年，赉安洋行的另一新作雷米小学（le Ecole de Remi）落成，并在同年发表在当时最有影响的专业性杂志《建筑月刊》上。这是一座为在沪外国侨民建设的小学，由一家法国慈善组织投资，得到法租界公董局的支持。这座建筑一字形布局，两端为办公及其他活动用房，中间二至三层为教室空间，底层两个入口既通大厅，又可直接将学生引至楼梯，屋顶还有架空层，满足风雨操场的功能。与前面的医疗建筑相比，雷米小学的简洁外形、"横向长窗"和"屋顶花园"，显然更加积极地吸收了欧洲现代主义建筑的形式语言，从其清晰的体量关系和简洁的檐口处理中能够捕捉到 1920 年代勒·柯布西耶和马列·史蒂文（Mallet Steven）等法国现代建筑大师作品的风格特征（图 13-4-22）。

赉安设计的成功之处还表现在 1930 年代为法租界西区所做的一系列高层公寓建筑中。1934 年建成的 9 层高的道斐南公寓（the Dauphine Apartment），是为租界生活创造的最优雅的公寓建筑之一（图 13-4-23）。公寓每层两户，使用了几乎所有当时可以具备的现代家庭生活设施：暖气设备，冷热水供应系统，车库，还有主人与佣人分别使用的独立楼梯，带电动控制窗帘的宽敞阳台等，无不展现公寓生活的高舒适度。从形式来看，外立面的对称构图仍有装饰艺术风格的意味，但出挑深远、造型轻盈流畅的水平向阳台形成的韵律感，角窗与圆窗的交替排列，以及几乎毫无线脚的光洁墙面，都使这座公寓现代建筑气息十足。道斐南公寓成功地塑造了为上海城市精英服务的、崭新的现代生活形式。由赉安洋行设计建成的盖司康公寓（the Gascogne Apartment，1934 年）和亨利公寓（the Hanray Apartment，1939 年），都是从这个模式中发展出来的优秀作品。在麦琪公寓（the Magy Apartment，1936 年）中，赉安的建筑师将这种公寓模式转换到了一个两街交会的三角形地块上，仍然保持一梯两户的格局，使十分有限的基地条件得到充分利用（图 13-4-24）。

事实上，赉安洋行的设计并非十分激进，1930 年代的这些公寓建筑仍然明显带有装饰艺术的痕迹。但毫无疑问，建筑师们是在积极吸收现代建筑的各种设计手法和形式语言，为居住者创造最舒适的生活空间。盖司康公寓与亨利公寓顶层的层层退进，既延续了装饰艺术风格的建筑造型，同时也为上流社会的租户提供了带屋顶花园的高档生活空间。应该说，赉安洋行探索的现代建筑，是将西方现代建筑的简约形式、内外空间渗透与装饰艺术风格尊贵气质的自然结合，而在对建筑形式、尺度与比例的熟练把握上，依然能反映出他们早期学院派建筑教育的深刻影响。在雷米小学的立面构图上，人们甚至还能捕捉到其早年设计的法国总会古典主义建筑构图的影子。

细读赉安洋行的现代建筑还能发现，建筑立面上仅存的一些装饰艺术风格常用的装饰线脚，其实也是功能设施与建筑语言的巧妙结合。如盖司康公寓南立面上贯穿阳台的垂直分割，其实内藏着建筑的雨水管道（图 13-4-25）；在 1934 年为法租界公董局设计建成的巴斯德研究所（l' Institut Pasteur），其立面上的垂直构件既是框架结构的外露形式，也再一次包裹了建筑的雨水管道（图 13-4-26、图 13-4-27）。所以说，尽管从赉安洋行不断演进的设计风格中处处可以感受到来自巴黎"新精神"的影响，但是，一种温和的演进、理性的融合以及优雅的呈现，却是这个事务所的独创。正如《法文上海日报》1934 年 7 月 14 日的副刊为事务所的大

图 13-4-22　雷米小学（赉安洋行，上海：1933 年）
来源：建筑月刊 . 1934，2（2）.

图 13-4-23　道斐南公寓（赉安洋行，上海：1934 年）（左上）
来源：建筑月刊 . 1935，3（8）.
图 13-4-24　麦琪公寓（赉安洋行，上海：1936 年。卢永毅摄）（中上）
图 13-4-25　盖思康公寓（赉安洋行，上海：1934 年。段建强摄）（左下）
图 13-4-26　法租界公董局巴斯德研究所（赉安洋行，上海：1934 年）（右上）
来源：建筑月刊 . 1934，2（6）.
图 13-4-27　巴斯德研究所室内细部设计（赉安洋行，上海：1934 年。段建强摄）（中下）

篇报道中所介绍，对于赉安的年轻建筑师来说，上海这座城市"不仅为施展他们的专业才华提供了绝妙的舞台，这样一个不同寻常的城市同时也给了他们意想不到的探索现代建筑的实践机会。"①

---

① 　Une équipe de réalisateur Français, *Supplement Illustré, Le Journal de Shanghai*, 14 Juillet, 1934.

## 二、中国建筑师的实践

1930 年代，西方现代主义建筑的观念与思想已经在中国建筑师职业群体中传播，这种影响不仅推动了建筑界树立建筑科学性与时代性的强烈意识，也毫无疑问地开启了探索新建筑设计实践的风潮。部分沿海城市的城市化进程以及营造业的持续繁荣，为实践探索提供了极佳的机会。因此，这一时期在中国职业建筑师的设计中，也很快诞生了一批具有"国际式"特征的作品，大都涉及公寓、学校、医院和饭店等功能性较强的建筑类型。

这一设计实践的开始，无疑仍是一个移植西方新生事物的过程，但同时也显现出由移植到转化的复杂性。1930 年代的中国建筑师们大部分来自西方布扎教育背景，他们一方面在官方倡导"民族固有式"的设计实践中积累了经验，而另一方面，他们也已经融入了商业资本主义的执业环境，善于应对各种业主的风格要求，大部分人正从布扎设计语言逐步朝着装饰艺术的风格转向。因此，他们对西方现代主义建筑的接纳既充满热情，又有显然的矛盾性，"摩登"与"现代"之间差异有时难以辨识。

华盖事务所的探索显得十分典型。1930 年代初是华盖创建初期，其业务主要在上海和南京，从官方建筑、商业建筑到私人住宅，项目类型不断拓展，设计也逐渐从布扎传统和民族复兴中脱离出来，转向简洁。但这并非是个线性过程，"国际式"的探索是与简化的古典复兴式、装饰艺术风格以及中西合璧等各种形式语言的并置和交融过程中演进的。1933 年落成的大上海戏院，就是现代风格与装饰艺术风格的成功结合。1932 年童寯设计的国民政府外交部官舍，以及1933 年设计完成的恒利银行，也都明显地反映出这种影响。

1932 年由童寯设计的南京首都饭店（图 13-4-28）是华盖事务所追随"国际式"风格的明显表达：主楼两翼虽然对称布局，仍有布扎传统的痕迹，却用了折线体型，辅助用房依据地形和功能灵活组合，整个建筑的各体量关系清晰呈现。主立面横向长窗主导，简洁流畅，顶层还有阳光室和大平台供客人享用，明显可以捕捉到勒·柯布西耶新建筑的影子。这个南京政府"为求得一最高尚之旅客舍为目的而建"的旅馆设计采用如此式样，在当时十分"前卫"，这种简洁外形和"横向长窗"的构图形式，一部分在华盖 1934 年为上海法租界的合记公寓设计时再次使用。

在之后众多的公共与住宅设计项目中，华盖游弋于装饰艺术、"国际式"以及中西合璧形式之间。如 1935 年设计的中山文化教育馆，是一个风格混杂的作品，而 1936 年设计的惇信路陆宅（图13-4-29），1938 年后转入西南在贵阳和昆明设计的多个公共建筑，[①] 以及 1946 年在南京的美军官舍建委会美军顾问团宿舍，（图 13-4-30）则是相当纯粹的"国际式"，而 1948 年在上海建成的浙江第一商业银行大楼（图 13-4-31），则明显保存了流线型风格的商业建筑设计语言。

吸收现代建筑的简洁风格和自由形式，但不完全脱离布扎传统，并将装饰艺术、流线型风

---

① 这一时期华盖现代风格的作品有：昆明南屏大戏院、贵阳招待所（1942 年）、贵州艺术馆（1943 年）和贵阳儿童图书馆（1943 年）等。

图 13-4-28　南京首都饭店（华盖事务所：南京，1932 年）
来源：中国建筑 . 1933, 3（3）: 21.

图 13-4-29　惇信路陆宅（华盖事务所：上海，1936 年）
来源：中国建筑 . 1933, 3（3）: 35.

图 13-4-30　美军官舍建委会美军顾问团宿舍（华盖事务所：
南京，1946 年）
来源：童明提供

图 13-4-31　浙江第一商业银行大楼（华盖事务所：上海，
1948 年）
来源：陈植之子陈艾先以及蒋春倩提供

格与"国际式"融合，是这个时期中国建筑师在创作中追随现代主义建筑潮流的普遍表现。庄俊就是另一位典型的代表人物，如果说他在 1932 年设计建成的大陆商场是风格转折的开始，那么 1935 年设计建成的孙克基妇产医院，已呈现出他明确追随现代主义建筑的立场。然而，与奚福泉 1933 年设计落成的红虹桥疗养院相比，孙克基妇产医院的对称式和内走廊空间组织，仍然没有完全离开布扎的设计传统。（图 13-4-32）

　　这个时期，建筑风格的转向体现在许多建筑师的设计实践中。这些作品大都起步于风格模仿，但同时也带来了建筑设计立足于功能合理、经济性以及自由形式表达的设计实践探索，而另一些情况下，这种新风格也为商业建筑的时尚形式提供了新的设计素材。这一时期的代表性作品还有：范文照设计的上海金神父路上的公寓（1933 年）、杨锡镠设计的南京饭店（1933 年）（图 13-4-33）、陆谦受设计的上海同孚大楼（1935 年），黄元吉设计的上海恩派亚大厦（1935 年）（图 13-4-34）、李锦沛设计的南京新都大戏院（1936 年），以及梁思成和林徽因设计的北京大学女生宿舍（1935 年），等等。

　　在这些职业人中，基泰工程司的杨廷宝应该是最善于灵活运用各种建筑语言、巧妙融合多种不同风格的建筑师。他设计的南京大华大戏院（1935 年）在外形上将流线型和"国际式"融合得天衣无缝，而其室内又是吸收传统宫殿式样转换而成的中国版的装饰艺术风格（图 13-4-35）；

图 13-4-32　孙克基妇产医院（庄俊：上海，1935 年）（左上）
来源：中国建筑 . 1933, 3（5）.
图 13-4-33　南京饭店（杨锡镠：南京，1933 年）（右上）
来源：中国建筑 . 1933, 1（1）：21.
图 13-4-34　恩派亚大厦（黄元吉：上海，1935 年）（左下）
来源：中国建筑 . 1933, 3（4）.
图 13-4-35　南京大华大戏院（杨廷宝：南京，1935 年）（右下）
来源：http://www.ahyswh.com/content/?680.html

1948 年，杨廷宝为孙科设计了在南京的新公馆延晖馆，从布局到形式都已完全转向"国际式"，而他在 1949 年设计的北京和平饭店，则是 20 世纪中国现代建筑的一个经典。

在这个西方现代建筑实践进入中国的初级阶段，有几位中国建筑师的作品引人注目，值得阅读。虽然是个案，但它们代表这个移植与转化过程的特征，展现这个时期中国建筑走向国际化进程所达到的成就，也显现出正在转变的社会观念环境对这一发展产生的推动力。

## （一）奚福泉与虹桥疗养院[①]

奚福泉设计的上海虹桥疗养院于 1933 年建成，这座医疗建筑呈现出鲜明的功能主义思想和简洁的风格特征，成为当时中国职业建筑师设计实践中最具现代主义建筑特征的作品（图 13-4-36）。其先锋派的激进姿态，甚至超过了同年落成的维多利疗养院以及雷米小学。

奚福泉（1902-1983 年），上海人，1922 年华童公学毕业后赴德学习建筑。1923-1926 年在德国达姆城工业大学（Technishe Hochschule Darmstadt）[②] 攻读建筑学学士，而后在德国柏林工

---

① 部分内容来自：陈艳，指导教师卢永毅 . 上海虹桥疗养院的设计特征及渊源 [D]. 同济大学硕士学位论文，2010 年 .
② 据《中华民国留德学会年鉴》记载，奚福泉在柏林工业大学攻读博士学位之前所经历的学校为"华童公学及达姆城工科大学"。
　 参见留德学会 . 中华民国留德学会年鉴 . 1927：480.

图 13-4-36　虹桥疗养院主楼（奚福泉：上海，1933 年）
来源：中国建筑 . 1934, 2（5）：11.

业大学（Technische Hochschule Berlin）攻读建筑学工学博士。1930 年他学成归国后在公和洋行担任建筑设计师约一年，1931-1935 年加入上海启明建筑公司，虹桥疗养院的设计就在这个阶段。1935 年，他又脱离启明建筑公司，自营公利工程司。1950 年他创办了奚福泉建筑师事务所，至 1952 年关闭。

虹桥疗养院的兴建，首先与这座建筑的业主及其中国医学界倡导现代医学、增强民族健康的背景密不可分。业主丁福宝是当时的著名中医，在 1920 年代的中西医之争中，主张两种医学交流融合。他的次子丁惠康，留学德国并获汉堡大学医学博士学位，是典型的新式西医医师，也是虹桥疗养院的首任院长。丁氏父子的医学主张很大程度上影响了虹桥疗养院项目的建设方向。

20 世纪初上海结核病猖獗，死亡率居各类疾病之首，有"十痨九死"之说。至 1920 年代末，全国有肺结核病人 1000 余万，而上海死亡者中每 8 人就有 1 人为结核病。[①] 在西方，肺结核也曾长期肆虐、令人束手无策。至 19 世纪末 20 世纪初，西方通过科学实验找到了结核病的病源结核杆菌，并且发现通过隔离手段防止传染，并通过改善空气和日照等方面的环境质量可以有效地促进患者自然痊愈。[②] 日光疗法于是成为欧美各国治疗结核病的一个普遍手段，采用日光疗法治疗结核病的专科疗养院也随之出现，并成为一种新的医院建筑类型。

1920 年代，结核病疗养院在欧美各国大量建造并投入使用，[③] 其设计方法也很快传入上海，赉安洋行为广慈医院设计的两座病房大楼以及汉布格尔设计的维多利亚疗养院就是早期案例。而丁氏父子忧虑的是，当时上海一般的综合性医院多由西人造办，且与治疗结核病人的需求相比，这些医院空间显然是杯水车薪，"且外人所设之医院，吾国人之踵而求医者，往往因中外语言习俗之不同，不免隔阂……故国人提倡自办医院，实为当务之急，而关心民族健康者，当无不奋起进行也"。[④] 于是，为时事之举，以防痨、治痨闻名的丁氏父子于 1932 年出资 30 万元，

---

① 摘自《上海卫生志》
② 德国医生罗伯特·科赫（Robert Koch）于 1882 年正式发表结核杆菌是结核病的病源，1905 年获得诺贝尔生理学医学奖。
③ 参见 R.A.Hobday. Sunlight Therapy and Solar Architecture. Medical History：1997：42.
④ 丁惠康 . 介绍虹桥疗养院之起点及经过 . 申报，1934-1-1：24 版 .

着手在上海的西郊筹建虹桥疗养院，[①] 由留德博士奚福泉所在的启明事务所设计，由安记营造厂承造，全部工程历时半年完成。

虹桥疗养院大楼落成，引起了建筑实践领域和学术界的广泛关注。大楼高 4 层，朝南，由一大一小两个矩形体量构成，通过局部重叠连接在一起，其特点首先是满足功能需要组织空间：底层入口、接待室、院长室、前厅等接待功能安排在小矩形内，在大小矩形平面叠合部分进入大厅，大厅北侧由旋转楼梯连接上部各层。诊疗、病房等主要功能空间都安排在大矩形内，一至三层均以走廊分成南北两部分，在 2.3 米净宽的走廊北面，主要还安排了卫生间、淋浴房、消毒室以及医生休息用房等附属用房，而每一层的病房全部安排在南面，且每间病房前都有一室外阳台供病人使用"日光疗法"，阳台的进深正好是一个病床的长度 2.00 米。在走廊的尽头是一疏散楼梯（图 13-4-37）。

这座建筑最突出的特点是其四层病房的退台式设计（图 13-4-38、图 13-4-39）。疗养院建筑采用退台形式，为病人获得较多的阳光和新鲜空气，这种形式在 20 世纪初的西方建筑师中已经出现，1905 年瑞士医生伯纳德（Dr.O.Bernard）设计的私人诊所以及 1917 年法国建筑师嘎涅设计的疗养院（Franco-americain）都是这方面的先例。1920 年代，德国建筑师里夏得·道克（Richard Döcker，1894–1968 年）在专著《平台类型》中还曾对各种退台形式的医院建筑做过系统图例研究。[②] 奚福泉的设计很难说没有借鉴这些西方探索。不过他的设计并非机械地移植退台的形式，而是基于类型原理，在具体设计中有独特发挥。如他避免了结构上的后向悬挑，却又争取到了各层的南向阳台与病房保持同样进深，实现了功能空间和结构形式的最佳结合。不仅如此，疗养院的剖面设计还在尺度上精细推敲，在为病人提供充分的室外空间以接受日光治疗的同时，又最大限度地保护了病人的私密性。所以当时《申报》在疗养院刚刚落成后对这座建筑这样宣传说："其全屋式样为堆叠式之阶梯型，其特点为疗养室部分完全南向，在每室内均有充分之光线及空气，且人立在上层阳台上，其视线能不及下层阳台上人之行动，其同层之阳台，每间亦互相隔离，以备横卧憩息之用。"[③]

报道对这座建筑"钢骨水泥立方体式"[④] 的风格式样只寥寥数笔，而是以各种角度充分介绍其医疗设施的先进性和空间环境的实用性，声称"建筑为多数专门医师，及名建筑家，经长时间之规划而定，于实用方面，卫生方面，处处顾到之外。"[⑤] 的确，除了层层退台的病房，疗养院服务设施齐全，设有餐厅、交谊厅、藏书室等休闲功能空间供病人使用，而手术室和诊疗室装备的医疗设施有无影灯、冷光机、X 光机等新型设备，使疗养院成为当时国人开办的最先进的医疗机构。还需关注的是，该建筑在室内细节设计上也"处处顾到"，凸显了科学理性与功能

---

① 见丁福保《畴隐居士自述》，"次儿惠康筹备建筑虹桥疗养院，历二年而工程告竣，全屋为钢骨水泥立方体式，其建筑费及设备约三十余万元。"摘自丁福保编，历代古钱图说，上海人民出版社，1992。
② Richard Döcker, Terrassen Typ— Krankenhaus, Erholungsheim, Hotel, Bürohaus, Einfamiliënhaus, Siedlungshaus, Miethaus und die Stadt. Stuttgart, Akademie Verlag, 1929.
③ 介绍虹桥疗养院 [J]. 申报，1934-6-18：16.
④ 同③。
⑤ 同③。

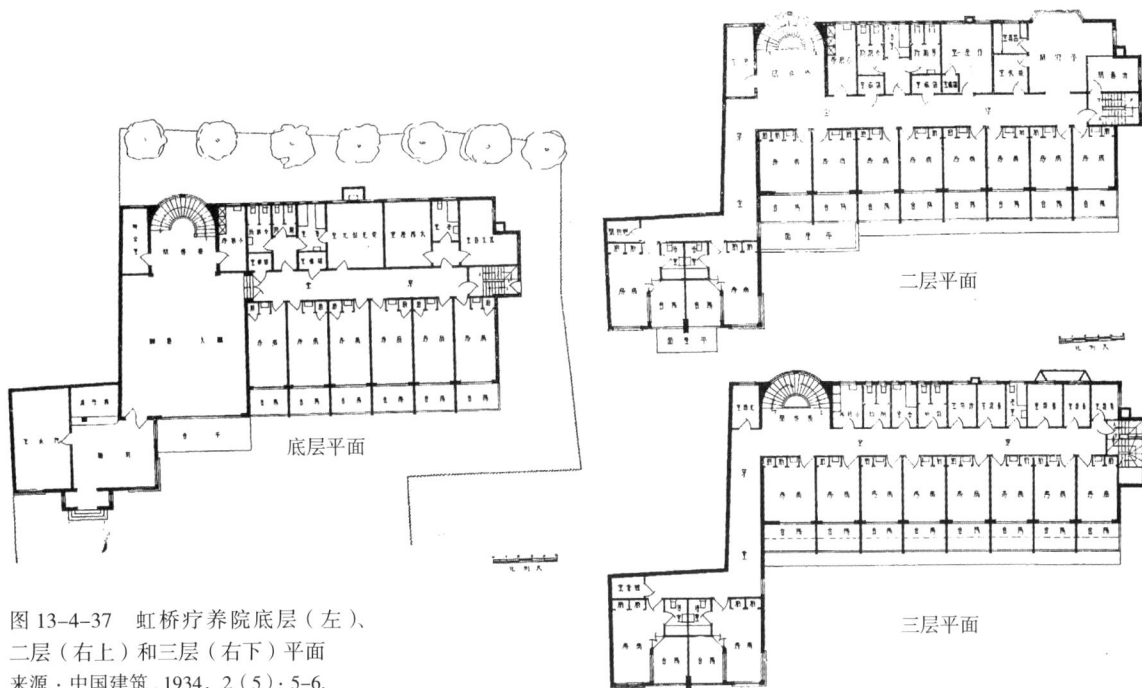

图 13-4-37　虹桥疗养院底层（左）、二层（右上）和三层（右下）平面
来源：中国建筑．1934，2（5）：5-6.

二层平面

三层平面

底层平面

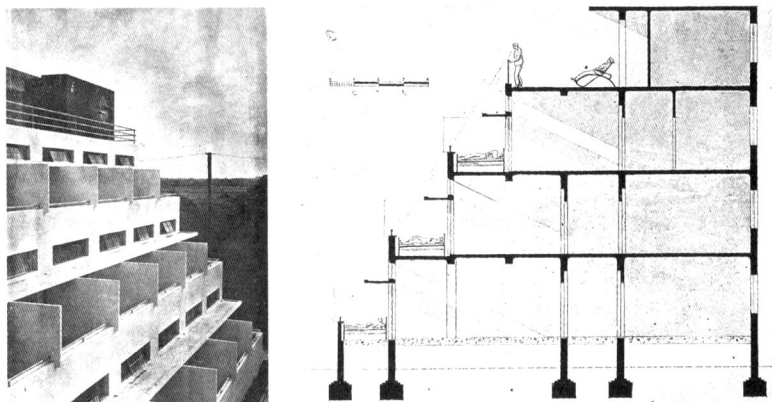

图 13-4-38　虹桥疗养院退台式立面（左）
来源：中国建筑．1934，2（5）：16.
图 13-4-39　虹桥疗养院剖面（右）
来源：中国建筑．1934，2（5）：9.

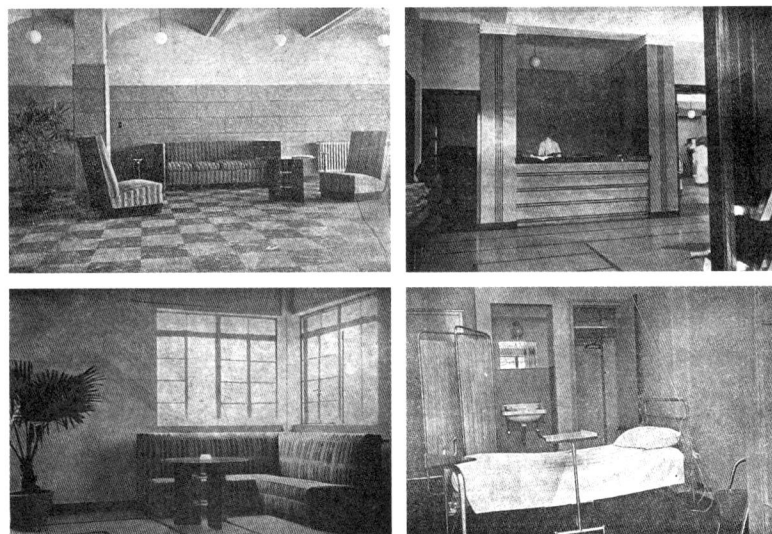

图 13-4-40　虹桥疗养院门厅、休息厅、特等病房及手术室室内照片
来源：中国建筑．1934，2（5）：25、28、33.

主义的设计理念：地板使用橡皮地板，以降低噪声，适应疗养空间要求；墙角都采用圆角设计，以避免积尘，防治细菌滋生；手术室家具则采用克罗米不锈钢管[①]和真皮装置，既轻盈又便于清洁和移动；病房内的电流设备，热气暖具，以及冷热水管等各种管道和电线，均藏于墙壁内（图 13-4-40）。

虹桥疗养院以台阶形式作为立面，整个建筑十分简洁，无疑是当时最具先锋性的作品。疗养院的新颖形式与邬达克的"先锋"设计相比，内涵不尽相同，它不是时尚与新奇的显现，而是功能理性和科学进步的建筑实践，也是民族振兴的另一种表达。

## （二）董大西的自宅

建筑师董大西在建筑界的广泛声誉，始于他 1920 年代末年起为国民政府大上海计划的市政中心开展的一系列规划设计项目。1933-1934 年，随着他设计的市政新屋、市立博物馆和图书馆等公共建筑的相继落成，并在《中国建筑》上一一发表，董大西已经毫无疑义地成为中国固有式建筑设计的代表人物。然而，到 1935 年，当他设计的自宅作为这个市中心区域的住宅建设组成部分落成时，[②] 却给人展示出这位建筑师截然不同的一面：一座典型的西方现代主义风格的独立式住宅，其激进的形式甚至可以成为 1932 年纽约现代艺术博物馆国际建筑展中的一员。这个住宅设计建设完成之时，邬达克设计的那座被誉为"远东最大最豪华的住宅之一"的吴同文住宅尚未开工（图 13-4-41）。

董大西自宅宽敞，室内现代化生活设施俱全，外部更有双层宽大的屋顶平台，顶上有泳池，宅前有网球场和马厩，几乎拥有了一个当时新兴资产阶级精英职业人所向往的全部西式生活元素。不仅如此，自宅的设计也颇符合"国际式"建筑的风格特征：如依据功能的自由布局和灵活的体量组合，在非对称构图中达到均衡，外观形式简洁，弧形转角和自由的条形窗，光洁的白墙面，简单的檐部处理，几乎没有任何装饰。住宅设计尤其显得"前卫"的是空间的自由组织和相互渗透：首先是面向花园的主立面，两个层次的屋顶露台使住宅与室外花园和网球场有一种直接的交流；室内客厅贯通上下层，以楼梯、挑台式过廊以及简洁墙面的交替组合，形成了既有流动感，又动静有别的丰富空间；流线型的钢管扶手栏杆横贯其中，与简洁的室内形成对比，呈现出鲜明的现代感。而在室内的顶棚以及花格窗的细部处理上，又出现了中国传统装饰图案，与现代元素形成了十分戏剧性的对比（图 13-4-42、图 13-4-43）。

董大西建筑设计风格的两面性耐人寻味。鉴于他的自宅有如此鲜明的现代主义倾向，有学者因此质疑 1930 年代初他为大上海计划行政中心设计的"学院派风格在多大程度上反映着他自己个人的美学倾向"，并将他对现代主义的接受，追溯到他在获得了明尼苏达大学建筑学的

---

① "克罗米"就是铬，是从拉丁文名称 Chromium 音译而来的。一些眼镜的金属架子、表带、汽车车灯、自行车车把与钢圈、铁栏杆、照相机架子等，也都常镀一层铬，不仅美观，而且防锈。所镀的铬层越薄，越是会紧贴在金属的表面，不易脱掉。
② 住宅位于今日五角场地区的政旦东路，已毁。

图 13-4-41　董大酉自宅南立面及网球场（董大酉：上海，1935 年）
来源：董大酉之子董艾生以及魏枢提供。

图 13-4-42　董大酉自宅起居室（董大酉：上海，1935 年）
来源：Edited by Jeffery W. Cody, Nancy S. Steinhardt, and Tony Atkin, Chinese Architecture and the Beaux-Arts, University of Hawai'I Press, Honolulu, Hongkong University Press. 2011: 182

图 13-4-43　董大酉自宅起居室局部（董大酉：上海，1935 年）
来源：董大酉之子董艾生以及魏枢提供。

学士和硕士学位后，于 1926 年申请哥伦比亚大学研究生项目时的特殊经历，因为他在哥大的第一个秋季学期选择了胡德纳特（Joseph Hudnut，1886-1968 年）作为他的导师，而胡德纳特是当时在美国建筑院校中对现代主义建筑作出最早关注的人物，1930 年代，将格罗皮乌斯引入哈佛大学设计学院主持教学改革的，正是这位胡德纳特。[①]

## （三）林克明及岭南现代建筑 [②]

1930 年代，现代主义在岭南的传播和研究，也同样催生了现代建筑的实践。建筑师以林克明、陈荣枝、杨锡宗、范文照等为代表，他们实践探索逐渐汇聚，形成近代岭南现代主义建筑的先锋实验，也呈现出摇摆于"摩登式"、"近代式"、"国际式"、"摩天式"或"万国式"之间

---

① Seng Kuan. Between Beaux-Arts and Modernism——Dong Dayou and the Architecture of 1930s Shanghai, Edited by Jeffery W. Cody, Nancy S. Steinhardt, and Tony Atkin, Chinese Architecture and the Beaux-Arts, University of Hawai'I Press, Honolulu, Hongkong University Press. 2011: 181~182
② 这部分内容主要来自：彭长歆. 现代性地方性——岭南城市与建筑的近代转型 [M]. 上海：同济大学出版社.

的复杂状况。

　　无论是思想还是实践，林克明都是岭南现代建筑探索中最重要的角色。他对摩登建筑的认识至少在 1930 年已形成，并首先在广州市平民宫的设计中得到具体体现（图 13-4-44）。从形式语汇看，平民宫充溢着对现代交通工具——"轮船"的赞美，它与林克明所著《什么是摩登建筑》中的插图高度同源：跌级的平台、船舷、水平的金属栏杆以及烟囱、跳台等。类似的做法在林克明 1933 年广州市气象台的设计中仍有所见，包括跌级的平台和水平金属栏杆等。

　　林克明等对摩登建筑的探索在 1934 年勷勤大学新的校舍建设中已基本成熟。该校筹备委员会曾于 1933 年 4 月择定南海县属蟠龙岗为校址，并于该年完成规划及建筑设计。[①] 后因故于 1934 年改校址为广州河南石榴岗，同年 7 月林云陔以"建校地址，既经改定，则建筑工程必随地形而变更"为由，"饬建校工程处就石榴岗地势重新计划，拟定章程图纸"。[②] 这估计就是留存下来有两份勷勤大学总平面规划图的原因。比较这两份规划图可以发现，两者在规划思想上明显不同，一份是未实施的，采用了古典巴洛克式的对称构图；而另一份是石榴岗校园中实施了的，适应地形环境、建筑依据地势自由布局的规划。在修改总图过程中，设计者在古典形式主义与摩登功能主义的选择中摆向了后者（图 13-4-45）。

　　1934 年 9 月林克明以专任勷大教授为由向工务局请辞，并与黄森光、朱志扬等一道完成了勷勤大学河南石榴岗新校的设计。新设计摒除了 1933 年陈荣枝之教育学院以及林克明之工学院在建筑形式上的差异性，并统一各建筑之形式，使石榴岗校舍表现出高度一致的摩登建筑风格。如果说在此之前，岭南只有零星、猎奇的摩登建筑的话，在这里，林克明实现了他最初的现代理想。工学院、教育学院、学生宿舍，以及未实施的商学院、机械实验室、化学实验室、材料实验室等均采用形体简洁明快，线条挺直，无多余装饰的现代设计。在体形上，教育学院比工学院更单纯，并采用横向长窗结合遮阳板与水平展开的体量相配合。所有建筑都通过向左右两侧逐级跌落形成大平台，并在体量上突出建筑中部。勷勤大学新校建筑所反映的现代风格及功能原则在《广东省立勷勤大学概览》中得到最准确的描述："各项建筑工程计划，均以实用经济为原则，故不取华丽之装饰，只求工料之坚实及适合应用。"[③] 建成后的工学院（图 13-4-46）及宿舍楼仍有林克明早期摩登建筑中装饰艺术风格的影子，如阶梯形的体量组合、注重对称等。这些元素在广州火车站等林克明后期作品中也经常出现，是林个人现代主义风格的典型手法。

　　勷勤大学新校建筑的现代建筑形式与同期建设的石牌中山大学（1933-1936 年）形成强烈对比。但奇怪的是林克明在中山大学校园里，又一次将其中国风格推至更为成熟的高度。这种视觉反差，作为岭南建筑界两个阵营共有的旗手，林克明自我矛盾的交锋是岭南现代主义建筑运动中最奇特的现象。

　　勷勤大学建筑工程学系既是岭南现代主义传播和研究的重镇，同时也聚集了一群现代主义

---

① 一些研究中认定由陈荣枝完成规划设计，及陈荣枝、林克明分别完成首期建筑设计的史实，估计属于该时期。参见谢少明：中国近代建筑的先驱城市广州 [A] // 杨秉德主编. 中国近代城市与建筑 [C]. 北京：中国建筑工业出版社，1993：22.
② 新校建筑经过及现状 [Z]// 广东省立勷勤大学概览.1937：2.
③ 同②：7.

图 13-4-44　广州市平民宫（林克明：广州，1931 年）
来源：广州市政府.新广州,第 1 卷,第 5 期,1932.

图 13-4-45　勷勤大学第一学生宿舍（林克明：广州，1934 年）
来源：广东省立勷勤大学概览，1937.

图 13-4-46　勷勤大学工学院（林克明：广州，1937 年）
来源：广东省立勷勤大学概览，1937.

建筑的忠实实践者。除林克明外，金泽光、胡德元等在 1930 年代中期为国立中山大学石牌新校设计了一批现代主义建筑，包括金泽光 1936 年设计的卫生细菌研究所、传染病院（今中山大学北校区内）；胡德元 1936 年设计的强电流实验室、[①] 1937 年设计的电话所等，这些体型简洁、简化或摒除装饰的现代主义建筑和林克明 1934 年设计的中山大学男生宿舍，杨锡宗设计的中山大学教职员宿舍、材料实验室，以及郑校之 1936 年设计的天文台、研究院等一道构成中山大学校园内有别于中国固有式教学楼的现代建筑群体。

　　作为在上海、广州等地执业的粤籍建筑师，范文照在中国现代主义传播和实践中占有重要地位。或许是因为 1933 年美籍瑞典裔建筑师林朋的加入以及"国际式"建筑的最早宣传，范文照对现代建筑的风格认知更加直接，1934 年前后他在广州永汉路设计的广州中华书局，尝试了简洁的建筑形体与南方骑楼的结合，建筑室内也少有装饰，而是以横向长窗、顶层天窗以及框架结构的构件塑造空间（图 13-4-47）。

---

① 胡德元的设计签名在《中国近代建筑总览·广州篇》中被误认为"胡往方"。

杨锡宗在继续其新古典主义和中国固有式设计的同时，在 1930 年代也开始了现代形式的探索和实践，但其设计更多地与装饰艺术风格联系在一起，1935 年设计监造的广东省银行汕头支行就是代表作品，成为近代汕头最为"摩登"的建筑之一。同时期，杨锡宗还以类似手法设计了广州法币发行管理委员会等建筑以及广州市立银行。在陈济棠经济政策推动下，1930 年代岭南工商业发展迅速，房地产投资十分兴旺，摩登形式开始影响岭南商业楼宇。装饰艺术风格由于既能满足投资者"炫奇"的目的，又能有所装饰避免"简单"，因而广为流行，成为岭南近代最普遍的摩登样式，并在骑楼等商业建筑中广泛使用。建筑师也往往将装饰艺术风格与其他样式折中使用，如伍泽元设计的广州新华戏院等。与此同时，由于地价上升，商业建筑开始谋求向高度发展，更实用、更经济和更新奇成为发展目标。1931 年秋陈荣枝、李炳垣接受香港爱群人寿保险有限公司委托开始设计广州爱群大酒店（图 13-4-48），明显受到了美国近代高层建筑的影响，大酒店 1937 年 7 月落成使用，以 15 层楼高、简洁明快的线条达至该时期岭南摩登商业建筑的最高成就。

此外，商业建筑中还有广州永安堂（1937 年竣工）、陈荣枝 1930 年 12 月设计的广州市洲头咀内港货仓、王毓番、雷佑康 1934 年竞标获选的广州市立银行（未实施）等也是岭南摩登建筑风格的代表。而关以舟在其家乡开平赤坎为司徒琼医生设计的医务所则进一步说明摩登形式从 1930 年代开始向中心城市以外的地区扩散，建筑师及开明的业主为摩登形式的推广扮演了重要角色。[①]

从 1930 年代中后期开始，现代建筑风格逐渐影响住宅设计，追求阳光、空气的功能主义和简洁形式成为住宅设计的新趋势。1935 年，林克明为广州越秀北路的自宅进行了设计和建造，该建筑被郑祖良等人主办的《新建筑》杂志以"现代住宅专辑"的形式加以特别介绍（图 13-4-49）。其设计也贯注了林本人对现代主义的深刻理解：架空的底层、自由的平面、自由的立面，以及作为个人标签的跌级的平台、转角窗和金属栏杆等均在这幢建筑里有充分的体现。林克明的自宅设计从另一个角度反映了建筑师在官方和商业要求之外对新建筑的进取心态。在建筑师和业主共同努力下，花园式住宅采用现代新式样在抗战前已是大势所趋，华夏画则事务所黎永昌[②] 1937 年为广东省银行设计的广州农林路甲种住宅等是其中的典型。

1938 年广州陷落后，除军政临时设施外，岭南大部分地区建筑活动几乎完全停止。湛江由于法国租界地的特殊地位，大批难民纷至沓来，带动商业及旅店业畸形发展。1939 年，南华大酒店、南天酒店等建筑落成，为现代式。

二战后，在节省造价和追求新式设计的双重背景下，现代主义成为新建筑的代名词。1947年前后，杨锡宗受广州市立银行委托设计百子路华侨新村，相关文件已明确指出"乃采现代园

---

① 司徒琼遗孀崔伟章称，司徒琼早年在广州沙面法租界行医，1930 年代返乡定居后委托建筑师关以舟完成该医务所设计．开平谭金花 2004 年采访记录。
② 黎永昌（1905- ? 年），广东南海人，香港大学土木工程学士。1934 年登记为广州市公务局技师，自营华夏画则事务所。详见：广州技师技副姓名清册，1934 年 3 月．广州市档案馆藏．

图 13-4-47 广州中华书局室内（范
文照：广州，约 1934 年）（左上）
来源：中国建筑，1936，（24）：35.

图 13-4-48 广州爱群大酒店（陈
荣枝：广州，1934 年。彭长歆摄于
2010 年）（右上）

图 13-4-49 "建筑家之家——Prof
林沛德计划"（林沛德之名系林克明
借用）
来源：中国新建筑月刊社 . 新建筑，
1936，（2）.

现代住宅特輯

建 築 家 之 家

Prof 林 沛 德 計 劃

（具有現代最新防空設備之新形態住宅）

外
觀
圖

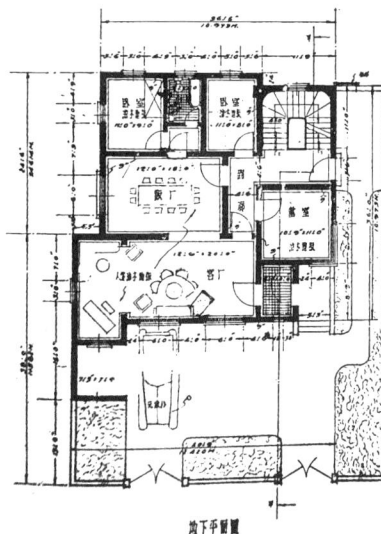

土庫平面圖

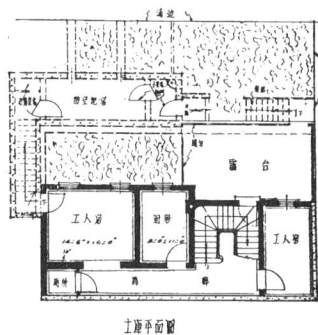

地下平面圖

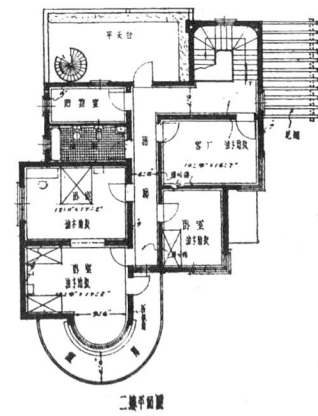

二樓平面圖

林住屋式"，[①] 其设计也适应了通风采光、"合于卫生、住居安适"的功能原则，建筑造型则"以普通装饰，坚实良才为标准"，无论独院住宅还是集合式住宅，已完全摆脱了杨锡宗战前装饰艺术风格的影响。

## （四）战后设计实践的多种途径

抗日战争后至 1940 年代末，虽然没有一个城市能恢复战前的繁荣，房地产业也不再兴盛，但在西方影响下，建筑界探索现代建筑的努力并未停止。虽然民族性依然是中国建筑师们追求的一个目标，但在思想上，现代主义的理念已得到广泛接受。建筑师的理想与多元的社会环境以及商业资本主义的不断对话与合作，在现代设计方面又作出新探索，并呈现出多样性。

作为圣约翰大学建筑系的创始人，黄作燊不仅积极传播现代建筑思想，探索现代建筑教育，而且还努力投入到设计创作的实践中，在为数十分有限的作品中显露出不凡的设计才华。他最出色的作品是带着学生们一起为其兄长黄佐临的苦干剧团演出剧目《机器人》所做的舞台设计（图 13-4-50）。该作品借鉴西方现代抽象艺术的语言，让舞台各构成要素首先相互独立，以离散、层叠及悬置的手法，组合出该剧的特定场景。这个场景营造了一种独特的空间穿透感，除了帷幕上可识别的世界地图外，传统舞美的具象场景、中心感、稳定性以及重力感均被一一消解，传统透视学的逻辑也不复存在，而当剧情和表演者融入这个静谧陌生的场景时，空间的流动与渗透便会尤其凸显。可以说，这个作品有浓厚的包豪斯设计特征，也是黄作燊有关"空间是现代建筑的核心"观念的生动体现。

1948 年落成的上海水泥厂厂主姚有德的住宅，也是一件出色的现代建筑作品。这座郊区别墅位于上海西郊的淮阴路，建筑师是协泰洋行（Yha Tai, Engineers and Architects）。依据业主的要求，建筑师在设计中参考了《狂恋》（*Leave Her to Heaven*）这部 1945 年的美国电影中的一座河边小屋，因此该别墅外立面上的横条雨淋板以及粗石墙面都带有一种美国乡土住宅的特征。[②] 但这座住宅也可称为中国式的有机建筑，而非一个单纯的舶来品。它坐落在高低起伏的基地上，布局充分地结合了自然地形，并巧妙地利用不同标高，十分自由，又兼顾了起居室和其他房间的各种功能要求，使住宅的各部分有分隔有渗透，为日常生活塑造了多个层次、多种氛围的空间。住宅最特别的就是宽阔的起居室，它面向花园的一侧为两段紧密衔接的横向大玻璃窗和一直延伸到屋面的玻璃天顶。室外有一个形态自由的泳池，而在材料上，该住宅将混凝土、石材、木材和大玻璃窗相组合，既有现代感，又颇富乡野气息。起居室中中国传统园林的小桥、流水、假山等元素引入，与大玻璃的建筑界面巧妙过渡，使得住宅内外空间相互渗透，自然与建筑融为一体。整个住宅掩藏于浓郁的绿茵之中，与赖特的流水别墅颇有异曲同工之妙，更实现了流动空间与中国传统园林自然意趣的有机结合（图 13-4-51~ 图 13-4-53）。

---

① 广州市银行 . 广州市银行华侨新村设计 [Z]，1947 年 . 广州市档案馆藏 .
② 根据 2010 年 2 月 12 日徐静、卢永毅对王吉螽教授的采访 .

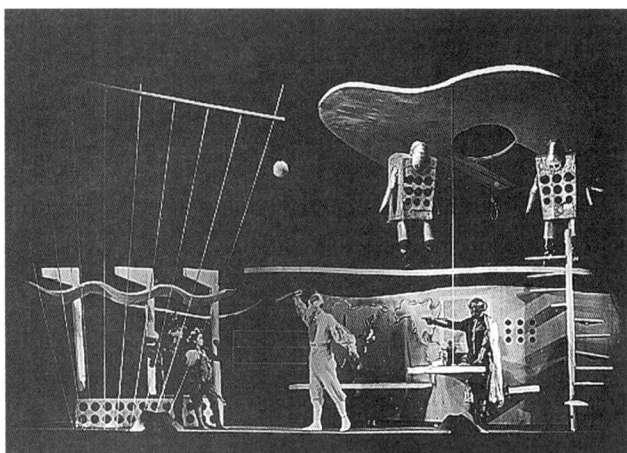

图 13-4-50　苦干剧团演出剧目《机器人》所做的舞台
设计，1945 年。
来源：黄作桑之子黄植及钱锋提供

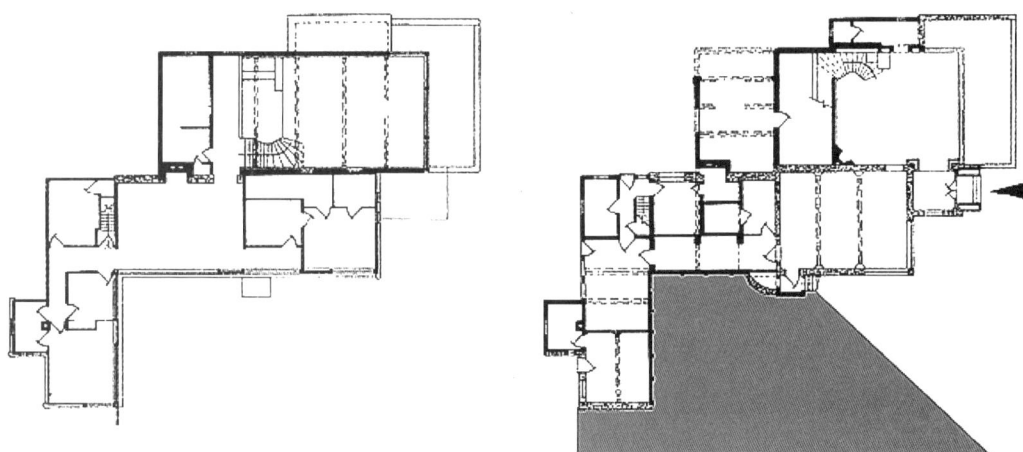

图 13-4-51　姚有德住宅一层（左）和二层（右）平面（协泰洋行：鲍立克：上海，1948 年）
来源：陈从周、章明. 上海近代建筑史稿 [M]. 上海：上海三联书店，1988.

图 13-4-52　姚有德住宅入口（协泰洋行：鲍立克：上海，
1948 年）
来源：蔡玉天主编. 回眸——上海优秀近代保护建筑 [M]. 上海：
上海人民出版社，2001.

图 13-4-53　姚有德住宅起居室（协泰洋行：鲍立克：上海，
1948 年。卢永毅摄于 2013 年）

德籍建筑师鲍立克为姚有德住宅完成了部分风格朴实的室内设计。当然抗战后鲍立克在参与大上海都市计划的规划工作，以及在关于现代建筑设计与现代城市规划理念的系统思考中作出的设计探索，更具有历史性的影响作用。1946 年 1 月至 1947 年 7 月，鲍立克担任当时京沪铁路局沪宁与沪杭段的顾问建筑师，通过其自己的建筑与工程公司（即 Paulick and Paulick Architects and Engineers），参与了镇江、无锡和杭州火车站以及南京和上海火车总站的新建、扩建和改建设计。[1] 虽然大部分方案未能获得实施，但他的功能城市规划思想、现代建筑语言以及在这些城市交通枢纽与公共建筑综合体中的设计融合，已经使其站在了二战后世界范围现代建筑传播与发展的前沿。[2] 相关鲍立克城市规划思想以及对现代建筑教育的影响，还将在后续章节中详细叙述。

总体来看，随着租界历史的结束，民族资本越来越成为推动城市发展和建设的主导力量，抗战胜利后的中国正期待与世界许多国家一样，尽快进入战后重建。1930 年代以来的不断引介、理解和学习，西方现代建筑的许多观念思想、设计原则以及风格特征不仅被越来越多的建筑人吸纳，也被更多的业主接受，融入未来现代生活的愿景之中。二战后，不仅积极宣传现代建筑的《新建筑》杂志复刊，一批直接接受现代建筑与城市规划教育的欧美留学生也相继归国，更加强了现代主义建筑思想在中国的传播。除了黄作燊外（图 13-4-54），这批归国留学生还有多人，如 1941 年毕业于维也纳高等工业学校、1946 年回国的冯纪忠和 1940 年春毕业于德国达姆斯塔特工业大学道路及城市工程学与城市规划学专业、1946 年回国的金经昌，他们共同进入同济大学土木系任教；1942 年在格罗皮乌斯主持的哈佛大学设计学院取得建筑设计硕士学位的王大闳，1947 年回到上海，既从事设计实践，也在圣约翰大学建筑系任教；1947 年获麻省理工学院建筑系硕士学位、1949 年获哈佛大学建筑学硕士学位并在阿尔托和布劳耶事务所工作过的李滢回到圣约翰大学，与约大毕生李德华、王吉螽、罗小未、翁致祥等人一起，成为建筑系的新生力量；1949 年从赖特建筑师事务所留学回国的汪坦，进入大连工学院任教；1950 年代初从密斯·凡·德·罗主持的伊利诺伊工学院建筑系学成归国的罗维东，进入同济大学建筑系。对于现代建筑，他们无论从观念思想上，还是从设计方法上，都有更加丰富而深刻的认识，超越了简单的风格思维，并且，他们年轻有为，都立志成为建筑、规划以及教育领域现代主义的热情推动者。

然而由于内战爆发，国家动荡，经济面临崩溃，在这个局面下，现代建筑探索与实践的机会十分有限。从这个 1940 年代末拟在外滩 7、8、9 号旧址重建的轮船招商局大楼方案中或许可以想象，若非战争和意识形态的转变，现代主义在中国的传播很可能是另一个局面（图 13-4-55）。

1920 年代至 1940 年代，西方现代建筑在中国的引入和传播，有着多重历史线索，遭遇复

---

① 详见 E. Kogel 博士学位论文 Zwei Poelzigschüler in der Emigration : Rudolf Hamburger und Richard Paulick zwischen Shanghai und Ost-Berlin（1930-1955）: 179-181.
② 同①。

图 13-4-54　中国银行宿舍楼（黄作燊：上海，1948 年）
来源：钱锋提供

图 13-4-55　轮船招商局大楼方案（设计师不详：上海，1940 年代末）
来源：轮船招商局文献．上海历史博物馆藏书．1947．

杂历史环境，也产生了显著的成果。本节所介绍的相关理论探讨、学术争鸣以及设计实践，反映出现代建筑在观念与实践的多个层面对于近代中国建筑发展所产生的影响，这种影响为中国建筑现代进程开启了新的一页，其总体特征如下：

1. 对于西方现代建筑的传播与影响，中国建筑界并不是一个"被动接受者"，而是表现出积极地接纳、学习与实践的姿态。这个时期，对于现代建筑的一些基本共识已经形成：它代表一种科学思想、时代精神和进步意义，并将逐渐取代各种历史风格，引领建筑走向未来。这些认识与"五四"新文化运动以来有关科学与民主的讨论及价值取向相契合，逐渐成为建筑界的主流思想。

2. 基于这种观念共识，现代建筑简洁自由、脱离历史风格和装饰主义，反映功能性、经济性以及技术特征的形式语言，也同时被引入、接受并实践，开启了建筑美学的新时代。然而，中国建筑师对于现代建筑形式创新的理解依然十分表面，虽然他们对立体派和抽象派等风格名称，功能主义或结构理性主义等主要原则，甚至柯布西耶的新建筑五要点，都有所了解，但碎片化的了解仍然缺乏深层认识与实践方法，而西方现代建筑在"国际式"的统称下呈现的纷繁面貌也为这种认识带来困难。因此，这一时期新建筑的实践探索大都基于对西方现代建筑师各种作品的风格移植和手法转译，而许多看似"现代"的设计作品，仍然渗透着来自布扎教育的传统设计语言。两位德籍建筑师的实践，以及黄作燊对现代建筑思想与设计思维的认识，在当时的中国建筑界，影响并不显著。

3. 现代建筑的引入，为中国建筑界对民族固有式的批判带来了观念与形式方面的启示，但同时，"国际式"并没有作为一种普适形式被接纳，而如何解决建筑的时代性与民族性问题又成为中国建筑现代化必须面对的一个新挑战。因此，"国际式"在进入中国伊始就曾遭质疑，而致力于融合现代与民族的建筑探索又一次拉开新的序幕。比起1920年代盛行的民族固有式，这个时期的探索已呈现多样性，如以更简洁抽象的形式改进民族固有式风格，以结构理性主义的诠释将中国传统建筑特征与现代建筑的设计原则衔接，以及以空间理论重新揭示传统建筑的空间艺术特征，等等。这些实践与学术的探讨在维护民族主义文化心理与追随建筑现代化进程间寻找平衡，但这只是观念萌发期，远没有找到实践的普遍出路。

4. 现代主义致力于以科学理性与艺术创新为社会重建秩序，推动文明进程，这种乌托邦理想也在中国闪现。大多数建筑师都具备这样一种近代知识分子的社会情怀，奚福泉设计的虹桥疗养院可以称得上这种理想的典型实践，而在勤勤大学和圣约翰大学等建筑院校的师生之中。更可以感受这种信念下的探索热情。然而现实情况是，大部分职业建筑师要面对复杂的执业环境，他们更需在官方的民族主义意识形态、市场激烈的商业竞争以及建筑师自身的职业追求中斡旋、应变并取得平衡。现代建筑实践最丰富的地方是上海租界，一个工商业发达和房地产市场最活跃的中心，因此，一些现代建筑的简约风格往往与商业竞争环境中的实用主义联手，成为富裕阶层享受现代生活、建构社会身份的摩登形式和象征符号，因此，富于表现力和速度感的流线型风格常常受到建筑师的青睐而被融入"国际式"设计的现象，亦不足为奇。

5. 近代中国的建筑技术环境，并未形成支持现代建筑创新探索的推动力。由于这一时期的建造技术处在现代转型的初级阶段，建筑的工业化进程刚刚起步，新的结构体系和建筑材料也是由外来引进，因此，在新建筑与新技术之间，并未出现与西方现代建筑运动相似的紧密关联。这也可以追溯到这个时代的文化特征，一方面是科学昌明，而另一方面对新技术的崇尚更表现出实用主义色彩，而没有太多文化艺术领域的反响。因此，如高层建筑的最新建造体系，是与装饰艺术风格的盛行一起成长，新技术的形式语言淹没在了对"摩登"风格的追逐中。

西方现代主义的理想，是寻找适合时代精神的建筑形式与设计原则，以期为社会实现新时代的文化统一体。因此，正如历史学家指出的，现代建筑的探索从一开始就包含着自身内在的矛盾性和复杂性：一边是先锋派的理想主义乌托邦，另一边则是资本主义文化的各种抵抗性、复杂性和多元性。[①] 如果说西方现代建筑在二战后的发展着实证明了这种矛盾性，那么，在这个时期的中国，这种状况也已经显现。不仅如此，在近代中国特定的历史环境中，现代主义的理想还不可避免地成为民族主义富强运动的变奏曲，这在奚福泉的虹桥疗养院中的确显现出来。在现代主义及现代建筑被引入中国并产生重要影响的过程中，它已经少有那种致力于推进技术与艺术的新的联合、以实现改造社会的深刻意义与先锋姿态，而是为中国建筑如何走出现代化与民族性的困境，开启了新的阶段。

---

① Alan Colquhoun, *Modern Architecture*, New York: Oxford University Press, 2002: 11.

# 第十四章

## 城市市政和城市规划学的发展

# 第一·节　中国近代市政的发生和发展概述 [①]

## 一、中国近代市政的发展

1927–1937 年担任上海特别市政府工务局局长的沈怡曾说："今人每误以为市政工程即是市政，实属大谬。此种错误观念，若不设法纠正，则此后办理市政之人，将日惟以拆屋筑路为能事，而不知其他。至于社会之是否安宁，人民之是否乐业，俱非表面所能得见，谁复过而问焉？" [②]中国近代市政发展是中国社会现代化的重要组成部分。它关系到国家建设、城市发展，以及城乡关系的转变。它的出现不是中国社会自身发展演化的结果，而是前现代社会在遇到外来的军事、经济和文化竞争的高度压力下的产物，也是经济全球化进程的一部分。它以城市为中心展开一系列的观念、制度和物质的实践，进而改变了传统的城乡关系，成为国家建设最主要的领域。从这一层意义上讲，它不仅仅是城市自身的建设，而且是通过现代城市空间的生产，来改变旧社会，建立新中国的一种全面性的实践。

历史过程中，"市政"的概念发生着变化。它首先与新时期"城"的新内涵相关。从制度的意义上讲，中国近代城市的出现，始于 1908 年底民政部通过，1909 年初颁布的《城镇乡地方自治章程》。清末新政是中国近代化历史上重要的一段；《城镇乡地方自治章程》就是在当时"君主立宪"变革的总体趋势下产生的。它在一定程度上确立了城、镇、乡作为相对独立的治理单元。虽然清王朝随后不久解体，但《城镇乡地方自治章程》却启发了地方（特别是城市）治理的开始。商埠局、市政公所等新机构从原有社会脉络中逐渐浮现；若干地区颁布地方性的市政章程；各种西方的市政知识随着大量留学生的归来和媒体的快速发展，逐渐传播开来。各地在一种潜在的相互竞争的状态下展开市政的建设。其中，孙科主事的广州，从制度、组织到实践等众多层面，可以说都是影响最深远的近代市政建设。

归纳历史过程中"市政"的概念，可以将其划分为三种类型。第一种是关于城市的"观念与制度"；第二种是"新知识与技术"；第三种则是"物质空间实践"。从清末到 1949 年间，不同的历史阶段，对于"市政"概念的解读，或者说，强调"市政"不同方面发生着变化。清末到民国初年，大部分的讨论主要集中在"观念与制度"；这一时期由于之前中国的空间中完全无任何现代的"市政"概念，如何借鉴西方发达国家以及对岸的日本，"创造"出一个全新的观念、制度、机构，它的组织形式、权限与职能；立法、行政、监督三者间的关系等成为最热烈争论的问题。《城镇乡地方自治章程》的颁布正式启动了这一进程，但之后的十来年间基本

---

① 本节作者杨宇振。
② 沈怡.市政工程概论.上海：商务印书馆，1934：76.

没有大的进展。这一时期的"市政"改革，本质上是中央与地方关系的调整，是基于新的中央与地方关系基础上，以"城市"为中心的地方上层社会结构再调整问题。从中央到地方大大小小的"咨议局"、"议事会"，是包括清末遗老、新兴资产阶级在内的各种社会上层人士议政的新空间。这一时期因为社会的震荡和局部战争的频繁，市政发展在机构组织和具体的物质实践上并没有取得太大的进展，然而在一定程度上启动了"共和"、"民治"的观念。随着制度的普遍建立、知识的广泛传播和技术的应用，总体上讲，"市政"越来越进入它的狭义概念，即物质空间的实践。以至于到了今天，"市政"成了"市政工程"——一个自从这一名词诞生以来最狭隘的概念。

中国近代市政的发展大致可以分为三个比较典型的阶段。第一个阶段是清末新政时期——全面改革和向西方开放与学习的时期，它奠定了之后十年社会变革的基础。第二个阶段是北洋政府时期（1912-1928年）——各地制度、组织和实践的广泛实验期，是在相对一致性状况下，多样性展现的阶段，也是西方市政知识大量传播进入中国的时期。第三个阶段是国民政府时期（1928-1949年）——市政制度相对完善的国家建设时期。

## （一）清末新政时期

艾瑞克·霍布斯鲍姆在《帝国的年代 1875-1914》一书中写道："回顾19世纪的历史……回顾这个由于创造了现代资本主义世界经济、从而创造了世界历史的世纪……对于世界上其他民族来说，在这个时代，其以往的所有历史，不论有多悠久、多杰出，都到了必须停止的时候。"[1]1894年甲午战争的惨败震惊朝野，促发清王朝加速深化改革。1905年日俄战争中"君主立宪制"的日本打败"君主专制"的俄国，作为一种制度优劣的对比和参照，进一步推进了清王朝"立宪"的改革。1905年清王朝派出端方等五大臣出洋考察，随后决定"仿行立宪"，从法律、教育、财务、武备、巡警以及民众的开化等方面，准备用9年时间，预备立宪。从1905年到1911年清王朝的覆灭，时间不长，却奠定了之后相当长一段时期社会变革的基础，也是今天珍贵的历史遗产。从较长的历史阶段上看，清末新政具有划时代的意义。它是中国历史上唯一一次从"君主专制"向"君主立宪制"转变的实践，开创了全新的观念、制度和组织的新空间。它第一次试图从根本上改革延续两千多年的中央集权架构下的"郡县制"，通过政治与行政分权，激发地方的发展，建立新时期的、新的"中央——地方"关系。

清末新政是观念变迁的开始，而观念变迁则开始于清王朝在最后半个多世纪来自内部和外部的严重危机。一个由"农民——地主"构成的基本社会结构，由"生产——消费"构成的稳定的社会生产与再生产的循环结构，被各种外来的强力反复冲击。[2]从世界范围上看，清王朝的状况并非孤例。比如，西边的奥斯曼帝国，同样面临着来自西方现代文明的严峻挑战。这是一种来自外部的力量，强制性促使内部发生结构性的改变。王朝屡次战败的危机，社会的日趋失序，资本

---

① ［英］艾瑞克·霍布斯鲍姆著，贾士蘅译. 帝国的年代 1875-1914. 北京：中信出版社，2014：377.
② 杨宇振. 兼容二元：中国县镇乡发展的基本判断与路径选择. 国际城市规划，2015（1）：1-7.

主义国家商品的廉价高质等等都日复一日地质疑着此前不容置疑的皇权观念的合法性。与此同时，各国在华的租界作为一种异质性空间，它的制度设置、组织架构、行政效率以及物质空间的状态，与清王朝的府、州、县形成了鲜明对比，并成为中国官绅与民众的借镜。特别是租界的物质空间，从用地分区、道路规划与建设、路灯设置、卫生管理、巡警制度到建筑式样、公园建设等，成为可以直接感知的对象。于是，从王朝的尺度到日常生活的尺度，从制度层面到物质层面，方方面面的困顿和鲜明的比对，促成了观念的变迁。而观念的变迁是一切物质实践的开始。应该说，观念变迁不是在新政时期开始的，却在这一时期转变得最为激烈。它体现了尖锐的社会冲突，集中表现在知识和技术的革新、社会结构的调整、制度建设的发端以及局部地区的物质和社会建设。

知识和技术的革新也并非在新政时期才开始。1840年鸦片战争以后，魏源所提"师夷长技以制夷"成为社会主流观念。通过学习西方的知识和技术，包括建设兵工厂、机械局，引进西方军事管理人才等，提升王朝的军事防御能力，是半个多世纪主要的实践。但这种移植性做法的可行性在1894年的中日甲午战争中几乎被完全否定，如何变革社会以"救亡"成为广泛和激烈讨论的议题。1898年的"戊戌变法"就是这一时期试图改革社会的典型事件。1905年废除了延续一千多年的科举制度，是具有重大且深远意义的知识和技术的生产革新。它从根本上否定了传统的教育体系，一种服务于维护传统社会等级的知识生产和承传体系，转而热烈欢迎西式的知识与技术。从这一点来讲，废除科举制度是社会结构再调整的关键举措。各地广泛开设西式学堂，大批留学生被派赴欧美和日本，并根据获得不同学位分别给予举人、进士、翰林等相应的待遇。伴随着新知识和技术的学习，使媒体作为知识与技术的传播和作为民声空间的发展。如《清议报》、《时务报》、《新民丛报》、《申报》、《大公报》、《东方杂志》等成了当时社会公共议论的空间和思想启蒙的主要载体。在1906年清廷颁布的"预备立宪诏"中的核心议题之一是"大权统于朝廷，庶政公诸舆论"。

社会结构调整和变革始于清廷"仿行立宪"中"中央官制"的改革和内阁改组，以及随后的省及以下的官制改革。1906年11月颁布了裁定的官制上谕，对各部、院大臣重新进行了调整；1907年9月设立作为议会基础的资政院，1909年8月颁布《资政院院章》，1910年9月资政院正式召集成立；1908年7月颁布了《各省咨议局章程》及《咨议局议员选举章程》，并要求各省在一年内办齐。[①] 作为议会的先声，各省、各地区的咨议局打开了一个全新的空间，它为新兴的资产阶级、地方的名流提供了合法地参政议政的机构和通道。《咨议局章程》规定，它的职能是"钦遵谕旨，为各省采取舆论之地，以指陈通省利病，筹计地方治安为宗旨。"它也明确规定官吏或其幕友、常备军人及征调期间之续备、后备军人，以及巡警官吏等没有选举与被选举权。也就是说，在原有社会治理的架构中，产生了一种新型的政治和行政的机构，它虽然有着过渡时期新组织的种种弊病，虽然一开始只是被指定为辅助官府治理地方社会的机构，然而却一方面很快成为地方自治的主要机构，与官治产生出各种抵牾与矛盾；另一方面，它也借由这一合法性的空间，介入清王朝的政治变革。多省咨议局联合起来，先后三次向清廷大请愿，

---

① 宪政编查馆对于各省咨议局的建筑形式提出了统一的要求："其新建者，则宜仿各国议院建筑，取用圆式，以全厅中人，能彼此共建互闻为主，所有议长席、演说台、速记席暨列于上层之旁听等，皆须预备，其改造者，亦应略仿此办理"。见《东方杂志》，宣统元年第五期，《宪政篇》。

督促清廷尽快开设国会。在很大程度上，从省咨议局到省之下各地方的议事会组织设置、人员构成、运作方式，经由清末的实践，成为民国初年地方市政的主要构成。尽管从民国初年到国民政府时期，地方市政的官僚体制和操作日趋完善，并逐渐纳入到国家治理架构中，但清末咨议局时期的社会精英的权利意识却影响深远，并未消失。

新机构的组织调整与运作需要法定认可的规则作为支撑，这就必然涉及法律的修订。咨议局设立后，配合地方自治的需要，在1909年底颁布了《城镇乡地方自治章程》。章程明确规定地方自治"以专办地方公益事宜辅佐官治为主，按照定章，由地方公选合格绅民，受地方官监督办理。"章程划定了城、镇、乡设立的行政与人口数量条件、规定了自治的组织形式、自治的内容（学务、卫生、道路、农工商务、善举、公共营业、财政等）。在组织形式方面，规定由作为行政机构的董事会和作为立法机构的议事会构成，议事会兼具有监督职能。与《咨议局章程》一样，它规定了地方选民的资格，以及官吏、军人、巡警、僧道等没有选举与被选举权。[①]可以说，《城镇乡地方自治章程》是《咨议局章程》在城、镇、乡地方空间的具体化。它第一次相对明确了设立"城"的条件、组织形式、市政内容，因此也可以将其看成中国近代城市化进程的"里程碑"标志。[②]城镇的议事会、省的咨议局以及中央的资政院，构成从地方到中央的议会组织形式的先声，并在不同的空间层级分别展开了各种实践。尽管和原有的行政体系仍有千丝万缕的联系，它们却是中国历史上从未出现过的新机构。与这一不同层级的"立宪"实践相对应的是1908年8月颁布《钦定宪法大纲》。尽管遭到各种批评，它是中国历史上第一部宪法性文件，开创了"君主立宪"的体制。

清末京师的市政管理变化是这一时期"君主立宪"改革最典型的体现。前清时期，京师地区的户籍、治安、卫生、消防等管理分属不同机构。城内由步军统领衙门、近郊由五城兵马司、远郊由顺天府下的大兴、宛平两县掌管。1901年八国联军撤出北京后，清廷仿行八国联军占领时期所设"安民公所"的组织方式，设置"善后协训营"，之后改为"工巡总局"作为京师管理的机构。1905年清廷在直隶总督袁世凯的提议下设立"巡警部"；1906年，"巡警部"并步军统领衙门、户部、工部的部分职能，设立"民政部"。民政部下，在京师设置内外城巡警总厅。"清末上至民政部，下至京师巡警总厅与各地巡警总厅形成独立完整的市政管理体制，并按近现代社会的需要，分官设职，各司其职。这同原来的职责不明，权限难分的旧时体制形成鲜明对照，最终完成了行政管理与司法审判权及军事管制权的分离，为城市管理走向近现代化树立了重要的里程碑。"[③]

## （二）北洋政府时期（1912–1928年）

费正清在《中国：传统与变迁》一书中曾写道："军阀时代既是乱世也是富有创新精神的时代。这并不矛盾，因为在中国这样一个传统束缚较深的社会里，尝试建设新的道路只能先破后立。

① 1909年（宣统元年）颁布的《京师地方自治章程》是《城镇乡地方自治章程》在京师的具体化。
② 杨宇振.权力、资本与空间：中国城市化1908-2008——写在《城镇乡地方自治章程》颁布百年.城市规划学刊，2009（1）：62-73.
③ 田涛、郭成伟整理.清末北京城市管理法规.北京：北京燕山出版社，1996：4-5.

1916年之后的10年中形形色色的思想实践和时新实验毫无拘束地涌现出来。随着政治力量的衰落，出现了思想、经济和社会多元发展的态势，在躁动的思想下潜伏着城市经济发展和社会变迁的大潮。"[①] 在市政发展上，北洋政府时期基本上可以说是清末新政时期的延续。从清王朝转变到民国，虽然有局部的武力冲突，整体过渡相对和平。除在制度上以"民主共和"取代"君主立宪"，北洋政府基本上继承和进一步发展了清末新政时期制定的法律、组织架构和物质空间形态。然而与清末新政时期相比，北洋政府时期面临着诸多更为复杂的且相互纠缠的国内、国外状况。从全球范围上看，随着资本主义经济全球化进程加深，资本主义内部矛盾日趋激化。新兴的资本主义国家与老牌资本主义国家之间因为资源、市场、殖民地等的争夺白热化，最终引发第一次世界大战。这一时期也是世界范围原有君主专制王朝或者帝国主义的殖民地转变为民族国家的普遍时期。其中，1917年俄沙皇帝国的解体，苏维埃社会主义共和国的成立是20世纪世界范围最重大的事件之一。北洋政府时期，知识与技术加速传播，欧美各种思潮涌入中国；也是在这一时期，马克思主义开始传播到中国，日渐成为当时主流社会思潮之一。在国内，随着原有中央集权体制的解体，也意味着新的中央政权不能在短时内整合地方势力，因为北洋政府并没有力量控制各个地区的军阀，这也是一个以"省"为空间单元的、类似联邦制式的时期。然而，也因为这一状态，各省军阀控制下的省与省之间在经济发展、政治合法性和进步性、行政效率等的竞争，形成了近代中国历史上一个特殊的时期，也形成了权力与知识之间一种异样关系的时期。

从总体上看，由于国际格局日趋复杂，北洋政府被迫涉入和应对国际与东亚地区的事务，而对于国内各省并不能掌握完全控制的能力。在这样的情况下，各省进入了一个相对独立发展的时期。如何调动内部资源，获得更多的财税用于支持军事发展，以便在频繁的局部战争中获得胜利，是这一时期各地区、各省的现实要求和基本状况，但并不是全部。如何获得权力的合法性和进步性，同样是地区和省之间竞争中的重要组成。在这样的情况下，城市成为获得财税和权力进步性最重要的空间。尽管由于战争的动荡和财政的匮乏，各省仍然在不同程度上展开了城市的公共建设，包括治安、卫生、教育、道路、公园、济贫等。

然而，从这一点上讲，近代中国城市的自治还没有能够形成之时，已经成为地区发展进而成为民族国家建设的工具。这当然不是中国独有的现象。西欧中世纪中后期城市的自治，随着发现新大陆和经济的全球化发展，逐渐臣服于君主专制及之后的民族国家建设。然而，西欧城市自治时期建立的立法、行政与监督分立已经成为一种普遍共识，成为国家建设的基本原则。清末新政时期设立的议事会、咨议局在北洋政府时期成为（临时）城市议会和省议会，但由于局部战事的频繁、新型治理机构动员地方民众能力的有限，特别是地方民众缺乏参政意识等原因，最终导致在北洋政府时期，地方自治（以城市自治为中心）发展的缓慢。市政组织法方面，没能有所创新。除了江苏省颁布《江苏暂行市乡制》外，其他各省并无新市政组织章程颁布。然而和《京师地方自治章程》类似，《江苏暂行市乡制》脱胎于《城镇乡地方自治章程》，并很快在1914年袁世凯通令各省停办自治时停止了实施。1921年北洋政府公布市自治制，分市为

① ［美］费正清著.中国：传统与变迁∥费正清文集.张沛译.北京：世界知识出版社，2002：509.

特别市和普通市两种。若干省制定了省宪或宪章中，均有关于市制之规定，但施行者寥寥。钱端升认为在国民政府成立之前的市制，"就大体而言，市自治并无进展，只见官办市政而已。"①

董修甲在《中国市制之进境》一文中回顾了清末以来市制组织的状况，归纳了当时市制的三种形式。第一种为分权市制。以《城镇乡地方自治章程》、《京师地方自治章程》、《江苏暂行市乡制》等为代表。第二种以 1921 年颁布的《广州市暂行条例》为代表的行政委员会制度。行政委员会既是议决机构又兼具行政职能（亦即兼具原《城镇乡地方自治章程》中议事会和董事会的职能），同时设有参事会作为辅助的代议机关，并设审计处办理审计事项。第三种是市长与市委员会混合制，是比较典型的"官办市政"，行政机构负责人（如商埠督办）由中央一级或省一级政府任命，总理一市议决和执行事务之权。从第一种市制到第三种市制，是分权逐渐减弱，集权逐级加深的市制。其中，《广州市暂行条例》是清末以来市政制度的创新（详见下文"孙科"一节），也是近代中国市政制度中最重要的一个条例，它成为国民政府 1928 年颁布的《市组织法》的基础和来源。与清末的《城镇乡地方自治章程》相比，《广州市暂行条例》的最大不同在于"议决"与"行政"的合一，且弱化了市民代议机构的权限。《广州市暂行条例》一经提出，广东省议会就以违反民治为由反对。但在省长陈炯明的大力支持下，《广州市暂行条例》得以实施和推行，并续而影响到其他众多城市的市政，最终成为国民政府制定《市组织法》的主要来源。

虽然阎锡山建设山西也颇有成效，但这一时期最突出的市政建设非孙科主事的广州莫属。广州的市政建设是以孙文、陈炯明为代表的南方派系彰显权力进步性的表现。《广州市暂行条例》是广州市建设的基本法，在这一法律的框架下，市行政委员会获得了巨大的权力，它高举"科学"的口号，划定管理范围、开展统计、重整治安、规范旧街、清理火患、清掏沟渠、拆城筑路、开辟新区、促进现代教育等。它在短短的几年时间里产生了具有现代感的崭新面貌，获得了普遍的赞扬（特别在媒体层面）。可以说，新广州的空间产生首先是广东省与广州市关系的直接结果（某种程度上在当时可以说是中央与地方关系的结果）；它借助来自广东省的上一级的权力支持（也是一种军事的支持），形成了一个相对集权的组织形式，获得了行政的效率同时在较大程度上消减了市民反对的力量，进而结合欧美的现代科学知识与技术，生产出现代化的空间。新广州的市政建设借由向下的工作成效来向上负责；它的机构形式是全新的，也可能是符合当时社会状况的一种切实可行的市组织方式，但在一定程度上，它回到了传统中国官府治理地方的方式，这也是为什么当时它被广泛批评违反了地方自治精神的原因。

## （三）国民政府时期（1928–1949 年）

费正清在《中国：传统与变迁》一书中还曾写道："南京政府制定的现代化规划几乎就是全盘西化。受过西方教育的官员们也有'学以致用'的想法，但他们制定和执行的政策反映的都是

---

① 钱端升等. 民国政制史 [M]. 上海：上海人民出版社，2008：684.

西方工业化国家的管理体制、技术和生活方式。"① 国民政府时期是全面展开市政建设的时期。市政建制日趋完善，在相对和平的近十年间，各地城市根据国民政府1928年颁布的《市组织法》（1930年修订），设置了市的行政组织架构，展开了广泛的市政建设。② 市的建制和建设逐步纳入民族国家发展的大系统中，成为官僚体制中的一部分。市的行政组织虽因各地城市规模、等级等不同而有所差异，但总体上是分科设署，加深了社会分工，提高了市政的效率。这一时期，由于市政制度已经基本成型——尽管"官办市政"仍然持续受到质疑，知识与技术的内容以及物质空间的建设成为关注的重点。各省城市政府持续公布各种《市政公报》、《市政月报》、《市政统计》等，向社会公开统计、财务、教育、工务、治安等各方面内容。与市政相关的专门性刊物也繁荣起来，如《市政月刊》、《道路月刊》、③《市政评论》等。建设计划、城市设计、都市计划作为市政的一部分，在知识与技术层面（以教育和媒体作为载体）、在物质空间层面，日趋成为专科的内容。彼时各种欧美市政实践和理论被广泛介绍到中国；另外苏俄的都市建设状况也见于媒体。

伴随着城市的繁荣，是中国农村的快速衰败。1933年前后，城乡关系成为热烈讨论的议题，它不仅涉及城市的发展和农村救亡的问题，它指向了"中国应该往何处去"的道路选择大议题。1937年7月，抗日战争全面爆发，持续近十年的市政发展中断，在随后的八年间，有限的建设只在西南的重庆、西北的西安以及日本占领的少数城市（如北平、上海等）。抗战结束后，部分城市拟定了都市计划案，但因战后百废待兴和财政的捉襟见肘，以及随之的国共战争而大部分停留在图纸阶段。

国民政府时期的市政发展有一个总纲的指导，即孙中山的《建国方略》，由心理建设、实业计划和社会建设三个部分组成。在心理建设部分，孙中山反对"知之非难，行之惟艰"的说法，提出"知难行易"的对立说，认为在科学高度发展的当下，"凡造作事物者，必先求知而后乃敢从事于行……是故凡能从知识而构成意像，从意像而生出条理，本条理而筹备计划，按计划而用工夫，则无论其事物如何精妙、工程物如何浩大，无不指日可以乐成者也。"④ 续而孙中山提出革命建设的三个阶段，即第一为破坏旧世界的军政时期、第二为推进地方自治，促进民权发展的训政的过渡时期、第三为还政于民、实行直接民权的宪政时期。总体上讲，这一部分是关于观念和国家制度设计的内容，与科学和民权密切相关。

1928年10月，东北张学良易帜，标志着"军政时期"的结束。国民党中央常委会根据1924年颁布的《国民政府建国大纲》，宣布进入"训政时期"。1931年6月颁布《中华民国训政时期约法》。在立法院院长孙科为主的"宪政派"推动下，1936年5月颁布了《五五宪草》。随后抗日战争爆发，阻断了国民政府时期的宪政之路。在实业计划部分，孙中山构想了诸多"意像"，包括港口、铁路、矿业、日常生活所需等方面，基本策略是引进发达资本主义国家的资本来建设新中国，"使外国之资本主义以造成中国之社会主义，而调和此人类进化之两种经济能力，使之互相为用。"⑤ 社会建设部分，总体而言是为促成地方自治，但内容过于具体。孙中

---

① [美]费正清著. 中国：传统与变迁 // 费正清文集. 张沛译. 北京：世界知识出版社，2002：544.
② 国民政府在1928年7月颁布《市组织法》，经过1930年修订，持续沿用到1943年被新颁布的市组织法替换。《市组织法》有效地推进城市的市政建设，却一直由于参议会权力过小，而受到缺乏自治精神的诟病。
③ 《道路月刊》创办于1922年，停刊于1937年。
④ 孙文. 建国方略 [M]. 北京：中国长安出版社，2011：43.
⑤ 同④：222.

山的营国理念比较典型和集中地体现在《国民政府建国大纲》中。

国民政府时期，因为城市建设的需要，关于市政的知识与技术迅速得到广泛传播。除了前面谈到的一些开始专门化的、与市政相关的媒体外，从1929年陆丹林所编《市政全书》可以看出，当时对于市政的讨论深入全面、视野开阔、内容丰富，既有观念层面不同理念的讨论，也有知识与技术的探讨，也涉及部分具体而微的物质实践。《市政全书》既有英、美、德、法、日等国的市组织法介绍、政府制度构成，也有这些国家城市市政建设的概况和都市计划理论的阐述；既有对国内市政状况的介绍、分析和归纳，也有对之的批评和建议；既有对市立法、市行政关系的讨论，也有对市政党和市选民的分析；既有对建设计划、市政计划的介绍和建议，也有对具体的土地收用、财税制度的讨论；既有各省市的市政建设概况，也有它们的市政章程整理。

也是在这一阶段，或在学理上或在实践中，出现了一批市政专家，包括张慰慈（1890–1976年）[1]、孙科（1891–1973年）、董修甲（1899–？年）、[2] 臧启芳（1894–1961年）、赵祖康（1900–1995年）等。[3] 在《市政全书》目录页的最后一页上有一小块补白，写着"打倒旧城郭，建设新都市"。这句口号大概代表了那一时期社会精英的总体状态和心态：现代国家的建制、城市的建制已经初具模样，要告别一个旧的世界，开始积极投入建设一个新国家、新都市。

随着市组织、市行政的制度化，"建设计划"成为新都市空间生产的重要手段。国民政府时期，各省市展开了大大小小的市政建设计划，其中比较突出的是1929年公布的《首都计划》、1930年开始编制的《大上海计划》以及1946年颁布的《陪都十年建设计划草案》。在"官办市政"的总体状况下，"建设计划"首先是一种工具，是借助西方的知识和技术来获得权力合法性与进步性的工具。它是在某个空间范围中和一定时间内，各种资源的配置和组合。它可能偏向民众的幸福，也可能强调经济的发展，它也要一定程度上回应地方的历史和环境。偏重或强调哪一方面，取决于特定历史时期地方面临的具体问题，发展的程度（一个相互间竞争和比较的过程），地方社会内部的矛盾冲突和地方与外部之间的关系，以及当权者如何来回应这些问题。"建设计划"需要以"空间"的形式表现出来；由于基于产业发展的现代城市空间形式是传统中国从来没有过的空间形式，于是复制西方城市空间成为典型的建设计划的空间模式。国民政府时期的都市计划案早期受到诸

---

① 张慰慈（1890–1976年）字祖训，江苏吴江人，早年留学美国，哲学博士。历任北京大学、法政大学、上海东吴大学法律学院、中国公学政治学教授，安徽大学图书馆长等职。是中国政治学的开拓者，北京大学最早的政治学教授。后任南京中国政治学会干事。著有《英国选举制度史》（上海：商务印书馆，1923）、《市政制度》（上海：东亚图书馆，1925）、《政治学大纲》（上海：商务印书馆，1930）、《政治制度说》（上海：神州国光社，1930）等书。（详见 http://baike.baidu.com/view/2111090.htm）
② 董修甲（1891–？年）字鼎三，江苏六合人，1918年毕业于清华学校后留学美国密歇根大学，1920年获市政经济学学士学位，1921年获加州大学市政管理硕士学位。回国后历任吴淞港改筑委员会顾问，吴淞市政筹备处欧美市政调查主任，国立北京法律大学及师范大学市政管理及经济学教授，上海市政府、汉口市政府顾问，其后任沪宁、沪杭铁路管理局租契起草委员会英文秘书，上海国民大学、吴淞中国公学、吴淞及上海法律学校教授，武汉市政委员会秘书长，汉口特别市政府工务局长、公用局长（1931年），中国建设协会会员，汉口特别市参事长，南京首都建设委员会经济处技术专员，立法院立法委员，江苏省政府委员兼建设厅厅长，行政院淞沪战区善后筹备委员会委员，国民政府黄河水灾救济委员会委员，中国大学商学院教授、院长，国民政府经济部资源委员会国民经济研究所特聘研究员，汪伪财政部税务署副署长，汪伪江苏省政府委员兼财政厅厅长，汪伪财政部江苏印花烟酒税务局局长等职。著有《市政研究论文集》（上海：青年协会书局，1929）、《市政与民治》（上海：大东书局，1931）、《京沪杭汉四大都市之市政》（上海：大东书局印行，1931）、《中国地方自治问题》（上海：商务印书馆，1937）等大量市政学著作和文章。（详见赖德霖主编，王浩娱、袁雪平、司春娟合编.近代哲匠录——中国近代重要建筑师、建筑事务所名录.北京：中国水利水电出版社，知识产权出版社，2006.）
③ 赵祖康（1900–1995年）字静侯，江苏松江人。1922年毕业于交通部唐山大学土木工程系，1930年赴美国康奈尔大学进修研究。历任梧州市工务局长，安徽建设厅技正，铁道部技正，经济委员会公路处副处长（1937年），上海市政府工务局长、代市长等职。著有"我国公路建设之过去与展望"（《交通建设》，1卷4期，1943）、"上海市与江苏省之海塘工程"（《市政评论》，10卷9–10期，1948）、"对于上海工务建设之新年愿望"（《上海工务》，19期，1949）等大量论文。（赖德霖调查整理）

如"华盛顿规划"的影响，强调宏伟、壮观的放射性林荫大道；后期一定程度上受到"田园城市"的理论和《雅典宪章》关于城市功能分区的影响。然而，壮观或是理性的空间观念的实践，立刻就遭遇到地方社会的各种现实，其中最重要的一种，就是如何来处理土地产权及其都市化过程的溢价问题。在以土地作为最主要生产和生活资料的时期，任何土地产权的调整意味着社会关系的再结构。这一深层次的问题及其应对在1949年以后的新历史时期，产生了翻天覆地的变化。

## 二、中国近代市政的几个核心问题

中国近代市政的发展应放置在两种基本关系中考察。一种是国际格局中的民族国家建设；另一种是中央与地方的关系。近代中国城市的兴起，是这两种关系共同作用的结果，而不是城市自身演化的结果。清王朝的被迫开放，是全球资本主义扩张重要的一部分；以"交易—利润"为核心的资本主义生产体系，强迫性改变以"等级—秩序"为核心的前现代社会体系。

在这一改变的过程中，城市成为这两种不同目的的矛盾冲突的最主要空间。《城镇乡地方自治章程》的颁布，就是试图从原有细密的社会肌理中，通过适度放权的方式（本身即意味着中央与地方关系的调整），产生新的空间。在生产力、生产关系不能产生重大变化或调整的状况下，试图通过政令来改变社会关系的变革是困难的，然而并非不能。这取决于社会底层的力量、舆论与强制性力量（往往通过军事力量表现出来）之间的关系。1921年《广州市暂行条例》就是在省一级的强制性力量保证下推行的。它规定市长由省长委任而非地方选举产生，并各局长由市长荐任。它一定程度契合了中国历史过程中"由上而下"的治理方式，因此相对于其他更强调"地方自治"的章程，更容易得到推广和运作。"地方自治"是地方社会民权与民治的发育过程，需要较长的时间。《广州市暂行条例》的行政委员会制，符合了政权当局希望在尽可能短的时间内建设新城市的需要。当然也应该意识到，移植性生产新空间是相对容易的，而改造旧社会，立刻就遇到了生产资料所有制的基本问题。在这一状况下，中国近代的市政发展是资本主义经济全球化进程中建设民族国家的被迫性的增量发展，也是中央和地方关系再结构的结果。

第二个核心的问题是，中国近代市政过程中，存在着两种声音和相互纠缠一起的运动趋势，即"地方自治"与"官办市政"。清末新政高举"地方自治"的口号，希望通过逐年提高民众的识字率，进而培育民众参与地方管理意识，最终达到改变基层状态的目标。孙中山意识到了改变中国基层社会的困难，结合当时的现状，他提出军政、训政和宪政的三个阶段；希望通过训政时期来培育民权，增强民众的参政意识（当时他关注的重点在"县"不在"市"）。然而普遍的实际路径和实践是"官办市政"。一种可能的解释是，相比于"地方自治"，在当时的历史阶段和社会状况下，"官办市政"的交易成本最低。尽管如此，"地方自治"已经成为中国近代市政发展中的一种基本理念和共识，它希望借由地方人管理和经营地方事务，来改变"大一统"的行政架构，产生地方的新可能。它虽然没有立即实现的可能，却作为一种改进现实的理念，存在于中国近代史的过程中。从《广州市暂行条例》（1921年）到《市组织法》（1928年，1930年），

"缺乏自治精神"的批评一直存在于条例和法规的实施过程中，从而进一步推进了法规的修订。

另一个核心的问题是，两种不同知识与技术体系的尖锐冲突贯穿在中国近代的市政过程中。近代的市政是直接移植西方的管理、知识和技术体系。对于前现代中国，它是完全的外来物。然而，从王朝、国家层面而言，移植西方的知识和技术体系，却又成为一种国际竞争中的必要。从这一点上说，清末新政是值得钦佩的。它从改革上层官制开始，废除科举，建设西式学堂，大量派遣留学生，培育地方自治。依靠原有知识体系生存的人开始发现潜在的严重危机，继而引发新的冲突。这一冲突在北洋政府和国民政府时期更明显和激烈。官方热烈欢迎获得西方学位的各种人才，并通过职业认定（如技师认定）的方式来调节分配，减少或排除传统知识应用的领域；通过新知识和技术来生产新空间和消除旧有的空间——而其中，"拆城筑路"是最典型的代表。城墙作为传统城市最大的物质公共品，是地方的旧权力威严的表征、集体的记忆和风水理念影响下的生产。拆除城墙则意味着对旧世界的挑战。从八国联军拆除天津卫城墙以来，近代中国的拆城充满着转型社会中的尖锐冲突。而最终从 20 世纪初开始，"拆城筑路"成了一种进步性的表征。在中国近代市政过程中，特别在北洋政府和国民政府时期，西方的知识和技术体系压倒性地排除了传统中国的知识和技术体系，进而成为一种历史的常态。这一点并非不值得进一步的思考。

最后，尽管中国近代市政首先是"建制"问题，然而在实践过程中，"土地产权"却是核心关键词。如前所述，在土地仍然是最主要的生产和生活资料的时期，任何对土地关系的调整，背后都是社会关系的调整。从北洋政府到国民政府期间，各地陆续在地方的设市条例或章程，以及后来的《市组织法》的框架下设市，完善行政机构，分科设局，进而广泛的做法是从接收清廷的公共财物开始（如衙署、部分庙产、公地以及后来的城墙等），展开物质空间的实践；在具备条件的情况下，抛开产权关系复杂的旧城区，开拓新市区。可以说，这是早期物质空间实践的基本模式。然而，一旦触及旧城，就陷入纷繁复杂的产权关系之中，阻滞着新市政的展开。如何处理基于土地产权基础上的"公与私"的关系，成了近代市政的关键问题。于是从 20 世纪 20 年代开始，便出现了大量有关"土地收用"办法，"土地收用"与政府和市民间关系的讨论；其中更涉及城市化进程中"土地溢价"的关键问题。孙中山在《建国方略》中的构想是"土地之岁收，地价之增益，公地之生产……皆为地方政府之所有，而用以经营地方人民之事业，及育幼、养老、济贫、救灾、医病与夫种种公共之需。"① 然而，"涨价归公"的构想背后是调节社会阶层关系的问题。或者说，从近代中国社会的生产力、生产关系（生产资料所有）的变迁上来研究市政的发展，才可能透过各个历史阶段纷繁复杂的种种空间现象，理解市政在宏观上与国家的建设、在微观上与市民日常生活的关系。


## 三、三个历史阶段不同类型的市政人物

中国近代城市发展过程中出现许多杰出的市政人士。如前所述，"市政"的概念在不同的

---

① 孙文. 建国方略 [M]. 北京：中国长安出版社，2011：324.

历史阶段有不同的解释，总体的趋势是从"建制"向"建设"再向"建筑"的转变。因此不能用"市政专家"一词来概括半个世纪间从事市政的社会精英。针对清末新政时期、北洋政府时期和国民政府时期的时间分段，本节选取朱启钤、孙科和沈怡三位代表性的人物，通过他们的市政实践来进一步阐述中国近代市政发展的状况。

## （一）朱启钤与京师[①]

朱启钤（1872-1964年），字桂辛，贵州紫江（今开阳）人。一生历经了清、民国北洋政府、民国国民党政府、日伪以及中华人民共和国5个历史时期；曾任清京师巡警厅厅丞、北洋政府内阁交通部总长、内政总长、京都市政督办、代总理、袁世凯称帝大典筹备处处长、南北议和北方总代表等重要职务；先后经办中兴煤矿公司、中兴轮船公司等实业，号召成立北戴河自治公益会，开发北戴河，组建经营"中国营造学社"，从事古典建筑、髹漆、丝绣等的研究与文献整理，先后编印、出版多部相关著作。

众所周知，朱启钤曾经组建"中国营造学社"，改造北京城市基础设施，开通前三门城垣，设立中央公园，开发经营北戴河，并整理与贵州家乡有关 文献及重修贵州会馆等。但他在中国市政史的贡献并不仅限于物质建设，还包括制度建设。

清光绪三十二年（1906年）九月民政部的成立和三十四年（1908年）十二月颁布的《城镇乡地方自治章程》是近代城市现代化的里程碑，标志着中国城市有了专门的管理机构以及行政制度史上第一次以法律形式正式将城市与乡镇区别开来，城乡从此有不同的行政系统。[②]民政部职掌包括管理地方行政、地方自治、编查户口、整饬风教、核办保息、荒政，巡查禁令，编审图志，查验官民土地，修缮陵寝、桥道工程，管理医药卫生、寺庙、方术、过继归宗等事，除京师巡警总厅等机构乃由本部直辖外，还监督顺天府府尹，对各省民政官员亦有统属、考核之权，成为全国公安、内务、民政的最高行政机关。[③]所以《清末北京城市管理法规》一书的编者说："上至民政部，下至京师巡警总厅与各地巡警总厅形成独立完整的市政管理体制，并按近现代社会的需要，分官设职，各司其责。这同原来的职责不明、权限难分的旧时体制形成鲜明对照，最终完成了行政管理权与司法审判权及军事管制权的分离，为城市管理走向近现代树立了重要的里程碑。"[④]

光绪三十一年（1905年）九月成立的巡警部是民政部前身，管理所有内外工巡事务。时朱启钤以候选道调巡警部，始任京师内城巡警厅厅丞，后任外城巡警厅厅丞，京师习艺所总监督等职。内外城巡警总厅在清朝最后数年的市政管理中起着重要作用。由于北京警察接管了前市行政管理机构的许多责任，所以职责范围包括人口普查、公共工程、消防、救济贫困、

---

① 此节是杨宇振撰写的《朱启钤（桂辛）先生初步研究及其他——一份近代城市史视野中的历史人物研究简报》的摘选，原文刊发在《建筑师》2007年第6期。
② 以民政部、各省督抚承办的城镇乡地方自治为清末9年筹备立宪事宜最为重要的内容，要求5年内必须初具规模。参见宪政编查馆资政院会奏宪法大纲暨议院法选举法要领系逐年筹备事宜，载于故宫博物院明清档案部编.清末筹备立宪档案史料（上）.北京：中华书局，1979：61-66。
③ 朱先华.清民政部简述.载于中国第一历史档案馆编.清代档案史料丛编（第九辑）：278。
④ 田涛、郭成伟整理.清末北京城市管理法规.北京：北京燕山出版社，1996：4-5。

公众健康、公共卫生及社会治安等，远大于西方城市警察的职权。<sup>①</sup>京师巡警厅的职责当然在于它创办管理北京的市政，从更广的意义上看，它是清廷及民政部实施新政的实验地和观察所，是其他地方城市仿效因循之模范。许多城市管理政令首先通过京师巡警厅实施和检验，进而推广应用到全国各个地区及城市。京师巡警厅同时监督制订了一系列的城市管理法规，内容广泛，除关于在押人犯的医药卫生、感化教育等狱政管理，更多是社会进步所必需，诸如城市交通、水电灯具、环境污染、火政消防、户籍登记等各类行政管理，均是近现代社会政治、经济、法律、文化综合发展的必然反映，故对当时以及其后的民国北洋政府和南京国民政府时期都产生了直接的影响。<sup>②</sup>

朱启钤在《自撰年谱》用"创办京都警察市政"精简的字句概括任巡警厅厅丞事，既是对自己经营京都市政的肯定，同时也应是一种实际的表述。和之后朱启钤兼京都市政督办修建的京师前三门城垣工程，开辟中央公园、修建环城铁路、在主要街道种植行道树、疏浚护城河、开放皇家园林等相比较，"创办京都警察市政"更是一种制度性的、创新性的突破，在封建文化积淀数千年的首善之都开拓市政，开风气之先。<sup>③</sup>

朱启钤与近代中国城市市政制度的创办紧密相连。今天如果要梳理近代中国城市市政发展史，当然必须寻溯现代市政知识与技术体系的传播，然而机构的设立、制度的创新、建设的实施以及如何"谨参考各国制度"并"斟酌地方情形"等具有重要位置。在这些方面，"生平一切设施多自开其端"的朱启钤有着卓越成果和不可磨灭的作用。<sup>④</sup>

## （二）孙科与广州<sup>⑤</sup>

孙科字哲生。其人生历程可以分为 5 个主要阶段：负笈美国（1917 年 27 岁前）、施政广州（1918–1926 年）、勤政南京（1927–1948 年）、客居海外（1949–1964 年）、终老台湾（1965–1973年）。"施政广州"和"勤政南京"是孙科盛年且处于民国政府权力核心的主要阶段。

孙科在早期现代中国的现代化过程中具有重要位置，这一过程虽然主要在城市中发生，却经由城乡生产关系的变化，向着更整体、更广泛的空间蔓延。从 1917 年 26 岁回国，到 1948 年58 岁离开中国大陆，此 32 年是早期现代中国观念、制度和物质建设的转型时期。在这一过程中，孙科一直处于国民政府的权力核心，是观念、制度和物质建设筚路蓝缕的开拓者。从早年局部地区和城市（广东省与广州市）的建设实践到整个国家的制度设计和部门实践，孙科在中国的现代化过程中刻写了既深且重的印记。与朱启钤在清末民初的北京市政创制和实践的重要作用

① 史明正.走向现代化的北京城——城市建设与社会变革.北京：北京大学出版社，1995：29；并参见中国第一历史档案馆编.宣统二年京师外城巡警总厅抄送各商行规史料：55–70.
② 田涛、郭成伟整理.清末北京城市管理法规.北京：北京燕山出版社，1996：12.
③ 曹聚仁在《悼念朱启钤老人》中记述了几件事情，其一是"那时他们在外城大栅栏推行过单行道制，而敢违犯这规矩的乃是肃亲王善耆的福晋，他们有勇气判罚那福晋银圆十元，真是冒犯权威，居然使肃亲王听了折服，这才施行得很顺利。"另外一事是京师某御史以自家数世夜不燃灯为由，反对北京市中装路灯，向皇帝弹劾控诉。
④ 此语为一生与朱启钤有着极紧密交往的叶恭绰在朱启钤 80 生日志庆所写。参见叶恭绰：为蠖公所写诗·朱蠖公八十生日述往志庆，载于北京市政协文史资料研究委员会等编.蠖公纪事——朱启钤先生生平纪实.北京：中国文史出版社，1991：38.
⑤ 此节是杨宇振撰写的《因时创制：孙科与中国现代城市规划体系创建》一文内容的摘选，未刊稿。

类似，孙科因为在 20 世纪 20、30 年代的国民政府最重要的两个城市广州和南京的市政创制和实践而具有重要地位。城市的现代化是国家现代化的先锋；城市现代化过程中的物质、制度和观念的转变是国家现代化的前奏和实验。其草创的《广州市暂行条例》，不仅在彼时广州特殊的历史背景下得以广泛实践，而且在中国的现实情景里，进一步影响了各地的市组织形式，以及后来的市组织法。之后的各种市组织形式大多不离《广州市暂行条例》的基本框架，其影响深远。

探讨孙科与广州的早期现代化，主要集中在广州的市政过程、市政的组织架构变化，孙科开创性地制定《广州市暂行条例》以及相关的物质空间实践等。[①] 关于这些方面本文不再赘述。以下要讨论的是新广州市的出现和影响，以及孙科在其中的作用。

"建国必先建市，建市必先建制。"[②] 孙科一生履职众多，从掌一市之长，到实业部门之首，再到国民政府立法院、行政院等院长，以及国民党中央党部要职等；几十年间从事的活动纷繁复杂，类型众多，殊难归纳。但有一条主线贯穿在孙科的理念与实践之中，也就是坚定不移地执行孙中山提出的"民族、民权、民生"的"三民主义"。"三民主义"首先是一种建国理想和纲领。在孙中山拟定的"国民政府建国大纲"中，基本的社会管理单位是"县"；试图通过"县的自治"作为三民主义（特别是其中的民权和民生）实现的基础。现实的情况是，县域仍然太大，"对于人们之政治知识能力，政府当训导之，以行使其选举权，行使其罢官权，行使其创制权，行使其复决权"目标在县域仍然过于困难。[③] 在这样的历史背景中，新城市作为承载新政治理念、新经济和文化的空间浮现出来，新城市成为治理国家的试验田和模范地——广州是其中的开创者；然而，广州的出现有其必然性及其问题。

第一，自清末颁布《城镇乡地方自治章程》（1909 年）以来，地方自治成为 20 世纪初中国社会的主流思潮。地方自治是清末新政主要内容之一，希望通过地方革新和发展，改变王朝衰落的命运。《章程》本身就是顶层社会群体经过多年斗争后取得共识的结果。从原有细密的社会网络中浮现出来，从制度上新定义的"城"、"镇"、"乡"成为推进自治的空间。也就是说，地方自治成为一种国家发展策略，而城、镇、乡是国家发展策略的实践空间。

第二，两年后清王朝在相对和平的状况下解体，但"地方自治"已经成为地方大员和知识群体的普遍观念，尤其在革命意识浓厚的广东地区。广东陈炯明在受困福建三年间，致力于地方自治，特别是漳州的市政建设，取得引人注目的成果。"闽南之漳州，于戎马仓皇之中，经陈竞存之整理，不二三年，忽使望而却步之地，一变为光明灿烂之城……其整齐划一，在国中实为仅见。"[④]

---

① 如可见赵可，孙科与 20 年代初的广州市政改革，史学月刊，1998 年第 4 期；韩文宁，孙科与二十年代广州的市政革新，档案与史学，2003 年第 2 期等。
② 这是邱致中在《都市建制论》一文中提出的观点，也应是彼时较为普遍的观点。邱致中指出"建制"包括了市政的制度与法制两个层面；制度包括了中央与地方的制度，而法制则是共同遵守的律例。文中他回顾了"中央集权制"的英国、"联邦制"的美国以及德国的市政制度，探讨了中央与地方各种不同的市政机构设置，以及包括地方"市长制"、"市委员会制"、"市经理制"、"市议会制"、"市参事会制"等相关的市政制度；认为彼时中国的市政是脚重头轻，"市政的地方机构，如各院辖市和省辖市，也都是一律采取地方集权的市长制，照目下各市参议会，仅为建设机构，市政府不惟自己可以任命局处长，且是兼立法行政的全能机构"，但中央却缺乏统筹建市的制度与机构设置。他最后提出，必须在中央设置相关机构（市政部）、制定法律（《都市法》），进而督促和建设都市（"形成理想的'计划都市'"）。（邱致中，1947.）
③ 国民政府建国大纲第三条，1924.
④ 记漳州市政 . 道路月刊 .1922 年第 3 卷第 1 期：14.

第三，1920 年底陈炯明回广东，受孙中山任命为广东省省长兼粤军总司令。陈炯明锐意改革，整顿金融、裁兵减政、考察吏治以及扩充市政。[①] 陈试图在广东省全域推行地方自治，其中尤其以省府广州为重点。"首倡地方自治以为各省之先导。广州市为全省首善之区，市政规划，刻不容缓，遂有广州市市政厅之组织。凡关于市政事项，划归管理。"[②] 孙科于 1917 年学业完成回到广州，历经两三年锻炼后，到 1921 年（民国 10 年），在天时、地利、人和的大好状况下，出任广州市市长。

第四，清末颁布《城镇乡地方自治章程》推行地方自治以来，先后颁布过《京师地方自治章程》(1908 年)、《江苏暂行市乡制》(1911 年)、《地方自治试行条例施行细则》(1915 年)，但由于政治架构、社会结构和生产方式并无显著变化，地方自治是原有的土地贵族掌控的地方治理，所谓的"官办自治"，虽有变化但并无实质性的推进。或者也可以说，新兴资产阶级不足够强大，没有足够力量改变地方与国家的政治格局。[③] 孙科接办广州市政，面临同样问题。如何在坚硬的现实面前打开新的变革空间？

第五，广州新市政是在陈炯明全力支持下展开的，是其在广东省境内改革的一个部分。广东省整体的发展格局为局部的广州市改革提供了政治和军事上的支持。在这样的状况下，新的制度（立法）与组织（行政）架构是推进变革的必须。孙科回顾说到，"当时对于组织制度上，实一颇费踌躇的问题。办理市政事，在外国本不受中央或地方之拘束，由人民自动的办理。而中国人民则没有这种程度，故必须政府提倡，采用何种制度，必求适合地方情形，乃容易收效。"[④] 最后在移植西方的组织制度过程中，没有选择代议制，也没有选择经理制，而是"变通"的委员会制度。"这种条例颁布后，省议会表示反对，省长陈炯明叙述理由，坚持不顾，施行以来，成绩大著。"[⑤]

第六，"变通"的委员会制度是孙科"仿照西方先进制度但结合地方现实改进"基本方法的结果，也是其拟定的《广州市暂行条例》的核心内容。吴铁城说，"孙科……筹划市政，采取委员会制，仿欧美市政制度，今日特别市的制度，实以广州市为滥觞。"[⑥] 这一"变通"是在"市民既无组织也无经验"、选民"户口无详细调查"状况下的结果。它有几个典型特征。一是"广州市为地方行政区域，直接隶属于省政府，不入县行政范围。市之脱隶于县，要自此始。"[⑦] 二是市长由上一级机构的省长委任；三是市长提名各局委员并呈送省长任命；四是有代表民意的参议会，但权力相对小；五是有省政府直接派驻监督财政的审计处。这一"变通"不仅在"市"的构成，也在于下属各"局"的构成。"市"与"局"同构异形。

第七，这一"变通的委员会制度"由于其行政执行的成本小，实际可行而成为后来相当长一段时间最主要的市政组织制度（虽有调整但无实质性变化），影响了 1928 年颁布的《特别市

① 陈炯明之改革政治观 . 道南，1922，Vol.4（2）。
② 新建设的中国增刊 . 民国日报，1922 年第二号：21.
③ 彼时咨议局、参议会等仍然是开创性的政治格局和组织设置。
④ 孙科 . 广州市政谈 . 国闻周报 .1924，1 卷（12）：14–16.
⑤ 黄炎培 . 黄炎培演讲广州市政 . 新建设的中国增刊 . 民国日报，1922 年第二号：23.
⑥ 吴铁城 . 吴铁城回忆录 . 三民书局，1968：118.
⑦ 钱端升等 . 民国政制史 [M]. 上海：上海人民出版社，2008：690.

组织法》、《市组织法》（作为国家制度架构中"市"正式诞生的表征）。它的实质是经过妥协，结合彼时彼地的地方现实，一定程度排除一般民众的参政途径（亦即原有的激进的、乌托邦式的改革方式），通过上级认定、负责人提名、团体推荐人选（这些团体往往是掌握西方知识与技术的人员组成）方式构成，成功地提出了新兴的资产阶级介入地方政治的组织方式。这是一种切合彼时地方现实（即强权力支持强大而地方民众参政意识尚弱）的制度与组织架构。孙科在《广州市政谈》中说道："此种计划，虽然比较完备，但完全是政治的组织，对于政府负责，而对于市民不负责，与市民无密切关系"，[①]认为需要推进"民权"的发展，从军政向训政等改进。

第八，如前所述，现代城市是现代国家治理的试验田与模范地。国家需要通过城市获得财税收入，通过城市治理建立现代治理结构和模式，通过城市改善人居环境。彼时广州市的状况，主要财政收入来自房捐、花筵捐、手车捐、公产变价和省政府的补贴。现代城市最主要的工商业税收在彼时广州并无比重，土地税收同样缺乏。没有现代产业支撑的城市发展是孙科面临的困境（也是后来其他城市发展面临的困境）。他自己讲，有三个事实上的困难，一是财政窘迫、万事待兴却财政收入仍然不敷；[②]二是市民守旧思想阻碍建设事业开展；三是专门人才匮乏。[③]其中还很可能潜藏着孙科必须处理的一个更大的困境，也就是必须从城市的财政收入中切取相当一部分来支持北伐的军事活动。[④]一方面城市财政难以开源，却又面临建设事业的表率和竞争压力；另一方面军费汲取往往是强迫性的和非计划性的，冲击市政建设。这种两难状况是早期现代中国城市面临的普遍困境。

在广州试验中，孙科从原来的记者和秘书，转变为新城市的管理者。他参照欧美的市政制度，拟定了广州市的组织条例。受省长任命后，他面对的不是这一空间中的个别问题，而是所有问题，这对他既是考验也是磨砺，为他日后在南京的工作奠定了认识与实践的基础。作为早期现代中国的首位市长，他第一面临的是方向性的根本问题：新城市的实践空间是孙中山建设新国家的一个试验田和期待中的模范地，它不仅关于物质建设，不仅关于社会建设，它还有关观念的建设。它应该往什么方向发展才能够体现新政权的合法性和进步性？秉承孙中山的理念，在陈炯明等的支持下，他并无顾忌和迟疑，积极且谨慎地推进着广州市的现代化。他遇到的困难当然不仅是广州市发展本身的困难，而是特定时期空间转型中的各种困境。如上所述，他很快就遇到了城市财政匮乏、民众顽固和现代知识与技术人才稀缺的困难。他不相信传统知识体系培养出来的人，尽可能启用西方知识与技术人才；他下属的各局局长，大多具有留洋经历和专业知识；他也盛邀德国地政学家单维廉（Wilhelm Schrameier）和美国建筑师茂飞（Henry Murphy）等专家参与城市政策制定与规划建设。在三次任内，他大力推进城市公共品的生产；物质层面的拆城筑路、修建公园、建设模范村、开拓新商业空间；社会层面的扶持各类型教育、禁鸦片、禁

---

① 孙科.广州市政谈.国闻周报.1924，1卷（12）：14-16.
② 另外，稍微提及的一点是，在财政极困难却又必须推进市政发展的情况下（作为权力进步性和合法性的表征），民国初期的"拆城筑路"成为一种理性也是被迫的选择。
③ 同①.
④ 孙科在一次演讲中谈道："现在要谈到经费问题……但每因政府将其操作军用而打破预算案！"见孙科.讲演广州市政.南大周刊.1924，61.

赌博；以及制度和行政架构的立法与实践、物质与社会建设观念的媒体传播，成为早期现代中国其他众多城市学习和模仿的对象。[①]可以说，以孙科为代表的新型社会精英治理新广州的模式影响广泛而深远，成为早期现代中国城市的"空间生产范式"。安克强（Christian Henriot）在讨论1927-1937年间的上海市政时，仍然必须同时介绍孙科治下的广州。他说："到了1921年，一项很不同的法规才把市政府的问题重新提上了议事日程。该法规尤其重要，因为它表达了国民党人首次试图建立市政府……省会和革命政府所在地广州是中国第一座建立直接注入西方模式的现代市政府的城市。广州的市政章程是国民党人把他们的民主理想与当时的政治现实调和起来的一个很好的例子……虽然后来国民政府颁布的市政法规不是直接复制于1921年的章程，但它们从中得到大量启示，至少在市政机构的组织方面是这样。"[②]

在广州实践中，孙科遇到的是中国和广东发展状况下的广州，是整体中的局部问题；然而同时也是广州市治域下的各种关联状况和困难，是局部中的整体问题。在广州，他要处理建市，建市是为了建国；在南京，他深涉建国问题。"建国必先建市，建市必先建制"，建制即是立法。

## （三）沈怡与上海[③]

沈怡（1901-1980年），字君怡，浙江嘉兴人。1920年国立同济大学土木工程科毕业；1919年加入少年中国学会[④]；1921年秋入德国兰斯顿大学土木工科及城市工程学院，主修水利工程，兼修建筑。1925年毕业，获得工学博士学位。1926年返国，任汉口工务局工程师兼设计科长。1927年加入中国工程师学会。1927年7月-1937年10月，任上海工务局局长。在此期间，兼任上海市中心区域建设委员会主席等。1946年11月-1948年12月，调任南京特别市市长。曾当选中国工程师学会理事长、中国土木工程学会理事长及中国市政工程学会理事长。[⑤]

沈怡的简历是具有典型意义的近代知识分子的人生简历：出国留学，获得学位；回国工作，利用掌握的专业知识投入急需建设的事业中。这种具有中国血统而又兼备西洋专才的人员正是国家在经历长时间极端封闭后，在打开国门后最为需要的人才。与杨廷宝、董大酉、梁思成等建筑师一样，沈怡留学归来后遇上了国家建设的好时机，找到了施展才华的舞台。但除了本人的才华之外，沈怡迅速得以高就还有另一个重要原因：他是上海特别市第一任市长黄郛的内弟。

在经历了帝国崩溃、民国初兴、军阀混战以及北伐成功后，1927年的中国迎来了民国史上的"黄金十年"。这10年同样是近代中国城市与建筑发展的高峰时期。国民政府第一次颁布了《特

---

① 吴铁城在回忆录中说，"我清楚地知道，在中国各大都市之中，不凭借外力经营，而由自己胼手胝足建设起新型都市来的，就仅有广州这个都市了"。见吴铁城.吴铁城回忆录.三民书局，1968：51.
② 安克强（Christian Henriot）著.张培德、辛文锋、萧庆璋译.1927-1937年的上海——市政权、地方性和现代化.上海：上海古籍出版社，2004：15.
③ 此节是杨宇振撰写的《近代城市规划史视野中的沈怡研究——一份关于市政管理者与城市的史学研究简报》一文的内容摘选，原文载于张复合主编，中国近代建筑研究与保护（四），清华大学出版社，2004，615-622.
④ 沈怡在大学同学魏嗣銮、宗白华介绍下加入少年中国会。少年中国学会发起于北京，以"本科学的精神为社会的活动"，以创造"少年中国"为宗旨。在会中，沈怡认识了一批南北各大学的优秀青年，其中的大部分人成了近代中国的风云人物。少年中国学会的成员后因信仰不同而走向不同的道路，当时倾向共产主义主张的有李大钊、恽代英、毛泽东、邓康、张闻天等。参见沈怡.沈怡自述.传记文学出版社.1985.39-40.
⑤ 根据徐友春主编《民国人物大辞典》、《申报》1927年7月9日公布的《上海特别市市政府重要职员略历》编写。

别市组织法》与《市组织法》，将城市的管理纳入了统一的国家视野。1927–1937 年间的上海市区获得了巨大发展。以具有典型近代性的"道路建设"为例，这 10 年间筑路总长为原有路长的 64.8%，年均递增 5.2%。据统计，1936 年已经建成的道路占 1947 年底上海市政府建设总道路的 54.7%。[①]

作为民国"黄金十年"期间上海市的工务局局长，沈怡在其回忆录中写到"自觉是一件极具建设性而兼有政治意义的工作，也自觉是我在市政方面略具贡献的一段经过，更自觉这是一个年轻人初入社会勇气百倍的一番尝试。"[②] 从近代城市史的角度看，作为工务局局长和上海市中心区域建设委员会主席的沈怡之名与具有开创意义的《大上海计划》紧密相连。作为中国了解西方文化的一个窗口，同时也是一个西方文化的中国传递者，上海在近代中国城市史上具有最重要的地位。1927 年中国城市普遍设市后，如何经营新行政制度下的城市，上海的举措无疑起着广泛的示范作用。其中，作为负责城市物质建设的重要机构，工务局的组织构成、颁布的城市法令与建筑法规，以及它采取的行动对其他城市也具有重要的参考价值。因此，沈怡的工作具有不可忽视的影响力。

处在这样的位置必然遭遇激烈的矛盾冲突。有事例鲜明地展现了沈怡作为工务局局长对于城市开发的态度及其鲜明个性。1934 年，某法商向市长建议在黄浦江造一铁桥连接浦东，并表示他有办法赊料借款。市政府在研究此事时只有沈怡一人强烈反对。他认为：一、当时市政府才搬到市中心，"一·二八"战后恢复和市中心的建设已使财政不敷，造桥属不急之务，目前不宜另辟大的投资方向；二、市政工程须有通盘考虑，不能单靠造桥而不顾其他公共建设。造桥后浦东地价必然暴涨，政府若无整套对策，结果徒使他人得利。然而，表决以造桥方案获多数票通过，沈怡愤然呈请辞职——最后的结果是市长放弃了造桥方案。[③]

1936 年在上海市博物馆及航空协会举办的中国建筑展览会可能是近代以来中国最为轰轰烈烈、人才济济的建筑展览会。展览会"陈列我国历代建筑的模型、图样、材料、工具等，借以表扬我国古代建筑艺术的工致伟大，近代建筑技术的进步，并以引起社会上对建筑艺术的兴趣与探讨。"[④] 展览会在短短的 8 天时间里，吸引了超过 4 万人的参观者，并通过《申报》等社会媒体获得了广泛的宣传（详见本书第六章第五节）。作为工务局的局长，沈怡从筹办到展览到闭幕决议，始终是积极的发起人和参与人，并在展览期间举行公开演讲，沈怡在 4 月 18 日的演讲题目是"市政与建设"。

抗战时期，国民政府迁都重庆。沈怡又活跃在香港、甘肃和重庆等地。1944 年中国市政工程学会在重庆成立（表 14-1-1），沈怡任理事；次年改选，又任理事长。而大部分人员由于滞留重庆，在国民政府行政院的督导下，对于战时陪都重庆的城市发展多有所贡献；其中比较突出的是吴华甫与周宗莲。吴华甫在《中国市政工程年刊》中发表过"陪都市政建设"一文；而周宗莲即主持抗战胜利后中国第一部城市计划案《陪都十年建设计划草案》（详见第十六章第一节）。

① 《上海市工务局之十年（1927–1937）》. 第 8 页. 转引自张仲礼等编. 长江城市与中国近代化. 上海人民出版社 . 2002：612.
② 沈怡. 沈怡自述. 传记文学出版社 . 1985：99–100.
③ 同②. 124–126.
④ 上海研究资料续集. 周谷城主编. 民国丛书. 第四编. 上海书店 . 1992：459–468.

研究中国近代城市规划史，有必要从专业人士着手；而早年中国市政工程学会则集中了当时相当部分城市计划从业人员，沈怡著作和实践经验均堪称丰富，无疑是其中最重要和突出的之一。

中国市政工程学会第二届职员名单 　　　　　　　　　　　　　　表 14-1-1

| 理事长 | 沈怡 |
|---|---|
| 常务理事 | 凌鸿勋　郑肇经 [①] |
| 理事 | 谭炳训 [②]　朱泰信 [③]　李荣梦　余籍传 [④]　吴华甫　薛次莘　萧庆云　过守正 [⑤]　周宗莲　梁思成　俞浩鸣　袁梦鸿 [⑥] |
| 候补理事 | 卢毓骏　陶葆楷 [⑦]　哈雄文　方福森　段毓灵 [⑧] |
| 常务监事 | 茅以升 |
| 监事 | 李书田 [⑨]　赵祖康　周象贤　关颂声 |
| 候补监事 | 袁相尧　朱有骞 [⑩] |
| 总干事 | 郑肇经 |
| 副总干事 | 俞浩鸣 |
| 编辑委员会主任委员 | 卢毓骏 |

来源：1《市政工程年刊》，1945。表中茅以升生平从略；方福森、李荣梦、萧庆云、俞浩鸣、袁相尧生平待考；关颂声、哈雄文、梁思成、卢毓骏、薛次莘生平可见赖德霖主编，王浩娱、袁雪平、司春娟合编．近代哲匠录——中国近代重要建筑师、建筑事务所名录．北京：中国水利水电出版社，知识产权出版社，2006。

① 郑肇经（1897-？年）字权伯，江苏泰兴人，1921年毕业于同济医工专门学校土木工程系，1924年毕业于德国德累斯顿大学土木工程系及市政工程学院毕业，获得德国政府特许工程师学位。历任江苏省公署水利处佐理，全国水利局河海工科大学水工学教授，督办海州商埠局参议，淞沪商埠督办公署工务处考核科科长，上海特别市工务局秘书、第五科技正兼科长，青岛特别市政府参事，港务局长，中央大学教授，经济委员会简任职正，水利处长，水利会扬子水道整委会委员，经济部水利司长，中央水工试验所长等职。1928-1938年参加全国大学工学院分系科目表的起草和审查。著有《都市计划学概论》，（上海：商务印书馆，1927）。（赖德霖调查整理）
② 谭炳训（1907-？年）字训之，山东历城人，1931年毕业于北洋大学土木工程科。历任青岛市工务局技士、北平工务局技士、北平市工务局技正、北平市工务局局长、故都文物整理委员会实施事务处副处长等职。著有"战后我国之都市建设"（中国市政工程学会编辑《市政工程年刊》重庆：编者刊，1944）、"北平之市政工程"（中国工程师学会编《三十年来之中国工程》，中央印刷厂重庆厂印，1945-1946年）等多篇论文。（赖德霖调查整理）
③ 朱泰信（1898-1964年）字皆平，安徽全椒人，1924年毕业于交通部唐山大学土木工程系，后毕业于英国伦敦大学土木工程系。历任江苏建设厅工程师，唐山交通大学教授，湖北省政府顾问，中国工程师学会武汉分会正会员（市政）。著有《沟渠工程概要》（镇江：江苏建设厅省建设工程处，1931）、"实业计划上之城市建设"（中国市政工程学会编辑《市政工程年刊》，重庆：编者刊，1944）等。还编有《武汉区域规划初步研究报告》（武汉：湖北省政府武汉区域规划委员会，1946）。（赖德霖调查整理）
④ 余籍传（1894-1959）字剑秋，湖南长沙人，1917年于上海中国公学毕业后赴美国留学。1921年毕业于伊利诺伊大学，在美国密歇根中央铁路局任工程师。1924年回国后，历任潭宝公路总工程师、复旦大学土木工程系教授等职。主修建成湘南第一条公路。1929年后任长沙市政筹备处长兼湖南大学土木系教授。1931年9月实业部工业技师登记（土木科）。1933年后任湖南省建设厅厅长、行政院救济总署湖南分署署长。1948年迁居澳门，创办华南大学。著有《湖南省建设》、《美国之公路财政》等。（据 http://baike.baidu.com/view/1403982.htm 补充）
⑤ 过守正（1900-？年）字复初，江苏无锡人，北洋大学土木工程系毕业，曾任青岛市工务局技正。与谭炳训合著有"青岛之市政工程"（中国工程师学会编《三十年来之中国工程》，中央印刷厂重庆厂印，1945-1946）（赖德霖调查整理）
⑥ 袁梦鸿（1898-？年），广东宝安人。1927年毕业于（德）柏林工科大学土木工程科。历任广西建设厅技正、广州市政府技正、广州市府合署图案竞赛评判委员、广州市工务局代局长、铁道部技正、京赣铁路宜贵段工程局副总工程师，湘桂、滇缅、叙昆等铁路副局长、中印公路测勘总队长、交通部简任技正兼路政司帮办等职。著有"我国的铁路"（《交大土木》，2期，1944）、"广州之市政工程"，中国工程师学会《三十年来之中国工程》，中央印刷厂重庆厂印，1945-1946）等多篇论文。（赖德霖调查整理）
⑦ 陶葆楷（1906-1992年），江苏无锡人，1926年清华学校公派赴美留学，先后就读于密歇根大学和麻省理工学院，1929年获土木工程学士学位，1930年获美国哈佛大学卫生工程硕士学位。历任清华大学教授，西南联合大学教授、土木系主任，清华大学土木工程系主任。1935年编写了中国最早的一本《给水工程学》中文教材，还编写了《卫生工程名词草案》一书。另著有《下水工程学（上册）》（西南联大工学院，1941年）、《军事卫生工程》（上海：商务印书馆，1942）等。（详见 http://baike.baidu.com/view/884266.htm）
⑧ 段毓灵，生卒及教育背景不详。曾开办现代建筑工程事务所（从业人员：陈明达）。（赖德霖调查整理）
⑨ 李书田（1900-1988年）字耕砚，直隶昌黎人，1923年毕业于北洋大学土木系。后留学美国，在康奈尔大学学习铁道及水利学，获得工学博士学位。1927年回国，历任顺直水利委员会秘书长、北洋大学教授。1928年华北水利委员会成立后继续担任秘书长。同时他参与成立中国水利工程学会并任副会长。还曾任国立交通大学唐山土木工程学院院长、国立北洋工学院院长，建立了中国最早的水利专业和水利系。抗日战争期间随校西迁，又先后出任国立西北联合大学筹备委员会主任、国立西北工学院院长、国立西康技艺专科学校校长、国立贵州农工学院、国立北洋工学院西京分院院长等职。此外，他还曾任黄河水利委员会委员、副委员长，华北水利委员会总务处处长。抗战结束后，北洋大学在天津复校，李书田任工学院院长。（徐友春编《民国人物大辞典》，石家庄：河北人民出版社，1991）
⑩ 朱有骞（生卒不详），曾任中央大学土木工程系教授、南昌市市长。著有《自来水》（上海：商务印书馆，1933初版，1947第五版）、《城市秽水排泄法》（上海：商务印书馆，1934初版，1935第三版）。（赖德霖调查整理）

从上述的简历和简表看，沈怡在近代中国市政学界和城市建设史上有突出地位。作为一名技术型的高级城市管理官员，沈怡在《三十年来中国市之行政》中总结了1911年以来中国的市行政变迁。文中对于近代中国市行政的沿革、市的地位与执掌、市行政组织以及市立法机构等进行了分析，并在结论中提出30年来中国市行政的四个进步，即市政法规的颁布、各地设市的增加、市行政现代化以及专门化。[①]

《市政工程概论》（下称《概论》）为沈怡任上海工务局局长时所撰。与其说这是一本教科书或者市政工程指导手册，不如说这是一本沈怡对于1930年代上海城市市政问题的总结，同时也是当时中国城市面临普遍问题的一个大致反映。《概论》在1933年5月由商务印书馆出版发行，次年2月便再版，其影响程度可见一斑。

《概论》共分五章：一、改造旧市区，二、计划新市区，三、城市道路，四、园林，五、城市建筑。从章目排序可以看出在近代化的初期阶段，城市面对的首先是对旧有机体的改造。开埠后，许多城市纷纷拓宽马路、整理旧市区、开拓新市区。在《改造旧市区》一章中，沈怡重点着墨了"土地收用"和"土地整理"两节，这两个方面同时也是上海工务局两项重要尝试和突破。具体的做法是筑路过程中的"受益征费法"和"都市土地重划"，旨将市政工程纳入政府督导与市场运作的共同渠道，加强市民群体对于市政府施政的参与度，使得城市的改造更新成为一项多方受益的投资行为。

从技术层面上看，《概论》主要涉及了市政工程十分具体的做法，包括道路的宽度、等级、坡向、交角的处理；广场与交通的关系、形式上的功能优化、房屋布局、组合调整等等，都是实际工作中必须面对的问题。从规划思想上看，在城市结构与布局方面明显受到了田园城市理念的影响，强调环形的传统城市向放射型星型城市的近代转型，并兼与绿楔和外环的绿化带。在突出近代城市功能分区需求的同时，以南京的《首都计划》为例，指出城市的分区不能过于绝对，除了工业区外，其他分区的功能应当互相掺杂。

研究《概论》的意义在于它体现了当时城市市政的普遍水准和问题。近代城市规划史其中很重要的一个内容就是研究城市发展过程中人们会选择性地尊重何种知识；有什么人通过什么途径拥有这类知识，而建设过程中知识的运用又如何影响了社会变迁。对沈怡的研究就属于对"有什么人"的研究，而对《概论》的简要剖析就是试图了解在当时的社会阶段有什么样的知识得到人们的尊重、学习和应用。[②] 其中，还有一个很重要的内容就是对于综合应用各类知识的城市计划案研究。将1929年的《大上海计划》、1930年的《首都计划》、1946年的《陪都十年建设计划草案》以及1947年的《大上海都市计划总图草案报告书》等关联与综合起来，比较参照相关城市租界地或占领区的计划，就可以大略勾勒出一部1927年以后国民政府主导的城市计划技术史。而了解制定这些城市计划案的历史过程、主要技术人员的学术背景无疑将使得这一技术史更加赋有"人文"之色彩。然而这项工作还等待拓荒。

---

① 沈怡.三十年来的中国市之行政 // 吴承洛主编.三十年来之中国工程.1945：939-941.
② 比较早的城市市政、计划还有如张锐著《市政新论》（1927年）；日本都市研究会著，李耀商译《都市计划讲习录》（1929年）等。

## 第二节　城市规划科学的形成与实践 [1]

中国自古即有根深蒂固的天朝意识和华夷观念，坚持虚骄的朝贡体系。北魏时在洛阳城南设置"四夷馆"，将中原四周的少数民族称为"夷"，后来将来华外国人统称为"夷人"，有"蔑视"之意，自然也将中原以外的学问称为"夷学"。尽管如此，富庶的中华文明仍然吸引众多外国商人来华贸易，清时称他们在华馆舍为"夷馆"，如广州"十三夷馆"，他们将原本自己的居住生活方式和建设模式带到了中国，形成了异样的景观。传教士的来华更为中国带来了西方知识与文化，拓展了中国人的认识和视野。早期，不受重视的"夷学"便由商人和传教士零星渗入中土，形成"西学东渐"的重要组成部分。

1759年，乾隆帝下令闭关自守，禁绝天主教在中国的传播，颁布并厉行《防范外夷规条》。它是清政府管理外人的第一个正式规程，严格限制了外夷商人来华贸易时间，不准其在省住冬，也不准传递信息，表现出对外商的高度警惕。在这样严厉的监管之下，中西交流的管道几乎被斩断。

1840年鸦片战争后，清廷上下仍然对洋人持排斥和鄙夷的态度，但是部分封建士大夫在屈辱与震惊中开眼看世界，他们开始著书立说影响世人和认知西方，如林则徐、龚自珍、魏源和徐继畬等。1842年，魏源编著的《海国图志》初版问世，记述了世界各国的地理、历史、经济、政治、军事和科学技术，乃至宗教、文化等情况，并附有世界地图、各大洲地图和分国地图等，旨在唤起国人学习西方，"师夷长技以制夷"，兴利除弊增强国力，抵抗外来侵略。1848年，徐继畬编撰成《瀛寰志略》刊行于世，揭露了中国在世界政治格局中的危险处境，并由地理学引入西方民主政治思想。他高度赞扬美国共和政体，赞扬华盛顿，主张系统维新。这两部书是中国学者编写的最早的世界地理著作，摆正了国人的地理观念，传播了先进的社会制度和发展思路，虽然受到保守派严厉的打击，却启迪了后来中国的洋务运动和日本的明治维新，极具进步意义。

1853年3月，洪秀全定都南京并颁布《天朝田亩制度》，是中国第一部具有近代性的理想主义社会方案，是封建土地所有制的对立产物，提倡平均主义。1859年4月，太平天国又颁布洪仁玕起草的《资政新篇》。与早期的《天朝田亩制度》不同，《资政新篇》体现出鲜明的资产阶级性质，不仅学习西方的科学技术，也效仿西方资本主义国家的社会制度。太平天国运动极大地撼动了清政府的统治，虽然两个纲领均未实现，但展现了农民最迫切的愿望和早期留学知识分子的思想，传播了反封建的思想，逼迫清政府实现改革。

在内忧外患的逼迫下，1861年3月11日设置中国首个外交机构总理各国事务衙门，负责掌管对外事务，标志着清政府政治体制改革的开始。1861年冯桂芬发表《校邠庐抗议》，首次阐述"主为中学，辅为西学"思想。这种从"夷学"到"西学"的认知转变，中国人经历了沉痛而漫长的历程，成为一件"不得不为之"的事情。

---

[1]　本节作者李百浩。

这种"西学"思想迅速深入人心，并成为洋务运动的主导思想。总理衙门作为推动自强运动的主要机构，本着中体西用的思想，开办洋务运动。曾国藩、李鸿章、张之洞、左宗棠等洋务大员以"自强"、"求富"的口号，兴办军工、开采工矿、建设铁路、设立新式学堂，是政府层面的第一次大规模救国运动，对中国的近代化起着不可估量的作用，同时也正是由于洋务运动的失败促进中国人的思想转型。

1894年甲午战争之后，张之洞于1898年4月完成《劝学篇》，在里面蕴含着两大重要思想：一是提出将"西学"看作"新学"，而将中国本土重文思的学术系统称为"旧学"，虽然目的仍是维护中国传统伦理纲常，但已足见对西来之学的思想转变，同时鼓励国人博取新学旧学之长而融会贯通，"于是图救时者言新学，虑害道者守旧学，莫衷于一。旧者因噎而食废，新者歧多而羊亡；旧者不知通，新者不知本……夫如是，则旧者愈病新，新者愈厌旧，交相为愈，而恢诡倾危乱名改作之流，遂杂出其说以荡众心"；[①] 二是忍受甲午之战之屈辱，倡导向曾经以中国为楷模而历经明治维新迅速崛起的日本学习，形成了留学日本、在东洋学习西洋的高潮，"至游学之国，西洋不如东洋。路近费省，可多遣。去年近，易考察。东文近于中文，易通晓。西学甚繁，凡西学不切要者，东人已删节而酌改之。中东情势风俗相近，易仿行，事半功倍，无过于此。"[②]

至此，中国士大夫对西方的态度完全由抗拒逐渐演化为默认、模仿，最后甚至主动学习。这种将西方学问真正作为"西学"的认知，即使从鸦片战争算起，中国人用了差不多半个世纪的时间。与日本明治维新一开始就将西方学问作为"新学"并且用了不足30年就完成了工业化，形成鲜明的对照。

如同其他学科一样，城市规划作为一种新的知识和学问，伴随着中国人对西方学问的认知过程，逐渐从移植、模仿、学习、消化和涵化中形成和发展。

## 一、开埠城市的出现与西方城市建设技术的传入

1842年，《中英南京条约》被迫签订，要求中国开放广州、厦门、福州、宁波、上海5处为通商口岸，实行自由贸易。实际上，这时的通商口岸和以往一样，外国人并未取得行政权力，仍属于中国政府管辖的"外国人居留地"。

然而，随着一系列不平等条约的订立，外国人逐渐侵夺了行政、司法、课税、驻军等各种权力，将"居留地"演变成"国中之国"，后被称之为"租界"。到了1861年，英国参赞巴夏礼与湖北布政使唐训方签订开辟汉口口岸条约时，便直接将"租界"二字用于官方文件。自19世纪60年代起，中文里又多了一个近代化词汇——租界。

① 张之洞，何启，胡礼垣．劝学篇·劝学篇书后 [M]．武汉：湖北人民出版社，2002：23．
② 同①：138．

租界俨然一个城市的新市区，从最初的沿海到沿江，并延伸至广袤的内陆。除了这些"约开口岸"外，还有后来清政府为避免被迫开辟租界并又模仿租界而主动开放的"自开口岸"，所谓"通商场"、"租借地"、"商埠区"等各种类型的自行开放、中国政府管理的"外国人居留贸易区"。此外，再加上被迫设立的"使馆区"、"铁路附属地"、"避暑地"、"贸易圈"及"外国兵营"等，一时间这些租界或类似租界的新开发区，形成了近代中国的主流城市，诞生了中国第一代近代化城市——开埠城市或称口岸城市或称商埠城市。这些开埠城市，面积大、分布广、影响大，传入和引进了西式生活方式、建筑类型、城市景观以及城市建设制度和技术，自然也是传播西方文明和引发中国近代化城市规划建设的窗口与前哨。

同时，租界也是促成知识分子思想转化的一个重要原因。租界在中国的土地上直接展示了西方城市图景和市政制度，实现了中西方文明的近距离对望。中国人历经洋务运动时期"中体西用"的失败，"百日维新"变法图强的流产，"庚子国变"后"预备立宪"和"学制改革"的实施，"辛亥革命"推翻清王朝的统治，"五四运动"对民主科学新思想的呼唤，中国人对自身和世界的认识逐渐深入，学习的内容由"西艺"、"西政"逐渐升级为西方文化，而租界则被认为是西方城市建设知识与技术的传播站。

虽然"租界"原本为中国政府租与外国商民居住、贸易的居留地，但随着时间的推移，反而成为西方列强殖民中国、中国人接触西方的城市与市政建设技术的栈桥。到1894年甲午战争之前，这一时期以英法之租界为最多，上海公共租界就是在此时期设立的，所以这一时期亦被称为"欧美租界设立时期"。

这些位于中国既有旧城之外的"西式"居住贸易街区，基本不考虑与老城的关系，平面规划简单，多为格网式布局，小地块标准式划分，扩大沿街商铺面积，在适当地方留出空地作为公园或中心广场，重视对外港口及道路建设，以土地投机为经营方式，建立自治的市政机构，制定相关的建设制度，显然延续的仍是近代前各宗主国重商主义的殖民地建设模式，形成了早期中国版图上的殖民主义城市规划，亦被认为是中国近代城市规划的开始。

由于租界建设的重要举措是马路、港口等市政基础设施建设，所以租界市政建设的进步，与当时的中国既有城市形成了鲜明对照，也引起中国身历其时的开明绅士良多感慨。因此，1880–1887年清政府两次开展关于路政建设的大争论，之后1889年张之洞提出了关于修路的总设想。一位上海乡绅曾进行过比较："租界马路四通，城内道途狭隘；租界异常清洁，车不扬尘，居之者几以为乐土，城内虽有清道局，然城河之水，秽气触鼻，僻静之区，坑厕接踵，较之租界，几有天壤之别。"[①] 著名洋务派人士郑观应也评论道："余见上海租界，街道宽阔，平整而洁净，一入中国地界则污秽不堪，非牛溲马勃即垃圾臭泥，其至老幼随处可以便溺，疥毒恶病之人无处不有……"[②]

---

① 李维清. 上海乡土志. 第七十课，光绪三十三年（1907年）. 转引自：近代上海地方志经济史料选辑. 上海：上海人民出版社，1984：15.
② ［清］郑观应，辛俊玲. 盛世危言 [M]. 北京：华夏出版社，2002：555.

对中国人来说，外国人租界一方面是中国近代史上的耻辱，另一方面也有"各租界，则大小街路区划整明，其主要之街衢，均建有层楼之西式房屋"[①]和中国市政建设及管理的极端落后之感，使无数富有先知的爱国士绅无法再袖手旁观，坐视不理。这样，在最早设立租界的上海，1860年上海知县刘郇膏第一次规划实行行政区域的区划，1865年江南制造局设立兵工厂，1895年12月成立了上海第一个市政机关——上海马路工程局，出现了始于以修筑马路等市政建设为主的最初中国近代城市规划之雏形。中国既有城市开始向半殖民地半封建城市转化；中国传统的城市规划形态与制度开始分化瓦解。

此外，这一时期中国诞生了欧美空想主义者似的社会改良家，试图为中国、为人类提出理想社会模式。尽管这些至今鲜为人知，却是近代中国人留给人类的一份宝贵精神财富，并且在中国近现代城市规划及建设的历史演变过程中，扮演着自觉或不自觉的角色与作用，是中国近代城市规划思想的重要遗产。关于城市社会方面的理论与实践主要有：太平天国的理想农业社会主义空想（1853年）；1882年陈虬在浙江瑞安建立的"求志社"[②]持续了七、八年，可以称为中国的"新协和村"；1895年张謇在南通所展开的"模范社会"模式及实践；1897年梁启超的"地方自治"，主张建立中国近代市制等等。这些对以后中国城市规划近代化之路的探索，都有着重要影响。

## 二、从"马路"建设到新区开发——旧城改造规划的肇始

这一时期，从1895年至国民政府定都南京的1927年止，长达三十多年。从丧权辱国的中日《马关条约》的订立，到戊戌变法（1898年）、辛亥革命（1911年）、清王朝灭亡、中华民国建立、"五四运动"、北伐、国民政府最后定都南京，整个国家处于风雨飘摇之中，整个城市规划与建设政策更无从谈起，各个城市没有整体的市政组织与政策可言，缺乏城市建设经费及设施，故一切可谓堕入混沌状态。

相反，因甲午战败，从1895-1905年，明治维新后的日本加入了殖民者行列，中国形成了以日本租界为最多的第二次租界设立时期。同时，近代中国版图上，还出现了最早的由一个宗主国按照规划而建设的完整西式城市，直接植入了西方古典主义城市规划，如俄罗斯在哈尔滨（1896-1920年）、大连（1896-1905年）及德国在青岛（1897-1914年），殖民主义城市规划从前期的城市局部地区走向这一时期的一个完整城市的规划，也是中国近代城市规划史上最早的新兴城市。这种始于"西方古典式"或者说"殖民主义"的中国近代城市规划，与欧美近代城市规划始于"西方近代式"，形成明显对照，可见中国近代城市规划的形式、内涵、意义等特殊性。此外，随着日本殖民势力的不断扩大，在继承西方殖民主义城市规划衣钵的基础上，日本殖民

① 陈明远. 租界标志着中国现代化进程的开端 [J]. 科学社会论坛，2013（7）：6.
② 董鉴泓. 中国东部沿海城市的发展规律及经济技术开发区的规划 [M]. 上海：同济大学出版社，1991：43-44.

者在中国的侵占地上进行了大规模的城市规划与建设活动。

百闻不如一见。外国殖民者的新区（租界、铁路附属地、通商场等）与新城市规划建设，直接影响了中国人自己的近代城市规划实践。"马路主义"的城市改造与商埠建设，作为这一时期中国城市规划的突出特征，具体表现为"从街道到马路的城市改造以及从马路到街区的新区开发"这样一个近代中国最初的城市规划与模式。

顾名思义，"马路主义"就是在城市规划与建设中，以马路以及与马路相关设施的建设为主，无论是改造旧城，还是新市区（商埠）开发，所强调的中心即"马路"。在未开辟租界之前，中国城市中没有以路称呼的地名。例如上海，明代中叶，道路多以"巷"称之，清代道路多以"弄"、"街"、"巷"、"里"、"湾"、"栅"、"场"、"地"等称之。"路"，英语中的 Road，在中文里起码包括了 9 种以上的含义。

作为街市与地名，中国城市的路是伴随着租界而出现的，上海、天津、汉口等几个开埠城市更是如此。街，也叫路；路，却不一定是街。在中国，街是属于中国传统城市的；路，则是意旨西方的城市。每个中国城市都有自己的街。例如，在英国第一任驻上海领事巴尔福抵沪之前，上海就有自己的街，但这些街弄大多"阔只六尺左右"，[①] 缺乏照明设备，充满了中世纪的气息。宽一点的路有两条，一是大东门外大街，之所以宽，是因为此街正与官大码头相连接，常有"官舫泊"，实为"送迎官"之需；二是太平街，是全城"最宽阔"的街衢，这是因为这里是"县署"、"县丞署"衙门的所在地。

来上海的外商"最早的发现之一，是在指定的界内没有一条像样的路"。1846 年，英租界的租地外人在英国领事阿礼国的主持下召开会议，成立了"道路码头委员会"，专门负责捐税征收和建设道路、码头事宜，由此开始了上海的近代路政及市政。

就在开埠后的新月形黄浦滩中部，英国的马蹄踏出了一条派克弄，这就是今日的南京路，是中国历史上最早实行了人车分行的道路。可以想象，当时的派克弄景象：夕阳西下，晚霞似火，一匹匹骏马在洋商的驱使下疾驰狂奔在派克弄上，马背上的人在东方的土地上重温骑士的梦想，与远处的农舍田园构成了鲜明的对比。随着跑马次数的增多，路面也逐渐垫平加宽，中国人虽然不知道这里的路名，但常见外国人跑马，便把这条跑马的大道叫"马路"。[②] 因为"马路"，中国人在屈辱中开始认知西方城市建设和西方近代城市的模型；因为"马路"，西方人的经济触角、文化冲击从这片沼泽中开始延伸。

实际上，"马路"一词最先见于《左传》，指可以供马驰行的大道。[③] 这时期的"马路"则是借用古代词汇的新用语，而专指以欧洲碎石技术建造的、行驶以马为驱动力的运输工具的城市道路。由于"马路"的出现，近代中国的城市建设很多都与"马路"相关联，如大马路、二

---

① 陈明远. 租界标志着中国现代化进程的开端 [J]. 科学社会论坛，2013（7）：6.
② 关于"马路"的另一来源：工业革命后，英国人约翰·马卡丹（John.Loudon McAdam）设计了新的筑路方法，用碎石铺路，路中偏高，便于排水，路面平坦宽阔。后来，这种路便取其设计人的姓，取名为"马卡丹路"（后将碎石铺的路依 McAdam 发音改称 macadam road 或简称 macadam）。19 世纪末列强在华兴建租界，便把西方的马卡丹路修建方法带到了中国。当时中国人便以英语"macadam/马卡丹"的音译作为路的简称，后来俗称"马路"。
③ 罗竹风，等. 汉语大词典第 12 册 [M]. 上海：汉语大词典出版社，1993：780.

马路；越界筑路；马路规划图；马路工程局；《上海马路命名备忘录》等等。可见，"马路"在中国近代城市规划建设中的特殊地位和意义。

1863 年，上海英租界工部局做出规划：以后凡净宽 22 英尺（6.7 米）的街道，18 英尺（5.5 米）为车行道，4 英尺（1.2 米）为人行道；宽度超出 22 英尺的街道，人行道按此比例增加——按此规定，派克弄的人行道宽 4 英尺；黄浦滩的人行道宽为 8 英尺（2.4 米），在靠近洋行建筑一侧铺设，其外侧为 30 英尺（9.1 米）宽的车道，车道外与江岸间还有 30 英尺宽的江滨大道。1865 年，这个规划变成了现实，派克弄正式被命名为"南京路"，以纪念《南京条约》给英国人带来的巨大利益。

马路的建设，使中国人直接了解了西方人的城市建设技术：西方人不把城市作为供战时人们避居之用的堡垒，而是一个贸易的场所；西方的城市不是"先有房子后有街"，而是先建造"马路"，有了"马路"就有了"市"。这一点，从当时的文献记载可略见一斑。1864 年初的《北华捷报》宣布：南北新马路或已开辟成功，或正在修建之中，外滩已经出现一种看来非常繁荣的外貌。因此，孙中山曾说："外国人常说中国人很野蛮，他就是从中国没有马路、路政不研究看出来的。"[①] 确实，租界的存在和马路的建设，租界与华界的天壤之别，刺激了中国人近代意识的增长，刺激了近代中国的马路主义城市规划建设的开始。

从这时起，租界的建设方式与技术，成为中国城市建设之源；建设"马路"，或者将中国式的"街道"改造成为西式的"马路"，成为近代中国城市建设之始；西式"马路"的建设，成为这一时期中国近代化城市建设的"共识名词"。1895 年 12 月，地方官员主导的上海南市马路工程局以及后来的城厢内外总工程局就是在这种强烈刺激下设立的。[②]

对这种新式马路的认知，促进了一系列城市改革。马路作为近代化城市建设的第一要素，要求有一支西式的现代警察管理，需要路灯照明、行道树以及方便安全行走的"子街"（即人行道），需要像工部局那样的行政管理机构。总之，兴建西式马路，促使中国人向西方学习、向租界学习，并以租界地作为样板重新规划中国城市。正如 1898 年 10 月 6 日《申报》刊登的"整顿马路"一文所指出的那样，马路建设带来了商业发展和体制改良，使得马路周边地区成为"文明之地"。

经过两年多的时间，上海县城内的马路已大半完成。这时，马路工程局改称为"上海马路工程善后局"，继续修筑马路和办理善后事宜。随着城市近代化的进展，"上海马路工程善后局"又改称为"城厢内外工程局"，并试行地方自治，市政规模，逐渐具备。这样，往日以专修马路为主职的机关，开始转变为兼管地方自治的市政府机构。

在这里，应该看到，近代国人选择城市改造作为城市建设的肇始，虽然表征上与 19 世纪后半的巴黎改建、日本东京市区改正同出一辙，但在城市改造的内容、路径、观念及其模式有着本质的差异。中国的城市改造只是一条路的建设，只是城市的主要街道能适应近代交通、排水、卫生等需求，只是传统的"街巷系统"开始向"路街巷系统"转化，形成了以中式街巷空间为

① 黄彦. 尽国民义务与倡导道路（一九一二年十月十九日）// 孙文选集（中）[M]. 广州：广东人民出版社，2006：368.
② 屠诗聘. 上海市大观 [M]. 上海：中国图书编译馆，1948. 上 29–30.

主体并辅以西式街廊式空间的新型城市形态。改街道为马路，成为一种思潮，一种共同的行动，也许这也是当时的时代主题"中体西用"在城市规划建设上的具体体现。

从街道到马路的城市改造方式，成为一种时尚，在全国上行下效，持续得很久很久。

在广州，据《广州城坊志》所载，清同治年间（1862-1874），虽然广州的街道已达 500 多条，但只有光绪十二年（1886）两广总督张之洞筑堤岸马路长 36.6 米的天字码头段，成为广州马路之始。实际上，广州大规模近代城市规划与建设也是发轫于拆城筑路。1912 年拆除正东门，1918 年广州市政公所成立后，开始拆城墙，修马路，修建了太平路、今人民路、越秀路、万福路、今东风路等。1921 年，广州正式设市，成立工务局，主管城市规划与市政建设，实际职责就是"马路的规划与建设"。1930 年，工务局首次制订道路建设规划，编制了《工务实施计划》，确定全市 61 条市区马路和 35 条郊区道路，并组织实施，此时道路布局大体呈现出棋盘型。至 1936 年，全市修筑马路总长度达 134 公里。[①] 不过广州在建设马路时，并未一味拿来主义，而是将西方古典建筑中的券廊等形式与适合岭南气候特点的"铺廊"相结合演变成"骑楼"建筑。"骑楼"下的人行道长廊，可以避雨防晒遮阳，又可以敞开门面广招顾客，适应了广州炎热多雨的气候特点。这种下雨不打伞的"骑楼"空间一时风靡全城，形成了广州马路街景的主格局，以致成为岭南城市地域特色。

在南京城区最早出现的马路是"江宁马路"，它也是南京老城的狭窄曲巷向近代城市道路过渡的起点。江宁马路修建于 1895 年，以总督衙门（太平天国天王府旧址）为中心，东南至通济门驻防城边，出总督衙门西行北穿碑亭巷，绕鸡笼山麓，过鼓楼，再循旧石路出仪凤门至下关。修建时，参照上海租界的马路技术结构标准，宽 6~9 米。

1899 年，南京辟为对外商埠。商埠一开，市内交通量大增，仅有一条江宁马路，显然不能适应交通发展的需要。于是在下关又兴建了商埠街和大马路、二马路；在城内则将江宁马路向龙王庙、贡院、大功坊、内桥、中正街、旱西门（今汉西门）作另线延伸；并且先后将三牌楼至陆军学堂、大行宫至西华门、三牌楼至贡院、洋务局至旱西门、升平桥至内桥等旧巷辟为支线。特别是 20 世纪 20 年代末，40 米宽、12 公里长并铺有沥青路面的中山大道的建成，更使人们赞叹不已。[②] 80 多年前规划设计的这条林荫大道的规模和格局，至今仍未失去与现代城市相协调的魅力，反而成为南京老城区的核心骨骼。之后，南京市工务局又进行了"首都干路系统规划"，中山路进一步成为全城干道布局的中轴线。

这种马路主义式的城市近代化改造模式，逐渐从开埠城市、沿海沿江城市向内陆城市，从大城市向中小城市展开。

芜湖由于工商业的发展，有识之士呼吁"道路日渐狭窄，交通日形阻塞，且租界既开，相形见绌，市镇一迁，损失尤巨，不可不注意也。"[③] 1902 年商务局会办从商务款中拨银二万两，

① 张复合. 中国近代建筑研究与保护（四）// 广州近代城市规划历史研究 [C]. 北京：清华大学出版社，2004：477.
② 蒋永才，狄树之. 南京之最 [M]. 南京：南京出版社，1991：153.
③ 隗瀛涛. 中国近代不同类型城市综合研究 [M]. 成都：四川大学出版社，1998：448.

开展大马路和二街等处的改造、修建，并设立工程局。又募集商捐，将长街要巷道路、沟渠，营建市房，结果"二街马路则茶楼酒肆、梨园歌馆环绕镜湖堤旁。"马路宽20尺，普通街道也有15尺。1929年芜湖市成立了市政筹备处。在1933年一年内，新辟马路4公里左右。[①]

南通则于1921年设立市政公所，对旧城进行改造。1924年建新市场。1927年，将东西南三面城墙拆除，建成环城马路。经过改建，城内及城门外的直街纵横10余里。处于城西南的新市场都是新式马路，宽20~50尺，两边为人行道，中行汽车、马车。人行道两侧栽植杨柳、桃李等行道树。所有南通的银行、大商店、公园、游戏场、俱乐部、书局、学校都萃聚于此。"十丈一街灯、二十丈一巡警"。新市场被称其为"美丽、清洁、热闹、繁华"。[②]

这一时期，城市改造的主要特征就是，拓宽、拉直街道变马路，开城门、拆城墙，筑环城马路。改造街道，开辟马路，建造西式房屋，扩展市容成为当时客观要求。

应该说，中国旧城的市政建设和管理有了新的发展，开始了城市近代化建设。虽然进行了大规模的市政工程改造，开始制定实施了城市管理章程，较大程度地改变了城市面貌，但这毕竟还是仿照西方的租界模式。

市政机构（马路工程局、市政公所、市政厅）的建立，为中国近代城市随着市制的建立而成立的市政府、市工务局，奠定了进行近代化城市建设的基础。1897年，上海马路工程局开筑完成南市外马路，可谓是中国近代旧城改造工程之始。

通过制定市政规章制度，探索进行近代化城市建设管理的模式。光绪三十二年（1906年），清政府着手翻修京城几条主要马路，其中包括正阳门至永定门这条中轴线南段的大马路。"光绪三十三年，工巡捐局成立"。光绪三十四年十二月十七日，颁布了《城镇自治章程》，由内务部责成京师警察厅管理市政工程事宜。[③]

城市改造的重心是城市主要干道的修筑和改造。以上海为例，筑路是近代城市辖区拓展的先声，象征着城市商业经营网络的延伸。比较晚清城厢商业区和租界商业区的道路类别，不难看出，租界区的筑路工程有后来居上之势：租界区最初呈现出纵横有序、路面宽敞的道路网。租界的道路时称大街、大路，街区方正，马路联成规范、便捷的交通网络，为市政工程的逐步实施、城市公共交通系统的建立、城市经济空间的不断拓展提供了必要的物质基础。城市改造实施以后，晚清上海城市商业空间的拓展有两点值得注意：路已悄悄取代街、弄的传统地位，成为市区通道的首选形式。路的延伸意味着近代城市必备的市政设施系统工程（供水、供电、煤气、排污等）在近代上海的起步和推进。

虽然中国历史上不乏城市改造，但这次城市改造毕竟是中国近现代史上的第一次，而且是仅限于主要街道的改造、马路的建设等，尤其是表现出"崇尚西方，否定旧城"的观念，今天看来仍有一定的历史局限性。一方面，突出了城市道路交通，改变了城市面貌，提升了城市功能，

① 隗瀛涛. 中国近代不同类型城市综合研究 [M]. 成都：四川大学出版社，1998：449.
② 袁勇. 百年南通港 [M]. 上海：上海科技普及出版社，2004：25.
③ 钟少华. 近代北京市政建设史料 [J]. 城市问题，1984（3）：27.

并且为后来的商埠新市区开发建设起到了"示范效应";另一方面，缺乏对传统城市文化的认识，拆除了部分象征冷兵器时代的城墙、城门等文化遗产，并且这种城市改造概念的"后遗症"，或多或少地影响了半个多世纪，有的甚至到今天。

从马路到马路网的新区开发规划，又是这一时期从马路主义旧城改造走向城市规划的重要特征。

从洋务运动以来，特别是甲午之战到中华民国初期直至1927年，这一时期中国多数重要城市的近代化规划和建设，一般经历了这样两个阶段：初期的拓宽或新筑马路式的城市改造，主要限于既有的中国传统老城区；以及之后的新市区开发，或在既有城区周围，或离开既有城区。用今日之用语，如果说前一个阶段属于再开发式规划建设方式的话，那么后一阶段则属于开发式规划建设方式。这种从旧城改造到新区建设、从再开发到开发、从单条马路到马路网的城市规划建设，开始了中国近现代城市规划史上依据规划原则进行城市建设实践的先例。只不过这种"规划原则"的核心，是"马路网"而已。

新市区开发建设，是与中国自我开放、自开商埠紧密相关的。自开商埠是近代中国现代化变迁过程中的必然产物，是在多种因素的推动下而出现的。总之，防范外人，保利权，抵制外国对中国的经济侵略，成为清政府借鉴"宁波模式"自开商埠的一个重要动机。正如当时郑观应指出的"习兵战不如习商战"、"欲制西人以自强，莫如振兴商务"等等。

从清末到北洋政府时期，从1898年9月的上海吴淞商埠到1904年的济南、周村、潍县和1924年的武昌、蚌埠、常德商埠，中国先后自开的商埠达30余个。自开埠城市主要为内陆地区的中小城市，尤其是以铁路沿线的城市为主。在37个自开商埠城市中，内陆地区城市为23个，占62%，其余14个为沿江、沿海的自开埠城市。

民国以后自开的商埠也基本上沿用清朝时自开商埠所定的办法。1915年，北洋政府颁布了新的自开商埠章程细则，其主要内容有以下几个方面："凡自开商埠，本国人与外国人都可以居住、贸易，但外国人以商埠界内为限，界址以外，不得租赁房屋，开设行栈。商埠界内一切行政、司法权同归中国官员管理执行。在自开商埠设立商埠局，管理界内土地、工程、警察、杂税各事项。界内土地的租期，以50年为限。"[①]

与晚清政府推行的"新政"改革有直接关系的商埠开发规划，是中国近代史上最初的具有"新"概念意义的城市规划实践，孕育着中国近代城市规划的开始形成，亦影响了以后的新市中心区运动，如大上海市中心区规划等。

1903年的天津河北新市区规划，以自总督衙门到新车站的大经路为新区轴线，在其两侧规划路网。平行轴线道路为马路或经路，以编号分之；垂直轴线道路为纬路，以天、地、元、黄、宇、宙、日、月……命名，形成方格状道路网格局。在轴线道路两侧，安排建设政府衙署和各种大型公共建筑，有商贸建筑、学校建筑等。1903年，将原来的窑洼浮桥改建为开启式铁桥——

---

① 隗瀛涛. 中国近代不同类型城市综合研究 [M]. 成都：四川大学出版社，1998：263-264.

金钢桥。1906 年，又建成东门外横跨海河的金汤桥。这样，金钢桥与金汤桥的建设，使新旧市区的交通联系通畅。同时，在大经路附近还建设了天津最早的公园——河北公园。

1904 年伴随着胶济铁路通车自行开辟济南商埠，位于济南旧城以西、铁路以南，大部分为田野耕地，只有 3 处村庄：魏家庄、三里庄、五里沟等，面积仅为 2 平方公里。因此，商埠区只作了简单的用地区划和道路网规划，并与旧城区和对外交通路线相衔接。商埠区的主要道路分经、纬两种，东西为经，南北为纬。经路从经一向南排至经七，与胶济铁路平行排列；纬路从纬一向西排至纬十，与经路垂直。经纬路的宽度从 7 米至 17 米不等，形成了方格网形式的矩形道路系统。矩形道路网的布局将市区划分为大小不等的矩形街坊，每一个矩形街坊的面积多在 3、4、5、6 公顷左右，道路间距也多在 200 米左右。临街面积的增多，适于临街商业、店铺之用，可以迅速发展与繁荣市场和城市面貌，充分体现出商埠地的城市性质。

1914 年北京"香厂新市区"的规划建设，则标志着北京近代城市开始步入从局部到整体、从马路到道路网及街区的规划建设。由市政公所主持的香厂新市区规划，历经四年，"十之八、九"得以实现。主要马路呈现出"整齐划一"的面貌，整齐的建筑格局，繁盛的新型商业市区以及电灯及自来水工程的应用，体现出自觉地在吸收着西方文化和近代工业技术的内涵。

此外还应注意到，这一时期产生了中国最初的现实主义理想社会思潮，如 1913 年基于中体西学的康有为"大同书"；1918 年孙中山的《建国方略》以及 1919 年毛泽东的"新社会、新村"构想等，这些对中国从近代到现代的城市发展及其规划与建设都有着不可忽视的影响。

## 三、欧美近代城市规划的导入与中国近代城市规划的形成

在中国传统社会里，城乡合治是地方行政管理体制的显著特征之一。中国向来重乡治而忽视市治。我国以农立国，务农人口占中国人口大部分，而早期城市规模小数量少且对周边乡村的依赖性较大，城乡没有明确的界限划分而是彼此联系在一起。全国城市只为各级官衙的所在地但没有独立的政府机构，没有职责明确的城市规划建设部门，城市管理混乱，一般均由管辖全县城乡的县衙门兼管，一直延续"县管城"模式。

20 世纪初期，一些融贯中西的有识之士，早已认识到中国未来的出路，既不是复制租界城市建设的具体模式，更不是传统文化"大一统建国"理念，而是要创建前所未有的市制，建立独立的城市管理体制，实行地方自治，以"兴市"达到"兴国"。正如董修甲在 1929 年出版的《市政研究论文集》中指出的那样，"英法租界之贸易区内，常有学校与工厂，随便建筑，毫无秩序，其妨碍公共卫生与安全，诚匪浅鲜，是绝非可以效法者。"[1] 他呼吁中国城市不要一味地模仿上海、模仿租界，要学习西方城市建设的精神。

---

① 董修甲 . 市政研究论文集 [M]. 上海，青年协会书局，1929：205.

实际上，晚清末年地方自治已经成为一种社会思潮。当时，不仅关于地方自治的言论遍见于各种报刊，研究、筹办地方自治的团体机构亦纷纷成立。1908 年以前，各省成立的名目不一，规模不等，机构不同，成效各异的自治团体和自治机构已有 100 多个。

1897 年 12 月，梁启超提出"地方自治"思想，把地方自治当作挽救民族危机的唯一办法。1909 年清廷颁布《城镇乡地方自治章程》，具体规定了地方自治的机构设置、职责权限和选举方法后，地方自治便作为一个统一的运动在全国各地城乡普遍开展起来，拉开了中国历史上城、镇、乡分而治之的先河。1911 年江苏省议会议决《江苏省市乡制》，首次出现"市"的名称。1921 年广东省颁布《广州市暂行条例》，广州建市，成为中国第一个具有现代意义的"市"。同年，北洋政府公布《市自治制》以及《市自治制施行细则》，中央政府开始推进市制法规。1928 年国民政府颁布《特别市组织法》和《市组织法》，1930 年又制定新的《市组织法》，直至 1943 年修正。至此，中国用了 50 年的时间，才使市制法规走向成熟和完善。这时，距离 1843 年上海开埠，恰好是一个世纪。

1926 年随着北伐军的推进，广州国民政府批准湖北政务委员会，该委员会以《广州市暂行条例》为模板颁布了《汉口市暂行条例》，成立汉口市政府，刘文岛被任命为汉口第一任市长，这是继广州市之后又一个建制大城市。汉口是内陆沿江的最大商埠，仅次于沿海的上海，在全国具有重要地位。因此，建市后的第三年即 1929 年升格为汉口特别市政府，直隶行政院，成为少数几个特别市之一。

这样，广州、汉口相继建市的历程和经验，以及《广州市暂行条例》和《汉口市暂行条例》的执行，反而成为后来上海、南京、杭州、重庆等城市建制学习参照的样板。至 1927 年北伐胜利，定都南京的国民政府相继颁布南京、宁波、杭州、上海设市，成立市政府。从颁布的市行政条例中可以发现，这些建制市的职权范围、组织结构大体相同，都采取市长制，市长由国民政府任命，市长是全市的行政首脑，综理全市行政事务。市政府下设主管各局，每局设局长一人，由市长呈请国民政府任命，市长与各局长组成市政联席会议，并设参事会作为市政府的咨询机构[①]，其中市政府下设的工务局是城市规划和建设的主管部门。

在这些已建市的行政条例基础上，1928 年国民政府颁布了《特别市组织法》和《市组织法》，将市分为特别市（相当于今日的直辖市）和普通市，特别市直辖国民政府，普通市隶属省政府管辖，并提高了设市的条件，特别市除首都外，人口要达到 100 万以上，或者是"其他有特殊情形之都市"，普通市的人口也要达到 20 万以上。由此以后，市制建立及其法规逐渐走向成熟和完善。

一方面，从地方自治事务的开展到市制的建立，是近代中国城市管理和规划建设学习西方尤其是学习美国的一次飞跃；另一方面也要看到，中国近代城市建制和形成的缓慢而艰难的过程背后，逐渐融入了中国传统的政治与文化，发展成为虽源于西方但又与西方市制迥异的市制

---

① 阮敦存. 市政府论 [M]. 上海：世界书局，1927：64-68.

模式，即自治弱官治强、民主弱集权强、市民弱市长强的集权管理型市制。

众所周知，所谓市制是指"国家通过立法和行政手段在城市地区建立行政区划建制，进行城市管理的一种制度。"[①]中国传统的"城"主要是政治和军事功能，是保护执政者的堡垒，除京师外，没有独立的城市管理体制，这时的"城"也不是一级行政机构。市制的引入与建立，是中国城市制度从农业文明向近代工商业文明的根本性转型。

如果说是英国人设立租界促成了中国近代城市形成的话，那么可以认为市制的建立则是中国进入近代城市、近代城市规划及其建设的真正标志。

市制的引入，建立了具有现代意义的城市管理组织和民主管理体制，传播了西方城市民主管理观念；加快了城市基础设施和公共事业的推进，设置专门的城市管理机构；重视与市民生活密切相关的城市道路、给排水、消防、卫生以及旧体制时代所没有的公园等设施；同时，重视城市发展亦相应边缘化了农村建设。

与此同时，市制的引入和发展，加快了西方市政理论和知识在中国的传播，建立了城市行政管理、城市工程建设、城市规划制定等新的体系，告别了过去无市政或只重视工程的时代，孕育了如市政学、城市规划学等新兴学科的形成与发展。

1927年南京国民政府成立的前后几年，是中国主要城市进行现代市制的建制转型时期，一时间纷纷建立市制，其中包括广州（1921年）、汉口（1926年）、上海、南京、杭州和宁波（1927年）、北京（1928年）、天津和重庆（1929年）、成都和济南（1930年）。同样，中国近代城市规划及其建设活动也进入鼎盛时期。1927年国民政府确定上海为特别市，成立设计委员会，1929年提出上海新市区都市计划。南京作为中华民国的首都，1928年成立"首都建设委员会"，1929年12月正式公布了《首都计划》。虽然由于政治经济中心的南移，天津的政治地理优势减退，但南京首都计划公布之后，引起全国大城市纷纷仿效，1930年天津特别市政府登报征选《天津特别市物质建设方案》就是其中之一。

尤其是开创中国近代化市制的广州市，更是最早导入规划编制的"委员会制度"，成为所有城市的仿照样板。

1928年7月，根据国民政府颁布的《特别市组织法》和《普通市组织法》，广州市改为广州特别市，12月广州市政府在1921年的"工程设计委员会"以及1922年的"建筑审美委员会"的基础上，重新组建设立城市设计委员会，作为专门负责城市规划编制设计的专门机构，并执行《城市设计委员会组织章程》，一年后旋即撤销。1930年5月，国民政府颁布新的《市组织法》，取消特别市和普通市的名称。1930年8与18日，广州特别市改为广州市，属广东省辖市。1933年2月，恢复设立"广州市城市设计委员会"。1933年9月，广州市城市设计委员会改组为广州市设计委员会。

这里可以看出，1921年设于工务局内的"工程设计委员会"主要负责各种工程的规划设计，

---

① 戴均良.中国市制[M].北京：中国地图出版社，2000：1.

翌年增设的"建筑审美委员会"主要负责审定涉及市容美感的公共建筑设计，虽然这两个"委员会"机制，在今天看来实属理所当然，但在近代市制以及城市管理体制尚处于初始的时候，中国人心目中的"城市规划"就已经被作为市政府的一种市政业务、一种公共政策、一种民主管理体制，体现出"政府行为、学者领衔、各界参与、专家治市"的近代化市政管理模式，相比"市政公所"时期只关注"拆城筑路、疏通河渠、改良卫生"的工程建设模式，不能不说是城市建设观念的一大进步，标志着"从工程建设走向市政管理"的中国近代城市规划形成的初始路径。

作为专门负责城市规划机构的《广州城市设计委员会》，其主要职责是：掌管全市规划设计事务，具体拟定城市改造的全面计划，划分全市功能分区，拟定室内外重要交通路线，规划河道改良及码头设置，拟定交通设施设置计划、林树栽植计划、公共娱乐场所及建设园圃计划、公用设施设置计划及重要建筑物图式等。1932 年 8 月，广州市政府公布了第一个比较全面的由政府组织编制的城市总体规划方案——《广州市城市设计概要草案》，其主要内容有：城市规划范围的确定、道路交通系统规划、城市分区规划等。尤其是组成城市规划范围的三种区域：第一个区域为"警区"，相当于"建成区"；警区之外为"权宜区"，相当于"城乡结合部、规划控制区"；权宜区之外即最外圈为"拟定区"，相当于今日的"都市发展区"，非常接近现在的《城乡规划法》中所规定的"城市规划范围"概念。

这些规划实践的展开，一方面导入西方之技术，西方近代城市规划思潮与技术在中国得以广泛介绍与导入；另一方面又强调发扬固有文化、民族主义等，开始模仿探索建立中国的城市规划及其建设制度。这些规划编制，虽然聘有美国专家作为顾问，但中国人的城市规划活动居于主导地位这一事实，可以认为中国近代城市规划已经"自立"了。

在学术方面，大量的城市规划理论、思潮及技术被介绍到中国。

首先，20 世纪前后，欧美城市规划理论、技术、制度及其思想得到不断发展。例如，在城市规划理论与思潮方面，1898 年的霍华德田园城市、1907 年的英国田园郊外、1915 年的格迪斯区域规划、1922 年的柯布西耶"300 万人现代大城市"、1922 年的卫星城市、1928 年的 CIAM、1929 年的邻里单位、1933 年的《雅典宪章》等等；在城市规划制度与技术方面，1909 年的英国居住和城市规划法，确定了英国城市规划制度，1919 年又进一步进行了修订。1900 年的德国建设法，提出了道路控制线和建筑控制线。1909 年的洛杉矶分区制度以及 1916 年的纽约用地分区制度等。

其次，日本为了赶上与欧美国家的差距，内务省以"都市计画课"为中心组织了全日本城市规划专家，于 1918 年设立都市研究会，发行《都市公论》杂志，开办"都市计画讲习会"，几乎所有的欧美近代城市规划理论与技术被介绍到日本，并且反映在规划实践中。

由于中日语言文字的同源性、"学西洋不如先学东洋"的思想影响以及大批留日学生的关系，所以在当时的中国出版翻译了一大批日本的城市规划著作，间接地引入了欧美城市规划理论与技术，直接地引入了经过日本思考过的欧美理论以及日本本身的技术、制度，有些概念、中文术语一直沿用至 20 世纪 40 年代，如：都市计画法制要论（1924 年）、都市问题之研究（1924 年）、都市计划讲习录（1929年）、田园都市（1930年）、都市论（1931年）、都市地域制度（1934年）等等。

当然，来自留欧美的中国留学生也直接在中国介绍了欧美城市规划理论与技术，如《城市计划学概论》（郑肇经编译．上海：上海商务印书馆，1927）、《现代都市计划》（［英］T. Adams 著，罗超彦编译．上海：上海南华图书局，1929）、《都市建设学》（［法］J. Raymond 著，顾在挺译．上海：上海道路月刊社，1930）、《明日之城市》（The City of Tomorrow）（［法］Le Corbusier 著，卢毓骏译．上海：上海商务印书馆，1936）等。

这一时期，"城市规划"对中国来说，是一个全新的领域。正如留学美国城市管理专业的孙科，在《都市规画之进境》一文指出的那样："都市规画一语，为晚近欧美之言，都市改良者之一新术语，亦即市政学最理想的而最重要之一部。"可见，当时对城市规划的理解仅限于市政、道路工程，更谈不上城市规划学科，对欧美的城市规划理论与技术的理解必然流于一般。所以，当时对欧美城市规划的方方面面的介绍，更广泛见于一些市政工程、道路工程等杂志和书籍。例如，1931年出版的《市政全书》与《路政全书》，刊登的为数不少的城市规划内容，如："城市之发达"（董修甲），"市政和促进市政之方法"（臧启芳），"都市美化运动与都市艺术"（张维瀚），"田园新市与我国市政"（董修甲），"英国之园林都市计划"（黄希纯），"都市规画之进境"（孙科），"市政规划"（董修甲），"市街之计画（许行成）"，"都市分区之原则"（沈怡），"城市设计中之调查工作"（陈良士），"都市建设计划要义"（董修甲），"都市土地行政计划"（余立铭），"都市之公园建设"（陆丹林），"苏俄都市计划"（舒伯炎）等。1933年2月由中国市政工程学会创办的《市政评论》（Municipal Review）月刊，更是大量刊载国外城市规划之动向，该杂志的主要任务为"宣播市政理论和学术、提供市政计划和方案、评述市政实施和得失、介绍市政成规和办法、传达市政要求和建议、报道市政消息和资料"，从内容上可以认为它是中国近代第一份城市规划杂志。

从以上可以看出，几乎世界各国的城市规划在中国得以介绍，并且被广泛运用于规划实践中，如前述的"上海新市区及中心区规划"、"南京首都计划"、"天津特别市物质建设计划"以及当时的法规《建筑规则》中，尤其是"分区规划技术"已经成为这一时期中国城市规划最重要的特点。

近代城市规划及其建设的开展，不仅需要市政机关组织机构的近代化，而且还需要在市政管理方法及其制度上实现同步的近代化。随着南京国民政府的成立和《市组织法》、《特别市组织法》（1928年7月3日国民政府公布，第三条，左列都市得依国民政府特许建为特别市：1. 中华民国首都；2. 人口百万以上之都市；3. 其他有特殊情形之都市。）的颁布，各地市政府相继制定《建筑规则》。虽然，这一时期尚未颁布全国性的《建筑法》、《都市计划法》等城市规划及其建设制度，但各城市《建筑规则》的制定与颁布，使中国近代城市规划及其建设开始进入制度化，为全国性的城市规划制度的建设，进行了探索性的基础工作。

总的来讲，《建筑规则》仍然是以建筑为出发点，围绕建筑本身的建筑法规，包括了建筑设计、建筑结构、建筑施工、市政工程等内容，但其中的"建筑通则"部分，涉及的"建筑高度限制"、"建筑线"退让、"建筑密度"控制概念、"街道控制线"概念，以及"用地分区"概念，已经是城市规划制度的内容，相当于今天的"控制性详细规划"的部分内容。

从格式和内容上看，虽然各城市的《建筑规则》大同小异，但各城市却能够根据各自城市的特点确定重点内容，其中关于建筑控制的内容主要有：道路宽度限制、建筑高度限制、建筑面积限制、建筑线控制、里弄或里巷或里衖的街廓控制以及用地分区控制等，隐藏着城市规划控制中的建筑密度概念、容积率概念、街道规划及其建设概念以及用地分区规划及其控制概念。

在学术机构与教育方面，大学的法学系设有市政专业，在土木工程和建筑学类专业内开设都市计划课程；与城市规划职业相关团体先后成立，如中国建筑师学会、中国工程师学会、中国市政学会，这些都对中国城市规划的近代化起过不可估量的作用。

此外，日本殖民者在其侵占地也进行了大规模的城市规划活动，尤其是 1931 年以后，整个东北成为日本进行欧美近代城市规划的"实验场"。这一时期的日本殖民主义城市规划，一改以往商业主义、西方古典主义的殖民地城市规划模式，开始转向以欧美近代式与日本近代式（实际上也是欧美近代式）作为殖民地城市规划的范式。从全世界殖民主义城市规划史来看，日本是最早也是唯一应用正宗的欧美近代城市规划原理，来经营其殖民地。

## 四、中国近代城市规划的"进步"与殖民主义城市规划的崩溃

1937 年卢沟桥事变之后，中国人民的唯一目标就是抗击日寇，救亡图存。因此，中国的一切只能是从战争出发，作军事考虑，正常的城市规划及建设等活动受到极大影响。即使所进行的城市规划与建设活动，也是以国防需要、利于军事、便于疏散为目的的。正如前文所叙述的那样，国民政府成立之后的中国城市规划，无论是在城市规划理论、技术、制度和实践方面，还是在关于城市问题及城市规划的研究以及国外的城市规划制度和思想的介绍等方面，都有了长足进展。可以说，中国近代城市规划已经开始走向一条正常发展和进步之路。然而，抗战开始，中断了这种所谓城市规划历史上的进步。不过，正是在这种特殊的背景下，却诞生了中国最初的城市规划法、建筑法以及一系列法规制度，标志着中国近代城市规划与建设从前一时期个别的、不同层面的实践探索开始走向"制度化"，成为中国近代城市规划走向成熟与进步的关键一步。但是，这种城市规划的"进步"，由于大面积国土沦陷，此期并未得到充分体现和应用，不过却为抗战胜利后的下一个时期城市规划活动，打下了"有法可循"的基础。

从欧美近代城市规划的演变史可知，"制度性"是近代城市规划的精髓。只有建立完整的城市规划制度，一切建设才能有法可依。随着欧美近代城市规划在中国的传播和介绍，建立中国的城市规划制度体系，是这一时期中国近代城市规划最重要的特征。

国民政府于 1938 年、1939 年，分别颁布了中国近代史上最初的《建筑法》《都市计划法》；行政院于 1939 年公布了《管理营造业规则》；1940 年国民党军事委员会，又从为战争出发、为军事考虑而制定了《都市营建计划纲要》；1942 年国民政府又公布了《公有建筑限制暂行办法》；1943 年 4 月内政部公布《县乡镇营建实施纲要》；1944 年 11 月内政部公布《县镇营建委员会

组织规程》；1944 年 12 月内政部公告《建筑师管理规则》；1945 年 2 月 26 日内政部公布《建筑技术规则》等等。此外，这一时期还开始酝酿建立最初的城市规划组织机构：内政部营建司为其行政主管部门的"都市计划委员会"，并酝酿起草《都市计划委员会组织通则》（战后正式颁布）。正是这样一系列城市规划法规、制度和机构的公布与建立，才使中国近代城市规划与建设开始走向"制度化"，从而也成为中国近代城市规划的成熟与进步之标志。从此以后的一切城市规划及建设活动，如《陪都十年建设计划草案》与"陪都计划委员会等"，均与以上法规制度有关。

在城市规划研究上，具有浓厚的战争色彩，出现了基于欧美近代城市规划原理而提出的"防空城市规划学"以及上述的《都市营建计划纲要》。1941 年 3 月，在重庆正式成立"国父实业计划研究会"，其成员有：中国建筑师学会的陆谦受、杨廷宝、梁思成、鲍鼎、黄家骅，中国工程师学会的陈立夫、沈怡、凌鸿勋，中国土木工程学会的夏光宇、茅以升、赵祖康以及朱泰信（皆平）、汪定曾、李惠伯、赵士奇等人，并于 1943 年 8 月出版《国父实业计划研究报告》，以实业计划作为城市规划及建设的背景，提出了中国"城市建设方案"。

在规划建设技术上，广泛移入欧美近代城市规划技术中有利于战争的那部分，如土地区划整理、建筑线、田园市、城市规划区域、取消市中心、小集中大分散用地分区等等，分散主义城市规划成为战争时期的最明显特征。例如，战前所确定的国民政府政治区规划，就是在这种背景下搁浅直至流产。

在抗日战争时期的沦陷区，日本殖民者的城市规划活动主要集中于东北、华北、华中等地，如长春、大连、北京、天津、太原、大同、济南、上海。这些沦陷区的城市规划，除了表现出明显的军事性质外，还可以看到当时被广泛传播到日本的、又很难应用于日本国内的欧美近代城市规划理论与技术的照搬，如大连的区域规划、大同规划中的卫星城及邻里单位、北京规划中的邻里单位和绿地带、上海规划中的高层区等，使沦陷地成为日本侵略者进行欧美近代城市规划理论与技术的"实验场所"。同时，随着日本侵略战争的崩溃，殖民主义城市规划也走向最后的灭亡。

# 五、中国近代城市规划的复兴与中断

由于日本的侵略战争，中国城市遭受了极大毁坏，城市居民生活处于极大困难状况，甚至有的城市如同废墟。同时，由于抗战胜利，中国民族精神高涨，并且整个中国的政治、经济、社会等各个领域，也处于百废待兴之中。很自然，城市的规划与建设复兴、重建，首当其冲，认为"都市计划为国家百年大计，谋市民安居乐业之计划。"①

---

① 张金鉴 . 市政建设的时机与方向 . 市政评论，1941，6（5）：28–30.

在城市规划行政、学术领域，提出了"战争破坏有利和规划建设机遇"之观点。也就是，战火的破坏，自然会带来大量建设，城市必需重建或新建；正由于这种破坏，铲除了常规下难以解决的、与欧美"新式"城市不相称的中国旧城，有利于中国旧城的改造和更新。[①]

在城市复兴政策上，提出了战后城市规划的类型和方针，即"既有城市的改造规划、扩建规划以及新城规划"三种类型；以及"实用、美化和经济"的城市规划三原则。[②]

在战后城市规划的制定与实施上，内政部大力推进《都市计划法》的实施，并在较短的时间内，制定了一系列法规、办法和规定，以指导城市规划的正确制定和顺利实施。例如，1945年11月行政院公布了《收复区城镇营建规则》与《公共工程委员会组织规程》；1946年4月内政部正式颁布了《都市计划委员会组织通则》等等。至1946年底，有15个城市成立了"都市计划委员会"，9个城市成立了"公共工程委员会"，大部分委员会进行了实实在在的工作，开始制定研究各自的城市规划或城市建设规划，相继完成了5个院辖市、18个省辖市和众多县城的城市规划或建设大纲，比较完善的如重庆的"陪都十年建设计划"，上海的城市规划一、二、三稿，武汉的区域规划等等。

从两委员会的组织规定内容来看，无论是都市计划委员会，还是公共工程委员会（相当于今日的城市建设委员会），既是城市规划及建设的制定机构，又具有城市规划咨询机关之性质，也是国家及地方行政事务的一部分（但却是名誉的），体现了这一时期中国近代城市规划所具有的政策性、民主性、科学性等特征。

虽然这一时期，表现出中国近代城市规划史上前所未有的"进步"现象，但由于国内战争的不断扩大，再一次中断了中国近代城市规划的发展和深入，最终使中国近代城市规划搁浅。例如，全面引入的区域规划、国土规划、工业城市规划等欧美近代城市规划理论和技术，形同纸上谈兵；近代唯一可能性的"修正都市计划法"和"全国都市计划委员会（首次）"，也因战争而被迫延缓等等。

尽管这样，这一时期某些所制定的城市规划方案以及所形成的城市规划思想与技术，在解放战争后的新中国城市规划与建设恢复中，仍得到了应用和实施，使中国城市规划从近代向现代的过渡中，起到了一种隐藏式的连续作用。


## 六、中国近代城市规划形成发展的历史考察

回顾中国近现代城市规划的发展历程，还从来没有出现过像今日这样的繁荣与进步。当然，也许中国城市规划的巨大发展与飞跃，将持续到21世纪才能实现。应当看到，中国近现代城市规划的发展业已经历了一个半世纪，今日之中国中心城市仍还是近代城市的延伸和扩大，

---

① 哈雄文.战后我国都市建设之新趋势.市政评论，1947，9（8）：3–5.
② 哈雄文.新中国都市计划的原则.公共工程专刊（第二集），1947.

或者还基本保持着近代城市的面貌，或者还遗留着近代城市的各种痕迹，我们依然还生活在这些 19 世纪、20 世纪形成的近代城市之中。也就是说，近代的历史仍将给予这些城市以深刻的、长远的影响。

因此，对现今城市规划最接近的历史基础——近代城市应给予极大的关注，对近代城市规划的整体历史予以全面的、充分的研究。弄清中国自身的近代城市规划的形成与发展的历史过程及其历史特点，不仅有利于了解近代历史，而且对于现今的城市规划以及开发建设无疑具有很大的现实意义。同时，将中西方近代城市规划的发展做探索性的比较研究，将中国近代城市规划置于更加广大的时空之中，必然能够促使我们更深刻地了解自己的近代特点、历史得失，促进中国的城市规划走向更加完美之路，才能"知己知彼，百战不殆"。

基于国际比较城市规划史之视点，以下从时间与背景、城市化、城市及其规划类型、城市规划性质与内涵等几个方面，对中西方近代城市规划进行宏观的比较研究，揭示近代城市规划的普遍性（近代性）与特殊性（欧美性、中国性）的异同点。

## （一）时间与背景

在西方，近代城市规划是随着 18 世纪下半叶的工业革命而形成发展的。城市由于大机器生产，成为工业产品生产基地，诞生了工业城市；由于工业化而带来城市化，城市数量不断增加，城市人口和用地不断扩大；由于工业革命，造就了铁路与远航船舶，出现铁路城市、港口城市等。工业革命不仅带来了社会生产力的飞速发展，同时也产生一系列恶果，如地价上涨、贫民窟、犯罪、环境污染等社会、城市问题。正是在这种背景下，诞生了试图以改善物质环境与结构而达到改造人类社会的欧美近代城市规划。

在中国，19 世纪中叶的鸦片战争是中国步入近代的标志。由于鸦片战争，中国城市成为西方的工业产品倾销地，成为西方工业原料的来源地；由于外人的商贸与居住，带来了西方的城市规划与建设技术，出现了不同于中国传统城市结构和形态的"西式街区"；由于租界等"西式街区"的形成与建设，促进了中国的城市化与城市近代化，并引发了中国人自己模仿租界而进行城市改造和新市区建设的近代城市规划。

因此，如果说欧美近代城市规划是工业革命的直接结果的话，那么中国近代城市规划则是工业革命的间接结果。从时间的"一先一后"、背景的"一直接一间接"的分析中，既能了解两者的根本不同性，也能充分理解两者的相互关联性。可以认为，无论是欧美近代城市规划，还是中国近代城市规划，都从属于近代城市规划体系。

## （二）两种不同类型的城市化

在西方，一般认为近代城市规划是工业化的产物。工业化促成了城市化、近代化，其实质是农民转化为产业工人、农业人口转化为城市人口；大工业造成了近代大城市、新城市的产生，其主流是工业城市。由于这样的近代城市化（城市数量、城市人口和用地规模）与城市近代化（产业工人、工业城市）的作用，带来了越来越多的社会问题、环境问题。为了解决这些当时所谓的"城市问题"，于是诞生了"近代城市规划"，是一种"问题—解决"模式。

在中国，近代城市规划基本上不是以工业化为起点的。西方国家的殖民化促成了城市化、近代化，其实质是商贸化，是西方商人到中国、中国农民进城经商的城市化。商业化带来了新市区、大城市的产生，其主流是商业城市，并仅限于几个开埠城市，如上海、天津、汉口、广州等。即使有工业带来的城市化，也仅限于外资工业、军事工业，属于以后契入的外力因素而不是普遍性的内力因素。中国近代城市规划，基本上是一种"冲击—反映"模式。

由于工业化、商业化是中西方近代城市化、城市近代化的两种不同的起点与动力，因而也就造就了两种不同类型的城市规划：近代主义、商业主义或殖民主义，体现出两种不同性质的近代性：工业生产与商贸经营。

## （三）城市及其规划类型

进入近代之后，出现了三种新的城市类型，这就是工业城市、殖民地城市、开埠城市。"工业城市"在18世纪下半叶诞生于北英格兰，以后相继出现于法国、德国、美国等欧美大部分国家；与工业城市同一时期，在雅加达、孟买产生了"殖民地城市"，以后又有如香港、台湾、青岛、大连等，几乎包括亚非拉所有城市；"开埠城市"主要形成于19世纪中叶的东亚地区，它是一种根据条约因"开埠、开港"而起源的城市，有"约开埠城市"与"自开埠城市"之分，有时在一个开埠城市中，也有"约开埠市区"与"自开埠市区"。日本的近代城市初期均为开埠城市，后期出现工业城市，且大多数为军事工业。而中国的近代城市，则几乎全为殖民地城市和开埠城市，工业城市并不成熟，并且大部分开埠城市在以后的发展过程中，也逐渐演变成半殖民地或殖民地城市。

在西方，由于工业化的进程与工业城市的出现，所带来的一系列城市社会问题，诞生了若干新式城市规划理论与实践，归纳起来不外乎两种：新城市开发型规划与旧城改建型规划，并且是以"新城市开发型规划"为其主流。作为其特征，体现出欧美近代城市规划的普遍性、城市规划的近代要求与特殊性、城市规划的欧美传统。

在近代中国，由于西方列强的侵入，虽为一国、一市，实相割裂，形成了一国之中多个行政主体分割分治、一城市之中三界四方板块式划分的局面，进行了各种各样的城市规划与建设。但总的看来，几乎全为"新城市或新市区"的城市规划及其开发建设。与西方的新城市开发规划比较，即使同一城市的新区规划也互不相干，无城市的整体性可言。无论是欧美人的租界，还是日本人的铁路附属地以及中国人的商埠区（济南）、新市中心区（上海）规划建设，虽然具有不同的形式和表达方式，但都体现出各自心目中的政治意图和对欧美城市意象的追求及向往，包括古典的、近代的、殖民式的等。

## （四）城市规划性质与内涵

西方的近代城市规划，是西方社会、经济发展的结果，是西方城市规划从古典到现代的连贯发展中的一个环节，是承前启后的，是现代城市规划学科的基础，即使有问题也是城市规划学科自身发展完善过程中的问题。

中国的近代城市规划，并非是中国的社会、经济、文化自身发展的结果，属于嫁接型城市规划，是跳跃式发展的，城市规划实践并不存在内在联系。这里的"近代"之内涵，有"西方的"、"外来的"之义，既包括西方古典的、近代的，也包括第三国家的，是一部"外国城市规划的接受与影响史"，具有"中国的世界史"之性格。因此，中国城市规划的近代性，具有与欧美的近代性不同的含义。

此外，近代的始与终，西方不仅是西方社会经济自身发展的结果，而且也是城市规划学科自身的发展结果，内因是主要因素；中国则主要是由于外力的作用，而引起的政治变革及社会发展的结果，外因是主要因素，其近代性具有不完善性。

通过以上分析可知，中西方近代城市规划在若干方面存在差异性，但也有一定的相关联系性。例如，在时间上，中国晚西方近一个世纪；在发展过程方面，欧美是"工业革命→工业化→城市化→工业城市→城市问题→近代城市规划"模式，中国则是"外国列强倾销工业产品→商业化→城市化→殖民地城市或商业城市→殖民主义城市规划"这样一个模式等等。虽然是具有不同近代涵义的两种城市规划，但仍都从属于近代城市规划体系。

只有这样，通过不同侧面的中西比较研究，才能更清晰地理解和把握中国近代城市规划形成的特殊性，避免以讹传讹、人云亦云，对中国现代城市规划的理论研究和实践探索也具有重要意义。


# 第三节　中国近代城市规划专家及著名学者 [①]


## 一、近代城市规划职业的兴起

中国古代以世代守土为业为主的工作方式决定了古代基本上没有社会性的就业问题，生产经验和技能的传授基本上是在生产过程中进行，学校教育主要以培养政府官员为目的，即通过四书五经的书院教育，参加科举考试，从而出仕，形成了古代人文式学术传统：重视人文，轻视科学与技术；重视综合学问，轻视专业和具体分析。虽然也有让世人骄傲的水利工程、大型

---

① 本节作者李彩、李百浩。

建筑群和城市规划成就，但从事实践的工匠们的社会地位低下，被划入工匠系列，这些成就的功劳总是归功于君王和物主，尽管也有少数人留名历史，也只是御用而已，与西方重视工程和职业的学术传统形成鲜明对照。

1840年后，随着西方文化思想的植入，近代工商业建设迅速在全国各地兴起，对技术人才的强烈需求开启了中国近代教育改革的大门，催发了新式教育的产生、自然科学知识的传授、新式学堂的兴办、留学教育的开展等，打破了传统教育以儒学一统天下的局面。近代社会呈现出"教育形成职业，职业催生教育"的局面。随着近代工程学、市政学、建筑学以及城市规划学教育的开展，城市规划作为一种社会职业，逐步从无到有，形成了学术群体，引入西方新思想新技术，开展城市规划学术研究和规划实践，推动城市规划事业发展。

人是历史活动的主体，任何历史都是人所演绎的，正是因为有了人的主观能动性，历史才变得复杂万千，才有了创造性和延续性。正如历史学家白寿彝所说："历史的发展，毕竟是人们活动的结果，在史书里，看见了历史的人物群像，就愈益感到历史的丰富性。离开了人，也就谈不上历史。"[1] 同理，研究中国近代城市规划建设相关学者，也有助于更好地理解中国近代城市规划的形成和发展脉络。

尽管近代中国尚未诞生"城市规划师"这一职业称谓，但却不能忽视城市规划学者和专家对城市规划事业的推动作用。尤其是在国外接受城市规划教育或者与城市相关专业教育的留学生，他们回国后从事城市规划事业活动，有的在政府部门担任市长或工务局长，有的在工务局或城市规划委员会、公共工程委员会任职，有的从事高等学校教育讲授城市规划课程，有的创办刊物传播国外城市规划理论，有的撰写翻译城市规划论著开展规划学术研究，有的在设计公司从事规划设计实践，其职业涉猎政府官员、公务员、工程师、建筑师、教师、编辑，甚至一般知识阶层、公务人员等。例如，从1931年到1946年国民政府选拔荐任政府职员考试，分为"地方自治、公共卫生学、测量学、铁路工学、道路工学、城市计划等门类。其中，城市计划的考题则包含了分区计划、旧城改建及新区建设、下水道、污水处理方法、街道设计、防空、巷战城市规划建设、都市计划学之派别"[2] 等多方面内容。

城市规划教育的开展，促进了规划知识的普及和规划职业的形成。1923年毕业于日本东京高等工业学校的柳士英回国后，与刘敦桢、朱士圭一起在苏州工业专门学校创办建筑科，参考日本教学体制，开设以"都市计画"为名称的课程，成为城市规划教育的发端。此后，中央大学、中山大学、天津工商学院、湖南大学、武汉大学、上海圣约翰大学，以及北京大学等高校也相继在土木工程、市政工程和建筑学专业中设置了"都市计划"和"都市计划设计"课程。1939年，国民政府教育部还规定在建筑工程系课程内设置"都市计划"选修课，甚至有的还作为毕业设计课题（图14-3-1）。

随着近代城市建制，市政府成立，形成了以工务局为主体的城市规划编制、管理和实施

① 白寿彝.中国通史.上海：上海人民出版社，2013：261.
② 阎童，王宇清.高考指南.南京：北斗出版社，1946：100.

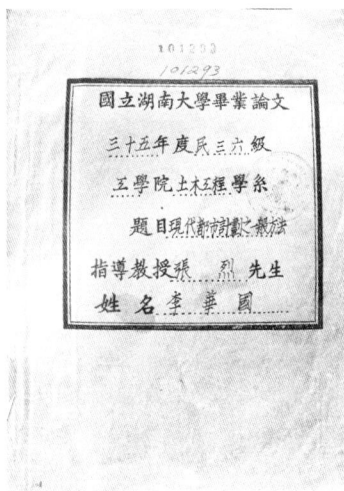

图 14-3-1　国立湖南大学土木工程系学生李华国毕业论文"现代都市计划之一般方法"
（指导教授张烈，1946）
来源：湖南大学图书馆

的新体制。例如，1927 年开始的上海新市区规划和《大上海计划》、1929 年的南京《首都计划》、1930 年的《天津特别市物质建设方案》、1932 年的《广州市城市设计概要草案》的一系列总体性质的城市规划编制，更加表现出对城市规划人才需求的迫切性以及建立城市规划职业的重要性。

特别是南京国民政府建立以来，颁布《市组织法》，制定《都市计划法》，设置"都市计划委员会、公共工程委员会"，建立了从市工务局、省建设厅到国家营建司的城市规划行政主管部门，聘请以美国专家为主的外国规划顾问，自上而下地指导全国各地编制城市规划。到 1946 年底，全国完成或基本完成城市规划编制的县城以上城市达 90 余个。大规模的城市规划实践活动，使城市规划作为一种近代化新兴职业已经得到社会的认知。

## 二、城市规划专家学者的类型

### （一）近代城市规划人物史研究的开展

1980 年代末以来，中国近代城市规划史研究的深入和广泛开展，很多研究成果开始涉及城市规划人物学者，研究他们的规划活动和思想及其学术贡献，重视"见物又见人"的历史研究。对这些研究成果进行统计分析，可以发现分属于历史学、城乡规划学、建筑学、教育学、社会学、经济学以及水利工程、园林工程、政治学等学科领域（图 14-3-2）。人物史研究成果的多样性，也说明了城市规划学科的综合性特点，城市规划的知识体系需要多学科的交叉和专家系统，同时也预示出城市规划专家学者类型的多样性，来源于不同的教育背景和不同的职业领域。

此外，对近代规划专家学者的研究，从早期的关注社会影响力高、民众的认知度广、对近现代城市发展贡献大的著名人物如孙中山、孙科、梁思成等，开始逐步扩展到城市规划人物群

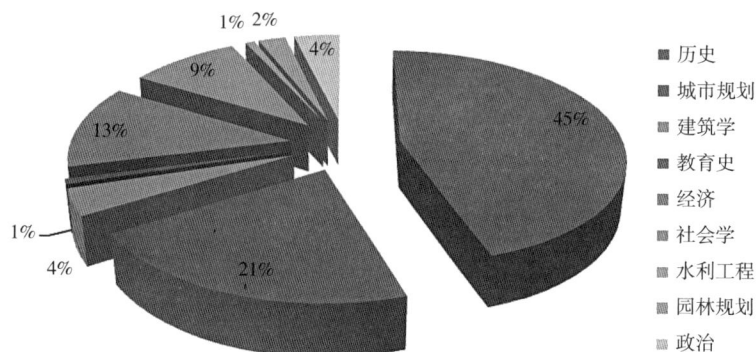

图 14-3-2　近代城市规划人物研究领域分布比例

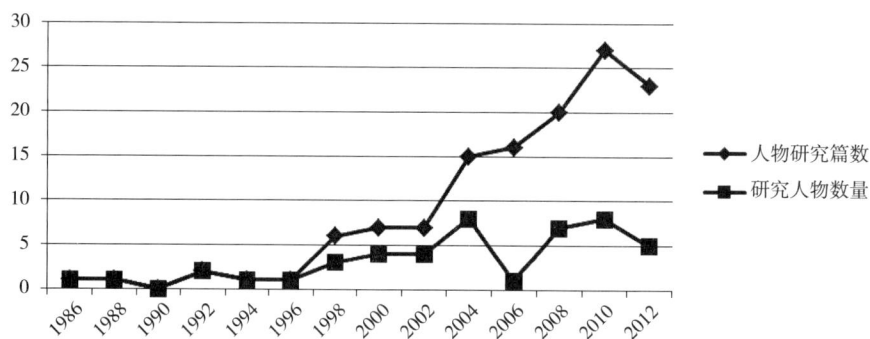

图 14-3-3　1986-2012 近代城市规划人物研究发展趋势图

体，特别是一些以城市规划及其建设为主要职业的专家开始进入研究者的视野，如程天固、沈怡、卢毓骏、董修甲、赵祖康、陈占祥等，并且研究成果呈上升趋势（图 14-3-3）。

## （二）近代城市规划专家学者概况

要研究中国近代城市规划专家学者，首先要弄清楚近代究竟哪些人物属于城市规划专家学者。

界定人物身份的方式有许多种。从近代历史人物研究的一些成果来看，主要的界定方法是通过当时的法律对职业的规定进行的界定。按照 1945 年《建筑法》的规定，建筑师"以依法登记开业指建筑科或土木科工业技师或技副为限。"因此，对建筑师的界定是以开业登记为准则。还有根据职业的性质与特征进行界定，如程斯辉在《中国近代大学校长研究》中对大学校长的身份的界定。由于近代大学随着社会、政治等因素的变化，其形式及名称一直在发生改变，所以对校长的界定即是以大学教育的监管者的身份进行界定。因此，近代的大学校长包括大学堂总监督、管学大臣及在民国成立后正式命名为校长的人物。

城市规划作为一项专业技术性工作，近代没有职业化。因此，对于近代城市规划专家的确定需要从城市规划这一职业的内容和性质入手对城市规划人物进行界定。1939 年颁布的《都市计划法》第十条对城市规划的内容进行了说明："都市计划应标明左列事项：一、市区现况。二、计划区域。三、分区使用。四、公用土地。五、道路系统及水道交通。六、公用事业及上下水道。七、实施程序。八、经费。九、其他。"

因此，近代城市规划人物应该是掌握近代城市规划知识，并且在中国传播近代城市规划知识和进行城市规划研究以及相关实践活动的全体人员。中国近代城市规划人物作为"西学东渐"的产物，主要由三部分构成：学习"西学"转化而来的传统学者，如张之洞、张謇、朱启钤等；留学归国人员，如陈占祥、梁思成、卢毓骏、董修甲等；中国新式学堂、大学的毕业生，如赵祖康、谭炳训、殷体扬、黎抡杰等。实际上，近代城市规划人物所属专业、所学知识、所从事的事业和活动都不尽相同，既包括建筑设计、基础设施建设等工程技术领域的工程师，在政府工作、从事行政管理的官员，又有在大学和研究机构从事城市规划教学和研究工作的教师、学者等。

针对这些复杂的状况，如果从近代教育背景、城市规划活动及其学术成果入手，可以发现近代城市规划专家学者的基本组成。

## （三）近代城市规划专家学者的类型

近代城市规划活动的方式包括文化活动、实践活动、教育活动。文化活动主要包括近代城市规划专家对城市规划与建设的探索过程中翻译、编著的书籍及论文等。这些文化活动作为城市规划思想传播最直接的手段，在近代非常活跃。以"田园城市"理论在中国的传播为例，从目前收集到的资料来看，"田园城市"理论最早在中国是以论文的形式，刊登在 1913 年的《进步》杂志第五期上，题为《改良城市之理想》，作者署名为天翼，文中附有的理想的城市图即为霍华德"田园城市"规划图。孙中山于 1918 年开始撰写的《实业计划》，除了勾画了建设一个完整的资产阶级共和国的蓝图、制定了全国经济发展规划外，还阅读参考大量城市规划文献，[①]论述了天津、上海、广州、武汉、南京、厦门、福州等 17 个沿海沿江城市的规划与建设问题，对中国近现代城市规划与建设的发展产生了深远的影响。南京国民政府期间的城市规划编制，均以"总理遗嘱"为指导思想。

在城市规划实践活动方面，因租界的建设示范作用以及晚清政府洋务运动的开展，在全国范围内兴起了以拆城筑路、改良街道为马路的城市改造以及设立商埠区、自开商埠的开发建设活动，开始了以工程建设为主的近代城市规划实践。20 世纪初期，一批新兴知识人士和社会精英，如梁启超、董修甲、孙科等，认为一味地模仿租界模式难以适应中国近代化建设发展，倡导地方自治、市建制和市政改革。南京国民政府期间，以市政府的工务局成为城市规划和建设的行政主体，广泛开展了城市总体性规划编制及实施，特别是《都市计划法》颁布后成立的"都市计划委员会"，诞生了城市规划专家群体。

在城市规划及其相关学科教育方面，除了来自国外回国投入到城市规划建设事业的大批留

① 姜义华.清末孙中山革命思想的西学渊源——上海孙中山故居西文藏书的一项审察[A].中国社会科学院近代史研究所.纪念孙中山诞辰 140 周年国际学术研讨会论文集（上卷）[C].2009.522-542.

学生外，还有在国内接受工程教育、行政管理、建筑学以及经济学、法律、外语等毕业生。专业教育是形成城市规划专家的摇篮，是城市规划职业形成的必备条件。

目前，可以统计到涉及城市规划编制、管理、建设、研究、教育等人员达700余人，其中接受过城市规划相关专业高等教育经历的有187人。

城市规划专家学者的形成与中国近代城市规划的形成、发展的过程是一致的。早期以工程建设为主的建设时期，城市规划专家多以工程技术教育背景为主；导入市政学的市建制时期，又有以法律、政治、经济、管理类专业教育为背景的城市规划专家学者诞生；随着民国黄金十年间总体规划的推进，以建筑学专业教育为背景的建筑规划专家学者成为规划专家的重要组成。

由此可见，结合知识教育背景以及后来所从事城市规划职业的连贯性来看，城市规划专家学者可分为以下几类：工程技术型、法政经济型、规划建筑型以及其他等类型。

### 1. 工程技术型城市规划专家

主要是指在近代接受工程专业知识的人物，涉及的专业包括：土木工程、道路工程、给排水工程、卫生工程、铁路工程等。他们在土地资源、空间布局、道路和交通、公共设施和市政基础设施等城市建设中起到了重要的作用，推动了近代城市规划工程技术的发展。

据张玉法的研究可知，1846-1949年间大约有15万的中国学生出国留学。美国、欧洲和日本是中国留学生的主要国家。留学归来后，在中国近代化建设中做出了巨大贡献。虽然留学主修科目涉猎面较广，仍以自然科学与工程学为主。[①]

近代中国，工程教育相对发育较早，如北洋大学、南洋大学、交通大学唐山学校等在开设的土木工程专业内，设置"都市计划"课程，为中国的城市建设输送了大量的人才。

因此，这些早期接受过工程技术类教育、而后又从事与城市规划相关职业的专家，成为中国最多也是最早的城市规划专家。据不完全统计，这类专家有近70人，其中还有20多人有两段不同国家的工程专业求学经历。比较著名的专家有：詹天佑（1861-1919年）、华南圭（1877-1961年）、谭炳训（？-1959年）、朱皆平（1899-1964年）、赵祖康（1900-1995年）、郑肇经（1894-1989年）、沈怡（1901-1980年）、郑祖良（1913-1994年）等。

工程技术型城市规划专家的形成，与近代城市建设的需求是紧密关联的。近代工程教育的开展，又是工程技术型城市规划专家的重要来源。传统的中国，一直秉承着通才教育的人才模式。直到晚清，随着各领域专门化人才的培养，专业性人才"负责办理行内事"才成为可能。根据南京国民政府1929年8月14日公布的《大学规程》，大学与独立学院的工学院学科设置包含了土木工程、机械工程、电机工程、化学工程、造船学、建筑学、采矿、冶金等，其中与城市工程建设直接相关的专业包括：土木工程、道路工程、铁路工程、水利工程、交通工程、卫生工程等。从时间分布上看，从1880年代就有工程类背景的城市规划专家出现，尚属个别现象，

---

① Zhang Yufa (2002) Returned Chinese Students from America and the Chinese Leadership (1846–1949), Chinese Studies in History, 35: 3, 52–54.

真正有工程类专家从事城市规划事业的趋势是在1900年后。1900年代专家数量出现爆发性增长，无论是建设工程类还是非建设工程类。但在1910年代后，非建设工程类专家开始逐渐减少，而建设工程类专家依然呈成倍增长的趋势，并在1920年代达到顶峰，之后工程专业背景的城市规划专家开始逐渐减少（图14-3-4）。

这种现象反映出在近代城市建设的早期，专家教育背景来源的多样性。个中原因，一是早期城市建设对人才需求量大，而专业的建设技术人才紧缺，其他工程类专家转行参与城市建设活动属于自然之势；二是中国早期近代城市规划正是从"工程"向西方学习开始自身近代化建设，这种始于"工程学"的城市规划正是工程技术型城市规划专家形成的必要条件。

从这类专家求学地区分布来看（图14-3-5），在国内学习工程专业的人数占53%，超过了一半，说明我国的工程教育起步与近代城市建设的需求相一致。其次是美国和德国，各占21%和11%，日本、英国和法国所占比例相对较少，只占5%、7%和3%。此外，德国工业水平在近代一直处于世界领先地位，其工程教育实力较强，较多在德国学习工程专业的留学生归国从事城市规划与建设事业，促进了中国近代城市规划的形成与发展。

随着1912年中华工程师学会（詹天佑为首任会长）以及1937年中国土木工程师学会等学术团体成立，工程类高等教育基本形成了完整的体系，中国近代已经拥有一支庞大的以土木工程技术力量为主的城市规划建设专家队伍。

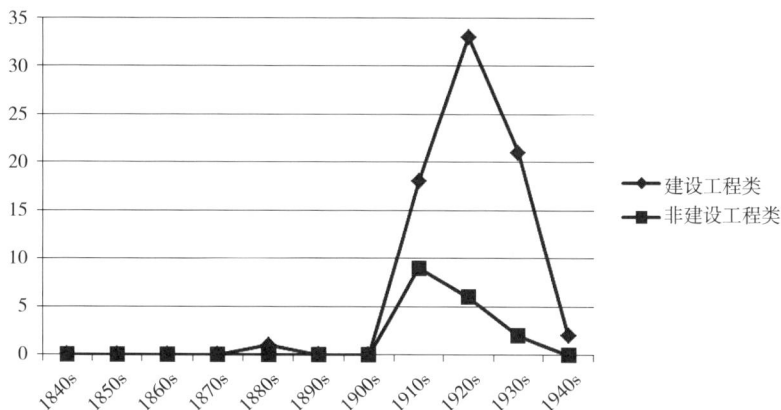

图 14-3-4　建设工程类与非建设工程类人物发展走势图

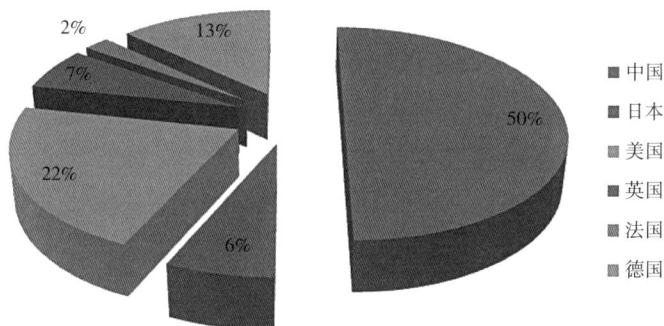

图 14-3-5　工程类人物求学地区分布比例图

## 2. 法政经济型城市规划专家

城市规划作为实现城市经济和社会发展目标的重要手段之一，其行为带有强烈的政策性。因此，在近代的城市规划人物中有不少法政经济类的专家，他们在国内或国外接受的是法律、经济、政治、社会等专业，回国后在政府中身居要职，对城市建制、规划管理体制及政策的发展做出了巨大的贡献。

在中国近代城市规划专家群体中，拥有法政经济教育背景的专家人数仅次于工程技术教育背景，如林云陔（1883-1948年）、张维翰（1886-1979年）、程天固（1889-1974年）、晏阳初（1890-1990年）、孙科（1891-1979年）、董修甲（1891-？年）、刘文岛（1893-1967年）、李耀商（1899-1955年）、吴国桢（1903-1984年）、张锐（1906-1999年）、邱致中（1908-1979年）、殷体扬（1908-1993年）、刘纪文（1890-1957年）、陆丹林（1887-1972年）、刘光华（1891-1976年）等。

这类专家学者多为20世纪20、30年代接受高等教育，以留学美日和国内培养的为主，其专业多为政治学、经济学、法学、行政学、市政学、社会学等学科。尤其是留美生，他们身临其境地感受到美国的城市，竟然在短短的几年中演变成国家复兴理想的样板，甚至有人为此放弃已经就读多年的专业，毅然改学市政管理学等文科类专业。他们回国后，成立中华市政学会，传播美欧日等国的现代市政制度，引入近代市建制，呼吁市政改革。专家治国，成为中国市政建设的先声，正如张锐所言："所谓专家行政，就是要内行人来办理内行事"，[①] 因此，他们也被称为"市政专家"。

## 3. 规划建筑型城市规划专家

主要是指接受过正规城市规划、建筑学及园林学专业教育而又以此为职业的人物。此类专家在专业教育过程中，会直接接触到近代城市规划专业知识的传授。尽管因专业差别会带来对城市规划的理解不同，但不可否认他们对中国近代城市规划学科的形成、传播城市规划知识、进行城市规划实践具有重要的影响及推动作用，是专业性的城市规划专家类型，主要代表人物有陈占祥、卢毓骏、梁思成、虞炳烈、陈植、程世抚等。

在中国近代城市规划史上，教育背景为城市规划、建筑学、园林学专业，而后又从事城市规划实践、管理、设计、研究、教育的专家，登场较晚。一是由于国内外开设城市规划专业既少又迟，国外最早是1909年英国利物浦大学创办该专业，国内则是1924年苏州工专开始设置"都市计画"课程；二是建筑学背景的大多以从事建筑设计为主，而学习园林学的专家少之又少。

虽然拥有城市规划与建筑教育背景的城市规划专家群体形成于1920年代、1930年代，人数又少，仅30余名，但却是将中国近代城市规划从最早的"作为工程学的城市规划"和"作为市政学的城市规划"走向"作为建筑学的城市规划"的强有力推动者，他们开展城市规划设计实践和学术研究、传播国外城市规划知识、从事城市规划教育、建立城市规划体系等工作，如柳士英（1893-

---

① 张锐. 促进行政效率之研究. 市政评论, 1935（3）18：4.

1973 年）、虞炳烈（1895–1945 年）、鲍鼎（1899–1979 年）、梁思成（1901–1972 年）、卢毓骏（1904–1975 年）、程世抚（1907–1988 年）、哈雄文（1907–1981 年）、金经昌（1910–2000 年）、尚其煦（1910–？年）、陈占祥（1916–2001 年）、郑祖良（1913–1994 年）、钟耀华（1912–？年）、陈植（1899–1989 年）等，他们经历和见证了中国城市规划从近代走向现代、从技术走向制度的形成、发展过程。

从规划建筑型城市规划专家求学地区分布来看，留美的人数最多，占 30% 以上，其次为中国、英国和法国，均占 15% 左右，德国和日本各占 9%。从规划教育发展来看，1900 年以后才出现开设城市规划课程的建筑学专业，如 1909 年哈佛大学建筑系开设"城市规划原理"课程，国内根据 1933 年的《中央大学建筑工程系课程标准》可知，将"都市计划"课程开设于四年级第二学期，主要教授的内容是："画六讲二，必修，授划古今都市街道及转运制度之轻便公园之规划及公共建筑市中心区等一切计划"。①

这种类型专家的知识结构普遍全面，且文理贯通，尤其是留学归国专家。这也与当时国外的规划教育体制相关，在硕士和博士阶段开展城市规划教育，所以留学生们大都在本科修完建筑、土木、市政等专业后，硕博则选择了城市规划专业。如陈占祥本科学习的是建筑学，硕士期间的专业是城市设计，之后在伦敦大学学院攻读城市规划博士学位；董大酉在 1924 年获得建筑学学士学位后，进明尼苏达大学继续研究建筑和城市设计；虞炳烈也是在获得法国国授建筑师学位后，选择在巴黎大学市政学院继续研究都市计划与市政；此外还有卢毓骏、金经昌都是在硕士或博士期间选择了城市规划专业。

直到 1930 年代、1940 年代，以建筑学、城市规划为教育背景的专家群体，终于成为城市规划职业的主体，成为近代城市规划发展的核心力量，对于二战后城市规划建设重建、城市规划专业人才的培育、城市规划行业规范化等方面，具有不可替代的作用。他们经历了从近代城市规划走向现代的全过程，是中国近现代城市规划学科的创建者。

除以上三种类型的城市规划专家外，还有一些在近代对城市规划做出贡献的人物。这些人物虽然其专业教育背景与城市规划关系不大，如学习军事、文学等，其参与城市规划的契机主要是其所处的职业地位，如刘湘、沈鸿烈等所谓的军人出身，后来作为地方的行政长官，在工作时不可避免地接触到城市建设问题；还有的虽没接受过新式的近代教育，是由传统中国仕人转变而来，如张謇、朱启钤等，能迅速接受新的思想和观念，在实践和学术研究上也有不可估量的影响和贡献。

当然，除了中国人的城市规划专家外，近代中国还有很多外国专家参与了中国城市规划事业的建设，如《首都计划》的顾问美国建筑家茂飞与古力治、《上海新市中心计划》的美国市政专家龚诗基、在上海圣约翰大学教授城市规划课程又参加《大上海都市计划》的鲍立克以及国民政府营建司聘请的美国顾问戈登、毛理尔等专家，他们不但带来了国外先进的城市规划理论与技术，还能结合中国具体情况，提出了很多真知灼见的规划方法。

---

① 曹慧灵、陈伯超 .20 世纪 30 年代初期中央大学建筑工程系史料 [A]. 张复合 . 中国近代建筑研究与保护（四）[C]. 北京：清华大学出版社，2004.651–656.

## 三、工程技术型城市规划著名学者

### （一）北京前后两任工务局局长——华南圭、谭炳训

华南圭（1877-1961年），字通斋，江苏无锡人。1896年中举，京师大学堂成立后，就学师范馆；1904年以官费出国留学，1910年毕业于法国公益工程大学土木工程专业，获工程师文凭。回国后，任交通部技正；1914年协助朱启钤建设北京中央公园（即中山公园）；1928-1929年任北平特别市工务局局长，其间制定了"玉泉源流之状况及整理大纲计划书"及"北平河道整理计划"等；1932年，任天津整理海河委员会主任期间，倡议并主持了天津海河挖淤工程，扩建了天津北宁公园；1949年5月22日起任北京市都市计划委员会总工程师，顾问，并于1949年8月提出《北京新都市计划第一期计划大纲》。

谭炳训（1907-1959年），1931年北洋大学土木工程科毕业后任青岛工务局技正。1933年6月任北平市工务局局长，1936年4月开始担任庐山管理局局长，期间制定了拟建庐山为中国第一个国家森林公园的规划。1938年2月调任江西省公路处处长，1942年11月之后任交通部驿运管理处处长，兼中央经济建设委员会专员。1945-1949年复任北平市工务局局长，1946年拟定《北平新市界草案》，1947年编制《北平都市设计计划资料第一集》。除了亲自拟定城市规划草案，谭还邀请城市规划的专业人才加入，1946年聘请正在英国伦敦攻读博士学位的陈占祥回国，编制北平的"都市计划"，这次际遇被陈占祥称为"不敢想象的好运气"。[①]

### （二）铁路工程师心目中的近代城市——詹天佑

近代交通方式的发展，特别是铁路及道路的持续性建设，形成了"城外修铁路，城内修马路"的城市建设高潮，诞生了以铁路、道路建设为主的城市规划专家。

詹天佑（1861-1919年），1878至1881年在美国耶鲁大学雪菲尔德理工学院土木工程系攻读铁路工程专业。主持修建了我国自建的第一条铁路——京张铁路，之后筹划修建了沪嘉、洛潼、津芦、锦州、萍醴、新易、潮汕、粤汉等铁路，成绩斐然。1912年"中华工程师学会"成立，詹天佑被推举为首任会长。1915年，在《中华工程师学报》上发表了"北京市政谈"，提出了对北京市政建设的构想，认为"北京市政公所之成立为市政事业之开始"，并对新街巷的开辟、整顿马路水道桥梁、设计中央公园等提出了自己的看法，对后来北京的城市建设起到了积极的影响。

---

① 陈愉庆.多少往事烟雨中.北京：人民文学出版社，2010：7.

## （三）中国近代首次区域规划实践的主持者——朱皆平

19世纪工业革命带来的卫生问题，是近代城市规划成立的来源之一。在英国，其城市规划的主题就是对公共卫生和住房问题的关心，城市规划强调的是确保城市具有适当的卫生条件，所以城乡规划事务在1942年以前一直由英国卫生部负责。受其影响，在近代中国，从卫生工程转行到城市规划职业的专家比比皆是，朱皆平是其代表之一。

朱皆平（1898-1964年），安徽全椒人，名泰信，以字行。因曾留学伦敦和巴黎，有时自号"朱伦巴"。1916年考入交通部部立唐山工业专门学校预科，1924年毕业于该校卫生工程门，获学士学位。1925年考取安徽省官费留学生，就读于英国伦敦大学学院市政卫生工程系，专攻城市规划和市政工程。1927年夏赴法，入巴黎大学医科公共卫生学院专攻微生物学和公共卫生，后进入巴斯德学院实验室学习。1930年8月回国，任江苏省建设厅公路局工程师。1931年被交通大学唐山工学院聘请，先后任卫生工程系副教授、教授、土木系代理主任。在唐山工学院任教期间，朱向学生讲授了城市规划、市政管理、道路工程、给水工程等课程。他也是国内较早讲授城市规划课程的教授。

1942年4月至1944年7月，朱担任国民党中央工作竞赛推行委员会专家委员兼主任秘书。在此期间，他参与了"国父实业计划研究会"，为"都市建设小组"的研究人员之一，该会于1943年出版《国父实业计划研究报告》，提出了之后十年中国城市规划及建设的方针。他还与茅以升、竺可桢、李四光等同时被聘任为中央训练团高级班专家讲师，担任中训团高级班第一、二期的城市建设讲师和高级班第二期的编辑组长。1944年8月至1948年6月朱先后作为湖北、湖南省政府高级技术顾问，主持了中国近代首次区域规划实践——"武汉区域规划"。除完成该规划相应文件的起草外，朱皆平还在《工程》等专业刊物上发表了多篇关于城市规划的论文。《工程》杂志的编者称他为"国内城市规划理论之权威"，由此可见朱皆平在当时的城市规划界具有很高的学术地位。

1948年7月至次年7月，朱皆平被重新聘为交通大学唐山工学院教授，借教于长沙克强学院（1949年并入湖南大学），教授市政规划和卫生工程。

朱皆平一生中最重要的规划实践就是主持《武汉区域规划》的编制。早在1943年鄂西会战之后，时湖北省政府主席陈诚在任时即拟有《大武汉市建设计划草案》，为抗战胜利之后的武汉城市建设做准备。1944年初，王东原任湖北省政府主席，上任后积极邀请专家、开展研讨，把武汉的战后城市复员建设列为工作首要。1944年8月，朱皆平受王东原的邀请，作为省政府顾问，来到当时湖北省政府所在地恩施，着手参与战后武汉城市建设的研究工作。

1945年7月，省政府邀请各方专家，成立"湖北省政府设计考核委员会市政小组"，并以朱皆平为固定召集人，主持研讨各项工作。计在日本投降消息传到之前，共举行小组会议4次，其中3次是以大武汉建设为研讨对象，得出"结论十一条"，并于1945年7月发表于《新湖北日报》，名为《大武汉建设规划之轮廓》，从其中几个主要关键词"大武汉、建设区域、区域规划、跨江铁路、江底隧道、土地重划、疏散规划、绿地带、多点规划"等可以看出，已经形成了下一步大武汉区域规划的"可行性研究"。显然，成立"武汉区域规划委员会"是其中最为重要的一条结论。[①] 我们知道，这时国民政府已颁布《都市计划法》，要求各地成立"都市计划委员会"编制城市规划，而武汉并未拘泥于"都市计划"这个名称，从当时的汉口、武昌、汉阳分治以及武汉地区未来发展趋势出发，而选择了"区域规划"这一用语，不能不说是一个创举。

1945 年 9 月 18 日，国民政府在汉口中山公园接受日军投降，设在恩施的湖北省临时政府迁回武汉，朱皆平也随之回到武汉。1945 年 11 月，省政府公布《武汉区域规划委员会组织规程》，并设立"武汉区域规划委员会"，当月即举行第一次常委会，通盘筹划武汉的规划事宜。

1945 年 12 月，武汉区域规划委员会发布《武汉区域规划实施纲要》。1946 年 4 月，发布《武汉区域规划初步研究报告》，此两文件与上述《大武汉建设规划之轮廓》均为朱皆平所拟。1946 年 6 月，王东原调离武汉，改任湖南省政府主席，朱皆平亦随之赴湘，不再参与武汉的区域规划。朱皆平离任后，在他的提议下成立的"武汉区域规划委员会"于 1946 年 8 月由新任湖北省政府主席万耀煌进行了改组，改组后的武汉区域规划委员会由鲍鼎任设计处处长兼秘书长。并于 1947 年 8 月发布《武汉三镇土地使用与交通系统计划纲要》，署名为鲍鼎，此成果与朱皆平在任时完成的 3 个文件共同组成了"武汉区域规划"最为重要的 4 个规划成果，在内容上也保持着很好的连贯性。

1947 年底，由于国内战争升级，当局政府无暇顾及城市建设问题，武汉区域规划委员会被迫撤销，从而也标志着武汉区域规划实践活动的终止（表 14-3-1）。

武汉区域规划活动始末一览表 表 14-3-1

| 时间 | 主要规划会议、内容及文件 | 规划文件负责人 | 湖北省政府主席 |
|---|---|---|---|
| 1944 年 8 月之前 | 1944 年 1 月，发布《大武汉市建设计划草案》（同年 11 月，修订为《大武汉市计划大纲草案》） | 吴时霖 | 陈诚 |
| 1944 年 8 月至1945 年 9 月 | 1945 年 7 月，成立"湖北省政府设计考核委员会市政小组"，共举行了 4 次小组会议，其中 3 次是以大武汉建设为研究讨论对象，得出"结论十一条"，亦名为《大武汉建设规划之轮廓》 | 朱皆平 | 王东原 |
| 1945 年 9 月至1946 年 5 月 | 1945 年 11 月，省政府公布《武汉区域规划委员会组织章程》，设立"武汉区域规划委员会"；12 月，发布《武汉区域规划实施纲要》；1946 年 1 月至 4 月，各小组均举行小组会议。1946 年 3 月，举行 3 次技术座谈会；1946 年 4 月发布《武汉区域规划初步研究报告》 | 朱皆平 | |
| 1946 年 5 月至1947 年 7 月 | 1946 年 12 月，完成《武汉三镇土地使用与交通系统计划纲要》初稿；1947 年 1 月，规划委员会第一次全体委员会议讨论修改；6 月，规划委员会第二次全体委员会议讨论修改，作为定案 | 鲍鼎 | 万耀煌 |
| | 1947 年 7 月，发布《武汉三镇土地使用与交通系统计划纲要》 | | |
| | 1947 年 7 月，发布《新汉口市建设计划》，其内容基本是以"武汉区域规划"中关于汉口部分的规划设想作为依据 | 汉口市政府公务科 | |

---

[①] 国民政府于 1939 年颁布了中国近代第一部城市规划法规——《都市计划法》，该法规定"地方政府为拟具都市计划，得遴聘专门人员，并指派主管人员组织都市计划委员会议订之。"然而由于此法颁布后国内处于战争状态，未能全面实施。至抗战胜利之后，政府方有条件进行相关的城市规划活动。这里需要特别指出的是，当时的武汉并未完全遵照《都市计划法》成立"都市计划委员会"，而是根据武汉三镇分立的特点（当时武汉三镇的行政区划并未统一，汉口、武昌为市，汉阳为县）成立了"区域规划委员会"，当时能够创造性地从区域的角度来看待城市规划的问题，可以说是极具前瞻性眼光的。

从表14-3-1可知，武汉区域规划的前3个文件，之所以均由朱皆平主持完成，主要由于湖北省政府主席王东原与朱为同乡同学，并曾在重庆中央政治学校听朱讲课。因此，他在1944年初就任不久就致信尚在重庆的朱，邀其赴鄂，作为顾问，协助省政府工作，而其中主要任务就是负责武汉的规划和重建。对于朱皆平，城市规划建设正是他的爱好与擅长，于是便欣然答应，并于同年8月到湖北恩施，开始重建的研究工作正式拉开了"武汉区域规划"的序幕。

"武汉区域规划"的主要成果是在朱皆平的主持下完成的，可以说没有朱皆平就没有"武汉区域规划"，同时"武汉区域规划"也是朱皆平规划生涯中最为重要与辉煌的成就之一。也许，朱皆平能够主持"武汉区域规划"与他与王东原的私人关系不无关联，但历史的分析研究表明，这并不是事件形成的惟一因素，朱皆平对西方城市规划理论的深入了解与研究才是他成为"武汉区域规划"主持者最为重要的条件。

## （四）从上海工务局长到南京市长——沈怡

近代早期，工程类专家在近代城市规划决策中，亦为关键人物。在近代，因为政权的交替、制度的改变，城市管理机构亦日趋变革。1846年12月在上海租界成立的道路码头委员会及1854年7月成立工部局，是外国人在中国设置的政府管理机构，其制度体系移植西方城市管理体制，把西方科学化的城市管理方式直接展现在国人的面前，反而成为以后中国城市管理与建设学习西方的一个窗口。

于是，晚清及至民国初期的马路工程局、市政公所、市政厅等城市建设机构的设立，到1921年2月15日广州市政府成立，制定《广州市暂行条例》，市政府下设的工务局为主管城市规划的机构。这些城市建设机构的主政者，包括市长和工务局长，大都具有工程类教育背景，如1927-1937年的上海市工务局长沈怡、1945-1949年的上海市工务局长赵祖康等等，他们领导和决策了近代最早的城市规划编制和实践。

沈怡（1901-1980年），字君怡。原名沈景清，后改名沈怡（有时称沈君怡）。1901年10月3日出生于浙江嘉兴，1920年毕业于同济大学土木工程系，1921年留学于德国德累斯顿大学土木工程及城市工程学院，主修水利工程，辅修城市设计。1925年获博士学位后去美国调查河流及其防洪计划等事宜。从其学习经历可知：沈怡通晓土木工程，并对城市设计有一定的了解，这为他日后从事的城市规划建设与管理工作提供了理论支持与技术指导。

1926年沈怡回国后，担任汉口工务局工程师兼科长，任期虽只有两个月，但却完成了汉口旧市区道路整理计划，并且亲自测量绘图，主持翻修了后城马路（今四唯路）。

1927年7月至1937年10月，沈怡担任上海市工务局局长，兼任上海市中心区域建设委员会主席、导淮委员会委员、国防设计委员会委员等职。期间制定了"大上海计划"、"上海市市中心区域建设计划"，开展了旧市区改造、土地整理等工作，编著了《市政工程概论》，发表了《道路》、《改革城市观》、《都市分区之原则》等论说，对上海的建设作出了巨大贡献。他在回忆录中曾说："自觉这是一件极具建设性而兼有政治性的工作，也自觉这是我在市政方面略有贡献的一段经历，更自觉这是一个年轻人初入社会勇气百倍的一番尝试"。[①] 从而说明了沈怡对工务局这份工作的喜爱及对这段时间成果的肯定及认可。

1937-1945 年，沈怡先后任中国经济建设协会（1939 年 4 月 1 日在香港成立）理事、工业处处长、甘肃水利林牧公司的总经理、交通部部长等职。1946-1948 年，沈怡为南京市市长，还兼任全国经济委员会工业处处长。在这两年间主持了都市计划委员会重建，工业区计划、政治区开辟等工作。他高度重视农业、工业的发展，大力提倡经济建设，并取得了一定的成果。1949 年 4 月沈怡由上海前往曼谷任联合国亚洲暨远东经济委员会防洪局局长一职。1960 年任台湾"交通部"部长，1968 年任台湾驻巴西共和国"大使"，1970 年 3 月改任"总统府"国策顾问，1974 年任中国文化学院教授，1980 年 9 月 1 日在美国病逝。

从沈怡的求学与工作历程来看，他是一名学者、一位市政专家，更是一名重要的政府官员。1927-1948 年，是其从事城市规划实践最多，发现城市问题最多，发表论著最多，提出城市规划思想最多的阶段，从而窥视其学术观点、建设实践和行政贡献等特点。

目前，能查阅到沈怡发表的论著共有 86 篇，有书籍、期刊、演讲报告，译著等类型，主要内容涉及：水利研究、科学教育、城市规划（建设）等方面，其中关于城市规划论著有 37 篇，主要内容体现在道路交通规划、旧城改造、新区建设、土地分区、公用设施规划等方面。

关于旧城改造，沈怡认为旧城在一地程度上影响公共卫生，阻碍了城市的发展，这种观点在当时具有一定的代表性。他在《改革城市观》中写道："筑城原是古时攻占守备用的，20 世纪已经需用不着了。城河呢，做疫菌的寄生窝，当然也应该淘汰的。"[②] 可以看出，沈怡是主张拆城墙、填城河，开辟道路，建设新城的。沈怡认为旧城改造应从道路、公共设施、住宅三方面着手，并付诸实践，对于上海华界的整理就是实例。虽符合当时发展的需要，但从今天来看也存在一定的局限性。受资金、思想认识以及土地私有等因素的局限，对旧城改造并不彻底，只是对道路进行拓宽，对局部建筑进行改造，缺乏整体规划与历史文化遗产的保护意识。正因为如此，才有我们今天所说的曲径通幽、步移景异的"街巷空间"与"街廓空间"，这不同于今天所谓推倒重来的旧城改造模式。

因此，由于旧区地价高，建筑密度大，改造所需资金庞大，整理起来困难且收效慢，在城市建设活动中，人们更倾向于新城建设。沈怡在《市政工程概论》中写道："我国旧城市之稍具规模者，殊不多见，故与其多方改造，终鲜成效，不若同时为新市区之开辟，可以事半功倍。"[③] 对于新城建设，沈怡从城市人口与用地、城市功能分区、城市结构等方面进行阐述，认为"计划新市区之时，首需研究将来该地人口之多寡。该设计范围之大小，街道之布置，园林之设备，以及其他种种……"、"城市设计的目的乃在根据其地之形势，性质及需要，以定布置之方法。

---

① 沈怡. 沈怡自述 [M]. 台北：传记文学出版社，1985：99-100.
② 沈怡. 改革城市观 [J]. 同济杂志，1921：44-55.
③ 沈怡. 市政工程概论 [M]. 上海：商务印书馆，1930：25.

务使交通便利，住居安适，其余沟渠、给水、园林诸般设备，亦均能适合现代之需要，并便于日后之发展，俾人民居息于其中者，可以安居乐业，精神身体均感愉快，此则城市设计根本之用意也"。沈怡认为新城建设，首先应根据现有人口及人口增长率，预测人口数量，根据人均用地指标，预测城市用地面积，为后续城市发展提供预留用地，并对城市性质进行定位，然后划定城市功能分区，做好道路交通、公共设施、绿化、住宅等规划工作。所提出的"调查→分析→规划"程序，注重因地制宜，是科学且具有前瞻性的。

作为工程师，沈怡同样重视道路建设。早在 1920 年沈怡发表《道路》一文，指出"观察一个国家的文明状态，只看那国的交通事业发达不发达，可以大略断定"、"交通事业是救国的要图"。认为马路建设利于新事物传播，推进教育发展，开阔国民视野，促进国民觉醒，同时可以促进商品流通与商业的发展，利于资源合理配置，提高国民收入。认为欧美工商业的发达、城市的繁盛均与道路有关，认为中国的落后主要在于马路建设的落后，"理想中的道路，在国内哪处找，还不是外人经营的租界内能见看一二。"可见，他对租界模式的认同，以及对欧美马路建设的推崇。沈怡的"道路理想"在《市政工程概论》中有进一步的阐述。他强调根据城市性质，道路分类（交通性道路、生活性道路）的不同，道路级别、宽度、剖面也不应相同。他主张道路系统采取棋盘式与蛛网式结合的方式。在提高土地利用率的同时，美化城市环境，带来视觉享受。这也足以代表当时的专家群体对马路的认识和近现代化水准的城市的一般认知。

此外，为缓解因旧区改造而带来的土地收用与整理，财政压力，因筑路而造成不可用土地的规划设计等问题，沈怡先后 3 次修改上海市筑路征费章程，引入"都市土地重划"[1] 技术，"在重划时，尽可能使该处每一业主仍能保有一部分土地，倘如实在无法做到，则用金钱来补偿损失"。在 1930 年修筑和平路时采用土地重划办法，结果是"不但筑路用地以及道路沟渠工程费用，由所有业主全部分担了去，市政府未花分文，而每一业主仍各分得一块形状整齐的土地，面临新路，土地全涨了价，结果皆大欢喜"。[2] 可见，沈怡引进欧洲土地整理方法时，同时注意国情，从民生考虑，补偿民众损失，提高城市建设效率。

沈怡在城市规划行政上的贡献，则来源于他对中国市行政沿革、市地位与执掌、市行政组织以及市立法机构的分析，并在实践中发现弊端，谋求改进之法。其具体体现在其担任上海市工务局局长与南京市市长期间，对市政法规、组织以及市政专业化方面所做的改进。

1927 年上海特别市工务局成立之初，是完全参照广州的工务局组织机构，进行职责分配，1928 年增设第五科——城市设计科，1931 年增设材料管理处，设置工程管理处及发照（营建执照）处。这里，新制与旧制的不同之处在于：旧制，设计的人不施工，施工的人不设计，责任不专。新制，改成一条鞭，由设计、施工，以至于完工以后的养护，自始至终，归一个部门负责，责任既专，遇事无可推诿，无形之中大大提高了办事效率。

---

① "土地重划"是在欧洲"阿迪克斯法"（Lex Adickes）的基础上制定的，阿迪克斯法的原则是把个人土地集合起来，重新做规划，并按比例重新分配土地给土地所有人。
② 沈怡. 沈怡自述 [M]. 台北：传记文学出版社，1985：127.

在沈怡担任上海市工务局局长与南京市市长期间，先后制定了工务局主要规章制度、修订市组织法，改革管理制度，分工明确、权责分明，提高办事效率。在城市发展战略上，作为市长他正确定义城市性质，合理预测城市发展方向，积极倡导农业、工业、教育的发展。站在发展经济，协调各部门建设的高度，解决民生问题的角度，从实际出发做规划。

沈怡的城市规划理论是中、西思想的融合，与那个时代，大多数市政学者的核心内涵有一定的共性，也具有一定的代表性。

## （五）近代上海的最后一任市长——赵祖康

在中国近现代城市规划史上，作为曾担任过新旧中国两种不同政府工务局长的市政学者，非赵祖康莫属。

赵祖康（1900-1995年），字静侯。1900年9月1日出生于江苏省松江县城厢镇。1922年毕业于交通大学唐山分院土木系。毕业后在武汉国民政府交通部和梧州、蚌埠等市任技佐、技正、工务局长、顾问工程师等职。1930年由铁道部派去美国康奈尔大学研究院进修道路与排水工程，1932年回国后进入全国经济委员会筹备处工作，直到1945年。1944年中国市政工程学会在重庆成立，次年改选，赵祖康任监事。

抗战胜利的1945年9月8日，赵祖康由重庆回到上海，担任上海市工务局局长。从此，赵祖康的职业生涯发生了角色转换：从一个较纯粹的道路交通工程师到城市建设工程师、城市规划专家以及城市行政官员的转变。

幸好，在这之前，做过梧州市工务局局长的两年经历，成了赵祖康上海市工务局长的重要基础。

1927年8月，赵祖康接受恩师凌鸿勋的邀请赴梧州任工务局技正兼设计科科长。翌年春，因局长一职缺位，赵祖康直接从科长升为局长。此次跳跃给予了他在城市决策与管理的更高层面领导整个梧州的近代化建设。

与中国其他城市一样，赵祖康也是选择了旧城改造作为梧州由传统城市向近代城市转变的第一步。1927年，赵祖康主持编制完梧州市沟渠改造计划，为了更系统、更有效地推进旧城改造，随后组织编制《梧州市政计划书》，[①]从分区、街道、交通、公安、卫生、教育、公共娱乐与公共营业、市面之整理与振兴、财政等9个方面对城市市政建设进行总体规划与布局。在实际工作中，赵祖康本着实事求是及维护公共利益的原则，重新拟定及修改数项章程，如采取"分段分等征费法"等更为公平的筑路征费制度。重视基础设施建设，对西江和桂江沿线码头重新规划，将梧州市内较繁盛的旧式街道陆续改为马路，综合考虑梧州市路床泥土性质、街道交通状况、筑路材料供应与天气状况和市民喜好等因素，确定四种标准路面。兴建广西大学、中山纪念堂、

---

① 《梧州市政计划书》：1927年5月10日苏松芬毕业于上海法政大学时所撰写。

公共体育场等大批公共设施，极大改变了旧城面貌。同时，结合梧州气候特点与商业要求，大规模建设骑楼街区，并设定修筑章程与相关政策，形成了近代化的地域城市建筑形态。

1945 年前，虽然上海曾编制了若干城市规划方案，但因租界的存在，历次规划都呈现有临时性、局部性或不完整性等问题。鸦片战争的百年之后，完整的上海主权再次回归中国，上海已今非昔比，上海已不是那个小县城了，一跃成为国际大都市。可以想象，作为这样一个大都市的工务局长，所肩负的重任和历史使命。

刚刚复员上海的赵祖康，面对"敌伪八年摧残，组织松懈，设备缺乏，图籍失散，工程破坏"的现状，首先采取"以整理与建设二者并重"[①] 的基本方针，领导同仁修建潮门，疏浚河浜，建设闸坝站，疏通改建雨水、污水沟管，修建公路、桥梁，修复码头，抢修浦东海塘等，这些基础设施的改造完善有效保证了上海的有效运转，也践行着他对这座城市呕心沥血的奉献。

此外，因抗战刚结束，人口大量涌入上海，城市规模不断扩大，且租界用地分割缺乏统筹，城市畸形发展所积累的矛盾日益尖锐，城市建设面临严峻压力。因此，国民政府于 1946 年再次提出上海的规划问题，责成工务局筹备城市规划编制工作。

1946 年 8 月 24 日，根据《都市计划法》和《都市计划委员会组织通则》规定，上海市都市计划委员会正式成立，规定工务局局长赵祖康作为都市计划委员会常务委员兼任执行秘书，这样主持编制近代以来上海第一部城市总体规划的重任，就落到了赵祖康的肩上。在他的具体组织和大力推动下，相继完成了《大上海都市计划》一、二、三稿，特别是 1949 年 6 月 6 日完成的《上海市都市计划总图三稿初期草案说明》及总图，成了迎接上海解放的献礼工程。

虽然《大上海都市计划》没有得到实施，仅停留图纸层面，但其规划思想的超前性，规划的科学性和预见性对上海此后的城市规划建设仍起了导向性作用。更应该看到，都市计划委员会所做的大量扎实详尽的基础资料调查研究工作，为以后规划建设的编制展开积累了丰富的第一手资料，也为当代上海的城市改造提供了有价值的历史参证。

在主持编制《大上海都市计划》期间，赵祖康身体力行，一边汲取新的城市规划理论与技术，一边结合上海的实际，研究上海城市规划编制工作，在《市政评论》等杂志上，发表学术论文，如 1945 年的"新上海的物质建设"、1946 年的"上海都市计划答客问"和"从都市计划之观点论上海市之划界"、1947 年的"对于都市计划应有之认识"、1949 年的"上海建设计划概述"等。

同时，他还主持规划上海越江交通工程，组织专业人士成立越江交通委员会，以其长远眼光积极规划上海的越江发展方向，以开发浦东来扩展上海新的市区。可以认为，浦东开发理念虽可追溯于孙中山的《实业计划》，但规划编制却始于赵祖康，今日浦东新城区的崛起凝结着几代人的智慧。

1949 年的 5 月 24 日到 30 日，赵祖康担任上海代理市长，成了近代上海最后一位市长。就在这仅仅 7 天的时间里，赵祖康对维持社会的治安，保护人民的财产做出了不可磨灭的贡献，

---

① 上海公路史编写委员会.上海工务局报告 // 上海公路史资料汇编（一）[R].1946：276.

避免了战争对工矿企业和交通公用设施造成破坏，得到了当时陈毅市长的嘉许，并继续委派他担任新中国上海市人民政府第一位工务局局长。此后，他还历任上海市建委副主任、上海市副市长、上海市政协副主席、上海市人大常委会副主任等职，长期担任上海市城市规划建设领导工作。在 20 世纪 80 年代，赵祖康就提出"必须从上海作为国际重要港口城市、工商基地和长江三角洲中心城市的战略角度来领会城市总体规划的意义"，以及上海的城市发展，必须"照顾到整个长江三角洲，使之协调配合"的重要观点。随着国务院对 1984 年上海总体规划的批复，赵祖康的"大上海"设想，也随着中国改革开放的进展而一步步地成了现实。

## 四、法政经型城市规划著名学者

### （一）集城市与规划理论于一体的研究者——董修甲

董修甲（1891-？年），字鼎三，生于 1891 年，江苏六合人。1918 年清华学校（现清华大学）毕业后赴美留学。1920 年获得美国密歇根大学市政经济学士，1921 年毕业于美国加州大学获得市政管理硕士。回国后历任上海复旦南洋路矿学校经济学及历史教授、南洋路矿学校经济学及历史教授、南京中央政治学校教授、上海国立暨南大学商学院院长兼教授、国立北京法律大学及师范大学市政管理及经济学教授、上海国民大学教授、吴淞中国公学教授、吴淞及上海法律学校教授、武汉大学教授、中国大学商学院教授、院长以及复旦大学市政学系等。

作为社会兼职和行政经历，1922-1924 年任吴淞港改筑委员会顾问、吴淞市政筹备处欧美市政调查主任；1925-1928 年任上海市政府顾问、汉口市政府顾问，其后任沪宁、沪杭铁路管理局租契起草委员会英文秘书，上海特别市政府专任参事、杭州市政府参事；1927 年创办中华市政学会；1928 年任武汉市政委员会及市政府秘书长；1929 年 6 月 26 日 -11 月 5 日任汉口特别市政府工务局长，在任期间直接主持完成了《武汉特别市工务计划大纲》；1929 年 11 月 5 日任汉口特别市政府公用局长、创办《新汉口》、任中国建设协会会员；1930 年任汉口特别市参事长，并担任刘文岛发起组织的学术研究会国际组长；1931 年离开武汉，3 月 -9 月任南京首都建设委员会经济处技术专员，10 月任立法院立法委员，12 月至 1933 年 10 月任江苏省政府委员兼建设厅厅长；1933 年任《市政评论》社长，9 月任国民政府黄河水灾救济委员会委员；1934 年任国民政府经济部资源委员会国民经济研究所特聘研究员、苏浙皖税务总局秘书长；1940 年代任汪伪财政部税务署副署长兼糖类化妆品类临时特税处处长，6 月任汪伪江苏省政府委员兼财政厅厅长；1942 年 1 月 10 日任汪伪安徽省政府委员兼财政厅厅长；1943 年 1 月任汪伪财政部江苏印花烟酒税局局长；1945 年 11 月 23 日根据国民政府颁布的《处理汉奸案件案例》规定被确定为汉奸，拘捕未果。

董修甲 1923 年后从教育界逐渐转入政界，论著颇丰。董修甲在政治背景的舞台上极大地发挥了对于城市规划建设方面的思想和实践。他的论著方向跨度很大，涉及多个学科。按照今天社会学科分类分别包括城市学、城乡规划学、国民经济学、行政管理、财政学、宪法和行政法学等科目。

董修甲的论著主要分为报纸、期刊、著书、演讲、报告和其他等 6 类，至今共收集到其论著共 127 篇，以报纸、期刊、著书类论著为主。论著中属于城乡规划学内容居多，达 33 篇。早期，董修甲的论著多刊登于报纸新闻，以 1928 年为最多，其内容以国内外市制与市政知识为主，其目的是让民众了解西方市制和市建制对于中国城市发展的益处。1937 年以发表期刊论著为最多，如《东方杂志》、《国本半月刊》、《市政评论》、《国民经济月刊》等主流期刊，其主题多为对引入西方国家的城市建设方法研究以及中国城市建设的发展方向问题，关注城市建设的财政问题。董修甲的著作多出版于 1920 年代 –1930 年代，主要有 :《市政新论》（1924 年）、《市宪议》（1928 年）、《市组织论》（1928 年）、《我国大都市之建设计划》（1929 年）、《市政问题讨论大纲》（1929 年）、《都市分区论》（1931 年）、《美法两国市制之研究》（1931 年）、《中国地方自治问题》（1937 年），有的还被用作教科书。

从董修甲的论著内容来看，主要可分为城市理论与城市规划理论。

首先，董修甲所理解的"城市"概念，认为"市"是由"城"因时代的转变而拆除城墙后所形成，但社会的转变将"城"与"市"之间的区别与矛盾渐渐消除，合二为一，成为"城市"。即有一块地方，一大群人民，有房屋居住，有行政管理者，有商品交易市场。

关于城市理论，董修甲是要建立以美国为样板的新型市制理论。他剖析了以往一味以模仿租界为荣的各种弊端，认为"英法租界之贸易区内，常有学校与工厂，随便建筑，毫无秩序，其妨碍公共卫生与安宁，诚匪浅鲜，是绝非可以效法者"，[①] 呼吁中国改变城市发展道路，学习西方市制走一条有希望的捷径。在《美国市制议》一文中，专门对美国 4 种市制进行了详细介绍，认为美国市制领先于西方城市，这 4 种市制自然是中国城市可效仿的对象，各市应经过多种试办，然后选择西方国家市制之优点，去其劣点，再将其利用，但不应将其完全照搬。我国市制虽然出现较新，但也不能完全否定，中国传统的城市建设思想不可能转眼可以抛弃，可以保留优点之处注入新的市制中，使市民逐渐接受新的行政管理体系。

1921 年，广州建立了近代中国第一个建制市政府，是第一个引入美国市制并取得了良好成效，广州的成功案例引起全国各个城市开始引入美国市制。

1928 年，董修甲出版《市组织论》，1929 年出版《现行市组织法平议》，提出对于今后中国市组织的采择及建议，认为参议会要有提议议案，交付市民复决及监督市长的权利，改善政府与市民之间的关系。在城市法规起草与审议及市政设计方面，启用市政专业人才解决过去一些无专业人士的城市在市制与市政建设上的困难等，试图发现适合于发展的城市建设制度，强调市政府在市组织制度中的重要性。市政府是以经济基础变革为前提的社会转型的表现，建立市政府是城市未来发展的保障，是城市能够形成正确的市制和有序实施的关键所在。市长与各

---

① 董修甲 . 市政研究论文集 [M]. 上海 : 青年协和书报部，1929 : 205.

局局长组成市行政委员会，作为议决与执行市行政事务的唯一机关。市行政委员会是市政府的执行机关，市行政的建立可以直接指导城市规划的实践。

关于城市规划理论，董修甲引入西方最新的城市规划理论和思想，如田园城市理论、城市分区理论以及城市规划中的集中主义、分散主义、美化主义、实用主义和美化实用兼收主义。

1925 年，董修甲发表《田园新市与我国市政》，认为世界各国都处在"田园城市"理论思潮下建设新城市，中国亦应接轨国际，接触"田园城市"理论，改善目前城市之状况。"……独我国不思所以采用，无怪市政不能进步。查我国各省城市不合卫生，乡间之诸不方便，竟使我国成为欧洲中世纪之野蛮国家，又何怪外人之轻视我乎？……近年来各省标 [ 市政筹备 ] 之名者多矣，甚愿各省能于田园新市之制度详加研究，竭力提倡，使我中华民主新国真能成一新美之现象，庶几各国轻视我者，亦可从此恭敬我矣！"[①] 此番话道出了像董修甲同样的新型知识精英对于借以外国理论思想改变中国的迫切心情。

在董修甲看来，"田园城市"理论对于当时的中国来说无疑是个希望，中国需要"田园城市"理论的中心思想，而中国也有着符合建设"田园城市"的"文化传统"。中国传统的城乡合治的行政制度，被理解成为"田园城市"理论所要建立的城与乡结合体，坚信中国城市的脏乱差落后现象必会像其他国家一样逐渐消失，城市建设与经济走向良好的发展方向不再是想象。

1929 年，董修甲出版《我国大都市之建设计划》，1931 年出版《都市分区论》以及 1937年发表《今后都市之分区与防空》等论著中，都将城市分区制度作为其主要内容研究。

城市分区制度始创于德国，后由英国传入美国，为各国争相效仿。董修甲基于当时国内实行分区制度的城市只不过是将其作为一个好的制度而照搬使用，并未深入了解此制度对于城市建设的实际作用，从而成为董修甲研究城市分区规划理论的动力。他认为不同国家的不同城市对于土地用途的划分类型数量不一，但总体上不外乎住宅区、工业区、商业区的基本划分。城市分区制度是在城市发展到一定程度，人民对于生活新的欲望与不满的必然产物，是为了能够满足人民不曾得到过的舒适感和满足感，城市分区制度正是解决城市新的功能问题，使其良性发展。

董修甲剖析了国外城市分区制度是事先制定相关法律制度，从而确保规划得以实施，规定各分区应有之建筑物与其禁止之建筑物，设有统一标准。相反，国内这样的规定仅在首都分区草案中出现过。董修甲认为怎样安排和管理所划分区域是城市能否良性发展的关键。要认清每个划分区域的性质和功能，才能合理地安排每个区域的设定原则，再制定相应制度。城市本身的发展定位和方针是对土地划分区域的重要引导。

《都市分区论》指出，土地用途分区和容积分区（房屋容量分区）是分区制度的两大方面，土地用途分区是容积分区的基础。"依房屋面积分区法应以土地所在地之地位为标准，不得随便规定全市房屋所占之面积为一律；依房屋面积分区法，应以基地之大小为标准，其大基地应占之面积与小基地应占之面积，亦不能为一律之限制"，"住宅区房屋之高度，应较最低；商业

---

① 董修甲 . 田园新市与我国市政 [J]. 东方杂志，1925，22（11）：41.

区房屋之高度，可以较住宅工业各区为高；工业区房屋不必如商业区房屋之高度，但可较住宅区之房屋为稍高"。在分区规划的过程中，要承认既有房屋建筑之现实，可单独划分，其房屋建筑或许并不符合新的建设制度标准，但也没有必要拆除重建，以免浪费，可列为其他区，待城市稳定发展后再看其发展方向。

此外，董修甲对西方各种规划"主义"的学习和研究，堪称全面。

1930 年代的欧洲分散主义与集中主义成为备受关注与争议的两种城市规划思想。分散主义是霍华德"田园城市"理论的一种发展，希望通过建立适度规模的城市，将大城市的功能分散之，避免城市无限度膨胀，最终实现城市的协调与均衡增长，一时间分散主义成为城市发展的主导思想。相对应，以柯布西耶为主导提出与分散主义相左的集中主义，主张通过高密度来解决城市的拥挤问题。分散主义与集中主义，简单来说就是城市建设的横与纵问题。董修甲将这两种规划思想引入中国，企望来引导中国的城市建设。

1937 年发表的《都市建设的集中主义与分散主义》和《都市建设的分散主义之实施》，集中反映了董修甲对两种主义的研究及在中国实施建议的论著。董修甲不否定集中主义，但更倾向于分散主义，认为集中主义，弊多而利少；分散主义，利多而弊少。我国城市之建设，自应采用弊少而利多之分散主义，方为适当。

然而，以分散主义形式的城市建设并非走向极端建设，既非一味无限制的扩展已有的少数大都市，也不是使小城市无约束膨胀。我国人口众多，工商业集中，环境较差，单纯的城市分散主义建设思想是无法起到有利作用，必须有规矩，方可发展。卫星城市与田园城市都是强调空间分散原则的城市建设模式。在国外的事例中两种模式的城市有了很好的发展。董修甲将两种模式引入国内，并无意完全照搬。反复思量国情，将两种模式扬长避短，合二为一。提出在既有的大都市周围建设卫星式城市，在新的城市建设中以小城市为主，取田园城市的市政制度，在道路、绿化方面更适合于城市发展，还可以抑制人口的无节制增长。建设田园城市，须在生活设备、交通上都与中心城市衔接，保持密切联系，即卫星式田园城市或田园式卫星城市。我国领土广阔，这样不仅可以将中心城市中膨胀的人口转移到周围的卫星城市，而且工商业亦可分散于各个卫星城市，各个城市连接并不影响共同发展。甚至在战争时期，这种分散建设也不至于当城市受到空袭时全军覆没。

同年，董修甲发表《都市建设的美化主义实用主义及美化实用兼收主义》，认为美化主义、实用主义及美化实用兼收主义是城市规划建设中必不可少的理论思想。他对于三种主义之见解合于一文，是有意强调中国引进欧美规划主义思想，切忌单纯照搬，要加以充分研究后再行实施。

文中董修甲将美化主义、实用主义、实用美化主义分别以法国、美国、德国这三个国家为例加以说明，分析三种主义的不同及其对城市发展的利弊。认为一个城市的建设只关注美化主义，结果会华而不实，城市的根本问题得不到解决；虽然实用主义注重对于城市功能的建设，可以解决城市的主要难题，消除人们的生活问题，但失去的是一个城市生机勃勃的生活环境；德国的美化实用兼收主义建设的成功案例，已被国际认同，可以效仿建设。

董修甲是中国近代城市规划研究的重要学者，他同时扮演了领导者和学者的双重角色，亲自主持和指导了汉口、梧州、镇江、南京、上海等多个大城市规划与市政建设工作，其学术贡献对于当时城市的规划建设无疑具有很强的指导意义，时至今日仍有重要的学术研究价值。

## （二）中国近代最早市制城市的首任工务局长——程天固

程天固（1889–1974年），广州民国时期"海归"派的代表人物之一，两任广州市工务局局长（1921年2月–1922年6月，1929年4月–1932年3月）和一任广州市市长（1931年6月–1932年3月），全面参与了广州近代时期的城市规划建设，是广州近代城市建设的一个开拓者和领导者。

1889年4月，程天固出生于广东省中山市南朗县，幼名天顾。6岁入私塾，10岁就读香山中学西学堂，13岁赴爪哇岛，为协昌机器厂学徒。15岁（1904年）去新加坡读书，入英华中学，1906年毕业时在新加坡认识孙中山并加入同盟会新加坡分会。

1907年，赴美就读。1911年返国参加黄花岗之役，失败后再度赴美，入美国加利福尼亚大学政治经济学院，与孙科为同学。1915年冬，硕士毕业后顺利通过博士资格考试，但应其族兄之邀，辍学返国在广州创办实业合设皮革厂，任广州商会会长，后因时局关系实业计划被迫搁置，改任南洋兄弟烟草公司顾问，后自营实业，先后与人合资创办钨产公司、铜厂、皮革公司、化学工厂等，担任过香港中华基督教青年会商务夜校、小学日校校长，青年会干事，香港钨产公司总经理，广州大生铜厂总经理等。

1921年2月，广州市政厅成立，应广州市首任市长孙科之邀请出任工务局局长，1922年6月因陈炯明的叛变而辞职赴港。1924年任广东大学法学院院长；1928年出任广州城市设计委员会首任会长；1929年4月再次出任工务局局长；1931年6月升任广州市市长；1931年12月任治河委员会委员；1932年3月，辞去广州市市长与工务局长职务，改任广东省政府建设厅长，但任职仅3月余，于同年6月卸职往香港寓居。

1937年初赴南京，任实业部政务次长，旋升代理部长兼商标委员会主席。1938年冬被任命为外交专员，奉命赴海外巡行，由此踏入外交界。1941年任驻墨西哥、巴西大使，曾在多个美洲国家开展维护侨民权益的活动。1948年返国，晚年寓居香港。1974年9月15日在九龙逝世。著有《程天固回忆录》《联俄讨论》等书。

1921年2月15日，广州第一次真正意义上设市，成立广州市政厅，颁布《广州市暂行条例》，成为中国第一个近代意义上的独立城市政府。程天固出任市政厅工务局首任局长，亦成为中国近代最早的工务局局长。根据《广州市暂行条例》，工务局为主管城市规划建设、交通设计、兴修道路等各项事宜的机构，职责重大，程天固在无参考无经验的摸索中，进行了一场具有开创性的城市规划建设活动。同年，广州专门成立"广州市区测量委员会"，任命廖仲恺、魏邦平、程天固等6人为市区测量委员会委员，负责测定广州市行政区域范围。到1923年，广州市通过《假设拓展市区域计划》，突破原有警界范围，最终确定广州市市区域的界限。

程天固上任后从城市发展最急需的交通入手，进行拆城筑路的善后事宜，余泥尽数清理干净，先后在老城墙基上施工修建了泰康路、太平路、丰宁路等路段。在利用城基开辟环形道路的格局上，发展市内交通。采取"影响最小，破坏最小"的办法，重点整顿居民侵街占道问题，对旧式街道的改良因地制宜只求通不求直，尽量在原有的道路上进行拓宽改造。

1921年6月20日，工务局颁布《修正广州市暂行缩宽街道规则》，规则将旧街道分为商店街道、商店民居掺杂街道、居民街道三种级别，此规则一直沿用到1920年代末。

关于城市规划设计方面，程天固发现，市长孙科聘请美国建筑师茂飞（H.K.Murphy）参与设计直接借鉴美国的经验并不可取，快虽快，但不切合广州现状，反复衡量后他以国情不同为由，未请茂飞参与广州市区的城市规划，领导工务局同仁展开了自主性建设广州的基本原则。

在城市公共设施方面，由市政公所在1920年9月开始修筑，后由工务局进一步完善的广州第一公园（今人民公园），是广州城市公共空间的开端，1921年10月12日正式开园。此外，工务局还计划了运动场、市场、屠宰场、学校、公共坟场等一系列城市公共设施。

在城市卫生与街道景观方面，程天固整修渠道，完成旧有六渠、西濠及已造各马路排水沟道之整修。在市区街道景观方面，广植树木，在维新路（今起义路）、福惠路及总督府、财政厅、禹山市场等公共建筑前植树。1922年1月17日，由程天固提议经市政委员会决议在维新路不准建筑骑楼，而代之两旁植树。由此开始，广州部分道路禁止建筑骑楼。

他在首任局长时期，是广州城市结构肌理发生变化最大的时期，极大地改变了广州传统城市的面貌，为广州的进一步发展准备了条件。

1928年10月19日，广州设立城市设计委员会，程天固为设计委员会会长。这是广州历史上第一个专门负责城市规划与设计的机构，掌管全市规划设计事务，具体拟订城市改造的全面计划，划分全市功能分区，拟定市内外重要交通路线，规划河道改良及码头设置，及重要建筑物图式等。城市设计委员会的成立，开创了中国近代"委员会制"的城市规划编制、实施、管理的先河。

1929年4月程天固再次出任工务局局长。有了第一次当局长的经验，他更加注重城市的整体规划，系统性更强。他非常重视专业技术人才，聘人以"才"为本，体现科学性。

程天固主持制定了1929年6月至1932年6月三年间广州完整的城市建设计划，即《广州市工务之实施计划》，是程天固最突出的实务贡献。《计划》对广州市区的范围与界限、旧城改造与新区建设以及道路、港口、城市公共设施等建设进行了统筹规划。《广州市工务之实施计划》是近代广州内容最丰富周全、详细的城市规划文件，为广州近代城市规划建设定下了基本方向和格局。

由于工务局的显赫成绩，程天固在1931年6月升任广州市市长，并继续兼任工务局局长。程天固一上任就对市政府机构组织人员进行精编，选配了多名留洋专家和学者出任市府各局局长，加强城市规划建设与管理的专业化与科学化。所编制的《繁荣广州之经济计划》（又称《中心建设计划》），推行"三化二发"政策，即电力化、水利化、交通化和发展黄埔港口和发展琼崖（即海南）资源。所谓"繁荣市区之中心建设计划"，乃指发展及扶助市内农工商业经济之繁荣，解决民生问题。从城市发展看，市内外交通网的完成，交通的通达便利，是广州经济繁荣之基本条件。

广州市以前有电灯不明、自来水不清、马路不平的"三不"怪相，经过程天固的马路建设，广州马路基本已平，只剩公用局主管的电灯及自来水两项。他上任后将以往私人经营的电力公司和自来水公司收买及扩充，由政府管理并引进机器大加改良，至此"三不"怪相基本解决。

1932年初，程天固参照孙中山先生《建国方略》中"建设广州为世界大港"的构想，起草了《广州市城市设计概要草案》，这是广州城市建设规划史上的第一部正规文件。《广州市城市设计概要草案》主要内容有：①确定广州市城市规划设计的范围；②将全市地域划分为工业、住宅、商业、混合等4个功能区；③确定市区道路干线；④规划接通粤汉、广三两条铁路，经过牛牯沙岛，建两座跨江桥梁；⑤规划新建水厂和电厂；⑥规划黄埔为广州的外港，白鹅潭一带为内港。

《广州市城市设计概要草案》于1932年8月正式颁布，但此时程天固已辞去广州市市长和工务局局长双重身份，所以此草案虽由程天固起草，但真正的颁布和实施已离他而去，此不能不为憾事。

在1920、1930年代的广州近现代城市规划建设留下了程天固任期内，尤其是担任工务局长时的诸多显著政绩，为以后乃至当今的广州城市规划建设奠定了基础。作为中国第一位工务局局长，是广州走向现代建设的开拓者之一，程天固在广州近代城市规划建设中的创举和成就，为中国其他城市的市政建设提供了现实模型，在近代中国城市规划建设史中占有重要的一席。

## （三）中国近代市长级规划专家——孙科、刘纪文

孙科（1891-1973年），1916年毕业于美国加利福尼亚大学政治学系，之后进入美国哥伦比亚大学研究院，学习政治经济，辅修新闻，并在1917年获得经济学硕士学位。归国后，历任广州市政公所总办、市政厅厅长，在1920年领导法制编纂委员会制定出的《广州市暂行条例》，为全国其他城市制度的建立树立了典范，至此城市规划与建设正式成为一种行政手段，各个城市建立市制，成立市政管理与建设机构，城市规划活动逐步在全国范围内展开。与此同时，1919年孙科在《建设》杂志上发表《都市规画论》，提出了旧城市改造和新城市规划类型及其概念，将"田园城市"译为"花园都市"，并运用到城市规划实践中，提出了将广州市建设成"山水城市"、"田园城市"、"花园城市"和"国际都市"等宏伟目标。之后随国民政府迁都南京，并在1928年主持制定《首都计划》。

刘纪文（1890-1957年），南京市首任市长、广州市市长，1914-1917年先后在日本早稻田大学、日本法政大学学习政治经济学；回国后一度担任广州市政府审计局长、陆军部军需司司长等职务。1923年再次出国留学，进入英国伦敦大学伦敦政治经济学院。回国后，担任广东省省务会议委员兼农工厅厅长。1927年随国民政府去南京，并被任命为首任南京市市长。在担任南京市市长的两年时间里，南京城市的空间整体布局和功能得到了进一步外延和更新，首建中山大道，全面开展南京市道路建设，城市道路规划整齐，并编制了《开辟马路征收土地章程》、《首都干路系统图》；房屋建筑方面体现了民族化、现代化特点，同时在城市建设中注意到了文物古迹的保护，制定《南京特别市教育局保护名胜古迹条例》；城市基础设施进一步完善，城

市供水、卫生、邮电通信、电灯照明、大型菜市场、屠宰场等都有很大改善，对推动南京城市现代化进程，改善城市生态环境起了重要作用。"中西合璧"式的现代化城市风貌初步形成；内部管理向着科学化、现代化方向发展。1928 年 2 月 1 日成立了"首都建设委员会"，并于次年公布《首都计划》；市民参与市政的权限进一步扩大，开展"市政宣传周"活动，创办《市政公报》、《首都市政周刊》，市民参与市政的意识进一步增强，促进了南京城市现代化的发展。

## （四）《市政评论》主编——殷体扬

殷体扬（1908-1993 年），1908 年出生于浙江省苍南县金乡，1932 毕业于暨南大学法学院政治经济系，同年任《新夜报》市政副刊编辑。1935 年被北平大学法商学院聘为讲师，主讲市政学。曾为《华北日报》主编《市政问题周刊》。为了发展城市建设，发展地方行政改革，殷体扬组建中国市政问题研究会，任会长。著有《市政学》（1934 年）、《市政与公安》（1942 年）、《田园都市理想和实践》（1931 年）、《日本市政考察记》（1934 年）、《中国市政问题》（1942 年）、《市财政学》（1947 年）、《发展中的中国城市》（1986 年）、《城市管理学》（1987 年）等。论文有"田园都市的理论和实施"（1930 年）、"我国城市回顾和前瞻"（1983 年）、"试论我国城市行政改革"（1986 年）等。

1978 年经上海市科委和上海科技情报所有关领导推荐，被聘为上海社会科学院经济研究所特约研究员，同时被同济大学聘为兼职教授。1986 年任北京经济学院教授。1981 年，他上书国务院副总理万里，建议恢复城市建设部，创办市长短训班，开办城镇建设学院等，均被采纳。1983 年，应邀到首届全国市长研究班作《建设具有中国特色的社会主义城市》的学术报告，并对市长学员作研究辅导。1984 年，被评为中国国民党革命委员会全国先进代表，荣获"志在腾飞，无愧前人"奖状。1987 年，被聘为上海市文史研究馆馆员。1989 年，获北京文献出版社组织评选的"当代中国社会科学家"称号，还被聘为天下名人馆名誉馆长，温州大学名誉教授。

殷体扬最重要的学术贡献是，从事市政工作，建立中国市政问题研究会，创办《市政评论》杂志，其最根本的原因是受到他的老师、暨南大学市政学教授温宗信的影响，在一次讲授城市作用的课程时，温宗信谈及普法战争，结合普鲁士战败的背景，引用了普鲁士的首相斯泰的一句话："欲报法仇，必须振兴城市"。普鲁士人把发展城市提高到这样高的地位，给予当时正受日本侵略的中国指明方向，殷体扬因此而受到震撼与鼓励。在《殷体扬自传》中提到："温老师这段话深深打入我的心坎，永记不忘。从此我就决心把市政学作为重点课来研究，矢志一生以建设城市为己任。"

1933 年前，中国已经出现市政学会的组织，后因政治原因主编分散，市政协会组织杳无音信，至于定期发行的市政刊物更是无从谈起。相比国外，当时欧美和日本都已成立以个人名义组织的市政团体，如美国市政研究院、日本市政调查所等，均出版过重要的市政刊物，如美国的《National Municipal Review》、《American City》，日本的《都市问题》等。看到与外国的差距，殷体扬通过中国市政问题研究会在《华北时报》上附刊《市政问题周刊》。由于篇幅限制，杂志对传播市政建设作用不大，殷体扬决定对杂志改革，并在第 25 期中列出增加篇幅、扩充内容、组织编辑委员会、聘请专家撰稿、酌给投稿酬金、改良编辑方法等 6 项改善办法。《市政评论》独立出刊后，殷体扬为了把城市中某一项问题，作比较系统而有结果的研究作为专刊，《市政评论》第一个专号——人力车专号于 1934 年第 2 卷第 8 期登出。但因市政团体力量微薄，缺少社会各界资助，刊物的质量一直没有得到提高。

1935 年，北京市各界组织赴日本市政考察团，赴东京、京都、大阪、名古屋、神户、奈良等 6 个大中小城市参观学习，殷体扬以中国市政问题研究会会长的身份参加并将日本的见闻于 1935 年第 3 卷第 20 期《赴日考察记》一文登出，读者超过 20 万，为杂志的宣传起到了作用。1935 年，通过殷体扬的呼吁，市政学理研究、市制度行政、市设计理论等文章寄入杂志，各方来稿开始增多。为了沟通国内市政，促进市政进步，使大都市市政消息、各市政专家论著集中于该刊，殷体扬规定通讯办法，将各地直隶行政院或省政府各市政府及各省政府联系起来，杂志开始在全国范围普及。经过殷体扬两年的努力，树立了杂志的权威性。1935 年第 3 卷第 15 期"编辑后记"栏目中提到："复承各地读者爱护，均许为研究市政问题之唯一刊物。"

1936–1937 年，殷体扬扩大杂志容量，通过与国内出版界交换文章阅读，扩大代销的方式，力求将《市政评论》杂志变成市政建设的舆论中心。1935 年第 3 卷第 13 期《改进北平市社会事业意见书》，是殷体扬该年呈给市政府的原件，1936 年北京实行商业统制、扩充救济院，设立银行等措施，都与该文的意见吻合，推动了市政实践。同时，殷体扬聘请专家撰述论文，聘董修甲为社长。经过 4 年的创办，《市政评论》杂志开始收到成效，体现出强大影响力。

1941–1942 年间，殷体扬与汪日章、邱河清、刘震武、吴嵩庆、江康黎、张又新组织中国市政建设学会，筹设市政研究所，训练市政人才，并提出内政部应成立一司，内政部附设"都市计划委员会"的设想，后来成立营建司被哈雄文采纳。

抗战胜利后，《市政评论》杂志在上海复刊，成立中国市政协会上海分会，殷体扬被推为理事兼总干事。经过殷体扬的努力，1946 年第 8 卷第 10 期《市政评论》首次刊登了"都市计划专号"。为扩大市政知识宣传，除《市政评论》杂志外，殷体扬还在《新夜报》主编《现在市政周刊》。1948 年，新疆迪化（现乌鲁木齐）市长邀请殷体扬去新疆指导总体规划，殷体扬组织中国都市规划团，亲任团长。可惜时局急转，迪化市长离职，新疆之行夭折。同年，根据殷体扬在市政上做出的贡献，上海商务印书馆出版的《中国名人》称其为市政专家，上海市名人录也将其收录在内。


## 五、规划建筑型城市规划著名学者

### （一）城市规划课程的首开者——柳士英

柳士英（1893–1973 年），字飞雄，江苏省苏州市人。1907 年考入江南陆军学堂（南京），1911 年随兄柳伯英（同盟会会员、烈士）回到故乡苏州参加光复活动，二次革命失败后，逃亡日本。

1914 年，柳士英考入东京高等工业学校建筑科。在"五四运动"爆发的前一年，柳士英参加了"留日学生回国请愿代表团"，罢课一年，主办《救国日报》。1920 年柳士英完成东京高等工业学校建筑科本科的学业，回国到上海，在日本人所设的"东亚公司"、"冈野建筑师事务所"任技师。1922 年，他与留日挚友刘敦桢、王克生、朱士圭等创办了我国建筑师早期在沪创办的设计事务所之一——"华海建筑事务所"，柳士英任设计部主任。同时，柳士英又于 1923 年回到故乡，为苏州工业专门学校创办了建筑科，担任科主任、教授，并邀请刘敦桢、朱士圭一起共同办学，开创了我国现代建筑教育的先河。1924 年，柳士英又在其创办的苏工建筑学科系统中设置了"都市计画"课程，第一次将城市规划作为独立科目列入建筑学的范畴，也被认为是中国建筑学中最早的城市规划课程。

1927 年苏州筹备建市，并决定成立苏州市政筹备处，委任吴县县长王纳善兼市政筹备处主任。1928 年苏州建市后，柳士英被委任为苏州市市政工程筹备处总工程师，并首任苏州市工务局长，在职期间，主持苏州城市建设与规划，制定三横三竖六大干道和外围循环线，整理拓宽旧城街道；修复城内三横四纵河道系统。开辟金门、平门；修筑城市中心通往火车站、通往虎丘风景区交通大道，为苏州市现代城市建设奠定基础。在柳士英的领导下，部分规划内容在此后近三年的时间里得以逐步实现，为苏州市现代城市建设奠定了基础。然而在实施规划期间，由于诸多改造建设事项影响到了地方权贵的利益，地方的阻力很大程度上影响了工程的实施进度与顺利开展。1930 年苏州市被撤销，与吴县合并。最终，政治上的利益冲突导致了规划的中断，柳士英也离开苏州前往上海，重新整理"华海建筑事务所"的设计业务，并受聘执教于上海大夏大学、上海中华职业学校，任土木科主任教员。

1934 年，柳士英任湖南大学土木系等多校教授，并任长沙迪新土木建筑公司总建筑师。新中国成立后，任湖南大学土木系主任，创办建筑学专业，后又创办建筑专科和土木专科。1951 年筹建湖南省土木建筑学会，首任理事长。柳士英于 1952 年加入中国国民党革命委员会，曾任民革中央委员和湖南省委员，并历任湖南省人大代表、省政协委员、第四届全国政协委员。同年，柳士英受命筹建中南土木建筑学院，任筹委会主委，1953 年任中南土木建筑学院院长。1958 年后，先后任湖南工学院院长、湖南大学副校长、高教部教材编审委员会委员等职。1962 年担任导师，为新中国培养建筑学研究生最早的导师之一。

## （二）《明日之城市》最早中文版译者——卢毓骏

卢毓骏（1904-1975 年），字于正，福建省福州人。1916-1920 年，入读福州高级工业专科学校，开始接受工科的初步训练。1920-1929 年，先后在巴黎国立公共工程大学、巴黎大学城镇规划学院学习城市规划与建筑，历时 10 年。卢毓骏在巴黎的学习生涯属于其城市规划知识的储备期，接触到西方主流城市规划理论，特别是柯布西耶对他的思想影响。1929 年回国后任职于南京考试院，经办中山路中山桥及首都市政工程，设计了南京考试院建筑群。1931-1932 年，在中央大学建筑工程系做兼职教授，并主持续建原中央大学大礼堂。1934 年，加入中国工程师学会，入会后竭诚为学会服务，成为学会的中坚，针对年会的主要讨论内容积极展开研究，发表有关文章，例如《三十年来中国之建筑工程》。1937–1945 年，任教于重庆大学并致力于防空城市规划的研究。值得一提的是，1940 年卢毓骏参与了《都市营建计划纲要》的拟定，《都市营建计划纲要》是继《都市计划法》后的相对完善的规划法令。

卢毓骏回国后受到多方邀请，演讲留学经验和传播西方城市规划思想，例如 1935 年 4 月 5 日受中国科学化运动协会推举在南京中央无线广播电台作播音演讲。通过各种传播实践，卢毓骏的城市规划思想逐步成熟起来。

应该说，不管是建筑设计还是城市规划，卢毓骏心仪的建筑师与规划师，非柯布西耶莫属，所以他潜心准备多年，翻译《明日之城市》。终于，1936 年完成了《明日之城市》的翻译出版。《明日之城市》中文版本的出版，是近代中国对西方城市规划理论与思想的重要传播实践。卢毓骏的《明日之城市》采译自英文本，中文版的"序"分别由社会名流戴季陶、陈念中、董修甲三位人士和卢毓骏自己 4 人撰写。出版后，董修甲在《国民经济月刊》还专门发表书评：《书评——明日之城市》。时隔 73 年后的 2009 年，李浩再次翻译出版，可见卢毓骏引入城市规划经典著作的学术贡献。

卢毓骏的另一大学术贡献，还在于与时俱进，潜心研究和平时期与战争时期的城市规划理论，较早地提出了城市防灾规划和防空规划对策，于 1947 年完成《新时代都市计划学》著作。

实际上，卢毓骏始终关注社会时局的变化对城市规划的影响。抗日战争爆发后，卢毓骏转向致力于防空城市规划的研究，他应时所需地借鉴国际先进城市规划理论，阐述以防空安全为设计出发点的城市规划体系，实属国内之先。在卢毓骏的防空城市规划体系中，虽然能明显地发现霍华德的"田园城市"等分散主义思潮、马塔（Arturo Soria y Mata）的"带形城市"、柯布西耶的"明日城市"的思想影响，但他能够不拘教条，只要是各尽其能发挥防空作用的，无论是分散主义还是集中主义，都可为我所用。所以，他根据中国抗战期间对城市规划提出的新需求，认为一切城市规划都要以城市防空为基本目的，提出了"区域大分散，局部小分散"的既集中又分散的国防城市规划对策。

所谓"区域大分散"，卢毓骏指出"就城市防空建设来讲，行政机关不可集于一区，而工业建筑业不可将所有各部分集于一处而应分散设立。因为空军来袭的时候，其目标是注重于政治经济交通中心以及飞行根据地，而大工业的破坏，亦为空军袭击的重要标的。所以现代城市计划的新趋向，均主散开化，并且主张要废止行政区和金融区。"可见，卢毓骏能够审时度势，将分散主义思想和城市分区规划原理结合起来。

所谓"局部小分散"，主要包括"建筑小分散"和"设施小分散"。

关于"建筑小分散"，卢毓骏指出"城市房屋，亦应由集团的建筑，而变为散开的建筑，以减少空袭的破坏，像上海那样的弄堂房子，一弄动辄几十家几百家，不仅从卫生方面来讲，很不合宜，如遇空军来袭，更为不利"，"须尽量减少建筑所占的城市地面，利益一则阻止火灾的蔓延，一则减少敌军轰炸的准确"。可以看出，卢毓骏主张建筑要散开化，保持一定的距离，就是要"减少建筑所占的城市地面"即降低建筑密度，这样一来在战时能防空能防火，在平日主要就是防火。

关于"设施小分散"，卢毓骏指出"城市蓄水池须特别保护，尤其蓄水池必须分散设置，不可集中，并须事先防备"。由于水是公用上的重要资源，不但是饮用，而在空袭时，更可以作消防，可以防毒气，可以制微菌，一旦失去卫生可靠的水资源，在战时状态下城市生活系统将会异常混乱。卢毓骏主张对蓄水池、下水道、电气工程等重要的市政设施也要分散开，不至于一线受损全城崩溃。

卢毓骏还巧妙地将西方城市规划理论作为防空城市规划对策，他认为带形城市的最大特点是分布均质，提出"若地形许可，带状都市最合防空交通经济等条件，应为城市计划时之第一考虑，因其无市中心，故无精华荟萃交通集中之弊，且因全市各处均为价值相等，空袭时并无重要目标可寻，再者在平时各业人民，均能保持密切联系，亦合经济，但尚有应改进之处。"此外，对柯布西耶《明日之城市》中的"建筑底层用列柱架空"的观点大加赞赏。虽然，"底层架空"是柯布西耶为了增加地表开阔空间、疏散城市拥堵的交通所设计的，但卢毓骏认为这种处理手法也恰巧适合城市防空，列柱不仅使交通便利，更有利于空气的流通，易于化学战争中的毒气快速分散，认为防空区内高层建筑可作为战时保护伞，即使炸弹破坏掉上面的楼房也仍然有避难空间。

总的来讲，卢毓骏无疑是近代城市规划领域的重要学术性人物，其"援西入中"的城市规划思想，明显体现出中国近代城市规划理论"导入、传播、实践、应用"的基本路径。

## （三）阿伯克隆比的中国弟子——陈占祥

阿伯克隆比爵士（Pro. Sir Patrick Abercrombie，1879–1957），建筑师、规划师，英国早期区域规划的杰出代表，主持了享誉世界的"大伦敦规划"（Great London Plan），是第二次世界大战以后指导伦敦地区城市发展的重要文件。

阿伯克隆比爵士在英国伦敦大学学院（University College，University of London）任教期间，曾有一名中国学生在他麾下攻读都市计划立法方向的哲学博士学位，这就是1952年和梁思成共同提出《关于中央人民政府行政中心区位置的建议》的陈占祥，史称"梁陈方案"。

陈占祥，原籍浙江省奉化县，出生于上海的一个商人家庭。少年时期，师从装帧艺术及篆刻书画家钱君陶先生，学习书法和绘画。中学时期，又随葡萄牙英语老师进行了四五年的英语补习。这为以后学习建筑和留学英国，打下了坚实的美术和英语基础。

1935年，陈占祥考入雷士德工学院建筑构造专业（相当于高中），从他的老师——英国建筑师海顿·米勒（H.Miller）的授课中，他清晰地了解到建筑师这一职业的与众不同——建筑师不是"打样鬼"，而是艺术家。同时，决定申请英国利物浦大学建筑学院（School of Architecture，University of Liverpool）的入学资格。

1938年8月，陈占祥进入利物浦大学建筑学院（School of Architecture，University of Liverpool）攻读建筑学学士学位。1943年获建筑学学士后，选择继续在利物浦大学攻读城市设计专业（Civic Design）硕士研究生。这一年，他创办了"中国海员俱乐部"并任秘书长，同年，他的硕士毕业论文设计——利物浦"中国城"也与之相关。

1944年，陈占祥获得英国文化委员会奖学金进入了伦敦大学学院，师从阿伯克隆比爵士（Pro. Sir Patrick Abercrombie），攻读都市计划立法方向的哲学博士学位。期间，陈占祥参与并完成了英国南部3座城市的规划，分别是科隆赫斯特（Crowhurst）、霍姆伍德（Holmwood）和克罗伊登（London Borough of Croydon）。由于陈占祥在规划方面的出色表现，他被吸收为英国皇家规划师学会会员，这为他后来能受邀回国编制"北平计划"埋下了伏笔。

1946年，陈占祥接到北平国民政府建设局局长谭炳训的聘书，邀请他回国编制"北平都市计划"。他放弃跟随导师夫香港进行规划的机遇，毅然回国。由于国共第二次内战已经如火如荼，他的北上之行化为泡影被迫留在了南京，南京内政部任命他为营建司简正工程师，参与设计南京中央行政区的规划工作。

1948年，内政部出版的刊物中，刊出了由陈占祥、娄道信所规划的"首都政治区建设计划大纲草案"。两人在草案的方针中指出首都政治区的建设必须表现我国的固有之文化以及新中华民国之民主精神；在保持我国固有的城市规划之精神的同时切合现代的需要；建筑风格需展示国家制度、体现其庄重和秩序；规划要因地制宜，充分利用明故宫旧址上的自然景物、河流以及未破坏的古迹；同时交通要同南京市区紧密联系。

整个草案分为了方针、要领、实施程序三个主要部分，涵盖了区域、土地计划、交通设施、建筑布置、公共设备、组织机构等内容。在计划区域内依照明故宫原中央轴线，从南至北布置的是国民政府、行政院和国民大会堂；具体呈现了当日宪政体制下的国家结构。如《首都计划》一般，陈娄两人也提议中央政治区内政府建筑形式需要有层级规范，只是陈娄建议的形式层级分为三级，而非《首都计划》之四级，规范内容也仅限于高度，不包括建筑风格。

陈娄二人在"实施程序"部分对中央政治区的规划执行机构组织方式提出了建议。他们认为"首都政治区之布局与建筑，不但关系世界观瞻，且将垂范后世。其设计必须顾及上下四方，其工作自尤繁重，绝非一市一地之事"。因此，需要设置直隶于行政院的决策机构，由内政部长担任主任委员，各部会及南京市政府各派代表一人组成。"首都政治区建设委员会"下又设三个部门：（1）"设计专门委员会"，延聘城市规划和建筑专家组成，负责将草案深入使其具体化；（2）"土地专门委员会"，筹办土地征收事宜；（3）"工程处"，负责各项工程的实施工作。

因战时时局动荡，陈占祥来到上海，参与《大上海都市计划总图草案》的编制工作，任"上海市都市计划委员会"秘书处技术委员会委员，赵祖康任主席。在都市计划委员会秘书处联席会议记录中可以看到，陈占祥在1947年间，多次参加"都委会"会议并发言。其内容主要是针对规划草案中的不足和欠妥之处提出修改建议和意见。在1947年9月16日的秘书处第六次联席会议上，他提出工业区应进行合理分区的问题；10月8日秘书处技术委员会第六次联席会议及10月21日的技术委员会座谈会，陈占祥对城市干道系统规划作了发言：拟建一条S形城市主干道，除作交通运输之需要外，以此将上海市划为两个中心区；在北西区计划委员会第四次会议中，他又提出了关于土地重划工作的建议。

《大上海计划》的设计思路融合了当时最具影响力的几个西方城市规划理论,有机疏散理论、区域规划理论、卫星城和邻里单位都有所体现,而阿伯克隆比的《大伦敦规划》几乎就是《大上海计划》的教科书,两者在区域规划理论的利用、处理新旧城区关系、卫星城的使用和快速干道的设计上都有很多的相似之处。由此我们可以推测,陈占祥的参与对《大上海计划》的编制应该是起到了不可小觑的作用的。

在上海期间,陈占祥还担任圣约翰大学教授,并与陆谦受、王大闳、郑观宣、黄作燊四位建筑师在上海成立了"五联建筑事务所"。

新中国成立后,怀才不遇的陈占祥对新国家充满了希望。他曾对一名美国人说"你要知道,我们真的要开展建设来改变现状了。解放前在南京的时候,我只能坐在一个大办公室里无所事事,画一些根本没有机会施工的草图。现在是我回国后头一次,能看到我画的图要变成真的了。"

3 年前曾编制过南京"首都政治区"规划的陈占祥,被任命为"北京都市计划委员会"企划处处长,又开始着手参与一个新首都的规划工作。1950 年 2 月,与梁思成一起提出《关于中央人民政府行政中心区位置的建议》。虽然该方案最后以夭折告终,却掀起了中国城市规划界对其长达半个多世纪的激烈讨论。

1955 年 2 月 27 日,陈占祥被划为了右派。1958 年被下放昌平劳动改造。1962 年回到北京市建筑设计研究院,开始在院情报组负责外国文献和技术资料搜集和翻译工作。这一时期他再次饱读世界各国建筑规划文献,为日后的厚积薄发做着准备,直到 1979 年被平反。

1979 年,陈占祥被任命为国家城建总局城市规划研究院(今中国城市规划设计研究院)顾问总工程师,迎来了他事业的新的春天。期间,他翻译《马丘比丘宪章》(Charter of Machu Picch)发表于《建筑师》杂志,通过撰写《雅典宪章与马丘比丘宪章评述》,阐述两个重要文献所诞生的时代背景和社会需求,以及两者的本质区别,并建议城市规划从建筑学中分化出来。

1980 年深圳特区成立,陈占祥被聘为规划顾问之一,参与了"1986-2000"版深圳城市总体规划的制定,提出了建立"大深圳"概念,将规划范围从特区本身拓展到市域 2020 平方公里,打破了国内通行的"城市→近郊→远郊"概念。1999 年,深圳城市总体规划获得"阿伯克隆比爵士荣誉奖"。

作为阿伯克隆比爵士的中国弟子,陈占祥将导师在"大伦敦规划"中所体现的思想同中国国情相结合,尝试走出一条适合我国城市规划发展的路子。目前,阿伯克隆比所主张的城市分散化思想,正逐步在中国得以接受和运用。

## (四)《都市计划法》的执笔人——哈雄文

哈雄文是中国近代早期留洋归国的建筑师和城市规划专家之一。他在国民政府时期担任城市规划行政机构最高领导者,他起草制订的中国近代第一部城市规划法《都市计划法》,由国民政府沿用至台湾;他在全国知名高等院校从事城市规划与建筑教育工作,参与创建了同济大学的城市规划教研室，是屈指可数的能提及"中国层面"的城市规划专家。

哈雄文（1907-1981年），字肖云，回族，河间哈氏后裔，籍贯北京，[①] 1927年清华学校毕业后，留学美国约翰·霍普金斯大学，就读经济系。1928年改入宾夕法尼亚大学艺术学院建筑系，1931获建筑学学士学位，1932年获美术学学士学位。随后，与其他留学宾大的学生一样，去欧洲旅行9个月，考察欧洲城市与建筑。

1932年9月哈雄文回到上海，进入董大西建筑师事务所工作。后经董大西、赵深介绍，1932年9月8日加入中国建筑师学会。1933年，为培养国内建筑人才，中国建筑师学会接受上海私立沪江大学商学院合办建筑系（两年夜校制）的建议，由黄家骅任系主任，陈植、王华彬、哈雄文等人制定教学计划，由学会的建筑师共同教课。1935年哈雄文继任系主任。

1937年9月30日，哈雄文应南京国民政府之邀，至行政院内政部地政司担任技正，主持该司下新增的一科室工作。此时正值抗战爆发，哈雄文随国民政府去往重庆，期间起草制订《都市计划法》、《建筑法》，并在重庆中央大学建筑工程系兼职任教。1943年5月29日起（1942年6月到职）哈雄文升任内政部营建司司长，编制了《内政部全国公私建筑制式图案》（1943年7月第一集，1944年6月第二集）、《营建法规》（1945年）、《公共工程专刊》（1945年）、《修筑水利工程须知》、《修筑道路工程须知》等系列法规与建设刊物。1945年抗战胜利后，哈雄文认为城市复兴时机已到，应谋求全国城市规划有序开展。他在全国各地积极奔走，延聘外国专家，提出政府指导性意见，推进战后城镇的重建工作，直至1949年3月7日离职。

从1948年开始，哈雄文一边在政府任职，一边在沪江大学、复旦大学、上海交通大学兼职任教。1952年全国院系调整，哈雄文随上海交通大学土木工程系合并进入同济大学建筑系，并担任建筑设计教研室主任。同年，城市规划教研室也开始成立，由金经昌、冯纪忠、哈雄文、李德华、董鉴泓、邓述平6人组成，金经昌任主任。1956年，同济大学正式成立了"城市规划专业"。6人的教研室逐步发展为城市规划系与城市规划研究所，目前已是全国城市规划教学与研究的重要基地。

1958年冬，为支援东北教育，哈雄文毅然放弃上海的优越条件，北上哈尔滨工业大学，筹建土木工程系新成立的建筑学专业。1959年4月30日，土木工程系从哈工大分离出来，单独成立哈尔滨建筑工程学院（2000年又合并于哈尔滨工业大学），建筑学专业成立专业委员会独立运作，哈雄文出任专业委员会主任。1959年底哈雄文出任该校工程系副主任。城市规划教研室也在同一时期由哈雄文一手创建，为黑龙江省及东北地区的城市规划单位培养了大批优秀人才。1966年"文革"开始，哈雄文就被关进哈建工牛棚批斗。幸蒙学生尽力照顾与保护，才平安度过浩劫。1974年哈建工恢复招生后，他仍然继续在学校从事教育工作直至退休。

从中国近代城市规划史角度来看，哈雄文最具影响力的是担任城市规划最高行政机构领导者期间，中国城市规划出现了前所未有的"进步"现象，以及编写和制定中国第一部真正意义

---

[①] 清光绪年间，哈雄文父亲哈汉章在湖北陆军学堂读书，毕业后留武昌军中任职，为此移居湖北汉阳。因此，一般资料又写哈雄文为湖北汉阳人。

上的全国性城市规划法。他大力推进了中国近代城市规划行政体系与城市规划制度体系建立与完善过程，而这两者是中国近代城市规划逐步走向成熟的两个重要节点。

近代中国从清末自治运动开始，政府就有筹办市政管理机构的举措，包括各地以租界为原型建立的马路工程局、市政公所等。然而，辛亥革命之后，中国反而从中央集权体制走向了分省独立行政，实际上实施的是以地方为主导、自下而上的行政管理模式。直至南京国民政府成立，建立统一的城市规划行政机构才提到议事日程。特别是抗战之后，中央集权统治空前加强，国民政府为统一管理，颁布了一系列全国性建设法规，加强各级城市规划行政机构的建立，逐步形成了从中央向地方自上而下的管理体系。在这一过程中，哈雄文担任内政部营建司司长，经历了营建司从无到有，见证了中央城市规划体系从发展到完善的过程，城市规划的编制与设计机构也不断扩充。可以说，哈雄文的专业背景与特殊地位影响了中国近代城市规划行政体系的建立。作为城市营建机构最高领导者，他的贡献巨大，为近代城市规划走向制度化发挥了重要作用。

1927年后，国民政府推行五院制，管理城市规划的机构归属于行政院内政部的地政司。内政部是行政院下设部门，主要管理全国的内务行政。设总务、民政、统计、土地、警政、礼俗6司，分管各项法定事宜。1936年7月，行政院卫生署改隶属于内政部，便将土地司改名为地政司，掌管全国与土地相关的事宜。1936年10月19日，颁布《内政部各司分科规则》，规定地政司各分科职能，其中第三科的职能为："一、关于土地使用统治事项；二、关于都市建设计划编订事项；三、关于公共建筑及土木工程审核监督事项；四、关于公共建筑及土木工程经费考核事项；五、关于地方管理建筑法规审核事项；六、关于荒地开放及办理移民事项；七、关于房屋救济规划事项；八、关于土地重划核定事项；九、关于租佃关系处理事项。"由于第三科室涵盖的事项较多，1937年9月30日在地政司下又增设一科（第四科），专门办理全国城市规划、建筑行政、乡村建设及一般土木、市政工程等业务，由哈雄文担任技正，主持此科工作。1942年7月，因内政部次长张维翰的呼吁，原地政司下增设的分管城市规划的科室遂升为营建司，专门负责具体的城市规划活动，成为全国管理城市规划的最高权力机关。哈雄文作为科室负责人，升职担任营建司司长。哈雄文在营建司工作长达12年，其中任司长7年，对于近代中国城市规划工作贡献良多，总结起来主要有以下几点：

（1）编订城市规划法律法规。

包括中国第一部《都市计划法》、《建筑法》，作为中央最高法律向全国推行。为协助地方建设实施，草拟《建筑技术规则》，编订《公私建筑标准制示图案》，包含最普通的学校、办公处、菜市场、警察局等，以便边远地区按图建设，草拟其他各相关法律如《住宅法》《自来水法》等，以期用详明的法规来领导和协助各地市政建设的完成。

（2）积极推进城市规划事业。

从《都市计划法》颁布以后，哈雄文就致力于促进城市规划事业的进步与发展。特别是抗战胜利后，他认为城市复兴时机已到，应大力开展城市规划建设。他参与了《重庆陪都十年建设计划草案》、"大武汉建设计划"、建设衡阳抗战纪念城、南京都市计划、"南京首都政治区设计"

等全国重要城市的战后规划工作。1947年，哈雄文还报请召开首次全国城市规划会议，商讨关于城市规划与建设管理等问题，一并修订都市计划法，最终因内战开始，不得不暂缓举行。

（3）强调营建行政与公私建筑管理。

哈雄文认为营建行政不但要督导一切城乡的改造，而且要管理办理营建的机关和建筑技术人员，以及营造厂商。针对公有建筑颁布《公有建筑限制暂行办法》，规定政府的建筑需得到内政部的许可，方可兴建，并应一律遵照中央的标准制式；而对于私有建筑，同样颁布适用法规，包括建筑设计、构造、地点、面积、高度、材料、防火、防空等均有详尽的限制规定。

（4）增聘专业人员，完善管理机构。

哈雄文在拟定各法律条款时，均与各部门专家一再讨论，斟酌考量。为了加强营建司的管理，从建设人才队伍入手，抗战后增招技术人员20名，并聘请外国专家3人（裴特和戈登两人合作拟编《都市计划手册》与《都市计划实施程序》，薛弗利专门研究平民住宅标准、构造法规及经济方案）。

（5）完善"中央—省—市"三级城市规划行政体制。

内政部营建司成立后，哈雄文主张积极推进各省、市（县）两级管理机构的设置。他认为"各省市亦有普设工务局或市政工程局的必要"，且在《建筑法》中明文规定"主管建筑机构在中央为内政部，在省为建设厅，在市为工务局"。1942年内政部函请各省，一律暂由建设厅指定专门科室负责管理。各地方的市工务局机构的设置也在中央政府督促下获较大进展，尤其是中西部地区。1946年底，全国各大中城市设工务局或相当于同级、同类的管理机构多达60多个，其中包括偏远地区如西康雅安、广西梧州、绥远包头、新疆迪化等地。由此，国民政府初步建立起由"中央（内政部营建司）→省（建设厅）→市（市工务局/市政府）或县（县政府）"的三级城市规划行政管理体系。

（6）建立委员会制的城市规划设计编制机构。

以往各市城市规划编制大都由工务局负责，但是由于城市规划工作专业性强，哈雄文在1938年颁布的《都市计划法》中第八条规定："地方政府为拟具都市计划，得遴选专门人员并指派主管人员，组织都市计划委员会议订之。"明确规定，城市规划应成立编制机构。营建司于1940年2月拟定了《都市计划委员会通则草案》，并呈报内政部转呈行政院核定公布。同年2月21日、3月14日，两次均以"系地方之事"、"重庆都市计划委员会，业经指定作为咨询机关，并不得开支，其他都市自应比照办理"等理由，指令"通则草案，应暂缓颁行"。1943年8月23日，司长哈雄文再次致函内政部："……依照都市计划法，由各地组织都市计划委员会分头研究，实有迫切之需要。近查一、二省已自动拟具单行组织规则，咨部核准施行足证，事实亦属必需，而通则尤为颁行之必要，至院令指示各点，该草案并无抵触……"。直至抗战结束，《都市计划委员会组织通则》（内政部1946年4月）、《公共工程委员会组织规程》（行政院1945年11月29日）终于颁布实施。各地依法相继成立了都市计划委员会和公共工程委员会（相当于今日的规划设计研究院或城市建设委员会）。根据组织章程内容，两会既是城市规划及建设的编制与设计机构，又具有城市规划政策咨询的性质，是国家及地方行政事务的一部分（但却是名誉的）。各地的都市计划委员会也并非以一概全，而是根据各地情况的不同而有所不同，如三镇鼎立的武汉就成立了唯一一个区域机构——武汉区域规划委员会，作为战时首都的重庆成立的陪都建设计划委员会等，体现出城市规划行政体系的本地性表达。

在内政部营建司领导部署下，在各城市都市计划委员会组织和指导下，据不完全统计，全国各大中小城市大多数已经制定城市规划总图或建设规划，完成或基本完成城市规划的县城以上城市达90余个，并有重庆、南京、上海、北平、天津、太原、武汉、镇江、长沙、衡阳、广州等15个城市成立都市计划委员会，及重庆、南京、北平、青岛、天津、太原、长沙、衡阳、南昌等9市成立公共工程委员会，中国城市规划出现了前所未有的"进步"景象，虽然内战爆发阻碍了中国城市规划事业的进一步发展与深入，但是哈雄文为城市规划工作尽心竭力，促进了中国城市规划制度体系的健全与完善。此时所作的一部分城市规划方案与设想，在新中国建立之后，仍然得以实现，可见哈雄文对城市规划工作的认识，具有高度科学性与可行性。

（7）建立了中国近代城市规划制度体系。

1845年，英国领事馆与上海道在上海租界共同颁布《上海土地章程》，成为华界学习模仿的对象。随着中国城市近代化建设的展开，中国人自己开始制定城市建设及其组织管理的法律法规，如《商埠地章程》、《马路工程局章程》、《汉口特区管理局新建筑章程》等。

直至南京国民政府颁布《特别市组织法》《市组织法》，各地市府自我颁布建筑规划法规——《建筑规则》，包括南京、上海、北平、汉口、青岛、梧州、济南、重庆等地相继建立地方性的《建筑规则》。这些《建筑规则》主要包括建筑设计、建筑结构、建筑施工、市政工程等方面的内容，其中对建筑高度、建筑退让线、建筑密度等以及用地分区均有特别的要求。虽然这些地方性规则并非国家法规，但却在一定程度上指导着地方城市建设，使各地建设有法可依。此外，正是这些非"大一统"的《建筑规则》，反而造成了今日各城市近代历史城区的差异化特征和地方性面貌。

随着西方城市规划学界新思想、新技术的引入和应用，如功能分区、有机疏散、卫星城、土地重划等，对城市规划提出了迫切的要求，各地各自为政的《建筑规则》难以控制，制定统一全国城市建设活动的技术标准、制图标准的法律法规被提上日程。这样，即使是专业人员匮乏的偏远地区，城市规划和建设也会达到一个基本水准。同时，哈雄文也充分认识到"城市规划之关键在于制度，而非其他"，于是他在重庆起草《建筑法》（1938年12月26日）和《都市计划法》（1939年6月8日），由国民政府公布，向全国推广。关于两法制定过程，哈雄文在《漫谈市政工程建设》中这样描述："……到任以后，尽量收集国内外的资料，不幸不久抗战爆发，匆匆随枢府西移，几年之中，根据所有的资料和采择专家的意见，先后拟订了都市计划法和建筑法等，以为地方从事市政建设计划的准则……"从此，两法代替了前一时期全国各城市的《建筑规则》，统一并分离了城市规划法规和建筑法规各自的地位、标准和作用，确立了城市规划事业的国家性质，形成统一集中式的全国城市规划制度，以期待抗战结束，用详明的法规积极引导恢复战后城市，完成全国城市建设计划，督促建设管理与实施。

《都市计划法》是近代中国首部国家意义上的城市规划主干法，全文共32条，其主要包含城市规划的范围与年限，各地城市规划的表达内容，包括土地使用分区、道路系统和公用事业计划等，甚至细致到公园、道路面积，中小学、公墓、垃圾站点的布置都有相应的规范，对都市计划的审批、实施情况的核查以及规划的基本原则也进行了界定。条文虽简单，但涵盖范围较全面。这部法律的颁布，尽管比英国晚了30年，比日本晚了20年，但却使近代中国的城市规划历程步入了一个新的历史阶段。

两法颁布之后，哈雄文深感法律制定对营建工作的重要性，于是他又继续完善各类法规的编制工作。"第二步，更谋对于地方的实施工作，加以协助，于是又草拟了建筑技术规则……更编订公私建筑标准制式图样……最近，又配合国家推行的住宅政策，编订住宅建筑备览一种……"短短的几年，在哈雄文的努力下，相继建立《都市计划法》、《都市营建计划纲要》、《收复区城镇营建规则》等城市规划主干法与包括城市建设类、建筑管理类、公用事业督导类在内的15个城市规划相关配套法规，完善了城市规划法律法规体系。

至此，中国基本建立起从城市规划主干法至配套法以及规划编制、实施办法与机构组织章程，包括与城市规划相关的建筑类、公用类法规的法律体系，涵盖范围广，门类齐全。表示当时中央政府已经将城市规划独立于市政工程之外，实行专业化的统筹考虑与决策。在主持编订这些城市规划与建筑法规时，哈雄文在行政院、立法院、内政部、国防最高会议、中央设计局等机构中间，协调各方意见，达成统一方案。作为国民政府的中央城市规划行政长官，对中国城市规划法制化体系的建立，发挥了重要的决策作用。

# 第四节　铁路发展下的城市体系 [①]

在农业时代，中国虽然具有城市体系的雏形，但由于城与城、城与乡之间的联系薄弱，还未能构成一个相对完整的城市体系。19世纪末以来，新式交通工具尤其是铁路的出现使各城市之间联系的加强成为可能，对近代城市体系形成与发展起着至关重要的作用。[②] 然而，近代铁路网在区域间分布有着明显的不平衡性，其集中分布于华北、东北、华东、华中、华南等地区。同时，区域间自然资源禀赋、历史城市继承及自身社会经济等因素也是有差异的，进而铁路建设对不同区域城市体系产生着不同程度的影响。

1876年，英商擅自修建上海江湾至吴淞镇的14.5公里长的窄轨轻便铁路，成为中国的第一条铁路。随后1881年唐胥铁路的建设拉开了中国"自主"铁路建设的序幕，铁路线在中国大地缓慢延展开来。1894年甲午战败之后，清政府意识到铁路之于国防、经济的重要性，开始积极推动中国铁路建设，到1911年清朝灭亡时，共修了9900公里的铁路，形成了以北京为中心的铁路骨干网。此后，工业化、现代化成为近代中国努力的方向，历代中央政权都很重视铁

---

① 本节作者李百浩。
② 何一民．近代中国城市发展与社会变迁 [M]．北京：科学出版社，2004：216．

路建设。北洋政府的铁路建设主要是对原有线路的延伸，未有新的干线进行建设。1928-1937年，南京国民政府以孙中山的铁路思想及其规划为纲领，并设立铁道部，开始积极进行铁路建设。后期，迫于日本的威胁，战备铁路及铁路贯通工程的建设，进一步加速了铁路网的构建，在江南地区形成以南京为中心的铁路网。

# 一、东北地区

## （一）1931 年前东北地区的铁路建设

1891 年，清政府出于军事目的修筑关外铁路，成为东北地区铁路建设的开始。1903 年，沙俄修筑的中东铁路建成通车，在东北地区构建起一个"丁"字骨架，此后东北铁路建设便以此为中心拓展、延伸开来。不久，日俄为瓜分中国东北爆发战争，取得胜利的日本夺取了中东铁路部分权益（即南满铁路），并在战时修筑了新奉、安奉两条铁路。自此，日本人便开始控制东北铁路格局。北洋政府和奉系军阀时期，日本进一步加大铁路建设，通过贷款及中日合资方式，先后在东北地区修建 7 条铁路线。面对日俄对东北地区铁路权益攫取愈加严峻的情形，在奉系军阀张作霖、张学良父子主导下，东北积极进行自建铁路的建设，在打破列强控制格局的同时，进一步完善了铁路网络。至 1931 年"九一八事变"前，东北地区基本形成了以中东铁路为轴线，纵横交错的铁路网络，铁路总里程达 6457.2 公里，约占全国铁路总里程的 59%，成为当时国内铁路建设规模最大、铁路网最为密集的地区。

## （二）1931 年前东北城市体系的初具雏形

东北地区因其是清王朝的发祥地曾长期处于"封禁"状态，鸦片战争以前，除少数以军事防御为目的的城堡外，几乎处于原始状态。清末，营口的开埠和清政府的"移民实边"，使部分城市得到初步开发，19 世纪 70、80 年代东北地区府、州、厅、道、县总数达到 47 个。从数量上看，东北地区的城镇发展属于低度增长地区 [①]；从规模上看，1902 年最大规模的城市也不过 20 万人，仅只有 2 个，一般城镇只有万人左右，更多的还只是数千人的农村市镇。

至 1930 年，东北地区 20 万人以上的城市已有 3 个，10~20 万人的城市为 2 个，3~10 万人的城市增加很多，达 17 个，1~3 万人的小城镇，则从原来的 20 个增加到 53 个。其中，因铁路而形成和发展的城市数量占城市总数的 60%，人口则占城市总数的 81%。正是铁路的不断展筑，推动着东北地区近代城市体系的建立。

---

① ［美］施坚雅（G.William Skinner），中华帝国晚期的城市 [M]. 叶光庭，译. 北京：中华书局，2000：79.

## 1. 首位城市的变迁——营口、沈阳、哈尔滨、大连

铁路的修建促使东北地区首位城市由此前的营口到沈阳、再到哈尔滨及大连的转变过程。

（1）营口的衰退

营口自 1860 年开埠通商后（京奉铁路、南满铁路未开通之前营口作为东北唯一商埠），商业贸易繁荣，城市得到迅速发展，至 19 世纪 90 年代，其经济发展规模跃居省城沈阳之上，成为东北地区新的首位城市。然而，随着铁路的修建，尤其是中东铁路的建成通车，导致营口区位优势发生位移，口岸职能为大连所取代，城市地位也降为一般城市。与此同时，大连则依托铁路增强的区位优势逐步成长为东北地区第一大港口。

（2）沈阳的重振

鸦片战争之前，沈阳一直保持着东北地区经济中心地位，随后逐渐为营口所取代，但这座古城并未自此衰落，而是很快再度成为首位城市。1902 年，沈阳人口尚不足 20 万，1904 年超过 20 万人，1922 年约有 250 万人，比同期的第二大城市哈尔滨多 50 万人。据 1931 年英文《"满洲"年鉴》所载人口，1931 年沈阳人口达到 418182 人，同年第二大城市哈尔滨的人口为 384572 人，虽然数据的准确性尚待考证，但沈阳东北第一大城市的地位却是毋庸置疑的。

沈阳再度成为首位城市，这与铁路枢纽地位的形成不无关系。正是铁路把沈阳与东北、与关内、与世界更便捷地联系起来了。"南满"铁路、京奉铁路、安奉铁路、苏抚顺铁路在这里交会，是东北地区最大的客货运输中心。铁路枢纽形成后，日本将"安奉"与"南满"接轨，启用"奉天驿（火车站）"，建成了完整的"南满铁路系统"，"奉天驿"的地位更加重要，成为东北最大的火车站。沈海铁路是沈阳市区出现的 4 条铁路之一，沈海铁路成为沈抚北线，又能连接吉林、海龙线。大批商贾、旅客往来于沈阳与各地之间，沈阳作为客、货流集散地，规模逐渐扩大，工商业经济的发展具备了便利的交通条件。铁路枢纽地位是沈阳成为东北工业中心的条件之一。[①]

（3）哈尔滨的新兴

哈尔滨是因中东铁路的修筑而兴起的城市，在铁路修建前，哈尔滨只是一个只有几户人家的渔村。1898 年 6 月俄国开始修建中东铁路，位于东至绥芬河、西至满洲里、南至大连的铁路交会点的哈尔滨，被确定为中东铁路的管理中心，成为铁路枢纽城市。中东铁路建成时，已有 35000 人，形成了近代城市的雏形。日俄战争后，日本和俄国对中东铁路实行分治，哈尔滨成为俄国重点建设城市。有利的交通条件和铁路枢纽职能激发了城市经济发展和城市规模扩张，很快哈尔滨成为北满的工业生产中心、贸易中心和物资集散地。到 1931 年，哈尔滨市区内包含了黑龙江省松浦市、吉林省滨江市，东省特别区哈尔滨市、滨江县以及呼兰、肇东、双城、阿城县的部分土地，人口规模达到了 384572 人，成为区域首位城市和国际大都市。

---

① 吴晓松. 近代东北城市建设史 [M]. 广州：中山大学出版社，1999：139.

## 2. 城市体系规模层级结构的优化

铁路促进了区域经济、区域人口向铁路沿线和城镇的转移与集聚，使铁路沿线涌现了一些新城市和新城区，促成城市规模的变化，初步形成东北地区城市体系在规模等级结构上多层次演化，对稳定、均衡城市体系的建构具有重要意义。

就中等规模城市而言，根据1919-1936年中国城市的规模分级研究，[①]19世纪初的东北地区仅有沈阳、吉林、长春3座城市为中等城市。至"九一八事变"前东北地区中等城市有9个：大连、安东、营口、锦州、洮南、通辽、吉林、长春、富锦。这些中等城市中，除富锦外，其余6座新增中等城市皆是所在区域的铁路枢纽中心，可见铁路建设对中等城市的形成有着密切关系。

从市镇的发展来看，近代以前东北地区经济落后，极少有市镇的出现，铁路的修建促使铁路沿线兴起了大批市镇。如吉长铁路修建前，吉林、长春两市间尚无一城一镇，完全处于乡村状态。铁路通车后，由于沿线农林经济发达，高粱、玉米、大豆等农产品和木材外销量大，因此客货运输增长较快。铁路客货运输量的迅速增长，直接带动了沿线车站的经济发展和人口增加，长春东、卡伦、九台、营城、土门岭、桦皮厂、九台等车站很快就演变为城区和城镇。这些市镇量大、面广，极大拓展了中心城市的腹地，也为中心城市的发展提供资源和市场支持。

总的来看，这一时期东北地区城市在各个规模层级均有相应分布，大城市和小市镇得到较快的发展，而中小城市尤其是中等城市发育不足。

## 3. 城市体系地域空间结构的重构

铁路的修筑影响城市的兴衰，继而影响到东北地区城市空间分布的重构。除了直接导致城市在铁路沿线的分布，对江河流域、驿道沿线城市的分布具有较大的冲击。

营口开埠后，辽河市镇带兴起并在1900年前后达到发展高潮，包括昌图、通江口、郑家屯、三江口、法库、铁岭、掏鹿（西丰）、牛庄、山城镇、抚顺、辽阳、营口等城镇。然而繁盛的局面未维持多久，1905年中东铁路及南满支线的修筑改变了货运流向，削弱了辽河航运的优势地位，辽河航运业开始衰落，辽河沿岸早期市镇带随之解体和转移。这一变迁过程，至"九一八事变"前基本结束，除少数城市因靠近铁路而留存下来外，其他城镇基本消失，从而改变了东北南部地区城镇的分布格局。[②]

在铁路修筑之前，东北地区陆上交通主要依靠三条驿道，铁路取代驿道成为主要的运输方式，地区交通线路改道，那些原本沿古驿道而远离铁路的军事城堡如吉林、宁古塔（宁安）及墨尔根（嫩江）等城市或衰落或发展迟滞，进而影响到驿道沿线城市的分布。

由此，东北地区城市分布由沿河、沿驿道分布转向沿河、沿驿道、沿铁路线发展，并以沿铁路线分布为主要分布方式；城市分布区域明显开始向中北部移动和扩大，中北部城市的数量得到迅速增加，改变了1900年代城市主要集中于南部辽河流域的空间分布格局。

---

① 顾朝林.中国城镇体系 历史·现状·展望 [M].北京：商务印书馆，1992：150.
② 曲晓范.近代东北城市的历史变迁 [M].长春：东北师范大学出版社，2001：271-278.

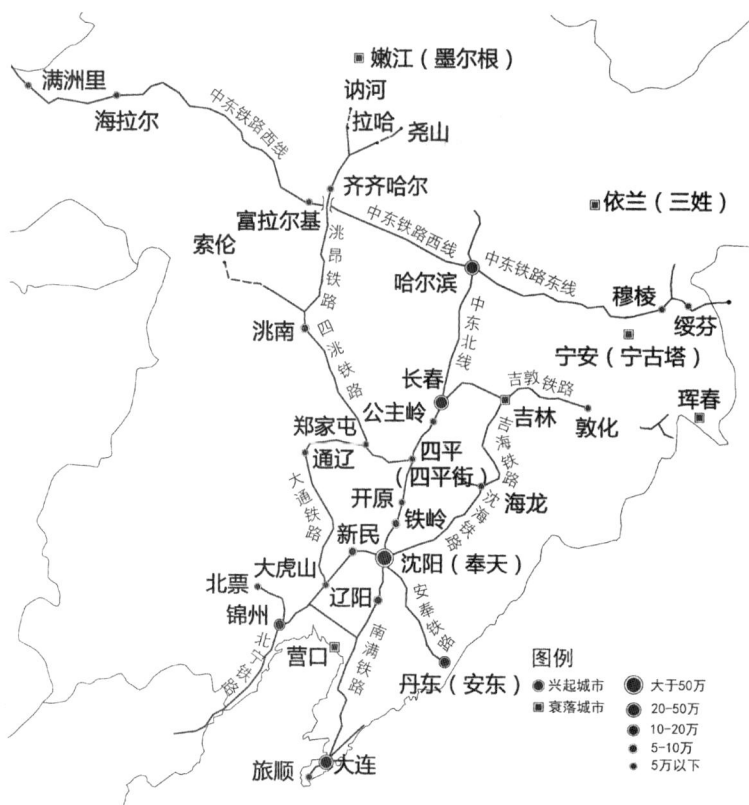

图 14-4-1　1931 年东北地区铁路与城市

　　清末至 1931 年这一历史时期，随着铁路网的逐步形成，东北地区城市体系发生着快速且根本性的变化。不仅城市数量猛增，还初步形成了相对完整的等级规模结构；在空间布局上"南重北轻"的分布格局得到改善，一方面是沿河、沿驿道城市不断受到冲击，另一方面是沿铁路线不断有新的城市产生（图 14-4-1）。

## 二、华东地区

### （一）华东地区的铁路建设

　　近代华东地区因其沿海沿江的区位优势和良好的经济基础，成为中外贸易最为发达的地区，为了掠夺内地原材料，同时倾销工业产品，列强胁迫清政府一起在该地区进行铁路建设，也是我国最早进行铁路建设的地区。

　　清末，华东地区即形成了以经济中心上海为中心的淞沪、沪宁、沪杭甬以及津浦、胶济等几条干线铁路。在陷入短暂停滞后，国民政府奠都南京促成华东地区铁路建设的又一个高潮。1928-1937 年，南京国民政府先后建筑了江南线、苏嘉线、淮南线、京赣线、浙赣线，并延展连通沪杭甬线、陇海线等铁路线 742 公里，地区铁路总里程达到 3200 公里，基本构建了以南京为中心呈放射网状的铁路网系统。

## （二）华东地区城市体系的日趋完善

### 1. 港口城市体系的强化与重组

鸦片战争以后，商埠开放，在沿江、沿海形成了一系列半殖民地半封建性的对外贸易港口城市，其中一半以上分布在华东地区，并形成了以上海、青岛为中心的港口体系。

港口的称霸主要在于内陆交通线的发展，铁路是主要的投资。[①]对港口城市而言，在交通运输方面，虽有海上、内河水运的便利，但铁路为之增加了集散货物的吞吐手段和运输能力，强化了水运优势，更大发挥了它的能量，极大促进了"铁路·港口型"城市的发展，尤其是"铁路·海港"枢纽型城市迅速发展壮大起来。

南京自古就是政治中心，但商业贸易并不发达，经济地位比不上运河与长江交汇处的商业贸易大埠镇江。但津浦铁路和沪宁铁路的建成通车，尤其南京下关铁路轮渡工程的建成使用，使南京成了南北铁路交通运输的大枢纽，商业贸易发达起来，新式工业也随之兴起、发展，经济地位大大超过了镇江。仅以进出口总值为例，1911 年津浦铁路建成通车的当年，南京口岸土货出口总值 297 万两，洋货进口净值 395 万两。过了两年，土货出口总值增至 581 万两，洋货进口净值增至 641 万两。到 1920 年两项分别增至 2500 万两和 2100 万两，10 年间分别增加了741.8% 和 431.6%，而且出口总值的增长，大于进口值的增长。[②]

铁路对港口的促进作用，不仅体现为"以路促港"，也体现为"以路带港"，利用铁路催生出全新的港口城市。在连云港的快速崛起过程中，其城市的发展轨迹是从海州到大浦、新浦，进而又发展到墟沟、港口，明显反映出由河口到陆域再到海港这个变化过程，对外通道相应也由内河航运到海陆并用再到海上运输这种转变。这种转变除海岸线东移等自然原因外，陇海铁路的通车运行是一个主导因素。[③]

铁路通过促进或带动作用，实现部分港口城市的壮大或是新港口城市的产生，相应的就有港口城市发展受到抑制，不断推动港口城市体系的强化与重组。

### 2. 大运河沿线城市的加剧衰落

早在铁路尚未兴起的"航运时代"，大运河沿线城市已开始走向衰落。20 世纪以后，京汉、津浦、沪宁等铁路的开通进一步取代了大运河城市的运输功能，尤其是津浦铁路的修筑一开始目的就是为了发挥和大运河同样的经济作用。"铁路时代"的再次冲击，大运河的航运功能基本消失，进一步加剧了运河沿线城市的衰落。

临清、扬州和镇江是近代中国大运河沿岸衰落城镇的典型。位于大运河中部的临清是中国古代南北交通的重要枢纽和著名商城，地处大运河与长江"T"字形航道的交汇点上的扬州是

---

① 顾朝林 . 城镇体系规划 理论·方法·实例 [M]. 北京：中国建筑工业出版社，2005：17.
② 李占才 . 铁路与近代中国城镇变迁 [J]. 铁道师院学报，1996（5）：37.
③ 张文凤 . 东陇海铁路与近代连云港市的崛起 [J]. 重庆科技学院学报（社会科学版），2009（11）：159.

著名的"四汇五达之衢"，素以"银码头"著称的镇江则是长江下游南岸各地渡口北上中原的必经之路。20世纪20年代，临清已经衰落，"西门内三两人家已不成街市，北门之内则白骨如莽，瓦砾苍凉，过其地不胜今昔之感"；扬州直到20世纪40年代全市的工业仍然只有规模很小的三、五家加工厂；而镇江到20世纪20年代初城市人口仅为10.3万人，比20世纪初的16余万人下降了1/3多。[①]

### 3. 加快沪宁杭地区城市群的形成

上海开埠后，近代工商业快速聚集发展，并逐步发展成了沪宁杭地区的经济中心和产业集聚点。当工业集聚到相当程度，超过了城市的承载力，产业从经济增长极向外扩散，并沿交通线逐步形成产业密集带的经济活动空间演变的渐变性充分表现出来。早期的扩散是朝着水运较便利的方向进行，主要集中在南通、无锡。随着沪宁、沪杭甬、津浦、浙赣等铁路的建设和营运，改变了传统的运输格局，并逐渐取代江南大运河成为产业扩散的主线，铁路沿线的城市为产业扩散提供了充满活力的经贸载体，如南京、苏州、无锡等地通过铁路接受来自上海的近代工业的辐射，并形成了有共同产业特色的城市群。[②]

### 4. 地区城市规模层级的特点

从交通方式来看地区城市的规模等级，有以下几个特点：一是，铁路已成大城市发展的必备条件之一，地区人口规模50万以上的城市无一不是铁路城市。二是，相对于单一的铁路枢纽城市，"铁路·港口型"城市其规模等级相对高一些，在华东城市规模位序的前4位，都是"铁路·港口型"城市。铁路与港口的结合，将内陆与沿海，内贸与外贸相联系，实现城市交换贸易与产品供应，进而推动城市发展和城市规模的扩张。

### 5. 浙江中西部城市地域分布的调整

在传统农业社会，受自然环境条件限制，浙江形成了以钱塘江为界的浙东、浙西两大区域，即大致上以江之南成为浙东，江之北成为浙西。[③]其中，浙东地区是多山的丘陵河谷，交通闭塞，社会经济发展滞后，城镇稀少且集中分布于沿海、沿江（钱塘江）。

近代以后，宁波、温州等地的开埠通商以及沪杭甬铁路的建设，使得浙东沿海一带城镇得以兴起和发展。然而中西部地区仍然保持着闭塞落后的基本面貌，"无通邑大都、工商繁盛之区。"[④] 1929年，浙江省政府主席张静江提议建设杭江铁路，联通浙江中西部地区，以促进区域经济社会的全面发展。次年3月9日，开工建设，1934年1月1日全线正式通车。

杭江铁路的建设，改变了千百年来浙江中西部地区以钱塘江为中心的运输格局，铁路成为

① 隗瀛涛主.中国近代不同类型城市综合研究 [M].成都：四川大学出版社，1998：454.
② 徐占春，代祥.1898~1936：沪宁杭铁路及其经济带的建成 [J].江苏地方志，2008（1）：33-37.
③ 浙江省民国浙江史研究中心.民国史论丛 第2辑 [M].北京：中国社会科学出版社，2011：118.
④ 曾养甫："序"，《杭江铁路工程纪略》（杭州：杭江铁路工程局1933年编印），1页.

中西部地区新的运输、交往轴线。铁路沿线城镇出现飞跃式发展，并逐步取代原先沿河城镇交通中心之地位，打破了浙江中西部地区城镇布局及兴衰更替。

梅城，位于钱塘江中上游的富春江、新安江、兰江三江交汇处的交通节点，自古即为江浙通往皖南、赣东、闽北的必经之埠，有 1700 年县治、1200 年州府治的历史。但因取道金华盆地的杭江铁路的逐段通车，加之 1934 年杭（州）广（丰）公路的建成，梅城均不在交通线上，而无奈告别往昔的繁华，衰落成为一个普通小镇。

金华，自元代始即为府治之地，一直是地区的政治中心。但因远离钱塘江，其在地区经济、交通上的作用却不大，工商业繁荣程度远逊所辖的钱塘江畔的兰溪县，民间有"小小金华府，大大兰溪县"的歌谣。铁路通车后，金华站处在杭江铁路线的中间位置通车后，设为一等站，各地商货行旅渐改由车行，而金华为中转之地，商业日渐发达。浙江中西部的交通中心、经济中心逐渐向金华转移，金华逐渐成为杭州到浙赣闽边界整个浙江中西部地区的中心城市。抗日战争时期，浙江省政治中心南迁至金华。

从总体上看，华东地区以沿海、沿江港口为主形成的港口城市体系未发生大的变化。在铁路促进下，上海、青岛等中心港口城市规模迅速增长，港口城市体系组织结构更趋稳固。同时，铁路对运河港口的抑制作用和新港口的形成，使得港口体系内部发生调整、重组。港口城市体系的相对稳定，使得沿海、沿江分布格局未变；铁路向镇江中西部内陆地区的修筑，带动了铁路沿线城市的兴起，城市不再局限于沿钱塘江两岸的分布，城市分布空间得到拓展（图 14-4-2）。

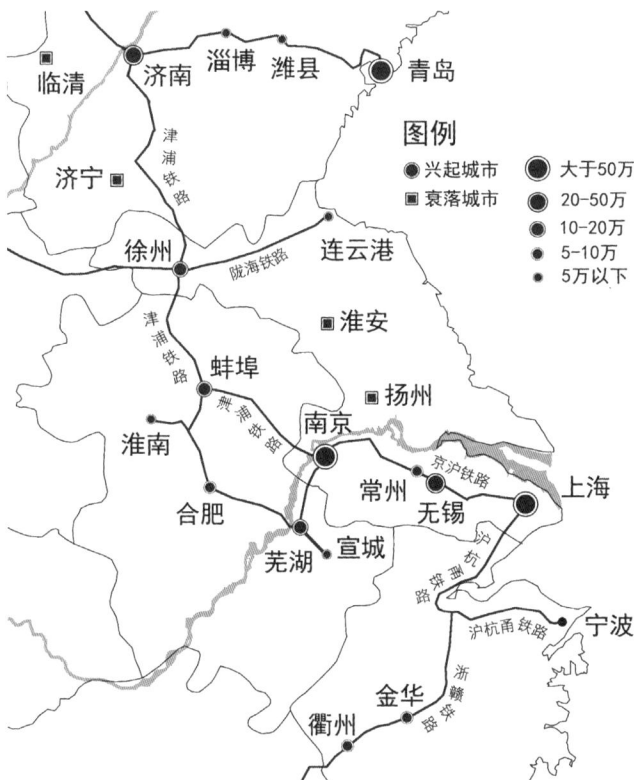

图 14-4-2　华东地区铁路与城市（1928–1937 年）

## 三、华南、西北地区

### （一）华南地区

#### 1. 华南地区的铁路建设

华南地区具有独特的地理区位以及对外交流频繁的历史和文化背景，因而成为列强首选的侵略对象。是较早接受西方文化、技术的地区，也是列强争夺铁路权益的焦点地区之一。广州自古以来就是华南地区的政治、经济和文化中心，又是中国最大的对外贸易城市，自然也就成了近代华南地区铁路建设的中心。至南京国民政府成立时期，以广州为中心先后建设了广三、广九、粤汉（广韶段）三条铁路干线。此外，还修建了新宁、潮汕两条短线铁路。

南京国民政府时期（1928–1937年），华南地区铁路建设的重点是实现既有干线的互联互通。1936年，自清末以来一直未能筑成的粤汉铁路株韶段竣工通车，使得此前修筑粤汉铁路的广韶段和武长段连接起来，粤汉铁路得以全线通车。另外，粤汉、广九两线的接轨也备受关注。粤汉铁路的终点黄沙站在广州的荔湾，广九铁路的终点大沙头站在越秀，两站相距不远，却因广州工商界的反对，一直未能接轨。"七·七事变"后，战事的扩大要求两线立即实现接轨，是时国民政府利用黄埔支线已建部分，实现粤汉、广九两线的接轨，客货终于可以从武昌直达香港。

从华南地区建成铁路的分布来看，抗日战争爆发前，除了广九铁路的港段，其余均在广东省境内，铁路建设对城市体系的影响更多的直接体现在广东一省。

#### 2. 华南地区城市体系的变动

（1）双中心城市到单一中心城市

自17世纪初至19世纪末，广东省进入广佛周期[①]，即在这三百年时间里，广州、佛山两座城市并驾齐驱，共同成了广东城市体系的中心城市。清道光年间（1820–1850年），广佛周期开始走向中落，佛山逐步走向衰落，广州则经历短暂衰落后重新得到快速发展，成为广东城市体系唯一的中心城市。导致这一历史演变进程的原因是多方面的，而铁路的建设是其中重要的原因之一。

佛山位于广东省中南部，地处珠江三角洲腹地，控扼西江、北江的航运通道，成为明清时期广东与国内各省间贸易及对外贸易的中转地。与广州并称"岭南两大中心市场"，并与京师、汉口、苏州并称"天下四聚"，居景德镇、汉口、朱仙等"天下四大名镇"之首。

至清末，受诸多因素影响，佛山日渐衰落，而铁路的修筑与通车正式宣告了佛山完全失去了充当中心城市的资格。广三铁路和粤汉铁路相继建成通车，改变了珠江三角洲区域原有交通线路货物的流量和流向。此前，西江、北江、东江等地的货物必经佛山输广州，而广东的货物

---

① 罗一星. 论广佛周期与岭南的城市化 [J]. 中国社会经济史研究，2009（3）：40.

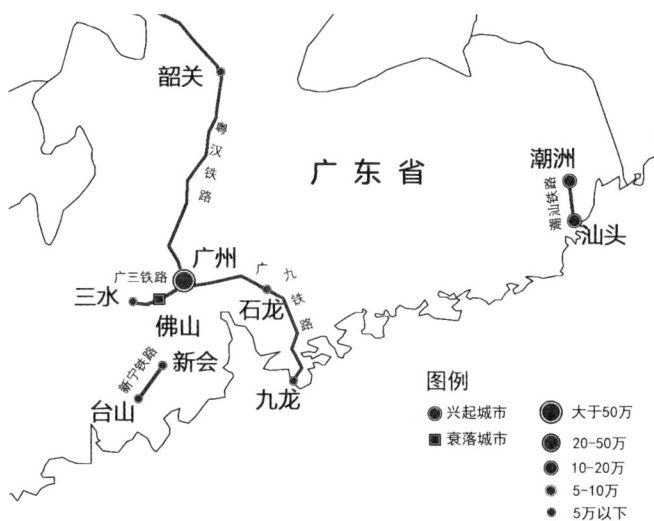

图 14-4-3　华南地区铁路与城市（1937 年）

也必经佛山输往外省，铁路的开通，使佛山作为广州内港的枢纽地位丧失，广东的物流、人流也不再向佛山聚集，相反佛山的工商业和人口则大量向交通便利的广州转移，由此进一步加剧了佛山的衰败。

广州自秦代以来，一直都是华南地区的政治、军事、经济和文化中心。明清时期，清政府实行"一口通商"，广州成为中国唯一的对外贸易大港，是华南地区乃至全国最重要的大城市。鸦片战争后，外国资本的输入使广州自给自足的自然经济基础遭到破坏，并催生出城市民族工业和城市经济的产业化进程。

广州因铁路中心地位的确立，近代化步伐大大加快。从城市规模来看，铁路的修筑促使城市不断向外拓展。铁路通行后，广州的城市格局突破了传统城墙的限制，不断向外围扩展，陆续开发了西关、河南和东山地区，初步体现出"西拓东进"的发展趋势，尤其是随着东山住宅区的开发，城市中心区逐渐东移，市区东郊东山一带，本为郊外一村落，但广九铁路经此入市后，"欧美侨民有在铁路附近下居者，民国以来，建筑西式房屋者日众遂成富丽地区……入城长途汽车由此至黄沙，江岭鬼岗各马路虽不及城内大路之宽敞，而树木众多，空气清洁，不若西关人烟稠密之烦器。"[1] 城市规模扩大后的广州，更有能力适应人口的增加，成为广东各地农村人口移动的中心。1927 年广州城市人口为 71.8 万人，至 1932 年已突破百万，达 112 万人，是当时中国为数不多的百万人口的大城市，成为广东省超级首位城市（图 14-4-3）。

（2）区域内各级城市的联系的加强

广东铁路的建设大大加强了沿线城市间人员、货物的往来与联系。1903 年广州经佛山到三水的广三铁路通车运营，每日有 8 班列车运行，载客 2000 多人。广三路全长 49 公里，1909 年的客运量达 329 万余人。广州经深圳至香港九龙的广九铁路，经过数年努力于 1911 年筑成通车。

---

① 李丽娜 . 铁路与近代广东古镇变迁 [J]. 沧桑，2014，05：127.

这大大便利了穗港间的陆路交通。其客运量 1913 年达 20 万人，1930 年约为 175 万人。广州往北的大动脉粤汉铁路，1936 年全线完全通车后，使广州与湖南、湖北等内地各省的联系更为密切。这期间，广三路、广九路均与粤汉铁路接轨，广州作为铁路交通中心的地位和作用进一步凸显出来。

## （二）西北地区

### 1. 西北地区的铁路建设

西北地区地处我国内陆腹地，自古以来便远离政治、经济中心，交通闭塞。清末、民国初年（1911-1931 年），政府当局横征暴敛，军阀混战，灾害频仍，社会经济发展严重滞后。加之，受地区地形、地貌限制，铁路始终未有铺筑。

1931 年 12 月，时修时停的陇海铁路通车到潼关，西北地区始有铁路。此后，南京国民政府出于救灾和战备需要，加上主政陕西的杨虎城积极努力，陇海铁路的修建速度有所加快，分别于 1934 年 11 月和 1936 年 12 月完成了潼西段和西宝段的建设。1937 年 3 月 1 日，连云港至宝鸡全段通车，成为抗战前西北地区唯一筑成的铁路线。

### 2. 关中地区城市体系的调整

由于抗日战争前西北地区铁路仅在关中地区有所修筑，铁路对地区城市的影响也主要发生在这一地区。

（1）西安首位城市地位的强化

西安，历史上曾是全国最大的政治、经济、文化中心，随着历史上国都的东移和南移，其城市地位不断下降。至民国初期，西安城虽仍为关中地区最重要的军事重镇和政治中心，但其经济中心地位被三原和泾阳所取代。相应的西安的城市人口亦不断减少中，民初时西安城区有 12 万人，至 1931 年城区人口减少至 10.8 万人。西安城处于相对衰落，发展缓慢的状态。

陇海铁路的修筑，直接改善了西安的交通运输条件，方便了人员的流动、物资的集散、贸易的往来。"自陇海路西展后，西安渐成为东南工商制造品输入及西北农畜产品输出之门户，陕南陕北各县土产之输出，日用品之输入，取道于西安者亦颇多，是以西兰线陕西段各县中过境货品最多者，当推长安县。"[①] 西安逐步成为陕西重要的商埠和西北五省物资集散重地，超过三原、泾阳重新成为陕西的经济中心。

铁路的建设促进了城市新区的开发和人口的显著增长。1928 年，原城东北的满城被西安市政府划定为新市区，将其作为城市发展的方向。陇海铁路通车前，新区进行了初步建设，但发展还是十分缓慢。陇海铁路通车后，火车站附近开始成为城市新的经济增长点，大量的工业

---

① 王静. 陇海铁路与关中城镇发展关系研究（1912-1945）[D]. 西安：陕西师范大学，2006：36.

企业分布在火车站周围区域，从而促进了新区建设，城区面积由清末城周占地 40km，扩展至 13.2 平方公里。人口由此前的 11 万，迅速恢复至 13 万，1936 年底西安市区人口首次突破 20 万。

总之，陇海铁路修筑后，西安的经济中心地位得以确立，城市规模得到快速增长，成为西北地区首屈一指的经济都会和最大的城市。同时，1935 年"西北剿总司令部"的成立，进一步巩固了西安在政治、军事上的中心地位，从而使得西安成为名副其实的地区首位城市。

（2）经济中心城市网络的调整

铁路建设使得沿线部分城镇处于优越的交通地理环境，其经济职能得到加强，也相应地形成了新的经济中心城市（中等城市）网络。

首先，有"三省通衢"，"三辅重镇"之称的大荔，在铁路修至潼关以前，"街巷车马鳞鳞，往来如织"，商业繁盛，有 2 万人口，是关中东部的政治、经济、文化中心。铁路修通后，原本仅有周围 4 里之土城，人口约 2000 人的渭南，迅速成为关东物资集散地，商贾云集，许多工厂相继开办，城市经济地位逐渐取代了大荔成为关东经济中心。其次，在关中中部，被称为"地处平原，素称膏腴"的三原，明清以来一直是渭北商业中心，铁路修通后，原本较偏僻，仅有 7000 多人的咸阳，区位优势明显增强，城市经济再度活跃起来，而此后咸同支线的修筑，进一步奠定了咸阳的铁路枢纽地位，进而取代三原作为渭北政治、经济、文化中心的地位。有"旱码头"之称的凤翔城在铁路通车前，一直是关中西部的经济中心，有商号 300 余家，城区人口达到 86000 多人，与东部三原相提并论。铁路通车后，凤翔市场变得萧条，城内人口仅余 20000 余人。原本经济落后，仅有一百六七十家商号，人口 6000 余人的宝鸡，逐步成为商业活动中心和商品集散地，号称"关西经济都会"，商业繁荣。与此同时，2600 余年发展形成的经济中心凤翔逐渐被宝鸡取而代之。

此外，铁路也引起了部分县域内经济中心城镇的变迁。如，宝鸡县的虢镇，在铁路通车后经济不再领先，而岐山县的蔡家坡镇，却因铁路设站成为县新经济中心（图 14-4-4）。

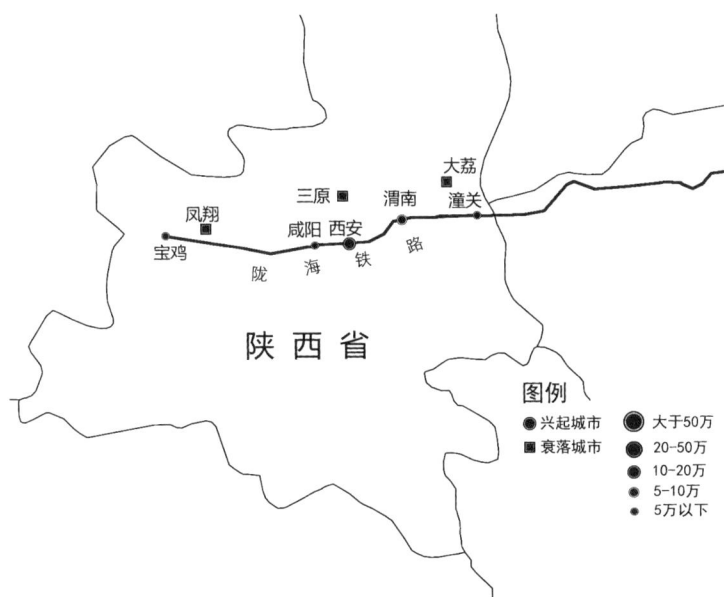

图 14-4-4　关中地区铁路与城市（1937 年）

铁路所经之处，城市崛起，人丁兴旺，大机器工业应运而生，经济活动节奏加快，商品加速流动，自然经济解体，城市间社会联系和文化交流得到加强，客观上推动了中国城市化进程和近代城市体系的建立。[①]

1. 铁路网络的形成与延展，有着多方面的因素，除了政治、军事上的考虑，一般来说它被建设在贸易潜力最大的地区，有广阔、富饶的经济腹地或者丰富的煤矿资源，所以近代铁路网形成于东北、华东、华北，而社会经济薄弱、资源匮乏的西北、西南地区未能得到很好的发展。

2. 从铁路对城市兴起、发展的影响看，可以分三种情形：一是，铁路修建导致沿线大量新兴城市；二是旧有城市的发展；三是由于铁路建设，导致了部分旧城镇地位的下降以至没落。[②]

3. 铁路通过影响城镇职能，对城市产生积极或消极作用，促使城市兴起、衰落，继而引发城市规模等级、地域分布等方面的变化，使得地区城市体系得到调整与重组。从铁路对地区城市体系的影响程度来看，铁路建设对于中国北方城市体系的影响比南方城市体系更大。这主要是因为南方地区河网水系发达，铁路线又往往与运河平行而建，对既有交通运输系统冲击力相对较小。北方地区则由于缺少水系，铁路出现之后即成为主要交通方式，对既有交通运输系统冲击更为明显。

---

① 李文耀. 中国铁路变革论 19、20 世纪铁路与中国社会、经济的发展 [M]. 北京：中国铁道出版社，2005：4.
② 顾朝林. 中国城镇体系 历史·现状·展望 [M]. 北京：商务印书馆，1992：139.

索　引

参考文献

# 第十章

## 第一节

[1] 张仲礼.近代上海城市研究.上海：上海人民出版社，1990：290，455.

[2] 上海研究中心，上海人民出版社.上海700年.上海：海人民出版社，1991：53.

[3] 罗志如.统计表中之上海.民国国立中央研究院社会科学研究所刊本，1932：63.

[4] 徐雪筠等.上海近代社会经济发展概况（1882-1931）——《海关十年报告》译编.上海：上海社会科学院出版社，1985：253.

[5] 张辉.上海市地价研究.南京：正中书局，1935.

[6] 枕木.十年来上海租界建设投资之一斑.申报，1934-10-23.

[7] 赖德霖.从上海公共租界看中国近代建筑制度的形成//中国近代建筑史研究.清华大学博士学位论文，1992：16.

[8] 郑龙清，薛永理.解放前上海的高层建筑//旧上海的房地产经营.上海：上海人民出版社，1990：204.

[9] S. J. Powell.A Deep Water Harbour of Shanghai/[美]罗兹·墨菲.上海——现代中国的钥匙.上海：上海人民出版社，1986：36.

[10] 何重建.上海近代营造业的形成及特征//第三次中国近代建筑史研究讨论会论文集.北京：中国建筑工业出版社，1991：120-121.

[11] 娄承浩.近代上海的建筑师//上海建筑施工志编委会.东方"巴黎"：近代上海建筑史话.上海：上海文化出版社，1991：112.

[12] 张钦南.记陈植对若干建筑史实之辨析.建筑师.46：43.

[13] 李晓华.百年沧桑话建筑//上海建筑施工志编委会.东方"巴黎"：近代上海建筑史话.上海：上海文化出版社，1991：8.

## 第二节

[1] 张仲礼.近代上海城市研究.上海：上海人民出版社，1990：112.

[2] 张仲礼，陈曾年.沙逊集团在旧中国.上海：人民出版社，1985：50.

[3] 王绍周.上海近代城市建筑.南京：江苏科学技术出版社，1989：116.

[4] 黄鉴铜，李培.抗战前的上海平民村//上海文史资料选辑（第63辑）.上海：上海人民出版社，1989：159-166.

## 第三节

### 1. 专著

[1] 华霞虹，乔争月，[匈]齐斐然，[匈]卢恺琦.上海邬达克建筑地图.上海：同济大学出版社，2013.

[2] 赖德霖，王浩娱，袁雪平，司春娟.近代哲匠录：中国近代重要建筑师、建筑事务所名录.北京：中国水利水电出版社，知识产权出版社，2006：155-156.

[3] 上海市城市规划管理局，上海市城市建设档案馆.上海邬达克建筑.上海：上海科学普及出版社，2008.

[4] 上海市城市规划设计研究院，上海现代建筑设计集团，同济大学建筑与城市规划学院编著.绿房子.上海：同济大学出版社，2014.

[5] 伍江.上海百年建筑史1843-1949（第二版）.上海：同济大学出版社，2010.

[6] 郑时龄.上海近代建筑风格.上海：上海教育出版社，1999.

[7] [意]卢卡·庞切里尼，[匈]尤利娅·切伊迪.邬达克.华霞虹，乔争月译.上海：同济大学出版社，2013.

[8] Cody, J. W. *Building in China*：*Henry K Murphy's "Adaptive Architecture" 1914-1935*.Hong Kong：The Chinese University of Hong Kong, 2001.

[9] Denison, E. & G. Y. Ren. *Modernism in China*：*Architectural Visions and Revolutions.* John Wiley & Sons, Ltd, 2008.

[10] Jánossy Péter Sámuel & Deke Erh. *Life and Work of László Hudec.* Budapest：Építésügyi Tájékoztatási Központ Kft., 2010.

[11] Johnston, T. & D. Erh. *A Last look*：*Western Architecture in Old Shanghai.* Hongkong：Old China Hand Press, 1993.

[12] Poncellini, L.&J. Csejdy. *László Hudec.* Budapest：Holnap Kiadó, 2010.

### 2. 论文

[1] 华霞虹，郑时龄.上海邬达克建筑评析.同济大学硕士学位论文，2000.

[2] 王骁，张晓春.近代上海影院建筑的源起与发展（1896-1949）.同济大学硕士学位论文，2014.

[3] Hietkamp, L. *The Park Hotel，Shanghai（1931-1934）and Its Architect，Laszlo Hudec（1893-1958）.* Canada：University of Victoria, 1998.

[4] LIU, B.K. Laszlo E. *Hudec and Modern Architecture in Shanghai，1918-1937.* Hongkong University, 2005.

[5] Morand, D. Gran Teatro de Shanghai. *Obras*, 1935（44）: 315-324.

[6] Poncellini, L. Park Hotel Opens Today. *Casabella*, 2011（802）: 26－32.

### 3. 史料

[1] 建筑月刊.1933，2（1）、（3）；1936，4（4）.

[2] 邬达克建筑师小传.建筑月刊, 1933, 2（3）.

[3] [日]国际建筑协会.现代住宅（1933-1940）.

[4] Laszlo Hudec Fonds from University of Victoria Libraries Special Collections.

[5] Hudec Cultural Foundation.www.hudecproject.com.

[6] Angwin, W.A & L.E.Hudec. Developing a Cosmopolitan Memorial in Shanghai. *Architectural Forum*, 1928-12.The modern Hospital, 1927, 28（4）.

[7] *Architectural Forum*. 1928-12.

[8] *Baumeisten*. 1935-5.

[9] Correspondence from P.W.D. to A.Corritt, July 30th, 1930.

[10] CORRIT, A.. Shanghai Soil Is Obstacle to Tall Buildings// *The Shanghai Sunday Times Industrial Section - Supplement to Special Xmas Issue*, 192912-15：6.

[11] *Deutsche Bauzeitung*. 1940-4.

[12] *Kokusai Kentiku*. 1940-8.

[13] *L'Architecture D'Aujourd'Hui*. 1934-9, 1938-10.

[14] LINDSKOG, B.J.. Old "Bogey" In Local Skyscraper Construction Disproved, prob.1933. *Obras*, 1935-12.

[15] *Shanghai Times*. 1928-5-7.

[16] *Sprinkle Bulletin*. 1933-12, 1935-6.

[17] *Sulzer Technical Review*. 1927-1, 1936-4.

[18] *The Brick Builder*. 1937-3.

[19] *Tér és Forma*. 1939-4.

[20] The Commercial Engineer.1934-10.

[21] The Estrella Apartments Building. *Israel's Messenger*, 1929-1-4：4.

[22] *The Modern Hospital*. 1927-4.

[23] *Viviendas*. 1936-7.

## 第四节

### 1. 历史文献

[1] 上海市工务局.上海市工务局之十年.1937.

[2] 建设评论.1947，1（1）.

[3] 建筑月刊.1933，1（5）、（6）.

[4] 建筑月刊.1934，2（1）、（3）、（4）、（5）.

[5] 建筑月刊.1935，3（6）、（7）.

[6] 建筑月刊.1936，4（1）、（4）、（10）、（12）.

[7] 建筑月刊.1937，5（1）.

[8] 中国建筑.1934，2（3）、（5）、（8）.

[9] 中国建筑.1935，3（5）.

### 2. 专著与论文

[1] 忻平.从上海发现历史.上海：上海人民出版社，1996.

[2] 中国历史博物馆.中国近代史参考图录（中册）.上海：上海教育出版社，1983.

[3] 孙毓棠.中国近代工业史资料第一辑（上册）.北京：科学出版社，1957.

[4] 汪敬虞.中国近代工业史资料第二辑（下册）.北京：科学出版社，1957.

[5] 上海通社.上海研究资料.上海：中华书局有限公司，1936.

[6] 南开大学经济研究所，南开大学经济系.启新洋灰公司史料.北京：三联书店，1963.

[7] 建筑工程部建筑科学研究院，建筑理论与历史研究室，中国建筑史编辑委员会.中国近代建筑简史.北京：中国建筑工业出版社，1962.

[8] 伍江.上海百年建筑史.上海：同济大学出版社，1997.

[9] 杨秉德.中国近代城市与建筑.北京：中国建筑工业出版社，1993.

[10] 《天津近代建筑》编写组.天津近代建筑.天津：天津科学技术出版社，1990.

[11] 杨永生，顾孟潮.20世纪中国建筑.天津：天津科学技术出版社，1999.

[12] 上海建筑施工志编委会·编写办公室.东方巴黎——近代上海建筑史话.上海：上海文化出版社，1991.

[13] 南京市地方志编纂委员会.建筑材料工业志.南京：南京出版社，1991.

[14] 茅以升.钱塘江建桥回忆.北京：文史资料出版社，1982.

[15] 曹仕恭.建筑大师陶桂林.北京：中国文联出版公司，1992.

[16] 郑时龄.上海近代建筑风格.上海：上海教育出版社，1999.

## 第五节

[1] 蒯世勋等.上海公共租界制度.上海：上海人民出版社，1980.

[2] 上海租界志.上海市地方志办公室，http://shtong.gov.cn.

[3] 陈炎林.上海地产大全.上海：上海地产研究所，1933.

[4] 上海公共租界房屋建筑章程.中国建筑，1934.

[5]　上海档案馆卷宗：U38-1-2140B.

[6]　上海档案馆卷宗：1938 年法公董局华文公报.

[7]　上海档案馆卷宗：1939 年法公董局华文公报.

[8]　上海档案馆卷宗：U1-14-5794.

[9]　上海档案馆卷宗：U1-14-5769.

[10]　伍江. 上海百年建筑史（1840-1949）. 上海：同济大学出版社，2008.

[11]　孙平，陆怡春，傅邦桂，杨谋，周镜江，柴锡贤. 上海城市规划志. 上海：上海社会科学院出版社，1995.

[12]　唐方，郑时龄. 都市建筑控制——近代上海公共租界建筑法规研究（1845-1943）. 同济大学博士学位论文，2006.

[13]　孙倩，伍江. 上海近代城市建设管理制度及其对公共空间的影响. 同济大学博士学位论文，2006.

[14]　[法] 梅朋，傅立德. 上海法租界史. 倪静兰译. 上海：上海译文出版社，1983.

## 第六节

[1]　王季深. 上海之房地产业 // 民国丛书编辑委员会. 战时上海经济（第一辑）. 上海：经济图书馆，1945.

[2]　陈炎林. 上海地产大全. 上海：上海地产研究所出版，1933.

[3]　包亚明. 现代性与空间的生产，上海教育出版社，2003.

[4]　卢德绶. 都市建设的 Revolution 和 Evolution，到市中心去，土地与市政. 上海，1945.

[5]　史景迁. 北大讲演录《文化类同与文化利用 -- 世界文化总体对话中的中国形象》（Culture Equivalence and Culture Use）. 廖世奇，彭小樵译. 北京大学出版社，1990.

[6]　斯皮罗·科斯托夫. 城市的形成，历史进程中的城市模式和城市意义. 单皓译. 北京：中国建筑工业出版社，2005.

[7]　王慰祖. 上海市房租之研究，民国二十年代中国大陆土地问题资料 // 中国地政研究所丛刊. 台北：成文出版社，1977.

[8]　张仲礼. 东南沿海城市与中国近代化. 上海人民出版社，1996.

[9]　张仲礼. 中国近代城市发展与社会经济. 上海社会科学院出版社，1999.

[10]　王绍周，陈志敏. 里弄建筑. 上海科学技术文献出版社，1987.

[11]　蒯世勋. 上海公共租界史稿. 上海人民出版社，1980.

[12]　罗兹·墨菲. 上海——现代中国的钥匙. 上海市社会科学院历史研究所编译. 上海人民出版社，1986.

[13]　阿尔多·罗西. 城市建筑学. 黄士钧译. 刘先觉校. 北京：中国建筑工业出版社，2006.

[14]　卡尔·波普尔. 开放社会及其敌人（第一卷）. 郑一明等译. 北京：中国社会科学出版社，1999.

[15]　普里戈金. 从存在到演化——自然科学中的时间及复杂. 曾庆宏，严士健，马本堃，沈小峰译. 北京：北京大学出版社，2007.

[16]　Portzamparc, Ch..La ville age.Paris：Pavillion de l'Arsenal，1997.

[17]　M.R.G.Conzen.The Urban Landscape：Historical Development and Management. Edited by J.W.R.Whitehand，Academic Press，1981.

[18]　Feetham, Richard.Report of the Hon. Richard Feetham to the Shanghai Municipal Council，Vol. 1.Shanghai：North-China Daily News and Herald, Ltd，1931.

[19]　Logan, John R. and Harvey L.. Molotch：Urban Fortunes：The Political Economy of Place. University of California Press，1987.

## 第七节

[1]　方拥. 建筑师童寯. 华中建筑，1987（2）：85.

[2]　石麟炳. 卷头弁语. 中国建筑，第 1 卷（1）：3.

[3]　建筑月刊. 第 2 卷（3）、（4）、（5）.

[4]　何立燕. 现代建筑概论. 中国建筑，第 2 卷（8）.

[5]　陆谦受，吴景奇. 我们的主张. 中国建筑，第 3 卷（2）.

[6]　申报.1890-07-23.

[7]　罗小未. 上海建筑风格与上海文化. 建筑学报，1989( 10 ).

[8]　上海通社. 上海研究资料. 上海：上海书店，1984：316.

[9]　[日] 村松伸. 上海·都市と建筑：1842-1949. 株式会社 PARCO 出版局，1991：112.

[10]　China Architects and Builders Compendium.// 赵国文. 中国近代建筑史论. 建筑师，1987（28）：73.

## 第十一章

### 第一节

[1]　[法] 白吉尔. 中国资产阶级的黄金时代. 张富强，许世芬译. 上海人民出版社，1994.

[2]　[法] 白吉尔. 上海史：走向现代之路. 王菊，赵念国译. 上海社会科学院出版社，2005.

[3]　[美] 本·安德森. 想象的共同体：民主主义的起源和散布. 上海人民出版社，2003.

[4] 常青.从建筑文化看上海城市精神:黄浦江畔的建筑对话.建筑学报,2003（12）.

[5] 常青.大都会从这里开始.上海南京路外滩段研究.同济大学出版社,2005.

[6] 陈湖,王天一.电话学.中国科学图书仪器公司,1948.

[7] 档案里的上海.上海辞书出版社,2006.

[8] 邓庆坦.中国近、现代建筑历史整合研究论纲.北京：中国建筑工业出版社,2008.

[9] 丁伋.屋内电灯装置概要.商务印书馆,1936.

[10] 费正清.剑桥中国晚清史中国社会科学院出版社,1985.

[11] [清]傅兰雅.格致汇编.上海格致书室铅印本,1880（3）.

[12] 高梦滔.沦陷都会的传奇.社会科学文献出版社,2008.

[13] 工业安全协会.锅炉安全使用法.天厨味精厂发行,1934.

[14] 工部局会议档案 1854-1943.

[15] 工程周刊.1946.

[16] 顾炳权.上海洋场竹枝词.上海书店出版社,1996.

[17] 顾均正.电话与电报.新生命局,1933.

[18] 国民政府建设委员会制定.电气装置规则.商务印书馆,1934.

[19] 胡霁荣.中国早期电影史（1896—1937）.上海人民出版社,2010.

[20] 黄述善.冷气工程.商务印书馆,1935.

[21] 黄兴.电气照明技术在中国的传播、应用和发展（1879-1936）.内蒙古师范大学硕士学位论文,2009.

[22] 建筑月刊.1932-1937.

[23] 旷新年.1928：革命文学.山东教育出版社,1998.

[24] 赖德霖.中国近代建筑史研究.清华大学出版社,2007.

[25] 赖德霖."科学性"与"民族性"——近代中国的建筑价值观.建筑师,1995,（62）、（63）.

[26] 李海清.中国建筑现代转型.东南大学出版社,2004.

[27] [美]李欧梵.上海摩登.毛尖译.北京大学出版社,2005.

[28] 李欧梵.当代中国文化的现代性和后现代性.文学评论.1999（5）.

[29] 李嫣.清末电磁学译著《电学》研究.清华大学硕士学位论文,2007.

[30] 李长莉.晚清上海风尚与观念的变迁.天津大学出版社,2010.

[31] 廖镇诚.日治时期台湾近代建筑设备发展之研究.桃园：中原大学硕士学位论文,2007.

[32] 刘大钧.中国工业调查报告.（上海）经济统计研究所,1937.

[33] [美]刘易斯·芒福德.技术与文明.陈允明等译.北京：中国建筑工业出版社,2009.

[34] [美]刘易斯·芒福德.城市文化.宋俊岭等译.北京：中国建筑工业出版社,2009.

[35] 刘永丽.被书写的现代：20世纪中国文学中的上海.中国社会科学出版社,2008.

[36] [美]刘香成,[英]凯伦史密斯.上海 1842-2010：一座伟大城市的肖像.世界图书出版社,2010.

[37] [美]卢汉超.霓虹灯:20世纪初日常生活中的上海.段炼,吴敏译.上海古籍出版社,2004.

[38] 陆警钟.暖气工程.商务印书馆.

[39] [美]罗兹·墨菲.上海——现代中国的钥匙.上海人民出版社,1987.

[40] 罗苏文.上海传奇文明嬗变的侧影（1553-1949）.上海人民出版社,2004.

[41] 茅盾.茅盾选集.四川人民出版社,1982.

[42] [美]马泰卡林内斯库.现代性的五副面孔.顾爱彬,李瑞华译.商务印书馆,2008.

[43] [美]马歇尔·伯曼.一切坚固的东西终将烟消云散了.周宪译.商务印书馆,2003.

[44] 钱海平.以《中国建筑》与《建筑月刊》为资料源的中国建筑现代化进程研究.浙江大学博士学位论文,2006.

[45] 钱宗灏等.百年回望：上海外滩建筑与景观的历史变迁.上海科学技术出版社,2005.

[46] 热工专刊.1948-1949.

[47] 人民日报.1953-1955.

[48] 人民网.http://www.people.com.cn.

[49] 沙永杰.关于中国近代建筑发展过程中建筑师的作用——与日本之比较//2000年中国近代建筑史国际研讨会论文集.清华大学出版社,2001.

[50] 《上海和横滨》联合编辑委员会,上海档案馆.上海和横滨：近代亚洲两个开放城市.华东师范大学出版社,1997.

[51] 上海档案馆史料研究第十二辑.上海三联书店,2012.

[52] 上海档案史料研究（九）.上海三联书店,2010.

[53] 上海电子仪表工业志编纂委员会.上海电子仪表工业志.上海社会科学院出版社,1999.

[54] 上海公用事业志编委会.上海公用事业志.上海社会科学院出版社,2000.

[55] 上海历史博物馆.都会遗踪（2009-2013）.上海书店出版社,2009-2013.

[56] 上海煤气公司.上海市煤气公司发展史（1865-1995）.上海远东出版社,1995.

[57] 上海轻工业志编纂委员会.上海轻工业志.上海社会科学院出版社,1996.

[58] 上海史研究译丛.上海古籍出版社,2003-2004.

[59] 上海市公用局.十年来上海市公用事业之演进,1937.

[60] 上海特别市公用局.上海特别市公用局一览,1927.

[61] 上海通社.上海研究资料.上海书店出版社,1984.

[62] 上海研究论丛.第2辑、第9辑.上海社会科学出版社,1989,1996.

[63] 上海邮电志编撰委员会.上海邮电志.上海社会科学院出版社,1999.

[64] 上海图书馆盛宣怀档案(1856-1936).

[65] 上海档案馆卷宗.

[66] 上海消防局档案.

[67] 上海通 上海地方志办公室网站.http://www.shtong.gov.cn.

[68] 上海档案信息网.http://www.archves.sh.cn.

[69] 上海图书馆.http://www.library.sh.cn.

[70] 上海社会科学院历史研究所网站.http://www.historyshanghai.com.

[71] 上海房屋设备有限公司网页.http://www.sinolift.qianyan.biz/.

[72] 数字图书馆网站.http://dl.eastday.com/index.html.

[73] 慎昌洋行二十五周年纪念册(1906-1931).1931.

[74] 申报.1872-1947.

[75] 时事新报.1907-1938.

[76] 孙绍谊.想象的城市:文学、电影和视觉上海(1927-1937).复旦大学出版社,2009.

[77] 同济大学图书馆.http://www.lib.tongji.edu.cn.

[78] 屠诗聘主编·邢建榕整理.上海市大观(1948年)稀见上海史志资料丛书2.上海书店出版社,2012.

[79] 汪胡桢.中国工程师手册给水工程.上海厚生出版社,1947.

[80] 汪民安,陈永国,马海良.城市文化读本.北京大学出版社,2008.

[81] 王凯.现代中国建筑话语的发生.同济大学博士学位论文,2009.

[82] 王维江,吕澍.另眼相看 晚清德语文献中的上海.上海辞书出版社,2009.

[83] 王晓辉.纪念第一代建筑设备工程师陆南熙.暖通空调,2012(10).

[84] 王远义.对中国现代性的一种观察.台大历史学报,2001(28).

[85] 乌兆荣.五金货名华英英华对照表.上海胜源五金号.1946.

[86] 吴宇新.煤气照明在中国:知识传播、技术应用及其影响考察.内蒙古师范大学硕士学位论文,2007.

[87] 伍江.上海百年建筑史(1840-1949).同济大学出版社,2008.

[88] 夏伯铭.上海1908.复旦大学出版社,2011.

[89] 香港大学图书馆.https://lib.hku.hk.

[90] 忻平.从上海发现历史现代化进程中的上海人及其社会生活(1927-1937).上海大学出版社,1996.

[91] 忻平.历史记忆与近代城市社会生活.上海大学出版社,2012.

[92] 新华社.上海七百多个公、私营工厂和合作社大量生产水暖电工器材支援基本建设.人民日报,1953-7-27.

[93] 邢建荣.水电煤近代上海公用事业的演进及华洋之间的不同心态.史学月刊,2004(4).

[94] 熊月之,高俊.上海的英国文化地图.上海锦绣文章出版社,2011.

[95] 熊月之.西学东渐与晚清社会.中国人民大学出版社,2011.

[96] 熊月之等.海外上海学.上海古籍出版社,2004.

[97] 熊月之.上海通史.上海人民出版社,1999.

[98] 徐苏斌.近代中国建筑学的诞生.天津大学出版社,2010.

[99] 徐天游.近代的灯.中华书局,1948.

[100] 许纪霖,罗岗等.城市的记忆:上海文化的多元历史传统.上海书店出版社,2011.

[101] 宣磊.近代上海大众媒体中的建筑讨论研究(20世纪初—1937年).同济大学博士学位论文,2010.

[102] 薛理勇.上海洋场.上海辞书出版社,2011

[103] 薛绥之等.中国现代文学史话.上海教育出版社,1990

[104] 姚公鹤.上海闲话.吴德铎标点.上海古籍出版社,1989

[105] 叶中强.上海社会文人生活(1843-1945).上海辞书出版社,2010.

[106] 益斌等.老上海广告.上海画报出版社,1995.

[107] 英华\华英合解建筑辞典.上海市建筑协会,1936.

[108] 张爱玲.张爱玲文集.上海出版社,1999.

[109] 张鸿声.文学中的上海想象.浙江大学博士学位论文,2006.

[110] 张季龙.电话工程.学启智书局.1935.

[111] 张屏瑾.摩登·革命:都市经验与先锋美学.同济大学出版社,2011.

[112] 张绪谔.乱世风华:20世纪40年代上海生活与娱乐的回忆.上海人民出版社,2009.

[113] 张勇."摩登"考辨——1930年代上海文化关键词之一.中国现代文学研究丛刊,2007(6).

[114] 张仲礼.近代上海城市研究(1840-1949).上海文艺出版社,2008.

[115] 赵曾钰.上海之公用事业.商务印书馆,1948.

[116] 郑时龄.上海近代建筑风格.上海教育出版社,1999.

[117] 郑逸梅.清末民初文坛逸事.中华书局,2005.

[118] 郑祖安.老上海十字街头.上海文艺出版社,2004.

[119] 《中国电梯》编辑部.中国电梯行业三十年（1980–2010）（内部发行），2011.

[120] 中国建筑.1932–1937.

[121] 中国新文学大系续篇第五卷.香港文学研究出版社，1968.

[122] ［日］中西义荣.建筑设备.东京常盘书店，1934.

[123] 周秀全.想象的异邦：印刷文化与近代上海都市及建筑的现代性关联研究.同济大学硕士学位论文，2003.

[124] 朱有瓛主编.华东师范大学《教育科学丛书》编委会编辑.《中国近代学制史料》第三辑.华东师范大学出版社，1990.

[125] 朱有骞.自来水.商务印书馆，1935.

[126] George Benko& Ulf Strohmager（ed）.Rob Shields. Spatial Stressand Resistance：Social Meanings of Specialization. Space& Social Theory. Interpreting Modernity and Post modernity, Publishers Inc., 1997.

[127] Hilde Heynen. Architecture and Modernity：A Critique Cambridge. Mass：MIT Press，1999.

[128] North China Daily News（字林西报）.1882.

[129] Pasi Falk. The Consuming Body. SAGE Publications Ltd., 1994.

[130] Richard Lehan. The city in literature. University of California Press，1998.

[131] Shanghai Mercury（文汇报）.1893.

[132] Social Shanghai（上海社交）.1900–1911.

[133] Takeyoshi Hori, Shinya Izumi. Dynamic Yokohama：A City on the move. City of Yokohama，1986.

[134] The China Weekly Reviews（中国评论周刊）.1931.

[135] The China Architects and Builders Compendium（中国建筑师及建造商概要）.1924–1937.

[136] The Far Eastern Review（远东评论）.1920–1938.

## 第二节
（无）

## 第三节

[1] 董惠民等.浙江丝绸民商巨子"南浔"四象.中国社会科学出版社，2008.

[2] 黄元韶.杨锡镠：建筑师，教师，公共知识分子.世界建筑导报，2013（149）：33–35.

[3] 赖德霖.近代哲匠录.中国水利出版社，2006.

[4] 刘呐鸥.都市风景线.浙江文艺出版社，2004.

[5] 楼嘉军.上海城市娱乐研究（1930–1939）.上海，文汇出版社，2008.

[6] 马军.舞厅市政：上海百年娱乐生活的一页.上海辞书出版社，2008.

[7] 马军.1948：上海舞潮案.上海史籍出版社，2005.

[8] 矛盾.子夜.沙博里英译（第二版）.北京：外文出版社，1979.

[9] 穆时英.上海狐步舞；夜总会里的五个人.上海：现代出版社，1933.

[10] 上海房地产教育中心.上海优秀房地产鉴赏.上海：上海远东出版社，2009.

[11] 孙琴安.上海百乐门传奇.上海：上海社会科学院出版社，2010.

[12] 周庆云.南浔记.上海：上海书店，1992.

[13] 城市报.1897–11–24.

[14] 大上海教育.1933（2）.

[15] 大陆画报.1934（2）.

[16] 京报.1934–11–18.

[17] 浪漫书生.舞场慢话.礼拜六，1935（7）.

[18] 百乐门的乐队.上海法文日报.1933–3–21；1933–12–24.

[19] 良友.1934，（87）.

[20] 玲珑.1934，4（39）.

[21] 申　报.1872–5–29；1927–7–19；1932–12–12；1933–3–21；1933–11–11；1933–12–15.

[22] 时代生活.1937，5（2）.

[23] 百乐门的兴建；杨锡镠.弹簧地板的结构.中国建筑，1934（1）~（4）.

[24] 建造师.1934，2（4）.

[25] 字林西报.1933–3–21；1933–12–15.

[26] 上海晚邮报.1933–12–5.

[27] 青春电影.1940，5（10）.

[28] Curtis, Wiliam. Modern Architecture since 1900, 3rd edition.New York：Phaidon Press Inc, 2010.

[29] Denison, Edward and Yuren, Guang, Building Shanghai：The Story of China's Gateway,

[30] Wiley–Academy, 2006.

[31] Erh, Deke, Tess Johnston. Shanghai Art Deco. Hong Kong：Old China Hand Press, October, 2006.

[32] Field, Andrew D.. Selling Souls in Sin City：Shanghai Singing and Dancing Hostesses in Print, Film, and Politics, 1920–1949// Yingjin Zhang ed.. Cinema and Urban Culture in Shanghai, 1922-1943. Stanford University Press, 1999.

[33] Field, Andrew D.. Shanghai's Dancing World：Cabaret Culture and Urban Politics, 1919-1954.The Chinese University Press, Hongkong, 2010.

[34] Lai Delin.The Sun Yat–sen Memorial Auditorium：A Preaching Hall of Modern China// Cody, Jeffrey W.,

Steinhardt, Nancy S., Atkin, Tony. *Chinese Architecture and the Beaux-Arts.* University of Hawaii Press, 2011.

[35] Cressey, Paul G.. *The Taxi-Dance Hall : A Sociological Study in Commercialized Recreation and City Life.* Patterson Smith, 1969.

[36] Lee, Leo Ou-fan. *Shanghai Modern, The Flowering of a New Urban Culture in China, 1930-1945.* Harvard University Press, 1999.

[37] Liang, Samuel Y.. *Mapping Modernity in Shanghai : Space, Gender, and Visual Culture in the Sojourners' City.* Routledge, 2010.

[38] Messler, Norbert. *The Art Deco Skyscraper in New York.* Peter Lang, 1983.

[39] Robinson, Cervin, Rosemarie Haag Bletter. *Skyscraper Style : Art Deco.* New York : Oxford Universtiy Press, 1975.

[40] Silverberg, Miriam, Erotic Grotesque Nonsense. *The Mass Culture of Japanese Modern Times.* University of California Press, 2009.

[41] Ruth Day. *Shanghai* 1935. The Saunders Studio Press, 1936.

## 第四节

### 1. 专著

[1] 邓云乡.邓云乡集——文化古城旧事.石家庄：河北教育出版社，2004.

[2] 杜定友.图书馆与市民教育.广州:广东全省教育委员会，1922.

[3] 杜定友.图书馆通论.上海：商务印书馆，1924.

[4] 傅朝卿.中国古典式样新建筑——二十世纪中国新建筑官制化的历史研究.台北：南天书局，1993.

[5] 赖德霖.中国近代建筑史研究.北京：清华大学出版社，2007.

[6] 梁吉生，张兰普.张伯苓画传.成都：四川教育出版社，2012.

[7] 刘国钧.刘国钧图书馆学论文选集.北京：书目文献出版社，1983.

[8] 荣新江.敦煌学十八讲.北京：北京大学出版社，2001.

[9] 王子舟.杜定友和中国图书馆学.北京：北京图书馆出版社，2002.

[10] 夏东元.二十世纪上海大博览.上海：文汇出版社，1995.

[11] 谢灼华.中国图书和图书馆史.武昌：武汉大学出版社，1987；2005（修订版）.

[12] 严文郁.中国图书馆发展史——自清末至抗战胜利.台北：枫城出版社，1993.

[13] 杨翠华.中基会对科学的赞助.台北："中央研究院"近代史研究所，1991.

[14] 余英时.士与中国文化.上海：上海人民出版社，1987；2003（再版）.

[15] 张安明，刘祖芬.江汉县华林—华中大学.石家庄：河北教育出版社，2003.

[16] 章开沅.张謇传.北京：中华工商联合会出版社，2000.

[17] 中国图书馆学会主编《建筑创作》杂志社编.百年建筑—天人合一、馆人合一.北京：中国城市出版社，2005.

[18] Anderson, Benedict. *Imagined Communities : Reflections on the Origin and Spread of Nationalism.* London : Verso, 1991.

[19] Chang, Chung-li. *The Chinese Gentry : Studies on Their Role in Nineteenth-Century Chinese Society.* Seattle, WA : University of Washington Press, 1955.

[20] Fairbank, John King. and Merle Goldman. *China : A New History.* Cambridge, MA : Belknap Press of Harvard University Press, 1992.

[21] Fei, Hsiao-tung. *China's Gentry.* Chicago, IL : The University of Chicago Press, 1953.

[22] Goodsell, Charles T. *The Social Meaning of Civic Space : Studying Political Authority Through Architecture.* Lawrence : University Press of Kansas, 1988.

[23] McMenemy, David. *The Public Library.* London : Facet Publishing, 2009.

[24] Van Slyck, Abigail A. *Free to All : Carnegie Libraries & American Culture 1890-1920.* Chicago : University of Chicago Press, 1995.

[25] Weber, Max. *From Max Weber : Essays in Sociology,* trans., ed., and with an introduction by H. H. Gerth and C. Wright Mills. New York : Oxford University Press, 1946.

### 2. 论文

[1] 程磊.罗振玉与京师图书馆的创建.图书馆研究，1983（3）：47-49.

[2] 冯晋.北京协和医学院的设计与建造历史拾遗 // 张复合.中国近代建筑研究与保护（五）.北京：清华大学出版社，2006：757-765.

[3] 傅金柱.晚清地方督抚与近代图书馆馆建设.图书馆理论与实践，2003（3）：77-78，87.

[4] 姜栋.清末宪政改革的形而上与形而下——从清末地方自治运动谈起.法学家，2006（1）：129-135.

[5] 蒋亚琳.清末民初知识分子对中国近代图书馆事业的贡献.河南图书馆学刊，2008，28（5）：135-137.

[6] 廖香钱.清末关于地方自治的一次大讨论.乐山师范学院学报，2007（8）：79-81.

[7] 倪怡中，陈银龙．张謇与晚清民初公共图书馆的兴起．江海纵横，2013（5）：44–47．

[8] 彭敏惠，张迪，黄力．文华公书林建筑考．图书情报知识，2009（131）：123–127．

[9] 裘开明．韦师棣华女士传略．中华图书馆协会会报，1931（6）：7–9．

[10] 徐苏斌．近代中国文化遗产保护史纲（1906–1936）//张复合．中国近代建筑研究与保护（七）．北京：清华大学出版社，2010：27–37．

[11] 薛玉琴，刘正伟．清末地方自治与近代义务教育的兴起．历史教学，2003（1）：33–36．

[12] 周红．教育救国思想与中国近代图书馆的产生图书馆理论与实践．2005（5）：98–99，104．

[13] 左玉河．从藏书楼到图书馆：中国近代图书馆制度之建立．史林，2007（4）：24–39．

[14] Dean, Sam. China, the Land Where Builders Get Insomnia. *Journal of the Association of Chinese and American Engineers*, 1926（7）：2–8.

[15] Kwei, C. B., and M. S. Chinese Modern Library Movement. *Millard's Review*, 1928（10）：77–78.

[16] Liao, Jing. Chinese–American Alliances : American Professionalization and the Rise of the Modern Chinese Library System in the 1920s and 1930s. *Library & Information History*, 2009, 25（1）：20–32.

[17] Library Building for National Southeastern University, Nanking. *The Far Eastern Review*, 1922（12）：784.

[18] Soule, Charles C. Modern Library Buildings. *Architectural Review*, 1902, 9（1）：1–7.

[19] Zheng, Jing, Chuan–You Deng, Shao–Min Cheng, Wen–Ya Liu, and A–Tao Wang. The Queen of the Modern Library Movement in China : Mary Elizabeth Wood. *Library Review*, 2010, 59（5）：341–349.

## 3. 史料

[1] 北京图书馆．北京图书馆第一年度报告（民国十五年三月至十六年六月）．北京：北京图书馆，1927．

[2] 北京图书馆业务研究委员会．北京图书馆馆史资料汇编（1909–1949）（上、下册）．北京：书目文献出版社，1992．

[3] 大公报．1906．

[4] 东方图书馆．东方图书馆概况．上海：商务印书馆，1926．

[5] 东方杂志．卷3，卷9，卷14，卷18，卷24.1906，1912，1917，1921，1927．

[6] 杜汝俭等．中国著名建筑师林克明．北京：科学普及出版社，1991．

[7] 端方．端忠敏公奏稿．台北：文海出版社，1982．

[8] 国立北平图书馆．国立北平图书馆馆务报告（民国十九年七月至二十年六月）．北平：国立北平图书馆，1931．

[9] 国立武汉大学．国立武汉大学图书馆概况．武昌：国立武汉大学．

[10] 胡道静．上海图书馆史．上海通志馆期刊，1935，2（4）：1355–1477．

[11] 江苏省立国学图书馆．江苏省立国学图书馆概况．南京：江苏省立国学图书馆，1935．

[12] 教育公报．1916（4）．

[13] 李明勋，尤世玮主编《张謇全集》编委会编．张謇全集．上海：上海辞书出版社，2012．

[14] 李希泌，张椒华．中国古代藏书与近代图书馆史料（春秋至五四前后）．北京：中华书局，1982．

[15] 柳贻徵．国立中央大学国学图书馆小史．南京：中央大学国学图书馆，1928．

[16] 申报．1919–1923，1925–1926，1928，1929，1932．

[17] 宋恕．六字课斋卑议//胡珠生．宋恕集．北京：中华书局，1993．

[18] 汤用彬，彭一卣，陈声聪．旧都文物略．北京：书目文献出版社，1986．

[19] 图书馆学季刊．卷1–2.1926–1928．

[20] 王绍周．中国近代建筑图录．上海：上海科学技术出版社，1989．

[21] 夏东元．郑观应集·盛世危言（上）．北京：中华书局，2013：81，83．

[22] 新民丛报．1902（1）．

[23] 新民社．清议报全编．台北：文海出版社，1986．

[24] 许同莘．张文襄公年谱．上海：商务印书馆，1946．

[25] 袁同礼，陆华深等．中国各省市公私图书馆概况．香港：中山图书公司，1972．

[26] 张謇研究中心，南通市图书馆，江苏古籍出版社．张謇全集．第四卷 事业．南京：江苏古籍出版社，1994．

[27] 张秀民．国立北平图书馆馆址记．国立北平图书馆馆刊，1936，10（4）．

[28] 张怡祖．张季子（謇）九录·政闻录．台北：文海出版社，1983．

[29] 中国史学会主编．翦伯赞等编．中国近代史资料丛刊：戊戌变法（四）．上海：神州国光社，1953．

[30] 中华图书馆协会会报．卷1，卷5，卷6.1925，1929，1931．

[31] 中国营造学社汇刊．卷2，卷3.1931，1932．

[32] 中华图书馆协会．全国图书馆及民众教育馆调查表．上海：中华图书馆协会，1935．

[33] 朱有瓛．中国近代学制史料．上海：华东师范大学出版社，1987．

**4. 网络资源**

[1] 吴振清，李世锐．卢靖与南开大学木斋图书馆．南开大学校史网．[2013-10-25].http://news.nankai.edu.cn/xs/system/2013/10/25/000148514.shtml.

[2] Government Support for Free Public Libraries：The Founding of the San Diego Free Public Library. *The History of Books.* [2014-2-7].http://historyofbooks.wordpress.com/san-diego-the-exemplar-of-the-american-free-public-library-movement/the-american-free-public-library-movement-the-san-diego-free-public-library/government-support-for-free-public-libraries-the-founding-of-the-san-diego-free-public-library/.

## 第五节

[1] 本会筹备经过 // 全国运动大会．全国运动大会总报告．杭州：全国运动大会，1930：33.

[2] 发刊词 // 全国运动大会．全国运动大会总报告．杭州：全国运动大会，1930：1-2.

[3] 工务报告 // 全国运动大会．全国运动大会总报告．杭州：全国运动大会，1930：1-16.

[4] 湖北省档案馆．LS10-1-1215.

[5] 汉口市政府．汉口市政府建设概况第1期．汉口：汉口市政府，1930.

[6] 汉口市政府．汉口市政概况：民国二十三年一月至二十四年六月．汉口：汉口市政府，1935.

[7] 全国运动会要览 // 全国运动大会．全国运动大会总报告．杭州：全国运动大会，1930：34.

[8] 郭湖生，张复合，村松生等．中国近代建筑总揽（厦门篇）．北京：中国建筑工业出版社，1993：10-11.

[9] 郝更生．郝更生回忆录．台北：传记文学出版社，1969：22-23.

[10] 赖德霖．近代哲匠录：中国近代重要建筑师、建筑事务所名录．北京：水利水电出版社，2006：217.

[11] 皮明庥．近代武汉城市史．北京：中国社会科学出版社，1993.

[12] 齐康．纪念杨廷宝诞辰一百周年（1901-2001）：杨廷宝建筑设计作品选．北京：中国建筑工业出版社，2001：48-57.

[13] 吴国柄．铁路火车工程学．台北：正中书局，1983.

[14] 武汉地方志编撰委员会．武汉市志·体育志．武汉：武汉大学出版社，1990：166.

[15] 徐苏斌．近代中国建筑学的诞生．天津：天津大学出版社，2010：112-120.

[16] 许有成，徐晓彬．宦海沉浮——吴国桢．兰州：兰州大学出版社，1997.

[17] 政协武汉市委员会文史学习委员会．武汉文史资料文库．武汉：武汉出版社，1999.

[18] 中国大百科全书：建筑 园林 城市规划．北京：中国大百科全书出版社，1988.

[19] 周醒南．厦门中山公园计画书．厦门：漳厦海军警备司令部，1929.

[20] Barclay F. Gordon. *Olympic Architecture：Building for the Summer Games.* New York：Wiley, 1983：12-16.

[21] Brent Elliott, Ken Fieldhouse. Play and Sport//Jan Woudstra, Ken Fieldhouse. *The Regeneration of Public Parks.* Oxford：Taylor& Francis, 2000：153.

[22] Chadwick，George F. *The Park and the Town：Public Landscape in the 19th and 20th Centuries.* New York：F. A. Praeger, 1966.

[23] Hazel Convay. Parks and People：the Social Functions//Jan Woudstra, Ken Fieldhouse. *The Regeneration of Public Parks.* Oxford：Taylor& Francis, 2000：2-10.

[24] James Riordan. *Sport，Politics，and Communism.* Manchester：Manchester University Press, 1991：10.

[25] Jonathan Kolatch. *Sports，Politics，and Ideology in China.* New York：Jonathan David Publishers, 1972：8-15.

[26] Joseph W. Esherick. *Remaking the Chinese City：Modernity and National Identity 1900-1950.* Honolulu：University of Hawaii Press, 2000.

[27] Richard Holt. *Sport and the British：A Modern History.* Oxford：Clarendon Press, 1993：74-86.

[28] Robert Crego. *Sports and Games of the 18th and 19th Centuries.* Westport，Conn：Greenwood Press, 2003：43-44.

[29] Rod Sheard. *The Stadium：Architecture for the New Global Sporting Culture.* Singapore：Periplus, 2005：106.

[30] 陈志宏，王剑平．从华侨园林到城市公园——闽南近代园林研究．中国园林，2006（5）：53-59.

[31] 董大西．上海市体育场设计概况．中国建筑，1934，2（8）：4.

[32] 开幕典礼．勤奋体育月报，1933，1（2）：31-34.

[33] 李百浩，严昕．近代厦门旧城改造规划实践及思想（1920-1938年）．城市规划学刊，2008（3）：104-110.

[34] 吕学赶．汉口中山公园有关孙中山先生的纪念性建筑．武汉春秋，2002（2）：36-37.

[35] 吕学赶．日军铁蹄下的汉口中山公园．武汉春秋，2002（4）：43-44.

[36] 阮蔚村．历届全国运动会历史与成绩．勤奋体育月报，1933，1（1）：33.

[37] 商若冰.汉口第一公园——中山公园 // 皮明庥,吴勇.汉口五百年.武汉:湖北教育出版社,1999.

[38] 首都中央体育馆建筑述略.中国建筑,1933,1(3):16.

[39] 王复旦.上海市运动场田径场建筑概况.勤奋体育月报.1937,4(2):157–158.

[40] 王正廷.对于第六届全国运动大会之展望.勤奋体育月报,1935,3(1):7.

[41] 吴国柄.徐树铮和我(六)——陪徐专使考察欧美日本各国记.中外杂志,1979(5):121.

[42] 吴国柄.徐树铮和我(一)——陪徐专使考察欧美日本各国记.中外杂志,1978(6):27.

[43] 吴国柄.英伦留学忆往(八).中外杂志,1978(4):78

[44] 吴国柄.英伦留学忆往(七).中外杂志,1978(3):19–23.

[45] 夏行时.中央体育场概况.中国建筑,1933,1(3):11.

[46] 张天洁,李泽.新女性意识的空间表达:浅析20世纪初的中国城市公园.建筑学报,2007,54(8):88.

[47] 周子峰.近代厦门市政建设运动及其影响(1920–1937).中国社会经济史研究,2004(2):92–101.

[48] 今日开幕之中山公园.碰报,1929–10–10.

# 第十二章

## 第一节

### 1. 专著

[1] 卢海鸣,杨新华.南京民国建筑.南京:南京大学出版社,2001.

[2] 秦孝仪.抗战前国家建设史料——首都建设(I).革命文献,1982(91).

[3] Cody, W. Jeffrey. *Building in China : Henry K. Murphytur "Adaptive Architecturen*. Hong Kong & Seattle : The Chinese University Press and University of Washington Press, 2001.

[4] Musgrove, Charles D.. *China's Contested Capital : Architecture, Ritual, and Response in Nanjing*. Honolulu and Hong Kong : University of Hawai's Press and Hong Kong University Press, 2013.

### 2. 论文

[1] 南京市政建设的展开.http://221.226.86.187:8080/webpic/njdfz/UpLoadFile/html/mg/html/Noname020.html.

[2] 赖德霖.折衷背后的理念——杨廷宝建筑的比例问题研究.艺术史研究,2002,4:445–463.

[3] 李海清.历史的误会——原南京外交部办公处建筑设计引发的思考 // 建筑史论文集,2001(4):189–199.

[4] 钱轶懿.近代南京公园建设史研究(1900–1937).南京:东南大学硕士学位论文,2015.

[5] 张宇.南京近代旅馆业建筑研究.南京:东南大学硕士学位论文,2015.

[6] 郑文实.首都电厂.钟山风雨,2007(2):60–62.

[7] Ruan, Xing(阮昕).Accidental Affinities : American Beaux-Arts in Twentieth-century Chinese Architectural Education and Practice. *Journal of the Society of Architectural Historians*, March, 2002 : 30–47.

### 3. 史料

[1] 申报.1927–7–10 ~ 1936–12–16.

[2] 时事新报.1930–12–15 ~ 1932–10–26.

[3] 中国建筑.1935 ~ 1937,3(3)~(28).

[4] 旅行杂志.1935,9(9).

[5] 赖德霖主编.王浩娱,袁雪平,司春娟合编.近代哲匠录.北京:中国水利水电出版社,知识产权出版社,2006.

[6] 李绍盛.民国精英人物的故事.台北:秀威出版社,2010.

[7] 南京地方志编纂委员会,《南京邮政志》编纂委员会.南京邮政志.北京:中国城市出版社,1993.

[8] 南京工学院建筑研究所.杨廷宝建筑设计作品集.北京:中国建筑工业出版社,1983.

[9] 南京市档案馆,中山陵园管理处.中山陵档案史料选编.南京:江苏古籍出版社,1986.

[10] 伍联德.中国大观.上海:良友图书印刷有限公司,1930.

[11] 张剑鸣.南京之市政工程 // 吴承洛.三十年来之中国工程.中国工程学会,1946:20–23.

[12] 陈岳麟.南京市之住宅问题.成文出版社有限公司,美国:中文资料中心印行,1977.

## 第二节

### 第一小节

[1] 孙武.汉口市政建筑计划书.汉口市市政府.武汉市图书馆,1923.

[2] 汤震龙.武昌市政工程计划书.武昌市市政厅.武汉市图书馆,1930.

[3] 汉口市工务局业务报告.汉口特别市政府.武汉市图书馆,1928–1929.

[4] 汉口市建设概况.汉口市政府.武汉市图书馆,1930.

[5] 汉冶萍公司史略.香港中文大学.北京市图书馆，1972.
[6] 贺衡夫.汉口水电事业由来与演变.武汉文史资料，1981（2）.
[7] 魏玉林.汉阳铁厂的建筑.武汉春秋，1983（2）.
[8] 魏玉林.武汉大学校舍建筑风格.武汉春秋.1983（2）.

第二小节

[1] 报告.新汉口，1929（10）：1-3.
[2] 董修甲.市政新论.上海：商务印书馆，1924.
[3] 董修甲.田园新市与我国市政.东方杂志，1925（10）：30-44.
[4] 董修甲.上海特别市土地政策之研究.东方杂志，1927（14）：7-16.
[5] 董修甲.市政新论（第4版）.上海：商务印书馆，1928.
[6] 董修甲.序//汉口特别市工务局.汉口特别市工务局业务报告.1929（1）：1-2.
[7] 董修甲.调查京沪杭三市市政报告书（续）.新汉口，1930（1）：37-62.
[8] 董修甲.调查京沪杭三市市政报告书.新汉口，1930（12）：57-79.
[9] 董修甲.都市分区论.上海：大东书局，1931.
[10] 董修甲.市政与民治.上海：大东书局，1931.
[11] 董修甲.市政学纲要（第2版）.上海：商务出版社，1932.
[12] 董修甲.中国地方自治问题.上海：上海商务出版社，1936.
[13] 汉口市分区计划.新汉口，1930（12）：165-168.
[14] 汉口市政府.汉口市政府建设概况.汉口：汉口市政府，1930（1）.
[15] 汉口特别市工务局.汉口特别市工务计划大纲.汉口：汉口市政府，1930.
[16] 汉口特别市工务局.汉口特别市工务局业务报告.1929（1）.
[17] 汉口特别市政府秘书处.汉口特别市市政计划概略.汉口：汉口特别市政府秘书处，1929.
[18] 邱红梅.董修甲的市政思想及其在汉口的实践.华中师范大学硕士学位论文，2002.
[19] 武汉市城市规划管理局.武汉城市规划志.武汉：武汉出版社，1999.
[20] 周崇新.题词//汉口市工务局.汉口市工务局业务报告.1930（2）、（3）：扉页.
[21] Clarence L Brock. 1909-1930年间美国市公园系统之发达与其价值.陈震译.新汉口，1931（8）：9-12.
[22] Richard T. LeGates and Frederic Stout. Modernism and Early Urban Planning, 1870-1940// Richard T. LeGates and Frederic Stout. *The City Reader*. New York：Routledge, 2000：299-313.
[23] Stephen R. Mackinnon. Wuhan's Search for Identity in the Republican Period// Joseph Esherick. *Remaking the Chinese City：Modernity and National Identity，1900-1950*. Honolulu：University of Hawaii Press, 2000：161-173.
[24] Charles Mulford Robinson. *City Planning：With Special Reference to the Planning of Streets and Lots*. New York：G.P.Putnam's Sons, Knickerbocker Press, 1916.
[25] John Nolen. *City Planning：Aeries of Papers Presenting the Essential Elements of a City Plan*. New York and London：D. Appleton And Company, 1916.
[26] Jon A. Peterson. *The Birth of City Planning in the United States，1840-1917*. Baltimore; London：The Johns Hopkins University Press, 2003.
[27] Katharine Kia Tehranian. *Modernity，Space，and Power：The American City in Discourse and Practice*. Cresskill. NJ：Hampton Press, 1995.
[28] *Who's Who in China：Biographies of Chinese Leaders*. Shanghai：The China weekly review, 1936.
[29] 广州民国日报，1926-2-6，1926-2-11，1928-10-19，1928-11-1，1928-12-13，1928-12-18，1929-6-11，1929-4-22.
[30] 广州市工务局季刊（创刊号），1929.4.20.
[31] 赖德霖.中国近代建筑史研究[M].北京：清华大学出版社，2007.
[32] 程天固.广州工务之实施计划[M].广州市政府工务局，1930.
[33] 陈殿杰.广州分区制研究[J].新广州.1931.11，第1卷，（3）：22-33.
[34] 孙科.都市规划论[J].（上海）建设，1919，第1卷，（5）：9.
[35] 孙中山.孙中山文粹（上卷）[M].广州：广东人民出版社，1996.
[36] 华字日报，1921-9-23.
[37] 广州市政府.广州市市政报告汇刊.1928.
[38] 彭长歆、杨晓川.骑楼制度与城市骑楼建筑[J].华南理工大学学报（社会科学版），2004（4）：29-33.
[39] 中国人民政治协商会议广东省广州市委员会文史资料研究委员会.广州文史资料（第5辑）[C]，1961.
[40] 广州市政协文史资料委员会编.南天岁月——陈济棠主粤时期见闻实录（广州文史资料，第37辑）[C].广州：广东人民出版社，1987.
[41] 伍千里.广州市第一次展览会[Z].广州市展览馆，1933.
[42] 林云陔.广州市政府施政计划书[M]，1928.
[43] 广州市市政公报，1930年6月，特载.

[44] 程天固.程天固回忆录[M].香港：龙门书店有限公司，1978.

[45] American Engineer Will Help China Develop Modern Port at Canton[J].The China Weekly Review，Vol.48，March 30，1929（5）：183.

[46] Canton—A World Port[J].The Far Eastern Review，1931（6）：356-358.

[47] 程浩.广州港史（近代部分）[M].北京：海洋出版社，1985.

[48] Edward Bing-Shuey Lee（李炳瑞）.Modern Canton[M].Shanghai：The Mercury Press，1936.

[49] 彭长歆.现代性·地方性——岭南城市与建筑的近代转型[M].上海：同济大学出版社，2012.

[50] 香港爱群人寿保险有限公司广州分行.香港爱群人寿保险有限公司广州分行爱群大酒店开幕纪念刊[M]，1937.7.

[51] 广州市地方志编纂委员会.广州市志（卷三）[Z].广州：广州出版社，1995.

## 第三节

[1] 广州民国日报，1926-2-6，1926-2-11，1928-10-19，1928-11-1，1928-12-13，1928-12-18，1929-6-11，1929-4-22.

[2] 广州市工务局季刊（创刊号），1929.4.20.

[3] 赖德霖.中国近代建筑史研究[M].北京：清华大学出版社，2007.

[4] 程天固.广州工务之实施计划[M].广州市政府工务局，1930.

[5] 陈殿杰.广州分区制研究[J].新广州.1931.11，第1卷，（3）：22-33.

[6] 孙科.都市规划论[J].（上海）建设，1919，第1卷，（5）：9.

[7] 孙中山.孙中山文粹（上卷）[M].广州：广东人民出版社，1996.

[8] （香港）华字日报，1921-9-23.

[9] 广州市政府.广州市政报告汇刊.1928.

[10] 彭长歆、杨晓川.骑楼制度与城市骑楼建筑[J].华南理工大学学报（社会科学版），2004（4）：29-33.

[11] 中国人民政治协商会议广东省广州市委员会文史资料研究委员会.广州文史资料（第5辑）[C]，1961.

[12] 广州市政协文史资料委员会编.南天岁月——陈济棠主粤时期见闻实录（广州文史资料，第37辑）[C].广州：广东人民出版社，1987.

[13] 伍千里.广州市第一次展览会[Z].广州市展览馆，1933.

[14] 林云陔.广州市政府施政计划书[M]，1928.

[15] 广州市市政公报，1930年6月，特载.

[16] 程天固.程天固回忆录[M].香港：龙门书店有限公司，1978.

[17] American Engineer Will Help China Develop Modern Port at Canton[J].The China Weekly Review，Vol.48，March 30，1929 (5)：183.

[18] Canton—A World Port[J].The Far Eastern Review，1931（6）：356-358.

[19] 程浩.广州港史（近代部分）[M].北京：海洋出版社，1985.

[20] Edward Bing-Shuey Lee（李炳瑞）.Modern Canton[M].Shanghai：The Mercury Press，1936.

[21] 彭长歆.现代性·地方性——岭南城市与建筑的近代转型[M].上海：同济大学出版社，2012.

[22] 香港爱群人寿保险有限公司广州分行.香港爱群人寿保险有限公司广州分行爱群大酒店开幕纪念刊[M]，1937.7.

[23] 广州市地方志编纂委员会.广州市志（卷三）[Z].广州：广州出版社，1995.

## 第四节

### 1.英租界等

[1] 刘海岩.外文资料的搜集与利用——编写《天津通史》的一个新视角.理论与现代化，2005，1502（5）.

[2] 尚克强，刘海岩.天津租界社会研究.天津：天津人民出版社，1996.

[3] 高仲林.天津近代建筑.天津：天津科学技术出版社，1990.

[4] 唐方，郑时龄.都市建筑控制——近代上海公共租界建筑法规研究（1845-1943）.同济大学博士学位论文，2006.

[5] 刘亦师.中国近代建筑的特征.建筑师，2012，160（6）.

[6] 黄光域.外国在华工商企业辞典.四川人民出版社，1995.

[7] 武求实，宋昆.法籍天津近代建筑师保罗·慕乐研究.天津大学硕士学位论文，2011.

[8] 黄盛业，宋昆.奥籍天津近代建筑师罗尔夫·盖苓研究.天津大学硕士学位论文，2011.

[9] 沈振森.中国建筑师丛书·沈理源.北京：中国建筑工业出版社，2012.

[10] 刘娟，曹磊.阎子亨设计作品分析.天津大学硕士学位论文，2006.

[11] 武玉华，宋昆.天津基泰工程司与华北基泰工程司研究.天津大学硕士学位论文，2006.

[12] 孙亚男，徐苏斌.阎子亨设计作品分析.天津大学硕士

学位论文, 2011.

[13] 天津历史风貌建筑保护委员会, 天津市国土资源和房屋管理局. 天津历史风貌建筑. 天津：天津大学出版社, 2010

[14] 周祖奭, 张复合, 村松伸, 寺原让治. 中国近代建筑总览·天津篇. 中国近代建筑史研究会, 1989.

[15] 李娟, 卢永毅. 论近代上海独立住宅中的现代式. 同济大学硕士学位论文, 2007.

[16] 陈国栋, 青木信夫. 天津英租界（1860-1945）城市生长过程初探. 天津大学硕士学位论文, 2012.

[17] 李天, 徐苏斌. 天津法租界城市发展研究（1861-1943）. 天津大学博士学位论文, 2015.

[18] British Municipal Council, Tientsin. *Report of the Council for the year 1906-1940, and Budget for the year 1907-1941*. Tientsin：Tientsin Press, Limited, 1907–1941.

[19] Brussels, Royal State Archives, Crédit Foncier d'Extrême Orient, Picture albums.

[20] Article N°27. Archives du Consulat Français à Tientsin, CADN. Aménagement et construction d'un "Centre français de Tientsin".

[21] Feldwick, W. *Present Day Impressions of the Far East and Prominent and Progressive Chinese at Home and Abroad*. London：The Globe Encyclopedia Co., 1917.

[22] British Municipal Council, Tientsin. *Report of the British Municipal Council for the year ended 31st December, 1917, and Budget for the year ending 31st December, 1918*. Tientsin：Tientsin Press, Limited, 1918.

### 2. 法租界

[1] 刘海岩. 外文资料的搜集与利用——编写《天津通史》的一个新视角. 理论与现代化, 2005.

[2] 尚克强, 刘海岩. 天津租界社会研究. 天津：天津人民出版社, 1996：123.

[3] 唐方. 都市建筑控制——近代上海公共租界建筑法规研究（1845-1943）. 上海：同济大学, 2006.

[4] 周祖奭等. 中国近代建筑总览·天津篇. 北京：中国建筑工业出版社, 1993.

[5] 刘亦师. 中国近代建筑的特征. 建筑师, 2012（160）.

[6] 黄光域. 外国在华工商企业辞典. 四川人民出版社, 1995.

[7] 武求实, 宋昆. 法籍天津近代建筑师保罗慕乐研究. 天津大学硕士学位论文, 2011.

[8] 吴延龙主编. 天津历史风貌建筑 居住建筑 卷2. 天津：天津大学出版社, 2010.

[9] 黄盛业, 宋昆. 奥籍天津近代建筑师罗尔夫·盖苓研究. 天津大学硕士学位论文, 2011.

[10] 文史资料研究委员会. 天津近代人物录. 天津市地方史志编修委员会总编辑室, 1987.

[11] 中国人民政治协商会议天津市委员会文史资料研究委员会. 天津文史资料选辑 第24辑. 天津市：天津人民出版社, 1983.

[12] 沈振森. 中国建筑名师丛书 沈理源. 北京：中国建筑工业出版社, 2012.

[13] 吴延龙. 天津历史风貌建筑 公共建筑 卷2. 天津：天津大学出版社, 2010：32.

[14] 刘娟, 曹磊. 阎子亨设计作品分析. 天津大学硕士学位论文, 2006：67.

[15] 武玉华, 宋昆. 天津基泰工程司与华北基泰工程司研究. 天津大学硕士学位论文, 2006：19.

[16] 孙亚男, 徐苏斌. 阎子亨设计作品分析. 天津大学硕士学位论文, 2011：3-14.

[17] 吴延龙. 天津历史风貌建筑 居住建筑 卷1. 天津：天津大学出版社, 2010.

[18] 天津历史风貌建筑保护委员会, 天津市国土资源和房屋管理局. 天津历史风貌建筑. 天津：天津大学出版社, 2010.

[19] Feldwick, Walter. *Present Day Impressions of the Far East and Prominent and Progressive Chinese at Home and Abroad*. London：The Globe Encyclopedia Co., 1917.

### 3. 档案资料

[1] British Municipal Council, Tientsin. *Reports of the British Municipal Councils, 1917, and minutes of the Annual General Meetings, 1917*. Tientsin：Tientsin Press, LTD., 1917.

[2] British Municipal Council, Tientsin. *Reports of the British Municipal Councils, 1925, and minutes of the Annual General Meetings, 1925*. Tientsin：Tientsin Press, LTD., 1925.

[3] Article N°399. Archives du Consulat Français à Tientsin, CADN.

[4] Brussels, Royal State Archives, Crédit Foncier d'Extrême Orient, Picture albums.

[5] Article N°27. Archives du Consulat Français à Tientsin, CADN.

### 第五节

[1] 姚公鹤. 上海闲话. 商务印书馆, 1917：85.

[2] 李蕾. 北平文化生态（1928-1937）与京派作家的归趋. 中国文学研究.

[3] 胡宗刚. 静生生物调查所史稿. 济南：山东教育出版社, 2005：10-11.

[4] 姜玉平. 静生生物调查所成功的经验及启示. 科学研究,

2005，23（3）.

[5] 梅贻琦．五年来清华发展之概况．清华周刊，1936.

[6] 张中行．红楼点滴四 // 张中行．负暄琐话．哈尔滨：黑龙江人民出版社，1986.

[7] 张复合．北京近代建筑史．北京．清华大学出版社，2004.

[8] 北京市文物局．北京文物建筑大系 近代建筑卷．北京出版集团公司，北京美术摄影出版社，2011.

## 第六节

### 1. 专著

[1] 倪锡英．西京．北京：中华书局，1935.

[2] 刘彤璧．西安七贤庄．西安：陕西人民出版社，1992.

[3] 姬乃军，石八民．西安事变旧址研究．西安：陕西人民出版社，2008.

[4] 史红帅，吴宏岐．古都西安——西北重镇西安．西安：西安出版社，2007.

[5] 王西京，陈洋，金鑫．西安工业建筑遗产保护与再利用研究．北京：中国建筑工业出版社，2011.

### 2. 论文

[1] 符英．西安近代建筑研究（1840-1949）．西安：西安建筑科技大学学位论文，2010.

[2] 符英，吴农，杨豪中．西安近代工业建筑的发展．工业建筑，2008（5）.

[3] 霍保东，樊爽，符强．西北农林科技大学 3 号教学楼的鉴定与加固．工程抗震与加固改造，32（6）.

[4] 任云英．近代西安城市空间结构演变研究（1840-1949）．西安：陕西师范大学学位论文，2005.

### 3. 档案资料

[1] 国营陕西第十一棉纺织厂志编纂委员会．陕棉十一厂志（1936-1986）.1989.

[2] 中国人民政治协商会议陕西省，西安市委员会文史资料研究委员会（内部资料）．西安文史资料（第二辑）.1982.

[3] 中国人民政治协商会议陕西省，西安市委员会文史资料研究委员会（内部资料）．西安文史资料（第十四辑）.1988.

[4] 西安市档案局，西安市档案馆．筹建西京陪都档案史料选辑．西安：西北大学出版社，1994.

[5] 西安市地方志编纂委员会．西安市志 第二卷·城市基础设施．西安：西安出版社，2000.

[6] 西安市地方志编纂委员会．西安市志 第三卷·经济（上）．西安：西安出版社，2002.

[7] 西安市地方志编纂委员会．西安市志 第六卷·科教文卫．西安：西安出版社，2002.

[8] 西安市档案馆．民国西北开发．内部资料，2003.

[9] 陕西省政府建设厅建设汇报编辑处．建设汇报．中华民国十六年（1927 年）十一月.

[10] 陕西省建筑设计院．陕西省志 第二十四卷·建设志·第十篇 近代与现代建筑（中）——居住建筑（初稿）．西安：陕西省建设志编辑办公室，1993.

### 4. 网络资源

[1] 品味三座古建筑火车站——华阴、临潼、西安站老站房鉴赏．人民铁道报．http://www.tieliu.com.cn/zhishi/2007/200705/2007-05-23/20070523145800_53035.html.

## 第七节

### 第一小节

[1] 袁荣叟等．胶澳志 卷二 建筑志 [M]．胶澳商埠局，1928.

[2] 青岛档案馆．青岛地图通鉴 [M]．济南：山东省地图出版社，2002.

[3] [ 德 ]Helmuth Stoecker 著．十九世纪的德国与中国 [M]．乔松译．三联书店，1963.

[4] 青岛市档案馆编．青岛通鉴 [M]．北京：中国文史出版社，2010.

[5] 徐飞鹏．青岛历史建筑 1891-1949[M]．青岛：青岛出版社，2006.

[6] 李东泉．青岛城市规划与城市发展研究（1897—1914）[M]．北京：中国建筑工业出版社，2012.

[7] 赖德霖．中国近代建筑史研究 [M]．北京：清华大学出版社，2007.

[8] 邹德侬等．中国现代建筑史 [M]．北京：机械工业出版社，2003.

[9] 伍江，上海百年建筑史 [M]，上海：同济大学出版社，1997.

[10] 孙德汉、李行杰．青岛文化通览 [M]．济南：山东人民出版社，2012.

[11] 张复合．中国近代建筑史研究与保护（二）、（三）、（五）[M]．北京：清华大学出版社.

[12] [ 日 ] 藤森照信、汪坦．全調査東アジア近代の都市と建築 [M]．日本：大成建，1996.

### 第二小节

[1] [美] 鲍德威．中国城市的变迁 1890-1949 年山东济南的政治与发展．北京：北京大学出版社，2010.

[2] 王志民．山东区域文化通览 济南卷．济南：山东人民出版社，2015.

[3] 济南建筑史编辑小组,政协济南市委员会历史文物组.济南建筑史草稿（古代近代部分）.济南：1959.

## 第八节

### 1.专著

[1] 隗瀛涛.近代重庆城市史.四川大学出版社,1991.

[2] 刘重来.卢作孚与民国乡村建设研究.人民出版社,2008.

[3] 卢作孚.我们的要求与训练//卢作孚文集.北京大学出版社,1999.

### 2.论文

[1] 杨宇振.卢作孚的城镇建设实践和思想初探.华中建筑,2007（12）.

### 3.民国资料

[1] 毕天德,黎超海.北碚纪游.北洋周刊,1936（95）.

[2] 黄大受.北碚·温泉之胜.旅行杂志,1946,20（7）.

[3] 黄子裳,刘选青.嘉陵江三峡乡村十年来之经济建设.北碚月刊,1937,1（5）.

[4] 卢作孚.四川嘉陵三峡的乡村运动.中华教育界,1934,22（4）.

[5] 雪西.北碚的夏节.工作月刊,1936,1（1）.

[6] 徐树松.北碚小景.旅行杂志,1940,14（4）.

[7] 徐亚明.四川新建设中心之小三峡.复兴月刊,1935,3（6）、（7）.

[8] 袁相尧.嘉陵江三峡乡村建设实验区划分市区计划纲要.北碚月刊,1940,3（6）.

[9] 四川省政府训令.工作月刊,1936,1（1）.

[10] 修正嘉陵江三峡乡村建设实验区署组织规程.工作月刊,1936,1（1）.

### 4.档案资料

[1] 北碚新村之事实.重庆市档案馆（沙坪坝）.全宗号：0081,目录号：0017,案卷号：00010,附卷号：0000.1937.

[2] 建筑北碚新村计划.重庆市档案馆（沙坪坝）.全宗号：0081,目录号：0017,案卷号：00006,附卷号：0000.

[3] 北碚新村整理纲要.重庆市档案馆（沙坪坝）.全宗号：0081,目录号：0017,案卷号：00004,附卷号：0000.

[4] 关于在北碚新村40号地建筑房屋并请发给建筑许可证上北碚管理局建设科呈.重庆市档案馆（沙坪坝）.全宗号：0081,目录号：0004,案卷号：01628,附卷号：0000.1943.

[5] 北碚新村筹备委员会第二十六次临时会议记录.重庆市档案馆（沙坪坝）.全宗号：0081,目录号：0017,案卷号：00006,附卷号：0000.1939.

[6] 关于限期完成北碚新村建设致北碚新村筹备委员会的函.重庆市档案馆（沙坪坝）.全宗号：0358,目录号：0001,案卷号：00001,附卷号：0000.1947.

[7] 关于限制登记北碚新村放领土地的公告、公函.重庆市档案馆（沙坪坝）.全宗号：0081,目录号：0004,案卷号：06093,附卷号：0000.1948.

## 第九节

[1] 吴伦霓霞.历史的新界//郑宇硕.变迁中的新界.香港：大学出版印务,1983.

[2] Bristow, R. *Land-use Planning in Hong Kong*：*History*, *Policies and Procedures*. Hong Kong：Oxford University Press. 1984.

[3] Bristow, R. *Hong Kong's New Towns*：*A Selective Review*. Hong Kong：Oxford University Press, 1989.

[4] Hsü, C. C., 徐敬直. *Chinese architecture*：*past and contemporary*. Hong Kong：Sin Poh Amalgamated（H.K.）Limited. 1964.

[5] Smith, C.T. Sham Shui Po：from Proprietary Village to Industrial-urban Complex//Faure, D. *From Village to City*：*Studies in the Traditional Roots of Hong Kong Society*. Hong Kong：Centre of Asian Studies, University of Hong Kong, 1984.

## 第十三章

### 第一节

[1] [英]尼古拉斯·佩夫斯纳.现代设计的先驱——从莫里斯到格罗皮乌斯.王申佑译.北京:中国建筑工业出版社,1987.

[2] [美]肯尼斯·弗兰姆普敦.现代建筑:一部批判的历史.张钦楠译.北京：中国建筑工业出版社,2004.

[3] [比]海嫩.建筑与现代性：批判.卢永毅,周明浩译.北京：商务印书馆,2015.

[4] Alan Colquhoun. *Modern Architecture*. New York：Oxford University Press, 2002.

[5] Henry Russell Hitchcock, Philip Johnson. *The International Style*, *Architecture since 1922*. W. W. Norton & Compan. 1932, 1997.

第二节

[1]　徐苏斌. 近代中国建筑学的诞生. 天津:天津大学出版社，
2010.

[2]　潘耀昌. 中国近代美术史（修订版）. 北京：北京大学出
版社，2013.

[3]　[ 日 ] 藤森照信. 日本近代建筑史. 黄俊铭译. 济南：山
东人民出版社，2010.

[4]　宣磊. 近代上海大众媒体中的建筑讨论. 同济大学博士
学位论文，2009.

[5]　黄忏华. 近代美术思潮. 北京：商务印书馆，民国十一
年（1922 年）.

[6]　李寓一. 欧洲新建筑概略与国内建筑. 妇女杂志，1929( 7 ).

[7]　丰子恺. 西洋美术史. 上海：岳麓社，2010.

[8]　吴梦非. 建筑美. 艺术评论，1924（45）.

[9]　李风. 旅欧华人第一次举行中国美术展览会之盛况. 东
方杂志，1924，21（16）.

[10]　郎绍君. 创造新的审美结构——林风眠对绘画形式语言
的探索. 文艺研究，1990（3）.

[11]　高天民. 林风眠的艺术理想与中国现代美术融会中西的
探索. 朵云，2000（53）.

[12]　西槙偉. 中国文人画家の近代　豊子凱の西洋美術受容
と日本. 思文閣，2005.

[13]　东方杂志. 卷 24，卷 26，卷 27.1927-1930.

[14]　建筑专号.1929，3（4）.

[15]　赖德霖. 童寯的职业认知、自我认同及现代性追求. 建
筑师，2012.

[16]　童明. 童寯画纪：赭石. 南京：东南大学出版社，2012.

[17]　奚福泉. 我国之建筑谈. 留德学会年鉴，1927.

[18]　沈潼. 林朋建筑师与“国际式”建筑新法. 时事新报，
建筑地产附刊，1933.

[19]　黄影呆译. 论万国式建筑. 申报，1933-5-16.

[20]　沈潼. 再谈“国际式”建筑新法·名建筑师范文照之新
伴 美国林朋建筑师所倡行. 时事新报，1933-4-5.

[21]　范文照，林朋. 西班牙式住宅图案（The Spanish House
for China）. 民国二十三年（1934 年）三月.

[22]　梁万雄. 理想的未来都市. 申报，1930-5-11.

[23]　唐敬某. 现代外国名人辞典. 商务印书馆，1933.

[24]　建筑的新曙光. 卢毓骏译. 中国建筑，1934,2( 2 )（3 ）（4 ）.

[25]　何立蒸. 现代建筑概述. 中国建筑，1934，2（8）.

[26]　赖德霖. 近代建筑哲匠录. 北京：中国水利水电出版社，
知识产权出版社，2006.

[27]　林克明. 什么是摩登建筑 // 广东省立工业专门学校. 广
东省立工专校刊，1933.

[28]　过元熙. 博览会陈列各馆营造设计之考虑. 中国建筑，

[29]　过元熙. 新中国建筑及工作. 勷大旬刊.1936，（14）.

[30]　广东省立勷勤大学概览.1937.

[31]　广东省立勷勤大学工学院特刊.1935.

[32]　赖德霖.“科学性”与“民族性”——近代中国的建筑
价值观 // 建筑师，1995，4（63）.

[33]　钱锋，伍江. 带有包豪斯教学特点的上海圣约翰大学建
筑系 // 中国现代建筑教育史（1920-1980）. 北京：中国
建筑工业出版社，2008.

[34]　同济大学建筑与城市规划学院. 黄作燊纪念文集. 北京：
中国建筑工业出版社，2012.

[35]　罗小未，李德华. 圣约翰大学最年轻的一个系——建筑
工程系 // 杨伟成. 杨宽麟：中国第一代建筑结构工程设
计大师. 天津：天津大学出版社，2011.

[36]　Mark Crinson & Jules Lubbock. *ARCHITECTURE art and
profession? Three hundred years of architectural education
in Britain.* Manchester University Press，1994.

[37]　EXPOSITION INTERNATIONALE DES ARTS
DECORATIFS ET INDUSTRIELS MODERNES A PARIS
1925.SECTION DE CHINE.Catelogue.

[38]　Harvard Register. *The Graduate School of Design，with
courses of instruction，1939~40.* GSD Archive.

第三节

[1]　刘仲. 回忆黄作燊 // 同济大学建筑与城市规划学院. 黄
作燊纪念文集. 北京：中国建筑工业出版社，2012.

[2]　钱锋，伍江. 中国现代建筑教育史（1920-1980）. 北京：
中国建筑工业出版社，2008.

[3]　陆谦受. 建筑设计的功能主义. 工程导报，1947（28）.

[4]　赖德霖.“科学性”与“民族性”——近代中国的建筑
价值观 // 中国近代建筑史研究. 北京：清华大学出版社，
2007.

[5]　赵深. 发刊词. 中国建筑，1932（创刊号）.

[6]　刘既漂. 西湖博览会与美术建筑. 东方杂志，1929,26( 10 ).

[7]　刘既漂. 中国新建筑应如何组织. 东方杂志，1927,24( 24 ).

[8]　良友.1928（30）.

[9]　刘既漂. 中国美术建筑之过去及其未来. 东方杂志，
1927，27（2）.

[10]　旅行杂志. 建筑专号，1929，3（4）.

[11]　徐旭东. 西湖博览会筹备之经过. 东方杂志，1929,26( 10 ).

[12]　海声. 万国式建筑之商榷. 申报，1933-5-23.

[13]　林徽音（林徽因）. 论中国建筑之几个特征. 中国营造学
社汇刊，1932，3（1）.

[14]　林徽音（林徽因）. 绪论 // 梁思成. 清式营造则例. 北平：

中国营造学社，1934.

[15] 梁思成.建筑设计参考图集序 // 梁思成.建筑设计参考图集（一）.北平：中国营造学社，1935.

[16] 国都设计技术专员办事处.首都计划.王宇新，王明发点校.南京：南京出版社，2006.

[17] 中国第二历史档案馆.中国参加芝加哥世界博览会史料选辑.民国档案，2009.

[18] 王世堉.仿建热河普陀宗乘寺诵经亭记.中国营造学社汇刊，1931，2（2）.

[19] 过元熙.支加哥百年进步万国博览会.中国建筑，1934，2（2）.

[20] 过元熙.博览会陈列各馆营造设计之考虑.中国建筑，1934，2（2）.

[21] 过元熙.新中国建筑之商榷.建筑月刊，1934，2（6）.

[22] 过元熙.平民化新中国建筑.勷勤大学季刊，1937，1（3）

[23] 陈植.意境高逸、才华横溢——悼念童寯同志.建筑师，1983，11（16）.

[24] 霍然.国际建筑与民族形式——论新中国新建筑底「型」的建立.新建筑战时刊.1941（渝版）.

[25] Henry Russell Hitchcock，Philip Johnson. *The International Style*，*Architecture since 1922*. W. W. Norton & Compan. 1932，1997.

[26] *Official Guide Book of the Fair 1933*. A Century of Progress Administration Building. Chicago：1933.

## 第四节

[1] 吕澍，王维江.上海的德国文化地图.上海锦绣文章出版社，2011.

[2] [意]卢卡·庞切里尼，[匈]尤利娅·切伊迪.拉斯洛·邬达克.华霞虹，乔争月译.上海：同济大学出版社，2013.

[3] 法文上海日报 副刊.1934-7-14.

[4] 陈艳.上海虹桥疗养院的设计特征及渊源.同济大学硕士学位论文，2010.

[5] 丁福保.历代古钱图说.上海人民出版社，1992.

[6] 介绍虹桥疗养院.申报.1934-6-18：16.

[7] 彭长歆.现代性地方性——岭南城市与建筑的近代转型.上海：同济大学出版社，2012.

[8] 谢少明.中国近代建筑的先驱城市广州 // 杨秉德.中国近代城市与建筑.北京：中国建筑工业出版社，1993.

[9] 新校建筑经过及现状 // 广东省立勷勤大学概览.1937.

[10] E. Kogel. *Zwei Poelzigschüler in der Emigration：Rudolf Hamburger und Richard Paulick zwischen Shanghai und Ost-Berlin（1930–1955）*. Bauhaus-Universität Weimar，2006.

[11] Wolfgang Thöner，Peter Müller，Richard Paulick-Wiederentdeckt. *Bauhaus Tradition und DDR Moderne-Der Architekt Richard Paulick*，2006.

[12] R. A. Hobday. *Sunlight Therapy and Solar Architecture*. Medical History，1997.

[13] Richard Döcker. *Terrassen Typ-Krankenhaus*，*Erholungsheim*，*Hotel*，*Bürohaus*，*Einfamiliënhaus*，*Siedlungshaus*，*Miethaus und die Stadt*. Stuttgart：Akademie Verlag，1929.

[14] Seng Kuan. Between Beaux-Arts and Modernism——Dong Dayou and the Architecture of 1930s Shanghai// Edited by Jeffery W. Cody，Nancy S. Steinhardt，and Tony Atkin. *Chinese Architecture and the Beaux-Arts*. University of Hawai'I Press，Honolulu. Hongkong University Press，2011.

[15] Alan Colquhoun. *Modern Architecture*. New York：Oxford University Press，2002.

# 第十四章

## 第一节

[1] 艾瑞克·霍布斯鲍姆.帝国的年代 1875-1914.贾士蘅译.北京：中信出版社，2014.

[2] 北京市政协文史资料研究委员会等.蠖公纪事——朱启钤先生生平纪实.北京：中国文史出版社，1991.

[3] 董修甲.中国市制之进境 // 陆丹林.市政全书.上海：中华全国道路建设协会，1929.

[4] 费正清.中国：传统与变迁.2002.

[5] 钱端升等.民国政制史.上海：上海人民出版社，2008.

[6] 上海研究资料续集 // 周谷城.民国丛书 第四编.上海：上海书店，1992.

[7] 沈怡.三十年来的中国市之行政 // 吴承洛.三十年来之中国工程.1945：939-941.

[8] 沈怡.市政工程概论.商务印书馆，1934.

[9] 沈怡.沈怡自述.台北：传记文学出版社，1985.

[10] 孙科.广州市政谈.国闻周报，1924，1（12）：14-16.

[11] 孙科.孙科文集（全三册）.台北：台湾商务印书馆，1970.

[12] 孙文.地方自治开始实行法.建设，1920，2（2）：203-208.

[13] 孙文.建国方略.北京：中国长安出版社，2011.

[14] 田涛，郭成伟.清末北京城市管理法规.北京：北京燕山出版社，1996.

[15] 王俊雄.国民政府时期南京首都计划之研究.台南：成

功大学博士学位论文，2002.

[16] 徐友春.民国人物大辞典.石家庄：河北人民出版社，1991：2123.

[17] 杨宇振.兼容二元：中国县镇乡发展的基本判断与路径选择.国际城市规划，2015（1）：1-7

[18] 杨宇振.权力、资本与空间：中国城市化1908-2008——写在《城镇乡地方自治章程》颁布百年.城市规划学刊，2009（1）：62-73.

[19] 杨宇振.朱启钤（桂辛）先生初步研究及其他——一份近代城市史视野中的历史人物研究简报.建筑师，2007（6）：87-92

[20] 杨宇振.因时创制：孙科与孙科与中国现代城市规划体系创建.未刊稿.

[21] 杨宇振.近代城市规划史视野中的沈怡研究——一份关于市政管理者与城市的史学研究简报//张复合.中国近代建筑研究与保护（四）.清华大学出版社，2004：615-622.

[22] 张仲礼，熊月之，沈祖炜.长江沿江城市与中国近代化.上海：上海人民出版社，2002：613-614.

第二节

[1] 张之洞，何启，胡礼垣.劝学篇·劝学篇书后.武汉：湖北人民出版社，2002：23，138.

[2] 李维清.上海乡土志.第七十课，光绪三十三年（1907年）//近代上海地方志经济史料选辑.上海：上海人民出版社，1984：15.

[3] ［清］郑观应，辛俊玲.盛世危言.北京：华夏出版社，2002：555.

[4] 陈明远.租界标志着中国现代化进程的开端.科学社会论坛，2013（7）：6.

[5] 董鉴泓.中国东部沿海城市的发展规律及经济技术开发区的规划.上海：同济大学出版社，1991：43-44.

[6] 陈明远.租界标志着中国现代化进程的开端.科学社会论坛，2013（7）：6.

[7] 罗竹风，等.汉语大词典第12册.上海：汉语大词典出版社，1993：780.

[8] 黄彦.孙文选集（中）//尽国民义务与倡导道路（一九一二年十月十九日）.广州：广东人民出版社，2006：368.

[9] 屠诗聘.上海市大观.上海：中国图书编译馆，1948：上29-30.

[10] 张复合.中国近代建筑研究与保护（四）//广州近代城市规划历史研究.北京：清华大学出版社，2004：477.

[11] 蒋永才，狄树之.南京之最.南京：南京出版社，1991：153.

[12] 隗瀛涛.中国近代不同类型城市综合研究.成都：四川大学出版社，1998：263-264，448，449.

[13] 袁勇.百年南通港.上海：上海科技普及出版社，2004：25.

[14] 钟少华.近代北京市政建设史料.城市问题，1984（3）：27.

[15] 董修甲.市政研究论文集.上海，青年协会书局，1929：205.

[16] 阮敦存.市政府论.上海：世界书局，1927：64-68.

[17] 戴均良.中国市制.北京：中国地图出版社，2000：1.

[18] 郑肇经.城市计划学概论.上海：商务印书馆，1927.

[19] 张金鉴.市政建设的时机与方向.市政评论，1941，6（5）：28 30.

[20] 哈雄文.战后我国都市建设之新趋势.市政评论，1947，9（8）：3-5.

[21] 哈雄文.新中国都市计划的原则.公共工程专刊（第二集），1947.

第三节

[1] 徐友春.民国人物大辞典.石家庄：河北人民出版社，1991.

[2] 赖德霖.近代哲匠录——中国近代重要建筑师、建筑事务所名录.北京：中国水利水电出版社，知识产权出版社，2006.

[3] 周家珍.20世纪中华人物名字号辞典.北京：法律出版社，2000.

[4] 刘绍唐.民国人物小传.台北：传记文学出版社，1975-1991.

[5] 李先良.都市计划学.台北：正中书局，1963.

[6] 李百浩，郭建.中国近代城市规划与文化.北京：中国建筑工业出版社，2008.

[7] 肖京.董修甲与武汉市政改革运动.武汉文史资料，2011（8）：32-36.

[8] 李百浩，郭明.朱皆平与中国近代首次区域规划实践.城市规划学刊，2010（3）：105-111.

第四节

[1] 何一民.近代中国城市发展与社会变迁.北京：科学出版社，2004：216.

[2] [美]施坚雅（G.William Skinner）.中华帝国晚期的城市.叶光庭译.北京：中华书局，2000：79.

[3] 吴晓松.近代东北城市建设史.广州：中山大学出版社，1999：139.

[4] 顾朝林 . 中国城镇体系 历史・现状・展望 . 北京 : 商务
印书馆，1992 : 150

[5] 曲晓范 . 近代东北城市的历史变迁 . 长春 : 东北师范大
学出版社，2001 : 271-278.

[6] 顾朝林 . 城镇体系规划 理论・方法・实例 . 北京 : 中国
建筑工业出版社，2005 : 17.

[7] 李占才 . 铁路与近代中国城镇变迁 . 铁道师院学报，1996
（5）: 37.

[8] 张文凤 . 东陇海铁路与近代连云港市的崛起 . 重庆科技
学院学报（社会科学版），2009（11）: 159.

[9] 隗瀛涛 . 中国近代不同类型城市综合研究 . 成都 : 四川
大学出版社，1998 : 454.

[10] 徐占春，代祥 .1898-1936 : 沪宁杭铁路及其经济带的建
成 . 江苏地方志，2008（1）: 33-37.

[11] 浙江省民国浙江史研究中心 . 民国史论丛 第 2 辑 . 北京 :
中国社会科学出版社，2011 : 118.

[12] 曾养甫 . 序 // 杭江铁路工程纪略 . 杭州 : 杭江铁路工程局，
1933 : 1.

[13] 罗一星 . 论广佛周期与岭南的城市化 . 中国社会经济史
研究，2009（3）: 40.

[14] 李丽娜 . 铁路与近代广东古镇变迁 . 沧桑，2014，05 :
127.

[15] 王静 . 陇海铁路与关中城镇发展关系研究（1912-1945）.
西安 : 陕西师范大学学位论文，2006 : 36.

[16] 李文耀 . 中国铁路变革论 19、20 世纪铁路与中国社会、
经济的发展 . 北京 : 中国铁道出版社，2005 : 4.

[17] 顾朝林 . 中国城镇体系 历史・现状・展望 . 北京 : 商务
印书馆，1992 : 139.

主编及作者简介

# 主编简介

## 赖德霖

1962年生，1992年获清华大学建筑历史与理论专业博士学位，2007年获美国芝加哥大学中国美术史专业博士学位，现为美国路易维尔大学美术系副教授。主要研究领域为中国近代建筑与城市。曾与王浩娱等合编《近代哲匠录：中国近代重要建筑师、建筑事务所名录》(2006)。主要著作有《中国近代建筑史研究》(2007)、《民国礼制建筑与中山纪念》(2012)、《走进建筑 走进建筑史——赖德霖自选集》(2012)、《中国近代思想史与建筑史学史》(2016)。

## 伍江

1960年生，1983年获同济大学建筑系学士学位，1986年获该校硕士学位，同年留校任教。1987年攻读同济大学建筑历史与理论专业在职博士研究生，1993年毕业获博士学位。现任同济大学建筑与城市规划学院建筑系教授，法国建筑科学院院士，同济大学副校长，并担任全国历史文化名城委员会副主任委员、上海市建筑学会副理事长等职务。代表性著作有《上海百年建筑史》(1997年初版，2008年第二版)、《历史文化风貌区保护规划编制与管理》(2008)等。

## 徐苏斌

1962年生，1992年获天津大学工学博士学位，2005年获东京大学工学博士学位。现任天津大学建筑学院教授、天津大学中国文化遗产保护国际研究中心副主任。主要著作有《近代中国建筑学的诞生》(2010)、《中国の都市・建築と日本——「主体的受容」の近代史》(2009)、《日本对中国城市和建筑的研究》(1999)等。曾获教育部第六届高等学校科学研究优秀成果奖著作奖一等奖，日本建筑学会奖、建筑史学会奖、日本都市计画学会奖等。

# 作者简介
（以文章中出现的先后顺序为序）

**钱宗灏**

1954 年生，1983 年获复旦大学历史系学士学位，2005 年获同济大学建筑系博士学位。曾任上海历史博物馆资料室主任、保管部主任、研究部主任、馆长助理／助理馆员、馆员、副研究馆员、研究馆员，现任同济大学教授、博士生导师，并担任上海建筑学会历史建筑保护委员会委员。代表性著作有《阅读上海万国建筑》（2011）。主要论文有"古代上海市政述略"（2011）、"上海开埠初期的城市化"（2013）。

**华霞虹**

1972 年生，1995 年获同济大学建筑学学士学位，2007 年获同济大学建筑历史与理论专业工学博士学位。曾任同济大学建筑设计研究院建筑师，现任同济大学建筑系副教授，并任《时代建筑》兼职编辑和阿科米星建筑设计事务所文化顾问。中国邬达克建筑研究专家，代表性论著有《上海邬达克建筑地图》（与乔争月等合著，2013）、《绿房子》（与上海市城市规划设计研究院、上海现代建筑设计集团合著，2014）、《邬达克》（与乔争月合译，2013）等。

**李海清**

1970 年生，2002 年获东南大学建筑历史与理论专业工学博士学位。现任东南大学教副授、硕士生导师；兼任中国建筑学会建筑史学分会近代建筑史学术委员会学术委员、中国建筑学会建筑师分会建筑技术专业委员会委员、中国城市科学研究会绿色建筑与节能委员会委员等社会学术组织职务。主要著作有《中国建筑现代转型》、《叠合与融通：近世中西合璧建筑艺术》、《一隅之耕》等。发表学术论文"20世纪上半叶中国建筑工程建造模式地区差异之考量"、"为什么要重新关注工具议题？——基于建造模式解析的建筑学基本问题之考察"等40余篇。

**汪晓茜**

1971 年生，1993 年获南京建筑工程学院建筑系工学学士学位，2002 年获东南大学建筑学院哲学博士学位。现任职于东南大学建筑学院历史理论与遗产研究所，副教授。主要著作有《大匠筑迹——民国时代的南京职业建筑师》（2014）、《叠合与融通：近世中西合璧建筑艺术》（与李海清合著，2015）。主要论文有"中心与边缘——《首都计划》与'中华民国'南京建设法规的互动及启示"（2015）、"民国时期南京建筑师的执业状况"（2011）、"南京近代都市建设制度之研究"（2010）、"近代中国建筑师职业制度形成之探讨"（2010）等。

**孙倩**

1979 年生。2006 年获上海同济大学建筑历史与理论专业博士学位。博士研究领域为上海近代城市发展历史，有著述《上海近代城市公共管理制度与空间建设》（2009）。现任职同济大学建筑设计研究院（集团）有限公司。

**刘刚**

1974 年生，1999 年获浙江大学建筑学学士学位，2009 年获同济大学建筑历史与理论专业博士学位，2010 年留校任教。现任同济大学建筑与城市规划学院建筑系副教授，并担任中国城市规划学会城市影像学术委员会委员。代表性著作有《近代上海法租界第三次扩张区域的城市形态》（2016）等。

**蒲仪军**
1976年生，2015年获同济大学建筑学博士学位，博士论文被评为同济大学优秀博士论文。现为上海济光职业技术学院副教授。主要研究领域为建筑室内设计及遗产保护，为《建筑遗产》杂志特约组稿人。

**张曦**
1987年生，2009年获四川外国语大学法语系文学学士学位，2012年获美国路易维尔大学美术系荣誉美术史硕士学位，现于美国芝加哥大学攻读中国美术史博士学位，主要研究方向为中国近现代城市视觉文化与建筑史。

**张天洁**
1978年生，2008年获新加坡国立大学博士学位，现任天津大学建筑学院副教授、博士生导师，中国建筑学会建筑史分会近代建筑史学术委员会委员，中国风景园林学会理论与历史专业委员会青年委员，中国城市规划学会历史与理论学术委员会委员，《中国园林》与《新建筑》杂志特约编辑。主要研究领域为近现代建筑／景观／城市历史与理论，以及文化遗产保护等。参编及合译专著6部，发表核心期刊和国际会议宣讲论文50余篇，主持和参与国家级纵向课题10余项。

**李传义**
1953年生，1980年获西安冶金建筑学院建筑系学士学位。1985-1994年任武汉大学建筑设计研究所所长、高级建筑师。1985-2003年任广东省高教建筑规划设计院院长，教授级高级工程师。2003-2009年任广州大学城建设指挥部副总指挥兼总工程师。2010年至今任澳门大学校园发展部高级行政主任。代表性论著有《武汉近代建筑总览》（主编，1993）、《中国近代城市与建筑》（参编，1995）、《广州大学城概念规划》（主编，2010）。

**彭长歆**
1968年生，1990年获华南理工大学建筑学专业学士学位；2004年获华南理工大学建筑与历史理论专业博士学位。曾任广州大学建筑与城市规划学院副教授、建筑学系系主任，现任华南理工大学建筑学院副教授，任中国建筑学会建筑史分会中国近代建筑史学术委员会委员。代表性著作有《现代性·地方性——岭南城市与建筑的近代转型》（2012）、《华南建筑80年：华南理工大学建筑学科大事记（1932-2012）》（与庄少庞合著，2012）等。

**天津大学中国文化遗产保护国际研究中心**
为"天津市普通高等学校人文社会科学重点研究基地"，青木信夫教授为现任中心主任。本书的相关文章包括了青木信夫、徐苏斌、傅东雁、曹苏、王康、李宏、刘征、陈国栋、王宏宇、孙亚男、闫觅、贺美芳、孙媛、李天、陈双辰、郝帅、程枭翀等的研究。执笔者有徐苏斌、陈国栋、闫觅、李天、程枭翀、孙媛、陈双辰、青木信夫。承蒙国家社科基金重大项目（12 & ZD230）、国家自然科学基金（51178293、50978179、51378335）、天津市教委重大项目（2012JWZD4）、天津市哲学社会科学规划一般项目（TJYYWT12-03）、低碳城市与建筑创新引智基地（B13011）等支持。

## 王夏

1986年生，毕业于北京联合大学应用文理学院，现为北京市文物建筑保护设计所负责人及法定代表人。主要从事北京地区文物建筑的调研以及文物保护规划编制。主要参与编写《北京文物建筑大系》（2011）、《北京长城资源调查报告》（2012）、《当代北京古建筑保护史话》（2014）、《城市记忆——北京四合院普查成果与保护》（2014）、《北京四合院志》（2016）等著作；编写专著《清东陵文物保护规划大纲》、《大庄科辽代矿冶遗址群保护规划》、《泸县龙桥群保护规划》等。发表论文"北京四合院保护利用"（《北京民居》）等。

## 杨豪中

1956年生，1982年获西安建筑科技大学学士学位，1999年获博士学位，现任西安建筑科技大学教授、博士生导师，曾任西安建筑科技大学艺术学院院长。担任国际现代建筑遗产保护理事会中国委员会（Docomomo-China）、全国设计学类专业教学指导委员会、全国风景园林硕士专业学位教育指导委员会委员，主要从事建筑历史、理论教学研究，出版《芬兰与丹麦的地域性建筑》等著、译作7部，发表"乌托邦——西方人类聚居方式理想化构想的评析"等论文80余篇，获世界建筑史教学帕拉迪奥奖。

## 雷耀丽

1970年生，1992年获西安建筑科

技大学学士学位，2014年获博士学位，现任西安交通大学人居与建筑工程学院建筑学系讲师，主要从事建筑设计基础与中国建筑史的教学与研究，研究方向为建筑文化遗产保护，主持、参与多项国家、省、市级课题，发表"Modern Architecture in Shaanbei Influenced by Regional Environment"、"文物保护中环境价值的传承与诠释"等论文10余篇。

## 王芳

1973年生，工学博士。毕业于西安建筑科技大学建筑学院，现任西安建筑科技大学建筑学院副教授，硕士生导师。主要从事各类城乡规划设计及居住环境规划与居住建筑设计、老年建筑与环境等领域的研究，指导学生参加各类国际、国内竞赛多次获奖，主持、参与多项国家、省部级课题，编著教材1部，发表论文10余篇。

## 徐飞鹏

1959年生，1982年获青岛建筑工程学院土木工程系工学学士学位。现为青岛理工大学建筑学院教授，国家一级注册建筑师，并担任青岛历史建筑保护协会副会长，青岛市政协常委。主要著作有《中国近代建筑总览：青岛篇》（1992）、《青岛历史建筑1891-1949》（2006），并参与编辑著作《青岛文化通览》（2012）、《胶州湾事件档案史料汇编》（2011）、《青岛城市与军事要塞建设研究（1897-1914）》（2011）。

## 姜波

1969年生，1991年获山东工艺美院学士学位，东南大学艺术硕士，现任山东建筑大学副教授，齐鲁建筑文化研究中心主任，中国建筑学会工业建筑遗产委员会学术委员。主要研究领域为山东建筑。出版学术著作《四合院》（1999）《齐鲁民居》（2004）、《传承与升华——近现代建筑民族风格再探索》（2005）、《山东民居类型全集》（2015）等7部，发表有关山东近代建筑的学术论文30余篇。

## 周杰
1985年生，2011年获河南理工大学建筑学专业学士学位，2014年获重庆大学建筑设计及其理论专业硕士学位。现就职于中冶赛迪工程技术股份有限公司建筑设计院。

## 杨宇振
1973年生，1995年获重庆建筑工程学院建筑学学士学位，2002年获重庆大学建筑城规学院建筑学专业工学博士学位。2003年3月-2005年11月在清华大学建筑学院进行博士后研究工作；2007年12月-2008年12月为哈佛大学设计研究生院访问学者；现为重庆大学建筑城规学院教授。兼任中国城市规划学会国外城市规划学术委员会委员、工作学术委员会委员、中国建筑学会建筑师分会理事、重庆城市规划学会理事等。主要著作有《在空间》《城市与阅读》《中国西南地域建筑文化研究》等；发表学术论文"权力、资本与空间：中国城市化1908-2008年"等70余篇。

## 龙炳颐
1948年生，毕业于美国俄勒冈大学，1978年获建筑学硕士及文学硕士学位。曾任香港大学建筑学院院长、建筑系主任；现任香港大学建筑系教授。获颁香港银紫荆勋章、大英帝国员佐勋章、香港太平绅士。香港建筑师学会资深会员，香港规划师学会荣誉会员，皇家特许测量师学会资深会员，香港授权建筑师，香港大学"联合国文化遗产资源管理"教席。主要专著有《香港古今建筑》（1992）。发表代表性论文"How to Interpret Cultural Significance in Hakka Architecture?"（2011）、"The First Christian College and the First Generation of Chinese Architects in Hong Kong"（2011）、"Economic growth and cultural identity"（2007）等。

## 王浩娱
1976年生，1999年获东南大学建筑学学士学位，2002年获东南大学工学硕士学位，2008年获香港大学建筑哲学博士学位。2009年受聘于香港大学图书馆特藏部，筹建"陆谦受建筑资料库"。2010年受聘于香港大学地理系，参与"中国/上海文化遗产保护管理"研究。现任上海交通大学建筑系讲师。曾与赖德霖合编《近代哲匠录——中国近代重要建筑师、建筑事务所名录》（2006）。主要论文有"从工匠到建筑师：中国建筑创作主体的现代化转变"（2004）、"1949年后移居香港的华人建筑师"（2009）。

## 卢永毅
同济大学建筑与城市规划学院建筑系教授，博士生导师，长期从事西方建筑历史与理论教学与研究，从事上海近现代建筑与城市历史及其遗产保护的研究工作，曾主持包括国家自然科学基金"西方现代主义建筑思想与设计实践在中国的移植与转化（1920s-1950s）"（项目批准号：51078278）以及相关近代建筑保护的科研项目近20项，发表相关研究论文50余篇，参编出版建设部全国重点教材《外国近现代建筑史》，主编出版《地方遗产的保护与复兴》《当代建筑理论的多维视野》以及《谭垣纪念文集》、《黄作燊纪念文集》等多部学术论丛。作为主要负责人的"建筑理论与历史"课程2008获全国高校精品课程。

## 李百浩

1963年生，1997年获同济大学工学博士学位。现任东南大学建筑学院教授，并担任中国城市规划学会城市规划历史与理论学术委员会副主任委员兼秘书长。主持国家社科基金项目：中国近代城市规划史、近代中国本土城乡规划学演变的学科史研究。代表性著作有《湖北近代建筑》（2005）。发表论文"如何研究中国近代城市规划史"（2000）等。

## 李彩

1978年生，2012年获武汉理工大学工学博士学位。现任武汉理工大学土木工程与建筑学院讲师。主持国家自然科学青年基金项目：政经视野下重庆近代城市行政变迁与规划变革的历史研究。代表性论文有"A Study on History of Early-Modern City Planning of Qingdao, 1891-1949"（2010）等。